Mathematik im Kontext

Reihe herausgegeben von

David E. Rowe, Mainz, Deutschland

Klaus Volkert, Köln, Deutschland

Die Buchreihe Mathematik im Kontext publiziert Werke, in denen mathematisch wichtige und wegweisende Ereignisse oder Perioden beschrieben werden. Neben einer Beschreibung der mathematischen Hintergründe wird dabei besonderer Wert auf die Darstellung der mit den Ereignissen verknüpften Personen gelegt sowie versucht, deren Handlungsmotive darzustellen. Die Bücher sollen Studierenden und Mathematikern sowie an Mathematik Interessierten einen tiefen Einblick in bedeutende Ereignisse der Geschichte der Mathematik geben.

Weitere Bände in der Reihe http://www.springer.com/series/8810

Egbert Brieskorn · Walter Purkert

Felix Hausdorff

Mathematiker, Philosoph
und Literat

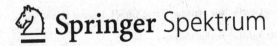 Springer Spektrum

Egbert Brieskorn (Verstorben)

Walter Purkert
Mathematisches Institut
Universität Bonn
Bonn, Deutschland

ISSN 2191-074X   ISSN 2191-0758   (electronic)
Mathematik im Kontext
ISBN 978-3-662-63369-4   ISBN 978-3-662-63370-0   (eBook)
https://doi.org/10.1007/978-3-662-63370-0

Die Deutsche Nationalbibliothek verzeichnet diese Publikation in der Deutschen Nationalbibliografie; detaillierte bibliografische Daten sind im Internet über http://dnb.d-nb.de abrufbar.

Planung: Annika Denkert
Springer Spektrum ist ein Imprint der eingetragenen Gesellschaft Springer-Verlag GmbH, DE und ist ein Teil von Springer Nature.
Die Anschrift der Gesellschaft ist: Heidelberger Platz 3, 14197 Berlin, Germany

Inhaltsverzeichnis

III   Hausdorff als etablierter Mathematiker   331

8   Extraordinarius in Bonn   333

9   Ordinarius in Greifswald   341

10   Die Jahre in Bonn bis 1933   405

Vorwort

Die vorliegende Biographie FELIX HAUSDORFFs verdankt ihre Entstehung dem Editionsprojekt „Felix Hausdorff: *Gesammelte Werke einschließlich der unter dem Pseudonym Paul Mongré erschienenen philosophischen und literarischen Schriften und ausgewählter Texte aus dem Nachlaß*", herausgegeben von EGBERT BRIESKORN(†), FRIEDRICH HIRZEBRUCH(†), WALTER PURKERT, REINHOLD REMMERT(†) und ERHARD SCHOLZ. Die zehn Bände der HAUSDORFF-Edition erschienen im Zeitraum 2001 bis 2020. Ursprünglich war vorgesehen, eine Biographie HAUSDORFFs von etwa 200 bis 250 Seiten im Band I „Allgemeine Mengenlehre" unterzubringen. Im Laufe der Arbeit an der Biographie zeigte sich jedoch, daß dies aus Umfangsgründen nicht möglich ist. Der geplante Band I wurde deshalb in zwei Teilbänden realisiert: Band IA „Allgemeine Mengenlehre", erschienen 2013, und Band IB „Biographie", erschienen 2018. Das hier vorliegende Buch ist eine gekürzte und überarbeitete Fassung von Band IB der Edition.

FELIX HAUSDORFF war ein außerordentlich vielseitiger Mathematiker, dessen Schöpfungen eine Reihe mathematischer Gebiete nachhaltig geprägt haben. Den wohl größten Einfluß auf die Entwicklung der Mathematik in der ersten Hälfte des 20. Jahrhunderts hatte sein *opus magnum*, das Buch *Grundzüge der Mengenlehre* (1914). Dort führte er mittels seiner Umgebungsaxiome topologische Räume mit zweitem Trennungsaxiom ein (solche Räume heißen heute Hausdorff-Räume). Auf dieser Grundlage entwickelte er die allgemeine (mengentheoretische) Topologie zu einer eigenständigen mathematischen Disziplin. Ein wichtiger Spezialfall der topologischen Räume sind die metrischen Räume, deren Theorie er ausgehend von den drei von ihm an die Spitze gestellten metrischen Axiomen ebenfalls systematisch aufbaute. Die spezielle nach HAUSDORFF benannte Metrik (ein Abstand zwischen den abgeschlossenen beschränkten Mengen eines metrischen Raumes) hat zahlreiche Untersuchungen angestoßen und war insbesondere der Ausgangpunkt für das Studium von Hyperräumen. Hausdorff-Räume und speziell metrische Räume sind heute in der Mathematik sozusagen omnipräsent.

Hervorgehoben sei auch, daß HAUSDORFF einer der frühen Vertreter einer neuen Art von Mathematik war, jener Mathematik, die man später als die moderne Mathematik des 20. Jahrhunderts bezeichnet hat. Die Kapitel zur Topologie seiner *Grundzüge der Mengenlehre* stellen einen der Basistexte der mathematischen Moderne dar und sind somit auch methodisch eine Pionierleistung. Charakteristisch für die damals in die Zukunft weisende neue Auffassung von Mathematik war der mengentheoretisch-axiomatische Aufbau von Theorien grundlegender Strukturen. Dabei wurde, wie in HAUSDORFFs Theorie der topologischen Räume, aus konkreten Beispielen oder Teilgebieten ein gemeinsamer struktureller Kern herausgeschält und dann für diesen auf der Grundlage geeignet gewählter Axiome deduktiv eine allgemeine Theorie entwickelt, die alle Beispiele als Spezialfälle enthält, aber darüber hinaus viele weitere Möglichkeiten der Anwendung bietet. Der Aufbau solcher Theorien bringt einen Gewinn an Allgemeinheit und Durchsichtigkeit mit sich und damit an Vereinfachung, Vereinheitlichung und letztlich an Denkökonomie.

HAUSDORFFs Schöpfungen in der Maßtheorie, Konzepte, die heute unter den Namen Hausdorff-Maß und Hausdorff-Dimension bekannt sind, haben die Entwicklung der geometrischen Maßtheorie geprägt und mittels der heutigen Möglichkeiten der Computergraphik zur Darstellung sogenannter Fraktale bis in breite Schichten wissenschaftlich interessierter Menschen hinein anregend gewirkt. Sie haben darüber hinaus Anwendungen in den verschiedensten Gebieten der Mathematik und der Physik gefunden und dort zahlreiche weitere Entwicklungen angestoßen, etwa in der Zahlentheorie, harmonischen Analyse, Potentialtheorie, bei nichtlinearen partiellen Differentialgleichungen, in der Theorie der dynamischen Systeme, der Stochastik, Ergodentheorie, Theorie turbulenter Strömungen, statistischen Mechanik und der Meteorologie. Auch das Hausdorffsche Paradoxon, durch BANACH und TARSKI verallgemeinert, hat zu Entwicklungen geführt, deren Darstellung mittlerweile eine ganze Monographie in Anspruch nimmt.

In der Mengenlehre verfolgte HAUSDORFF anerkennend die Bemühungen von ZERMELO, FRAENKEL und anderen um die axiomatische Grundlegung und damit die Vermeidung der Antinomien; beteiligen wollte er sich an diesen Forschungen jedoch nicht. Sein Arbeitsfeld wurden die geordneten Mengen; ARTHUR SCHOENFLIES stellte 1913 fest, daß man die seit CANTOR auf diesem Gebiet erzielten Fortschritte fast ausschließlich HAUSDORFF verdanke. Auf HAUSDORFF gehen die für die gesamte Mengenlehre fundamentalen Begriffe *Konfinalität* und *Koinitialität* zurück. Er unterschied damit erstmalig *reguläre* und *singuläre* Kardinalzahlen. Mit der Feststellung, daß reguläre Kardinalzahlen mit Limesindex, sollten sie überhaupt existieren, „von exorbitanter Größe" sein müssen, gab er den Anstoß zur Entwicklung des Gebiets der großen Kardinalzahlen. Er zeigte, daß sich Lücken in geordneten dichten Mengen durch Paare regulärer Kardinalzahlen eindeutig charakterisieren lassen. HAUSDORFF führte partiell geordnete Mengen ein und zeigte, daß sich jede geordnete Teilmenge einer solchen Menge zu einer maximalen geordneten Teilmenge erweitern läßt (Hausdorffscher Maximalkettensatz). Mit seinen allgemeinen Produkt- und Potenzbegriffen für Ordnungstypen schuf er ein gewaltiges Arsenal neuer Ordnungsstrukturen, darunter mit den η_α-Mengen die für die Modelltheorie so bedeutenden saturierten Strukturen. Auf HAUSDORFF geht auch die grundlegende Rekursionsformel für die Alephexponentiation zurück, die heute nach ihm benannt wird. Eine wichtige Etappe in der Entwicklung der deskriptiven Mengenlehre war sein Beweis, daß CANTORs Kontinuumhypothese für Borelmengen polnischer Räume zutrifft. Er formulierte auch erstmals die verallgemeinerte Kontinuumhypothese.

Bedeutende Beiträge leistete HAUSDORFF zur Funktionalanalysis. Auf ihn geht eine große Klasse von Matrixverfahren zur Limitierung divergenter Reihen zurück, die heute als Hausdorff-Verfahren bezeichnet werden; die klassischen Verfahren von HÖLDER und CESÀRO sind davon Spezialfälle. Grundlage für diese Theorie war HAUSDORFFs Lösung eines speziellen Momentenproblems (Hausdorffsches Momentenproblem). Mit der nach HAUSDORFF und YOUNG benannten Ungleichung wurde der Satz von Fischer–Riesz verallgemeinert, ein wichtiger Beitrag zur Theorie der L^p-Räume.

Auch HAUSDORFFs Beiträge zur Theorie der Lie-Algebren (Baker-Campbell-Hausdorff-Formel), zur Zahlentheorie (wesentliche Vereinfachung von HILBERTs Lösung des Waringschen Problems), zur mathematischen Statistik (Einführung der Kumulanten) und zur Versicherungsmathematik (individuelle Risikotheorie) verdienen Erwähnung.

HAUSDORFFs mathematisches Werk und dessen Einfluß auf die Entwicklung der Mathematik sind jedoch nur eine Seite dieser faszinierenden Persönlichkeit. Er führte über fast zwei Jahrzehnte sozusagen ein Doppelleben: Auf der einen Seite der exakte Wissenschaftler FELIX HAUSDORFF, der erst mühsam seinen Weg vom wenig erfolgreichen Astronomen zum herausragenden Mathematiker finden mußte, auf der anderen Seite der Philosoph, Literat und zeitkritische Essayist PAUL MONGRÉ, der eine singuläre Erscheinung im kulturellen Leben Deutschlands darstellte. Bereits während des Studiums hatte HAUSDORFF weit gespannte geisteswissenschaftliche Interessen. Er beschäftigte sich viele Jahre mit der Problematik von Raum und Zeit, setzte sich gründlich mit der Erkenntniskritik KANTS und mit den Neukantianern auseinander und entwickelte eigene Ideen, beeinflußt vor allem von der Philosophie NIETZSCHES. Letztere gewann für den jungen HAUSDORFF existentielle Bedeutung. Die Auseinandersetzung mit NIETZSCHES „Beweis" für die Hypothese der ewigen Wiederkehr des Gleichen führte ihn zu **seinem** Gebiet in der Mathematik, der Mengenlehre und ihren Anwendungen. Unter seinem Pseudonym veröffentlichte HAUSDORFF den Aphorismenband *Sant' Ilario. Gedanken aus der Landschaft Zarathustras*, das erkenntniskritische Werk *Das Chaos in kosmischer Auslese*, den Gedichtband *Ekstasen*, das sehr erfolgreiche Theaterstück *Der Arzt seiner Ehre* sowie eine Reihe von Essays in führenden literarischen Zeitschriften.

HAUSDORFFs Bedeutung für die Mathematik und seine singuläre Rolle als Philosoph und Literat waren starke Motive für die Edition seiner *Gesammelten Werke*. Hinzu kam ein weiteres Motiv, und das war sein tragisches Ende als Opfer des antisemitischen Rassismus der Nationalsozialisten. Als Jude zunehmend ausgegrenzt und gedemütigt, nahm er sich am 26. Januar 1942 gemeinsam mit seiner Frau und seiner Schwägerin das Leben, als die Deportation in ein Konzentrationslager unmittelbar bevorstand. Alle Mitwirkenden an der Edition empfanden es als Verpflichtung, HAUSDORFFs Leben und Schaffen zu erforschen und der Nachwelt näher zu bringen und ihn selbst dadurch in besonderer Weise zu würdigen.

Wie eingangs erwähnt, erschien 2018 eine umfangreiche HAUSDORFF-Biographie als Band IB der Edition; sie hat jedoch eine lange Vorgeschichte. Am 26. Januar 1992 jährte sich HAUSDORFFs Todestag zum 50. Male. Aus diesem Anlaß richtete EGBERT BRIESKORN ein Gedenkkolloquium des Mathematischen Instituts der Universität Bonn aus, als dessen Ergebnis der von ihm herausgegebene Sammelband *Felix Hausdorff zum Gedächtnis - Aspekte seines Werkes* 1996 bei Vieweg erschienen ist. Ferner gestaltete er eine Ausstellung „Felix Hausdorff – Paul Mongré" und publizierte dazu einen Katalog. In Vorbereitung dieser Aktivitäten hatte er seit etwa 1989 intensiv Material für eine Biographie HAUSDORFFs gesammelt. Er führte zahlreiche Gespräche mit HAUSDORFFs Tochter LENORE KÖNIG und nahm Kontakte mit CHARLOTTE HAUSDORFFs Nichte ELSE PAPPENHEIM und mit weiteren Zeitzeugen auf. Ferner kontaktierte er zahlreiche Archive und hat im Laufe der Jahre durch gründliche Recherchen viel wertvolles Material sammeln können. Die Aufgabe, im Rahmen der Edition eine Biographie HAUSDORFFs vorzulegen, hatte EGBERT BRIESKORN übernommen. Er wollte darin neben dem außerordentlich einflußreichen mathematischen Werk HAUSDORFFs auch weite Felder seiner Interessen und lebensweltlichen Bezüge aus sehr verschiedenen Bereichen berücksichtigen: Philosophie, vor allem KANT, SCHOPENHAUER, NIETZSCHE und die Beziehungen HAUSDORFFs zum Nietzsche-Archiv, Erkenntniskritik, vor allem HAUSDORFFs Sprachkritik und seine Überlegungen zu Raum und Zeit, HAUSDORFFs literarisches Werk und seine Beziehungen zu Literaten wie DEHMEL, HARTLEBEN und WEDEKIND, Musik, insbesondere HAUSDORFFs Verhältnis zu WAGNER und seine Beziehung zu REGER, bildende Kunst, vor allem HAUSDORFFs Freundschaft mit MAX KLINGER. Hinzu kommen die Familiengeschichte im Rahmen der jüdischen Geschichte und die Geschichte des Antisemitismus bis zu HAUSDORFFs tragischem Ende unter der Nazidiktatur.

Über viele Jahre hat EGBERT BRIESKORN an der Biographie gearbeitet, immer wieder neues biographisches Material gesammelt und Entwürfe über HAUSDORFFs frühe Jahre zu Papier gebracht. Dabei gab es auch längere Unterbrechungen durch sein großes Engagement im Natur- und Artenschutz. Mit der finalen Niederschrift begann er relativ spät, und er hat daran auch und gerade während seiner schweren Krankheit sehr intensiv gearbeitet. Er hat während dieser Krankheit dem Tod mit philosophischer Ruhe ins Auge geblickt; eine seiner Sorgen war es, was in einem solchen Fall mit der Biographie geschehen würde. Ich habe ihm versprochen, daß ich, so gut ich es vermag, das Werk zu Ende bringen würde und daß alles, was er noch wird schaffen können, ungekürzt und unverändert in die Biographie eingeht. Drei Wochen vor seinem Tod hat er mir den letzten Abschnitt geschickt, den er noch fertigstellen konnte, übrigens einen besonders schwierigen, über HAUSDORFFs Beziehungen zu dem Philosophen, Mystiker und Anarchisten GUSTAV LANDAUER. Als er spürte, daß er mehr nicht schaffen würde, hat er mir in einem Telefongespräch am 10. Juli 2013 ein Treffen vorgeschlagen, um mir zu erzählen, wie er sich den weiteren Verlauf der Biographie vorgestellt hat. Als Termin hatten wir den 12. Juli vereinbart. Am Abend des 11. Juli 2013 ist er verstorben.

546 Seiten der Biographie hat EGBERT BRIESKORN hinterlassen; sie sind, wie es versprochen war, ungekürzt und unverändert in den Band IB "Biographie" der Edition eingegangen. Entwürfe für weitere Abschnitte hat er nicht hinterlassen. Es ging also darum, die Biographie, die er chronologisch angelegt hatte, zeitlich fortzusetzen und zu Ende zu schreiben. Dabei war ein gewisser Stilbruch unvermeidlich. Das betrifft insbesondere den Detailreichtum der Darstellung, aber auch BRIESKORNS unverwechselbare Art zu schreiben, die man nicht imitieren kann. Bei meiner Arbeit an dem Band war mir EGBERT BRIESKORNs Nachlaß eine unverzichtbare Hilfe. Frau HEIDRUN BRIESKORN hat ihn mir unmittelbar nach dem Tod ihres Gatten zur Verfügung gestellt, wofür ich ihr sehr dankbar

bin. Dieser Nachlaß befindet sich jetzt in der Abteilung Handschriften und Rara der Universitäts- und Landesbibliothek Bonn. Ferner habe ich mich natürlich auf die Kommentare der Mitarbeiter an der Hausdorff-Edition stützen können, die größtenteils ehrenamtlich oft über Jahre an diesem Projekt mitgewirkt haben. Diese Kommentare verfaßten JOSEF BEMELMANS, CHRISTA BINDER, EGBERT BRIESKORN(†), SRISHTI D.CHATTERJI(†), MORITZ EPPLE, ULRICH FELGNER, HORST HERRLICH(†), STEFAN HILDEBRANDT(†), MIREK HUŠEK, VLADIMIR KANOVEI, PETER KOEPKE, GERHARD PREUSS(†), WALTER PURKERT, REINHOLD REMMERT(†), UDO ROTH, WINFRIED SCHARLAU(†), FELIX SCHMEIDLER(†), ERHARD SCHOLZ, WOLFGANG SCHWARZ(†), WERNER STEGMAIER und FRIEDRICH VOLLHARDT. Ich gedenke insbesondere mit großer Dankbarkeit der Kollegen, die das Erscheinen der Biographie und den Abschluß der Edition 2020 mit dem Band VI nicht mehr erleben konnten.

Der Band IB der Hausdorff-Edition ist im Frühjahr 2018 erschienen. Es gab von Seiten des Verlages die Überlegung, eine englischsprachige Version dieser Biographie herauszubringen. Ein Hindernis dabei war der für eine Biographie, die für breite Kreise interessierter Leser gedacht ist und sich in eine gut eingeführte Biographienserie, wie etwa *Vita Mathematica*, einordnet, der gewaltige Umfang von 1.130 Seiten. Ich habe es nach anfänglichem Zögern dann übernommen, eine auf die reichliche Hälfte verkürzte Version der Biographie zu erarbeiten, die natürlich auch unter BRIESKORN/PURKERT erscheinen soll. Dies ist gewiß ein gewagtes Unternehmen, und es gibt manches für und wider. Frau BRIESKORN hat mich jedoch zu diesem Schritt ermutigt, würden doch so die Ergebnisse der viele Jahre währenden Arbeit ihres verstorbenen Mannes an der Biographie auch international zugänglich, zumal für jeden der Weg zum ursprünglichen Text stets offen steht.

Als die so ins Auge gefaßte deutschsprachige Grundlage für eine Übersetzung ins Englische Anfang 2020 fertig war, kam von verschiedenen Seiten der Vorschlag, für das deutschsprachige Publikum diesen Text auch als Buch herauszubringen, und der Springer-Verlag war so freundlich, dies zu realisieren. Zum Anteil der beiden Autoren an dem vorliegenden Werk ist folgendes zu bemerken: Die Kapitel 1 bis 5 gehen bis auf den Abschnitt 4.2 inhaltlich fast vollständig auf EGBERT BRIESKORN zurück. Dasselbe trifft auf die Abschnitte 6.1, 6.2 und 6.5 zu. Beim Verfassen der Abschnitte 8.1, 9.7, 10.1, 10.7 und 11.4 konnte ich mich weitgehend auf seine umfangreichen Recherchen, deren Ergebnisse sich in seinem Nachlaß befinden, stützen. Das Übrige ist eine verkürzte Fassung meines Anteils am Band IB.

Ein herzlicher Dank geht an die Deutsche Forschungsgemeinschaft und an die Nordrhein-Westfälische Akademie der Wissenschaften und der Künste, die durch ihre finanzielle Förderung die Edition und damit auch die Biographie erst ermöglichten. Für stets freundliche Unterstützung meiner Arbeit danke ich dem Hausdorff Center for Mathematics der Universität Bonn und der Handschriftenabteilung der Bonner Universitäts- und Landesbibliothek.

Bedanken möchte ich mich auch bei meinen Freunden und Kollegen REINHARD SIEGMUND-SCHULTZE und ERHARD SCHOLZ, die die Arbeit an der Biographie von Beginn an mit Rat und Tat begleitet haben. Mein Freund und Kollege DAVID ROWE hat mich mit zahlreichen Ratschlägen zur Neustrukturierung der gekürzten Fassung unterstützt und bei der technischen Fertigstellung eines e-book-reifen Manuskripts entscheidend mitgewirkt. Er hat auch mit der englischen Übersetzung viel Mühe und Arbeit auf sich genommen. Für all dies gilt ihm mein ganz besonders herzlicher Dank.

Bonn, im September 2020   Walter Purkert

Hinweise für den Leser

Auf die Bände der Gesammelten Werke HAUSDORFFs wird stets mit dem Kürzel *HGW* und der Angabe der Bandnummer verwiesen. Diese Bände sind (in Klammern das Jahr des Erscheinens):

Band IA *Allgemeine Mengenlehre* (2013)
Band IB *Biographie* (2018)
Band II *Grundzüge der Mengenlehre* (2002)
Band III *Deskriptive Mengenlehre und Topologie* (2008)
Band IV *Analysis, Algebra und Zahlentheorie* (2001)
Band V *Astronomie, Optik und Wahrscheinlichkeitstheorie* (2006)
Band VI *Geometrie, Raum und Zeit* (2020)
Band VII *Philosophisches Werk* (2004)
Band VIII *Literarisches Werk* (2010)
Band IX *Korrespondenz* (2012)

Das Literaturverzeichnis enthält als ersten Teil ein vollständiges Schriftenverzeichnis HAUSDORFFs einschließlich der unter dem Pseudonym PAUL MONGRÉ veröffentlichten Schriften. Auf die Stücke aus diesem Verzeichnis verweisen stets Kürzel, die mit [H ⋯ beginnen, also z.B. [H 1897b] für *Sant' Ilario* oder [H 1914a] für *Grundzüge der Mengenlehre*. Steht im Text ein allgemeiner Hinweis etwa der Form [H 1903b, VIII: 551–580], so wird hier auf den Essay *Sprachkritik* verwiesen und angezeigt, daß dieser im Band VIII der Edition auf den Seiten 551–580 wiederabgedruckt ist.

Für den Nachweis von Zitaten wird zunächst die Seite im Original angegeben und dann die Seite für den Wiederabdruck in der Edition. Wird z.B. eine Stelle zitiert, die im *Sant' Ilario* auf den Seiten 211–212 steht, so lautet der Nachweis [H 1897b, 211–212; VII: 305–306]; der Wiederabdruck dieser Stelle befindet sich also im Band VII der Edition auf den Seiten 305–306.

Der zweite Teil des Literaturverzeichnisses ist das allgemeine Verzeichnis (ohne HAUSDORFFs Schriften). Es hat die übliche Form und aus ihm wird wie üblich zitiert.

HAUSDORFFs umfangreicher Nachlaß von etwa 26.000 Blatt ist katalogisiert. Das gedruckte Findbuch ist nur in wenigen Exemplaren vorhanden; es ist aber elektronisch zugänglich unter *https://www.ulb.uni-bonn.de/de/sammlungen/ nachlaesse/findbuecher-und-inhaltsverzeichnisse/hausdorff*.

In der Biographie wird aus zahlreichen Briefen von und an HAUSDORFF zitiert. Als Quelle wird stets nur die Seite im Band IX der Edition angegeben, wo sich die zitierte Stelle befindet. Wer wissen möchte, wo sich die Originale der Briefe befinden, sei auf die Angaben im Band IX zu den Quellen der Korrespondenz verwiesen. Da in der gesamten Edition die alte Rechtschreibung verwendet worden ist, haben wir das auch in dieser Biographie so beibehalten.

Teil I

Felix Hausdorffs Weg zur Mathematik

Kapitel 1

Hausdorffs Kindheit und Jugend bis zum Abitur

1.1 Die Vorfahren

FELIX HAUSDORFF kam am 8. November 1868 in Breslau als Sohn des jüdischen Kaufmanns LOUIS HAUSDORFF und dessen Ehefrau JOHANNA, geborene TIETZ, zur Welt.[1] FELIX HAUSDORFFs Vorfahren väterlicherseits lassen sich
in männlicher Linie bis zum Urgroßvater zurückverfolgen. Dieser hieß MICHO-
EL SHOUL HAUSDORFF und lebte in Rawitsch, welches ab 1793 zur preußischen
Provinz Posen gehörte. Rawitsch ist etwa 60 Kilometer von Breslau entfernt. Die
kleine Stadt war ein Zentrum der Tuchweberei und auch eine bedeutende Stät-
te jüdischen Lebens. Seit den 1770-er Jahren gab es dort eine Thora-Schule; das
Talmud-Studium wurde in der Gemeinde besonders gepflegt.[2]

Die Lebensdaten und der Beruf von MICHOEL SHOUL HAUSDORFF sind nicht
bekannt; auch wissen wir nichts über seine Ehefrau. Zur Herkunft des Familienna-
mens „Hausdorff" kann man nur Vermutungen anstellen. In der christlichen Bevölkerung Mittel- und Osteuropas hatten sich seit dem 16. Jahrhundert unveränderliche Familiennamen eingebürgert. In der jüdischen Bevölkerung dieses Gebietes
waren solche Namen bis ins 19. Jahrhundert hinein in der Regel nicht üblich. Zum
Rufnamen der Person wurde als Zusatz der Rufname des Vaters angegeben, etwa Jacob ben Salomon (Jacob, Sohn des Salomon). In Österreich und Preußen
begann man Ende des 18. Jahrhunderts damit, die Einwohner jüdischen Glaubens
zu zwingen, unveränderliche Familiennamen anzunehmen. In Preußen galt dies ab
1791 für den Regierungsbezirk Breslau, im größten Teil des Landes aber erst seit

---

[1] Geburtsattest für Felix Hausdorff in Nachlaß Hausdorff, Kapsel 63, Nr. 01.
[2] Näheres in [Cohn 1915]. Zur wechselvollen und oft durch Diskriminierung geprägten
Geschichte der jüdischen Bevölkerung in Preußen und später im Deutschen Reich siehe
[Elbogen/ Sterling 1966].

© Der/die Autor(en), exklusiv lizenziert durch
Springer-Verlag GmbH, DE, ein Teil von Springer Nature 2021
E. Brieskorn und W. Purkert, *Felix Hausdorff*, Mathematik im Kontext,
https://doi.org/10.1007/978-3-662-63370-0_1

dem Emanzipationsedikt von 1812. Im Gegensatz zu Österreich war es in Preußen erlaubt, Ortsnamen – etwa den Namen des Herkunftsortes – als Familiennamen zu wählen. Im weiteren Einzugsgebiet der Städte Rawitsch und Breslau gab es vier Orte mit Namen „Hausdorf", ein größeres Dorf und drei kleine Dörfer. Die Vermutung liegt nahe, daß die Vorfahren von MICHOEL SHOUL HAUSDORFF oder er selbst aus einem dieser Orte stammen und später in Rawitsch den Ortsnamen als Familiennamen annahmen.

MICHOEL SHOUL HAUSDORFF hatte drei Söhne und eine Tochter: MARCUS, DAVID[3], JULIUS und FAIGELE. Der Sohn MARCUS war FELIX HAUSDORFFs Großvater väterlicherseits. Er war Kaufmann und muß vor 1847 nach Breslau übergesiedelt sein. Er hatte in der Carlsstraße in Breslau ein Geschäft, das zwischen 1847 und 1872 als Leinwand- und Schnittwarenhandlung bzw. als Manufakturwarenhandlung in den Breslauer Adreßbüchern verzeichnet ist. MARCUS HAUSDORFF und seine Frau HENRIETTE, eine geborene LÖWIN, hatten drei Söhne: SIEGFRIED, geboren 1841, LOUIS, geboren 1843, und MORITZ, der früh verstarb. Auf die religiöse Erziehung und die geistige Entwicklung seiner Söhne hat der Vater großen Wert gelegt. MARCUS HAUSDORFF war nämlich nicht nur Kaufmann, sondern auch ein bedeutender Talmudgelehrter. Insbesondere sein Sohn LOUIS, FELIX HAUSDORFFs Vater, erwies sich als besonders gelehrig und talentiert; er hat später selbst wissenschaftlich publiziert. Darauf und auf die Erziehung durch seinen Vater MARCUS nimmt auch der 1896 erschienene Nachruf des Deutsch-Israelitischen Gemeindebundes auf LOUIS HAUSDORFF Bezug; dort heißt es:

> Geboren zu Breslau am 27. Juni 1843, war Herr Hausdorff von seinem als gelehrten Talmudisten bekannten Vater in jüdischer Wissenschaft erzogen worden, der er sich mit glühendem Eifer widmete, so daß er schon zu 13 Jahren den Morenu-Titel erhielt. Aus eigenem Antrieb machte er sich auch weltliches Wissen zu eigen. Nicht nur lernend, auch selbstständig schriftstellerisch ist er tätig gewesen. Sein reger und origineller Geist ließ ihn in verschiedenen Zweigen der Gelehrsamkeit mit selbstständigen eigenthümlichen Anschauungen vor die Öffentlichkeit treten, zumal nachdem er 1870 nach Leipzig übergesiedelt war.[4]

Der Morenu-Titel war ein Ehrentitel, der nach einer bestandenen Prüfung vergeben wurde. Gegenstand der Prüfung war der Talmud sowie die Entscheidungen der rabbinischen Autoritäten seit Abschluß des Talmuds.

Als junger Mann konnte sich LOUIS HAUSDORFF nur noch nebenher seinen Studien widmen, denn spätestens seit 1866 waren er und sein Bruder SIEGFRIED als Kaufleute im Geschäft ihres Vaters tätig. Beide gründeten um diese Zeit auch eine Familie. Sie heirateten zwei Schwestern aus der weitverzweigten und berühmten jüdischen Familie TIETZ: 1865 oder 1866 heiratete SIEGFRIED HAUSDORFF die neunzehn Jahre alte NATALIE TIETZ. Am 17. September 1867 heiratete LOUIS

---

[3]Zu den Nachfahren Davids gehört Herr William (Bill) Hausdorff (Brüssel), dem ich die Angaben über Michoel Shoul Hausdorff verdanke.

[4]*Mittheilungen vom Deutsch-Israelitischen Gemeindebunde*, herausgegeben vom Ausschuß des Deutsch-Israelitischen Gemeindebundes, Nr. 44, Leipzig 1896, 36.

HAUSDORFF NATALIES jüngere Schwester HEDWIG (JOHANNA) TIETZ.[5] Das junge
Paar zog in eine Wohnung in der Büttnerstraße, nicht weit vom Geschäft in der
Carlsstraße entfernt. Auf den Sohn FELIX folgte am 19. Dezember 1869 die Tochter
MARTHA. Am 21. Juni 1874, als die Familie schon in Leipzig lebte, bekamen FELIX
und MARTHA noch eine Schwester, VALLY.

Wir wollen nun auf die Familie der Mutter von FELIX HAUSDORFF etwas
näher eingehen.[6] Nach mündlicher Familienüberlieferung sollen die Vorfahren der
Familie TIETZ im 12. Jahrhundert aus Südfrankreich ins Rheinland und später
nach Holland eingewandert sein. Der erste schriftlich nachgewiesene Vorfahre ist
DAVID BEN ZWI. Dieser soll nach der 1772 erfolgten ersten Teilung Polens im
neu zu Preußen gekommenen Netzedistrikt angesiedelt worden sein. Dort erhielt
er Land bei der Ortschaft Tütz (heute Tuczno) und als jüdischer Siedler gewisse
Privilegien. Die preußische Regierung stützte sich nämlich bei der wirtschaftlichen
Entwicklung der neu okkupierten Gebiete auch auf jüdische Kaufleute und Siedler.
Wie beim Namen HAUSDORFF kann man auch hier vermuten, daß der spätere
Familienname TIETZ auf den Ortsnamen Tütz zurückgeht.

DAVID BEN ZWIS Sohn JACOB siedelte sich in Birnbaum in Posen an, welches
nach der zweiten Teilung Polens 1793 zu Preußen kam. Er brachte es zu beträchtlichem Wohlstand; 1798 ist er in Birnbaum gestorben. JACOB hatte drei Söhne:
HIRSCH, DAVID und ISAAC. Ein Enkel von HIRSCH TIETZ war HERMANN TIETZ,
der gemeinsam mit seinem Neffen OSCAR TIETZ die Idee des Warenhauses in die
Tat umsetzte und schließlich die um die Jahrhundertwende besonders in Berlin
berühmte Warenhauskette „Hermann Tietz OHG" aufbaute.[7] Unter der nationalsozialistischen Diktatur wurde das in vielen Städten des Deutschen Reiches tätige
Unternehmen bereits 1933 mit Hilfe eines Bankenkonsortiums „arisiert" und dann
unter dem Namen HERTIE geführt, unter dem es auch nach dem Krieg in der
Bundesrepublik weiter existierte.

DAVID und ISAAC TIETZ waren Kaufleute in Birnbaum. Die Linie des äl-
testen Sohnes MICHAELIS von ISAAC TIETZ wollen wir weiter verfolgen; er ist
FELIX HAUSDORFFS Großvater mütterlicherseits. MICHAELIS TIETZ wurde 1818
in Birnbaum geboren. Er heiratete PAULINE BERLIN, geboren 1822 in Birnbaum.
Das Paar bekam im Zeitraum von 1845 bis 1864 neun Kinder: HEINRICH, NATA-
LIE, HEDWIG, WILHELM, BERTHA, JULIUS, ADOLF, HUGO und MARGARETE. Die
Verbindung der Familien TIETZ und HAUSDORFF kam – wie erwähnt – dadurch zu-

---

[5] Im Geburtsattest von Felix Hausdorff wird sie als Johanna, geb. Tietz geführt; so auch öfter
in offiziellen Dokumenten. Im Familienkreis scheint man den Vornamen Hedwig bevorzugt zu
haben. Auf ihrem Grabstein steht Hedwig Hausdorff. Deshalb werden wir im folgenden nur noch
den Vornamen Hedwig benutzen.

[6] Die folgenden Angaben beruhen einerseits auf einem von Julius Baumann 1904 erstellten
Stammbaum der Familie Tietz, den Herr Albert U. Tietz, Forest Hills, NY, Mitglied des Board
of Directors der Research Foundation for Jewish Immigration in New York, dem Verfasser mit
einem Schreiben vom 2. März 1998 zugänglich machte, andererseits auf [Tietz 1965].

[7] Das Warenhaus „Hermann Tietz" am Alexanderplatz hatte eine besonders eindrucksvolle
Fassade von 250m Länge.

stande, daß die beiden Schwestern NATALIE und HEDWIG die HAUSDORFF-Brüder
SIEGFRIED und LOUIS heirateten.

Mit der Gründung des Deutschen Reiches 1871 wurde in allen deutschen
Ländern eine einheitliche Rechtsgrundlage geschaffen, die den Juden die gleichen
Rechte garantierte wie allen übrigen Bürgern des Reiches.[8] Man muß bei der Beurteilung der Lage der Juden aber stets beachten, daß die Gleichberechtigung de
jure nicht Gleichberechtigung de facto bedeutete. Der nach wie vor latente Antisemitismus, der sich zunehmend von einem religiösen Antisemitismus zu einem
Rassenantisemitismus wandelte, hat nach wie vor, z. B. bei der Berufungspolitik
an den Universitäten, für Benachteiligung von Juden gesorgt. Ungeachtet dieser
Einschränkungen war die neue Gesetzgebung, insbesondere für Juden im Wirtschaftsleben und in freien Berufen, ein wesentlicher Fortschritt gegenüber früheren Zeiten. Eine Folge war, daß zunehmend jüdische Familien aus den östlichen
Randgebieten Preußens in die Großstädte des Reiches zogen. So ließen sich MI-
CHAELIS TIETZ, seine Frau PAULINE und der Sohn HEINRICH in Berlin nieder.
SIEGFRIED HAUSDORFF übersiedelte mit seiner Frau NATALIE und den Kindern
nach zeitweiliger Tätigkeit in Leipzig ebenfalls nach Berlin. ADOLF TIETZ ließ
sich in Schwerin nieder und betrieb dort ein Geschäft für „Luxusartikel, Bronce-
waaren, Nippes, Decorationspocale, Porcellane„ Fächer, Spazierstöcke, Lampen,
Lichterkronen, Schreibzeuge, Schreibgarnituren, Uhren, Lederwaaren, Schmucksa-
chen etc. etc. zu Hochzeits- und Gelegenheitsgeschenken."[9] Zu den Verwandten in
Schwerin pflegte FELIX HAUSDORFF mit Familie später recht enge Beziehungen.[10]
MICHAELIS TIETZ starb 1883 in Berlin. Ein Jahr später starb auch seine Frau
PAULINE. Die Kinder und Schwiegerkinder des Ehepaares TIETZ gründeten 1886
eine „Michael und Pauline Tietz'sche Familienstiftung".[11] Der Stiftungszweck bestand darin, Angehörigen der stiftenden Familien, die ohne eigenes Verschulden in
eine finanzielle Notlage geraten waren, mit der Gewährung eines besonders zins-
günstigen Darlehns oder anderweitig zu helfen.

Auch LOUIS und HEDWIG HAUSDORFF hatten 1870 den Beschluß gefaßt, mit
ihren Kindern Schlesien zu verlassen. Am 14. Oktober 1870 erhielt LOUIS HAUS-
DORFF von der Königlich-Preußischen Regierung in Breslau einen Heimatschein
ausgestellt, in dem ihm „zum Zweck des Aufenthalts in dem Königreiche Sachsen" bescheinigt wird, „daß *derselbe* und zwar durch *Abstammung* die Eigenschaft
als Preuße besitzt."[12] Ende Oktober/Anfang November 1870 muß der Umzug nach
Leipzig erfogt sein, denn am 21. November 1870 erhielt LOUIS HAUSDORFF einen
Einwohnerschein der Stadt Leipzig, in dem ihm bestätigt wurde, „daß er in die
Zahl der selbständigen Einwohner hiesiger Stadt eingetreten und in das Verzeich-

---

[8]Ein solches Gesetz war bereits am 3. Juli 1869 für den Norddeutschen Bund erlassen worden;
es wurde 1870 auch in einigen süddeutschen Ländern übernommen.

[9]Anzeige im „Schweriner Wohnungsanzeiger" von 1899.

[10]Diese bewährten sich insbesondere, als seine Cousine Käthe unter der nationalsozialistischen
Diktatur ein furchtbarer Schlag ereilte; s. dazu das letzte Kapitel des Buches.

[11]Nachlaß Hausdorff, Kapsel 52, Faszikel 1139, Blatt 1v.

[12]Aufnahmeakte Louis Hausdorff, Nr. 31790. Stadtarchiv Leipzig.

niß derselben aufgenommen worden ist."[13] Mit der Ankunft in Leipzig begann ein neues Kapitel im Leben der Familie HAUSDORFF und besonders im Leben des zweijährigen FELIX, der bis zu seinem 42.Lebensjahr in dieser Stadt geblieben ist.

1.2 Die Familie Hausdorff in Leipzig

Die ursprünglich slawische Siedlung „Libzi"[14] erhielt von Markgraf OTTO VON MEISSEN 1165 das Stadt- und Marktrecht. Kaiser MAXIMILIAN I. erhob im Jahre 1497 die ansehnliche mittelalterliche Stadt zur Reichsmessestadt. Der Aufstieg Leipzigs zu einer der bedeutendsten Handelsstädte und schließlich zur Großstadt beruhte, begünstigt durch die geographische Lage an der Kreuzung der wichtigen alten Handelsstraßen Via regia und Via imperii, auf den Messen. Die Leipziger Messe war vor Beginn der industriellen Massenproduktion eine Warenmesse. Es wurden Waren aus aller Herren Länder umgeschlagen. Auswärtige Kaufleute lagerten ihre zur Messe gebrachten Waren, soweit sie nicht verkauft wurden, bis zur nächsten Messe in den Gewölben der Leipziger Bürger ein. Die Straße „Brühl", meist „der Leipziger Brühl" genannt, war ein Zentrum dieser Verkaufs- und Niederlassungsgewölbe und insbesondere ein Umschlagsplatz von Wolle, Textilien aller Art, Lederwaren und vor allem Pelzen [Fellmann 1989]. Ab etwa 1700 hatte Leipzig Augsburg, Nürnberg und auch Frankfurt als Handels- und Messestadt überflügelt. Darüber hinaus entwickelte es sich zu einem Zentrum des Buchhandels und des Verlagswesens. Der zunehmende Reichtum der Stadt fand Ausdruck in prächtigen Bauten des Barocks und frühen Rokokos. Leipzigs Prachtstraße war die Katharinenstraße, die vom Brühl zum Marktplatz mit dem schönen Renaissance-Rathaus führte.[15]

1870, im Jahre des Umzugs der Familie HAUSDORFF nach Leipzig, erreichte die Einwohnerzahl der Stadt die Hunderttausendergrenze; damit wurde Leipzig zur Großstadt. Um diese Zeit begann auch der Wandel der Leipziger Messe von einer Warenmesse zu einer Mustermesse; ab 1873 wurden erste prächtige Messepassagen in der Innenstadt errichtet. Der Brühl war nun nicht mehr das Herz der Messe; dort gab es nun zunehmend neben Niederlassungen von Kaufleuten auch Sitze diverser Firmen und natürlich nach wie vor zahlreiche Herbergen und Restaurants.

Man kann vermuten, daß LOUIS HAUSDORFF bereits von Breslau aus seine geschäftliche Tätigkeit in Leipzig vorbereitet hat. Aktenkundig ist, daß er ab 1872 Mitinhaber einer Leinen- und Baumwollwaren-Handlung war, die der Kaufmann SALOMON MOSLER in Leipzig begründet hatte; die Adresse war Brühl Nr.25. Auf alten Fotos erkennt man ein Firmenschild am Haus Brühl 25 mit der Aufschrift „Leinen Baumw. Waaren Hausdorff & Mosler". 1878 schied der Firmengründer MOSLER aus der Firma aus. An seiner Stelle trat LOUIS HAUSDORFFs Bruder

---

[13]Aufnahmeakte Louis Hausdorff, Nr. 31790. Stadtarchiv Leipzig.
[14]„Lipa" steht sorbisch für Linde.
[15]Eine Seite der Katharinenstraße hat den II. Weltkrieg überstanden; man kann sich heute wieder an den sorgfältig restaurierten Gebäuden erfreuen.

SIEGFRIED in die Firma ein. Dessen Familie zog nun auch von Breslau nach Leipzig.
Ende 1885 schied LOUIS HAUSDORFF aus der Firma aus. Sein Bruder führte sie
noch ein Jahr weiter. Zum Ende des Jahres 1886 ist sie erloschen. SIEGFRIED
HAUSDORFF hat noch bis 1892 als Kaufmann in Leipzig gelebt, dann zog er mit
seiner Familie nach Berlin.

Über den geschäftlichen Erfolg von Hausdorff & Mosler ist nichts bekannt.
Der folgende Vorgang zeigt jedoch, daß LOUIS HAUSDORFF 1880 bereits über beträchtliche Mittel verfügte, andererseits aber auch ein risikofreudiger Unternehmer
war. 1880 erwarb er von ADOLPH MORITZ PAUFLER ein Grundstück in der Nähe des Bayerischen Bahnhofs (Leipzig, Hohe Straße 1). PAUFLER hatte ein Jahr
zuvor mit der Firma Metzger & Wittig[16] einen Vertrag geschlossen, in dem er sich
verpflichtete, auf dem besagten Grundstück innerhalb eines Jahres ein viergeschos-
siges Druckereigebäude mit Dampfmaschinen-Anlage und Transmission zu errich-
ten und Gebäude und Anlagen dann an Metzger & Wittig zu vermieten. PAUFLER
scheint Schwierigkeiten mit der Finanzierung des Projektes gehabt zu haben. Er
nahm Ende 1879 mehrere Darlehen auf, so daß das Objekt beim Verkauf an LOUIS
HAUSDORFF mit Hypotheken in einer Gesamthöhe von 135.000 Mark belastet war.
Der Kaufpreis betrug schließlich die stolze Summe von 180.000 Mark. 23.000 Mark
wurden bar bezahlt, 120.000 Mark wurden durch Übernahme der Hypotheken ausgeglichen und die restlichen 37.000 Mark durch eine Forderung, die SIEGFRIED
HAUSDORFF für den Verkauf eines Grundstücks in Breslau gegenüber PAUFLER
hatte. SIEGFRIED hatte diese Forderung an seinen Bruder LOUIS abgetreten. Um
sich eine Vorstellung von den hier zirkulierenden Beträgen zu machen, sei erwähnt,
daß das durchschnittliche Jahreseinkommen eines Arbeiters in der Metallindustrie
um 1880 etwa 850 Mark betrug. LOUIS HAUSDORFF trat nach dem Kauf in den von
PAUFLER mit Metzger & Wittig abgeschlossenen Mietvertrag ein. Die Miete betrug 9.000 Mark; allerdings waren für die Hypotheken Zinsen zwischen $4\frac{1}{2}$ und 5%
fällig. Die geschäftliche Verbindung zwischen der Familie HAUSDORFF und Metzger & Wittig blieb auch nach LOUIS HAUSDORFFs Tod bestehen; es sei erwähnt,
daß FELIX HAUSDORFFs großes Werk, das Buch *Grundzüge der Mengenlehre*, 1914
bei Metzger & Wittig gedruckt und gebunden wurde.

Auch im Verlagswesen hat sich LOUIS HAUSDORFF betätigt. Vermutlich seit
1885 war er Teilhaber der „Leipziger Gerichtzeitung Werner & Co." Die Zeitung,
die anfangs wöchentlich, später zweimal wöchentlich erschien, behandelte juri-
stische Fragen und berichtete von allgemein interessierenden Prozessen. LOUIS
HAUSDORFFs Beteiligung bestand vermutlich bis 1891; näheres darüber ist nicht
bekannt. Eine zweite Verlagsfirma übernahm er Ende 1885 und führte sie zu nachhaltigem Erfolg. Der Kaufmann SIEGFRIED HEPNER hatte 1883 in Görlitz ein Anzeigenblatt für die Textilindustrie unter dem Titel „Der Spinner und Weber" gegründet. Am 31. Dezember 1885 erschienen LOUIS HAUSDORFF und SIEGFRIED
HEPNER vor dem Amtsgericht in Leipzig und gaben die folgende Erklärung ab:

---

[16]Metzger & Wittig war eine 1795 von dem bekannten Leipziger Buchdrucker und Verleger Karl
Tauchnitz gegründete Buchdruckerei, Buchbinderei, Schrift- und Stereotypen-Gießerei.

Wir haben am hiesigen Platze (Brühl Nr. 25) eine Kommanditgesellschaft unter der Firma „Spinner & Weber Hausdorff & Co" errichtet, deren persönlicher Gesellschafter ich, Louis Hausdorff, bin, während ich, Siegfried Hepner, nur als Kommanditist mit einer Vermögenseinlage von Sechstausend Mark an dem Unternehmen, welches den Verlag und die Herausgabe der Fachzeitschrift Spinner & Weber zum Gegenstand hat, betheiligt bin.[17]

Zu Beginn war die Zeitschrift „Der Spinner und Weber" ein reines Anzeigenblatt. Die Kunden waren Textilfirmen in ganz Europa und sogar darüber hinaus. Die Anzeigen betrafen Maschinen, Rohstoffe und Zubehör aller Art für die Textilindustrie, ferner gab es Stellenanzeigen sowie Mitteilungen über Besitzwechsel, Konkurse, Versteigerungen etc. Der Verlag „Spinner und Weber, Hausdorff & Co." entwickelte sich prächtig. 1893 betrug die Auflage des Blattes schon 10.000 Exemplare. Bereits 1887 hatte LOUIS HAUSDORFF den Firmensitz aus dem alten Haus am Brühl in das repräsentative Gebäude Katharinenstraße 29 verlegt. Zu diesem Gebäude hatte er schon über seine Berliner Verwandtschaft eine Beziehung. Dort befand sich eine 1865 von FRIEDRICH AUGUST DIETZE gegründete Kattundruckerei. 1885 hatte LOUIS HAUSDORFFs Schwager HEINRICH TIETZ aus Berlin diese Firma übernommen; sie firmierte seitdem unter dem Namen „F. August Dietze Nachfolger, Elsässer Druck-Specialitäten".[18] 1888 ging die Firma in den Besitz von LOUIS HAUSDORFF über.

Der „Spinner und Weber" entwickelte sich nach und nach von einem reinen Anzeigenblatt zu einer renommierten Fachzeitschrift für die gesamte Textilindustrie. Nach LOUIS HAUSDORFFs Tod 1896 wurde FELIX HAUSDORFF Mitinhaber des Verlages „Spinner und Weber, Hausdorff & Co." Die operative Leitung überließ er aber HEPNER und nach dem Tod HEPNERs 1916 dessen Söhnen. Auf den erzwungenen Verkauf des Unternehmens in der Nazi-Zeit kommen wir im letzten Kapitel zurück.

Die Entwicklung der Leipziger Messen und des Geschäftslebens am Brühl ist untrennbar mit der Geschichte der Juden in Leipzig verbunden [Diamant 1993], [Ephraim-Carlebach-Stiftung 1994]. Erste Berichte über die Ansiedlung von Juden in Leipzig datieren vom Ende des 12. Anfang des 13. Jahrhunderts. In den folgenden Jahrhunderten wechselten Duldung in der Stadt und Vertreibung miteinander ab. Von Mitte des 15. Jahrhunderts bis zum Beginn des 18. Jahrhunderts wurden Juden in Leipzig nur während der Messezeiten geduldet. Obwohl der Erfolg der Messen wesentlich von der Beteiligung jüdischer Kaufleute, vor allem von Pelzhändlern aus dem Osten, abhing, wurden die „Meßjuden" mit Sonderabgaben und entwürdigenden Auflagen schikaniert. So mußten sie (bei Strafandrohung der beträchtlichen Summe von 20 Talern) während des Aufenthaltes in der Stadt ständig ein „gelbes Flecklein" mit sich führen. Ferner durften sie nur in der „Judengasse" Quartier nehmen; später, nach Abriß der „Judengasse" waren Herbergen auf dem Brühl gestattet. In der napoleonischen Zeit und dann auch nach der

---

[17]Staatsarchiv Leipzig, AG Leipzig HR 6404.
[18]Im Abbildungsteil findet sich ein historisches Foto des Gebäudes Katharinenstraße 29 aus dieser Zeit.

Völkerschlacht bei Leipzig 1813 gab es einige Verbesserungen, aber erst mit der sächsischen Verfassung von 1831 setzte nach und nach eine substantielle Wende ein. Die Verfassung versprach Gleichheit, Freizügigkeit und Freiheit der Person sowie Glaubensfreiheit. Die Leipziger Stadtverordneten kümmerten sich darum zunächst nicht und lehnten noch 1836 die Gleichstellung der Juden ab. 1837 wurde ein Landesgesetz erlassen, das den Juden Niederlassung, Erwerb der Bürgerrechte, Bildung einer Religionsgemeinschaft, Errichtung einer Synagoge und (mit einigen Ausnahmen) Gewerbefreiheit garantierte. Die Leipziger Stadtoberen ließen sich auch mit der Umsetzung dieses Gesetzes Zeit. 1839 erhielt erstmals ein Jude in Leipzig Bürgerrecht. 1846 wurde die *Israelitische Religionsgemeinde zu Leipzig* offiziell zugelassen; sie hatte ein Jahr später 33 Mitglieder. 1855 hat die Gemeinde ihre neu erbaute Synagoge einweihen können. Der erste Prediger, ADOLF JELLINEK, ging bereits 1857 als Rabbiner nach Wien. An seine Stelle trat Dr. ABRAHAM MEYER GOLDSCHMIDT, vorher Prediger in Warschau. Er war ein Vertreter des liberalen Judentums, der im Geiste der Aufklärung unter Berufung auf LESSING und MOSES MENDELSSOHN für gegenseitiges Verständnis und gegenseitigen Respekt von jüdischen und nichtjüdischen Bürgern eintrat.[19]

Unter den Leipziger Juden gab es zahlreiche Orthodoxe; sie waren zumeist Eingewanderte aus dem Osten. Die liberale Gemeinde wurde ihren Bedürfnissen kaum gerecht, so daß es immer wieder zu Spannungen kam. LOUIS HAUSDORFF spielte sehr bald in der Leipziger Gemeinde und weit darüber hinaus eine wichtige Rolle. Im Spannungsfeld zwischen Liberalen und Orthodoxen vertrat er eine mehr konservative Position, jedoch ohne sich orthodoxen Forderungen nach völliger Abgrenzung vom liberalen Judentum anzuschließen.

Der Israelitischen Religionsgemeinde zu Leipzig mit ihrem damaligen Vorsteher MORITZ KOHNER und ihrem Rabbiner ABRAHAM MEYER GOLDSCHMIDT kommt das große Verdienst zu, eine überregionale Vereinigung der jüdischen Gemeinden in Deutschland initiiert zu haben. Am 29. Juni 1869 trat in Leipzig eine Synode liberaler Rabbiner und Laien zusammen. Parallel dazu hatte der Vorstand der Leipziger Gemeinde auf Anregung des Dresdener Rechtsanwalts EMIL LEHMANN[20] zu einer Versammlung von Vertretern jüdischer Gemeinden eingeladen. Diese Versammlung beschloß die Bildung einer Organisation der deutschen jüdischen Gemeinden, die offiziell begründet werden sollte, wenn wenigstens 100 Gemeinden mit einem Gesamtbeitrag von 2.000 Talern zum Beitritt bereit wären. Man wählte einen provisorischen Vorstand, dessen Vorsitzender MORITZ KOHNER wurde. Nach vielen Debatten über Aufgaben und Ziele des Gemeindebundes [Jacobsohn 1879] wurde schließlich im April 1872 in Leipzig der *Deutsch-Israelitische Gemeindebund* gegründet. 113 Gemeinden hatten ihre Bereitschaft

---

[19]Abraham Meyer Goldschmidt war übrigens der Großvater von Charlotte Goldschmidt, Felix Hausdorffs späterer Ehefrau. Auf ihn wird im Zusammenhang mit Felix Hausdorffs Ehe S. 208–209 näher eingegangen.

[20]Lehmann war Mitglied des Gemeindevorstandes in Dresden. Er strebte radikale Reformen im Sinne des liberalen Judentums an, um die Integration in die deutsche bürgerliche Gesellschaft zu fördern.

zum Beitritt erklärt. Als leitendes Gremium wurde ein Ausschuß gebildet, dessen Vorsitzender KOHNER wurde. Der Gemeindebund sollte den Zusammenhalt der jüdischen Gemeinden fördern, schwächere Gemeinden unterstützen, soziale Projekte ins Leben rufen sowie die Ausbildung von Religionslehrern fördern. Vor allem aber sollte er als Interessenvertretung der deutschen Juden gegenüber dem Staat wirken. Seit der Gründung war der Gemeindebund von Vertretern des liberalen Reformjudentums dominiert.

Bei der Gründung waren, obwohl 113 Gemeinden beigetreten waren, nur Delegierte aus 49 Gemeinden anwesend. Zum zweiten Gemeindetag 1875 kamen nur 35 Delegierte und 1877, im Jahr des Todes von MORITZ KOHNER, kamen gar nur 25 Delegierte; der Gemeindebund war bereits in eine erste Krise geraten. Nachfolger KOHNERS als Vorsteher der Leipziger Synagogengemeinde wurde der Bankier JACOB NACHOD.[21] NACHOD ging entschlossen daran, den Gemeindebund aus der Krise herauszuführen. Im September 1877 wurde ein außerordentlicher Gemeindetag nach Leipzig einberufen, der eine von NACHOD angeregte Organisationsreform beschloß. Danach erhielt der Ausschuß ein ständiges Büro mit Sitz in Leipzig und damit stabile Arbeitsbedingungen. Dem neuen Ausschuß gehörten aus Leipzig neben NACHOD der Bankier ALEXANDER WERTHAUER und ABRAHAM MEYER GOLDSCHMIDT, aus Dresden EMIL LEHMANN, aus Berlin MORITZ LAZARUS sowie vier weitere Gemeindevertreter an. Vorsitzender wurde JACOB NACHOD. 1882, im Todesjahr NACHODs, wurde der Gemeindebund aufgrund eines sächsischen Vereinsgesetzes aus Leipzig ausgewiesen und verlegte seinen Sitz nach Berlin. Den Ausschußvorsitz übernahm der Berliner Arzt SAMUEL KRISTELLER.

Nach den neuen Statuten von 1877 bekam der Ausschuß auch das Recht, sich durch Kooptierung neuer Mitglieder zu verstärken. Davon machte er bereits in der Sitzung vom 2. Januar 1878 Gebrauch; im Bericht darüber heißt es:

> Den nächsten Gegenstand der Berathung bildet die Cooptirung eines neuen Ausschußmitgliedes und zwar des Herrn LOUIS HAUSDORFF - Leipzig, vorgeschlagen von dem Vorsitzenden. Die Bedürfnißfrage wird von demselben dahin erörtert, daß der Ausschuß auch das Laienelement, mehr als bisher, zu vertreten bestrebt sein müsse. Außerdem erscheine es ihm auch wünschenswerth, im Ausschusse die entschieden conservative Richtung, als zu welcher gehörig Herr LOUIS HAUSDORFF ihm bekannt sei, vertreten zu lassen.

> Gegen eine Verstärkung des Ausschusses spricht ein Mitglied aus gleichen Gründen wie bei früheren Anlässen.

> Die Sitzung cooptirt gegen diese eine Stimme Herrn HAUSDORFF als Ausschußmitglied.[22]

LOUIS HAUSDORFF hat bis zu seinem Tod am 25. Mai 1896 dem Ausschuß des Gemeindebundes angehört. Im Nachruf des Ausschusses in den Mitteilungen des

---

[21] Das Bankhaus *Knauth, Nachod & Kühne* befand sich am Brühl, unweit des Hausdorffschen Firmensitzes.

[22] *Mittheilungen vom Deutsch-Israelitischen Gemeindebunde*, herausgegeben vom Ausschuß des Deutsch-Israelitischen Gemeindebundes, Nr. 5, Leipzig 1878, 10.

Gemeindebundes heißt es, er sei „eines seiner ältesten, treuesten und begeistertsten Mitglieder" gewesen.[23] Es wird dort sogar gesagt, Louis Hausdorff sei nach seiner Übersiedlung nach Leipzig mit Jacob Nachod eng befreundet gewesen und habe mit ihm und Rechtsanwalt Lehmann aus Dresden den Gemeindebund begründet. Mit der ihm eigenen Tatkraft und Geistesfrische habe er unausgesetzt für den Gemeindebund gewirkt, indem er nach außen werbend und fördernd aufgetreten sei, aber auch an allen Arbeiten des Ausschusses regen Anteil genommen habe.

Die Protokolle der Ausschußsitzungen wurden halbjährlich in den Mitteilungen des Gemeindebundes veröffentlicht. Daraus geht in der Tat die vielfältige Wirksamkeit von Louis Hausdorff hervor. Einige der Probleme, mit denen er sich als Ausschußmitglied befaßt hat, verdienen besondere Erwähnung. Sehr wichtig war ihm der jüdische Religionsunterricht. So machte er sich besonders um die *Herxheimer-Stiftung* verdient, die Stipendien an zukünftige Religionslehrer vergab. Gegen Bedenken anderer Ausschußmitglieder setzte er sich für die Unterstützung der ihm persönlich bekannten jüdischen Schule *Ez chajim* in Breslau ein, weil dort arme Kinder unentgeltlich Religionsunterricht erhielten. Soziale Probleme lagen ihm besonders am Herzen. Er engagierte sich z. B. für die Altersversorgung der jüdischen Gemeindebeamten. Ihm wurde auch vom Ausschuß die Aufgabe der Weiterentwicklung der Fremdenunterstützungsvereine übertragen. Diese Vereine hatten den Zweck, osteuropäische jüdische Einwanderer zu unterstützen, um das Betteln und andere unliebsame Erscheinungen zu verhindern, die zu einer negativen Wahrnehmung des Judentums in der Öffentlichkeit führen konnten. Auch Fragen der jüdischen Erinnerungskultur beschäftigten ihn. So hat er sich gemeinsam mit Abraham Meyer Goldschmidt für den Ankauf des Geburtshauses von Moses Mendelssohn in Dessau eingesetzt.

In einer Frage hat sich Louis Hausdorff ganz besonders engagiert, der Frage nämlich, wie weit es jüdischen Schülern an öffentlichen Schulen möglich sei, die für Sabbath- und Festtage gültigen Gesetze ihrer Religion einzuhalten. Er hielt sie für eine Frage der Gewissensfreiheit und war durch den Schulbesuch seines Sohnes Felix auch selbst betroffen. Im Auftrag des Ausschusses führte er eine Enquête durch, um herauszufinden, ob, wie und auf welcher gesetzlich oder durch Verordnung gegebenen Grundlage in den verschiedenen deutschen Bundesstaaten für jüdische Schüler Dispens vom Schreiben an Sabbath- und Festtagen gegeben wurde und welche Schritte gegebenenfalls zur Verbesserung der Situation zu empfehlen seien. Die Ergebnisse wurden zusammen mit seinen Empfehlungen in den Mitteilungen des Gemeindebundes veröffentlicht[24]; allerdings stimmte der Ausschuß Hausdorffs Empfehlungen nur zögernd und nicht vollständig zu.[25]

Mit einem Problem mußte sich der Ausschuß des Gemeindebundes in zunehmendem Maße beschäftigen, der Frage nämlich, wie der Gemeindebund auf den ständig agressiver werdenden Antisemitismus im Deutschen Reich reagieren soll-

---

[23] *Mittheilungen* ···, Nr. 44 (1896), 36.
[24] *Mittheilungen* ···, Nr. 6 (1879), 41–58.
[25] *Mittheilungen* ···, Nr. 7 (1880), 23f.

te.[26] Die Entwicklung des Verhältnisses zur jüdischen Minderheit in den Jahrzehnten von den ersten Emanzipationsgesetzen bis zur Reichsgründung charakterisiert HELMUT BERDING folgendermaßen:

> In den Jahrzehnten vor der Reichsgründung ging der Antisemitismus an der Oberfläche des politischen Geschehens zwar zurück, verdichtete sich aber in den tieferen Schichten der Mentalitäten. Hypostasierung und Dämonisierung kennzeichneten die Herausbildung eines neuen Judenbildes, das durch die Werke der Literatur weiteste Verbreitung fand. Es zeichnete sich bereits in den Umrissen die Entstehung einer kohärenten Rassenideologie ab. Sie wies dem Juden für alle denkbaren krisenhaften Erscheinungen in Wirtschaft, Politik und Kultur die Schuld zu und lenkte die Agressionen auf die jüdische Minderheit. Ein gefährliches Potential bildete sich heraus, das in Krisenzeiten plötzlich aktiv werden konnte. [Berding 1988, 84].

Die Krisenzeiten ließen nicht lange auf sich warten: Nach der Euphorie der Gründerzeit begann mit dem Gründerkrach 1873 eine neun Jahre anhaltende wirtschaftliche Depression, die ihre eigentliche Ursache nicht im Börsenkrach, sondern in einer hochkonjunkturellen Überproduktion hatte. Auf dem Höhepunkt der Krise, im Januar 1878, gründete der protestantische Hofprediger ADOLF STOECKER die *Christsoziale Arbeiterpartei*. Im Mittelpunkt seiner breite Wirkung entfaltenden Agitation stand ein politischer Antisemitismus, der Juden sowohl für alle negativen Erscheinungen des Kapitalismus als auch für die sozialistische Gegenbewegung verantwortlich machte. Dieses angebliche „jüdische Wesen" sei

> ein Gifttropfen in dem Herzen unseres deutschen Volkes. Wenn wir gesunden wollen, müssen wir den giftigen Tropfen der Juden aus unserem Blut los werden. [Berding 1988, 84].

1879 veröffentlichte der Journalist und radikale Antisemit WILHELM MARR das Pamphlet *Der Sieg des Judenthums über das Germanenthum. Vom nichtconfessionellen Standpunkt aus betrachtet.* [Marr 1879]. MARR gründete seine Judenfeindschaft nicht, wie zum Teil noch bei STOECKER geschehen, auf konfessionelle Unterschiede, sondern auf die angebliche Existenz einer semitischen Rasse. Angehörige dieser Rasse haben nach MARR alle die negativen Eigenschaften, die man Juden im Laufe der Zeit zugeschrieben hatte. Schließlich beschwört er die Weltherrschaft der Juden herauf, und düster wird das Ende „Germaniens" an die Wand gemalt.[27] Im September 1879 gründete MARR mit weiteren Aktivisten die *Antisemiten-Liga*, die erste politische Organisation des Antisemitismus.[28] Später geriet er zunehmend an

---

[26]Es ist hier nicht der Ort, auf die Entwicklung des Antisemitismus im Deutschen Kaiserreich einzugehen; einige wenige Stichpunkte müssen hier genügen. Aus der großen Fülle an Literatur sei auf folgende Werke verwiesen: [Mosse 1976/1998], [Berding 1988], [Volkov 2000], [Bergmann 2002].

[27]Eine eingehende Auseinandersetzung mit Marr findet man in [Zimmermann 1986].

[28]Auf Marr gehen vermutlich auch die Ausdrücke „antisemitisch" und „Antisemitismus" zurück; zumindest wurden sie durch ihn populär. In seinem Pamphlet kommen sie noch nicht vor; dort ist nur von „Semiten" und „semitisch" die Rede.

den Rand der antisemitischen Szene und spielte keine große Rolle mehr. Er arbeitete aber 1888 noch an einer Neuauflage des *Antisemiten-Katechismus* mit. Dieses Buch des antisemitischen Autors und Verlegers THEODOR FRITSCH erschien erstmals 1887 in Leipzig. Die 26.Auflage kam 1907 unter dem neuen Titel *Handbuch der Judenfrage* heraus. HITLER und HIMMLER schätzten dieses bösartige Machwerk besonders; 1944 erschien die 49.Auflage.

Unter den zahlreichen Aktivisten der antisemitischen Welle der siebziger und achtziger Jahre des 19.Jahrhunderts im deutschen Kaiserreich nimmt der damals weithin bekannte und geschätzte Historiker, politische Publizist und Reichstagabgeordnete HEINRICH VON TREITSCHKE eine besondere Stellung ein. Er publizierte 1879 in der von ihm mit herausgegebenen Zeitschrift „Preußische Jahrbücher" eine Denkschrift unter dem Titel *Unsere Aussichten* [Treitschke 1879]. Er gibt darin zunächst eine außenpolitische Umschau und kommt dann auf die innere Situation des Deutschen Reiches zu sprechen. TREITSCHKE benennt „wirtschaftliche Noth", „viele getäuschte Hoffnungen" und „die Sünden der Gründerzeiten". Alle diese Mißstände hätten eine „wunderbare mächtige Erregung in den Tiefen unseres Volkes" hervorgebracht. Ein Symptom dieser Erregung sei „die leidenschaftliche Bewegung gegen das Judenthum". Er wirft die Frage auf, ob „diese Ausbrüche eines tiefen, lang anhaltenden Zornes nur eine flüchtige Aufwallung" sind, um dann festzustellen:

> Nein, der Instinkt der Massen hat in der That eine schwere Gefahr, einen hochbedenklichen Schaden des neuen deutschen Lebens richtig erkannt; es ist keine leere Redensart, wenn man heute von einer deutschen Judenfrage spricht. [Treitschke 1879, 572].

Seine Forderung an die Juden ist die Aufgabe ihrer jüdischen Identität und die vollständige Assimilation, gegen die sich aber das Gros der Juden bisher sperre:

> Was wir von unseren israelitischen Mitbürgern zu fordern haben, ist einfach: sie sollen Deutsche werden, sich schlicht und recht als Deutsche fühlen [···] denn wir wollen nicht, daß auf die Jahrtausende germanischer Gesittung ein Zeitalter deutsch-jüdischer Mischcultur folge. [Treitschke 1879, 573].

Anschließend werden die Symptome ungermanischer Gesittung und deutsch-jüdischer Mischkultur aufgezählt: Ein „gefährlicher Geist der Überhebung in jüdischen Kreisen", eine „schwere Mitschuld an jenem schnöden Materialismus unserer Tage", das „unbillige Übergewicht des Judenthums in der Tagespresse".

TREITSCHKE war kein Rassenantisemit wie MARR und später FRITSCH oder EUGEN DÜHRING; er focht mit feinerer Klinge und grenzte sich von gar zu brutalen Reaktionen, für die er aber Verständnis zeigte, ab. Ihm kam es darauf an, den Antisemitismus in breiten Kreisen des Bürgertums, insbesondere auch des Bildungsbürgertums, hoffähig zu machen:

> Überblickt man alle diese Verhältnisse – und wie Vieles ließe sich noch sagen!
> – so erscheint die laute Agitation des Augenblicks doch nur als eine brutale und gehässige, aber natürliche Reaction des germanischen Volksgefühls gegen ein fremdes Element, das in unserem Leben einen allzu breiten Raum

eingenommen hat. [···] Bis in die Kreise der höchsten Bildung hinauf, unter Männern, die jeden Gedanken kirchlicher Unduldsamkeit oder nationalen Hochmuths mit Abscheu von sich weisen würden, ertönt es heute wie aus einem Munde: die Juden sind unser Unglück![29]

TREITSCHKE hat dieses sein Ziel erreicht. Die anhaltende Debatte um seine Denkschrift, die als „Berliner Antisemitismusstreit" in die Geschichte eingegangen ist, erreichte breite Kreise der bürgerlichen Öffentlichkeit und trug dazu bei, daß der Antisemitismus im deutschen Kaiserreich zum *kulturellen Code* wurde [Volkov 2000, 31f]. Von TREITSCHKE führt ein direkter Weg zum Antisemitismus in den damals entstehenden studentischen Organisationen [Kampe 1988, 24f].

Der Deutsch-Israelitische Gemeindebund sah es als eine seiner Aufgaben an, sich gegen den stärker und agressiver werdenden Antisemitismus zu wehren.[30] Die Protokolle der monatlichen Ausschußsitzungen der Jahre 1878–1880 zeigen, daß sich der Ausschuß fast in jeder Sitzung mit der „Abwehrfrage" beschäftigte. Da die Behörden, insbesondere nach der konservativen politischen Wende von 1878/79, der Antisemiten-Bewegung häufig freien Spielraum ließen, fand der Gemeindebund es zunehmend bedenklich, die vorher bewährten Wege in der Abwehrfrage zu beschreiten, nämlich durch Petitionen oder Beschwerden an die gesetzgebenden Versammlungen des Reiches und der Einzelstaaten Übelständen bei der Behandlung der jüdischen Bevölkerung abzuhelfen. In einem *Bericht über die Thätigkeit des Ausschusses gegenüber der antisemitischen Bewegung* an den Gemeindetag im April 1881 wird eingeräumt, daß die Handlungsmöglichkeiten im Kampf gegen den Antisemitismus doch recht beschränkt sind. Die öffentliche Diskussion des Problems, etwa durch Artikel in der Presse, vermied man, um der antisemitischen Agitation nicht noch mehr Aufmerksamkeit zu verschaffen. In einigen Fällen versuchte man, gegen besonders agressive antisemitische Broschüren oder Zeitungsartikel juristisch vorzugehen, oft vergeblich.

Der Gemeindebund bezog zur breiten Weiterverteilung Schriften zur „Widerlegung der verleumderischen Anklagen seitens der antisemitischen Agitatoren", etwa zwei 1879 erschienene Bücher, die sich mit MARR auseinandersetzten [Perinhart 1879], [Stern 1879]. Wichtig für die Abwehr waren auch apologetische Schriften wie z.B. das im Juni 1879 vom Gemeindebund herausgegebene Flugblatt *Hat das Judenthum dem Wucherunwesen Vorschub geleistet?* Große Bedeutung maß der Gemeindebund der Popularisierung von Schriften zur Geschichte des jüdischen Volkes bei, etwa den beiden Büchern des berühmten Botanikers und Mitbegründers der Zelltheorie der Organismen MATTHIAS JACOB SCHLEIDEN [Schleiden 1877], [Schleiden 1878]. Im zweiten der genannten Werke hat SCHLEIDEN ausführlich das Martyrium beschrieben, das die Juden über Jahrhunderte

---

[29][Treitschke 1879, 575]. Der Ausspruch „Die Juden sind unser Unglück" war später der Untertitel des nationalsozialistischen Hetzblattes *Der Stürmer*.
[30]Zur Reaktion des Gemeindebundes s. [Schorsch 1972, 23–52].

im christlichen Europa des Mittelalters erleiden mußten.[31] Schließlich bemühte sich der Gemeindebund, angesichts der antisemitischen Agitation alle Glaubensgenossen zu einem vorbildlichen bürgerlichen und staatsbürgerlichen Verhalten, zu Bescheidenheit und Zurückhaltung, zu strengster Gewissenhaftigkeit in Handel und Wandel, zur Teilnahme am Gemeindeleben und zur Pflege der Wissenschaft und Geschichte des Judentums anzuhalten, um so durch Arbeit an sich selbst den Glaubens- und Rassenhaß zu überwinden.

Innerhalb des Ausschusses des Gemeindebundes gab es natürlich bisweilen unterschiedliche Ansichten über das richtige Verhalten in der immer akuter werdenden Abwehrfrage. Insbesondere geben die Protokolle öfters abweichende Voten von LOUIS HAUSDORFF wieder. So hatte der Vorsitzende des Ausschusses in der Sitzung vom 3. September 1878 ein entschiedenes Vorgehen gegen antisemitische Ausschreitungen und Schmähungen bei Wahlveranstaltungen der STOECKERschen Christlich-sozialen Partei zur Reichstagswahl am 30. Juli vorgeschlagen. Das Protokoll der Sitzung vermerkt dazu:

> Herr Hausdorff führt dagegen aus, daß, wenn die Angriffe gegen unsere Glaubensgenossen nur aus den Wahlversammlungen der christlich-socialen Partei zu verzeichnen seien, man sie einfach ignoriren müßte, weil diese Partei sich für irgend welche ernstliche Berücksichtigung unmöglich gemacht habe.[32]

In ähnliche Richtung gingen die Stellungnahmen HAUSDORFFs in der Sitzung vom 4. November 1879. Es ging dabei um die – so das Protokoll – „brennend gewordene Frage", wie der antisemitischen Hetze zu begegnen sei. Dabei wurde zum einen ein Vorgehen gegen Hetzschriftsteller wie MARR durch eine Eingabe an das sächsische und das preußische Justizministerium erwogen, zum anderen ein Memorandum an den Kaiser oder Reichskanzler. Zum ersten Punkt vermerkt das Protokoll:

> Herr Hausdorff warnt vor übereilten Schritten. Es scheine, als ob man von dem Gemeindebunde gegenwärtig eine große, glänzende That erwarte. Man könne aber dieses von außen her kommende Verlangen mit Ruhe zurückweisen, wenn die Sache auf ihren wahren Werth geprüft werde. Die Wahlen seien vorüber und die Ruhe werde wieder einkehren, weshalb er „Nichtsthun" empfehle.[33]

HAUSDORFF stimmte einer Eingabe an das sächsische Justizministerium laut Protokoll dann schließlich doch zu.[34] Das Memorandum an den Reichskanzler wurde gegen die Stimme von HAUSDORFF beschlossen; dazu heißt es im Protokoll:

---

[31] Der merkwürdige Titel des Buches ist eine sarkastische Anspielung auf die folgende Äußerung des Mediziners Billroth: „Den unbegabten Juden fehlt die eigentliche Freude an der Romantik des Martyriums." (Zitiert bei [Schleiden 1878, 1].

[32] *Mittheilungen* · · · , Nr. 6 (1879), 12.

[33] *Mittheilungen* · · · , Nr. 7 (1880), 36–37.

[34] Die Eingabe des Gemeindebundes vom Dezember 1879 richtete sich gegen das Pamphlet *Die Judenfrage gegenüber dem deutschen Handel und Gewerbe. Ein Manifest an die deutsche Nation* (Dresden 1879) des Gründers der antisemitischen Deutschen Reformpartei Alexander Pinkert. Die Staatsanwaltschaft sah keinen Grund zum Vorgehen gegen die Schrift. Ein 1881 erfolgter zweiter Anlauf endete mit einer Niederlage des Gemeindebundes vor dem Staatsgerichtshof in Dresden. S. dazu [Schorsch 1972, 50–52].

Herr Hausdorff erblickt in der ganzen judenfeindlichen Agitation keine so große Gefahr und kann ihr in Folge dessen auch nicht die Bedeutung beilegen, die sie im Ausschusse gefunden habe. Durch eine Anrufung des Reichskanzlers oder gar des Kaisers selbst würde die Angelegenheit zu einer Wichtigkeit aufgebauscht, die sie nicht verdiene. Die bestehenden Gesetze schützten uns genugsam; er sei daher gegen ein solches Vorgehen.[35]

War schon das Verhalten des Gemeindebundes in der Abwehrfrage in den Jahren 1878 bis 1880 zunehmend vorsichtig, so war die Position von LOUIS HAUSDORFF noch vorsichtiger. Bei vielen Gelegenheiten riet er zum Abwarten, zur Vorsicht, zur Zurückhaltung, zur Vertraulichkeit.[36]

In seinen Veröffentlichungen zeigte sich LOUIS HAUSDORFF als streitbarer konservativer Talmudgelehrter.[37] Die liberale jüdische Gemeinde in Berlin hatte 1883 beschlossen, die Bestattung nichtjüdischer Ehepartner aus Mischehen auf dem jüdischen Friedhof zu gestatten. Die Leipziger Gemeinde folgte Anfang 1884 mit einem gleichartigen Beschluß. Als Reaktion darauf erschien am 24. April 1884 in der ultra-konservativen jüdischen Zeitschrift *Jeschurun* eine Zuschrift aus Dresden, die den Leipziger Beschluß heftig kritisierte. Generell gab es in den 1880er Jahren eine ausgedehnte halachische Diskussion[38] über die Beerdigungsfrage, an der sich auch LOUIS HAUSDORFF beteiligte. Der Mitbegründer und Mitherausgeber der Zeitschrift *Beth Talmud*, der bedeutende Talmudgelehrte MEIR FRIEDMANN, publizierte dort 1884 einen Artikel in hebräischer Sprache mit dem Titel – in deutscher Übersetzung: *Die Beerdigung eines Nichtjuden auf einem jüdischen Gottesacker. Nach talmudischem Gesetz erlaubt.*[39] FRIEDMANN kam, wie der Titel schon sagt, zu dem Ergebnis, daß die Beerdigung eines Nichtjuden auf einem jüdischen Friedhof erlaubt sei. Er behauptete sogar, dies sei zu Zeiten der Entstehung der Mischna[40] reguläre Praxis gewesen, und man habe Juden und Christen auf dem gleichen Friedhof begraben, wenn auch nicht in einem gemeinsamen Grab. HAUSDORFF reagierte auf FRIEDMANNs Artikel mit einem ebenfalls auf Hebräisch verfaßten Responsum[41], das er im gleichen Jahr in Leipzig als eigenständige Druckschrift publizierte.[42] Auf diese Schrift reagierte FRIEDMANN mit einem weiteren Artikel in *Beth Talmud*.[43] Die Replik LOUIS HAUSDORFFs ließ nicht lange auf sich

---

[35] *Mittheilungen* · · ·, Nr. 7 (1880), 37.

[36] Beispiele dafür in *Mittheilungen* · · ·, Nr. 6, 13, Nr. 7, 38 und 40, Nr. 9, 21 und 32f.

[37] Ausführlich dazu Egbert Brieskorn in *HGW*, Band IB, 55–65.

[38] Halacha bezeichnet das religiöse Recht der Juden.

[39] Beth Talmut IV (1884/85), 65–70.

[40] Die zunächst mündlich tradierte halachische Lehre wurde in einer um 200 n. Chr. redigierten Sammlung religiöser Gesetze, der Mischna, fixiert. Die Mischna ging sowohl in den palästinensischen als auch in den babylonischen Talmud ein.

[41] Ein Responsum (Antwort) ist ein autoritativer Rechtsbescheid eines Talmudlehrers. Die Responsen bilden eine Gattung der Literatur zum religiösen Recht der Juden.

[42] Louis Hausdorff: *Responsum in der Angelegenheit des Begräbnisses eines Nicht-Israeliten in einem Grab Israels.* (Hebräisch mit lateinischem Untertitel: *De controversia sepeliendi disserta-vid Louis Hausdorff*). M. W. Kaufmann, Leipzig 1884.

[43] Meir Friedmann: *Noch einmal bezüglich der Beerdigung eines Noachiden auf dem Friedhofe Israels.* (Hebräisch). Beth Talmud IV (1884/85), 169–172.

warten: Noch im gleichen Jahr erschien eine Antwort von ihm in *Beth Talmud*.[44]
Bei diesem Schlagabtausch waren beide Kontrahenten nicht zimperlich. FRIED-
MANN argumentierte scharfzüngig; er warf HAUSDORFF vor, das Verbotene erlaubt
und das Erlaubte verboten zu haben. HAUSDORFF beklagte sich, FRIEDMANN habe
ihn beleidigt, und unterstellte ihm seinerseits Rechthaberei: „Neun Kav Weisheit
für Friedmann, ein Kav Weisheit für den Rest der Welt".

Es ist bemerkenswert, daß die Diskussion um die Begräbnisfrage bis in die
Gegenwart anhält. Orthodoxe Rabbiner lehnen die Beerdigung von Nichtjuden
auf jüdischen Friedhöfen strikt ab, zum Teil ausdrücklich mit der Absicht, die Zu-
nahme von Mischehen zu verhindern. Von reformorientierten Rabbinern wird eine
differenzierte Position eingenommen, und es ist interessant zu sehen, daß in einem einschlägigen Responsum amerikanischer Rabbiner noch 1983 die halachische
Diskussion der achtziger Jahre des 19. Jahrhunderts, insbesondere die zwischen
FRIEDMANN und HAUSDORFF, rekapituliert wird.

LEO BAECK, der berühmte Rabbiner und Namensgeber des "Leo Baeck Institute" schrieb 1951 in einem Brief an den liberalen Rabbiner PETER LEVINSON
über die Begräbnisfrage:

> Es ist in Berlin seit Jahrzehnten die Übung gewesen, die die Billigung des
> Rabbinats gefunden hatte, daß nichtjüdische Ehegatten, Männer und Frauen,
> die einen solchen Wunsch gehegt hatten, neben dem jüdischen Ehegatten
> auf unserem Friedhof in Weissensee beigesetzt werden dürfen. Die Fälle, in
> denen Ehemänner ihren jüdischen Ehefrauen in schwerster Zeit tapfer und
> opferwillig die Treue gehalten haben, sind ganz besonders in diesem Sinne zu
> beurteilen, und die Beisetzung darf wohl kaum verweigert werden.[45]

LOUIS HAUSDORFF konnte nicht wissen, daß sein Sohn FELIX dereinst die christlich
getaufte Enkelin eines Rabbiners heiraten würde, und daß deren einziges Kind
LENORE einen nichtjüdischen Ehemann haben würde, der ihr auch „in schwerster
Zeit tapfer und opferwillig die Treue gehalten" hat und sie so vor der Ermordung
bewahrte.

LOUIS HAUSDORFF brachte sich nicht nur in die halachische Diskussion mit
eigenen Schriften ein, sondern auch in die lebhafte Debatte um historische Fra-
gen der Bibelübersetzung. 1894 erschien in der *Monatsschrift für Geschichte und
Wissenschaft des Judentums* seine umfangreiche Abhandlung *Zur Geschichte der
Targumim nach talmudischen Quellen*.[46] Ein Targum, Plural Targumim, ist eine
Übersetzung eines biblischen Textes, vorwiegend ins Aramäische.[47] HAUSDORFF

---

[44] Louis Hausdorff: *Die Beerdigung eines Nichtjuden auf einem jüdischen Gottesacker*. (Hebräisch). Beth Talmud IV (1884/85), 257–259.

[45] N. Peter Levinson: *Die liberale Halacha*. UDIM, Zeitschrift der Rabbinerkonferenz in
Deutschland, XIX (1999), 139–150, dort 143.

[46] Monatsschrift für Geschichte und Wissenschaft des Judentums **38** (1893/94). Heft 5, 203–213,
Heft 6, 241–251, Heft 7, 289–304.

[47] Das Hebräische war seit der persischen Zeit in vielen Teilen des vorderen Orients durch das
Aramäische verdrängt worden, so daß im Gottesdienst in der Synagoge nach der Verlesung der
Tora in hebräischer Sprache mündliche aramäische Übersetzungen vorgetragen wurden.

geht es vor allem um das Targum ONKELOS und um eine einem Proselyten namens AQUILAS zugeschriebene griechische Bibelübersetzung.

Beim Studium talmudischer Texte zu den Targumim war es schon früh aufgefallen, daß im palästinensischen Talmud über AQUILAS ähnliche Tatsachen berichtet oder Geschichten erzählt werden wie im babylonischen Talmud über ONKELOS. Dies führte schon im Mittelalter zu der naiven Identifikation der beiden Gestalten. Den ersten Versuch, ihre Identität oder Nicht-Identität zu prüfen, unternahm der bedeutende jüdische Humanist AZARIA DE ROSSI in seinem 1573–1575 erschienenen Werk *Meor Enajim*. Er kam zu dem Ergebnis, die dem AQUILAS zugeschriebene griechische Übersetzung und das dem ONKELOS zugeschriebene aramäische Targum seien Übersetzungen in zwei verschiedene Sprachen von zwei verschiedenen Männern. Danach befaßten sich im 18. und 19. Jahrhundert eine ganze Reihe von christlichen und jüdischen Autoren mit diesem Problem und argumentierten mehr oder weniger überzeugend für oder gegen die Identität von AQUILAS und ONKELOS.

LOUIS HAUSDORFF kommt in seinem Beitrag zur Debatte zum Ergebnis, daß AQUILAS und ONKELOS ein und dieselbe Person sind. Dieses sein Ergebnis stehe „im vollen Gegensatz zu der bisher von allen Männern der Wissenschaft adoptirten Auffassung de Rossi's". Er meint schließlich, sogar einen Lebenslauf des AQUILAS skizzieren zu können und die Vollendung der in Frage stehenden Übersetzungen datieren zu können: Vollendung der griechischen Übersetzung des AQUILAS zwischen 55 und 60 n. Chr., Vollendung des Targums Onkelos zwischen 75 und 80 n. Chr.

Die Diskussion über das Thema AQUILAS und ONKELOS ging nach HAUSDORFFs Artikel weiter und ist bis heute nicht ganz zur Ruhe gekommen.[48] HAUSDORFFs Analyse beruht fast ausschließlich auf der Interpretation von Talmudtexten, welche sich seiner Meinung nach auf Targumim beziehen. Der bereits erwähnte MEIR FRIEDMANN diskutierte 1896 in einer längeren Abhandlung[49] ebenfalls nach talmudischen Quellen die von HAUSDORFF untersuchte Problematik und bestätigte „mit geringen Abweichungen" DE ROSSIS Ergebnisse. Wie problematisch es war, daß HAUSDORFF und FRIEDMANN die damals schon von verschiedenen Alttestamentlern entwickelte historisch-kritische Methode ignorierten, zeigt die Tatsache, daß die beiden exzellenten Talmudkenner nach der Auswertung der talmudischen Quellen bezüglich der Identität von ONKELOS und AQUILAS zu genau entgegengesetzten Ergebnissen gelangten. Heute werden für historische Forschungen zur Entstehung, Übersetzung und Tradierung alttestamentlicher Texte eine Vielzahl verschiedener Quellen und Methoden herangezogen; die einseitige Beschränkung auf das Studium des Talmud war schon damals und ist erst recht heute wissenschaftlich nicht haltbar. Es liegt in der Natur der Sache, daß auch bei Einsatz aller zur Verfügung stehender moderner Methoden die Unsicherheit bei der Beantwor-

---

[48] S. dazu im Detail Egbert Brieskorn in *HGW*, Band IB, 61–65.
[49] *Onkelos und 'Akylos'*, Wien 1896.

tung mancher einschlägiger Fragen, z.B. der Datierung, nicht ausgeräumt werden kann.

LOUIS HAUSDORFF meinte, daß seine Methode, die scharfsinnige Analyse der rabbinischen Tradition, zu sicheren Ergebnissen führt. Er hat seine Einsichten mit großer Selbstgewißheit vorgetragen, mit Formulierungen wie „offenbar", „klar erwiesen", „unbedingt", „zweifelsohne", „ohne Frage", „unmöglich". Er war ein ganz in der Tradition des talmudischen Diskurses stehender streitbarer Privatgelehrter mit hohen Ansprüchen und hohem Selbstwertgefühl.

1.3   Felix Hausdorffs Schulzeit

1874 wurde FELIX HAUSDORFF sechs Jahre alt und kam zur Schule. Er ging in die 2. höhere Bürgerschule. In dieser Schule schloß sich an die ersten vier Schuljahre entweder eine sechsjährige höhere Bürgerschul-Ausbildung mit fremdsprachlichem Unterricht oder der Besuch eines Gymnasiums an. Das Gebäude der 2. höheren Bürgerschule war ein 1837–1839 errichteter klassizistischer Bau an der Stelle, wo die Pfaffendorfer Straße und die Lortzingstraße auf den Innenstadtring treffen. HAUSDORFFs wohnten in der Pfaffendorfer Straße; der kleine FELIX hatte also nur einen kurzen Schulweg. Daß FELIX und seine Eltern 1874 weder das Leipziger Bürgerrecht noch die sächsische Staatsangehörigkeit besaßen, scheint für den Schuleintritt kein Problem gewesen zu sein. Vielleicht war der Besuch einer öffentlichen Schule aber doch der Anlaß, daß LOUIS HAUSDORFF im Januar 1875 um die Erteilung des Leipziger Bürgerrechts als Kaufmann und zugleich für sich, seine Ehefrau und seine drei Kinder FELIX, MARTHA und VALLY um die „Aufnahme in den Sächsischen Unterthanenverband" nachsuchte.[50] Noch im gleichen Monat wurde dem Antrag stattgegeben. Im März leistete LOUIS HAUSDORFF den „Bürger- und Unterthaneneid" und war damit Leipziger Bürger und sächsischer Staatsbürger.

Wie FELIX HAUSDORFF als Kind erzogen wurde, wissen wir nicht – zu vermuten ist eine streng religiöse Erziehung. So führte sein Vater in einem Referat vor dem Ausschuß des Deutsch-Israelitischen Gemeindebundes aus, daß das Judentum seinen Schwerpunkt nicht in der Predigt und nicht in Gottesdiensten habe, „dieser Schwerpunkt ruht vielmehr in dem religiösen Familienleben". Wie HAUSDORFF als Erwachsener auf diese Erziehung zurückgeblickt hat, zeigt der folgende Aphorismen aus seinem 1897 erschienenen Aphorismenband:

> Wer die Fabel von der Glückseligkeit des Kindesalters aufgebracht hat, vergass dreierlei: Die Religion, die Erziehung, die Vorformen der Geschlechtlichkeit. [H 1897b, 254, VII: 348].

Und im Hinblick auf die zeitgenössische Erziehung heißt es in einem anderen Aphorismus:

---

[50] Aufnahmeakte Nr.31700, Stadtarchiv Leipzig.

Aber die Methode heisst heute noch: ausrotten, abdämmen, beschneiden, unterbinden, einschränken, verbieten – es ist eine grundsätzlich negative, privative, prohibitive Methode des Erziehens, Besserns, Strafens, ein Abschaffen an Stelle des Schaffens, ein Amputieren an Stelle des Heilens. [H 1897b, 62, VII: 156].

In Bezug auf Religiosität hat die Erziehung bei FELIX HAUSDORFF in etwa das Gegenteil dessen erreicht, was der Vater erreichen wollte: HAUSDORFF praktizierte als Erwachsener den jüdischen Glauben nicht mehr. Er war Agnostiker, der sich mit der jüdischen Religion ebenso kritisch auseinandersetzte wie mit der christlichen. Allerdings war er immer Gemeindemitglied und erfüllte die pekuniären Verpflichtungen gewissenhaft. Er hat auch nie Anstalten gemacht, sich taufen zu lassen – was ja beträchtliche Vorteile geboten hätte.

Am 1. März 1878 wurde FELIX HAUSDORFF in die Sexta des Nicolaigymnasiums aufgenommen.[51] Dieses humanistische Gymnasium hatte eine lange und ruhmreiche Tradition, auf die man stolz war. Am Nikolaustag 1512 gegründet, erhielt die Schule nach einem Brand 1568 einen Neubau, der 1596/97 im Stil der Renaissance umgestaltet wurde.[52] 1872 erhielt das Nicolaigymnasium ein neues Schulgebäude im Südosten am damaligen Stadtrand zum Johannistal, dort, wo die Königstraße auf die Stephanstraße traf.[53] Bis zum Johannistal war es vom Elternhaus von FELIX HAUSDORFF ein Schulweg von etwa einer halben Stunde.

Bis 1716 war die Nicolaischule eine reine Lateinschule; ab da fand auch die deutsche Sprache Eingang in die Schulordnung. An der Wende zum 19. Jahrhundert gewann der Neuhumanismus einen immer stärkeren Einfluß auf die Schule. Ziel war es nun, die geistigen Schätze der klassischen Antike durch altklassischen Unterricht für die Bildung der jungen Generation zu erschließen. Dies galt auch noch zu der Zeit, als FELIX HAUSDORFF das Nicolaigymnasium besuchte, obwohl das deutliche Überwiegen des altsprachlichen Unterrichts in der öffentlichen Diskussion bereits in Frage gestellt wurde und in den neuen Realgymnasien zugunsten der Mathematik, der Naturwissenschaften und lebender Sprachen korrigiert war. Im Nicolaigymnasium stand man unerschütterlich zu den neuhumanistischen Idealen. So widmete KARL MAYHOFF seine am 25. Oktober 1884 gehaltene Antrittsrede als neuer Rektor des Gymnasiums im wesentlichen der Verteidigung des altklassischen Unterrichts. Die altklassische Bildung legt – so Mayhoff

---

[51] *Programm des Nicolaigymnasiums für das Schuljahr 1878–1879*. Druck von Alexander Edelmann, Leipzig 1879. Die Programme des Nicolaigymnasiums sind in Leipzig auf drei Archive verstreut. Unter dem Wikipedia-Artikel „Alte Nicolaischule (Leipzig)" findet man Digitalisate vieler Programme, insbesondere aller Progamme aus der Zeit, in der Hausdorff dort Schüler war.

[52] Dieses Gebäude neben der Nikolaikirche ist erhalten geblieben und heute eine der Sehenswürdigkeiten in der Leipziger Innenstadt.

[53] Die Königstraße heißt heute Goldschmidtstraße, benannt nach der Frauenrechtlerin und Sozialpädagogin Henriette Goldschmidt, der Großmutter väterlicherseits von Felix Hausdorffs späterer Ehefrau Charlotte Goldschmidt.

den festen Grund zu einer *ästhetischen* Bildung, die um so wertvoller ist, je
mehr die unruhige Zerfahrenheit und die Häufigkeit der Geschmacksverirrung
in der modernen Produktion geeignet sind, das Urteil zu verwirren.[54]

Der literarische Geschmack gewinne

einen sicheren Halt an den Mustern der Alten, denen schlichte Einfachheit,
plastische Klarheit und ruhige Grösse in den künstlerischen Offenbarungen
des Wahren und Schönen mit Recht nachgerühmt werden.[55]

Über dies hinaus diene der altsprachliche Unterricht auch „der Erziehungsaufgabe
der Schule", indem er

die *Vaterlandsliebe* zu läutern und zu veredeln, die monarchische Gesinnung,
diesen festen Hort gesetzlicher Ordnung und bürgerlicher Freiheit, zu befesti-
gen und zu vertiefen vermag, wie er der Pflege des *religiösen*, des christlichen
Sinnes fördernd entgegenkommt.[56]

Ein solcher Unterricht fördere ferner „einen wahrhaft geschichtlichen Sinn", das
„untrügliche Merkmal aller echten humanitas" im Gegensatz zur Flachheit aus-
schließlicher Verstandesbildung. Er habe auch die Kraft, durch die Stärkung des
wissenschaftlichen Wahrheitssinnes „sittlich veredelnd" zu wirken.

Die höheren Klassen des Nicolaigymnasiums nahmen stets an einer solchen
festlichen Veranstaltung in der Aula, wie der Einführung eines neuen Rektors,
teil; es ist also anzunehmen, daß der damals fast 16-jährige FELIX HAUSDORFF
MAYHOFFs Rede gehört hat. Was mag damals in ihm vorgegangen sein? Tatsache ist, daß die immense Spannung zwischen solchen institutionell vermittelten
Idealen und Werten einerseits und der komplexen gesellschaftlichen, kulturellen
und geistigen Umbruchsituation der Jahrhundertwende andererseits später in seiner Biographie und in seinem literarischen Werk einen individuellen und bewußt
widerspruchsvollen Ausdruck gefunden hat.

Der Stolz der Nicolaitana auf ihre Tradition war nicht unberechtigt. Sie hatte
in ihrer langen Geschichte eine Reihe berühmter Schüler: den Universalgelehrten
GOTTFRIED WILHELM LEIBNIZ, den Philosophen und Frühaufklärer CHRISTIAN
THOMASIUS, den Theologen und Historiker JOHANN JACOB VOGEL, den ersten
Observator der Leipziger Universitätssternwarte CHRISTIAN FRIEDRICH RÜDI-
GER, den Orthopäden CARL HERMANN SCHILDBACH, den Komponisten, Schrift-
steller, Regisseur und Dirigenten RICHARD WAGNER und den Sprach- und Reli-
gionswissenschaftler FRIEDRICH MAX MÜLLER. Vor HAUSDORFF war unter den
Schülern der Nicolaitana nur ein Mathematiker von Rang, HERMANN HANKEL.
Seine Arbeit *Untersuchungen über die unendlich oft oscillirenden und unstetigen
Functionen* aus dem Jahre 1870 wurde bedeutsam für die Entwicklung der Punkt-
mengenlehre durch GEORG CANTOR, deren Weiterentwicklung zur mengentheo-

---

[54]*Programm des Nicolaigymnasiums für das Schuljahr 1884–1885.* Leipzig 1885, XV.
[55]*Programm des Nicolaigymnasiums für das Schuljahr 1884–1885.* Leipzig 1885, XV.
[56]*Programm des Nicolaigymnasiums für das Schuljahr 1884–1885.* Leipzig 1885, XVI–XVII.

retischen Topologie eine der größten wissenschaftlichen Leistungen HAUSDORFFS werden sollte.[57]

Bevor wir auf den Schüler FELIX HAUSDORFF näher eingehen, mögen hier noch einige Bemerkungen zur Struktur und Organisation des Nicolaigymnasiums Platz finden. Ende der sechziger Jahre nahm die Zahl der Schüler stark zu und hatte sich Ende der siebziger Jahre gegenüber früher verdoppelt; in den achtziger Jahren waren es durchweg etwas über 500 Schüler. Man richtete Parallelklassen ein und ab 1878 war die Schule durchgehend zweizügig. In seiner Antrittsrede hatte MAYHOFF betont, daß er nun eine Anstalt zu leiten haben werde, „die äusserlich dem Umfange zweier Gymnasien gleichkommt."[58] Es gab eine Sexta a und eine Sexta b, kurz VI^a und VI^b, und so weiter bis zur Oberprima I^{aa} und I^{ab}. FELIX HAUSDORFF kam 1878 in die VI^a und blieb bis zum Abitur in diesem Klassenverband, der im letzten Jahr I^{ab} hieß.

Um eine Vorstellung vom Lehrplan zu geben, entnehmen wir der neuen Lehrordnung von 1882 die Verteilung der Stundenzahlen pro Woche für die einzelnen Fächer in der Oberprima: Latein 8, Griechisch 6–7, Deutsch 3, Geschichte 3, Religion 2, Französisch 2, Sport 2, Mathematik 4, Physik 2; außerdem fakultativ Hebräisch 2, Englisch 1–2, Gesang 1, Zeichnen 2, Stenographie 1. Etwa 45% der gesamten obligatorischen Unterrichtszeit nahm also der altsprachliche Unterricht ein. Entsprechend hoch war das Niveau. Man las HERODOT, XENOPHON, THUKYDIDES, DEMOSTHENES, PLATON, HOMER, HESIOD, ÄSCHYLUS, SOPHOKLES, SAPPHO und CORNELIUS NEPOS, CÄSAR, LIVIUS, SALLUST, TACITUS, OVID, VERGIL, CATULL und HORAZ.

Die Lehrer am Nicolaigymnasium waren sehr gut ausgebildet. Viele von ihnen hatten selbst eines der sächsischen Elitegymnasien besucht, die Kreuzschule in Dresden, das Johanneum in Zittau oder eben auch die Nicolaitana. Nicht wenige hatten promoviert, waren neben ihrer Lehrtätigkeit auch wissenschaftlich tätig und konnten eigene Publikationen aufweisen.[59] Die Klassenlehrer, die Ordinarien, wie sie damals hießen, unterrichteten Latein, Griechisch, Deutsch und Geschichte; auch daran ist der Rang, den die neuhumanistische Bildung am Nicolaigymnasium einnahm, ersichtlich. Im Lehrerkollegium galt eine strenge Rangfolge, die auch in den Programmen des Gymnasiums Jahr für Jahr dokumentiert ist. Welchen Rang ein Lehrer in der Hierarchie einnahm, hing außer von seinen Unterrichtsfächern von Anciennität, Qualifikation und Leistung ab. An der Spitze stand der Rektor, dann folgten, nach Rang geordnet, die Oberlehrer, danach provisorische Oberlehrer, dann Lehrer für Turnen, Gesang und Stenographie, danach Hilfslehrer und zum Schluß Lehramtskandidaten. Die oberen Ränge hatten oft einen Professorentitel. Im Schuljahr 1886/87, in dem HAUSDORFF in der Oberprima war, stand an der Spitze Rektor Prof. Dr. MAYHOFF, Ordinarius der Oberprima I^{aa}. Dann folgte der an erster Stelle der Oberlehrerliste stehende Ordinarius von HAUSDORFFS Klasse

---

[57]Zum Zusammenhang von Hankels Arbeit mit den Untersuchungen Cantors zur Punktmengenlehre siehe [Purkert/ Ilgauds 1987, 35–36].

[58]*Programm des Nicolaigymnasiums für das Schuljahr 1884–1885*, X.

[59]Zum Lehrerkollegium s. [Bischoff 1897].

I^{ab}, Prof. Dr. HULTGREN. An dritter Stelle dieser Liste stand bereits der „1. Mathematicus", Prof. Dr. ADELBERT GEBHARDT, HAUSDORFFs Mathematiklehrer in Untersecunda, Unterprima und Oberprima. GEBHARDT muß ein hervorragender Lehrer gewesen sein. Es war wohl zu einem wesentlichen Teil sein Verdienst, daß der Mathematikunterricht am Nicolaigymnasium als einer der „vorzüglichsten im Lande" Sachsen galt.[60] 1895 hatte er vom sächsischen König auf Grund seiner Verdienste um das Nicolaigymnasium und um das öffentliche Wohl das Ritterkreuz erster Klasse zum Albrechtsorden verliehen bekommen.

Aus den Schülerverzeichnissen des Gymnasiums erfährt man etwas über die soziale Stellung der Eltern und die Konfession der Schüler. 1879 hatte HAUSDORFFs Klasse V^a 45 Schüler. Bei 40% waren die Väter in der freien Wirtschaft tätig (Kaufleute, Buchhändler, Verleger, Fabrikanten, Bankiers), etwa 20% hatten Berufe mit akademischer Vorbildung (Lehrer, Juristen, Ärzte, Theologen). Eine weitere größere Gruppe waren Angestellte und kleine Beamte. Arbeiter findet man nicht. Von den 511 Schülern, die das Nicolaigymnasium 1885 hatte, waren 462 evangelisch-lutherisch, 19 evangelisch-reformiert, 22 israelitisch und 6 katholisch. Die einzigen beiden konfessionslosen Schüler – man nannte sie Dissidenten – waren die Söhne KARL und THEODOR des sozialistischen Politikers WILHELM LIEBKNECHT.

Der strengen Rangordnung der Lehrer korrespondierte eine Rangordnung der Schüler jeder einzelnen Klasse, die auf Gesamtzensuren für Wissenschaft und Betragen beruhte. Die Zensuren für Betragen waren ein Maß dafür, wieweit die Schüler sich der strengen Ordnung der Schule gefügt hatten. Die Schulordnung des Nicolaigymnasiums von 1878 enthielt eine achtzehn Paragraphen umfassende „Disciplinarordnung".[61] Darin heißt es beispielsweise im §11:

> Glaubt ein Schüler, dass ihm von Seiten eines Lehrers Unrecht geschehen ist, so hat er in der Wohnung des Lehrers und zwar stets im Tone der Bescheidenheit seine Rechtfertigung anzubringen. Streng untersagt ist jede Art von Widerspruch oder Einrede vor versammelter Klasse, überhaupt vor Zeugen.

Auch das Verhalten außerhalb der Schule wurde kontrolliert. Die Beteiligung an öffentlichen Tanzvergnügungen war „den Schülern schlechterdings untersagt", und Restaurants, Cafés und Vergnügungslokale durften Schüler nur in Gesellschaft „ihrer Eltern oder anderer Respectspersonen" besuchen. Schüler, die über die Stränge schlugen, wurden mit Karzer bestraft.

Wir besitzen keine Selbstzeugnisse HAUSDORFFs über seine Schulzeit. Einiges über ihn als Schüler ist jedoch in den Programmen (sie hießen ab 1887 Jahresberichte) des Nicolaigymnasiums zu finden. So entsprach es der Tradition dieser Einrichtung, gute Schüler durch Buch- oder Geldprämien auszuzeichnen. Diese Ausgezeichneten (etwa 5–10 % der Schüler) wurden jeweils in den Programmen bzw. Jahresberichten aufgeführt. Die Prämien wurden zu Ostern, am Sedanstag oder zu Michaelis verliehen. FELIX HAUSDORFF erhielt in den Schuljahren 1880-

---

[60] *Jahresbericht des Nicolaigymnasiums in Leipzig* ∙∙∙ Leipzig 1900, XIV.
[61] *Schulordnung des Nicolaigymnasiums zu Leipzig.* Stadtarchiv Leipzig, Bestand Nicolaischule, Nr. 303.

81, 1881-82, 1883-84, 1884-85, 1885-86 jeweils eine Buchprämie. In der Oberprima 1886-87 erhielt er sowohl eine Buchprämie als auch eine Geldprämie von 40 Mark. Daß er zu den besonders guten Schülern gehörte, geht auch aus den Schülerranglisten hervor, die für jede Klasse von der Untertertia ab vorliegen. HAUSDORFF hatte in seiner Klasse in der Unter- und Obertertia den Klassenrang 2, von da ab war er stets Klassenbester. Beim Abitur Ostern 1887 erzielte er als einziger bei 33 Abiturienten in den beiden Oberprimen die Gesamtnote I. Zwei weitere Schüler schafften die Gesamtnote Ib.[62]

Eine besondere Auszeichnung war es für einen Schüler, wenn er bei Schulfeiern selbstverfaßte Gedichte vortragen durfte. So heißt es im Bericht einer Leipziger Zeitung über den Festakt zur Feier des Geburtstages des sächsischen Königs AL-BERT am 23. April 1885 in der Aula des Nicolaigymnasiums:

> Nach dem Gesang einer Motette von Haydn trugen der Unterprimaner Hausdorff in lateinischer, der Oberprimaner Krätschmar in deutscher Sprache selbstverfaßte Dichtungen vor.[63]

Am 22. März 1886 zur „Doppelfeier des Geburtstages Sr. Majestät des Kaisers WILHELM und der Entlassung der Abiturienten" wurden „zwei deutsche Valediktionsgedichte" von dem scheidenden Abiturienten RUDOLF WENDT und dem Unterprimaner FELIX HAUSDORFF vorgetragen.[64] Über den Festakt zum Sedanstag 1886 ist im Jahresbericht des Gymnasiums folgendes zu lesen:

> Den Festakt des folgenden Tages im Saale des Gymnasiums eröffnete der Gesang des Gebetes von Luther „Verleih' uns Frieden gnädiglich"; dann folgten der Vortrag selbstverfasster Gedichte in deutscher und lateinischer Sprache von den Oberprimanern Alfr. Marschner, Isaak Belmonte und Felix Hausdorff, dem Tage entsprechende Deklamationen einiger jüngerer Schüler und endlich die Festrede des Hrn. Dr. Krieger, der an die erhebende Betrachtung der unvergesslichen Thaten von 1870 eine lehrreiche Schilderung germanischer Urzustände, besonders des vorgeschichtlichen Lebens des treuen Kriegsgenossen der alten Deutschen, des Pferdes, anknüpfte.[65]

Das Thema des deutschen Abituraufsatzes, den HAUSDORFF zu schreiben hatte, ist auch überliefert, es lautete: „Welche Umstände haben hauptsächlich zur Läuterung der Jugendanschauungen Goethes beigetragen?"[66] Im Lateinischen war nicht etwa eine Übersetzung zu schreiben, sondern ebenfalls ein Klassenaufsatz. Das Thema, das HAUSDORFF zu bearbeiten hatte, lautete: „Cupidius quam verius Cicero dicit res urbanas bellicis rebus anteponendas esse."[67] Frei übersetzt etwa: Es entspricht

---

[62] *Jahresbericht des Nicolaigymnasiums in Leipzig* · · · Leipzig 1887, XVI.
[63] Acta des Nicolaigymnasiums zu Leipzig Festlichkeiten, freie Tage betr. I, 1884–1894. Stadtarchiv Leipzig, Bestand Nicolaigymnasium 14. Auch in: *Programm des Nicolaigymnasiums für das Schuljahr 1885–1886*, Leipzig 1886, III.
[64] *Programm des Nicolaigymnasiums für das Schuljahr 1885–1886*, Leipzig 1886, V.
[65] *Jahresbericht des Nicolaigymnasiums in Leipzig* · · · Leipzig 1887, II–III.
[66] *Jahresbericht des Nicolaigymnasiums in Leipzig* · · · Leipzig 1887, X.
[67] *Jahresbericht des Nicolaigymnasiums in Leipzig* · · · Leipzig 1887, IX–X.

mehr dem Interesse Ciceros als der Wahrheit, wenn er sagt, die Angelegenheiten des öffentlichen Wohles seien denen des Krieges voranzustellen.[68]

Gemessen an diesen Anforderungen war das mathematische Pensum in der Oberprima bescheiden. In der „Übersicht über den von Ostern 1886 bis Ostern 1887 erteilten Unterricht" steht:

> Kombinationslehre und binomischer Satz für ganze positive Exponenten. Erweiterung des stereometrischen Pensums. Synthetische Behandlung von Parabel und Ellipse. Allgemeine Wiederholung (4 Std.).[69]

Die Liste der Publikationen und Vorträge von Hausdorffs Mathematiklehrer ADELBERT GEBHARDT zeigt, daß er sich nicht nur für „naturwissenschaftliche Pädagogik" interessierte, sondern auch für wissenschaftliche Probleme aus der Mathematik und Physik und für erkenntnistheoretische Fragen. Es kann also sehr wohl sein, daß er seinen besten Schüler zum Studium von mathematischer und naturwissenschaftlicher Literatur angeregt hat, die über den bescheidenen Schulstoff hinausführte. Auch HAUSDORFFs erkenntnistheoretische Interessen könnten durch GEBHARDT frühe Anregungen erfahren haben. Bei der Schulfeier am 23. April 1884 hielt GEBHARDT eine Festrede, in der er unter Berufung auf HERMANN VON HELMHOLTZ auf die physikalisch bedingten Grenzen der Leistung der optischen Instrumente Mikroskop und Fernrohr und damit auf die Beschränkungen unserer Gesichtswahrnehmung einging und zu dem Schluß kam, „je tiefer man in die Wissenschaft eindringe, umso mehr kämen die menschlichen Schranken und Grenzen zum Bewusstsein".[70] FELIX HAUSDORFF, damals in der Obersekunda, wird diesen Vortrag sicher gehört haben, und vielleicht sind hier die ersten Anfänge seines Nachdenkens über das Raumproblem zu suchen.

Die schließliche Wahl des Studienfaches mag dem so vielseitig begabten Oberprimaner FELIX HAUSDORFF nicht leicht gefallen sein. MAGDA DIERKESMANN, die als Studentin in Bonn in den Jahren 1926–1932 öfters im Hause HAUSDORFFs zu Gast war, berichtete 1967:

> Seine vielseitige musische Begabung war so groß, daß er erst auf das Drängen seines Vaters hin den Plan aufgab, Musik zu studieren und Komponist zu werden. Er studierte darauf in Leipzig, Freiburg und Berlin Mathematik.[71]

Zum Abitur war die Entscheidung gefallen: Im Jahresbericht des Nicolaigymnasiums für das Schuljahr 1886–87 steht in der Liste der Abiturienten in der Spalte „zukünftiges Studium" bei FELIX HAUSDORFF „Naturwissenschaften".[72] Was letztlich den Ausschlag dafür gegeben hat, wissen wir nicht. Für sein frühes Interesse an der Astronomie, dem Fach, das er in den späteren Semestern als Hauptfach seines

---

[68] Das Thema spielt auf Cicero *De officiis* I, 74 an: „Sed cum plerique arbitrentur res bellicas maiores esse quam urbanas, minuenda est haec opinio".

[69] *Jahresbericht des Nicolaigymnasiums in Leipzig* · · · Leipzig 1887, V.

[70] *Programm des Nicolaigymnasiums für das Schuljahr 1884–1885*, Leipzig 1885, XX.

[71] [Dierkesmann 1967, 551–554]. Frau Dierkesmann hat Egbert Brieskorn in einem Gespräch versichert, daß Hausdorff ihr dies selbst so gesagt hat.

[72] *Jahresbericht des Nicolaigymnasiums in Leipzig* · · · Leipzig 1887, XVI.

Studiums wählte, gibt es einen einzigen Hinweis: Durch einen glücklichen Zufall konnte EGBERT BRIESKORN ein Buch erwerben, das FELIX HAUSDORFF in seiner Schulzeit gehört haben muß, die in zwei Teilen 1827 bei Göschen in Leipzig erschienenen *Vorlesungen über die Astronomie, zur Belehrung derjenigen, denen es an mathematischen Vorkenntnissen fehlt. Von H. W. Brandes, Professor in Leipzig.* Beide Bände tragen den mit Bleistift eingetragenen Besitzvermerk „F. Hausdorff". Die Schriftzüge wirken, im Vergleich mit HAUSDORFFs späterer Handschrift, noch etwas ungelenk, und das ist ein Grund anzunehmen, daß die beiden Bände einmal dem Schüler FELIX HAUSDORFF gehört haben; und er wird sicherlich darin auch gelesen haben.

Kapitel 2

Felix Hausdorffs Studienjahre

2.1 Die ersten beiden Semester in Leipzig

Am 18. April 1887 schrieb sich FELIX HAUSDORFF in die Matrikellisten der Leipziger Universität ein, um Mathematik und Naturwissenschaften zu studieren. Die Mathematik in Leipzig war zu diesem Zeitpunkt – verglichen mit vielen anderen deutschen Universitäten – mit drei Ordinarien und einem ordentlichen Honorarprofessor recht komfortabel ausgestattet.

Dienstältester Ordinarius war WILHELM SCHEIBNER. Er hielt seit 1853 Vorlesungen in Leipzig, zunächst als Privatdozent, seit 1856 als außerordentlicher Professor und seit Dezember 1867 als Ordinarius. SCHEIBNER war ein vielseitiger Gelehrter; er befaßte sich mit theoretischer Astronomie, insbesondere astronomischer Störungstheorie, mit Mechanik, Optik, Potentialtheorie, Theorie der elliptischen Funktionen, Reihenlehre, Invariantentheorie und Zahlentheorie. Er war ein erfolgreicher Lehrbuchautor; seine Forschungsarbeiten haben allerdings keinen nachhaltigen Einfluß gehabt. Eine Ausnahme sind hier vielleicht seine Arbeiten über elliptische Integrale, in denen er effektive Methoden angibt, um diese Integrale auf die Standardformen erster, zweiter und dritter Gattung zu reduzieren.

Ein großes Verdienst um die Entwicklung der Leipziger Mathematik hat sich SCHEIBNER durch seine kluge Berufungspolitik erworben. Als AUGUST FERDINAND MÖBIUS, der erste herausragende Mathematiker, den die Leipziger Universität hatte, 1868 gestorben war, bemühte sich SCHEIBNER um die Berufung von CARL GOTTFRIED NEUMANN, der bereits Ordinarius in Tübingen war und der 1868 dem Ruf nach Leipzig folgte. SCHEIBNER empfand es auch als großen Mangel, daß die Geometrie, die sich im 19. Jahrhundert so stürmisch entwickelt hatte, in Leipzig nicht vertreten war. Jahrelang kämpfte er darum, diese Lücke auszufüllen. Schließlich gelang es ihm 1880, vom Ministerium in Dresden einen Lehrstuhl für Geometrie genehmigt zu bekommen und dafür FELIX KLEIN zu gewinnen. KLEIN gründete 1881 das Mathematische Seminar und bewirkte bis zu seinem Weggang

© Der/die Autor(en), exklusiv lizenziert durch
Springer-Verlag GmbH, DE, ein Teil von Springer Nature 2021
E. Brieskorn und W. Purkert, *Felix Hausdorff*, Mathematik im Kontext,
https://doi.org/10.1007/978-3-662-63370-0_2

nach Göttingen im Jahr 1886 einen nachhaltigen Aufschwung der Mathematik in Leipzig.[1]

Mit CARL NEUMANN traf der Student FELIX HAUSDORFF auf einen beliebten, sehr erfolgreichen Hochschullehrer und bedeutenden Forscher.[2] NEUMANN war der Sohn des Königsberger Physikers FRANZ ERNST NEUMANN, des Begründers der Mathematischen Physik in Deutschland. Seine Hauptarbeitsgebiete waren Potentialtheorie, Mathematische Physik und Funktionentheorie. Bahnbrechende Ergebnisse erzielte er vor allem auf dem Gebiet der Potentialtheorie. Ausgehend von der Lösung von Spezialaufgaben, wie der ersten Randwertaufgabe der Potentialtheorie für die Kugel, gelangte er bald zu dem allgemeinen Ansatz, Potentialfunktionen als Wirkungen einer „Belegung" darzustellen. Insbesondere untersuchte er eingehend Potentiale von Doppelbelegungen (Doppelschichten). Die Theorie der Doppelbelegungen führte NEUMANN auf seine berühmten Existenzbeweise für die Lösung der ersten und zweiten Randwertaufgabe der Potentialtheorie. Von besonderer Bedeutung für die Funktionentheorie war NEUMANNS Buch *Vorlesungen über Riemanns Theorie der Abelschen Integrale*[3], das RIEMANNS Ideen popularisierte und viele Mathematiker in die Lage versetzte, deren Fruchtbarkeit für eigene Forschungen zu nutzen.

NEUMANN begründete in Leipzig eine Tradition der Mathematischen Physik, die bis in unsere Zeit kontinuierlich fortgeführt wurde. Eines seiner Anliegen war es, die den physikalischen Theorien zugrunde liegenden Prinzipien zu klären, wie z.B. das Galileische Trägheitsprinzip in seiner Leipziger Antrittsvorlesung *Ueber die Principien der Galilei-Newton'schen Theorie*, gehalten am 3. November 1869.[4] Er postuliert dort als grundlegendes Prinzip der klassischen Mechanik die Existenz eines Inertialsystems (bei ihm ein hypothetischer starrer Körper, der Körper *Alpha*). HAUSDORFF hat diese Antrittsvorlesung später gründlich studiert und nimmt in seiner am 4. Juli 1903 gehaltenen Leipziger Antrittsrede *Das Raumproblem* darauf Bezug [H 1903a, 10; VI: 290].

Ein großes Verdienst um die Entwicklung der Mathematik erwarb sich NEUMANN durch die von ihm initiierte Gründung der „Mathematischen Annalen" im Jahre 1868[5], die er dann gemeinsam mit seinem Studienfreund ALFRED CLEBSCH herausgab.

Der dritte im Bunde der bei HAUSDORFFs Studienbeginn bereits langgedienten Leipziger Professoren war ADOLPH MAYER.[6] Nach Studium der Mathematik und Naturwissenschaften in Heidelberg, Göttingen und Königsberg habilitierte er

---

[1] Ausführlich dazu Fritz König: Die Gründung des „Mathematischen Seminars" der Universität Leipzig, [Beckert/ Schumann 1981, 43–71].

[2] Zu Neumann s. [Hölder 1927], ferner: Hans Salié: Carl Neumann, [Beckert/ Schumann 1981, 92–101].

[3] Teubner, Leipzig 1865, 1884².

[4] Gedruckt bei Teubner, Leipzig 1870. Wiederabdruck [Beckert/ Purkert 1987, 7–32].

[5] Sein bemerkenswerter Brief vom 10.Juni 1868 an den Verleger ist im Faksimile wiedergegeben in [Beckert/ Purkert 1987, 216-219].

[6] Zu Mayer s. [Hölder 1908], [Rowe/ Tobies 1990] und Rolf Klötzler: Adolph Mayer und die Variationsrechnung, [Beckert/ Schumann 1981, 102-110].

sich 1866 in Leipzig mit einer Arbeit über Variationsrechnung. 1871 wurde er in Leipzig Extraordinarius und 1881 ordentlicher Honorarprofessor. 1890 erfolgte die Berufung zum Ordinarius. MAYERs Hauptarbeitsgebiete waren die Theorie der partiellen Differentialgleichungen erster Ordnung, die Variationsrechnung und die Mechanik.

JACOBI hatte gezeigt, daß die Integration eines beliebigen Systems von partiellen Differentialgleichungen erster Ordnung auf die Integration vollständiger Systeme linearer homogener Gleichungen zurückgeführt werden kann. MAYER fand nun, daß sich jedes vollständige System von linearen homogenen partiellen Differentialgleichungen erster Ordnung auf die Integration eines Systems von gewöhnlichen Differentialgleichungen erster Ordnung zurückführen läßt. Mit dieser Reduktion wurde die JACOBIsche Methode erheblich vereinfacht; man spricht heute von der JACOBI-MAYERschen Integrationsmethode für Systeme partieller Differentialgleichungen erster Ordnung. In der Variationsrechnung untersuchte MAYER im Anschluß an JACOBI die zweite Variation von LAGRANGE-Problemen einfacher Integrale. Er fand für die zweite Variation eine möglichst einfache Normalform und leitete mittels der nach ihm benannten Determinante notwendige und hinreichende Optimalitätskriterien her. Seine Determinante führte ihn auf die Anfänge der Theorie der konjugierten Punkte auf Extremalen (Berührungspunkte der Extremalen mit der Hüllkurve). Die Beschäftigung mit dem 23. HILBERTschen Problem führte MAYER zu ersten Ansätzen einer Theorie der Extremalenfelder (MAYERsche Extremalenscharen, MAYERsches Feld); auch zur Theorie der optimalen Steuerung finden sich bei MAYER gewisse Ansätze. Er gab ferner einen neuen Beweis der LAGRANGEschen Multiplikatorenregel für Variationsprobleme mit Differentialgleichungen als Nebenbedingungen. MAYER betrachtete auch Ungleichungen als Nebenbedingungen und führte dies durch Einführung neuer Variabler auf Gleichungsrestriktionen zurück. Die für diesen Fall von ihm hergeleiteten notwendigen Optimalitätsbedingungen sind Vorläufer der KUHN-TUCKER-Bedingungen in der Optimierungstheorie. MAYERs Arbeiten zur Mechanik betreffen die Beziehungen dieser Wissenschaft zur Variationsrechnung; besonders interessant ist in diesem Zusammenhang seine akademische Antrittsrede über die Geschichte des Prinzips der kleinsten Wirkung [Mayer 1877]. Große Verdienste erwarb sich MAYER als Herausgeber der Mathematischen Annalen über fast 30 Jahre.

MAYER war als akademischer Lehrer sehr beliebt. Er hielt hervorragende Vorlesungen und kümmerte sich auch persönlich um seine Studenten. Wir werden sehen, daß HAUSDORFF bereits in seinem zweiten Semester zu MAYER persönliche Beziehungen anknüpfen konnte.

Ab 1886 wirkte als Ordinarius in Leipzig einer der bedeutendsten Mathematiker des 19.Jahrhunderts, SOPHUS LIE.[7] LIE studierte von 1859 bis 1865 in Christiania (heute Oslo) die „Realfächer" und schloß das Studium mit dem Re-

---

[7]Zu Lie gibt es zahlreiche Nachrufe und Artikel in biographischen Sammelwerken und Lexika. Von den Nachrufen sei hier [Engel 1899] genannt. Eine ausführliche Biographie ist [Stubhaug 2002]. An kürzeren biographischen Studien seien erwähnt [Fritzsche 1999] und Paul Günther: Sophus Lie, [Beckert/ Schumann 1981, 111-133].

allehrerexamen ab. Während dieses Studiums hatte er bei LUDWIG SYLOW eine
Vorlesung über Gruppentheorie gehört. Mit dem Studium der Werke von PONCE-
LET und PLÜCKER wandte er sich ab 1868 ganz der Mathematik zu. Den Winter
1869/70 verbrachte er mit einem Reisestipendium in Berlin. Dort lernte er FELIX
KLEIN kennen; beide hatten viele gemeinsame mathematische Interessen, regten
sich gegenseitig an und schlossen Freundschaft. Im Frühjahr 1870 verbrachten bei-
de einige Zeit gemeinsam in Paris.[8] LIE promovierte 1871 in Christiania und wurde
dort 1872 Professor. Als FELIX KLEIN Ende 1885 einem Ruf nach Göttingen erhielt (dem er Ostern 1886 folgte), bemühte er sich, LIE als seinen Nachfolger für
Leipzig zu gewinnen. KLEIN selbst verfaßte für das Ministerium ein Gutachten zur
Berufung LIES. Nachdem er darin die bedeutenden wissenschaftlichen Ergebnisse
LIES resümiert hatte, fuhr er fort:

> Es gibt andere Geometer, welche, vielseitig durchgebildet, bald in der einen
> bald in der anderen Richtung wichtige Resultate gefunden haben und den
> gegenwärtigen Stand der geometrischen Wissenschaft in Vorlesungen gut zu
> vertreten wissen. Aber Lie ist der Einzige, welcher vermöge seiner kraftvollen
> Persönlichkeit und der Originalität seines Denkens eine selbständige geome-
> trische Schule zu begründen vermag.[9]

LIE folgte dem Ruf nach Leipzig und hielt dort am 29. Mai 1886 seine Antrittsvorlesung *Über den Einfluß der Geometrie auf die Entwicklung der Mathematik*
[Beckert/ Purkert 1987, 48–57]. Er entfaltete in Leipzig eine rege Lehrtätigkeit,
vor allem über die von ihm neu geschaffenen Theorien, und zog eine ganze Reihe
talentierter Schüler aus dem In- und Ausland an. Von den 56 im Zeitraum 1887 bis
1898 (LIES Ausscheiden) in Leipzig promovierten Mathematikern waren 26 Schüler
LIES.

An PLÜCKER anknüpfend führte LIE 1868 den Begriff der Berührungstransformation ein. Spezielle Berührungstransformationen sind die Polarverwandtschaft
bei den Flächen zweiter Ordnung und die Legendretransformation. Eine spezielle
von LIE entdeckte Berührungstransformation, die Geraden-Kugel-Transformation,
besitzt die interessante Eigenschaft, die Asymptotenlinien einer Fläche auf die
Hauptkrümmungslinien der Bildfläche abzubilden. LIE und KLEIN benutzten in
einer gemeinsamen Arbeit diese Transformation, um die Asymptotenlinien der
KUMMERschen Fläche zu bestimmen. Die Berührungstransformationen und die
ebenfalls von LIE eingeführten infinitesimalen Transformationen waren die Grundlage für seine Integrationstheorie für partielle Differentialgleichungen erster Ordnung, welche die Integration einer solchen Differentialgleichung auf die Integration
eines Systems gewöhnlicher Differentialgleichungen (charakteristische Gleichungen
von Lie) zurückführt.[10] LIES Hauptleistung ist die Theorie der von ihm so genann-

---

[8]Zum Verhältnis von Lie und Klein s. [Rowe 1988] und [Jaglom 1988].

[9]Das Gutachten ist im Faksimile abgedruckt in [Beckert/ Purkert 1987, 220-225].

[10]Lies Integrationstheorie hat enge Berührungspunkte mit der Integrationstheorie von Mayer.
Mayer und Lie pflegten seit ihrem ersten persönlichen Kennenlernen 1872 ein freundschaftlich-
kollegiales Verhältnis, das auch die Schwierigkeiten von Lies späteren psychischen Störungen
nicht trüben konnten.

ten „endlichen kontinuierlichen Transformationsgruppen", die er unter Mithilfe von FRIEDRICH ENGEL in dem großen dreibändigen Werk *Theorie der Transformationsgruppen* (1888, 1890, 1893) niederlegte. Solche Gruppen werden heute nach LIE benannt; der moderne Begriff der Liegruppe ist etwas allgemeiner als der ursprüngliche Begriff bei LIE [Hawkins 2000]. LIE ordnete einer solchen Gruppe eine rein algebraische Struktur zu, die von den infinitesimalen Transformationen der Gruppe gebildet wird und heute als Liealgebra bezeichnet wird. Kern der LIEschen Theorie ist der folgende Fundamentalsatz, der in moderner Formulierung lautet: Jede endlichdimensionale Liealgebra über $\mathbb{R}$ (oder $\mathbb{C}$) ist Liealgebra einer geeigneten analytischen Gruppe. LIE selbst gab interessante Anwendungen seiner Theorie auf Differentialgleichungen und auf das Raumproblem (RIEMANN-HELMHOLTZ-LIEsches Raumproblem). Die von LIE geschaffene Verbindung algebraischer und topologischer Strukturen hat sich für die gesamte Mathematik als außerordentlich fruchtbar erwiesen. Die Theorie der Liegruppen und Liealgebren ist heute auch für die Theoretische Physik von grundlegender Bedeutung. LIE erzielte auch bedeutende Ergebnisse in der Differentialgeometrie, insbesondere über Minimalflächen. Er hatte sich diesem damals viel bearbeiteten Gebiet um 1877 zeitweise zugewandt, als er besonders enttäuscht darüber war, daß seine neuen Ideen zur Integration von Differentialgleichungen und über Transformationsgruppen zunächst fast keine Resonanz bei den Mathematikern fanden.

1887 wirkten am Mathematischen Seminar der Universität Leipzig zwei außerordentliche Professoren, KARL VON DER MÜHLL und FRIEDRICH SCHUR. VON DER MÜHLL ging 1889 nach Basel und spielte für HAUSDORFFs Studien keine Rolle. FRIEDRICH SCHUR habilitierte sich 1881 bei FELIX KLEIN in Leipzig mit einer Arbeit aus der synthetischen Geometrie. 1885 wurde er zum außerordentlichen Professor ernannt. Er war vor allem Geometer. Hervorzuheben sind seine Beiträge zur Riemannschen Geometrie, zur Theorie der Liegruppen und zu den Grundlagen der Geometrie. Sein Buch *Grundlagen der Geometrie*[11] wurde mit dem Lobatschewski-Preis ausgezeichnet. 1888 wurde er zum Ordinarius nach Dorpat (Tartu) berufen. In Leipzig hielt er auch Übungen für die Anfangssemester ab, an denen auch HAUSDORFF teilnahm.

1885 habilitierten sich in Leipzig zwei Mathematiker, die in HAUSDORFFs späterem Leben als Freunde und Förderer eine wichtige Rolle spielen sollten, EDUARD STUDY und FRIEDRICH ENGEL. STUDY wirkte als Privatdozent in Leipzig nur bis zu seinem Weggang nach Marburg 1888; in dieser Zeit hat er für HAUSDORFF noch keine Rolle gespielt. Über ihn werden wir später berichten.

In die Mathematikgeschichte ist FRIEDRICH ENGEL vor allen Dingen durch seine großen Verdienste bei der Erschließung der LIEschen Ideenwelt eingegangen. LIE lag es nicht, seine von genialer Intuition geleiteten Ideen so darzustellen, daß sie dem breiten mathematischen Publikum verständlich waren und dem damaligen Standard an Exaktheit genügten. MAYER und KLEIN empfanden dies auch und erwogen deshalb, ENGEL, der 1883 bei MAYER mit einer Arbeit über Be-

---

[11]Teubner, Leipzig 1909.

rührungstransformationen promoviert hatte, zu LIE nach Christiania zu schicken, um diesem bei der Ausarbeitung seiner Theorie der Transformationsgruppen zu helfen. LIE war von dieser Idee angetan. ENGEL reiste im September 1884 nach Christiania und arbeitete dort neun Monate mit LIE am ersten Band der *Theorie der Transformationsgruppen.* In Leipzig wurde ENGEL LIEs Assistent und setzte diese Arbeit fort, bis alle drei Bände erschienen waren. 1889 wurde ENGEL zum außerordentlichen Professor und 1899 schließlich zum ordentlichen Honorarprofessor an der Universität Leipzig ernannt. 1904 wurde ENGEL Ordinarius in Greifswald als Nachfolger STUDYs. Seit ihrer Privatdozentenzeit in Leipzig waren STUDY und ENGEL gut befreundet; diese Freundschaft hielt ein Leben lang [Fritzsche 1993], [Ullrich 2004]. ENGELs eigene wissenschaftliche Arbeiten bewegen sich hauptsächlich im Gedankenkreis LIEs, indem sie dessen Schöpfungen gelegentlich weiter ausbauen und vertiefen, an manchen Stellen vereinfachen und durch exakte Beweise sichern. Er bearbeitete auch eine Reihe von interessanten Sonderfällen und Anwendungen von LIEs allgemeinen Theorien.

Leider kam es zwischen LIE und ENGEL nach und nach zu einer starken Entfremdung. Vermutlich spielen hier die psychischen Veränderungen bei LIE, die Folge seiner perniziösen Anämie waren, eine Rolle.[12] Ungeachtet dessen hat ENGEL später viele Jahre darangesetzt, eine vorzügliche und von ihm meisterhaft kommentierte Ausgabe von LIEs Gesammelten Abhandlungen herauszubringen.[13] Wir werden ENGEL in diesem Buch noch öfter begegnen.

Über die von HAUSDORFF gehörten Vorlesungen in den ersten beiden Semestern (Sommersemester 1887 und Wintersemester 1887/88) sind wir durch ein Studienzeugnis der Universität Leipzig unterrichtet.[14] Ferner sind im Nachlaß HAUSDORFFs zu einer Reihe von Vorlesungen, die er gehört hat, und zu den Seminaren und Übungen, an denen er teilnahm, eigenhändige Mitschriften oder Ausarbeitungen vorhanden. Im ersten Semester hörte HAUSDORFF bei LIE „Einleitung in die analytische Geometrie der Ebene und des Raumes".[15] Dazu gehörten Übungen im Mathematischen Seminar bei FRIEDRICH SCHUR.[16] Bei MAYER hörte HAUSDORFF „Einleitung in die Algebra und die Lehre von den Determinanten".[17] Von dieser Vorlesung fertigte HAUSDORFF nach der stenographischen Mitschrift eine sorgfältige Ausarbeitung an.[18] Man kann annehmen, daß ihm an Vorlesungen, die er nach den Mitschriften ausarbeitete, besonders gelegen war.

---

[12]Ausführlich dazu in [Purkert 1984] und [Fritzsche 1991].

[13]Sophus Lie: *Gesammelte Abhandlungen.* 7 Bände. Herausgegeben von F. Engel und P. Heegard. Teubner/H. Aschehoug & Co., Leipzig/Oslo 1922–1960. (Band 7 kam erst 19 Jahre nach Engels Tod heraus).

[14]Studienzeugnis für Felix Hausdorff für das Sommersemester 1887 und das Wintersemester 1887/88. Universitätsarchiv Leipzig, Film Nr. 60, dort Nr. 460.

[15]Mitschrift in Gabelsberger Stenographie in Nachlaß Hausdorff, Kapsel 57, Fasz. 1179, 3 Hefte, Bll. 12–47, 70–93, 106–113.

[16]Übungsaufgaben in Nachlaß Hausdorff, Fasz. 1179, Heft 1, Bll. 1–11, mit Anmerkungen von fremder Hand.

[17]Stenographische Mitschrift in Nachlaß Hausdorff, Fasz. 1179, 3 Hefte, Bll. 48–69, 94–105, 114–119.

[18]Nachlaß Hausdorff, Kapsel 56, Fasz. 1170, 59 Blatt.

Die Leipziger Universität hatte 1871 erstmals einen Lehrstuhl für Physikalische Chemie geschaffen und ihn mit GUSTAV HEINRICH WIEDEMANN, vorher Professor am Polytechnikum Karsruhe, besetzt. Zum Sommersemester 1887 wurde WIEDEMANN Ordinarius für Physik in Leipzig; die Physikalische Chemie übernahm WILHELM OSTWALD. WIEDEMANN war ein bedeutender Experimentalphysiker, vor allem auf dem Gebiet der Elektrizität. Sein Handbuch *Die Lehre von der Electricität* in drei Bänden (Vieweg, Braunschweig 1882, 1883) galt lange als ein Standardwerk. Er war mit HERMANN VON HELMHOLTZ befreundet und übernahm nach POGGENDORFFs Tod die Redaktion der *Annalen der Physik und Chemie*. HAUSDORFF hörte im ersten Semester bei WIEDEMANN die Vorlesung „Physik I. Theil". WIEDEMANN hielt sie im Sommersemester 1887 zum ersten Mal. Später las er sie immer im Sommersemester unter der Bezeichnung „Experimentalphysik I (Allgemeine Physik, Akustik, Optik)". Für diese Vorlesung existiert keine Mitschrift im Nachlaß HAUSDORFFs.

Eine zweite naturwissenschaftliche Vorlesung, die HAUSDORFF in seinem ersten Semester hörte, war die „Mathematische Geographie" bei dem Astronomen HEINRICH BRUNS. [19] Unter mathematischer Geographie verstand man im 19. Jahrhundert die mathematischen Methoden zur Bestimmung von Gestalt und Größe der Erde, zur Berechnung der Koordinaten eines Punktes auf der Erdoberfläche und zur Bestimmung des momentanen Ortes und der Lage der Erde im Sonnensystem. HEINRICH BRUNS war für den Beginn der wissenschaftlichen Laufbahn von FELIX HAUSDORFF von ausschlaggebender Bedeutung; deshalb sei er hier etwas eingehender vorgestellt.[20] BRUNS studierte von 1866 bis 1871 in Berlin Mathematik, Astronomie und Physik, vor allem bei ERNST EDUARD KUMMER und KARL WEIERSTRASS und bei den Astronomen ARTHUR VON AUWERS und WILHELM FOERSTER. Er war ein hervorragender Student und wurde vom Mathematischen Seminar zweimal mit einer Geldprämie ausgezeichnet [Biermann 1988, 108]. Nach der 1871 erfolgten Promotion war er zwei Jahre Rechner an der Sternwarte in Pulkowo. Von 1873 bis 1876 arbeitete er als Observator an der Sternwarte in Dorpat (Tartu); dort hat er sich auch habilitiert. 1876 wurde er zum außerordentlichen Professor für Mathematik an die Universität Berlin berufen; KUMMER und WEIERTRASS hatten sich besonders für ihn eingesetzt. Außer den Anfängervorlesungen las er über Differentialgleichungen, mathematische Geographie und Anwendung elliptischer Funktionen [Biermann 1988, 132–134, 137]. Er war auch nebenbei an der Kriegsakademie und am Geodätischen Institut tätig. 1882 folgte BRUNS einem Ruf nach Leipzig als Ordinarius für Astronomie und Direktor der Sternwarte. In dieser Position wirkte er bis zu seinem Tod.

BRUNS war, von den zwei Jahren in Dorpat abgesehen, nicht beobachtend astronomisch tätig. Seine Hauptarbeitsgebiete waren Himmelsmechanik, geometrische Optik, Geodäsie, numerische Mathematik sowie Wahrscheinlichkeitsrechnung und mathematische Statistik. BRUNS' wichtigster Beitrag zur Himmelsmechanik

---

[19] Stenographische Mitschrift in Nachlaß Hausdorff, Kapsel 57, Fasz. 1176, Bll. 1–28.
[20] Zu Bruns siehe etwa [Herglotz 1919] (mit Schriftenverzeichnis).

war der 1887 bewiesene Satz, daß es für das n-Körperproblem außer den 10 bekannten algebraischen Integralen keine weiteren linear unabhängigen Integrale geben kann, die algebraische Funktionen der Orts- und Geschwindigkeitsvektoren und der Zeit sind. Dieser Unmöglichkeitsbeweis eröffnete neue Zugänge zum n-Körperproblem, etwa durch HENRI POINCARÉ. Wichtige Ergebnisse zur Geodäsie (BRUNSsches Polyeder) publizierte BRUNS in seiner Schrift *Die Figur der Erde. Ein Beitrag zur Europäischen Gradmessung.*[21] BRUNS' bedeutendster Beitrag zur geometrischen Optik war die umfangreiche Arbeit *Das Eikonal.*[22] Er betrachtet darin optische Abbildungen, deren Urbildraum und Bildraum homogen und isotrop sind, so daß die Lichtstrahlen jeweils Geraden sind. BRUNS faßt nun eine optische Abbildung als eine Abbildung einer Mannigfaltigkeit M_1 von Geraden auf eine andere gleichartige Mannigfaltigkeit M_2 von Geraden auf, welche die Eigenschaft hat, daß flächennormale Geradenbüschel in M_1 in flächennormale Büschel in M_2 übergeführt werden (Bedingung von MALUS). BRUNS gelingt es nun durch einen originellen Kunstgriff, die Abbildung $\Phi : M_1 \to M_2$ statt durch ihre vier Komponentenfunktionen durch eine einzige Funktion zu beschreiben, die er als *Eikonal* bezeichnet.[23] FELIX KLEIN hat 1901 den engen Zusammenhang zwischen BRUNS' Eikonal und HAMILTONs charakteristischer Funktion, die dieser aus dem FERMATschen Prinzip hergeleitet hatte, aufgedeckt [Klein 1901]. An BRUNS' Arbeit haben später eine Reihe von Forschern zur geometrischen Optik angeknüpft. Zum Beispiel fußen KARL SCHWARZSCHILDs Arbeiten zur Berechnung der Bildfehler höherer Ordnung und zur Berechnung der Objektive von Spiegelteleskopen auf BRUNS. Auch HAUSDORFF hat als junger Privatdozent mit einer Arbeit über geometrische Optik unmittelbar an BRUNS' Arbeit über das Eikonal angeknüpft.[24] Darauf werden wir später noch kurz zurückkommen.

Mit der Auswertung geodätischer und astronomischer Daten sind Fragen der numerischen Mathematik sowie der Wahrscheinlichkeitstheorie und mathematischen Statistik (Fehleranalyse) eng verknüpft. Die Leipziger Sternwarte unter BRUNS hat sich der praktischen Datenanalyse mit Hilfe fest angestellter Rechner kontinuierlich gewidmet. Auch hieran war – wie wir sehen werden – HAUSDORFF später beteiligt [Ilgauds/ Münzel 1994]. BRUNS selbst hat numerische Methoden, wie z. B. Interpolationsverfahren oder Methoden zur numerischen Integration, in Vorlesungen und Seminaren behandelt und schließlich darüber ein Buch veröffentlicht [Bruns 1906]. Auch über Wahrscheinlichkeitsrechnung und mathematische Statistik hat BRUNS regelmäßig Vorlesungen gehalten; sein Buch *Wahrscheinlichkeitsrechnung und Kollektivmasslehre* erschien 1906 bei Teubner. Die Bezeichnung des Gebietes, das wir heute mathematische Statistik nennen, als „Kollektivmaßleh-

---

[21] Publicationen des Königl. Preussischen Geodätischen Institutes, P. Stankiewicz' Buchdruckerei, Berlin 1878. S. dazu [Torge 2007/2009, 233].
[22] Berichte über die Verhandlungen der Königl. Sächsischen Ges. der Wissenschaften zu Leipzig, Math.-Phys. Classe **21** (1895), 323–436.
[23] Eine Darstellung von Bruns' Grundidee mittels moderner Begriffe gibt Egbert Brieskorn in *HGW*, Band IB, 251–254.
[24] [H 1896, V: 313–366] mit Kommentar von Stefan Hildebrandt, V, 367–377.

re", geht auf den Begründer der Psychophysik, den Leipziger Gelehrten GUSTAV THEODOR FECHNER zurück. In der Statistik stand zunächst, durch die astronomische Fehlertheorie und weitere praktische Erfahrungen begründet, die Normalverteilung im Mittelpunkt des Interesses. Der einflußreiche belgische Astronom und Statistiker ADOLPHE QUETELET erhob die These gewissermaßen zum Dogma, daß jede einwandfrei erhobene statistische Gesamtheit normalverteilt sei. FECHNER hat das QUETELETsche Paradigma aufgrund jahrzehntelang auf den verschiedensten Gebieten erhobener statistischer Daten angezweifelt und insbesondere die Bedeutung asymmetrischer Verteilungen für die Statistik betont. Zur Annahme beliebiger Verteilungen für eine statistische Grundgesamtheit konnte er sich aber noch nicht durchringen; dies tat erst BRUNS, der mit der Reihenentwicklung nach Hermiteschen Polynomen auch eine analytische Darstellung beliebiger Verteilungsfunktionen angab [Bruns 1897]. Man bezeichnete diese Darstellung als BRUNSsche Reihe; sie wird heute meist als GRAM-CHARLIER-Reihe bezeichnet. Auch an diese Idee von BRUNS hat HAUSDORFF später angeknüpft. Die Wahrscheinlichkeitsrechnung gründete BRUNS auf den Begriff der relativen Häufigkeit; er sprach von „Quotenrechnung". An diese Auffassung knüpfte 1919 RICHARD VON MISES mit seinem Versuch einer axiomatischen Begründung der Wahrscheinlichkeitstheorie an.

FELIX HAUSDORFF interessierte sich in seinem ersten Semester in Leipzig aber nicht nur für sein eigentliches Fach, die Mathematik und die Naturwissenschaften, sondern er besuchte auch drei geisteswissenschaftliche Vorlesungen. Bei dem ordentlichen Honorarprofessor CONRAD HERMANN hörte er „Allgemeine Grammatik und Sprachphilosophie".[25] Die genannte Vorlesung fußte vor allem auf HERMANNS Buch *Die Sprachwissenschaft nach ihrem Zusammenhange mit Logik, menschlicher Geistesbildung und Philosophie.*[26] Das Kernproblem HERMANNS in seiner Sprachphilosophie ist das Verhältnis von Sprache und Denken.[27] Es könnte sein, daß Keime von HAUSDORFFs späterer intensiver Auseinandersetzung mit dieser Problematik schon in HERMANNs Vorlesung liegen. Allerdings hat HAUSDORFF später nirgends auf HERMANN Bezug genommen.

Bei HERMANN WOLFF hörte HAUSDORFF die Vorlesung „Die Grundprobleme der Philosophie (als Einleitung in die Philosophie)". HERMANN WOLFF, Leiter einer Leipziger Bürgerschule, lehrte von 1875 bis 1896 als Privatdozent an der Universität Leipzig.[28] Als WOLFFs wichtigste Publikation gilt das 1890 in zwei Bänden erschienene Werk *Kosmos. Die Weltentwickelung nach monistisch-psychologischen Principien auf Grundlage der exakten Naturforschung dargestellt.*[29] Es ging WOLFF und vor ihm schon GUSTAV THEODOR FECHNER oder FRIEDRICH ALBERT LAN-

---

[25] Eine zeitgenössische Quelle zu Hermann und zu den weiteren beiden Dozenten der Geisteswissenschaften, bei denen Hausdorff in seinem ersten Semester hörte, ist [Brasch 1894].

[26] Teubner, Leipzig 1875. Reprint 2010 bei Kessinger Publishing.

[27] Eine eingehende Analyse gibt Egbert Brieskorn in *HGW*, Band IB, 86–91.

[28] Zu Wolff s. [Brasch 1894, 315–351].

[29] Band 1: *Die naturwissenschaftlich-psychologische Weltauffassung der Gegenwart.* Band 2: *Biontologie. Versuch einer naturwissenschaftlich-ethischen Erklärung des Daseins.* Verlag von Wilhelm Friedrich, Leipzig 1890.

GE um die Frage, ob es möglich ist, dem fremden und kalten mechanistisch-materialistischen Weltbild, welches die Naturforschung beherrschte, das Bild einer lebensvollen durchgeistigten Welt gegenüberzustellen.[30] Wie diese Weltbilder gedacht oder geträumt wurden, war ganz unterschiedlich.[31] Die späteren unter dem Pseudonym PAUL MONGRÉ erschienenen philosophischen Schriften HAUSDORFFs zeigen, daß die Auseinandersetzung um Weltanschauungen oder Weltbilder und die damit im Zusammenhang stehenden Fragen nach dem Verhältnis von Philosophie und Wissenschaft auch für ihn auf der Tagesordnung stand. Sicherlich hat er schon als Student darüber nachgedacht. Ob WOLFF dazu schon Anstöße gab, ist unbekannt; erwähnt hat er ihn später nicht.

Schließlich hörte HAUSDORFF in seinem ersten Semester noch die Vorlesung „Ueber die Faustsage und deren verschiedene Bearbeitungen (Marlowe, Lessing, Goethe usw.) speziell über Goethes Faust". Der Dozent, CARL BIEDERMANN war „ein Gelehrter von europäischem Rufe, ein Politiker und Publizist von hervorragender Bedeutung"[Brasch 1894, 195]. Seit 1838 außerordentlicher Professor in Leipzig, legte er 1842 sein erstes großes Werk vor: *Die deutsche Philosophie von Kant bis auf unsere Zeit, ihre wissenschaftliche Entwickelung und ihre Stellung zu den politischen und socialen Verhältnissen der Gegenwart.*[32] Es ging darum, die Philosophie „der allgemeinen Bewegung des *socialen* und *nationalen* Lebens wieder anzuschließen"[Brasch 1894, 197]. Politisch gehörte BIEDERMANN der liberalen Opposition an. Nach politischen Turbulenzen wurde er 1853 seines Amtes als Professor enthoben und arbeitete in der Folgezeit als Publizist und Herausgeber verschiedener Zeitungen. 1865 durfte er seine Vorlesungen wieder aufnehmen und wurde 1875 zum ordentlichen Honorarprofessor für Staatswissenschaften befördert. BIEDERMANN hat auch umfangreiche historische Werke verfaßt.[33] In den Jahren von 1871 bis 1874 gehörte er dem Deutschen Reichstag an und war ein hervorragendes Mitglied der national-liberalen Fraktion. Als akademischer Lehrer war BIEDERMANN bei den Studenten sehr beliebt. Er hatte immer einen großen Zuhörerkreis, welcher dem klaren und stets gut disponierten Vortrag des würdigen Gelehrten gern folgte.

In seinem zweiten Semester, dem Wintersemester 1887/88 hörte HAUSDORFF bei LIE „Projektive Geometrie des Raumes".[34] Bei MAYER hörte er „Einleitung in die Differential- und Integralrechnung".[35] Er besuchte auch die zu dieser Vorlesung gehörigen Übungen, die MAYER selbst abhielt. Ferner hörte er ENGELs Vor-

---

[30] S. dazu [Lange 1875] und insbesondere [Heidelberger 2004].

[31] Eine Analyse aus heutiger Sicht gibt [Bermes 2004], über Wolff dort 89–90.

[32] 2 Bände, Mayer & Wigand, Leipzig 1842.

[33] *Deutschland im 18. Jahrhundert.* Vier Bände, Weber, Leipzig 1867–1880. *Deutsche Volks-und Kulturgeschichte für Schule und Haus.* Drei Bände, Bergmann, Wiesbaden 1885–1886.

[34] Stenographische Mitschrift in Nachlaß Hausdorff, Kapsel 57, Fasz. 1180, Bll. 19–44, Fasz. 1181, Bll. 1–40.

[35] Stenographische Mitschrift in Nachlaß Hausdorff, Kapsel 56, Fasz. 1171, Bll. 1–12, 17–25, 33–42, 49–59, vermutl. auch Kapsel 57, Fasz. 1180, Bll. 1–18.

lesung „Theorie der algebraischen Gleichungen".[36] Diese Vorlesung, in der er die Galoistheorie kennenlernte, muß ihm gut gefallen haben, denn er hat in Anlehnung daran eine eigene Version ausgearbeitet; dies muß einige Jahre später geschehen sein, denn er erinnerte sich gar nicht mehr genau, wann er bei ENGEL gehört hatte.[37] Das mathematische Programm wurde ergänzt durch „Übungen in der Theorie der Oberflächen II. Grades" bei FRIEDRICH SCHUR.[38] Bei GUSTAV WIEDEMANN setzte HAUSDORFF seine Physikausbildung fort und hörte „Experimentalphysik II. Theil (Wärme und Electricität)".

Auf geisteswissenschaftlichem Gebiet war HAUSDORFF im zweiten Semester noch reger tätig als im ersten: er hörte nicht weniger als fünf einschlägige Vorlesungen. Bei dem ordentlichen Professor für Theologie, Konsistorialrat und Pfarrer an der Leipziger Peterskirche GUSTAV ADOLF FRICKE hörte HAUSDORFF die Vorlesung „Über die wissenschaftlichen Grundlagen des Glaubens an den persönlichen Gott (für die Studirenden aller Facultäten)". Über den Charakter dieser Vorlesung, die FRICKE im Laufe der Jahre neun mal gehalten hat, kann man sich durch seine Schrift *Ist Gott persönlich? Untersuchung des Problems der Gottesfrage*[39] ein Bild machen.

Bei dem Philosophen und Theologen RUDOLF SEYDEL belegte HAUSDORFF die Vorlesung „Ueber die gegenwärtige Aufgabe der Philosophie im Verhältniss zu Theologie und Naturwissenschaft". SEYDEL lehrte in Leipzig von 1860 bis zu seinem Tod 1892, zunächst als Privatdozent und ab 1867 als außerordentlicher Professor. Er war wie sein Lehrer CHRISTIAN HERMANN WEISSE ein Vertreter des „spekulativen Theismus". Diese philosophische Richtung entstand als Reaktion auf den pantheistischen oder atheistischen Radikalismus der Junghegelianer und den Materialismus der Naturforscher. Ihr Hauptbemühen ging dahin, die christlichen Heilslehren spekulativ umzudeuten, wie etwa die Schöpfungslehre. Eine gute Vorstellung vom Wirken SEYDELs als Dozent im damaligen Spannungsfeld zwischen Wissenschaft, Philosophie und Weltanschauung gewinnt man durch sein Buch *Religion und Wissenschaft. Gesammelte Reden und Abhandlungen.*[40] SEYDEL sah das Ziel seines Wirkens in der „Verschmelzung und Versöhnung des Christentums mit der modernen Cultur".

Zwei Vorlesungen hörte HAUSDORFF zu gesellschaftlichen, insbesondere sozialen Fragen. Bei dem Nationalökonomen OTTO WARSCHAUER, der von Wintersemester 1885 bis zum Wintersemester 1890 als Privatdozent in Leipzig lehrte, hörte HAUSDORFF „Geschichte des Socialismus". Über den mutmaßlichen In-

---

[36]Stenographische Mitschrift in Nachlaß Hausdorff, Kapsel 56, Fasz. 1171, Bll. 12–16, 25–32, 43–48, 59–65.

[37]Manuskript in Nachlaß Hausdorff, Kapsel 48, Fasz. 993 mit dem Titel *Algebraische Gleichungen: Bearbeitung einer Vorlesung*. Nach dieser Überschrift steht die Bemerkung „(Nach Vorl. von F. Engel, Leipzig, ca. 1890)". Von Hausdorff paginiert: 86 Seiten.

[38]Stenographische Notizen: Kapsel 57, Fasz. 1182, Bll. 1–20. Es gibt im Nachlaß in Kapsel 49, Fasz. 1074, eine Ausarbeitung *Theorie der Oberflächen 2. Grades*, 3 Hefte, S. 1–91. Inwieweit diese Ausarbeitung auf die Übung bei Schur zurückgeht, läßt sich nicht feststellen.

[39]Verlag von Georg Wigand, Leipzig 1896.

[40]Schottländer, Breslau 1887.

halt kann man sich eine Vorstellung bilden durch einen Blick auf WARSCHAUERS in drei Abteilungen erschienenes Werk *Geschichte des Socialismus und Communismus im 19. Jahrhundert.*[41] Bei dem Privatdozenten für Staatswissenschaften KARL WALCKER, der von 1877 bis 1891 in Leipzig Vorlesungen hielt, hörte HAUSDORFF eine Vorlesung über „Die Arbeiterfrage". Vereinfacht gesagt wurde unter der „Arbeiterfrage" seit Mitte des 19. Jahrhunderts die soziale und sozialpolitische Problematik verstanden, die sich aus den wirtschaftlichen und gesellschaftlichen Lebensumständen der neu entstandenen Schicht der Industriearbeiter ergab. Diese „Arbeiterfrage" wurde von verschiedenen Standpunkten aus sehr verschieden beantwortet. WALCKER, ein gemäßigter Liberaler, war ein entschiedener Gegner des Sozialismus und der Sozialdemokratie sowie sozialistischer Gewerkschaften. Hingegen stand er den von den Sozialliberalen MAX HIRSCH und FRANZ DUNCKER 1868/69 gegründeten Hirsch-Dunckerschen Gewerbevereinen weniger kritisch gegenüber.[42]

Schließlich hörte FELIX HAUSDORFF in seinem zweiten Semester auch noch eine Vorlesung über „Allgemeine Geschichte der Musik" bei dem Musikwissenschaftler OSCAR PAUL. PAUL lehrte in Leipzig ab 1866 als Privatdozent und seit 1873 als außerordentlicher Professor für Theorie und Geschichte der Musik. Daneben wirkte er als Lehrer für Klavier und musikalische Theorie am Leipziger Konservatorium. Zu seinen Schülern zählten eine Reihe von Musikwissenschaftlern und ausübenden Musikern sowie der Komponist LEOŠ JANÁČEK. Viele Jahre redigierte PAUL auch den musikalischen Teil des *Leipziger Tageblattes.* In seinen Vorlesungen behandelte er eine ganze Reihe verschiedener Themenkreise: Musikgeschichte, Harmonielehre, Musikalische Instrumente und die von HELMHOLTZ entwickelte Lehre von den Tonempfindungen.

Sein drittes Studiensemester und eventuell auch sein viertes wollte HAUSDORFF an einer auswärtigen Universität verbringen. Es ist bemerkenswert, daß er bereits in seinem ersten Studienjahr zu einem seiner Mathematikprofessoren, zu ADOLF MAYER, eine persönliche Beziehung aufbauen konnte. Vermutlich ist er MAYER im Seminar über Differential- und Integralrechnung als interessierter und besonders begabter Student aufgefallen. Von dieser Beziehung zeugt der folgende Brief HAUSDORFFs an MAYER; es ist übrigens der älteste Brief, der von HAUSDORFF erhalten geblieben ist:

Sehr geehrter Herr Professor!
Da ich, zu meinem grössten Bedauern, bei meinem heutigen Besuche Sie nicht zu Hause angetroffen habe, so erlaube ich mir hiermit, Ihnen schriftlich meinen herzlichsten Dank auszusprechen für die Fülle von Belehrung und Anregung, die ich aus Ihren Vorträgen der letzten beiden Semester geschöpft habe und noch schöpfen werde. Mit der lebhaftesten Freude darüber, dass es mir ver-

---

[41] I. Abt.: *Saint Simon und der Saint-Simonismus.* G. Fock, Leipzig 1892; II. Abt.: *Fourier. Seine Theorie und Schule.* G. Fock, Leipzig 1893; III. Abt.: *Louis Blanc.* H. Bahr, Berlin 1896.
[42] Karl Walcker: *Die Arbeiterfrage, mit besonderer Berücksichtigung der deutschen Gewerkvereine (Hirsch-Duncker).* J. Bacmeister, Eisenach 1881.

gönnt gewesen ist, persönlich Ihnen bekannt zu werden, verbindet sich in mir eine Art von Reue, dass ich diesen Vorzug nicht gehörig zu meinen Gunsten, d.h. zu meiner wissenschaftlichen Förderung, benutzt habe; indessen fand ich – Sie verzeihen mir gewisslich diese Kritik – bei der vollendeten Klarheit und Verständlichkeit Ihrer Vorlesungen wirklich keine Gelegenheit, Ihre private Hülfe in Anspruch zu nehmen. – Da ich Leipzig für ein, höchstens zwei Semester zu verlassen gedenke, empfehle ich mich Ihrem geneigten Wohlwollen und bin mit der Versicherung aufrichtigster Ergebenheit der Ihrige

Felix Hausdorff

23. 3. 88[43]

2.2 Die zwei Semester in Freiburg und Berlin

Das Sommersemester 1888 verbrachte HAUSDORFF in Freiburg im Breisgau. Über diese Zeit ist kein Studienzeugnis vorhanden und auch aus den Aufzeichnungen in seinem Nachlaß ist nicht viel zu entnehmen. Nachweislich bekannt sind nur aus seinem zur Promotion verfaßten Lebenslauf die Namen der Dozenten, bei denen er Vorlesungen oder Übungen belegt hat: EUGEN BAUMANN, HUGO MÜNSTERBERG und LUDWIG STICKELBERGER.

EUGEN BAUMANN hatte seit 1883 an der Universität Freiburg den Lehrstuhl für Medizinische Chemie inne. Im Sommersemester 1888 hat er *Anorganische Experimentalchemie* und *Physiologische Chemie* gelesen. Welche dieser Vorlesungen HAUSDORFF belegt hat, ist nicht bekannt. In literarische Texte aus späteren Jahren und in einen Brief an ALEXANDROFF hat er chemische Summenformeln in scherzhafter oder ironischer Weise eingestreut[44]; vielleicht sind dies noch Spuren der Kenntnisse, die er einst in Freiburg erworben hatte.

Der Schweizer LUDWIG STICKELBERGER, Schüler von WEIERSTRASS, ist besonders als Algebraiker bekannt geworden. Er lehrte ab 1879 als außerordentlicher Professor und von 1894 bis 1924 als ordentlicher Professor in Freiburg. Im Sommersemester 1888 bot er die Vorlesungen *Integralrechnung* und *Darstellende und synthetische Geometrie* sowie ein mathematisches Seminar an. Die *Integralrechnung* hat HAUSDORFF vermutlich gehört, denn im Nachlaß gibt es eine stenographische Mitschrift mit dem Titel „Integralrechnung", die zwar keine Angabe über Zeit, Ort und Dozenten enthält, aber anderen Dozenten kaum zuzuordnen ist.[45] Ob er die geometrische Vorlesung auch gehört hat, wissen wir nicht.

HUGO MÜNSTERBERG hatte ab 1882 in Leipzig ein Medizinstudium begonnen. Im Sommer 1883 hörte er Vorlesungen bei WILHELM WUNDT, dem Begründer der experimentellen Psychologie, und wandte sich nunmehr ganz diesem Gebiet zu. Er arbeitete in WUNDTs Laboratorium und promovierte bei ihm 1885. Danach studierte er noch Philosophie und Medizin in Heidelberg und habilitierte sich 1887 in Freiburg. Der junge Privatdozent – er war nur fünf Jahre älter als

---

[43] *HGW*, Band IX, 493.
[44] *HGW*, Band VIII, 692 und 757; *HGW*, Band IX, 126.
[45] Nachlaß Hausdorff, Kapsel 57, Fasz.1178, 3 Hefte, 67 Blatt.

HAUSDORFF – bot im Sommersemester 1888 neben den Vorlesungen *Geschichte der neueren Philosophie* und *Sitte und Sittlichkeit* auch eine Veranstaltung *Experimentelle psychologische Arbeit* an. Da die Universität Freiburg über kein Laboratorium für psychologische Experimente verfügte, hatte MÜNSTERBERG mit finanzieller Unterstützung der Universität Räume in seinem Haus mit Apparaten ausgestattet. In diesem Privatlabor arbeitete er mit interessierten Studenten, und gewiß hat er den Eifer eines Pioniers der experimentellen Psychologie auch auf seine jungen Mitarbeiter übertragen können.

MÜNSTERBERG hat in der Reihe *Beiträge zur experimentellen Psychologie*[46] die Methoden und Ergebnisse seiner experimentellen Arbeiten in Freiburg dargestellt. Im Heft 2 (1889) geht es auf den Seiten 1–68 um seine Experimente zum „Zeitsinn" im Sommersemester 1888. Dort heißt es:

> Sämtliche Versuche stellte ich gemeinsam mit den Herren stud. astr. HAUSDORFF und stud. rer. nat KALCHTHALER an.
>
> Als Hilfsmittel benutzten wir den mehrfach erwähnten von Wundt konstruirten Zeitsinnapparat in der Anordnung, welche Glass verwendete; [···][47]

MÜNSTERBERG vermutete, daß unsere Fähigkeit, die Länge von Zeitintervallen zu schätzen, auf der inneren Wahrnehmung von Spannungsempfindungen im Körper beruht, welche im Zeitverlauf durch äußere Reize oder durch körperliche Vorgänge wie etwa die Atmung erzeugt werden. Um das zu beweisen, führte er zwei Versuchsreihen durch. Seine Assistenten erzeugten mit dem Zeitsinnapparat zwei akustische Signale, Hammerschläge, welche ein Zeitintervall von voreingestellter Länge zwische 6 und 60 Sekunden begrenzten. MÜNSTERBERG saß in einiger Entfernung in einem Lehnstuhl und sollte das gehörte Zeitintervall möglichst genau reproduzieren. Dazu sollte er den zweiten Hammerschlag als Beginn seiner Reproduktion nehmen und deren Ende durch ein drittes Signal markieren, das er durch einen in den Händen gehaltenen elektrischen Kontakt auslöste. Der prozentuale Fehler seines reproduzierten Intervalls wurde protokolliert. Bei der ersten Versuchsreihe nahmen die Assistenten keine Rücksicht auf MÜNSTERBERGs Atmung. Bei der zweiten hingegen mußten sie versuchen, die beiden das erste Intervall begrenzenden Signale jeweils in der gleichen Atmungsphase von MÜNSTERBERG auszulösen. Bei den zwei aus hunderten von Einzelversuchen bestehenden Versuchsreihen ergab sich bei der ersten ein mittlerer prozentualer Fehler der von MÜNSTERBERG reproduzierten Intervalle von 10,7%, während dieser Fehler bei der zweiten Reihe nur 2,9% betrug. In der großen Differenz dieser Fehlerquoten sah MÜNSTERBERG einen Beweis seiner „Spannungstheorie".

Für HUGO MÜNSTERBERG waren diese Untersuchungen der Anfang seiner Lebensarbeit in der Psychologie, die ihn später – nach einem Zusammentreffen mit WILLIAM JAMES beim ersten Internationalen Kongreß für Psychologie 1891 – nach Havard führte. Dort wurde er einer der großen Pioniere der angewandten

---

[46] Vier Hefte, J. C. B. Mohr, Freiburg i. Br., 1889–1892.
[47] Hugo Münsterberg: *Beiträge zu experimentellen Psychologie*, Heft 2, 55.

Psychologie, der Psychotechnik, wie man damals sagte. Er lehrte an der Havard University bis zu seinem plötzlichen Tod am 16. Dezember 1916 mitten in einer Vorlesung.[48]

Für FELIX HAUSDORFF standen die Erfahrungen in Freiburg am Anfang einer über Jahrzehnte andauernden philosophischen und erkenntnistheoretischen Reflexion über die Zeit und auch von existentiellen Erfahrungen, in denen das Erleben von Zeit oder Zeitlosigkeit sehr wichtig war.

Anfang September 1888 kam HAUSDORFF aus Freiburg zurück nach Leipzig, verließ die Heimatstadt aber bald wieder, um sein Studium für ein Semester in Berlin fortzusetzen. Über die Vorlesungen und Übungen, die er im Wintersemester 1888/89 in Berlin besuchte, gibt ein Abgangszeugnis der Universität Auskunft.[49] Von einer ganzen Reihe dieser Lehrveranstaltungen existieren auch Mitschriften in HAUSDORFFs Nachlaß.

Bei WILHELM FOERSTER hörte HAUSDORFF *Allgemeine Astronomie mit besonderer Rücksicht auf Astrophysik*[50] sowie *Theorie der Fehler und Kritik von Messungsergebnissen*[51]. FOERSTER hatte sich nach Studium in Bonn bei ARGELANDER und Assistententätigkeit bei ENCKE in Berlin 1855 an der Berliner Universität habilitiert, war 1863 dort außerordentlicher Professor geworden und hatte bereits 1865 nach ENCKEs Tod das Direktorat der Berliner Sternwarte übernommen. 1875 wurde er Ordinarius für Astronomie in Berlin. Astronomie, Astrophysik und Geodäsie in Preußen und darüber hinaus haben ihm viel zu verdanken. 1870 initiierte er die Gründung des Königlich Preußischen Geodätischen Instituts in Berlin. 1871 schlug er die Einrichtung einer Sonnenwarte vor, aus der 1879 das Potsdamer Astrophysikalische Observatorium hervorging. 1874 gründete er in Berlin das Astronomische Recheninstitut, welches sich insbesondere der Berechnung der Bahnen von Asteroiden widmete. Als Forscher hatte er großen Anteil an der intensiven Untersuchung des Phänomens der Leuchtenden Nachtwolken. 1888 wurde auf Anregung FOERSTERs die populärwissenschaftliche Gesellschaft *Urania* gegründet, deren 1889 in Betrieb genommenes Gebäude die erste Volkssternwarte der Welt beherbergte. Er war auch international hoch geachtet als Mitbegründer des Internationalen Breitendienstes und als Präsident des Internationalen Komitees für Maße und Gewichte von 1891 bis 1920.

Bei dem Direktor des Astronomischen Recheninstituts und Professor der Astronomie FRIEDRICH TIETJEN hörte HAUSDORFF *Mechanik des Himmels*[52]. TIETJENs bedeutendste Leistungen lagen auf dem Gebiet der Geodäsie (Vermes-

---

[48]Zu Leben und Werk Münsterbergs sei auf die von seiner Tochter verfaßte Biographie [Münsterberg 1922] verwiesen; s. ferner [Hale 1980].

[49]Abgangszeugnis für Felix Hausdorff für das WS 1888/89 im Archiv der Humboldt-Universität Berlin, Acta der Königl. Friedrich-Wilhelms-Universität zu Berlin, betreffend Abgangszeugnisse vom 13. März 1889, Nr. 1–102. Universitäts-Registratur, Littr. A, N.6, Vol. 876, No. 28 Felix Hausdorff.

[50]Nachlaß Hausdorff, Kapsel 57, Fasz. 1173.

[51]Kapsel 57, Fasz. 1174, Bll. 1–17.

[52]Stichpunktartige stenographische Mitschrift und teilweise auch Ausarbeitung in Nachlaß Hausdorff, Kapsel 54, Fasz. 1154.

sung Norddeutschlands) und auf dem Gebiet der rechnenden Astronomie. Er veröffentlichte zahlreiche Beiträge zur Theorie und Methode der Bahnbestimmung von Objekten im Sonnensystem.[53]

Bei dem Privatdozenten RUDOLF LEHMANN-FILHÉS hörte HAUSDORFF *Hansens Methode zur Berechnung absoluter Störungen*.[54] Dabei handelte es sich vermutlich um eine 1859 von PETER ANDREAS HANSEN publizierte Methode zur Berechnung der absoluten Störungen kleiner Planeten. LEHMANN-FILHÉS wurde 1891 Extraordinarius für Astronomie in Berlin und 1909 ordentlicher Honorarprofessor für Astronomie und Mathematik. Er legte – dies gilt als seine bedeutendste wissenschaftliche Leistung – die bis heute gültige Grundlage zur Bahnbestimmung spektroskopischer Doppelsterne [Lehmann-Filhés 1894]. Im Jahre 1900 bemühte sich LEHMANN-FILHÉS um die Gewinnung von Mitarbeitern für die geplante astronomische Abteilung der *Encyclopädie der Mathematischen Wissenschaften*. Dafür versuchte er auch FELIX HAUSDORFF zu gewinnen. Dieser lehnte jedoch ab.[55]

An der Berliner Universität wirkte auch der berühmte Geodät FRIEDRICH ROBERT HELMERT. Nach Professur in Aachen 1870–1886 wurde er 1886 Direktor des Geodätischen Instituts in Potsdam, das er zu einem Weltzentrum der Geodäsie machte. Sein zweibändiges Buch *Die mathematischen und physikalischen Theorien der Höheren Geodäsie*[56] war jahrzehntelang ein Standardwerk. HAUSDORFF hörte bei ihm die Vorlesung *Methode der kleinsten Quadrate*[57]. Über diese Methode hatte HELMERT ein viel benutztes Lehrbuch geschrieben [Helmert 1872].

HAUSDORFFs Auswahl der genannten fünf einschlägigen Vorlesungen in seinem Berliner Semester deutet darauf hin, daß er die rechnende Astronomie im weitesten Sinne als sein bevorzugtes wissenschaftliches Betätigungsfeld für die Zukunft betrachtete. Mit Berlin als einem bedeutenden Zentrum dieser Wissenschaft hatte er den richtigen Ort für diesbezügliche Studien gewählt.

Zwei Vorlesungen hörte HAUSDORFF bei dem bedeutenden Mathematiker IMMANUEL LAZARUS FUCHS: *Theorie der elliptischen Funktionen*[58] und *Analytische Mechanik*.[59] FUCHS, der bei KUMMER und WEIERSTRASS studiert und sich 1865 in Berlin habilitiert hatte, hat grundlegende Beiträge zur Theorie der gewöhnlichen linearen Differentialgleichungen in einer komplexen Variablen geliefert [Gray 1984]. Er führte 1866 eine Klasse von Singularitäten solcher Differentialgleichungen ein, die man heute „reguläre Singularitäten" nennt, und betrachtete die zugehörige lokale Monodromietransformation des Lösungssystems. Diese Ide-

---

[53]Die Leistungen von Tietjen würdigte Foerster in einem Nachruf in den Astronomischen Nachrichten, **138** (1895), 215f.

[54]Stenographische Mitschrift und teilweise Ausarbeitung ebenfalls in Faszikel 1154; dieser Faszikel enthält vier Hefte mit 111 Blatt.

[55]Zum Grund der Ablehnung s. Hausdorffs Brief an Lehmann-Filhés und die Anmerkungen dazu in *HGW*, Band IX, 427–432.

[56]Teubner, Leipzig 1880, 1884.

[57]Stenographische Notizen in Nachlaß Hausdorff, Kapsel 57, Fasz. 1174, Bll. 10–22.

[58]Mitschrift in Nachlaß Hausdorff, Kapsel 54, Fasz. 1155, 47 Seiten. Der Beginn der Vorlesung ist sorgfältig ausgearbeitet.

[59]Stichpunktartige stenographische Notizen in Kapsel 54, Fasz. 1156, 26 Blatt.

en von FUCHS sind auch heute noch von großem Interesse in der Theorie des GAUSS-MANIN-Zusammenhangs [Deligne 1970].

FUCHS war 1884 auf einen Lehrstuhl an der Berliner Universität berufen worden – nach Ordinariaten in Greifswald, Göttingen und Heidelberg. Von 1884 bis Ende 1891 leitete er zusammen mit LEOPOLD KRONECKER das Berliner Mathematische Seminar. Biographische Angaben wie diese lassen nicht erkennen, welche Schwierigkeiten begabte Kinder jüdischer Eltern zu überwinden hatten, bis sie schließlich angemessene Arbeitsbedingungen bekamen. Deswegen sei im folgenden eine Stelle aus den Lebenserinnerungen von LEO KOENIGSBERGER zitiert. FUCHS war ein guter Freund von KOENIGSBERGER und dessen Nachfolger sowohl in Greifswald als auch in Heidelberg. Zunächst schildert KOENIGSBERGER, wie es der lernbegierige LAZARUS FUCHS, Sohn eines armen jüdischen Lehrers aus der Provinz Posen, durch hartnäckige Arbeit und unter großen Entbehrungen geschafft hat, in die oberen Klassen eines Gymnasium aufgenommen zu werden, das Abitur abzulegen und schließlich zu studieren. Mit Problemen solcher Armut hatte FELIX HAUSDORFF nicht zu kämpfen, wohl aber stellten sich auch seiner Generation noch Fragen wie die, welche KOENIGSBERGER, Sohn eines jüdischen Kaufmanns, wie folgt beschreibt:

> So mußten FUCHS und ich sich die Frage vorlegen, ob wir den herrschenden, engherzigen Anschauungen der Regierung unser ganzes wissenschaftliches Leben und unsere Existenz überhaupt zum Opfer bringen oder, nachdem wir längst alle religiösen Vorurteile abgestreift, zum Christentum übertreten sollten. [Koenigsberger 1919, 31].

KOENIGSBERGER und FUCHS ließen sich schließlich evangelisch taufen; FUCHS im Jahre 1860.

FELIX HAUSDORFF ist – wie bereits erwähnt – nicht zum Christentum übergetreten. Allerdings könnte es sein, daß ihn die Frage der Konversion beschäftigt hat. Vermutlich hat er während seines Berliner Semesters einen 1885 erschienenen Roman gelesen, in dem dies Thema eine Rolle spielt: *Die Sebalds*, von WILHELM JORDAN [Jordan 1885]. Die Helden dieses Weltanschauungsromans sind zwei Brüder, Arnulf und Ulrich Sebald. Arnulf ist Astronom und Vertreter einer modernen, wissenschaftlichen Weltanschauung. Ulrich ist ein evangelischer Theologe, der gegen den Widerstand der lutherischen Orthodoxie eine neue Religiosität vertritt, eine Vergöttlichung des Menschen. Am Ende des Romans nach allerlei Irrungen und Wirrungen bekommen beide Brüder die Frauen, die sie lieben: Ulrich bekommt Cäcilie, Tochter eines jüdischen Bankiers, gegen den Widerstand eines orthodoxen Rabbiners, und Arnulf bekommt Hildegard, Tochter eines katholischen Grafen, gegen die Intrigen des katholischen Klerus. Auf Konversionen können sie dabei verzichten. Als Beleg dafür, daß HAUSDORFF den Roman wohl in seiner Berliner Zeit gelesen hat, kann gelten, daß sich seine Abschrift des Gedichtes „Niagara" aus dem zweiten Band des Romans in einer Berliner Mitschrift findet.[60]

---

[60] Nachlaß Hausdorff, Kapsel 54, Fasz. 1153, Blatt 26.

Auch fünf nicht strikt mathematisch-naturwissenschaftliche Veranstaltungen hat HAUSDORFF in Berlin belegt, vier Vorlesungen und eine Übung. Bei dem damals schon 70-jährigen berühmten Elektrophysiologen und Direktor des Physiologischen Instituts der Berliner Universität EMIL DU BOIS-REYMOND [61] hörte er *Einige Ergebnisse der neueren Naturforschung*. Vorlesungen dieser Art hat DU BOIS-REYMOND viele Jahre gehalten, denn in den Anmerkungen zu seinem berühmt gewordenen Vortrag *Ueber die Grenzen des Naturerkennens* auf der Versammlung Deutscher Naturforscher und Ärzte des Jahres 1872 heißt es:

> Den hier von mir entwickelten Beweis, dass wir die geistigen Vorgänge aus ihren materiellen Bedingungen nie begreifen werden, habe ich seit Jahren in meinen öffentlichen Vorlesungen „Ueber einige Ergebnisse der neueren Naturforschung" vorgetragen, und auch gesprächsweise mitgetheilt.[62]

Dieser Vortrag hat bekanntlich den sogenannten „Ignorabimus-Streit"[63] ausgelöst; er schloß mit den oft zitierten Worten:

> Gegenüber dem Räthsel aber, was Materie und Kraft seien, und wie sie zu denken vermögen, muss er [der Forscher – W.P.] ein für allemal zu dem viel schwerer abzugebenden Wahrspruch sich entschliessen: „Ignorabimus".[64]

DU BOIS-REYMOND bezweifelte hiermit grundsätzlich die Rückführbarkeit der subjektiven Qualitäten menschlichen Empfindens und Denkens auf mechanische oder physikalische Zustände der das Gehirn bildenden Materie. Auch HAUSDORFF hat später einen solchen Reduktionismus kritisch gesehen. Das Eingeständnis eines grundsätzlichen Nicht-Wissen-Könnens von einem bedeutenden und sehr angesehenen Naturforscher löste die verschiedensten und teilweise sehr heftigen Reaktionen aus, insbesondere von Monisten wie ERNST HAECKEL. Die philosophische Debatte um die Reichweite der Naturwissenschaften für das Verständnis menschlichen Empfindens hält bis heute an, wie der Sammelband [Bayertz et al. 2007] zeigt. Angesichts der Diskussionen über die Möglichkeiten künstlicher Intelligenz ist diese Debatte vielleicht aktueller denn je.

Bei dem Neurophysiologen JOHANNES GAD, der zunächst Assistent von DU BOIS-REYMOND und von 1887 bis 1895 außerordentlicher Professor in Berlin war, hörte HAUSDORFF *Physiologie der Sprache*. GAD war seit 1885 Leiter der experimentell-physiologischen Abteilung des Physiologischen Institutes in Berlin. Daß HAUSDORFF eine solche Vorlesung belegte, zeigt sein anhaltendes Interesse am Phänomen der Sprache, auf das wir im Zusammenhang mit FRITZ MAUTHNERs „Sprachkritik" zurückkommen werden.

Bei dem Psychiater und Neurologen CARL MOELI hörte HAUSDORFF eine Vorlesung *Ueber Beziehungen zwischen Geistesstörung und Verbrechen*. MOELI habilitierte sich 1883 für Psychiatrie in Berlin, wurde 1884 Oberarzt an der Berliner Städtischen Irrenanstalt Dalldorf und war von 1893 bis 1914 der erste Direktor

---

[61] Eine moderne Biographie dieses Gelehrten ist [Finkelstein 2013].
[62] [Du Bois-Reymond 1885, 138f.].
[63] Siehe dazu [Bayertz et al. 2007].
[64] [Du Bois-Reymond 1885, 130]. Ignorabimus: Wir werden es nicht wissen.

der neu erbauten 2. Berliner Irrenanstalt Herzberge. Sein Hauptarbeitsgebiet war die forensische Psychiatrie. Über den Inhalt der genannten Vorlesung gibt sein Hauptwerk *Über irre Verbrecher* Auskunft [Moeli 1888].

Schließlich sind zwei Lehrveranstaltungen von Philosophen zu erwähnen. Bei einem Dozenten namens KÖNIG hörte HAUSDORFF eine Vorlesung *Ueber die thatsächlichen, erkenntnistheoretischen und logischen Grundlagen der modernen Naturauffassung.* EGBERT BRIESKORN vermutete, daß es sich bei dem Dozenten um EDMUND KÖNIG handelte. Dieser hatte 1881 bei WUNDT in Leipzig promoviert und gehörte zum Umkreis des neukantianischen Kritizismus. Er war Mitarbeiter der Kant-Studien und hat neben seinem Beruf als Gymnasialprofessor und Schulleiter eine beträchtliche Anzahl philosophischer Bücher und Aufsätze publiziert.

Bei dem Philosophen und Pädagogen FRIEDRICH PAULSEN beteiligte sich HAUSDORFF an *Übungen im Anschluß an Kants Kritik der reinen Vernunft.*[65] PAULSEN hatte sich 1875 in Berlin mit der Arbeit *Versuch einer Entwicklungsgeschichte der Kantischen Erkenntnistheorie* habilitiert.[66] 1878 wurde PAULSEN in Berlin außerordentlicher Professor für Philosophie und Pädagogik und 1894 Ordinarius für diese Fächer. Er ist außer als philosophischer Schriftsteller insbesondere als Pädagoge weit über die Grenzen Deutschlands hinaus bekannt geworden.

2.3 Die letzten Semester in Leipzig

Die letzten fünf Semester studierte FELIX HAUSDORFF in Leipzig. Während der ersten vier Semester in Leipzig, Freiburg und Berlin hatte er – wie wir gesehen haben – zusätzlich zu den mathematischen und naturwissenschaftlichen Vorlesungen und Übungen ein breites Spektrum von anderen Lehrveranstaltungen der philosophischen Fakultät und anderer Fakultäten besucht. Jetzt aber, nach der Rückkehr von Berlin nach Leipzig im März 1889, begann eine zunehmende Konzentration auf die Studienfächer Mathematik und Astronomie und auch eine entsprechende Beschränkung auf Lehrveranstaltungen bei wenigen Dozenten. Auch darüber gibt ein Studienzeugnis Auskunft.[67]

HAUSDORFFs Auswahl der Lehrveranstaltungen während der letzten fünf Semester zeigt eine klare Konzentration auf zwei Dozenten: HEINRICH BRUNS und ADOLPH MAYER. Bei beiden belegte er jeweils neun Lehrveranstaltungen. Bei BRUNS hörte HAUSDORFF im Sommersemester 1889 *Mathematische Geographie*, im Wintersemester 1889/90 *Bahnbestimmung und specielle Störungen*, im Sommersemester 1890 *Praktische Astronomie* sowie *Wahrscheinlichkeitsrechnung*, im

---

[65]Stenographische Notizen dazu in Nachlaß Hausdorff, Kapsel 54, Faszikel 1153, Bll. 1–10.

[66]Die Ideen dieser Arbeit sind in sein weit verbreitetes Buch *Immanuel Kant. Sein Leben und seine Lehre* ([Paulsen 1898/1924]) eingegangen. Auch seine *Einleitung in die Philosophie* ([Paulsen 1892]) erlebte noch zu seinen Lebzeiten zehn Auflagen.

[67]Studienzeugnis für Felix Hausdorff vom 6. 7. 1891 für die Zeit vom SS 1889 bis zum SS 1891. Verzeichnis der als gehört bescheinigten Vorlesungen. Universitätsarchiv Leipzig Re- pI/XVI/C/VII 52, Bd. 2; auch Film Nr. 67. Den Hinweis auf die Studienzeugnisse von Hausdorff verdanken wir Herrn Hans-Joachim Girlich, Leipzig.

Wintersemester 1890/91 *Mechanik des Himmels* und im Sommersemester 1891
wieder *Mathematische Geographie und allgemeine Astronomie.* Außerdem beteiligte er sich dreimal am *Astronomischen Seminar,* im Sommer 1889, im Winter
1889/90 und im Sommer 1890. Nur an einem zweimal von BRUNS angebotenen
Seminar für wissenschaftliches Rechnen nahm HAUSDORFF nicht teil.[68]

Bei MAYER hörte HAUSDORFF im Sommersemester 1889 *Variationsrechnung,*
im Wintersemester 1889/90 *Dynamische Differentialgleichungen,* im Sommersemester 1890 *Allgemeine Theorie der gewöhnlichen Differentialgleichungen,* im Wintersemester 1890/91 *Einleitung in die analytische Mechanik* und im Sommersemester 1891 *Partielle Differentialgleichungen erster Ordnung.*[69] Außerdem nahm er
in jedem Semester außer dem letzten an MAYERS Seminar teil.[70]

Bei SOPHUS LIE hörte HAUSDORFF im Sommersemester 1889 zwei Vorlesungen: *Anwendungen der Berührungstransformationen auf Geometrie und Mechanik*[71] und *Einleitung in die Theorie der Transformationsgruppen*[72]. Im Wintersemester 1889/90 hörte er bis zum 11. November 1889 *Theorie der Berührungstransformationen*[73]. Dann erkrankte LIE und mußte die Zeit bis zum Juli 1890
in eine Nervenheilanstalt verbringen.[74]. Er wurde von ENGEL vertreten, aber diese Vorlesungen waren für HAUSDORFF im jetzigen Stadium seines Studiums wohl
nicht mehr interessant. Das gleiche gilt vermutlich für die Vorlesungen, die LIE
in den letzten beiden Semestern HAUSDORFFs anbot (*Theorie der Raumkurven
und Flächen* sowie *Analytische Geometrie* und *Einleitung in die Gruppentheorie*),
nachdem er im Winter 1890/91 seine Vorlesungen wieder aufgenommen hatte.

Schließlich sind noch drei physikalische Lehrveranstaltungen zu erwähnen:
Bei WIEDEMANN absolvierte HAUSDORFF im Sommer 1890 ein *Physikalisches
Halbpraktikum* und bei CARL NEUMANN hörte er im Wintersemester 1889/90

---

[68]Für fast alle Vorlesungen von Bruns existieren in Hausdorffs Nachlaß Mitschriften: *Mathematische Geographie* in Kapsel 54, Fasz. 1157 (stenogr. Mitschrift, 58 Bll.), *Bahnbestimmung und
specielle Störungen* in Kapsel 54, Fasz. 1160 (stenogr. Mitschrift und sorgfältige Ausarbeitung,
265 Bll.), *Praktische Astronomie* in Kapsel 55, Fasz. 1164 (stenogr. Mitschrift, teilweise Ausarbeitung, 77 Bll.), *Wahrscheinlichkeitsrechnung* in Kapsel 55, Fasz. 1162 (stenogr. Mitschrift
und sorgfältige Ausarbeitung, 95 Bll.), *Mechanik des Himmels* in Kapsel 56, Fasz. 1169 (stenogr.
Mitschrift und sorgfältige Ausarbeitung, 213 Bll.).
[69]Zu den Vorlesungen von Mayer gehören im Nachlaß Hausdorffs die folgenden Materiali-
en: *Dynamische Differentialgleichungen* in Kapsel 55, Fasz. 1163 (stenogr. Mitschrift, 176 Bll.),
Gewöhnliche Differentialgleichungen in Kapsel 55, Fasz. 1161 (stenogr. Mitschrift, 153 Bll.), *Analytische Mechanik* in Kapsel 55, Fasz. 1165 (stenogr. Mitschrift, 156 Bll.), *Partielle Differentialgleichungen* vermutlich in Kapsel 56, Fasz. 1172 (stenogr. Mitschrift, 78 Bll.).
[70]Zu den Seminaren bei Mayer gehören Notizen im Nachlaß in Kapsel 53, Fasz. 1144–1148
(insgesamt 210 Blatt).
[71]Stenogr. Mitschrift in Nachlaß Hausdorff, Kapsel 56, Fasz. 1167, 37 Bll.
[72]Stenogr. Mitschrift in Kapsel 56, Fasz. 1166, 59 Bll.
[73]Die stenogr. Mitschrift in Kapsel 56, Fasz. 1168 bricht mit dem Datum 11. 11. 1889 ab.
[74]Über Lies Erkrankung und deren Ursachen s. [Fritzsche 1991]

Analytische Mechanik[75] und im Wintersemester 1890/91 *Mechanische Wärmetheorie.*[76]

HAUSDORFF hat in den letzten fünf Semestern in Leipzig nur eine einzige geisteswissenschaftliche Veranstaltung belegt, nämlich im Wintersemester 1889/90 *Philosophische Uebungen (Kants Grundlegung zur Metaphysik der Sitten)* bei dem ordentlichen Professor der Philosophie und Geheimen Hofrat MAX HEINZE. Diese Übungen hat HEINZE während seiner langen Lehrtätigkeit in Leipzig von 1875 bis 1909 insgesamt fünf mal angeboten. Der Schwerpunkt seiner Lehre und Forschung lag auf dem Gebiet der Geschichte der Philosophie. Sein einflußreichstes Werk ist das Buch *Die Lehre vom Logos in der Griechischen Philosophie* [Heinze 1872]. Nach der Promotion war HEINZE zunächst Lehrer an der Landesschule Pforta. Dort war FRIEDRICH NIETZSCHE sein Schüler. Dieser hatte seinen Lehrer gern, und als HEINZE 1864 eine frühere Bekannte NIETZSCHEs heiratete, entwickelte sich eine persönliche Beziehung NIETZSCHEs zu HEINZEs Familie. Aus Briefen NIETZSCHEs an Freunde geht allerdings hervor, daß er von HEINZE als Philosoph nicht viel hielt; er beklagte sich auch des öfteren darüber, daß HEINZE ihn überhaupt nicht verstehe.[77] Ein Student wie HAUSDORFF, der sich für NIETZSCHE interessierte, hat bei HEINZE wohl kaum etwas über ihn erfahren können – und das gilt sicher für alle deutschen Universitätsprofessoren zu dieser Zeit.

Die stetige Abnahme der Anzahl der von HAUSDORFF besuchten Lehrveranstaltungen während der letzten Semester ist für diese Phase des Studiums ganz natürlich und hängt sicher damit zusammen, daß er sich zunehmend auf die Arbeit an seiner Dissertation bei HEINRICH BRUNS konzentrieren mußte.

---

[75] Stenogr. Notizen in Kapsel 54, Fasz. 1159, 10 Bll. (Mitschrift bricht ab).

[76] Diese Angabe laut Hausdorffs Studienzeugnis. Das Leipziger Vorlesungsverzeichnis gibt für dieses Semester die Vorlesung *Theorie des Potentials und der Kugelfunctionen (Fortsetzung)* an; eine Mitschrift ist im Nachlaß nicht vorhanden.

[77] Näheres in *HGW*, Band IB, 189–191.

Kapitel 3

Felix Hausdorff als Astronom

3.1 Die Promotion

HEINRICH BRUNS hatte 1891 eine umfangreiche Arbeit *Zur Theorie der astronomischen Strahlenbrechung* publiziert [Bruns 1891]. Spezielle aufwändige Berechnungen dazu hatte für ihn der Student FELIX HAUSDORFF ausgeführt, was BRUNS auf Seite 190 seiner Arbeit ausdrücklich erwähnt. Einige wesentliche Punkte waren in BRUNS' Arbeit noch offen geblieben, und es lag nahe, einem besonders begabten Studenten wie HAUSDORFF die Bearbeitung dieser Punkte als Dissertationsthema zu übertragen.

Bevor wir darauf eingehen, soll der physikalische Hintergrund kurz erläutert werden. Durch die zwar geringe, aber nicht zu vernachlässigende Dichte der Erdatmosphäre wird ein aus dem All auf die Erde treffender Lichtstrahl zur Erde hin gebrochen, so daß der Höhenwinkel, unter dem ein Stern über dem Horizont des Beobachters gesehen wird, größer ist als der „wahre" Höhenwinkel, den man ohne Atmosphäre sehen würde. Die Differenz zwischen beiden Winkeln ist die astronomische Stahlenbrechung, meist astronomische Refraktion genannt. Am Zenit ist sie Null, am Horizont erreicht sie ihren maximalen Wert zwischen 34 und 39 Bogenminuten. Meist arbeitet man mit der Zenitdistanz, d.h. mit $\vartheta = 90° -$Höhenwinkel. Die beobachtete Zenitdistanz ist also kleiner als die „wahre". Das Phänomen der Refraktion war bereits in der Antike bekannt (KLEOMEDES); auch im islamischen Kulturkreis haben sich Astronomen damit beschäftigt. Eine der ersten Refraktionstafeln (Werte der Refraktion in Abhängigkeit von der scheinbaren Zenitdistanz) stammt von JOHANNES KEPLER. Die mathematische Behandlung der Refraktion begann mit der Entstehung und dem Ausbau der Infinitesimalrechnung im 18. Jahrhundert. Hier sind insbesondere NEWTON, EULER, LAPLACE und ORIANI zu nennen.[1]

---

[1]Zur historischen Entwicklung s. das Buch [Bruhns 1861] von Carl Christian Bruhns, Vorgänger von Heinrich Bruns als Direktor der Leipziger Sternwarte; s. ferner [Bemporad 1907].

© Der/die Autor(en), exklusiv lizenziert durch
Springer-Verlag GmbH, DE, ein Teil von Springer Nature 2021
E. Brieskorn und W. Purkert, *Felix Hausdorff*, Mathematik im Kontext,
https://doi.org/10.1007/978-3-662-63370-0_3

Die mathematische Theorie der Refraktion führt auf ein Integral, das in der astronomischen Literatur als Refraktionsintegral bezeichnet wird. Seien P_0, P_1 zwei Punkte des Lichtweges (der „Refraktionskurve"), charakterisiert durch ihre „Höhen", d. h. durch ihre Abstände r_0, r_1 vom Erdmittelpunkt ($r_0 < r_1$). $\mu(r)$ sei der Brechungsindex zur Höhe r (vereinfachend wird angenommen, daß er nur von der Entfernung vom Erdmittelpunkt abhängt). Meist interpretiert man P_0 als Beobachtungsort und P_1 als Eintrittsort des aus dem Kosmos kommenden Lichtstrahls in die Atmosphäre. Man denkt sich nun die Atmosphäre in dünne kugelförmige Schichten zerlegt. Jede Schicht leistet einen kleinen Beitrag zur Refraktion; die Summe aller Beiträge ist näherungsweise die Gesamtrefraktion. Durch Grenzübergang zu unendlich dünnen Schichten und damit zum Integral erhält man unter Benutzung des Brechungsgesetzes und mittels trigonometrischer Umformungen die Refraktion zur scheinbaren Zenitdistanz ϑ:

$$R(\vartheta) = \mu_0 r_0 \sin \vartheta \int_{\mu_1}^{\mu_0} \frac{1}{\sqrt{\mu^2 r^2 - \mu_0^2 r_0^2 \sin^2 \vartheta}} \frac{d\mu}{\mu}.$$

Dabei sind μ_0, μ_1 die Werte von $\mu(r)$ an r_0 bzw. r_1. Der Brechungsindex $\mu(r)$ ist eine Funktion der Dichte der Luft und folglich der Temperatur und des Luftdruckes. Setzt man noch eine barometrische Höhenformel ein, so kann man $\mu(r)$ in Abhängigkeit von der Höhe angeben, wenn man den Gang der Temperatur T in Abhängigkeit von der Höhe kennt, also die Funktion $T(r)$. Die Messung des Temperaturganges durch die Atmosphäre war jedoch um 1890 noch nicht möglich; Messungen für mäßige Höhen im Gebirge waren durch die meteorologischen Bedingungen der Gebirgslandschaft verfälscht. Für die praktische Astronomie war dieses Manko nicht sehr gravierend. Schon LAPLACE und ORIANI hatten um 1800 unabhängig voneinander bewiesen, daß bis zu Zenitdistanzen von 75° $R(\vartheta)$ faktisch nicht davon abhängt, wie der Brechungsindex mit der Höhe variiert; es genügten die Werte von Luftdruck und Temperatur am Beobachtungsort. Auch im Bereich von 75° < ϑ < 85° verursacht die Unsicherheit von $T(r)$ nur Fehler, die nicht größer waren als die Unsicherheit der astronomischen Messungen um 1900. Erst der Bereich 85° < ϑ < 90°, also der horizontnahe Bereich, erfordert den vollen Einsatz der Theorie. Für diesen Bereich verfuhr man in der Zeit vor BRUNS und HAUSDORFF so, daß man einen plausiblen funktionalen Zusammenhang der Zustandsgrößen der Luft in Abhängigkeit von der Höhe als Hypothese unterstellte, mit dieser Hypothese $\mu(r)$ berechnete und dann $R(\vartheta)$ aus dem Refraktionsintegral bestimmte. Insbesondere hatten die in der zweiten Hälfte des 19. Jahrhunderts entwickelten Theorien von CARL MAXIMILIAN VON BAUERNFEIND und HUGO GYLDÉN verschiedene hypothetische Annahmen über den Temperaturgang zugrunde gelegt, welche jeweils noch gewisse Parameter enthielten, die man Temperaturbeobachtungen in geringen Höhen anpaßte.

BRUNS nahm sozusagen ein „Umkehrproblem" in Angriff: Sein schließliches Ziel war es, aus horizontnahen Refraktionsbeobachtungen den Gang der Temperatur durch die Atmosphäre, den man – wie gesagt – damals nicht durch Messungen bestimmen konnte, zu berechnen. Eine solche Umkehrung der Problemstellung hatte bereits 1823 FRIEDRICH WILHELM BESSEL in einem Brief an HEINRICH CHRISTIAN SCHUMACHER in Erwägung gezogen.[2] BRUNS formte zunächst das Refraktionsintegral etwas um; er führte die neue Integrationsvariable $\nu = r \cdot \mu$ ein und ließ den Beobachtungsort P_0 auf der Refraktionskurve variieren. ν an der Stelle P_0 werde mit σ bezeichnet, τ ist der (zunächst auch noch als variabel aufgefaßte) Wert von ν an der Grenze der Atmosphäre. Dann erhält das Refraktionsintegral die Form

$$R(\sigma, \vartheta, \tau) = \sigma \sin \vartheta \int_\sigma^\tau \frac{m(\nu)}{\sqrt{\nu^2 - \sigma^2 \sin^2 \vartheta}} d\nu \tag{3.1}$$

mit $m(\nu) = -\frac{d \ln \mu}{d\nu}$. BRUNS stellte nun als Hypothese eine analytische Funktion $R(\sigma, \vartheta)$, eine „Interpolationsformel", an die Spitze (in die $\frac{\sigma}{\tau}$ als Parameter eingeht), derart, daß $R(\sigma_0, \vartheta_0)$ eine Funktion $R^*(\vartheta_0)$ möglichst gut approximiert. Dabei sind die Werte $R^*(\vartheta_0)$ gemessene oder auf Grund anderer Theorien berechnete und vertafelte Werte der Refraktion an der Erdoberfläche. Aus der Interpolationsformel sollten dann $\mu(r)$ und letztlich der Temperaturgang $T(r)$ berechnet werden. Kurz gesagt bestand also BRUNS' Umkehrung in folgendem: Wurde vorher R aus einem hypothetischen μ berechnet, so sollte nun umgekehrt μ aus einem hypothetischen R berechnet werden.

Um die Klasse der in Frage kommenden Interpolationsformeln einzugrenzen, leitete BRUNS durch Differenzieren des Refraktionsintegrals (3.1) die folgende partielle Differentialgleichung her:

$$\cot \vartheta \frac{\partial R}{\partial \ln \sigma} - \frac{\partial R}{\partial \vartheta} = \frac{d \ln \mu(\sigma)}{d \ln \sigma} \tag{3.2}$$

Für jede Lösung von (3.2), d.h. für jedes in Frage kommende $R(\sigma, \vartheta)$, kann das zugehörige μ bzw. $m(\nu)$ eindeutig bestimmt werden; dies ermöglicht erst die von BRUNS ins Auge gefaßte Umkehr der bis dahin üblichen Behandlung der Refraktion.

Die Interpolationsformel, der Ansatz für R, ist eine analytische Funktion von ϑ, in die noch zu bestimmende Funktionen von σ eingehen. Einsetzen dieses hypothetischen Ausdrucks für R in (3.2) führt zu einem System gewöhnlicher Differentialgleichungen erster Ordnung für die zu bestimmenden Funktionen von σ. Durch Wahl eines festen σ_0 und Anpassung von $R(\sigma_0, \vartheta)$ an gegebene beobachtete oder vertafelte Werte $R^*(\vartheta)$ erhält man Anfangsbedingungen für dieses System von gewöhnlichen Differentialgleichungen. Einsetzen der Lösungen liefert dann einen weitgehend bestimmten Ausdruck für R, aus dem nach (3.2) der Integrand für das Refraktionsintegral bestimmt werden kann. Stimmt dieses so berechnete Integral nach Wahl eventuell noch zu bestimmender Konstanten mit dem Ausdruck für R

---

[2]Friedrich Wilhelm Bessel: Auszug aus einem Schreiben des Herrn Professors und Ritters Bessel an den Herausgeber. Königsberg 1823, Nov. 10. *Astronomische Nachrichten* **2** (1824), 381–386.

überein, dann ist dieser Ausdruck nach Bruns als eine geeignete Interpolationsformel für die Refraktion anzusehen.

Das Beispiel, welches Bruns selbst ausführlich durchrechnet, ist der sogenannte Partialbruchansatz. Dazu wird (3.2) mittels der Koordinatentransformati-
on $\xi = \cot \vartheta$, $\eta = \ln \sigma$ umgeformt; es ergibt sich für $R(\sigma(\eta), \vartheta(\xi)) =: R(\eta, \xi)$

$$\xi \frac{\partial R}{\partial \eta} + (\xi^2 + 1) \frac{\partial R}{\partial \xi} = \frac{d \ln \mu(\eta)}{d \eta}$$

$R(\eta, \xi)$ wird nun rational in ξ angesetzt. Wegen $\xi = \cot \vartheta \to \infty$ für $\vartheta \to 0$ und
$R = 0$ am Zenit ($\vartheta = 0$) lautet dann der Ansatz

$$R(\eta, \xi) = \sum_{j=1}^{q} \frac{1}{a_j(\eta)\xi + b_j(\eta)}.$$

Bruns kann zeigen, daß man für hinreichend großes q prinzipiell den Anschluß an
die Beobachtung (oder eine vorgegebene Tafel) für beliebig viele vorgeschriebene
Stellen (im Sinne von exakter Übereinstimmung) erzwingen kann. Dann fährt er
fort:

> Für die praktische Brauchbarkeit ist es natürlich wesentlich, dass ein erschöp-
> fender Anschluss bereits mit einer kleinen Zahl von Gliedern erzielt wird. Wir
> werden hier den Fall $q = 1$ und $q = 2$ behandeln und, was für unsern Zweck
> ausreicht, an Stelle eigentlicher Beobachtungen folgende Refractionstafeln be-
> nutzen. [Bruns 1891, 189].

Die für den Anschluß benutzten Tafeln sind die von Bessel (B), die von Oppol-
zer (O) und die von Gyldén (G). Für $q = 2$ hat man fünf disponible Parameter;
Bruns schließt aus gewissen physikalischen Gegebenheiten, daß man die Zahl auf
vier reduzieren kann.

Beim Brunsschen Verfahren ist die Art der hypothetisch angenommenen
Refraktionsformel ein bestimmendes Element. Man könnte versuchen, verschiedene Formeln zu finden und diese an ein und dasselbe Beobachtungsmaterial anzuschließen. Es bliebe dann noch die Möglichkeit, daß man trotz Anschluß an
dasselbe Beobachtungsmaterial wesentlich verschiedene Temperaturgänge erhielte. Dies müßte ausgeschlossen werden, sollte das Verfahren für die Meteorologie
relevant sein. Bruns selbst hatte für den Partialbruchansatz mit Anschluß an (B)
und (G) Temperaturgänge berechnet. Daran anknüpfend formulierte er das noch
offene Problem:

> Will man nämlich nach dem hier entwickelten Verfahren die verticale Tem-
> peraturvertheilung aus beobachteten Refractionen ableiten, so wird man zu-
> nächst fragen, wie weit das Resultat von der Gestalt der Formel abhängig ist,
> die man zur interpolatorischen Darstellung und zur Ausgleichung der Beob-
> achtungen benutzt. [Bruns 1891, 210].

Um diese Frage zu untersuchen, war es notwendig, verschiedene Typen von Interpolationsformeln für die Refraktion zu finden und nach Bruns' Methode zu

bearbeiten. Genau diese Aufgabe hatte BRUNS seinem Schüler HAUSDORFF für die Doktorarbeit gestellt. In seinem Gutachten vom 12.7.1891 zu HAUSDORFFs Dissertation heißt es nämlich

> In den Sitzungsberichten der K.S.Ges.d.Wiss. habe ich vor Kurzem eine Methode veröffentlicht, welche, unter Umkehrung des bisher immer in der Refractionstheorie befolgten Weges, die Aufgabe löst, aus den beobachteten Refractionen die Constitution der Atmosphäre abzuleiten. Die von mir behandelten Beispiele waren lediglich zur Erläuterung der Methode bestimmt, während eine Hauptfrage, nämlich die Frage nach der hierbei zu erzielenden Genauigkeit vorläufig unerledigt blieb. Hierfür war es nöthig, folgende Aufgaben zu' lösen: 1) Auffindung weiterer hinreichend genauer und praktisch brauchbarer Interpolationsformeln für die Refraction, 2) vollständige rechnerische Durcharbeitung der gefundenen Formeln, 3) Ableitung der Curven für die verticale Temperaturänderung.[3]

Sollte der Nachweis gelingen, daß „der Erfolg von der benutzten Formel nur in untergeordneter Weise, wesentlich dagegen von der Beschaffenheit des Beobachtungsmaterials beeinflusst" wird, so blieb immer noch ein gravierendes astronomisches Problem übrig, damit das Verfahren wirklich praktische Bedeutung erlangen konnte; es erhob sich nämlich die Forderung,

> dass die Beobachtungen mit Rücksicht auf den meteorologischen Zweck angestellt, d.h. auch in den grossen Zenithdistanzen über längere Zeiträume hin ausgedehnt werden müssen. [Bruns 1891, 210].

Die Tatsache, daß es solche Beobachtungsreihen noch nicht gab und die benutzten Tafeln wie (G) für große Zenitdistanzen darauf beruhten, dass ein hypothetisch zu Grunde gelegter Temperaturgang den Berechnungen der Tafelwerte zugrunde gelegt war (und den man dann mit dem BRUNSschen Verfahren bestenfalls würde reproduzieren können), war die entscheidende Hürde für die Anwendbarkeit des BRUNSschen Verfahrens zur Bestimmung des wahren Temperaturgangs durch die Atmosphäre. Darauf werden wir noch zurückkommen.

HAUSDORFFs am 8. Juli 1891 eingereichte Dissertationsschrift trug den Titel *Zur Theorie der astronomischen Refraktion*; veröffentlicht wurde sie unter dem gleichen Titel wie BRUNS' Arbeit [H 1891, V: 5–90]. HAUSDORFF behandelt darin drei hypothetische Ansätze für die Refraktion und schloß sie an Refraktionstafeln an, hauptsächlich an die Tafel (G) von GYLDÉN. Zunächst knüpft er direkt an BRUNS an und versuchte einen neuen Zugang zum Partialbruchansatz, indem er den Anschluß an Refraktionstafeln nicht mittels genauer Übereinstimmung der hypothetischen Werte mit den Tafelwerten für gewisse Zenitdistanzen in Horizontnähe herstellte, sondern eine Art gemittelten Anschluß mittels der Methode der kleinsten Quadrate wählte.

Die von HAUSDORFF selbst stammenden zwei weiteren hypothetischen Refraktionsformeln seien hier kurz vorgestellt, die Formel mittels KRAMPscher Funk-

---

[3] Archiv der Univ. Leipzig, Phil. Fak., Promotionsakte Nr. 742, Bl. 1.

tion und die Potenzformel. Als KRAMPsche Funktion bezeichnete man die Funktion

$$\Phi(x) = e^{x^2} \int_x^\infty e^{-t^2} dt.$$

HAUSDORFF betrachtet nun die folgende hypothetische Refraktionsformel:

$$R(\vartheta; a_1, a_2, b_1, b_2) = a_1 \Phi(b_1\xi) + a_2 \Phi(b_2\xi) \quad \text{mit} \quad \xi = \cot\vartheta.$$

Nach trickreichen Umformungen erhält er schließlich eine Refraktionsformel

$$R_1(\vartheta; Z, H, C, b)$$

mit den vier Parametern Z, H, C, b. Z bzw. H sind die Zenit- bzw. Horizontkonstante von R_1. Für den Anschluß an (G) setzt man für Z bzw. H die Zenit- bzw. Horizontkonstante von (G). Koinzidenz von R_1 mit (G) bei 89° führt zu einer linearen Gleichung für C. Schließlich liefert Koinzidenz bei 85° drei Möglichkeiten für b, denn R_1 hat in Abhängigkeit von b einen ähnlichen Verlauf wie eine Parabel dritter Ordnung. Man hat also drei Anschlüsse $(\Phi G)_1, (\Phi G)_2$ und $(\Phi G)_3$, die sich in ihrer Güte des Anschlusses nicht unterscheiden. Es zeigt sich aber, daß die ersten beiden Atmosphärendaten liefern, die physikalisch widersinnig sind. Für die Praxis wäre also beim Einsatz dieser hypothetischen Formel Vorsicht geboten; guter Anschluß garantiert noch kein sinnvolles Ergebnis.

Für den folgenden Potenzansatz benötigt HAUSDORFF den umfangreichen Formelapparat aus der Theorie spezieller Funktionen, wie Gamma-Funktion, Beta-Funktion und Kugelfunktionen, den er zunächst bereitstellt. Sein Ansatz für R ist

$$R(\sigma, \vartheta) = \sum_{k=0}^n a_{2k+1} \chi^{2k+1} \tag{3.3}$$

mit $\chi = \tan(\frac{1}{2}(\arctan(\sin\varphi \tan\vartheta)))$. Dabei sind $\sin\varphi$ und die Koeffizienten a_{2k+1} Funktionen von σ. Das oben beschriebene Verfahren der Benutzung der partiellen Differentialgleichung (3.2) erfordert scharfsinnige und äußerst umfangreiche Berechnungen; es liefert für φ das Ergebnis $\cos\varphi = \frac{\sigma}{\tau}$. Für die Koeffizienten ergibt sich, daß sie Linearkombinationen ungerader Potenzen von $\tan\varphi$ mit konstanten Koeffizienten sind. Diese Koeffizienten und φ können für ein bestimmtes σ_0 so gewählt werden, daß eine Anpassung an eine gegebene Refraktionstafel möglich ist. HAUSDORFF führt dies für drei verschiedene Tafeln durch, wobei sich zeigt, daß bereits die ersten vier Terme von (3.3) eine gute Übereinstimmung mit den Werten dieser Tafeln für die interessierenden Zenitdistanzen $85° < \vartheta < 90°$ ergeben.

Am Ende seiner Arbeit stellt HAUSDORFF für alle drei von ihm bearbeiteten Ansätze den gewaltigen Formelapparat bereit, der dann jeweils zu den meteorologischen Größen führen sollte. Die numerische Auswertung läßt er noch offen, d.h. konkrete Temperaturgänge durch die Atmosphäre gibt er noch nicht an.

BRUNS schreibt in seinem Gutachten im Hinblick auf die drei von ihm gestellten Aufgaben:

Die vorliegende Schrift löst die erste und zweite Aufgabe und giebt die für die dritte Aufgabe erforderlichen mathematischen Vorbereitungen, während die rein rechnerische Ausarbeitung der dritten Aufgabe vom Verfasser für eine spätere Veröffentlichung vorbehalten ist.

Da der Verfasser sich bei dem rein rechnerischen Theile im wesentlichen auf gebahntem Wege befand, so genügt die Bemerkung, daß diese Seite des Gegenstandes mit Geschick und Umsicht behandelt ist. Bei der Aufgabe 1) war dagegen der Verfasser auf seine eigene Erfindungsgabe angewiesen und er hat die auftretenden Schwierigkeiten in einer Weise erledigt, die von hervorragender Gewandtheit in der Handhabung des mathematischen Werkzeuges Zeugniss ablegt.[4]

Beide Gutachter, HEINRICH BRUNS und ADOLPH MAYER, bewerteten die Arbeit mit der besten Note „egregia". Die mündliche Prüfung durch BRUNS und MAYER in den Fächern Astronomie und Mathematik fand am 30. Juli 1891 statt; auch hier gaben beide Prüfer die bestmögliche Note. Am gleichen Tage unterschrieb HAUSDORFF das Formblatt mit dem lateinischen Promotionsgelöbnis und war damit nach neun Semestern Studium Doktor der Philosophie.

3.2 Zwischen Promotion und Habilitation

Es folgte ein Lebensabschnitt, der weiterer wissenschaftlicher Arbeit gewiß nicht gerade günstig war: Am 1. Oktober 1891 trat HAUSDORFF seinen Militärdienst als Einjährig-Freiwilliger an. Rechtliche Grundlage dieser Form des Dienstes im Kaiserreich war der auf älteren preußischen Militärgesetzen basierende §8.1 der Deutschen Heeresordnung vom 22. November 1888:

Junge Leute von Bildung, welche sich während ihrer Dienstzeit selbst bekleiden, ausrüsten und verpflegen, und welche die gewonnenen Kenntnisse in dem vorgeschriebenen Umfange dargelegt haben, werden schon nach einer einjährigen aktiven Dienstzeit im stehenden Heere – vom Tage des Dienstantritts an gerechnet – zur Reserve beurlaubt. [John 1981, 54].

Die Verkürzung der aktiven Dienstzeit auf ein Jahr war ein Privileg. Normalerweise dauerte die Dienstpflicht für den aktiven Dienst im stehenden Heer drei Jahre, ab 1893 dann nur noch zwei Jahre. Voraussetzung für die Erlangung dieses Privilegs war ein Berechtigungsschein, der die notwendige Bildung bestätigte. Ein bestandenes Abitur reichte auf jeden Fall aus, diese Bestätigung zu erhalten.

Die Berechtigung zum Dienst als Einjährig-Freiwilliger war nicht nur wegen der Verkürzung der aktiven Dienstzeit erstrebenswert, sondern aus mehreren anderen miteinander verknüpften Gründen. So eröffnete z. B. der Berechtigungsschein dem Einjährigen die freie Wahl von Truppenteil und Standort. FELIX HAUSDORFF

---

[4]Archiv der Univ. Leipzig, Phil. Fak., Promotionsakte Nr. 742, Bl. 1–2.

diente im 7. Infanterieregiment „Prinz Georg" Nr. 106 in der 4. Kompanie.[5] Das Regiment „Prinz Georg" war in einem Kasernenkomplex in dem Leipziger Vorort Möckern stationiert, etwa drei Kilometer nordwestlich vom Leipziger Stadtzentrum.

Weitere Privilegien des Einjährig-Freiwilligen bestanden darin, daß er außerhalb der Kaserne wohnen und schlafen durfte und, soweit es der Dienst erlaubte, weiter seinen Studien oder kulturellen Interessen nachgehen konnte. Auch war er nach Ablauf einer harten vierwöchigen Rekrutenzeit von den niederen Verrichtungen des inneren Dienstes wie Putzdiensten, Pflege von Ausrüstung und Bekleidung etc. befreit, wurde von den Vorgesetzten bevorzugt behandelt und setzte sich von den gemeinen Soldaten durch grün-weiße Schnüre um die Achselklappen der Uniform ab.[6] Auch HAUSDORFF wohnte nicht in der Kaserne, sondern in Möckern, Albertstraße 8 (heute Erfurter Straße im Stadtteil Leipzig-Gohlis), etwa anderthalb Kilometer von der Kaserne entfernt.

Das entscheidende Privileg des Einjährig-Freiwilligen bestand jedoch darin, daß sein Dienst ihm die Aussicht auf eine Laufbahn als Reserveoffizier und damit auf eine besonders geachtete Stellung in der gehobenen Gesellschaft des Kaiserreichs eröffnete. Auf dem Weg dahin war eine ganze Reihe von Stufen eines Selektionsmechanismus vorgesehen. Das vielbenutzte Lehrbuch für Einjährig-Freiwillige eines Hauptmanns MAX MENZEL beschreibt die ersten Stufen folgendermaßen:

> Diejenigen Einjährig-Freiwilligen, welche sich gut geführt und ausreichende Dienstkenntnisse erworben haben, können nach mindestens sechsmonatlicher Dienstzeit zu überzähligen Gefreiten und diejenigen unter letzteren, welche sich besonders durch Eifer und Kenntnisse auszeichnen, nach mindestens neunmonatlicher Dienstzeit zu überzähligen Unteroffizieren befördert werden. [Menzel 1897, 43].

Diesen Bestimmungen entsprechend wurde FELIX HAUSDORFF am 1. April 1892 zum überzähligen Gefreiten und am 1. Juli 1892 zum überzähligen Unteroffizier befördert.

Die bereits erwähnte Heeresordnung sah als nächste Stufe vor, daß kurz vor Ende der Dienstzeit diejenigen Einjährig-Freiwilligen, die sich nach dem Urteil der ausbildenden Offiziere und des Truppenbefehlshabers zu Reserveoffiziers-Aspiranten eigneten, einer praktischen und theoretischen Prüfung, der Offiziersaspiranten-Prüfung, unterzogen wurden. Nach deren Bestehen wurden sie mit einem Befähigungszeugnis als Reserveoffiziers-Aspiranten in die Reserve entlassen. HAUSDORFF war durch seine Vorgesetzten offenbar positiv beurteilt worden und hatte danach die Prüfung bestanden, denn er wurde am 1. Oktober 1892 mit dem Zeugnis der Befähigung zum Reserveoffiziers-Aspiranten aus dem aktiven Dienst entlassen.

---

[5] Diese und alle weiteren Angaben zu Hausdorffs Laufbahn im Militär entstammen einer Abschrift von Hausdorffs Militärpaß in *Akten der Philosophischen Fakultät betreffend Prof. Hausdorff*. Archiv der Universität Bonn, PF-PA 191.

[6] Grün und Weiß waren die sächsischen Landesfarben.

Als nächste Schritte zum Reserveoffizier waren zwei jeweils etwa achtwöchige Übungen zu absolvieren, „Übung A" im ersten Jahr und „Übung B" im zweiten Jahr nach dem aktiven Dienst. Am Schluß der Übung A hatte eine Reserve-Offizier-Prüfung stattzufinden. Die Heeresordnung sah vor, daß der Truppenkommandeur nach erfolgreichem Abschluß der Übung A den Kandidaten zum Vizefeldwebel beförderte. HAUSDORFF absolvierte die Übung A in der Zeit vom 1.März 1893 bis zum 25.April 1893 offenbar erfolgreich, denn er wurde am 23.April 1893 zum Vizefeldwebel befödert. Die Übung B absolvierte HAUSDORFF in der Zeit vom 26.April 1894 bis zum 20.Juni 1894. Der danach in der Heeresordnung vorgesehene Selektionsprozeß hatte mit der militärischen Qualifikation des Kandidaten nur noch am Rande etwas zu tun. War die Übung B erfolgreich und der Kommandeur damit einverstanden, den Aspiranten zur Wahl zum Reserveoffizier vorzuschlagen, dann konnte der Bezirkskommandeur diesen Vorschlag machen, und danach konnte der Aspirant durch das Offiziers-Korps des Landwehrbezirks zum Reserveoffizier gewählt werden. Erst nach erfolgreicher Wahl wurde er „Allerhöchsten Ortes zum Offizier in Vorschlag gebracht". Dieser Selektionsmechanismus sollte sichern, daß die Reserveoffiziere auch die ihnen zugedachte gesellschaftliche Rolle zuverlässig spielten. Zum Beispiel wurde jemand sicher nicht gewählt, wenn er mit sozialdemokratischen Ideen sympathisierte. Bei der Ausbreitung des rassistischen Antisemitismus im Offizierskorps waren insbesondere auch Juden so gut wie ausgeschlossen. Seit den achtziger Jahren wurden im deutschen Heer – mit wenigen Ausnahmen in Bayern – keine Juden mehr zu Offizieren ernannt.[7] Es nimmt deshalb nicht wunder, daß HAUSDORFF vor dem sicheren Scheitern im Wahlverfahren selbst die Konsequenzen zog. In seinem Militärpaß ist unter dem Datum 11.9.1894 eingetragen: „Auf eigenen Antrag von der Liste der Offizier-Aspiranten gestrichen".

Nach seinem Wehrdienst kehrte HAUSDORFF von Möckern nach Leipzig zurück. Er wohnte dort aber nicht mehr bei seinen Eltern, sondern nahm Quartier in der Gneisenaustraße 2.[8] Aus HAUSDORFFs Brief vom 27.3.1892 an SOPHUS LIE[9] geht hervor, daß er sofort nach seinem aktiven Dienst die von BRUNS im Promotionsgutachten schon angekündigte Fortsetzung seiner Dissertation in Angriff nehmen wollte. Bereits im Februar 1893 hat BRUNS sie der Königlich Sächsischen Gesellschaft der Wissenschaften vorlegen können [H 1893, V: 93–135]. HAUSDORFF entwickelt dort zunächst eine weitere hypothetische Refraktionsformel, die gewissermaßen dual zur Formel (3.3) ist. Da ϑ in (3.3) über den Tangens eingeht, wählte er nun für (3.3) die Bezeichnung Tangentenrefraktion. Die neue Formel nennt er Sekantenrefraktion, da ϑ über den Sekans eingeht. Sie hat die Form

$$R(\sigma,\vartheta) = \sin\vartheta \sum_{k=0}^{n-1} b_{2k+1}\psi^{2k+1} \qquad (3.4)$$

---

[7] Ausführlich dazu in [John 1981, 150–220].
[8] Polizeimeldebücher der Stadt Leipzig, Stadtarchiv, PM 159, S.65b.
[9] Abgedruckt in *HGW*, Band IX, 435.

mit $\psi = \tan(\frac{1}{2}(\arctan(\tan\varphi \sec\vartheta)))$. Zum Schluß der Arbeit berechnet er auf der Grundlage des schon in der Dissertation bereitgestellten Formelapparates die Temperaturgänge für die drei in der Dissertation benutzten hypothetischen Refraktionsformeln. Für diese Berechnungen beschränkte er sich auf die Anschlüsse an die GYLDÉNsche Tafel (G). HAUSDORFF hielt die Übereinstimmung der Temperaturgänge, welche die drei Refraktionsformeln geliefert hatten, untereinander für hinreichend gut, so

> dass die von Herrn BRUNS angegebene umgekehrte Behandlung des Refractionsproblems den an sie zu stellenden Ansprüchen genügt; [· · ·] [H 1893, 162, V: 135].

Vom Februar 1893 bis zum Februar 1895 war HAUSDORFF als Rechner an der Leipziger Sternwarte beschäftigt. BRUNS hatte es erreicht, daß das sächsische Kultusministerium die Einrichtung zweier Rechenzimmer an der Sternwarte ermöglichte und daß er ab 1882 bezahlte Rechner anstellen konnte. Wir wissen über die Arbeiten der Rechner nur wenig. Aus einem Schreiben des Rechners WALTER BRIX, der von 1889 bis 1891 bei BRUNS angestellt war, geht hervor, daß er täglich von 8 bis 13 Uhr im Rechenzimmer arbeitete und dafür monatlich 60 Mark bekam [Ilgauds 1996, 12]. 60 Mark waren etwa der Monatslohn eines Hafenarbeiters in Hamburg. In einem Brief an LIE vom 28. März 1894 schreibt HAUSDORFF über diese Arbeit:

> Insbesondere hat die Vormittagsarbeit im Rechenzimmer, zu deren Übernahme ich Herrn Prof. Bruns gegenüber verpflichtet war, mich im Anfang ganz ausserordentlich angestrengt.[10]

Die Leipziger Sternwarte hat neben den Arbeiten für den Zonenkatalog der astronomischen Gesellschaft wichtige selenographische Arbeiten und Parallaxenbestimmungen durchgeführt sowie außer dem üblichen Standardprogramm einen Uhrenprüfdienst betrieben. Zu den umfangreichen zugehörigen Rechenarbeiten hat HAUSDORFF sicher beigetragen. Wir wissen aber nicht, was er im einzelnen gemacht hat. Vielleicht hat er im Rechenzimmer auch die zweite Folgearbeit zu seiner Dissertation fertigstellen können.[11] Diese Arbeit hat – wie schon die Dissertation selbst und die erste Folgearbeit – einen gewaltigen Rechenaufwand erfordert; manche Formeln sind so lang, daß der Setzer sie quer über die Seite setzte, von unten nach oben zu lesen. Die Arbeit befaßte sich mit dem speziellen Problem des Einflusses der Abplattung der Erde. In der Regel wird bei der Berechnung der Refraktion vorausgesetzt, daß die Erde eine genaue Kugel ist und daß aus diesem Grund auch die physikalischen Zustandsgrößen der Atmosphäre nur vom Abstand vom Mittelpunkt der Erde abhängen; in voller Strenge ist diese Voraussetzung nicht zulässig. HAUSDORFF behandelt das Problem als Störungsaufgabe, indem er die Refraktion nach Potenzen der Abplattung der Erde entwickelt. Dabei

---

[10] *HGW*, Band IX, 436.

[11] [H 1893, V: 136–182]. Ein Kommentar von Felix Schmeidler und Walter Purkert zu den drei Hausdorffschen Arbeiten zur Refraktion findet sich in *HGW*, Band V, 183–211.

genügt es, die von der ersten Potenz der Abplattung herrührenden Terme zu berücksichtigen. Es ergibt sich, daß die Abplattung nur in Zenitdistanzen von mehr als 80° einen merklichen Einfluß auf die Refraktion hat. Unmittelbar am Horizont verursacht die Abplattung der Erde auch einen kleinen Betrag von Refraktion in azimutaler Richtung.

Um auf dem von BRUNS ins Auge gefaßten Wege meteorologisch relevante Daten zu erhalten, fehlten – wie erwähnt – genaue Refraktionsbeobachtungen in Horizontnähe; bei HAUSDORFF heißt es am Schluß von *Zur Theorie der Astronomischen Strahlenbrechung II*, nachdem er die Temperaturgänge berechnet hat:

> Zu einer wirklichen Anwendung des Verfahrens fehlt, nachdem seine Anwendbarkeit an reinen Rechnungsbeispielen gezeigt ist, nur noch das Material, dessen Beschaffung hoffentlich in nicht zu ferner Zeit von einer der günstiger gelegenen Sternwarten in ihren Arbeitsplan aufgenommen wird. [H 1893, 162, V: 135].

Dieser Wunsch wurde einige Jahre später erfüllt. JULIUS BAUSCHINGER hat in seiner Münchener Zeit bis 1896 mit einem damals hochmodernen Instrument über einen langen Zeitraum Refraktionsbeobachtungen in Horizontnähe vorgenommen und veröffentlichte die Ergebnisse 1898 [Bauschinger 1898]. BAUSCHINGERs Daten wurden jedoch von BRUNS und seinen Schülern nicht aufgegriffen, um nach dem BRUNS–HAUSDORFF–Verfahren reale Temperaturverläufe zu berechnen. Dies mußte auch wenig erfolgversprechend erschienen sein, denn BAUSCHINGER hatte gezeigt, daß ziemlich unterschiedliche Annahmen über die Temperaturverläufe in großer Höhe, nämlich die verschiedenen Hypothesen von RADAU, IVORY und GYLDÉN, mit den Refraktionsbeobachtungen verträglich waren. Sein Resümé lautete (ohne die Arbeiten von BRUNS und HAUSDORFF zu erwähnen):

> Man begegnet nicht selten der Meinung, dass man durch astronomische Refractionsbeobachtungen Aufschluss über die Temperaturvertheilung in den obersten Schichten der Atmosphäre erhalten könne. Es ist dies nur sehr beschränkt der Fall. Denn der Einfluss des Gesetzes der Temperaturvertheilung auf die Refraction wird weit überwogen durch andere Factoren, deren genaueste Kenntniss voraus gehen müsste, ehe man sich mit einiger Sicherheit über jenes Gesetz aussprechen könnte; [...] Die von mir angestellte Beobachtungsreihe ist zum Theil auch in der Erwartung unternommen worden, über das genannte Gesetz Aufschluss von grösserer Sicherheit zu erlangen, als bisher möglich war; wenn auch nicht gehofft werden konnte, mit dem Meridiankreis Beobachtungen in geringeren Höhen als 2° zu erlangen, so konnten doch zahlreiche Beobachtungen in Zenithdistanzen von 85° − 88°, wenn sie mit erhöhter Schärfe und mit einem vorzüglichen, biegungsfreien Instrument angestellt wurden, einigen Aufschluss erwarten lassen. Es ist dies nicht in Erfüllung gegangen. [Bauschinger 1898, 212].

Es ist zu bezweifeln, ob man zu einem günstigeren Resultat gelangt wäre, wenn Beobachtungen in geringeren Höhen als 2° zur Verfügung gestanden hätten; denn hier werden, wie durch viele Beobachtungen nachgewiesen ist, die localen Störungen der untersten Luftschichten so überwiegend, dass sie den Einfluss der Temperaturabnahme in den oberen Schichten völlig verdecken. Betreff des Gesetzes der Temperaturabnahme wird man also immer auf meteorologische Beobachtungen angewiesen sein und zwar hauptsächlich auf Beobachtungen im Luftballon. [Bauschinger 1898, 215].

Aber auch in der Astronomie ist der von BRUNS und HAUSDORFF beschrittene Weg zur Berechnung der Refraktion nicht weiter verfolgt worden. Es hätte ja vielleicht der Gedanke nahe gelegen, einige der BRUNSschen oder HAUSDORFFschen Refraktionsformeln an die neuen Beobachtungen anzuschließen und so gegebenenfalls bessere Refraktionstafeln zu erhalten. Daß dies nicht geschehen ist, konstatierte BAUSCHINGER in seinem Nachruf auf BRUNS noch 1920:

> Die Brunssche Idee [„das unvermeidlich Hypothetische in den analytischen Ausdruck für die Refraktion"zu verlegen] ist durch Hausdorff weiter ausgearbeitet worden, harrt aber noch der völligen Auswertung, obwohl das Beobachtungsmaterial jetzt vorliegt und sichere Resultate verspricht. [Bauschinger 1920, 62].

Der Grund für die Zurückhaltung der Astronomen ist leicht einzusehen. Durch die Entwicklung der Ballontechnik und der Luftfahrt ergab sich bald nach 1900 die Möglichkeit, Messungen der physikalischen Zustandsgrössen der oberen Atmosphäre auszuführen. Der von BRUNS und HAUSDORFF vorgeschlagene Weg, diese Größen mühsam aus Refraktionsbeobachtungen zu berechnen, musste nun überflüssig erscheinen, obgleich er bis zur Jahrhundertwende vielleicht noch als sinnvoll gelten konnte. Aber selbst in der 1898 erschienenen Monographie *Theorie der astronomischen Strahlenbrechung* von ALOIS WALTER[12] werden BRUNS und HAUSDORFF nicht erwähnt.

Die ausführlichste Theorie der astronomischen Refraktion, die auf Messungen der Temperatur und des Druckes in den oberen Schichten der Atmosphäre beruht, wurde 1924 von PAUL HARZER veröffentlicht [Harzer 1922–1924]. Auf diese Schrift bauen viele spätere Untersuchungen über Refraktion auf, z.B. die *Refraction Tables of Pulkowo Observatory*, Third Edition, Moscow 1930 (die erste Auflage war die GYLDÉNsche Tafel). HARZER konnte sich nicht nur auf umfangreiche meteorologische Daten für den sog. Normalzustand der Atmosphäre stützen, sondern er berücksichtigte auch die Abweichungen durch die Temperatur und den Barometerstand, den Feuchtigkeitsdruck, den Wind, die Farbe des Lichtes, die Jahres- und die Tageszeiten. Der direkte Weg über die meteorologischen Daten ist für ihn der selbstverständliche Weg:

> Daß unser an sich selbstverständliche Weg zur Herstellung von Tabellen für die Ablenkung der Strahlen hier zum ersten Male beschritten wird, ist darin begründet, daß früher die erforderlichen Kenntnisse über die Beschaffenheit der Atmosphäre nicht zur Verfügung standen und deshalb durch plausibel erscheinende Annahmen ersetzt wurden. [Harzer 1922–1924, 4].

---

[12] Teubner, Leipzig 1898.

Der alternative Weg von BRUNS und HAUSDORFF wird von HARZER nicht einmal erwähnt; man ist auch später nicht darauf zurückgekommen. HAUSDORFF selbst hat sich über seinen Einstieg in die Wissenschaft nie geäußert, aber es muß für ihn frustrierend gewesen sein, zu sehen, daß der gewaltige Aufwand, den er investiert hatte, in einer Sackgasse endete.

3.3 Die Habilitation

Mit Beginn des Jahres 1894 begann HAUSDORFF mit der Arbeit an seiner Habilitationsschrift. In einem Brief HAUSDORFFs an LIE vom 28. März 1894 heißt es diesbezüglich:

> Anfang dieses Jahres erhielt ich von Herrn Prof. Bruns ein Thema, zu dem die Vorarbeiten mich bisher beschäftigt haben.[13]

Die Idee zu dem Thema stammte jedoch von HAUSDORFF selbst; im Gutachten zur Habilitationsschrift stellt BRUNS folgendes fest:

> Vor längerer Zeit habe ich gezeigt, dass es bei der Behandlung der astronomischen Refraktion zweckmässig sei, den gewöhnlichen Gedankengang umzukehren und aus der Refraktion als einer gegebenen Funktion der Zenithdistanz die Beziehung zwischen Brechungsvermögen und Höhe herzuleiten. Herr Dr. Hausdorff hat damals auf meine Veranlassung den Gegenstand weiter verfolgt und dabei die Bemerkung gemacht, dass dieselbe Fragestellung auch für die Extinktion angebracht sei, deren sichere Kenntniss eine nothwendige Voraussetzung für die astronomischen Helligkeitsmessungen ist.[14]

Die theoretische Behandlung der atmosphärischen Absorption (auch Extinktion genannt) des Lichtes der Himmelskörper ging davon aus, daß eine dünne homogene Atmosphärenschicht, in der die Dichte der Luft von der Höhe der Schicht abhängt, das monochromatische Licht um einen gewissen Betrag abschwächt. Man denkt sich nun die Atmosphäre in dünne Schichten zerlegt und erhält dann den Gesamtbetrag der Abschwächung näherungsweise durch Summation der Beiträge aller Schichten bzw. den genauen Betrag durch Integration über den gesamten Lichtweg vom Beobachtungsort bis zur Grenze der Atmosphäre. Die Extinktion hängt von der scheinbaren Zenitdistanz ab, in der sich der beobachtete Himmelskörper befindet. Die ständigen Änderungen, welche Temperatur, Luftdruck, Dichte und Feuchtigkeitsgehalt der Luft durch die meteorologischen Vorgänge erfahren, und die bewirken, daß die Extinktion örtlich und zeitlich nicht unbeträchtlich schwankt, blieben ebenso unberücksichtigt wie lokale Verschmutzungen der Atmosphäre, etwa durch Staub oder Rauch.

Bezeichnet man die Bogenlänge auf dem Lichtweg (d.h. der Refraktionskurve) mit s, die Intensität des Lichtes mit $J(s)$, so bestand die grundlegende Annahme

---

[13] *HGW*, Band IX, 437.
[14] Universitätsarchiv Leipzig, PA 547, Bl. 6.

der Extinktionstheorie darin, daß die Intensitätsänderung dJ der Dichte $D(s)$, der Intensität $J(s)$ und dem durchlaufenen Weg ds proportional ist:

$$dJ = Q\,J\,D\,ds\,, \quad Q = \text{const.}$$

Es bezeichne s_1 die Grenze der Atmosphäre, $J_1 = J(s_1)$ ist die ursprüngliche Intensität des aus dem Weltraum einfallenden Lichtes. Dem Beobachtungsort auf der Erdoberfläche ordnen wir den Wert $s = 0$ zu. Dann gilt für die Intensität J_ϑ von Licht, welches an der Erdoberfläche mit der scheinbaren Zenitdistanz ϑ einfällt:

$$\ln \frac{J_1}{J_\vartheta} = Q \int_0^{s_1} D(s)\,ds\,. \tag{3.5}$$

Da man J_1 nicht kennt, wird man eine meßbare Größe suchen, aus der man es bestimmen kann. Gleichung (3.5) lautet für den Zenit ($\vartheta = 0$, der Lichtweg ist die Gerade senkrecht zur Erdoberfläche):

$$\ln \frac{J_1}{J_0} = Q \int_a^{a+H} D(r)\,dr\,.$$

Dabei ist a der Erdradius, H die Höhe der Atmosphäre und J_0 die scheinbare Helligkeit des betrachteten Objektes im Zenit. Der Bruch J_0/J_1 (Verhältnis der scheinbaren Helligkeit im Zenit zur ursprünglichen Helligkeit) heißt der *Transmissionskoeffizient*. Er kann durch Ausgleichung photometrischer Beobachtungen ermittelt werden.[15]

Das Integral in (3.5) kann nun mit der Refraktionstheorie in Beziehung gesetzt werden. Es ist zunächst $ds = \frac{dr}{\cos \kappa}$, wo κ die scheinbare Zenitdistanz am Ort s ist. Wegen der aus der Refraktionstheorie bekannten Invarianzbeziehung

$$\mu r \sin \kappa = \mu_0 a \sin \vartheta = \text{const} =: N$$

gilt schließlich

$$\ln \frac{J_1}{J_\vartheta} = Q \int_a^{a+H} \frac{\mu\,r\,D\,dr}{\sqrt{\mu^2 r^2 - \mu_0^2 a^2 \sin^2 \vartheta}}\,. \tag{3.6}$$

Dabei ist $\mu(r)$ der Brechungsindex in der Höhe r und $\mu_0 = \mu(a)$ der Brechungsindex an der Erdoberfläche. Das Integral (3.6) spielt für die Extinktionstheorie die gleiche Rolle wie das Refraktionsintegral (3.1) für die Refraktionstheorie. Wenn man annimmt, daß zwischen brechender Wirkung und absorbierender Wirkung der Atmosphäre ein direkter Zusammenhang besteht, d.h. wenn man einen funktionalen Zusammenhang zwischen Dichte und Brechungsindex postuliert, etwa

$$D = c\,(\mu^\alpha - 1)\,, \quad c = \text{const.}\,, \tag{3.7}$$

---

[15] Zahlreiche zeitgenössische Bestimmungen findet man in [Müller 1897, 138].

so ist schließlich für die Berechnung des Extinktionsintegrals die Kenntnis des Verlaufes des Brechungsindex μ als Funktion der Höhe erforderlich und man hat dieselbe Problematik wie in der Refraktionstheorie.

Die Analogie zwischen dem Problem der Refraktion und dem der Extinktion des Lichtes in der Atmosphäre war die Grundlage der Theorie von PIERRE SIMON LAPLACE, die auf der Voraussetzung beruhte, daß die brechende Kraft der Luft und ihre absorbierende Wirkung in allen Schichten einander proportional sein sollten. Von dieser Voraussetzung war bereits ISAAC NEWTON ausgegangen und hatte $D = c\,(\mu^2 - 1)$ angenommen (Gl. (3.7) für $\alpha = 2$). LAPLACE griff 1805 in Kapitel 3 von Band IV seiner *Mécanique céleste* die NEWTONsche Formel auf, setzte in sehr guter Näherung $\mu^2 \cdot \frac{\mu r}{\mu_0 a} = 1$ und gelangte so schließlich zu der Formel

$$\ln \frac{J_1}{J_\vartheta} = \gamma\,\frac{R(\vartheta)}{\sin \vartheta}, \qquad \gamma = \text{const.}, \tag{3.8}$$

welche die Extinktion unmittelbar durch die Refraktion $R(\vartheta)$ ausdrückt.[16]

HAUSDORFFs Habilitationsschrift lag spätestens im April 1895 vor, denn am 19. April 1895 reichte er bei der Philosophischen Fakultät der Universität Leipzig sein Gesuch um Erteilung der venia legendi für Astronomie und Mathematik ein. Die Arbeit wurde im gleichen Jahr noch publiziert.[17] Im ersten Teil seiner Arbeit beschäftigte sich HAUSDORFF mit der Theorie von LAPLACE. Dieser hatte seine Formel unter der Annahme einer konstanten Temperatur der Atmosphäre abgeleitet, also einer exponentiellen Abnahme der Dichte. HAUSDORFF hat die von LAPLACE zugrunde gelegte sehr einfache Annahme über die Konstitution der Atmosphäre durch eine flexiblere ersetzt, wobei der Ansatz für den Brechungsindex μ so gewählt war, daß das Refraktionsintegral analytisch berechenbar war. Er erhielt so die von zwei Parametern a, b abhängige Formel für die Refraktion:

$$R(\vartheta, \nu) = a(\nu) \sin \vartheta \, \Phi(b(\nu) \cos \vartheta)\,.$$

Dabei ist $\nu = \mu r$, $\frac{a(\nu)}{2b(\nu)} = \ln \mu$ und Φ ist die KRAMPsche Funktion. Das Extinktionsintegral ergibt dann eine Entwicklung für $\frac{J_1}{J_\vartheta}$ als Reihe von Potenzen von $\ln \mu$, deren Koeffizienten von ϑ abhängen. Die Glieder ab der dritten Ordnung können vernachlässigt werden. Das Glied erster Ordnung ergibt gerade die LAPLACEsche Näherung, die der Münchener Observator HUGO VON SEELIGER als nicht genau genug übereinstimmend mit den von MÜLLER gemessenen Werten für die Extinktion kritisiert hatte. Die Berücksichtigung des von HAUSDORFF berechneten Gliedes zweiter Ordnung sollte also den Anschluß an die MÜLLERsche Tabelle gegenüber der LAPLACEschen Formel verbessern. Dies war jedoch nicht der Fall, im Gegenteil, die Differenzen wurden eher noch vergrößert. HAUSDORFF schloß daraus, daß die Theorie von LAPLACE grundsätzlich nicht geeignet sei, die

---

[16] Die Laplacesche Extinktionstheorie ist ausführlich in [Müller 1897, 122-128] dargestellt.
[17] [H 1895, V: 215–296]. Kommentar von Felix Schmeidler und Walter Purkert V, 297–311.

Extinktion des Lichtes in der Atmosphäre in Abhängigkeit von ϑ richtig darzustellen. Er wollte deshalb im folgenden die Extinktion „selbständig, d.h. unabhängig von der Refraction" untersuchen.

Er ließ also die Gleichung (3.7), den Zusammenhang von Brechungsindex und Dichte, ganz fallen und setzte statt $dJ = QJDds$

$$d \ln J = f(s)ds$$

mit einer unbekannten „absorbierenden Kraft" $f(s)$ an. Führt man ν als unabhängige Variable ein und gehöre ν zu einem fixierten aber beliebigen Punkt des Lichtwegs, ν_1 zur Grenze der Atmosphäre und bezeichne ν' das variable ν zwischen ν und ν_1, so erhält man $\ln \frac{J_1}{J_\vartheta}$ als Funktion von ν und ϑ gemäß

$$\ln \frac{J_1}{J_\vartheta} = \int_\nu^{\nu_1} \frac{F(\nu')\,\nu'\,d\nu'}{\sqrt{\nu'^2 - \nu^2 \sin^2 \vartheta}} \qquad (3.9)$$

mit einer unbekannten Funktion $F(\nu)$, die auf etwas verwickelte Weise von $f(s)$ abhängt und welche ebenfalls als eine Art „absorbierender Kraft" interpretiert werden kann. Die Analogie zur Refraktionstheorie wird deutlich, wenn man das Refraktionsintegral in der BRUNSschen Form (3.1) schreibt; dort war ν mit σ und ν_1 mit τ bezeichnet worden):

$$R(\nu, \vartheta) = \nu \sin \vartheta \int_\nu^{\nu_1} \frac{m(\nu')\,d\nu'}{\sqrt{\nu'^2 - \nu^2 \sin^2 \vartheta}} \qquad (3.10)$$

mit $m(\nu)\,d\nu = -d\ln \mu$.

Die Analogie von (3.9) und (3.10) wird nun dazu benutzt, aus geeigneten Ansätzen für $F(\nu)$ einen funktionalen Zusammenhang zwischen $\ln \frac{J_1}{J_\vartheta}$ und $R(\nu, \vartheta)$ herzuleiten. Es ist

$$\frac{R(\nu, \vartheta)}{\nu \sin \vartheta} = \int_\nu^{\nu_1} -\frac{d\ln \mu'}{\nu'\,d\nu'} \frac{\nu'\,d\nu'}{\sqrt{\nu'^2 - \nu^2 \sin^2 \vartheta}}.$$

Setzt man also $F(\nu) = -\frac{1}{\nu} \frac{d\ln \mu}{d\nu}$, so erhält man

$$\ln \frac{J_1}{J_\vartheta} = \frac{R(\nu, \vartheta)}{\nu \sin \vartheta}. \qquad (3.11)$$

Dies sieht aus wie die Formel (3.8) von LAPLACE. Um den Unterschied zur üblichen Benutzung der Formel von LAPLACE zu verdeutlichen, nennt HAUSDORFF (3.11) eine „Functionalbeziehung" oder auch ein „heuristisches Princip". Dies bedeutet, daß hier Interpolationsformeln für $R(\nu, \vartheta)$ aus dem BRUNS-HAUSDORFF-Verfahren für die Refraktion, welche freie Parameter enthalten, eingesetzt werden können und die Parameter dann durch *Anschluß an eine Extinktionstafel* bestimmt werden. Bei der üblichen Anwendung der LAPLACEschen Formel wurden die Refraktionswerte $R(\nu_0, \vartheta_0)$ am Erdboden aus einer Tafel genommen und die LAPLACEsche

Formel ergibt dann die numerischen Werte der Extinktion. HAUSDORFFs „heuristisches Princip" liefert also eine Methode, „zu jeder zulässigen Refractionsformel eine entsprechende Absorptionsformel zu finden". Da ähnlich wie aus einer Refraktionsformel nach dem BRUNSschen Verfahren $m(\nu)$ berechnet werden kann, läßt sich aus einer Extinktionsformel für $\ln \frac{J_1}{J_\vartheta}$ die „absorbierende Kraft" berechnen. Man erhält so aus HAUSDORFFs „heuristischem Princip" aus Refraktionsformeln Aussagen über diese absorbierende Kraft. Es ergaben sich jedoch für einige Ansätze absurde Konsequenzen: Ansätze, die sehr gut mit den Extinktionstafeln von MÜLLER übereinstimmten, lieferten in gewissen Höhen eine physikalisch sinnlose, das Licht verstärkende „absorbierende Kraft". Dementsprechend zieht HAUSDORFF folgendes Fazit:

> Die Zahlen der gebräuchlichen Extinctionstabellen lassen sich nicht in aller Strenge durch eine physikalisch brauchbare Absorptionsformel darstellen, durch eine solche nämlich, bei der die absorbirende Kraft der Luftschichten stets positiv ist. [H 1895, 422; V: 236].

Die BRUNSsche Umkehridee, aus beobachteten astronomischen Daten auf Daten über die Physik der Atmosphäre zu schließen, versagte also offensichtlich für die Extinktion.

Am Schluß empfiehlt HAUSDORFF als ein Hauptresultat seiner Arbeit die folgende Formel für die Zenitreduktion:

$$\ln \frac{J_0}{J_\vartheta} = \frac{a \tan^2 \frac{\vartheta}{2}}{1 + b \tan^2 \frac{\vartheta}{2}} \, . \tag{3.12}$$

Dabei sind $a > 0$ und $b > -1$ geeignet zu wählende Konstanten.

Ein Jahr, nachdem die Arbeit von HAUSDORFF über die Absorption des Lichtes in der Atmosphäre erschienen war, hat PAUL KEMPF die Ergebnisse in einer außergewöhnlich ausführlichen Rezension besprochen [Kempf 1896]. Er hat dabei an mehreren von HAUSDORFF gefundenen Resultaten gravierende Kritik geübt. KEMPF war damals Professor und Observator am Astrophysikalischen Observatorium Potsdam und einer der besten Kenner der Probleme der Photometrie der Himmelskörper.

Die von KEMPF vorgebrachte Kritik richtete sich in erster Linie gegen die Ansicht von HAUSDORFF, daß die Theorie von LAPLACE grundsätzlich ungeeignet sei, die atmosphärische Extinktion in Abhängigkeit von der scheinbaren Zenitdistanz ϑ richtig darzustellen. HAUSDORFF hatte, wie erwähnt, diese Auffassung damit begründet, daß zwischen den auf Beobachtungen beruhenden Werten der Potsdamer Extinktionstabelle von G. MÜLLER und den nach der LAPLACEschen Theorie berechneten Werten unerklärbare Differenzen bestanden. Er hatte dabei jedoch übersehen, daß die Potsdamer Tabelle kein homogenes Beobachtungsmaterial darstellte, sondern aus zwei verschiedenen Teilen bestand, welche auf ganz verschiedenen und voneinander vollständig unabhängigen Wegen erhalten worden waren. Der erste Teil erstreckt sich bis zu einer Zenitdistanz von 80° und war aus

dem Vergleich von fünf Fixsternen mit dem Polarstern bei allen möglichen Zenitdistanzen zwischen 0° und 80° abgeleitet worden. Für Zenitdistanzen über 80°
wurde so vorgegangen, daß in einer Reihe besonders klarer Nächte große Planeten
zwischen 80° und 90° Zenitdistanz verfolgt und aus den Unterschieden je zweier
aufeinanderfolgender Messungen die Extinktion für die betreffende Zenitdistanz
bestimmt wurde. Diese Teilung war nicht zu umgehen gewesen, weil in der Breite von Potsdam weder Sterne existieren, welche den Zenit erreichen und bis zum
Horizont verfolgt werden können noch solche, die den Horizont erreichen und bis
zum Zenit verfolgt werden können. Schloß man die LAPLACEsche Formel jeweils
getrennt an die beiden Teile der Potsdamer Tafel an, ergab sich eine vollkommen
befriedigende Übereinstimmung. KEMPF wies auch darauf hin, daß das Beobachtungsmaterial, welches MÜLLER unter einwandfreien Bedingungen auf dem Gipfel
des Säntis gewonnen hatte, in hervorragender Weise mit der LAPLACEschen Theorie übereinstimmte. So konnte KEMPF schließlich resümieren:

> Die Laplace'sche Absorptionstheorie entspricht den thatsächlichen Verhältnis-
> sen innerhalb der zur Zeit erreichten Genauigkeit vollständig. [Kempf 1896,
> 16].

Daß ein junger Forscher wie HAUSDORFF, der mehr theoretisch orientiert war,
die Besonderheit der MÜLLERschen Extinktionstabelle nicht kannte, überrascht
vielleicht nicht sonderlich. Daß aber einem so erfahrenen Astronomen wie BRUNS
ein solcher Fehler unterlief, ist schon erstaunlich. BRUNS war in seinem Gutachten
zu HAUSDORFFs Habilitation auf die Problematik der MÜLLERschen Tabelle gar
nicht eingegangen, sondern hatte – HAUSDORFF zustimmend – festgestellt:

> Zunächst wird gezeigt, dass die bisher vorzugsweise benutzte Entwicklung von
> Laplace, auch bei gehöriger Vervollständigung, den Beobachtungen nicht ge-
> nügt. Der Grund liegt in der Voraussetzung, dass zwischen dem Brechungsex-
> ponenten und dem Absorptionskoefficienten eine einfache Relation vorhanden
> sei, die in Wirklichkeit nicht existiert.[18]

Im weiteren kritisiert KEMPF das Verfahren, wie HAUSDORFF Interpolationsformeln an gegebene Tabellen angeschlossen hatte, als „durchaus unstatthaft":

> Er greift nämlich aus der Reihe der beobachteten Werthe so viele beliebig
> heraus, wie die Formel numerische Parameter besitzt, bestimmt die letzteren
> so, dass jene Zahlen absolut dargestellt werden und berechnet dann mit diesen
> Constanten den ganzen Verlauf der Formel. Dass auf diese Weise in den von
> den Anschlusspunkten etwas entfernteren Theilen der Curve unter Umständen
> sehr bedeutende Abweichungen hervorgebracht werden können, dürfte wohl
> ohne Weiteres einleuchten. [Kempf 1896, 18].

Als Beispiel für die Sensibilität der Formeln in Bezug auf die Art des Anschlusses wählt KEMPF die Formel (3.12), welche HAUSDORFF für die Praxis empfohlen
hatte. HAUSDORFF hatte die beiden Konstanten a und b bestimmt, indem er exakte Übereinstimmung bei $\vartheta = 85°$ und bei $\vartheta = 87,5°$ mit der MÜLLERschen

---

[18]Universitätsarchiv Leipzig, PA 547, Bl.6.

Tabelle verlangte. KEMPF berechnete, ebenfalls unter Zugrundelegung der MÜL-
LERschen Tabelle, a und b nach der Methode der kleinsten Quadrate und erhielt
eine qualitativ andere Abhängigkeit von der Zenitdistanz, bei der typische Effekte
verschwinden, die bei HAUSDORFF auftreten: „das Bild der Curve ist also ein ganz
anderes geworden". [Kempf 1896, 18].

Neben dem Anschluß von (3.12) an die MÜLLERsche Tabelle schloß KEMPF,
ebenfalls mit der Methode der kleinsten Quadrate, die Formel (3.12) auch an die
Säntis-Beobachtungen an. Der Vergleich beider lieferte ein weiteres eindrucksvolles
Beispiel dafür, daß guter Anschluß an beobachtete Daten noch lange nicht bedeu-
tet, daß ein Rückschluß auf die Konstitution der Atmosphäre zu vernünftigen
Ergebnissen führt. Obwohl die jeweils angepaßte Formel (3.12) die Daten beider
Tabellen gut wiedergab, lieferte sie für Potsdam den Transmissionskoeffizienten
0,707, für den Säntis 0,79,

> folglich kommt man mit dieser Formel zu dem widersinnigen Resultat, dass
> die Intensität des Lichtes in der Ebene grösser ist als auf einem $2500\,m$ hohen
> Berge.
>
> Aus diesem Beispiele ersieht man, dass eine Formel sehr wohl den von
> Bruns aufgestellten Forderungen genügen, und doch absolut ungeeignet sein
> kann, um von ihr aus auf die Beschaffenheit der Atmosphäre zu schliessen.
> Es entsteht daher die Frage, wann man berechtigt ist, die aus einem auf dem
> angegebenen Wege abgeleiteten Absorptions- bezw. Refractionsausdruck zu
> ziehenden physikalischen Schlüsse als reell anzusehen. [Kempf 1896, 21].

Die Entscheidung dieser Frage könne nicht anders geschehen als anhand der aus der
Meteorologie bekannten Daten. Dies aber stellt den Sinn des BRUNS-HAUSDORFF-
Verfahrens grundsätzlich in Zweifel:

> Damit sind wir dann aber wieder dahin gekommen, die meteorologischen An-
> gaben als die Grundlage der Theorie aufzufassen, eine Annahme, welche ge-
> rade durch das Bruns'sche Verfahren vermieden werden sollte. [Kempf 1896,
> 22].

Das Habilitationsverfahren für HAUSDORFF war am 3. Mai 1895 mit der Bildung einer Kommission durch die Fakultät eröffnet worden. Ihr gehörten BRUNS,
LIE und MAYER an.[19] Am 20. Mai legte BRUNS sein Gutachten über die Habilitationsschrift vor. Er gab auf einer Seite ohne Kritik oder Lob ihren Inhalt wieder.
Erst die letzten zwei Sätze des Gutachtens enthalten eine Bewertung:

> Meines Erachtens entspricht die Abhandlung durchaus den Anforderungen,
> die an eine Habilitationsschrift zu stellen sind. Daher für Zulassung zu den
> weiteren Leistungen.

SOPHUS LIE schrieb darunter: „Mit der Conclusion einverstanden", und „ebenso" unterschrieb ADOLPH MAYER. Die „weiteren Leistungen" bestanden in einem

---

[19]Universitätsarchiv Leipzig, PA 547, Bl. 5. Alle weiteren Angaben zum Habilitationsverfahren
sind ebenfalls dieser Akte, Bll. 5–8, entnommen.

Kolloquium am 18. Juni, das „zur vollen Zufriedenheit der Kommission ausfiel" und aus einer Probevorlesung. Für diese öffentliche Vorlesung schlug HAUSDORFF am 1. Juli folgende drei Themen vor:

1) Das Gaussische Fehlergesetz.
2) Die Variation der Polhöhen.
3) Die Bestimmung der Sonnenparallaxe.

Die Kommission entschied sich einstimmig für das erste Thema, und am 25. Juli fand die Probevorlesung „vor dem Dekan und der Commission zur allgemeinen Zufriedenheit statt". Am gleichen Tage unterschrieb HAUSDORFF eine vorgedruckte Erklärung, daß er davon Kenntnis genommen habe,

dass er durch die ihm zu ertheilende venia legendi weder auf Unterstützung durch Gratificationen, noch auf irgend eine feste Besoldung, noch auf künftige Erwerbung einer ausserordentlichen Professur einen Anspruch erhalte, [· · ·]

Mit dem Erwerb der venia legendi wurde HAUSDORFF Privatdozent für Astronomie und Mathematik an der Universität Leipzig. Damit war die Möglichkeit einer wissenschaftlichen Laufbahn eröffnet.

In seinem ersten Semester als Privatdozent, dem Wintersemester 1895/96, hielt HAUSDORFF zwei Vorlesungen, *Figur und Rotation der Himmelskörper* und *Kartenprojection*. Die erste Vorlesung, die nur einen Zuhörer hatte, hat zwar noch Berührungspunkte mit astronomischen Objekten, handelt aber vor allem von theoretischer Mechanik wie Kreiseltheorie, Hydrostatik und Hydrodynamik und benutzt tiefliegende mathematische Theorien wie Potentialtheorie und die Anfänge der Verzweigungstheorie für nichtlineare Integralgleichungen.[20] Die zweite Vorlesung tangiert mit der Geodäsie ein weiteres von BRUNS vertretenes Gebiet und war mathematisch auch anspruchsvoll. Nur zwei Zuhörer haben diese Vorlesung besucht. HAUSDORFF hat sie noch einmal im Wintersemester 1900/01 vor sechs Zuhörern wiederholt.

1896 erschien HAUSDORFFs Aufsatz *Infinitesimale Abbildungen der Optik* [H 1896, V: 315–366]. Es ist seine letzte Veröffentlichung, die noch Berührungspunkte mit seiner Tätigkeit an der Sternwarte hat, insofern die Theorie und Praxis der optischen Instrumente für die Astronomie von großer Bedeutung ist. HAUSDORFF schließt hier unmittelbar an BRUNS Arbeit *Das Eikonal* an.[21] HAUSDORFF untersucht in dieser Arbeit mittels des Studiums gewisser Einparametergruppen von Berührungstransformationen die Frage nach der Existenz anastigmatischer Abbildungen.[22] Darunter versteht man Abbildungen, für die es Punkte P im Objektraum gibt, so daß die von P ausgehenden Strahlen (sog. zentrische Bündel) in

---

[20] Einen ausführlichen Kommentar von Josef Bemelmans findet man in *HGW*, Band V, 381–400.

[21] [Bruns 1895]. Diese umfangreiche Arbeit von Bruns hat auf die weitere Entwicklung der geometrischen Optik einen großen Einfluß ausgeübt; s. auch die Ausführungen über Bruns im Abschnitt 2.1, S. 35–37.

[22] Solche Abbildungen werden heute meist als stigmatische Abbildungen bezeichnet.

Strahlen des Bildraums verwandelt werden, die sich wieder in Punkten P' sammeln. Die Mengen M und M' solcher Punkte P und P' bilden die stigmatischen Mengen. Ideale optische Instrumente wären solche mit dreidimensionalen möglichst umfangreichen stigmatischen Mengen, etwa wenn M der ganze Objektraum und M' der ganze Bildraum ist. HAUSDORFF beschränkt sich dabei auf rein dioptrische (d.h. brechende) Systeme. Sein Hauptergebnis besteht darin, daß teleskopische Aplanasie dioptrisch nicht verwirklicht werden kann, d.h. ein ideales Fernrohrobjektiv ist dioptrisch nicht erzeugbar. Da HAUSDORFFs Arbeit von der zeitgenössischen Literatur überhaupt nicht beachtet wurde und sich auch in neueren Werken über geometrische Optik keinerlei Hinweise darauf finden, wollen wir uns hier auf diese wenigen Bemerkungen beschränken.[23] Eine Reaktion auf diese Arbeit – die einzige – gab es aber doch, und das war eine in den Leipziger Berichten unmittelbar auf HAUSDORFFs Artikel folgende dreiseitige Note von LIE, in der dieser seine Priorität bezüglich der Anwendung der Theorie der Berührungstransformationen auf die Optik betonte und die nicht anders denn als Vorwurf zu verstehen war. Obwohl dort keine Namen genannt werden und die kurze Note sich besonders gegen BRUNS gerichtet haben dürfte, war der Abdruck unmittelbar nach HAUSDORFFs Arbeit für diesen sicher unangenehm.[24]

Spätestens mit dem Erscheinen der Kritik von KEMPF an seiner Habilitationsschrift im Jahre 1896 muß HAUSDORFF klar geworden sein, daß sein von BRUNS angeregter Weg in die Wissenschaft auf ein totes Gleis geführt hatte. Es nimmt also nicht wunder, daß er sich von der Astronomie abwandte und seine Kräfte auf neue Gebiete konzentrierte: zum einen auf die Mathematik, zum anderen auch in starkem Maße auf Philosophie und Literatur.

---

[23] Eine ausführliche Analyse gibt der Kommentar von Stefan Hildebrandt in *HGW*, Band V, 367–377; s. ferner die Ausführungen von Egbert Brieskorn in *HGW*, Band IB, 251–256.
[24] Hausdorff hatte in seinem Artikel mehrfach auf Lie verwiesen, während Bruns in *Das Eikonal* Lie nicht erwähnte. Zum problematischen Verhältnis von Hausdorff und Lie siehe Abschnitt 4.1, S. 73–76.

Kapitel 4

Der Beginn als Mathematiker

Ab 1897 tritt Hausdorff als Autor gegenüber der Öffentlichkeit in zwei ganz verschiedenen Gestalten auf: als mathematischer Forscher publiziert er unter seinem Namen die Resultate seiner Forschungen, unter dem Pseudonym PAUL MONGRÉ zeigt er sich dem Publikum als Aphoristiker, Lyriker, weite Felder umspannender Essayist und origineller philosophischer Kopf. Dabei überwiegt mal die eine, mal die andere Seite: von 1897 bis etwa 1904 überwiegt MONGRÉ, danach der Mathematiker HAUSDORFF. Diese Doppelexistenz wird im zweiten Teil unseres Buches thematisiert. In diesem Kapitel geht es zunächst um HAUSDORFFS Start in die mathematische Forschung, der für einen Mathematiker von Weltruf anfangs auch etwas ungewöhnlich war.

4.1 Der Wechsel von der Astronomie zur Mathematik

Bereits während seiner Arbeit als Astronom hatte sich für HAUSDORFF eine Möglichkeit eröffnet, in der Mathematik tätig zu werden. SOPHUS LIE war nämlich auf den begabten jungen Mann aufmerksam geworden. Wir hatten im Abschnitt 2.1, S. 33–34 schon erwähnt, daß LIE sehr daran interessiert war, mit jungen begabten Mathematikern zusammenzuarbeiten, um seine genialen Ideen der Öffentlichkeit in monographischen Darstellungen zugänglich zu machen und daß er gemeinsam mit ENGEL in den Jahren 1888 bis 1893 das dreibändige fundamentale Werk *Theorie der Transformationsgruppen.* erarbeitet hatte. Ein zweiter solch selbstloser Helfer LIES war GEORG SCHEFFERS, der 1890 bei ihm promoviert und sich 1891 in Leipzig habilitiert hatte. Er war an drei umfangreichen Monographien LIES beteiligt.[1]

---

[1]Sophus Lie: *Vorlesungen über Differentialgleichungen mit bekannten infinitesimalen Transformationen.* Bearbeitet und herausgegeben von Dr. Georg Scheffers. Teubner, Leipzig 1891. Sophus Lie: *Vorlesungen über continuirliche Gruppen mit geometrischen und anderen Anwendungen.* Bearbeitet und herausgegeben von Dr. Georg Scheffers. Teubner, Leipzig 1893. Sophus

© Der/die Autor(en), exklusiv lizenziert durch
Springer-Verlag GmbH, DE, ein Teil von Springer Nature 2021
E. Brieskorn und W. Purkert, *Felix Hausdorff*, Mathematik im Kontext,
https://doi.org/10.1007/978-3-662-63370-0_4

Für die Ausarbeitung seiner Integrationstheorie partieller Differentialgleichungen erster Ordnung hatte LIE HAUSDORFF als Helfer gewonnen. Dies ist vermutlich noch vor Beginn von HAUSDORFFs Militärdienst geschehen. Etwa nach
Ablauf der Hälfte des Militärdienstes, am 27. März 1892, schrieb HAUSDORFF an
LIE:

> Vorerst bitte ich Sie um Entschuldigung, dass ich so spät erst auf Ihr freundli-
> ches Anerbieten, die Herausgabe Ihrer Theorie der part. Differentialgleichun-
> gen betreffend, zurückkomme; ich war Anfangs durch vielen Dienst, späterhin
> durch eine sechswöchentliche Erkrankung verhindert, um eine Unterredung
> mit Herrn Prof. Bruns zu bitten, von deren Ergebnisse ich damals meine
> Antwort abhängig gemacht hatte. Vor Kurzem habe ich diese Unterredung
> nachgeholt, und ich freue mich ausserordentlich, Ihnen mittheilen zu kön-
> nen, dass seitens meiner astronomischen Berufsarbeit sich Ihrem für mich so
> ehrenvollen Vorschlage kein Hinderniss in den Weg legt. Ich würde nach Ab-
> lauf meines Dienstjahres – vorher allerdings ist an kein energisches Arbeiten
> zu denken – die mir von Ihnen zugedachte Beschäftigung zugleich mit dem
> zweiten Theil meiner Dissertationsschrift, der wesentlich nur Rechenarbeit
> erfordert, aufnehmen können, vorausgesetzt, dass Sie mich nach wie vor mit
> jenem Vertrauensposten beehren wollen.[2]

Ende Februar 1893 gab es eine letzte Besprechung mit LIE „betreffs der partiellen Differentialgleichungen". Dies geht aus einem ein Jahr später, am 28. März
1894 geschriebenen Brief HAUSDORFFs an LIE hervor, in dem HAUSDORFF den
zeitlichen Ablauf rekapituliert (und auf den wir gleich zurückkommen werden).
LIE muß nach dieser Besprechung die Zusammenarbeit mit HAUSDORFF vielver-
sprechend erschienen sein. Das ergibt sich aus folgendem Vorgang: 1892 begannen,
getragen von bedeutenden norwegischen Persönlichkeiten wie dem Arktisforscher
FRIDTJOF NANSEN, Norwegens berühmten Dichter BJØRNSTJERNE BJØRNSON
und LIEs ehemaligem Schüler ELLING HOLST, ernsthafte Bemühungen, LIE für
Norwegen zurückzugewinnen. BJØRNSON schrieb am 26. Februar 1893 an LIE und
fragte an, ob er bei einem Gehalt von 8000 bis 10000 Kronen geneigt sei, als Professor nach Christiania zurückzukehren. In einem (nicht datierten, aber vermutlich
wenig später geschriebenen) Brief an BJØRNSON schildert LIE u. a. die Verhältnisse, die ihn in wissenschaftlicher Hinsicht an Leipzig binden. Er nennt die hervorragende Bibliothek und die nicht weniger exzellente Modellsammlung. Ferner
bezahle ihm der Staat zwei Assistenten, den Prof. ENGEL und den Privatdozenten
SCHEFFERS. Noch wichtiger aber sei, daß er „drei außerordentlich ausgezeichnete
junge Mitarbeiter (Engel, Scheffers, Hausdorff)" für seine „eigene wissenschaftliche
Tätigkeit" gewonnen habe, Mitarbeiter, die in Norwegen schwerlich zu finden sein
würden [Stubhaug 2003, 420].

Etwas mehr als ein Jahr später, am 28. März 1894, schrieb HAUSDORFF einen
langen Brief an LIE, der so beginnt:

Lie: *Geometrie der Berührungstransformationen*. Dargestellt von Sophus Lie und Georg Scheffers. Erster Band, Teubner, Leipzig 1896. Ein zweiter Band dieses Werkes ist nicht erschienen.
[2] *HGW*, Band IX, 435.

Hochverehrter Herr Professor! Seit längerer Zeit glaube ich Ihnen eine tiefgehende Verstimmung gegen mich anzumerken, die ich mir nicht bewusst bin in vollem Umfange zu verdienen, obwohl ich mich nicht frei von Schuld weiss. Als Ihr ehemaliger Schüler, den Sie der Ehre wissenschaftlicher wie persönlicher Beziehungen in hervorragendem Masse gewürdigt haben, bin ich Ihnen viel zu eng verpflichtet, um nicht jede Trübung dieser Beziehungen schmerzlichst zu empfinden. Ich bitte Sie, hochverehrter Herr Professor, inständigst – vorausgesetzt, dass ich Ihre Unzufriedenheit mit Recht auf die unzulängliche Förderung der auf Ihren Wunsch übernommenen Arbeit zurückführe – mir einen, wenn auch sehr verspäteten, Rechtfertigungsversuch in Form einer kurzen Darlegung des Sachverhalts zu gestatten.[3]

HAUSDORFF schildert dann eine Reihe von Umständen beruflicher und persönlicher Art, die ihn bisher daran gehindert haben, sich LIEs Theorie der partiellen Differentialgleichungen zu widmen, um dann fortzufahren:

Das warme Interesse für die von Ihnen, hochzuverehrender Herr Professor Lie, geschaffenen und Ihren Namen tragenden Theorien habe ich keineswegs eingebüsst, wie ich überhaupt, zur astronomischen Praxis minder neigend und befähigt, den Ausblick von der Astronomie auf die reine Mathematik nie zu verlieren hoffe. Ich muss freilich darauf gefasst sein, dass Sie mit der mir zugedachten Arbeit längst einen Anderen, Geeigneteren beauftragt haben, würde aber ausserordentlich glücklich sein, wenn dies nicht der Fall wäre, wenn Sie trotz der geringen Dienste, die ich Ihnen bisher geleistet habe, immer noch auf mich zählten. Würden Sie alsdann, sehr geehrter Herr Professor, Ihre Güte und Geduld so weit erstrecken, mir bis nach Abschluss der Habilitationsschrift Zeit zu gönnen? Nach den Dimensionen, die das augenblickliche Urtheil ergiebt, hoffe ich nicht unnatürlich lange davon in Anspruch genommen zu sein. Nach meiner Habilitation – dies gelte als bindendes Versprechen – sind Ihre partiellen Differentialgleichungen das Erste, was ich in Angriff nehme.[4]

Diese Ankündigung HAUSDORFFs ist nicht realisiert worden; es gibt keine Hinweise darauf, auch nicht in HAUSDORFFs Nachlaß, daß er mit LIE an dem ins Auge gefaßten Buch gearbeitet hat. Über Gründe des Scheiterns dieses Projekts kann man nur Mutmaßungen anstellen. Daß LIE verstimmt gewesen sein könnte, ist gut denkbar, denn nach dem ersten Brief HAUSDORFFs vom März 1892 war hinsichtlich der in Aussicht genommenen Arbeit an LIEs Theorie der partiellen Differentialgleichungen nichts geschehen. Es kann aber auch noch andere Gründe gegeben haben. Im Herbst 1893 kam es, hauptsächlich wegen LIEs psychiatrischer Erkrankung in Folge seiner perniciösen Anämie, zu einem Bruch mit seinem treuesten Mitarbeiter, mit ENGEL [Purkert 1984], [Fritzsche 1991]. HAUSDORFF wird das veränderte Verhalten LIEs gegenüber ENGEL nicht verborgen geblieben sein. Unabhängig davon muß es auch zweifelhaft erscheinen, ob für HAUSDORFF die Zusammenarbeit mit LIE in der geplanten Form möglich gewesen wäre. Er suchte sich nach der Habilitation in der Mathematik neu zu orientieren, und ob

---

[3] *HGW*, Band IX, 436.
[4] *HGW*, Band IX, 436–437.

er dabei zu einer so selbstlosen Zuarbeit wie der von ENGEL für LIE bereit gewesen wäre, ist fraglich. Er wollte etwas Eigenes schaffen, und das nicht nur auf mathematischem Gebiet, sondern auch auf dem Gebiet der Philosophie und der Literatur. Es sei noch angemerkt, daß zu Lebzeiten LIES kein Buch über seine Theorie der partiellen Differentialgleichungen erster Ordnung erschienen ist. Erst 1932 haben ENGEL und sein Schüler KARL FABER das Buch *Die Liesche Theorie der partiellen Differentialgleichungen 1. Ordnung* bei Teubner herausgegeben.

Wir hatten gesehen, daß HAUSDORFF in seinem ersten Semester als Privatdozent zwei Vorlesungen hielt, die noch etwas mit Astronomie bzw. Geodäsie zu tun hatten. Ab seinem zweiten Dozentensemester, dem Sommersemester 1896, hat er sich in der Lehre ganz auf die Mathematik verlegt (mit Ausnahme der Wiederholung der Vorlesung *Kartenprojection* im WS 1900/01 und einer mehr philosophischen Vorlesung *Zeit und Raum* für breite Kreise von Hörern im WS 1903/04).[5] Unter seinen Vorlesungen in seiner Leipziger Zeit bis 1910 waren immer wieder einführende Vorlesungen für Anfänger, wie *Analytische Geometrie, Projective Geometrie, Einleitung in die Analysis, Differential- und Integralrechnung* und *Gewöhnliche Differentialgleichungen*, in denen er oft mehr als 20 Zuhörer hatte. Daß er als Privatdozent solche Vorlesungen überhaupt übernehmen konnte, lag sicher auch daran, daß SCHEIBNER im betrachteten Zeitraum nur im Wintersemester 1897 die einführende Analysisvorlesung hielt und ab Wintersemester 1898/99 aus gesundheitlichen Gründen gar nicht mehr las, und daß NEUMANN sich in seinen Vorlesungen vor allem auf Funktionentheorie und Analytische Mechanik konzentrierte.

Für Hörer höherer Semester hat HAUSDORFF in seiner Leipziger Zeit bis zum Wintersemester 1909/10 über ein breites Spektrum Vorlesungen gehalten. Er hat sich so auch einen Teil derjenigen mathematischen Gebiete erschlossen, die er in seiner Studienzeit nicht gründlich genug kennenlernen konnte. Vorlesungen für fortgeschrittenere Hörer, von denen er auch einige öfters wiederholte, waren: *Winkeltreue Abbildungen, Kurven und Flächentheorie, Ausgewählte Capitel der Höheren Geometrie* (hier wurde auch die nichteuklidische Geometrie behandelt), *Differentialgeometrie, Complexe Zahlen und Vectoren* (behandelte hyperkomplexe Zahlsysteme), *Wahrscheinlichkeitsrechnung, Mengenlehre, Nichteuklidische Geometrie, Analytische Mechanik, Einführung in die Theorie der Transformationsgruppen, Zahlentheorie, Algebraische Gleichungen* und *Algebraische Zahlen*.

HAUSDORFF vertrat in der Lehre aber auch ein spezielles Anwendungsgebiet der Mathematik, das es vorher in Leipzig nicht gegeben hatte, die Versicherungs- und Finanzmathematik. Damit hatte es folgende Bewandtnis: Seit der sogenannten Gründerzeit hatte sich das Versicherungswesen im Deutschen Reich zu einem bedeutenden Wirtschaftsfaktor entwickelt. Damit verbunden waren in den neunziger Jahren Bestrebungen, eine universitäre Ausbildung künftiger Fachleute auf diesem Gebiet ins Leben zu rufen, welche insbesondere auch die Vermittlung versiche-

---

[5] Alle Vorlesungen mit Angabe von Stundenzahl, Zuhörerzahl (nur in den Vorlesungen bis 1901 im Archiv dokumentiert) und Nachweis des jeweiligen Manuskripts im Nachlaß findet man in Walter Purkert: *Hausdorff als akademischer Lehrer. HGW*, Band IA, 497–513.

rungsmathematischer Grundlagen einschließen sollte. Im Wintersemester 1895/96 wurde in Göttingen ein Seminar für Versicherungswissenschaft gegründet, an dem der Privatdozent GEORG BOHLMANN einen Lehrauftrag für Versicherungsmathematik wahrnahm. Auch am Polytechnikum in Dresden war schon vor 1895 regelmäßig über Versicherungsmathematik gelesen worden; 1896 wurde unter Leitung von GEORG HELM das „Versicherungstechnische Seminar" gegründet. Sachsens bedeutendstes Finanz- und Handelszentrum war jedoch Leipzig, und so war es nur folgerichtig, daß die sächsische Regierung im Sommer 1895 die Handelskammer in Leipzig zu einem Gutachten über die Frage aufforderte, ob die Aufstellung eines Studienplanes für Versicherungstechniker und die Einführung eines entsprechenden Examens „einem erheblichen Staatsinteresse entsprächen". Die Handelskammer lehnte einen eigenen Studiengang mit Staatsexamen entschieden ab, sprach sich aber wärmstens für Vorlesungen über Fragen des Versicherungswesens aus. Daraufhin wandte sich der sächsische Kultusminister PAUL VON SEYDEWITZ am 3.12.1895 mit einer entsprechenden Bitte an die Philosophische Fakultät der Universität Leipzig.[6] Die Fakultät antwortete im März 1896,

> daß die Frage der Ausbildung im Versicherungswesen bereits vor längerer Zeit die Aufmerksamkeit der hiesigen Vertreter der Mathematik und Nationalöconomie auf sich gezogen hat und daß auf ihre Veranlassung der Privatdocent Dr. Hausdorff sich entschlossen hat – zunächst für das Bedürfniß der Studirenden der Nationalöconomie und Statistik – im nächsten Sommersemester eine diesbezügliche Vorlesung: ‚Einführung in die mathematische Theorie des Versicherungswesens' (eventuell mit Uebungen) und nächsten Winter eine solche über ‚Mathematische Statistik' zu lesen.[7]

Was nun die „Veranlassung" durch die Fakultät betrifft, so ist es interessant zu lesen, was HEINRICH BRUNS über diesen Vorgang am 7. Juli 1897 an FELIX KLEIN anläßlich eines Berufungsverfahrens nach Göttingen, in dem HAUSDORFF im Vorfeld auch genannt war, über diesen schreibt:

> H. ist hier für Astronomie und Mathematik habilitirt. Er hat seinen regelrechten Antheil an den rein mathematischen Vorlesungen, ausserdem haben wir ihm die theoretischen Vorlesungen über Versicherungswesen zugewiesen. Für die letztgenannte Aufgabe kommen ihm unzweifelhaft die specifischen Anlagen seiner Rasse (ungetauft) zu statten.[8]

BRUNS war ein liberaler Mann, der HAUSDORFF stets gefördert hatte, also keineswegs ein Antisemit, und doch ist es bemerkenswert, wie auch bei ihm solche Klischees verwurzelt waren.

Im Sommersemester 1896 las HAUSDORFF *Mathematische Einführung in das Versicherungswesen*. In dieser Vorlesung ging es nach einer Einführung in die

---

[6] Archiv der Universität Leipzig. Akten der Philosophischen Fakultät, betr. Ausbildung von Versicherungstechnikern. C 3/31 1895–1897, Bl. 1.

[7] Archiv der Universität Leipzig. Akten der Philosophischen Fakultät, betr. Ausbildung von Versicherungstechnikern. C 3/31 1895–1897, Bl. 5. Zitiert nach [Girlich 1996, 36].

[8] UB Göttingen, Cod. Ms. Klein 8, Nr. 131.

Zinseszins- und Rentenrechnung sowie in die Anfänge der Wahrscheinlichkeitstheorie um den Aufbau und die Problematik von Sterbetafeln und vor allem um
die Berechnung der Barwerte (und damit der Nettoprämien) verschiedener Ren-
ten und Versicherungen. Der Begriff des Risikos wird nur kurz erwähnt, aber nicht
weiter behandelt. In den Vorbemerkungen betont HAUSDORFF, daß es ein langer
Weg von der theoretischen Einsicht zu praktisch brauchbaren Verfahren ist:

> [...] vor nichts ist mehr zu warnen als vor theoretischem Übermuth, der sine
> grano salis vom Papier ins Leben übersetzt.[9]

HAUSDORFF bemerkt dort auch, daß die Vorlesung durch „ministerielle Anregung" veranlaßt worden sei.

Zur weiteren Ausgestaltung dieser „ministeriellen Anregung" hielt er im Sommersemester 1897 und im Wintersemester 1898/99 eine Vorlesung *Politische Arithmetik*. Unter „Politischer Arithmetik" verstand man damals Zins- und Zinseszins-
rechnung, Tilgungsrechnung, Rentenrechnung, Elemente der Wahrscheinlichkeitsrechnung und der Lebensversicherungsmathematik. Im Wintersemester 1897/98
las er *Mathematische Statistik* und in den Sommersemestern der Jahre 1898 und
1900 *Versicherungsmathematik*.

Im April 1898 war in Leipzig die „Öffentliche Handelslehranstalt" (die spätere Handelshochschule) gegründet worden. HAUSDORFFs einschlägige Vorlesungen
vom Wintersemester 1898/99 und vom Sommersemester 1900 wurden den Studierenden der Handelslehranstalt zum Besuch empfohlen. HAUSDORFF muß bei den
Studenten der Handelslehranstalt gut angekommen sein, denn man gewann ihn als
Dozenten. Er hat dort ab dem Wintersemester 1901/02 die *Politische Arithmetik*
regelmäßig Semester für Semester dreistündig und teils vierstündig bis zum WS
1909/10, also bis zu seiner Wegberufung von Leipzig, gelesen.

4.2 Die ersten mathematischen Veröffentlichungen

Man kann sagen, daß HAUSDORFF bis Ende 1901, bis zu seiner ersten mengentheoretischen Veröffentlichung, **sein** Gebiet in der mathematischen Forschung
noch nicht gefunden hatte. Die vier mathematischen Arbeiten bis zu diesem Zeitpunkt bewegen sich auf denkbar verschiedenen Gebieten: Versicherungsmathematik, nichteuklidische Geometrie, Algebrentheorie und Wahrscheinlichkeitsrechnung. Man könnte fast meinen, er habe, nach Orientierung suchend, noch etwas
herumprobiert. Das Gebiet seiner großen Erfolge wurde nach 1901 die Mengenlehre und deren Anwendungen in Topologie und Maßtheorie. Wir werden sehen, daß
es vor allem seine philosophischen Interessen waren, die ihn auf die Mengenlehre
führten.

Da die von ihm eigenhändig und annähernd druckreif verfaßten Manuskripte
aller seiner Vorlesungen im Nachlaß vorhanden sind, zeigt sich durch Vergleich,

---

[9]Nachlaß Hausdorff, Kapsel 01, Fasz. 02, Bl. 1.

daß die vier genannten Veröffentlichungen alle enge Beziehungen zu seiner Lehrtätigkeit haben: zwei sind aus Vorlesungen direkt hervorgegangen, eine war durch
eine einschlägige Vorlesung angeregt und eine war z. T. dadurch motiviert, eine
geplante Vorlesung besonders durchsichtig zu gestalten. Im folgenden wollen wir
diese Arbeiten und ihren Zusammenhang mit den einschlägigen Vorlesungen kurz
besprechen.

4.2.1 Das Risico bei Zufallsspielen

Die 1897 erschienene Arbeit *Das Risico bei Zufallsspielen*[10] ist in großen Teilen in der Vorlesung *Politische Arithmetik* vom Sommersemester 1897 vorweggenommen. Diese Vorlesung läßt bereits einen Zug des Mathematikers HAUSDORFF
erkennen, der typisch für sein ganzes späteres Schaffen war: Er studiert seine Vorgänger kritisch, verbessert Fehler und Ungenauigkeiten, erkennt Möglichkeiten zu
weitgehender Verallgemeinerung und stellt tragfähige Begriffe in den Mittelpunkt.

Im vorliegenden Fall erkennt HAUSDORFF, daß sich ganz verschiedene für
das Finanz- und Versicherungswesen relevante Anwendungen der Wahrscheinlichkeitsrechnung durch ein und dasselbe mathematische Modell beschreiben lassen,
nämlich durch diskrete Zufallsgrößen mit endlich vielen möglichen Werten. Er bezeichnet eine solche Zufallsgröße als *Zufallsspiel*. Die wichtigste Anwendung in der
Arbeit von 1897 ist eine über n Jahre laufende Versicherung, bei der die möglichen
Werte der Zufallsgröße die Differenzen der Zahlungen des Versicherungsunterneh-
mens und des Versicherungsnehmers in den einzelnen Jahren sind, jeweils diskon-
tiert auf den Beginn. Die Wahrscheinlichkeiten, mit der diese Werte angenommen
werden, sind gewisse Todes- oder Überlebenswahrscheinlichkeiten. Das Äquivalenzprinzip der Versicherungsmathematik besagt dann, daß diese Zufallsgröße X,
die man auch als Verlust des Versicherers bezeichnen kann, den Erwartungswert
Null hat, oder – wie HAUSDORFF sich ausdrückt – daß das Zufallsspiel ein „ge-
rechtes Spiel" ist. Die Bruttoprämien, die der Versicherungsnehmer tatsächlich zu
zahlen hat, sind natürlich höher als die nach dem Äquivalenzprinzip berechneten.

HAUSDORFFs bleibendes Verdienst für die Versicherungsmathematik besteht
darin, die Varianz von X als einen charakteristischen Parameter eingeführt zu
haben. Er betrachtete die Varianz als ein weitaus geeigneteres Maß für das Risiko des Unternehmens als das bis dahin verwendete *durchschnittliche Risiko* $D =
\frac{1}{2} \sum_{i=1}^{n} p_i |x_i|$ (x_i sind die möglichen Werte von X und p_i ihre Wahrscheinlichkei-
ten) und bezeichnete var X als *mittleres Risiko*. Er deckte auch eine Reihe von
Fehlern in der Literatur auf, die in der bisherigen Risikotheorie aufgetreten waren,
weil man nicht streng genug zwischen abhängigen und unabhängigen Ereignissen
bzw. Zufallsgrößen unterschied. Mit der Einführung und der Untersuchung der
Eigenschaften des mittleren Risikos schuf HAUSDORFF eine der Grundlagen der
sogenannten individuellen Risikotheorie.

---

[10][H 1897a, V: 445-496], Kommentar von W. Purkert, V, 497–526.

Für eine Reihe von Versicherungen berechnete HAUSDORFF das mittlere Risiko sowie das bedingte mittlere Risiko unter der Bedingung, daß der Versicherungsnehmer die ersten k Jahre überlebt. Alle diese Ergebnisse HAUSDORFFs sind sehr bald in die einschlägige Literatur, insbesondere in einflußreiche Lehrbücher wie die von CZUBER, KÜTTNER, BROGGI und BERGER eingegangen [Czuber 1903], [Küttner 1906], [Broggi 1911], [Berger 1939]. In einem in den Jahren 1933–1939 erschienenen fünfteiligen Aufsatz über die Entwicklung und den Stand der Risikotheorie widmet der Münchener Versicherungsmathematiker FRIEDRICH BOEHM der Besprechung von HAUSDORFFs Aufsatz 23 Seiten! [Boehm 1933–1939, 917–939]

Ab etwa 1930 wurde die individuelle Risikotheorie, die in der Praxis nie allzu große Bedeutung erlangt hatte, nach und nach durch die sogenannte kollektive Risikotheorie ersetzt. Die von HAUSDORFF eingeführte Varianz des Verlustes eines Versicherers ist aber bei gegebenem Leistungs- und Prämienplan einer Lebensversicherung nach wie vor eine grundlegende Größe in der Versicherungsmathematik, auch wenn sie in der modernen Risikotheorie keine Rolle mehr spielt. Sie ist aber z.B. wichtig, um Lebensversicherungen mit gleichen Leistungsplänen, aber unterschiedlichen Prämienplänen zu vergleichen. HAUSDORFF ist als ihr Urheber in Vergessenheit geraten, ebenso wie sein erster korrekter Beweis des für die Theorie des Deckungskapitals wichtigen Theorems von HATTENDORF.

Eine Geschichte der Topologie oder der Mengenlehre oder der Maßtheorie ist ohne den Namen HAUSDORFF nicht denkbar. Aber auch in einer Geschichte der Versicherungsmathematik – wenn sie dereinst geschrieben werden sollte – dürfte FELIX HAUSDORFF nicht fehlen.

4.2.2 Analytische Beiträge zur nichteuklidischen Geometrie

In der Sitzung vom 6. März 1899 legte HEINRICH BRUNS der mathematisch-physikalischen Klasse der Königlich-Sächsischen Gesellschaft der Wissenschaften HAUSDORFFs Aufsatz *Analytische Beiträge zur nichteuklidischen Geometrie* vor.[11] Es ist die einzige mathematische Publikation HAUSDORFFs auf diesem Gebiet. Im Rahmen seiner erkenntniskritischen Studien hatte er sich mit nichteuklidischer Geometrie gründlich befaßt; darauf werden wir noch zurückkommen.

Zentrales mathematisches Werkzeug der *Analytischen Beiträge* und der damit in Verbindung stehenden Vorlesung sind die von WILHELM KILLING in mehreren Schriften, u.a. in seiner Monographie *Die nichteuklidischen Raumformen in analytischer Behandlung* (Leipzig 1885) verwendeten sog. WEIERSTRASSschen Koordinaten in der hyperbolischen Ebene. Wählt man in derselben einen „Anfangspunkt" O und zwei senkrechte Achsen OX und OY, und fällt man von einem beliebigen Punkt P aus die Normalen PA und PB auf die beiden Achsen, so bezeichnen

$$x = \sinh BP, \quad y = \sinh AP, \quad p = \cosh OP$$

---

[11] [H 1899a, VI: 213–266]. Die folgenden Ausführungen zu dieser Arbeit stellte mir Moritz Epple (Frankfurt), Herausgeber von *HGW*, Band VI, zur Verfügung, dem ich dafür herzlich danke.

die *Weierstrass*schen Koordinaten des Punktes P in Bezug auf das gegebene Achsensystem. Zwischen x, y und p gilt die Beziehung $p^2 - x^2 - y^2 = 1$.[12] Anhand dieser Koordinaten ließen sich einige analytische Beziehungen der Geometrie der hyperbolischen Ebene und ihre Analogie zur ebenen und sphärischen Trigonometrie besonders gut erläutern. HAUSDORFF führt vor, wie durch einfache Transformationen der WEIERSTRASSschen Koordinaten Abbildungen in das BELTRAMIsche·sowie das konforme Bild der hyperbolischen Ebene vermittelt werden. Im weiteren Verlauf des Aufsatzes diskutiert er unter anderem die geometrische Bedeutung von linearen homogenen Substitutionen der WEIERSTRASSschen Koordinaten sowie Kreisverwandschaften der hyperbolischen Ebene, wobei er vielfach die aufgewiesenen analytischen Beziehungen zwischen dem WEIERSTRASSschen, dem BELTRAMIschen und dem konformen Bild derselben nutzt.

Bereits eingangs deutete HAUSDORFF an, daß der entfaltete Gedankengang es gestatte, „etwa eine Vorlesung so einzurichten", daß anhand der WEIERSTRASSschen Koordinaten in die nichteuklidische Geometrie eingeführt wird, um dann „über die Mittelstufe der Beltrami'schen Abbildung" die „Cayley-Klein'sche Maassbestimmung, als krönenden Abschluss des Gedankenganges" vorzustellen [H 1899a, 161; VI: 213]. Diesen Andeutungen folgend nahm HAUSDORFF das Material seines Aufsatzes in die Vorlesung *Ausgewählte Capitel der höheren Geometrie* vom Wintersemester 1899/1900 auf.[13]

HEINRICH LIEBMANN hat in seinem Buch *Nichteuklidische Geometrie*[14] HAUSDORFFs Arbeit an zwei Stellen genannt, einmal bei der Behandlung der Kreisverwandschaften in der hyperbolischen Ebene und im Paragraphen über die WEIERSTRASSschen Koordinaten. Dort zitiert er auf S.114 wörtlich aus HAUSDORFFs Einleitung, diese Koordinaten seien „das vorgeschriebene analytische Instrument zur Entwicklung der nichteuklidischen Metrik ohne projective Einleitung". Weitere Rezeptionszeugnisse von HAUSDORFFs Aufsatz sind nicht bekannt.

4.2.3   Zur Theorie der Systeme complexer Zahlen

Die Vorlesung *Complexe Zahlen und Vectoren* vom Sommersemester 1899 behandelt „höhere complexe Zahlen" und als Beispiele insbesondere die HAMILTONschen Quaternionen und die „alternierenden Zahlen" von GRASSMANN. Die Vorlesung zeigt, daß HAUSDORFF die einschlägige Literatur gut kannte, insbesondere Arbeiten von KARL WEIERSTRASS [Weierstrass 1894], EDUARD STUDY [Study 1898] und GEORG SCHEFFERS [Scheffers 1891] sowie das Buch von HERMANN HANKEL [Hankel 1867]. Obwohl in der Vorlesung die neuen Ideen, die HAUS-

---

[12]Diese Zusammenhänge werden in der modernen Literatur, jedoch nicht von Hausdorff, manchmal als „Weierstraßsches Modell der hyperbolischen Ebene" bezeichnet, d.h. das durch $p^2 - x^2 - y^2 = 1$ und $p > 0$ bezeichnete einschalige Rotationshyperboloid im $\mathbb{R}^3$ erhält durch die Metrik $ds^2 = dx^2 + dy^2 - dp^2$ die Geometrie der hyperbolischen Ebene.

[13]Nach einigen einführenden Abschnitten über Linien- und Kreisgeometrie ab Bl.33 des Manuskriptes; Nachlaß Hausdorff, Kapsel 2, Faszikel 8.

[14][Liebmann 1905/1912].

DORFF in der Arbeit *Zur Theorie der Systeme complexer Zahlen*[15] entwickelt, noch nicht vorkommen, ist zu vermuten, daß die eingehende Beschäftigung mit den hyperkomplexen Zahlsystemen in Vorbereitung seiner Vorlesung diese Arbeit angeregt hat.

In ihr ordnet HAUSDORFF einer gegebenen assoziativen $\mathbb{C}$-Algebra A mit Einselement der Dimension n eine neue Algebra zu, welche er das Indexsystem von A nennt. Dazu betrachtet er die Algebra $End(A)$ aller $\mathbb{C}$-Vektorraum-Endomorphismen von A. Das Indexsystem von A ist die Unteralgebra von $End(A)$, die von allen Rechts- und Linksmultiplikationen mit Elementen aus A erzeugt wird. Deren Dimension heißt der Index p von A. Es gilt $n \leq p \leq n^2$. Es ist $p = n$ genau dann, wenn A kommutativ ist, und $p = n^2$ (d. h. das Indexsystem fällt mit $End(A)$ zusammen) genau dann, wenn A zentral-einfach ist. HAUSDORFF beweist ferner folgende Sätze: Ist die gegebene Algebra A direktes Produkt bzw. Tensorprodukt zweier Algebren A_1, A_2 und sind I, I_1, I_2 die zu A, A_1, A_2 gehörigen Indexsysteme, so ist I direktes Produkt bzw. Tensorprodukt von I_1 und I_2. Für die Indices gilt also im ersten Fall $p = p_1 + p_2$, im zweiten Fall $p = p_1 \cdot p_2$.

In seinem Kommentar zu [H 1900b] vermutet SCHARLAU, daß HAUSDORFF mit der Untersuchung der Indexsysteme die Hoffnung verband, dem Klassifikationsproblem der endlichdimensionalen Algebren auf neue Weise beizukommen. HAUSDORFF hatte auf der Basis der Klassifikation von STUDY und SCHEFFERS die Indexsysteme aller drei- und vierdimensionalen Algebren bestimmt und dabei gefunden, daß unter diesen Indexsystemen nur eine fünfdimensionale nichtkommutative Algebra vorkommt; sie ist Indexsystem zu einer dreidimensionalen Algebra. Man sieht, so HAUSDORFF,

> dass unter den zahlreichen Typen complexer Zahlensysteme (in 5 Einheiten giebt es nach SCHEFFERS bereits 33) nur sehr wenige den Character von Indexsystemen besitzen; es wäre interessant, einfache Kriterien für diesen Character zu finden. [H 1900b, 56; IV: 420].

Auf diesem Wege ist HAUSDORFF aber offenbar nicht weitergekommen. Das HAUSDORFFsche Indexsystem zu einer Algebra A ist später unter der Bezeichnung „multiplication algebra" wiederentdeckt worden.[16] SCHARLAU schließt seinen Kommentar mit der Bemerkung, daß eine eingehende Untersuchung der „multiplication algebra" mit den heute zur Verfügung stehenden Mitteln seiner Ansicht nach noch aussteht und fügt hinzu: „Es könnte evtl. lohnend sein, diesen Gedanken HAUSDORFFs wieder aufzugreifen."

---

[15] [H 1900b, IV: 407–425], Kommentar von Winfried Scharlau IV, 426–428.

[16] Nathan Jacobson hat die multiplication algebras in seinem Werk *Structure of Rings*, AMS Coll. Publ. 37, Providence 1956, im Paragraph 4 von Kapitel V behandelt. Es findet sich jedoch hier und in der übrigen einschlägigen Literatur kein Hinweis auf Hausdorff, s. Winfried Scharlau in *HGW*, Band IV, 427.

4.2.4 Beiträge zur Wahrscheinlichkeitsrechnung

Die mit Abstand einflußreichste der hier in Rede stehenden vier Publikationen HAUSDORFFs war die Arbeit *Beiträge zur Wahrscheinlichkeitsrechnung* [H 1901a, V: 529–555]. Sie war ein unmittelbares Ergebnis von HAUSDORFFs Vorlesung „Wahrscheinlichkeitsrechnung" vom Wintersemester 1900/1901. Diese Vorlesung war für fortgeschrittene Studenten gedacht. Sie wurde von neun Zuhörern besucht[17], darunter von den außer HAUSDORFF damals in Leipzig noch wirkenden Privatdozenten GERHARD KOWALEWSKI und HEINRICH LIEBMANN. KOWALEWSKI schreibt darüber in seinen Erinnerungen:

> Auch mit Hausdorff, dem etwas älteren Mathematikdozenten, standen wir beiden andern auf bestem Fuß und hörten seine höheren Vorlesungen, z.B. ein wundervolles Kolleg über Wahrscheinlichkeitsrechnung. [Kowalewski 1950, 100].

Die Arbeit [H 1901a] besteht aus drei „kleineren Untersuchungen", die inhaltlich ganz verschiedene Gegenstände betreffen.[18] Die erste (§1) „behandelt einen der grundlegenden Begriffe der Wahrscheinlichkeitsrechnung" [H 1901a, 152; V: 529], nämlich den Begriff der bedingten Wahrscheinlichkeit. Daß dieser Begriff in der Folgezeit als ein wirklich grundlegender Begriff der Theorie erkannt wurde, ist nicht zuletzt HAUSDORFFs Arbeit zu verdanken.

Um den großen Fortschritt zu verdeutlichen, den HAUSDORFF bei der Klärung dieses Begriffs bereits 1901 erzielt hat, sei zum Vergleich zunächst der Artikel von EMANUEL CZUBER in der *Enzyklopädie der Mathematischen Wissenschaften* herangezogen [Czuber 1900]. Dem Anliegen der *Enzyklopädie* entsprechend wird dort die vorhandene Literatur bis etwa 1900 historisch-kritisch verarbeitet. Der Begriff der bedingten (oder, wie HAUSDORFF sagt, der relativen) Wahrscheinlichkeit tritt explizit nicht auf. Implizit kommt er in zwei verschiedenen Zusammenhängen vor, einmal unter der Rubrik „Zusammengesetzte Wahrscheinlichkeit" (Multiplikationssatz für nicht unabhängige Ereignisse) und einmal, an ganz anderer Stelle, unter der Rubrik „Wahrscheinlichkeit a posteriori" bzw. „Wahrscheinlichkeit der Ursachen".

Im letzteren Fall des Vorkommens bedingter Wahrscheinlichkeiten bei CZUBER geht es um die Bayessche Formel (damals meist als Bayessche Regel bezeichnet) zur Berechnung der „Wahrscheinlichkeiten a posteriori"; diese Regel lautet bei ihm folgendermaßen:

> Kann ein *beobachtetes* Ereignis E aus einer von den n unabhängigen[19] Ursachen C_i ($i = 1, 2, \ldots n$) hervorgegangen sein, und besteht für die Existenz

---

[17] Archiv der Universität Leipzig, PA 547, Bl. 12.

[18] Die folgenden Ausführungen sind eine gekürzte Fassung des Kommentars zu [H 1901a] von W.Purkert in *HGW*, Band V, 556–590.

[19] [Selbst Czuber unterläuft hier der von Hausdorff auf S.158 seiner Arbeit gerügte „noch in neueren Darstellungen nicht ausgerottete Missbrauch, $\cdots$ statt von *einander ausschliessenden* von *unabhängigen* Ereignissen zu reden."] – W.P.

dieser Ursachen *a priori* [···] die Wahrscheinlichkeit ω_i, so kommt ihr *a posteriori* die Wahrscheinlichkeit

$$P_i = \frac{\omega_i p_i}{\sum_1^n \omega_i p_i}$$

zu.[20]

Diese Darstellung, meist verbunden mit der auf POISSON zurückgehenden Erläuterung an einem Urnenschema, war – bis hin zur Bezeichnung der eingehenden Größen mit p_i und ω_i (manchmal auch $\overline{\omega}_i$) – kanonisch für die Lehrbuchliteratur um 1900. Selbst in den zwanziger Jahren taucht sie noch in einigen Lehrbüchern auf.

HAUSDORFF war der erste, der die fundamentale Bedeutung des Begriffs der bedingten Wahrscheinlichkeit hervorgehoben und mit $P_F(E)$ eine eigene Symbolik für die Wahrscheinlichkeit von E unter der Bedingung des Eintretens von F eingeführt hat.[21] Er hat betont, daß die Bayessche Formel in der Form

$$P_E(C_k) = \frac{P(C_k)\, P_{C_k}(E)}{\sum_i P(C_i)\, P_{C_i}(E)} \tag{4.1}$$

„nichts als eine elementare Folgerung aus den allerersten Grundbegriffen und durchaus keiner besonderen Kritik zu unterwerfen ist" [H 1901a, 161; V: 538], eine Auffassung, die uns heute selbstverständlich erscheint. Mit der von ihm auf S. 160–161 angesprochenen Kritik am „Bayesschen Princip", welche damals im Rahmen zahlreicher philosophischer Debatten um die Grundlagen der Wahrscheinlichkeitsrechnung vorgetragen wurde [Kries 1886], [Urban 1923], hatte es folgendes auf sich: Wir betrachten ein Bernoulli-Experiment, in dem das Ereignis A die unbekannte Wahrscheinlichkeit p hat. In n Versuchen sei das Ereignis k mal eingetreten. Auf Grund dieser Beobachtung soll die Wahrscheinlichkeit $P_{\alpha,\beta}(k,n)$ dafür angegeben werden, daß $\alpha \leq p \leq \beta$ ist mit $0 < \alpha < \beta < 1$. Als „Bayessches Prinzip" bezeichnete man die folgende Formel

$$P_{\alpha,\beta}(k,n) = \frac{\int_\alpha^\beta x^k \, (1-x)^{n-k} \, dx}{\int_0^1 x^k \, (1-x)^{n-k} \, dx}\,. \tag{4.2}$$

Man erhält sie aus der Bayesschen Formel (4.1) durch Übergang zu einem kontinuierlichen Schema von Ursachen $C_x : p = x \ (0 \leq x \leq 1)$ *unter der Annahme, daß die a priori-Verteilung von p eine Gleichverteilung auf* $[0, 1]$ *ist*. HAUSDORFF erkannte klar, daß sich die Kritik nicht gegen die Bayessche Formel (4.1) oder ihre kontinuierliche Erweiterung (4.2) richten kann, die innerhalb der mathematischen Theorie bewiesen sind. Sie kann sich nur gegen die über das Mathematische hinausgehende

---

[20][Czuber 1900, 759–760]. p_i ist die Wahrscheinlickeit von E „bei Existenz der Ursache C_i".
[21]Heute meist mit $P(E|F)$ bezeichnet; gelegentlich, z.B. in Lehrbüchern für Gymnasien, wird Hausdorffs Symbolik noch verwendet.

Modellbildung richten, d.h. gegen die „völlig willkürliche Verfügung über die unbekannten apriorischen Wahrscheinlichkeiten". Im vorliegenden Fall geht es um die Modellierung von vollständigem Unwissen durch eine Gleichverteilung, gegen die „Neigung, auf das absolute Nichtwissen und den Mangel aller zahlenmässigen Data trotzdem mathematische Wahrscheinlichkeitsansätze zu gründen". [H 1901a, 161; V: 538]. Mit dieser Stoßrichtung der Kritik wird in gewissem Sinne ein Streit vorweggenommen, der später zwischen verschiedenen Schulen der Mathematischen Statistik über Jahrzehnte geführt wurde, der Streit zwischen „Bayesianern" und „Frequentisten".

HAUSDORFF hat mit seinen Bemerkungen zum Begriff der bedingten Wahrscheinlichkeit „keine neuen Einzelresultate" (S. 164) erzielen wollen. Sein Ziel war es, einen grundlegenden Begriff deutlich herauszuarbeiten – ein Anliegen, das er später auch in anderen Gebieten der Mathematik, z. B. in der Topologie, mit großer Wirksamkeit verfolgte.[22] Ein Nebenergebnis war die Definition der stochastischen Abhängigkeit oder Unabhängigkeit ohne Rückgriff auf inhaltliche Vorstellungen darüber, ob ein Ereignis auf das Eintreten eines anderen Einfluß hat oder nicht, d. h. ohne Rückgriff auf außermathematische „Realitäten" (S. 154, 164). Sein Hinweis am Ende von §1, daß die Wahrscheinlichkeitsrechnung auf alle kausalen und zeitlichen (also außermathematischen) Hilfsvorstellungen verzichten kann und sich auf eine einzige (später mit $\omega \in E$ bezeichnete) logische Funktion gründet, wies weit in die Zukunft.

HAUSDORFFs Bemerkungen zum Begriff der bedingten (relativen) Wahrscheinlichkeit wurden in einigen Lehrbüchern aufgegriffen. Schon 1901 hatte BRUNS in seinem Gutachten zu HAUSDORFFs Berufung als außerplanmäßiger Extraordinarius gerade diesen Punkt an der Arbeit [H 1901a] hervorgehoben. Er erwähnt dort die Arbeit *Das Risico bei Zufallsspielen* und fährt dann fort:

> Wichtiger noch sind die „Beiträge zur Wahrscheinlichkeitsrechnung" (1901), in denen namentlich das für die bisherige Darstellung dieser Disciplin fundamentale und viel umstrittene Bayes'sche Princip in einer Weise behandelt wird, die den wesentlichen Theil der vorhandenen Schwierigkeiten beseitigt.[23]

In seinem Lehrbuch aus dem Jahre 1906 betont BRUNS, daß das Bayessche Prinzip „als ein einfaches Korollar aus rein arithmetischen Lehrsätzen" erscheint, wenn man, „wie das Hausdorff getan hat", „den Begriff der ‚relativen' Wahrscheinlichkeit einführt." [Bruns 1906, 31].

Weite Verbreitung fanden HAUSDORFFs Ausführungen zur bedingten Wahrscheinlichkeit durch das Lehrbuch von CZUBER, Jahrzehnte ein Standardwerk auf diesem Gebiet. In der ersten Auflage [Czuber 1903] ist CZUBER auf HAUSDORFF allerdings noch nicht eingegangen – dort erfolgt die Darstellung noch ganz nach dem in seinem Enzyklopädie-Artikel gegebenen Muster. In der zweiten Auflage sind die entsprechenden Abschnitte vollständig umgearbeitet. Bereits im Vorwort wird auf

---

[22] S. dazu etwa *HGW*, Band II, 51–52, 627–630, 640–642, 708 ff.
[23] Archiv der Universität Leipzig, PA 547, Bl. 10v.

die „Heranziehung des Begriffs der relativen Wahrscheinlichkeit"als Neuerung verwiesen [Czuber 1908, IV]. Auch HAUSDORFFs Bezeichnungsweise, das bedingende Ereignis als Index zu schreiben, wird übernommen. Der Multiplikationssatz wird nun so wie bei HAUSDORFF behandelt. In einer Fußnote wird dessen Arbeit als Ausgangspunkt dieser Umarbeitung gewürdigt:

> Auf die wichtige Rolle, die dem Begriff der relativen Wahrscheinlichkeit bei der Grundlegung der Wahrscheinlichkeitsrechnung zugewiesen werden kann, hat *F. Hausdorff*, Berichte der mathem.-phys. Klasse der Sächs. Ges. d. Wissenschaften, Leipzig 1901, S. 152–164 hingewiesen. In der Tat gestattet dieser Begriff eine klare Formulierung und eine übersichtliche symbolische Darstellung vieler der nachfolgenden Sätze. [Czuber 1908, 45].

Die Bayessche Formel schreibt CZUBER zunächst wie in seinem Enzyklopädieartikel. Dann heißt es:

> Die ganze Darstellung gewinnt an Durchsichtigkeit, wenn man sich des Begriffs der relativen Wahrscheinlichkeit bedient. [Czuber 1908, 197].

Anschließend wird die Bayessche Formel noch einmal, nun aber in der HAUSDORFFschen Form (4.1) hingeschrieben.

Auch in dem Lehrbuch der Versicherungsmathematik von BROGGI wird HAUSDORFFs Terminologie und Bezeichnung übernommen. Die Bayessche Formel erscheint mit Verweis auf HAUSDORFF in der Form (4.1). [Broggi 1911].

Unabhängig von HAUSDORFF hat der russische Mathematiker ANDREJ ANDREJEWITSCH MARKOFF in seinem berühmten Lehrbuch der Wahrscheinlichkeitsrechnung [Markoff 1912] eine spezielle Bezeichnung für bedingte Wahrscheinlichkeiten eingeführt, aber noch keinen eigenen Terminus. Er bezeichnet die bedingte Wahrscheinlichkeit $P(B|A)$ mit (B, A); (B, A) ist „die Wahrscheinlichkeit des Ereignisses B, wenn der Tatbestand A bekannt ist."[Markoff 1912, 15].

Der moderne Begriff der bedingten Wahrscheinlichkeit (allgemeiner der bedingten Erwartung) stammt von ANDREJ NIKOLAJEWITSCH KOLMOGOROFF, erstmals dargestellt in seinem Buch *Grundbegriffe der Wahrscheinlichkeitsrechnung* [Kolmogoroff 1933], welches allgemein als die Geburtsurkunde der modernen axiomatischen Wahrscheinlichkeitstheorie gilt. Im Vorwort (S. III) betont KOLMOGOROFF, daß die Auffassung der Wahrscheinlichkeit als normiertes Maß und des Erwartungswerts als Lebesguesches Integral „in den betreffenden mathematischen Kreisen seit einiger Zeit geläufig"ist. Daß HAUSDORFF zu diesen „Kreisen"gehörte, zeigt besonders eindrucksvoll seine Bonner Vorlesung über Wahrscheinlichkeitsrechnung vom Sommersemester 1923.[24] Als neu in seinem Buch charakterisiert KOLMOGOROFF den Satz über die Existenz von Maßen in Folgen- und Funktionenräumen, „vor allem aber die Theorie der bedingten Wahrscheinlichkeiten und

---

[24]Vollständig abgedruckt in *HGW*, Band V, 595–722; Kommentar von S. D. Chatterji V, 723–756.

Erwartungen."[Kolmogoroff 1933, III]. Die bedingte Wahrscheinlichkeit erscheint in dieser Theorie als eine Zufallsgröße; die klassische bedingte Wahrscheinlichkeit

$$P(A|B) = \frac{P(A \cap B)}{P(B)}$$

(KOLMOGOROFF bezeichnet sie wie HAUSDORFF mit $P_B(A)$) ergibt sich aus dem allgemeinen Begriff als sehr spezieller Fall.

Die zweite „kleinere Untersuchung" (§2 von [H 1901a]) liefert eine robuste Schätzung für das „Präzisionsmaß" der Normalverteilung. CARL FRIEDRICH GAUSS hatte die Dichte der zentrierten Normalverteilung in der Form

$$\varphi(x) = \frac{h}{\sqrt{\pi}} e^{-h^2 x^2}$$

geschrieben. Dabei wurde h als das Präzisionsmaß bezeichnet. Diese Schreibweise war bis etwa 1920 die geläufige. Die heute übliche Form erhält man durch die Substitution

$$h = \frac{1}{\sqrt{2}\,\sigma}.$$

Dabei ist σ^2 die Varianz.

Ist $(X_1, \ldots, X_n)$ eine Stichprobe, so benutzt HAUSDORFF die Ranggrößen von $(|X_1|, \ldots, |X_n|)$ zur Bestimmung einer Schätzung H von h.[25] Für sein H ist zwar $E(H - h)^2$ etwa eineinhalb mal größer als der entsprechende Wert für die Maximum-Likelihood-Schätzung. Als Vorteil jedoch gegenüber der für letztere notwendigen Rechnungen hebt HAUSDORFF die wesentlich leichtere Berechenbarkeit seiner Schätzung hervor, bei der man die Größen der beobachteten Werte selbst gar nicht benötigt, sondern nur ihre Rangordnung.

Dies weist bereits auf eine weitere Besonderheit der HAUSDORFFschen Schätzung hin, die darin besteht, daß sie wesentlich weniger von extremen Werten (sog. Ausreißern) beeinflußt wird als die Maximum-Likelihood-Schätzung; sie ist gegenüber der letzteren eine robustere Schätzung. Mit dieser Schätzung hat HAUSDORFF eine Problematik berührt, deren Erforschung seit den sechziger Jahren zu einem neuen Gebiet der modernen mathematischen Statistik geführt hat, der sog. robusten Statistik.

HAUSDORFFs Schätzung fand sehr bald Eingang in die Lehrbuchliteratur. In der 1907 erschienenen zweiten Auflage des klassischen Werkes von HELMERT über Ausgleichsrechnung wird sie mit Verweis auf HAUSDORFF erwähnt [Helmert 1907, 35]; ebenso in der zweiten Auflage des Lehrbuchs von CZUBER [Czuber 1908, 270] mit Verweis auf HAUSDORFF und HELMERT. In dem 1924 erschienenen, ungewöhnlich weit verbreiteten und vor allem für Praktiker gut geeigneten Werk *The Calculus of Observations* [Whittaker/ Robinson 1924] führen die Autoren mit Verweis auf HAUSDORFF dessen Bestimmung des Präzisionsmaßes ausführlich vor und

---

[25] Näheres in *HGW*, Band V, 568–569.

fassen dann das Ergebnis in einem extra kursiv gedruckten „easily remembered precept" zusammen.[26]

In der modernen Literatur über robuste Statistik spielt der HAUSDORFFsche Schätzer keine Rolle. Man hätte ihn unter die robusten Schätzungen einzuordnen, die mit Ranggrößen der Stichprobe arbeiten.

Der dritte und letzte Paragraph von [H 1901a] ist vor allem dem Zentralen Grenzwertsatz gewidmet; HAUSDORFF will das „Warum" der „geheimnisvolle[n] Entstehung des GAUSS'schen Gesetzes aus dem Zusammenwirken zahlreicher Einzelfehler zu einem Gesammtfehler . . ." ergründen. Zu diesem Zweck hat er zunächst einige Bemerkungen zum Begriff der Zufallsgröße vorausgeschickt, die aus historischer Sicht besondere Aufmerksamkeit verdienen.

Zufallsgrößen (Zufallsvariable) wurden in impliziter Form in verschiedenen Teilgebieten der Stochastik studiert, etwa bei der Untersuchung diskreter Verteilungen, in der Fehlertheorie und in der Statistik. Aber erst um die Wende vom 19. zum 20. Jahrhundert kristallisierte sich in der russischen wahrscheinlichkeitstheoretischen Schule aus diesen verschiedenen Entwicklungslinien der Begriff der Zufallsgröße als ein gemeinsamer und fundamentaler Grundbegriff heraus.[27]

Es ist besonders bemerkenswert und zeigt HAUSDORFFs Gespür für fundamentale Begriffe, daß er 1901 unabhängig von der russischen Schule ebenfalls zum Begriff der Zufallsgröße vorstößt; sein „Beobachtungsmodus" [H 1901a, 167; V: 544] ist nichts anderes als der allgemeine Begriff der Verteilung einer Zufallsgröße. HAUSDORFF behandelt von vornherein diskrete und stetige Zufallsgrößen gemeinsam und räumt als Möglichkeit sogar den allgemeinen Fall ein, daß die Verteilungsfunktion neben stetigen Abschnitten auch Sprungstellen haben kann („z.B. könnte x eine Fehlerfunction besitzen und *daneben* noch *einzelner* Werthe mit nicht verschwindender Wahrscheinlichkeit fähig sein"). Die Definition einer Zufallsgröße $X(\omega)$ auf dem Wahrscheinlichkeitsraum $(\Omega, \mathcal{A}, \mathcal{P})$ als $\mathcal{A}$-meßbare Funktion $X : \Omega \to \mathbb{R}$ geht auf KOLMOGOROFF (1933) zurück, aber noch bis in die fünfziger Jahre wurde der Begriff der Zufallsgrösse häufig einfach mit dem Begriff der Verteilung identifiziert.

HAUSDORFF führt im weiteren den Erwartungswertoperator ein, den er sogleich auf Funktionen $f(X)$ von Zufallsgrößen X anwendet; für $f(X) = e^{uX}$ erhält er die erzeugende Funktion $\Phi_X(u) = \mathrm{E}\,e^{uX}$. Aus GAUSS' Nachlaß entnimmt er die für das weitere wichtige Umkehrformel für die Fouriertransformation und leitet die Relation $\Phi_{X+Y}(u) = \Phi_X(u)\,\Phi_Y(u)$ für unabhängige Zufallsgrößen X, Y her. Alle diese Ausführungen sind so schnörkellos und klar, daß Abschnitt 3 seiner Arbeit bis S.169 unter der Rubrik „Erzeugende und charakteristische Funktionen" in eine Sammlung klassischer Texte zur Wahrscheinlichkeitstheorie aufgenommen worden ist (neben Texten von MOIVRE, LAPLACE und LÉVY) [Schneider 1989, 432–434].

Neben den Momenten spielen in der Wahrscheinlichkeitstheorie und besonders in der Mathematischen Statistik die Semiinvarianten (auch Kumulanten ge-

---

[26] [Whittaker/ Robinson 1924, 204]. Auch in den späteren Auflagen und in den Nachdrucken der sechziger Jahre ist dies unverändert so enthalten.
[27] Diese Entwicklung ist in *HGW*, Band V, 570–576 kurz skizziert.

nannt) eine wichtige Rolle. HAUSDORFF wurde durch die Entwicklung des Logarithmus der erzeugenden Funktion in eine Potenzreihe zu diesen Parametern

$$M_k = \frac{d^k}{d\,u^k} \ln \Phi_X(u)\Big|_{u=0}$$

geführt, die er kanonische Parameter nannte. Er war offenbar davon überzeugt, daß er sie als erster eingeführt hat; er spricht vom „neueingeführten Begriff der *kanonischen Parameter*" (S. 167). Es gab jedoch einen Vorgänger: Der dänische Astronom, Statistiker und Versicherungsmathematiker THORVALD NICOLAI THIELE führte in dem auf dänisch geschriebenen Buch [Thiele 1889] die Semiinvarianten rekursiv ein; er nennt sie auf dänisch „Halvinvarianter". THIELEs Buch wurde durch die 1903 erschienene englische Übersetzung weithin bekannt. In der Folgezeit haben die meisten Autoren von den THIELEschen Semiinvarianten gesprochen. Eine Ausnahme ist der japanische Mathematiker T. KAMEDA; er hat in einer umfangreichen Arbeit über erzeugende Funktionen einen Abschnitt „Kanonische Parameter" mit Berufung auf HAUSDORFF aufgenommen [Kameda 1915/16, 357–359]. Man kann davon ausgehen, daß HAUSDORFF 1901 THIELEs Buch nicht kannte und daß er somit die Semiinvarianten unabhängig von THIELE neu entdeckt hat.

Mit Hilfe der Semiinvarianten formulierte HAUSDORFF auch eine hinreichende Bedingung für die Gültigkeit des Zentralen Grenzwertsatzes.[28] Gegenüber seiner Version des Zentralen Grenzwertsatzes sind die LIAPOUNOFFschen Versionen aus Arbeiten LIAPOUNOFFs von 1900 und 1901 wesentlich allgemeiner [Liapounoff 1900], [Liapounoff 1901]. Diese sind HAUSDORFF bei Ausarbeitung seiner Vorlesung vom Wintersemester 1900/01 und der anschließenden Publikation [H 1901a] wohl kaum bekannt gewesen.[29] Später hat HAUSDORFF die außerhalb Rußlands wenig beachteten LIAPOUNOFFschen Arbeiten genau studiert und andere Mathematiker auf diese bedeutenden Resultate aufmerksam gemacht. HAUSDORFFs Hinweise haben z.B. die einschlägigen Arbeiten von HARALD CRAMÉR wesentlich beeinflußt. So schreibt CRAMÉR in seinen Erinnerungen:

> The work of Liapounov was very little known outside Russia, but I had the good luck to be allowed to see some notes on his work made by the German mathematician Hausdorff, and these had a great influence on my subsequent work in the field. [Cramér 1976, 512].

Vermittler zwischen HAUSDORFF und CRAMÉR war vermutlich CRAMÉRs akademischer Lehrer MARCEL RIESZ, mit dem HAUSDORFF persönlich gut bekannt war. Auch in einem Brief HAUSDORFFs an RICHARD VON MISES vom 2.11. 1919 weist er diesen auf LIAPOUNOFFs Resultate hin.[30]

Eine besondere Rolle in der Rezeptionsgeschichte von [H 1901a] hat HAUSDORFFs Bemerkung gespielt,

---

[28] Zu Einzelheiten s. *HGW*, Band V, 578.
[29] Für die Arbeit aus dem Jahre 1901 kann man das mit Sicherheit sagen.
[30] *HGW*, Band IX, 518.

dass aus dem Zusammenwirken einer grossen Zahl von Partialfehlern keineswegs immer das GAUSS'sche Gesetz resultiren muss. [H 1901a, 170; V: 547].

Zur Illustration konstruiert er das folgende Beispiel: Sind X_1, X_2, ... unabhängige identisch verteilte Zufallsgrößen mit der Dichte $\varphi(x) = \frac{1}{2} e^{-|x|}$, so konvergieren die Verteilungen von

$$Z_n = \sum_{k=1}^{n} a_k X_k \quad \text{mit} \quad a_k = \frac{1}{(k + \frac{1}{2})\pi}$$

nicht gegen die Normalverteilung, sondern gegen die Verteilung mit der Dichte

$$1 : (\exp(\frac{\pi}{2} x) + \exp(-\frac{\pi}{2} x)) = \frac{1}{\cosh \frac{\pi}{2} x}.$$

Einen Hinweis auf HAUSDORFFs Beispiel findet man bei RICHARD VON MISES.[31] Dort betrachtet VON MISES u.a. das Verhalten von Verteilungen $W_n(x)$, die sich als Faltungsprodukt aus n Verteilungen $V_1(x), \ldots, V_n(x)$ ergeben, für $n \to \infty$, und formuliert einen Zentralen Grenzwertsatz, d.h. hinreichende Bedingungen für die Konvergenz von $W_n(x)$ gegen die Normalverteilung $\Phi(x)$. In einer Fußnote merkt er an:

> Ein Beispiel für einen solchen Fall, in dem W_n nicht gegen Φ konvergiert, siehe bei F. HAUSDORFF, Leipz. Ber. 1901, S.166. [Mises 1919, 54].

Konnte eine Arbeit in den Leipziger Berichten vielleicht diesem oder jenem Forscher entgangen sein, so war die Fachwelt spätestens seit dieser Erwähnung auf das HAUSDORFFsche Beispiel aufmerksam geworden, denn die MISESschen Arbeiten aus dem Jahre 1919 waren allgemein bekannt.

MAURICE FRÉCHET hat sich 1928 mit der Frage beschäftigt, wie Beobachtungsfehler mathematisch zu beschreiben sind [Fréchet 1928]. Dabei hatte er angeregt, man solle das experimentelle Studium der Fehlergesetze wiederaufnehmen und nicht nur das GAUSSsche, sondern auch andere Fehlergesetze mit der Erfahrung vergleichen. Als Beleg dafür, daß selbst bei Additivität der Fehler für $n \to \infty$ nicht das GAUSSsche Gesetz herauskommen muß, zog FRÉCHET das HAUSDORFFsche Beispiel heran. PAUL LÉVY sah in FRÉCHETs Artikel eine Kritik an seinem Buch [Lévy 1925]. Insbesondere meinte er, FRÉCHET habe mit HAUSDORFFs Beispiel seine Version des Zentralen Grenzwertsatzes in Frage stellen wollen. Dies führte zu einem Briefwechsel zwischen FRÉCHET und LÉVY [Barbut et al. 2004, 129, 134] und schließlich 1929 zu einer öffentlichen Auseinandersetzung, in der HAUSDORFFs Beispiel auch eine Rolle spielte.[32] Die Debatte um das HAUSDORFFsche Beispiel war LÉVY offenbar so wichtig, daß er sie in seiner Autobiographie mehr als 40 Jahre später nochmals kurz darstellte. [Lévy 1970, 82–83, 111].

---

[31] [Mises 1919].

[32] Zu Einzelheiten s. *HGW*, Band V, 581–582. Den Hinweis auf die Auseinandersetzung zwischen Fréchet und Lévy verdanke ich Herrn Srishti D. Chatterji (Lausanne).

Die Auseinandersetzung mit FRÉCHET um das HAUSDORFFsche Beispiel hat LÉVY zu einer interessanten Vermutung geführt. Er hatte gezeigt, daß in der Klasse der unbeschränkt teilbaren Verteilungen die Dekomposition einer Normalverteilung in zwei unabhängige Komponenten nur möglich ist, wenn die Komponenten wieder normalverteilt sind. Es war die Frage offen geblieben, ob für die Komponenten andere Verteilungen möglich sind, wenn man die Klasse der unbeschränkt teilbaren Verteilungen verläßt. In Arbeiten aus den Jahren 1934 und 1935 hatte LÉVY die Vermutung ausgesprochen, daß dies nicht der Fall ist [Lévy 1934], [Lévy 1935]. Bereits 1936 gelang es CRAMÉR, sie zu beweisen [Cramér 1936]. Aus der Korrespondenz LÉVY–FRÉCHET wird deutlich, daß LÉVY das wahre Fundament des Zentralen Grenzwertsatzes besser verstanden hatte als FRÉCHET und viele andere Forscher zur damaligen Zeit. Heute gibt es viele Beispiele von Folgen $\{X_i\}$ unabhängiger Zufallsgrößen mit $\mathrm{E}\,X_i = 0$, X_i beschränkt, so daß die Verteilung von

$$\frac{S_n}{a_n} = \frac{1}{a_n}(X_1 + \cdots + X_n)$$

für keine Wahl der Folge $\{a_n\}$ gegen die Normalverteilung konvergiert.[33]

HAUSDORFFs Artikel [H 1901a] war nicht mehr als eine Gelegenheitsarbeit. Aber er hat ohne Zweifel seine Spuren in der Geschichte der Stochastik hinterlassen.

---

[33]Siehe zum Beispiel [Feller 1966, 502], problem 20.

Teil II

Eine Doppelexistenz: Der Mathematiker Felix Hausdorff und der Philosoph und Literat Paul Mongré

Kapitel 5

Der Philosoph Paul Mongré

5.1 Der lange Weg hin zum Autor Paul Mongré

Erste Spuren von HAUSDORFFs Talent, Gedichte zu verfassen, finden sich schon in den letzten beiden Jahren seiner Gymnasialzeit. Daß Gedichte aus seiner Feder bereits von bemerkenswerter Qualität gewesen sein müssen, geht daraus hervor, daß er als Unter- und als Oberprimaner bei großen öffentlichen Feiern des Gymnasiums selbstverfaßte Gedichte in lateinischer Sprache vortragen durfte. Leider ist von diesen Gedichten nichts erhalten geblieben.

Die Themen der Vorlesungen, die HAUSDORFF als Student hörte, hatten uns gezeigt, daß er in der Studienzeit weit gespannten Interessen nachging, die erheblich über sein mathematisch-naturwissenschaftliches Studium hinausreichten. Sein Weg in die Philosophie war jedoch ein ganz eigener Weg, den er als Autodidakt verfolgte und der wohl nur hier und da von Anregungen durch die akademischen Lehrveranstaltungen beeinflußt war. Es gibt nur ein einziges biographisches Selbstzeugnis HAUSDORFFs, in dem er seinen ganz individuellen Weg in die Philosophie umreißt, und das ist ein Brief an den Jenenser Bibliothekar FRANZ MEYER vom 22. Februar 1904, geschrieben also mehr als zehn Jahre, nachdem er diesen Weg gegangen war. MEYER, Jahrgang 1880, hatte bereits als Gymnasiast und später während seiner kaufmännischen Ausbildung und während einer Bildungsreise in Wien eine Reihe von Schriften von PAUL MONGRÉ gelesen und war davon so begeistert, daß er brieflichen und persönlichen Kontakt zu HAUSDORFF suchte. Seine Briefe sind leider nicht mehr vorhanden, wohl aber die Briefe HAUSDORFFs an MEYER.[1] MEYER muß HAUSDORFF um Rat gefragt haben, Rat für einen eigenen Weg in die Philosophie. In dem oben genannten Brief antwortete HAUSDORFF folgendes:

---

[1] Diese Briefe entdeckte der Wissenschaftshistoriker Uwe Dathe im Nachlaß Meyer in der Universitätsbibliothek Jena, der sie in [Dathe 2007] auch publizierte.

© Der/die Autor(en), exklusiv lizenziert durch
Springer-Verlag GmbH, DE, ein Teil von Springer Nature 2021
E. Brieskorn und W. Purkert, *Felix Hausdorff*, Mathematik im Kontext,
https://doi.org/10.1007/978-3-662-63370-0_5

Welchen Rath soll ich Ihnen geben? Sie wollen Philosoph werden. Wenn ich das wörtlich nehme und an den wissenschaftlichen Philosophen, den Fachphilosophen denke, so kann ich Ihnen mich selbst nur als abschreckendes Gegenbeispiel empfehlen. Eine Tendenz oder Entwicklungslinie, die für mich persönlich viel bedeutete und einzig, nothwendig schien, aber von aussen gesehen doch Zufall war, hat mein sporadisches philosophisches Wissen bestimmt: von Wagner zu Schopenhauer, von da zurück zu Kant und vorwärts zu Nietzsche, dazu von der Mathematik her einige Berührungen mit der Philosophie der exacten Wissenschaften – das ist Alles! [· · ·]

Vielleicht aber habe ich Sie falsch verstanden: Sie wollen Philosoph *werden*– das könnte ja bedeuten, dass Sie es im tiefsten Grunde schon *sind*, dass Sie schon das Flügelbrausen eines grossen herrschenden Gedankens über Sich spüren, der Sie zum Verkünder will. Philosophie als eigene Antwort auf die Frage Welt, nicht als Wissen um die Antworten, die andere Seelen vor Ihnen gegeben haben: das könnte ja das Ziel sein, das Ihnen vorschwebt [· · ·] Wenn dies der Fall ist, wenn Sie für Ihre persönlichste Art, auf Welt und Dinge zu reagiren, – die Ihnen natürlich noch nicht einmal bewusst geworden sein muss – einen Ausdruck suchen, so könnte ich Ihnen eher einen Rath geben. Freilich müsste ich Sie dazu noch etwas besser kennen.[2]

Wir hatten im Bericht über HAUSDORFFs erste beide Semester in Leipzig schon erwähnt, daß er bei dem Musikwissenschaftler OSCAR PAUL auch eine Vorlesung über Geschichte der Musik gehört hat. Es ist gut möglich, daß PAUL gegen Ende dieser Vorlesung auch auf RICHARD WAGNER eingegangen ist. PAUL war Mitglied des Leipziger Wagner-Vereins und WAGNER war für ihn „der größte dramatische Tondichter der Gegenwart" [Paul 1873, 570].

Es bedurfte aber für HAUSDORFF wohl keiner Anregung durch eine Vorlesung, um sich für WAGNER zu begeistern. In seinem Nachlaß finden sich an ganz ungewöhnlichen Stellen Zeugnisse für diese Begeisterung und für seine ganz außerordentliche Vertrautheit mit WAGNERs musikdramatischem Werk. Damit hat es folgendes auf sich: In LIEs Vorlesung „Projective Geometrie des Raumes" und in den SCHURschen „Übungen in der Theorie der Oberflächen II. Grades" scheint sich HAUSDORFF des öfteren gelangweilt zu haben und mit seinen Gedanken ganz woanders gewesen zu sein. Seine Mitschrift der Vorlesung und seine Aufzeichnungen aus den Übungen[3] enthalten außer dem mathematischen Stoff eine Reihe von Karrikaturen, kleinen Zeichnungen und Kritzeleien. Vor allem aber stehen überall zwischen den mathematischen Formeln und stenographischen Notizen Noten mit Motiven aus allen späteren Wagner-Opern: *Lohengrin, Rheingold, Walküre, Siegfried, Tristan, Meistersinger, Götterdämmerung* und *Parsifal*. Insgesamt sind es mehr als 30 Motive von einigen Takten, die jeweils mit ihren Harmonien notiert sind.[4] Manchmal stehen auf einem Blatt der Mitschrift gleich mehrere Motive aus

---

[2] *HGW*, Band IX, 503–504.

[3] Nachlaß Hausdorff, Kapsel 57, Faszikel 1180 und 1182.

[4] Egbert Brieskorn hat mit Hilfe von ausgewiesenen Wagner-Kennern alle diese Motive identifiziert; das Ergebnis findet man in *HGW*, Band IB, 107–108.

verschiedenen Opern, einmal sogar sieben Motive aus allen Opern des Rings und aus *Tristan*.[5]

Das Leipziger Musikleben kam gerade in den Jahren 1887/88 dem Interesse an WAGNER in bemerkenswerter Weise entgegen. Eine Rekonstruktion des Spielplans der Leipziger Oper für die Zeit vom 1. Januar 1887 bis zum 30. Juni 1888 aus Theaterzetteln im Stadtgeschichtlichen Museum Leipzig zeigt eine erstaunliche Dominanz der Werke von RICHARD WAGNER. Es wurden 10 Opern von ihm in insgesamt 89 Aufführungen gespielt. Das waren 27 Prozent aller Opernaufführungen in diesem Zeitraum. So konnte FELIX HAUSDORFF etwa im Wintersemester 1887/88 mit Ausnahme von *Parsifal* in Leipzig alle Wagner-Opern erleben, aus denen er Motive in seinen mathematischen Mitschriften notiert hat.

FRIEDRICH NIETZSCHE, der als junger Mann WAGNER bewunderte und oft bei ihm und dessen Frau in Tribschen weilte, distanzierte sich später von WAGNER und hat ihn 1888 in seiner Schrift *Der Fall Wagner* einer eingehenden Kritik unterzogen. Er nennt WAGNER dort „eine kluge Klapperschlange" [Nietzsche KSA, Band 6; 16] und sah in ihm einen großen Verführer. Worin für FELIX HAUSDORFF das Verführerische lag, wissen wir nicht. Sicher aber ist, daß das WAGNER-Erlebnis in den ersten beiden Semestern für ihn größere Bedeutung hatte als alle die anderen Vorlesungen allgemeiner Natur, in denen er Orientierung suchte im Spannungsfeld zwischen Wissenschaft, Philosophie, Religion und Weltanschauung. Denn das oben zitierte Selbstzeugnis HAUSDORFFs zeigt, daß am Beginn seines Weges in die Philosophie nicht ein anerkannter Universitätsphilosoph stand, sondern WAGNERs Werk, nicht ein systematisches hochwissenschaftliches Buch, sondern ein mitreißendes Erlebnis.

Bei aller Begeisterung für das WAGNERsche „Gesamtkunstwerk" Musikdrama in allen seinen Facetten mußte für den Juden HAUSDORFF die Person RICHARD WAGNER, der dezidierte Antisemit WAGNER, ambivalent erscheinen. Als Antisemit war WAGNER erstmals 1850 mit dem Aufsatz *Das Judenthum in der Musik*[6] öffentlich in Erscheinung getreten. 1869 veröffentlichte er den Aufsatz, stark erweitert als Broschüre, unter seinem eigenen Namen [Fischer 2000]. Der Antisemitismus war in WAGNERs Umfeld selbstverständlicher Konsens, vor allem seit COSIMA VON BÜLOW, eine extreme Antisemitin, in sein Leben getreten war und wenig später seine Ehefrau wurde. Es gibt eine Stelle in HAUSDORFFs Nachlaß, die auf Distanz zur Person WAGNER hindeutet: Auf einem Blatt der Mitschrift HAUSDORFFs zur Vorlesung über projektive Geometrie aus dem Wintersemester 1887/88 findet sich neben einem Motiv aus dem Vorspiel der Götterdämmerung rechts unten das Monogramm **RW**, RICHARD WAGNER, so umrandet, daß das Bild einer Schlange entsteht.[7] Die Verbindung WAGNERs mit der Schlange, seit dem Alten Testament Symbol alles Heimtückisch-Teuflischen in dieser Welt, ist hier

---

[5] Faszikel 1182, Blatt 16.

[6] Erschienen unter dem Pseudonym K. Freigedank in der „Neuen Zeitschrift für Musik".

[7] Nachlaß Hausdorff, Kapsel 37, Faszikel 1182, Bl. 14. Dieses Blatt ist abgedruckt in *HGW*, Band IB, 104.

ganz allein HAUSDORFFs Idee: von NIETZSCHEs Bezeichnung WAGNERs als „kluge Klapperschlange" konnte er zum Zeitpunkt dieser Mitschrift noch nichts wissen.

„Von Wagner zu Schopenhauer" – dieser Weg ist nicht so ungewöhnlich, wie es zunächst scheinen könnte. Ab dem *Tristan* ist der Einfluß SCHOPENHAUERS auf WAGNER nicht zu übersehen; seine Musik war nun vom düsteren Pessimismus SCHOPENHAUERS affiziert. Nach der Lektüre von SCHOPENHAUERS Hauptwerk *Die Welt als Wille und Vorstellung* schrieb WAGNER am 16. Dezember 1854 an FRANZ LISZT:

> Sein Hauptgedanke, die endliche Verneinung des Willens zum Leben, ist von furchtbarem Ernste, aber einzig erlösend. Mir kam er natürlich nicht neu, und Niemand kann ihn überhaupt denken, in dem er nicht bereits lebte. Aber zu dieser Klarheit erweckt hat mir ihn erst dieser Philosoph. Wenn ich an die Stürme meines Herzens, den furchtbaren Kampf, mit dem es sich – wider Willen – an die Lebenshoffnung anklammerte, zurückdenke, ja, wenn sie noch jetzt oft zum Orkan anschwellen, – so habe ich dagegen doch nun ein Quietiv gefunden, das mir endlich in wachen Nächten einzig zu Schlaf verhilft; es ist die herzliche und innige Sehnsucht nach dem Tod: volle Bewußtlosigkeit, gänzliches Nichtsein, Verschwinden aller Träume – einzigste endliche Erlösung! [Kloss 1919, 42].

NIETZSCHE schrieb später im 4. Abschnitt von *Der Fall Wagner*, WAGNERs Schiff sei zunächst ganz lustig auf der optimistischen Bahn dem goldenen Zeitalter entgegengefahren, die überkommene Moral von Bord werfend, bis es auf ein Riff gefahren sei und festsaß. „Das Riff war die Schopenhauerische Philosophie". WAGNER selbst empfand große Hochachtung für SCHOPENHAUER: Er hat ihm z. B. ein Exemplar vom *Ring des Nibelungen* mit einem anerkennenden Begleitschreiben zugesandt.

ARTHUR SCHOPENHAUER war der erste große Außenseiter unter den Philosophen des 19. Jahrhunderts. Sehr früh schon hat er alle Versuche aufgegeben, eine Universitätskarriere anzustreben. Er lebte von seinem ererbten Vermögen und hat auch nie eine Familie begründet. Bereits 1819 erschien bei Brockhaus sein Hauptwerk *Die Welt als Wille und Vorstellung*. Das Buch wurde zunächst so gut wie überhaupt nicht beachtet, und 1835 teilte der Verleger dem Autor mit, daß ein großer Teil der Auflage als Altpapier verkauft werden müsse. 1844 gab SCHOPENHAUER eine um einen ergänzenden Band vermehrte Neuauflage heraus. Die breite Rezeption des Werkes begann etwa um 1850. 1859 erschien eine dritte, wiederum erweiterte Auflage. Alle seine übrigen Werke kreisen um den Gedanken seines Hauptwerkes. Breite Leserschichten erreichte er mit den zwei Bänden *Parerga und Paralipomena* („Nebenwerke und Ergänzungen", 1851), die auch seine populären „Aphorismen zur Lebensweisheit" enthalten.

SCHOPENHAUERs *Die Welt als Wille und Vorstellung* beginnt mit folgendem Satz:

> „Die Welt ist meine Vorstellung"– dies ist eine Wahrheit, welche in Beziehung auf jedes lebende und erkennende Wesen gilt; wiewohl der Mensch allein sie in das reflektirte abstrakte Bewußtsein bringen kann: und thut er

dies wirklich, so ist die philosophische Besonnenheit bei ihm eingetreten. [Schopenhauer 1999, 31].

Dies ist im Grunde KANTs Lehre, daß die Dinge dieser Welt uns nur als Erscheinung gegeben sind. Die „philosophische Besonnenheit" ist also eingetreten, wenn man in diesem Punkte KANTs Philosophie akzeptiert. SCHOPENHAUER selbst hat ja einmal KANTs Lehre als Eingangspforte zu seiner eigenen Philosophie bezeichnet. „Kants grösstes Verdienst ist die Unterscheidung der Erscheinung vom Dinge an sich"– so SCHOPENHAUER im Anhang „Kritik der Kantischen Philosophie" zum Band I seines Buches [Schopenhauer 1999, 534]. Das Ding an sich liegt nach KANT jenseits der Möglichkeit jeder Erfahrung; davon kann es keine menschliche Erkenntnis geben. Metaphysik als Wissen über das Ding an sich kann nach KANT kein Bereich einer wissenschaftlichen Philosophie sein.

Mit KANTs Ansicht über das „Ding an sich", d.h. mit seiner Ablehnung der Metaphysik, wollte sich SCHOPENHAUER nicht abfinden. Will man über die Vorstellung hinaus, so steht man

> bei der Frage nach dem Ding an sich, welche zu beantworten das Thema meines ganzen Werkes, wie aller Metaphysik überhaupt ist. [Schopenhauer 1999, 567].

Für SCHOPENHAUER war die Formel „Ding an sich" gleichbedeutend mit der Formel „innerstes Wesen". Von außen ist dem Ding an sich nämlich nicht beizukommen; dies hätten alle Philosophen vor ihm versucht [Schopenhauer 1999, 150]. Der Zugang in das Innere der Welt liegt *in uns selbst*:

> Dem Subjekt des Erkennens, welches durch seine Identität mit dem Leibe als Individuum auftritt, ist dieser Leib auf zwei ganz verschiedene Weisen gegeben: einmal als Vorstellung in verständiger Anschauung, als Objekt unter Objekten, und den Gesetzen dieser unterworfen; sodann aber auch zugleich auf eine ganz andere Weise, nämlich als jenes Jedem unmittelbar Bekannte, welches das Wort Wille bezeichnet. [Schopenhauer 1999, 151].

Wille ist hier nicht nur absichtsvolles bewußtes Wollen, sondern ein innerer Drang, den SCHOPENHAUER auch mit „Willen zum Leben" bezeichnet hat, und der sich auch in unbewußten Vorgängen, wie Atmung, Herzschlag, Verdauung äußert. Dieser Wille zum Leben ist charakteristisch für alle Lebewesen. Der Mensch ist Teil der Natur, ein besonderes Tier, ein leibliches Wesen, das wie andere sein Leben erhalten will und muß und das – mit DARWIN zu sprechen – im Kampf ums Dasein Leid über andere Wesen und über seine Mitmenschen bringt:

> Die deutlichste Sichtbarkeit erreicht dieser allgemeine Kampf in der Thierwelt, welche die Pflanzenwelt zu ihrer Nahrung hat, und in welcher selbst wieder jedes Thier die Beute und Nahrung eines andern wird, [···] bis zuletzt das Menschengeschlecht, weil es alle anderen überwältigt, die Natur für ein Fabrikat zu seinem Gebrauch ansieht, dasselbe Geschlecht jedoch auch, wie wir im vierten Buche finden werden, in sich selbst jenen Kampf, jene Selbst-

entzweiung des Willens zur furchtbarsten Deutlichkeit offenbart, und *homo homini lupus* wird.[8]

Eine der beherrschenden Ideen der Philosophie in der Nachfolge des deutschen Idealismus, insbesondere HEGELs, war die Idee des Fortschritts. Dem Handeln des Menschen und letztlich der Entwicklung der Menschheit wurde ein Ziel gesetzt; der Mensch sollte eine Bestimmung erfüllen, die in der Zukunft zu einer Art Idealzustand führen sollte. SCHOPENHAUERs rücksichtslose Ehrlichkeit, mit welcher er dem Menschen, der zwei Jahrtausende lang das Bild Gottes, die Krone der Schöpfung gewesen war, hier die Stellung in der Natur aufzeigt, war natürlich für die Universitätsphilosophie und generell für das liberale Fortschrittsdenken unannehmbar. Er wurde deshalb von der Universitätsphilosophie weitgehend ignoriert. Er seinerseits hat die „Universitätsphilosophen", denen ihre Wissenschaft zum Broterwerb diene, oft mit sehr drastischen Worten abgekanzelt.

Als nach der Mitte des 19. Jahrhunderts die Fortschrittsidee und der damit verbundene Optimismus immer mehr in Zweifel gezogen wurden, in Deutschland vor allem nach der gescheiterten Revolution von 1848, gewann SCHOPENHAUERs Werk zunehmend an Aufmerksamkeit. Er wurde der bevorzugte Philosoph für Nicht-Philosophen, für Schriftsteller, Künstler und weite Kreise gebildeter Laien [Stegmaier 1997]. Menschen, die sich auf seine Ehrlichkeit in Bezug auf den Menschen einließen, waren aufgewühlt und erschüttert von der in seinen Werken allgegenwärtigen Beschreibung des mit dem Leben unauflöslich verbundenen Leidens, von seiner Ablehnung aller Sinngebung durch die Vernunft und von seinem abgrundtiefen Pessimismus. Einer seiner oft zitierten Sprüche lautet: „Die Welt ist eben **die Hölle**, und die Menschen sind einerseits die gequälten Seelen und andererseits die Teufel darin".[9] Aber damals konnten seine Anhänger und wohl auch er selbst nicht ahnen, welche grauenhafte Vernichtung von Menschen durch Menschen und welche entsetzliche Vernichtung anderer Lebewesen durch den Menschen das kommende Jahrhundert noch bringen würde.

Es ist anzunehmen, daß der junge HAUSDORFF schon in den ersten Semestern SCHOPENHAUER gründlich studiert hat. In einem Heft mit der Mitschrift einer mathematischen Vorlesung, die er im vierten Semester in Berlin gehört hat, findet man eine Zeichnung, die wie eine Illustration zu dem oben zitierten Satz aus SCHOPENHAUERs *Senilia* wirkt: Auf ein Rad, das sich über einem Feuer dreht, ist eine Gestalt gebunden; der Mechanismus, der die Drehung des Rades bewirkt, wird von einem menschlichen Skelett bedient. Weiter unten sieht man ein großes Skelett, welches ein kleineres verprügelt.[10] Ein weiterer indirekter Hinweis dafür, daß HAUSDORFF sich in seinem Berliner Semester mit SCHOPENHAUERs Philosophie des Leidens und seiner Ethik des Mitleids auseinandergesetzt hat, findet

---

[8][Schopenhauer 1999, 208]. Man hat Schopenhauer gelegentlich als Darwinisten vor Darwin bezeichnet. *Homo homini lupus*: Der Mensch ist des Menschen Wolf.

[9]Arthur Schopenhauer: *Senilia – Gedanken im Alter*. Herausgegeben von Franco Volpi und Ernst Ziegler. Beck, München 2010, 44.

[10]Nachlaß Hausdorff, Kapsel 57, Faszikel 1174, Blatt 8v. Das Blatt ist abgedruckt in *HGW*, Band IB, 119.

sich in einem anderen Heft aus dieser Zeit.[11] Dort hat HAUSDORFF Stichworte zu den Textschichten des Veda, zur Hindu-Priesterschaft und zu den verschiedenen Richtungen der Hindu-Philosophie notiert. SCHOPENHAUER hatte seine Philosophie mit Elementen daraus verbunden. Ein Leser, der „schon die Weihe uralter indischer Weisheit empfangen und empfänglich aufgenommen" habe, sei „auf das allerbeste bereitet zu hören, was ich ihm vorgetragen habe." Besonders eine Formel des vedantischen Hinduismus hat SCHOPENHAUER oft wiederholt, den Sanskrit-Satz *tat twam asi*, das heißt „Dieses Lebende bist du". Wer, so SCHOPENHAUER, diese Formel „mit klarer Erkenntnis und fester innerer Ueberzeugung über jedes Wesen, mit dem er in Berührung kommt, zu sich selber auszusprechen vermag; der ist eben damit aller Tugend und Säligkeit gewiß und auf dem geraden Wege zur Erlösung."[Schopenhauer 1999, 483].

> Denn Jenem, der die Werke der Liebe übt, ist der Schleier der Maja durchsichtig geworden, und die Täuschung des *principii individuationis* hat ihn verlassen. Sich, sein Selbst, seinen Willen erkennt er in jedem Wesen, folglich auch in dem Leidenden. [Schopenhauer 1999, 481].

Und mit „Liebe" meint SCHOPENHAUER hier Mitleid: „Alle Liebe (*caritas*) ist Mitleid."[Schopenhauer 1999, 483]. Das Ziel des „geraden Weges", die Erlösung, ist für SCHOPENHAUER die Aufhebung des Willens zum Leben.

Diese Philosophie, vorgetragen in suggestiver Sprache und mit der Berufung auf das „jedem Zugängliche, in der Erfahrung und im Selbstbewußtsein Gegebene", war geeignet, in dafür empfänglichen Menschen eine tiefe Erschütterung, aber auch nach einiger Zeit eine starke Gegenbewegung auszulösen. So war es etwa bei FRIEDRICH NIETZSCHE. Als junger Mann hat er SCHOPENHAUER im dritten Teil seiner *Unzeitgemäßen Betrachtungen* als Erzieher gerühmt. Später schrieb er in *Nietzsche contra Wagner*: „Wagner wie Schopenhauer – sie verneinen das Leben, sie verleumden es, damit sind sie meine Antipoden".[12] So war es vermutlich auch bei HAUSDORFF. Über die frühe Phase haben wir außer dem Selbstzeugnis im Brief an FRANZ MEYER und außer den beiden genannten vagen Hinweisen keine Quellen. Alles, was HAUSDORFF in Bezug auf SCHOPENHAUER geschrieben hat, stammt aus einer späteren Zeit, aus einer Zeit, als er auch NIETZSCHEs kritische Auseinandersetzung mit SCHOPENHAUER und dessen schließliche scharfe Ablehnung schon kannte. Insbesondere verraten einige Stellen im *Sant' Ilario* [H 1897b] und im ein Jahr später erschienenen erkenntniskritischen Versuch *Das Chaos in kosmischer Auslese* [H 1898a] die starke Wirkung der Metaphysik SCHOPENHAUERs auf den jungen HAUSDORFF. Sie verraten sie allerdings nur indirekt: in den Versuchen, diese Metaphysik zu überwinden. Wir werden darauf bei der Besprechung dieser Werke kurz zurückkommen.

Der von HAUSDORFF beschriebenen Lebenslinie „von Wagner zu Schopenhauer, von da zurück zu Kant und vorwärts zu Nietzsche" wollen wir nun wei-

---

[11]Nachlaß Hausdorff, Kapsel 54, Faszikel 1153, Blatt 20.
[12][Nietzsche KSA, 425]. Zum Verhältnis von Arthur Schopenhauer und Friedrich Nietzsche s. [Schirmacher 1991], s. auch Egbert Brieskorn in *HGW*, Band IB, 121–132.

ter folgen. Es war ein ganz natürlicher Weg, von SCHOPENHAUER erst einmal zu
KANT zurückzugehen. SCHOPENHAUER hatte seinem Werk *Die Welt als Wille und
Vorstellung* einen Anhang unter dem Titel *Kritik der Kantischen Philosophie* angefügt. Diesen beginnt er mit einem überschwänglichen Lob von KANTs Werk, das
so abschließt:

> Uebrigens bedürfen Kants Werke nicht meiner schwachen Lobrede, sondern
> werden selbst ewig ihren Meister loben und, wenn vielleicht auch nicht in
> seinem Buchstaben, doch in seinem Geiste, stets auf Erden leben.[13]

Er habe – so SCHOPENHAUER – diesen Anhang zur Rechtfertigung seiner eigenen
Lehre geschrieben,

> insofern sie in vielen Punkten mit der Kantischen Philosophie nicht überein-
> stimmt, ja ihr widerspricht. Eine Diskussion hierüber ist aber nothwendig,
> da offenbar meine Gedankenreihe, so verschieden ihr Inhalt auch von der
> Kantischen ist, doch durchaus unter dem Einfluß dieser steht, sie nothwen-
> dig voraussetzt, von ihr ausgeht, und ich bekenne, das Beste meiner eigenen
> Entwickelung, nächst dem Eindrucke der anschaulichen Welt, sowohl dem der
> Werke Kants, als dem der heiligen Schriften der Hindu und dem Platon zu
> verdanken. [Schopenhauer 1999, 533].

Es war also ganz natürlich, daß HAUSDORFF, von SCHOPENHAUER ausgehend, zu
KANT kam. Was die Universitätsphilosophie betrifft, so ist die Situation in Bezug
auf KANT eine ganz andere als bei SCHOPENHAUER: Im Zuge der Entfaltung der
neukantianischen Bewegung war KANTs Philosophie in den siebziger und achtziger Jahren zum Dikussionsmedium von Gegenwartsfragen geworden und sehr
viele deutsche Philosophieprofessoren boten Lehrveranstaltungen dazu an. Man
kann davon ausgehen, daß in einigen der philosophischen Lehrveranstaltungen,
die HAUSDORFF besuchte, auch wenn KANT im Titel nicht vorkam, etwas über
KANT zu erfahren war. Direkt um KANTs Hauptwerk ging es in den *Übungen
im Anschluß an Kants Kritik der reinen Vernunft* bei FRIEDRICH PAULSEN in
HAUSDORFFs Berliner Semester. Man kann PAULSEN – jedenfalls hinsichtlich seines Verhältnisses zu KANT – als Teil jener vielgestaltigen und zeitlich veränderli-
chen Bewegung des Neukantianismus ansehen. Natürlich hatte jeder Neukantianer
seinen KANT – PAULSEN auch [Köhnke 1986].

FELIX HAUSDORFF hat sich sein Verhältnis zu KANT natürlich nicht nur
durch die Übungen bei PAULSEN gebildet und ebenso nicht nur durch die Lektüre
anderer Neukantianer wie FRIEDRICH ALBERT LANGE, KUNO FISCHER oder OT-
TO LIEBMANN, die in seinen Notizen zu den PAULSEN-Übungen erwähnt werden,
sondern vor allem auch durch eigenes Studium von KANTs Werken. In HAUS-
DORFFs späteren philosophischen Schriften wird sichtbar, daß er KANT sehr genau kannte. Es darf aber festgestellt werden, daß seine spätere Ablehnung des
Apriorismus, sein Mißtrauen gegenüber der Transzendentalphilosophie und seine
Ansichten zur Evolution unserer Anschauungen und Begriffe von Raum und Zeit

---

[13] [Schopenhauer 1999, 532].

von PAULSENs kritischer Auseinandersetzung mit KANT beeinflußt sein könnten; es gibt zumindest Ähnlichkeiten.[14] Insbesondere sei hier schon erwähnt, daß in HAUSDORFFs Notizen zur PAULSENschen Übung ein eigener origineller Gedanke aufblitzt, den er in seinem erkenntniskritischen Werk *Das Chaos in kosmischer Auslese* entfaltet hat, nämlich in dem Versuch, KANTs Beweis der transzendentalen Idealität der Zeit durch einen eigenen Beweis ihrer *transzendenten* Idealität zu ersetzen.

Bei allen späteren kritischen Bemerkungen zu KANT hält HAUSDORFF einen wesentlichen Punkt von KANTs Philosophie für gesichert, und das ist der „unbedingte Dualismus zwischen Erscheinung und Ding an sich":

> Hier dürfen wir das Lehrgeld sparen, das bereits die ältere Philosophie ausgegeben hat, und an eine Erkenntniss anknüpfen, die selbst ohne ausdrückliche Überlieferung als Niederschlag historischer Gedankenarbeit in unser Denken gesickert ist: die Erkenntniss, dass die uns gegebene Welt unsere Erfahrung, unser Bewusstseinsphänomen ist, dass aber – möglicherweise – auch eine Welt „an sich", d.h. *unabhängig von unserem Bewusstsein*, existirt. [H 1898a, 1–2; VII: 595–596].

Insbesondere gibt es keinen „Übergangsstreifen" zwischen beiden Welten, kein „Herein- und Hinausragen der einen Welt in die andere". Wir werden diesen Rückgriff auf KANT später bei der Behandlung des *Chaos in kosmischer Auslese* noch genauer besprechen. Jetzt wollen wir das „vorwärts zu Nietzsche" in der Schilderung von HAUSDORFFs philosophischem Werdegang ins Auge fassen.

FRIEDRICH NIETZSCHE war nach SCHOPENHAUER der zweite große Außenseiter unter den deutschen Philosophen des 19. Jahrhunderts. In seiner Wirkung, die bis in die Gegenwart anhält, hat er SCHOPENHAUER aber bei weitem übertroffen. Sohn eines evangelischen Pfarrers, begann NIETZSCHE im Wintersemester 1864/65 ein Studium der klassischen Philologie und der evangelischen Theologie in Bonn. Beeindruckt von den Schriften der Junghegelianer BRUNO BAUER, LUDWIG FEUERBACH und DAVID FRIEDRICH STRAUSS gab er das Theologiestudium nach einem Semester auf und widmete sich ab dem Sommersemester 1865 in Leipzig dem Studium der klassischen Philologie. Einige bereits in der Studienzeit verfaßte philologische Arbeiten und die Empfehlung seines Leipziger Lehrers FRIEDRICH RITSCHL trugen NIETZSCHE bereits 1869 eine Berufung zum Professor für klassische Philologie an der Universität Basel ein. Diese Stellung gab er 1879 aus gesundheitlichen Gründen auf und lebte danach als freier Schriftsteller, wobei ihm die Pension aus Basel einen bescheidenen finanziellen Rückhalt gab. Seine chronischen Leiden versuchte er durch lange Aufenthalte in Orten mit angenehmem Klima in Italien, Südfrankreich und der Schweiz zu mildern. Im Januar 1889 erlitt er in Turin einen geistigen Zusammenbruch und lebte nach kürzeren Klinikaufenthalten zunächst unter Betreuung seiner Mutter, später seiner Schwester in geistiger Umnachtung bis zu seinem Tod am 25. August 1900.

---

[14] S. dazu *HGW*, Band IB, 185–188.

Das philosophische Schaffen NIETZSCHEs wird, beginnend bereits mit dem Buch von LOU ANDREAS-SALOMÉ [Andreas-Salomé 1894] von den meisten Interpreten in drei Perioden unterteilt: Eine erste (frühe) Periode (1872–1876), die vor allem im Zeichen des Einflusses von WAGNER und SCHOPENHAUER stand. Aus dieser Periode sind besonders die folgenden Werke zu nennen: *Die Geburt der Tragödie aus dem Geiste der Musik* (1872), *Über Wahrheit und Lüge im außermoralischen Sinne* (1873 entstanden, erst 1896 publiziert) sowie die vier „Unzeitgemäßen Betrachtungen" *David Strauß, der Bekenner und Schriftsteller* (1873), *Vom Nutzen und Nachteil der Historie für das Leben* (1874), *Schopenhauer als Erzieher* (1874) und *Richard Wagner in Bayreuth* (1876).

In der zweiten (mittleren) Periode, beginnend Ende 1876, distanziert sich NIETZSCHE zunehmend von WAGNER und überwindet die philosophische Prägung durch SCHOPENHAUER. Er wird der „freie Geist", der auch die Form ändert: an die Stelle zusammenhängender Abhandlungen treten Aphorismensammlungen. Dazu zählen *Menschliches, Allzumenschliches – Ein Buch für freie Geister* (1878–1880), *Morgenröthe. Gedanken über moralische Vorurtheile.* (1881) und *Die fröhliche Wissenschaft* (1882).

Am Ende dieser mittleren Periode steht ein sozusagen zentrales Werk NIETZSCHEs, das in den Jahren 1883–1885 in vier Teilen erschienene, in hymnischer Prosa verfaßte Buch *Also sprach Zarathustra – Ein Buch für Alle und Keinen.* Es ist – so NIETZSCHE – in „halkyonischem Ton" gehalten.[15] In ihm berichtet ein Erzähler von den Ideen und dem Wirken eines fiktiven Denkers, der den Namen des persischen Religionsstifters Zarathustra trägt. Es finden sich in diesem Werk wichtige Ideen der Philosophie NIETZSCHEs, wie der schon in der *Fröhlichen Wissenschaft* verkündete „Tod Gottes", der „Wille zur Macht" und die Sicht auf den künftigen „Übermenschen". Ferner enthält es als das „größte Schwergewicht" die Idee von der ewigen Wiederkehr des Gleichen. Man spricht von diesen Dingen oft als „Lehren" NIETZSCHEs, aber er will Philosophie nicht lehren; gerade am Schluß des *Zarathustra* steht das Scheitern des Lehrens. Denn jeder Adressat ist ein Mensch mit seiner Individualität, seinen eigenen Erfahrungen und seiner spezifischen Sicht auf die Welt. Lehren setzt aber allgemeine Begriffe voraus, die alle Adressaten gewissermaßen gleich machen. Fast alle aufrüttelnden Gedanken seiner Philosophie, wie zum Beispiel seine Kritik der Moral, entstehen aus dem Gegensatz von Individualität und Allgemeinheit.

Die letzte Periode, das Spätwerk (1886–1888) führt viele seiner früheren Gedanken weiter aus und radikalisiert sie teilweise, zunehmend auch mit bisher beispielloser polemischer Schärfe und Agressivität.[16] In diese Periode gehört das aus längeren Aphorismen bestehende Werk *Jenseits von Gut und Böse – Vorspiel einer Philosophie der Zukunft* (1886) sowie die Abhandlungen *Zur Genealogie der Moral – Eine Streitschrift* (1887) und *Der Fall Wagner – Ein Musikantenproblem* (1888). Ferner zählen zu dieser Periode die erst nach seinem geistigen Zusammen-

---

[15] Halkyonisch bei Nietzsche soviel wie „seelisch vollkommen".

[16] Manche Autoren glauben gerade in den letzten 1888 geschriebenen Werken hier und da schon Anzeichen seiner späteren psychischen Störung zu sehen.

bruch im Druck erschienenen Schriften *Götzen-Dämmerung, oder: Wie man mit dem Hammer philosophiert* (1889), *Der Antichrist – Fluch auf das Christentum* (1895) und *Nietzsche contra Wagner* (1895). Zum Spätwerk gehört auch die 1888 entstandene autobiographische Skizze *Ecce homo – Wie man wird, was man ist*, die erst 1908 – von seiner Schwester ELISABETH FÖRSTER-NIETZSCHE verfälscht – publiziert worden ist.[17]

NIETZSCHE war als philosophischer Denker, als Dichter und Schriftsteller, als glänzender Stilist und beißender Kritiker, begabt mit großem psychologischem Einfühlungsvermögen, eine singuläre Erscheinung im europäischen Geistesleben und bald auch darüber hinaus. Sein Ruhm setzte allerdings mit beträchtlicher Verspätung ein, im wesentlichen erst nach seinem geistigen Zusammenbruch, und er selbst hat davon nur die ersten Anfänge wahrgenommen.

NIETZSCHE hat nie ein philosophisches System entwickeln wollen: „Der Wille zum System ist ein Mangel an Rechtschaffenheit", so sagt es NIETZSCHE in *Götzen-Dämmerung, oder: Wie man mit dem Hammer philosophiert* [Nietzsche KSA, Band 6, 63]. Es geht ihm vor allem darum, die überkommenen Moralvorstellungen, die Religion, die Philosophie, die Wissenschaft und teilweise auch die Kunst kritisch zu hinterfragen und Denkanstöße für eine Neuorientierung zu geben. Im Mittelpunkt dieser Neuorientierung steht, nachdem er SCHOPENHAUERS Pessimismus überwunden hatte, eine radikale Lebensbejahung. Sein „tiefster Gedanke", der der ewigen Wiederkunft des Gleichen, ist nur bei Bejahung des Lebens, und sei es noch so schwer, zu ertragen:

> Wenn jener Gedanke über dich Gewalt bekäme, er würde dich, wie du bist, verwandeln und vielleicht zermalmen; die Frage bei Allem und Jedem 'willst du diess noch einmal und noch unzählige Male?' würde als das grösste Schwergewicht auf deinem Handeln liegen! Oder wie müsstest du dir selber und dem Leben gut werden, um nach Nichts *mehr zu verlangen*, als nach dieser letzten ewigen Bestätigung und Besiegelung?[18] –

Wir werden sehen, daß HAUSDORFFs eingehende Beschäftigung mit dem Gedanken der ewigen Wiederkehr des Gleichen ein wesentlicher Punkt seiner NIETZSCHE-Rezeption war.

NIETZSCHES Kritik an den überkommenen Moralvorstellungen beruht auf seiner eingehenden Auseinandersetzung mit der Herkunft und Entstehung moralischer Normen und Werturteile, etwa in *Zur Genealogie der Moral*. Die Befreiung von der überkommenen Moral beruhe vor allem auf der Überwindung der christlichen Religion. So schreibt er im fünften (später ergänzend verfaßten) Buch der *Fröhlichen Wissenschaft*:

> Das grösste neuere Ereigniss, – dass 'Gott todt ist', dass der Glaube an den christlichen Gott unglaubwürdig geworden ist – beginnt bereits seine ersten Schatten über Europa zu werfen.

---

[17]Mittlerweile unverfälscht aus dem Nachlaß abgedruckt in [Nietzsche KSA, Band 6].
[18]Friedrich Nietzsche: *Die fröhliche Wissenschaft*, Nr.341. [Nietzsche KSA, Band 3, 570].

Die 'freien Geister' fürchten die "lange Fülle und Folge von Abbruch, Zerstörung, Untergang, Umsturz, die nun bevorsteht" nicht, im Gegenteil:

> In der That, wir Philosophen und 'freien Geister' fühlen uns bei der Nachricht, dass der 'alte Gott todt' ist, wie von einer neuen Morgenröthe angestrahlt; unser Herz strömt dabei über von Dankbarkeit, Erstaunen, Ahnung, Erwartung, – endlich erscheint uns der Horizont wieder frei, gesetzt selbst, dass er nicht hell ist, endlich dürfen unsre Schiffe wieder auslaufen, auf jede Gefahr hin auslaufen, jedes Wagniss des Erkennenden ist wieder erlaubt, das Meer, *unser* Meer liegt wieder offen da, vielleicht gab es noch niemals ein so 'offnes Meer'.–[19]

Die Weltgeschichte hatte für NIETZSCHE kein Ziel, keine Bestimmung. Sie ist ein unendlicher Prozeß des Werdens und Vergehens, des Schaffens und Zerstörens. „Gott ist tot" bedeutet auch: Es gibt neben dieser unserer Welt keine zweite höhere, ideale Welt, keine ewigen Ideen, kein Jenseits, kein Ding an sich, welches uns etwas anginge. Jede Form von Metaphysik ist abzulehnen. Es gibt keine höhere Bestimmung, dem der Einzelne seine Individualität unterzuordnen hätte.

Von den neuen Voraussetzungen aus kann nun über das Individuum, seine Stellung in der Gesellschaft und sein Tun, neu nachgedacht werden. So durchzieht NIETZSCHES gesamtes Werk nach der Abwendung von SCHOPENHAUER die Kritik des Mitleids als Prinzip moralischen Handelns. Mitleid ist für ihn keine Tugend, sondern eine Schwäche; es schadet dem Mitleidenden, weil es ihn herabzieht, seine Lebenskräfte schwächt. Es schadet auch dem Bemitleideten, weil es ihm seine Ohnmacht und Schwäche zeigt, damit sein Leiden verstärkt, ihn demütigt.[20] Das Individuum soll nun, unabhängig von überkommener Moral, seinem eigenen Gesetz folgen.

Was die Philosophie vor NIETZSCHE im allgemeinen betrifft, so hat er sie in seinem Spätwerk *Götzen-Dämmerung, oder: Wie man mit dem Hammer philosophiert* geradewegs zu zerschmettern gesucht. Insbesondere kritisierte er den Neukantianismus seiner Zeit, welcher KANTS Kritik der Erkenntnis zu einer Erkenntnistheorie „weiterentwickelt" hatte. Ein Werkzeug kann nicht „seine eigene Trefflichkeit und Tauglichkeit kritisiren", und eine Erkenntnistheorie, in der die Erkenntnis zugleich Subjekt und Objekt ist, kann nur „unbegreiflichen Unsinn" hervorbringen, so NIETZSCHE in *Morgenröthe. Gedanken über moralische Vorurtheile.*

NIETZSCHES Werk blieb viele Jahre so gut wie unbeachtet. Den vierten Teil von *Also sprach Zarathustra* mußte er sogar auf eigene Kosten drucken lassen, weil sein Verleger sich weigerte, das Buch weiter herauszubringen. Erst Ende der achtziger Jahre, kurz vor seinem geistigen Zusammenbruch, setzte eine nennenswerte Rezeption ein. Die erste Universität, an der man etwas über NIETZSCHE erfahren konnte, war die in Kopenhagen. Dort hielt 1888 der aus jüdischem Hause stammende GEORG BRANDES eine Reihe von Vorträgen über NIETZSCHES Werk. Die

---

[19] Alle Zitate in [Nietzsche KSA, Band 3, 573f.].
[20] Näheres dazu in Gudrun von Tevenar: *Nietzsche's Objections to Pity and Compassion.* [Tevenar 2007, 263–281].

deutsche Universitätsphilosophie jedoch ignorierte NIETZSCHE bis über die Jahrhundertwende hinaus. Dies tat seinem in den neunziger Jahren rasch anwachsenden Ruhm allerdings keinen Abbruch; er wurde zunehmend von solchen Intellektuellen rezipiert und bewundert, die gegen drückende Ordnungen aufbegehrten und alles, was bisher in Politik, Staat, Religion, Moral, Wissenschaft oder Kunst als unantastbar galt, in Frage stellten. Hinzu kam, daß seine dichte und suggestive, zum Teil poetische Sprache eine große Anziehungskraft auf dafür empfängliche Menschen ausübte.

Es überrascht nicht, daß unter den frühen Anhängern NIETZSCHES eine Reihe von Menschen jüdischer Herkunft waren, hatten diese doch besonders unter Ausgrenzung und Diskriminierung zu leiden und so Anlaß genug, gegen Überkommenes aufzubegehren [Golomb 1997], [Stegmaier/ Krochmalnik 1997]. Zu diesen Menschen gehörte FELIX HAUSDORFF. In den philosophischen Vorlesungen, die er als Student hörte, hat er sicherlich nichts über NIETZSCHE erfahren, außer vielleicht hier und da einer abfälligen Bemerkung. Vermutlich hat sich HAUSDORFF ganz eigenständig mit NIETZSCHE beschäftigt. Nicht zuletzt seine Begeisterung für NIETZSCHE führte ihn bereits als jungen Studenten in Kreise ein, die diese Begeisterung teilten und ihm auch den Zugang zu einer Reihe von Künstlern und Literaten anbahnten. Darüber soll jetzt kurz berichtet werden, soweit es sich aus den bruchstückhaft erhaltenen Quellen rekonstruieren läßt.

Als HAUSDORFF im Sommersemester 1887 sein Studium begann, gab es bereits eine große Zahl studentischer Vereinigungen mit zum Teil langer Tradition. Außer den Korps und den Burschenschaften gab es Turnvereine, Sängervereine, konfessionell-kirchliche Vereine, Vereine deutscher Studenten und auch einige wissenschaftliche Vereine. Viele dieser Verbindungen und Vereine waren in Kartellen oder Verbänden zusammengeschlossen.[21] Beziehungen zu den meisten dieser Verbindungen und Vereine kamen für HAUSDORFF schon deshalb nicht in Frage, weil sie ausgesprochen antisemitisch waren.

Belegt sind nur Beziehungen HAUSDORFFs zum *Akademisch-philosophischen Verein zu Leipzig*, der im Wintersemester 1866/67 von dem damals 23 Jahre alten RICHARD AVENARIUS, dem späteren Begründer des Empiriokritizismus, gegründet worden war. Auskunft über die Arbeit des Vereins in den Jahren 1875 bis 1900 geben erhalten gebliebene Protokollbücher.[22] Diese halten für die wöchentlichen Sitzungen des Vereins die Anzahl der anwesenden ordentlichen und außerordentlichen Mitglieder, der Ehrenmitglieder und der Gäste fest, ferner das Vortragsthema und den Namen des Vortragenden. Außerdem wird über die Vorstandswahlen zu Beginn des Semesters sowie über die Aufnahme von Mitgliedern und die Ernennung von Ehrenmitgliedern berichtet.

In den 1880 revidierten Statuten des Vereins heißt es:

---

[21] Einen Überblick vermittelt das Werk [Schulze/ Ssymank 1910].
[22] *Protokollbücher über die Sitzungen des Akademisch-philosophischen Vereins*, 2 Bände. Universitätsbibliothek Leipzig, Autographensammlungen und Nachlässe. Signatur: Ms 01304.

Ordentliches Mitglied kann jeder immatrikulirte Studierende der Universität Leipzig werden.[23]

Wie dieser Paragraph der Statuten zeigt, war der Verein nicht antisemitisch, und dies blieb auch lange so. Er hatte eine ganze Reihe jüdischer Mitglieder und setzte sich mehrfach kritisch mit dem Antisemitismus unter den Studierenden auseinander. So hielt er Distanz zum ausgesprochen antisemitischen „Verein deutscher Studenten"; z.B. lehnte er im Sommersemester 1886 eine Einladung zu dessen Stiftungsfest ab. Ab etwa 1892 wurde jedoch auch im Akademisch-philosophischen Verein zu Leipzig der Antisemitismus virulent. In diesem Jahr wurde erstmals die Aufnahme eines jüdischen Studenten abgelehnt. Gegen Ende der neunziger Jahre trifft auch für diesen Verein zu, was ein Mitglied des Kyffhäuserverbandes 1902 generell feststellte:

> Die gesellschaftliche Isolierung des jüdischen Studenten ist heute in der Hauptsache vollzogen. Die gesamten angesehenen Kouleurverbände, Korps, Burschenschaften, Landsmannschaften und farbentragenden Turnerschaften sowie die Hauptmasse der schwarzen Verbände, die akademischen Turnvereine, Gesangvereine und wissenschaftlichen Vereine schließen heute die Juden von der Mitgliedschaft aus. [Kampe 1988, 203].

HAUSDORFF war vermutlich nicht Mitglied des Akademisch-philosophischen Vereins. Er wird nie unter den neu aufgenommenen Mitgliedern genannt; allerdings ist das Protokollbuch für das Sommersemester 1887, sein erstes Semester, nicht mehr vorhanden. Wie oft HAUSDORFF an den Sitzungen des Vereins teilgenommen hat, läßt sich nicht mehr feststellen, da das Protokollbuch Mitglieder und Gäste namentlich nur erwähnt, wenn sie sich an der Debatte zum Vortrag beteiligt haben. Eine solche Beteiligung ist für HAUSDORFF fünf mal nachgewiesen; wir nennen das Datum des jeweiligen Vortrags und das Thema: 15.Mai 1889: *Zwei Krankheiten der Philosophie*, 13.Mai 1890: *Über den Begriff der studentischen Ehre*, 17.Juni 1890: *Über den Realismus in der modernen deutschen Literatur*, 23.Dezember 1890: *Das Recht der anthropocentrischen gegenüber der heliocentrischen Weltauffassung*, 27.Januar 1891: *Die psychische Entartung des menschlichen Geschlechts unter der modernen Cultur und die Möglichkeit einer Änderung*. Der letzte Vortrag wurde von Dr. WILHELM SCHALLMAYER, einem früheren Vereinsmitglied, gehalten und war einer der ersten Vorträge in Deutschland über Eugenik. Später hat SCHALLMAYER weit verbreitete Bücher über Eugenik verfaßt.

Gewiß wichtiger als Vorträge zu hören war es für FELIX HAUSDORFF, daß er über den Akademisch-philosophischen Verein einen Freund gewann, den er später einmal einen „faszinierenden Prachtmenschen" genannt hat, den Juristen KURT (CURT) HEZEL. HEZEL, Sohn eines Kaufmanns aus Marienberg in Sachsen, studierte ab dem Sommersemester 1884 in Leipzig Jura und Kameralistik, interessierte sich aber auch für Philosophie, Kunst und Literatur. Im Wintersemester 1885/86 wurde er in den Akademisch-philosophischen Verein aufgenommen und

---

[23] Protokollbücher, Band 1, Bl. 115.

hielt dort einen Vortrag zum Thema *Die Grenzen der Staatsgewalt gegenüber der Freiheitssphäre des Individuums*. Ein Vortrag mit solch brisanter Thematik muß-te damals beim Polizeiamt angemeldet werden und wurde im Beisein eines Po-lizeikommissars gehalten.[24] Im kommenden Sommersemester 1886 wurde HEZEL zum Vorsitzenden des Akademisch-philosophischen Vereins gewählt.[25] Im Winter-semester 1886/87 war er nicht in Leipzig, im darauffolgenden Sommersemester 1887, HAUSDORFFs erstem Semester, war er aber wieder da und im darauffol-genden Wintersemester 1887/88 war er erneut, jetzt als cand. jur., Vorsitzen-der des Akademisch-philosophischen Vereins. HEZEL promovierte 1890 und war nach den Referendariatsjahren in Leipzig als Rechtsanwalt tätig. Seit 1896 war er Mitarbeiter der renommierten Leipziger Anwaltkanzlei von Dr. FELIX ZEHME. Dort bearbeitete er die Angelegenheiten des gewerblichen Rechtsschutzes und des Urheberrechts. Daraus ergaben sich Beziehungen zur Begründerin des Nietzsche-Archivs ELISABETH FÖRSTER-NIETZSCHE und zu HEINRICH KÖSELITZ (PETER GAST), der in den ersten Jahren nach NIETZSCHES Zusammenbruch gemeinsam mit dessen Freund FRANZ OVERBECK NIETZSCHES Nachlaß verwaltet und die erste NIETZSCHE-Gesamtausgabe begonnen hatte. Gerade diese Beziehungen HE-ZELS sollten auch später für HAUSDORFF bedeutsam werden.

Die Persönlichkeit HEZELs würdigt ein Nachruf der Juristischen Wochenzei-tung mit folgenden Sätzen:

> Hezel war Anwalt, – ein vortrefflicher Anwalt, ein glänzender Jurist mit weit-gespannten Kenntnissen, großer Belesenheit und einer beispiellosen, geradezu sprachschöpferischen Beredsamkeit. Aber er war nicht nur Anwalt und nicht einmal vornehmlich Anwalt und Jurist; die Stärke seines Wesens ruhte auf seiner *künstlerischen* Gesamtpersönlichkeit, in dem Zauber, den diese seine Persönlichkeit auf alle ausstrahlte, die sich ihm nahten. Was diejenigen, die mit ihm zum engeren Kreise zusammengeschlossen waren, wußten, kann jetzt auch in der Öffentlichkeit ausgesprochen werden: Hezel war der Mittelpunkt, jedenfalls der juristische Mittelpunkt des künstlerischen Deutschlands. Seit jungen Jahren zählte er zu den Vertrauten des Hauses Wahnfried, war der in-time Freund Otto Erich Hartlebens, Richard Dehmels und nicht zuletzt Frank Wedekinds, der ihm sein letztes Werk, die Tragödie Herakles gewidmet und ihm schon früher in einer seiner dramatischen Gestalten ein Denkmal gesetzt hat. Die Namen seiner Freunde und Verehrer aufzählen hieße die neue Litera-tur Deutschlands und weit über deren Kreise hinaus, Philosophen, Philologen, Künstler namentlich Musiker, zusammenfassen. [· · ·] Er, der sich feinfühlig in die Seele des Künstlers hineinzuleben vermochte, weil er selbst eine Künst-lernatur von begnadeter Begabung war, wurde der Rechtsfreund zahlreicher Künstler und Dichter, darunter der besten ihrer Zeit und, wie das der Lauf der Dinge und die Politik mit sich bringen mußte, nicht selten auch ihr Straf-verteidiger.[26]

---

[24] Protokollbücher, Band 1, Bll. 202–202v.
[25] Protokollbücher, Band 1, Bll. 206.
[26] Zitiert nach einer Kopie der Juristischen Wochenzeitung, die Rechtsanwalt Hubert Lang, Leipzig, Egbert Brieskorn zur Verfügung stellte.

HEZEL war ein leidenschaftlicher Anhänger WAGNERs („Vertrauter des Hauses
Wahnfried") und NIETZSCHEs. In seiner Studentenzeit, wohl im Sommersemester
1886, hatte er in Leipzig einen Lesezirkel eingerichtet, wo man WAGNERs 1850
erschienen Schrift *Das Kunstwerk der Zukunft* und NIETZSCHEs 1872 erschienen
Abhandlung *Die Geburt der Tragödie aus dem Geiste der Musik* studierte.[27]

Zum Kreis um HEZEL gehörten während HAUSDORFFs Studienzeit und teilweise auch später OSKAR BIE, HERMANN CONRADI, OTTO ERICH HARTLEBEN,
HANS HEILMANN, FERDINAND PFOHL und SEBALD RUDOLF STEINMETZ.[28] In-
dizien und Textstellen in der Literatur weisen darauf hin, daß persönliche Beziehungen HAUSDORFFs zu BIE, CONRADI, HARTLEBEN und HEILMANN bestanden
haben. Autobiographische Zeugnisse gibt es dazu allerdings nicht.

OSCAR BIE studierte Philosophie sowie Kunst- und Musikgeschichte in Breslau, Leipzig und Berlin und promovierte 1887. Er war von 1894 bis 1922 Chefredakteur der kulturellen Monatszeitschrift *Neue Deutsche Rundschau* (ab 1904
Die neue Rundschau). Mit seinem sicheren Gespür für Qualität entwickelte BIE
die Zeitschrift zu einem führenden Organ für moderne Literatur und Essayistik.
In der *Neuen Deutschen Rundschau* (bzw. der *Neuen Rundschau*) publizierten
Schriftsteller ersten Ranges. Von ihr ging das geflügelte Wort um:

> Bedenk, o Mensch, daß Du vergehst,
> selbst wenn Du in der Neuen Rundschau stehst.[29]

BIE muß HAUSDORFF gekannt und geschätzt haben, denn von den vierzehn längeren Essays, die HAUSDORFF unter dem Pseudonym PAUL MONGRÉ publiziert
hat, sind zehn in BIEs Zeitschrift erschienen, ferner sein Theaterstück *Der Arzt
seiner Ehre*.

HERMANN CONRADI studierte ab 1884 in Berlin Philosophie und Literatur und schloß sich dem naturalistisch orientierten Literaturkreis der Gebrüder
HART an. 1886 ging er nach Leipzig und nahm dort auch als Gast an den Diskussionen des Akademisch-philosophischen Vereins teil. In Leipzig erschien auch
sein die Leipziger Szene beleuchtender autobiographisch geprägter Roman *Phrasen* [Conradi 1887]. Den Geist des HEZEL-Kreises läßt dort die autobiographische
Hauptgestalt Heinrich Spalding folgendermaßen anklingen:

> Unter den Triumpfklängen Wagners, unter den Melodien dieser gewaltigen
> Gewitterpsalms-Musik, werden wir armen Schächer – wir *Idealisten* san phrase
> sterben – wir Jünger Nietzsches, dieses *Philosophen der Zukunft*, der den

---

[27] Dieser Lesezirkel steht zeitlich am Beginn einer langsam aufkommenden öffentlichen Aufmerksamkeit für Nietzsche. S. dazu [Krummel 1974]; zu Hezels Lesezirkel dort S. 131.

[28] Ein weiterer von Hezel begründeter Leipziger Kreis von Intellektuellen und Künstlern waren
die *Bungonen*. In diesem Kreis verkehrte Hausdorff, als er selbst schon ein bekannter Literat und
philosophischer Schriftsteller war. Wir werden darauf später eingehen.

[29] Dieser Zweizeiler wird Otto Erich Hartleben, gelegentlich auch dem Literaturkritiker Alfred
Kerr zugeschrieben.

großen Musikanten der Gegenwart längst übertrumpft hat und unterweilen in einem stillen Alpenthale sich damit befaßt, alle *Werte umzuwerten.*[30]

CONRADIS letzter Roman *Adam Mensch* [Conradi 1889] wurde am 27. Juni 1890, bereits nach CONRADIS Tod, in dem sogenannten *Realistenprozeß* hauptsächlich wegen realistischer Schilderungen verschiedenster Formen der Sexualität zur Einziehung und Vernichtung verurteilt. HAUSDORFF muß CONRADI recht gut gekannt haben, denn PAUL SSYMANK nennt im Vorwort seiner 1911 erschienenen Lebensbeschreibung CONRADIS unter denen, die ihm bei seinen Nachforschungen über CONRADI behilflich gewesen sind, auch „Prof. Dr. Felix Hausdorff (Leipzig)".[31] Was HAUSDORFF von CONRADI als Schriftsteller gehalten hat, wissen wir nicht. Jedenfalls hat er sich für die deutschen Naturalisten interessiert und sich – wie erwähnt – an der Debatte zum Vortrag *Über den Realismus in der modernen deutschen Literatur* im Akademisch-philosophischen Verein beteiligt.

OTTO ERICH HARTLEBEN kam im Herbst 1886 nach Leipzig, um sein in Berlin begonnenes und in Tübingen fortgesetztes Jura-Studium abzuschließen. 1889 wurde er Gerichtsreferendar in Stolberg (Harz) und Magdeburg, gab aber die Juristenlaufbahn bald auf und lebte ab 1890 als freier Schriftsteller in Berlin. Nach einigen Beiträgen zu Sammelbänden erschien bereits während seiner Leipziger Studienzeit Anfang 1887 sein erstes eigenständiges Werk *Studenten-Tagebuch* [Hartleben 1887]. Einige Gedichte in diesem Tagebuch, zum Beispiel *Studentisches* oder *Die Apotheose des Duells* halten dem „deutschen Studenten" den Spiegel vor [Hartleben 1887, 28, 29]. Andere wie *Berliner Christenthum* oder *Ein christlich Gebet für Berlin* stellen den Antisemitismus des Hofpredigers STÖCKER an den Pranger [Hartleben 1887, 69, 71f.]. Andere wieder wie *Gottvertrauen zum Bayonette* verhöhnen den preußischen Militarismus und die Berliner Polizei [Hartleben 1887, 6–8]. Aber auch die Lebenslust des Autors wird besungen, seine durchzechten Nächte und seine Liebeserlebnisse. Man kann sich gut vorstellen, daß dieser Autor auch den jungen Studenten HAUSDORFF beeindruckt hat. Wir werden sehen, daß HARTLEBEN seinerseits auch HAUSDORFF geschätzt haben muß.

HARTLEBEN hatte einen legendären Ruf als Gründer bzw. Mitbegründer einer Reihe von Künstler-Stammtischen und literarischen Vereinen in Hannover (noch als Gymnasiast), Magdeburg und Berlin; in Leipzig war es das *Augurenkolleg*. In manchen dieser Runden war auch ein alter Freund HARTLEBENs dabei, HANS HEILMANN. HARTLEBEN verehrte dem Freund seine satirische Komödie *Die Erziehung zur Ehe* mit folgender Widmung: „Dem freundlichsten der Freunde, dem nörglichsten der Nörgler, dem lieben Papa Heilmann gehöre dieses Buch". Seitdem war HEILMANN für alle diese Freundeszirkel nur der „Papa Heilmann". Der Literaturkritiker PAUL FECHTER hat in seinem Buch *Menschen und Zeiten* über HANS HEILMANN geschrieben, dieser habe

---

[30][Conradi 1887, 43]. Hezel als Person kommt allerdings in der Gestalt des Dr. Winkler in dem Roman nicht gut weg.

[31][Ssymank/ Peters 1911].

die siebzig Jahre, die ihm beschieden waren, in ständigem Umgang mit Malern, Dichtern, Musikern verbracht, genießend, kritisierend, helfend, mitlebend, sich, seine Mittel, sein Können einsetzend, wo es ihm notwendig und richtig schien. [···] Zu seinem Freundeskreis gehörten neben vielen anderen Arno Holz und Otto Erich Hartleben, Paul Scherbart und Richard Dehmel, Conrad Ansorge und Paul Mongré. Sein Schwager [···] war Oscar Bie, der Herausgeber der „Neuen Rundschau".[32]

In dem gleichen Kapitel berichtet FECHTER auch über einen Abend, an dem sich „drei Mathematiker" beim Papa Heilmann eingefunden hatten, MONGRÉ, DEHMEL (im Brotberuf Versicherungsmathematiker) und er selbst (er hatte Architektur, Mathematik und Physik studiert). Da FECHTER Ende der vierziger Jahre des vorigen Jahrhunderts, als er *Menschen und Zeiten* schrieb, annehmen mußte, daß seine Leser MONGRÉ nicht kennen, lüftete er das Pseudonym und berichtete kurz über die drei unter dem Pseudonym MONGRÉ erschienenen Bücher HAUSDORFFS und über dessen erfolgreiches Theaterstück. Diese Vorstellung MONGRÉs beginnt mit folgenden Sätzen:

> Paul Mongré, von der jüngeren Generation heute zu Unrecht vergessen, war eine der merkwürdigsten Erscheinungen der ersten Jahrzehnte des zwanzigsten Jahrhunderts. Er hieß eigentlich Felix Hausdorff, war Professor der Mathematik in Greifswald, später in Bonn, und in jungen Jahren ein leidenschaftlicher Verehrer Nietzsches, ohne sich in der Selbständigkeit seines Weltbilds durch ihn beirren zu lassen. [Fechter 1948/1949, 156].

Am Schluß dieser Passage heißt es: „Woher der Papa Heilmann Mongré kannte, weiß ich nicht mehr [···]."[Fechter 1948/1949, 157]. Wir wissen es auch nicht genau, aber es ist doch sehr wahrscheinlich, daß er ihn schon in seinen Studienjahren im Kreis um HEZEL kennengelernt hat. Die Beziehung zwischen HAUSDORFF und HEILMANN muß aber noch Jahre danach bestanden haben. Denn die letzte Veröffentlichung unter dem Pseudonym PAUL MONGRÉ, *Biologisches*, erschien im Juni 1913 in der Zeitschrift *Licht und Schatten*, einer „Wochenschrift für Schwarzweiß-kunst und Dichtung", deren literarischen Teil HANS HEILMANN seit April 1913 redigierte.

Kommen wir vom „Papa" zu HARTLEBEN zurück. Dieser war zu seiner Zeit ein sehr beliebter Autor fürs Theater: Er schrieb elf Stücke, davon sechs Komödien. Besonders erfolgreich war sein Stück *Rosenmontag. Eine Offiziers-Tragödie in fünf Acten* aus dem Jahre 1900. Daneben schuf er drei Lyrikbändchen, Erzählungen, speziell einige Novellen, und eine Parodie. Dies alles ist heute so gut wie vergessen, nur ein Werk wirkt bis in unsere Tage fort, seine Übersetzung (besser gesagt Nachdichtung) einer Sammlung von Gedichten des belgischen Symbolisten ALBERT GIRAUD (eigentlich EMILE ALBERT KAYENBERGH).

Ausgangspunkt für HARTLEBENs Beschäftigung mit diesen Gedichten war der ebenfalls im HEZEL-Kreis verkehrende Holländer SEBALD RUDOLF STEINMETZ. Er war 1886 nach Leipzig gekommen, um bei WILHELM WUNDT, PAUL

---

[32][Fechter 1948/1949, 154–155]. Zitiert wird hier nach der zweiten Auflage von 1949.

FLECHSIG und FRIEDRICH RATZEL seine Studien zu vollenden, und blieb bis 1888 oder 1889. Er war auch literarisch interessiert und hatte sich besonders für GIRAUD begeistert. Später lehrte er in Utrecht und Leiden und wurde zum Begründer der Soziologie in Holland. STEINMETZ' Bekanntschaft mit HARTLEBEN führte zu einem interkulturellen Transfer, über dessen Beginn HARTLEBEN folgendes berichtet:

> Eines schönen Abends zog er mit boshaftem Schmunzeln ein kleines schmales Büchlein aus der Brusttasche [···] und sprach: Sehen Sie, meine Herren, das ist nicht Nichts. Das ist so etwas, was Sie gern machen möchten: etwas Neues. [Tack 2004, 88].

Dieses Büchlein hatte den Titel *Pierrot lunaire, Rondels bergamasques* und enthielt fünfzig Rondels aus der Feder KAYENBERGHS, die dieser unter dem Pseudonym ALBERT GIRAUD 1884 in Paris veröffentlicht hatte. Die Figur des Pierrot hat eine lange Geschichte, beginnend mit der italienischen Commedia-dell'arte in der zweiten Hälfte des 16. Jahrhunderts bis hin zur Literatur der décadence, etwa zum Pierrot von PAUL VERLAINE aus dem Jahre 1881.[33] Der Pierrot der Symbolisten ist eine exzentrische und melancholische Figur, ein sich selbst inszenierender Ästhet und Dandy, gelegentlich ein lüsterner Feigling und Lügner mit dem Gefühl eines Eisblocks. Er tritt im kahlen Mondlicht auf mit maskenhaft geschminktem Gesicht, oft von Todessehnsucht, wahnhaften Eingebungen und visionären Träumen begleitet.

Auch die Form der Gedichte aus dem *Pierrot lunaire* von GIRAUD ist eine sehr alte „forme fixe", die schon im 14. Jahrhundert in den Rondels von GUILLAUME DE MACHAUT erscheint. Ein Rondel besteht aus drei Versen: Auf zwei Quartette folgt ein fünfzeiliger Vers. Die Zeilen 1 und 2 des ersten Quartetts werden als Zeilen 7 und 8 im zweiten Quartett wiederholt. Die erste Zeile des Gedichts ist – manchmal leicht abgewandelt – auch die letzte Zeile. Alle Zeilen haben die gleiche Silbenzahl (im französischen Original 8) mit Betonung auf der letzten oder vorletzten Silbe. In der gereimten Form des Rondels besteht eine zusätzliche Schwierigkeit darin, daß nur zwei Reimendungen benutzt werden; dabei haben die erste und die dritte Strophe umarmende Reime, die zweite hat alternierende.

Man kann sich vorstellen, daß es eine außerordentlich schwierige Aufgabe ist, ein Rondel in eine andere Sprache zu übertragen: Der Inhalt sollte wiedergegeben werden, das Vers- und Silbenschema muß getroffen werden und zusätzlich müssen in der neuen Sprache zwei geeignete Reimendungen gefunden werden. Jedenfalls nahm HARTLEBEN die Herausforderung von STEINMETZ an und begann die Übertragung des *Pierrot lunaire* ins Deutsche. Es ist ihm gelungen, 50 Gedichte zu schaffen, welche die Versform eines Rondels haben und die den Inhalt, die Stimmung, den Geist der französischen Originale wiedergeben, aber auf Reime hat er verzichten müssen. In sein Tagebuch notierte er:

> Es ist eine subtile Ciselirarbeit, solche Gedichte zu übertragen, und ich habe viele Stunden daran gesessen. Und doch – es ist nicht entfernt der Reiz

---

[33] Ausführlicher dazu Egbert Brieskorn in *HGW*, Band IB, 166–169 und Friedrich Vollhardt in *HGW*, Band VIII, 15–16.

der französischen „rondels" erreicht. Man denke doch nur, daß diese durch-
gezogenen graciösen Refrains im Französischen durch klingende Reime mit
dem übrigen verschmolzen sind. Welcher Wohllaut, und wie kahl daneben die
reimlose Übersetzung! Aber es ist – mir wenigstens – unmöglich, die Reime
herauszubringen: der Rahmen ist zu eng! [Hartleben 1906, 38].

HAUSDORFF hat das fast Unmögliche versucht, und bei vier der GIRAUDschen
Rondels ist es ihm gelungen, gereimte Nachdichtungen zu schaffen: *Poussière rose*
(Morgenstimmung), *Parfums de Bergame* (Heimatduft), *Déconvenue* (Ein Elend)
und *Pierrot Dandy* (Pierrot Dandy). Veröffentlicht hat er "Morgenstimmung" 1897
in seinem Aphorismenband, die übrigen drei in seinem Gedichtband *Ekstasen* im
Jahre 1900. Wann er sie geschaffen hat und ob er es bei weiteren der Rondels aus
Pierrot lunaire versucht hat, wissen wir nicht. Daß diese Nachdichtungen möglicherweise schon um 1890/92 herum entstanden sind, darauf könnte folgendes
hinweisen: HARTLEBEN war 1892 mit der Übertragung aller Rondels fertig geworden und ließ unter dem Titel *Albert Giraud. Rondels. Pierrot Lunaire. Deutsch
von Otto Erich Hartleben* 60 autographierte Abzüge auf eigene Kosten drucken.
Zwei Dutzend seiner Rondels hatte er mit Widmungen versehen; die Widmun-
gen gelten Dichtern, Schriftstellern und Künstlern, ferner guten Bekannten und
Freunden. Das Rondel *Rote Messe (Messe Rouge)* hat HARTLEBEN FELIX HAUS-
DORFF gewidmet. Ein Motiv für diese Widmung könnte sein, daß HARTLEBEN
HAUSDORFFs gelungene Versuche kannte und schätzte. Unter denen, die ein Ex-
emplar mit Widmung erhielten, waren HERMANN BAHR, OTTO JULIUS BIER-
BAUM, CAESAR FLAISCHLEN, RICHARD DEHMEL, THEODOR FONTANE, HEIN-
RICH HART, JULIUS HART, GERHART HAUPTMANN, ARNO HOLZ, MAX LIE-
BERMANN, DETLEV VON LILIENCRON, FRITZ MAUTHNER, FERDINAND PFOHL,
HEINRICH RICKERT, PAUL SCHERBART, JOHANNES SCHLAF und ERNST VON
WOLZOGEN. HAUSDORFF war hier also wahrhaft in guter Gesellschaft. 1893 er-
schien in dem von PAUL SCHERBART unter Mitwirkung HARTLEBENS gegründeten
Verlag deutscher Phantasten eine gedruckte zweite Auflage des *Pierrot Lunaire* mit
einer Reihe kleinerer Änderungen.

Verschiedene Komponisten haben in der Zeit von 1905 bis 1912 Rondels aus
HARTLEBENs *Pierrot Lunaire* vertont: OTTO VRIESLANDER, FERDINAND PFOHL,
MAX KOWALSKI und JOSEPH MARX. Letzterer hat auch HAUSDORFFs Nachdichtung *Pierrot Dandy* und weitere von HAUSDORFF geschaffene Sonette und Rondels
vertont.[34]

Eine Vertonung des *Pierrot Lunaire* wurde an einem historischen Wendepunkt der Musikgeschichte geschaffen, ARNOLD SCHÖNBERGS opus 21 aus dem
Jahre 1912: *Dreimal sieben Gedichte aus Albert Girauds 'Pierrot Lunaire' (Deutsch
von Otto Erich Hartleben). Für eine Sprechstimme, Klavier, Flöte (auch Piccolo),
Klarinette (auch Baßklarinette), Geige (auch Bratsche) und Violoncell. (Melodramen).*[35] SCHÖNBERGS Vertonung entstand durch einen Kompositionsauftrag der

---

[34]Joseph Marx: *Lieder und Gesänge.* Erste Folge. Wien 1910.
[35]Universal-Edition, Wien 1914. Dieses Werk gilt als eines der Schlüsselwerke der frühen Moderne.

Sängerin und Schauspielerin ALBERTINE ZEHME. Sie stammte wie SCHÖNBERG aus Wien, war am Hoftheater in Oldenburg tätig gewesen und dann an das Stadttheater in Leipzig berufen worden. Sie heiratete den Leipziger Rechtsanwalt FELIX ZEHME – eben jenen Dr. ZEHME, in dessen Kanzlei KURT HEZEL seit 1896 arbeitete. ALBERTINE ZEHME hatte bereits 1911 in Berlin 22 Lieder aus der Vertonung des *Pierrot Lunaire* von OTTO VRIESLANDER vorgetragen, war also mit HARTLEBENS Nachdichtung schon vertraut. SCHÖNBERG und ZEHME begeisterten sich für die in HARTLEBENS Übertragung liegenden Möglichkeiten extremer Expressivität. SCHÖNBERG begann im März 1912 mit der Komposition und notierte in sein Tagebuch:

> Gestern, 12. März, schrieb ich das erste von den „Pierrot lunaire" – Melodramen. Ich glaube, es ist sehr gut geworden. Das gibt viele Anregungen. Und ich gehe unbedingt, das spüre ich, einem neuen Ausdruck entgegen. Die Klänge werden hier ein geradezu tierisch unmittelbarer Ausdruck sinnlicher und seelischer Bewegungen. [Brinkmann 1995, 228].

Die Uraufführung des Werkes fand am 16. Oktober 1912 in Berlin statt mit Vortrag des Sprechgesangs durch ALBERTINE ZEHME.

FELIX HAUSDORFF muß ALBERTINE ZEHME persönlich gekannt haben, denn es gibt ein Widmungsexemplar seines Aphorismenbandes *Sant' Ilario* mit folgender Widmung:

> Der Freundin Italiens, Frau Albertine Zehme, widmet dies Buch südlichen Himmels   verehrungsvoll der Verfasser[36]

Der gute Freund KURT HEZEL war es auch, der HAUSDORFFs Beziehung zu einer Person aus dem engsten Kreis um NIETZSCHE angebahnt hat, zu HEINRICH KÖSELITZ (PETER GAST). KÖSELITZ, der seit 1872 am Leipziger Konservatorium Harmonie- und Kompositionslehre studiert hatte, war von NIETZSCHES *Die Geburt der Tragödie aus dem Geiste der Musik* so begeistert, daß er 1875 nach Basel ging, um bei NIETZSCHE Vorlesungen zu hören. Es entwickelte sich bald eine freundschaftliche Beziehung zu NIETZSCHE; KÖSELITZ war für diesen nicht nur Diskussionspartner und Freund, sondern auch eine Art Sekretär. Er fertigte die Reinschriften der Druckvorlagen von NIETZSCHES Schriften an, las Korrekturen und machte Vorschläge für die Verbesserung von Formulierungen. Diese Arbeit für NIETZSCHE setzte er auch in Venedig fort, wo er seit April 1878 für mehr als 10 Jahre lebte. Bei einem gemeinsamen Aufenthalt im Thermalbad Recoaro erhielt KÖSELITZ von NIETZSCHE den Namen PETER GAST, unter dem er fortan auftrat. Bereits 1889 war HAUSDORFF von einer sehr positiven Rezension von NIETZSCHES *Der Fall Wagner. Ein Musikantenproblem* so angetan, daß er beschloß, zu dem Autor dieser Rezension, nämlich HEINRICH KÖSELITZ, eine persönliche Beziehung herzustellen. Der junge Student HAUSDORFF wußte offenbar nicht so recht, wie er mit dem vierzehn Jahre älteren KÖSELITZ Kontakt aufnehmen sollte, und er wollte

---

[36]Dieses Widmungsexemplar wurde 2005 bei der Auktion 384 von Hauswedell & Nolte durch den Schweizer Sammler Heribert Tenschert ersteigert.

wohl auch warten, bis er selbst etwas Interessantes zu NIETZSCHE zu sagen hatte.
HEZEL muß etwa drei bis vier Jahre später KÖSELITZ gegenüber den mittlerweile promovierten HAUSDORFF als NIETZSCHE-Kenner und NIETZSCHE-Verehrer so
überzeugend geschildert haben, daß KÖSELITZ mit einem Brief an HAUSDORFF die
Beziehung eröffnete. Dieser Brief ist leider nicht erhalten geblieben. HAUSDORFF
antwortete am 17. Oktober 1893; in diesem Brief heißt es:

> Seit 1889, wo ich Ihren Namen zum ersten Male unter der „Fall Wagner"-
> Betrachtung im Kunstwart las, gehörte es zu meinem Programm, Ihnen ein-
> mal näher zu kommen; die Eroberung, die mir aber vermuthlich missglückt
> wäre, hat ein fascinirender Prachtmensch, unser „Genie des Herzens" Kurt He-
> zel für sich und mich vollbracht, – in das günstige allzugünstige Vorurtheil,
> das er mir bei Ihnen bereitet und von dem Ihr Brief zeugt, muss ich ganz
> gewiss erst noch sehr hineinwachsen.[37]

Um KÖSELITZ zu zeigen, daß er auch inhaltlich etwas Neues beizutragen hat,
nimmt HAUSDORFF zu NIETZSCHEs Versuch, die ewige Wiederkehr des Gleichen
naturwissenschaftlich zu begründen, kritisch Stellung. Man findet diesen Versuch
nur in NIETZSCHEs Nachlaß; KÖSELITZ hatte ihn in der Vorrede von *Menschliches,
Allzumenschliches* für die erste von ihm veranstaltete Werkausgabe publik gemacht
und sehr hoch bewertet. HAUSDORFF deutet in dem Brief nun an, wie man diesen
naturwissenschaftlich begründeten Beweisversuch mathematisch widerlegen kann.
Die große Faszination der Idee der ewigen Wiederkehr werde aber durch einen solch
gescheiterten Beweis nicht beeinträchtigt. Ausführlich hat er diese Widerlegung in
seinem Aphorismenband dargestellt; wir kommen darauf zurück.

Außer HEZEL gab es noch einen weiteren NIETZSCHE-Enthusiasten, der HAUS-
DORFF bei KÖSELITZ einführen wollte, PAUL LAUTERBACH. In einem Brief vom
30. Dezember 1893 schrieb LAUTERBACH an KÖSELITZ:

> Soeben bekam ich Manuscripte zu lesen, auf die hin ich Ihnen einen wirklichen
> neuen Autor signalisiren darf – den Dr. Felix Hausdorff. Er hat erstaunlich
> viel Nietzsche in sich aufgenommen und assimilirt ihn trefflich. Ich las Apho-
> ristisches, das in der Fröhlichen Wissenschaft mitginge, anderseits Gereimtes
> auf gleicher Höhe. Ein dionysischer Mathematiker, das klingt wunderlich, las-
> sen Sie sich aber was von ihm schicken, und Sie wetten mit mir, dass es etwas
> an ihm zu erleben giebt.[38]

LAUTERBACH hatte am Laboratorium von FRESENIUS in Wiesbaden und dann an
der ETH Zürich Chemie studiert, in Zürich an der Universität auch Philosophie.
Als er über eine Erbschaft verfügen konnte, hat er das Studium ohne Abschluß beendet und sich auf Reisen begeben. Er hielt sich längere Zeit in England und dann
in Genf auf. Dort heiratete er eine Witwe, die drei Söhne aus erster Ehe mitbrachte.
Die Familie zog nach Leipzig, wo LAUTERBACH sich, nachdem das ererbte Vermögen aufgebraucht war, durch Übersetzungen und Bearbeitungen von Neuauflagen

---

[37] *HGW*, Band IX, 377.
[38] Nachlaß Heinrich Köselitz, Goethe- und Schiller-Archiv Weimar, Bestand Gast, Signatur
GSA 102/417.

für den Verlag Philipp Reclam jun. sowie durch Sprachunterricht und Vorträge mühsam über Wasser hielt. Von nachhaltigem Einfluß war LAUTERBACHS Neuausgabe von MAX STIRNERS *Der Einzige und sein Eigentum* bei Reclam mit einer von ihm verfaßten achtseitigen „Kurzen Einführung" (1893). Diese Ausgabe leitete, nachdem STIRNERS Werk (Erstauflage 1844) fast vergessen war, eine Neurezeption des „Einzigen" ein, an der sich später auch HAUSDORFF beteiligte (vgl. [H 1898d]). An eigenen Schriften hat LAUTERBACH nur eine einzige publiziert, die Aphorismensammlung *Aegineten. Gedanke und Spruch*. Sie erschien 1891 im Verlag von CONSTANTIN GEORG NAUMANN, der auch NIETZSCHE verlegte, und enthielt die Widmung „Dem Meister des Zarathustra". LAUTERBACH gehörte zu den frühen Verehrern NIETZSCHES und hatte den Plan gefaßt, dessen Werke ins Französische zu übersetzen. Dieses Vorhaben zerschlug sich jedoch, da NIETZSCHES Schwester ELISABETH FÖRSTER-NIETZSCHE die Übersetzungsrechte an HENRI ALBERT vergab. LAUTERBACH beherrschte eine Reihe von Sprachen, neben Griechisch und Latein auch Englisch, Französisch, Italienisch und Russisch. HAUSDORFF hat bei ihm Englischstunden genommen. LAUTERBACH verstarb bereits am 24. März 1895 an einem Rückenmarksleiden. Der Neffe von CONSTANTIN GEORG NAUMANN, GUSTAV NAUMANN, der auch mit HAUSDORFF gut bekannt war, schrieb über die Beerdigung LAUTERBACHS:

> Felix Hausdorff und ich waren als die einzigen nicht durch Verwandtenschmerz gerufenen Leidtragenden bei der Beerdigung zugegen.[39]

HAUSDORFF und LAUTERBACH haben sich vermutlich gegen Ende des Jahres 1893 kennen gelernt. Sie wurden, wie NAUMANN in dem genannten Manuskript mitteilt, gute Freunde. Schreiben HAUSDORFFS an LAUTERBACH gibt es nur wenige (ein Brief und drei Karten), denn meist werden die beiden in Leipzig den persönlichen Kontakt gepflegt haben.[40] Aus diesem wenigen geht ebenso wie aus dem Brief LAUTERBACHS an KÖSELITZ hervor, daß HAUSDORFF an Dingen arbeitete, die er vermutlich später – zumindest teilweise – in seinem Aphorismenband und in seinem Gedichtband publizierte; auch die gemeinsame Nähe zu NIETZSCHE klingt immer wieder an. So teilt HAUSDORFF auf einer Postkarte vom 3.6.1894 mit,

> dass ich diesmal das erhoffte Pendant zu den Falterflügen[41] mir nicht erflattert, sondern nur mit feierlicher Verbissenheit zwei Dutzend Rondels gedichtet habe, einige Kleinigkeiten, leider immer erotischer Farbe, abgerechnet. [···]
> Vor meiner Reise sehe ich Sie sicherlich noch: dies verspreche und halte ich. Wahrscheinlich geht's diesmal nach der Ostschweiz (Engadin und ev. Ortler); in diesem Falle werde ich nicht verfehlen, mich in Sils-Maria mit Einem zu

---

[39] Quelle für alle Angaben zu Lauterbach ist ein siebenseitiges Manuskript *Paul Lauterbach zum Gedächtnis* aus der Feder Gustav Naumanns (Universitätsbibliothek Basel, NL Naumann II,4; Zitat dort S.7.

[40] Briefe oder Postkarten Lauterbachs an Hausdorff sind nicht erhalten geblieben.

[41] [Der erste Teil von Hausdorffs Gedichtband *Ekstasen* ist mit „Falterflüge" überschrieben. – W.P.]

confrontiren, das dort noch schweben und wirken muss, wie es auf unseren Beinahe-Einzigen gewirkt hat. – Haben Sie Lou's Buch gelesen? Ich that.[42]

Dazu ist zu bemerken, daß NIETZSCHE in den Jahren 1881 bis 1888 sieben mal in Sils Maria im Engadin weilte. Er liebte diesen Ort; dort war ihm erstmals der Gedanke der ewigen Wiederkunft des Gleichen gekommen. HAUSDORFF spielt hier ironisch auf NIETZSCHE als „unseren Beinahe Einzigen" an, „Beinahe" vielleicht deshalb, weil für beide neben NIETZSCHE auch STIRNER ein Thema war.

Am 8.7.1894 schrieb HAUSDORFF aus dem Urlaub in Pontresina:

Bester Freund! Wollten Sie mir nicht eine Zeile nach Pontresina senden? Quer über den Weg von Kopf zu Hand liegt Ihnen gewiss mein Heft XXVI, über das Sie reden sollen und schweigen möchten. Nicht wahr, es ist gemischte Gesellschaft? zu viel Weib, am Ende gar Weiber; zu wenig Verschwiegenes, zu frisch Gepflücktes; zu viel Ablesungen, während der Zeiger noch pendelt. [···]
Ich nahm dieser Tage meine ganze Nüchternheit zusammen und ging durch Sils-Maria, hatte aber doch eine rauhe Kehle und unmelodiöse Empfindungen. Träumen Sie einmal wider die Nothwendigkeit: suchen Sie einen Ausdruck für das, was Nietzsche noch werden könnte, wenn er dies gegenwärtige Inferno *überwände*.[43]

Aus diesem Schreiben geht hervor, daß HAUSDORFF Mitte 1894 bereits Manuskripte in beträchtlichem Umfang verfaßt hatte, nämlich mindestens 26 Hefte. Leider ist von diesen Manuskripten nichts erhalten geblieben. Auch NIETZSCHE spielt natürlich wieder eine Rolle; mit dem „Inferno" ist NIETZSCHEs Dahinsiechen in geistiger Umnachtung gemeint. In den genannten 26 Heften haben sicher auch manche der Aphorismen gestanden, die HAUSDORFF dann in sein Erstlingswerk unter dem Pseudonym PAUL MONGRÉ aufgenommen hat.

5.2 Der Tod des Vaters

Das Jahr 1896, das Jahr der wissenschaftlichen Neuorientierung HAUSDORFFs hin zur Mathematik, brachte für ihn auch eine gravierende Veränderung seiner persönlichen Verhältnisse, den frühen Tod seines Vaters. LOUIS HAUSDORFF ist am 15. Mai 1896 im Alter von 53 Jahren im Kurort Bärenfels gestorben.[44] Der kleine Ort hatte sich in den letzten zwei Jahrzehnten des 19. Jahrhunderts zu einem Kurort entwickelt, und es ist zu vermuten, daß LOUIS HAUSDORFF dort Genesung von einer Krankheit suchte. Es ist aber nichts Näheres über die Umstände seines Todes bekannt. Sein Grab befindet sich auf dem jüdischen Friedhof Berliner Straße in Leipzig; der Grabstein ist in einem hervorragenden Erhaltungszustand. Er trägt neben der deutschen auch eine hebräische Inschrift, die in deutscher Übersetzung etwa so lautet:

---

[42] *HGW*, Band IX, 422–423. Mit „Lou's Buch" ist [Andreas-Salomé 1894] gemeint.
[43] *HGW*, Band IX, 424.
[44] Bärenfels liegt im Osterzgebirge, etwa 30 km südlich von Dresden.

Die Lehrer aber werden leuchten wie des Himmels Glanz, und die, welche
viele zur Gerechtigkeit führten, wie die Sterne immer und ewiglich.

Dieser Text stammt aus Daniel 12.3 und ist Teil des Gebetes *El Male Rachamim*
(Gott voller Barmherzigkeit), das für die Seelen der Verstorbenen bei der Bestattung und am Jahrestag des Todes gesprochen wird. Die Auswahl gerade dieser
Stelle ist vielleicht auch eine Würdigung des Verstorbenen als Talmudgelehrter
und führende Persönlichkeit im Kreise seiner Glaubensgenossen.

Durch den Tod des Vaters kam auf FELIX HAUSDORFF als einzigem männ-
lichen Nachkommen die Aufgabe zu, alle den Nachlaß und die Erbschaft betreffenden Angelegenheiten für die Familie zu regeln. Seine seit ihrer Heirat mit dem
Prager Kaufmann ANTON BRANDEIS in Prag lebende Schwester MARTHA hatte
ihm schon am 5. Juni ihre Vollmacht dazu erteilt, und am 30. Juni unterschrieben
auch seine Mutter HEDWIG und seine damals noch in Leipzig lebende Schwester
VALLY entsprechende Generalvollmachten.[45] Den Firmen- und Grundbuchakten
kann man die folgenden Vereinbarungen entnehmen:

Die Firma *August Dietze Nachfolger* in dem schönen Gebäude in der Katharinenstraße ging in den Besitz von LOUIS HAUSDORFFs Witwe HEDWIG über.[46]

Das Grundstück *Hohe Straße 1* gehörte zunächst zu gleichen Teilen den vier
Erben der Erbengemeinschaft von HEDWIG, FELIX, MARTHA und VALLY. Am
1. Dezember 1896 einigte sich aber die Erbengemeinschaft darauf, daß FELIX,
MARTHA und VALLY ihre Anteile der Mutter überließen, so daß HEDWIG HAUS-
DORFF die alleinige Eigentümerin wurde.[47] Vielleicht stand diese Übertragung des
Eigentums im Zusammenhang mit der bevorstehenden Heirat von VALLY. Sie hei-
ratete nämlich am 8. Dezember den Fabrikbesitzer ANTON GLASER, der in Prag
eine Fabrik für Eisenkonstruktionen, eiserne Rollvorhänge und Wellblech betrieb.
Fortan lebten also beide Schwestern von FELIX in Prag.

Bei der Firma *Spinner und Weber, Hausdorff & Co* trat FELIX HAUSDORFF
am 25. Juli als Mitinhaber die Nachfolge seines Vaters an. Vom gleichen Zeitpunkt
ab fungierte der Kaufmann SIEGFRIED HEPNER aus Schöneberg, der bisher nur
als Kommanditist ins Handelsregister eingetragen war, nicht mehr als solcher, sondern als zweiter offener Gesellschafter. Beide, HAUSDORFF und HEPNER, waren
gleichermaßen zeichnungsberechtigt.[48] Der Privatdozent FELIX HAUSDORFF war
damit jetzt auch Mitinhaber eines florierenden Verlages, dessen Produkt und weitere Entwicklung wir schon eingangs dieses Buches in der Passage über seinen
Vater kurz beschrieben haben.

Wir hatten gesehen, daß HAUSDORFF schon im Sommersemester 1896 mit
der Vorlesung „Versicherungsmathematik" damit begonnen hatte, das neue Gebiet
„Finanz- und Versicherungsmathematik" in Leipzig zu vertreten, so wie es das Mi-

---

[45] Firmenakten der Firma „Spinner und Weber, Hausdorff & Co" und Eintragungen in das
Handelsregister, Staatsarchiv Leipzig, AG Leipzig HR 6404, Bll. 16–18.

[46] Firmenakten der Firma „F. August Dietze Nachfolger" und Eintragungen in das Handelsregister, Staatsarchiv Leipzig, AG Leipzig HR 2027.

[47] Grundakten von Leipzig, Blatt Nr. 1535.

[48] Firmenakten der Firma „Spinner und Weber, Hausdorff & Co", Bl. 13.

nisterium und die Fakultät von ihm erbeten hatten. Auch für das Wintersemester 1896/97 hatte er eine einschlägige Vorlesung „Ausgewählte Kapitel der Finanz- und Versicherungsmathematik" angekündigt. Die Vorlesung wurde jedoch nicht gehalten, denn das Wintersemester 1896/97 war in der ganzen vier Jahrzehnte während Tätigkeit HAUSDORFFs als akademischer Lehrer das einzige Semester, in dem er ausgefallen ist. Er litt schon vor Beginn des Semesters an einer chronischen Erkrankung der Atemwege. Vielleicht taten die Anstrengungen nach dem unerwarteten Tod des Vaters ein übriges, jedenfalls empfahlen die Ärzte eine längere Pause, die HAUSDORFF möglichst im milden südlichen Klima verbringen sollte. Er befolgte diesen Rat und verbrachte den Winter an der ligurischen Küste im Golf von Genua zwischen dem genuesischen Nervi und Portofino, just in der Gegend, in der FRIEDRICH NIETZSCHE das IV. Buch der *Fröhlichen Wissenschaft* und die ersten Teile von *Also sprach Zarathustra* geschrieben hatte. Vielleicht hatte HAUSDORFF gerade diese Gegend nicht zufällig für seinen Kuraufenthalt gewählt, denn er hat dort das erste Werk, welches unter dem Pseudonym PAUL MONGRÉ erschienen ist, vollendet, den Aphorismenband *Sant' Ilario. Gedanken aus der Landschaft Zarathustras.* [H 1897b, VII: 87–473].

5.3 Sant' Ilario – Gedanken aus der Landschaft Zarathustras

MONGRÉs Aphorismenband erschien Mitte 1897 im Leipziger Verlag C. G. Naumann, und zwar in der gleichen äußeren Aufmachung wie NIETZSCHEs Schriften. Bevor wir auf das Werk selbst eingehen, seien zunächst einige Bemerkungen zu dem Pseudonym, das HAUSDORFF gewählt hatte, erlaubt.

Das Pseudonym MONGRÉ geht auf das französische à mon gré zurück, zu deutsch: nach meinem Geschmack, nach meinem Belieben, nach meinem Gefallen, nach meinem Wunsch und Willen. WERNER STEGMAIER, der Herausgeber von HAUSDORFFs philosophischem Werk (*HGW*, Band VII), hat dies Pseudonym in den Zusammenhang von NIETZSCHEs Denken gestellt, der eine große Vorliebe für Frankreich und alles Französische hatte. Geschmack als philosophischer Begriff entstammt der französischen Literatur- und Kunsttheorie des ausgehenden 17. Jahrhunderts und wird besonders von LA ROCHEFOUCAULD, den NIETZSCHE hoch schätzte, mehrfach erörtert. Für NIETZSCHE war Geschmack – so STEGMAIER – ein bedeutsamer philosophischer Begriff. Er rückt den Begriff des individuellen Geschmacks, unter Verzicht auf alle Begriffe a priori, ins Zentrum des kritischen Denkens. NIETZSCHE läßt Zarathustra sagen:

> Auf vielerlei Weg und Weise kam ich zu meiner Wahrheit; nicht auf Einer Leiter stieg ich zur Höhe, wo mein Auge in meine Ferne schweift.

> Und ungern nur fragte ich stets nach Wegen, – das gieng mir immer wider den Geschmack! Lieber fragte und versuchte ich die Wege selber.

> Ein Versuchen und Fragen war all mein Gehen: – und wahrlich, auch antworten muss man *lernen* auf solches Fragen! Das aber – ist mein Geschmack:

– kein guter, kein schlechter, aber *mein* Geschmack, dessen ich weder Scham noch Hehl mehr habe.

'Das – ist nun *mein* Weg, – wo ist der eure?' so antwortete ich Denen, welche mich 'nach dem Wege' fragten. *Den* Weg nämlich – den giebt es nicht!

Also sprach Zarathustra.[49]

Das Pseudonym, das HAUSDORFF wählte, war also vor allem Programm: Es zielt auf Individualität, auf geistige Unabhängigkeit, auf Ablehnung von Vorurteilen und Zwängen politischer, gesellschaftlicher, religiöser oder sonstiger Art. Anfangs war das Pseudonym auch Schutz: In einem Brief vom 8. Oktober 1897 zur Übersendung seines Aphorismenbandes an KÖSELITZ bittet ihn HAUSDORFF um „Discretion", was seine Autorschaft betrifft, „die ich als Privatdocent für Mathematik und Astronomie zweifellos hinter einem Pseudonym verbergen muss".[50]

In seinem krankheitshalber bezogenen Winterquartier an der ligurischen Küste fand HAUSDORFF die Muße, mildes Wetter und eine schöne landschaftliche Umgebung, um seinen Aphorismenband zu vollenden, dessen „eigentliche Entstehung", wie er später in einem Brief an KÖSELITZ schrieb, „um Jahre zurückliegt".[51]

Was bedeutet nun der Titel *Sant' Ilario – Gedanken aus der Landschaft Zarathustras*? Die Bedeutung des zweiten Teiles scheint offensichtlich zu sein: Gedanken aus dem Umfeld der Ideen NIETZSCHES – natürlich nicht NIETZSCHEs Gedanken, sondern Gedanken MONGRÉS. In dem bereits erwähnten Brief vom 8. Oktober 1897 an KÖSELITZ äußerte sich HAUSDORFF zu seinem im *Sant' Ilario* eingenommenen Verhältnis zu NIETZSCHE:

> Ihrem musikalischen Ohr wird meine enge Zugehörigkeit zu Nietzsche ebensowenig entgehen wie meine behutsame Zurückhaltung von Nietzsche, obwohl ich keins von beiden mit biederer Ausdrücklichkeit austrommle; und wenn Sie mir dies latente Verhalten im Falle der Gegnerschaft vielleicht härter anrechnen, so dürfte es im Falle der Anhängerschaft gerade dem Wesen der Sache angemessen sein.[52]

Aber man darf den Titel viel wörtlicher nehmen. Er bezieht sich auf den Ort der Entstehung des ersten Teiles von NIETZSCHES *Zarathustra*. In *Ecce homo* berichtet NIETZSCHE von seinen Aufenthalt im Winter 1882/83 „in jener anmuthig stillen Bucht von Rapallo unweit Genua, die sich zwischen Chiavari und dem Vorgebirge Porto fino einschneidet." Er beschreibt zwei Wege, die er oft gegangen ist, und fährt dann fort:

> Auf diesen beiden Wegen fiel mir der ganze erste Zarathustra ein, vor Allem Zarathustra selber, als Typus: richtiger, *er überfiel mich* ... [Nietzsche KSA, Band 6, 336].

---

[49]Zarathustra III, Vom Geist der Schwere 2, [Nietzsche KSA, Band 4, 245].
[50]*HGW*, Band IX, 394. Die Leipziger Kollegen wußten übrigens spätestens 1901, wer Mongré war. Der gewählte Vorname „Paul" könnte – so Stegmaier – eine Anspielung auf Paul Rée sein, der von 1876 bis 1882 in einer engen freundschaftlichen Beziehung zu Nietzsche stand.
[51]*HGW*, Band IX, 397.
[52]*HGW*, Band IX, 393.

Genau in dieser Landschaft vollendete nun auch HAUSDORFF sein Erstlingswerk – es sind also „Gedanken aus der Landschaft Zarathustras". In einer Selbstanzeige seines Buches, die am 20. November 1897 in der Zeitschrift *Die Zukunft* erschien, geht er darauf und auf sein Verhältnis zu NIETZSCHE ein und äußert in unnachahmlicher Art seine Befürchtungen und seine Hoffnungen im Hinblick auf die Leserschaft seines Werkes:

> Mein Buch, das sich äußerlich als Aphorismensammlung giebt und gern aus dieser stilistischen Noth eine Tugend machen möchte, ist aus einem andauernden Ueberschuß guter Laune, guter Luft, hellen Himmels entstanden: seine unmittelbare Heimath, von der es den Namen führt, wäre am ligurischen Meer zu suchen, halbwegs zwischen dem prangenden Genua und dem edelgeformten Vorgebirge von Portofino. An diesem seligen Gestade, das vor der eigentlichen Italia diis sacra den milden Winter und die berühmten Palmen voraus hat, bin ich dem Schöpfer Zarathustras seine einsamen Wege nachgegangen, – wunderliche, schmale Küsten- und Klippenpfade, die sich nicht zur Heerstraße breittreten lassen. Wer mich deshalb einfach zum Gefolge Nietzsches zählen will, mag sich hier auf mein eigenes Geständniß berufen. Anderen wieder, den Verehrern Nietzsches, werde ich zu wenig ausdrückliche Huldigung in mein Buch gelegt haben; vielleich tröstet sie, daß diese Schrift im Ganzen nicht auf den anbetenden Ton gestimmt ist und auf keinen Ruhm lieber verzichtet als auf den weihevoll beschränkter Gesinnungtüchtigkeit. Ich muß darauf rechnen, Fanatiker und Parteiseelen aller Art zu verletzen; wer irgend zur biederen Emphase, zum weltverbessernden Pathos, zum „moralischen Großmaul" neigt, Dem mag mein heiliger Hilarius als Sendling der Hölle gelten. Man wird ihm das Schlimmste nachsagen: für die Wissenschaft wird er nicht langweilig genug, für die Literatur nicht Bohème genug sein, vorn wird es an System und hinten an Idealismus fehlen. Vielleicht aber darf ich hoffen, einigen sensiblen Genußmenschen mit der kühlen, säuerlichen Skepsis meines Buches und seiner muthwilligen, respektlosen, halb einsiedlerischen, halb mondänen Philosophie einen Wohlgeschmack zu bereiten, wobei es gar nicht in Betracht kommt, ob meine „Ansichten" über Kultur, Religion, Bildung, Weib, Liebe, Metaphysik geglaubt werden oder nicht. C'est le ton qui fait la musique; und wenn meine Themen keinen Anklang finden, so weiß vielleicht das Tempo, der Vortrag verwöhnten Ohren zu gefallen. Mit dieser Selbsteinschätzung, die weder von Bescheidenheit noch von Anmaßung ganz frei ist, halte ich den Lesern der „Zukunft" gegenüber um so weniger zurück, als ich gerade unter ihnen jene Spezies Menschen, an deren Beifall allein mir liegt, am Ehesten vertreten glaube, – die Spezies freier, genußfähiger, wohlgelaunter Menschen, die aller feierlichen Bornirtheit und polternden Rechthaberei niederer Kulturstufen entwachsen sind.
>
>   Paul Mongré.[53]

Über den Abschied des Buches von seinem Autor läßt er uns folgendes wissen:

> Dieser Abschied des Neugeborenen von seiner Mutter trug sich in einer jener Landschaften mittlerer Höhe zu, deren Stil ich mit meinem Buche getroffen

---

[53] [H 1897c, VII: 477].

haben möchte: ein Stil zwischen Pathos und Idyll, eine Landschaft gleich fern von der Niederung wie von fratzenhaft emporgethürmten Bergspitzen. Es war bei der Kirche Sant' Ilario, die unweit des genuesischen Nervi unter Ölbäumen und Cypressen glänzt und den blauschimmernden Golf von Genua bis hin zum Vorgebirge von Portofino überschaut. Der Namenstag des Heiligen wurde durch eine feierlich-närrische Eselsegnung begangen, wobei unser Aller Wunsch, dass das Eselgeschlecht nicht aussterben möge, in verständlicher Symbolik zur Sprache kam. Der Autor versäumte nicht, sich selbst auf die Seite der Eselinnen zu stellen und für sein Eselsfüllen von Buch den Segen des frohgelaunten Heiligen zu erflehen.

S. Ilario bei Genua, am Tage S. Ilario 1897. [54]

Die Kirche steht noch und ist immer noch von Ölbäumen und Zypressen gesäumt. Sie wurde 1950 restauriert und der Turm gibt immer noch einen wunderbaren Blick auf den Golf von Genua frei. Der heilige HILARIUS VON POITIERS wird dort immer noch verehrt. Sein Fest wird am 13./14. Januar begangen.[55] Auch die in der Vorrede von HAUSDORFF geschilderte Eselssegnung ist eine Anspielung auf NIETZSCHE: auf das *Eselsfest der höheren Menschen* am Ende von Zarthustra IV.

Es wäre gewiß nicht passend, einen Aphorismenband systematisch referieren oder analysieren zu wollen. In den 411 numerierten Aphorismen[56] und den kunstvollen Sonetten und Rondels am Ende des Buches findet man so viele Gedanken und – wie HAUSDORFF in der Selbstanzeige sagt – „'Ansichten' über Kultur, Religion, Bildung, Weib, Liebe, Metaphysik" und über viele weitere Themen, daß ein systematischer Bericht bei weitem länger wäre als das ganze Buch, vor allem aber, im Gegensatz dazu, langweilig. Es kann also hier nur darum gehen, dem Leser mit ein paar Auszügen und Proben Lust auf die Lektüre zu machen, wobei die Auswahl vollkommen subjektiv ist.

So wie NIETZSCHE im obigen Zitat aus Zarathustra das Suchen nach *seinem* Weg betont, so spiegelt sich im *Sant' Ilario* auch HAUSDORFFs Suche nach seinem Weg, seinem ganz eigenen Weg, den *Weg zum eigenen Ich* wider. So heißt es im Aphorismus 65:

> Wenn es ursprünglich vielleicht Mühe gekostet hat, ein paar sociale Instincte in das Individuum hineinzuzüchten, so kostet es heute umgekehrt Mühe, nicht social, sondern individualistisch zu empfinden. Es ist natürlich hundertmal leichter, zu entsagen und sich mit dem Augenblicksvorteil des guten Gewissens zufrieden zu geben, als seiner ganzen Mitwelt und seiner eigenen Vergangenheit zum Trotz den Weg zum eigenen Ich, einen ungebahnten Weg zu einem ungewissen Ziele, zu gehen. [H 1897b, 66; VII: 160].

Sehr schön kommt dieser Wille zum eigenen Weg, die Hochschätzung des schöpferischen Individuums, im Aphorismus 35 zum Ausdruck:

---

[54] [H 1897b, VII–VIII; VII: 93–94].

[55] In Nervi wurde (selbstredend) die Statue des Heiligen durch die Stadt getragen. Diese und weitere Angaben bei Stegmaier in *HGW*, Band VII, 27. Auf dessen inhaltsreiche Einführung zu *Sant' Ilario*, *HGW*, Band VII, 25–37, sei hier ausdrücklich verwiesen.

[56] Unter der Nummer 352 verbirgt sich ein ganzes Kapitel "Splitter und Stacheln" mit sage und schreibe 377 kurzen Sprüchen zu einem breiten Spektrum verschiedenster Gegenstände.

Fruchtbar ist Jeder, der etwas sein eigen nennt, im Schaffen oder Geniessen, in Sprache oder Gebärde, in Sehnsucht oder Besitz, in Wissenschaft oder Gesittung; fruchtbar ist alles, was weniger als zweimal da ist, jeder Baum, der aus *seiner* Erde in *seinen* Himmel wächst, jedes Lächeln, das nur einem Gesichte steht, jeder Gedanke, der nur einmal Recht hat, jedes Erlebniss, das den herzstärkenden Geruch des Individuums ausathmet! [H 1897b, 37; VII: 131].

Es ist gut möglich, daß HAUSDORFFs Zeit als Schulkind im Hinblick auf die strenge Religiosität zu Hause und auf die damals gängigen Erziehungsmethoden, insbesondere in der Schule, nicht so glücklich war. Darauf könnten der Spruch aus „Splitter und Stacheln" und der Auszug aus Aphorismus 64 hinweisen, die schon im Abschnitt 1.3, S. 20–21 zitiert worden sind. Aphorismus 64 beginnt übrigens mit einem Versprechen HAUSDORFFs, es selbst bei seinen künftigen Kindern besser zu machen.

Auch in seiner Jugend scheint HAUSDORFF nicht so recht glücklich gewesen zu sein. In einer Reihe von Aphorismen, die sich auf die eigene Entwicklung beziehen, stellt der noch nicht dreißig Jahre alte Autor die Jugend als wenig erfreulichen Zustand dar; dazu ein Auszug aus dem Aphorismus 250:

Was ist Jugend für ein erbärmlicher Zustand! Dieser „Drangdruck" der sich entwickelnden und einander hemmenden Organe, dieses Durcheinander ohne Polyphonie, diese Schmerzen des Wachsthums, diese unbehaglichen Zerrungen und Verrenkungen der Seele, diese geistige Mutation, bei der man nicht Herr der eigenen Stimme ist und lauter falsche Töne herausbringt! [···] Barbarische Unempfindlichkeit einerseits mit reizbarer Hyperästhesis andererseits: wie quält so Einen der Anblick des Wolkenhimmels oder eines Mädchengesichts – ein wahres Sturmläuten in den Nerven, ohne dass die intellectuelle Glocke zu tönen käme! [···] – Nein, Jugend mag Tugend haben, soviel sie behauptet, aber Geschmack, Stil, Vernunft hat sie nicht. Jugend ist ein Martyrium, eine Bartholomäusschindung, ein Laurentiusrost, jedenfalls nichts Wohlriechendes. [H 1897b, 155–156; VII: 249–250].

Angesichts dieser Zeilen nimmt es nicht wunder, daß der junge HAUSDORFF sich von SCHOPENHAUERs Metaphysik und dessen Pessimismus angezogen fühlte.

Über die Ursachen dieses Lebensgefühls kann man nur spekulieren. Vermutlich ist bei HAUSDORFF in jungen Jahren manches zusammengekommen, was ihn rückblickend gar vom „Martyrium" der Jugend sprechen ließ. Da war zunächst seine gewiß nicht schmerzlose und konfliktfreie Ablösung von der starken religiösen Tradition seiner Familie. Da beschäftigte ihn ferner ein innerer Widerstreit: Auf der einen Seite stand die Notwendigkeit, erfolgreich eine wissenschaftliche Laufbahn zu verfolgen, die aber immer deutlicher in eine Sackgasse führte, auf der anderen Seite stand sein früher Drang zur schöpferischen Betätigung in der Musik, der Lyrik, der Literatur und der Philosophie, wie er z.B. in den Briefen an PAUL LAUTERBACH sichtbar wird. Schließlich gehört hierher wohl auch sein ambivalentes Verhältnis zum anderen Geschlecht, auf das wir noch im Abschnitt 6.2, S. 212–215 des nächsten Kapitels kurz eingehen werden

Nach und nach aber gelingt es HAUSDORFF immer besser, sich in einem Doppelleben einzurichten, die verschiedenen Lebenssphären gegeneinander abzugrenzen und „getrennte Konten zu führen": Auf dem einen Konto verbucht er das immer erfolgreichere Wirken auf seinem neuen Feld in der Wissenschaft, der Mathematik mit ihren scharfen Begriffen und ihren exakten, den Gesetzen der Logik folgenden Schlüssen, auf dem anderen Konto verbucht ein ungewöhnlich feinfühliges und differenziertes Individuum das Erleben der Welt in all ihren Facetten, das Denken, Fühlen und Schaffen als Dichter, Schriftsteller und Philosoph. Natürlich gibt es nach wie vor Fäden herüber und hinüber, die insbesondere in seinem erkenntniskritischen Werk sichtbar werden. Im folgenden Aphorismus 252 geht es direkt um die Verbindung und Trennung verschiedener Lebenssphären in einem Individuum:

> Man könnte in vielen ungleichartigen Lebenssphären dem Glücke nachgehen, wenn eins nicht wäre: das Netz von Beziehungsfäden, mit denen diese Sphären einander fassen und berühren. Dadurch ordnen sie sich einer gemeinschaftlichen Gesammtsphäre ein und müssen sich innerhalb dieser den Raum streitig machen. Traum und Wachen, Höhe und Niederung, Ekstase und Alltag, sie thun einander wehe, weil ihre Grenzlinie keine vollkommen scharfe, sondern eine empirisch getrübte, associativ überschreitbare ist, weil sie Einem und demselben Ich angehören, das sich nicht mathematisch theilen, sondern nur mechanisch zerstückeln kann, und dabei, wie natürlich, Schmerz empfindet. Diese Krankheit legt sich mit den Jahren; am schlimmsten tritt sie in der Jugend auf, wo man noch gar keine getrennten Conti zu führen versteht und alles Mögliche, Religion, Liebe, Kunst, Wissenschaft, in eine hochgeschwollene Empfindungseinheit zusammendrängen möchte. [H 1897b, 156–157; VII: 250–251].

Zu HAUSDORFFs Weg zum eigenen Ich gehört auch, ganz wie bei NIETZSCHE, die Überwindung jeder Art von Metaphysik. Dazu mögen hier der Aphorismus 363 und ein Auszug aus 364 Platz finden:

> Metaphysik: der Grundsatz, da, wo wir rath- und hülflos stehen, nicht wortlos stehen zu bleiben, die ewige Beschreibung des ewig Unbeschreiblichen, die feierliche Vornahme, nie und nirgends den Mund zu halten.

> Solange man jung ist und die Metaphysik noch nicht überwunden hat, empfindet man sich gern als Erwählten heimlicher Lenkung und Lebensbestimmung; das Wirkliche erscheint als das Unerlässliche und zugleich als das Eine grosse Los unter Millionen Möglichkeiten, unwahrscheinlich wie eins zu unendlich, unmöglich fast, und doch Wirklichkeit, unerlässliche Wirklichkeit, deren Ausbleiben mit Vernichtung gleichbedeutend war. [···] Später, kälteren Geistes, glaubt man nicht mehr an diese transcendentale Absichtlichkeit im Schicksale des Einzelnen, auch nicht an die Gefährlichkeit der Krisen und die Einzigkeit der Auswege. Wir haben uns mit einem Wirklichen eingerichtet, es liebgewonnen; [···] [H 1897b, 301–302; VII: 395–396].

Die Metaphysik SCHOPENHAUERS fertigt er explizit in einer Reihe von Aphorismen ab; als Beispiel sei ein Auszug aus Nr. 395 zitiert:

Die Schopenhauersche Allmacht des Willens ist, was immer sonst, ein Abweg vom heutigen Gange des Erkennens; wir werden vielleicht noch in diesem Jahrhundert die Ohnmacht des Willens beweisen und ihn, die missverstandenste aller metaphysischen Erschleichungen, in sein Nichts zurückverweisen. [H 1897b, 334–335; VII: 428–429].

In seinem eigenen philosophischen Hauptwerk *Das Chaos in kosmischer Auslese* [H 1898a] hat HAUSDORFF versucht – über KANT hinausgehend – einen eigenen Beitrag zur Überwindung der Metaphysik zu leisten, womit dann das „Ende der Metaphysik" erklärt sei. Darauf werden wir noch zurückkommen. HAUSDORFF schätzt jedoch im Rückblick die Irrtümer der Jugend, etwa SCHOPENHAUERS „metaphysischem Bedürfnis" nachzugeben, als wichtige Lebenserfahrung; hierzu noch zwei Sprüche aus dem Abschnitt „Splitter und Stacheln":

Die Irrtümer, von denen wir wieder „zurückkommen", sind damit nicht entwerthet. Bereuen wir Reisen, weil wir einmal nach Hause müssen? [H 1897b, 271; VII: 365].

Metaphysiker sei nicht, aber sei es gewesen. [H 1897b, 278; VII: 372].

HAUSDORFF folgte in zahlreichen Aphorismen des *Sant' Ilario* NIETZSCHE in dessen Gedankenwelt: Es gibt mehr als achtzig Stellen mit Anspielungen auf NIETZSCHE, davon zwanzig direkte Zitate. Aber HAUSDORFF war kein nur rezipierender Parteigänger, kein „Nietzscheaner", der versuchte, NIETZSCHE zu kopieren oder gar zu übertreffen. Er stellte sich sozusagen neben NIETZSCHE in dem Bestreben, individuelles Denken freizusetzen, sich die Freiheit zu nehmen, überkommene Normen in Frage zu stellen. „Was *ihn* an NIETZSCHE fesselte, war die Einheit von Leben, Denken und Schreiben aus eigenem 'Geschmack' und eigener Verantwortung" – so WERNER STEGMAIER in seiner Einleitung zum Band VII der HAUSDORFF-Werke.[57] NIETZSCHE hatte ja nach seiner Abkehr vom Pessimismus SCHOPENHAUERS eine radikale Lebensbejahung zum Mittelpunkt seiner Philosophie gemacht. Auch HAUSDORFF war den Weg weg von SCHOPENHAUERS Pessimismus gegangen, seine Lebensbejahung speist sich aus einem Feuerwerk schöner Überraschungen, die das Leben bereit hält, und mündet in nichts Prätentiösem:

Aber ich bin auf das Leben gut zu sprechen, weil es neben dem Kosmos auch ein Chaos hat, und in diesem Chaos die wunderlichsten Zufälle, Augenblicke, Zusammenklänge – ich blicke in einen Hexenkessel, worin immer wieder einmal eine teufelsmässige Delicatesse gebraut wird. [···] Ich danke dem Leben, wofür? für jene blitzenden Augenblicke zwischen zwei Welttheilen und zwei Jahrhunderten, für Höhen-, Umkehr- und Wendepunkte, für Pässe und Bergrücken, für Grenzen, Brücken und Übergänge, für aufleuchtende und verschwindende Regenbögen, für alles Einmal-und-nicht-wieder, – ich danke ihm, mythologisch gesprochen, dafür, dass man auf Secunden und nicht mehr als Secunden die Accorde der *prästabilirten Harmonie* zu hören bekommt!

---

[57] *HGW*, Band VII, 33.

„Wenig ist die Art des besten Glücks".[58] Suchen wir nach dem Unverlierbaren in unserem Gedächtniss, nach den Erinnerungsspuren genossener Lust, so finden wir irgend etwas Kleines, Flüchtiges, Nichtssägliches, die Mücke im Bernstein: vielleicht ein Glas Asti spumante, ein Wölkchen am Himmel, Blüthenduft, Blick, Gebärde, den Tonfall einer Phrase oder einen Tact Gartenmusik, irgend ein Mehr-als-Nichts und Weniger-als-Etwas, das der Seele Lust und Wohlgeschmack am Leben giebt und ihre Begehrlichkeit mehr reizt als sättigt: ein pianissimo von Glück, auf das hin es sich lohnt zu leben und noch nicht lohnt zu sterben ... [H 1897b, 152–153; VII: 246–247].

Oder – in „Splitter und Stacheln" – klingt es, mit einem Augenzwinkern, so:

Im Theater des Lebens giebt es viele wirklich sehr schlechte Plätze. Aber das aufgeführte Stück ist gut. [H 1897b, 261; VII: 355].

Wir wollen nun noch einige Gedanken, die immer wieder thematisiert werden, herausgreifen, und durch Texte aus *Sant' Ilario* illustrieren. Da ist zunächst HAUSDORFFS Skepsis gegen jedwede metaphysisch begründete Teleologie und gegen alle Ideologien und Weltverbesserungslehren, die vorgeben, im Besitz der Wahrheit über Sinn und Ziel des Menschengeschlechts zu sein. So heißt es am Schluß von Aphorismus Nr. 3:

Wenn nicht die Wahrheit selbst, so ist doch der Glaube an die gefundene Wahrheit in gefährlichem Masse lebensfeindlich und zukunftsmörderisch. Noch Keiner von denen, die sich mit Wahrheit begnadet wähnten, hat einen Augenblick gezögert, das grosse Finale oder den grossen Mittag oder irgend einen Endpunkt, Wendepunkt, Gipfelpunkt der Menschheit zu verkünden, d.h. jedesmal allem Künftigen sein Bild, seinen Stempel, seine Beschränktheit aufzuprägen. [H 1897b, 6; VII: 100].

Im Hinblick auf die ideologisch geprägten mörderischen Diktaturen des kommenden Jahrhunderts sind diese Zeilen wahrhaft hellsichtig.

Im ersten Aphorismus des *Sant' Ilario* überlegt HAUSDORFF, von welchen unzähligen Zufällen in der Vergangenheit es abhing, daß unsere Welt so ist, wie sie ist. Ein paar Explosionen mehr oder weniger im glühenden Urnebel, aus dem das Sonnensystem wurde, eine etwas andere Massenverteilung bei der Entstehung der Planeten, und schon könnte alles ganz anders sein. Oder: „Musste unter den Religionen gerade dem Christenthum, musste unter den culturpraktischen Mächten gerade der Religion die Lenkung Europas zufallen, musste die griechische Kunst untergehen – ". Am Schluß dieses Aphorismus heißt es dann:

In der Welt ist so empörend viel Unsinn, Sprung, Zerrissenheit, Chaos, „Willensfreiheit"; ich beneide Diejenigen um ihre guten und synthetischen Augen, die in ihr die Entfaltung einer „Idee", *einer* Idee sehen. [H 1897b, 4; VII: 98].

Man könnte gerade diese Schlußpassage auch als einen kräftigen Seitenhieb auf HEGELS „absolute Idee" und auf den HEGELschen „Weltprozeß" auffassen. Im Aphorismus 379 bezeichnet HAUSDORFF HEGEL als einen "genealogischen Metaphysiker",

---

[58][Zitat aus *Also sprach Zarathustra* IV. [Nietzsche KSA, Band 4; 344].]

dessen Nachfolger EDUARD VON HARTMANN es sogar fertig gebracht habe, „dem 'Weltprocess' ein Ziel und damit ein Ende zu geben".[59]

Eine Reihe von Aphorismen widmet HAUSDORFF der Kritik der Religion. Im Aphorismus 66 zitiert er zunächst – natürlich auf Latein – die Strophe über das Jüngste Gericht aus der katholischen Totenmesse; auf deutsch lautet sie: „Ein geschrieben Buch erscheinet/ darin alles ist enthalten/ was die Welt einst sühnen soll./ Wird sich dann der Richter setzen/ tritt zu Tage, was verborgen;/ nichts wird ungerächt verbleiben." Dazu nun sein Kommentar:

> O über die Bescheidenheit dieser Propheten! Also die ganze irdische Haupt- und Staatsaction, die sich anmassend genug „Welt"geschichte nennt, der ganze kleine Spectakel und Kinderstubenlärm soll uns am Ende der Tage *noch einmal* in extenso vorgeführt werden, als Material einer ungeheuren Gerichtsverhandlung? Was Peter gethan und Paul gelassen hat, Hänschens Augenlust und Gretchens Fleischeslust, der böse Esau und der fromme Jacob und wie all die Struwwelpetergeschichten heissen mögen – nicht genug, dass dieses Menschliche, Ueberflüssige, Beiläufige da war, hundert- und tausendfach da war: nun soll es auch noch zum Schluss verarbeitet und recapitulirt werden, in Plaidoyers und Richtersprüchen, in schauderhaft umständlichem Für und Wider, ohne Abzug, ohne Strich, ohne Kürzung! Und das soll Unsereiner aushalten? dabei soll er ernsthaft bleiben?

Aber HAUSDORFF setzt sich nicht nur mit der christlichen Sicht auf Gott auseinander, sondern auch mit der jüdischen; er fährt nämlich fort:

> Um gerecht zu sein, muss daran erinnert werden, dass diese Taktlosigkeit in göttlichen Dingen, die sich Gott als Aufpasser und Polizisten mit einem fabelhaft genauen Gedächtniss oder Notizbuch vorstellt, nicht eigentlich dem Christenthum zur Last fällt; die ganze Möglichkeit so kleinlicher Anthropomorphismen erbte es vom Judenthum. Ohne die jüdische Begriffsverschmelzung zwischen dem Schöpfer Himmels und der Erden und einem beschränkten Nationalgotte, der nicht verschmäht den Speisezettel seines auserwählten Volkes zu entwerfen, ist jenes christliche Zeugma unverständlich, das der ewigen Weltordnung ein Sichbefassen mit dem alltäglichen Gerede und Gethue alltäglicher Menschen zumuthet.[60]

Als zweites Beispiel dieser Reihe von Aphorismen sei hier noch Aphorismus Nr. 367 wiedergegeben:

> Die Postulate der practischen Vernunft sind: *kein* Gott, *unfreier* Wille, *Sterblichkeit* der Seele. Der Theismus vernichtet die moralische Verantwortlichkeit des Menschen, die Willensfreiheit widerspricht der moralischen Schätzbarkeit der That, die Unsterblichkeit verhindert Aequivalenz zwischen Strafe und Sünde. Der Gottgeschaffene ist blosser Zuschauer der Gottesthaten in ihm; die freie That ist durch blosses Zufallsspiel an den Thäter gerathen und ihm

---

[59] [H 1897b, 317; VII: 411]. Hier hätte er auch den Junghegelianer Karl Marx nennen können, welcher der Menschheitsgeschichte mit dem Kommunismus ein Ziel und einen idealen Endzustand setzte.

[60] Alle Zitate in [H 1897b, 67–68; VII: 161–162].

daher nicht zuzurechnen; eine Ewigkeit von Heil und Verdammniss, zuerkannt auf Grund einer Spanne Menschenlebens, ist entschieden zu lang. [H 1897b, 305; VII: 399].

In einigen Aphorismen setzt sich HAUSDORFF, meist mit ironischer Distanz, mit Modeerscheinungen des kulturellen Lebens auseinander. Hier soll als Beispiel seine bissige Satire auf die BACON-SHAKESPEARE-Theorie kurz vorgestellt werden. Sie ist insofern besonders bemerkenswert, als der Begründer der Theorie der transfiniten Zahlen und damit der Mengenlehre als eigenständiger mathematischer Disziplin, GEORG CANTOR, ein aktiver und leidenschaftlicher Anhänger der BACON-SHAKESPEARE-Theorie war. 1897 konnte HAUSDORFF allerdings noch nicht wissen, daß CANTOR sein verehrtes Vorbild in der Mathematik werden würde, dem er später sein Hauptwerk widmen würde.

Nachdem es schon im 18. und in der ersten Hälfte des 19. Jahrhunderts einzelne Stimmen gab, die SHAKESPEARES Autorschaft an den unter seinem Namen bekannten Werken, insbesondere der Dramen, anzweifelten, datiert das Aufkommen einer Art „Bewegung" zur „SHAKESPEARE-BACON-Frage" mit dem Erscheinen eines Buches und eines Artikels der Amerikanerin DELIA BACON in den Jahren 1857 und 1858 [Bacon 1857], [Bacon 1858]. Ihre Argumentation ging dahin, daß SHAKESPEARE ein mittelmäßig begabter und nicht sehr gebildeter Schauspieler gewesen sei. Außerdem hätten Theaterleute bei Hofe keinen Zugang gehabt, so daß ihm die intimen Kentnisse des Hoflebens, die er insbesondere in seinen Königsdramen verarbeitet hat, nie zur Verfügung gestanden hätten. Der wahre Autor müsse also jemand sein, der bei Hofe ein- und ausging und zudem ein Dichter und bedeutender philosophischer Kopf war, aber seine Autorschaft mit Rücksicht auf seine Stellung habe verschleiern müssen. Hier kam vor allem FRANCIS BACON in Betracht; DELIA BACON zog aber auch Lord WALTER RALEIGH als wahren Autor in Erwägung. Mit dem über 600 Seiten umfassenden Buch von NATHANIEL HOLMES avancierte dann BACON zum alleinig möglichen Autor der SHAKESPEAREschen Dramen [Holmes 1866].

In Deutschland ist die BACON-SHAKESPEARE-Theorie erst in den achtziger Jahren breiter bekannt geworden, wurde dann aber schnell außerordentlich populär. Der Leipziger Anglist RICHARD PAUL WÜLKER schätzte 1889 die Zahl der Publikationen zu dieser „Theorie" auf 500 oder mehr [Wülker 1889]. Daß die Theorie auch in der öffentlichen Diskussion eine große Rolle spielte, zeigen die zahlreichen Klagen im *Jahrbuch der Deutschen Shakespeare-Gesellschaft*.

Es gab – grob gesprochen – zwei Richtungen unter den „Baconianern". Eine Minderheit suchte nach inhaltlichen Begründungen oder historischen Hinweisen auf eine Autorschaft BACONs. Zu dieser Minderheit gehörte GEORG CANTOR. Er publizierte z.B. erneut eine längst vergessene Sammlung von Trauergedichten auf

BACON [Cantor 1897]; vor allem in einem dieser Gedichte meinte er unwiderlegbare Beweise für die Autorschaft BACONs gefunden zu haben.[61]

Der weitaus größte Teil der „Baconianer" bediente sich höchst fragwürdiger Methoden. Man glaubte in SHAKESPEARES Schriften von BACON dort versteckte Geheimschriften und Chiffren entdeckt zu haben; auch in anderen Quellen suchte man Kryptogramme, die angeblich Hinweise lieferten. Man versuchte auch, aus Buchstabenfolgen der Texte Anagramme mit entsprechenden Hinweisen auf BACONs Autorschaft zu konstruieren. Ausgangspunkt dieser Richtung waren die Bücher von DONNELLY und OWEN [Donelly 1888], [Owen 1893–1895].

HAUSDORFFs Aphorismus 306 *Die Shakespeare-Bacon-Frage* macht die Suche nach versteckten Chiffren lächerlich, indem aus einer Strophe aus GOETHES *Faust* ein Anagramm konstruiert wird, welches KANT als den eigentlichen Autor des *Faust* erkennen läßt. HAUSDORFF wählt den Schlußchor aus Faust II: „Alles Vergängliche ist nur ein Gleichnis / Das Unzulängliche hier wird's Ereignis / Das Unbeschreibliche hier ist's gethan / Das Ewig Weibliche zieht uns hinan." Wenn man noch als Überschrift „Chorus mysticus" hinzufügt, hat man 144 Buchstaben. Diese trägt HAUSDORFF diagonal in die 144 Felder eines Quadrats von 12 mal 12 Fächern ein, oben links beginnend. Dann wählt er die 24 Buchstaben aus der ersten und letzten Spalte (CHRMILRCRHUI IECTDWCENIAN) und konstruiert daraus das folgende Anagramm: CANT R CRE HUI DRM J W NIHIL CEC. Dieses ist nun folgendermaßen zu deuten: *Cant R(egiomontanus) cre(ator) hui(us) dr(a)m(atis), J(ohann) W(olfgang) (Goethe) nihil cec(init)*, also: Kant aus Königsberg ist Schöpfer dieses Dramas, Johann Wolfgang Goethe hat nichts davon gedichtet. Das abschließende Urteil HAUSDORFFs über die BACON-SHAKESPEARE-Theorie lautet nun folgendermaßen:

> Man thut Unrecht, die Unvernunft summarisch als Gegensatz des Vernünftigen zu verstehen; es giebt Gradunterschiede, und die Shakespeare-Baconfrage ist, wie der Spiritismus, vielleicht ein Gipfel im Hochgebirge der Absurdität. Man entschliesst sich, Jemandem eine, zwei, drei Voraussetzungen wider den bon sens zuzugeben, man zwingt sein Gehirn, mit den Schwingungen eines Querkopfgehirns parallel zu schwingen – aber das hilft noch nichts; innerhalb des Unsinnigen kommt erst das Unsinnigste, die Narrheit potenzirt sich. Es giebt Systeme, die auf einem falschen Grunde wenigstens richtig aufgebaut sind, man tritt um den Preis eines sacrifizio dell' intelletto ein, darf dann aber wieder seine Vernunft gebrauchen. Und es giebt andere, die auf Schritt und Tritt den Unsinn nicht loswerden, Systeme, die es mit einer einmaligen Gehirnverrenkung keineswegs bewenden lassen; die Vernunft wird von unten auf gerädert – gliedweise und fingerweise verstümmelt! [H 1897b, 204–206; VII: 298–300].

CANTOR zählte sich zu den seriösen Erforschern der Literaturgeschichte, die Geheimschriften-Krämerei lehnte er strikt ab, und HAUSDORFFs Experiment mit dem

---

[61] Genauer ausgeführt ist dies in [Purkert/ Ilgauds 1987, 81–92]. Die wissenschaftliche Anglistik würdigte durchaus Cantors Wiederentdeckung und Publikation dieser Gedichtsammlung, nur seine Schlußfolgerungen teilte sie nicht.

GOETHE-Text hätte ihn sicher amüsiert. Aber den Schluß des Aphorismus hätte er gewiß als Beleidigung empfunden. Man kann davon ausgehen, daß er *Sant' Ilario* nicht gelesen hat und vielleicht auch nicht wußte, wer MONGRÉ ist. HAUSDORFF hatte später ein gutes persönliches Verhältnis zu CANTOR, und er wird sich gehütet haben, mit ihm philosophische oder auf SHAKESPEARE bezügliche Debatten zu führen. CANTOR war nämlich auch ein entschiedener Gegner NIETZSCHES, über dessen Philosophie er in einem Brief an den evangelischen Kirchenhistoriker FRIEDRICH LOOFS u.a. schrieb:

> Wegen der stilistischen Reize findet sie bei uns eine kritiklose *Anerkennung*, die im Hinblick auf die perversen Inhalte und die herostratisch-antichristlichen Motive mir *höchst bedenklich* zu sein scheint. Das Bedürfniss nach Neuheit und Füllung des philosophiegeschichtlichen Schemas macht unsere Philosophen *moralisch blind* und *eilfertig bereit*, jeden mit dem Anspruch eines neuen Systems in ihre historische Darstellung einzufügen. So erreicht der ehrgeizige Neuerer stets seinen Zweck; er wird zum berühmten Philosophen und die Verderbniss der Jugend vollzieht sich im grossen Stile.[62]

Am Schluß unserer kleinen Auswahl MONGRÉscher Aphorismen möge noch einer stehen, der in witziger Weise eine Verbindung zwischen dem Verfassen von Dramen und der Mathematik herstellt:

> Das ideale Drama zu n Personen muss enthalten: n Persönlichkeiten, $\binom{n}{2}$ dialogische Beziehungen (Unterdramen zu je Zweien), $\binom{n}{3}$ „dreieckige" Verhältnisse (Unterdramen zu je Dreien) und so fort, oder, wie man in der Arithmetik sagt, Unionen, Binionen, Ternionen in der überhaupt möglichen Anzahl. Also innere Vollständigkeit und Erschöpfung aller denkbaren Combinationen; keiner der Handelnden soll nur einseitig wirken oder einseitig empfangen – zwischen den vorhandenen Punkten sind alle Linien, Ebenen u.s.w. wirklich zu zeichnen. Daneben muss das Drama ein Gesamtvorgang zwischen allen n Personen, ja womöglich Theil eines Vorgangs zwischen mehr als n Personen sein, d.h. es muss einen Hintergrund (ein Milieu) geschichtlicher oder sonst allgemeiner Art haben. Man sieht, wie sehr der ernsthafte Dramatiker bemüht sein wird, sein n zu **verkleinern!** [H 1897b, 201–202; VII: 295–296].

Aus einigen Aphorismus werden wir später, bei der Behandlung weiterer Schriften von MONGRÉ bzw. bei der Besprechung biographischer Details, zitieren. Hier soll nun noch kurz über die zeitgenössische Rezeption des *Sant' Ilario* berichtet werden.

Den bei weitem verständnisvollsten Leser fand das Buch in dem emeritierten Baseler Professor der Theologie und bekannten Kirchenhistoriker FRANZ OVERBECK. Dieser war seit NIETZSCHES Zeit als Professor in Basel dessen bester und treuester Freund. OVERBECK war es auch, der nach NIETZSCHES geistigem Zusammenbruch in Turin dorthin eilte, um die verwirrten Kranken und dessen Manuskripte in Sicherheit zu bringen. Er brachte NIETZSCHE schließlich in die Obhut von dessen Mutter FRANZISKA, die den Sohn bis zu ihrem Tod pflegte [Bernoulli 1908].

---

[62]Brief an Loofs vom 24. Februar 1900. [Meschkowski 1967, Brief Nr. 18.].

Zeugnisse von OVERBECKs Lektüre des *Sant' Ilario* finden sich in seinem – mittlerweile in der Werkausgabe weitgehend veröffentlichten – umfangreichen Nachlaß im Besitz der Universitätsbibliothek zu Basel, in seiner Korrespondenz mit HEINRICH KÖSELITZ und in seinem Handexemplar von MONGRÉs Buch.[63]

FELIX HAUSDORFF muß Ende September/Anfang Oktober 1897 ein Exemplar seines *Sant' Ilario* an HEINRICH KÖSELITZ geschickt haben. KÖSELITZ hat es offenbar gleich gelesen, denn schon am 7. Oktober 1897 schrieb er an OVERBECK:

> Eines der besten Bücher aus dem Kreis der Nietzsche'schen Nährvaterschaft bekam ich dieser Tage zugesandt. „Sant' Ilario" heißt es, von Paul Mongré. Der Verfasser ist der Astronom Dr. Hausdorff. Man glaubt wahrhaftig Nietzsche zu hören, so sehr ist es in seinem Tonfall geschrieben. Schade, dass diese Gleichheit der Sprache ein Vorurtheil gegen den Inhalt erwecken wird. Am meisten hat mich darin die Widerlegung der ewigen Wiederkunftslehre vom Infinitesimalrechnungsstandpunkt aus interessirt. [Hoffmann/ Peter/ Salfinger 1998, 439].

OVERBECK antwortete KÖSELITZ in einem Brief vom 8. März 1898, nachdem er *Sant' Ilario* sehr aufmerksam gelesen hatte:

> Mongré ist längst in meinem Besitz. Da er von Ihnen nicht kam, liess ich ihn mir zu Weihnachten bescheeren [···]. Indessen wer dem Daemon des Individualismus so verfallen ist, wie ich, kann in Tagen der „Anfechtung" in diesem Geist den Freund am wenigsten ganz verkennen. So habe ich nicht blos epicuräische Freude an seinem Funkeln gehabt, er hat mich, nach Lage der Umstände zeitweise *erbaut,* und so habe ich neulich nicht ohne Entrüstung, die ich sonst gern spare, eine Anzeige des Buchs gelesen, im letzten Heft der preussi[schen] Jahrbücher. Sie warf für mich auch erst das rechte Licht auf eine früher vom selben Verfasser, H. Gallwitz, mir bekannt gewordene Besprechung Nietzsche's, [···] Herzlichen Dank also für den Hinweis auf Mongré, der übrigens, wie ich am Tage bevor es geschah durch einen merkwürdigen Zufall erfuhr, kürzlich hier wieder einmal nach Italien durchflog. [Hoffmann/ Peter/ Salfinger 1998, 447].

In einem Brief vom 10. Juli 1898 distanziert sich OVERBECK von den sich religiös gebärdenden Atheisten vom Schlage eines GALLWITZ und stellt ihnen MONGRÉ positiv gegenüber:

> Da lobe ich mir in der „Landschaft Zarathustra's" Mongré's Sant' Ilario, was er auch an Wünschen übrig lassen mag, [···]. Inzwischen hörte ich auch noch, nicht zur Erhöhung meines Zutrauns zum Buch, dass der Verfasser ganz jung ist. Also wieder ein frühreifer Jude! [Hoffmann/ Peter/ Salfinger 1998, 451].

OVERBECK las das Buch, das er sich zu Weihnachten hatte bescheren lassen, nicht wie manche andere, die den Autor auf die eine oder andere Weise ständig mit NIETZSCHE verglichen. Er las es so, wie MONGRÉ es sich gewünscht hatte, mit Vergnügen an geistreichen Bemerkungen, die er teilweise aufnahm, teilweise auf

---

[63] Egbert Brieskorn hat zu diesen Quellen sehr detaillierte Angaben gemacht; auf diese sei hier verwiesen: *HGW*, Band IB, Fußnoten auf den Seiten 277–278.

seine persönliche Situation bezog und teilweise kritisch zurückwies. Dies zeigen die Notizen in seinem Handexemplar[64] und in seinem Nachlaß in den Abteilungen *Kirchenlexikon* und *Autographisches*. So hat er – den autobiographischen Aufzeichnungen zufolge – seinem ehemaligen Schüler und späteren Freund und Mitstreiter CARL ALBRECHT BERNOULLI, der zur Theologie zurückkehren wollte,

> den Rath gegeben an diese Rückkehr nicht zu denken bevor er sich auf das Gründlichste mit dem modernen Unglauben bekannt gemacht habe und ihm dazu *Nietz'sches* Schriften und den mir gerade erst in die Hände gekommenen Sant' Ilario von *P. Mongré* empfohlen. [Reibnitz/ Stauffacher 1995, 60f.].

Der „Unglaube" in MONGRÉS Buch war anscheinend gerade das, was OVERBECK zur „Erbauung" diente:

> 31. Dec. 1897. Zur Arbeit über die Anfänge der Kirchengeschichtsschreibung. Was ich bei Paul Mongré Sant' Ilario S. 84f. über Polemik lese, lässt mich recht inne werden, warum dieses selbst nicht ernst genommen werden wollende Buch für mich eine Erbauungslectüre ist. Denn dergleichen ist nur bei ‚Ungläubigen' zu lesen – heutzutage wenigstens – und es lässt mich selbst herzlich als den ihnen mit Leib und Seele verschriebenen empfinden. [Tetz 1962, 96].

Besonderes Interesse hatte OVERBECK an solchen Stellen im *Sant' Ilario*, bei denen sich für ihn eine Assoziation zu seiner Arbeit als Kirchenhistoriker ergab. Ein Beispiel ist HAUSDORFFS Aphorismus über die BACON-SHAKESPEARE-Theorie, der OVERBECK an Erscheinungen in seinem Fach erinnerte, die er für ähnlich absurd hielt:

> Um die Verirrungen, zu welchen in der neuesten histor. Quellenkritik die absonderliche Beliebtheit, deren sich zur Zeit die Methode der Quellenanalyse erfreut, geführt hat, zu begreifen, muss man im Auge behalten, dass die ganze Methode wie kaum eine andere und durch ihre ganze Art sich von vornherein auf der Bahn der „Methode" befindet, welche Shakespeare im Baco wiedergefunden hat und welche in so höchst vortrefflicher Weise *P. Mongré* Sant' Ilario Leipz. 1897 S. 204f. charakterisirt als „einen Gipfel im Hochgebirge der Absurdität". [Reibnitz/ Stauffacher 1995, 262].

Es sei schließlich noch erwähnt, daß CARL ALBRECHT BERNOULLI in seinem Buch über die Freundschaft zwischen OVERBECK und NIETSCHE geschrieben hat, OVERBECK habe MONGRÉS Buch das „weitaus beste, was er seit Nietzsche gelesen habe" genannt. [Bernoulli 1908, 396].

Die Rezension des *Sant' Ilario*[65], die OVERBECK „nicht ohne Entrüstung" gelesen hatte, stammte von dem evangelischen Stadtpfarrer von Sigmaringen HANS GALLWITZ und erschien 1898 in den Preussischen Jahrbüchern [Gallwitz 1898].

---

[64]Es würde zu weit führen, sie hier alle aufzuführen; sie sind von Egbert Brieskorn dokumentiert in *HGW*, Band IB, 281–282.

[65]Einen vollständigen Überblick über alle Rezensionen zu *Sant' Ilario* gibt Werner Stegmaier in *HGW*, Band VII, 70–73; einige der im folgenden zitierten Stellen sind von dort übernommen.

Dort hatte dieser Pfarrer vorher, 1897, den Artikel *Friedrich Nietzsche als Erzieher zum Christentum* veröffentlicht, der OVERBECK so irritiert hatte und der ihm erst jetzt, nach der Rezension von *Sant' Ilario*, im rechten Licht erschien. GALLWITZ hat MONGRÉ wirklich gelesen. Seine Rezension ist sehr ausführlich und bringt eine ganze Reihe von Zitaten aus *Sant' Ilario* – dies deswegen, weil der „Schüler" MONGRÉ mit dem „Meister" NIETZSCHE verglichen werden soll, um „die Übereinstimmung wie den tiefen Gegensatz zwischen den beiden" näher zu betrachten. Dazu einige Zitate:

> Hier ist die große Kluft zwischen Mongré und Nietzsche. Dieser hat sein Philosophiren in den Dienst der Persönlichkeitsbildung gestellt; er ist, trotzdem er sich einen Immoralisten nennt, dennoch durchaus ethisch gerichtet. [···] Ähnliches kann man von Mongré bisher nicht sagen. [···] Wenn er [Mongré] nicht mehr mit naivem Glauben die menschlichen Anschauungsformen und Wertschätzungen als das Normalmaß an die Dinge legt, wird er überhaupt für seine Weltanschauung keinen gerundeten Horizont und für die Einzeldinge keine Gestalt und Grenze finden. Er wird Wirklichkeit und Einbildung nicht mehr zu unterscheiden vermögen und sich in ungeheure Phantastereien verlieren. Ebensowenig wird er eine begrenzte Lebensaufgabe als Pflicht anerkennen, sondern das Verlangen nach immer neuen Empfindungen und Anschauungsarten hegen und suchen, der Natur feinere und raffinirtere Genüsse abzupressen, als sie zu geben vermag. [Gallwitz 1898, 557, 559, 560f.].

Soweit die Worte des Herrn Pfarrers. Mit seiner Prophezeiung lag er gründlich daneben. Der von ihm kritisierte Autor hat auf einem zweiten Konto durchaus eine „Lebensaufgabe als Pflicht" anerkannt und damit erreicht, daß man von ihm noch sprechen wird, wenn der Prophet längst in der Vergessenheit versunken ist.

Eine Rezension sozusagen „von Amts wegen" kam vom Begründer der Kant-Studien, dem Ordinarius für Philosophie an der Universität Halle HANS VAIHINGER. Sie ist sehr knapp gehalten; im Mittelpunkt steht MONGRÉS gelegentliche Auseinandersetzung mit KANT:

> Der pseudonyme Verfasser (Privatdozent Dr.Felix Hausdorff in Leipzig) ist, wie der Titel schon lehrt, ein Schüler Nietzsche's und seiner „fröhlichen Wissenschaft". Er findet es daher notwendig, nach Analogie seines Meisters in seiner Aphorismensammlung auch an Kant, dem Lehrer der „sittlichen Weltordnung", sich zu reiben. [Vaihinger 1898].

Es folgen einige Zitate von MONGRÉ zu KANT und zum Schluß immerhin das Eingeständnis: „Amüsant ist die Parodie auf die Shakespeare-Baecontheorie".

In der Wiener Zeitung *Die Zeit* erschien 1898 eine kurze Rezension von LOU ANDREAS-SALOMÉ [Andreas-Salomé 1898]. Aphorismensammlungen ertrage sie nur, so schreibt sie am Beginn, wenn sie allerersten Ranges sind. Es muß aus ihnen

> die schöpferische Originalität eines Meisters sprechen oder einer gewaltigen Persönlichkeit, oder aber es muß sich um eine Sammlung von zerstreuten Aeußerungen eines Solchen handeln, der uns längst durch seine Lebenswerke überaus theuer und interessant geworden ist.

Auf NIETZSCHE treffe dies alles zu, auf MONGRÉ nicht. Dessen Aphorismen sind von denen NIETZSCHES „ein zweiter Aufguß". Sein Buch ist sehr „gescheidt", aber macht den Eindruck einer „Plauderhaftigkeit des Geistes".

> Inhaltlich wie formell sind seine Gedanken in der That in der Landschaft Zarathustras gewachsen, Früchte von Bäumen, die Nietzsche gepflanzt hat. Hätte der Verfasser seine Früchte ruhig süß und reif an der Sonne werden lassen, um sie dann selbst zu verspeisen, wäre er für sich selbst auf und nieder gegangen in seinem blühenden Garten, um sich Kraft und Glück und Gedeihen aus ihm zu holen – das wäre im Grunde viel schöner gewesen, als alle diese Gedanken zusammenzulesen und, wie gedörrtes Obst an einer langen Schnur, aneinanderzureihen für andere. Denn die anderen haben ja, was er ihnen bieten kann, in Nietzsches Werken aus erster Hand; welchen Zweck hat es, dies mit variirten Wendungen doch im wesentlichen zu wiederholen? Vielerlei begabten Menschen kommen von Zeit zu Zeit vielerlei Gedanken über vielerlei Dinge, aber schlimm wäre es, wenn es Mode werden sollte, daraus Aphorismensammlungen zu machen.

Eine fast durchweg sehr negative Rezensionen stammt von ERICH ADICKES, damals gerade für Philosophie habilitiert und später bekannt als Herausgeber von KANTS Nachlaß. Für ihn gehörte MONGRÉ zu den schwer erträglichen unter den „Nietzscheanern":

> Auf das Nachbeten folgt hier das Nachtreten, auf das Nachkläffen das Nachäffen. Das Buch enthält Aphorismen mit viel Halb-Wahrem oder Ganz-Falschem; einige gute Gedanken helfen uns nicht über das Gezierte, Gespreizte, Ueberspannte, Gesucht-Paradoxe hinweg, von dem das Werk voll ist. Nietzsches Gedanken nachahmen wollen und seine stilistische Gestaltungskraft nicht besitzen, nicht einmal das Blendende seiner Gedanken: das ist geschmacklos und rücksichtslos.[66]

Ähnlich gehässig wie die von ADICKES war die Rezension von MICHAEL GEORG CONRAD, Gründer und Herausgeber der Münchener Zeitschrift *Die Gesellschaft. Realistische Monatsschrift für Litteratur, Kunst und öffentliches Leben*. Dort heißt es:

> Bis zur Täuschung nachgemachter Nietzsche [···] So blendend die Illusion ist, so vollkommen fast die Täuschung in allen Nüancierungen des Nietzsche-Stils (der Jenseits-Periode), die Unechtheit bricht doch überall durch. Alles ist schief an diesem Buch, alles nur halbrichtig. [···] Wie ich höre, ist Paul Mongré ein Pseudonym. Nichts ist echt an diesem Buch, nicht einmal der Verfassername. [Conrad 1898].

Wir wollen die Ausführungen zu *Sant' Ilario* beschließen mit einem Zitat aus einer sehr wohlwollenden Rezension eines Anonymus, die in der „Neuen Deutschen Rundschau" erschien, der führenden literarischen Zeitschrift jener Zeit:

---

[66] *Jahresberichte für neuere deutsche Litteraturgeschichte*, **8** (1897), 4 (23b). Zitiert nach Werner Stegmaier, *HGW*, Band VII, 71.

Vielleicht das geistvollste Buch, das seit den Zarathustra-Büchern erschien.
Ein auffallend reifer Kopf, ein Geist auf der höchsten Höhe der Ironie spricht
sich über alle Fragen des Lebens in Aphorismen aus. Bald ist es ein kurzes
Paradoxon, bald ein längerer Essai. Kein Wort zu viel; um Mongré's Gedanken
wiederzugeben, müßte man sie wiederholen. Von einer Nietzsche-Nachahmung
ist keine Spur. Nur die Freiheit des Geistes, die heiter-heilige Sant' Ilario-
Stimmung ist Nietzsche vergleichbar. Es steckt kein System in dem Buche,
außer der Systemlosigkeit. Ein kleines Leben von Erfahrung, wie es in dem
Werke enthalten ist, bezwingt sich nicht mit einem Male. Man wälzt es wie
die Bibel. Nach Zeiten erst kann man darüber sich ausführlich auslassen.[67]

5.4 Das Chaos in kosmischer Auslese

Im Herbst 1898 erschien PAUL MONGRÉS zweites Buch *Das Chaos in kosmischer Auslese – Ein erkenntnisskritischer Versuch*[68] im gleichen Verlag, in dem
Sant' Ilario ein Jahr zuvor erschienen war, bei C. G. NAUMANN in Leipzig. Wenn
auch die Thematik seines zweiten Buches an das letzte Kapitel „Zur Kritik des
Erkennens" des *Sant' Ilario* anschließt, so hat es doch einen ganz anderen Charakter: Während die Aphorismen des *Sant' Ilario* eine bunte Vielfalt von Ideenkeimen
bieten, sagt der Autor hingegen von seinem neuen Buch:

> Ich befinde mich in demselben Falle wie Schopenhauer, der einen einzigen
> Gedanken mitzutheilen hatte, aber keinen kürzeren Weg ihn mitzutheilen
> finden konnte, als ein ganzes Buch. [H 1898a, V; VII: 593].

Es ist allerdings nicht ganz einfach, herauszufinden, worin diese einzige Idee bestand. Im Vorwort des Buches entschuldigt sich HAUSDORFF gewissermaßen dafür,
daß er kein Fachmann in der Philosophie sei und den gewöhnlichen Weg, an ein
Problem heranzutreten, nämlich zwischen seiner eigenen Lösung „und den bisherigen Lösungen die Fäden geistiger Beziehung zu knüpfen" nicht beschreiten kann.
Er sei aber der Letzte, „der ein willkürliches und häufiges Verlassen dieses Weges,
ein Improvisiren auf eigene Hand und ohne Anschluss an das Bestehende, für er-
spriesslich hielte". Dann fährt er fort:

> Aber setzen wir einmal den umgekehrten Fall: nicht ich trete an das Problem
> heran, sondern das Problem an mich! Ein Gedanke blitzt auf, der ungeheu-
> re Folgerungen zuzulassen scheint, verwandte Gedanken krystallisiren sich
> an: ein ganzer grosser philosophischer Zusammenhang entschleiert sich vor
> Demjenigen, der von Berufswegen gar nicht und durch persönliche Liebhabe-
> rei nur ungenügend zur Erfassung und Darstellung solcher Zusammenhänge
> ausgerüstet ist! [H 1898a, III-IV; VII: 591–592].

---

[67] *Neue Deutsche Rundschau,* **8**, (1897), Heft 12, 1311. Zitiert nach Werner Stegmaier, *HGW,*
Band VII, 71.

[68] [H 1898a]. Wiederabdruck mit Kommentaren in *HGW*, Band VII, 587–886. S. auch die historische Einleitung zu Band VII von W. Stegmaier, dort zum *Chaos in kosmischer Auslese*
S. 49–61.

Was war dieser Kristallisationskeim, dieser erste aufblitzende Gedanke? War es jener Moment in den Übungen zu KANTs „Kritik der reinen Vernunft" bei PAULSEN in Berlin? Der Moment, in dem der Student FELIX HAUSDORFF folgendes notierte und dabei die ersten Worte ungewöhnlich groß schrieb und dick unterstrich:

> **Man kann sich** denken, dass die uns unbek. transcend. Structur der Dinge die synthet. spontane Einheit der Apperception unterbräche; davon würde gar nichts im Bewusstsein bleiben; also bliebe das, was wir unter Welt verstehen, ungeändert. Ebenso Jahrmillionen lange Pausen in der Zeit.[69]

Oder kam ihm jene erste Idee bei der Lektüre von LOTZEs *Metaphysik*, der am Schluß seines Werkes einen ähnlichen Gedanken zum Ausdruck bringt.

Im ersten Satz des Vorworts gibt HAUSDORFF kund, was er mit seinem Buch beabsichtigt, nämlich nicht mehr und nicht weniger, als „das uralte Problem vom transcendenten Weltkern noch einmal in Angriff zu nehmen". [H 1898a, III; VII: 591]. Ein nicht zu hintergehender Ausgangspunkt ist dabei natürlich KANTs *Kritik der reinen Vernunft* mit der Erkenntnis eines „unbedingten Dualismus zwischen Erscheinung und Ding an sich".[70] Dementsprechend stellt er in zwei Spalten die Begrifflichkeit zusammen, die er im folgenden verwenden will [H 1898a, 3; VII: 597]; die Ausdrücke der ersten Spalte beziehen sich auf die Welt an sich, die der zweiten auf unsere Bewußtseinswelt, auf die „Welt als Erscheinung":

Welt an sich	Bewusstseinswelt
Ding an sich	Erscheinung
Noumenon	Phaenomenon
intelligibel	sensibel
transcendent	immanent
transsubjectiv	subjectiv
objectiv	subjectiv
absolut, real	empirisch
wahr	scheinbar

Die Termini innerhalb einer Spalte sollen Synonyma sein, zwischen denen HAUSDORFF „ohne andere Unterscheidung, als der jeweiligen stilistischen Nuance, abwechseln" will. Ganz vermeiden will er KANTs Terminus „transzendental", da dieser „seit Kants schwankendem Gebrauch [···] eine unmögliche Mittelstellung hat einnehmen müssen und gewissermassen statt der scharfen Grenze beider Welten einen Übergangsstreifen, ein Herein- und Hinausragen der einen Welt in die andere andeuten will." [H 1898a, 3; VII: 597]. KANT hatte von der „transcendentalen Idealität" von Zeit und Raum gesprochen, weil nach seiner Ansicht Zeit und Raum als apriorische Formen aller denkbaren empirischen Inhalte in uns angelegt sind. Andererseits erfahren wir Zeit und Raum, sie haben empirische Realität, ob sie oder was sie ,an sich, objektiv' sind, wissen wir nicht. MONGRÉ will in seinem

---

[69]Nachlaß Hausdorff, Faszikel 1153, Bl.6v.
[70]S.dazu die im Abschnitt 5.1, S. 103 bereits zitierte Passage aus [H 1898a, 1-2; VII: 595–596].

Buch auf neue, auf *seine* Weise die „*transcendente* Idealität" von Zeit und Raum beweisen und damit über KANT hinausgreifen:

> Es wird im Laufe unserer Betrachtungen vielfach zu betonen sein, dass es derlei vermittelnde Gebiete nicht giebt, dass vom Empirischen zum Absoluten keine Brücke herüber und hinüber führt, dass das „Ding an sich" in der Erscheinung sich nicht mehr oder weniger deutlich entschleiert und das Bewusstseinsbild sich nicht mehr oder minder genau dem objectiven Thatbestand anpasst. Wir werden die völlige Diversität beider Welten und die Unhaltbarkeit jedes Schlusses von empirischen Folgen auf transcendente Gründe (im weitesten Sinne) zu zeigen haben, und zwar in einer umfassenden Allgemeinheit, die über das Kantische Resultat auch praktisch hinausgreift und ausser der Ablehnung jedes metaphysischen Positivismus einen neuen Standpunkt zur Naturwissenschaft motivirt. [H 1898a, 3–4; VII: 597–598].

Die Aufgabe, die „völlige Diversität beider Welten", der Welt des uns empirisch Gegebenen und der hypothetischen Welt des absolut Realen zu zeigen, wird also darauf hinauslaufen, „das innerhalb der Grenze möglicher Erfahrung Liegende von dem ausserhalb Liegenden reinlich zu trennen". [H 1898a, 4; VII: 598]. Glücklicherweise läßt sich diese Aufgabe auf die Behandlung eines einzigen Problems eingrenzen:

> Diese Aufgabe verlangt nicht etwa eine materielle Analyse des gesamten ungeheuer vielgestaltigen Weltinhalts; sie ist vielmehr bereits gelöst, wenn bei den *gemeinschaftlichen Formen*, in denen alles empirische Dasein erscheint, jene Grenzbestimmung gelungen ist; [···]. Eine derart allgemeine, alle empirischen Erscheinungen gemeinsam umspannende Form existirt in der That, und diese forma formalissima ist die *Zeit*: [···] [H 1898a, 4; VII: 598].

Eine weitere derart universelle Form der Welt der Erscheinungen ist der Raum. Im Kapitel „Vom Raume" präsentiert HAUSDORFF auch eine Lösung der Aufgabe für den Raum, d.h. er versucht, die völlige Unbestimmtheit des absoluten Raumes zu zeigen. Aus Platzgründen gehen wir auf dieses Kapitel überhaupt nicht ein, denn

> dieses ganze Capitel, das bei einer vorläufigen Lectüre übergangen werden mag, ist für den Gedankengang ohnehin nicht wesentlich und nur wegen des schönen Parallelismus, der hier zwischen Zeit und Raum besteht, eingeschaltet worden.[71]

HAUSDORFFs Beweisidee für die transzendente Idealität der Zeit und damit für die Unbestimmbarkeit des absolut Realen beschreibt er folgendermaßen:

> Es wäre nun die typische Form unserer Überlegungen abzugrenzen. Ich sagte, wir wollen den Realismus auf seinem eigenen Felde schlagen, mit seinen eigenen Sätzen ad absurdum führen. Zu dem Zweck greifen wir irgend eine unserer Bewusstseinswelt anhaftende Eigenschaft oder in ihr obwaltende Beziehung heraus, *übertragen sie unverändert auf das absolut Reale und suchen sie dann,*

---

[71][H 1898a, V; VII: 593]. Es sei auf die tiefgründige und ausführliche Analyse dieses Kapitels in der historischen Einleitung von Moritz Epple zu *HGW*, Band VI, verwiesen.

bei vorgeschriebener und festgehaltener empirischer Wirkung, möglichst stark umzuformen. Sobald uns das gelingt, so haben wir was wir brauchen: eine innerhalb gewisser Grenzen zutreffende *negative* Begriffsbestimmung der intelligiblen Welt, ein Exemplar einer Reihe von Eigenschaften, die wir *nicht* berechtigt sind, dem Realen an sich desshalb zuzuschreiben, weil sie seiner Erscheinung zukommen. Diese „Methode", wenn das stolze Wort erlaubt ist, genügt vollkommen zur Begründung des transcendenten, kritischen Idealismus, dessen Ziel mit der erkannten Unerkennbarkeit der intelligiblen Welt erreicht ist – immer vorausgesetzt, dass jene Umformung der transsubjectivirten Erscheinungsqualitäten einigermassen gelingt. [H 1898a, 8; VII: 602].

„Nach unserem Vorhaben, zunächst die Sprache des Realismus zu reden", so HAUSDORFF, muß zunächst für die Zeit ein transzendenter Apparat bereitgestellt werden, bestehend aus *absoluter Zeit, Zeitlinie und Gegenwartpunkt*; wie das gemeint ist, wird in den folgenden Zitaten nach und nach deutlich werden:

Die Untersuchung der *Zeit* [···] lässt sich von vornherein in zwei Haupttheile spalten. In unserer Zeitvorstellung sind zwei ungleichartige Einzelvorstellungen, die ich kurz *Zeitinhalt* und *Zeitablauf* nennen will, auf leicht trennbare Weise mit einander verknüpft: einerseits die einer continuirlichen Reihe von Weltzuständen, eines materialen Substrates der Zeit, andererseits die eines räthselhaften formalen Processes, durch den jeder Weltzustand die Verwandlungenfolge Zukunft, Gegenwart, Vergangenheit erfährt. Obwohl für unser zeitliches Erleben diese beiden Sonderbestandtheile stets verbunden auftreten, wollen wir sie gedanklich trennen und den Versuch machen, wieviel an jedem einzeln variirt werden kann, ohne die empirische Wirkung zu gefährden.

Mit der soeben eingeführten Bezeichnung „Weltzustand" verbinde ich folgenden präcisen Sinn. *Weltzustand* ist eine *erfüllte* Zeitstrecke von der Länge Null, sowie *Augenblick* eine *leere* Zeitstrecke von der Länge Null ist. Der Weltzustand verhält sich zur erfüllten Zeitstrecke wie der Augenblick zur leeren oder wie ein Punkt zur Linie. Die erfüllte Zeit ist ein einfach ausgedehntes Continuum von Weltzuständen, sowie die leere Zeit ein einfach ausgedehntes Continuum von Augenblicken, die Linie ein einfach ausgedehntes Continuum von Punkten ist. Was eine erfüllte Zeitstrecke ist, darüber ist unmittelbar unser zeitlich erlebendes Bewusstsein zu befragen, das receptiv und productiv mit nichts anderem als mit der Erfüllung der Zeitform beschäftigt ist. [···] Den Weltzustand selbst können wir freilich vom Standpunkte des zeitlich erlebenden Bewusstseins, dessen unerreichbare Nullgrenze er bildet, nicht näher beschreiben; [···]

Man denkt sich die einfach ausgedehnte Gesamtheit aller Weltzustände, deren stetige Succession unsere zeitliche Erfahrungswelt ausmacht, unter dem Bilde einer unbegrenzten Linie, der *Zeitlinie*, jeden Weltzustand als einen ihrer Punkte, endlich den Process der zeitlichen Realisation ausgeübt durch einen Punkt, den *Gegenwartpunkt*, der sich auf der Zeitlinie bewegt. Die Zeit, in der sich diese Bewegung abspielt, ist die absolute Zeit. [H 1898a, 11–12, 14; VII: 605–606, 608].

Gleich hier zu Beginn macht HAUSDORFF in entscheidender Weise Gebrauch von der unterschiedlichen Verwendung der Begriffe Essenz und Existenz in Bezug auf die empirische und die transzendente Welt: Die *Essenz* wird in den *Zeitinhalt*, die *Existenz* in den *Zeitablauf* verlegt.[72] Der Zeitinhalt, die Menge aller Weltzustände, wird demnach als Menge mit Struktur aufgefaßt, als Menge mit der Struktur des Linearkontinuums; deshalb heißt sie *Zeitlinie*. Ihre Punkte sind also die Weltzustände.

Der Inhalt des Begriffs „Weltzustand" ist schwer zu fassen. HAUSDORFF versucht gar nicht erst zu beschreiben, was er sich darunter vorstellt:

> Nur mit Hülfe analytischer Hypothesen über das, was eigentlich erfüllte Zeit ist, liesse sich auch der Weltzustand analysiren; hätte z.B. der Materialismus Recht, so wäre der Weltzustand eine Ruhelage materieller Punkte, das zu einem bestimmten Zeitaugenblick gehörige System von Punktörtern im Raume. [H 1898a, 13; VII: 607].

Selbst dies ist problematisch, denn die Örter allein definieren auch in der klassischen Mechanik nicht den Zustand; man müßte also ein System von Punkten im Phasenraum des Gesamtsystems nehmen.[73] An einer Stelle spricht HAUSDORFF allgemeiner von allem Geschehen als „dem bewegten Gesamtsystem mechanischer, organischer, psychischer Vorgänge". [H 1898a, 23; VII: 617]. Hier deutet er die gewaltige Komplexität an, die man bei der Inhaltsbeschreibung eines solchen Begriffs berücksichtigen müßte.

Was die „absolute Zeit" betrifft, so zeigt die Argumentation der folgenden Kapitel, daß sie ebenfalls als Menge mit Struktur gedacht ist, und zwar wiederum als Linie mit der Struktur des eindimensionalen reellen Kontinuums. Explizit wird das nie gesagt, aber ohne eine derartige Annahme hätten die Aussagen zur „Bewegung des Gegenwartpunktes" keinen Sinn. Die Bewegung des Gegenwartpunktes wird bei HAUSDORFF – modern formuliert – durch eine Funktion $f : T \to L$ beschrieben; dabei ist T die absolute Zeit und L die Zeitlinie. Diese Funktion f ordnet also jedem absoluten Zeitpunkt (Augenblick) τ einen Weltzustand $l \in L$ zu. Der ganze „transcendente Apparat" wird also mittels mathematischer Metaphern beschrieben.

Die Benutzung mathematischer Metaphern, basierend auf der damals neu entstandenen Mengenlehre, ist charakteristisch für den erkenntniskritischen Diskurs im *Chaos in kosmischer Auslese*. Im Vorwort schreibt HAUSDORFF, daß die im Buch vorgetragene „eigenthümliche Betrachtungsweise [· · ·] nicht ohne Beeinflussung durch die Mathematik geblieben ist". Benutzt werden jedoch nur entsprechende Metaphern; der philosophische Inhalt bedarf nicht der Mathematik:

> Wenn ich soeben der Mathematik gedachte, deren Beistand zur Klärung meiner Ansichten unentbehrlich war, so bitte ich zugleich meiner Versicherung

---

[72]In der philosophischen Terminologie bedeutet Essenz das Wesen, das Sosein einer Sache, Existenz das Dasein, Vorhandensein ohne nähere Bestimmung; zu dieser Problematik bei Mongré eingehend in *HGW*, Band IB, 309–326.

[73]Siehe zu dieser Problematik die Anmerkung von Moritz Epple in *HGW*, Band VII, 821–822, ferner seine oben erwähnte Einleitung zu *HGW*. Band VI, 1–207.

Glauben zu schenken, dass *meine Darstellung von mathematischen Voraus-setzungen unabhängig* ist und jedem abstract denkenden Leser zugänglich ist; [···].

Aber letzten Endes hofft HAUSDORFF doch, daß die von ihm tangierten „mathe-matischen Fundamentalfragen" auch für die Philosophen von Bedeutung sind:

> Ich würde es als einen erfreulichen Erfolg dieser Schrift begrüssen, sollte es mir gelingen, die Theilnahme der Mathematiker für das erkenntnisstheoretische Problem und umgekehrt das Interesse der Philosophen für die mathemati-schen Fundamentalfragen wieder einmal lebhaft anzuregen; hier sind Grenz-gebiete zu betreten, wo eine Begegnung beider Wissenschaften unvermeidlich und die Ablegung des bisher gegenseitig gehegten Misstrauens unbedingte Nothwendigkeit ist.[74]

Im zweiten Kapitel *Die zeitliche Succession* soll die völlige Unbestimmtheit der absoluten Zeit gezeigt werden. Es beginnt mit folgenden Sätzen:

> Die Bewegung des Gegenwartpunktes auf der Zeitlinie erzeugt für uns den Abfluss der empirischen Zeit: was lässt sich daraufhin über diese Bewegung aussagen? Der naive Realist würde sich nichts anderes vorstellen können, als dass der Punkt die Zeitlinie in immer derselben Richtung mit constanter Geschwindigkeit durchschritte; das wäre die unmittelbare Übersetzung unse-rer gewöhnlichen Meinung vom gleichförmigen Zeitflusse ins Transcendente. Hieran ist, soviel mir bekannt, nur die eine Verallgemeinerung angebracht wor-den, dass man eine *veränderliche* Geschwindigkeit des Fortschreitens zuliess. [H 1898a; 15; VII: 609].

Es ist nicht klar, wer mit „man" gemeint ist; vermutlich dachte HAUSDORFF an das Hauptwerk *Zur Analysis der Wirklichkeit* des „Neukantianers" OTTO LIEBMANN [Liebmann 1876]. LIEBMANN versucht in seinem Werk u. a. nachzuweisen, daß der quantitative Aspekt der Zeit nur subjektive, aber keine objektive Bedeutung hat. Er beruft sich dabei auf den Naturforscher KARL ERNST VON BAER, der aus der unterschiedlichen Pulsfrequenz verschiedener Lebewesen auf ein „verschiedenes subjectives Grundmaaß der Zeit" für verschiedene Lebewesen geschlossen hatte. LIEBMANN will die Vorstellung einer absoluten Zeit im NEWTONschen Sinne, in HAUSDORFFs Sprechweise das gleichmäßige Laufen des „Gegenwartpunktes" auf der Zeitlinie, überwinden. Die Quintessenz seiner Überlegungen zur denkmöglichen Struktur einer absoluten Zeit lautet folgendermaßen:

> *Zeitgröße* ist relativ und subjektiv; im Menschen eine andere als im Ephe-mer[75], eine andere als in der Kröte, die im aufgebrochenen, uralten Gestein noch lebend aufgefunden wird, u. s. w. [···] Zieht man daher von der Zeit-vorstellung die extensive Quantität ab, so bleibt als objectives Residuum, als ein Rest, dem eine von den specifischen Schranken unsrer und jeder andersge-arteten Intelligenz unabhängige Realität möglicherweise zukommt, übrig: die

---

[74] Alle Zitate in [H 1898a, IV–V; VII: 592–593].
[75] [Kurzlebige Lebewesen wie Eintagsfliegen – W.P.].

Zeitordnung, die Reihenfolge, die *series conditionalis* in der Causalkette der Realgründe und Effecte. [Liebmann 1876, 336].

In HAUSDORFFs Metaphern formuliert, würde sich bei LIEBMANN der Gegenwartpunkt auf der Zeitlinie nur in einer Richtung bewegen dürfen; über die Geschwindigkeit und deren Änderungen kann nichts gesagt werden. HAUSDORFFs Tat besteht nun darin, auch noch diese Ordnung der absoluten Zeit zu beseitigen. Nachdem er den letzten Satz von LIEBMANNs Quintessenz zitiert hat, heißt es bei ihm:

> Nachdem dieses Residuum zerstört, das vorbehaltene „möglicherweise" zurückgewiesen ist, dürfen wir sagen: Zieht man von der Zeitvorstellung auch die zeitliche Succession ab, so bleibt als Rest, dem eine absolute Realität möglicherweise zukommt, der Zeitinhalt übrig, die innere Constitution und Verknüpfung der Weltzustände. [H 1898a, 30; VII: 624].

Um zu diesem Resultat zu gelangen, sucht HAUSDORFF den folgenden Satz zu beweisen, den er als „Fundamentalsatz" im Druckbild besonders hervorhebt:

> *Der Gegenwartpunkt bewegt sich auf der Zeitlinie in ganz beliebiger, stetiger oder unstetiger Weise. Die transcendente Succession der Weltzustände ist willkürlich und fällt nicht in unser Bewusstsein.* [H 1898a, 16; VII: 610].

Er versucht nun zunächst zu veranschaulichen, welcher Art „ganz beliebiger" Bewegung er hier im Auge hat:

> Ein beweglicher Punkt kann zu einer festen Linie während einer endlichen Zeitstrecke verschiedene Arten des Verhaltens zeigen: er kann sich ausserhalb der Linie befinden, kann einen ihrer Punkte momentan passiren, kann in einem ihrer Punkte ruhen, kann endlich irgend ein begrenztes Stück der Linie in der einen oder der entgegengesetzten Richtung durchschreiten. Aus diesen Elementarvorgängen ist also die Bewegung des Gegenwartpunktes auf der Zeitlinie in beliebiger Weise zusammensetzbar; [···] [H 1898a, 16; VII: 610].

Diese „Elementarvorgänge" ergeben für die oben betrachtete Funktion $f : T \to L$ auf einer endlichen Zeitstrecke $J \subset T$ in der obigen Reihenfolge: 1. f ist auf J nicht definiert. 2. f ist nur in einem Punkt $\tau \in J$ definiert; $f(\tau)$ ist der Punkt der Zeitlinie, den der „Gegenwartpunkt momentan passirt". 3. f ist auf J konstant. Der auf ganz J angenommene Wert von f ist der Punkt der Zeitlinie, in dem der Gegenwartpunkt „ruht". 4. f bildet das Intervall J bijektiv und streng monoton steigend oder fallend auf ein Intervall $f(J)$ der Zeitlinie L ab, welches also im ersten Fall orientierungserhaltend, im zweiten Fall orientierungsumkehrend „durchschritten" wird. Die „Zusammensetzung" aus jenen Elementarvorgängen wäre dann so zu interpretieren, daß $f : T \to L$ stückweise, abschnittsweise in beliebigem Wechsel eine Funktion von einem dieser vier Typen ist.

Die Wirkung der aus den Elementarvorgängen „in beliebiger Weise" zusammengesetzten Bewegung des Gegenwartpunktes auf einen hypothetischen „transcendenten Weltzuschauer" beschreibt HAUSDORFF folgendermaßen:

> [···] ein etwaiger transcendenter Weltzuschauer, der die absolute Zeit zur Daseinsform hätte, würde das Gewebe simultaner Veränderungen, das unsere

empirische Welt ausmacht, in ganz willkürlicher Anordnung durchleben, in beliebiger Reihenfolge, beliebiger Richtung, beliebiger Geschwindigkeit, mit beliebigen Unterbrechungen, Ruhepunkten, Wiederholungen, Sprüngen, Umkehrungen – ohne dass für unser Bewusstsein der bekannte, uns geläufige fluxus temporis gestört würde. [H 1898a, 16; VII: 610].

Das ist natürlich noch kein Beweis, aber direkt anschließend präsentiert der Autor den Beweis seines Fundamentalsatzes auf weniger als einer Seite:

Der Beweis unseres Fundamentalsatzes zeigt deutlich die früher in Aussicht gestellte Form eines blossen Syllogismus. Nehmen wir an, eine bestimmt gewählte Succession A der Weltzustände erzeuge unser empirisches Weltphänomen. Wird nun eine andere Succession B gewählt, und fiele diese Veränderung in unser Bewusstsein, so müsste das irgendwann einmal, etwa während der empirischen Zeitstrecke t, zu spüren sein. Da wir selbst aber, mit all unserem Bewusstseinsinhalt, dem Inbegriff aller Weltzustände, der Zeitlinie, eingegliedert sind, so hiesse das, dass durch die Vertauschung $A - B$ etwas in die Zeitstrecke t hineingekommen wäre, was vorher nicht darin war; diese Vertauschung hätte demgemäss nicht nur die Reihenfolge, sondern, gegen die Voraussetzung, auch die innere Structur der Weltzustände verändert. Unsere Sonderung des Zeitinhalts vom Zeitablauf implicirt also den merkwürdigen Sinn, dass jener gegen diesen sich völlig indifferent verhält, so indifferent wie die Gestalt und Beschaffenheit einer Linie gegen die Möglichkeit einer Punktbewegung. [H 1898a, 16–17; VII: 610–611].

Wer die syllogistische Form dieses Beweises prüfen möchte, wird vielleicht darauf stoßen, daß darin auf die „innere Structur der Weltzustände" Bezug genommen wird, von denen doch gesagt worden war, sie seien ohne zusätzliche Hypothesen nicht analysierbar. Solche Hypothesen müßten vielleicht die Beziehungen zwischen Bewußtsein und Zeitinhalt genauer beschreiben. Aber dazu gibt es nur die Behauptung auf den letzten Seiten des Buches, daß „die geringste Veränderung in der Bewusstseinswelt zugleich eine Veränderung des Bewusstseins bedeutet". [H 1898a, 205; VII: 799]. Häufiger verwendet HAUSDORFF für die Beziehung zwischen Bewußtsein und Bewußtseinswelt außer der Metapher „eingegliedert" eine weitere Metapher, *Verflochtensein*, die auf deren untrennbaren Zusammenhang verweist. Am Beispiel der Zeitumkehr demonstriert er, was mit dieser Metapher des Verflochtenseins gemeint ist: daß die Vorgänge des zeitlichen Erlebens, zum Beispiel „der Act des Sehens", bereits so kompliziert sind, „dass der Schluss von der positiven auf die negative Platte des Weltbildes vollkommen versagen muss."[H 1898a, 27; VII: 621]. Oder, ganz allgemein:

Wir sind, als subjective Träger der Zeit, unserer inneren Structur nach in die Structur der positiv gerichteten Zeitlinie eingeflochten und von der negativ gerichteten ausgeschlossen – oder, anders ausgedrückt, wir nennen diejenige Richtung die positive, der wir angehören. [H 1898a, 28–29; VII: 622–623].

Es wird hier deutlich, daß die mathematische Metapher „des transcendenten Apparates" weniger sagt, als mit der Metapher des Verflochtenseins gemeint ist. Denn mathematisch, im transzendenten Apparat aus absoluter Zeit, zeitlosem Zeitinhalt und Bewegung des Gegenwartpunktes, geht es bei der Zeitumkehr „nur" um einen Vorzeichenwechsel. Ein Weltzustand mit seinem ganzen unendlichen Gewebe von Zusammenhängen und Einzelheiten ist in der mathematischen Metapher nur ein Punkt. Aber bei der empirischen Wirkung, dem Zeitfluß, den die Bewegung des Gegenwartpunktes für uns erzeugt, handelt es sich um ein „Urphänomen", das HAUSDORFF nicht ableiten und erklären will. Das folgende Zitat macht das ganz deutlich:

> Die von uns mehrfach betonte und noch weiterhin zu betonende Zeitlosigkeit des materialen Substrats wird Manchem den Wunsch näherer Aufklärung eingeben, wie es wohl zugehe, dass dieses beharrende Continuum von Weltzuständen nicht anders als in zeitlich-successiver Entfaltung sich kundthun könne. Ich bekenne, darauf keine Antwort zu wissen, und meine mit Lotze, dass es nicht unsere Aufgabe ist, solche Dinge wie Sein, Werden, Wirken zu *machen*; sie selbst mögen zusehen, wie sie das zu Stande bringen. Wir stehen hier vor einem Factum, dessen einfache Structur keine Zergliederung in noch einfachere Elemente zulässt, einem Urphänomen, das anerkannt und begrifflich exponirt, nicht aber abgeleitet und erklärt sein will. Weder der beharrende einzelne Weltzustand noch eine beharrende Vielheit von Weltzuständen ist Bewusstseinserscheinung, sondern allein jenes strömende oder gleitende Continuum von Weltzuständen, dessen eigenthümliches Verhalten wir nur symbolisch, im Bilde einer Punktbewegung, uns verdeutlichen können; und auf Grund dieser nicht weiter in ihre Ursprünge verfolgbaren Fundamentaleigenschaft unseres zeitlichen Daseins muss gerade jenes starre unveränderliche System (die Zeitlinie), sobald es aus seinem imaginären Grunde auftauchen und *sein* soll, als fliessendes und unaufhaltsames *Werden* vor den darein verflochtenen Erkenntnisssubjecten vorüberziehen. [H 1898a, 21–22; VII: 616–617].

Das mit dem Beweis des Fundamentalsatzes Erreichte resümiert HAUSDORFF wie folgt:

> Fassen wir die bisherigen Entwicklungen zusammen, so ergiebt sich für die zeitliche Succession, unter Festhaltung des empirischen Weltbildes, schon auf dieser Stufe eine so unerschöpfliche Fülle metaphysischer Möglichkeiten, dass *von einer transcendenten Realität der Zeit*, der Hauptsache nach, *gar keine Rede mehr sein kann*. Jede Relation, der absoluten Verkettung der Zeitelemente beigelegt, um die empirische damit zu sichern, ist eine unnöthige Beschränkung. Die zeitliche Abfolge überhaupt, die Grundform der Welt als einer werdenden, fliessenden, vergänglichen Zustandsreihe ist metaphysisch unbestimmt und gleichgültig; eindeutige Realität kommt höchstens dem materiellen Substrat des Geschehens zu, dem starren, unveränderlichen, jederzeit zur Realisation bereiten Nunc stans, der Zeitlinie als dem unzerstörbaren, unerschöpflichen, stets vollständig und gleichzeitig existirenden Urquell der Wirklichkeit. [H 1898a, 22–23; VII: 618–619].

Somit ist nach der Trennung von *Essenz* und *Existenz* die Existenzfrage schon im zweiten Kapitel des Buches erledigt: Die zeitliche Abfolge ist metaphysisch unbestimmt. Danach bleibt als Aufgabe die Destruktion der Essenz. Diese Aufgabe wird in voller Allgemeinheit erst im letzten Kapitel *Transcendenter Nihilismus* aufgenommen, und in dem vorhergehenden Kapitel *Die Zeitebene* vorbereitet. Die dazwischen liegenden Kapitel *Die Mehrheit der Gegenwartpunkte* und *Das Princip der indirekten Auslese* führen auf diese Aufgabe hin, durch Erweiterung des bisherigen Ansatzes auf eine Mehrzahl von Gegenwartpunkten, die sich auf der Zeitlinie bewegen, und durch eine genauere Bestimmung des Verhältnisses von Bewußtsein, Bewußtseinswelt und *existentia potentialis* durch das *Princip der indirecten Auslese.* Dabei wird nach und nach das „jederzeit zur Realisation bereite Nunc stans", die Menge aller Weltzustände, schließlich nicht mehr nur eine linear geordnete Menge von Punkten, sondern „ein Punktcontinuum von beliebig vielen Dimensionen" [H 1898a, 190; VII: 784], eine abstrakte Menge „von höherer Mächtigkeit als das Linearcontinuum" [H 1898a, 194; VII: 788], eben das Chaos, das Etwas $= X$.[76]

Am Beginn des nun einzuschlagenden Weges steht die Einführung einer Mehrheit von Gegenwartpunkten:

> Der nächste Schritt in aufsteigender Allgemeinheit führt uns zur *Vervielfachung der Zahl der Gegenwartpunkte,* die in der absoluten Zeit *zugleich* und von einander unabhängig willkürliche Bewegungen auf der Zeitlinie vollziehen. [H 1898a, VII: 57–58; 651–652].

HAUSDORFF führt dann vor, daß dies erlaubt ist, ohne den empirischen Effekt zu stören. Die Mehrheit von Gegenwartpunkten bedeutet „die gleichzeitige Existenz beliebig vieler Weltzustände in *einem* Augenblick der absoluten Zeit." [H 1898a, 59; VII: 653]. Mit den früheren Annahmen für den transzendenten Apparat würde das bedeuten, daß die „willkürlichen Functionen mehrwerthig sind" [H 1898a, 59; VII: 653], d.h. $f : T \to L$ wäre – modern gesprochen – keine Funktion mehr, sondern eine mehrwertige Abbildung.

Die Idee LIEBMANNs, daß verschiedene Individuen oder auch verschiedene Lebewesen unterschiedliche Zeitmaße haben könnten, würde in HAUSDORFFs Modell einer Mehrzahl der Gegenwartpunkte entsprechen. Ob hier von LIEBMANN inspiriert oder nicht, sei dahingestellt, jedenfalls geht HAUSDORFF davon aus, daß sich unter seinen Bewußtseinsobjekten „solche (Menschen, Thiere, vielleicht überhaupt Organismen)" befinden, die auch ein subjektives Dasein haben „in der Weise, dass zu dem inhaltlichen Substrat ihrer Bewusstseinswelt (Zeitlinie) der Vorgang des zeitlichen Ablaufs (Bewegung des Gegenwartpunktes) hinzukommt." [H 1898a, 68; VII: 662]. Aber nichts berechtige dazu, diesen Vorgang für alle diese Subjekte als identisch anzusehen. Weiter HAUSDORFF:

> Wenn also, was anschaulich das Bequemste ist, die Zeitlinie in ihrer früheren Bedeutung als objective und für alle in ihr enthaltenen Bewusstseinsträ-

---

[76] Die Bezeichnung einer transzendenten Welt als „Chaos" findet man schon bei Nietzsche; s. dazu und zur Einordnung von Hausdorffs Werk in den philosophischen Diskurs die Ausführungen von Werner Stegmaier zum *Chaos in kosmischer Auslese* in *HGW*, Band VII, 49–61. Die Bezeichnung „Etwas $= X$" für die transzendente Welt, die „Welt an sich", geht auf Kant zurück; s. dazu Werner Stegmaier: *Das Zeichen X in der Philosophie der Moderne*, Historisches Wörterbuch der Philosophie, Band 12, Artikel X. Schwabe-Verlag, Basel 2005.

ger gemeinschaftlich gültige Realität stehen bleiben soll, so müssen wir die
Verschiedenheit der Individuen in die Gegenwartpunkte verlegen und *jedem
Individuum einen eigenen Gegenwartpunkt zuordnen.* Diese individuellen Ge-
genwartpunkte bewegen sich, von einander unabhängig, willkürlich auf der
Zeitlinie, und es wäre der unwahrscheinlichste Zufall, wenn sie ewig oder
auch nur zeitweilig zu einem einzigen Punkt zusammenfallen sollten. [···]
Die ,Gleichzeitigkeit der Zeit in verschiedenen Köpfen', jenes vielbestaunte
Mirakel, existirt wahrscheinlich ebensowenig wie die Ubiquität der Zeit im
Raume. [H 1898a, 68–69; VII: 662–663].

Die letzte Bemerkung könnte man als eine erstaunliche Vorahnung bezeichnen.

Wir wollen uns nun dem weiteren, auf die eigentliche Aufgabe der Destruktion
der Essenz hinführenden Kapitel *Das Princip der indirecten Auslese* kurz zuwenden. Bei der Untersuchung der zeitlichen Sukzession im zweiten Kapitel hatte sich
ergeben, daß nur der Elementarfall 4. ein empirisch wahrnehmbares Erleben, ein
positiv orientiertes Intervall e der Zeitlinie ergibt. Die übrigen Bewegungsarten des
Gegenwartpunktes und ihre beliebigen Kombinationen erzeugten entweder Abwesenheit des Bewußtseins oder, im Falle umgekehrter Bewegungsrichtung, eine für
uns unzugängliche Bewußtseinswelt. Indem eine Mehrzahl von Gegenwartpunkten
ins Auge gefaßt wird, können sich in der absoluten Zeit auch andere empirische
Verläufe $e_1, \cdots$ abspielen, wenn unser Gegenwartpunkt für uns empirisch unwahr-
nehmbare Bewegungen vollführt; „für uns, die wir während dessen zur Nichtexi-
stenz verurtheilt sind, kann es gleichgültig sein, ob die transcendenten, empirisch
unwahrnehmbaren Pausen unseres Daseins mit Nichts oder irgend einem anderen
Etwas ausgefüllt sind." [H 1898a, 125; VII: 719]. Hieran knüpft HAUSDORFF sein
Prinzip der indirekte Auslese, das von der Biologie inspiriert ist und mathematische Metaphern aus der Wahrscheinlichkeitstheorie benutzt:

Uns also wird sich die empirische Zeit beständig mit e erfüllt zeigen, während
in der absoluten Zeit e mit Nicht-e, *zum Beispiel* auch e mit transformir-
ten Vorgängen $e_1, e_2, e_3, \ldots$ beliebig wechselt. Von allen diesen Fällen wird
nur der eine Fall e Object unserer Erfahrung, wogegen sich die Fälle Nicht-e
aus dem Complex unserer Welt von selbst eliminiren; anders ausgedrückt,
der Fall e hat für uns subjective *Gewissheit*, an sich nur eine beliebige, auch
beliebig kleine objective *Wahrscheinlichkeit*.[77] Den hier ausgesprochenen, für
die Folge sehr wichtigen Grundsatz möchte ich ein auf die Erkenntnisstheorie
übertragenes *Princip der indirecten Auslese* nennen. Das Wort indirect, das
schärfer durch *automatisch*, selbstthätig oder dergleichen zu ersetzen wäre,
soll hier wie in der Biologie bedeuten, dass der auserlesene Fall nicht von
vornherein als einzig wirklicher unter lauter bloss gedachten Fällen bestand,
sondern in die thatsächliche Concurrenz mit ihnen hineingestellt vermöge innerer Besonderheiten sich als einzigartigen heraushebt. Im Nebeneinander

---

[77] Hier reflektiert Hausdorff auf den Begriff der bedingten Wahrscheinlichkeit, dessen grundlegende Bedeutung er wenig später in der Arbeit [H 1901a] hervorgehoben hatte (s. Abschnitt
4.2.4, S. 82–86): Ein Ereignis E von beliebig kleiner Wahrscheinlichkeit hat eine bedingte Wahr-
scheinlichkeit $P(E|F) = 1$, wenn die Bedingung F so beschaffen ist, daß sie E nach sich zieht.

des Zweckmässigen und Unzweckmässigen überlebt, wegen seiner Lebensfähigkeit, das Zweckmässige; aus dem Durcheinander von Chaos und Kosmos tritt, vermöge seiner Beziehung zu unserem Bewusstsein, nur das Kosmische in unseren Gesichtskreis. [H 1898a, 125–126; VII: 719–720].

Aus dem transzendenten Chaos liest unser Bewußtsein auf Grund der ihm eigenen äußeren und inneren Möglichkeiten eine Welt, unsere Bewußtseinswelt, unseren Kosmos, aus. HAUSDORFF möchte aber diese Auslese nicht als vom Willen gesteuerten psychologisch zu untersuchenden Vorgang interpretiert wissen; sie geschieht „automatisch", „selbstthätig":

> Für uns ist der Connex des Bewusstseins mit seiner Bewusstseinswelt rein begrifflich definirt; ein Continuum c von Weltzuständen und seine Erscheinung e in einem darein verflochtenen Intellect i, das gehört unzertrennlich zusammen. [H 1898a, 137; VII: 731].

In der weiteren Diskussion wird das transzendente Chaos zu einer Menge gewaltiger Kardinalität, weit über die eingangs betrachtete Zeitlinie hinaus: Das Prinzip der indirekten Auslese beinhaltet nämlich letztlich, daß

> eine subjectiv unverbrüchliche Einheit und Gesetzlichkeit sich als blosses Ausscheidungsproduct einer ihr übergeordneten ungeheuren Mannigfaltigkeit und Zufälligkeit herausstellt, zu der sie sich verhält wie ein Endliches zu einem Unendlichen unendlich hohen Grades – ich weiss nicht, wie weit man in der Reihe der „transfiniten Zahlen" hinaufsteigen müsste, um den Inbegriff transcendenter Möglichkeiten abzuzählen. Unsere gewöhnlichen Unendlichkeitssymbole erster und zweiter Mächtigkeit erweisen sich hier ganz unzulänglich, und die Willkür und Beliebigkeit der transcendenten Welt in ihrem vollen Umfange zu überschauen, ist dem menschlichen Gehirn selbst in abstracto versagt; [· · ·] [H 1898a, 145–146; VII: 739–740].

Zum „Inbegriff transcendenter Möglichkeiten" soll auch eine Betrachtung hinführen, die im Kapitel *Die Zeitebene* mit dem Versuch in Angriff genommen wird, analog zum Gedanken der Vermehrung der Gegenwartpunkte eine Vermehrung der Zeitlinien ins Auge zu fassen.

> Mehr als ein Gegenwartpunkt, mehr als eine Zeitlinie! D.h. es braucht nicht nur das eine Continuum von Weltzuständen zu geben, in das wir hineinverflochten sind; neben ihm sind beliebig viele andere Welten beliebigen Inhalts denkbar, dargestellt durch Zeitlinien, auf denen Gegenwartpunkte ihr Spiel treiben. Also eine pluralité des mondes, die anzuerkennen uns obliegt, gerade weil wir uns *nicht* von ihr durch Erfahrung überzeugen können, sondern immer auf unsere Eine Zeitlinie angewiesen bleiben.

> Und der Beweis für die transcendente Zulässigkeit einer Mehrheit von Zeitlinien? Wir kennen das Schema dieser Beweise schon: ist A die zu *unserer* empirischen Welt gehörige Zeitlinie, so ruft die Existenz anderer Zeitlinien $B, C, \ldots$ keine inhaltliche Reaction in A hervor, entgeht also der empirischen Wahrnehmung und zeigt damit ihre transcendente Denkbarkeit. [H 1898a, 152; VII: 746].

Interessant ist nun, wie auch hier wieder HAUSDORFFs Denken zur Einführung raumartiger mathematischer Metaphern drängt, deren anschaulicher, bildlicher, metaphorischer Charakter zwar betont wird, die aber anscheinend dennoch dieses Denken leiten:

> Als wir die beliebige Bewegung des Gegenwartpunktes analysirten, besprachen wir auch den Fall, dass der Punkt sich nicht auf der Linie befände[78]; fragen wir, wo ist er denn sonst? so verlegen wir ihn in gedanklicher Anschauung in irgend ein räumliches Ausserhalb, d.h. wir beziehen die Zeitlinie auf irgend eine übergeordnete Raummannigfaltigkeit, auf flächen- oder körperhafte Gebilde. Es hindert uns nichts, diese graphische Verdeutlichung mit Bewusstsein anzuwenden, wobei als Symbol eines mehrdimensionalen Zeitgebildes vorläufig die Ebene genügen wird. [H 1898a, 153; VII: 747].

> Unsere *Zeitebene*, die sich übrigens sofort zum *Zeitraum*, zum drei- und mehrfach ausgedehnten Continuum von Weltzuständen erweitern lässt, ist natürlich nur anschauliches Symbol und nur in dieser Beziehung ein neues Element unserer Betrachtung. [H 1898a, 155; VII: 749].

Daß dieser „Zeitraum", in dem die Zeitlinien sich befinden sollen, nur „anschauliches Symbol" und ansonsten kein „neues Element" ist, muß bezweifelt werden. Denn kaum ist dieser Raum imaginiert, werden alle seine Punkte zu Weltzuständen, denn alles dränge zu der Auffassung,

> dass *jeder Punkt der Ebene* [bzw. des Zeitraums – W.P.] *einen Weltzustand, jedes lineare Gebilde einen Weltverlauf bedeutet.* [H 1898a, 153; VII: 747].

Der Zeitraum hat also eine Struktur, sonst kann man keine linearen Gebilde betrachten. In dieser Auffassung der Menge der Weltzustände bleibt HAUSDORFF bezüglich der Allgemeinheit weit hinter dem im Kapitel *Das Princip der indirecten Auslese* formulierten Stand zurück; er gesteht das auch sofort zu:

> In einer Beziehung also bleiben wir hinter dem bisher erreichten Stand an Allgemeinheit zurück – wir begnügen uns der Anschauung zu Liebe, das Ensemble der Weltzustände als Punktcontinuum anzusehen, ihm also nur die „zweite Mächtigkeit" zu geben –, in anderer gehen wir weit darüber hinaus, indem wir die Zeitebene [bzw. den Zeitraums – W.P.] mit *beliebigem Inhalt* an Weltzuständen erfüllen. [H 1898a, 157–158; VII: 751–752].

Die Zeitebene (bzw.der Zeitraum) soll keine Darstellung der „wirklichen Structur des Ensembles der Weltzustände" sein;

> sie ist nur symbolischer Ausdruck unserer Bemühung, den bestimmten, qualitativ abgegrenzten *Zeitinhalt* ebenso loszuwerden wie früher den bestimmten, eindeutig vorgeschriebenen *Zeitablauf*. Wir wollen etwas Beliebiges, Eigenschaftloses, Unqualificirbares als transcendentes Substrat unserer qualificirten, inhaltlich determinirten empirischen Welt zuordnen, wir wollen das „Ding an sich" unwiderruflich erkennen als Etwas $= X$, [$\cdots$]. [H 1898a, 158; VII: 752].

---

[78][Dies war der „Elementarfall" 1. – W.P.]

HAUSDORFF stellt zunächst fest, daß die Zeitebene, oder allgemeiner der Zeitraum, deshalb „als Ausdruck der vollen Willkürlichkeit des Inbegriffs aller Weltzustände" ungenügend sind, weil sie nur „Mengen *beschränkter Mächtigkeit* von Weltzuständen symbolisiren". Dies ließe sich „durch Verzicht auf anschauliche Nachhülfe" (gemeint ist die geometrische Metaphorik „Ebene", „Raum") beseitigen[79], aber viel

> wichtiger ist der Umstand, dass wir unsere Zeitlinie selbst bis jetzt nur in die Zeitebene eingebettet, noch nicht aber aufgelöst und ihrer qualitativen Structur nach zersetzt haben. [H 1898a, 158–159; VII: 752–753].

Die Frage ist zunächst, ob es eine Einschränkung ist, daß die Zeitebene, die Menge aller Weltzustände, unsere Zeitlinie, unsere kosmische Welt, als eine ihrer Kurven enthält. Im Rest des Kapitels *Die Zeitebene* versucht HAUSDORFF auf vielen Seiten durch eine Reihe von Analogiebetrachtungen nahezulegen, daß diese Frage mit Nein zu beantworten ist. Er gesteht aber im letzten Kapitel *Transcendenter Nihilismus* zu, „dass alle diese Erörterungen nichts Zwingendes haben." [H 1898a, 180; VII: 774]. Dann heißt es dort weiter:

> Schliesslich ist Allgemeinheit eine Sache der Interpretation, und wer will, könnte immerhin, etwa auf Grund einer gar zu complicirten und wunderbar zweckmässigen Structur der empirischen Welt, ihre Eingliederung in den Gesamtverband des Daseins als eine Art Einschränkung empfinden, vermöge deren dieses transcendente Dasein nicht mehr so ganz ungebunden, nicht mehr attributfrei bliebe. Nun, um auch vor dieser Logik den beliebigen, unqualificirbaren Character unserer transcendenten Welt zu retten, müssen wir uns zur zweiten Hauptfrage wenden: *wenn* die empirische Welt eine Einschränkung der transcendenten ist, ist diese Einschränkung *nothwendig*? [H 1898a, 180; VII: 774].

Ein Nein auf diese Frage würde zu dem Hauptsatz, den HAUSDORFF als Schlußstein seines apagogischen Beweisganges[80] für die Dequalifizierung der „Welt an sich" in diesem letzten Kapitel beweisen will, hinführen; er lautet:

> Die empirische Existenz beweist gar nichts für die transcendente Existenz (geschweige denn für die transcendente Alleinexistenz); *empirische Realität und transcendente Irrealität sind miteinander verträglich.* [H 1898a, 180; VII: 774].

Um dies zu beweisen, geht HAUSDORFF auf die Trennung von Zeitinhalt und Zeitablauf zurück und erinnert daran, daß die Form der empirischen Wirklichkeit der Zeitabfluß, die Form der absoluten Existenz die augenblickliche Gegenwart, der Zeitpunkt ist. Diese absolute Existenz ist dem Bewußtsein aber vollkommen unzugänglich:

> Nur die momentane Gegenwart, der ausdehnungslose Weltzustand liesse sich fassen und als absolutes Sein fixiren, aber – er entschlüpft der Wahrnehmung: jede Bewusstseinsaction, sei ihre Amplitude auch noch so gering und

---

[79]Alle Zitate in [H 1898a, 158; VII: 752].
[80]Zum apagogischen Beweisverfahren s. Egbert Brieskorn in *HGW*, Band IB, 324–325.

ihr Tempo noch so schleichend, setzt doch immer Werden und Veränderung, eine Succession unendlich vieler verschiedener, stetig aufeinander folgender Weltzustände voraus. [H 1898a, 182; VII: 776].

Von hier aus gehört nur „eine Spur von logischem Impulse dazu",

den so kurzen, so naheliegenden, so unverkennbar vorgezeichneten Schluss *von der Unfassbarkeit der Gegenwart auf die Unbeweisbarkeit der Existenz* zu ziehen! [H 1898a, 183; VII: 777].

Es wird nun nicht etwa ein kurzer Schluß gezogen, sondern auf mehreren Seiten unter Benutzung „der Unfassbarkeit der Gegenwart" logisch zu zeigen versucht, daß unser empirischer Kosmos es nicht erfordert, daß das Chaos auch nur ein einziges Linienelement „kosmischer Textur", selbst von der „alleräussersten Kürze", enthalten müsse und damit eine Einschränkung durch unsere empirische kosmische Welt erführe. Letzte Zweifel werden beiseite geräumt:

Wer aber darauf besteht und den Begriff der transcendenten Willkür erst dann als völlig rein gelten lässt, wenn sie sich nicht einmal mehr sporadisch zur Gesetzlichkeit einengt, wer es als noch zu viel Zweckmässigkeit in der Natur empfindet, dass sie von Millionen Keimen einen am Leben lässt – dem müssen wir auch diesen einen preisgeben und, die Unbeweisbarkeit transcendenter Existenz zum Äussersten treibend, darauf zurückkommen, dass nicht einmal das Linienelement causaler Structur transcendent zu existiren braucht, dass unser empirisches Sein nie und nirgends das Correlat eines absoluten Seins fordert, dass ein transcendentes Nichts *auch* ein zureichendes Äquivalent des empirischen Ichts darstellt. Warum den Namen scheuen? unser Idealismus läuft hier, wenn es die letzte Consequenz gilt, in die scharfe und gefährliche Spitze eines transcendenten *Nihilismus* aus ... [H 1898a, 187–188; VII: 781–782].

Dies ist in der Tat eine auf die Spitze getriebene Art der logischen Argumentation und die problematischste Stelle in dem ganzen Buch. Sie genau spießt, wie wir sehen werden, RUDOLF STEINER in seiner Rezension kritisch auf. Von dem hier erreichten Abschluß seines apagogischen Beweisganges möchte HAUSDORFF nun noch eine Rückschau wagen:

Wir gingen bisher den analytischen Weg der successiven Verallgemeinerung; Schritt für Schritt wurden dem absoluten Sein die Eigenschaften aberkannt, die ein unbedenklicher Realismus voreilig aus der empirischen Sphäre in die transcendente übersetzte. Statt eines gleichmässig glatten Zeitverlaufs erhielten wir eine beliebige, stetige oder sprunghafte, recht- oder rückläufige Bewegung des Gegenwartpunktes, statt eines Gegenwartpunktes beliebig viele, statt der einen Zeitlinie eine beliebige Mannigfaltigkeit von Weltzuständen, statt eines qualitativ eingegrenzten Kosmos ein schrankenloses, dequalificirtes Chaos. [H 1898a, 188; VII: 782].

Der Versuch, diesen Weg zurückzuverfolgen und sozusagen synthetisch aus dem transzendenten Chaos wieder den empirischen Kosmos zu deduzieren, ist natürlich von vornherein zum Scheitern verurteilt. Es ist eine Vielzahl kosmischer Welten, eine „pluralité des mondes" denkbar[81], und jede dieser Welten spielt gegen- über dem transzendenten Chaos „die Rolle eines verschwindenden Spezialfalles, der nur für das ihn registrirende Bewusstsein, nicht für die Welt an sich Realität be- sitzt."[H 1898a, 207; VII: 801]. Die Entstehung dieser „pluralité des mondes" wird durch das Prinzip der indirekten Auslese beschrieben:

> Jedes willkürlich gewählte Ausleseprincip scheidet, wenn es hinreichend eng ist und sonst unseren Begriffen einer empirischen Welt ungefähr entspricht, aus dem Chaos einen Kosmos aus, d.h. aus der Gesamtheit aller Weltzustände eine (linear ausgedehnte) Gesamtheit *bestimmter* Weltzustände, die sich einem darin enthaltenen Bewusstsein ungefähr so darstellen wird wie uns sich unsere empirische Welt darstellt. [H 1898a, 207–208; VII: 801–802].

Am Schluß seines Buches faßt HAUSDORFF das Ergebnis seines erkenntniskriti- schen Versuches so zusammen:

> Werden wir also den *kosmocentrischen* Aberglauben los wie früher den geo- centrischen und anthropocentrischen; erkennen wir, dass in das Chaos eine unzählbare Menge kosmischer Welten eingesponnen ist, deren jede ihren In- habern als einzige und ausschliesslich reale Welt erscheint und sie verleiten möchte, ihre qualitativen Merkmale und Besonderheiten dem transcendenten Weltkern beizulegen. Aber dieser Weltkern entzieht sich jeder noch so losen Fessel und wahrt sich die Freiheit, auf unendlich vielfache Weise zur kosmi- schen Erscheinung eingeschränkt zu werden; er gestattet das Nebeneinander aller dieser Erscheinungen, die als specielle Möglichkeiten, als begrifflich ir- gendwie abgegrenzte Theilmengen in seiner Universalität enthalten sind – ja er ist nichts anderes als eben dieses Nebeneinander und damit transcendent für die einzelne Erscheinung, die in sich selbst ihr eigenes abgeschlossenes Immanenzgebiet hat. [···]
>
> Die ganze wunderbare und reichgegliederte Structur unseres Kosmos zerflatterte beim Übergang zum Transcendenten in lauter chaotische Unbe- stimmtheit; beim Rückweg zum Empirischen versagt dementsprechend bereits der Versuch, die allereinfachsten Bewusstseinsformen als nothwendige Incar- nationen der Erscheinung aufzustellen. Damit sind die Brücken abgebrochen, die in der Phantasie aller Metaphysiker vom Chaos zum Kosmos herüber und hinüber führen, und ist das *Ende der Metaphysik* erklärt, – der eingeständli- chen nicht minder als jener verlarvten, die aus ihrem Gefüge auszuscheiden der Naturwissenschaft des nächsten Jahrhunderts nicht erspart bleibt. [H 1898a, 208–209; VII: 802–803].

Wir konnten hier nur einen skizzenhaften Eindruck vom Inhalt des *Chaos in kos- mischer Auslese* vermitteln. Auf die Raumproblematik sind wir gar nicht eingegan-

---

[81]Es gibt eine lange, über Jahrhunderte während und bis in unsere Zeit reichende Tradition von Spekulationen und Diskussionen über mögliche Welten, über eine „pluralité des mondes". Egbert Brieskorn hat in *HGW*, Band IB, 339–351, einen Überblick über Aspekte dieses Diskurses gegeben und Hausdorffs Ideen dazu in Beziehung gesetzt. Insbesondere hat er Ähnlichkeiten von gewissen Passagen im *Chaos in kosmischer Auslese* mit Ideen von David Lewis in dessen Buch *On the Plurality of Worlds* [Lewis 1986] gefunden. Lewis' Ideen sind vermutlich unabhängig von Mongré entstanden; er erwähnt Mongré jedenfalls nicht.

gen, weil ihre Behandlung – wie am Beginn erwähnt – für HAUSDORFFs Anliegen
in dem Buch nicht unbedingt notwendig ist. Wir werden auf dieses Kapitel des
Chaos später kurz eingehen, wenn wir HAUSDORFFs Auseinandersetzung mit dem
Raumproblem im allgemeinen und in seiner Antrittsvorlesung von 1903 im besonderen behandeln.

Wer in HAUSDORFFs philosophische Gedankenwelt in ihrer Vielfalt, ihrem
Verhältnis zu KANT, SCHOPENHAUER, NIETZSCHE, LOTZE und vielen anderen
Denkern und in ihrer meisterhaften sprachlichen Gestaltung wirklich eindringen
will, muß natürlich das Buch selbst studieren. Ob ein solcher Leser von HAUS-
DORFFs Schlüssen wirklich überzeugt sein wird, steht auf einem anderen Blatt
und hängt wie immer bei philosophischen Diskursen von den eigenen Erfahrungen
und philosophischen Positionen ab.

Auch für das *Chaos in kosmischer Auslese* verfaßte HAUSDORFF eine Selbstanzeige, erschienen wie die Selbstanzeige von *Sant' Ilario* in der Zeitschrift *Die
Zukunft* [H 1899c, VII: 811–813]. Sie hat die Form eines Gedichts; die einführenden Kopfzeilen lauten:

> **Das Chaos in kosmischer Auslese.** Verlag von C.G. Naumann, Leipzig 1898.
>
> Folgender Epilog, dessen Personen der Philosoph und das kantische
> "Ding an sich" sind, mag mit Verlaub des Lesers die Stelle einer prosaischen
> Selbstanzeige vertreten: [82]

Das darauf folgende Zwiegespräch zwischen dem Philosophen (Mongré) und dem
"Ding an sich" hat 10 Strophen. Diese folgen alle dem gleichen strengen Sprachryth-
mus: Die acht Zeilen jeder Strophe haben stets 11, 10, 11, 10, 11, 10, 11, 11 Silben
und das Reimschema *AB AB AB CC*. Es ist fürwahr eine große Kunst, etwas
Treffendes über dies philosophische Buch, seinen Autor, seinen großen Vorgänger,
sein Anliegen und seine voraussichtliche Resonanz beim Publikum in diese strenge
lyrische Form zu gießen und dabei auch noch mit einem Augenzwinkern etwas
Selbstironie aufscheinen zu lassen. Vielleicht war ein schöner Urlaub im Ostseebad
Binz die richtige Umgebung, so etwas zu schaffen; die Unterschrift lautet:
„Binz a.[uf] R.[ügen]   Paul Mongré.“

5.5   Die Rezeption des „Chaos in kosmischer Auslese"

Es bliebe nun noch etwas über die Rezeption des Werkes zu sagen. Sie muß
für den Autor enttäuschend gewesen sein. Er wollte ja, wie er im Vorwort sagt,
„die Theilnahme der Mathematiker für das erkenntnisstheoretische Problem und
umgekehrt das Interesse der Philosophen für die mathematischen Fundamentalfragen" anregen [H 1898a, V; VII: 593], aber für diese Gratwanderung, für diese
Überschreitung der Grenzen der beiden Fachgebiete, zeigte kaum jemand Verständnis. FRITZ MAUTHNER hatte in seinem dreibändigen Werk *Beiträge zu einer*

---

[82] *HGW*, Band VII, 811.

Kritik der Sprache (1901–1902) ebenfalls eine solche Grenzüberschreitung zwischen verschiedenen Disziplinen gewagt. In seinem ersten Brief an MAUTHNER vom 1. September 1901 sagt ihm HAUSDORFF keinen großen Erfolg voraus und spielt auf seinen eigenen Mißerfolg mit dem *Chaos* an:

> Wir ernsthafte Autoren (das unbescheidene Wir muss ich Ihnen ein ander Mal erklären, da Sie es aus meiner Namensunterschrift nicht errathen werden) haben auf keinen vielstimmigen Widerhall zu rechnen, und geradezu höllisch schwer haben es besonders Die, welche ein "Grenzgebiet" bearbeiten, d.h. zwischen den conventionell abgetheilten und eingezäunten Specialwissenschaften als niederreissende und neu zusammenfassende Geister thätig sind.[83]

Wenn man die bis 1901 erfolgten Reaktionen auf HAUSDORFFs Buch Revue passieren läßt, hat er es in der Tat mit wirklichem Verständnis „höllisch schwer" gehabt.

Der Freund KÖSELITZ hatte natürlich gleich nach Erscheinen ein Exemplar erhalten. Am 12. Oktober 1898 schreibt ihm HAUSDORFF folgende Zeilen, aus denen auch die jahrelange mühsame Arbeit an dem Buch sichtbar wird:

> Mein neues Buch, das Sie dieser Tage empfangen, möge mich bei Ihnen noch nicht um den Ruf eines Oligographen [Wenigschreibers – W.P.] bringen; seine eigentliche Entstehung liegt, wie die des S. Ilario, um Jahre zurück. Die diesmalige, gedruckte Niederschrift ist, schlecht gerechnet, die dritte, und wenn ich mir nicht endlich Zwang angethan und das Manuscript abgestossen hätte, wäre es vielleicht einer nochmaligen Umarbeitung anheimgefallen.[84]

Da HAUSDORFF wußte, daß sich KÖSELITZ besonders für die Möglichkeit der ewigen Wiederkehr des Gleichen interessierte, teilt er ihm mit, was die ewige Wiederkunft bei ihm bedeuten würde, nämlich „identische Wiederkehr jeder beliebigen empirischen Zeitstrecke in der absoluten Zeit".[85] Diese Möglichkeit habe – so HAUSDORFF – „von keiner empirischen Wissenschaft etwas zu fürchten". In einem P.S. zu dem Brief schreibt HAUSDORFF, daß er von NAUMANN wisse, daß das Buch bei KÖSELITZ schon angekommen sei und daß dieser ihm einen Brief zugedacht habe. Die Briefe von KÖSELITZ sind nicht erhalten geblieben; so wissen wir nicht, was dieser geantwortet hat. Weitere Briefe HAUSDORFFs an KÖSELITZ nach dem 12. Oktober 1898 gibt es auch nicht. Aus einem Brief von KÖSELITZ an OVERBECK vom 14. November 1898 geht jedenfalls hervor, daß er HAUSDORFFs neues Werk gar nicht schätzte:

> Von Dr. Hausdorff (Paul Mongré) ist das versprochene Buch „Das Chaos in kosmischer Auslese" erschienen. Nach dem Sant' Ilario wird es, da es sich ganz in's Abstracte und Mathematische verliert, Vielen eine Enttäuschung bereiten. Ich muss gestehen, dass mir darin nicht Alles klar ist. Wie er die „*Zeit*" versteht, das ist wahrscheinlich zu tadeln. [···]

---

[83] *HGW*, Band IX, 453. Die eingeklammerte Passage spielt auf den Autor Mongré an, von dem Hausdorff zu Recht annahm, daß Mauthner ihn noch nicht mit dem Namen Hausdorff in Verbindung brachte. Auf Hausdorffs intensive Beschäftigung mit Mauthners *Sprachkritik* kommen wir noch zurück.

[84] *HGW*, Band IX, 397.

[85] Dies wäre gleichbedeutend damit, daß unsere Zeitlinie in der Zeitebene ein Kreis wäre.

Von einer Zeit*linie* zu reden, wie es Mongré thut, geht mir ganz wider den Strich. Das ist allerprimitivste Physikervorstellung: die Linie als fortbewegter Punkt! die Linie als eindimensionales Wesen! – Ich bin freilich mit der Lektüre des Buchs noch nicht zu Ende: hoffentlich kommen noch Dinge zum Vorschein, an die ich noch nicht gedacht habe.[86]

OVERBECK antwortete am 31. Dezember 1898 (vermutlich hatte er das Buch selbst noch gar nicht gelesen):

Dank zunächst für die interessante Mittheilung aus Hausdorff's Neuestem. Auf diese frostigen Höhen kann ich mich nun vollends nicht mehr hinauswagen, doch soviel ich aus Ihren Andeutungen über H's Zeitspekulationen erfasst, ist da für mich und die einzige Ecke, von der aus mir der Zeitbegriff noch zugänglich und interessant wird, erst recht nichts zu holen.[87]

Bei den Freunden aus dem NIETZSCHE-Kreis konnte HAUSDORFF also nicht mit Verständnis und Anerkennung rechnen. Nicht viel besser erging es ihm mit den wenigen Rezensionen.[88]

Bereits 1899 erschien im Band 4 der „Kant-Studien" eine kurze, eine Seite umfassende Rezension aus der Feder des jungen, gerade promovierten FRITZ MEDICUS (1911–1946 Philosophieprofessor an der ETH Zürich). Auf einer halben Seite wird zunächst mit einigen Zitaten die Absicht des Autors erläutert und festgestellt, daß der „erkenntnistheoretische Radicalismus" des „mit mathematischem Scharfsinn abgefassten Buchs" sehr oft auf KANT zurückgreife. Die scharfe Kritik auf der nächsten halben Seite setzt direkt an der schon zitierten problematischten Stelle des Buches an, an HAUSDORFFs Argument für den *transcendenten Nihilismus*:

Der Schluss, den M. daraus zieht, ist die völlige Unabhängigkeit des empirischen Kosmos von der transcendenten Welt, die sich, ohne dass es von uns bemerkt würde, fortwährend wie ein Proteus verwandeln könnte, ja die überhaupt gar nicht vorhanden zu sein brauchte und doch noch „ein zureichendes Äquivalent"(!) des empirischen Kosmos wäre (188). Der Verfasser bezeichnet diese „letzte Consequenz" seines Idealismus als *„transcendenten Nihilismus"*. Dass die zu diesem Ziele führende Bahn an Paradoxien reich ist, kann nicht verwundern.

MONGRÉ habe ein Buch vorgelegt,

das mit einer zwar starken, aber doch feinen Übertreibung einsetzt, sich damit eine gründlich verschrobene Position schafft und nun 200 Seiten lang deren verschrobene Konsequenzen entwickelt. Liebhaber geistreicher Absurditäten werden die Schrift mit Vergnügen lesen.[89]

---

[86] [Hoffmann/ Peter/ Salfinger 1998], Brief Nr. 236. Ausführlicher zitiert in *HGW*, Band IB, 356.

[87] [Hoffmann/ Peter/ Salfinger 1998], Brief Nr. 237.

[88] S. dazu auch Stegmaier in *HGW*, Band VII, 73–74.

[89] Beide Zitate in Kant-Studien **4** (1899), 339.

Wir hatten schon bei den Rezensionen zu *Sant Ilario* aus der durchweg gehässigen Besprechung von MICHAEL GEORG CONRAD zitiert [Conrad 1898]. Dieser Autor hat 1899 in der Zeitschrift „Die Waage. Wiener Wochenschrift für Politik, Volkswirtschaft, Literatur und Kunst" einen Artikel *Der Kampf um Nietzsche* publiziert.[90] Dort wird das *Chaos in kosmischer Auslese* ebenfalls gehässig abgefertigt.

Im „Literarischen Centralblatt für Deutschland"[91] wird anonym in einer kurzen Besprechung des *Chaos* vermerkt, daß der Autor mit der philosophischen Literatur „nur nothdürftig" vertraut sei. Er sei aber mathematisch gebildet und ein „selbständiger Kopf". Auf die Absicht des Autors wird kommentarlos mit einem Zitat aus dem *Chaos* vom Ende des Kapitels „Gegen die Metaphysik" hingewiesen; dieses Kapitel schließt MONGRÉ mit dem Satz „Wenn der Purpur fällt, muss auch der Herzog nach: der philosophische Jenseitigkeitswahn mag folgen, wohin der religiöse voranging."[92]

MAX NATH, der später als Pädagoge und Gymnasialdirektor hervorgetreten ist, hat in seiner kurzen Besprechung in der „Vierteljahrsschrift für wissenschaftliche Philosophie"[93] darauf hingewiesen, daß der Verfasser „nicht Philosoph vom Fach ist". Im übrigen werden die „sehr interessanten und anregenden Untersuchungen" kommentarlos referiert.[94]

Die einzige ausführliche Besprechung des *Chaos in kosmischer Auslese* stammt von RUDOLF STEINER und erschien am 9. Juni 1900 im „Magazin für Litteratur" [Steiner 1900], das er zu diesem Zeitpunkt selbst redigierte. Er war bereits als GOETHE-Forscher und NIETZSCHE-Kenner hervorgetreten und hat 1900 die öffentliche Auseinandersetzung mit ELISABETH FÖRSTER-NIETZSCHE und dem NIETZSCHE-Archiv begonnen, an der sich auch HAUSDORFF beteiligte.[95] STEINER wurde später besonders als Esoteriker und Begründer der Anthroposophie bekannt. Er beginnt seine Besprechung mit folgenden Sätzen:

> Vor einiger Zeit ist ein höchst merkwürdiges Buch erschienen, das mit ähnlichen litterarischen Erscheinungen seines Genres in der Gegenwart das Schicksal teilt, viel zu wenig beachtet zu werden: *Das Chaos in kosmischer Auslese von Paul Mongré*. Es verdient aber ein anderes Schicksal. [Steiner 1900, Spalte 569].

STEINER findet MONGRÉS Buch ungewöhnlich „anregend, ja, für den, der sich intensiv für die höchsten Daseinsfragen interessiert, sogar aufregend". Ausführlich setzt er sich mit der Problematik auseinander, die aus seiner Sicht entsteht, wenn mathematisches Denken auf die „Wirklichkeit" angewendet wird. Das mathematische Denken habe „als solches unmittelbar mit der Wirklichkeit nichts zu tun":

---

[90] 2. Jahrgang, Nr. 48 vom 26.11.1899, 811–814.
[91] Nr. 43 vom 28. Oktober 1899, 1459.
[92] [H 1898a, 55; VII: 649]. Die Passage „Wenn der Purpur fällt, muss auch der Herzog nach" stammt aus Friedrich Schillers *Die Verschwörung des Fiesco zu Genua*, 5. Aufzug.
[93] Jahrgang 24 (1900), 340f.
[94] Diese Angaben sind von Stegmaier, *HGW*, Band VII, 73, entnommen.
[95] Wir werden darauf im Abschnitt 5.7, S. 173–175 eingehen.

Der Mathematiker ist daran gewöhnt, nur sich, nur seine Denknotwendigkeiten zu fragen, wenn er Entscheidungen trifft. Und er ist ebenso daran gewöhnt, seine Wahrheiten in der Wirklichkeit unbedingt giltig zu finden. Mit solchen Gefühlen betritt er im Grunde jede Sphäre, in die ihn das Leben führt.

Und mit solchen Gefühlen betritt Paul Mongré den Boden der großen Daseinsfrage. Das ist seine Gefahr. [Steiner 1900, Spalte 571].

STEINER illustriert dies an der problematischen Passage, an der schon MEDICUS seine Kritik angeschlossen hatte. Er zitiert nur den letzten Satz des HAUSDORFFschen Textes wörtlich, in dem dieser „die scharfe und gefährliche Spitze", in die sein Idealismus in letzter Konsequenz hinauslaufe, als „transcendenten *Nihilismus*" bezeichnet hatte, und fährt dann wie folgt fort:

Zu solchen Extravaganzen des Begriffs hat nun Paul Mongré sein mathematisches Denken verführt. Der Mathematiker sondert im Gedanken die Zeit, den Raum von dem anderen Gehalt der Welt ab und hantiert dann mit ihnen als mit abstrakten Gebilden. Er kann von dem Zeitablauf sprechen, der *neben* der Folge: Vater – Sohn – Enkel existiert. Aber in Wirklichkeit ist dieser Zeitablauf überhaupt nicht als solcher vorhanden. Er ist nicht getrennt von der *inhaltlichen* Folge Vater – Sohn – Enkel. [Steiner 1900, Spalte 574].

STEINER bezweifelt also HAUSDORFFs Beweisführung, weil sie auf der Trennung von Zeitablauf und Zeitinhalt, auf der Trennung von Existenz und Essenz beruht. Er schließt seinen Bericht mit einer Bestimmung seiner eigenen Position im Vergleich zu der von MONGRÉ:

Ich bin (wie man aus meiner vor mehreren Jahren erschienenen „Philosophie der Freiheit" sehen kann) im Resultat mit Mongré insoweit einverstanden, als auch ich alle Weltbetrachtung auf die uns gegebene Erfahrungswelt einschränke, als auch ich jedes Denken über eine andere (transcendente) Welt ablehne. [Steiner 1900, Spalte 575].

STEINER ist aber entschieden gegen MONGRÉs „Princip der indirecten Auslese"; eine Vielzahl kosmischer Welten neben der unsrigen, eine „pluralité des mondes", ist für ihn nicht akzeptabel.[96]

Das von STEINER beklagte Schicksal des *Chaos in kosmischer Auslese* währte sehr lange: Erst 22 Jahre nach dem Erscheinen des Buches hatte HAUSDORFF die Freude, anerkennende Worte von einem bedeutenden Gelehrten und „Philosophen vom Fach" zu lesen, von MORITZ SCHLICK. Zu dieser Zeit war HAUSDORFF schon sieben Jahre Ordinarius in Greifswald und hatte sich von MONGRÉ längst verabschiedet.

SCHLICK hatte Mathematik, Naturwissenschaften und Philosophie studiert und 1904 bei MAX PLANCK mit einer Arbeit aus der Optik promoviert. 1911 habilitierte er sich in Rostock mit der Schrift *Das Wesen der Wahrheit nach der modernen Logik* und wirkte danach in Rostock als Privatdozent (ab 1917 mit dem Titel Professor). 1918 erschien sein Hauptwerk *Allgemeine Erkenntnislehre*

---

[96]Ausführlicher zu Steiners Differenz mit Hausdorff in *HGW*, Band IB, 356–359.

[Schlick 1918]. Im Oktober 1921 wurde er zum ordentlichen Professor an die Universität Kiel berufen. Im Ergebnis von Bemühungen des Wiener Mathematikers HANS HAHN erhielt er 1922 einen Ruf auf den Lehrstuhl für Naturphilosophie an der Universität Wien, der 1895 für ERNST MACH als Lehrkanzel für „Philosophie, insbesondere Geschichte und Theorie der induktiven Wissenschaften" geschaffen worden war und den danach von 1902 bis 1906 LUDWIG BOLTZMANN innegehabt hatte. In Wien fand SCHLICK ein günstiges Umfeld und gleichgesinnte Kollegen und begründete mit diesen den später so genannten *Wiener Kreis*, dessen philosophische Richtung meist mit den Worten *logischer Empirismus* charakterisiert wird.[97] Am 22. Juni 1936 wurde MORITZ SCHLICK auf den Stufen der Wiener Universität von einem ehemaligen Studenten aus weltanschaulich-politischen und privaten Motiven ermordet. Dieser Mord markiert auch das Ende des Wiener Kreises. Da der Wiener Kreis den Antisemiten an der Wiener Universität ein Dorn im Auge war, ist es nicht verwunderlich, daß SCHLICKs Mörder nach dem Anschluß Österreichs an das nationalsozialistische Deutschland schon nach zwei Jahren Haft freikam.

SCHLICK war einer der ersten Philosophen, die sich ernsthaft mit der Relativitätstheorie ALBERT EINSTEINs befaßten und ihre große Bedeutung, auch mit Blick auf die Philosophie, würdigten. 1915 hatte er in der „Zeitschrift für Philosophie und philosophische Kritik" einen Artikel *Die philosophische Bedeutung des Relativitätsprinzips* veröffentlicht, der bei einschlägig interessierten Philosophen Anerkannung fand. Nachdem EINSTEIN Mitte 1916 in den „Annalen der Physik" seine Allgemeine Relativitätstheorie bekannt gemacht hatte, schlug der Gründer und Mitherausgeber der Zeitschrift „Die Naturwissenschaften", ARNOLD BERLINER SCHLICK vor, für seine Zeitschrift einen allgemeinverständlichen Artikel über allgemeine Relativitätstheorie zu schreiben. Dieser willigte ein und im März 1917 erschien in BERLINERs Zeitschrift SCHLICKs Aufsatz *Raum und Zeit in der gegenwärtigen Physik. Zur Einführung in das Verständnis der allgemeinen Relativitätstheorie* [Schlick 1917a]. Im Mai 1917 erschien der Aufsatz dann in Buchfassung bei Springer, erweitert um ein Schlußkapitel „Beziehungen zur Philosophie" [Schlick 1917b].

ALBERT EINSTEIN lobte in einem Brief an SCHLICK vom 21. Mai 1917 die „vortrefflich klaren Ausführungen" in dessen Buch, und auch der letzte Abschnitt „Beziehungen zur Philosophie" erschien ihm „vortrefflich".[98] Zwischen beiden Gelehrten entwickelte sich ein freundschaftliches Verhältnis. SCHLICKs Buch war sehr erfolgreich. Bereits 1919 erschien eine zweite, um zwei Kapitel erweiterte Auflage mit dem neuen Titel *Raum und Zeit in der gegenwärtigen Physik. Zur Einführung in das Verständnis der Relativitäts- und Gravitationstheorie*. Schon im nächsten Jahr erschien unter dem gleichen Titel eine dritte, „vermehrte und verbesserte Auflage" [Schlick 1920]. Die vierte und endgültige Auflage erschien 1922.

---

[97]Eine ausführliche Darstellung des Umfeldes, des Ursprungs und der Wirkung des Wiener Kreises gibt [Stadler 1997].

[98]Moritz Schlick: *Gesamtausgabe*. Abt. I, Band 2. Herausgegeben von Fynn Ole Engler und Matthias Neuber, Springer, Berlin, Heidelberg 2006, 130f.

In SCHLICKs Aufsatz *Raum und Zeit in der gegenwärtigen Physik* gibt es Passagen, die an die Argumentation erinnern, mit der HAUSDORFF in *Das Chaos in kosmischer Auslese* und später in seiner Antrittsrede *Das Raumproblem* [H 1903a] die transzendente Idealität des Raumes zu beweisen sucht. HAUSDORFF kannte spätestens 1918 diesen Aufsatz aus den „Naturwissenschaften". Er hatte sich mit EINSTEINs Relativitätstheorie beschäftigt und hat vermutlich darüber in Greifswald einen Vortrag gehalten oder zumindest halten wollen. Davon zeugt ein Manuskript in seinem Nachlaß von 36 Seiten Umfang, das im Duktus eines Vortrags gehalten ist.[99] HAUSDORFF gibt dort eine gut verständliche Darstellung der speziellen Relativitätstheorie und geht am Schluß auch kurz auf die allgemeine Relativitätstheorie ein. Auf Blatt 1 führt er Literatur an, darunter den o.g. Aufsatz [Schlick 1917a].

Im Jahre 1919 kam es dann zu einem brieflichen Kontakt zwischen HAUSDORFF und SCHLICK, von dem nur zwei Briefe HAUSDORFFs an SCHLICK erhalten sind.[100] Aus dem ersten Brief geht hervor, daß dieser Kontakt durch den Wiener Privatgelehrten FRANZ SELETY zustande gekommen war.[101] SELETY und HAUSDORFF hatten eine brieflich ausgetragene kontroverse Diskussion über den Realitätsbegriff geführt, und im Zusammenhang damit hatte SELETY in einem Brief vom 5.2. 1919 SCHLICK gebeten, er möge doch seine in den „Kant-Studien" erschienene Arbeit *Erscheinung und Wesen* an HAUSDORFF schicken.[102] SCHLICK kam dieser Bitte umgehend nach; am 23.Februar 1919 schrieb HAUSDORFF an SCHLICK:

> Die freundliche Zusendung Ihrer Schrift „Erscheinung und Wesen" und Ihr liebenswürdiger Begleitbrief haben mich herzlich erfreut. Ich wollte Ihnen erst dann antworten, wenn ich mich zuvor mit Ihrer Abhandlung innerlich so klar auseinandergesetzt hätte, um Ihnen meine Ansicht darüber mittheilen zu können. Aber diese Seelensituation ist bei mir noch nicht eingetreten, obwohl ich Ihren Aufsatz zweimal gelesen habe; das liegt offenbar an meiner Entwöhnung vom philosophischen Denken: ich habe auch bei meiner Correspondenz mit Herrn Dr. Selety die gleiche Erfahrung gemacht, dass philosophische Argumente zwar bei mir wirken, aber sehr langsam. So lange aber möchte ich meinen Dank an Sie nicht aufschieben [· ·]

HAUSDORFF berichtet dann kurz über den Kern seiner Kontroverse mit SELETY und schließt seinen Brief mit folgenden Sätzen:

> Vor einiger Zeit las ich Ihre Arbeit „Raum und Zeit in der gegenwärtigen Physik" und fand sie so gut, dass ich Sie daraufhin für einen Physiker hielt!

> Es würde mich eminent interessiren, was Sie zu meinem philosophischen Buch (P. Mongré, Das Chaos in kosmischer Auslese) sagen, das ich freilich

---

[99]Nachlaß Hausdorff, Kapsel 44, Faszikel 796; abgedruckt in *HGW*, Band VI, 451–470.
[100]*HGW*, Band IX, 583–590. Dort sind auch die Quellen angegeben.
[101]Zu Selety siehe [Jung 2005] und *HGW*, Band IX, 584–586.
[102]Die Korrespondenz zwischen Hausdorff und Selety ist nicht mehr vorhanden. Einiges über die Kontroverse kann man Seletys Briefen an Schlick entnehmen; näheres dazu in *HGW*, Band IB, 363–366.

heute, nach 21 Jahren, anders und vor allem wesentlich kürzer schreiben würde.[103]

Auch SELETY wies SCHLICK in einem Brief vom 15. April 1919 auf MONGRÉs Buch
hin. Dessen Grundgedanke sei „ein erkenntnistheoretisch-metaphysisches Prinzip
von großer Kühnheit und Originalität". Dann heißt es weiter:

> Jene Schrift ist nur sehr wenig bekannt geworden und ich möchte sie Ihrer
> Beachtung sehr empfehlen.[104]

Diese Hinweise auf das *Chaos in kosmischer Auslese* bewirkten, daß SCHLICK es
studierte und in der dritten Auflage seines Buches *Raum und Zeit in der gegenwärtigen Physik* an einer wichtigen Stelle eine Fußnote einfügte, die HAUSDORFFs
Werk sehr positiv würdigte. Die Fußnote muß im Zusammenhang mit dem Text
auf dieser Seite gesehen werden. Dort wird zunächst festgestellt, daß die erkenntnistheoretische Kritik seit längerer Zeit es als notwendig erachtet habe und daran
gearbeitet habe, die Grundbegriffe der Wissenschaften von verborgenen ungeprüf-
ten Voraussetzungen zu reinigen. Dann heißt es weiter:

> Dabei hat sie bereits Gedanken über die Relativität aller räumlichen Verhält-
> nisse entwickelt, als deren konsequente Ausgestaltung und Anwendung wir die
> Raum-Zeit-Auffassung der Einsteinschen Theorie ansehen können. Von jenen
> Gedanken führt zu ihr ein kontinuierlicher Weg, auf dem der Sinn der Frage
> nach der „Wirklichkeit" des Raumes und der Zeit immer deutlicher wird, und
> den wir hier als Zugang zu den neuen Ideen benutzen wollen. [Schlick 1920,
> 24].

SCHLICK bringt dann das alte Gedankenexperiment aus der französischen Raum-
diskussion, welches POINCARÉ besonders bekannt gemacht hatte, nämlich daß,
wenn sich alle Körper der Welt über Nacht um einen Faktor vergrößern würden, wir diese Veränderung nicht feststellen könnten, weil unser Leib und unsere
Meßinstrumente derselben Transformation des Raumes ausgesetzt wären. Als Ergänzungen erwägt SCHLICK auch allgemeinere Transformationen des Raumes mit
dem gleichen Effekt. Die eingefügte Fußnote hierzu lautet folgendermaßen:

> Leider habe ich erst nach Erscheinen der zweiten Auflage dieser Schrift das
> höchst scharfsinnige und faszinierende Buch kennen gelernt: „Das Chaos in
> kosmischer Auslese", ein erkenntniskritischer Versuch von *Paul Mongré*, Leip-
> zig 1898. Das fünfte Kapitel dieses Werkes [das Kapitel „Vom Raume" – W.P.]
> gibt eine sehr vollkommene Darstellung der oben im Text folgenden Erörte-
> rungen. Nicht nur die Gedanken *Poincarés*, sondern auch die oben hinzuge-
> fügten Ergänzungen sind dort bereits vorweggenommen. [Schlick 1920, 24].

SCHLICK sandte HAUSDORFF ein Exemplar der dritten Auflage, und der hat sich
sehr darüber gefreut. Er bedankte sich in einem Brief vom 17. Juli 1920, in dem er
sich zunächst entschuldigt, daß der Dank verspätet kommt. Er habe aber SCHLICKs

---

[103] Beide Zitate in *HGW*, Band IX, 583.
[104] Noord-Hollands Archief (Haarlem, Wiener Kreis Archiv, Inventarnummer 118/Sel-1 – Sel-3.

Buch erst gelesen und wollte seine „der Philosophie etwas entwöhnten Gedanken zu einer Antwort auf den erkenntnistheoretischen Inhalt Ihres Briefes sammeln". Dann heißt es:

> Zu diesem letzten ist es nun doch nicht gekommen, und ich muss das auf eine spätere, hoffentlich in den Ferien kommende Gelegenheit verschieben; aber nicht länger verschieben, sondern endlich – mit der Bitte um gütige Nachsicht für die Verspätung – aussprechen möchte ich meinen herzlichsten Dank für Ihre freundliche Dedication und insbesondere meine grosse Freude über die Anerkennung, die Sie in Ihrem Brief und in Ihrem Büchlein dem „Chaos in kosmischer Auslese" zu Theil werden lassen. Da Sie selbst feststellen konnten, dass ich in dieser Beziehung durch die Fachphilosophen nicht verwöhnt worden bin, so werden Sie meine Freude über die späte, aber doch schliesslich spürbare Wirkung meines damaligen Versuchs ermessen können.

Er begreife – so HAUSDORFF – nun selbst Fachmensch auf einem anderen Gebiet, daß sein Buch auf die Männer des Faches „einen zunächst dilettantischen Eindruck machen und vom genaueren Kennenlernen abschrecken" mußte.

> Um so beglückender empfinde ich es, wenn trotzdem ein wissenschaftlicher Philosoph durch das Unzulängliche hindurch zum haltbaren Kern meiner Gedanken vordringt, und die höchst ehrenvolle und schmeichelhafte Form, in der Sie davon Zeugnis ablegen, ist das Maximum dessen, was mein Ehrgeiz sich je hat träumen lassen.[105]

„Höchst ehrenvoll" mußte es HAUSDORFF in der Tat erscheinen, seinen erkenntniskritischen Versuch in die Vorgeschichte von EINSTEINS Relativitätstheorie gestellt zu sehen. Auch in der zweiten endgültigen Ausgabe seines Buches *Allgemeine Erkenntnislehre* erwähnt SCHLICK im Abschnitt 28 „Die Subjektivität der Zeit" HAUSDORFFS *Das Chaos in kosmischer Auslese*:

> Noch auf einen anderen Gedankengang ist hier hinzuweisen, der wohl geeignet ist, die Subjektivität des Zeitlichen im erläuterten Sinne besonders anschaulich zu machen, und den wir scharfsinnig entwickelt finden bei P. Mongré (Das Chaos in kosmischer Auslese, Leipzig 1898)[···]. Denken wir uns nämlich den Strom unserer Bewußtseinsinhalte in aufeinanderfolgende Abschnitte zerlegt und die einzelnen Abschnitte in beliebiger Weise miteinander vertauscht, so daß die Reihenfolge unserer Erlebnisse gänzlich durcheinander geworfen wird, und fragen wir uns, welchen Unterschied diese Umordnung für unser Erleben machen würde, so müssen wir antworten: gar keinen! [106]

In einer Fußnote zu dieser Seite zitiert SCHLICK zwei Passagen aus dem „Chaos", S. 66 und S. 158.

Auch KURT GÖDEL, der wohl bedeutendste Logiker des 20. Jahrhunderts, hat HAUSDORFFS erkenntniskritischen Versuch gekannt und sich darauf bezogen. GÖDEL war in Princeton Kollege und Freund EINSTEINs und hat sich Ende der

---

[105] Beide Zitate in *HGW*, Band IX, 587.
[106] [Schlick 1925, 229]. In: MORITZ SCHLICK: *Gesamtausgabe*, Abteilung I, Band 1, Springer, Wien 2009, 569–570.

vierziger Jahre intensiv mit relativistischer Kosmologie beschäftigt. 1949 veröffentlichte er in den „Reviews of Modern Physics" die Arbeit *An Example of a New Type of Cosmological Solutions of Einstein's Field Equations of Gravitation* [Gödel 1986–1995, vol. I, 190–198]. In dieser Arbeit bewies er die Existenz von Lösungen der EINSTEINschen Feldgleichungen, welche eine Rotation der Materie der Galaxien relativ zu einem lokalen Inertialsystem beinhaltet (Existenz „rotierender Universen"). Auf dem Internationalen Mathematikerkongreß 1950 in Cambridge hielt er darüber den Vortrag *Rotating Universes in General Relativity Theory*. In der genannten Arbeit wird ein spezielles derartiges kosmologisches Modell mit einer Reihe merkwürdiger Eigenschaften untersucht. Unter den von GÖDEL hervorgehobenen neun Eigenschaften sind die folgenden beiden im Hinblick auf HAUSDORFFs Betrachtungen zur Zeit die interessantesten:

(5) It is not possible to assign a time coordinate t to each space-time point in such a way that t always increases, if one moves in a positive time-like direction; and this holds both for an open and a closed time coordinate.

(6) Every world line of matter occurring in the solution is an open line of infinite length, which never approaches any of its preceding points again; but there also exist closed time-like lines. In particular, if P, Q are any two points on a world line of matter, and P precedes Q on this line, there exists a time-like line connecting P and Q on which Q precedes P; i.e., it is theoretically possible in these worlds to travel into the past, or otherwise influence the past. [Gödel 1986–1995, vol. I, 191].

Noch vor Erscheinen der genannten Arbeit von 1949 veröffentlichte GÖDEL im gleichen Jahr einen kurzen Aufsatz in einem Buch über ALBERT EINSTEIN mit dem Titel *A Remark about the Relationship between Relativity Theory and Idealistic Philosophy*. [Gödel 1986–1995, vol. II, 202–207]. Mehrere unpublizierte längere und inhaltsreiche Vorarbeiten zu diesem Artikel, die aus dem Jahr 1946 stammen, sind zusammen mit ausführlichen Kommentaren der Herausgeber abgedruckt in [Gödel 1986–1995, vol. III, 202–259]. In diesem Aufsatz wie in den Vorarbeiten dazu will GÖDEL, der nach eigener Aussage kein Kantianer ist, zeigen, daß die Ergebnisse der Relativitätstheorie und insbesondere die Eigenschaften seiner 1949 beschriebenen Lösung der EINSTEINschen Feldgleichungen von Seiten der Physik her KANTs Behauptung der transzendentalen Idealität der Zeit stützen. Den Bezug zu MONGRÉ stellt die Fußnote 4 in diesem Artikel her:

One may take the standpoint that the idea of an objective lapse of time (whose essence is that only the present really exists) is meaningless. But this is no way out of the dilemma: for by this very opinion one would take the idealistic viewpoint as to the idea of change, exactly as those philosophers who consider it as selfcontradictory. For in both views one denies that an objective lapse of time is a possible state of affairs, *a fortiori* that it exists in reality, and it makes very little difference in this context, whether our idea of it is regarded as meaningless or as self-contradictory. Of course, for those who take either one of these viewpoints the argument from relativity theory given below is unnecessary, but even for them it should be of interest that perhaps there exists a second proof for the unreality of change based on entirely different grounds, especially in view of the fact that the assertion to be proved runs so completely counter to common sense. A particularly clear dicussion of the subject independent of relativity theory is to be found in *Mongré 1898.* [Gödel 1986–1995, vol. II, 202f.].

Man fragt sich, woher kannte ein Mann wie GÖDEL HAUSDORFFs erkenntniskritischen Versuch? Dazu ist zu bemerken, daß GÖDEL schon als junger Student regelmäßig die Veranstaltungen des Wiener Kreises besuchte und mit den dort maßgeblichen Persönlichkeiten verkehrte (HANS HAHN und KARL MENGER waren seine akademischen Lehrer in der Mathematik). So ist es zu vermuten, daß MORITZ SCHLICK ihn schon früh auf MONGRÉs Schrift aufmerksam gemacht hat.[107]

Schließlich ist von einer späten Resonanz von MONGRÉs Idee der Auslese einer kosmischen Welt aus dem Chaos zu berichten, einer kosmischen Welt, die ein unwahrscheinlicher Sonderfall in der Unendlichkeit möglicher Welten ist. HAUSDORFF hat diese Aufnahme und Umwandlung seiner Ideen – ebenso wie im Fall GÖDELS – nicht mehr erlebt, aber er hat denjenigen noch gekannt, dem diese Ideen für sein eigenes Werk sehr wichtig wurden: MAX BENSE. BENSE studierte ab 1930 in Bonn Physik, Chemie, Mathematik, Geologie und Philosophie. Seine Witwe hat EGBERT BRIESKORN berichtet, BENSE habe bei HAUSDORFF Vorlesungen gehört und habe oft von dem großen Eindruck gesprochen, den HAUSDORFF auf ihn gemacht hat. Er sei auch zweimal bei HAUSDORFFs zu Hause eingeladen gewesen und habe mit ihm über die Bedeutung der mathematischen Logik kontrovers diskutiert. 1937 promovierte BENSE bei OSKAR BECKER mit der Arbeit *Quantenmechanik und Daseinsrelativität.* Nach Arbeit als Physiker und Kriegsdienst habilitierte er sich 1946 in Jena mit der Schrift *Konturen einer Geistesgeschichte der Mathematik* und wurde dort zum außerordentlichen Professor ernannt. 1950 wurde er außerordentlicher und 1963 ordentlicher Professor für Philosophie und Wissenschaftstheorie an der Technischen Hochschule Stuttgart, wo er 1978 emeritiert wurde.

BENSE trat mit zahlreichen Arbeiten zur Wissenschaftstheorie, Logik, Kybernetik, Semiotik, Naturphilosophie, Geschichte der Philosophie und vielen weiteren Themen hervor und versuchte eine informationstheoretische Grundlegung der Ästhetik. Daneben schuf er experimentelle Romane, Lyrik, Radio-Essays und Hörspiele.[108] Die im Laufe der Jahre von ihm entwickelte informationstheoretische Ästhetik beschreibt ästhetische Phänomene nicht mehr deutend in den Kategorien von Inhalt und Form, sondern will in technisch-wissenschaftlicher Weise ästhetische Prozesse in mathematischer Sprache darstellen. Diese Konzeption von Ästhetik wurde in einer Reihe von vier Heften *Aesthetica I* bis *Aesthetica IV* in den Jahren 1954 bis 1960 der Öffentlichkeit vorgestellt. Zusammengefaßt und mit einem neuen Schlußkapitel erschienen diese Beiträge 1965 als Buch: *Aesthetica.*

---

[107]Zu Hausdorffs Beziehungen zum Wiener Kreis s. auch die Abschnitte 5 und 6 in der Einleitung von Moritz Epple zu *HGW*, Band VI, 160–194.

[108]Zum Werk Benses s. [Büscher et al. 2004], [Uhl/ Zittel 2018] und die dort angegebene Literatur.

Einführung in die neue Ästhetik. [Bense 1965]. Das vierte, als *Aesthetica IV* bereits 1960 erstmals veröffentlichte Kapitel sieht „historisches, gesellschaftliches, wissenschaftliches und ästhetisches Bewußtsein" „integriert in einem einzigen, *realitätssetzenden*, nämlich im technischen Bewußtsein unserer modernen Zivilisation, in einem Bewußtsein von der *grundsätzlichen Machbarkeit* der Welt [Bense 1965, 257]. Wissenschaftliche wie künstlerische Produktivität werden als essentiell nicht verschiedene rationale Prozesse aufgefaßt. Bei dieser reduktiven Betrachtungsweise handelt es sich „um ein Prinzip, das an der Ausscheidung all dessen interessiert. ist, was sich im *Horizont des Machens* einer Zivilisation *nicht* aus ihren theoretischen Strukturen ergibt." [Bense 1965, 261]. Von dieser Perspektive aus erscheint der „physikalische wie auch der ästhetische Prozeß als *selektiver* und vom Zufall durchsetzt"; es lassen sich darauf in verallgemeinerter Form Begriffe wie *Entropie* anwenden, und auch auf das Kunstwerk als ästhetische Information und den Prozeß der ästhetischen Kommunikation können die Begriffe der mathematischen Informationstheorie angewendet werden [Bense 1965, 264f.]. Als „konstituierende Kategorie ästhetischer Information und Kommunikation" wird der Begriff der *Realisation* eingeführt [Bense 1965, 278].

> Zeichen bilden Anordnungen, Verteilungen, die Information realisieren, dokumentarische, semantische oder ästhetische; als dokumentarische und semantische kann sie eine wissenschaftliche Bedeutung haben, als ästhetische kann es sich um syntaktische (symbolische), semantische (ikonische) oder pragmatische (indikatorische) Information handeln. Die Realisation ist Ausdruck einer Auswahlfunktion. Es liegt also hier der klassische Begriff von Realisation vor, wie er bei Leibniz und auch bei Whitehead auftritt: Schöpfung als Verwirklichung, als Verwirklichung der Auswahl. [···] Liegt eine (endliche) Anzahl möglicher Welten (Fälle) vor, aus denen eine verwirklicht werden soll, so bezeichnet diese Anzahl möglicher Welten den Realisationsbeitrag der verwirklichten Welt. Die Welten können auch mögliche Texte, mögliche Zeichenanordnungen sein, aus denen eine realisiert wird. [Bense 1965, 274].

Hier beginnt man zu ahnen, wie und warum sich für BENSE ein Zusammenhang zwischen seiner Ästhetik und MONGRÉs Erkenntniskritik ergibt. Dieser Zusammenhang wird in dem Abschnitt „Kosmologische Ästhetik" von *Ästhetica IV* hergestellt. Erst hier, erst 1960, treten zum ersten Mal in BENSES umfangreichem Schrifttum die Namen PAUL MONGRÉ und FELIX HAUSDORFF auf. In diesem Abschnitt „Kosmologische Ästhetik" geht es BENSE um die Vorgeschichte der von ihm, HELMAR FRANK und ABRAHAM MOLES geschaffenen „Zeichen- und Informationsästhetik".

> Doch ist die reine Zeichenästhetik, wie sie von Peirce und Morris her aufgebaut werden kann, nicht der einzige Ausgangspunkt der neueren statistischen Informationsästhetik. Vielmehr gehört in die Vorgeschichte dieser sehr komplexen Theorie eine Klasse von Überlegungen, die bei verschiedenen Autoren zwischen Nietzsche und Whitehead einerseits und zwischen Boltzmann und N. Wiener andererseits anzutreffen sind und die zwar nicht unmittelbar

ästhetischen Problemen gewidmet sind, aber ihre Lösung beeinflußt haben.
[Bense 1965, 284].

Zu den Autoren „zwischen Nietzsche und Whitehead" zählt BENSE dann HAUS-
DORFF-MONGRÉ, als Mathematiker „weltberühmt", „als Philosoph ziemlich unbekannt".[109] BENSE zitiert eine ganze Reihe von Stellen aus dem *Chaos in kosmischer
Auslese:* [H 1898a, 2, 20, 50, 51, 130, 133, 138, 159, 173; VII: 596, 614, 644, 645,
724, 727, 732, 753, 767]. An drei Stellen stellt er eine direkte Beziehung von (in
Anführungszeichen gesetzten) Zitaten aus MONGRÉ zu seiner eigenen Problematik
her. Die erste Stelle:

> Das ästhetische Problem wird dann folgendermaßen kosmologisch eingeführt:
> „Die existentia potentialis verewigt unparteiisch alle Fragmente des Werdens,
> ohne Rücksicht, ob die Welt sich empirisch wie ein sinnvoller Text oder wie ein
> bloßes Buchstabengewimmel liest ... In der That, will man durchaus die Di-
> versität beider Welten zum ästhetischen Werthgegensatz umbilden, so bleibt
> keine andere Wahl: die transcendente Welt erscheint, mit immanentem Masse
> gemessen, als unsinnigste, unerträglichste, vernunftloseste aller Weltformen,
> als tiefste Entwerthung menschlicher Werthe, als grausamster Hohn selbst
> auf die Grundvoraussetzungen des werthschätzenden und wertheschaffenden
> Lebens!"[110]

Die zweite Stelle, an der BENSE eine direkte Beziehung zu sehen glaubt, bezieht
sich auf einen Text im *Chaos in kosmischer Auslese* [H 1898a, 159–160; VII: 753–
754], in dem HAUSDORFF definiert, was er unter „kosmischer Structur" versteht.
Die dritte Stelle bezieht sich auf die „Unwahrscheinlichkeit" der kosmischen Welt
[H 1898a, 173–174; VII:767–768]. Zu diesen beiden Stellen schreibt BENSE:

> Schließlich erscheint der Satz, der geradezu als eine Definition der Kosmologi-
> schen Ästhetik angesehen werden kann, auch wenn sie sich auf den Begriff der
> „kosmischen Structur unserer empirischen Welt" bezieht: „Hierunter will ich ...
> alles verstehen, was von ordnenden, beziehenden, schmückenden, gestaltenden
> Principien in der Welt sichtbar wird, alle die Relationen, Zusammenhänge,
> Gesetzlichkeiten, die wir in der Empfindung „Kosmos" gegenüber dem Chaos
> zusammenfassen ..." (p.159). Im Anschluß hieran wird als drittes das „Prin-
> cip des ausgezeichneten Falles" für den „Typus des Kosmischen" formuliert.
> Damit wird die „qualitative Bestimmtheit der empirischen Welt" zum „Aus-
> schnitt aus einer Unbestimmtheit, einem Zufallsbereich" (p.173). Ich breche
> damit die Darstellung dessen ab, was ich die kosmologische Ästhetik Mongrés
> nenne. Es ist evident, daß sie wie von kosmologischen auch von statistischen
> Vorstellungen begleitet wird und daß die Gegenüberstellung von (transzen-

---

[109]Letzterem Übelstand versuchte Bense später selbst ein wenig abzuhelfen: 1976 gab er Hausdorffs mittlerweile nicht leicht zugängliche *Chaos in kosmischer Auslese* in seinem Agis-Verlag
neu heraus. Er wählte allerdings (unter Angabe des Originaltitels) einen neuen Titel: „Felix Hausdorff (Paul Mongré), *Zwischen Chaos und Kosmos oder Vom Ende der Metaphysik*" und stellte
dem Werk eine längere Einleitung voran; s. dazu Werner Stegmaier in *HGW*, Band VII, 80.
[110][Bense 1965, 285]. Der von Bense ausführlicher als hier zitierte Text steht in [H 1898a, 50–51;
VII: 644–645].

dentem) Chaos und (immanentem) Kosmos das Verhältnis von Repertoire und Information antizipiert. [Bense 1965, 285f.].

BENSE hat auch in seinen weiteren Arbeiten an vielen Stellen auf MONGRÉ/ HAUS-DORFF hingewiesen und insbesondere Beziehungen zu seinen eigenen semiotischen Untersuchungen hergestellt.[111] Seine letzte Arbeit, die seine Witwe ELISABETH WALTHER-BENSE 1992 aus dem Nachlaß herausgegeben hat, *Die Eigenrealität der Zeichen*, schließt mit einem Zitat aus *Sant' Ilario*:

„Der Mensch ist ein semiotisches Thier . . .“.[112]

5.6 Mongré über Stirner

Äußerer Anlaß für HAUSDORFFs Essay *Stirner*[113] war das Erscheinen einer Biographie STIRNERs aus der Feder des Schriftstellers JOHN HENRY MACKAY [Mackay 1898]. MAX STIRNER war das Pseudonym des Philosophen, Schriftstellers und Übersetzers JOHANN CASPAR SCHMIDT. Dessen Hauptwerk *Der Einzige und sein Eigenthum* war im Herbst 1844 im Verlag von Otto Wigand in Leipzig erschienen.[114] STIRNER vertritt darin einen absoluten Egoismus. Das STIRNERsche Ich, der „Eigner“ oder „Einzige“ akzeptiert nichts „über sich“, nichts „Heiliges“, nicht Gott, Kirche, Gesellschaft und insbesondere nicht den Staat und seine Institutionen, auch nicht in seiner sozialistischen oder kommunistischen Ausgestaltung. Die allgemeinen gesellschaftlichen Begriffe wie Moral, Recht, Ehe, Eigentum gehen den Einzelnen, der ein „Einziger“ ist, nichts an; sie sollen ihn nur hindern, seine eigenen Vorstellungen als „sein Eigentum“ zu bilden und zu seiner Lebensgrundlage zu machen. Die Vorrede zu seinem Buch endet mit folgender Passage:

> Das Göttliche ist Gottes Sache, das Menschliche Sache „des Menschen“. Meine Sache ist weder das Göttliche noch das Menschliche, ist nicht das Wahre, Gute, Rechte, Freie etc, sondern allein das *Meinige*, und sie ist keine allgemeine, sondern ist – *einzig*, wie Ich einzig bin.

> Mir geht nichts über Mich! [Stirner 1893, 14].

Nach einigen heftigen Gegenreaktionen der Junghegelianer, vor allem von FEUERBACH, BRUNO BAUER, RUGE und MARX, geriet STIRNERs Buch – ebenso wie der Autor selbst – fast ein halbes Jahrhundert in Vergessenheit. Daran änderte auch eine Neuauflage im Jahre 1882 im Verlag Otto Wigand Nachfolger nichts. Die Situation änderte sich erst mit der von PAUL LAUTERBACH initiierten Neuausgabe des „Einzigen“ im Verlag von Philipp Reclam jun. in Leipzig im Jahre 1893

---

[111]Dazu sei auf *HGW*, Band VII, 79–81 verwiesen.

[112]Aphorismus 7 aus *Sant' Ilario* beginnt mit folgendem Satz: „Der Mensch ist ein semiotisches Thier; seine Menschheit besteht darin, dass er statt des natürlichen Ausdrucks seiner Bedürfnisse und Befriedigung sich eine conventionelle, symbolische, nur mittelbar verständliche Zeichensprache angeeignet hat.“ [H 1897b, 7–8; VII: 101–102].

[113][H 1898d, VIII: 381–390] mit Erläuterungen in *HGW*, Band VIII, 391–412.

[114]S. dazu [Laska 1996]. Bis heute wurde das Buch in 19 Sprachen übersetzt.

[Stirner 1893]. LAUTERBACH hatte dem Buch eine achtseitige Einführung vorangestellt. Dort stellt er NIETZSCHE gewissermaßen als Nachfolger STIRNERs dar, obwohl „aller Wahrscheinlichkeit nach, Nietzsche den 'Einzigen' *nicht* gekannt" hat:

> Geben wir schließlich dem Probleme Stirners ein Echo aus den Werken seines großen Nachfolgers, des Ausbauers und Umschöpfers der Ich-Lehre – Friedrich Nietzsche. [Stirner 1893, 8].

LAUTERBACH zitiert dann NIETZSCHEs Aphorismen *Der Immoralist redet* aus *Götzendämmerung* und *Auf die Schiffe* aus *Die fröhliche Wissenschaft*. Mit dem Herstellen einer solchen Verbindung hatte es sicher zu tun, daß mit wachsendem Interesse für NIETZSCHE auch das Interesse für STIRNER erwachte, zumal LAUTERBACH STIRNER auch eine politische Rolle zumaß; in einem seiner Briefe an KÖSELITZ heißt es „Was haben Stirner und Nietzsche für eine politische Rolle zu spielen!" [115]

Es ist anzunehmen, daß HAUSDORFF mit seinem Freund LAUTERBACH auch über STIRNER und dessen Werk gesprochen hat. Er scheint in jungen Jahren von STIRNERs radikalem Infragestellen aller gesellschaftlichen Normen und Institutionen, von seinem absoluten Egoismus ganz angetan gewesen sein. So schreibt er im Aphorismus 278 von *Sant' Ilario* rückblickend:

> Es gab lichte, jugendliche Zeiten, da das reine Ich wie eine saftige Frucht genossen wurde [···] Man konnte nur Ich! Ich! sagen, stammeln, lechzen, aber mit diesem hohlen Stirner'schen Ich liess sich Ball spielen; es war eine Seifenblase, aber in paradiesischen Farben. Aus diesem Nichts spann man seine ganze Welt hervor, diese flachste grauseste aller Abstractionen gab Hochgebirge her und purpurne Sonnenuntergänge: mit ihr erlebte man Dramen, deren jegliche Person Ich hiess. – Heute ist man älter, realer, von Inhalt beschwerter geworden, und das reine Ich verliert an seinem Wohlgeschmack; [···] [H 1897b, 178–179; VII: 272–273].

HAUSDORFF wird vermutlich auch MACKAY persönlich kennengelernt haben, denn dieser ließ sich 1897 für mehrere Monate in Leipzig nieder und verkehrte dort auch in der „Litterarischen Gesellschaft", zu der HAUSDORFF ebenfalls Kontakte pflegte. MAKAY habe dort öfters STIRNER und dessen Werk zur Sprache gebracht. [116]

In seinem Essay teilt HAUSDORFF dem Leser zunächst einiges zur Biographie STIRNERs mit. Er stützt sich bei diesen Daten, die er oft in ironisch-distanzierter Weise interpretiert, auf MACKAY, der in jahrelanger mühevoller Kleinarbeit STIRNERs Lebensweg rekonstruiert hatte. HAUSDORFF würdigt diese gründliche Arbeit MACKAYs [117], weist jedoch dessen „monströse Überschätzung" STIRNERs entschieden zurück. STIRNERs Philosophie gelte als „Philosophie des Egoismus", sei aber nichts anderes denn eine „*Philosophie des Indifferentismus*". „Es wird kein Zeitalter des Einzigen geben" – so HAUSDORFF – denn:

---

[115] Briefe von Paul Lauterbach an Heinrich Köselitz, Goethe- und Schiller-Archiv Weimar, Bestand Gast, Signatur GSA 102/417, Brief vom 24. April 1893.

[116] S. dazu Udo Roth in *HGW*, Band VIII, 395.

[117] Mackays Werk ist bis heute die einzige Biographie Stirners; man hat auch bisher kaum neue biographische Daten zu Stirner gefunden.

Der normative Eindruck des 'Einzigen' ist gleich Null. [· · ·]

Stirner deckt den mehr oder minder bewussten Selbstbehauptungstrieb, Selbstförderungstrieb in unserem Verhalten auf und gibt damit eine vortreffliche *Atomistik* des socialen Lebens: so, auf dem nie versagenden Ich, baut es sich auf, wie der Körper aus den Molecülen, der Kreidefelsen aus den Infusorien. Aber wer wird die zahllosen *Transformationsstufen* verkennen, die vom bloßen Ich zu den socialen Formen und wieder, auf höherem Niveau, zum entwickelten Individuum, zur Persönlichkeit im Goethe'schen Sinne führen?[118]

HAUSDORFFs Fazit über die Bedeutung STIRNERs lautet kurz und bündig: „Von Stirner, dem *Entwerther* aller Werthe, wird keine *Umwerthung* der Werthe ausgehen." [H 1898d, 71b; VIII: 388].

Ganz besonders kommt es HAUSDORFF in seinem Essay darauf an, seinen Standpunkt zum damals bereits lebhaft kontrovers diskutierten Verhältnis von STIRNER und NIETZSCHE zu verdeutlichen:

Man hört Stirner vielfach als geistigen Vorfahren *Nietzsches* preisen oder verdammen; ich kann mir kaum einen ärgeren Fehlgriff in der Genealogie denken. Nietzsche ist das gerade Gegentheil eines Nihilisten oder Indifferentisten: sein Uebermensch, verglichen mit dem jederzeit von Jedermann mühelos realisierten Einzigen, ist das Gespenst aller Gespenster, und die Stirner'schen Anarchisten haben Recht, den Erfinder dieses neuen „Spukes" zu den Moralisten, Romantikern und Religionsstiftern zu rechnen. Stirner ist, als „Ethiker", unwiderlegbar, weil er inhaltleer ist und nicht Gefahr läuft, an Realitäten anzustoßen; [· · ·] Dass aber [· · ·] Nietzsche selbst ein leidenschaftlich wünschender Idealist und weltenweit von der bequemen Ich-Wortspielerei Stirners entfernt ist, dass Zarathustra nur die „heile, gesunde Selbstsucht" und nicht jede beliebige gutheißt, dafür mögen ein paar aufs Gerathewohl herausgesuchte Sätze beider Männer zeugen. [H 1898d, 71b; VIII: 388–389].

Es folgen dann einige Zitate aus *Der Einzige und sein Eigentum*, denen jeweils Zitate aus NIETZSCHEs Schriften gegenübergestellt werden.

Übrigens ist bis heute nicht endgültig geklärt, ob NIETZSCHE STIRNERS 'Einzigen' gekannt hat. Auch die kontroverse Diskussion über das Verhältnis von NIETZSCHE und STIRNER ist bis in die neuere Zeit immer wieder aufgeflammt [Laska 2002].

5.7 Hausdorffs Beziehungen zum Nietzsche-Archiv

Mit einem kurzen Aufsatz unter dem Titel *Nietzsches Wiederkunft des Gleichen* [H 1900c, VII: 889–893] beteiligte sich HAUSDORFF an der öffentlichen Auseinandersetzung über die Art und Weise, wie das Nietzsche-Archiv mit der Edition von NIETZSCHEs Werken verfuhr. Um HAUSDORFFs Anliegen in diesem Beitrag zu verstehen, müssen wir zunächst auf seine Beziehungen zum Nietzsche-Archiv eingehen.

---

[118]Alle Zitate in [H 1898d, 70b–71a; VIII: 385–387].

Zwischen FRIEDRICH NIETZSCHE und seiner zwei Jahre jüngeren Schwester ELISABETH bestand eine Reihe von Jahren ein gutes Verhältnis. Zeitweise führte sie ihm in Basel sogar den Haushalt, als es ihm gesundheitlich besonders schlecht ging. Zum Bruch kam es, als NIETZSCHE im August 1882 im Kurort Tautenburg weilte und dort mit der ebenfalls anwesenden LOU VON SALOMÉ täglich einen ausgedehnten Gedankenaustausch pflegte. ELISABETH entpuppte sich bald als erbitterte Feindin von LOU; sie intrigierte eifrig gegen LOU und auch gegen NIETZSCHES Freund PAUL RÉE [Pfeiffer 1970]. Mitte September schrieb NIETZSCHE an RÉE, seine Schwester habe sich feindselig gegen ihn gekehrt, sich aus Abscheu vor seiner Philosophie von ihm „gelöst" und ihn selbst „mit Hohn und Spott überschüttet".[119] Zur weiteren Entfremdung der Geschwister trug bei, daß ELISABETH im Mai 1885 den fanatischen Antisemiten BERNHARD FÖRSTER heiratete. NIETZSCHE selbst verabscheute den Antisemitismus. Anfang 1888 zog das Ehepaar FÖRSTER nach Paraguay, um dort mit Gesinnungsgenossen die Kolonie „Nueva Germania" zu gründen.

Am 3. Januar 1889 erlitt NIETZSCHE in Turin einen geistigen Zusammenbruch. Der Freund OVERBECK kümmerte sich um die Rückführung des Kranken, der nach Aufenthalten in verschiedenen psychiatrischen Kliniken schließlich in die Obhut seiner Mutter FRANZISKA NIETZSCHE in Naumburg kam, der auch die Vormundschaft übertragen wurde. Mittlerweile war das Kolonie-Projekt in Paraguay in Schwierigkeiten geraten und FÖRSTER hatte sich dort im Juni 1889 das Leben genommen. ELISABETH kehrte im Dezember 1890 nach Deutschland zurück. Sie erreichte in Verhandlungen mit NIETZSCHES letztem Verleger CONSTANTIN GEORG NAUMANN beziehungsweise mit dessen Neffen und Teilhaber GUSTAV NAUMANN einerseits und den früheren NIETZSCHE-Verlegern FRITZSCH und SCHMEITZNER andererseits, daß für die Zukunft der Verlag von C. G. NAUMANN die Rechte für sämtliche Schriften NIETZSCHES erhielt. Nach einem weiteren Aufenthalt in Paraguay siedelte sie im September 1893 endgültig nach Deutschland über. Nach dem Scheitern des Kolonie-Projekts sah sie nun eine neue „Lebensaufgabe"; in den *Bayreuther Blättern* schrieb sie 1894:

> Eine andere große Lebensaufgabe: die Pflege meines einzigen teuren Bruders, des Philosophen Nietzsche, die Sorge für seine Werke und Beschreibung seines Lebens und Denkens, nimmt von jetzt ab meine ganze Zeit und Kraft in Anspruch. [Hoffmann 1991, 12].

Die Ziele, die sich ELISABETH FÖRSTER im Rahmen dieser neuen Lebensaufgabe stellte, verfolgte sie mit großer Energie und schreckte dabei auch nicht vor problematischen Methoden zurück. Sie strebte nach einer möglichst vollständigen Kontrolle über die Deutung von NIETZSCHES Leben und Denken und die Bearbeitung und Verwertung seines Werkes. Sie versicherte sich dabei der Hilfe durch ein weit gespanntes Netzwerk von NIETZSCHE-Enthusiasten, Freunden und Unterstützern und unternahm später Versuche, einen NIETZSCHE-Kult ähnlich dem

---

[119] [Nietzsche KSB, Band VI, 256]; ausführlicher dazu in *HGW*, Band IB, 383–386.

WAGNER-Kult in Bayreuth zu entwickeln. Die angestrebte Deutungshoheit über NIETZSCHES Werk hat teilweise bis hin zu Fälschungen von Manuskripten geführt.

Damit sollen die Verdienste von ELISABETH FÖRSTER – seit 1895 trug sie den Namen FÖRSTER-NIETZSCHE – nicht geleugnet werden. Sie scheute weder Mühe noch Kosten, um Manuskripte und Briefe NIETZSCHES zu sammeln und zu erwerben. 1894 gründete sie das *Nietzsche-Archiv*.[120] Zunächst in Naumburg, kam das Archiv 1896 nach Weimar und war dort ab 1897 in der Villa *Silberblick* untergebracht, wo auch ELISABETH mit ihrem pflegebedürftigen Bruder wohnte (die Mutter war 1897 gestorben). ELISABETH FÖRSTER-NIETZSCHE verfolgte mit der Archivgründung das Ziel, die Werkmanuskripte, den Briefwechsel und die persönlichen Papiere ihres Bruders an einer Stelle zu konzentrieren, sie zu erschließen und zu publizieren. Eine wichtige Aufgabe des Archivs sollte nach dem Willen der Gründerin eine NIETZSCHE-Gesamtausgabe sein. Nun war aber eine solche Gesamtausgabe schon begonnen worden. HEINRICH KÖSELITZ (PETER GAST), NIETZSCHES treuer Freund und Helfer, hatte nach NIETZSCHES Zusammenbruch gemeinsam mit FRANZ OVERBECK die Verantwortung für NIETZSCHES Nachlaß übernommen. KÖSELITZ arbeitete sofort an einer NIETZSCHE-Edition und konnte in den Jahren 1892 bis 1894 schon fünf Bände im Verlag C. G. Naumann herausbringen. Nach der Rückkehr im September 1893 aus Paraguay machte ELISABETH noch im selben Monat klar, daß sie KÖSELITZ nicht als Herausgeber ihrer Gesamtausgabe haben wollte. Dieser mußte alle ihm von OVERBECK geschickten Manuskripte NIETZSCHES herausgeben; die bereits erschienenen fünf Bände der von ihm begonnenen NIETZSCHE-Ausgabe ließ ELISABETH zurückziehen und einstampfen. KÖSELITZ zog sich in seine Heimatstadt Annaberg im Erzgebirge zurück und hielt Kontakt mit NIETZSCHE-Kennern wie FRANZ OVERBECK, JOSEF HOFMILLER, PAUL LAUTERBACH, GUSTAV NAUMANN, KURT HEZEL und FELIX HAUSDORFF.

ELISABETH FÖRSTER gewann für ihre neue NIETZSCHE-Gesamtausgabe einen NIETZSCHE-Verehrer, den sie schon 1891 in Berlin durch Vermittlung von COSIMA WAGNER kennen gelernt hatte: FRITZ KÖGEL.[121] KÖGEL, Sohn eines evangelischen Pastors, hatte von 1878 bis 1881 in München, Halle/Saale und Göttingen Philosophie, Germanistik und Geschichte studiert und 1883 in Halle mit der Arbeit *Die körperlichen Gestalten der Poesie* promoviert; die Arbeit beruht auf der Ästhetik HERMANN LOTZES. 1886 publizierte er in diesem Zusammenhang die Schrift *Lotzes Aesthetik*. Schon vor der Promotion begann KÖGEL mit dem Schreiben kulturkritischer Essays für renommierte Zeitungen und Zeitschriften, darunter die Berliner „Tägliche Rundschau". Von Herbst 1885 bis Herbst 1886 wirkte er als Redakteur einer Enzyklopädie, bis ihn seine Vettern REINHARD und MAX MANNESMANN dafür gewannen, sie von Remscheid aus beim Aufbau ihrer Röhrenwalzwerke zu unterstützen. Mit der Gründung der „Actien-Gesellschaft Deutsch-Österreichische Mannesmannröhren-Werke" wurde er erster Verwaltungsdirektor

---

[120]Das Standardwerk zur Geschichte des Nietzsche-Archivs ist die auf sorgfältigen Quellenstudien beruhende Monographie [Hoffmann 1991].

[121]Zur Biographie Kögels s. [Hoffmann 1991, 135–140].

am Sitz der Gesellschaft in Berlin. Dort verkehrte er nun in höchsten Kreisen und unterhielt freundschaftliche Beziehungen zum Aufsichtsratsvorsitzenden der Gesellschaft WERNER VON SIEMENS. Neben dieser Tätigkeit ging er in Berlin seinen literarischen Neigungen nach, publizierte anonym 1892 den Aphorismenband *Vox humana. Auch ein Beichtbuch* und unter seinem Namen 1893 *Gastgaben. Sprüche eines Wanderers.* In *Vox humana* gibt er sich als Jünger NIETZSCHES zu erkennen. In der „Freien Litterarischen Gesellschaft" in Berlin trug KÖGEL auch über NIETZSCHE vor und genoß in Berliner NIETZSCHE-Kreisen hohes Ansehen. 1893 schied er aus der Mannesmannröhren-Werke AG aus, als die Zentrale von Berlin nach Düsseldorf verlagert wurde.

Im Herbst 1893 schlug ELISABETH FÖRSTER KÖGEL die Herausgeberschaft einer NIETZSCHE-Gesamtausgabe vor und stellte ihn nach seiner Zusage im April 1894 als Mitarbeiter im Nietzsche-Archiv an. KÖGEL ging zügig an die Arbeit. In schneller Folge erschienen 1895 acht Bände der Gesamtausgabe, alle bis auf einen herausgegeben von FRITZ KÖGEL.[122] Während die Herausgabe dieser ersten acht Bände, welche die noch vor NIETZSCHES Zusammenbruch gedruckten Schriften enthielten, relativ unproblematisch war, sollte sich die Herausgabe von NIETZSCHES Nachlaß als großes Problem erweisen. 1896 und 1897 erschienen, von KÖGEL herausgegeben, vier Nachlaßbände, die Bände IX bis XII. Besonders der letzte Band, Band XII, der Material aus dem Nachlaß der Jahre 1881 bis 1885 enthielt, geriet bald darauf in die Kritik. KÖGELs Ausgabe der *Ewigen Wiederkunft* in diesem Band war die erste Nachlaßkompilation eines „nicht aphoristischen Werkes" mit „systematischem Zug", eines Werkes, das es in Wahrheit nie gegeben hatte.[123] Was es gab, waren zahlreiche mehr oder weniger ausgearbeitete Notizen NIETZSCHES aus verschiedenen Zeiten, Anlässen und Zusammenhängen, die in ihrer Gesamtheit weit entfernt davon waren, ein Werk zum Thema *Ewige Wiederkunft* zu sein. Andererseits waren Aufzeichnungen NIETZSCHES zur „ewigen Wiederkunft" nicht in die Kompilation aufgenommen worden, weil sie nach KÖGELs Ansicht „ersichtlich nicht in den zusammenhängenden Gedankengang der 'Wiederkunft' gehörten".

Während KÖGELs Arbeit im Archiv in den Jahren von 1894 bis 1897 entstanden natürlich Kontakte des Herausgebers mit verschiedenen NIETZSCHE-Kennern und -Verehrern wie JOSEF HOFMILLER, GUSTAV NAUMANN, KURT HEZEL und – nicht zuletzt – mit FELIX HAUSDORFF. Dessen erster Kontakt mit KÖGEL entstand vermutlich im Zusammenhang mit seinem ersten Besuch im Nietzsche-Archiv im Juni 1896; die Einladung der Archivleiterin hatte GUSTAV NAUMANN HAUSDORFF überbracht.[124] Vermutlich durfte HAUSDORFF bei diesem Besuch in Naumburg den

---

[122] Der Band III *Menschliches Allzumenschliches II* wurde von Eduard von der Hellen herausgegeben, der später durch die großen Goethe- und Schiller-Ausgaben bekannt wurde. Er war von Oktober 1894 bis Februar 1895 am Nietzsche-Archiv angestellt.

[123] [Hoffmann 1991, 51]. Die von Hoffmann zitierten Worte in Anführungszeichen stammen aus Kögels Nachbericht in Band XII, 427f.

[124] Eine erste Einladung im Jahre 1895 hatte Hausdorff wegen Krankheit nicht wahrnehmen können; s. dazu die Korrespondenz Hausdorffs mit Elisabeth Förster-Nietzsche in *HGW*, Band IX, 265–266.

kranken NIETZSCHE sehen – die Archivleiterin gewährte solches als eine Gunst-
bezeigung. In einem Brief vom 12.Juli 1896 bedankt sich HAUSDORFF herzlich
für die Gastfreundschaft und rühmt das Archiv als Weg, „von den Schrecken des
Untergangs [NIETZSCHEs geistiger Umnachtung – W.P.] loszukommen und den
Triumph des Bleibenden mitzufeiern: Sie haben diesen Weg beschritten, der darum nicht minder zum Ruhme führt, weil er der einzige zur Rettung war."[125] In
Anbetracht der weiteren Arbeit des Archivs mit seinen willkürlichen Interpreta-
tionen und Kompilationen ist der in dem Brief auch formulierte Appell an die
Leiterin besonders hellsichtig:

> In Ihrem Archiv habe ich mir stillschweigend eingestanden, wie wenig ne-
> ben dem „Von Ihm" alles „Über Ihn" zu bedeuten hat, und wie einstweilen der
> tiefste Nietzschekenner klug und ehrlich daran thäte, dem Meister selbst das
> Wort zu gönnen. Noch für geraume Zeit erübrigen sich Apostel und Evan-
> gelisten, da von der grossen Bergpredigt selbst noch verhallende Laute zu
> erlauschen sind.[126]

In der Hoffnung, „das Nietzsche-Archiv nicht zum letzten Male betreten zu haben", schließt der Brief mit Grüßen und der Bitte, „mich dem Herrn Dr.Kögel
freundschaftlichst zu empfehlen".[127]

In den folgenden Jahren entwickelten sich freundschaftliche Beziehungen zwischen HAUSDORFF und KÖGEL. Korrespondenz zwischen beiden ist leider nicht erhalten geblieben, wohl aber kann man aus verschiedenen Postkarten und Briefen
aus den Jahren 1896 bis 1898 ersehen, daß das Quartett von NIETZSCHE-Verehrern
FRITZ KÖGEL, GUSTAV NAUMANN, FELIX HAUSDORFF und KURT HEZEL auch
ein wirklicher Freundeskreis war. Ein schönes Beispiel ist eine Postkarte des Quartetts vom 30.Oktober 1896 an HEINRICH KÖSELITZ, in der sie dem Freund NIETZ-
SCHES und „Meister" PETER GAST von einer fröhlichen Nachsitzung nach einem
Vortrag KÖGELS herzliche Grüße senden.[128]

Ende 1896 verschlechterte sich das Verhältnis von ELISABETH FÖRSTER-
NIETZSCHE und FRITZ KÖGEL. Hinweise in ihren Briefen lassen darauf schließen, daß dabei die Verlobung KÖGELS mit der 19-jährigen EMILY GELZER eine Rolle spielte. Jedoch sind die Äußerungen der Archivleiterin zu der Krise,
die sich dann entwickelte, so widersprüchlich und zum Teil nachweislich unwahr,
daß die wahren Motive ihrer Intrigen schwer zu erkennen sind. Mit Sicherheit
spielte bei diesem Abrücken von KÖGEL die Beziehung eine Rolle, die sich zwischen FÖRSTER-NIETZSCHE und RUDOLF STEINER anbahnte. STEINER, damals im
Goethe-Schiller-Archiv in Weimar tätig, hatte im Frühjahr 1895 während eines Ita-
lienaufenthalts von KÖGEL aushilfsweise einige dringende Arbeiten im Nietzsche-
Archiv erledigt und im Januar 1896 die nachgelassene Bibliothek NIETZSCHES
geordnet. Nach dem Umzug des Archivs nach Weimar erteilte er ELISABETH auf

---

[125] *HGW*, Band IX, 267.
[126] *HGW*, Band IX, 267.
[127] *HGW*, Band IX, 268.
[128] *HGW*, Band IX, 292–393. Sie schrieben auf italienisch – sie fühlten sich ja alle als „Südländer".

deren Wunsch hin zweimal wöchentlich Privatstunden in Philosophie, insbesondere „über das Verhältnis der Philosophie ihres Bruders zu anderen philosophischen
Strömungen"[Hoffmann 1991, 197]. Damit zog die Archivherrin, die diese Philoso-
phiestunden sehr genoß, STEINER näher ans Archiv und stieß gleichzeitig KÖGEL,
der als NIETZSCHE-Herausgeber niemand neben sich wollte, vor den Kopf.

Am 3. Dezember 1896 schrieb STEINER in einem Brief an seine Frau:

> Koegel und Frau Förster kommen immer mehr auseinander. Sie arbeitet jetzt
> ganz klar darauf hin, ihm den Stuhl vor die Tür zu setzen. Es sind fürchterliche
> Szenen vorgefallen. [Hoffmann 1991, 203].

Frau FÖRSTER-NIETZSCHE wollte aus dem Nachlaß ihres Bruders dessen angebliches Hauptwerk *Umwertung aller Werte* herausgeben lassen und dafür STEINER
als Herausgeber gewinnen; dieser sagte jedoch in einem vertraulichen Gespräch ab.
Trotzdem teilte sie am Tag nach diesem Gespräch GUSTAV NAUMAN mit, STEINER
„kann und wird die ‘Umwerthung‘ machen."[129] NAUMANN informierte KÖGEL darüber und es kam in der Folge zu einer bedrohlichen Konfrontation zwischen KÖGEL
und STEINER, bis klar wurde, daß ELISABETH gelogen hatte. NAUMANN hatte als
erster genug von der Intrigantin. Er faßte seine Einsichten noch im Dezember 1896
in einer hektographierten Streitschrift mit dem Titel *Der Fall Elisabeth Förster-
Nietzsche* zusammen, die KÖGEL und STEINER natürlich auch erhielten. Für ihn
selbst hatte die Streitschrift zur Folge, daß er 1897 aus dem Verlag C. G. Naumann
austrat, weil er nicht bereit war, dem Wunsch seines Onkels zu entsprechen, auf jede selbständige Handlungsweise in NIETZSCHE-Angelegenheiten zu verzichten und
sich gegenüber dem Archiv und dessen Leiterin loyal zu verhalten. Auch STEINER
brach Mitte 1898 den Kontakt zum Archiv ab.

KÖGEL erhielt am 1. April 1897 von Frau FÖRSTER-NIETZSCHE die Kündi-
gung zum 1. Juli. Die Nachlaßbände der KÖGELschen Ausgabe ließ sie 1898/99
einziehen und einstampfen. KÖGEL heiratete seine Verlobte 1898 und nahm wieder eine Tätigkeit in der Industrie auf. Daneben komponierte er[130] und verfaßte
mit seiner Frau ein erfolgreiches Kinderbuch.[131] Am 20. Oktober 1904 verstarb er
in Jena an den Folgen eines Fahrradunfalls. Die Freundschaft HAUSDORFFs mit
KÖGEL hatte alle Turbulenzen überdauert; in einem Brief an FRITZ MAUTHNER
vom 2. November 1904 entschuldigt sich HAUSDORFF, daß er einen Termin nicht
wahrnehmen konnte, an diesem Tag „musste ich leider abwesend sein und meinen
Freund Fritz Koegel in Jena begraben".[132] KOEGELs Witwe litt an Depressionen
und hatte sich im August 1906 das Leben genommen. In einem Brief an MAUTH-
NER, mit dem er sich im Urlaub in Zermatt getroffen hatte, schreibt HAUSDORFF
am 17. Oktober 1906:

---

[129]So hat Naumann es in seiner gleich zu erwähnenden Streitschrift notiert; [Hoffmann 1991,
545].

[130]*Fünfzig Lieder*, Leipzig 1901; *Zwölf Kinderlieder für eine Singstimme mit Klavierbegleitung*,
Leipzig 1903.

[131]*Die Arche Noah. Reime*, Leipzig 1901.

[132]*HGW*, Band IX, 473.

Am 23. August, einen Tag vor unserem Zusammentreffen in Zermatt, hat sich eine ausgezeichnete Freundin von mir und meiner Frau in Berlin aus dem Fenster gestürzt: Frau Emily Koegel.[133]

HAUSDORFFs Einstellung gegenüber ELISABETH FÖRSTER-NIETZSCHE und dem Archiv hatte sich in Folge der oben geschilderten Ereignisse ebenfalls gewandelt; die folgende Passage aus einem Brief an KÖSELITZ vom 7. Oktober 1897 läßt eine deutliche Distanz erkennen:

> Uns, die wir Nietzsche'n in erster Reihe die souveraine Skepsis, den Ekel vor Moraltrompetern und Gesinnungsschreihälsen und bayreuthisch blinzelnden Parteischafen abgelernt haben, uns stünde es schlecht an, [···] von unserem „Meister" zu reden, ihn systematisiren und uns katechisiren zu lassen. Wir bekommen heute auch um Nietzsche ein Bayreuth, ein Delphi, dessen Pythia Sie kennen; dieselbe steife, pedantische, weihevoll bornirte Partei-Atmosphäre, die Nietzsche'n von Wagner vertrieb, will sich als Weihrauchwolke um das Götterbild Zarathustra legen. Da scheint es nicht unzeitgemäss, einmal den Sachbeweis zu erbringen, dass es eine Species Nietzscheaner in demselben Sinne, wie es Wagnerianer giebt, nie geben wird und geben soll, wenigstens dass *wir* uns nicht zu gedrückten, kniefälligen, ängstlich nach Meisterin und Tradition schielenden Anbetern einschüchtern lassen.[134]

Nach KÖGELs Weggang war das Archiv bis zum Herbst 1898 ohne Herausgeber. Dann arbeitete für ein Jahr der Musikschriftsteller ARTHUR SEIDL als Herausgeber, unterstützt von dem Studenten der Germanistik und Philosophie HANS VON MÜLLER. Am 1. August 1899 kam der junge Philologe ERNST HORNEFFER als neuer Herausgeber ins Archiv. Er war seit 1896 mit Vorträgen über NIETZSCHE in verschiedenen deutschen Städten in Erscheinung getreten. Einige Monate später kam auch sein Bruder AUGUST HORNEFFER dazu. ERNST HORNEFFER begann bald mit einer „Nachprüfung" von KÖGELs zurückgezogenem Band XII und mit der Arbeit an einem „Aufsatz gegen Koegel", dessen erklärtes Ziel es war, die Kassierung und Einstampfung der von diesem herausgegebenen Nachlaßbände zu rechtfertigen. Am 8. Oktober 1899 fand im Archiv eine Unterredung mit dem Verleger C. G. NAUMANN und den Herausgebern E. HORNEFFER und VON MÜLLER über das weitere Vorgehen statt, zu der auch FELIX HAUSDORFF eingeladen war und auch teilnahm. Vermutlich hatte FÖRSTER-NIETZSCHE im Sinn, ihn für die Neuherausgabe der *Ewigen Wiederkunft* zu interessieren. Wir erwähnen diese für HAUSDORFF folgenlose Unterredung nur, weil er in einem späteren Brief an Frau FÖRSTER-NIETZSCHE diesen Besuch mit in Erinnerung ruft, um die Misere auf dem bisherigen Weg zu NIETZSCHE-Ausgaben zu verdeutlichen:

> Ich darf Sie vielleicht, gnädige Frau, an die beiden Male erinnern, da ich die Ehre hatte, Gast des Nietzsche-Archivs zu sein. Das erste Mal, im Sommer 1896, wurde Herr Köselitz als Philologe und eigenmächtiger Umarbeiter Nietzsches hingerichtet, Herr Dr. Koegel war der Executor; das zweite Mal,

---

[133] *HGW*, Band IX, 482.
[134] *HGW*, Band IX, 393–394.

im Herbst 1899, spielte mit wahrhaft-lächerlicher Genauigkeit die gleiche Szene, nur in anderer Rollenbesetzung – Herr Dr. Horneffer richtete, und Koegel wurde executirt.[135]

HORNEFFERS Aufsatz erschien Anfang Dezember 1899 als Broschüre im Verlag C.G.Naumann unter dem Titel *Nietzsches Lehre von der ewigen Wiederkunft und deren bisherige Veröffentlichung*. Er enthielt eine vernichtende Kritik am eingestampften Band XII der KÖGELschen Ausgabe. HORNEFFER machte darin auch vor persönlichen Angriffen und Diffamierungen nicht halt; so nannte er KÖGEL sogar einen „wissenschaftlichen Charlatan". Der Aufsatz war Auslöser eines Monate andauernden, teilweise mit heftiger Polemik öffentlich geführten Streites um die NIETZSCHE-Ausgaben des Archivs und die Person der Archivleiterin.[136] Eine erste Reaktion auf HORNEFFERS Broschüre war eine radikale Kritik GUSTAV NAUMANNs in der Vorrede zum Teil II seines Zarathustra-Kommentars.[137] Weitaus publikumswirksamer war RUDOLF STEINERs ungewöhnlich scharfe Erwiderung auf HORNEFFERS Broschüre, die unter dem Titel *Das Nietzsche-Archiv und seine Anklagen gegen den bisherigen Herausgeber. Eine Enthüllung* in der Zeitschrift „Magazin für Litteratur" erschien.[138] Auf diese Streitschrift antwortete HORNEFFER mit dem Artikel *Eine Verteidigung der sogenannten 'Wiederkunft des Gleichen' von Nietzsche*[139], worauf STEINER noch eine *Erwiderung* folgen ließ. Schließlich griff auch ELISABETH FÖRSTER-NIETZSCHE im April 1900 in den Streit ein.[140]

Gleich nach Erscheinen von HORNEFFERS Schrift hatte die Archivleiterin ein Exemplar an HAUSDORFF geschickt; dieser bedankte sich am 19.Dezember 1899 auf einer gedruckten Visitenkarte „für die gütige Zusendung".[141] Bereits im Januar 1900, noch vor Erscheinen der STEINERschen Streitschrift, schrieb er dann die beiden Artikel *Nietzsches Wiederkunft des Gleichen* und *Nietzsches Lehre von der Wiederkunft des Gleichen*. Der erste war eine Streitschrift, eine Auseinandersetzung mit HORNEFFERS Broschüre und der Arbeit des Nietzsche-Archivs, der zweite ist eine kompakte Darstellung von NIETZSCHEs Idee der ewigen Wiederkunft, ihrer Geschichte und von NIETZSCHEs Versuch eines naturwissenschaftlichen Beweises. HAUSDORFFs Artikel erschienen allerdings erst Monate später in der Wochenschrift „Die Zeit", der erste am 5.Mai, der zweite am 9.Juni 1900.

Ausgangspunkt der Streitschrift ist die Feststellung, daß wir von NIETZSCHE neben dem gewaltigen publizierten Werk eine „zweite, an Umfang wenig zurückstehende Schatzkammer besitzen", den

Nachlaß des lebendig Todten, eine unübersehbare Fülle von kostbarem Material: Vorarbeiten, Varianten, Nachträge zu fertigen Werken, Bruchstücke,

---

[135]Brief vom 3.August 1900; *HGW*, Band IX, 280.
[136]Der Streit ist ausführlich beschrieben und dokumentiert in [Hoffmann 1991, 337–406].
[137][Naumann 1900]; die Vorrede ist datiert mit 13.1.1900.
[138]Ausgabe vom 10.Februar 1900, Spalte 145–158.
[139]Magazin für Litteratur vom 14.April 1900, Spalte 377–383
[140]Elisabeth Förster-Nietzsche: *Der Kampf um die Nietzsche-Ausgabe*. Die Zukunft, 21.April 1900, 110–119.
[141]*HGW*, Band IX, 270.

Entwürfe, Gedanken, Buchpläne, nahezu Vollendetes neben winzigen Werk-
stattspänen und frühesten Keimen! [H 1900c, VII: 889].

Die Frage bei der Herausgabe eines Nachlasses sei stets, ob man eine Auslese und
eine Anordnung nach Thematik oder anderen Gesichtspunkten vornimmt, oder ob
man *jedes* nachgelassene Stück, *jeden* Zettel in der Anordnung drucken läßt, wie
sie hinterlassen wurden. Gegen die letztere Methode spreche manches, aber es gebe
Persönlichkeiten wie GOETHE oder HEBBEL, „von denen jeder Zettel liebenswert
und bedeutend ist, nur weil er eben von ihnen stammt". Ob NIETZSCHE zu diesem
Kreis gehört, darüber wird man noch keine Einigkeit erzielen können, „wir stehen
dem Gewaltigen und seiner Wirkenssphäre zu nahe".

> Aber die Erfahrungen, die mit der bisherigen Herausgabe des Nachlasses ge-
> macht worden sind, sprechen *für* die Papierschnitzelmethode: wenn aus kei-
> nem anderen Grunde, so aus diesem, daß man damit von der Willkür selbstän-
> dig „denkender" Herausgeber erlöst ist [···]. Das Nietzsche-Archiv hat mit der
> zweiten Methode, mit der Durchsiebung und Gruppierung der Nachlaßfrag-
> mente zu übersichtlichen Gebilden, ein ungewöhnlich hohes Lehrgeld bezahlt,
> [···][142]

Es folgt dann eine kurze Auseinandersetzung mit HORNEFFERs Broschüre.
Diese trage zwar einen sachlichen Titel, sei aber im Grunde nichts weiter als eine Anklage gegen den vorletzten Herausgeber KÖGEL. HAUSDORFF geißelt dann
mittels einer Reihe von Beispielen die „schlechten Manieren" des Angreifers. Er
benennt im weiteren selbst die Schwächen des KÖGELschen Bandes XII, bestreitet
aber entschieden HORNEFFERs Behauptung, über NIETZSCHES Auffassung, Begründung und Verwertung des Gedankens der ewigen Wiederkunft des Gleichen
„sei man durch Koegels zwölften Band völlig irregeführt". Ein urteilsfähiger Leser könne durch KÖGELs Band sehr wohl „ein klares Bild von Nietzsches Wiederkunftslehre gewinnen."[H 1900c, VII: 890, 892]. Schließlich formuliert HAUSDORFF
– sozusagen als Rat an das Archiv – seine Vorstellungen für die Edition des NIETZ-
SCHEschen Nachlasses. Man solle,

> unter gänzlichem Verzicht auf eigene Anordnung und Interpretation, die Ma-
> nuscriptbücher so drucken lassen, wie Nietzsche sie geschrieben hat, vielleicht
> in chronologischer Folge und mit Ausscheidung derjenigen Aphorismen, die
> unverändert in die fertigen Werke übergegangen sind. Alles weitere: Zuwei-
> sung der einzelnen Gedanken zu größeren Gedankengruppen, Anschluß an
> die fertigen Werke, Gliederung der Aufzeichnungen nach der muthmaßlichen
> Intention des Verfassers, Weglassung des Unbedeutenden und Unausgereif-
> ten – das alles würde künftig zu vermeiden sein, denn damit wäre ja wieder
> dem Herausgeber jene Freiheit und Vertrauensstellung eingeräumt, der später
> einmal die Decharge verweigert werden kann. Kurz, wir wiederholen unseren
> Rath, Zettelwirtschaft zu treiben und den Nachlaß unverkürzt herauszugeben,
> dann geht man in dieser Beziehung sicher. [H 1900c, VII: 891–892].

---

[142][H 1900c, VII: 890]. Man war nach dem Einstampfen der Kögelschen Bände wieder bei Null,
wie Hausdorff in seinem Brief an Frau Förster-Nietzsche vom 3.8.1900 betont (*HGW*, Band IX,
279).

Sowohl die Antwort von Horneffer auf Hausdorffs Artikel [Horneffer 1900]
als auch Förster-Nietzsches ausführliche briefliche Reaktion[143] zeigen, daß
man im Archiv gar nicht daran dachte, Hausdorffs Ratschläge zu befolgen
und die Praxis zu ändern – im Gegenteil: Das Archiv fabrizierte eine – verglichen mit Kögel – viel problematischere Nachlaßkompilation, den Band XV *Der
Wille zur Macht*, der 1901 erschien. Wir kommen darauf im Zusammenhang mit
Hausdorffs letztem Essay zu Nietzsche zurück. Es sei noch angemerkt, daß
die editorischen Grundsätze der heute allgemein anerkannten kritischen Ausgabe
der Werke Nietzsches von Giorgio Colli und Mazzino Montinari den von
Hausdorff vorgeschlagenen weitgehend entsprechen.[144]

5.8   Essays zu Nietzsche

5.8.1   Nietzsches Lehre von der Wiederkunft des Gleichen

Den Essay *Nietzsches Lehre von der Wiederkunft des Gleichen* [H 1900d, VII:
897–902] beginnt Hausdorff mit Bemerkungen zur Geschichte des Gedankens einer zyklischen Zeit, der „Vorstellung eines in sich zurückfließenden, periodisch immer dieselben Zustände erneuernden Weltverlaufs". Nietzsche selbst habe schon
1881 bemerkt, daß der Wiederkehrgedanke bereits bei den Pythagoreern auftritt.
Hausdorff führt Zitate von Eudemos und Porphyrios an, die diese Bemerkung Nietzsches bestätigen, und zeigt mit weiteren Zitaten, daß die Stoiker den
Wiederkunftsgedanken noch schärfer gefaßt haben; Diogenes habe sogar die Länge des Zyklus, das „große Weltenjahr", zu 365 mal 18.000 Sonnenjahren angegeben.
Er wolle aber hier die Idee der Wiederkunft „bis zu ihrem jüngsten Wiedererschei-
nen bei Nietzsche, Blanqui und Le Bon" historisch nicht weiter verfolgen. Ohne
Zweifel gehöre der Gedanke der ewigen Wiederkunft „dem frühesten Kindheitsal-
ter der Philosophie an"; dies berechtige aber die „heutige Philosophie" keineswegs,
gegen diese frühe Metaphysik „vornehm zu thun". Es werde heute, so Hausdorff,

> noch viel neue Metaphysik gemacht, zu der sich jene alte verhält wie ein
> griechischer Tempel zu einer märkischen Garnisonskirche.[145]

Im weiteren geht es um Nietzsches Versuch, die ewige Wiederkunft mathe-
matisch-naturwissenschaftlich zu beweisen.[146] Nietzsche habe, so Hausdorff,
„nichts Geringeres als die mathematische *Nothwendigkeit* der ewigen Wiederkunft
vorgeschwebt". Sein Beweis lasse sich

> in den Schluß zusammendrängen: die Zahl der möglichen Weltzustände ist
> bestimmt und endlich, wenn auch praktisch unermeßlich, die unendliche Zeit

---

[143] *HGW*, Band IX, S. 271–273.

[144] Zu den editorischen Grundsätzen s. [Nietzsche KSA, Band 14, 18]. Die beiden Herausgeber
haben Mongré nirgends genannt; sie kannten Hausdorffs Essay vermutlich nicht.

[145] Alle Zitate in [H 1900d, VII: 897–898].

[146] Nietzsche hat Überlegungen solcher Art nicht publiziert; einschlägige Zitate aus seinem Nachlaß finden sich in *HGW*, Band VII, 44-45.

kann also nicht anders als mit ewiger Wiederholung des Gleichen ausgefüllt werden. [H 1900d, VII: 899].

Dieser Schluß sei unhaltbar; eine „gehörigen Orts von mir durchgeführte Analyse lehrt das gerade Gegentheil: nicht der Weltinhalt ist zu arm, um die Zeit, sondern die Zeit ist zu arm, um den möglichen Weltinhalt zu erschöpfen."[147]

In diesem Zusammenhang gibt es noch einen kräftigen Seitenhieb gegen das Archiv. HORNEFFER bestreite, daß NIETZSCHE einen solchen Beweisversuch im Sinn hatte; und nur deshalb bestreite er dies, weil LOU VON SALOMÉ es in ihrem Buch [Andreas-Salomé 1894] behauptet hat, denn „Lou Salomé muß um jeden Preis gelogen haben."[148] Die moderne Thermodynamik mit ihrem zweiten Hauptsatz zeige allerdings, daß die Hypothese einer ewigen Wiederkehr des Gleichen „nur auf geringe Unterstützung von Seite der Naturwissenschaft zu rechnen hat."

Zum Schluß seines Essays geht es HAUSDORFF um „die Wiederkunft als Eingebung und religiöse Idee". Als NIETZSCHE am See von Silvaplana der Gedanke der ewigen Wiederkunft überfiel, sei er zutiefst erschüttert gewesen über das,

> was jeden *Leidenden* hier zuerst erschüttern muß: die Verewigung des leidvollen Lebens ins Starre, Unabänderliche, Heil- und Hoffnungslose, das Scheitern jeder Aussicht auf „Erlösung", die leibhafte Wiederkehr der Vergangenheit mit ihren Qualen und Märtyrien. [H 1900d, VII: 901].

Diese Folgerungen habe NIETZSCHE jahrelang „wie ein schreckliches Geheimnis" mit sich herumgetragen,

> zu dessen Verkündigung und 'Einverleibung' er weder sich noch die Menschheit stark genug fühlte. Ein heroisch verzweifelter Seelenkampf des Denkers mit seinem Gedanken! [...] Der Kampf endet mit dem Siege des Denkers, mit dem dithyrambischen „Ja und Amen". [H 1900d, VII: 901–902].

An dieser Stelle zitiert HAUSDORFF aus NIETZSCHES Aphorismus *Das größte Schwergewicht* den letzten Satz, der da lautet: „Oder wie müsstest du dir selber und dem Leben gut werden, um nach Nichts *mehr zu verlangen*, als nach dieser letzten ewigen Bestätigung und Besiegelung?" [Nietzsche KSA, Band 3, 571] NIETZSCHE sah – so HAUSDROFF – die Ethik der ewigen Wiederkunft in der Hoffnung,

> das Zeitalter der Religionen mit seiner Lehre abzulösen: nicht mehr das Jenseits, sondern dieses Erdenleben wird nunmehr mit dem schwersten Accent getroffen, alle menschliche Einsicht, Liebe, Empfindsamkeit wird sich von transcendenten Zielen ab und dem Leben zuwenden müssen, um daraus ein Kunstwerk zu gestalten, dessen ewige Wiederholung man wünschen darf. [H 1900d, VII: 902].

---

[147]Hausdorff nennt hier den „gehörigen Ort", das *Chaos in kosmischer Auslese* nicht; zu seinen früheren Widerlegungsversuchen s. die Ausführungen zum Essay *Tod und Wiederkunft* im Abschnitt 6.1.3, S. 202–204.

[148][H 1900d, VII: 899]. Hier spielt Hausdorff auf die erbitterte Feindschaft von Frau Förster-Nietzsche gegen Salomé und deren Buch an.

Der Leser des Essays hatte ja gesehen, daß es um das wissenschaftliche Fundament von NIETZSCHES Wiederkunftslehre nicht gut bestellt ist. Aber es gibt einen Ausweg:

> Und denjenigen, die trotzdem an der Wiederkunft als religiöser Emotion und normativem Schwergewicht festzuhalten wünschen, wird nichts übrig bleiben, als sich zu jenem neuen Wiederkehrbegriff zu bekennen, der sich mir bei der idealistischen Zersetzung unserer *Zeitvorstellung* als erste Verallgemeinerungsstufe ergeben hat: zur Möglichkeit der identischen Reproduction jeder einzelnen Zeitstrecke, eine Möglichkeit, die von der Erfahrung weder bestätigt, noch widerlegt werden kann und in keiner Weise davon abhängt, ob die Zeitlinie als Ganzes cyklischen oder geradlinigen Verlauf zeigt. [H 1900d, VII: 902].

Aber auch hier gibt HAUSDORFF keinen Hinweis, wo er jenen „neuen Wiederkehrbegriff" entwickelt hat, nämlich im *Chaos in kosmischer Auslese*.

5.8.2 Der Wille zur Macht

Der Ausgangspunkt von HAUSDORFFs letztem Essay zu NIETZSCHE ist eine Kompilation des Nietzsche-Archivs, die in ihrer Wirkung den eingestampften KÖGELschen Band XII bei weitem übertrifft, NIETSCHEs angebliches Hauptwerk *Der Wille zur Macht* mit dem Untertitel *Versuch einer Umwerthung aller Werte*. Das Werk erschien im November 1901 als Band XV der Gesamtausgabe bei C.G.Naumann in Leipzig. Zur Entstehung sei folgendes angemerkt: ELISABETH FÖRSTER-NIETZSCHE war es im April 1899 gelungen, HEINRICH KÖSELITZ wieder für die Mitarbeit zu gewinnen und im Archiv anzustellen, wo er bis 1909 arbeitete. Seine Mitwirkung bei der Herausgabe des Nachlasses von NIETZSCHE war für das Archiv unentbehrlich, da er als einziger in der Lage war, die Handschrift der späten NIETZSCHE-Manuskripte zu entziffern. HAUSDORFF hatte in seinem Brief von 3.August 1900 an Frau FÖSTER-NIETZSCHE die Hoffnung zum Ausdruck gebracht, daß „die Mitwirkung des *trefflichen* Peter Gast" die Garantie biete, daß sich nun die alten Fehler nicht wiederholen.[149] Hier irrte er gründlich, denn KÖSELITZ hat sich leider der Archivleiterin völlig untergeordnet. DAVID MARC HOFFMANN schreibt über diese Zeit: „Während seiner Mitarbeit im Archiv (1900–1909) machte sich Köselitz als willenloses Werkzeug mitschuldig an EFNs Unterdrückungen, Zurechtbiegungen und Fälschungen in der Biographie, in der Briefausgabe und in der Nachlaßkompilation ‚Der Wille zur Macht'." [Hoffmann 1991, 45].

Der Band XV, *Der Wille zur Macht*, war das Werk von KÖSELITZ und von ERNST und AUGUST HORNEFFER; die Einleitung stammte von FÖRSTER-NIETZSCHE. Die Kompilatoren hatten unter den vielen Dispositionen NIETZSCHES zum Thema *Wille zur Macht* eine ausgewählt und dieser entsprechend ihr „Werk" in vier Bücher unterteilt. Diese unterteilten sie in Kapitel und diese weiter in Abschnitte, und in diesen weitgehend konstruierten Rahmen ordneten sie dann 483

---

[149] *HGW*, Band IX, 280–281.

Aphorismen und Fragmente ein. Die Darstellung der Entwicklung von NIETZSCHES Plänen zu einem Werk mit dem Titel *Wille zur Macht* in der Einleitung zum Band XV entsprach ebenfalls nicht der tatsächlich viel komplexeren Geschichte dieser Pläne.[150]

1906 – inzwischen hatte ERNST HORNEFFER sich vom Archiv losgesagt – erschien eine zweite Fassung dieses Werkes, hergestellt von Frau FÖRSTER-NIETZSCHE und KÖSELITZ. Dieses Machwerk mit nunmehr 1067 Aphorismen und Notizen galt lange Zeit als kanonisch und bestimmte in verhängnisvoller Weise das Bild vom späten NIETZSCHE. Es spielte eine wichtige Rolle im Bemühen des nationalsozialistischen Philosophen und Pädagogen ALFRED BAEUMLER, NIETZSCHE für die nationalsozialistische Ideologie zu vereinnahmen [Baeumler 1931]. Solchem Mißbrauch stand die greise ELISABETH FÖRSTER-NIETZSCHE wohlwollend gegenüber. Sie knüpfte ihrerseits bereits in den zwanziger Jahren Beziehungen zu BENITO MUSSOLINI, der das Archiv finanziell unterstützte, und auch zu ADOLF HITLER. Als sie im November 1935 starb, ließ es sich der Diktator nicht nehmen, persönlich an ihrer Beerdigung teilzunehmen.

Im ersten Jahr nach Erscheinen von *Der Wille zur Macht* gab es etwa ein Dutzend Besprechungen dieses „nachgelassenen Werkes". HAUSDORFFs Essay *Der Wille zur Macht* [H 1902b, VII: 905–909] kam im Dezember 1902 heraus. Seltsamerweise brachte HAUSDORFF den problematischen Charakter der Kompilation eines angeblichen Hauptwerkes von NIETZSCHE, der ihm ja durch die Diskussion über die Kompilation KÖGELs bewußt sein mußte, nicht explizit zur Sprache; er sprach einfach von den „Fragmenten von Nietzsches Hauptwerk" [H 1902b, VII: 905]. Sein Ziel war es nicht, das Buch in seiner Konzeption und in seinem ganzen Gehalt zu besprechen, wie es in einer Rezension üblich ist, denn gegen Ende stellt er fest: „Wir haben ein wenig geblättert: ein solches Werk 'bespricht' man nicht." Ihm kam es darauf an, die Schwächen des späten NIETZSCHE zu kritisieren, sie zu messen an dem früheren NIETZSCHE, dem NIETZSCHE, der seinen Weg hin zu dem Philosophen und Schriftsteller PAUL MONGRÉ so entscheidend begleitet hatte. Auf die Frage, warum er hier „gerade die Punkte" herausgegriffen habe, „die zum Widerspruch reizen", antwortet er so:

> Weil Nietzsche gerade mit seinen schwachen Punkten populär ist, genau wie es nach seinem eigenen Urtheil Wagnern und Schopenhauern erging: weil diese prasselnden Leuchtworte und Scheinwerfer „Antichrist", „Wille zur Macht", „Herrenmoral" den milderen Glanz des Sternenhimmels abblenden. [H 1902b, VII: 905].

Ein erster Punkt ist der geradezu fanatische Haß des späten NIETZSCHE gegen das Christentum. HAUSDORFF zitiert aber nicht nur aus dem *Willen zur Macht*, sondern auch aus der Schrift *Der Antichrist*, um den Wandel vom jüngeren zum späten NIETZSCHE zu charakterisieren. Dort hatte NIETZSCHE geschrieben:

---

[150]Eine Darstellung der tatsächlichen Geschichte dieser Pläne und eine Kritik der Kompilation findet man in dem Artikel *Nietzsches Nachlaß von 1885 bis 1888 oder Textkritik und Wille zur Macht* in [Montinari 1982].

Ich heisse das Christenthum den Einen grossen Fluch, die Eine grosse innerste
Verdorbenheit, den Einen grossen Instinkt der Rache, dem kein Mittel giftig,
heimlich, unterirdisch, *klein* genug ist – ich heisse es den Einen unsterblichen
Schandfleck der Menschheit . . .[151]

Dazu schreibt MONGRÉ:

[· · ·]philosophisch war es, als er die homöopathische Dosis Christlichkeit in
den angeblichen modernen Christen bstaunte und lächelnd vom sanften Alters-
tode, von der Euthanasie des Christenthums sprach. Wozu einen Sterbenden
noch todtschlagen? Zehn Jahre später hält er dies wieder für nothwendig;
die gütige, wissende Ablehnung ist zu brennendem Haß entzündet, aus der
überwundenen Entwicklungsstufe ist ein neuer Kerker und Alpdruck, der „un-
sterbliche Schandfleck der Menschheit" geworden. [H 1902b, VII: 906].

Ein zweiter besonders zur Kritik herausfordernder Punkt waren für HAUS-
DORFF NIETZSCHES Züchtungs-Absichten, seine Notizen, die man später unter
Überschriften wie Eugenik und „Rassenhygiene" einordnete:

In Nietzsche glüht ein Fanatiker. Seine Moral der Züchtung, auf unserem
heutigen Fundamente biologischen und physiologischen Wissens errichtet: das
könnte ein weltgeschichtlicher Skandal werden, gegen den Inquisition und He-
xenprozeß zu harmlosen Verirrungen verblassen. „Das Leben selbst erkennt
keine Solidarität, kein gleiches Recht zwischen gesunden und entartenden
Theilen eines Organismus an: letztere muß man *ausschneiden* – oder das
Ganze geht zu Grunde." Ungefähr sagen das die päpstlichen Ketzerrichter
und Dominikanermönche auch, nicht einmal mit ein bischen andern Worten;
das Ausschneiden kranker Glieder ist bei den Sprenger und Institoris, Arbuez
und Torquemada eine beliebte Formel. Sollen wir wieder einmal erleben, wie
man mit dem Hexenhammer philosophiert?[152]

Der dritte Punkt von HAUSDORFFs Kritik setzt noch einmal beim Thema Fana-
tismus an, weitet sich aber dann zu einer umfassenden Kritik von NIETZSCHES
Denken in seiner letzten Phase aus:

Nietzsche ist ein Fanatiker wie alle Religionsstifter. [· · ·] Den alten Moralfa-
natismus hat ein neuer abgelöst, der nicht minder gewaltsam das Wirkliche
systematisirt und dogmatisirt. Vermerkt man nicht, wie „großzügig" und primitiv Nietzsches letztes Weltbild ist? „Der Arme an Leben, der Schwache,
verarmt noch das Leben: der Reiche an Leben, der Starke, bereichert es. Der
Erste ist dessen Parasit: der Zweite ein Hinzuschenkender. Wie ist eine Verwechslung möglich?" Das klingt allerdings riesig einfach, verdächtig einfach.
In dieses zweitheilige Schema wird Geschichte, Kunst, Moral, Philosophie
eingegliedert: Erhöhung des Lebens oder Abkehr vom Leben. Aber wir mißtrauen den Rechenexempeln, die zu glatt aufgehen, und wir mißtrauen den
Entdeckern, die eine vorgefaßte Kategorie der Polarität, ein weltauftheilender

---

[151]*Der Antichrist*, Nr.62; [Nietzsche KSA, Band 6, 253].
[152][H 1902b, VII: 907]. Das Nietzsche-Zitat in diesem Text stammt aus dem Aphorismus 229
von *Der Wille zur Macht*. Vgl. [Nietzsche KSA, Band 13, 599f.].

Dualismus blendete: Liebe und Haß, Seele und Leib, Ausdehnung und Denken, Kraft und Stoff, Herrenmoral und Sclavenmoral, aufsteigendes Leben und absteigendes Leben – es ist zu unwahrscheinlich, daß sich das klingende Spiel der Wirklichkeit so restlos in Thema und Gegenthema, These und Antithese auflösen sollte.[153]

Die folgende Passage, die das Verhältnis von HAUSDORFFs Nähe und Distanz zu NIETZSCHE besonders schön und treffend zum Ausdruck bringt, beschließt den Essay:

Nur das darf noch gesagt werden, daß eben da, wo wir die Unruhe und Ungerechtigkeit des allerletzten Nietzsche beklagen, der kritische Maßstab von keinem Anderen hergenommen ist als von Nietzsche selbst: von dem gütigen, maßvollen, verstehenden Freigeist Nietzsche und von dem kühlen, dogmenfreien, systemlosen Skeptiker Nietzsche und von dem Triumphator des Ja- und Amenliedes, dem weltsegnenden, allbejahenden Ekstatiker Zarathustra. [H 1902b, VII: 909].

5.9 Grundlagen der Geometrie und das Raumproblem

In dem am Anfang des Abschnitts „Der lange Weg hin zum Autor Paul Mongré" bereits zitierten Brief HAUSDORFFs an FRANZ MEYER beschrieb er seinen ganz eigenen Weg zur Philosophie mit den Worten „Von Wagner zu Schopenhauer, von da zurück zu Kant und vorwärts zu Nietzsche, dazu von der Mathematik her einige Berührungen mit der Philosophie der exacten Wissenschaften – das ist Alles!". Seinen Weg bis zu NIETZSCHE haben wir schon eingehend verfolgt, aber worauf bezieht sich nun die Schlußpassage dieser Schilderung seines Weges? Im Blick hatte er hier vor allem zwei Themenkreise, die ihn seit seiner Studienzeit bis hin zu seinem Interesse für die allgemeine Relativitätstheorie beschäftigt haben, nämlich die Grundlagen der Geometrie und das Raumproblem.[154]

Die Geometrie nahm im 19. Jahrhundert einen gewaltigen Aufschwung in Breite und Tiefe; man spricht gelegentlich vom großen Jahrhundert der Geometrie. Zu nennen sind u. a. die Entdeckung und Entwicklung nichteuklidischer Geometrien, der Ausbau der projektiven und synthetischen Geometrie, die Theorie der geometrischen Konstruktionen und ihre Algebraisierung, der gewaltige Ausbau der Differentialgeometrie, die Theorie der n-dimensionalen Vektorräume, die Betrachtung von Transformationsgruppen und anderes mehr.[155] Dieser Aufschwung

---

[153][H 1902b, VII: 908]. Das Nietzsche-Zitat in diesem Text stammt aus dem Aphorismus 77 von *Der Wille zur Macht.* Vgl. [Nietzsche KSA, Band 13, 252].

[154]S. dazu ausführlich Egbert Brieskorn in *HGW*, Band IB, 482–534 und Moritz Epple in *HGW*, Band VI, 1–207. In Epples Essay vom Umfang eines Buches wird Hausdorffs Nachdenken über Raum und Zeit und über die Grundlagen der Geometrie auf der Basis gründlicher Recherchen in den Gang des mathematischen Fortschritts und in den philosophischen Diskurs des 19. Jahrhunderts eingeordnet.

[155]Zusammenfassende Darstellungen dieser Entwicklung findet man in [Kline 1972, 834–946], ferner in [Scriba/ Schreiber 2001, 355–448].

führte im letzten Drittel des Jahrhunderts auch zu einem zunehmendem Interesse an einer übergreifenden vereinheitlichenden Sicht der verschiedenen neuen Zweige der Geometrie und auch an den Grundlagen der klassischen Geometrie EUKLIDS, die über zweitausend Jahre lang die Geometrie schlechthin gewesen war. Der Höhepunkt aller Bemühungen um die Grundlagen der Geometrie war die 1899 in der *Festschrift zur Feier der Enthüllung des Gauss-Weber-Denkmals in Göttingen* erschienene Abhandlung *Grundlagen der Geometrie* von DAVID HILBERT [Hilbert 1899]. Sie war von fundamentaler Bedeutung nicht nur für die Geometrie, sondern für die gesamte Entwicklung der modernen Mathematik [Kline 1972, 1005–1017], [Scriba/ Schreiber 2001, 473–485].

Aus Sicht des Anliegens, das HILBERT in dieser Schrift verfolgt, ist MORITZ PASCH mit seinem Buch *Vorlesungen über neuere Geometrie* [Pasch 1882] der wohl wichtigste Vordenker. Er entwickelte dort einen vom Parallelenaxiom unabhängigen deduktiven Aufbau der projektiven Geometrie. Daraus können dann die metrischen euklidischen und nichteuklidischen Geometrien mittels der Cayley-Kleinschen Maßbestimmung gewonnen werden. PASCH hat somit als erster das Programm eines streng axiomatischen Aufbaus der Geometrie entworfen und durchgeführt; er spricht allerdings nicht von Axiomen sondern von Grundsätzen. HILBERT hat dann in den *Grundlagen der Geometrie* den Axiomen einen neuen, von der bisherigen Auffassung verschiedenen Sinn gegeben, und danach hat sich dieser Sinn noch weiter verändert, mit einer Tendenz zur immer weiteren Auflösung der Beziehungen zwischen den Gegenständen und Aussagen einer axiomatischen Theorie und irgendwelchen durch sie beschreibbaren Erfahrungstatsachen oder außermathematischen Bedeutungen. Am Ende steht eine Position zu den Grundlagenfragen der Mathematik, die man mit dem Wort „Formalismus" bezeichnet. PASCH nimmt in diesem Prozeß eine mittlere Stellung ein [Tamari 2007].

Ein Vergleich des Herangehens von PASCH und HILBERT zeigt, daß das Besondere der Abhandlung HILBERTs *nicht* in der Aufstellung eines Axiomensystems als Grundlage für eine rein deduktive Darstellung der euklidischen oder der nichteuklidischen oder der projektiven Geometrie besteht. Das hat PASCH schon 1882 geleistet. Schon eher deutet der letzte Satz von HILBERTs *Grundlagen der Geometrie* an, worin das Neue in seiner Arbeit besteht:

> Die vorliegende Untersuchung ist ein neuer Versuch, für die Geometrie ein *einfaches* und *vollständiges* System von einander *unabhängiger* Axiome aufzustellen und aus denselben die wichtigsten geometrischen Sätze in der Weise abzuleiten, dass dabei die Bedeutung der verschiedenen Axiomgruppen und die Tragweite der aus den einzelnen Axiomen zu ziehenden Folgerungen möglichst klar zu Tage tritt.

Was also mit dieser axiomatischen Methode HILBERTs an Neuem geleistet wird, ist nicht in erster Linie die streng deduktive Darstellung einer auf Grund der räumlichen Anschauung vertrauten Geometrie, sondern die exemplarische scharfsinnige mathematisch-logische Analyse eines Axiomensystems. Insbesondere geht es um die Frage der Widerspruchsfreiheit eines solchen Systems und um den Beweis der

Unabhängigkeit einzelner Axiome von den übrigen Axiomen oder Axiomgruppen. Seit den fundamentalen Arbeiten GÖDELs weiß man, daß die Widerspruchsfreiheit hinreichend aussagekräftiger Axiomensysteme nicht bewiesen werden kann; wohl aber sind relative Konsistenzbeweise möglich. HILBERT ist durch die Konstruktion eines Modells ein solcher Beweis für die Widerspruchsfreiheit seines Axiomensystems der euklidischen Geometrie gelungen; er muß aber die Widerspruchsfreiheit der Arithmetik voraussetzen.

Scharfsinnig konstruierte Modelle dienen auch dazu, die Unabhängigkeit einzelner Axiome zu beweisen. So wird die Unabhängigkeit des Archimedischen Axioms durch Konstruktion einer *nichtarchimedischen* Geometrie bewiesen, die allen anderen Axiomen genügt. Das KLEINsche Modell der hyperbolischen Geometrie etwa zeigt die Unabhängigkeit des Parallelenaxioms.

Aus dem Kapitel „Vom Raume" des *Chaos in kosmischer Auslese* geht hervor, daß HAUSDORFF bezüglich der großen Errungenschaften der Geometrie seines Jahrhunderts auf dem aktuellen Stand seiner Zeit war. Das betrifft insbesondere die nichteuklidischen Geometrien und das Raumproblem einschließlich der fundamentalen Beiträge RIEMANNs und der von HELMHOLTZ aus Sicht der Physik angestoßenen Debatten über Fragen der Geometrie [Riemann 1868], [Helmholtz 1868], [Helmholtz 1870]. Wenn man nun die Vorlesungen, die er als Student gehört hat, Revue passieren läßt, so wird deutlich, daß er sich diese tief liegenden geometrischen Kenntnisse weitgehend selbständig angeeignet hat. Dabei wird die Relevanz dieser mathematischen Gebiete für das erkenntnistheoretische Problem des Verhältnisses von räumlicher Wahrnehmung und Bewußtsein, das ihn lange Zeit beschäftigt hat, ein starkes Motiv gewesen sein.

Es überrascht nicht, daß HAUSDORFF, ein Mann mit diesem speziellen mathematischen und philosophischen Hintergrund, ein großer Bewunderer von HILBERTs *Grundlagen der Geometrie* war. Am 12. Oktober 1900 schrieb er einen Brief an HILBERT – es ist dies der früheste erhalten gebliebene rein mathematische Brief von HAUSDORFF. Er beginnt folgendermaßen:

> Sehr geehrter Herr Professor!
> Gestatten Sie mir einige Bemerkungen zu Ihrer Festschrift-Abhandlung über die „Grundlagen der Geometrie", zu deren aufrichtigen Bewunderern ich mich zählen darf. Sie müssen es dem höchstgesteigerten Kriticismus zuschreiben, den die Lectüre Ihrer Schrift als philosophische Grundstimmung hinterlässt, wenn sogar an Ihren eigenen überaus scharfsinnigen und vorsichtigen Formulirungen eine Kleinigkeit nicht völlig correct erscheint.[156]

HAUSDORFF kritisiert dann drei „Kleinigkeiten"; HILBERT hat in der 1903 erschienenen zweiten Auflage [Hilbert 1903] alle drei von HAUSDORFF kritisierten Stellen verbessert.

Im Vergleich zu der Art, wie HAUSDORFF Mathematik gelernt und bisher betrieben hatte, konnte er in HILBERTs *Grundlagen der Geometrie* eine ganz neue Auffassung vom Gegenstand der Mathematik kennen lernen und von der Art,

---

[156] *HGW*, Band IX, 327.

wie die Mathematik ihren Gegenstand konstituiert. Das betraf sowohl die Art und Weise, wie die Grundlagen für einzelne Gebiete der Mathematik zu legen sind wie auch das Verhältnis der Mathematik zu ihren Anwendungen und die erkenntnistheoretische Diskussion der Mathematik als Wissenschaft.

In seinem berühmten Vortrag *Mathematische Probleme*, den HILBERT im August 1900 auf dem Internationalen Mathematikerkongreß in Paris gehalten hatte, stellte er in seinem sechsten Problem unter anderem die Aufgabe, die Wahrscheinlichkeitsrechnung axiomatisch zu begründen [Hilbert 1900, 272]. Vermutlich davon inspiriert, versuchte HAUSDORFF in der Vorlesung über Wahrscheinlichkeitsrechnung, die er im Wintersemester 1900/1901 hielt, den Begriff der Wahrscheinlichkeit durch vier Forderungen axiomatisch einzuführen. Man sieht allerdings leicht, daß die Forderungen nicht unabhängig voneinander sind und daß als einziges mögliches Modell dieses Axiomensystems die klassische LAPLACEsche Wahrscheinlichkeit herauskommt. Das heißt, es ergibt sich

> als Resultat der Satz (sonst als Definition an die Spitze gestellt):
> I. Die Wahrscheinlichkeit eines Ereignisses ist das Verhältnis der Zahl der günstigen zur Zahl der möglichen Fälle.[157]

In seine Veröffentlichung [H 1901a], über die wir im Abschnitt 4.2.4, S. 82–86 schon berichtet haben, hat HAUSDORFF alles Neue, das er in der Vorlesung präsentiert hatte, aufgenommen, seinen Axiomatisierungsversuch jedoch nicht. Er scheint selbst davon nicht überzeugt gewesen zu sein.

Im Nachlaß HAUSDORFFs gibt es zwei druckreif ausformulierte Fragmente, die einen Einblick in seine grundsätzlichen Überlegungen zur Stellung der Mathematik im Verhältnis zu den Naturwissenschaften und zur Philosophie geben, Überlegungen, die er einerseits im Hinblick auf die Rolle der nichteuklidischen Geometrien in diesem Zusammenhang anstellte und die andererseits die Autonomie der Mathematik durch logische Formalisierung betrafen.

Das erste Manuskript ist ein 111 Seiten langer, am Ende nicht ganz fertiggestellter Artikel *Nichteuklidische Geometrie* „Von F. Hausdorff – Leipzig", der für die Veröffentlichung in einer naturwissenschaftlichen Zeitschrift vorgesehen war, denn er beginnt mit der Frage „Wie kommt nichteuklidische Geometrie in eine allgemeine Naturforscherzeitung?"[158] Es ist nicht bekannt, an welche Zeitschrift HAUSDORFF gedacht hat und warum die Publikation schließlich unterblieben ist. HAUSDORFF wendet sich in Teil I „Einleitung", bevor er in den Teilen II und III die hyperbolische sowie die sphärische und elliptische Geometrie sehr gut verständlich entwickelt, gegen das Vorurteil vieler Philosophen des 19. Jahrhunderts, die euklidische Geometrie als denknotwendig zu betrachten:

> Jenes bestimmte einzige System aber [die euklidische Geometrie – W.P.], das sozusagen als Normalsystem zu Grunde gelegt wird und dem sich bereits in der Namengebung alle übrigen als blosse Negationen, Abnormitäten,

---

[157] Nachlaß Hausdorff, Kapsel 02, Faszikel 10, Bl. 4.
[158] Nachlaß Hausdorff, Kapsel 48, Faszikel 994, wiederabgedruckt in *HGW*, Band VI, 347–389. Der Artikel ist vermutlich im Zeitraum 1902 bis 1904 entstanden.

Spielarten gegenüberstellen, ist logisch betrachtet um kein Jota berechtigter, natürlicher, denknothwendiger als die andern; in dieser Hinsicht kann die Mathematik nicht scharf genug dem bei vielen Philosophen beliebten Vorurtheil widersprechen, das den euklidischen Raum mit all seinen speciellen Eigenthümlichkeiten als „Product logischer Setzung" a priori deduciren will.[159]

Zum Verhältnis von Mathematik und Philosophie führt er in der Einleitung weiter aus:

Der Mathematik, die hierin von jedem philosophischen, erkenntnisstheoretischen Standpunkt unabhängig ist, genügt die *Denkbarkeit* der verschiedenen Geometrien, um sie als gleichberechtigte Objecte mathematischer Forschung zu legitimiren; was als wohldefinirter Begriff seinen festbestimmten Ort im Gefüge unseres Denkens hat, dem gewährt die Mathematik das Recht auf „Existenz", mag es nun in der erfahrungsmässigen Wirklichkeit vertreten sein oder nicht.

Die Philosophie gestehe der Mathematik zwar das Recht zu, „gewisse Gebilde ihrer Untersuchung zu unterwerfen", bestreite ihr aber das Recht und die Fähigkeit,

sich von einem System gewisser Dinge und ihrer Verknüpfungen eine zusammenfassende anschauliche Vorstellung zu bilden und dieses System einen Raum zu nennen.[160]

Das zweite Fragment ist der Beginn eines Buchprojekts, das HAUSDORFF ab etwa 1902/1903 ins Auge gefaßt hatte. Im Faszikel 1067 des Nachlasses findet sich eine Art Inhaltsverzeichnis eines geplanten Buches über Raum und Zeit; es sollte aus drei Teilen bestehen:

I. Das formale oder mathematische Problem: Raum und Zeit als logische Constructionen.
II. Das objective oder erkentnisstheoretische Problem: Raum und Zeit als Wirklichkeiten.
III. Das subjective oder psychologische Problem: Raum und Zeit als Bewusstseinsinhalte.[161]

Die Titel der ersten fünf Kapitel von Teil I sind auf Blatt 13 ebenfalls angegeben: „1. Der Formalismus, 2. Die Axiome der Zeit, 3. Die Axiome des euklidischen Raumes, 4. Die nichteuklidische Geometrie, 5. Sonstige geometrische Systeme." Von dem ersten Kapitel „Der Formalismus" liegen 12 druckreif ausgearbeitete Seiten vor[162]; wir geben daraus zwei charakteristische Passagen wieder:

Alles Wirkliche gestattet den Zweifel, alle Erkenntniss des Wirklichen ist ihrem Wesen nach unvollständig und verschiedener Deutungen fähig. Die einzige Art Gewissheit, die wir kennen, ist die der *formalen Logik*. [· · ·]

---

[159] Nachlaß Hausdorff, Kapsel 48, Faszikel 994, Bl. 5, *HGW*, Band VI, 350.
[160] Alle Zitate aus Faszikel 994, Bl. 8–9, *HGW*, Band VI, 351
[161] Nachlaß Hausdorff, Kapsel 49, Faszikel 1067, Bl. 13.
[162] Abgedruckt in *HGW*, Band VI, 473–478.

Die Geometrie wäre also, als Lehre vom wirklichen Raume, in den Zustand wartender Abhängigkeit von fremden Entscheidungen, in den Zustand der *Heteronomie* gedrängt. Der philosophische Streit um ihre Grundlagen, mit all seinen Schwankungen und Erschütterungen, würde bis in die höchsten Stockwerke des mathematischen Lehrgebäudes zu spüren sein. Die geschichtlichen Thatsachen zeigen umgekehrt, dass die Mathematik jederzeit als Typus einer strengen, unabhängigen, autonomen Wissenschaft gegolten und sich als solcher um so reiner durchgesetzt hat, je weniger sie das Ergebniss philosophischer Bemühungen abzuwarten die Geduld fand. Es giebt nur eine Erklärung dafür: die Geometrie redet *nicht* vom wirklichen Raume, sie redet von einem Erzeugniss frei schaffenden Denkens. Die Gewissheit der Geometrie ist die Gewissheit der formalen Logik.[163]

Als Vorbereitung zu dem erwähnten Buchprojekt könnte auch HAUSDORFFs Vorlesung *Zeit und Raum* gedient haben, die er im Wintersemester 1903/04 für einen breiten Kreis von Zuhörern gehalten hat.[164]

Das Manuskript zur Vorlesung *Zeit und Raum* beginnt mit folgenden Zeilen:

Zeit und Raum

Altes Problem, tausend Meinungen. Nicht reiner Vortrag, sondern Discussion, gemeinsames Suchen. Meine Leidenschaft für dies Problem.[165]

In der Tat ist das ein „altes Problem"; bereits die antiken Philosophen haben über den Raum nachgedacht (und natürlich auch über die Zeit).[166] Eigene mathematische Beiträge zum Thema Raumproblem hat HAUSDORFF nicht veröffentlicht. Seine philosophischen Überlegungen hat er erstmalig in dem Kapitel „Vom Raume" seines erkenntniskritischen Buches *Das Chaos in kosmischer Auslese* publik gemacht. Bei der Besprechung dieses Werkes haben wir dieses Kapitel ausgeklammert, da es, wie HAUSDORFF selbst sagt, für das philosophische Anliegen des Werkes nicht relevant ist. Wir haben es aber auch deshalb ausgeklammert, weil HAUSDORFF 1903 in „Ostwalds Annalen der Naturphilosophie" die Ergebnisse seiner jahrelangen philosophischen Reflexionen über das Raumproblem zusammenfassend und für ein allgemein interessiertes Publikum gut verständlich dargestellt hat und wir auf diese Veröffentlichung zurückgreifen wollten.[167]

Der äußere Anlaß für diese Publikation war HAUSDORFFs Berufung zum außerplanmäßigen außerordentlichen Professor in Leipzig. Mit Datum vom 5. November 1901 beantragte die Leipziger philosophische Fakultät beim Königlich

---

[163]Nachlaß Hausdorff, Kapsel 49, Faszikel 1067, Bl. 2, *HGW*, Band VI, 473–474.

[164]In der Ankündigung stand „auch für Nichtmathematiker". Das Manuskript der Vorlesung ist in *HGW*, Band VI, 391–450 vollständig abgedruckt.

[165]Nachlaß Hausdorff, Kapsel 24, Faszikel 71. Bl. 1, *HGW*, Band VI, 391.

[166]Zur historischen Entwicklung des Nachdenkens über den Raum von der Antike bis in die jüngere Vergangenheit s. [Jammer 1960].

[167][H 1903a, VI: 281–303]. Eine detaillierte Analyse der Entwicklung von Hausdorffs Auffassungen zu Raum und Zeit vom Stand, wie er sich im *Chaos in kosmischer Auslese* darstellt, bis hin zu den ausgereifteren Vorstellungen in der Publikation *Das Raumproblem* und in seiner Vorlesung *Zeit und Raum* gibt Epple in *HGW*, Band VI, 88–159.

Sächsischen Ministerium des Kultus und öffentlichen Unterrichts, HAUSDORFF zum außerplanmäsigen Extraordinarius zu berufen. Das sehr positive Gutachten seines Lehrers HEINRICH BRUNS schließt mit folgenden Worten:

> Zusammenfassend darf gesagt werden, dass Dr. H. durch seine bisherige literarische Thätigkeit und durch die als Lehrer innerhalb des akademischen Unterrichts-Organismus geleisteten Dienste die beantragte Anerkennung durchaus verdient hat.[168]

Und obwohl es nur um den Titel „Professor" ging („außerplanmäßig" bedeutet, daß keinerlei Gehalt mit einer solchen Ernennung verbunden war), sah sich der Dekan veranlaßt, dem Votum der Fakultät folgenden Zusatz beizufügen:

> Die Fakultät hält sich jedoch für verpflichtet, dem Königlichen Ministerium noch zu berichten, dass der vorstehende Antrag in der am 2. November d. J. stattgehabten Fakultätssitzung nicht mit allen, sondern mit 22 gegen 7 Stimmen angenommen wurde. Die Minorität stimmte deshalb dagegen, weil Dr. Hausdorff mosaischen Glaubens ist. [Beckert/ Purkert 1987, 233].

Die Worte „mosaischen Glaubens" verweisen auf die Zugehörigkeit zur jüdischen Gemeinde; von „Glauben" an die Religion seiner Vorfahren konnte bei HAUSDORFF nicht mehr die Rede sein. Dieser Zusatz des Dekans beleuchtet schlaglichtartig einen unverhüllten Antisemitismus – man versuchte erst gar nicht, andere vorgeschobene Kritikpunkte für eine Ablehnung des Antrags zu suchen. Leipzig war übrigens ein Zentrum der nach dem Gründerkrach besonders stark aufflammenden antisemitischen Bewegung, insbesondere unter der Studentenschaft.

Das Ministerium in Dresden ließ sich jedoch nicht beirren und teilte am 6. Dezember 1901 der Fakultät in Leipzig mit, daß HAUSDORFF ernannt sei und die Fakultät ihn benachrichtigen solle und ihn zur vorschriftsmäßigen Antrittsvorlesung anhalten solle.[169] HAUSDORFF ließ sich damit aber ungewöhnlich lange Zeit; er hielt die Antrittsvorlesung erst am 4. Juli 1903. Noch am gleichen Tage erhielt er das ministerielle Ernennungsschreiben.[170] Eine Ursache für diese Verzögerung könnte die schwere Krankheit und der Tod seiner Mutter am 5. Dezember 1902 gewesen sein; in einem Brief an FRITZ MAUTHNER vom 16. Dezember 1902 schreibt HAUSDORFF: „Die letzten Monate habe ich (durch die Krankheit und den Tod meiner Mutter) in einem Ausnahmezustande gelebt und die Beziehungen zur Aussenwelt sich etwas lockern lassen."[171] Es könnte aber auch sein, daß ihm dieser „Titel ohne Mittel" nicht besonders wichtig war.

Das Thema der Antrittsvorlesung war *Das Raumproblem*; die oben genannte Publikation in Ostwalds Annalen war der durch Anmerkungen und Literaturangaben vervollständigte Text dieser Vorlesung. Der Titel *Das Raumproblem* mit dem bestimmten Artikel „Das" ist insofern problematisch, als nicht klar ist, was „**das**

---

[168]Das vollständige Gutachten ist abgedruckt in [Beckert/ Purkert 1987, 231–234].

[169]Erst danach wurde die Ernennungsurkunde ausgehändigt und der Titel durfte geführt werden.

[170]Abgedruckt in *HGW*, Band IX, 692.

[171]*HGW*, Band IX, 461.

Raumproblem" sein soll. Der erste Satz der Antrittsrede versucht, die Vielfalt der Problematik durch Verweis auf den interdisziplinären Charakter zu verdeutlichen:

> An der Lösung des Raumproblems sind nicht weniger als fünf Wissenschaften beteiligt und interessiert: Mathematik und Physik, Physiologie, Psychologie und Erkenntnistheorie. [H 1903a, 1; VI: 281].

HAUSDORFF unterscheidet in seiner Rede drei Aspekte des Raumbegriffs, die er näher in Betracht ziehen will, nämlich:

> Erstens eine gewisse freie Schöpfung unseres Denkens, keinem anderen Zwange als dem der Logik unterworfen, ein System willkürlich gewählter Vorausset- zungen, sogenannter Axiome, nebst den daraus deduktiv abgeleiteten Folge- rungen: dies ist der Raum des Gedankens, der Raum der Geometrie, der *ma- thematische Raum*. Zweitens ein System wirklicher Erlebnisse und Erfahrun- gen, das in unserem Bewußtsein tatsächlich vorübergleitende Phänomen der raumerfüllenden Außenwelt: dies wollen wir den subjektiv-psychologischen Raum, den Bewußtseins- oder Erfahrungsraum, den *empirischen Raum* nen- nen. Drittens endlich wird ein gewisses Verhalten der Dinge unabhängig von unserem Bewußtsein vorausgesetzt, um unsere Raumanschauung zu erklären: das wäre der objektiv-naturwissenschaftliche Raum, der „intelligible" oder *ab- solute Raum*. [H 1903a, 1–2; VI: 281 – 282].

Bei weitem am ausführlichsten behandelt HAUSDORFF den *mathematischen Raum*. Etwa die Hälfte des Textes ist diesem Thema gewidmet, während der Rest sich zu etwa gleichen Teilen mit dem *empirischen Raum* und dem *absoluten Raum* beschäftigt.

Für den mathematischen Raum besteht eine Wahlfreiheit zwischen unendlich vielen Hypothesen:

> Wenden wir uns also zunächst zum mathematischen Raume, so ist uns die Mehrheit der Hypothesen und die Freiheit der Wahl zwischen ihnen in drei- facher Weise verbürgt: durch den *Spielraum des Denkens*, den *Spielraum der Anschauung*, den *Spielraum der Erfahrung*. [H 1903a, 3; VI: 283].

Der Spielraum des Denkens ist durch die Entwicklung der Mathematik im 19. Jahr- hundert von der Entdeckung der nichteuklidischen Geometrien bis zur logischen Analyse in HILBERTs Festschrift gewonnen.

Da aber die Geometrie „zugleich in die reine und angewandte Mathematik hineinragt", da sie als angewandte Mathematik „die vollkommenste Naturwissen- schaft" ist – HAUSDORFF wiederholt hier einen Ausdruck von HILBERT – haben gewisse Geometrien nicht nur logisches Daseinsrecht, sondern einen „empirischen Daseinszweck". Durch dessen Berücksichtigung wird der Spielraum des Denkens „eingeschränkt, aber nicht völlig vernichtet". Auch die Erfahrung läßt uns noch Spielraum: Die empirische Gültigkeit

> ist kein exklusives Vorrecht der euklidischen Geometrie allein, sondern muß auch denjenigen nichteuklidischen Geometrien zuerkannt werden, deren Ab- weichung von der euklidischen unterhalb unserer Beobachtungsschwelle bleibt.[172]

---

[172]Alle zitierten Stellen in [H 1903a, 3; VI: 283].

Bezüglich des Spielraums der Anschauung verweist HAUSDORFF auf HELMHOLTZ' gelungenen Versuch, „nichteuklidische Raumwahrnehmungen anschaulich auszumalen", und erklärt die Frage der Vorstellbarkeit zu einer „psychologischen Personenfrage".

Nach dieser grundsätzlichen Erörterung der Spielräume in der Wahl der Raumbegriffe führt HAUSDORFF seinen Zuhörern konkret „die interessantesten Raumformen" vor, und zwar so, daß er vier charakteristische Momente dieser Raumbegriffe hervorhebt und fragt,

> mit welchem Rechte oder in welchem Sinne wir unseren Raum als Raum *verschwindender Krümmung*, als Raum *freier Beweglichkeit*, als Raum *einfachen Zusammenhanges*, als *dreidimensionalen stetigen* Raum bezeichnen. [H 1903a, 7; VI: 287].

Aus Umfangsgründen soll hier auf die Aufzählung denkbarer Raumformen nicht eingegangen werden; HAUSDORFF selbst betont, daß mit seiner Aufzählung denkbarer Raumformen „der ganze Umkreis der Möglichkeiten" noch keineswegs erschöpft sei.[173]

Als nächstes will HAUSDORFF zeigen, daß „der *absolute* Raum, das zur Erklärung unserer räumlichen Wahrnehmungen vorausgesetzte objektive räumliche Verhalten der Dinge, an völliger Unbestimmtheit und Unbestimmbarkeit leidet".[174] Dies habe ja KANT schon zu Recht behauptet, aber dessen Beweis sei „ungiltig". HAUSDORFF wolle deshalb hier seine „eigene Beweismethode skizzieren". Es ist dies die Beweismethode im Kapitel „Vom Raume" des *Chaos in kosmischer Auslese*; sie folgt dort dem Muster des Beweises der Idealität der Zeit, der im Kapitel „Die zeitliche Succession" gegeben worden war.

> Man denkt sich zunächst, wie der Realist, ein getreues Urbild des empirisch gegebenen Raumes als transcendent real und sucht es dann so stark zu variieren, wie es ohne Zerstörung der empirischen Wirkung gehen will. [H 1898a, 73; VII: 667].

Dieses Beweisverfahren will er den Zuhörern seiner Antrittsrede „durch ein Gleichnis erläutern". Er vergleicht den empirischen Raum mit einer Landkarte. Die Gestalt des Originals (es steht in diesem Gleichnis für den absoluten Raum) kann man aus der Karte allein nicht erschließen: „wir müssen auch noch das Abbildungsverfahren kennen, es muß, wie bei unseren Weltkarten, Maßstab und Projektion in einer Ecke vermerkt sein". Dann heißt es:

> Nun, unser empirischer Raum ist solch eine körperliche Karte, ein Abbild des absoluten Raumes; aber es fehlt uns der Eckenvermerk, wir kennen das Projektionsverfahren nicht und kennen folglich auch das Urbild nicht. Zwischen beiden Räumen besteht eine unbekannte, willkürliche Beziehung oder Korrespondenz, eine völlig beliebige Punkttransformation. Aber der Orientierungswert des empirischen Raumes leidet darunter nicht; wir finden uns auf

---

[173]S. zu dieser Aufzählung *HGW*, Band IB, 521–528.
[174][H 1903a, 13–14, VI: 293–294].

unserer Karte zurecht und verständigen uns mit anderen Kartenbesitzern; die Verzerrung fällt nicht in unser Bewußtsein, weil nicht nur die Objekte, sondern auch wir selbst und unsere Meßinstrumente davon gleichmäßig betroffen werden. [···]

> Wenn diese Auffassung richtig ist, so muß man das Urbild einer beliebigen Transformation unterwerfen können, ohne daß das Abbild sich verändert: gerade so wie man einer Karte nicht ansehen kann, ob sie nach dem Original oder nach einer anderen Karte gezeichnet ist. [H 1903a, 15; VI: 295].

Damit ist uns der absolute oder transzendente Raum in keiner Weise zugänglich. Die Ausführungen zum empirischen Raum, dem sich HAUSDORFF am Schluß der Antrittsrede zuwendet, leitet er folgendermaßen ein:

> Wenn wir auch den absoluten Raum als bestimmbaren Begriff streichen müssen, so soll damit die Gesetzmäßigkeit im empirischen Raum nicht preisgegeben sein. [H 1903a, 17; VI: 297].

HAUSDORFF gesteht sehr wohl zu, daß die gedankliche Verarbeitung empirischer Elemente in unsere Geometrie einfließt, aber er verteidigt – etwa gegen einen radikalen Empiristen wie JOHN STUART MILL – die Berechtigung von mathematischen Theorien, insbesondere von geometrischen Gebäuden, die unser Geist ohne Rückgriff auf die Erfahrung aus sich heraus schafft. Illustriert wird dies durch eine Art Gedankenexperiment:

> Denken wir uns eine Welt, in der es keine starren Körper gäbe, d.h. nicht einmal nahezu starre Körper, nur Flüssigkeiten und Gase; wir selbst wären etwa ätherisch zerflossene, aber geistbegabte Bewohner des Orionnebels. Dann könnten wir keine Messungen anstellen, könnten mit unseren rein arithmetisch hergeleiteten trigonometrischen Formeln gar nichts anfangen und sie so wenig auf die Außenwelt anwenden wie etwa auf unsere Träume; wir könnten nicht einmal entscheiden, ob unser Raum ein Raum freier Beweglichkeit, geschweige ob er euklidisch oder nichteuklidisch ist. Bei diesem objektiven Verhalten der Dinge hätten wir also nicht den geringsten psychologischen Anreiz und Anhalt zur Ausbildung einer Raumanschauung, zur Anwendung der Geometrie auf die Wirklichkeit; ein unbesonnener Empirist wie J.St. Mill würde hinzufügen: wir hätten dann überhaupt keine Geometrie. Aber das ist eine Verwechselung zwischen Psychologie und Logik: an dem logischen oder arithmetischen Aufbau der Geometrie wären wir dadurch so wenig gehindert, wie wir durch den euklidischen Raum, in dem wir leben, von der spekulativen Betrachtung nichteuklidischer Räume ausgeschlossen sind. [H 1903a, 18; VI: 298].

HAUSDORFF plädiert als Folgerung für einen *besonnenen Empirismus*:

> So münden zum Schlusse die beiden von uns beschrittenen Wege in einen *besonnenen Empirismus*; von der Unbestimmtheit des mathematischen wie des absoluten Raumes werden wir auf das einzig Gegebene, den empirischen Raum, zurückverwiesen. Ich will nicht behaupten, daß die wissenschaftliche Ausgestaltung dieses besonnenen Empirismus ganz leicht sein wird; jedenfalls bleiben die bisherigen Formen des Empirismus unter seinem Niveau. [H 1903a, 18; VI: 298].

In der Tat hat HAUSDORFF den *besonnenen Empirismus* nicht entwickelt; er hat, was er damit meint, kaum andeutungsweise charakterisiert.[175]

HAUSDORFFs intensive Beschäftigung mit dem Raumproblem und insbesondere seine Antrittsvorlesung beschreiben eine sehr wichtige Phase eines Entwicklungsprozesses der Mathematik, der sich in den folgenden Jahrzehnten mit noch größerer Intensität weiter fortsetzen sollte. Wollte man diesen Prozeß mit einem Wort charakterisieren, so wohl am treffendsten mit dem Wort *Verräumlichung*. Und zwar nicht die Verräumlichung nichtmathematischer Gegenstäde, über welche sich manche Philosophen beklagten. Gemeint ist die Verräumlichung mathematischer Gegenstände: Die Auffassung von ursprünglich nicht raumartig gedachten Gegenständen, beispielsweise gewissen Mengen von Funktionen, als Objekte mit einem raumartigen Charakter, etwa als *Funktionenräume*. Eine solche neue Auffassung erleichterte den Zugriff auf diese Objekte und ihre Bearbeitung, und dies nicht zuletzt deshalb, weil sehr gut ausgearbeitete allgemeine Raumtheorien wie die der topologischen oder die der metrischen Räume eingesetzt werden konnten. Heute ist dieser Prozeß sehr weit fortgeschritten, wie ein Blick auf das Stichwort „space" im Indexband der *Encyclopaedia of Mathematics* zeigt; dort sind an die 100 verschiedene Räume aufgeführt.

FELIX HAUSDORFF hat gewußt, daß die Tendenz, immer mehr mathematische Objekte als Räume aufzufassen, dem mathematischen Denken, manchmal vielleicht auf ganz unerwartete Weise, den Zugriff auf die Dinge erleichtert. Und er war darüber hinaus der Ansicht, daß die Verwandlung eines Problems in etwas Räumliches in vielen Fällen des Lebens eine Hilfe sein kann. Dies äußerte sich in seiner Auseinandersetzung mit GUSTAV LANDAUERs Schrift *Die Welt als Zeit*; diese war in der Zeitschrift „Die Zukunft" am 17. Mai 1902 erschienen.[176] HAUSDORFF antwortete unter seinem Pseudonym in der „Zukunft" vom 14. Juni 1902 mit einem offenen Brief [H 1902d, VIII: 529–533]. Wir müssen uns hier mit wenigen Andeutungen begnügen.[177]

LANDAUER[178] kannte MAUTHNERS *Sprachkritik*[179] sehr genau; er hatte MAUTHNER bei der Endfassung dieses Werkes unterstützt und versuchte dann selbst, dessen Skepsis gegenüber Sprache und begrifflichem Denken weiter zu vertiefen. Ferner wurde er von den Schriften Meister ECKHARTs inspiriert, sich eine eigene neue, mystisch getönte Schau des Verhältnisses von Ich und Welt zu erträumen.

Ausgehend von MAUTHNERS Sprachkritik formuliert LANDAUER in *Die Welt als Zeit* folgende zentrale These:

---

[175] Siehe zu Hausdorffs *besonnenen Empirismus* [Epple 2006] und *HGW*, Band VI, 189–207.

[176] Landauer hat sie in seine Schrift [Landauer 1903, 97–128] eingefügt; nach dieser Ausgabe wird im folgenden zitiert.

[177] Ausführlich dazu Egbert Brieskorn im Abschnitt „Die Welt als Zeit", *HGW*, Band IB, 535–546 und in [Brieskorn 1997].

[178] Zu dessen Werdegang als Übersetzer, vielseitiger Gelehrter und bekannter Anarchist, insbesondere zu dessen eingehender Beschäftigung mit dem Theologen und Philosophen Eckhart von Hohenheim (Meister Eckhart) s. [Hinz 2000].

[179] Auf die Besprechung dieses Werkes durch Mongré werden wir noch eingehen.

Nicht mehr absolute Wahrheit können wir suchen, seit wir erkannt haben, daß sich die Welt mit Worten und Abstraktionen nicht erobern läßt. Wohl aber drängt es uns, so stark, daß kein Verzicht möglich ist, die mannigfachen Bilder, die uns die Sinne zuführen, zu einem einheitlichen Weltbild zu formen, an dessen symbolische Bedeutung wir zu glauben vermögen. [···] In der Wissenschaft findet man überall zerstreut die Bruchstücke der Symbolik, die einmal an die Stelle des angeblich positiven Teils unserer abstrakten Erkenntnisse treten wird. Bevor es aber dazu kommt, bevor es möglich zu sein scheint, aus den Ergebnissen der wissenschaftlichen Forschung eine Weltgestalt zu formen, scheint eine große Umnennung nötig: der Verzicht auf eine uralte Metapher und ihr Ersatz durch eine andere. Der Raum muß in Zeit verwandelt werden. [Landauer 1903, 107–108].

Um zu verstehen, was Landauer damit meint, muß ein weiterer Ausgangspunkt von *Die Welt als Zeit* in Betracht gezogen werden, Landauers Beschäftigung mit der Mystik. Nach Landauer ist Wahrheit „ein durchaus negatives Wort, die Negation an sich"; sie fällt „mit dem ‚Ding an sich' zusammen". Also:

Was steckt hinter unserer Wirklichkeit? Etwas anderes! Wie ist die Welt an sich? Anders! [Landauer 1903, 99–100].

Die Grundfrage für Landauer ist demnach: Wie soll sich der Mensch zu dieser unüberbrückbaren Kluft von innerem Erleben des Ich, welches ein rein zeitliches Phänomen ist, und der „Dinglichkeit" außer mir, dem Anderssein, welches erst durch die Vorstellung von „Raum" entstehen kann, stellen? Hier knüpft er an Meister Eckhart an:

Es war ihm [Eckhart – W.P.] sicher, daß, was wir in uns selbst als seelisches Erleben finden, dem wahren Wesen der Welt näher stände als die außen wahrgenommene Welt. [Landauer 1903, 103].

Um diesem Wesen der Welt überhaupt näher kommen zu können, muß Raum in Zeit verwandelt werden.[180]

In seinem offenen Brief in der „Zukunft" polemisiert Hausdorff gegen Landauers Ansichten u.a.so:

Leiden wir nicht Alle heute an der Verinnerlichung oder, wie Sie sagen, an der Verzeitlichung? Und nachträgliche Propheten wie Maeterlinck verheißen ein „Erwachen der Seele": ich finde, wir haben entschieden Ueberproduktion an Seele und sollten trachten, diese an freier Luft leicht verderbliche Waare schleunigst loszuwerden. Die Zeitkünste, Musik und Lyrik, packen so viel Seele aus, wie gar nicht beisammen bleiben will; [···] Sie wollen noch mehr Seele, noch mehr Form der inneren Anschauung, noch mehr „Zeit"? [H 1902d, 442; VIII: 529].

Diese Polemik offenbart eine gewisse innere Wandlung Hausdorffs. Mitte der neunziger Jahre, als er Gedichte aus dem Abschnitt „Falterflüge" der *Ekstasen* schrieb (wie wir aus den Briefen an Paul Lauterbach wissen), feierte auch er

---

[180]S.dazu den Abschnitt 3.3 „Zeit und Raum" in [Hinz 2000, 182–191].

den ekstatischen Augenblick, die Eigenzeit des schöpferischen Künstlers, das zeitliche Fließen des inneren Erlebens, und er hätte LANDAUER vielleicht zugestimmt, bei dem es heißt: „[···] die Extensität der äußeren Dinge muß uns ein Bild sein für die Intensität unserer Ichgefühle."[Landauer 1903, 120]. Nun, 1902, überwiegt bei HAUSDORFF das Streben nach sicherer wissenschaftlicher Erkenntnis, das Nachdenken über den mathematischen Raumbegriff und die transfiniten Mengen; diese Sphäre ist zeitlos und Gefühle sind darin nichtig. Freilich gibt es für HAUSDORFF nach wie vor weite Bereiche, die dem wissenschaftlichen Zugriff entzogen sind und entzogen bleiben sollen, aber die Rigorosität LANDAUERS, der im Kampf gegen den Reduktionismus einer materialistischen Wissenschaft dem „wahren Wesen der Welt" durch die Reduktion auf das innere Erleben nahe kommen wollte und die Wissenschaft als das „Wissen von dem, was nicht ist" abtat [Landauer 1903, 106], konnte er nun keinesfalls mehr teilen.

HAUSDORFF hat sich mehrfach mit dem zeitgenössisch sehr in Mode gekommenen Begriff „Stimmung" auseinandergesetzt. Er tut das auch in dem offenen Brief an LANDAUER. Am Ende dieses Briefes schreibt er, er

> glaube einstweilen nur, daß sich noch mancherlei Zeit (nicht alle!) in Raum verwandeln, mancherlei Seelisches zu Dinglichkeit kristallisiren läßt und daß wir nach den ewigen Innerlichkeiten und molluskenhaften „Stimmungen" der letzten Jahrzehnte gut thun, zur Abwechselung wieder einmal uns nach der Objektseite, in klaren Gestalten und scharf gezeichneten Bildern, recht räumlich und substantiell auszuleben. [H 1902d, 445; VIII: 533].

Kapitel 6

Der Literat und zeitkritische Essayist Paul Mongré

6.1 Paul Mongrés Essays der Jahre 1898–1899 in der NDR

Im Abschnitt 5.1, S. 107–110 wurde schon erwähnt, daß Hausdorff im Kreis um HEZEL auch OSKAR BIE kennenlernte, der ab 1894 Chefredakteur der Monatsschrift „Neue Deutschen Rundschau (Freie Bühne)" (NDR), seit 1904 „Die neue Rundschau (Freie Bühne)", war und diese bald zu einer führenden Zeitschrift für moderne Literatur und Essayistik aufbaute. BIES Zeitschrift wurde für MONGRÉ zum bevorzugten Publikationsort; zehn seiner Essays und sein Theaterstück sind dort erschienen.

6.1.1 Massenglück und Einzelglück

1898 debütierte MONGRÉ in der NDR mit dem Essay *Massenglück und Einzelglück.* [H 1898b, VIII: 275—288]. Er wolle darin, so sagt er es, mit Selbstironie auf KANT anspielend, „eine 'Kritik des reinen Sozialismus' unternehmen". [H 1898b, 65; VIII: 275]. HAUSDORFF brennt in seinem Erstling in der NDR – sozusagen als Widerschein seiner ungewöhnlich vielseitigen Bildung – ein wahres Feuerwerk an mathematischen, naturwissenschaftlichen, historischen, philosophischen, soziologischen, theologischen und literarischen Bezügen ab, und man kann sich gut vorstellen, daß BIE davon sehr angetan war.[1]

Der inhaltliche Hintergrund des Unternehmens einer 'Kritik des reinen Sozialismus' könnten die heftigen Angriffe von sozialdemokratischen Publizisten auf NIETZSCHE und seine Anhänger gewesen sein. Zum Beispiel hatte FRANZ MEHRING, der nach seinem Eintritt in die SPD 1891 regelmäßig für deren theoretische Zeitschrift „Die Neue Zeit. Revue des geistigen und öffentlichen Lebens" Beiträge

---

[1] Erläuterungen zu all diesen Bezügen gibt Udo Roth in *HGW*, Band VIII, 289–338.

Springer-Verlag GmbH, DE, ein Teil von Springer Nature 2021
E. Brieskorn und W. Purkert, *Felix Hausdorff*, Mathematik im Kontext,
https://doi.org/10.1007/978-3-662-63370-0_6

lieferte, dort 1892 in einer Rezension zu KURT EISNERS *Psychopathia spiritualis. Friedrich Nietzsche und die Apostel der Zukunft* geschrieben, daß der „ganze Nietzscheanismus mit seinem byzantinischen Kultus des ‚Übermenschen‘, mit seinem uferlosen Lästern auf das Proletariat" „eine brutale und geistlose Rohheit" sei. Und der Sinn der Lehre vom Übermenschen sei dies: „Fluch den ‚Schnapsbrüdern‘ von Sozialdemokraten, die in dem Elend von heute die Hoffnung von morgen erblicken, aber Heil den ‚Übermenschen‘, den ‚freien, sehr freien Geistern‘, die hart und mitleidlos ihre Peitsche über dem Herdenvieh der Menschheit knallen lassen"[Schneider 1997, 115f.].

Mit philosophischen Überlegungen, die an Argumentationen im *Chaos in kosmischer Auslese* erinnern, will MONGRÉ in seinem Essay zeigen, daß Begriffen wie Sozietät oder Kollektiv nichts Reales entspricht; diese Erkenntnis im Blick, sei es dann im Hinblick auf die Lebenswirklichkeit „nicht länger zu umgehen [···], der Masse, der Societät, dem Collectivthier ein paar Ungezogenheiten ins Gesicht zu sagen"[H 1898b, 69; VIII: 281]. Durch die Reflexion über das theoretische Problem der „Vielheit von Individuen" möchte der Autor „die modernen Socialethiker in Verlegenheit bringen und ihre Voraussetzungen ein wenig in Zweifel ziehen". Mit der „gleichen Strenge erkenntnisstheoretischer Nachprüfung", mit der die Axiome der Geometrie geprüft wurden, soll auch ein Axiom geprüft werden, „das die Grundlage einer *Moral* abgeben will", einer Moral, die meint, durch die von ihr gebotenen Handlungen „eine wesentliche und einflussreiche Veränderung am Gesamtbilde des Daseins" bewirken zu können [H 1898b, 64; VIII: 275].

Am Anfang steht eine Reflexion über das vieldeutige Problem der Individualität. Das Entstehen von „Ich-Empfinden" wird als ein „geheimnissvoller Vorgang der Realisation" beschrieben:

> gewissermassen schweift ein absoluter Ich-Punkt in der Welt der Subjecte umher, und so oft er mit einem Individualpunkt zusammentrifft, wird das zugehörige Individuum zum Dasein und Ich-Empfinden berufen – sowie auch ein absoluter Gegenwart-Punkt an der Reihe der Weltzustände hingleitend sie zum Wirklichwerden weckt und zwingt.

Aber: „Jedes Subject sagt Ich, jede Gegenwart nennt sich Jetzt."[2] Die Ähnlichkeit mit den Ideen des *Chaos in kosmischer Auslese*, das damals noch nicht erschienen war, ist unverkennbar. Die *„theoretische Unklarheit* des Ichproblems" führt zu verschiedenen Philosophien, und diese „Ideologien der Philosophen" können zu einer „weltgeschichtlichen Werthverschiebung" führen, einer *ethischen Ungerechtigkeit* ersten Ranges". Wegen solcher Ideologien können sich die Menschen „die Köpfe blutig schlagen."[3] Wie wäre solchen Ideologien zu begegnen?

> Nun, mit einer dummen Menschheit muss man schon dumm thun, und um einem spintisirenden Kopfe etwas auszureden, muss man selber spintisiren. Auf unverdorbene Menschen von einer gewissen intégrité de l'instrument mental

---

[2]Alle Zitate in [H 1898b, 65; VIII: 276].
[3]Alle Zitate in [H 1898b, 65–66; VIII: 276–277].

würde ich mir nicht getrauen, mit speculativem Apparat Eindruck zu machen; hier aber, wo es sich zunächst um eine Art Rückkehr zur Natur, zu der durch Theorie verbildeten und krummgezogenen Natur handelt, hier ist vielleicht auf dem Wege einer Gegentheorie etwas zu hoffen. Idee gegen Idee, Abstraction gegen Abstraction, vielleicht Unsinn gegen Unsinn! [H 1898b, 66; VIII: 277].

Die Natur mit ihrem „Kampf ums Dasein", d. h. abgesehen von der menschlichen Zivilisation, „ist im Grunde aristokratisch und fördert das Entstehen, wenn auch nicht immer das Bestehen, der höher organisirten Gebilde gegenüber den niederen." [H 1898b, 66; VIII: 277]. Anders steht es mit der menschlichen Natur und den Wirren und Mängeln des menschlichen Kulturbetriebes. Hier besteht der Verdacht, daß die Ideale der historischen Menschheit nicht begehrenswert oder nicht haltbar sind.

> Oder, wenn wir uns auf die moderne, die demokratische, die Herdenthiermenschheit, wie Kenner sie zeichnen, und ihr specifisch modernes Ideal beschränken, das sich immer fester consolidirt und andere Ideale niederdrückt: giebt der Begriff *Societät* ein haltbares Ideal, einen gerechten Ausgleichsmodus im Kampf der Interessen? – Sicherlich nicht, sobald bewiesen ist, dass mit ihm nicht einmal eine Realität, ein erkenntnisstheoretisch greifbares Etwas umspannt wird. [H 1898b, 67; VIII: 279].

Der nun folgende Abschnitt, der den Beweis vorbereiten soll, daß dem Begriff „Societät" nichts Reales entspricht, ist eine philosophische Spekulation von der Art, die HAUSDORFF selbst vorher durch die Worte „vielleicht Unsinn gegen Unsinn" charakterisirt hat. In einem Fragment im Nachlaß hat er *Massenglück und Einzelglück* eine „philosophische Scurrilität" genannt. HAUSDORFF diskutiert in dem Fragment die Frage, ob es „gerathen" sei, mehrdeutige Abbildungen von leerem Raum und leerer Zeit auf den empirischen Raum und die empirische Zeit zuzulassen. Er schreibt dort:

> Zwar hat es keine Schwierigkeit, sich vorzustellen, dass *einem* empirischen Raum- oder Zeitpunkt verschiedene leere Raum- oder Zeitpunkte entsprechen, dass also Theile der Welt räumlich oder zeitlich in mehreren congruenten auseinanderliegenden Exemplaren vorhanden seien („Wiederkunft des Gleichen" heisst diese Hypothese für die Zeit; die entsprechende räumliche Vorstellung habe ich in der philosophischen Scurillität „Massenglück und Einzelglück" verwerthet).[4]

Die „Verwerthung" beginnt mit einer Kurzfassung der Geschichte des „Leibniz'schen Satzes von der Identität des Nichtzuunterscheidenden (principium identitatis indiscernibilium)":

> Nach Leibniz müssen Dinge, die ihren begrifflichen Merkmalen nach ununterscheidbar sind, identisch sein; nach Kant gilt das zwar für „Gegenstände des reinen Verstandes", nicht aber für Gegenstände der Sinnlichkeit, weil bei

---

[4]Nachlaß Hausdorff, Kapsel 49, Faszikel 1079, Bl. 17–18.

diesen empirischen Objecten, z.B. zwei Wassertropfen, die im Übrigen vollkommen übereinstimmen, die *räumliche* Verschiedenheit als hinreichende Garantie ihrer Unterscheidbarkeit auftritt. Schopenhauer fügt, als im gleichen
Sinne wirksam (nämlich empirisch trennend, was „an sich" sonst identisch
ist), die *Zeit* hinzu und nennt Raum und Zeit das principium individuationis.
[H 1898b, 68; VIII: 279].

Demgegenüber stellt HAUSDORFF an Beispielen seine Idee der identischen Repro-
duzierbarkeit von Zeitstrecken und das oben – in dem Nachlaßfragment – erwähnte
Analogon für den Raum vor und fährt dann fort:

> Was empirisch unterscheidbar ist, ist auch gewiss inhaltlich oder „an sich" nicht
> identisch, den Einheitsmystikern zum Trotz; umgekehrt aber braucht das für
> uns Nichtzuunterscheidende an sich gar nicht identisch zu sein, sondern kann
> um absolute Raum- und Zeitbestimmungen differiren, also auf blosse Congru-
> enz hinauslaufen, ja sogar auf noch weniger, nämlich auf Uebereinstimmung in
> den uns zugänglichen, Differenz in den uns verschlossenen Theilen. [H 1898b,
> 69; VIII: 280–281].

MONGRÉ meint, den „unbedenklichen Socialethikern", die von „Gesamtwillen, socialen Organismen, von dem lebenden Wesen 'Gesellschaft'" mit einer allzu großen
Sicherheit redeten, könnten eigentlich schon Zweifel kommen angesichts der Möglichkeit, daß „selbst das einzelne Individuum vielleicht nur die empirische Coin-
cidenz von hundert transcendenten, durch objective Raum- und Zeitdifferenz ge-
trennten Individuen ist, [· · ·] also die individuelle Erscheinung zu einem 'ansichli-
chen' – Collectivum!"[H 1898b, 69; VIII: 281]. Aber MONGRÉ treibt die „Scurrilität" noch weiter. Dazu wendet er die Technik der Deformation möglicher Welten
aus dem *Chaos in kosmischer Auslese* an und kommt schließlich zu folgendem
Schluß:

> Wenn hundert Normalmenschen, jeder in der dumpfen Isolirzelle seines ego
> quilibet, ein und dasselbe dumpfe Normalmenschenglück geniessen, wie hoch
> steht, realkritisch gerechnet, dieses Centurienglück über seiner Einheit, dem
> Einzelbehagen des einzelnen Normalmenschen? Beziehungen, deren *strenge*
> Erfüllung diese hundert Realitäten zu einer einzigen zusammenschmelzen
> würde, sind – leider! leider! – eben nicht streng, sondern nur angenähert
> erfüllt; die Congruenz ist keine absolute, sondern gewährt noch der indivi-
> duellen Verschiedenheit Raum; das ist der ganze Thatbestand „Societät", der
> mir nicht schwer genug ins Gewicht fällt, um als Stütze und Verankerung
> eines Werthvorrangs der Masse vor dem Einzelnen zu dienen. [H 1898b, 70;
> VIII: 282].

Schließlich wird, dem Titel entsprechend, das Einzelglück des „höheren" Menschen
zum Glück der Masse der „Normalmenschen" in Beziehung gesetzt, und daraus
wird dann auch die praktische hedonistische Nutzanwendung gefolgert:

> Ich wiederhole also: nicht die Gesellschaft, sondern das Individuum ist ein ge-
> eignetes Object hedonistischer Bethätigung, vor allem das überragende, sich
> abhebende, ausgezeichnete Individuum, wobei als Maßstab des Ueberragens

die schärfere Eigenart, die feinere Organisation, die entwickeltere Sensibilität dienen wird, zum mindesten solange kein objectiveres Werthkriterium vorliegt. [H 1898b, 72, 74–75; VIII: 284, 287].

Die angekündigten „Ungezogenheiten" richteten sich an „Impfgegner, Alkoholgegner, Thierschützer, Naturärzte, Friedensfreunde, Keuschheitsapostel, 'einige' Christen, Bayreuther und sonstige Weltverbesserer", mit denen sich über ihre Sache reden ließe, mit denen sich aber wegen ihres „weihevollen Stumpfsinns" nicht reden läßt. [H 1898b, 71; VIII: 283]. Die folgende Passage legt aber nahe, daß sich seine spitze Feder wohl vor allem gegen den ursprünglich von HEGEL herkommenden KARL MARX und die Sozialdemokratie gerichtet hat:

> Wem in der That der Werth der Gemeinschaft den Werth des Einzelwesens übersteigt, wer in das Agitatorengeschrei der ökonomischen Materialisten mit einstimmt, die sich gebärden, als wäre ihre constructive Geschichtsfälschung mindestens der Anfang der Wissenschaft und nicht das Ende der Hegelei, wer sich die von Niemandem geleugnete repräsentative Anwesenheit der Masse im Individuum zu einer selbständigen Realität der Masse ausserhalb der Individuen hypostasiren lässt – der mag seine Weltanschauung auf Altruismus bauen [···]. Wir selbst bauen auf den Egoismus, auf das Individuum, das einzig beweisbare und controlirbare Ich; [···]. [H 1898b, 74; VIII: 287].

6.1.2 Das unreinliche Jahrhundert

Ebenfalls 1898 erschien in der „Neuen Deutschen Rundschau" der Aufsatz *Das unreinliche Jahrhundert* [H 1898c, VIII: 341–352]. HAUSDORFF glossiert hier, sich auch selbst nicht ganz ernst nehmend, mit großer Sprachgewalt und feiner Ironie Doppelbödigkeit im Alltag, in der Philosophie, der Moral, der Religion und in der Beurteilung gesellschaftlicher Institutionen, kurz gesagt die „Unreinlichkeit" in Sprache, Denken und Handeln des zu Ende gehenden Jahrhunderts. Notwendig sind ihm reinliche Scheidungen, denn nur sie ermöglichen klare Entscheidungen in der Lebens- und Weltorientierung. Er beginnt ganz harmlos mit der Bemerkung, daß man auf Reisen nicht selten Pauschalurteile hört wie „Ich finde die Franzosen so nett und liebenswürdig" oder „diese unausstehlichen Engländer" oder „Die Schweiz ist entschieden viel schöner als Tirol". Dann heißt es:

> Und zwar sind es nicht nur die Lippen weiblicher Wesen, von denen diese nüancenlosen Pausch- und Bogen-Urtheile fallen: auch der gerechtere Mann, selbst der exact denkende Universitätsprofessor, der in seinem Fach an Theilungen und Untertheilungen und messerscharfen Distinctionen unersättlich ist, läßt sich hier auf groben, stumpfen, trüben Allgemeinheiten ertappen und spricht von *dem* Engländer, *der* Schweiz, ungefähr wie der belgische Statistiker Quételet von *dem* Menschen sprach. Der Unterschied ist nur, daß der statistische Normalmensch, l'homme moyen, wenigstens auf zahlenmäßigem Wege aus den abweichenden Einzelmenschen gemittelt war, während jener Normalengländer, den man zwischen Fisch und Braten unausstehlich findet, nur als fingirter Träger für verstreute und zusammenhanglose Gelegenheitsbeobachtungen dient. Gesetzt, es gäbe wirklich das, was man *den* Engländer

nennt, gesetzt, es ließen sich zwei, drei Merkmale finden, die in Antlitz, Gebärde, Benehmen auf den Angehörigen eines bestimmten Volkes zu deuten wären [···] nun, so ist der vom Reisedämon flüchtig vorbeigehetzte Fremdling sicher der Letzte, mit seinem Blick aufs Einzelne und Auffallende jenen verborgenen Wesenszügen auf die Spur zu kommen. [H 1898c, 443; VIII: 341].

Bereits am Anfang des zu Ende gehenden „unreinlichen Jahrhunderts" steht – so HAUSDORFF –

> der erstaunlichste *Dualismus*, der je Wort und Sprache fand: die *Kantische Philosophie*, der bewußt geduldete, ja geforderte Widerspruch zwischen Theorie und Praxis, die heiliggesprochene „Lebenslüge", um mich modern auszudrücken. [H 1898c, 444–445; VIII: 343].

HAUSDORFF kritisiert vor allem den Verfasser der *Kritik der praktischen Vernunft*. KANT habe keineswegs die spekulativen Gottesbeweise vernichten wollen, er wollte vielmehr

> Gott vollkommen aus der Sphäre der Beweisbarkeit und Widerlegbarkeit heraus haben, es kam ihn hart an, diese seine fixe Idee den wechselnden Schicksalen philosophischer Discussion ausgesetzt zu wissen. [H 1898c, 445; VIII: 343].

KANT habe seinen Gott auf transzendentem Gebiet in Sicherheit gebracht,

> wo er sagen konnte: beweist mich oder widerlegt mich, zuletzt existire ich doch! Die Formel dafür ist das christliche credo quia absurdum in moderner Wendung: die Vernunftideen müssen zum praktischen Behufe für wahr gehalten werden, auch wenn ihre Wahrheit theoretisch nicht beweisbar ist – kürzer: man kann nicht wissen, also muß man glauben. [H 1898c, 445; VIII: 343].

Das 19. Jahrhundert ließ es sich „nicht zweimal sagen", die KANTsche Dualität praktisch zu verwerten und eine Art Bewußtseinsspaltung, auch in moralischer Hinsicht, zu praktizieren:

> Hüben habe die Wissenschaft Recht, und drüben der Katechismus; unter der Hausthür plaudern wir mit dem Doktor, während sich durchs Gartenpförtchen der Bruder Kapuziner in die Kinderstube schleicht.
>
> Wenn der Regierungsreferendar sein Gesangbuch in den Sonntagsrock steckt und zur Kirche geht, so [···] denkt [er] sich gar nichts dabei, daß er in der rechten Rocktasche das erbauliche Büchlein mit Goldschnitt, in der linken die Sportzeitung bei sich führt; als „Erscheinung" hetzt er Pferde, Hasen und Socialdemokraten, als „Ding an sich" fühlt er für die Mühseligen und Beladenen. Schopenhauer schleudert einen seiner kräftigsten Flüche gegen die amerikanischen Sclavenhalter, die sich Wochentags an zuckenden Menschenleibern und Sabbats an der frommen Litanei erquicken: nun das ist eben Dualismus! [H 1898c, 445–446; VIII: 344–345].

Gewisse Ausflüsse dieser Dualität hat man zu allem Überfluß auch noch „rechtlich festgenagelt": Der Gotteslästerer wird bestraft, d. h. „die ‚Erscheinung' wird eingesperrt, wenn sie sich über das ‚Ding an sich' nicht ganz parlamentarisch äußert".

Ähnlich steht es mit der Majestätsbeleidigung, einem Straftatbestand, welcher sich auf mittelalterliche Überzeugungen gründet, auf einen „Gottesgnadennimbus" und auf eine „um den Monarchen gebreitete Sphäre von Mystik und Transcendenz". [H 1898c, 447; VIII: 346].

Spitze Pfeile schießt HAUSDORFF gegen das Duellunwesen, Ausdruck eines aus dem preußischen Adel und Offizierscorps überkommenen Ehrbegriffs, welcher in der sich entwickelnden bürgerlichen Gesellschaft des ausgehenden 19. Jahrhunderts immer anachronistischer wurde. Im Zusammenhang mit seinem Theaterstück *Der Arzt seiner Ehre* wird darauf noch näher einzugehen sein.

Das Ende des Jahrhunderts, das fin de siècle, leide an einem besonderen „Dualismus": auf der einen Seite eine hoch entwickelte Wissenschaftskultur, Fortschritts- und Technikenthusiasmus, auf der anderen Seite obskure Esoterik und Spiritismus:

> Wir haben eine gewaltige Forschung, ein tiefes und scharfes Erkennen des Naturzusammenhanges – und daneben den Spiritismus: den dumpfen Aberglauben unserer Ammen und Urgroßmütter zur frechen Scheinwissenschaft drapirt. Wir haben neben dem übertriebenen Specialbetrieb der Wissenschaft die principiellste Unklarheit über Grenzen und Competenzen des Wissens, neben der lichtvollen Exactheit den nebelhaftesten Spuk von Occultisten, Obscuranten und Mystikern; man denke an den großen Magus Schopenhauer und seinen Erfolg, den er selbst einem durch die Kirche nicht befriedigten „metaphysischen Bedürfniß" der gegenwärtigen Menschheit zuschreibt. [H 1898c, 451; VIII: 350–351].

Dem einzelnen bleibe es natürlich überlassen – so das Fazit des Essays – was er denkt und glaubt, der Gesellschaft mit ihren moralischen Ansprüchen und ihrer Gesetzgebung aber nicht:

> Ob der Pariser in den buddhistischen Club oder eine electrotechnische Conference geht, ob man Helmholtz oder Jacob Böhm zum fashionablen Tischgespräch aus dem Conversationslexicon hervorzieht, ist am Ende gleichgültig; weniger gleichgültig ist es, daß Bruchstücke von Recht und Moral des dreißigjährigen Krieges in unserer Gegenwart herumliegen. Man kann darüber stolpern – ich deutete ein paar Einzelfälle an, um sehr viele andere zu verschweigen. Räumt man damit auf, so erleichtert man einigen exponirten Menschen das Leben, schafft glatte Bahn und vollzieht einen Act der Reinlichkeit, mit dem jedes scheidende Jahrhundert sich seinem Nachfolger empfehlen sollte. [H 1898c, 452; VIII: 352].

HAUSDORFFs Kritik an KANTs „Dualismus", die auch noch recht locker daherkommt, mußte die Neukantianer auf den Plan rufen. Der Hallenser Ordinarius für Philosophie HANS VAIHINGER veröffentlichte eine kurze Rezension von MONGRÉs Essay in den von ihm begründeten „Kant-Studien"[Vaihinger 1899]. Der Verfasser – so VAIHINGER – „macht sich im Stile seines Meisters Nietzsche lustig über unser Jahrhundert." Dieses habe „neben allen modernen Fortschritten, mittelalterliche Spinnengeweben hängen lassen". Deshalb sei es „auf der einen Seite aufgeklärt, auf der andren Seite mystisch", daher herrsche „neben der Naturwissenschaft der Aberglaube." Dann fährt VAIHINGER fort:

Und wer ist Schuld an dieser „modernen Halbheit und Doppelheit"? Errätst
du es, geduldiger Leser? Natürlich niemand anders als Kant!

VAIHINGER zitiert nun aus den Passagen über KANT und schließt mit folgenden
Sätzen:

> In diesem geistreich witzelnden Tone spricht der Nietzscheaner weiter und
> macht den Kantischen „Idealismus" für allerlei moralische Auswüchse der Zeit
> verantwortlich wie das Duell und ähnliches. In der That, eine Verzerrung, wie
> sie frivoler nicht gedacht werden kann. Niemals hat der Kantische Idealismus
> zu einer moralischen Zwiespältigkeit die Hand geboten, wie der Verfasser ihm
> imputiert.[5]

6.1.3   Tod und Wiederkunft

Der 1899 in der „Neuen Deutschen Rundschau" erschienene Essay *Tod und
Wiederkunft* [H 1899b, VIII: 415–429] hat die Form eines Briefes an eine fiktive
Freundin, die vom Autor Auskunft über die Thematik von Tod und Selbstmord
bei SCHOPENHAUER wünscht. Der gewählte literarische Rahmen hat berühmte
Vorbilder, man denke an LEONHARD EULERS *Lettres à une Princesse d'Allemagne
sur divers sujets de physique & de philosophie* (1768–1772). MONGRÉ beginnt mit
einem kräftigen Seitenhieb auf SCHOPENHAUER:

> Meine liebe Freundin, Sie haben Schopenhauer's Kapitel über den Selbstmord
> und die Unzerstörbarkeit unseres wahren Wesens durch den Tod gelesen[6] und
> fühlen Sich in Ihrem Drange nach Klarheit ein wenig beunruhigt: wie kein
> Wunder bei diesem zwielichtfarbenen Denker, der es den Fledermäusen abge-
> lernt hat auf der Abendscheide zwischen Tag und Nacht, zwischen leuchtender
> Besonnenheit und dunkelster Mystik sein Wesen zu treiben. [H 1899b, 1277;
> VIII: 415].

„Von dem Lebenspensum, das *nach ihm* gekommen wäre, entbindet der Tod", diese
Wahrheit möge sich die Freundin nicht von „metaphysischem Rankenwerk über-
malen lassen", wie SCHOPENHAUER es getan hat. Denn „der erste aller Mystagogen
vermauert diesen natürlichen Ausweg" – gemeint ist der Selbstmord – für den Fall,
daß man das Leben nicht mehr erträglich findet.

Die Auseinandersetzung mit SCHOPENHAUER ist nur ein Anknüpfungspunkt;
vor allem soll in dem Essay auf Hauptgedanken aus dem *Chaos in kosmischer
Auslese* hingeführt werden, aber in mehr populärer Weise, „ohne die philosophische
Begriffsmühle zu drehn". HAUSDORFF beginnt mit der Feststellung, daß uns von
der Lebensstrecke, die bei der Geburt beginnt und bis zum Tode reicht, nichts
entbindet. Die Zweifel seiner Briefpartnerin ahnend, fragt er dann:

---

[5] Alle Zitate nach *HGW*, Band VIII, 377–378.

[6] [Arthur Schopenhauer: *Parerga und Paralipomena II*, Kapitel 10 "Zur Lehre von der Un-
zerstörbarkeit unseres wahren Wesens durch den Tod" (§134–141) und Kapitel 13 „Über den
Selbstmord" (§157–160).]

> Das Gewesene bleibt gewesen, und Sie meinen, gerade darum ginge es uns
> nichts mehr an? Ja, welche andere Form des Seins kennen Sie eigentlich außer
> dem Gewesensein? Die Gegenwart, den Augenblick? [H 1899b, 1279; VIII:
> 417].

Nun ist der Sprachvirtuose MONGRÉ gefragt. Mit eindrucksvollen Bildern sucht er
der Freundin klar zu machen, daß das „räthselhafte Wesen, das sich Moment, Zeitpunkt, Weltzustand nennt", uns nicht zugänglich ist, denn „nur Continua von erfüllten Augenblicken geben einen Bewusstseinsvorgang" [H 1899b, 1280; VIII: 418].
Daraus folgt schließlich:

> Es giebt, für unsere Erfahrung, kein anderes Sein als das Gewesensein; denn
> die *Gegenwart* im strengen Sinne, als ausdehnungslose Grenze zwischen Ver-
> gangenheit und Zukunft, wäre ein *Zeitpunkt*, also unerfahrbar und unfähig,
> ins Bewusstsein zu treten. [H 1899b, 1280; VIII: 418].

Die denkbaren Bewegungen des Gegenwartpunktes auf der Zeitlinie, die HAUS-
DORFF im *Chaos in kosmischer Auslese* betrachtet hatte, gestatteten unter anderem Pausen, Wiederholungen, Sprünge, Umkehrungen, ohne daß für unser Bewußtsein der uns geläufige, der empirische Zeitfluß gestört würde. Insbesondere
sind beliebig viele identische Wiederholungen einer Zeitstrecke möglich. Diesen Gedanken, der auf die ewige Wiederkunft des Gleichen führt, möchte er der Freundin
mit folgendem schönen Bild nahe bringen:

> Wir klammern uns an die Nussschale Gegenwart, bis der Tod sie uns aus den
> Händen reisst, und nun sehen wir, dass eigentlich zahllose solche Nussschalen
> in den Wellen schwimmen, von denen wir nur *irgend eine beliebige* wieder
> zu ergreifen brauchen. Was wird dann geschehen? Dann klammern wir uns
> wieder an die eine, als ob sie die einzige wäre; dann sagen wir wieder Jetzt, als
> ob keine andere Zeit Jetzt sagen dürfte; dann sind wir wieder ins Gewebe des
> Weltlaufs verflochten und wissen nichts mehr davon, dass wir schon einmal
> hinausgeschlüpft waren ... Verstehen Sie das, meine Freundin? Wir leben eine
> Spanne Lebens zum zweiten Male, aber genau so, als lebten wir sie zum ersten
> Male! [H 1899b, 1281; VIII: 419].

Nun kommt MONGRÉ auf sein Hauptthema, die „*Ewige Wiederkunft*, diese feier-
lich glänzende Formel Zarathustras". Es geht ihm zunächst um *seine* Auffassung
von der ewigen Wiederkehr, die sich von der NIETZSCHEs unterscheide. Sie bestehe
darin, daß jede Zeitspanne unbegrenzt häufiger *identischer* Wiederholung fähig ist.
Wir würden davon nichts bemerken, weil es eine identische Wiederholung ist, weil
es keine Zählmarke in den verschiedenen Reproduktionen gibt. Darin liege gerade
die *Möglichkeit* des Ganzen, „weil das uns allein Zugängliche, unsere Bewußtseinswelt, nicht davon betroffen wird." Bezüglich der „Erklärung des uns vorliegenden
Weltphänomens" leiste sie genau dasselbe wie die „naiv realistische Hypothese vom
einmaligen unwiderruflichen Ablauf der Dinge."[7] Nach dieser Erklärung heißt es
weiter:

---

[7] Alle Zitate in [H 1899b, 1282; VIII: 420–421].

Mehr kann ich Ihnen hier nicht verrathen; sollten diese seltsamen und ab-
seitigen Speculationen Ihnen den Schlummer rauben, so müssen Sie als Nar-
coticum ein Buch zu Rathe ziehen, das ich unter dem Titel „das Chaos in
kosmischer Auslese" veröffentlicht habe. Dort sind Sie in einem sphärocykli-
schen Zaubercabinett und können das Kreis-, Ring- und Kugelspiel, in das
wir Bewusstseinsnarren mitten hineingestellt sind, mit Seelenruhe von aussen
betrachten. Zeit, Raum, Ordnung, Naturgesetz – durch alle diese Illusionen
greife ich hindurch wie durch schöne, regelmässige, aber wenig haltbare Qual-
lenleiber. [H 1899b, 1282; VIII: 420–421].

HAUSDORFF kommt nun zu NIETZSCHES Auffassung von der ewigen Wiederkunft
im Vergleich zu seiner eigenen. Seine eigene Hypothese ist ohne Einfluß auf die
Bewußtseinswelt und hat folglich „von der Erfahrungsseite weder Bestätigung noch
Widerlegung zu erwarten; während Nietzsches Lehre etwas Positives über Structur und Zusammenhang der Wirklichkeit aussagen will." Damit gehöre diese nicht
in die Philosophie, sondern letzten Endes in die Naturwissenschaft. NIETZSCHE
habe deshalb auch vorgehabt, naturwissenschaftliche Studien zu betreiben, um
die ewige Wiederkunft des Gleichen als exakte Wahrheit zu erweisen. Daß er damit gescheitert wäre, hat er nicht mehr erlebt, denn die theoretische Physik habe
sich mit dem Gesetz der ständig wachsenden Entropie und der „schliesslichen Erstarrung des Weltalls" für ein absolutes Finale und „gegen einen rein periodischen
Weltverlauf" entschieden.

Natürlich seien neben unserem Kosmos, der vermutlich eben nicht zyklisch
verlaufe, andere Kosmoi mit geschlossenen Zeitlinien, d.h. mit in sich zurücklau-
fenden Weltprozessen und anderen Naturgesetzen möglich, aber wir würden nie
von ihnen erfahren und sie nichts von uns. Wir hätten dann

lauter verschiedene Zeitlinien etwa in einer sie umfassenden *Zeitebene* ... aber
hier, verehrte Freundin, muss ich selbst Ihnen für heute unverständlich bleiben.[8]

HAUSDORFF hatte sich bereits im *Sant' Ilario* im Aphorismus 406 mit NIETZSCHES
in dessen Nachlaß skizzierten „materialistisch-atomistischen Beweis" auseinander
gesetzt und diesen widerlegt. Er beschließt diesen Aphorismus mit folgenden Sätzen:

Nietzsches materialistischer Beweis für die Nothwendigkeit der ewigen Wiederkunft darf damit als widerlegt gelten – etwas ganz anderes ist die *Denkbarkeit* dieser Hypothese, und wieder etwas anderes ihr dichterischer, ethischer,
speculativer Werth. Die ewige Wiederkunft ist eine gewaltige Conception, ein
Mysterium, das schon als Möglichkeit aufregt, erschüttert, ungeheure Folgerungen zulässt. Wir treten diesem „abgründlichen Gedanken" nicht zu nahe,
wenn wir seinen oberflächlichen Beweis verwerfen. [H 1897b, 354; VII: 448].

Auf den restlichen Seiten seines Essays *Tod und Wiederkunft* führt HAUSDORFF
der fiktiven Freundin mit phantasiereichen, eindrucksvollen und ja – auch erschüt-

---

[8] Alle Zitate in [H 1899b, 1283–1284; VIII: 422].

ternden – Bildern einige der „ungeheuren Folgerungen", welche das „Mysterium" der ewigen Wiederkunft zuläßt, vor Augen.

6.2 Gründung einer Familie

Ende Mai 1899 schickte FELIX HAUSDORFF an HEINRICH KÖSELITZ eine gedruckte Karte mit folgendem Text:

> Die Verlobung meiner Tochter Charlotte mit Herrn Dr. Felix Hausdorff, Privatdocenten an der Universität Leipzig, beehre ich mich hierdurch anzuzeigen.
> Reichenhall, den 22. Mai 1899   Dr. Sigismund Goldschmidt[9]

Am 25. Juni 1899 heirateten FELIX HAUSDORFF und CHARLOTTE SOPHIE FRIEDERIKE GOLDSCHMIDT in Bad Reichenhall.[10] Am 1. Februar 1900 wurde dem jungen Ehepaar in Leipzig eine Tochter geboren, ihr erstes und einziges Kind. Das Mädchen erhielt den Namen LENORE (meist wurde sie später NORA gerufen) und wurde am 19. April 1900 in Reichenhall nach evangelischem Bekenntnis getauft.

Die drei Vornamen von HAUSDORFFs Gattin weisen auf adlige Frauen unter ihren Vorfahren hin. CHARLOTTE HAUSDORFFs Mutter, COELESTINE GOLDSCHMIDT (1850–1886), war eine geborene BENDIX. Deren Mutter, CHARLOTTE SOPHIE FRIEDERIKE BENDIX war eine geborene VON ECKOLDTSTEIN; sie hatte 1849 den jüdischen Kaufmann und Seidenfabrikanten LOUIS BENDIX geheiratet. Die Mutter von CHARLOTTE VON ECKOLDTSTEIN, also eine der Urgroßmütter von Frau HAUSDORFF, wurde 1786 als CHARLOTTA SOPHIA FRIEDERIKA VON LÜTZOW geboren und starb 1841. Sie spielt in der Familienlegende der Familien HAUSDORFF und GOLDSCHMIDT eine besondere Rolle, weil sie vor der Eheschließung mit dem Mediziner Baron VON ECKOLDTSTEIN Hofdame der Fürstin THERESE VON TURN UND TAXIS und schließlich auch Hofdame der Königin LUISE VON PREUSSEN war, jener beim Volk beliebten Königin, die besonders dadurch berühmt wurde, daß sie in Tilsit versucht hatte, bei NAPOLEON mildere Friedensbedingungen für Preussen auszuhandeln.

CHARLOTTA VON LÜTZOW wiederum war die Tochter des Württembergischen Oberjägermeisters JULIUS FRIEDRICH VON LÜTZOW und seiner Ehefrau CHARLOTTE, einer geborenen Freiin VON FRANQUEMONT. Freiin VON FRANQUEMONT war ein uneheliches Kind des Herzogs KARL EUGEN VON WÜRTTEMBERG mit einer Geliebten, der italienischen Sängerin FRANCHINI.[11] Es war damals üblich, daß illegitime Kinder eines regierenden Fürsten einen Adelstitel, hier VON FRANQUEMONT, erhielten. KARL EUGEN war übrigens jener Fürst, gegen dessen absolutistische Herrschaft der junge FRIEDRICH SCHILLER aufbegehrt hatte. Die

---

[9] *HGW*, Band IX, 399.
[10] Auszug aus dem Heiratsregister des dortigen Standesamtes in Nachlaß Hausdorff, Kapsel 63, Nr. 04.
[11] Die Ahnenreihe von Hausdorffs Frau ist abgedruckt in *HGW*, Band IB, 451–453. Weitere Informationen stammen aus Gesprächen Egbert Brieskorns mit Lenore König.

Vorfahren von KARL EUGEN können in strikt männlicher Linie über 16 Generationen bis zu ULRICH I., Graf von Württemberg verfolgt werden, der im 13. Jahrhundert lebte. So führt also eine Linie der Vorfahren von FELIX HAUSDORFFs Frau bis in den Hochadel des Mittelalters.

Auch die Familie von CHARLOTTE GOLDSCHMIDTs Vater SIGISMUND GOLDSCHMIDT ist von besonderem historischen Interesse. SIGISMUND wurde am 13. März 1845 in Warschau als zweiter von drei Söhnen des jüdischen Predigers ABRAHAM MEYER GOLDSCHMIDT geboren. Seine leibliche Mutter PAULINE, geborene STERNFELD, hat SIGISMUND GOLDSCHMIDT nie kennen gelernt; sie starb bereits 1846 im Alter von 26 Jahren. Mutter wurde für ihn HENRIETTE GOLDSCHMIDT, geborene BENAS, die ABRAHAM MEYER GOLDSCHMIDT 1853 geheiratet hatte. SIGISMUND GOLDSCHMIDT studierte von 1864 bis 1869 Medizin in Leipzig. Im deutsch-französischen Krieg 1870/71 muß er als Arzt gedient haben, denn er führte später gelegentlich den Titel „Stabsarzt a. D." Ab 1872 arbeitete er in Berlin als Armenarzt. Die Armenärzte waren von der Stadt Berlin fest angestellte Ärzte mit der Aufgabe, Bedürftige kostenlos zu behandeln. Die Erfahrungen als Armenarzt führten ihn dazu, sich besonders dem Kampf gegen die unter den Armen weit verbreitete Lungentuberkulose zu widmen. Er glaubte, daß es dem wissenschaftlichen Fortschritt in der Medizin schließlich gelingen wird, „jenen allertückischsten Feind des Menschengeschlechtes" zu besiegen. Dem Kampf gegen diesen Feind galt sein 1894 erschienenes Buch *Die Tuberkulose und Lungenschwindsucht, ihre Entstehung, nebst einer kritischen Uebersicht ihrer neuesten Behandlungsmethoden und Anhang über Familienerkrankungen an Schwindsucht.*[12] GOLDSCHMIDT beklagte darin vor allem, daß die Tuberkulose so viele Opfer unter den Kindern forderte. Das Mitleid mit dem Los der Armen führte ihn zur Kritik an den sozialen Einrichtungen:

> Wenn trotzdem [· · ·] die Mehrzahl dieser Kranken [· · ·] zu Grunde geht, so ist dafür in erster Linie die Verkehrtheit unserer socialen Einrichtungen, Noth, Hunger, unzweckmässige Lebensweise [· · ·] verantwortlich.[13]

Insbesondere betonte er, daß enge und unhygienische Wohnverhältnisse zur Verbreitung der Tuberkulose beitragen. Der Staat und die Gesellschaft hätten demnach die Verpflichtung, solche Mißstände zu überwinden. Als einer der ersten plädierte er in seinem Buch für große Volkssanatorien.

Neben der Tuberkulose war das Asthma die zweite Krankheit, mit der sich SIGISMUND GOLDSCHMIDT in einer Reihe von Publikationen intensiv beschäftigte.[14] Er vertrat die Ansicht, daß Asthma eine Art von Neurose sei und knüpfte daran die Hoffnung, daß auch die Neurophysiologie bei der Behandlung dieser Krankheit Fortschritte bringen könnte. Er hielt es nicht nur für vertretbar, sondern sogar für geboten, die Leiden schwerer Asthma-Anfälle, die für die Betroffenen mit Todes-

---

[12]Verlag des Reichs-Medicinal-Anzeigers, B. Konegen, Leipzig 1894.
[13]*Die Tuberkulose und Lungenschwindsucht, ...,* 29.
[14]Zu nennen ist insbesondere [Goldschmidt 1898].

angst vor dem Ersticken verbunden sind, mit Drogen wie Morphium oder Opium zu lindern. Die Gefahren dabei hat er natürlich gesehen.

Während ihrer Zeit in Berlin wurden dem Ehepaar COELESTINE und SIGISMUND GOLDSCHMIDT[15] vier Kinder geboren: CHARLOTTE am 7.9. 1873, SITTA am 19.11. 1874, HANNELORE 1876 und EDITH am 21.3. 1883. HANNELORE starb im Alter von sechs Jahren an Diphterie. Bald nach der Geburt des letzten Kindes zog die Familie nach Bad Reichenhall. GOLDSCHMIDT praktizierte dort als Kurarzt, hatte aber zwischendurch, während der vier Winter 1888–1892, auch eine Praxis in Arnstadt in Thüringen. Der bayerische Kur- und Badeort Reichenhall war besonders geeignet für die Behandlung von Erkrankungen der Atemwege, auch von Tuberkulose in nicht zu schweren Fällen. Für Asthmatiker war Reichenhall nach Meinung von GOLDSCHMIDT nur bedingt zu empfehlen.

Als Bade- und Kurarzt war SIGISMUND GOLDSCHMIDT eine Institution in Bad Reichenhall. Er war als Jude weitgehend in die bürgerliche Gesellschaft seiner Zeit integriert; sein Eintrag in der Liste der vierzehn Ärzte des Kurpersonals unterschied sich kaum von dem seiner Kollegen:

Dr.Sigismund Goldschmidt, praktischer Arzt, Stabsarzt a.D., Ritter etc. konsultirender Arzt und Ehrenmitglied der Poliambulanza Internationale zu Venedig, wohnt Gewerkenstrasse Nr.261 (Sprechstunden von 11–12 und 4–5 Uhr).

Er teilte offenbar viele Werte des deutschen Bildungsbürgertums: nicht nur den Glauben an Wissenschaft und Fortschritt, sondern auch die tief empfundene Wertschätzung der deutschen, aber darüber hinaus der europäischen Kultur, der Literatur, Musik und Baukunst. Das ersieht man z.B. daraus, wie er in seinem Handbuch für die Besucher von Bad Reichenhall über die Geschichte des Ortes und die Mentalität der Bewohner dieser Gegend, über Sehenswürdigkeiten, kulturelle Ereignisse und eigene Erfahrungen berichtet [Goldschmidt 1892].

Besonders tragisch war es für den Arzt SIGISMUND GOLDSCHMIDT, daß nicht lange nach dem Umzug nach Reichenhall seine Frau COELESTINE ausgerechnet an Tuberkulose erkrankte. Sie kam nach dem damals weltberühmten Kurort Meran in Südtirol, der wegen seines milden, gleichmäßigen, trockenen, auch im Winter heiteren und windstillen Klimas als besonders günstig für die Behandlung dieser Krankheit galt. Sie blieb dort bis kurz vor ihrem Tod. Am 7.April 1886 ist sie in Innsbruck gestorben. Als sie starb, war ihre jüngste Tochter EDITH, die bei ihr in Meran gelebt hatte, erst drei Jahre alt. CHARLOTTE war zwölf und SITTA war elf. So wuchs CHARLOTTE ein wenig in die Rolle einer Betreuerin ihrer jüngsten Schwester hinein; eine gewisse Dominanz ihr gegenüber hat sich auch später erhalten. Den Haushalt führte eine italienische Haushälterin.

Ihre Bildung bekamen die Mädchen auf einer „Höheren Töchterschule", die die Schwestern vom Orden *Institutum Beatae Mariae Virginis* (die „Englischen Fräulein", wie sie im Volksmund genannt wurden) im Kloster *St. Zeno* in Bad Reichenhall betrieben. Was man an Bildungswerten im 19.Jahrhundert einer „Tochter

---

[15]Die Eheschließung hatte am 19.September 1871 stattgefunden.

aus gutem Hause" zukommen ließ, das wurde in St. Zeno in hohem Maße vermittelt. Später haben die englischen Fräulein auch eine Volksschule für Mädchen eingerichtet. Diese Schule hat Lenore Hausdorff vom Mai 1909 bis Oktober 1910 besucht, in der Zeit, als ihre Eltern von Leipzig nach Bonn zogen.[16] Hausdorffs ließen ihre Tochter häufiger beim Opa Sigismund und bei Tante Sitta in Bad Reichenhall, wenn sie ins Ausland in den Urlaub reisten.

Wir wollen noch kurz über das weitere Schicksal von Sitta und Edith berichten. Es war für den Arzt Goldschmidt, der sich so eingehend mit dem Asthma beschäftigt hatte, ein weiterer Schicksalsschlag, daß seine Tochter Sitta schwer asthmakrank wurde. Ihr Vater sah sich auch gezwungen, sie gelegentlich in Abhängigkeit von der Schwere der Krankheit, mit Morphium zu behandeln. Er glaubte ja, daß man bei entsprechender Vorsicht die Morphiumsucht vermeiden könnte. Jedenfalls wurde Sitta morphiumsüchtig, möglicherweise aber erst nach ihres Vaters Tod. Sigismund Goldschmidt war 1914 gestorben. Sitta lebte weiter in Bad Reichenhall. Sie blieb unverheiratet und starb 1930.

Edith Goldschmidt war um 1900 nach Leipzig gezogen, um sich bei ihrer Großmutter Henriette Goldschmidt zur Kindergärtnerin ausbilden zu lassen.[17] Bevor sie jedoch die Ausbildung abschließen konnte, wurde sie von ihrem Vater nach Bad Reichenhall zurück gerufen, um die erkrankte Sitta zu pflegen. 1908 heiratete Edith den 1881 in Pressburg geborenen jüdischen Neurologen und Psychiater Martin Pappenheim. Er war 1908 zum Protestantismus übergetreten, trat aber 1918 wieder aus. Edith war bereits als Kleinkind evangelisch getauft worden.[18] 1911 wurde in Salzburg das einzige Kind des Ehepaares Pappenheim geboren, Else. 1912 übersiedelte die Familie nach Wien. Martin Pappenheim verließ seine Frau Edith wegen einer anderen Partnerin; die Ehe wurde 1919 geschieden. Edith blieb mit ihrer Tochter in ihrer bisherigen Wohnung in Wien und arbeitete, um Geld zu verdienen, in einer Gemeinschaftsküche und später in einem Kinderhort für Arbeiterkinder. Die kleine Familie hatte immer Geldsorgen. Else und ihre Mutter verbrachten immer wieder mehrere Sommerwochen bei Tante Sitta in Bad Reichenhall oder bei Hausdorffs in Greifswald und Bonn. Else wurde Psychiaterin und emigrierte nach Machtübernahme der Nazis in Österreich in die USA. Edith verlor ihre Wohnung in Wien und wurde von Hausdorffs im Oktober 1938 aufgenommen. Darüber und über ihr weiteres Schicksal wird später ausführlicher berichtet.

Die wohl bekanntesten Persönlichkeiten aus dem Umfeld von Hausdorffs Frau sind die Eltern von Sigismund Goldschmidt, der Rabbiner Abraham

---

[16] Gemäß Zeugnis der Präfektin von St. Zeno vom 1. Oktober 1910. Nachlaß König, ULB Bonn, Handschriftenabteilung.

[17] Auf das Wirken Henriettes als Frauenrechtlerin und Vorschulpädagogin werden wir gleich eingehen.

[18] Auch ihre älteren Schwestern Sitta und Charlotte konvertierten zum evangelischen Glauben; sie ließen sich 1896 in der Kirche der französisch-reformierten Gemeinde in Berlin-Friedrichstadt taufen.

MEYER GOLDSCHMIDT und insbesondere dessen zweite Ehefrau HENRIETTE, die an Mutters statt SIGISMUND und seine zwei Brüder aufgezogen hatte.

ABRAHAM MEYER GOLDSCHMIDT stammte aus dem Bereich des Ostjudentums; er wurde 1812 in Krotoschin geboren. Nach Besuch des Gymnasiums in Breslau war er einige Jahre Hauslehrer in Krakau und Warschau. Von 1839 bis 1857 war er Prediger der deutsch-israelitischen Gemeinde in Warschau und von 1857 bis zu seinem Tode am 5. Februar 1889 wirkte er in gleicher Position für die *Israelitische Religionsgemeinde zu Leipzig*. Obwohl aus dem zum größten Teil orthodoxen Ostjudentum stammend, war A. MEYER GOLDSCHMIDT den Ideen der Aufklärung verpflichtet und ein Vertreter des gemäßigt-liberalen Judentums, dem jede Orthodoxie fernlag. Er hat die mehr als 31 Jahre seines Wirkens in Leipzig stets für gegenseitiges Verständnis und gegenseitigen Respekt im Verhältnis von Juden und christlicher deutscher Bevölkerung unter Berufung auf LESSING und MOSES MENDELSSOHN geworben und gewirkt. Die Juden sollten sich in die deutsche Nation und Kultur integrieren, ohne den Kern ihrer religiösen Identität aufzugeben. Ein charakteristisches Zitat möge hier genügen; in seiner Festrede bei einer Gedächtnisfeier für MOSES MENDELSSOHN im Jahre 1861 führte er folgendes aus:

> Wir sind in den Strom deutscher National- und Culturentwickelung eingetreten und fördern sie nach Massgabe aller uns zu Gebote stehenden Kräfte und Mittel. Ja nicht nur unsere persönlichen Beziehungen haben das Gepräge deutschen Lebens und deutscher Sitte angenommen: auch unsere Religion, unser Cultus hat, soweit ihr Wesen es zulässt, sich mit Formen umgeben, die der deutschen Cultur und Sitte Rechnung tragen. Gleichwohl hat unsere Religion dadurch Nichts verloren; sie hat dabei gewonnen![19]

LOUIS HAUSDORFF und ABRAHAM MEYER GOLDSCHMIDT haben sich gut gekannt; sie haben – wie wir im Kapitel 1 gesehen haben – viele Jahre im Ausschuß, dem Leitungsgremium des Deutsch-Israelitischen Gemeindebundes, zusammen gewirkt. LOUIS HAUSDORFF als Vertreter einer mehr conservativen Richtung wird mit manchem, was der Rabbiner predigte und vertrat, nicht ganz einverstanden gewesen sein. Sie haben jedoch manch wichtiges gemeinsam erreicht. So bewirkten sie den Ankauf des Geburtshauses von MOSES MENDELSSOHN in Dessau. Der junge FELIX HAUSDORFF wird in seinen Schul- und ersten Studienjahren viele Predigten GOLDSCHMIDTs gehört haben. Man kann sicherlich davon ausgehen, daß die Familien GOLDSCHMIDT und HAUSDORFF gelegentlich auch privat mitein-

---

[19]Abraham Meyer Goldschmidt: *Festrede bei der am 3. Januar 1861 vom Verein zur Förderung israelitischer Interessen in Leipzig veranstalteten Gedächtnisfeier Moses Mendelssohn's.* Separatdruck bei Fr. Nies'sche Buchdruckerei (Carl B. Lorck), Leipzig 1861. Wir verdanken das Wiederauffinden dieser Schrift Frau Annerose Kemp, Leipzig, die nebenberuflich viele Jahre der Erforschung von Leben und Werk Henriette Goldschmidts gewidmet hat. Henriette Goldschmidt hat auch kurz nach dem Tod ihres Gatten eine biographische Skizze veröffentlicht: Henriette Goldschmidt: *Rabbiner Dr. A. M. Goldschmidt. Eine biographische Skizze.* In: *Gedenkblätter zur Erinnerung an Rabbiner Dr. A. M. Goldschmidt.* Herausgegeben von dem Vorstande der Israelitischen Religionsgemeinde zu Leipzig, 1889.

ander verkehrten. Auf diese Weise könnte FELIX HAUSDORFF auch seine spätere Frau CHARLOTTE kennengelernt haben.

HENRIETTE GOLDSCHMIDT war bereits als Mädchen und junge Frau vor 1853, dem Jahr der Vermählung mit ABRAHM MEYER GOLDSCHMIDT, eine aufgeweckte und bildungshungrige Persönlichkeit, und später, gemessen am damals gängigen Bild einer Ehefrau und Mutter, eine singuläre Erscheinung von bemerkenswerter Tatkraft. Ihr Weg führte von einer sehr bescheidenen Ausbildung in der provinziellen Kleinstadt Krotoschin bis zur Gründung einer Hochschule für Frauen in Leipzig 1911.[20]

HENRIETTE GOLDSCHMIDT sah rückblickend im Revolutionsjahr 1848 den Keim für ihr späteres Engagement in der Frauenbewegung. Zunächst jedoch waren die ersten Jahre in Leipzig für sie Jahre des Einlebens in die für sie neue kulturelle Welt dieser Stadt und der Sorge für ihre drei heranwachsenden Stiefsöhne. Aber nach einigen Jahren erfüllte das Hausfrauendasein allein sie nicht mehr. In dieser Zeit lernte sie LUISE OTTO-PETERS und AUGUSTE SCHMIDT kennen. Im Februar 1865 gründete sie mit ihnen zusammen einen Frauenbildungsverein. Dieser lud im Oktober 1865 zu einer Frauenkonferenz nach Leipzig ein, auf der ein *Allgemeiner Deutscher Frauenverein* gegründet wurde. Vorsitzende wurde LUISE OTTO-PETERS, stellvertretende Vorsitzende AUGUSTE SCHMIDT. HENRIETTE GOLDSCHMIDT wurde 1867 in den Vorstand gewählt und behielt dieses Amt bis 1906. Der Allgemeine Deutsche Frauenverein steht am Beginn der organisierten Frauenbewegung in Deutschland. Er kämpfte vor allem für das Recht der Frauen auf Bildung und Arbeit. HENRIETTE GOLDSCHMIDT trat in zahlreichen Vorträgen für die Ziele des Vereins ein.

Bestimmend für ihr weiteres Engagement wurde die frühkindliche Erziehung und die Vorbereitung von Frauen auf den Beruf der Erzieherin. Durch Zufall hatte sie in einem Leipziger Kindergarten die FRÖBELschen Beschäftigungsmittel und Bewegungsspiele kennengelernt. Sie studierte die Schriften FRIEDRICH WILHELM FRÖBELs und teilte seine Vision einer „menschheitspflegenden Bestimmung" des weiblichen Geschlechts, deren Verwirklichung den Frauen eine ganz andere soziale Aufgabe und Stellung geben mußte. Diese Vision verschmolz mit ihrem Wunsch nach einer freien und gleichberechtigten Teilnahme der Frauen am kulturellen und gesellschaftlichen Leben. HENRIETTE beschloß unter dem Eindruck der Auseinandersetzung mit FRÖBELs Ideen, „den Erziehungsberuf zum Kulturberuf der Frau zu machen", und in den folgenden Jahrzehnten hat sie zielstrebig an dieser Lebensaufgabe gearbeitet.

Im Dezember 1871 gründete sie den *Verein für Familien- und Volkserziehung*. Bei der Gründung hatte er etwa 150 Mitglieder, später, 1913, waren es etwa 500. Zu den Mitgliedern zählten auch sehr angesehene Leipziger Bürger, Universitätsprofessoren und Honoratioren. Über die Mitglieder und ihre Beiträge zur Vereinskasse sowie Zahlungen für Vereinszwecke geben die Rechenschaftsberichte HENRIETTES

---

[20]Zu Henriette Goldschmidt s. [Siebe/ Prüfer 1922], [Rapp 2011].

Auskunft.[21] So findet man z. B. im ersten Bericht den Namen des Mathematikers ADOLF MAYER. In den nächsten Berichten findet man FELIX HAUSDORFFs Mutter HEDWIG HAUSDORFF und deren Schwester NATALIE HAUSDORFF. HEDWIG HAUSDORFF blieb bis zu ihrem Tode 1902 zahlendes Mitglied. Danach steht statt ihres Namens „Frau Prof. Dr. Hausdorff" in den Listen. Schließlich, in einem Bericht für die Jahre 1914–1916, lautet der Eintrag „Herr Professor Hausdorff, Greifswald".

Im Herbst 1872 eröffnete der Verein seinen ersten Volkskindergarten. Zu den für die Aufsicht und Verwaltung zuständigen Frauen aus dem Vorstand gehörte NATALIE HAUSDORFF. Weitere Volkskindergärten folgten 1874, 1876, 1889 und 1911. In einer zweiten Stufe begann schon 1872 ein *Kindergärtnerinnenseminar* mit der Ausbildung von Kindergärtnerinnen, in einer dritten Stufe entstand aus einer Reihe wissenschaftlicher Vorträge, die der Verein ab 1874 initiiert hatte, ein *Lyzeum für Damen*. Schließlich wurde 1911 die *Hochschule für Frauen* gegründet, die erste Einrichtung dieser Art in Deutschland. Die finanziellen Mittel für diese Gründung hatte der jüdische Leipziger Musikverleger HENRI HINRICHSEN gestiftet.[22]

Das Werk von HENRIETTE GOLDSCHMIDT wurde zunehmend von der Stadt Leipzig und vom sächsischen Staat gewürdigt. Der sächsische König FRIEDRICH AUGUST verlieh ihr im Frühjahr 1914 den Maria-Anna-Orden für ihre Verdienste um das Erziehungswesen. Sie starb hochbetagt am 30. Januar 1920. Die Hochschule für Frauen war bereits 1917 unter die Aufsicht des sächsischen Kultusministeriums gestellt worden und hatte so den Charakter einer staatlichen Bildungseinrichtung erhalten. Sie erreichte bald nationale und internationale Anerkennung. Seit 1947 ist in Leipzig eine Straße nach HENRIETTE GOLDSCHMIDT benannt. Die von ihr einst gegründete Hochschule war in der DDR die *Fachschule für Sozialpädagogik 'Henriette Goldschmidt'* und ist heute das *Berufliche Schulzentrum für Sozialwesen Leipzig, Henriette-Goldschmidt-Schule*.

Zu den vielen Gästen, Freunden und Verwandten, die HENRIETTE GOLDSCHMIDT auch noch im hohen Alter in ihrem Hause empfing, gehörte natürlich auch das junge Ehepaar HAUSDORFF mit ihrer Tochter NORA. Sie besuchten *Großjettchen* regelmäßig am Sonntag.[23] Bei den Besuchen gab es Kaffee und Kuchen, und man traf viele interessante Leute. Es gibt ein unscheinbares Zeugnis von der Wertschätzung FELIX HAUSDORFFs für die Großmutter seiner Frau, das glücklicherweise die Wirren zweier Weltkriege überstand: Ein Widmungsexemplar

---

[21] Diese sind z. T. gedruckt, im Stadtarchiv Leipzig vorhanden; s. *HGW*, Band IB, 1033–1034.

[22] Hinrichsen, geheimer Kommerzienrat, Handelsrichter und Stadtverordneter Leipzigs, war ein großzügiger Stifter und Mäzen. Er stiftete der Universität 1926 die gigantische Summe von 200.000 Reichsmark zum Ankauf einer berühmten Sammlung von Musikinstrumenten. 1929 wurde ihm die Ehrendoktorwürde der Universität verliehen. Am 17. September 1942 wurde Henri Hinrichsen im Vernichtungslager Auschwitz ermordet.

[23] So hat es Nora in Gesprächen mit Egbert Brieskorn berichtet. Sigismund Goldschmidt und seine Kinder betrachteten Henriette Goldschmidt nie als Stiefmutter bzw. Stiefgroßmutter. Sie war die Mutter bzw. Großmutter und für Nora eine Urgroßmutter.

seines im Jahre 1900 erschienenen Gedichtbandes *Ekstasen*. Auf dem Titelblatt steht rechts oben in HAUSDORFFs kleiner Handschrift:

> Der trefflichsten aller Großmütter Frau Dr. H. Goldschmidt überreicht vom Verfasser.[24]

Wir wollen nun nach der Vorstellung der interessanten Vorfahren und der Familie von FELIX HAUSDORFFs Frau CHARLOTTE auf ihn selbst und seine Ehe zurückkommen. Als er heiratete, war er dreißig Jahre alt. Welche Erlebnisse er bis dahin mit Frauen hatte, wissen wir nicht. Es gibt nur einige Andeutungen in seinen Briefen und Postkarten an seinen guten Freund, den bereits erwähnten PAUL LAUTERBACH. In einem Brief vom 2. Februar 1894 schreibt HAUSDORFF von einem Erlebnis aus dem Sommerurlaub 1893:

> Damit Sie sehen, dass ich zu schlimmer Zeit auch gute Launen über „das" Weib gehabt habe, theile ich Ihnen ein Portrait meiner Privatgallerie mit; es stammt aus den Alpen, Sommer 1893.
>
> Dass ich von einem naufragium in eroticis herkomme, hätten Sie wohl endlich von selbst errathen; insofern schäme ich mich wenig, den Mund nicht besser gehalten zu haben. Nach Derartigem hat man keine guten Manieren, man weiss z. B. nicht zu schweigen.[25]

Das „Portrait" aus der „Privatgallerie" ist ein dem Brief beiliegendes Gedicht mit dem Titel *Miss Ellen*; HAUSDORFF hat es später sogar, leicht verändert, unter dem Titel *Herbstwunsch* in seinen Gedichtband *Ekstasen* übernommen.[26] In diesem Brief, aber viel mehr noch in zahlreichen später publizierten Aphorismen und Gedichten, geht es HAUSDORFF um sein Verhältnis zum Erotischen, oder zeitgenössisch ausgedrückt, „zum Weibe". Im *Sant' Ilario* ist diesem Themenkreis das umfangreichste Kapitel „Pour Colombine" gewidmet. Die Aphorismen dieses Kapitels sind oft in einem melancholisch-resignativen und manchmal auch distanzierten Ton gehalten, ganz als wirke das eine oder andere „naufragium in eroticis" noch nach. Als Beispiel seien zwei dieser Aphorismen zitiert:

> Nr. 120: Der Mann kann vom Weibe mindestens eine besondere Enttäuschung, eine persönliche Zurückweisung, ein individuell vernichtendes Nein verlangen; er will nicht en masse verschmäht und im Tross genarrter Anbeter mitgeschleppt sein. [H 1897b, 102; VII: 196].

> Nr. 155: Wer einmal den Nervenanfall, genannt Liebe, in voller Schärfe und Gewaltsamkeit durchgemacht hat, der glaubt nicht mehr, was empfindsame Dichter von Harmonie der Seelen singen. Vielleicht ist Liebe die breiteste

---

[24]Dieses Widmungsexemplar entdeckte Prof. Friedrich Vollhardt in der Universitätsbibliothek Gießen im Nachlaß des klassischen Philologen Karl Kalbfleisch. Dessen Frau Julia, geborene Benas, war die Lieblingsnichte von Henriette Goldschmidt und wuchs als Ziehtochter in deren Hause auf. Vermutlich hat sie Hausdorffs Büchlein von ihrer Tante geschenkt bekommen.

[25]*HGW*, Band IX, 419. naufragium in eroticis: Schiffbruch in Liebesdingen.

[26]*HGW*, Band VIII, 187–188.

Kluft, die zwischen zwei Menschen gelegt werden kann. Alle verstehn einander zur Noth, Käufer und Krämer, Schüler und Lehrer, Freund und Feind – nur Liebende verstehn einander nicht. [H 1897b, 113; VII: 207].

Das Frauenbild in den Aphorismen des *Sant' Ilario* ist zwiespältig: einerseits ist es dem zeitgenössischen Rollenbild der Frau und dem daraus resultierenden geistigen Überlegenheitsgefühl des Mannes verhaftet. Andererseits dient auch alle Mühe des „geistigen Mannes" letztendlich nur einem Ziel, nämlich Frauen zu imponieren.

Mehr als zwei Dutzend der Aphorismen im Kapitel „Pour Colombine" haben die Ehe zum Gegenstand; in allen diesen Aphorismen zeigt sich eine deutliche Distanz, obwohl der Autor 1897 noch keine eigenen Erfahrungen mit der Ehe hatte. Wir zitieren hier zwei dieser Aphorismen:

Nr. 171: Die Daseinsform des Ernsthaften ist der Augenblick; Wiederholung, Dauer, Gewohnheit sind bereits parodistisch. Auch die Ehe ist eine Parodie – auf die Liebe. [H 1897b, 118; VII: 212].

Nr. 223: Dass Zwei mit einander auskommen, dazu ist Liebe nicht gerade eine Erleichterung. Ehe heisst tausend Klugheiten erfinden, um Eine Thorheit zu verewigen. [H 1897b, 135; VII: 229].

Aber vielleicht sollte man HAUSDORFFs Aphorismen über „das Weib" im allgemeinen und über die Ehe im besonderen nicht allzu ernst nehmen eingedenk seines spöttischen Spruches im Kapitel „Splitter und Stacheln" von *Sant' Ilario*:

Was jung Blut niederschrieb, dabei denkt sich grauer Kopf etwas. [H 1897b, 277; VII: 371].

Möglicherweise denken wir grauen Köpfe uns zu viel dabei, wenn wir lesen, was HAUSDORFF in Bezug auf die Ehe als neunundzwanzigjähriger Junggeselle schrieb.

Wie sah nun das Leben in der kleinen Familie HAUSDORFF aus?[27] FELIX HAUSDORFF sah „in der Ehrfurcht vor sich selbst als einem Schaffenden das höchste Ethos, das auf Erden erreichbar ist." [H 1897b, 60; VII: 154]. Dieses Ethos bestimmte sein Leben, aber auch, auf ganz andere Weise, das Leben der Frau, die ihr Leben mit seinem teilte. In den Gesprächen mit EGBERT BRIESKORN hat NORA berichtet, ihre Mutter sei nur für ihren Vater dagewesen. Das sei selbstverständlich gewesen, selbstverständlich auch für ihren Vater. „Dienen lerne beizeiten das Weib" sei das Motto gewesen. Dieses Zitat stammt aus GOETHEs Versepos *Hermann und Dorothea*, dort heißt es:

Dienen lerne beizeiten das Weib nach ihrer Bestimmung;
Denn durch Dienen allein gelangt sie endlich zum Herrschen,
Zu der verdienten Gewalt, die doch ihr im Hause gehöret.[28]

---

[27]Wichtige Quellen hierzu sind die Gespräche Egbert Briekorns mit Hausdorffs Tochter Nora und seine Korrespondenz mit Else Pappenheim-Frishauf, der Tochter von Edith Pappenheim, sowie die Korrespondenz von Edith und Else. Ausführlich dazu in *HGW*, Band IB, 463–482.

[28]Johann Wolfgang von Goethe: *Goethes Werke. Band II. Gedichte und Epen II.* C. H. Beck, München, 17. Aufl. 2005.

Das Motiv von Dienen und Herrschen tritt in den Erinnerungen von NORA und auch in denen von ELSE PAPPENHEIM deutlich hervor. Nach NORA dominierte FELIX HAUSDORFF absolut in seiner Familie. Er war anspruchsvoll, auch seiner Familie gegenüber, in persönlichen Dingen wie etwa seiner Kleidung hingegen bescheiden, weil ihm solche Äußerlichkeiten gleichgültig waren. Weil FELIX anderen gegenüber immer in Erscheinung trat, wirkte CHARLOTTE nach außen hin sehr zurückgenommen, vielleicht unterdrückt. Aber die „Gewalt im Hause" gehörte ihr doch in dem Sinne, daß sie Haushalt und tägliches Leben im weitesten Sinne organisierte, ihrem Mann den Rücken frei hielt und Verständnis und liebevolle Unterstützung im Hinblick auf seine Eigenheiten, insbesondere seinen gelegentlich bis zur Depression neigenden Pessimismus und seine hypochondrischen Allüren aufbrachte. Was man damals im gehobenen Bürgertum von einer guten Ehefrau erwartete, hat CHARLOTTE verkörpert, und FELIX wußte, was er an ihr hatte.

Die Arbeit, das schöpferische Wirken, stand für HAUSDORFF im Mittelpunkt, dem alles andere untergeordnet war. Eine seiner Eigenheiten, die sich daraus ergab, war seine extreme Lärmempfindlichkeit. Sie war ausschlaggebend für die Wahl seiner Wohnungen und auch für den Kauf seiner Häuser in Greifswald bzw. in Bonn. Sein Arbeitszimmer war sein „Heiligtum". Nachts, wenn es ganz ruhig war, arbeitete er hier bis gegen 3 Uhr. Er rauchte gute Importzigarren in Mengen und trank starken Tee. Dann ging er zu Bett und schlief bis gegen 11 Uhr. Am Vormittag hieß es dann: „Leise, leise, Väterchen schläft".

Abends, bevor er seine nächtliche Arbeit begann, war in der Regel ein Zeitraum für die Familie vorgesehen, für Unterhaltung, Austausch und vor allem auch für Musik. HAUSDORFF spielte sehr gut Klavier, liebte besonders BEETHOVEN und MAHLER und begleitete auch gern Gesang anderer am Piano, z.B. den seiner Tochter, die eine sehr schöne Stimme hatte. Für sie hat er auch Lieder geschrieben und komponiert; diese Kompositionen sind aber leider nicht erhalten geblieben.

Die Erziehung von NORA überließ HAUSDORFF gerne ganz seiner Frau. Schon drei Jahre vor der Geburt der Tochter hatte er in einem Aphorismus folgendes angekündigt:

> Ich werde wahrscheinlich ein schlechter Erzieher werden, im Sinne unserer heutigen, erziehungssüchtigen Civilisation, und wenn ich meine Kinder liebe, so sollte ich sie vor mir warnen, was ich hiermit im Voraus gethan haben will. Soviel oder sowenig glaube ich für mich gutsagen zu können: dass jeder Ausbruch von Eigenwillen, Übermuth, freier wilder Natürlichkeit mich ästhetisch zu sehr erfreuen würde, als dass ich, mit ängstlicher Berechnung der Folgen, mich entschlösse den autoritätslüsternen Exercirmeister und pädagogischen Feldwebel zu spielen. [H 1897b, 62; VII: 156].

Nach allem, was wir wissen, hat FELIX HAUSDORFF sein Versprechen gehalten. CHARLOTTES Erziehung war allerdings sehr streng – zu streng, wie NORA später im Rückblick fand.

HAUSDORFFs führten ein gastfreies Haus. Wenn Gäste da waren, spürte man nichts von FELIX HAUSDORFFs depressiven Verstimmungen; im geselligen Kreis konnte er vergnügt aus sich herausgehen. Er aß gern gut und liebte gute Weine; sein Weinkeller war reichlich bestückt. Auch in der abendlichen Runde im Kreis der Familie stand stets Wein auf dem Tisch. In entsprechender Gesellschaft liebte HAUSDORFF witzige Unterhaltung und Wortspiele. Er konnte sehr charmant sein, aber gegebenenfalls auch ironische Distanz wahren. Zu den Freunden aus der Junggesellenzeit kamen in Leipzig bald Freunde hinzu, besonders aus dem Kreis der Bungonen. Über die Bungonen sowie über die Freunde der Familie in Greifswald und schließlich in Bonn werden wir noch berichten.

6.3 Der Gedichtband *Ekstasen*

Im Jahre 1900 erschien in dem bekannten Verlag H. Seemann Nachf. ein drittes Buch von PAUL MONGRÉ, der Gedichtband *Ekstasen*.[29] Der Titel „Ekstasen" war gewiß mit Bedacht gewählt. „Ekstase" war ein Modewort der Zeit und ein Schlüsselwort zur Charakterisierung der modernen Kunst und Literatur des „Fin-de-siècle". Damit assoziierte man die Suche des Individuums nach Entgrenzung, das Heraustreten des Künstlers aus seiner gesellschaftlichen Existenz, seine völlige Hingabe an Stimmungen und die grenzenlose Selbstreflexion des Ich, aber auch quasi-religiöse Zustände im Bereich des Irrationalen und Mystischen. Letzteres sah HAUSDORFF stets sehr kritisch; in Aphorismen aus dem *Sant' Ilario* zeigt sich sein distanzierter Blick auf entsprechende Erscheinungsformen moderner Kunst und Literatur seiner Zeit:

> Wir haben das Binnenleben der Seele entdeckt und freuen uns als echte Künstler, Deutsche und Obscuranten, dass es wieder einmal eine Qualität giebt, die sich nicht beweisen, sondern nur glauben lässt. Intim! ein neues Evangelium [···] Der Sprachbegabte, der Formvollendete, der Werkschöpfer – das sind arme Oberflächler; wer aber schweigt, oder stammelt, oder delirirt, der ist intim, der führt ein Binnenleben. [···] Gedanken und Anschauung sind antiquirt; wir wollen „Stimmung" [···] [H 1897b, 186–187; VII: 280–281].
>
> Was spukt nicht alles heute? Der Symbolismus. Der Neo-Idealismus. Der Spiritismus. Der Japanismus. Der Satanismus. Das Geschlechtliche, nicht mehr in vierzig, sondern in vierhundert Abarten. Die Mystik, nicht mehr katholischer Kirchen, sondern der Riesentempel von Elephante. [···] Die Farbe: schwindend, unfassbar, übersinnlich – oder schreiend conträr: grüner Himmel auf violetten Wiesen. Die Musik: nur noch Chromatik, Stimmungsgewühl, lechzend, stammelnd, rasend, Brunst und keuchender Athem. In diesem Wirbel leben und taumeln wir Modernen. [H 1897b, 243–244; VII: 337–338].

Was der einzelne Leser um 1900 mit dem Titel „Ekstasen" verband und was HAUSDORFF selbst damit verbunden oder auch nicht verbunden wissen wollte, konnte angesichts dieser Texte weit auseinander fallen. Man darf vielleicht sagen, daß der Autor mit dem Titel seines Lyrikbandes das Wagnis einer Gratwanderung einging.

---

[29][H 1900a, VIII: 39–190]. Zum lyrischen Werk Hausdorffs siehe die Einleitung von Friedrich Vollhardt zu *HGW*, Band VIII, dort insbesondere S. 10–24.

Der Band hat vier Teile, überschrieben mit „Falterflüge", „Sonette", „Rondels" und „Vermischte Gedichte". Man kann vermuten, daß er eine Art Abschluß einer viele Jahre währenden Auseinandersetzung mit Lyrik und eigener Betätigung auf diesem Gebiet gewesen ist. Wir hatten gesehen, daß HAUSDORFFs lyrische Versuche bis in die Gymnasialzeit zurückgehen. Aus seinem Brief vom 3. Juni 1894 an PAUL LAUTERBACH geht hervor, daß „zwei Dutzend Rondels" und auch einige Gedichte unter dem Motto „Falterflüge" schon 1894, also Jahre vor der Veröffentlichung in den *Ekstasen*, vorlagen.[30] Ein besonders eindrucksvolles Rondel mit dem Titel „15. Oktober 1894" hatte HAUSDORFF aus Anlaß des 50. Geburtstages von NIETZSCHE geschrieben und an KÖSELITZ geschickt; es erschien, leicht verändert, unter dem Titel „Katastrophe" in den *Ekstasen*. Auch HAUSDORFFs Beschäftigung mit den Rondels aus dem *Pierrot Lunaire* und seine eigenen Beiträge zu dieser Lyrik, über die wir im Abschnitt 5.1, S. 112–118 kurz berichtet haben, liegen Jahre vor den *Ekstasen*.

Die „Falterflüge" sind ein Zyklus von 30 Gedichten, dithyrambische Gesänge in der Nachfolge von NIETZSCHES Dionysos-Dithyramben [Groddeck 1991]. HAUSDORFF löst sich aber von NIETZSCHES thematischer Bindung an DIONYSOS. Für ihn

ist der neuzeitliche Dithyrambus eine Form der monologischen Lyrik, die ekstatisch-hymnische Begeisterung auszudrücken vermag und dem sprechenden Ich Raum für Gedankenexperimente bietet.[31]

Die Gedichte der „Falterflüge" reflektieren in vielfältiger Weise HAUSDORFFs Auseinandersetzung mit der Philosophie NIETZSCHES, in geringerem Maße auch mit der Philosophie SCHOPENHAUERS. Davon zeugen die zahlreichen darin vorkommenden Schlüsselworte der philosophischen Debatte wie Sein, Welt, Wille, Raum, Zeit, Urgrund, Ewigkeit, Unendlichkeit, Gewesensein, Zukunft, Leben. Titel wie *Dem Geist der Schwere* oder *Wiederkunft* spielen direkt auf NIETZSCHES *Also sprach Zarathustra* an. Die Gedichte dieses Zyklus sind vielleicht auch eine Erzählung über den eigenen Weg durch tiefe Skepsis und Pessimismus hindurch zur Bejahung des Lebens, wie ihn HAUSDORFF auch im *Sant' Ilario* im Aphorismus 353 andeutet: Er feiert dort einen Optimismus, der „aus den Wildnissen und Höhlengängen einer pessimistischen Jugend hervorgekrochen" ist [H 1897b, 285; VII: 379]. Am Ende einer „langen, langwierigen Kritik der 'Lebenslüge'" stehe

eine neue, skeptische, beinahe wissenschaftliche Liebe zum Leben: der pessimistische Sturm hat die Luft gereinigt und die Wolken von den nahen Berggipfeln hinweggefegt! [···] Ja, sie ist etwas gründlich Wunderbares, diese neugeschaffene, nein nur neuentdeckte *empirische* Welt, die jetzt alles Menschliche ohne Ausnahme, auch das Reinste und Geistigste, in sich hineinzunehmen vermag – während jene andere „höhere" Welt, in der man sich ehedem einen Theil der menschlichen Angelegenheiten verwaltet dachte, nun als chaotischer

---

[30] *HGW*, Band IX, 422.
[31] Friedrich Vollhardt: *Einleitung. HGW*, Band VIII, 23.

Abgrund zu unseren Füssen wogt. Werden wir diesem transcendenten Unhold, genannt „Etwas = X", noch weiterhin unser Bestes opfern? in diesen gurgelnden Schlund unsere Wünsche und Werthe, unsere goldenen Kleinode und Zierrathen hineinwerfen, in der phantastischen Hoffnung, dass er sie uns aufbewahre und dereinst vermehrt wiedergebe? Nein – wir, die am Rande des Abgrunds gehangen und uns schaudernd auf festen Boden zurückgerettet haben, wissen das Feste, Betretbare, den Erdgrund der Realität zu schätzen. [H 1897b, 285–286; VII: 379–380].

FELIX HAUSDORFF hat sich eingehend mit der Gedichtform des Sonetts beschäftigt.[32] Er hat 86 Sonette hinterlassen, 70 im Teil „Sonette" der *Ekstasen* und 16 im letzten Kapitel von *Sant' Ilario*. Die Form des Sonetts geht auf italienische Dichter des 13. Jahrhunderts zurück und wurde besonders durch FRANCESCO PETRARCAS *Canzioniere* (Erstausgabe 1470) bekannt. Berühmte Verfasser von Sonetten im deutschsprachigen Raum waren u.a. ANDREAS GRYPHIUS, GOTTFRIED AUGUST BÜRGER, JOHANN WOLFGANG GOETHE, AUGUST WILHELM SCHLEGEL, FRIEDRICH RÜCKERT, HEINRICH HEINE, EDUARD MÖRICKE, FRIEDRICH HEBBEL, HUGO VON HOFMANNSTHAL und RAINER MARIA RILKE [Fechner 1969].

Das Sonett ist ein kunstvolles Gedicht mit einer sehr strengen Form. Es besteht aus vier Strophen: An zwei vierzeilige Strophen (Quartette) schließen sich zwei dreizeilige (Terzette) an. Die einzelnen Verszeilen sind metrisch gegliedert: fünfhebige Jamben mit weiblicher Kadenz (elf Silben, vorletzte Silbe wird betont) oder männlicher Kadenz (zehn Silben, letzte Silbe wird betont). Auch das Reimschema ist sehr streng, z.B.: ABBA – BAAB – CDC – DCD, ABBA – ABBA – CDC –DCD oder ABBA – CDDC – EEF – GGF. Für die Quartette und besonders für die Terzette gibt es weitere davon verschiedene Varianten des Reimschemas; HAUSDORFFs Sonette zeigen diesbezüglich eine große Variabilität. Aus diesen wenigen Bemerkungen wird bereits klar, daß es eine große Kunst ist, den Inhalt, den der Dichter mitteilen möchte, in diese Form zu bringen. Dazu äußert sich HAUSDORFF im *Sant' Ilario*, Aphorismus Nr. 331:

Strenge Dichtformen, wie das Sonett, thun ganz gewiss der sachlichen Feinheit Schaden; Reim und Rhythmus zwingen, in der Mehrzahl der Fälle, einiges mehr, einiges weniger, vieles anders zu sagen als in der ersten Conception lag. Die Chancen des Gelingens verringern sich, in Folge der „Abtrift": es ist unwahrscheinlich, dass der mitzutheilende Inhalt innerhalb der willkürlich gewählten Form wirklich mittheilbar werde, dass er sie dulde, ja gar zu fordern scheine – und dies erst wäre erreichte Vollkommenheit. – Aber eben in dieser Gefahr der strengen und absoluten Formen liegt ihr disciplinarischer Werth. Es muss vor allem verhindert werden, dass dem Dichter das Versemachen leicht falle, dass es sich „ohne Noth" dichten lasse; dazu eben dient irgend ein erschwerender Formalismus, der, sobald er erlernt ist und nicht mehr straff genug anzieht, mit einem härteren zu vertauschen ist. Bei dieser Schaffensart wird Vieles als blosser Versuch unter den Tisch fallen und, wie gesagt, weniger gelingen, als wenn allein der sachlichen Ausarbeitung Recht widerführe;

---

[32]Zu dieser Gedichtform s. [Mönch 1955].

aber eben diese Auslese thut Noth. Bisher vollzog sie der Leser, der Herausgeber, bestenfalls der Dichter selbst; nun wird sie bereits in der dichterischen
Methode vollzogen werden, und was die Werkstatt verlässt, wird ganz andere Bürgschaften für Ächtheit und Dauer bieten, als zuvor auch nur verlangt
wurden. [H 1897b, 230; VII: 324].

Um die Jahrhundertwende galt die Form des Sonetts vielen bereits als ein wenig antiquiert; HAUSDORFFs Aphorismus läßt die Motivation erkennen, warum er
gerade dieser Form von Lyrik so viel Aufmerksamkeit widmete.

Eine weitere streng reglementierte Gedichtform ist das Rondel. Es besteht
aus drei Versen: Auf zwei Quartette folgt ein fünfzeiliger Vers. Die Zeilen 1 und 2
des ersten Quartetts werden als Zeilen 7 und 8 des zweiten Quartetts wiederholt.
Die erste Zeile des Gedichts ist – manchmal leicht abgewandelt – auch die letzte
Zeile. In der gereimten Form des Rondels besteht eine zusätzliche Schwierigkeit
darin, daß nur zwei Reimendungen benutzt werden. HAUSDORFF hat 42 durchweg gereimte Rondels hinterlassen, 32 im Abschnitt „Rondels" der *Ekstasen* und
10 im letzten Kapitel des *Sant' Ilario*. Seine schöpferische Auseinandersetzung mit
der Form des Rondels war vermutlich angeregt durch OTTO ERICH HARTLEBEN
und dessen deutsche Nachdichtung des *Pierrot Lunaire*, einer Sammlung franzö-
sischsprachiger Rondels des belgischen Symbolisten ALBERT GIRAUD, über die
wir schon kurz berichtet haben.[33] Der Komponist JOSEPH MARX hat Rondels aus
HARTLEBENs Nachdichtung des *Pierrot Lunaire* und auch mindestens drei Gedichte von HAUSDORFF, das Sonett „Dein Blick" sowie die Rondels "Pierrot Dandy" und
„Dem Genius des Augenblicks" vertont.[34]

Als Beispiel für ein Rondel geben wir hier das schon erwähnte Rondel *Katastrophe* wieder. HAUSDORFF hat hier NIETZSCHES furchtbares Schicksal im Auge
und wirft einige Blitzlichter auf die Kluft zwischen dem späten und dem mittleren
NIETZSCHE sowie auf den Streit um NIETZSCHE und das Nietzsche-Archiv.

Katastrophe

Held, dein letzter Wille ist vollstreckt:
    Rissest selber ihn in Fetzen!
    Hat ein Irrlicht dich zu Schätzen
In des Grauens tiefsten Grund geneckt?

Nacht, daraus kein Sonnenaufgang weckt,
    Fing dich ein in schwarzen Netzen.
Held, dein letzter Wille ist vollstreckt:
    Rissest selber ihn in Fetzen!

Jäger einst, dem sie die Hand geleckt,

---

[33]Zum *Pierrot Lunaire* s. auch die Einleitung von Friedrich Vollhardt zu *HGW*, Band VIII,
13–20.
[34]Joseph Marx: *Lieder und Gesänge*. Erste Folge. Wien 1910.

> Wild nun, das die Hunde hetzen!
> Um dein Ende schwebt Entsetzen;
> Die dir folgen, hast du heimgeschreckt.
> Held, dein letzter Wille ist vollstreckt.[35]

Der letzte Abschnitt „Vermischte Gedichte" der *Ekstasen* enthält 25 Gedichte, teils freie Lyrik, teils gereimt. Eine Reihe dieser Gedichte beziehen sich auf das Verhältnis zu Frauen, drücken aber meist Enttäuschung, Resignation und Distanz aus, so als habe sich das seinem Freund LAUTERBACH einst gebeichtete naufragium in eroticis, ein Schiffbruch in Liebesdingen, öfters ereignet. Mit HAUSDORFFs Entwicklung als Philosoph und Künstler hat vielleicht das letzte Gedicht dieses Abschnitts, „Die drei Altäre", mehr als alle anderen zu tun. Dort errichtet er „Dir heiliges Mißlingen", „Dir, heil'ge Lüge" „Und dir, mein heil'ger Stolz" jeweils einen Altar des Dankes.

Die Rezeption der *Ekstasen* war sehr verhalten; nach eingehender Recherche konnten nur drei Rezensionen nachgewiesen werden.[36] Ein Grund mag darin zu suchen sein, daß in der zweiten Hälfte des 19. Jahrhunderts die Konkurrenz auf dem Markt der Lyrikbände gewaltig war [Häntzschel 1982]. Hinzu kommt, daß HAUSDORFFs Lyrik vom inhaltlichen Anspruch her nur einen engen Kreis dafür empfänglicher Menschen erreichen konnte. Hatte er seinen *Sant' Ilario* nur für „jene Spezies [···] freier, genußfähiger, wohlgelaunter Menschen, die aller feierlichen Bornirtheit und polternden Rechthaberei niederer Kulturstufen entwachsen sind", gedacht [H 1897c, 361; VII: 477], so gilt eine solche Einschränkung sicher erst recht für die *Ekstasen*. Das Gefühl, daß diese Lyrik in gewissem Sinne elitär ist, bringt die kurze Rezension von MAX MESSER besonders prägnant zum Ausdruck:

> Der Autor, im Geruche, ein Nachbeter Nietzsche's zu sein, überrascht durch diese merkwürdigen, tiefen und, rein artistisch betrachtet, außerordentlichen Gedichte. Hier ertönen Lieder eines wirklich einsamen, nicht aus Anmaßung oder Impotenz, sondern vermöge einer allzu verfeinerten Organisation seitwärts vom Leben der „Allzuvielen" stehenden Geistesmenschen. Der Dichter spricht zu sich selbst. Er verzichtet von vornherein auf den Widerhall. Genug, wenn die eigene Seele sich durch neue Schöpfungen immer reicher, feiner, seltsamer entwickelt. Hier und dort ist Einer, der von diesen Tönen gepackt wird, die gleiches Leid verkünden. Das Banner des Einsamsten eilt diesen Versen voran. Aber uns versüßt es diese Gesänge, wenn Zarathustra's geliebte Stimme aus manchem Worte widerklingt. Daß hier kein Nachbeter, sondern ein Blutsverwandter spricht, vielleicht ein Enkel oder Neffe, wenn auch nicht ein Sohn, wird niemand bezweifeln, der überhaupt fähig ist, diese Poesie zu genießen.[37]

---

[35] [H 1900a, 158; VIII: 147].
[36] Udo Roth in *HGW*, Band VIII, 193–194.
[37] Max Messer: *Paul Mongré, „Ekstasen". Leipzig, Hermann Seemann Nachfolger.* In: Die Gesellschaft. Münchener Halbmonatsschrift für Kunst und Kultur. XVII. Jahrgang (1901), 374. *HGW*, Band VIII, 193.

LEONHARD ADELT ordnet in seiner Rezension[38] PAUL MONGRÉ in die Reihe der
„l'art pour l'art-Anhänger und Neuromantiker" ein. Der Titel *Ekstasen* decke eigentlich nur die Mehrzahl der „Falterflüge", viele der „Vermischten Gedichte" und
einige Rondels. „Zum Glück deckt er den vornehmsten Abschnitt des Buches, die
Sonette, schon gar nicht." Die Kritik ADELTs richtet sich dann vor allem gegen die
„Falterflüge". Sie seien „für das breite Publicum [···] unverdauliches Gebäck." Die
Besprechung schließt dann folgendermaßen:

> Im großen und ganzen sind sie [die Rondels – W.P.] jedoch abgeklärter, be-
> herrschter als die „Falterflüge" und der verwandte Theil der „Vermischten Ge-
> dichte". Bald im Tone blutigen Humors und der Groteske gehalten, fürs „Ue-
> berbrettl" gut verwendbar[39], bald durchglüht von einer an Dehmel gemahnen-
> den Sinnenlust, bald von ernster Gedankenschönheit oder symbolisch-lyrisch,
> leiten sie zur wertvollsten Gabe des Bandes über: den Sonetten.

Im Rahmen einer Sammelbesprechung von Lyrikbänden unter dem Titel *Neue
Gedichtbücher* widmet auch WILHELM VON SCHOLZ den *Ekstasen* einige Zeilen.[40]
Er kritisiert die freien Rhythmen in diesem Werk; sie verführten den Anfänger
„unrettbar zur Breite und Geschwätzigkeit." Das sei umsomehr zu bedauern, als
sich MONGRÉ „muthig darin mit großen Fragen auseinandersetzt." Zu „Dichtung
im eigentlichen Sinne" seien diese Gedichte aber nicht geworden. Dann heißt es
weiter:

> Wie gut ihm straffe Form thut, zeigen seine Sonette, unter denen sich einige
> schöne finden. Im ganzen glaube ich, daß man in seine Entwicklung Hoffnung
> setzen darf; Sinnlichkeit, Leben, Farbe ist in seinem Buche.

Um einen Eindruck von der Vielfalt der Lyrik HAUSDORFFs in Form und Inhalt
zu gewinnen, bleibt dem Leser nur übrig, diese Dichtungen selbst auf sich wirken
zu lassen.

6.4 Der Schleier der Maja

Ein Text ganz besonderer Art ist MONGRÉs *Der Schleier der Maja*, 1902
in der „Neuen Deutschen Rundschau" erschienen [H 1902a, VIII: 453–466]. Es ist
kein klassischer Essay, der einen fest umrissenen Gegenstand hat, sondern eine
Sammlung von dreizehn kurzen Geschichten, Gleichnissen und Allegorien, in denen HAUSDORFF Themen seiner philosophischen Auseinandersetzung wie ewige
Wiederkehr, Chaos und Kosmos, Pluralität möglicher Welten, Zeit und Raum, Individuum und Gesellschaft, Kritik an Wortrealismus und Wortfetischismus durch-

---

[38]Leonhard Adelt: *Paul Mongré, „Ekstasen". Hermann Seemanns Nachf.*, Leipzig. In: Die Zeit
(Wien), Nr. 355 vom 20. 7. 1901, 46. *HGW*, Band VIII, 193–194.

[39][Das Überbrettl war das erste literarische Kabarett in Deutschland; es wurde im Januar 1901
in Berlin von Ernst von Wolzogen gegründet – W.P.]

[40]In: Das literarische Echo 3 (1900/1901), Heft 23, Spalten 1642–1646, dort Spalte 1644. *HGW*,
Band VIII, 193.

spielt. Diese Geschichten sind, im besten Sinne des Wortes, „Gedanken-Poesie, die FELIX HAUSDORFFs literarische Möglichkeiten zeigt."[41]

Der Titel hat seinen Ursprung in der altindischen Philosophie. Vermutlich geht HAUSDORFFs Beschäftigung mit indischer Philosophie auf das Studium SCHOPENHAUERs zurück, der in der indischen Philosophie in ihrer Ausprägung durch SHANKARA (Ende 7./Anfang 8. Jh. n. Chr.) eine Bestätigung seines eigenen monistischen Idealismus gesehen hat. HAUSDORFF benutzt den Terminus „Schleier der Maja" bereits 1898 in *Massenglück und Einzelglück*. SCHOPENHAUERS „metaphysisches Denken" werde – so heißt es dort – beherrscht durch eine „höchst pittoreske, aber auch höchst unwissenschaftliche Grundanschauung":

> ihm sind die Erkenntnißformen täuschende Gaukelkünste, die das metaphysisch Eine und Ruhende zum empirisch Vielen und Bewegten zersplittern. [···] Das Bewußtsein wäre also eine Art Alkoholrausch, ein Doppelt- und Mehrfachsehen des Einfachen, eine Illusionsvorrichtung wie Facettenglas und Kaleidoskop, und des Philosophen Vorrecht bliebe es, den „Schleier der Maja" zu lüften und das wahrhaft Seiende, das All-Eine hinter dem Zaubertrug des ruhelos Vielen zu erkennen. [H 1898b, 68; VIII: 279–280].

Der Titel „Der Schleier der Maja" für seine Sammlung von Erzählungen ist – vor diesem Hintergrund gesehen – wohl allegorisch gemeint, als Aufforderung an den Leser, hinter den Geschichten, die erzählt werden, das zu suchen und zu finden, was HAUSDORFF wirklich sagen will.

HAUSDORFF hatte in einer Reihe von Aphorismen des *Sant' Ilario* und auch in *Massenglück und Einzelglück* das Verhältnis von Einzelnem und Masse thematisiert. Für ihn ist, wie für NIETZSCHE, der Einzelne keine bloße Figur in einem historischen Prozeß, welcher seine Individualität einer „höheren Bestimmung" unterzuordnen hat. Garant für eine gedeihliche Gesellschaft ist für ihn die weitgehende Freiheit des Einzelnen. Als Beispiel, wie HAUSDORFF in *Der Schleier der Maja* ein solch ernsthaftes Thema behandelt, hier eine dieser dreizehn Geschichten:

Das Gleichgewicht des Ganzen

Im Meere liefen zwei Schiffe nebeneinander.

Auf dem einen waren lustige gedankenlose Leute, die kümmerten sich weder um das Schiff noch Einer um den Andern. Jeder saß, stand, spazierte, tanzte, wie es ihm gerade in den Sinn kam; Einer hockte in der Sonne, der Andere im Schatten unter einem Zeltdach, Manche waren ins Takelwerk hinaufgeklettert, und Viele lagen auch seekrank unten in den Kajüten. Und weil Alles rechts und links, oben und unten regellos durcheinander schwirrte, so glich sich die viele Unruhe im Mittel aus und das Schiff glitt, ohne sonderlich zu schaukeln, durch die Wellen, sanft und unauffällig.

Drüben aber auf dem anderen Schiffe ging es ernsthaft und zweckmäßig zu. Es waren nämlich Leute, die „das Wohl des Ganzen im Auge behielten". Und sie hatten sehr feine kostbare Apparate aufgestellt, vor allem einen

---

[41]Werner Stegmaier in *HGW*, Band VII, 62.

Quecksilberhorizont, dessen leise Schwankungen anzeigten, ob das Schiff im Gleichgewicht wäre und nicht nach rechts oder links überneigte. Und immer, wenn der Spiegel der Quecksilbermasse schwankte, wurden vom Kapitän zehn oder zwanzig oder hundert Mann von der einen Seite auf die andere kommandirt, um das Schiff im Gleichgewicht zu halten. So hatten diese Schiffsleute fleißig aufzupassen und keine Zeit zum Sitzen, Tanzen, Spazieren. Und einmal kam eine etwas stärkere Welle, und das Quecksilber schwankte bedenklich. Da brüllte der Kapitän, und alle diese zielbewußten Leute, die das Gleichgewicht des Ganzen behüteten, stürzten, damit das Schiff nicht leewärts umkippe, samt und sonders auf die Luvseite. Da kippte das Schiff luvwärts, und die klugen, ernsthaften, auf das Wohl des Ganzen bedachten Leute ersoffen. [H 1902a, 994; VIII: 464].

6.5   Der Freundeskreis der Bungonen

Die *Bungonen* waren ein Leipziger Stammtisch von Intellektuellen, Literaten und Künstlern, der in der Regel einmal wöchentlich tagte, und durch den auch – über den Stammtisch hinaus – persönliche und familiäre Freundschaften entstanden. Was der Name bedeutet und woher er kommt, wissen wir nicht. Begründer des Kreises der Bungonen und sozusagen die Seele des Ganzen war KURT HEZEL, dem – wie wir schon berichteten – HAUSDORFF bereits am Ende seiner Studienzeit im Akademisch-Philosophischen Verein begegnet war und zu dem er seitdem freundschaftliche Beziehungen pflegte. Die erste uns bekannte Erwähnung der Bungonen findet sich in einem Brief von HAUSDORFFs Freund GUSTAV NAUMANN an HEINRICH KÖSELITZ vom 15. Juni 1898. Dort berichtet NAUMANN über seinen „Erstling" *Antimoralisches Bilderbuch* [Naumann 1898]. Naumann präsentiert am Ende seines Buches eine kleine Galerie von drei Antimoralisten des 19. Jahrhunderts, deren „Bild" er jeweils mit Zitaten aus ihren Werken illustriert; es sind dies Stirner, Nietzsche und – Mongré. An KÖSELITZ schreibt er:

> Hausdorff hat ein neues Buch fertig: „Das Chaos in kosmischer Auslese", bei Naumann wirds erscheinen. [···] Kühn traf ich unten in Rapallo; auch Kögel hat die Hochzeitsreise dahin gemacht, Hausdorff war mit mir zusammen drunten, so haben die Bungonen alle da geschwelgt, nur Hezel, in eine gefährliche und widrige Liebesaffaire verwickelt, blieb in Leipzig; er hat sie glücklich überstanden.[42]

Der Schriftsteller GUSTAV HERRMANN schrieb rückblickend in der Zeitschrift „Das neue Leipzig" über die Debatten am Bungonen-Stammtisch:

> [···] die Geister Wagners und Nietzsches schwebten über den Redeschlachten; Passierschein war einzig: Originalität der Weltbetrachtung und hochstrebende Freiheit der Gesinnung, wie des Wortes.[43]

---

[42]Briefe von Gustav Naumann an Heinrich Köselitz. Goethe- und Schiller-Archiv Weimar, Bestand Gast, Signatur GSA 102/462.

[43]Zitiert nach [Lange 2016, 75]. Ob Herrmann selbst Bungone war, wissen wir nicht; er kannte aber die Leipziger Szene und war vor allem mit Max Klinger und Elsa Asenijeff gut bekannt.

Man kann sagen, daß HAUSDORFF spätestens mit dem Erscheinen von *Sant' Ilario* einen solchen „Passierschein" erworben hatte. Und in der Tat: Er war Mitglied der Bungonen, wie seine Tochter in Gesprächen mit EGBERT BRIESKORN berichtet hat. Es gibt auch eine schriftliche Quelle, die diese Mitgliedschaft bestätigt, ein Glückwunsch HAUSDORFFs an den Mediziner WILHELM HIS (jun.) und seine Frau LILI HIS-ASTOR zur Geburt des ersten Kindes am 8. Januar 1901. Das Schreiben besteht aus einem auf das freudige Ereignis bezogenen witzigen Gedicht; die abschließende Grußformel lautete:

> Herzlichen Gruss und die besten Wünsche
> für das Wohlergehen von Mutter und Kind!
> Ihr Bungo   Felix Hausdorff[44]

WILHELM HIS (jun.), Sohn des bekannten Baseler Anatomen und Physiologen WILHELM HIS (sen.), hatte sich 1891 in Leipzig für Medizin habilitiert und wurde dort bereits 1895 zum außerordentlichen Professor berufen. Bereits 1901 ging er als Oberarzt an das Krankenhaus Dresden-Friedrichstadt. Nach Stationen als Ordinarius in Basel und Göttingen war er von 1907 bis zu seiner Emeritierung 1932 Ordinarius und Direktor der 1. Medizinischen Klinik an der Charité in Berlin. Er war ein erfolgreicher Forscher; seine bedeutendste Entdeckung ist die des Atrioventrikularbündels als Teil des Erregungsleitungssystems des Herzens (heute als HISsches Bündel bezeichnet).

Die Verbindung der Familie HIS mit HAUSDORFFs scheint mehr als eine flüchtige Bekanntschaft gewesen zu sein; darauf weist die Mühe hin, die HAUSDORFF sich mit dem Gedicht gemacht hatte (es ist 12 Zeilen lang mit nur einer einzigen Reimendung, die in allen Zeilen vorkommt!). Vielleicht hat in der Beziehung – wie oft bei HAUSDORFF – auch die Musik eine Rolle gespielt: LILI HIS-ASTOR war die Tochter von EDMUND ASTOR, der als Geschäftsführer und ab 1884 als Alleininhaber des Leipziger Musikverlages Rieter-Biedermann mit vielen Musikern und Komponisten gut bekannt war. Näheres zu der Beziehung HAUSDORFF – HIS wissen wir allerdings nicht.

Es gibt über die Bungonen zwei authentische Berichte von Männern, die selbst dazu gehörten. Beide stehen in autobiographischen Aufzeichnungen. Die eine, *Erzähltes aus sieben Jahrzehnten (1863–1933)*, stammt von dem Germanisten und Literaturwissenschaftler GEORG WITKOWSKI und wurde in den Jahren 1937 und 1938 verfaßt, vor der Emigration nach Holland.[45] Die andere, *Vom Jungsein und Altern*, begann der Leipziger Arzt ERNST EGGEBRECHT kurz vor seinem 70. Geburtstag [Eggebrecht 1935]. Frau INGE STOLTEN, Ehefrau von ERNST EGGEBRECHTs Sohn AXEL EGGEBRECHT, hat EGBERT BRIESKORN eine Kopie zur Verfügung gestellt. Außer den Bungonen gab es in Leipzig eine Reihe weiterer Stammtische [Lange 2016, 68–79]; der berühmteste war wohl die „Eierkiste". Der Vorsitzende dort führte den Ehrentitel „Der Eierstock" und war niemand anderes

---

[44] *HGW*, Band IX, 347. Dort ist auch das Gedicht abgedruckt.
[45] Sie ist 2010 als Buch erschienen: [Witkowski 2010].

als WITKOWSKI. Über die Bungonen schreibt er in seinen Aufzeichnungen folgendes:

> Dieses an fast jedem Abend der „Eierkiste" aufflackernde Gefühl der Freiheit von aller Konvention und des Widerwillens gegen den bürgerlichen Pferch feierte wirkliche Orgien – die der „Eierkiste" nur nachgesagt wurden – bei den Bungonen.
>
> Ich weiß nicht, woher der Name stammte. Die Runde versammelte sich jeden Donnerstag nach dem Gewandhauskonzert in einem eigenen Raum des Ratskellers. Hier wurde bis in den Morgen hinein kräftig getrunken, und die Geister befeuerten sich, bis manchmal mit gewaltigem Schall die Sektflaschen an den Wänden zerschellten. Ebenso gewaltig flogen auch die Reden von allen Seiten über den runden Tisch, geladen mit kühnen Gedanken und oft in deutschen, noch öfter in lateinischen und griechischen Versen sich ergießend. [Witkowski 2010, 261]

Es folgt dann ein längerer Absatz über den Mittelpunkt des Kreises, KURT HEZEL, in dem es u. a. heißt:

> Er beherrschte die alten Sprachen wie das Deutsche, schrieb seine Briefe und Postkarten mit Vorliebe griechisch und konnte es in der Kenntnis und dem Verständnis der alten Philosophen mit jedem Fachmann aufnehmen. Wenn er einen fähigen Partner fand, erörterte er mit ihm stundenlang einzelne Sätze Heraklits und der anderen Vorsokratiker, leidenschaftlich auch hier, und am erregtesten bis zu donnerndem Gebrüll, wenn es um Wagner und seine Kunst ging. [Witkowski 2010, 264]

ERNST EGGEBRECHTs Bemerkungen zu den Bungonen beginnen auch mit einigen Sätzen über HEZEL, dann fährt er fort:

> Er stand einem Donnerstag-Abend-Stammtisch vor, an dem wir uns fast regelmäßig trafen. Bürgerlich ging es da nicht zu, man saß immer etwas auf Kohlen, da die Gespräche und ihre Stoffe wirklich nichts für andere waren. Kraftausdrücke schwirrten in Mengen und in lautester Aufmachung herum. Unser Mittelpunkt war ohne Einschränkung Dr. Hezel. [· · ·]
>
> An guten Abenden gab es ein Kommen und Gehen. Auch viele auswärtige Männer kamen zu uns, wenn sie am Donnerstag in Leipzig waren. Einige Dichter haben unserem Freund Hezel in ihren Werken ein Denkmal errichtet; er war ein weitbekannter Mann, der in seinen Universitätsjahren mit vielen der damals aufkommenden Dichter Verkehr gehabt hatte. Auf äußerliche Formen wurde kein Wert gelegt, es war eben eine Männergeselligkeit mit ihren Vorzügen und Annehmlichkeiten, [· · ·] [Eggebrecht 1935, 68–69]

Zu den Männern, die, wenn sie in Leipzig weilten, die Bungonen-Abende besuchten, gehörten zwei bedeutende Schriftsteller und Dichter, RICHARD DEHMEL und FRANK WEDEKIND. Es gibt einige wenige Belege, die zeigen, daß HAUSDORFFs Beziehung zu beiden mehr gewesen sein muß als eine flüchtige Bekanntschaft. Ein solcher Beleg ist ein Brief HAUSDORFFs an DEHMEL vom 3. Dezember 1907. Damit hat es folgende Bewandtnis: DEHMEL hatte in *Weib und Welt. Gedichte und Mär-chen*[46] auch das Gedicht „Venus consolatrix" veröffentlicht. Wegen dieses Gedichts wurde er im August 1897 wegen „Verletzung religiöser und sittlicher Gefühle" ver-urteilt mit der Folge, daß in allen greifbaren Exemplaren von *Weib und Welt* Schwärzungen vorgenommen werden mußten. In seine „Erotische Rhapsodie" *Die Verwandlungen der Venus*[47] nahm er „Venus consolatrix" in umgearbeiteter Form auf; er ließ jedoch bei Drugulin einige Exemplare für den Eigenbedarf, d.h. zur Ver-teilung an vertrauenswürdige Freunde, mit der ursprünglichen Version von „Venus consolatrix" drucken. Darauf bezieht sich HAUSDORFFs Brief; er beginnt so:

> Sehr geehrter Herr, mit freudiger Überraschung erfahre ich, dass ich zu den Wenigen, Erlesenen gehöre, die Sie eines unverstümmelten Exemplares Ih-rer „Verwandlungen der Venus" für würdig halten, und es ist mein Wunsch Ihnen sofort zu sagen, wie stark ich diese Auszeichnung empfinde. Es wäre mein Wunsch Ihnen noch viel mehr zu sagen, zum Beispiel, dass Sie für mich Einer der ganz Wenigen sind, die wirklich die Elemente aus einem letzten Dissociationszustande heraus zu neuen Formen zwingen,[· · ·][48]

Dies näher auseinanderzusetzen fehle ihm – so HAUSDORFF – im Moment die Zeit; er hoffe aber auf eine baldige mündliche Unterredung:

> Unser gemeinsamer Freund Hezel machte mir Hoffnung; Sie nächstens einmal in Leipzig zu sehen [· · ·][49]

Aus einem viel späteren Brief HAUSDORFFs an IDA DEHMEL geht hervor, daß es mit DEHMELs nach wie vor gute Beziehungen gab. HAUSDORFFs wohnten damals noch nicht lange in Bonn. Sie erwarteten IDA, die vermutlich im Rheinland zu tun hatte, zum Abendessen und wollten ihr bei dieser Gelegenheit „unseren bis jetzt noch kärglichen Vorrath an besseren Menschen präsentiren."[50] Im DEHMEL-Nachlaß gibt es ferner ein Telegramm zu DEHMELs 50. Geburtstag am 18.11.1913 mit folgendem Wortlaut: „aufrichtigsten glückwunsch in sehr herzlicher verehrung – felix und charlotte hausdorff."

Im Jahre 1912 wurde am Deutschen Theater in Berlin der erste WEDEKIND-Zyklus zu einem enormen Publikumserfolg. In diesem Zusammenhang fand am 18. Juni 1912 im Berliner Hotel Esplanade ein Bankett zu Ehren von FRANK WE-DEKIND statt. Seine Frau TILLY war krank und nicht in Berlin anwesend. Bereits am nächsten Tag berichtete WEDEKIND ihr brieflich über den Abend.[51] Zunächst teilte er ihr mit, daß HAUPTMANN und DEHMEL „fern geblieben" seien, LIEBER-MANN ebenso wegen Krankheit, er habe jedoch „ein sehr liebes Telegramm" ge-schickt. Aus diesen Zeilen geht hervor, daß man zu dem Bankett persönliche Ein-ladungen versandt hatte. Im kurzen Bericht über den Verlauf des Abends nennt

---

[46]Schuster und Löffler, Berlin 1896.
[47]Fischer-Verlag, Berlin 1907.
[48]*HGW*, Band IX, 181.
[49]*HGW*, Band IX, 181.
[50]*HGW*, Band IX, 183.
[51]Der Brief ist abgedruckt in [Wedekind 1924, 269]. Den Hinweis auf diesen Brief verdanken wir Frau Ariane Martin, Mainz.

WEDEKIND einige Teilnehmer namentlich wie ALFRED KERR, MAXIMILIAN HARDEN, PAUL CASSIRER sowie drei Journalisten vom „Berliner Tageblatt"; danach heißt es in dem Brief

> Reinhardt kam mit Felix Holländer, Kahane und Hausdorff.

MAX REINHARDT, FELIX HOLLÄNDER und ARTHUR KAHANE waren die führenden Köpfe des Deutschen Theaters und sozusagen die Crème der Berliner Theaterszene; HAUSDORFF war also wahrlich in guter Gesellschaft. Daß er sich unter den nur zwölf in dem Brief namentlich erwähnten Teilnehmern (von etwa 70) befindet, deutet darauf hin, daß er in der Familie WEDEKIND recht gut bekannt sein mußte.

Wir fahren nun mit einer Passage aus EGGEBRECHTs Bericht fort:

> Nach seinem Tode [gemeint ist der Tod Hezels 1921 – W. P.] zerfiel der so gänzlich unbürgerliche Stammtisch sogleich. Zu diesem Kreis gehörten Witkowski, Dohrn, Süß, von Beckerath, Eulenburg und andere von der Universität. Ferner Dr. A. Rauscher und Dr. Hirschfeld, dann von den Theaterleuten der kenntnisreiche und liebenswürdige Martersteig, der Theaterintendant, dessen Umgang immer ein Gewinn und eine Freude war. [Eggebrecht 1935, 68–69].

Von den Genannten kamen der Volkswirt ERWIN VON BECKERATH, der Theaterintendant MAX MARTERSTEIG und der klassische Philologe WILHELM SÜSS erst nach Leipzig, als HAUSDORFF die Stadt 1910 schon verlassen hatte, um seine Stelle als Extraordinarius in Bonn anzutreten, so daß nähere Beziehungen zu diesen Personen über den Kreis der Bungonen nicht entstehen konnten. Über einen Dr. A. RAUSCHER ist nichts bekannt. Einen Dozenten namens DOHRN gab es in Leipzig nicht. Vermutlich hat sich EGGEBRECHT bezüglich der Schreibweise des Namens nicht mehr genau erinnert und meinte den Historiker ALFRED DOREN, Sohn des jüdischen Kaufmanns ADOLPH DOCTOR. Er hatte sich 1903 in Leipzig habilitiert und wurde dort 1908 zum nichtbeamteten außerordentlichen Professor ernannt. WITKOWSKI erwähnt in seiner Autobiographie DOREN und dessen Frau ANNCHEN mehrfach als befreundete Familie und beschreibt ihre Hauskonzerte, bei denen zahlreiche Gäste Quartetten von BEETHOVEN, BRAHMS oder REGER lauschten oder dem Klavierspiel von ARTHUR SCHNABEL [Witkowski 2010, 227–228]. Bei HAUSDORFFs Liebe zur Musik scheint es ziemlich sicher, daß er öfter unter den Gästen war – wir wissen es aber nicht.

Der Wirtschafts- und Sozialwissenschaftler FRANZ EULENBURG stammte aus einer Berliner jüdischen Kaufmannsfamilie. Nach Studium und Promotion in Berlin und anschließender Tätigkeit in statistischen Ämtern hat er sich 1899 in Leipzig habilitiert. Von 1905 bis 1917 war er außerordentlicher Professor für Nationalökonomie in Leipzig, danach Ordinarius in Aachen, Kiel und an der Handelshochschule in Berlin. Daß HAUSDORFF und EULENBURG als Bungonen sich gut gekannt haben, ist mit Sicherheit anzunehmen. Aber für darüber hinausgehende gesellschaftliche oder freundschaftliche Beziehungen gibt es keine Zeugnisse. Anders steht es mit zwei der verbleibenden Bungonen, die EGGEBRECHT genannt hat, mit HIRSCHFELD und WITKOWSKI, und mit EGGEBRECHT selbst.

Der Leipziger Arzt RICHARD HIRSCHFELD und seine Frau FRANZISKA, genannt Fränzchen, verkehrten viel mit der Familie HAUSDORFF. Dies wissen wir aus den Gesprächen, die EGBERT BRIESKORN mit HAUSDORFFs Tochter NORA im Altenheim geführt hat. NORA hatte FRANZISKA HIRSCHFELD als eine „sehr charmante Frau" in Erinnerung. Schriftliche Zeugnisse über die Beziehung der beiden Familien sind nicht bekannt.

Mit dem Arzt ERNST EGGEBRECHT war FELIX HAUSDORFF befreundet – in seiner Autobiographie nennt der Arzt ihn seinen Freund [Eggebrecht 1935, 80]. EGGEBRECHT war 1889 nach Leipzig gekommen und bald Assistent bei dem Professor für innere Medizin HEINRICH CURSCHMANN geworden. Nach jahrelanger Arbeit als Assistenzarzt wurde EGGEBRECHT 1898 niedergelassener Arzt in Leipzig und praktizierte dort bis 1934 mit einer großen und erfolgreichen Praxis, in den letzten Jahren in verkleinertem Umfang. Der Bericht über seine Lebensarbeit am Ende der Autobiographie macht deutlich, daß er ein guter und sozial engagierter Arzt war. Für HAUSDORFF, der seine Gesundheit anscheinend sorgsam beobachtete, wird diese Freundschaft aber nicht nur deswegen wertvoll gewesen sein. ERNST EGGEBRECHT war sehr musikalisch. Er spielte seit seiner Kindheit Cello und kam, auch durch seine Praxis, mit Musikern und mit vielen musikliebenden Menschen zusammen, und gewiß ist dies ein verbindendes Element zwischen HAUSDORFF und EGGEBRECHT gewesen. In EGGEBRECHTs Autobiographie gibt es eine schöne Passage über einen gemeinsamen Abend von MAX KLINGER, EGGEBRECHT und HAUSDORFF mit MAX REGER; sie sei hier vollständig zitiert:

> Klingers Haus lag still in Gärten auf einer Landzunge, die halbinselartig von der Pleiße umfaßt war. An das Haus gelehnt lagerten Marmorquadern oder auch aufgegebene oder überflüssig gewordene Gips- und Tonentwürfe. Von der Flußseite sah man weit über die damals leeren Felder bis nach den Wäldern im Norden Leipzigs. Es war ein schönes Fleckchen in dieser schönheitsarmen, flachen Gegend. Ich war zu einer etwa 30 Herren zählenden Gesellschaft geladen. In feierlicher Weise saß man um die große Tafel. Meister Klengel spielte wunderschön Cello. Allmählich schwand die Förmlichkeit. Dann ward es schnell Tag (wir hatten Juli), und schließlich saßen nur noch Klinger, Reger, der Mathematikprofessor Hausdorff und ich bei der aufgehenden Sonne zusammen. Nun darf man sich Göttergespräche zwischen den Großen nicht zu ambrosisch vorstellen. Man wandelte zwar in Arkadien, aber betrieb einen Tauschhandel wie auf dem Brühl. Die beiden Maxe hatten Brüderschaft getrunken. Dann ging Reger zum Angriff über. „Max, schenk mir doch das Modell der Lisztbüste!" Nach einigem Hin und Her war Klinger breitgeschlagen. Weiter erbat sich Reger die Totenmaske von Brahms und versprach, Klinger sein nächstes opus zu widmen. Schließlich waren wir so um acht Uhr abschiedsfertig. Man fuhr in der Pferdedroschke zur Regerschen Wohnung – eine illustre Gesellschaft: zwei Tote und drei nicht mehr sehr Lebendige. Vor Regers Haus wurden die Rollen verteilt. Ich übernahm es, das Droschkenpferd zu bewachen, obgleich es wie ein lebendiges Halt wirkte. Liszt wurde vom Kutscher geschultert, Brahms fand unter dem Arm Regers seine Ruhestätte, und Hausdorff ging als Führer mit hinauf. Mir dämmerte von einem Auftrag, Regers Hüter sein zu sollen.

Als ich wieder im Besitz meines Freundes Hausdorff war, enteilten wir. Die Nacht war weg, und ich trank irgendwo einen Mokka. Wir waren, wie ein Kollege in solchen Fällen seinen Kranken sagen ließ, zum Fürsten Solms befohlen gewesen![52]

Dazu ist noch zu bemerken, daß EGGEBRECHT der Arzt REGERs während dessen Leipziger Zeit war. Auf das freundschaftliche Verhältnis von HAUSDORFF zu MAX KLINGER kommen wir im nächsten Abschnitt zurück.

GEORG WITKOWSKI, Sohn eines jüdischen Kaufmanns, besuchte zunächst ein Berliner Gymnasium und nach dem Umzug der Familie nach Leipzig das gleiche humanistische Gymnasium wie später HAUSDORFF, das Nicolaigymnasium. Er studierte dann in Leipzig und München und promovierte 1886 in München über Leben und Werk des DIEDERICH VON DEM WERDER. 1889 habilitierte er sich in Leipzig mit der Arbeit *Die Vorläufer der anakreontischen Dichtung in Deutschland und Friedrich von Hagedorn*. Danach wirkte er an der Universität Leipzig als Privatdozent für Deutsche Sprache und Literatur und ab 1896 als außerplanmäßiger außerordentlicher Professor. Erst 1919 erhielt er eine mit einem Gehalt verbundene Stelle, eine planmäßige außerordentliche Professur. 1930 wurde er zum persönlichen Ordinarius ernannt. Obwohl WITKOWSKI 1932 vom Reichspräsidenten PAUL VON HINDENBURG die Goethe-Medaille für Kunst und Wissenschaft verliehen worden war, wurde er im April 1933 aufgefordert, seine Lehrtätigkeit einzustellen. 1937 war er zwei Wochen lang in Gestapo-Haft, nachdem an ihn gerichtete Briefe mit abschätzigen Bemerkungen über den NS-Staat abgefangen worden waren. Anfang Mai 1939 emigrierte er nach Holland, wo er bereits am 21. September 1939 verstarb.

WITKOWSKI hatte 1897 in Paris seine spätere Frau PETRONELLA kennengelernt. Sie war Holländerin, die Tochter eines Museumsdirektors aus Leiden, und wurde von allen näheren Bekannten nur PIETJE oder PIETCHEN genannt. Das Paar heiratete 1899. Im April 1900 wurde die Tochter KÄTHE geboren und im Oktober 1901 die zweite Tochter HANNIE. Zwischen den Familien WITKOWSKI und HAUSDORFF gab es, auch über die Kinder, eine freundschaftliche Beziehung. HAUSDORFFs Tochter NORA erinnerte sich noch im hohen Alter gut an die beiden Töchter WITKOWSKIs, die sie als Kind etwas beneidet hatte, weil sie immer „sehr apart angezogen waren". Über KÄTHE und NORA berichtet WITKOWSKI folgendes:

Wir hielten es für unbedenklich, früher als üblich mit dem Schulunterricht Käthes zu beginnen. Das erste Jahr wurde sie mit der kleinen Nora Hausdorff und zwei anderen ABC-Schützen von einem Volksschullehrer im Hause unterrichtet. [Witkowski 2010, 203].

Schwerpunkte von WITKOWSKIs Wirken als Forscher und akademischer Lehrer waren die deutsche Literaturgeschichte des 17. bis 19. Jahrhunderts und die Theatergeschichte. Ferner war er ein bedeutender Goethe-Forscher und Editionswissenschaftler. Von seinen zahlreichen Büchern seien hier nur einige genannt: Seine weit

---

[52][Eggebrecht 1935, 80]. Veröffentlicht in: [Huschke 1938, 863].

verbreiteten Biographien GOETHES, LESSINGS und von GOETHES Schwester COR-
NELIA, sein theatergeschichtliches Buch *Das deutsche Drama des 19. Jahrhunderts*
sowie seine literaturgeschichtlichen Werke *Die Entwicklung der deutschen Literatur seit 1830* und – für seine Heimatstadt ein besonderes Geschenk – *Geschichte
des literarischen Lebens in Leipzig* (1909). WITKOWSKI verantwortete historisch-
kritische Ausgaben der Werke von SCHILLER und LESSING und legte seine Ansichten zu solchen Ausgaben in dem Buch *Textkritik und Editionstechnik neuerer
Schriftwerke* nieder.

Neben seinem akademischen Beruf war er ein bekannter Bibliophiler. Er war
1899 Mitbegründer der „Gesellschaft der Bibliophilen" und mehr als 30 Jahre deren
stellvertretender Vorsitzender. Von 1909 bis 1933 war er Herausgeber des Vereins-
organs *Zeitschrift für Bücherfreunde*. In Leipzig wurde auf WITKOSKIs Initiative
hin am 2. Februar 1904 eine Zusammenkunft der etwa achtzig Leipziger Mitglieder
der „Gesellschaft der Bibliophilen" einberufen; dieses Datum gilt als Geburtstag
des „Leipziger Bibliophilen-Abends". WITKOWSKI wurde Vorsitzender und blieb
dies bis 1911. Wegen des großen Andrangs wurde die Mitgliederzahl auf 99 festge-
setzt; ein neues Mitglied konnte nur nach Ausscheiden eines der 99 vorhandenen
Mitglieder aufgenommen werden. HAUSDORFF war nicht Mitglied.

Die Autobiographie WITKOWSKIs, die 1933 plötzlich abbricht, wirft einen
manchmal melancholischen Rückblick auf ein Leben voller Arbeit und reich an
Begegnungen mit Künstlern und Musikern, Theaterleuten, Schriftstellern, Bücher-
liebhabern und Verlegern.[53] Am Ende des Kapitels „Freunde und Freundinnen" seiner Autobiographie schreibt WITKOWSKI:

> Und sicher zählen zu den besten Gaben meines Lebens die vielen wertvollen
> Menschen, denen ich begegnet bin. [Witkowski 2010, 233].

Zu den wertvollen Menschen, denen WITKOWSKI als Bücherliebhaber besonders
verbunden war, zählten auch zwei gute Freunde HAUSDORFFs, der Kunstbuch-
Verleger GUSTAV KIRSTEIN und der Buchkünstler, Typograph und Illustrator
WALTER TIEMANN. HAUSDORFFs Tochter NORA erzählte in ihren Erinnerungen
an die Kinderzeit in Leipzig: „KIRSTEIN, TIEMANN und HAUSDORFF, die gehörten
zusammen".[54]

WALTER TIEMANN wurde 1876 in Delitzsch bei Leipzig geboren. 1887 zog die
Familie nach Leipzig, in jene Stadt, die ihn prägte und in der er zeitlebens wirkte.[55]
TIEMANN studierte ab 1894 Malerei und Zeichnen, zuerst zwei Jahre lang an der
Leipziger „Königlichen Kunstakademie und Kunstgewerbeschule" und danach zwei
Jahre an der damals bereits altehrwürdigen „Kunstakademie Dresden". Nach einem
Studienaufenthalt in Paris kehrte er nach Leipzig zurück und widmete sich einer
neuen Aufgabe, der Buchgestaltung. Auf den überkommenen Geschmack eines oft
recht kitschigen Buchschmucks gab es um die Jahrhundertwende eine – allerdings

---

[53]Die bisher eingehendste Darstellung von Witkowskis Leben und Werk ist [Dietze 1973].
[54]Notiz aus Gesprächen Egbert Brieskorns mit Lenore König, Nachlaß Brieskorn, ULB Bonn,
Ordner Nr. 12.
[55]Hinsichtlich Biographie und Werk von Tiemann sei verwiesen auf [Hübscher 1989].

bald vorübergehende – Reaktion, den *Jugendstil.* Auch TIEMANN war dem neuen
Stil verfallen; dies zeigt das erste von ihm illustrierte Buch, Lord BYRONs *Manfred.*
Die Abkehr TIEMANNs vom Jugendstil und seine Hinwendung zu einer ganz neuen
Art von Buchkunst zeigt seine neu gestaltete Ausgabe von Lord BYRONs *Manfred*
aus dem Jahr 1912, gedruckt – wie bereits die Ausgabe von 1900 – von Poeschel
& Trepte.

1903 wurde der angehende Buchkünstler TIEMANN als Lehrer an die Anstalt
berufen, an der er sein Studium begonnen hatte und die seit 1901 „Königliche
Akademie für graphische Künste und Buchgewerbe" hieß. Er unterrichtete dort eine
Meisterklasse für das „Gesamtgebiet des Buchgewerbes, der Illustration, der freien
und angewandten Grafik". Als der Direktor MAX SELIGER 1920 starb, übernahm
TIEMANN die Leitung der Akademie und behielt sie bis zum Alter von 65 Jahren;
unter seinem Direktorat erlebte die Akademie eine Blütezeit.

TIEMANNs eigenes Schaffen entwickelte sich in engem Kontakt mit Schriftstellern, Verlegern, Buchliebhabern, Buchdruckern und anderen im Buchgewerbe
Tätigen. Von großer Bedeutung war für ihn die Freundschaft und enge Zusammenarbeit mit CARL ERNST POESCHEL, dessen Vater Miteigentümer der Druckerei
Poeschel & Trepte war. 1907 gründeten CARL ERNST POESCHEL und TIEMANN
in Leipzig die *Janus-Presse,* die im nächsten Jahrzehnt für die auf der typographi-
schen Gestaltung und sorgfältigen Druckarbeit beruhende künstlerische Buchgestaltung richtungweisend wurde. TIEMANN und POESCHEL waren jahrzehntelang
für den 1901 gegründeten *Insel-Verlag* tätig, der ab 1905 unter Leitung von AN-
TON KIPPENBERG stand. In dessen Auftrag schuf TIEMANN bewunderungswürdige
Arbeiten, die ihn bekannt und berühmt machten und das buchkünstlerische Gesicht des Insel-Verlages prägten. TIEMANN hat im Laufe seines Lebens über zwanzig Schriften gezeichnet, darunter *Tiemann-Mediäval, Tiemann-Fraktur, Narziß,
Tiemann-Antiqua, Kleist-Fraktur, Orpheus* und *Daphnis.*

Die hier zuerst genannte *Tiemann-Mediäval* hatte auch für HAUSDORFF, d.h.
für den Dichter PAUL MONGRÉ, eine besondere Bedeutung, und zwar in folgender
Weise: Der Leipziger Bibliophilen-Abend pflegte einmal jährlich eine eigene „or-
dentliche Veröffentlichung" herauszugeben. Von diesen buchkünstlerisch kostbaren
Publikationen des Bibliophilen-Abends wurden jeweils 99 numerierte Exempla-
re für die 99 Mitglieder hergestellt; in jedes Exemplar wurde ein Blatt mit dem
Namen des Besitzers eingelegt. Es war natürlich für jeden Dichter eine besonde-
re Ehre, wenn eines seiner Werke für eine solche Publikation ausgewählt wurde.
Neben dem Vorsitzenden WITKOWSKI waren auch weitere gute Freunde HAUS-
DORFFs im Bibliophilen-Abend aktiv: TIEMANN, EGGEBRECHT und der Verleger
GUSTAV KIRSTEIN (auf den wir gleich noch zu sprechen kommen). So nimmt es
vielleicht nicht wunder, daß auch ein Werk MONGRÉs für eine ordentliche Ver-
öffentlichung ausgewählt wurde: Im Jahre 1910 erschien als „Fünfte ordentliche
Veröffentlichung des Leipziger Bibliophilen-Abends" HAUSDORFFs Theaterstück
Der Arzt seiner Ehre.[56] Das bei Poeschel & Trepte gedruckte Bändchen war in

---

[56]Näheres zu dem Stück und zu Hausdorffs extra für diese Ausgabe beigefügten Epilog später.

Tiemann-Mediäval gesetzt.[57] Die Ausgabe schmücken Holzschnitte von TIEMANNS Schüler HANS ALEXANDER MÜLLER, die nach Zeichnungen TIEMANNS angefertigt sind. Einer der Holzschnitte zeigt Hausdorff als 'poeta laureatus'[58], die übrigen zeigen die Figuren des Stücks, Typen, wie TIEMANN sie sich in diesen Rollen vorstellte.[59]

WITKOWSKI schreibt in seiner Autobiographie über TIEMANNS Persönlichkeit unter anderem folgendes:

> Tiemann vereint in ganz besonderer Weise Vornehmheit und Duldsamkeit, vermittelt durch eine oft scharfe, aber nie verletzende Ironie, einen stets schlagbereiten Witz, sichere Menschenkenntnis und sicheren Takt. [···] Dazu kommen wahrhaft geistige Bildung auf Grund weitester Belesenheit, unbestechliche literarische und künstlerische Kritik, Verständnis alles Menschlichen und freudige Hilfsbereitschaft, [···] [Witkowski 2010, 231].

Auch HAUSDORFFS Tochter erwähnte in ihren Gesprächen mit EGBERT BRIESKORN, daß ihr Vater TIEMANN als einen amüsanten und klugen Mann sehr geschätzt habe. Sie selbst stand noch nach dem Krieg in brieflicher Verbindung mit TIEMANN.

Zu manchem der Leipziger Freunde hat sich die Beziehung HAUSDORFFS nach dessen Wegberufung von Leipzig naturgemäß gelockert. Auf die Beziehung zu GUSTAV KIRSTEIN, dessen Frau CLÄRE und deren gemeinsamer Tochter MARIANNE trifft das nicht zu.

GUSTAV KIRSTEIN wurde 1870 als Sohn eines jüdischen Arztes in Berlin geboren. Er absolvierte nach dem Schulbesuch eine Apothekerlehre und danach noch eine Buchhändlerlehre. Anschließend arbeitete er einige Zeit bei E. A. Seemann in Leipzig als Volontär und Gehilfe. Seine Wanderjahre führten ihn nach Paris, Berlin und Wien.

Der Verlag E. A. Seemann war ein bedeutender Kunstverlag. 1858 von ERNST ARTHUR SEEMANN in Essen gegründet, zog er 1861 in die Buchstadt Leipzig und brachte dort unter anderem die *Zeitschrift für bildende Kunst* heraus. 1899 übergab ERNST ARTHUR SEEMANN den Verlag seinem Sohn ARTHUR. Dieser errichtete eine Zweigstelle des Verlages in Berlin, für die er KIRSTEIN als Teilhaber gewann. Im Oktober 1902 wurde die Berliner Filiale aufgelöst und mit dem Leipziger Haus vereinigt. Bereits im Jahre 1900 gelang es den beiden experimentierfreudigen Verlagsinhabern, im Dreifarbendruck mittels Rasterdruckverfahren farbige Gemälde wiederzugeben. Die ersten farbigen Seemann-Kunstblätter erschienen von 1900 ab in der Reihe *Alte Meister*. Später kamen weitere Reihen hinzu: *Meister der Gegenwart* und *Meister der Farbe*, ferner Alben und Künstlermappen sowie erste Bücher mit farbigen Kunstdruck-Illustrationen. Ab 1909 zog sich ARTHUR SEEMANN weitgehend zurück und überließ KIRSTEIN die Geschäftsführung. Dessen Bemühungen, mit qualitativ immer besseren farbigen Reproduktionen der Werke

---

[57] Der von Tiemann gestaltete Einband ist in *HGW*, Band IB, 427 wiedergegeben.
[58] Wiedergegeben im Abbildungsteil, ferner in *HGW*, Band VIII, S.II.
[59] Die Holzschnitte sind wiedergegeben in *HGW*, Band VIII, 815–820.

berühmter Künstler die Kunst breiten Schichten interessierter Menschen zugänglich zu machen, waren auch geschäftlich ein großer Erfolg.

GUSTAV KIRSTEINs Frau THERESE CLARA, geborene STEIN, wurde von allen Bekannten nur CLÄRE genannt. Das Ehepaar hatte zwei Töchter, MARIANNE und GABRIELE, die erste 1905, die zweite 1907 in Leipzig geboren. MARIANNE heiratete später den bekannten Mathematiker REINHOLD BAER.

WITKOWSKI und KIRSTEIN verband neben vielem anderen die Liebe zum Buch. Ab dem Jahre 1912 übernahm KIRSTEIN von WITKOWSKI den Vorsitz des Leipziger Bibliophilen-Abends. In seiner Autobiographie schreibt WITKOWSKI dazu:

> Als ich meinte, es wäre gut, dem Abend ein neues Haupt aufzusetzen, trat der Freund Kirstein an meine Stelle. Nun war es mit den bescheidenen regelmäßigen Zusammenkünften nicht mehr getan. Im Vortragssaal der Deutschen Bücherei gab es jedesmal eine kleine oder große Sensation, jedesmal sprühte ein sorgsam vorbereitetes improvisiertes Feuerwerk aus dem Munde des Vorsitzenden, und die Jahresessen erhoben sich zu Gipfelpunkten des Leipziger Gesellschaftslebens, ausgezeichnet durch die Teilnahme des Oberbürgermeisters, des Reichsgerichtspräsidenten und der anderen Spitzen. [Witkowski 2010, 246].

Auch familiär gab es zwischen WITKOWSKI und KIRSTEIN freundschaftliche Bande. KIRSTEIN hatte am selben Tag Geburtstag wie WITKOWSKIs Frau PIETJE. Es hatte sich eingebürgert, daß dieser Tag abwechselnd bei KIRSTEINs und bei WITKOWSKIs gefeiert wurde.

HAUSDORFF muß KIRSTEIN kurz nach der Eingliederung der Berliner Filiale in das Leipziger Haupthaus der Firma E. A. Seemann kennengelernt haben. Ein Beleg findet sich in seinem Nachlaß. Zwischen Notizen zum Raumproblem aus den Jahren 1902 bis 1904 findet sich ein Briefbogen mit gedrucktem Briefkopf „Leipzig, Querstrasse 13". Dies war aber die Adresse der Buchhandlung E. A. Seemann. Die Notiz von KIRSTEINs Hand lautet:

> LFH! Wenn Sie Nachmittag mit mir spazieren gehen wollen, so finden Sie mich um 3 Uhr Frankfurterstrasse Ecke Leibnizstrasse. Ich gehe nach Leutzsch oder sonst wohin.   K.[60]

Aus dieser Bekanntschaft wurde eine Jahrzehnte dauernde freundschaftliche Beziehung der Familien. Die Töchter KIRSTEINs nannten HAUSDORFF „Onkel Felix" – noch 1938 schrieb MARIANNE BAER aus der Emigration in Urbana (Illinois) anläßlich von HAUSDORFFs 70. Geburtstag:

> Lieber Onkel Felix, dieser Brief hat weit zu reisen, ehe er meine Glückwünsche zu Dir bringen kann. Ich wünschte, wir würden etwas näher bei unseren Freunden wohnen – oder noch besser, unsere Freunde würden näher bei uns wohnen – dann würden wir alle drei zu Deinem Geburtstag zu Dir kommen und Dich feiern helfen.[61]

---

[60] Nachlaß Hausdorff, Kapsel 49, Faszikel 1067, Bl. 21. LFH: Lieber Felix Hausdorff; K: Kirstein.
[61] *HGW*, Band IX, 138.

HAUSDORFFs Tochter NORA erinnerte sich an Besuche zu Pfingsten in KIRSTEINS Villa in dem Luftkurort Lindhardt etwa 20 Kilometer südöstlich von Leipzig. Mehrere Leipziger Unternehmer hatten dort Villen gebaut, und auch KIRSTEINs besaßen dort ein Landhaus, in dem sie sich in den Sommermonaten gerne aufhielten. NORA erinnerte sich auch, daß dort immer viele Künstler eingeladen waren, vor allem bildende Künstler. KIRSTEIN besaß eine ansehnliche Sammlung von Gemälden, Zeichnungen, Skizzen, Graphiken und Skulpturen mit Werken berühmter Künstler wie LOVIS CORINTH, MAX KLINGER, KÄTHE KOLLWITZ, MAX LIEBERMANN, ÉDUARD MANET, ADOLPH VON MENZEL, EDVARD MUNCH, EMIL NOLDE, MAX SLEVOGT, CARL SPITZWEG, HEINRICH ZILLE, um nur einige zu nennen [Knopf 2003, 304f.].

Eine besondere Stellung nahmen in dieser Sammlung die Werke von MAX KLINGER ein. KIRSTEIN und KLINGER waren befreundet. Gleich im ersten Jahr seines „Pontifikates", 1912, erreichte KIRSTEIN, daß die ordentliche Veröffentlichung des Bibliophilen-Abends für dieses Jahr mit Werken von KLINGER geschmückt war. Auf dem Einband des in Tiemann-Mediäval gesetzten und in Pergament gebundenen Bändchens steht: „Zwölf Gedichte von Richard Dehmel. Mit drei Zeichnungen auf Holz / von Max Klinger". KIRSTEIN gab auch ein Buch über KLINGER heraus: *Die Welt Max Klingers*.[62] Es ist auch gut möglich, daß KIRSTEIN Mitglied bei den Bungonen war, denn als sich RICHARD DEHMEL zu einem Besuch in Leipzig angekündigt hatte, schrieb ihm KIRSTEIN am 22. Juni 1918, er habe „Hezel, den Archibungo, ermahnt, [···] in seinem Garten einen Bungonen-Abend zu veranstalten, [···]"[63]

Am 24. Februar 1930 feierte GUSTAV KIRSTEIN seinen 60. Geburtstag. Seine Freunde hatten für diesen Tag ein sehr hübsches Geschenk vorbereitet, das – wie andere Geschenke für ihn auch – die Form eines liebevollen Spottes hatte. Im Jahre davor hatte der Verlag E. A. Seemann ein Büchlein mit einem interessanten Titel herausgebracht: *Die Frau von Morgen wie wir sie wünschen*.[64] Es war eine Sammlung von Essays, in der siebzehn Autoren sich mit dem Phänomen der „Neuen Frau" in der Weimarer Republik befaßten – alles Männer, fast alles Namen, die in den Literaturgeschichten stehen, von MAX BROD bis STEFAN ZWEIG. Und nun erschien 1930 im „Verlag der Freunde Kirsteins" ein Büchlein, das in Einband und Druck bis aufs Haar der *Frau von Morgen* glich. Der Herausgeber war WALTER TIEMANN, und der Titel war: *Der Verleger von Morgen wie wir ihn wünschen*. In 31 Beiträgen huldigten Freunde und Weggefährten in vergnüglicher Weise dem Freund und Verleger GUSTAV KIRSTEIN und seiner Frau CLÄRE. Auf Seite 9 steht HAUSDORFFs Beitrag, ein „Akrostichon zum 24. Februar 1930" in der Form eines Sonetts.[65]

---

[62]Mit Zustimmung des Künstlers herausgegeben und eingeleitet von Gustav Kirstein. Furche Verlag, Berlin 1917.
[63]Dehmel-Archiv in der Staats-und Universitätsbibliothek Hamburg. Signatur DA:BR:K 689.
[64]Friedrich M. Huebner (Hrsg.): *Die Frau von Morgen wie wir sie wünschen*. Verlag von E. A. Seemann, Leipzig 1929.
[65]Es ist abgedruckt in *HGW*, Band IB, 438.

Nach der Machtergreifung durch die Nationalsozialisten mußte KIRSTEIN von seinen Ehrenämtern im Börsenverein der Deutschen Buchhändler zurücktreten, um den er sich bleibende Verdienste erworben hatte. Auch den Vorsitz im Leipziger Bibliophilen-Abend mußte er niederlegen. Der Bibliophilen-Abend hatte eine recht große Anzahl von jüdischen Mitgliedern. Auf das zwangsweise Ausscheiden der „nichtarischen" Mitglieder reagierten die „Leipziger Neunundneunzig" damit, daß sie sich nach dem Mai 1933 nicht mehr zusammenfanden [Sommer 1985]. Die nationalsozialistische Machtübernahme beendete auch KIRSTEINs Beteiligung an der Firma E. A. Seemann, die er seit 1902 gemeinsam mit ARTHUR SEEMANN und seit 1923 mit dessen Sohn ELERT geleitet hatte. KIRSTEIN bekam einen kleinen Teil des Verlages (Meister der Farbe, Galerien Europas, Künstlermappen und farbige Kunstblätter) und firmierte unter „Seemann & Co.", während ELERT SEEMANN, ein überzeugter Nationalsozialist und Mitglied der NSDAP, den gesamten Buch- und Zeitschriftenverlag, das Künstlerlexikon und die Lichtbildanstalt erhielt und weiter unter „E. A. Seemann" firmierte.

Am 14. Februar 1934 wurde GUSTAV KIRSTEIN „in seiner Wohnung tot aufgefunden".[66] „gustav heute nacht an herzschlag verschieden" telegraphierte CLÄRE KIRSTEIN am gleichen Tag an eine sehr gute Freundin der Familie, CUSI HULBE in Hamburg. Einige Wochen später, am 29. März 1934, schrieb CLÄRE eine Brief an CUSI, in dem sie die ersten Wochen nach dem Tod ihres Mannes beschreibt.[67] Sie schreibt, daß sie beschlossen habe, die Firma ihres Mannes weiterzuführen (später unter dem Namen „Meister der Farbe"). Sie berichtet vom Beistand der Leipziger Freunde, von WITKOWSKI, TIEMANN und KIPPENBERG, und sie berichtet von Besuchen:

> [···] dann zwei Tage lang die unendlich lieben zarten Hausdorffs.

Im Dezember 1938 wurde ihr Verlag „arisiert". Sie wollte nun zu ihren Kindern in die USA emigrieren; da die Gestapo ihre Ausreise immer wieder verzögerte und schließlich ganz verhinderte, nahm sie sich am 29. Juni 1939 das Leben.

6.6   Max Klingers Beethoven

Im Abschnitt „Denken, Reden, Bilden" seines *Sant' Ilario* hat sich HAUSDORFF eingehend mit Fragen der Kunst auseinandergesetzt [H 1897b, 181-246; VII: 275–340]. Ein wahres Kunstwerk – so bringt er es im Aphorimus 328 eindrucksvoll zum Ausdruck – muß polarisieren;

> Sehen wir uns die wirklich seelenbewegenden Menschen und Kunstwerke an: alle entfachen den flammendsten Streit um Für und Wider, nicht nur in des einzelnen Menschen Empfinden, wenn sie darin auf ein verschiedenes „Irgendwann einmal" treffen, sondern mehr noch im Empfinden vieler Mit- und Nachlebenden [···]. Die grenzenlos bezaubernde Wirkung auf mich wird durch die

---

[66] So vermerkt es das Sterberegister der Stadt Leipzig.

[67] Der Brief ist heute im Besitz des Neuen Leipziger Bibliophilen-Abends e. V.

grenzenlos abstossende auf dich erkauft, unbewundert und unbestritten bleibt allein das Mittelmässige. [H 1897b, 225–226; VII: 319–320].

Auf dem Gebiet der bildenden Kunst hatte HAUSDORFF 1894 eine Auseinandersetzung um MAX KLINGERs polychrome Skulptur *Neue Salome* erlebt und mit seinem Freund PAUL LAUTERBACH darüber diskutiert.[68] Im Frühjahr 1902 hat er in der renommierten *Zeitschrift für bildende Kunst* dann selbst mit seinem Essay *Max Klingers Beethoven* [H 1902c, VIII: 489–500] in den Streit um ein berühmtes Kunstwerk eingegriffen. Zunächst sind einige Bemerkungen zur Vorgeschichte angebracht.

Am 3. April 1897 konstituierte sich die „Vereinigung bildender Künstler Österreichs - Secession", kurz „Wiener Sezession" genannt. Die Sezession war eine Abspaltung von der „Gesellschaft bildender Künstler Österreichs - Künstlerhaus", getragen von jungen Künstlern um GUSTAV KLIMT, die mit dem althergebrachten Kunstbetrieb unzufrieden waren. Die Künstler der Sezession entwickelten eine besondere Variante des Jugendstils, die als „Secessionsstil" oder „Wiener Jugendstil" bezeichnet wurde. Sie finanzierten als Gegenstück zum Künstlerhaus ein eigenes Ausstellungsgebäude, welches 1898 vollendet wurde. Die Ausstellungtätigkeit der Sezession hat von Beginn an für das Kunstleben Wiens eine bedeutende Rolle gespielt.

Ein herausragendes Ereignis in diesem Zusammenhang war die 14. Ausstellung der Sezession, die am 15. April 1902 eröffnet wurde. Sie war LUDWIG VAN BEETHOVEN gewidmet, dessen Todestag sich am 26. März 1902 zum 75. Male gejährt hatte. Mittelpunkt der Ausstellung und **das** Diskussionsthema in den an Kunst interessierenden Kreisen Wiens war die Skulptur *Beethoven* des Leipziger Graphikers, Malers und Bildhauers MAX KLINGER. „Klinger ist in Wien und Wien ist voll von ihm", so begrüßte LUDWIG HEVESI, Kunstschriftsteller, Kritiker und Journalist, enthusiastischer Anhänger der Sezession, die Ausstellung des *Beethoven* in Wien.[69]

KLINGER stand von Anfang an mit Mitgliedern der Wiener Sezession in freundschaftlichem Kontakt und wurde bald auch korrespondierendes Mitglied. Im Bestreben, Malerei, Plastik und Architektur zu einer einheitlichen Raumwirkung, einer „Raumkunst" zusammenzuführen, waren sich KLINGER und die Künstler der Sezession einig. Ganz im Sinne KLINGERs war die 14. Ausstellung ein „Gesamtkunstwerk", das alle Sparten der bildenden Kunst mit der Architektur vereinigte. KLINGERs *Beethoven* stand in einer eigens dafür errichteten Halle, deren linkes Seitenschiff KLIMT mit seinem berühmt gewordenen Beethoven-Fries geschmückt hatte.[70]

---

[68]S. dazu *HGW*, Band IB, 217–219.

[69]Ludwig Hevesi: *Max Klinger in Wien*. Artikel, datiert vom 13. April 1902. In: [Hevesi 1906, 382].

[70]Eine Abbildung dieses Raumes mit dem *Beethoven* findet sich in [Gleisberg 1992, 44]. Auch Hausdorffs Artikel in der *Zeitschrift für bildende Kunst* ist eine Photographie des Raumes beigegeben; *HGW*, Band VIII, 500.

KLINGERS *Beethoven* war jedoch kein Auftragswerk der Sezession. Die Idee zu seinem *Beethoven* hatte KLINGER schon 1885 in Paris, zwölf Jahre vor Gründung der Wiener Sezession.[71] Ende 1886 hatte er nach Entwürfen in Plastilin ein Gipsmodell, durch Bemalung lebhaft farbig gestaltet, fertiggestellt, welches in der Komposition der späteren endgültigen Ausführung der Skulptur schon sehr nahe kommt.[72] Die Farbigkeit der Plastik betrachtete KLINGER in seinem Konzept von Raumkunst als konstituierendes Element. In der fertigen Skulptur realisierte er sie nicht durch Bemalung, sondern durch Verwendung farbiger Materialien: verschiedenste Arten von Marmor, tiroler Onyx, Bronze, Goldschliff, Elfenbein, Bernstein, Millefioriglas und Opal.

KLINGERS *Beethoven* sitzt mit nacktem vorgebeugtem Oberkörper auf einem wuchtigen Thronsessel aus Bronze, die rechte Hand zur Faust geballt, den Blick nach vorn in eine unbestimmte Ferne gerichtet. Das Gesicht ist nach der bekannten KLEINschen Maske von 1812 modelliert. Die übereinandergeschlagenen Beine sind von einem aus gelblichem Onyx bestehenden wallenden Gewand bedeckt. Ihm zu Füßen sitzt ein lebensgroßer Adler aus geädertem schwarzen Marmor, im Begriffe aufzufliegen und den Blick seiner Bernsteinaugen auf den Sitzenden gerichtet. Am oberen Rand der Rückenlehne befinden sich fünf elfenbeinerne Engelsköpfchen, den thronenden Beethoven sozusagen umschließend. Der Thron ruht auf einem Postament aus dunklem ungeschliffenem Marmor mit einer Art Felsvorsprung vorn, auf dem sich der Adler festkrallt. Die Rückwand und die äußeren Seiten des Thrones sind mit Reliefs geschmückt. Auf der rechten Seite der Sündenfall: Adam und Eva unterm Baum der Erkenntnis. Auf der linken Seite Schuldbeladene der antiken Welt: Tantalus und eine Frau erleiden Hadesqualen. Die Rückwand zeigt unten die nackte Aphrodite, mit erhobenen Armen auf einer Muschel dem Meer entsteigend, links von einer Nereide begleitet. Oben ist die Kreuzigung Christi auf Golgatha dargestellt. In der Mitte weist der heraneilende Apokalyptiker Johannes mit drohender Gebärde auf die emporsteigende Aphrodite. Auf dem oberen Rand der Rückenlehne sind kleine nackte Menschen liegend, kriechend und sitzend dargestellt.[73]

KLINGERS *Beethoven* war – ganz im Sinne von HAUSDORFFs oben zitiertem Aphorismus – solch „seelenbewegendes Kunstwerk", das bei den einen euphorische Begeisterung, bei anderen heftige Kritik bis hin zu beißendem Spott auslöste, und zwar nicht nur bei den Zeitgenossen, sondern auch bei den „Nachlebenden". Der bereits erwähnte LUDWIG HEVESI schrieb z.B. in seinem Artikel *Max Klinger in Wien*: „Die meisten gebräuchlichen Adjektive versagen, wenn man sie an den Beethoven heften will." Der Beethoven sei „eine Sache für sich",

---

[71] Eine ausführliche Darstellung der Entstehungsgeschichte des *Beethoven* mit zahlreichen einschlägigen Literaturhinweisen gibt Udo Roth in *HGW*, Band VIII, 501–505.

[72] Eine sehr gute Farbphotographie dieses Modells findet sich in [Gleisberg 1992, 199]. Klingers Vorhaben, das Modell in Berlin auszustellen, scheiterte 1887 an der ablehnenden Haltung der Königlichen Akademie der Künste zu Berlin.

[73] Sehr gute Farbphotographien der Skulptur aus vier verschiedenen Perspektiven findet man bei [Gleisberg 1992, 200–203]. Es gibt auch im Internet gute Abbildungen; s. auch die Abbildung im Bildteil dieses Bandes.

wie sie einmal gemacht wird, am Ende einer alten und am Anfang einer neuen
Zeit. Vielleicht werden die Bildhauer da eine neue Zeitrechnung beginnen. Wer
kann das heute wissen? [Hevesi 1906, 384].

Einige Tage später, in seinem Artikel *Max Klingers Beethoven* versucht er den
Sinngehalt der verschiedenen verwendeten Materialien zu deuten, dann heißt es:

Das ist das Werk eines Bildhauers, der ein Maler ist, wie auch Phidias einer
war. Eines Maler-Bildhauers, der ganz durchtränkt ist von höchster Musik.
Der Beethoven ist die Neunte Symphonie Max Klingers. [Hevesi 1906, 388].

Zahlreiche weitere Artikel feierten KLINGER als Genie seiner Zeit.

Kritik aus den Reihen der Fachleute bemängelte neben dem Fehlen eines inneren Zusammenhalts der Komposition auch die Gestalt des Beethoven, die so gar
nicht dem entspreche, was man von einem Künstlerdenkmal erwarte.[74] Auch die
Farbigkeit der Plastik wurde – wie schon bei der Salome – erneut lebhaft diskutiert und kritisiert. Der Archäologe HEINRICH BULLE, ein anerkannter Spezialist
für griechische Plastik [Bulle 1898/1912/1922], meinte beispielsweise, KLINGER
habe die Wirkung der farbigen Materialien nicht regulieren können, er sei Sklave
seines Stoffes geworden. Der bekannte Kunsthistoriker und Schriftsteller JULIUS
MEIER-GRAEFE sah die Beethovenskulptur eher als Kunstgewerbe denn als Bild-
hauerkunst [Meier-Gräfe 1904, 467]. Für den Leipziger Kunsthistoriker AUGUST
SCHMARSOW war die Wiener Ausstellung und insbesondere KLINGERs *Beethoven*
eine einzige große Enttäuschung. Seine Stellungnahme zu dem Werk kam einer
Karikatur schon recht nahe.

Kritik, die mit sachlichen Einwenden gar nichts zu tun hatte, kam von den
einflußreichen antisemitischen Kreisen Wiens. So berichtet KARL KRAUS in seiner
Zeitschrift *Die Fackel* am 16. Juni 1902:

Da überdies das 'Deutsche Volksblatt' alsbald meldete, Max Klinger sei jüdischer Abstammung, brach der allgemeine Unwille des antisemitischen Wien
über die Secession herein ... Das liberale Wien benahm sich nicht viel besser.[75]

Auch die prüden Moralapostel der k. u. k. Monarchie meldeten sich zahlreich zu
Wort. In einer von HERMANN BAHR herausgegebenen Sammlung von Stimmen
gegen KLIMT und die Sezession aus Artikeln in Zeitungen und Zeitschriften findet
man unter vielen anderen etwa folgendes Zitat:

Solche Orgien hat das Nackte noch auf keiner Wiener Ausstellung gefeiert.
[···] Offenbar glaubten die Herren der Secession, die halbe Nacktheit des
Klinger'schen Beethoven überbieten zu müssen, indem sie die Nacktheit in's
Krankhaft-Allegorische modernisirten.[76]

---

[74] Bezüglich der Kritik von Fachleuten folge ich hier dem Abschnitt „Beethoven im Kreuzfeuer
der Kritik" in [John 2004, 62–65].

[75] *Die Fackel*, Nr. 106, S. 18.

[76] Hermann Bahr (Hrsg.): *Gegen Klimt*. Wien 1903, 67.

Eine besonders infame Kritik des 'Deutschen Volksblattes' vom 29. April 1902 unterstellt KLINGER, er habe mit der Skulptur auch zum Ausdruck bringen wollen, daß BEETHOVEN ein „Urning"[77] gewesen sei.

In einer Reihe von Karikaturen wurde KLINGERs Werk verspottet. Eine Karikatur z. B. zeigt den thronenden Beethoven mit schmerzverzerrtem Gesicht, den Mund zum Schrei aufgerissen. Er streckt den nackten rechten Fuß dem Adler entgegen, der ihm mit seinem spitzen Schnabel in den großen Zeh hackt. Die Bildunterschrift lautet „Der Adler als Hühneraugenoperateur".[78]

Unter den zeitgenössischen Äußerungen zu KLINGERs *Beethoven* nimmt MONGRÉs Essay aus der *Zeitschrift für bildende Kunst* einen besonderen Platz ein. HAUSDORFF pflegte freundschaftliche Beziehungen zu KLINGER und war mit dessen Ideen und Intentionen sowie mit dem Entstehungsprozeß des *Beethoven* bestens vertraut.[79] Auf Kritiken an KLINGERs Skulptur geht er nur an wenigen Stellen in sehr subtiler und indirekter Weise ein, ohne jemand zu nennen. Er selbst feiert das Werk enthusiastisch. Schon die Eingangssätze seines Essays geben die Tonlage aller weiteren Ausführungen vor:

> In den Ostertagen dieses Jahres wurde ein künstlerisches Fest von säkularer Seltenheit und Bedeutung gefeiert. Klinger's Beethoven enthüllte sich den Blicken der Öffentlichkeit, fast genau um die 75. Wiederkehr von Beethoven's Todestage. [H 1902c, 183; VIII: 489].

HAUSDORFF berichtet zunächst kurz über die sechstägige öffentliche Ausstellung des Werkes in KLINGERs Leipziger Atelier und über die anschließende Demontage und den Transport nach Wien; nun bilde „das zusammengefügte Riesenwerk den Mittelpunkt und das Ereignis der Wiener Secession". Er gibt dann der Hoffnung Ausdruck, daß es der Stadt Leipzig gelingen möge, in Konkurrenz zu Wien das Werk nach der Sezessions-Ausstellung anzukaufen. Dies ist im Sommer 1902 tatsächlich gelungen: ein Komitee Leipziger Kunstfreunde brachte die gewaltige Summe von 250.000 Goldmark für das Werk zusammen und schenkte es 1912 dem Leipziger Museum der bildenden Künste[80], wo es nach vielen Irrungen heute wieder in einem eigens dafür konzipierten Raum im neuen Museumsbau zu sehen ist, zusammen mit zwei weiteren polychromen Plastiken KLINGERs, der *Neuen Salome* und der *Kassandra*.

Bevor HAUSDORFF die Entstehung des Kunstwerks, eingeordnet in KLINGERs Schaffen und seine Entwicklung als Künstler, kurz umreißt, um es dann im einzelnen zu beschreiben und zu deuten, versucht er eine generelle Würdigung:

> Das heutige Geschlecht ist ja sonst so freigebig in der Errichtung von „Marksteinen" und Datierung neuer Epochen: nun, hier ist etwas wirklich, nicht nur

---

[77]„Urning" war die zeitgenössische Bezeichnung für einen homosexuellen Mann.

[78]Karikaturenblatt mit der Überschrift „Ausstellung der Sezession". Wiedergegeben in [Gleisberg 1992, 45]. Auf dem Blatt finden sich unter der Zeile „Klinger's Beethoven" außer der genannten vier weitere Karikaturen, die Klingers Werk ebenfalls deftig auf die Schippe nehmen.

[79]Er kannte z. B. den farbig gestalteten Vorläufer, der in der Öffentlichkeit nicht bekannt war.

[80]*Max Klingers Beethoven im Museum der bildenden Künste zu Leipzig.* Eine Denkschrift, herausgegeben von der Leitung des Museums. E. A. Seemann, Leipzig 1927, S. 3.

redensartlich Monumentales geschaffen, ein neues leibhaftes Weltwunder, das miterlebt zu haben uns ein unauslöschliches Glücks- und Dankgefühl bedeutet. [H 1902c, 183; VIII: 489].

Er zählt KLINGERS *Beethoven* zu den „zeitüberragenden Kunstwerken",

die den Rahmen der formalen und historischen und artistischen Kunst sprengen, die mit uns von grossen Menschheitsdingen reden und ‚ewig' sind in dem Sinne, in dem ein Mensch überhaupt dies Wort in den Mund nehmen darf; Werke, an denen man nicht vorbei kann, wenn man nicht vorbeigelebt haben und als trüber Gast auf der dunklen Erde bloss vegetieren will; Werke, in denen die Seele untergeht und sich erneuert, aus denen eine Kraft der Umwandlung wie ein läuterndes Feuer herausflammt; Werke, in denen sich nicht mehr das Individuum, sondern die Menschheit manifestiert, mit denen geradezu die tellurische Brüderschaft sich gegen andere Planetenvölker abzeichnet und ihre Parole abgiebt. [H 1902c, 183; VIII: 489–490].

Im Mittelpunkt der Beschreibung und Deutung steht natürlich die Figur des Beethoven; er wird in unmittelbare Beziehung zum Herrscher des Olymp gesetzt: „Zeus-Beethoven thront mit vorgebeugtem nacktem Oberkörper; das rechte Bein über das linke geschlagen, auf dem heraufgezogenen Oberschenkel ruhen die geballten Fäuste, die rechte vor der linken." [H 1902c, 185; VIII: 491]. Mit Bezug auf die Zeus-Statue des PHIDIAS folgt eine subtile Kritik am Unverständnis „gebildeter" Zeitgenossen.

HAUSDORFF widmet sich dann BEETHOVENs Antlitz in bisherigen Darstellungen, in KLINGERS Modell seiner Skulptur und im schließlich ausgeführten Werk und zieht folgendes Fazit:

Welcher Aufstieg seelischer Befreiung und technischer Ausdrucksbeherrschung von diesem Modellkopf zum marmornen Beethovenhaupte! Auch hier glüht noch Düsterkeit, Schicksalstrotz: aber nicht mehr die dumpfe ratlose persönliche Befangenheit, der Raubtierblick hinter Gitterstäben, sondern universelle Leidenstiefe, zermalmende und erhebende Erkenntnis des Notwendigen, Tragik des innersten Weltgrundes. Beethoven leidet nicht mehr an sich, er leidet an der Menschheit; er hat sein Selbst zu ihrem Selbst erweitert; er hat die Neunte Symphonie geschaffen. Zeus ist ja nicht allmächtig – zu einer so unvollziehbaren gehirnverrenkenden Begriffsbildung waren die Griechen zu gesund: über den Göttern thront Moira. Der Olympier starrt ins Unabänderliche ... [H 1902c, 186; VIII: 493].

Eingehend analysiert HAUSDORFF die Reliefs auf den Seiten und auf der Rückseite des Thrones. Das Relief auf der Rückseite setzt er in Beziehung zu KLINGERS Monumentalgemälde *Christus im Olymp*: „Auf der mächtigen Rückenfläche des Thrones aber lässt Klinger, wie im 'Christus im Olymp', noch einmal die weltgeschichtlichen Kontraste aufeinander prallen: nazarenische Weltflucht und heidnische Sinnenfreude." [H 1902c, 186; VIII: 494]. Und schließlich das Resümee:

Eine Weltgeschichte mit ihren gegensätzlichen Triebkräften ist in diese Bronzereliefs gebannt: verlorenes Paradies und ungestilltes Glücksverlangen, Selbstgenuss und Selbstaufopferung, Sensualismus und Spiritualismus, Kypros und

Golgatha – aus diesem Spiel sich kreuzender Kontraste, aus Kette und Einschlag webt sich der Teppich des Lebens. Klinger's Raumkunst wagt hier das Höchste: sie überträgt Beethoven's tönende Hieroglyphen in sichtbare Symbolik, sie redet vom Schicksal der Menschheit. [H 1902c, 187; VIII: 495].

Im letzten Abschnitt seines Essays setzt sich HAUSDORFF mit KLINGERs Grundkonzeption auseinander, BEETHOVEN mit Zeus zu assoziieren – „darf man ihn auf olympisches Gewölk setzen, ohne dass ihm bei seiner Gottähnlichkeit bange wird?" Es kommt – so HAUSDORFF – nicht darauf an, ob aus dem Wissen über BEETHOVENs Leben und Werk und aus der Vorstellung der Griechen und der späteren Jahrhunderte von der Gestalt des Zeus eine solche Assoziation hergeleitet werden darf, sondern es kommt allein auf die dadurch erzielte Tiefenwirkung des Kunstwerks beim Betrachter an:

Denkt euch immerhin den Beethoven anders: aber lasst es auf die Kraftprobe ankommen und stellt eure innere Anschauung dem Klinger'schen Bildwerke gegenüber – welches von beiden wird das andere auslöschen? Klinger ist der psychisch Stärkere; wie jene indischen Magier kann er euch zwingen zu sehen, was er will, nicht was ihr wollt oder was die realistische Wirklichkeit vorschreibt. [H 1902c, 188–189; VIII: 497].

Am Schluß des Essays wird KLINGER als kühner Schöpfer und Gestalter gewürdigt. Um den Gegensatz zwischen KLINGERs Kunst und dem bevorzugten zeitgenössischen Geschmack zu betonen, zitiert HAUSDORFF ein Modewort des damaligen Kunstbetriebes: „Stimmung"[81]:

Heute ist „Stimmung" unser drittes Wort, ein Bekenntnis der Passivität, die mit weichen Fischflossen im Gallert herumfährt und amorphe Symbole der eigenen Unzulänglichkeit knetet: vergebens mühen sich die Lieder, vergebens quälen sie den Stein. [H 1902c, 189; VIII: 498].

Und nun kommt das Gegenbild, sein Heros:

Aber ein Höheres ist „Gestaltung", innerlich Geschautes mit derb zupackenden Händen in hartem Material abgeformt: Manneswille quantum satis, der dem Chaos einen Kosmos abtrotzt. Solch ein Gestaltetes ist Klinger's Beethoven, aus Stein und Metall heraufgeholt wie die geordnete Welt aus dem „Grenzenlosen" des Anaximander, wie die Zeusherrschaft aus Titanenkämpfen, wie Beethoven's scharfumschriebene Toncharaktere aus labyrinthischem Gefühlswirrsal, wie jedes beseelte Kunstwerk aus den ungeschieden wirbelnden, sinnlos durcheinander brausenden Elementen der Wirklichkeit. [H 1902c, 189; VIII: 498].

HAUSDORFFs Essay mutet manchmal doch etwas sehr pathetisch an. Ohne Zweifel war HAUSDORFF von KLINGERs Kunst tief beeindruckt und begeistert, und er hat dies mit großer Sprachgewalt auch dem Leser zu vermitteln gesucht. In den Formulierungen wäre er vielleicht da und dort ein wenig zurückhaltender gewesen,

---

[81]Damit hatte er sich schon im *Sant' Ilario* auseinandergesetzt: Aphorismus Nr. 282, 186f.; *HGW*, Band VII, 280f.

wenn er, angesichts auch derber Kritik an KLINGERS Werk hier irgend jemand Beliebigem und nicht einem Freunde beigesprungen wäre.

KLINGER war wie HAUSDORFF ein großer Musikliebhaber und guter Klavierspieler. Er war mit bedeutenden Musikern befreundet und veranstaltete in seinem Atelier öfter Hauskonzerte. In der schöngeistigen und historischen Literatur war er wie HAUSDORFF außerordentlich belesen. Es gab also ein weites Feld gemeinsamer Interessen.

Der früheste Beleg für freundschaftliche Beziehungen HAUSDORFFs zu KLINGER ist ein Brief KLINGERS an seine Lebensgefährtin ELSA ASENIJEFF, vermutlich aus dem Jahre 1901. Dort heißt es:

> Eben ging Merian fort der von Steinbach (Meininger Kapelle) fragen liess ob er mir morgen Sonntag früh das Brahmssche Clarinetten Quintett hier im Atelier spielen dürfe. Ich habe noch Hausdorffs und Merian gebeten. Kommst Du?[82]

In einem weiteren Brief an ELSA ASENIJEFF schreibt KLINGER unter anderem:

> Ausserdem machte sie [ein Fräulein K. ≟ W.P.] den Vorschlag, wir möchten heut Abend mit Hausdorff zusammen bei Steinmann sein.[83]

In einem Archiv in Basel haben sich ferner zwei Ansichtskarten KLINGERS an HAUSDORFFS erhalten.[84] Die eine enthält neben der schönen Ansicht nur einen Gruß. Die andere (vermutlich aus dem Jahr 1908) zeigt eine der vier Genien, die auf dem Brahms-Denkmal KLINGERS in Hamburg um die Figur von BRAHMS gruppiert sind und zu ihm aufblicken. Der kurze Text lautet:

> Verehrteste! Ihr Gedanke ist viel zu schön um sich zu verwirklichen! Wenigstens heuer! Ich mit Umstehendem [mit dem Brahms-Denkmal – W.P.] und Frau Asenijeff mit Umzug (1. Oct.) dicht beschäftigt. Ach Gott wäre das schön. Vergessen Sie Ischia nicht.
> Herzliche Grüße von uns beiden   Ihr M. Klinger

Was HAUSDORFF KLINGER und seiner Lebensgefährtin vorgeschlagen hat, ist nicht bekannt. Es könnte ein gemeinsamer Urlaub gewesen sein – vielleicht hatte es auf Ischia schon eine gemeinsame Zeit gegeben. Ein weiteres schönes Dokument zu den Beziehungen HAUSDORFFs zu KLINGER und REGER ist die aus EGGEBRECHTs Autobiographie im vorigen Abschnitt bereits ausgiebig zitierte Schilderung eines feierlichen Abends bei KLINGER und dessen Fortsetzung bis in den Morgen hinein.

Die *Zeitschrift für bildende Kunst* erschien bekanntlich im Verlag E. A. Seemann in Leipzig. Ob der Geschäftsführer und gute Freund KIRSTEIN HAUSDORFF dazu angeregt hat, seinen Essay über KLINGERS *Beethoven* zu schreiben, wissen wir nicht; es ist auch sehr gut möglich, daß die Initiative von HAUSDORFF selbst ausgegangen ist. KIRSTEIN jedenfalls muß der Essay sehr zugesagt haben, denn er ließ ihn noch im selben Jahr separat als Sonderheft der *Zeitschrift für bildende*

---

[82] Stadtgeschichtliches Museum Leipzig, Sign. A/2011/589-2.
[83] Stadtgeschichtliches Museum Leipzig, Sign. A/2011/589-1.
[84] *HGW*, Band IX, 369.

Kunst erscheinen. 1904 gründete Kirstein ein weiteres Periodikum: *Meister der Farbe*. Darin sollten mittels sehr guter Abbildungen „Beispiele der gegenwärtigen Kunst in Europa" mit kurzen begleitenden Texten dem Publikum vorgestellt werden. Bereits im ersten Heft erscheint eine Abbildung von Klingers *Beethoven* mit einem knappen Begleittext von Hausdorff [H 1904e, VIII: 685–686].

6.7   Sprachkritik

In den Jahren 1901 und 1902 erschien bei Cotta in Stuttgart das dreibändige Werk *Beiträge zu einer Kritik der Sprache* von Fritz Mauthner.[85] Mauthner war wie Schopenhauer und Nietzsche kein Universitätsphilosoph. Er hatte in Prag Rechtswissenschaften studiert, ohne einen Abschluß zu erlangen, und daneben auch Vorlesungen über Philosophie, Archäologie, Musikgeschichte, Medizin und Theologie gehört. Nachdem er in Prag erste Erfahrungen als Feuilletonist beim „Prager Tagesboten" gesammelt hatte, siedelte er 1876 nach Berlin über, wo er ständiger Mitarbeiter und von 1895 bis 1905 Feuilletonredakteur des „Berliner Tageblattes" war. Er wirkte auch als Autor, Redakteur und Herausgeber an anderen Zeitungen und Zeitschriften mit. Besonders bekannt wurde er als Literatur- und Theaterkritiker. Seine zahlreichen Feuilletons erschienen z.T. in Sammelbänden. Ab 1905 wirkte er als freier Schriftsteller, zunächst in Freiburg i.Br. und ab 1909 in Meersburg am Bodensee.

Mauthner hat, zunächst neben dem journalistischen Beruf, ein äußerst umfangreiches und vielseitiges literarisches und philosophisches Werk geschaffen. Den Durchbruch beim Publikum erzielte er schon früh mit Parodien bekannter Autoren (ab 1878), die gesammelt unter dem Titel *Nach berühmten Mustern* 1879 als Buch herauskamen (30 Auflagen bis 1902). Die Parodien und weitere satirische Schriften wie die Travestie *Dilletantenspiegel* (1884) und die Pressesatire *Schmock oder die Karriere der Gegenwart* (1888) stellten u.a. den lügenhaften „Worthandel" der Journalisten und die Eitelkeit von Literaten bloß und machten sich über ideologische Eiferer lustig. Mauthner legte ferner eine stattliche Reihe von Romanen und Novellen vor. Seinerzeit weit verbreitet und viel gelesen, hat jedoch keiner von Mauthners Romanen nachhaltigen literarischen Ruhm erlangt. Auf philosophischem Gebiet sind neben dem sprachkritischen Werk die philosophiehistorischen Arbeiten erwähnenswert: *Aristoteles* (1904), *Spinoza* (1906), *Schopenhauer* (1911) sowie das vierbändige grandiose Alterswerk *Der Atheismus und seine Geschichte im Abendlande* (1920–1923).[86]

Die oben genannten *Beiträge zu einer Kritik der Sprache* setzte Mauthner mit seinem zweibändigen *Wörterbuch der Philosophie - Neue Beiträge zu einer*

---

[85] Band 1: Zur Sprache und zur Psychologie (1901), Band 2: Zur Sprachwissenschaft (1901), Band 3: Zur Grammatik und Logik (1902). Überarbeitete Neuauflage: 1906–1913. Dritte, um Zusätze vermehrte Auflage im Verlag von Felix Meiner, Leipzig 1923. Nachdrucke 1963 und 1982. Zitiert wird im folgenden nach der dritten Auflage.

[86] Eine vollständige Bibliograpie der Werke Mauthners findet man in [Kühn 1975, 299–337].

Kritik der Sprache (1910, 1911) fort. Seine Bedeutung als Philosoph beruht auf seinem sprachkritischen Werk. MAUTHNERs Sprachkritik hat eine Reihe bedeutender Denker des 20. Jahrhunderts nachhaltig beeinflußt, wie GEORG SIMMEL, ERNST CASSIRER, LUDWIG WITTGENSTEIN und WALTER BENJAMIN. Sein Werk beeinflußte aber auch Literaten und Künstler wie CHRISTIAN MORGENSTERN, AUGUST STRAMM, GUSTAV SACK und HUGO BALL. Die Sprachkritik wird bis in die Gegenwart kontrovers diskutiert. Es ist hier nicht der Ort, diese Diskussion zu verfolgen.[87]

Bereits als Student interessierte sich FELIX HAUSDORFF für Fragen der Sprachphilosophie, insbesondere für das Verhältnis von Denken und Sprache; so hörte er im Sommersemester 1887 „Allgemeine Grammatik und Sprachphilosophie". Erste Hinweise auf seine eigenen sprachkritischen Überlegungen findet man im *Sant' Ilario* im Kapitel „Denken, Reden, Bilden". Im Aphorismus 283 thematisiert er z.B. die Inkongruenz von Sprache und Wirklichkeit in der Kunst. Im Aphorismus 327 polemisiert er gegen die „Ungerechtigkeit" der Sprache, einer Sprache, die oft unangemessen überhöht und übertreibt und durch „Schneidigkeit" Autorität vorgaukelt:

> Die Sprache, das uralte Werkzeug der Ungerechtigkeit, hat um uns moderne Menschen einen Ballast von willkürlichen und anmasslichen façons de parler gehäuft, von wüthender Parteilichkeit und schnöder Ironie, von kategorischem Grossmaul und unverschämtem Superlativismus: es wimmelt in allen Sprachen von entschieden und unbedingt, von absolument und senza dubbio – nichts geht dem modernen Sprachton mehr wider die Gewöhnung als ein wenig Ruhe, Bescheidenheit, Skepsis. [H 1897b, 224; VII: 318].

Es nimmt angesichts solcher Gedanken nicht wunder, daß HAUSDORFF einem Werk wie MAUTHNERS Sprachkritik lebhaftes Interesse entgegen brachte. Am 12. September 1901 suchte er mit einem Brief aus dem Urlaubsort Cortina d'Ampezzo den persönlichen Kontakt mit MAUTHNER. Der Brief beginnt folgendermaßen:

> Sehr geehrter Herr, Ich habe Ihre Sprachkritik in die Sommerfrische mitgenommen und spüre schon unterwegs, noch einige Schritte vor Seite 657 [Band 1 der Sprachkritik hat 657 Seiten – W.P.], ein unwissenschaftliches Bedürfniss zu danken, so wie man Jemandem, der Einem gute Gesellschaft geleistet hat, das vielleicht einige Stunden vor dem Abschied sagt.

Er sagt dann MAUTHNER voraus, daß er „auf keinen vielstimmigen Widerhall zu rechnen" habe, da es alle Autoren „geradezu höllisch schwer haben, welche ein 'Grenzgebiet' bearbeiten."[88] HAUSDORFF spricht hier aus eigener Erfahrung, denn mit dem *Chaos in kosmischer Auslese* war er selbst ein Grenzgänger, der damit kaum „Widerhall" gefunden hatte. Im folgenden entschuldigt er sich kurz, daß er noch nicht so weit sei, um Triftiges zu sagen, und fährt dann fort:

---

[87]Einen ersten Überblick vermitteln die Sammelbände [Leinfellner/ Schleichert 1995] und [Hartung 2013]. Viele neue Aspekte enthält auch die Biographie [Le Rider 2012].

[88]Beide Zitate in *HGW*, Band IX, 453.

Muss ich somit heute darauf verzichten, Ihnen etwas Eingehendes zu sagen, so will ich die Existenz dieses Briefes wenigstens mit dem allgemeinen Geständnisse rechtfertigen, dass mir Ihre Grundtendenz brillant „in den Kram passt". [···] Sie haben das, was man die „iterative" Skepsis nennen kann, die Skepsis auf sich selbst angewandt, die Kritik der Kritik, besonders in der geradezu raffinirten Ausnützung des Gedankens, dass die Kritik der Sprache ja wieder mit den Mitteln der Sprache erfolgen muss; [···.[89]

Am 16. Dezember 1902 – HAUSDORFF hatte mittlerweile auch den dritten Band von MAUTHNERs *Beiträge zu einer Kritik der Sprache* in Händen – schrieb er an MAUTHNER:

Ich habe ihn [den Band 3 der Sprachkritik – W.P.] noch nicht gelesen, wohl aber – ein Versprechen, das in jedem andern Falle unverzeihlicher Leichtsinn wäre – für die Neue Deutsche Rundschau ein Referat über das ganze Werk übernommen. Aber seien Sie ganz sicher, dass ich Sie auch ohne dieses ad hoc mit dem Ernste und der Gewissenhaftigkeit gelesen hätte, die Sie beanspruchen dürfen.[90]

Es ist aus den Quellen nicht ersichtlich, ob HAUSDORFF aus eigenem Antrieb der Neuen Deutschen Rundschau eine Rezension von MAUTHNERs Sprachkritik angeboten hat oder ob sich der verantwortliche Redakteur OSKAR BIE an ihn gewandt hat; letzteres könnte durch die Formulierung HAUSDORFFs im Brief, er habe „ein Referat über das ganze Werk übernommen" nahegelegt werden. Am 25. August 1903 schrieb er schließlich an MAUTHNER:

Sehr geehrter Herr Mauthner, Meine Frau und ich feiern mit einer Flasche Schäumling den endlich, endlich fertig gewordenen Essai über Ihre Sprachkritik. Er ist nicht frei von Widerspruch und, mit der Länge der Zeit, etwas nüchterner geworden als er sollte. Ich wünsche mir nichts weiter, als dass meine Arbeit Ihrem tapferen Werke noch mehr Freunde werbe!
In Dankbarkeit   Ihr Felix Hausdorff.[91]

Der Essay erschien im Dezemberheft des Jahres 1903; er ist der mit Abstand umfangreichste Beitrag MONGRÉs in der Neuen Deutschen Rundschau.[92] Der Artikel ist in Abschnitte gegliedert; diese tragen jedoch keine Überschriften, sondern sind lediglich jeweils durch eine Leerzeile mit drei Sternchen voneinander getrennt.

Der erste Abschnitt, eine Art Prolog zum eigentlichen Essay über MAUTHNERs Werk, beginnt mit einer Erzählung, die sich wie eine Persiflage auf den Anfang des Johannes-Evangeliums und auch auf die Genesis liest. Statt „Im Anfang war das Wort" heißt es dort „... Und im Anfang war traumlose Tiefe." Aus dem Wirrsal des Anfangs bilden sich Dinge und schließlich Leben; die Schilderung dieser Wandlungen auf einer einzigen Seite ist zauberhafte Gedankenpoesie.

---

[89] *HGW*, Band IX, 453–454.
[90] *HGW*, Band IX, 462.
[91] *HGW*, Band IX, 465–466.
[92] [H 1903b, VIII: 551–580] mit Kommentaren von Udo Roth, VIII, 581–660. Siehe ferner [Roth 2013].

Ein Schöpfer wird nicht benötigt. Eine ebenso metaphorisch geprägte Erzählung handelt dann vom Entstehen der Sprache: In einer Horde „Menschentiere" entstehen Lautzeichen für Dinge und Vorgänge. Schließlich erfinden die Menschen etwas Sichtbares für die Lautzeichen, die Schrift. Aber dann „begibt sich ein Seltsames":

> Vom Bezeichneten löst sich das Zeichen und lügt sich ein eigenes Leben.
>
> Der Mensch schuf Gott sich zum Ebenbilde, aber Gott stellt sich auf Altäre und heißt den Menschen davor knien und opfern. [H 1903b, 1234; VIII: 552].

Und der Mensch schuf Wortgespenster, Wortfetische, auch gefährliche und mörderische Worte:

> Aus Worten sprießt Gift und Feuer und langsame Qual. [···] Worte ohne Wirklichkeit sollen Kranke heilen, Geister rufen und Quellen springen machen. Worte gebieten der Welt, wie sie sei und notwendig sein müsse, und in den Lehrsälen streitet man über die richtige Weise, Worte mit Worten zu verbinden. [H 1903b, 1235; VIII: 553].

Endlich, nach mehr als zwei Jahrtausenden, tritt ein junges heldenhaftes Geschlecht auf den Plan, „das wirft allen Götzendienst und Gespensterwahn und Wortaberglauben hinter sich." Die Erde ist keine Scheibe mehr, die Bahnen der Himmelskörper sind keine Kreise mehr, viele „wagen nun zu sehen, was ist, und entschlagen sich der Wortfurcht." Aber immer noch „fliegen Wortgespenster und Wolkenschatten über sonniges Land", immer noch „verwirrt uns alter Wortwahn", den es nun endgültig abzuschütteln gilt: „Gekommen ist der Tag der Wirklichkeiten!"[93]

Hier nun ist der Punkt erreicht, an dem zu MAUTHNER übergegangen wird: HAUSDORFF nennt die bibliographischen Daten der drei Bände der *Sprachkritik* und teilt mit, daß ein vierter Band, der die Geschichte des sprachkritischen Gedankens verfolgen soll, in Aussicht gestellt ist. Dieser vierte Band ist jedoch nie erschienen.

Im folgenden Abschnitt rühmt HAUSDORFF den wahrhaft philosophischen Geist in MAUTHNERS Werk:

> Von dieser Sprachkritik geht ein Kälteschauer aus wie von der Kritik der reinen Vernunft; aber ein Golfstrom mischt Zärtlichkeit und fernen Blütenduft dazwischen. Wie leise, gütig, resigniert ist die Sprache dieses Richters der Sprache: und keine Verführung ist doch größer, als von oben herab sprechen, wenn man die Dinge von oben herab sieht. [···] Wir verlangen von einem Philosophen freie Aussicht, weiten Umblick: er soll über das hinaus sein, was hier und heute gilt, was innerhalb einiger hundert Quadratmeilen Landes und einiger Jahrzehnte Völkerlebens als das Wahre, Gute, Schöne in Umlauf ist. Aber es ist Mauthners Ruf, daß die Schranken geöffnet werden, die Schranken des Raumes und der Zeit! [H 1903b, 1236; VIII: 554–555].

---

[93] Alle Zitate in [H 1903b, 1235; VIII: 553].

Und MAUTHNER hat die Schranken geöffnet: die des Raumes, indem er seinen Blick auf zahlreiche Völker und ihre Sprachen richtete, die der Zeit, indem er nicht nur den geringen Zeitraum des historisch Bezeugten in den Blick nahm, sondern die gewaltigen Zeiträume der Sprachentstehung und Sprachgeschichte in Betracht zog.

Schon in seinem ersten Brief an MAUTHNER hatte HAUSDORFF dessen „iterative" Skepsis bewundert; im Essay klingt das so:

> Noch manches an diesem Buche ist philosophisch, wenn schon nicht fachphilosophisch. Mauthner war in einer ähnlichen Lage wie seit Kant alle schärferen Erkenntniskritiker: über das Denken denken zu müssen, die Grenzen der Vernunft mit Hilfe der Vernunft abzustecken, Sprachkritik mit den Mitteln der Sprache zu treiben. [H 1903b, 1237; VIII: 555].

Mit geistreichen und poetischen Bildern erläutert HAUSDORFF dann für die Leser der Rundschau dies Paradoxon und seine Konsequenzen für MAUTHNER als Autor und für MAUTHNERs Leser.

Im folgenden will HAUSDORFF auf einzelne Aspekte des MAUTHNERschen Werkes eingehen: „Besinnen wir uns auf die Pflichten eines Referenten." [H 1903b, 1238; VIII: 556]. Aber bevor er dies tut und dabei auch manches kritisch anmerken wird, steht das Bekenntnis einer gewissen Seelenverwandtschaft, einer großen Sympathie für den Autor MAUTHNER:

> Mir hat Mauthners Buch außerordentliches Vergnügen gemacht, und aus Dankbarkeit oder Menschenliebe möchte ich recht viele Leser verführen, sich dasselbe Vergnügen zu gönnen. [H 1903b, 1238; VIII: 556].

Es gab gegen MAUTHNERs Sprachkritik zwei Vorwürfe, die ungeachtet sonstigen Zuspruchs oder sonstiger Einwände immer wieder geäußert wurden, nämlich, daß MAUTHNER auf den vielen Gebieten menschlichen Wissens und menschlicher Geschichte und Kultur, die er in seinem Werk berührt, Dilletant sei, und daß sein Werk unsystematisch, unstrukturiert und zum Teil redundant und schwer lesbar sei. HAUSDORFF setzt sich mit dieser Kritik auseinander und stellt schließlich fest:

> Mauthners Buch hat die Fehler seiner Vorzüge; es ist ein Lebenswerk, aus jahrzehntelang fortgeführten Aufzeichnungen erwachsen, von tausend Assoziationen genährt, aus täglichen Erlebensquellen gespeist. [···] Mag er uns viele Umwege führen: zum Schluß sind wir doch in fesselnder Gesellschaft gewesen. [H 1903b, 1239; VIII: 557–558].

Nach HAUSDORFFs Ansicht ist MAUTHNER als Literaturkritiker, Journalist und Schriftsteller viel besser geeignet als ein „graduierter, behördlich gestempelter und geaichter Fachmann", um „den täglichen Mißbrauch der Sprache, die Prostitution der Sprache" aufzudecken und „die Sprache als Ausdruck und Mittel der allgemeinen Desorientierung, als gegenseitige Hypnose zu Verbrechen und künstlichem Wahnsinn" zu entlarven.[94]

---

[94]Diese Zitate in [H 1903b, 1239–1240; VIII: 558–559]. Sie spiegeln die geistige Situation wider, die man als „Sprachkrise" um die Jahrhundertwende bezeichnet hat; s. dazu [Eschenbacher 1977].

Im nächsten Abschnitt wendet sich HAUSDORFF MAUTHNERs Verdikt zu, daß es die Sprache sei, die das gegenseitige Verstehen der Menschen verhindere. Ausgangspunkt MAUTHNERs war die Feststellung, daß es die Sprache als Gegenstand gar nicht gibt, sondern daß Sprache nur Sprachgebrauch zwischen Individuen ist:

> Die Sprache existiert aber niemals für sich allein, sondern immer nur zwischen Menschen.[95]
> Es gibt nur individuelles Denken und nur individuelle Sprachen. Alles andere ist Abstraktion.[96]

Hieraus nun ergibt sich nach MAUTHNER die Konsequenz des immerwährenden Mißverstehens:

> Wir wissen voneinander bei den einfachsten Begriffen nicht, ob wir bei einem gleichen Worte die gleiche Vorstellung haben. [···] Wenn ich Baum sage, so stelle ich mir – ich persönlich – so ungefähr etwas wie eine zwanzigjährige Linde vor, der Hörer vielleicht eine Tanne oder eine mehrhundertjährige Eiche. Und das sind die einfachsten Begriffe. Worte für innere Seelenvorgänge sind natürlich von den vielen Werten oder Begriffen ihres Inhaltes abhängig und darum bei zwei Menschen niemals gleich, sobald auch nur ein einziger der Inhaltswerte ungleich vorgestellt wird. Je vergeistigter das Wort, desto sicherer erweckt es bei verschiedenen Menschen verschiedene Vorstellungen.[97]

HAUSDORFF versteht es meisterhaft, auf knappem Raum dem Leser seines Essays diese Ideen MAUTHNERs und dessen historische Sicht auf die Problematik nahe zu bringen; hier sei nur eine markante Stelle zitiert:

> Das wirkliche Leben der Sprache, das mikroskopisch studiert werden müßte, kennt nur zeitweilige Individualsprachen; schon Mundarten sind Abstrakta, und Gemeinsprache, Schriftsprache ist allerhöchste Abstraktion. [···] Man redet die gleichen Worte und meint Verschiedenes, man redet gegensätzliche Worte und meint Gleiches; die gemeinsame Situation bringt Verständigung ohne Worte, auch gegen die Worte, aber Worte bringen keine Verständigung ohne gemeinsame Situation. Der Höhepunkt des Mißverstehens durch Sprache ist das Sichselbstmißverstehen, das gerade den schärfsten Denkern nachgesagt wird. [H 1903b, 1241; VIII: 560].

HAUSDORFF meint, daß ähnliche Gedanken, „vielleicht weniger zugespitzt", schon längst ausgesprochen worden sind.[98] Er sieht auch, insbesondere in MAUTHNERs Zuspitzung, eine Gefahr, die Gefahr nämlich, in sprachlose Mystik abzuleiten. Mit seinem Gefühl, MAUTHNERs Sprachkritik könne schließlich – wie bei LANDAUER – in Mystik münden, hatte HAUSDORFF durchaus recht. Bereits im Band 3 der *Beiträge zu einer Kritik der Sprache* werden solche Tendenzen sichtbar, die sich dann im *Wörterbuch der Philosophie* verstärken. Am Ende seines Lebens bekennt MAUTHNER:

---

[95] Fritz Mauthner: *Beiträge zu einer Kritik der Sprache*, Band 1, 27.
[96] Fritz Mauthner: *Beiträge zu einer Kritik der Sprache*, Band 1, 182.
[97] Fritz Mauthner: *Beiträge zu einer Kritik der Sprache*, Band 1, 54.
[98] S. dazu insbesondere den Abschnitt *Sprache und Verständigung* in [Eschenbacher 1977, 78–93].

Sprachkritik war mein erstes und ist mein letztes Wort. Nach rückwärts blickend ist die Sprachkritik alles zermalmende Skepsis, nach vorwärts blickend, mit Illusionen spielend, ist sie eine Sehnsucht nach Einheit, ist sie Mystik.[99]

Die erkenntnistheoretische Position MAUTHNERs gründet sich auf seine Überzeugung, daß „es kein Denken gebe außer dem Sprechen".[100] Die Sprache wiederum, ihre Worte, sind „Erinnerungszeichen" an die Vorstellungen, die uns unsere Sinne vermittelt haben. Die Sinne aber sind im Laufe der Evolution geworden, sie sind „Zufallssinne"[101]; sie machen uns nur einen eng begrenzten Teil der Welt zugänglich. Die Sprache ist deshalb „wertlos für unsere Erkenntnis der Wirklichkeitswelt"[102]:

Die Sprache kann niemals zur Photographie der Welt werden, weil das Gehirn des Menschen keine ehrliche camera obscura ist, weil im Gehirn des Menschen Zwecke wohnen und die Sprache nach Nützlichkeitsgründen geformt haben.[103]

Gemeint ist hier mit „Erkenntnis der Wirklichkeitswelt" oder „Photographie der Welt" die Erkenntnis der „Welt an sich" im metaphysischen Sinne. MAUTHNER lehnt, wie auch HAUSDORFF, jedwede Metaphysik ab. Aber während für HAUSDORFF die „Welt an sich" strukturloses Chaos ist, ist MAUTHNER vom Bankrott der Metaphysik betroffen; er ist getrieben von der Sehnsucht nach einer metaphysischen Erkenntnis.[104]

In seinem Essay charakterisiert HAUSDORFF MAUTHNERs erkenntnistheoretische Überzeugungen mit wenigen Sätzen; der Schluß dieser kurzen Passage zeigt die grundsätzliche Differenz zwischen den Standpunkten beider Denker in Bezug auf die menschlichen Erkenntnismittel:

In der Erkenntnistheorie ist Mauthner, um es kurz mit den üblichen Schlagworten auszudrücken, Sensualist, ohne Materialist zu sein. Lockes Satz: nichts ist im Intellekt, was nicht vorher in den Sinnen war, lautet bei ihm: nichts ist im *Gedächtnis der Sinne*, was nicht vorher in den Sinnen war. Also der Intellekt ist Gedächtnis der Sinne, die ihrerseits bloße Zufallssinne sind und nur gelegentliche Ausschnitte aus der Wirklichkeit beherrschen; ein selbständiges Denken als Faktor der Erkenntnis, eine geistige Formung und Prägung der Sinneswahrnehmungen zu geordneter Erfahrung wird abgelehnt. [H 1903b, 1242; VIII: 561].

Diese Ablehnung eines selbständigen Denkens als Faktor der Erkenntnis impliziert bei MAUTHNER eine grundsätzliche Wissenschaftskritik, mit der sich HAUSDORFF am Schluß seines Essays eingehend auseinandersetzt.

---

[99] Fritz Mauthner: *Der Atheismus und seine Geschichte im Abendlande*. Band IV, Stuttgart, Berlin 1923, 447.

[100] Mauthner: *Beiträge ...*, Band 1, 507.

[101] Dem Thema „Zufallssinne" hat Mauthner im Band 1 der *Beiträge ...* mehr als 50 Seiten gewidmet (320ff.).

[102] Mauthner. *Beiträge ...*, Band 1, 37.

[103] Mauthner. *Beiträge ...*, Band 1, 48.

[104] S. dazu insbesondere [Kühn 1975, 71–72], mit entsprechenden Zitaten aus Mauthners Werk.

Einen weiteren Abschnitt seines Essays widmet HAUSDORFF MAUTHNERS Auseinandersetzung mit der Sprachwissenschaft. MAUTHNERS Angriffe gegen die Sprachwissenschaft richteten sich vor allem gegen die Theorie von der Existenz einer indogermanischen Ursprache mit sozusagen vom Himmel gefallenen universalen Sprachgesetzen, die angeblich von einem Urvolk der Arier gesprochen wurde und deren Wurzeln man im Sanskrit erforschen könne. HAUSDORFF hatte vollkommen recht mit der Feststellung, „daß Mauthners Angriff in vielen Fällen zu spät kommt und bereits aufgegebene Positionen stürmt."[H 1903b, 1243; VIII: 562]. Selbst für einen Außenstehenden wie ihn – so HAUSDORFF – sei erkennbar, daß die derzeitige Sprachwissenschaft das Aufstellen spekulativer Hypothesen überwunden und sich weitgehend empirisch fundierter Forschung zugewandt habe. MAUTHNER selbst habe zur modernen Sprachwissenschaft durchaus etwas beizutragen:

> Als gedankenreicher Mitarbeiter am Werke der modernen Wissenschaft mag Mauthner vielleicht den Linguisten willkommener sein, als er selbst denkt und als sie zunächst eingestehen werden: er soll nur die Dynamitkiste beiseite stellen und als friedlicher Reformer mit in Reih' und Glied treten. [H 1903b, 1243; VIII: 563].

Im folgenden referiert HAUSDORFF einige Ideen MAUTHNERS mit Sympathie; vielleicht war er der Meinung, daß diese Ideen es wert gewesen wären, damit „in Reih' und Glied" der Sprachwissenschaften zu treten. Da ist zunächst MAUTHNERS Ablehnung von Gesetzmäßigkeiten der Sprachentwicklung, seine Auffassung von Sprachentstehung und Sprachentwicklung als „Zufallsgeschichte", als abhängig und determiniert von Kultur, Bildung, Religion, Sitte, Brauchtum, aber auch von Krieg, Handel und Wanderungsbewegungen bis hin zu Launen und Mißverständnissen einzelner Menschen. Da ist MAUTHNERS Betonung der Rolle von Metaphern und ihren Wandlungen im Laufe der Zeit, seine Auffassung von Sprache als „Wörterbuch vergilbter Metaphern". Da sind schließlich seine ausgedehnten Untersuchungen zu Wortverbindungen als „Bildermischungen", Mischung von Bildern, die im ursprünglichen Wortsinne nichts miteinander zu tun haben; MAUTHNER nannte sie „Wippchen". Ein Beispiel für ein solches Wippchen ist der Ausdruck „abgesehen vom Tonfall"; im ursprünglichen Wortsinn will man etwas nur hörbares nicht sehen. HAUSDORFF weist ferner darauf hin, daß MAUTHNERS Ausführungen zur Grammatik mit dem Nachweis von deren „Unbestimmtheit und mangelnden Beziehung zur realen Welt" reich „an feinen Anregungen" sind. [H 1903b, 1245; VIII: 564]. Eine ganze Reihe dieser „feinen Anregungen" wird ausführlich referiert.

Es hat sich im Laufe der Zeit gezeigt, daß MAUTHNERS Werk die Sprachwissenschaft sehr wohl beeinflußt hat. HAUSDORFF hat es aber ganz richtig gesehen: Pauschalangriffe und Pauschalverurteilungen haben diese Wirkung begrenzt; MAUTHNER hätte die „Dynamitkiste" rechtzeitig beiseite stellen sollen.[105]

Der nächste Abschnitt von HAUSDORFFS Essay widmet sich MAUTHNERS Kritik der klassischen Logik. MAUTHNER habe es sich bei der Hinrichtung der

---

[105]Zu Mauthners Verhältnis zu den Sprachwissenschaften und zu seiner Wirkung auf die Sprachwissenschaften s. [Bredeck 1987], [Trautmann-Waller 2013].

aristotelischen Logik [···] etwas bequem gemacht." Er hätte, statt alten Spott
aus dem 18. Jahrhundert aufzuwärmen, die „besonders von englischen Logikern
gelieferten Formalismen und die logische Algebra schärfer aufs Korn nehmen müssen." [H 1903b, 1246; VIII: 566]. HAUSDORFF meinte hier vor allem die Beiträge
von AUGUSTUS DE MORGAN und GEORGE BOOLE. Zu den von englischen Logikern gelieferten Beiträgen zählte er auch das von STANLEY JEVONS erfundene
„logische Klavier", das er bei MAUTHNERs Auseinandersetzung mit der Logik ebenfalls vermisse. JEVONS, Schüler von DE MORGAN, Verfasser zahlreicher Schriften
zur Logik, konstruierte 1869 einen mechanischen Computer, der bei eingegebe-
nen Prämissen die daraus ableitbaren Konklusionen ausgibt. HAUSDORFF demonstriert seinen Lesern eingehend die Leistung dieses von ihm „Denkmaschine" genannten Gerätes anhand eines fiktiven Beispiels von Prämissen. Aber so ungeeignet nach HAUSDORFF die formale Logik und damit auch die „Denkmaschine" für
die menschliche Erkenntnis ist („die Logik ist zur Unfruchtbarkeit verurteilt, weil
sie [···] gegen die wirkliche Denktätigkeit gleichgültig und von exklusivem Hoch-
mut ist" [H 1903b, 1247; VIII: 567]), so sieht er doch in Bemühungen wie der von
JEVONS einen Fortschritt:

> [···] um der Gerechtigkeit willen muß zugestanden werden, daß erst in diesem
> sauberen mechanischen Begriffskalkül die deduktive Logik wirklich vollendet
> und in präziser Gestalt vorliegt, neben der das vielbewunderte Organon stagi-
> ritischen Tiefsinns als ein vorläufiger, mit Unreinlichkeiten und Zufälligkeiten
> behafteter Orientierungsversuch erscheint. Wir beherrschen nun wenigstens
> das Chaos logischer Prozesse von einem einheitlichen Gesichtspunkte, und
> das verzwickte System der Urteile, Schlüsse und Schlußketten mit ihren Figu-
> ren und Modi enthüllt sich als einfaches Spiel mit logischen *Gleichungen*, in
> denen wir nach Belieben Gleiches für Gleiches substituieren. Es ist kein Zu-
> fall, daß damit die Logik maschinenfähig, automatenreif geworden ist, [···]
> [H 1903b, 1247; VIII: 567].

Von heute aus betrachtet, mit dem Wissen darum, was aus solchen primitiv schei-
nenden Anfängen geworden ist, sind diese Bemerkungen HAUSDORFFs durchaus
hellsichtig.

In einem späteren Brief an MAUTHNER (vom 14. Juni 1904) kommt er noch
einmal auf das Thema Logik zurück; dort schreibt er:

> Ich kann als Mathematiker – die letzten Jahrzehnte werden in einer künftigen
> Geschichte der exacten Wissenschaften als Periode der vollständigen Logisi-
> rung oder Formalisirung der Mathematik erscheinen – nicht zugeben, dass
> Denken Sprechen sei, und dass die Macht der Logik nicht weiter reiche als bis
> zur Feststellung, dass Chester ein Kas ist. [···] Ich habe meine antilogische
> Periode hinter mir, meine erste wenigstens; womit ja nicht ausgeschlossen ist,
> dass ich durch eine Spiralwindung wieder dahin zurückkomme.[106]

---

[106] *HGW*, Band IX, 466, 467.

Es ist jedoch eine Tatsache, daß HAUSDORFF zeitlebens die Bedeutung der Logik für die mathematische Grundlagenforschung unterschätzt hat. Darauf wird noch zurückzukommen sein.

Eingehend referiert und würdigt HAUSDORFF MAUTHNERs Kampf gegen den Wort- und Kategorienrealismus. Unter Wortrealismus versteht er den Glauben, daß abstrakte Begriffe reale Dinge bezeichnen. Das führe dazu, daß unheilvolle „Wortfetische" das Handeln der Menschen bestimmen können oder gar zu furchtbaren Exzessen mißbraucht werden:

> Priester und Volksredner kennen die faszinierende Macht des Wortes. Mit Worten hypnotisieren sich die Menschen zu Kriegen, Hexenverfolgungen, Massendelirien. Nachdem die Menschen lange genug mit Worten gespielt haben, werden die Worte frech und spielen mit den Menschen, z.B. das Wort „Ehre", oder die Worte Staat, Monarchie, Vaterland, Erbfeind. Wie haben die Namen Jesus, Mohammed, oder die drei Worte der französischen Revolution mit der Menschheit gespielt! [H 1903b, 1249; VIII: 569].

Mit dem Kategorienrealismus meint HAUSDORFF die „Verführung durch die Grammatik", diese sei „vielleicht die aufs höchste gesteigerte Verführung durch die Sprache: ein scholastischer Realismus nicht mehr vor einzelnen noch halbwegs lebendigen Worten, sondern gegenüber den blassen schwebenden Kategorien und Beziehungsformen." [H 1903b, 1250; VIII: 571]. So verschmelze das Substantiv mit dem Subjektbegriff, und leblose Objekte werden durch die Sprache zu handelnden Subjekten. Lebten wir andererseits in einer Welt ohne annähernd starre Körper, „so hätte sich vielleicht eine Sprache mit mehr *verbalistischem* Gepräge und als entsprechende Naturphilosophie eine Art *Funktionalismus* entwickelt, in dem nicht die fließenden Gestaltgrenzen der Naturdinge, sondern Wirkungsweise und gegenseitige Bezogenheit betont würden" [···] [H 1903b, 1251; VIII: 572].

MAUTHNER habe „den Wort- und Kategorienrealismus bis in die moderne Philosophie und Naturforschung hinein verfolgt". [H 1903b, 1251; VIII: 572]. Dafür gibt HAUSDORFF eine Reihe instruktiver Beispiele. Kritik übt er – wie schon mehrfach praktiziert – da, wo MAUTHNER seiner Meinung nach überspitzt und die Wissenschaft ungerechtfertigt attackiert.

Im letzten Abschnitt seines Essays geht es HAUSDORFF um die erwünschte Wirkung von MAUTHNERs Sprachkritik. Vor allem muß MAUTHNER zunächst vor sich selber geschützt werden; die unbestreitbaren und von HAUSDORFF geschätzten Verdienste seines sprachkritischen Werkes können nur wirksam werden, wenn man sie von den Übertreibungen, Überspitzungen und radikalen Konsequenzen MAUTHNERs befreit:

> Die Sprachkritik ist eine Tat; damit sie auch ein Ereignis werde, dürfen ihre Freunde eines nicht unversucht lassen, nämlich die notwendige *Abschwächung*, ohne die alle extremen Dinge lebloses Gedankenspiel werden, ohne die keine Weiterwirkung, kein fruchtbarer Austausch, keine Aufnahme in organische Zusammenhänge möglich ist. [···] Auf die Gefahr hin, das Tiefste und Eigenste der Sprachkritik scheinbar preiszugeben, muß ich gestehen, daß ich

mit Mauthners letzten weltauflösenden Konsequenzen [···] nichts anzufangen weiß. Nichts mit der Herabsetzung der Wissenschaft zu Wortstreit und Talmudistik, nichts mit der Verzweiflung über das Denken als wertlose Tautologie, nichts mit dem Selbstmord der Sprache und ihrer Erlösung in sprachlose Mystik. [H 1903b, 1253; VIII: 574].

Es ist interessant, daß HAUSDORFF diese seine ausgleichenden Absichten mit eigenen Erfahrungen motiviert, nämlich mit der ausbleibenden Resonanz auf sein *Chaos in kosmischer Auslese* (ohne dies Werk zu nennen):

Es ist eine persönliche Resignation, aus der ich diese abschwächende und vermittelnde, sozusagen parlamentarische Funktion übernehme; auch ich habe mich mit einem Zerstörungswerk an die Grenzen der Menschheit vorgewagt und im Leeren keinen Widerhall gefunden. [H 1903b, 1253; VIII: 574].

HAUSDORFFs Hauptanliegen in dieser „parlamentarischen Funktion" ist die Verteidigung der Wissenschaft gegen MAUTHNERs „weltauflösende Konsequenzen". Jede Wissenschaft müsse notwendigerweise Begriffe aus der Allgemeinsprache benutzen, ohne deren Komplexität hinreichend geklärt zu haben. Es muß in jeder Wissenschaft lange Zeit gebaut werden, ehe man an die Klärung der Fundamente gehen kann. Die unkritische Sammlung und Ordnung der Tatsachen gehe stets der strengen Systematisierung voraus. Wenn die Mathematiker mit dem strengen Zahl- und Funktionsbegriff hätten beginnen wollen, gäbe es wohl heute noch keine Logarithmentafeln. Wäre die Physiologie nicht vorangeschritten, bevor ihre Grundbegriffe Leben, Zelle, Organ streng definiert sind, wüßten wir wohl immer noch nichts vom Blutkreislauf. Wenn man „keinen Begriff ohne seine vollständige Definition zulasse, so ist jeder Fortgang des Gesprächs abgeschnitten."[H 1903b, 1253; VIII: 575].

Mit MAUTHNERs Identifizierung von Denken und Sprechen und seinem Todesurteil über die Sprache ist auch ein solches Urteil über das eigenständige Denken gefällt. Dagegen wehrt sich HAUSDORFF im Interesse der Wissenschaft mit besonderem Nachdruck:

So gestehe ich auch meine Hoffnung, daß trotz Mauthners Todesurteil die Tage des menschlichen Denkens noch nicht gezählt sein werden. [H 1903b, 1255; VIII: 576].

Man habe nämlich „eine Wissenschaft von selbständigen, aber nicht platt selbstverständlichen Erzeugnissen des menschlichen Denkens", die Mathematik. Deren Sätze „sind nicht tautologisch, sie bringen Neues"[H 1903b, VIII: 1255; 577]. Als Beispiel wählt HAUSDORFF die Quadratur des Kreises, ein zwei Jahrtausende offenes Problem, dessen Lösung Ende des 19.Jahrhunderts auf arithmetischem Wege, durch reines Denken, gefunden wurde; auch ein Rückgriff auf die Erfahrung, die für MAUTHNER die einzige Erkenntnisquelle ist, kam hier nicht in Frage. Die Stellung MAUTHNERs zur Mathematik sei ihm – so HAUSDORFF – nicht klar geworden, und es scheine ihm, daß man auf ein klares Verhältnis zu dieser Wissenschaft von vornherein verzichtet, wenn man *Denken und Sprechen* gleichsetzt. Ist Sprechen und Denken dasselbe, so muß man entweder Zahlen, Symbole, Formeln zur Sprache rechnen oder der geistigen Tätigkeit des Mathematikers den Titel Denken vorenthalten, der bei Mauthner ja nicht einmal ein Ehrentitel ist. [H 1903b, VIII: 1256; 577].

HAUSDORFF wendet sich dann Beispielen aus der Physik zu, um am Ende gegen MAUTHNERs radikale Wissenschaftskritik festzustellen:

Nein, die höchsten allgemeinsten Synthesen unserer Naturwissenschaft sind doch etwas mehr als leere Hülsen und taube Nüsse. [H 1903b, 1257; VIII: 579]

In der Schlußpassage seines Essays resümiert HAUSDORFF wortgewaltig seinen Konsens mit MAUTHNER und macht deutlich, daß sein Dissens nicht zuletzt der Sorge um die Wirkung der Sprachkritik geschuldet war:

Wir erwarten große und bleibende Wirkungen von der Sprachkritik. Sie wird unser intellektuelles Gewissen, unseren Sinn für das Tatsächliche, unser Mißtrauen gegen Worte nicht umsonst geschärft haben. Sie gibt uns Blitze, den elenden Schlagwortkultus, die Halbbildung, das Parteiengezänk unserer Tage niederzuschmettern. Sie ruft noch einmal Religion und Moral, die eigensinnigsten Formen des Wortfetischismus, zur Rechenschaft. Sie nimmt die Partei der lebenden Sprache gegen die Papiersprache, der Entwicklung gegen die Erstarrung, der Anschauung gegen die Abstraktion. Sie hat mitzureden bei der Revision unserer wissenschaftlichen Begriffe, bei der Ausscheidung letzter Rückstände von Wortrealismus und Scholastik. Sie wird zu befragen sein, wenn der gegenwärtige Streit um Logik und Psychologie, Erkenntnistheorie und Metaphysik einmal zum Austrag kommen soll. Dies alles ist ihres Amtes; aber dem herostratischen Ehrgeiz, den Tempel menschlicher Sprache und Vernunft niederzubrennen, möge sie beizeiten entsagen. Die Feinde der Erkenntnis werden auch diese neueste Skepsis wie jede andere in ihrem Sinne ausbeuten, und kirchliche wie okkultistische Pfaffen, die sich mit vorläufiger Vollstreckung noch nicht rechtskräftiger Todesurteile immer zu beeilen pflegen, werden ein erschröckliches Zeter- und Blutgeschrei über die gerichtete Hexe Wissenschaft erheben. Es wird der Sprachkritik wie einst der Reformation nicht erspart bleiben, die Schwarmgeister und Mordbrenner, die ihre nächste Gefolgschaft sein werden, um ihrer historischen Aufgabe willen kräftig und rücksichtslos abzuschütteln. [H 1903b, 1258; VIII: 580].

Entgegen seiner eigenen – und auch HAUSDORFFs – Erwartungen fand MAUTHNERs Sprachkritik beträchtlichen Widerhall. Bereits 1906 wurde eine zweite Auflage notwendig (abgeschlossen mit dem 3. Band 1913); 1923 erschien eine dritte Auflage. MAUTHNER gilt als bedeutender Vordenker der analytischen Philosophie des 20. Jahrhunderts. Seine tiefe Skepsis gegenüber der Macht von Sprache und sein Abscheu vor ihrem Mißbrauch in Politik und Medien waren im Hinblick auf die Geschichte des 20. Jahrhunderts geradezu prophetisch.

Von den über 50 Rezensionen der *Beiträge zu einer Kritik der Sprache*, die JOACHIM KÜHN in seiner Biographie nachgewiesen hat [Kühn 1975, 323–324], übertreffen zwei alle übrigen deutlich an Umfang, das sind die von HAUSDORFF und die des Theologen MICHAEL GLOSZNER [Gloszner 1904]. Allein dieser quantitative Vergleich zeigt, daß HAUSDORFF sich ungewöhnlich gründlich mit MAUTHNERs Sprachkritik auseinandergesetzt hat. Er muß dabei Zustimmung erfahren haben, auch von MAUTHNER selbst. In einem Brief an MAUTHNER vom 17. Juni 1904 heißt es nämlich:

> Mein Essai trug mir, ausser von Ihrer Seite, wunderbarer Weise noch andere gute Worte ein [···][107]

MAUTHNER selbst sagt im Vorwort zur zweiten Auflage von Band 1 der *Beiträge*, daß nur „fünf oder sechs Aufsätze eine Beziehung zu meinen Gedanken hergestellt haben"[108], ohne diese zu nennen. Man kann annehmen, daß er HAUSDORFFs Essay dazu gezählt hat.

Auch in der neueren Literatur wurde HAUSDORFFs Artikel gelegentlich erwähnt. KÜHN hat ihm in seiner Biographie MAUTHNERs drei Seiten gewidmet [Kühn 1975, 214–216]. Sein Resümee lautet folgendermaßen:

> Felix Hausdorff ist der hervorragendste Vertreter einer ganzen Richtung in der Beurteilung der *Kritik der Sprache*: Anerkennung der intellektuellen Redlichkeit des Autors, der Ernsthaftigkeit seiner Wahrheitssuche, Zustimmung zu den Absichten der praktischen Sprachkritik, Ablehnung der radikalen Skepsis als übersteigert, fruchtlos, das Wesen der Sprache verkennend. [Kühn 1975, 216].

Ab 1904 entwickelte sich eine freundschaftliche Beziehung zwischen HAUSDORFF und MAUTHNER. Man korrespondierte, traf sich gelegentlich und tauschte Veröffentlichungen aus.[109] So schreibt HAUSDORFF am 2. November 1904 an MAUTHNER:

> Ihren Aristoteles habe ich als Gedenkzeichen unserer ersten Zusammenkunft dankbar begrüsst und sofort nach Empfang als sonntäglichen Leckerbissen geschlürft. [···] Das „Chaos" also erlaube ich mir bei Gelegenheit Ihnen zu senden oder zu bringen, in Ermangelung neuerer erheblicher Leistungen. Ich möchte mal wieder etwas Grosses schaffen! sehr naiv, nicht wahr?[110]

HAUSDORFF schuf bald etwas Großes, allerdings nicht auf philosophischem oder literarischem Gebiet, sondern mit den *Untersuchungen über Ordnungstypen* auf dem Gebiet der Mathematik. Er schickte MAUTHNER sogar die 1906 erschienenen ersten drei Teile dieser Untersuchungen.[111] Einige der Briefe HAUSDORFFs tangieren auch Familiäres oder spielen auf Treffen mit MAUTHNER in Berlin oder im Urlaub in der Schweiz an. Der letzte erhalten gebliebene Brief HAUSDORFFs an

---

[107] *HGW*, Band IX, 466.
[108] *Beiträge zu einer Kritik der Sprache*, Band 1, 2. Auflage, Stuttgart 1906, S. VIII.
[109] Leider sind nur die Briefe Hausdorffs an Mauthner erhalten geblieben (*HGW*, Band IX, 451–490); die Gegenbriefe müssen als verloren gelten.
[110] *HGW*, Band IX, 473–474.
[111] Brief vom 17.10.1906, *HGW*, Band IX, 482.

MAUTHNER datiert vom 25. Februar 1911. Ob weitere Briefe existiert haben, wissen wir nicht. Vermutlich aber ist die Beziehung abgebrochen. Vielleicht hat eine Rolle gespielt, daß MAUTHNER im *Wörterbuch der Philosophie* zunehmend der Mystik zuneigte, vielleicht auch, daß er sich nach dem Beginn des I. Weltkrieges in die Kriegspropaganda stürzte und sich bis zum bitteren Ende wie ein nationalistischer „Alldeutscher" gebärdete. Anläßlich von MAUTHNERS Tod (29.6.1923) hatte der Publizist PAUL FECHTER HAUSDORFF um einen Artikel über MAUTHNER gebeten, ohne den Anlaß zu nennen, weil er sich wohl nicht vorstellen konnte, daß HAUSDORFF diesen nicht kannte. HAUSDORFF lehnte mit der Begründung ab, daß er jetzt ganz und gar der Mathematik verfallen sei; dann heißt es: „Übrigens weiss ich (da ich nur eine Lokalzeitung lese) nicht einmal den Anlass: ist Mauthner gestorben oder wird er 80 Jahre alt?"[112]

6.8 Gottes Schatten

Einen Monat nach HAUSDORFFs *Sprachkritik*, im Januarheft 1904 von „Die neue Rundschau (Freie Bühne)"[113] erschien sein kurzer Aufsatz *Gottes Schatten*. [H 1904c, VIII: 663–666]. Darin wendet sich HAUSDORFF, z.T. mit sehr drastischen Worten, gegen alle Irrationalismen des Fin de siècle, gegen Mystik und metaphysische Spekulationen jedweder Art und – MAUTHNERs praktischer Sprachkritik folgend – gegen Wortfetische, die wie Banner neuen gefährlichen Ideologien vorangetragen werden. Gott sei – so HAUSDORFF – um die Mitte des verflossenen Jahrhunderts schon „sehr tot" gewesen, „zur Zeit der Hegel, Feuerbach, Schopenhauer, Darwin, Marx, Helmholtz". [H 1904c, 122; VIII: 663]. Nun jedoch, um die Jahrhundertwende, konstatiert er eine Renaissance der Religion:

> Gott ist lebendiger denn je, es riecht bedenklich nach Theoform im europäischen Seelenlazarett! [H 1904c, 122; VIII: 663].

Es geht HAUSDORFF in seinem kurzen Essay aber nicht um die überkommenen Religionen und ihre Institutionen – da hätte er vielleicht bei den Lesern der neuen Rundschau offene Türen eingerannt – sondern um die zahlreichen Ersatzreligionen, die um die Jahrhundertwende in verschiedenster Form und mit unterschiedlichsten Absichten agierten:

> [···] überall werden neue Religionen und restaurierte alte Religionen angeboten. Daß viele dieser neuen Gottsucher den alten kirchlichen Gott hassen und sich Antichristen oder Atheisten nennen, ist ziemlich belanglos und darf uns nicht täuschen. Es ist ihnen ja nicht zu verdenken, daß sie lieber alles Mögliche und Unmögliche anbeten – Menschheit, Freiheit, Natur, Evolution, Gewalt, blonde Bestie, Wiederkunft, Zufall, Chaos, Nirwana – als jenes

---

[112] *HGW*, Band IX, 248.
[113] Dies war der Titel der Neuen Deutschen Rundschau ab 1904.

"gasförmige Wirbeltier"[114], das zwei Jahrtausende durch ihre Anbetung diskreditiert haben, in das zwei Jahrtausende den Unsinn ihrer Köpfe und Unflat ihrer Herzen ergossen haben. [H 1904c, 122–123; VIII: 663–664].

Die neuen Gläubigen „lassen sich Gott nicht mehr bieten, bewilligen aber Gottes Schatten, Masken und Verkleidungen; sie haben, wenn das Wort erlaubt ist, für den Theismus einen Theomorphismus eingetauscht". [H 1904c, 123; VIII: 664]. Besonders attackiert HAUSDORFF neue Formen von Mystik, die auf Mystiker früherer Zeiten oder fremder Kulturen zurückgreifen und dabei Gott durch alle möglichen „Schatten" ersetzen, durch so etwas wie „Allseele, Weltatem, Zentralfeuer" oder durch das „Unbewußte", den „Instinkt", das „Animalische" oder die „Vitalität". [H 1904c, 123–124; VIII: 664–665].

> In diese Gruppe gehört auch die Mystik des reinen *Blutes*, der *Rasse*, der *Vererbung*; [···] *Heimatgefühl, Erdgeruch* nicht zu vergessen, [···][H 1904c, 124; VIII: 665].

Wie recht HAUSDORFF mit seiner Warnung vor dieser Art von „Gottes Schatten" hatte, zeigte sich knapp 30 Jahre später in dem Buch *Der Mythus des 20. Jahrhunderts*[115] des Chefideologen der Nationalsozialisten ALFRED ROSENBERG.[116] Im Kapitel „Mystik und Tat" seines Machwerks „interpretiert" ROSENBERG den mittelalterlichen christlichen Mystiker MEISTER ECKHART; in ihm verkörpere sich „das Wirken nordischen Wesens", „das innerste, zarteste und doch stärkste Wesen unserer Rasse und Kultur". Die Wirkung von ECKHARTs Lehre sei diese:

> An die Stelle der jüdisch-römischen Weltanschauung tritt das nordisch-abendländische Seelenbekenntnis als die innere Seite des deutsch-germanischen Menschen, der nordischen Rasse. [···] Neben dem Mythus von der ewigen freien Seele steht der Mythus, die Religion des Blutes.

Auf die geradezu unendliche Diskrepanz zwischen der wissenschaftlichen Eckhart-Forschung und diesen Elaboraten braucht nicht eingegangen zu werden.

Mißtrauen hegt HAUSDORFF auch gegen den „erklärten Atheismus der Naturwissenschaften", der einen „primitiven Gottesbegriff gegen einen späten, raffinierten, verhüllten umgetauscht" habe:

> Entwicklung, Naturgesetzlichkeit, Kosmos sind die letzten Masken Gottes; bis zur leblosesten Kraft- und Stofftheorie hinunter werden dem Weltgeschehen intelligente Leistungen zugemutet, die schlechterdings in die Mythologie oder Theologie gehören. [H 1904c, 123; VIII: 664–665].

Auch die „Modeworte des Kunstgeschwätzes" werden abgefertigt, wie „Stimmung", „Sensation", „Persönlichkeit", schließlich auch noch die „Weltanschauung" und ein Schlagwort, das nicht fehlen darf,

---

[114][Ernst Haeckel hatte in seinem Buch *Die Welträthsel* (Bonn 1899, S.14f.) die Vorstellung Gottes einerseits als handelnde Person und andererseits als reinen Geist mit der Bezeichnung „gasförmiges Wirbelthier" persifliert.]

[115]Untertitel: *Eine Wertung der seelisch-geistigen Gestaltenkämpfe unserer Zeit.* Hoheneichen-Verlag, München 1930; nach 1933 in Auflagen von mehr als drei Millionen Exemplaren verbreitet.

[116]Zu Rosenberg s. [Piper 2005].

das *Leben*! dieser Abgrund des Irrationalen, in den hinein Zarathustras Ekstase verflatterte. [H 1904c, 124; VIII: 666].

HAUSDORFFs kleiner Essay endet mit dem folgenden Zitat aus NIETZSCHES *Die fröhliche Wissenschaft*:

Nachdem Buddha tot war, zeigte man noch Jahrhunderte lang seinen Schatten in einer Höhle – einen ungeheuren schauerlichen Schatten. Gott ist tot: aber so wie die Art der Menschen ist, wird es vielleicht noch Jahrtausende lang Höhlen geben, in denen man seinen Schatten zeigt. Und wir – wir müssen auch noch seinen Schatten besiegen! [Nietzsche KSA, Band V, 2, 145] .

6.9 Das Theaterstück *Der Arzt seiner Ehre*

FELIX HAUSDORFF absolvierte – wie schon im Abschnitt 3.2, S. 57–59 berichtet wurde – 1893 und 1894 zwei Übungen als Reserveoffiziersaspirant. In seinen Aufzeichnungen zur Stellung des Offiziers, die vermutlich aus einem dieser Lehrgänge stammen, heißt es:

Was soll er [der Offizier – W.P.] vor allem hochhalten? – Die Ehre (Muss darüber schreiben).[117]

Diese Absicht, über die Ehre zu schreiben, verwirklichte HAUSDORFF etwa ein Jahrzehnt später: 1904, im Augustheft von „Die neue Rundschau (Freie Bühne)" erschien von PAUL MONGRÉ der Einakter *Der Arzt seiner Ehre* [H 1904c, VIII: 767–792]. Das Stück war eine derbe Satire auf das Duellunwesen, das aus Adels- und Offizierskreisen auf weite Kreise des Bügertums und der akademischen Welt übergegriffen hatte.[118]

Der Inhalt des Stückes ist rasch skizziert: Der Architekt Adelung hat die Frau des Regierungsrats von Granitz verführt und ist ganz romantisch in sie verliebt. Nun fordern die gesellschaftlichen Konventionen, daß sich die beiden schlagen oder schießen. Der Regierungsrat, der ganz froh ist, seine Gattin los zu sein, möchte nur zum Schein der Konvention genügen, d.h. man solle beiderseits vorbeischießen, und er beauftragt seinen Sekundanten, Oberst a.D. Oldefähr, mit dem Sekundanten von Adelung, dem Rechtsanwalt Dr. Wangerow, entsprechendes zu vereinbaren. Beide Sekundanten sind damit ganz einverstanden; Oldefähr war in der Vergangenheit wegen seiner kritischen Haltung zum Duell aus dem aktiven Dienst entfernt worden. Nur Adelung nimmt die Sache furchtbar ernst; selbst der beredte Wangerow kann ihn zunächst nicht überzeugen. Das Duell soll in der Nähe eines abgeschiedenen kleinen Nestes stattfinden. In diesem Ort gibt es nur ein einziges Hotel, und beide Parteien müssen nun im selben Haus übernachten. Beheizt ist dort nur ein einziger Raum, und man muß wohl oder übel den Abend gemeinsam

---

[117]Nachlaß Hausdorff, Kapsel 63, Nr. 03.
[118]Einen allgemeinen Überblick zur Duellproblematik im Kaiserreich findet man in [Frevert 1991]. S.auch die Ausführungen von Udo Roth zum Duell als gesellschaftlichem Phänomen und als literarischem Motiv in *HGW*, Band VIII, 801–805.

verbringen. Nach und nach wird bei vielen Gläsern Sekt und Bordeaux auch Adelung wankelmütig und am Ende trinkt man gar Brüderschaft. Gegen früh trifft ein Brief des zweiten Sekundanten von Adelung, eines Baron Freisleben ein, der sein Fehlen entschuldigt und dringend davon abrät, sich gegenseitig totzuschießen, denn er sei gerade mit der besagten Dame nach Nizza abgedampft. Nun rückt die ganze Gesellschaft mit Gesang und Getöse zum „Feld der Ehre" aus. Der Wirt, einen schwarzen Kasten in der Hand, schreit dem wegfahrenden Wagen nach: „Meine Herren, die Pistolen!" Zu erwähnen ist noch, daß auch von Granitz einen zweiten Sekundanten hatte, den zunächst anwesenden Brauereibesitzer Lohm, „Reserveleutnant im Xten Infanterieregiment, ‚Prinz Y', Nummer Z". Dieser hatte, empört über die Entwicklung, die Runde vorzeitig mit der Drohung verlassen, er wolle den „Ehrenrat" über diese ungeheuerlichen Vorfälle verständigen, was Oldefähr mit der Bemerkung quittiert, daß von Granitz nun wohl auch – wie einst er selbst – den „blauen Brief" erhalten werde.

Der Titel des Stückes ist einer historischen Eifersuchtstragödie entlehnt: Um 1637 hatte der berühmte spanische Dichter PEDRO CALDERÓN DE LA BARCA ein Versdrama unter dem Titel *El médico de su honra* (Der Arzt seiner Ehre) veröffentlicht, in dem der Adlige Don Gutierre seine Frau unberechtigterweise des Ehebruchs verdächtigt. Don Gutierre sieht seine Ehre verletzt und will das durch den Tod der angeblichen Sünderin rächen. Da der verdächtigte Widersacher der Infant, der Bruder des Königs, ist und keine Beweise vorliegen, soll der Arzt Ludovico die Frau durch einen zu starken Aderlaß töten. Ludovico sträubt sich zunächst, tut dann aber unter massiven Drohungen das Verlangte. Der Mord wird nie aufgedeckt, und Don Gutierre, vom König geehrt, sucht sich eine neue Frau.

Wir wissen nicht, warum HAUSDORFF den Titel von CALDERÓN, dessen Werk er natürlich kannte, übernahm. Vielleicht wollte HAUSDORFF mit dem Titel darauf anspielen, daß um 1900, also fast 400 Jahre nach CALDERÓN, immer noch etwas so Vages und Subjektives wie „verletzte Ehre" einem Menschen den Tod bringen konnte.

Noch im Jahr des Erscheinens kam *Der Arzt seiner Ehre* an zwei Theatern zur Aufführung: Am Deutschen Schauspielhaus Hamburg (Uraufführung) am 12.11.1904 und Silvester 1904 am Berliner Lessingtheater.[119] Als Einakter war das Stück für einen Theaterabend zu kurz; es wurde deshalb in der Regel zusammen mit einem oder zwei weiteren kürzeren Stücken aufgeführt, am Silvesterabend 1904 z.B. mit OTTO ERICH HARTLEBENs *Im grünen Baum zur Nachtigall*.

Der Arzt seiner Ehre war HAUSDORFFs größter literarischer Erfolg. Es gab zwischen 1904 und 1912 fast 300 Aufführungen in folgenden Städten[120]: Berlin (2), Braunschweig, Bremen, Breslau, Bromberg, Budapest, Düsseldorf, Dortmund, Elberfeld, Elbing, Frankfurt/M., Fürth, Graz (2), Hamburg, Hannover, Kassel, Köln, Königsberg, Krefeld, Leipzig, Magdeburg, Mühlhausen i.E., München, Nürnberg,

---

[119]Die folgenden Informationen zu den Aufführungen und die Auszüge aus zeitgenössischen Kritiken verdanke ich den außerordentlich gründlichen Recherchen von Udo Roth; vgl. auch *HGW*, Band VIII, 810–814, 833–857.

[120](2) bedeutet: Es gab in dieser Stadt Aufführungen an zwei verschiedenen Theatern.

Prag (2), Riga, Straßburg, Stuttgart, Wien (2), Wiesbaden und Zürich (2). Die Aufführung in Budapest war auf Ungarisch; die Übersetzung stammte von dem jungen GEORG LUKÁCS, dem später sehr bekannten marxistischen Philosophen.[121]

Was HAUSDORFF von einem gelungenen Kunstwerk verlangte, nämlich zu polarisieren, das leistete der *Der Arzt seiner Ehre* durchaus. Während das Stück in Hamburg durchfiel und nach der Uraufführung sofort abgesetzt wurde, feierte es mit 106 Aufführungen in der Spielzeit 1911/12 am „Kleinen Theater" in Berlin mit CURT GÖTZ als Adelung Triumphe. Gewiß spielte bei solchen Unterschieden auch die Qualität der Aufführung und nicht nur das Stück selbst eine Rolle, aber die folgende kleine Auswahl aus zeitgenössischen Theaterkritiken läßt doch klar erkennen, daß HAUSDORFFs Einakter gerade wegen seines Inhalts sehr verschiedene Reaktionen auslöste. Zunächst zwei Ausschnitte aus Kritiken der Uraufführung (dabei teilte sich HAUSDORFFs Stück den Abend mit RAOUL AUERNHEIMERs Lustspiel in drei Akten *Die große Leidenschaft*):

[Paul Alexander Kleimann in „Hamburger Nachrichten"]
Den Beschluß des Abends machte die einaktige Komödie „Der Arzt seiner Ehre" von Paul Mongré. [Nach kurzer Schilderung der Handlung und der Feststellung, daß Komik und Satire durch „gar zu brutale Meinungsäußerungen stark getrübt" würden, heißt es]: das Duell, das im vorliegenden Fall die einzige denkbare und moralische Lösung des Konflikts bedeutet, wird lächerlich gemacht, und die Heiligkeit der Ehe durch cynische Reden angetastet. Das Stück [···] wurde stellenweise stark belacht, fand aber endlich neben einigem Beifall auch die verdiente Ablehnung.[122]

[Anonymus in „Hamburger Echo"]

[Zunächst wird festgestellt, daß Auernheimers Stück eine große Zahl von Wiederholungen erwarten darf.]

Ein gleiches Prognostikon lässt sich dem Einakter *Der Arzt seiner Ehre* von Paul Mongré nicht stellen. Auch hier war die Aufführung gut, und die Komödie selbst ist ausserordentlich interessant im Sujet und auch nicht ungeschickt in der Gestaltung, aber – wie am Sonnabend – wird ein Theaterpublikum stets vor ihm durchfallen.

Paul Mongré faßt den Duellwahnsinn von einer so verblüffend neuen Seite, mit so ungewöhnlich überlegenem Humor an, daß ein großes Publikum eines großen öffentlichen Theaters nicht folgen mag. Vielleicht würde die Komödie in einem vorurteilsfreien, kleinen literarischen Zirkel Verständnis finden. Am Sonnabend fand sie jedenfalls recht wenig Verständnis, wenn immerhin auch im Effekt des Geräusches die Klatscher den Zischern die Wage hielten. Aber die vielen Nichtzischer, die auch nicht klatschten. Mongré hat den Mut, das Duell in dem Licht zu zeigen, das ihm gebührt. Er behandelt es

---

[121]Briefliche Mitteilung von Prof. Peter P. Palfy (Budapest) an den Verfasser vom 15. 2. 2009.
[122]In: Hamburger Nachrichten, Abend-Ausgabe vom 13. November 1904; *HGW*, Band VIII, 837.

als eine Komödie, über die man sich bei einem Glase Wein sehr wohl einigen kann, [···][123]

Die zuletzt zitierte anonyme Kritik im Hamburger Echo macht immerhin nicht das Stück, sondern das Unverständnis eines breiten Publikums für den Mißerfolg verantwortlich. Die folgenden beiden Kritiken beurteilen HAUSDORFFs Einakter denkbar unterschiedlich. Die erste erschien nach der Prager Premiere vom 4. Februar 1905 in der Zeitung „Bohemia", die zweite erschien in „Bühne und Welt" und bezieht sich auf die Silvesteraufführung am Lessingtheater in Berlin:

[Emil Faktor in „Bohemia"]

[···] Ein wirksames, in genialer Laune hingeworfenes Gegenstück zum Lustspiele von der unverstandenen Frau [Auernheimers „Die große Leidenschaft"] ist die Komödie „Der Arzt seiner Ehre" von Paul Mongré. Es ist eine grimmige Satire auf die „gut verstandene Frau", welche den ideal empfindenden Liebhaber auf den Gatten hetzt, der ihre Seele mit Füßen trat, und die knapp vor dem Duell mit dem Sekundanten ihres Angebeteten durchbrennt. Der Verfasser dieses Stückes, das in seinen szenischen Elementen eine kühne Persiflage jener weit verbreiteten Anschauung ist, daß sich auf Ehebruch nur das Duell reime, soll dem Vernehmen nach ein Leipziger Astronom sein. Jedenfalls ist er ein hochgebildeter Mann, der in der Stille der Gelehrtenstube sehr schneidige Waffen geschmiedet hat. Seinen Namen las ich zuerst in der „Neuen Rundschau", wo er mir durch eine geistvolle, in der poetischen Bildkraft des Ausdruckes hervorragende Besprechung von Fritz Mauthners sprachkritischem Riesenwerke auffiel. Mit ätzender Dialektik wird in Mongrés Satire, welche schon durch den Titel, der an ein Drama von Calderon erinnert, die steifen Ehrbegriffe verspottet, gegen die Notwendigkeit des Zweikampfes zu Felde gezogen. Daß im Kreise der Duellanten selber diese zersetzende Stimmung einreißt, darin beruht die kecke Besonderheit des Stückes. [···] Der interessante Einakter dürfte im Spielplane noch länger leben als das Lustspiel Auernheimers. Er ist mit Sarkasmus gebeizt und solche Schärfe verflüchtigt sich nicht so rasch wie das zarte Aroma des vorausgegangenen Dreiakters.[124]

[Heinrich Stümcke in „Bühne und Welt", nachdem er die Handlung kurz geschildert hat]

Wenn der Leipziger Mathematikprofessor, der sich hinter dem Pseudonym Mongré verbirgt, uns zeigen wollte, daß es auch Dirnen mit dem Ehereif am Finger gibt, die es nicht wert sind, daß zwei ehrliche Kerle ihretwegen die Pistolenkugeln oder Degenklingen kreuzen, so stimmt die Geschichte. Für den Ehrbegriff im allgemeinen ist mit dieser Farce nichts bewiesen und eine etwaige Deduktion, daß jeder Zweikampf wegen verletzter Gattenehre nur eine Spiegelfechterei ist, wäre mehr als leichtfertig. Auch wenn wir uns vergegenwärtigen, daß wir es mit einer Groteske zu tun haben, berührt manche

---

[123] In: Beilage zum Hamburger Echo vom 16. November 1904; *HGW*, Band VIII, 837–838.
[124] In: Bohemia, Nr. 36 vom 5. Februar 1905; *HGW*, Band VIII, 843.

Einzelheit bei diesem nächtlichen Kneipgelage infolge der Situation den fein-
fühligen Zuschauer geradezu unangenehm.[125]

Solch teilweise heftiges Für und Wider findet sich in den zahlreichen Kritiken zum
Arzt seiner Ehre von den ersten Aufführungen an bis hin zu der außerordentlich
erfolgreichen Aufführung am Kleinen Theater in Berlin.[126] Mit einem Auszug aus
der sehr freundlichen Würdigung dieser Aufführung in der damals prominenten
Vossischen Zeitung soll es dann mit der Rezeptionsgeschichte des Stückes sein
Bewenden haben:

> [Arthur Eloesser in „Vossische Zeitung"]
>
> Paul Mongré ist Universitätsprofessor, ein hervorragender Mathema-
> tiker, ein geistreicher Essayist, ein literarischer Sohn oder mindestens Neffe
> von Nietzsche; er hat es also gar nicht nötig, noch Stücke zu schreiben. Wenn
> er es doch einmal tat, so geschah es ganz zu seinem Vergnügen, und auch
> zu dem unseren. Dieser „Arzt seiner Ehre" hat uns schon einmal erfreut im
> Lessingtheater und sogar in einer Silvesternacht, wo man mit leisen und lau-
> tem Staunen statt des üblichen Schwankes, den die Gelegenheit entschuldigen
> soll, einer höchst witzigen und glücklich eingefädelten Satire begegnete. Der
> Leser entsinnt sich vielleicht, daß es gegen den Begriff der Ehre ging. [Es
> folgt eine kurze Erinnerung an den Inhalt des Stückes; dann heißt es]: Paul
> Mongré schrieb eine wirkliche Groteske, wozu Übertreibung der Wirklichkeit
> gehört.[127]

Im Abschnitt 6.5, S. 225–226 wurde schon erwähnt, daß HAUSDORFF vor dem I.
Weltkrieg in der Theaterszene eine bekannte Persönlichkeit war. Dort wurde auch
kurz über die von TIEMANN buchkünstlerisch gestaltete Ausgabe des *Arzt seiner Ehre* für den Leipziger Bibliophilen-Abend berichtet. Für diese Ausgabe hatte
HAUSDORFF sein Stück ein wenig überarbeitet[128] und einen Epilog angefügt. In
diesem Epilog trifft von Granitz zwei Jahre nach dem denkwürdigen „Duell" zufällig Daisy, seine geschiedene Gattin, nunmehr eine Gräfin Nazzaro, in einem
Schweizer Hotel nahe dem Matterhorn. Es entspinnt sich ein anfangs etwas steifer,
aber immer intimer werdender Dialog, bis von Granitz für einen „Nachklang des
Unwiederbringlichen" ein Zweibettzimmer bestellt. Die Uraufführung des Epilogs
erfolgte erst 96 Jahre nach seinem Erscheinen im Rahmen einer Aufführung des
Arzt seiner Ehre zur Jahrestagung der Deutschen Mathematiker-Vereinigung im
September 2006. Die Aufführung gestaltete die Bonner Laienbühne „AKademy of
Acting Arts" mit großem Erfolg. Anzumerken wäre noch, daß der Fischer-Verlag
1912 einen Neudruck des *Arzt seiner Ehre* herausbrachte mit wenigen weiteren
kleinen Änderungen.[129]

---

[125]In: Bühne und Welt, VII. Jg., 1.Halbjahr, Heft 8 (Januar 1905), 344; *HGW*, Band VIII, 842.
[126]*HGW*, Band VIII, 836–857.
[127]In: Vossische Zeitung, Nr. 270 vom 30.Mai 1912.
[128]Die marginalen, meist stilistischen Änderungen sind dokumentiert in *HGW*, Band VIII, 821–824.
[129]*Der Arzt seiner Ehre*. Groteske von Paul Mongré. S.Fischer, Berlin 1912.

Nach 1904 verschwand der Autor Paul Mongré für mehrere Jahre von der Bildfläche. Die Ursache dürfte darin zu suchen sein, daß Hausdorff bis 1909 intensiv mathematisch arbeitete und in dieser Zeit seine großen Arbeiten über geordnete Mengen schuf. An den Bibliothekar Franz Meyer in Jena schrieb er Weihnachten 1908 in einer Postkarte aus Rom:

> Also die Production schon eingestellt? Du lieber Gott, ich bin schon so weit, auch die Reception einzustellen. Rom, Neapel gleitet ohne Seelentumult vor- über. Winterschlaf, ohne Stoffwechsel, ganz eingeschneit in reine Mathema- tik.[130]

Erst 1909 erwachte Paul Mongré noch einmal für ein paar kurze Essays aus dem „Winterschlaf", wie wir im nächsten Kapitel sehen werden.

---

[130] *HGW*, Band IX, 508.

Kapitel 7

Die Mathematik gewinnt die Priorität

7.1 Hausdorff findet sein Forschungsfeld in der Mathematik

Im Abschnitt 4.2 hatten wir gesehen, daß HAUSDORFF am Beginn seines mathematischen Forscherlebens noch ein wenig nach Orientierung suchte. Bald aber fand er sein Gebiet, die Mengenlehre, auf dem er auch rasch bedeutende Resultate erzielte.

Die allgemeine Mengenlehre und deren Kern, die Theorie der transfiniten Ordinal- und Kardinalzahlen, geht auf Arbeiten GEORG CANTORs aus den Jahren 1872 bis 1887 zurück [Purkert/ Ilgauds 1987, 35–77]; in einer großen zweiteiligen Arbeit in den „Mathematischen Annalen" stellte er sie zusammenfassend dar.[1] Vor dem ersten Internationalen Mathematiker-Kongreß 1897 in Zürich haben sich nur wenige Mathematiker mit CANTORs Schöpfungen beschäftigt. Bezeichnend dafür ist beispielsweise, daß noch bis zum Jahre 1904 im *Jahrbuch über die Fortschritte der Mathematik*, dem seit 1868 bestehenden Referatenorgan, die Arbeiten über Mengenlehre unter der Rubrik „Philosophie und Pädagogik" besprochen wurden.

HAUSDORFF war in dieser Beziehung keine Ausnahme. Man kann mit einiger Sicherheit vermuten, daß es vor allem philosophische Fragestellungen waren, die HAUSDORFFs Interesse an der Mengenlehre weckten. In *Sant' Ilario* setzt er sich im Aphorismus Nr.406 [H 1897b, 349–354; VII: 443–448] mit NIETZSCHES angeblichem Beweis von dessen Idee der ewigen Wiederkunft des Gleichen auseinander. NIETZSCHE hatte in Aufzeichnungen, die man in seinem Nachlaß fand, argumentiert, daß die Zeit unendlich sei, der Zeitinhalt jedoch aus ungeheuer vielen, aber

---

[1]Georg Cantor: *Beiträge zur Begründung der transfiniten Mengenlehre*. Math. Annalen **46** (1895), 481–512; **49** (1897), 207–246.

eben nur endlich vielen verschiedenen Atomkombinationen bestehe, woraus die
ewige Wiederholung von Zeitstrecken mit gleichem Inhalt folge. Den Schubfach-
schluß NIETZSCHEs erkennt HAUSDORFF in seinem Aphorismus als richtig an, die
Voraussetzung endlichen Zeitinhalts jedoch sei falsch, vielmehr sei der Zeitinhalt
ebenfalls eine unendliche Größe, „und zwar eine viel umfassendere, umfänglichere,
eine Unendlichkeit *höherer Dimension*". Dann heißt es weiter:

> Ohne diese der Mathematik entlehnte Unterscheidung der Mannigfaltigkeiten
> verschiedener Dimension, der Unendlichkeiten verschiedenen Rangs und Um-
> fangs sollte sich Niemand an erkenntnistheoretische Dinge heranwagen; wie
> will man mit der Unendlichkeit umgehen, wenn man in ihr bloß summarisch
> den Gegensatz des Endlichen, nicht auch innerhalb ihrer die Stufen und Grade
> des Unendlichen unterscheiden kann. [H 1897b, 350; VII: 444].

Dies klingt wie Mengenlehre, aber HAUSDORFF kannte zum Zeitpunkt der Endredaktion des *Sant' Ilario* Anfang 1897 offenbar CANTORs Theorie noch nicht, denn
er sieht im Aphorismus 406 die verschiedenen Stufen und Grade des Unendlichen
noch in der verschiedenen Dimension von Punktmengen: So seien in einer Linie ∞,
in einer Fläche ∞^2, in einem Körper ∞^3 Punkte enthalten. Das zunächst paradox
erscheinende Resultat, daß $\mathbb{R}^n$ und $\mathbb{R}^m$ für $n \neq m$ gleichmächtig sind, daß sie also
den gleichen „Grad des Unendlichen" haben, hatte CANTOR schon 1878 bewiesen.
HAUSDORFF wollte sich „an erkenntnistheoretische Dinge heranwagen"; deshalb
mußte ihn eine mathematische Theorie „der Unendlichkeiten verschiedenen Rangs
und Umfangs" brennend interessieren. Im Laufe des Jahres 1897, jedenfalls bevor er die Endfassung des *Chaos in kosmischer Auslese* zu Papier brachte, muß
sich HAUSDORFF die Mengenlehre angeeignet haben, denn er schreibt in einer im
Nachlaß vorhandenen Notiz:

> [$\cdots$] die Beispiele von G. Cantor und G. Peano zeigen aber, dass wenn man
> auf eineindeutige *stetige* Zuordnung verzichtet, die Punkte einer Fläche, eines
> Würfels, einer begrenzten Mannigfaltigkeit von n Dimensionen den Punk-
> ten einer Strecke zugeordnet werden können. Cantors Grundlagen einer allge-
> meinen Mannigfaltigkeitslehre. Hiernach meine Bemerkungen über Nietzsches
> ewige Wiederkunft zu revidieren.[2]

1898, im *Chaos in kosmischer Auslese*, hat er das revidiert. Er zeigt sich dort
bei der Widerlegung von NIETZSCHEs „Beweis" über die mengentheoretischen Zusammenhänge vollkommen orientiert. Die Menge der Weltzustände ist nicht, wie
NIETZSCHE glaubte, endlich, sondern sogar „von höherer *Mächtigkeit* als das Linearcontinuum". [H 1898a, 194; VII: 788]. Wir haben früher schon gesehen, daß
HAUSDORFF im *Chaos* auch an einer Reihe weiterer Stellen eine Verbindung von
philosophischer Argumentation mit mengentheoretischen Begriffen und Sätzen
hergestellt hat.

Es ist nicht genau bekannt, wann sich CANTOR und HAUSDORFF erstmals
persönlich begegnet sind. Vermutlich war es im August 1897 auf dem ersten In-

---

[2] Nachlaß Hausdorff, Kapsel 49, Faszikel 1076, Bl. 52.

ternationalen Mathematiker-Kongreß in Zürich, an dem beide teilgenommen haben [Rudio 1898, 67, 69]. Auf diesem Kongreß betonte ADOLF HURWITZ in seinem Hauptvortrag *Über die Entwicklung der allgemeinen Theorie der analytischen Funktionen in neuerer Zeit* [Rudio 1898, 91–112] erstmals vor großem Publikum die Bedeutung der Mengenlehre für die Funktionentheorie. Es ist bezeichnend, daß er nicht davon ausging, daß den Teilnehmern CANTORs Ideen geläufig waren, denn er erläuterte recht ausführlich die benötigten Grundlagen aus der Theorie der transfiniten Zahlen und deren Anwendung auf Punktmengen.

Im Sommersemester 1901 hielt HAUSDORFF in Leipzig eine Vorlesung über Mengenlehre.[3] Es war dies die dritte Vorlesung über Mengenlehre weltweit, nur die Vorlesungen von ARTHUR SCHOENFLIES (Sommersemester 1898) und ERNST ZERMELO (Wintersemester 1900/1901), beide in Göttingen, waren früher. CANTOR selbst hat nie eine Vorlesung über Mengenlehre gehalten. Zu HAUSDORFFs Vorlesung waren nur drei Zuhörer erschienen; wer die drei waren, ließ sich nicht mehr ermitteln. Der Inhalt der Vorlesung schließt sich eng an CANTORs oben erwähnte zusammenfassende Darstellung seiner Theorie in den Mathematischen Annalen an.

In der Vorlesung findet sich eine erste eigene Entdeckung HAUSDORFFs auf dem Gebiet der Mengenlehre; allerdings mußte er bald feststellen, daß das Resultat nicht neu war. Er beweist dort, daß die Typenklasse $T(\aleph_0)$ aller abzählbaren Ordnungstypen die Mächtigkeit $\aleph$ des Kontinuums hat. Der Beweis verläuft nach dem DEDEKIND-BERNSTEINschen Äquivalenzsatz, indem gezeigt wird:

   a) eine Theilmenge abzählbarer Typen ist dem Continuum äquivalent.

   b) Eine Theilmenge des Continuums ist der Klasse der abzählbaren Typen äquivalent.[4]

Am oberen Rand des Blattes 37 hat HAUSDORFF mit Rotstift eingefügt:

   a) nach mündlicher Mittheilung von Cantor,
   b) von mir selbst. Vorgetragen 27.6.1901.
   Dissertation von F. Bernstein empfangen 29.6.1901.[5]

a) ist der erste schriftliche Beleg über persönliche Kontakte zwischen HAUSDORFF und CANTOR. Gelegenheit für solche Kontakte gab es regelmäßig durch das Mathematische Kränzchen, zu dem sich Mathematiker der Universitäten Leipzig und Halle abwechselnd in beiden Städten trafen. Meist waren es die jüngeren Leute; von den Ordinarien nahmen nur CANTOR und OTTO HÖLDER regelmäßig teil.[6]

In der Vorlesung trennt HAUSDORFF sorgfältig die beweisbaren Sätze der Mengenlehre, deren Beweise auch alle genau ausgeführt werden, von den Sätzen, die CANTOR vermutet hatte, aber nicht beweisen konnte. HAUSDORFF nennt sie Postulate und formuliert sie folgendermaßen:

---

[3]Nachlaß Hausdorff, Kapsel 03, Faszikel 12. Wegen ihres großen historischen Interesses vollständig abgedruckt in *HGW*, Band IA, 409–451; Kommentar von Ulrich Felgner IA, 452–466.
[4]Nachlaß Hausdorff, Kapsel 03, Fasz. 12, Bl. 37.
[5]Felix Bernstein hatte in seiner Dissertation die Behauptung b) ebenfalls bewiesen.
[6]Genauere Angaben zum Kränzchen in der historischen Einführung von W. Purkert zu *HGW*, Band II, S. 6.

II. Postulat: Die Mächtigkeit des Continuums ist gleich der der zweiten Zahlenklasse.[7]

III. Postulat: Jede wohldefinirte Menge kann in die Form einer wohlgeordneten Menge gebracht werden.[8]

Das Postulat I. behauptet die Vergleichbarkeit der Kardinalzahlen und ist richtig, wenn III. richtig ist. II. ist die CANTORsche Kontinuumhypothese, bzw., als Frage nach dem Platz von $\aleph$ in der Reihe der $\aleph_\alpha$, das Kontinuumproblem. Dieses Problem war das erste in der Liste jener 23 Probleme, die DAVID HILBERT auf dem Internationalen Mathematiker-Kongreß 1900 in Paris den Mathematikern im neuen Jahrhundert zur Lösung unterbreitet hatte, und es hatte dadurch einen besonderen Rang bekommen. HAUSDORFF hat sich jahrzehntelang für dieses Problem interessiert; noch im Sommer 1938 fertigte er eine sorgfältige 78 Seiten umfassende Ausarbeitung zu SIERPIŃSKIs Buch *Hypothèse du continu* (Warschau 1934) mit Vereinfachungen einiger Beweise und kritischen Bemerkungen an.[9]

HAUSDORFFs Einstieg in ein gründliches Studium geordneter Mengen war nicht zuletzt durch das Kontinuumproblem motiviert, sah er doch in dem Satz über die Mächtigkeit von $T(\aleph_0)$ eine Strategie, dieses Problem auf neue, von CANTOR noch nicht versuchte Weise anzugreifen. In seiner ersten mengentheoretischen Publikation *Über eine gewisse Art geordneter Mengen*[10] kommt das ganz klar zum Ausdruck. Er stellt zunächst fest, daß man nicht nur das Gebiet der Ordnungszahlen, sondern auch das der Ordnungstypen gründlich untersuchen müsse,

> schon desshalb, weil die alte Frage nach der Mächtigkeit des Continuums auf diesem Wege möglicherweise der Lösung näher gebracht werden kann. Denn da nach einem CANTOR-BERNSTEIN'schen Satze[1]) die Mächtigkeit der zweiten *Typen*klasse (der Klasse der abzählbaren Typen) gleich der Mächtigkeit $\aleph$ des Continuums[2]) ist, während die Mächtigkeit der zweiten *Zahlen*klasse mit $\aleph_1$ bezeichnet wird, so dürfte es für die Vergleichung zwischen $\aleph$ und $\aleph_1$ von Wichtigkeit sein, etwaige Zwischenstufen festzulegen, d.h.unter der Gesammtheit aller abzählbaren Mengen eine engere Gruppe herauszugreifen, in der ihrerseits die Gesammtheit der abzählbaren wohlgeordneten Mengen als Theil enthalten ist. Gerade die CANTOR'sche Vermuthung, dass $\aleph = \aleph_1$, verspricht eine Erleichterung des Beweises durch Einschaltung von Zwischenstufen, während umgekehrt, falls $\aleph > \aleph_1$ sein sollte, dieser Weg eher ein Umweg sein dürfte. [H 1901b, 460; IA: 5].

Die Fußnote [1]) weist auf BERNSTEINs Göttinger Dissertation hin. In Fußnote [2]) sagt HAUSDORFF, daß CANTOR einen Beweis des Wohlordnungssatzes „nächstens zu publiciren gedenkt". Da CANTOR öffentlich einen solchen Beweis nirgends angekündigt hat, ist diese Fußnote ein weiteres Indiz für mündlichen Austausch zwischen HAUSDORFF und CANTOR.

---

[7]Nachlaß Hausdorff, Kapsel 03, Fasz.12, Bl.46.
[8]Nachlaß Hausdorff, Kapsel 03, Fasz.12, Bl.47.
[9]Nachlaß Hausdorff, Kapsel 42, Fasz.729.
[10][H 1901b, IA: 5–20]. Kommentar von Ulrich Felgner IA, 21–27.

HAUSDORFF betrachtet in der in Rede stehenden Arbeit eine Klasse geordneter Mengen[11], die er gestuft nennt: Eine linear geordnete Menge M heißt gestuft, wenn zwei verschiedene Abschnitte einander nie ähnlich sind, d.h. für $a, b \in M$; $a \neq b$ gibt es keinen Ordnungsisomorphismus von $\{x \in M; x < a\}$ auf $\{x \in M; x < b\}$. Jede wohlgeordnete Menge ist gestuft. Es gelingt HAUSDORFF ziemlich leicht, seinen Satz über die Mächtigkeit von $T(\aleph_0)$ auf die gestuften Mengen zu übertragen: Die Menge aller abzählbaren gestuften Ordnungstypen hat die Mächtigkeit $2^{\aleph_0} = \aleph$ des Kontinuums. HAUSDORFF schien hier also einen ersten Schritt in seinem eingangs formulierten Programm vorangekommen zu sein. Er hat jedoch in dieser Richtung keine weiteren Versuche angestellt und wir wissen heute, daß diese Strategie, das Kontinuumproblem zu lösen, ebensowenig zum Ziel führen kann wie CANTORs Strategie, welche darauf zielte, den Satz von CANTOR-BENDIXSON von den abgeschlossenen Mengen auf beliebige überabzählbare Punktmengen zu verallgemeinern. Diese CANTORsche Idee war der Keim für die Entwicklung der deskriptiven Mengenlehre, die in den zwanziger Jahren – eingeleitet durch ein Ergebnis von HAUSDORFF und PAUL ALEXANDROFF aus dem Jahre 1916 – einen kräftigen Aufschwung nahm.[12]

Das Hauptergebnis HAUSDORFFs in der Arbeit [H 1901b] ist die Verallgemeinerung des „CANTOR-BERNSTEIN'schen Satzes" auf beliebige Kardinalitäten. Der Satz hat bei HAUSDORFF folgenden Wortlaut:

> Ist M eine gestufte Menge, deren Cardinalzahl $\mathfrak{m}$ ihrem Quadrat gleich ist, so bilden alle Ordnungstypen von der Mächtigkeit $\mathfrak{m}$ eine Menge von der Mächtigkeit $2^{\mathfrak{m}}$. [H 1901b, 473; IA: 18].

HAUSDORFF bemerkt dann, daß der Satz insbesondere für alle $\mathfrak{m}$ gilt, die Alephs sind; $T(\aleph_\alpha)$ hat also die Mächtigkeit $2^{\aleph_\alpha}$. Er mußte in seinem Satz so vorsichtig formulieren, da weder der Wohlordnungssatz noch $\aleph_\alpha \cdot \aleph_\alpha = \aleph_\alpha$ 1901 bewiesen waren.[13]

Das erste tiefliegende Ergebnis HAUSDORFFs in der Mengenlehre, die heute nach ihm benannte Rekursionsformel für die Alephexponentiation, hängt mit einem Aufsehen erregenden Ereignis auf dem dritten Internationalen Mathematiker-Kongreß zusammen. Dieser Kongreß fand vom 8. bis 13. August 1904 in Heidelberg statt. Dort spielten CANTORs Kontinuumproblem und die Frage nach der Möglichkeit, das Kontinuum wohlzuordnen, in den Diskussionen auf und nach dem Kongreß eine besondere Rolle.[14]

Am 10. August hielt der ungarische Mathematiker JULIUS KÖNIG in der Sektion Arithmetik und Algebra den Vortrag „Zum Kontinuumproblem". Dort bewies er zunächst, daß die Summe $\mathfrak{a}$ einer aufsteigenden Folge von Kardinalzahlen

---

[11]Meist spricht man heute von linear geordneten Mengen.

[12]*HGW*, Band II, 773–787, ferner Band III, 431–442.

[13]Hausdorff hat beim Beweis seines Satzes allerdings Schlüsse verwendet, die auf das Auswahlaxiom hinauslaufen. Dazu und zu weiteren Resultaten der Arbeit [H 1901b] s.den Kommentar von Ulrich Felgner in *HGW*, Band IA und die dort angegebene Literatur.

[14]Die folgenden Ausführungen sind eine Kurzfassung von [Purkert 2015].

die Ungleichung $\mathfrak{a}^{\aleph_0} > \mathfrak{a}$ erfüllt. Daraus folgt wegen $\aleph_{\beta+\omega} = \aleph_\beta + \aleph_{\beta+1} + \cdots$ die Ungleichung

$$\aleph_{\beta+\omega}^{\aleph_0} > \aleph_{\beta+\omega}. \tag{7.1}$$

Dieses Resultat setzte KÖNIG in Beziehung zu einer Alephrelation, die F. BERN-STEIN in seiner Dissertation angegeben hatte, nämlich

$$\aleph_\mu^{\aleph_\alpha} = \aleph_\mu \cdot 2^{\aleph_\alpha} \tag{7.2}$$

Wäre $\aleph = 2^{\aleph_0}$ ein Element der Alephreihe, etwa $2^{\aleph_0} = \aleph_\beta$, so könnte man in (7.2) $\aleph_\mu = \aleph_{\beta+\omega}$ setzen und erhielte

$$\aleph_{\beta+\omega}^{\aleph_0} = \aleph_{\beta+\omega} \cdot 2^{\aleph_0} = \aleph_{\beta+\omega}\aleph_\beta = \aleph_{\beta+\omega}$$

im Widerspruch zu (7.1). Demnach wäre die Mächtigkeit des Kontinuums in der Alephreihe nicht vorhanden, d. h. das Kontinuum ließe sich nicht wohlordnen, und CANTORs Vermutung $\aleph = \aleph_1$ wäre widerlegt. Als Diskutanden zu diesem Vortrag vermerkt das Protokoll: G. CANTOR, D. HILBERT und A. SCHOENFLIES.

KÖNIGs Vortrag hat seinerzeit großes Aufsehen erregt, wäre doch mit diesem Resultat eine der Grundüberzeugungen CANTORs, nämlich die, daß man jede Menge wohlordnen könne, erschüttert worden, und das erste HILBERTsche Problem wäre gelöst gewesen. In seiner Autobiographie *Bestand und Wandel* schreibt G. KOWALEWSKI über den Vortrag KÖNIGs:

> So waren also durch den Königschen Vortrag zwei Grundanschauungen Cantors [„Jede Menge kann wohlgeordnet werden" und „$\aleph = \aleph_1$"– W. P.] widerlegt. Cantor ergriff damals das Wort in tiefster Bewegung. Es kam darin auch ein Dank gegen Gott vor, daß er ihm vergönnt habe, diese Widerlegung seiner Irrtümer zu erleben. Die Zeitungen brachten Berichte über den bedeutsamen Königschen Vortrag. Der Großherzog von Baden ließ sich durch Felix Klein über diese Sensation berichten.
>
> Glücklicherweise stellte sich schon am nächsten Tag heraus, daß Königs Beweisführung unhaltbar war. Sie stützte sich auf ein Theorem von Felix Bernstein, das sich bei näherer Prüfung als falsch erwies. Zermelo, ein äußerst scharfsinniger und rasch arbeitender Denker, machte diese wichtige Feststellung. Ja, er fand sogar in jenen Tagen einen Beweis für die Wohlordnungsfähigkeit einer beliebigen Menge, dem er später noch einen zweiten hinzufügte unter Verwendung ganz anderer Überlegungen. [Kowalewski 1950, 202].

Dies ist eine so lebhafte Schilderung, daß der Leser gar nicht auf den Gedanken kommt, KOWALEWSKI sei in Heidelberg mit ziemlicher Sicherheit überhaupt nicht anwesend gewesen und berichte nur vom Hörensagen (und das fast 50 Jahre danach). Tatsache ist jedenfalls, daß der Name KOWALEWSKI im offiziellen Teilnehmerverzeichnis des Kongresses nicht erscheint. [Krazer 1905, 11–12]

Was KOWALEWSKI über CANTOR schreibt, widerspricht gravierend CANTORs tiefsten Überzeugungen und wird durch SCHEONFLIES' Bericht (s. unten) schlagend widerlegt. Auch FELIX KLEINs Bericht an den Großherzog von Baden ist erfunden – der Großherzog weilte im August 1904 in der Schweiz zur Kur. Dies sind allerdings Marginalien, die kaum einer Erwähnung wert sind.

Die folgende Passage („Glücklicherweise …") in KOWALEWSKIs Schilderung, die ebenfalls fast durchweg falsch ist, verdient allerdings eine gründliche Widerlegung, ist sie doch in die Literatur zur Geschichte der Mengenlehre eingegangen und hat so seit Jahrzehnten das historische Bild bestimmt. Es war in Wirklichkeit FELIX HAUSDORFF, der bemerkte, daß man die BERNSTEINsche Relation (7.2) nur für solche μ, die nicht Limeszahlen sind, beweisen kann. Vermutlich hat ihn die Diskussion auf dem Kongreß und danach in Wengen (s. unten) zu intensiver Beschäftigung mit der Alephexponentiation angeregt, denn wenige Wochen später hat er seine berühmte Rekursionsformel

$$\aleph_\mu^{\aleph_\alpha} = \aleph_\mu \aleph_{\mu-1}^{\aleph_\alpha} \tag{7.3}$$

veröffentlicht [H 1904a, IA: 31–33]. Diese Formel verliert für Limeszahlen μ ihren Sinn; für Nichtlimeszahlen folgt aus ihr die BERNSTEINsche Rekursionsformel. Am Schluß der Arbeit [H 1904a] nimmt HAUSDORFF explizit auf den KÖNIGschen Vortrag Bezug:

> Die von Herrn F. BERNSTEIN („Untersuchungen aus der Mengenlehre", Diss. Halle 1901, S. 50) durch unbeschränkte Rekursion gewonnene Formel
>
> $$\aleph_\mu^{\aleph_\alpha} = \aleph_\mu \cdot 2^{\aleph_\alpha}$$
>
> ist also vorläufig als unbewiesen zu betrachten. Ihre Richtigkeit erscheint umso problematischer, als aus ihr, wie Herr J. KÖNIG gezeigt hat, das paradoxe Resultat folgen *würde, daß die Mächtigkeit des Kontinuums kein Aleph sei, und daß es Kardinalzahlen gebe, die größer als jedes Aleph sind.*[H 1904a, 571; IA: 33].

Wenn ZERMELO in Heidelberg bereits darauf hingewiesen hätte, daß BERNSTEINS Formel für Limeszahlen μ nicht bewiesen und vermutlich falsch ist, hätte HAUSDORFF sicherlich diese Passage nicht geschrieben oder zum mindesten ZERMELO erwähnt.

HAUSDORFFs Rolle bei der Aufklärung des KÖNIGschen Fehlschlusses geht auch deutlich aus dem Bericht hervor, den A. SCHOENFLIES 1922 von den Ereignissen in Heidelberg gegeben hat [Schoenflies 1922]. SCHOENFLIES ist als Teilnehmer der um KÖNIGs Vortrag geführten Diskussionen bei weitem glaubwürdiger als KOWALEWSKI. Deshalb sei sein Bericht hier auszugsweise wiedergegeben:

> Den Höhepunkt des Interesses, das die mathematische Welt den mengentheoretischen Problemen entgegenbrachte, bildete der Heidelberger Kongreß vom Jahre 1904. Es war die Frage nach der Mächtigkeit des Kontinuums und der Wohlordnungssatz, also kurzgesprochen, die Aussage, daß jede Menge einer Wohlordnung fähig sei, die damals die mathematische Welt bewegte. Für CANTOR war es eine Art Dogma seines mengentheoretischen Wissens und Glaubens, für jede Menge die Wohlordnungsfähigkeit und insbesondere für das Kontinuum die zweite Mächtigkeit zu fordern. Der Königsche Vortrag,

der in dem Satz gipfelte, daß das Kontinuum kein Alef sein könnte (also auch der Wohlordnung nicht fähig), wirkte deshalb verblüffend, zumal er sich auf eine außerordentlich durchgearbeitete und präzise Ausführung stützte. [Schoenflies 1922, 100–101].

CANTOR habe jedoch das Resultat von KÖNIG von vornherein nicht für richtig gehalten. Dann fährt SCHOENFLIES fort:

> An die Heidelberger Tagung schloß sich eine Art Nachkongreß in Wengen. HILBERT, HENSEL, HAUSDORFF und ich selbst fanden sich dort zufällig zusammen. CANTOR, der ursprünglich in der Nähe weilte, kam alsbald, da ihn ständig das Bedürfnis nach Aussprache erfüllte, zu uns herüber. Im Mittelpunkte unserer Gespräche stand immer wieder der Königsche Satz. [· · ·] Eine exakte Prüfung des Gültigkeitsbereichs der Bernsteinschen Alefrelation danken wir bekanntlich erst HAUSDORFF;[15] sein Resultat, zu dem er schon in Wengen gelangte, bedingt die oben genannte Einschränkung des Theorems und damit die Entwertung der für das Kontinuum gezogenen Folgerung. [Schoenflies 1922, 100-101].

Übrigens hatte SCHOENFLIES schon 1905 darauf hingewiesen, daß HAUSDORFF in [H 1904a] den Gültigkeitsbereich der BERNSTEINschen Alephrelation wesentlich eingeschränkt hat [Schoenflies 1905, 189].

Sollten immer noch Zweifel geblieben sein, ob SCHOENFLIES' oder KOWALEWSKIs Darstellung zutrifft, so werden diese durch einen Brief HAUSDORFFs an HILBERT vom 29. September 1904 endgültig beseitigt. Dort heißt es:

> Nachdem das Continuumproblem mich in Wengen beinahe wie eine Monomanie geplagt hatte, galt hier mein erster Blick natürlich der Bernsteinschen Dissertation. Der Wurm sitzt genau an der vermutheten Stelle, S. 50: [...] Bernsteins Betrachtung giebt eine Recursion von $\aleph_{\mu+1}$ auf $\aleph_\mu$, versagt aber für solche $\aleph_\mu$, die keinen Vorgänger haben, also gerade für die Alephs, für die Herr J. König sie nothwendig braucht. Ich hatte in diesem Sinne, soweit ich es ohne Benutzung der Bernsteinschen Arbeit konnte, schon von unterwegs an Herrn König geschrieben, aber keine Antwort erhalten, bin also umso mehr geneigt, den König'schen Beweis für falsch und den König'schen Satz für den Gipfel des Unwahrscheinlichen zu halten.[16]

KÖNIG selbst hat im Abdruck seines Vortrages im Kongreßbericht seinen Schluß, den er aus der Bernsteinschen Alephrelation für das Kontinuum gezogen hatte, ausdrücklich zurückgenommen. HAUSDORFF hat er dort nicht erwähnt [Krazer 1905, 147].

KOWALEWSKIs im Hinblick auf ZERMELO gemachte Bemerkung („Ja er fand sogar in jenen Tagen einen Beweis für die Wohlordnungsfähigkeit einer beliebigen Menge, ...") suggeriert, daß ZERMELO unmittelbar im Zusammenhang mit dem Kongreß seinen Beweis fand. Dies ist nicht belegt und vermutlich auch nicht richtig. Die gesicherten Fakten sind folgende: Am 24. September 1904 schrieb ZERMELO

---

[15] [Hier weist SCHOENFLIES in einer Fußnote auf [H 1904a] hin – W. P.]
[16] *HGW*, Band IX, 330.

einen Brief an HILBERT, in dem er einen Beweis des Wohlordnungssatzes mitteilte; HILBERT veranlaßte die sofortige Publikation in den Annalen. Der Beweis beruhte auf dem Auswahlaxiom, welches verlangt,

> [...] daß das Produkt einer unendlichen Gesamtheit von Mengen, deren jede mindestens ein Element enthält, selbst von Null verschieden ist. [Zermelo 1904, 516].

Daß ZERMELO, der am Kongreß in Heidelberg teilnahm, durch die dortigen Diskussionen angeregt wurde, ist gut möglich. ZERMELO selbst verweist aber nirgends darauf. Zur Entstehung seines Beweises schreibt er lediglich:

> Der betreffende Beweis ist durch Unterhaltungen entstanden, die ich in der vorigen Woche mit Herrn Erhard Schmidt geführt habe und ist folgender. [Zermelo 1904, 514].

HEINZ-DIETER EBBINGHAUS hat vor einiger Zeit eine Postkarte ZERMELOS an MAX DEHN vom 27. Oktober 1904 entdeckt, in der es hauptsächlich um erste Reaktionen auf seinen Beweis des Wohlordnungssatzes geht. Daraus geht auch hervor, daß ZERMELO unabhängig von HAUSDORFF den Fehler in BERNSTEINS Dissertation und damit auch in KÖNIGs Beweis entdeckt hatte. Allerdings wird der Zeitpunkt der Entdeckung nicht deutlich; eine Vermutung, wo der Fehler steckt, hatte er wohl schon in Heidelberg. Bei den Diskussionen auf dem Kongreß und danach in Wengen spielte nach den bisher vorliegenden Quellen ZERMELOs Entdeckung des Fehlers aber keine Rolle. In der Postkarte ZERMELOS an DEHN heißt es u. a.:

> Sowohl Hilbert als mir gegenüber hat K.[önig] seinen damaligen Beweis feierlich revozirt, ebenso auch B.[ernstein] seinen Potenzen-Satz. K. kann sich gratuliren, dass in Heidelberg die Bibliothek so früh geschlossen wurde; er hätte sich sonst ev. noch in persona blamirt. So musste ich erst meine Heimkehr nach G. abwarten, um nachzusehen, wo es dann sofort offenbar war; doch hatte das K. mittlerweile bei der Ausarbeitung schon selbst gefunden.[17]

ZERMELOs Beweis des Wohlordnungssatzes löste eine heftige und lange Zeit anhaltende Diskussion über Grundlagenfragen der Mathematik, insbesondere über das Auswahlaxiom, aus; alle diese Entwicklungen sind in der Monographie von MOORE eingehend beschrieben [Moore 1982].

J. KÖNIG hatte die oben genannte Ungleichung $a^{\aleph_0} > a$, falls a die Summe einer Folge aufsteigender Kardinalzahlen ist, aus folgendem Satz gefolgert: Ist $1 < \mathfrak{m}_1 < \mathfrak{m}_2 < \cdots$, so ist

$$\sum_{i=1}^{\infty} \mathfrak{m}_i < \prod_{i=1}^{\infty} \mathfrak{m}_i.$$

Dieser Satz KÖNIGs ist ein gewichtiges Resultat der Mengenlehre. Er wurde 1907 von dem russischen Mengentheoretiker und Logiker IWAN IWANOWITSCH SHEGALKIN zu dem Satz verallgemeinert, der heute in den Lehrbüchern als Satz von

---

[17]Zitiert nach [Ebbinghaus 2007a, 431]. Siehe auch [Ebbinghaus 2007b, 50–53].

KÖNIG bezeichnet wird [Shegalkin 1907, 332f.]: Ist A eine beliebige Indexmenge und sind $\{\mathfrak{a}_\alpha\}_{\alpha \in A}$, $\{\mathfrak{b}_\alpha\}_{\alpha \in A}$ Mengen von Kardinalzahlen mit $\mathfrak{a}_\alpha < \mathfrak{b}_\alpha$ für alle α, so gilt

$$\sum_{\alpha \in A} \mathfrak{a}_\alpha < \prod_{\alpha \in A} \mathfrak{b}_\alpha.^{)}$$

Diese Verallgemeinerung fand unabhängig von SHEGALKIN auch ZERMELO.[18]

. Der Satz von KÖNIG leistet insofern einen Beitrag zum Kontinuumproblem, als er gewisse Alephs anzugeben erlaubt, denen die Mächtigkeit des Kontinuums nicht gleich sein kann. Es ist $\aleph_1 < \aleph_2 < \cdots$ und $\aleph_\omega = \aleph_1 + \aleph_2 + \cdots$. Nach KÖNIGS Satz folgt daraus

$$\aleph_\omega^{\aleph_0} > \aleph_\omega.$$

Für $\aleph$ gilt aber:

$$\aleph^{\aleph_0} = \left(2^{\aleph_0}\right)^{\aleph_0} = 2^{\aleph_0 \cdot \aleph_0} = 2^{\aleph_0} = \aleph;$$

also kann $\aleph$ nicht gleich $\aleph_\omega$ sein.

In HAUSDORFFs kurzer Note [H 1904a] geht es neben der Alephexponentiation, für welche die Rekursionsformel (7.3) ein grundlegendes Ergebnis ist, auch noch um Potenzen, worin

I. die Basis ein Ordnungstypus, der Exponent eine inverse Ordnungszahl,
II. die Basis ein Ordnungstypus, der Exponent eine Ordnungszahl ist. [H 1904a, 569; IA: 31].

Dazu hat HAUSDORFF in seinen späteren Untersuchungen über geordnete Mengen genaueres ausgeführt.[19]

Die HAUSDORFFsche Rekursionsformel ist von ALFRED TARSKI 1924 (1925 publiziert) folgendermaßen verallgemeinert worden [Tarski 1925]: Für Ordinalzahlen α, β, γ mit $\overline{\gamma} \leq \aleph_\beta$ gilt:

$$\aleph_{\alpha+\gamma}^{\aleph_\beta} = \aleph_\alpha^{\aleph_\beta} \cdot \aleph_{\alpha+\gamma}^{\overline{\gamma}}.$$

Dabei ist $\overline{\gamma}$ die Kardinalzahl von γ. Für $\gamma = 1$ ergibt sich daraus die HAUS-DORFFsche Formel (7.3). TARSKI erzielte in dieser Arbeit auch weitere grundlegende Resultate zur Alephexponentiation, welche auf dem von HAUSDORFF 1906 eingeführten Begriff der Kofinalität bzw. auf der 1908 von HAUSDORFF erstmals formulierten verallgemeinerten Kontinuumhypothese beruhen: Wenn für alle α die verallgemeinerte Kontinuumhypothese $2^{\aleph_\alpha} = \aleph_{\alpha+1}$ gilt, so hat man für Ordinalzahlen α, β:

Ist $\aleph_\alpha \leq \aleph_\beta$, so gilt $\aleph_\alpha^{\aleph_\beta} = \aleph_{\beta+1}$.

Ist $\mathrm{cf}(\aleph_\alpha) \leq \aleph_\beta \leq \aleph_\alpha$, so gilt $\aleph_\alpha^{\aleph_\beta} = \aleph_{\alpha+1}$.

Ist $\aleph_\beta < \mathrm{cf}(\aleph_\alpha) \leq \aleph_\alpha$, so gilt $\aleph_\alpha^{\aleph_\beta} = \aleph_\alpha$.

---

[18] [Zermelo 1908].
[19] S. Ulrich Felgner: Kommentar zu [H 1904a], HGW, Band IA, 34–37.

Dabei ist $\mathrm{cf}(\aleph_\alpha)$ die Kofinalität von $\aleph_\alpha$. Die Alephexponentiation ist also in diesem Falle eindeutig bestimmt. Wenn man die Gültigkeit der verallgemeinerten Kontinuumhypothese nicht voraussetzt, läßt sich über die Exponentiation der regulären Alephs fast nichts sagen; z.B. kann $2^{\aleph_0}$ jedes $\aleph_n, n \in \mathbb{N}$ sein ($\aleph_\omega$ kann es nicht sein, wie wir oben gesehen haben). Im Zusammenhang mit dem Problem der Alephexponentiation gab es einen Briefwechsel zwischen TARSKI und HAUSDORFF, der Anlaß für HAUSDORFFs unveröffentlichte Studie *Alefsätze* vom 15./16. April 1924 war.[20] Die Briefe selbst sind nicht mehr vorhanden. Wir wissen darüber etwas aus Bemerkungen in HAUSDORFFs Studie und in TARSKIs o.g. Publikation.[21]

7.2 Hausdorffs Untersuchungen über geordnete Mengen

Die im vorigen Abschnitt schon kurz vorgestellte erste Arbeit über Mengenlehre beginnt mit folgenden Sätzen:

> In dem von G. CANTOR erschlossenen Gebiete der Ordnungstypen ist es eigentlich nur das Specialgebiet der Ordnungszahlen, in dem wir einigermassen Bescheid wissen; über die allgemeinen Typen, die Typen nicht wohlgeordneter Mengen, ist äusserst wenig bekannt. Und doch gehört eine genauere Kentniss und Classification der Typen zu dem engeren Problemkreise der Mengenlehre: schon desshalb, weil die alte Frage nach der Mächtigkeit des Continuums auf diesem Wege möglicherweise der Lösung näher gebracht werden kann. [H 1901b, 460; IA: 5].

HAUSDORFF sah hier eine große Herausforderung; daß diese ihn eine Reihe von Jahren beschäftigen sollte, konnte er freilich noch nicht ahnen. Etwa ab 1905 scheint er sich mit großer Intensität in diese Forschungen vertieft zu haben. Aus dem Sommerurlaub in Bad Elgersburg in Thüringen schrieb er am 12. August 1905 an den Bibliothekar FRANZ MEYER in Jena:

> Wie Sie sehen, bin ich in Ihrem Heimathlande Thüringen, diesmal weniger nach grosser Landschaft als nach guter Luft und Ruhe **zum Arbeiten** begierig; ich habe mathematisches Zeug vor, das mich selbst in den Ferien nicht loslässt. Ich bin nun schon ziemlich resignirt, ob wieder einmal ein Anruf aus höherer Sphäre kommen wird.[22]

Der letzte Satz deutet darauf hin, daß wichtige Resultate zunächst auf sich warten ließen. Dieser Zustand sollte sich aber bald ändern.

---

[20] *Alefsätze*. Nachlaß Hausdorff, Kapsel 31, Faszikel 161; Abdruck in *HGW*, Band IA, 469–471.
[21] Zu dieser Studie, zu Tarskis weitreichenden Resultaten und zu neueren Ergebnissen zur Alephexponentiation siehe den Kommentar von Ulrich Felgner zu Hausdorffs Manuskript *Alefsätze* (*HGW*, Band IA, 471–475) und die dort angegebene Literatur.
[22] *HGW*, Band IX, 507.

7.2.1   Untersuchungen über Ordnungstypen I–V

Am 26. Februar 1906 legte HAUSDORFF der Königlich Sächsischen Gesellschaft der Wissenschaften eine umfangreiche Schrift vor, welche die ersten drei Teile seiner fünfteiligen Arbeit *Untersuchungen über Ordnungstypen* enthielt. [H 1906b, IA: 41–104]. Am 25. Februar 1907 reichte er bei der Gesellschaft der Wissenschaften die letzten beiden Teile dieser Arbeit ein. [H 1907a, IA: 107–182].

Zunächst seien einige Bemerkungen über HAUSDORFFs Ausgangslage vorangeschickt. Er selbst nimmt in den Vorbemerkungen zu den *Untersuchungen über Ordnungstypen* dazu folgendermaßen Stellung:

> Soviel mir bekannt, sind alle *wesentlichen* Resultate dieser Arbeiten neu, da die bisherigen Untersuchungen anderer sich fast ausschließlich auf Teilmengen des Linearkontinuums oder auf wohlgeordnete Mengen beziehen. [···] Die folgenden Entwicklungen knüpfen also etwa an denjenigen Besitzstand der reinen Mengenlehre an, der in den letzten beiden Abhandlungen von G. CANTOR (*Beiträge zur Begründung der transfiniten Mengenlehre*, Math. Ann. 46 (1895) und 49 (1897) [···] inventarisiert sind. [H 1906b, 106–107; IA: 41–42].

Das von CANTOR „Inventarisierte" kann kurz so umrissen werden: Zunächst definiert er den Begriff der linear geordneten Menge.[23] Jeder solchen Menge M ordnet er einen „Ordnungstypus" $\overline{M}$ zu; „hierunter verstehen wir *den Allgemeinbegriff, welcher sich aus M ergibt, wenn wir nur von der Beschaffenheit der Elemente m abstrahieren, die Rangordnung unter ihnen aber beibehalten*.[24] Zwei geordnete Mengen M, N heißen bei CANTOR ähnlich[25], in Zeichen $M \simeq N$, wenn es eine bijektive Abbildung von M auf N gibt, welche die Ordnung respektiert. Es ist $\overline{M} = \overline{N}$ genau dann, wenn $M \simeq N$. Zu jedem Ordnungstyp α gehört eindeutig eine Kardinalzahl $\overline{\alpha}$, d.h. aus $\alpha = \beta$ folgt $\overline{\alpha} = \overline{\beta}$. Das Umgekehrte ist nicht der Fall, d.h. zu einer Kardinalzahl $\mathfrak{a}$ gehört, wenn sie nicht endlich ist, eine ganze Klasse von Ordnungstypen α mit $\overline{\alpha} = \mathfrak{a}$; CANTOR nennt sie die Typenklasse zu $\mathfrak{a}$ und bezeichnet sie mit $[\mathfrak{a}]$. Die inverse Ordnung einer geordneten Menge M vom Typus α liefert den zu α inversen Typus, den CANTOR mit $^*\alpha$ bezeichnet.

Die Addition und die Multiplikation von Ordnungstypen führt CANTOR folgendermaßen ein: Es seien α, β zwei Ordnungstypen und M, N linear geordnete Mengen mit $\overline{M} = \alpha, \overline{N} = \beta$. Dann ist $\alpha + \beta$ der Ordnungstypus der geordneten Vereinigung von M und N. Die Addition von Ordnungstypen ist assoziativ, aber i.a. nicht kommutativ. Das Produkt $\alpha \cdot \beta$ ist definiert als der Ordungstypus des lexikographisch geordneten cartesischen Produkts $M \times N$. Die Multiplikation ist assoziativ und rechtsdistributiv, d.h. $\alpha(\beta + \gamma) = \alpha\beta + \alpha\gamma$. Sie ist i.a. nichtkommutativ und nicht linksdistributiv. Summe und Produkt sind von den gewählten Repräsentanten von α und β unabhängig.

---

[23] Er sagt „einfach geordnet" oder kurz „geordnet".
[24] [Cantor 1932, 297]. Zur Unzulänglichkeit dieser Begriffsbildung aus Sicht der modernen Mengenlehre s. *HGW*, Band II, 592, Anm.[30].
[25] Man sagt heute meist ordnungsisomorph.

Im weiteren widmet sich CANTOR dem Ordnungstyp η der Menge der rationalen Zahlen und dem Typ θ der Menge der reellen Zahlen, beide Mengen in ihrer Anordnung der Größe nach. CANTOR gelingt es, für beide Ordnungstypen eine rein mengentheoretische, vom Zahlbegriff unabhängige Charakterisierung zu geben. Er zeigt zunächst: Ist eine geordnete Menge M abzählbar, unbegrenzt und überalldicht, so gilt $\overline{M} = \eta$. Aus diesem Satz folgt unmittelbar, daß es nur vier verschiedene abzählbare überalldichte Typen gibt: η, $1+\eta$, $\eta+1$, $1+\eta+1$. Um θ zu charakterisieren, führt er in Analogie zu den Begriffen *insichdicht, abgeschlossen* und *perfekt* bei Punktmengen der reellen Geraden diese Begriffe für geordnete Mengen ein. Die rein mengentheoretische Charakterisierung des Ordnungstyps θ lautet dann: M sei eine unbegrenzte geordnete Menge, für die gelte: 1. M ist perfekt. 2. M enthält eine abzählbare Teilmenge S, die in M dicht ist. Dann hat M den Ordnungstypus θ. Bei CANTOR schließt sich dann die Theorie der Ordnungszahlen, d.h. der Ordnungstypen wohlgeordneter Mengen an, wobei insbesondere die zweite Zahlklasse eingehender untersucht wird.

Wir haben HAUSDORFFs Ausgangspunkt, d.h. den Stand der Theorie bei CANTOR, hier resümiert, damit im folgenden der gewaltige Fortschritt deutlich wird, den HAUSDORFF auf dem Gebiet der geordneten Mengen erzielt hat. Bereits im zweiten Teil seines Berichtes an die DMV über die Entwicklung der Mengenlehre hat SCHOENFLIES auf diese Verdienste hingewiesen, obwohl ihm die bedeutenden Arbeiten HAUSDORFFs aus den Jahren 1908 und 1909 noch gar nicht vorlagen. Er schreibt dort, nachdem er die gestuften Mengen aus [H 1901b] kurz erwähnt hat:

> Wir verdanken HAUSDORFF auch die sonstigen Fortschritte, die wir über geordnete Mengen besitzen. [Schoenflies 1908, 40].

Aus heutiger Sicht ist HAUSDORFF in der Generation nach CANTOR einer der bedeutendsten Forscher, welche die mathematische Substanz der Mengenlehre um wesentliche neue Teile erweitert haben. Dies ist in der bisherigen Geschichtsschreibung zur Mengenlehre, die sich in starkem Maße auf die Grundlagenfragen konzentriert hat, ein wenig stiefmütterlich behandelt worden. Den Fortschritt in den Grundlagenfragen, etwa durch ZERMELO und FRAENKEL, hat HAUSDORFF zunehmend wohlwollend verfolgt, forschend beteiligen wollte er sich daran aber nicht (vgl. den nächsten Abschnitt 7.3 in diesem Kapitel).

Wir kommen nun zum Inhalt der ersten drei Teile der *Untersuchungen über Ordnungstypen* [H 1906b].[26] Grundlage dieser Untersuchungen sind die im ersten Teil entwickelten allgemeinen Potenzbegriffe, mit denen es HAUSDORFF gelungen ist, ein beträchtliches Arsenal neuer interessanter Ordnungsstrukturen zu generieren. Seien also A, M geordnete Mengen mit den Ordnungstypen α, μ und den Kardinalzahlen $\mathfrak{a}$, $\mathfrak{m}$. Ausgangspunkt der Potenzbildungen ist die Belegungsmenge M^A; sie besteht aus allen eindeutigen Abbildungen f von A in M. In [H 1904a]

---

[26]Wir konnten uns hier und im folgenden auf die eingehenden Kommentare von Ulrich Felgner zu [H 1906b], [H 1907a], [H 1907b] und [H 1908] stützen; *HGW*, Band IA, 183–199, 209–210, 284–293.

hatte Hausdorff schon Potenzen für den Fall eingeführt, daß A eine wohlgeordnete oder invers-wohlgeordnete Menge ist. Diese beiden Fälle erweisen sich als
Spezialfälle der hier entwickelten allgemeinen Potenzbegriffe.

M^A kann im allgemeinen nicht lexikographisch geordnet werden, denn bei
$f, g \in M^A$ braucht die Menge der a, für die $f(a) \neq g(a)$ ist, kein erstes Element zu haben; f, g wären dann unvergleichbar. Das Ziel besteht nun darin, in der
Belegungsmenge solche Teilmengen auszumachen, die man lexikographisch ordnen
kann und deren Ordnungstypen zu studieren. Zu diesem Zweck fixiert Hausdorff
ein $m \in M$; er nennt es das *Hauptelement*, alle übrigen Elemente von M heißen
Nebenelemente. Wir betrachten zunächst folgende (von Hausdorff später *Maxi-
malpotenz* genannte) Teilmenge T_m^W von M^A:

$$T_m^W = \{f \in M^A; \ \{a \in A; f(a) \neq m\} \ \text{ist wohlgeordnet}\}.$$

$\{a \in A; f(a) \neq m\}$ bezeichnen wir als Support der Abbildung f zum Hauptelement
m, in Zeichen *supp f*. T_m^W ist also die Menge aller Abbildungen von A in M, für
die der Support in Bezug auf die vorgegebene lineare Ordnung von A wohlgeordnet
ist. Für $f, g \in T_m^W$ kann folgende (lexikographische) Ordnung definiert werden:

$$f < g \Leftrightarrow f(\text{Min}(\{a \in A; f(a) \neq g(a)\})) < g(\text{Min}(\{a \in A; f(a) \neq g(a)\})).$$

Das Minimum wird hier in Bezug auf eine Teilmenge der wohlgeordneten Menge
supp f $\cup$ *supp g* gebildet und existiert folglich.

Für gegebene Ordinalzahl ν und Hauptelement m sei

$$T_m^\nu = \{f \in T_m^W; \ \text{Kard}\{a \in A; f(a) \neq m\} < \aleph_\nu\}.$$

Den Ordnungstyp der Menge T_m^ν bezeichnet Hausdorff mit $\mu_m^\nu(\alpha)$ und nennt
ihn eine Potenz $(1 + \nu)$ter Klasse. Die Bezeichnung *Potenz* ist gerechtfertigt, denn
es gelten die Potenzgesetze:

$$\mu_m^\nu(\alpha) \cdot \mu_m^\nu(\beta) = \mu_m^\nu(\beta + \alpha); \quad (\mu_m^\nu(\alpha))(\beta) = \mu_m^\nu(\alpha\beta).$$

α heißt das *Argument* der Potenz, der inverse Typus α^* ihr *Exponent*.[27]

Die Typen der ersten Klasse erhält man für $\nu = 0$, d.h. T_m^0 ist die Menge
aller Abbildungen mit (bezüglich m) endlichem Support. Sie liefern neben schon
wohlbekannten Typen auch interessante neue Typen. Ist z.B. A endlich mit k
Elementen, so ist $\mu_m^0(k) =$ der Cantorschen Potenz μ^k unabhängig von m. Für

---

[27] Diese Bezeichnung hängt mit der von Cantor gewählten Produktdefinition $\alpha \cdot \beta$ zusammen,
wo α in β eingesetzt wird; z.B. wird $\omega \cdot 2$ repräsentiert durch $(a_1, a_2, \cdots, b_1, b_2, \cdots)$ und ist
$= \omega + \omega$, $2 \cdot \omega$ wird repräsentiert durch $(a_1, b_1, a_2, b_2, \cdots)$ und ist $= \omega$. Cantor hatte ursprünglich
gerade anders herum definiert, d.h. β wird in α eingesetzt. Das hätte für die Potenzdefinition
Hausdorffs besser gepaßt; dann hätte man α als den Exponenten bezeichnet und $\mu_m^\nu(\alpha) \mu_m^\nu(\beta)$
wäre dann gleich $\mu_m^\nu(\alpha + \beta)$ gewesen. Hausdorff wollte jedoch die Bezeichnung für das Produkt
nicht noch einmal ändern, weil das seiner Meinung nach in der mengentheoretischen Literatur
große Verwirrung gestiftet hätte.

T_m^0 beweist HAUSDORFF folgenden
Satz: *Hat A kein letztes Element, so ist die Menge T_m^0 überalldicht.*

Zum Beispiel liefern für $M = \{0,1\}$, $A = \mathbb{N}$, d.h. $\mu = 2$, $\alpha = \omega$, die Typen $2_0^0(\omega)$ bzw. $2_1^0(\omega)$ die einfachsten Potenzdarstellungen von $1+\eta$ bzw. $\eta+1$; für $M = \{0,1,2\}$ ist $3_0^0(\omega)$ die einfachste Potenzdarstellung von η. Für $\alpha = \omega_1$ (Anfangszahl der dritten Zahlklasse) liefern $2_0^0(\omega_1)$, $2_1^0(\omega_1)$ Beispiele für überalldichte Typen der Mächtigkeit $\aleph_1$. Ist das Argument A invers wohlgeordnet, d.h. der Exponent wohlgeordnet, dann ist jeder Support endlich und es gibt nur Potenzen der ersten Klasse. Dies war einer der Fälle, die HAUSDORFF schon in [H 1904a] behandelt hatte.

Für $\nu = 1$ erhält man die Potenzen $\mu_m^1(\alpha)$ zweiter Klasse. Für diese untersucht HAUSDORFF die Mächtigkeit; es gilt

$$\aleph \leq \overline{\mu_m^1(\alpha)} \leq (\mathfrak{m}\mathfrak{a})^{\aleph_0}.$$

Wenn also weder $\mathfrak{m}$ noch $\mathfrak{a}$ die Mächtigkeit des Kontinuums überschreiten, haben alle diese Potenzen die Mächtigkeit $\aleph$. Der zweite von HAUSDORFF schon in [H 1904a] kurz behandelte Fall ist der eines wohlgeordneten Arguments A, d.h. α ist eine Ordinalzahl. Dann kann unabhängig von der Wahl eines Hauptelements die Belegungsmenge M^A lexikographisch geordnet werden. HAUSDORFF bezeichnet deren Ordnungstypus dann mit $\mu((\alpha))$ und nennt M^A bzw. $\mu((\alpha))$ eine *Vollpotenz*.

Die HAUSDORFFschen Potenzbildungen haben über die Mengenlehre hinaus auch in der Algebra interessante Anwendungen gefunden.[28]

Im Teil II, überschrieben mit „Die höheren Kontinua", führt HAUSDORFF in einem ersten Paragraphen zunächst einige für die gesamte Theorie der geordneten Mengen wichtige Begriffe ein. Sei M eine geordnete Menge. Die Mengen $M^b = \{x \in M; x < b\}$, $M_a = \{x \in M; x > a\}$, $M_a^b = \{x \in M; a < x < b\}$ heißen respektive Anfangsstrecke, Endstrecke, Mittelstrecke; ihr Sammelname ist *Strecken*. Unter den entsprechenden *Stücken* (Anfangsstück, Endstück, Mittelstück) versteht HAUSDORFF die entsprechenden konvexen Teilmengen. Strecken einschließlich der Begrenzung heißen *Intervalle*.

Die folgenden von HAUSDORFF eingeführten Begriffe *konfinal* und *koinitial* haben sich für die gesamte Mengenlehre als fundamental erwiesen: Sei A eine Teilmenge der geordneten Menge M, so heißt M mit A konfinal (koinitial), wenn zu jedem $m \in M$ ein $a \in A$ existiert mit $a \geq m$ $(a \leq m)$.[29] Ist M mit A zugleich konfinal und koinitial, so heißt M mit A *koextensiv*. Beispielsweise ist die Menge der reellen Zahlen, der Größe nach geordnet, mit der Menge der ganzen Zahlen koextensiv. Diese Begriffsbildungen übertragen sich leicht auf die Ordnungstypen. HAUSDORFF hatte erkannt, daß die Anfangszahlen der CANTORschen Zahlklassen eine besonders wichtige Rolle spielen. Er betrachtete hier zunächst nur die

---

[28]S. dazu den Kommentar von Ulrich Felgner, *HGW*, Band IA, 186.
[29]Man sagt auch „A liegt konfinal in M". Alfred Tarski hat 1925 den Begriff der Konfinalität eingeführt: Die Konfinalität von M ist die kleinste Ordinalzahl unter den Ordinalzahlen wohlgeordneter in M konfinal liegender Teilmengen.

Anfangszahlen $\omega\,(=\omega_0)$, ω_1, ω_2, ... mit natürlichem Index; ω_ν ist also die kleinste Ordinalzahl der Mächtigkeit $\aleph_\nu$ $(\nu \in \mathbb{N})$.[30] Geordnete Mengen vom Typus
ω_ν bzw. ω_ν^* nennt HAUSDORFF ω_ν-Reihen bzw. ω_ν^*-Reihen; ω-Reihen bzw. ω^*-
Reihen heißen wie bei CANTOR Fundamentalreihen, ihre Limites Fundamentalli-
mites. Die Begriffe abgeschlossen, insichdicht und perfekt werden wie bei CANTOR
über die Fundamentalreihen eingeführt. Zwei allgemeine Sätze werden in diesem
Anfangsparagraphen noch bewiesen:

Satz A: *Ist $M'' \subset M' \subset M$ und M mit M', M' mit M'' konfinal (koinitial, koextensiv), so ist auch M mit M'' konfinal (koinitial, koextensiv).*

Satz B: *Ein Typus kann nicht mit zwei verschiedenen Anfangszahlen konfinal sein.*

    Dieser Satz ist ein Baustein für einen allgemeineren Satz, der es später ge-
stattet, den Begriff des Charakters eines Elements oder einer Lücke einer linear
geordneten Menge zu definieren.

    In den folgenden Paragraphen von Teil II wird durchgehend vorausgesetzt,
daß das Argument A wohlgeordnet und höchstens abzählbar ist; α ist also eine
Ordinalzahl der ersten oder zweiten Zahlklasse. Die Potenzen von zweiter Klasse sind dann Vollpotenzen $\mu((\alpha))$. Zunächst beweist HAUSDORFF, daß es sowohl
Ordnungstypen μ gibt, so daß alle $\mu((\alpha))$ mit $1 < \alpha < \omega_1$ einander gleich sind,
als auch solche Ordnungstypen μ, so daß alle $\mu((\alpha))$ mit $1 < \alpha < \omega_1$ paarweise
verschieden sind. Dann untersucht er die Frage, inwieweit sich Eigenschaften wie
insichdicht, abgeschlossen oder perfekt von der Basis μ auf die Potenz $\mu((\alpha))$ vererben. Es gelten folgende Sätze:

1. *Ist α eine Limeszahl oder μ insichdicht, so ist $\mu((\alpha))$ insichdicht.*

2. *Ist μ ein begrenzter abgeschlossener Typus, so ist auch $\mu((\alpha))$ begrenzt und abgeschlossen.*

3. *Ist μ begrenzt und abgeschlossen und α eine Limeszahl oder ist μ begrenzt und
perfekt, dann ist $\mu((\alpha))$ begrenzt und perfekt.*

    HAUSDORFF behandelt dann isomere und homogene Typen. Ein Typus μ
heißt *isomer*, wenn alle seine Mittelstrecken denselben Typus ρ haben. μ heißt
homogen, wenn alle seine Strecken den gleichen Typus, und zwar den Typus μ
haben. Man findet leicht, daß jeder isomere Typus überalldicht und jeder homogene
Typus unbegrenzt und überalldicht ist. Der Hauptsatz dieses Paragraphen lautet:
*Ist die Basis μ ein mit $\omega^* + \omega$ koextensiver isomerer Typus und $\alpha < \omega_1$, so ist
$\mu((\omega^\alpha))$ ein homogener, ebenfalls mit $\omega^* + \omega$ koextensiver Typus.*

    Den Abschluß des Teiles II bildet die Untersuchung stetiger Typen. Der DE-
DEKINDsche Stetigkeitsbegriff läßt sich unmittelbar auf geordnete Mengen übertragen: μ heißt *stetig*, wenn bei jeder Zerschneidung $\mu = \sigma + \rho$ entweder σ ein
letztes und ρ kein erstes, oder σ kein letztes und ρ ein erstes Element hat. Jeder
stetige Typus ist überalldicht. Es gilt für die Vollpotenzen $\mu((\alpha))$ folgender Satz:
Ist μ begrenzt und stetig, so ist auch $\mu((\alpha))$ begrenzt und stetig.

    HAUSDORFF betrachtet jetzt als Basis μ den Typus ϑ des abgeschlossenen
Einheitsintervalls $[0, 1]$. ϑ gehört – und das ist der entscheidende Punkt – gerade

---

[30] In der modernen Mengenlehre werden die ω_ν mit den $\aleph_\nu$ identifiziert.

zu den speziellen Ordnungstypen μ, für die HAUSDORFF die Verschiedenheit aller $\mu((\alpha))$ bewiesen hatte. ϑ ist ferner isomer, perfekt, stetig und nach Abtrennung der Randelemente mit $\omega^* + \omega$ koextensiv. Somit ergibt sich aus den früheren Sätzen mit $1 < \alpha < \omega_1$ folgender Hauptsatz des Teils II:

1. *Alle Potenzen $\vartheta((\alpha))$ sind untereinander verschieden, perfekt und stetig.*
2. *Alle Potenzen $\vartheta((\omega^\alpha))$ sind isomer, nach Abtrennung der Randelemente homogen und mit $\omega^* + \omega$ koextensiv.*
3. *Alle Potenzen $\vartheta((\alpha))$ sind umkehrbar (d.h. $\vartheta((\alpha)) = \vartheta((\alpha))^*$) und haben die Mächtigkeit des Kontinuums.*

Im folgenden Kommentar zu diesem Satz klingt ein wenig HAUSDORFFs Stolz, aber auch seine Überraschung an, welche reiche Welt an neuen Ordnungsstrukturen sich allein in den zuletzt betrachteten Potenzen zeigt:

> Insbesondere also gibt es sicher $\aleph_1$ verschiedene Typen $\vartheta((\omega^\alpha))$, die mit dem Kontinuum fast alle charakteristischen Eigenschaften (Perfektheit, Isomerie, Stetigkeit, Umkehrbarkeit, Kardinalzahl) gemeinsam haben und mit gutem Recht als *Kontinua höherer Stufe* bezeichnet werden dürfen: ein Resultat, das gegenüber anderweitig geäußerten Ansichten sehr bemerkenswert erscheint und einen tiefen Einblick in die unerschöpfliche Fülle höherer Ordnungstypen gewährt. Wenn man bedenkt, daß ein abzählbarer Typus bereits durch das eine Merkmal der Überalldichtheit eindeutig (bis auf ev. Randelemente) bestimmt ist, so wirkt es einigermaßen überraschend, daß bei Typen von der Mächtigkeit des Kontinuums die Vereinigung so spezieller Forderungen wie Perfektheit, Isomerie und Stetigkeit noch einen so ausgedehnten Spielraum freiläßt. [H 1906b, 143; IA: 78].

Teil III, der letzte Teil von [H 1906b], ist überschrieben mit „Homogene Typen zweiter Mächtigkeit". Dort geht es hauptsächlich um die Klassifikation der homogenen Typen der Mächtigkeit $\aleph_1$. Im ersten Paragraphen geht es HAUSDORFF zunächst aber darum, überhaupt einen konkreten solchen Typus zu konstruieren. Wie erwähnt, hatte CANTOR gezeigt, daß es nur einen homogenen Typus der Mächtigkeit $\aleph_0$ gibt, nämlich den Typus η der rationalen Zahlen. HAUSDORFF versucht nun, aus Ordinalzahlen α mit $1 \leq \alpha < \omega_1$ so etwas wie rationale Zahlen $(\alpha \mid \beta)$ mit $\alpha > \beta$ zu bilden. Dazu dient eine Kettenbruch-Entwicklung für Paare (α, β), die auf dem euklidischen Algorithmus für Ordinalzahlen beruht. Im Ergebnis konstruiert HAUSDORFF eine bemerkenswerte linear geordnete Menge $\mathcal{M}$, die universal in der Typenklasse $T[\aleph_1]$ ist, d.h. jede linear geordnete Menge der Mächtigkeit $\aleph_1$ läßt sich ordnungstreu in die Menge $\mathcal{M}$ einbetten. Mit einer späteren Bezeichnungsweise ist $\mathcal{M}$ eine η_1-Menge.

Wir benutzen im folgenden für homogene Mengen die von HAUSDORFF erst später eingeführten Begriffe der Element- und Lückencharaktere unter Benutzung der TARSKISchen Erweiterung der HAUSDORFFSchen Begriffe *konfinal* und *koinitial* zu *Konfinalität* und *Koinitialität*. Sei M eine homogene linear geordnete Menge und $m \in M$. Dann hat m den *Charakter* (κ, λ^*), wenn κ die Konfinalität der Anfangsstrecke M^m und λ^* die Koinitialität der Endstrecke M_m ist. m heißt dann auch ein (κ, λ^*)-Limes. Die geordnete Zerlegung $M = A + B$ in ein Anfangs- und ein Endstück heißt eine *Lücke*, wenn A kein letztes und B kein erstes Element hat. Eine Lücke hat den Charakter (κ, λ^*), wenn κ die Konfinalität von A und λ^* die Koinitialität von B ist. Sie heißt dann eine (κ, λ^*)-Lücke.

Im zweiten Pragraphen gibt HAUSDORFF eine Klassifikation *homogener Typen* von der Mächtigkeit $\leq \aleph_1$. Es gibt vier Gruppen solcher Typen τ bzw. sie repräsentierender Mengen M:

    I. Jedes Element ist $\omega\omega^*$-Limes.

    II. Jedes Element ist $\omega_1\omega^*$-Limes.

    III. Jedes Element ist $\omega\omega_1^*$-Limes.

    IV. Jedes Element ist $\omega_1\omega_1^*$-Limes.

Beispielsweise gilt für einen Typ der Gruppe III: τ mit ω konfinal, mit ω_1^* koinitial. Bezüglich des Vorhandenseins von ω_1- bzw. ω_1^*-Reihen in τ gibt es vier Familien solcher Typen τ:

    A. τ enthält sowohl ω_1- als auch ω_1^*-Reihen.

    B. τ enthält ω_1-Reihen, aber keine ω_1^*-Reihen.

    C. τ enthält keine ω_1-Reihen, aber ω_1^*-Reihen.

    D. τ enthält weder ω_1-Reihen noch ω_1^*-Reihen.

Für die Familie B. beispielsweise könnte man es auch so ausdrücken: In eine τ repräsentierende Menge M ist ω_1, aber nicht ω_1^* ordnungstreu einbettbar.

Eine Kombination von Gruppe und Familie bezeichnet HAUSDORFF als eine *Gattung*. Gewisse Kombinationen können nicht vorkommen: Typen der Familien C, D können nicht in Gruppe II, Typen der Familien B, D können nicht in Gruppe III und Typen der Familien B, C, D können nicht in Gruppe IV vorkommen. Es gibt somit neun Gattungen: IA, IB, IC, ID, IIA, IIB, IIIA, IIIC und IVA.

Weitere Unterscheidungsmöglichkeiten innerhalb der Gattungen liefern die in τ vorkommenden Möglichkeiten für Lücken. Auch hier gibt es wie für die Elemente vier Möglichkeiten: $\omega\omega^*$-, $\omega_1\omega^*$-, $\omega\omega_1^*$-, $\omega_1\omega_1^*$-Lücken, die HAUSDORFF kurz als 11-, 21-, 12-, 22-Lücken bezeichnet. Typen, welche die gleichen Arten von Lücken besitzen und zur gleichen Gattung gehören, bilden eine *Spezies* von Typen. Nicht jede Kombination dieser drei definierenden Eigenschaften (Gruppe, Familie, Vorhandensein von Lücken) ist widerspruchsfrei. Wenn man die offensichtlich widerspruchsvollen Kombinationen ausscheidet, bleiben insgesamt 50 Spezies übrig. Darunter sind 32 Spezies, deren Typen $\omega\omega^*$-Lücken besitzen, und 18 Spezies, deren Typen keine $\omega\omega^*$-Lücken haben. Die in Teil II betrachteten bemerkenswerten Potenzen $\vartheta((\omega^\alpha))$ beispielsweise sind Typen der Spezies „I D, ohne Lücken", die eine der eben genannten 18 Spezies ist.

Es geht nun im folgenden um die

Behandlung der Fundamentalfrage, *welche von unseren 50 Spezies bei Typen zweiter Mächtigkeit* [d.h. Mächtigkeit $\aleph_1$ – W.P.] *wirklich vertreten sind.* Eine definitive Antwort hierauf läßt sich zur Zeit nicht geben, solange die Frage nach der Mächtigkeit des Kontinuums nicht geklärt ist (andererseits könnte gerade hier, nachdem schon so vieles andere vergeblich versucht worden ist, ein neuer Weg zur Beantwortung der Kontinuumfrage entspringen). [H 1906b, 156; IA: 91].

Wie könnte dieser neue Weg aussehen? Jeder homogene, also überalldichte Typus enthält den Typus η als Teilmenge. Hat er keine $\omega\omega^*$-Lücken, so enthält er auch das Linearkontinuum als Teilmenge. Gelänge es also, einen homogenen Typus ohne $\omega\omega^*$-Lücken (d.h. einen Typus der letzten 18 Spezies), der zudem die Mächtigkeit $\aleph_1$ hat, zu konstruieren, so wäre $\aleph \leq \aleph_1$ und damit CANTORs Vermutung $\aleph = \aleph_1$, also $2^{\aleph_0} = \aleph_1$, bewiesen. GREGORY H. MOORE sieht HAUSDORFFs „extremely insightful work on order types [$\cdots$] motivated by a desire to solve the Continuum Problem"[Moore 1989, 109]. Ob HAUSDORFF diesen „neuen Weg" ernsthaft versucht hat, wissen wir nicht. Wenn es solche Versuche gab, sind jedenfalls die notwendig eingetretenen Mißerfolge im Nachlaß nicht überliefert.

Die obige „Fundamentalfrage" kann HAUSDORFF also in Anbetracht des offenen Kontinuumproblems zunächst nur für die 32 Spezies mit $\omega\omega^*$-Lücken in Angriff nehmen. Er löst sie im nächsten §3 vollständig durch den Beweis des folgenden Theorems:
Theorem: *Es existieren alle 32 Spezies homogener Typen von höchstens zweiter Mächtigkeit mit $\omega\omega^*$-Lücken.* [H 1906b, 156; IA: 91].
Dem Beweis schickt er folgende Bemerkung voran:

> Als Konstruktionsprinzip verwenden wir die in der ersten Note [Teil I von [H 1906b] – W.P.] entwickelte *Potenzbildung*, deren Ergiebigkeit und Tragweite sich hier in überraschender Weise bewährt; ohne diesen zusammenfassenden Algorithmus würde unser Vorhaben schwerlich gelungen sein. [H 1906b, 157; IA: 92].

Für diesen „zusammenfassenden Algorithmus" bildet HAUSDORFF in folgender Weise acht Basen $\mu_1, \ldots, \mu_8$: Mit $\omega_{11} = \omega + \omega^*$, $\omega_{21} = \omega_1 + \omega^*$, $\omega_{12} = \omega + \omega_1^*$, $\omega_{22} = \omega_1 + \omega_1^*$ sei $\mu_1 = \omega_{11}$, $\mu_2 = \omega_{21}$, $\mu_3 = \omega_{12}$, $\mu_4 = \omega_{22}$, $\mu_5 = \omega_{21} + \omega_{22}$, $\mu_6 = \omega_{12} + \omega_{22}$, $\mu_7 = \omega_{21} + \omega_{12}$, $\mu_8 = \omega_{21} + \omega_{22} + \omega_{12}$. Dann gilt folgender Satz:
Die acht Typen $\mu_1, \ldots, \mu_8$ liefern, als Basen von Potenzen erster Klasse, alle 32 Spezies homogener Typen der Mächtigkeit $\leq \aleph_1$ mit $\omega\omega^*$-Lücken, und zwar erhält man Typen der Gruppe I, wenn das Argument ω, das Hauptelement ein beliebiges Element der Basis ist, der Gruppe II, wenn das Argument ω_1, das Hauptelement das letzte Element der Basis ist, der Gruppe III, wenn das Argument ω_1, das Hauptelement das erste Element der Basis ist, der Gruppe IV, wenn das Argument ω_1, das Hauptelement ein mittleres Element der Basis ist.
Die so konstruierten Typen von 31 dieser Spezies haben die Mächtigkeit $\aleph_1$; in der Spezies „ID, nur $\omega\omega^*$-Lücken" hat der konstruierte Typus nur die Mächtigkeit $\aleph_0$, und es ist HAUSDORFF nicht gelungen, einen Typus dieser Spezies von der Mächtigkeit $\aleph_1$ zu finden. Dies gelang erst PAUL MAHLO im Jahre 1909.[31]

Die Teile IV und V seiner *Untersuchungen über Ordnungstypen* erschienen im Frühsommer 1907. [H 1907a, IA: 107–182]. Teil IV ist überschrieben mit „Homogene Typen von der Mächtigkeit des Kontinuums". Hier wird im unmittelbaren

---

[31] [Mahlo 1909]. Zur Konstruktion Mahlos s. Ulrich Felgner in *HGW*, Band IA, 192. Zu Mahlo s. auch [Gottwald/ Kreiser 1984].

Anschluß an Teil III die Frage gestellt, welche der dort betrachteten 50 Spezies homogener Typen durch Typen von der Mächtigkeit $\aleph$ des Kontinuums vertreten sind. HAUSDORFF beweist folgenden Satz:

Ein überalldichter Typus ohne $\omega\omega^*$-Limites und ohne $\omega\omega^*$-Lücken enthält sicher ω_1- und ω_1^*-Reihen; enthält er auch keine $\omega_1\omega_1^*$-Lücken, hat er eine Mächtigkeit $> \aleph_1$.

Daraus folgt, daß es fünf Spezies gibt, so daß jeder Typus aus einer dieser Spezies eine Mächtigkeit $> \aleph_1$ besitzt. Gelänge es, einen Typus aus einer dieser Spezies von der Mächtigkeit $\aleph$ des Kontinuums zu finden, so wäre $\aleph > \aleph_1$ und CANTORs Kontinuumhypothese wäre widerlegt. Diese fünf Spezies nimmt HAUSDORFF also von der Untersuchung aus. Im weiteren gelingt es ihm mit kunstvollen Potenzbildungen, für die restlichen 45 Spezies zu zeigen, daß in jeder dieser Spezies Typen der Mächtigkeit $\aleph$ existieren.

Der letzte und V. Teil der *Untersuchungen über Ordnungstypen* trägt den Titel „Über Pantachietypen". In einem ersten Paragraphen „Infinitäre Rangordnung" erläutert HAUSDORFF seinen Ausgangspunkt, der in originellen und tiefliegenden Untersuchungen von PAUL DU BOIS-REYMOND liegt. DU BOIS-REYMOND hatte, etwa auf der Menge aller monoton wachsenden reellen Funktionen auf $(0, \infty)$, eine partielle Ordnung eingeführt, deren Grundlage ihr Verhalten im Unendlichen ist:

$$f < g, \text{ falls } \lim_{x\to\infty} \frac{f(x)}{g(x)} = 0 \text{ ist.}$$

f heißt „infinitär kleiner" als g, g heißt „infinitär größer" als f. Dabei gelten zwei Funktionen f, g als „infinitär gleich" (in Zeichen $f \sim g$), falls

$$\lim_{x\to\infty} \frac{f(x)}{g(x)} = a \text{ ist mit } 0 < a < \infty.$$

Die Objekte, die hier verglichen werden, sind also genauer gesagt Klassen infinitär gleicher Funktionen. Eine solche Klasse nannte DU BOIS-REYMOND einen „infinitären Punkt" oder kurz ein „Unendlich". Es kann jedoch auf der Menge U der „Unendlich" nur eine partielle Ordnung definiert werden, denn es gibt infinitär unvergleichbare Elemente: f, g sind unvergleichbar, wenn für $x \to \infty$ der Limes ihres Quotienten nicht existiert. DU BOIS-REYMOND entdeckte, daß die so (in einer geordneten Teilmenge von U) definierte Ordnung ein merkwürdiges, vom Linearkontinuum völlig verschiedenes Verhalten zeigt:

Man kann sich einem gegebenen Unendlich $\lambda(x)$ mit keiner Functionenfolge $\varphi_p(x)$, $p = 1, 2, \ldots$ in solcher Weise nähern, dass man nicht stets Functionen $\psi(x)$ angeben könnte, welche für beliebig grosse Werthe von p der Ungleichheit

$$\lambda(x) < \psi(x) < \varphi_p(x) \text{ bzw. } \lambda(x) > \psi(x) > \varphi_p(x)$$

genügen. [Du Bois-Reymond 1877, 153].

Es verwundert nicht, daß HAUSDORFF sich für solche Ordnungsstrukturen interessierte. Es geht ihm hier aber nicht um die lebhafte Rezeption, die DU BOIS-REYMONDs Ideen in der Analysis gefunden haben.[32] Es geht ihm vielmehr um den mengentheoretischen Gehalt, um die Untersuchung der Ordnungstypen maximaler geordneter Teilmengen von U:

> Bezeichnen wir es also als unsere Aufgabe, die infinitäre Rangordnung als Ganzes mit der Theorie der CANTORschen Ordnungstypen in Verbindung zu setzen, so bleibt nichts anderes übrig als *möglichst umfassende Mengen paarweise vergleichbarer Funktionen* zu untersuchen: möglichst umfassend in dem Sinne, daß eine solche Menge nicht mehr erweiterungsfähig sein soll durch Funktionen, die mit allen Funktionen der Menge vergleichbar wären. [H 1907a, 110; IA: 133].

Eine solche maximale geordnete Teilmenge von U nennt er in Anlehnung an eine Bezeichnung von DU BOIS-REYMOND eine *Pantachie*.[33]

HAUSDORFF zeigt nun zunächst, daß sich die Ordnungstypen der Pantachien nicht ändern, wenn man die „infinitäre Rangordnung" von Funktionen durch eine „finale Rangordnung" für Zahlenfolgen ersetzt. Die finale Rangordnung nennt HAUSDORFF auch „Graduierung nach dem Endverlauf".

Im §2 „Finale Rangordnung" wird in der Menge $\mathcal{M} = (\mathbb{R}^+)^\omega$ aller Folgen $X = (x_1, x_2, \ldots)$ positiver reeller Zahlen eine partielle Ordnung („finale Rangordnung") folgendermaßen definiert: Wenn für $X, Y \in \mathcal{M}$ ein n_0 existiert, so daß für alle $n \geq n_0$
stets $x_n = y_n$, so heißt X final gleich Y, in Zeichen $X \sim Y$,
stets $x_n < y_n$, so heißt X final kleiner Y, in Zeichen $X < Y$.
Ist weder $X \sim Y$ noch $X < Y$ oder $X > Y$, so sind X, Y unvergleichbar, in Zeichen $X \,|\, Y$. Eine linear geordnete Teilmenge von $\mathcal{M}$ nennt HAUSDORFF einen Bereich; ein Bereich, zu dem es keine mit allen seinen Elementen vergleichbare Elemente in $\mathcal{M}$ gibt, ist dann eine Pantachie. Daß es Bereiche gibt, ist trivial, aber gibt es überhaupt eine Pantachie? Hierzu HAUSDORFF:

> Der Existenzbeweis ist sehr einfach, wenn man ihn auf die *Wohlordnung des Kontinuums* stützt.[34]

HAUSDORFF beweist nun eine spezielle Version seines späteren allgemeinen Maximalkettensatzes[35]:

---

[32] Zu du Bois-Reymonds Ausgangspunkt in der Theorie der unendlichen Reihen und in der Funktionentheorie, zu seinen Zielen und zur Rezeption seiner Ideen s. [Fisher 1981]. Hausdorffs Rezeption wird dort in Section 7, 148–153, behandelt, insbesondere der Zusammenhang von Hausdorffs mengentheoretischen Resultaten mit der Weiterführung von du Bois-Reymonds Ideen in der Analysis.

[33] Zum Ursprung dieser Bezeichnung s. Ulrich Felgner in *HGW*, Band IA, 195.

[34] [H 1907a, 117; IA: 140]. In einer Fußnote verweist Hausdorff hier auf Zermelos Beweis des Wohlordnungssatzes von 1904.

[35] Der Maximalkettensatz wird heute nach Hausdorff benannt. Er folgt nicht nur aus dem Wohlordnungssatz, sondern ist mit ihm und damit mit dem Auswahlaxiom äquivalent.

Zu jedem Bereich gibt es eine Pantachie, die ihn enthält, m. a. W. jede linear geordnete Teilmenge von $\mathcal{M}$ kann zu einer maximalen linear geordneten Teilmenge erweitert werden.

Er benutzt dabei, daß $\mathcal{M}$ die Mächtigkeit des Kontinuums hat und daß somit nach dem Wohlordnungssatz $\mathcal{M}$ als $\{X_0, X_1, \ldots X_\omega, \ldots X_\alpha, \ldots\}$ geschrieben werden kann, wobei alle Indizes kleiner als eine geeignete Ordinalzahl κ sind.

Für eine Pantachie $\mathcal{P}$ beweist HAUSDORFF folgende grundlegende Sätze:

(I) *Ist $\{U_n\}$ eine höchstens abzählbare Menge von Elementen von $\mathcal{P}$, so existieren $X, Y \in \mathcal{P}$ mit $U_n < X$ ($Y < U_n$) für alle n.*

(II) *Sind $\{U_n\}$, $\{V_n\}$ höchstens abzählbare Mengen von Elementen von $\mathcal{P}$ und ist für beliebige j, k stets $U_j < V_k$, so existiert ein $X \in \mathcal{P}$ mit $U_m < X < V_n$ für alle m, n.*

Aus (II) folgt, daß für eine Pantachie $\mathcal{P}$ ein Satz gilt, der analog zu dem oben zitierten Ergebnis von DU BOIS-REYMOND ist, nämlich: Eine Pantachie hat also keine ω- bzw ω^*-Limites. Desweiteren ergeben sich aus den Sätzen (I), (II) folgende Eigenschaften: Eine Pantachie ist unbegrenzt, überalldicht, weder mit ω konfinal noch mit ω^* koinitial und besitzt keine $\omega\omega^*$-Lücken. Einen Ordnungstypus mit all diesen Eigenschaften nennt HAUSDORFF einen Eta-Typus, im Druckbild H-Typus.[36]

Im §3 „Über H-Typen" ist der Ausgangspunkt der Typus η der der Größe nach geordneten Menge der rationalen Zahlen. Schon CANTOR wußte, daß η universal für die Typenklasse $T(\aleph_0)$ aller abzählbaren Ordnungstypen ist, d.h. jede höchstens abzählbare geordnete Menge läßt sich ordnungsisomorph in die Menge der rationalen Zahlen einbetten. Für einen überalldichten unbegrenzten Typus (wie z.B. η) gilt folgendes: Sind A, B *endliche* Teilmengen eines solchen Typus mit $A < B$, so gibt es Elemente x, y, z mit

$$x < A, \quad A < y < B, \quad B < z. \tag{1}$$

Solche Typen nennt HAUSDORFF η-Typen. Es gibt nur einen abzählbaren η-Typus, nämlich den Typus der rationalen Zahlen; er werde im folgenden mit η_0 bezeichnet. In einem nächsten Schritt wird nun die Bedingung (1) modifiziert: Es wird für die nun ins Auge gefaßten Typen die Existenz von Elementen, die (1) erfüllen, auch dann verlangt, wenn A, B *höchstens abzählbare Teilmengen* des betrachteten Typus sind. Wählt man dann für A, B einelementige Mengen oder ω- bzw. ω^*-Reihen, so sieht man, daß ein Typus dieser Art folgende Eigenschaften haben muß: Er ist überall dicht und unbegrenzt, weder mit ω konfinal noch mit ω^* koinitial, besitzt weder ω- noch ω^*-Limites und hat keine $\omega\omega^*$-Lücken. Umgekehrt ziehen diese Eigenschaften die Beziehungen (1) mit A, B höchstens abzählbar ($A < B$) nach sich. HAUSDORFF bezeichnet hier, da dies ein erster Schritt über η_0 hinaus ist, einen Typus dieser Art als η_1-Typus. Nach den Ergebnissen in §2 sind H-Typen und η_1-Typen dasselbe. HAUSDORFF beweist nun für η_1-Typen eine Reihe von Sätzen:

---

[36] Ein groß geschriebenes Eta sieht im Druck wie ein H aus.

(I) *Jeder η_1-Typus ist universal für die Typenklasse $T(\aleph_1)$.*

(II) *Wenn es überhaupt einen η_1-Typus der Mächtigkeit $\aleph_1$ gibt, dann gibt es nur einen einzigen.*

(I) ist das analoge Resultat zur Universalität von η_0 für $T(\aleph_0)$. Für die Beweise von (I) und (II) verwendet HAUSDORFF hier erstmals die von ihm mit erfundene „Zick-Zack"-Methode, die später in der Mengenlehre, der Algebra und in weiteren Gebieten der Mathematik vielfache Anwendung gefunden hat.[37] Bezüglich der Mächtigkeit gilt für η_1-Typen folgendes:

(III) *Jeder η_1-Typus ist mindestens von der Mächtigkeit $2^{\aleph_0}$ des Kontinuums. Hat ein η_1-Typus keine $\omega_1\omega_1^*$-Lücken, ist er mindestens von der Mächtigkeit $2^{\aleph_1}$.*

(IV) *In jeden η_1-Typus kann die Potenz zweiter Klasse $3_0^1(\omega_1)$ ordnungsisomorph eingebettet werden.*

Hier ist die Basis $\mu = 3 = \{-1, 0, 1\}$, das Hauptelement ist 0 und das Argument ist ω_1. Dieser Typus ist ein homogener η_1-Typus der Spezies „IVA, $\omega_1\omega^*$-, $\omega\omega_1^*$-, $\omega_1\omega_1^*$-Lücken".

Diese Resultate können nun auf Pantachien angewendet werden. Da $\mathcal{M}$ die Mächtigkeit des Kontinuums hat, hat jede Pantachie höchstens die Mächtigkeit des Kontinuums, also folgt aus (III): Jede Pantachie hat die Mächtigkeit $2^{\aleph_0}$ des Kontinuums. Nach (I) und (IV) gilt: In jede Pantachie ist jede geordnete Menge der Mächtigkeit $\aleph_1$ und ferner die homogene Menge $3_0^1(\omega_1)$ ordnungsisomorph einbettbar. Aus (II) folgt schließlich: Gilt die Kontinuumhypothese $2^{\aleph_0} = \aleph_1$, so sind alle Pantachien ordnungsisomorph, homogen und vom Typus $3_0^1(\omega_1)$; es gibt dann also nur einen einzigen Pantachietypus.

HAUSDORFF setzt sich schliesslich das Ziel, auch für die Typenklasse $T(\aleph_\nu)$ ($\nu \in \mathbb{N}$) universale Typen η_ν zu finden, indem (1) schrittweise bezüglich der Mächtigkeit von A und B weiter verschärft wird: Ein Typus heißt ein η_ν-Typus, wenn es in ihm für Teilmengen A, B (mit $A < B$) der Mächtigkeit $< \aleph_\nu$ stets Elemente x, y, z gibt, welche den Beziehungen (1) genügen. Jeder $\eta_{\nu+1}$-Typus ist dann auch ein η_ν-Typus. Die Sätze über η_1-Typen lassen sich nun mittels naheliegender Modifizierungen der Beweisideen auf η_ν-Typen übertragen:

(I) *Jeder η_ν-Typus ist universal für die Typenklasse $T(\aleph_\nu)$.*

(II) *Wenn es überhaupt einen η_ν-Typus der Mächtigkeit $\aleph_\nu$ gibt, dann gibt es nur einen einzigen.*

(III) *Jeder η_ν-Typus ist mindestens von der Mächtigkeit $2^{\aleph_{\nu-1}}$. Hat ein η_ν-Typus keine $\omega_\nu\omega_\nu^*$-Lücken, ist er mindestens von der Mächtigkeit $2^{\aleph_\nu}$.*

(IV) *In jeden η_ν-Typus kann die Potenz $(\nu + 1)$ter Klasse $3_0^\nu(\omega_\nu)$ ordnungsisomorph eingebettet werden.*

Hier bringt HAUSDORFF nun erstmals die verallgemeinerte Kontinuumhypothese ins Spiel:

---

[37] Zur Geschichte dieser Methode s. [Plotkin 1993]. S. ferner [Felgner 2002].

Sollte die CANTORsche Hypothese $2^{\aleph_0} = \aleph_1$ in dem erweiterten Umfange zutreffen, daß für jedes endliche ν auch $2^{\aleph_\nu} = \aleph_{\nu+1}$ ist, so gibt es einen und nur einen η_ν-Typus von der Mächtigkeit $\aleph_\nu$, nämlich η_ν selbst. [38]

Die Frage nach der Existenz homogener Pantachien ist bei Gültigkeit von $2^{\aleph_0} = \aleph_1$ nach obigem positiv beantwortet. Im §4 gelingt die Konstruktion einer homogenen Pantachie ohne Voraussetzung der Gültigkeit der Kontinuumhypothese; dazu HAUSDORFF:

> Um so bemerkenswerter ist der Umstand, daß man, ohne jede Hypothese, durch ein geeignetes Verfahren zur *Konstruktion einer homogenen Pantachie* gelangt, womit man dem Ideal einer gesetzmäßigen Erzeugung dieser merkwürdigen Typen wenigstens einen Schritt näher gekommen ist. [H 1907a, 140–141; IA: 163–164].

Das Verfahren besteht darin, Pantachien mit einer zusätzlichen algebraischen Struktur zu konstruieren. [39]

Im letzten Paragraphen „Das Pantachieproblem" wird das Problem aufgeworfen, die Ordnungstypen von Pantachien innerhalb der Klasse der η_1-Typen näher zu charakterisieren. Wenn die Kontinuumhypothese als zutreffend angenommen wird, ist das Problem, wie wir gesehen haben, vollkommen erledigt. Wenn man über die Mächtigkeit des Kontinuums außer $2^{\aleph_0} \geq \aleph_1$ nichts voraussetzt, ergeben sich eine Reihe offener Fragen:

(α) *Gibt es eine Pantachie ohne $\omega_1 \omega_1^*$-Lücken?*

Wenn ja, hat nach Satz (III) über η_1-Typen das Kontinuum dann die Mächtigkeit $2^{\aleph_1} > \aleph_1$, d.h. die Kontinuumhypothese wäre widerlegt.

(β) *Gibt es mehr als einen Pantachietypus, d.h. gibt es mindestens zwei nicht ordnungsisomorphe Pantachien?*

Auch hier könnte bei positiver Antwort die Kontinuumhypothese nicht zutreffen.

(γ) *Welches sind die Reihen höchster Mächtigkeit, die in einer Pantachie vorkommen?*

Es könnte ja sein, daß sich in eine Pantachie außer geordneten Mengen der Typen $\omega, \omega^*, \omega_1, \omega_1^*$ auch solche der Typen $\omega_2, \omega_3, \ldots$ und deren Inversen ordnungsisomorph einbetten lassen, und daß es unter diesen ω_ν ein Maximum ω_μ gibt. In diesem Fall wäre $2^{\aleph_0} \geq \aleph_\mu$.

Schließlich formuliert HAUSDORFF das Skalenproblem:

Gibt es in $\mathcal{M} = (\mathbb{R}^+)^\omega$ eine wohlgeordnete Teilmenge, mit der $\mathcal{M}$ konfinal ist?

Eine solche wohlgeordnete Teilmenge nennt HAUSDORFF eine *Skala*. Auf den letzten Seiten von [H 1907a] beschäftigt er sich mit dem Skalenproblem und kann folgenden Satz beweisen:

Wenn die Kontinuumhypothese zutrifft, so existieren ω_1-Skalen.

Für den Beweis benutzt er den Wohlordnungssatz, angewandt auf die Menge $\mathcal{M}$; der Beweis ist dann relativ einfach. Die wahre Herausforderung aber liegt woanders:

---

[38] [H 1907a, 133; IA: 156]. Mit „η_ν selbst" ist der Typus $3_0^\nu(\omega_\nu)$ gemeint.
[39] Wir werden darauf im Abschnitt 7.2.4 zurückkommen.

Die Existenz einer Ω-Skala [$\Omega = \omega_1$ – W.P.], aber unabhängig von der Kontinuumhypothese, zu beweisen wäre also ein wesentlicher Fortschritt, mit dem die erste engere Verbindung zwischen dem Kontinuum und der zweiten Zahlenklasse hergestellt wäre; indessen scheint die Schwierigkeit mit der Bedeutung der Sache zu harmonieren. [H 1907a, 155; IA: 178].

Die immer wieder auftretende charakteristische Schwierigkeit beschreibt HAUSDORFF folgendermaßen:

Die Schwierigkeiten des Pantachieproblems, wie die analogen der Kontinuumfrage, lassen sich kurz so ausdrücken: man wird über das Abzählbare hinausgetragen, aber man weiß nicht, wie weit, da der Ausgangspunkt doch im Abzählbaren liegt und keine unmittelbare Beziehung zur nächst höheren Stufe, der zweiten Mächtigkeit [$\aleph_1$ – W.P.], erkennen läßt. [H 1907a, 158; IA: 181].

Die Erkenntnis, daß sich die Frage „wie weit?" auf der Grundlage der ZERMELO-FRAENKELschen Mengenlehre mit Auswahlaxiom nicht entscheiden läßt, gehört zu den größten Errungenschaften der Mathematik des 20. Jahrhunderts.

Auf das Skalenproblem werden wir am Ende der Ausführungen über geordnete Mengen nochmals kurz zurückkommen.

7.2.2 Der Dresdener Vortrag

Am 18. September 1907 hielt FELIX HAUSDORFF auf der Jahrestagung der Deutschen Mathematiker-Vereinigung, die im Rahmen der 79. Versammlung der Gesellschaft deutscher Naturforscher und Ärzte in Dresden stattfand, einen Vortrag unter dem Titel *Über dichte Ordnungstypen*. Es waren 44 Teilnehmer anwesend; in der Diskussion sprachen ARTHUR SCHOENFLIES und der Vortragende [Wangerin 1908, 11]. Der Vortrag erschien im Jahresbericht der DMV. [H 1907b, IA: 203–208].

RICHARD DEDEKIND hatte in seiner berühmten Schrift *Stetigkeit und irrationale Zahlen* (1872) jede geordnete Zerlegung $M = A + B$ ($A < B$) einer geordneten Menge M einen Schnitt genannt.[40] Für eine solche geordnete Zerlegung gibt es vier Möglichkeiten:

(α) A hat ein letztes, B ein erstes Element.
(β) A hat ein letztes, B kein erstes Element.
(γ) A hat kein letztes, B ein erstes Element.
(δ) A hat kein letztes, B kein erstes Element.

Abweichend von DEDEKIND definiert HAUSDORFF: Die Zerlegung heißt im Falle (α) ein *Sprung*, im Falle (β) oder (γ) ein *Schnitt* und im Falle (δ) – wie schon häufig benutzt – eine *Lücke*. Genau dann ist eine Menge überalldicht, wenn sie keine Sprünge hat. Der Untersuchung solcher Mengen ist [H 1907b] gewidmet; HAUSDORFF nennt sie in dieser Arbeit kurz *dichte Mengen*. Er betrachtet im folgenden

---

[40]Er betrachtete aber keine Schnitte in abstrakten Mengen, sondern nur in der Menge der rationalen und in der Menge der reellen Zahlen.

beliebige Anfangszahlen ω_α, d.h. der Index α ist eine beliebige Ordnungszahl und nicht mehr auf natürliche Zahlen beschränkt:

> Die Mächtigkeit einer wohlgeordneten Menge bezeichnen wir, wie üblich, mit $\aleph_\alpha$, wo der *Index* α eine Ordnungszahl, nämlich der Typus der Menge aller kleineren Alefs ist; die niedrigste Ordnungszahl der Mächtigkeit $\aleph_\alpha$ heißt ω_α und wird eine *Anfangszahl* genannt. [H 1907b, 542; IA: 204].

Das „wie üblich" deutet an, daß HAUSDORFF die allgemeine Einführung der Aleph-Folge und damit auch der ω_α als bekannt voraussetzte; dies hatte in der Tat 1906 GERHARD HESSENBERG geleistet [Hessenberg 1906]. Mengen vom Typus einer Anfangszahl (oder vom inversen Typus) nennt HAUSDORFF *Reihen*.

HAUSDORFF definiert dann einen Begriff, der für die Mengenlehre von grundlegender Bedeutung wurde:

Die Anfangszahl ω_α heißt regulär, wenn sie mit keiner kleineren Ordnungszahl konfinal ist, ansonsten singulär.

Beispielsweise ist ω ($= \omega_0$) und jede Nichtlimeszahl $\omega_{\alpha+1}$ regulär, ω_ω ist als Limes der ω_n ($n \in \mathbb{N}$) konfinal zu ω_0 und damit singulär. Da in der modernen Mengenlehre die Kardinalzahlen $\aleph_\alpha$ mit den Anfangszahlen ω_α identifiziert werden, kann man sagen, daß auf HAUSDORFF die Unterscheidung regulärer und singulärer Kardinalzahlen zurückgeht.

Grundlegend für die weiteren Betrachtungen ist das folgende Theorem:

Jede linear geordnete Menge ohne letztes Element ist mit genau einer regulären Anfangszahl konfinal. Jede linear geordnete Menge ohne erstes Element ist mit dem Inversen genau einer regulären Anfangszahl koinitial.

Dieses Theorem erlaubt es, die Position von Elementen und Lücken in dichten Mengen durch Paare regulärer Anfangszahlen (Kardinalzahlen) zu charakterisieren: Sei M eine linear geordnete dichte Menge ohne erstes und letztes Element und $m \in M$. Dann hat in der geordneten Zerlegung $M = A + m + B$ A kein letztes und B kein erstes Element, also A konfinal ω_α, B koinitial ω_β^*; $\omega_\alpha, \omega_\beta$ reguläre Anfangszahlen. m heißt dann ein $\omega_\alpha \omega_\beta^*$-Element oder kürzer ein $c_{\alpha\beta}$-Element. $c_{\alpha\beta}$ heißt der *Charakter* von m. Ebenso gilt für eine Lücke $M = C + D$, daß C konfinal einem regulären ω_γ, D koinitial dem Inversen ω_δ^* eines regulären ω_δ ist. Die Lücke heißt dann eine $\omega_\gamma \omega_\delta^*$-Lücke, kurz eine $c_{\gamma\delta}$-Lücke. $c_{\gamma\delta}$ heißt der Charakter der Lücke. Die Charaktere der Elemente und Lücken dienen nun dazu, die dichten geordneten Mengen bzw. ihre Ordnungstypen zu klassifizieren.

$U(M)$ sei die Menge der Elementcharaktere, $V(M)$ die Menge der Lückencharaktere von M; z.B. ist für die Menge der rationalen Zahlen $U = \{c_{00}\}$, $V = \{c_{00}\}$, für die Menge der reellen Zahlen ist $U = \{c_{00}\}$, $V = \emptyset$. Eine Menge mit $V = \emptyset$ nennt HAUSDORFF stetig. Zwei geordnete Mengen (bzw. ihre Ordnungstypen) gehören zur selben *Spezies*, wenn sie dieselben Mengen U, V haben; HAUSDORFF bezeichnet diese Spezies dann mit (U, V). Sei $W = U \cup V$. Zwei Spezies gehören zum gleichen *Geschlecht*, wenn sie das gleiche W besitzen.

Sei M wieder eine dichte linear geordnete Menge ohne erstes und letztes Element und sei ω_π die kleinste reguläre Anfangszahl, für die kein Charakter $c_{\pi\gamma}$

in ihrer Charakterenmenge W vorkommt und ω_ρ die kleinste reguläre Anfangszahl, zu der kein Charakter $c_{\delta\rho}$ in W vorkommt. Dann gilt also für jedes $c_{\alpha\beta} \in W$: $\alpha <$ π, $\beta < \rho$, $\omega_\alpha, \omega_\beta$ regulär. Sind Charakterenmengen $U \neq \emptyset$ und V mit $U \cup V = W$ vorgegeben, so heißt W *vollständig*, wenn es einen Typus von der Spezies (U, V) und dem Geschlecht W gibt. Ein wesentliches Ergebnis HAUSDORFFs in [H 1907b] ist eine notwendige und hinreichende Bedingung dafür, daß ein so vorgegebenes W vollständig ist.

Haben die W begrenzenden Anfangszahlen ω_π, ω_ρ endliche Indizes, so lassen sich die Anzahlen der verschiedenen Geschlechter und Spezies leicht berechnen. Für $\pi = \rho = 2$ etwa gibt es die sechs Geschlechter: $\{c_{00}, c_{11}\}$, $\{c_{00}, c_{01}, c_{10}\}$, $\{c_{00}, c_{01}, c_{11}\}$, $\{c_{00}, c_{10}, c_{11}\}$, $\{c_{01}, c_{10}, c_{11}\}$, $\{c_{00}, c_{01}, c_{10}, c_{11}\}$. Für $\pi, \rho \leq 2$ gibt es 9 Geschlechter mit insgesamt 210 Spezies. Die Zahl wächst sehr schnell: für $\pi, \rho \leq 3$ gibt es bereits 302 Geschlechter mit 243.376 Spezies. Sind π oder ρ transfinit, so ist die Menge der Spezies mindestens von Kontinuumsmächtigkeit.

Für die Indizes π und ρ der „Schranken" von W muß HAUSDORFF eine Einschränkung machen, von der er sich „noch nicht habe befreien können": Sie dürfen keine Limeszahlen sein. Von der Einschränkung wäre er befreit, wenn es reguläre Anfangszahlen (Kardinalzahlen) mit Limeszahlindex überhaupt nicht gäbe. Dazu bemerkt er:

> Ob es überhaupt reguläre Anfangszahlen mit Limesindex giebt, ist sehr fraglich; jedenfalls ist schon die niedrigste unter ihnen von einer so exorbitanten Mächtigkeit, daß sie alle bisher in Betracht gezogenen und noch in Betracht zu ziehenden Mengen übertreffen dürfte. [H 1907b, 546; IA: 208].

Reguläre Anfangszahlen (Kardinalzahlen) mit Limeszahlindex wurden später schwach unerreichbare Kardinalzahlen genannt. HAUSDORFFs Bemerkung klingt wie eine Vorahnung, daß man die Existenz solcher Zahlen mittels der damals allgemein benutzten Prinzipien der Mengenbildung nicht würde beweisen können. In der Tat ist die Existenz der schwach unerreichbaren Kardinalzahlen auf der Grundlage der ZERMELO-FRAENKELschen Axiome mit Auswahlaxiom nicht beweisbar; man muß – wenn gewünscht – ihre Existenz durch ein neues Axiom fordern. HAUSDORFF hat also hier *ein umfangreiches Forschungsgebiet der modernen Mengenlehre angestoßen, das Gebiet der großen Kardinalzahlen.*

7.2.3 Die zusammenfassende Annalenarbeit

Ende Juni 1907 fand in Kösen bei Naumburg/Saale eine Zusammenkunft von Mathematikern der Universitäten Leipzig, Halle und Jena statt, an der auch GEORG CANTOR teilnahm. Dort hatte HAUSDORFF Gelegenheit, Ergebnisse seiner Untersuchungen über Ordnungstypen vorzustellen und sie insbesondere mit CAN-

TOR zu diskutieren.[41] Der folgende Brief HAUSDORFFs an HILBERT vom 15. Juli 1907 bezieht sich auf diese Begegnung mit CANTOR:

> Sehr geehrter Herr Geheimrath,
> Herr Professor Cantor, mit dem ich vor 14 Tagen längere Zeit zusammen war, regte mich an, von meinen „Untersuchungen über Ordnungstypen" ein knappes Exposé auszuarbeiten und Ihnen zum Abdruck in den Math. Annalen anzubieten. Er hielt es für wünschenswerth, dass die Sachen einem weiteren Leserkreise als dem der Leipziger Berichte unter die Augen kämen; auch ging er von der nicht unrichtigen Voraussetzung aus, dass die etwas lang gerathene Arbeit durch eine verkürzte, systematische und auf das Wesentlichste eingeschränkte Darstellung an Verständlichkeit gewinnen würde. [· · ·] Ich erlaube mir also die Anfrage, ob Sie *principiell* geneigt wären, einen Artikel, etwa „Theorie der Ordnungstypen" betitelt und im Umfange von 2–3 Bogen, in die Annalen aufzunehmen.
>
> Sie finden vielleicht dies Ansinnen, über eine noch ungeschriebene Arbeit ein Votum abzugeben, etwas voreilig; natürlich soll es sich eben nur um eine principielle Erklärung handeln, die Sie nicht verpflichtet, sondern Ihnen seiner Zeit die Prüfung der wirklich vorliegenden Arbeit als unverkürztes Recht vorbehält. Nur möchte ich mir die Mühe sparen, falls etwa die Redaction der Annalen von vornherein das jetzt so vielfach (und mit so mittelalterlichen Waffen!) bestrittene Gebiet der Mengenlehre zu excludiren geneigt sein sollte.[42]

Die letzte Passage wirft ein bezeichnendes Licht auf die unsichere und umstrittene Position, welche die Mengenlehre als Teildisziplin der Mathematik in den Augen vieler Mathematiker um 1907 immer noch hatte.

HILBERT muß bald darauf positiv reagiert haben, denn im Nachlaß HAUSDORFFs befindet sich ein Manuskript *Grundzüge einer Theorie der geordneten Mengen*[43]; auf Blatt 1 steht von HILBERTs Hand: „Nov. 1907 Angenommen Hilbert". Die Arbeit erschien unter diesem Titel 1908 in den Annalen.[44] Die Gestaltung des Aufsatzes ist die einer selbständigen Schrift oder Broschüre, mit Vorwort, Inhalts- und Sachverzeichnis.

Bisher habe man – so HAUSDORFF im Vorwort – auf dem Gebiet der geordneten Mengen nur die wohlgeordneten Mengen und Mengen reeller Zahlen, d.h. die linearen Punktmengen, näher untersucht. Der Hauptgegenstand seiner eigenen Vorarbeiten[45] seien

---

[41] Siehe dazu den Brief Georg Cantors an David Hilbert vom 8. August 1907. Abdruck in [Purkert/ Ilgauds 1987, 227–228]. In dem Brief schreibt Cantor: „Ich halte auch die Arbeiten von Hausdorff in der Typentheorie für nützlich, gründlich und erfolgversprechend."

[42] *HGW*, Band IX, 332.

[43] NL Hausdorff, Kapsel 26b, Fasz. 89, 142 Blatt.

[44] [H 1908, IA: 213–283]. Die Abweichungen des Textes in den Annalen vom nachgelassenen Manuskript sind marginal.

[45] Hier verweist er nur auf [H 1906b] und [H 1907a]. Sein Dresdener Vortrag [H 1907b] war zur Zeit der Ausarbeitung von [H 1908], d.h. vor dem November 1907, noch nicht erschienen.

gewisse durch besonders regelmäßige Struktur (Homogeneität) ausgezeichnete
Typen mit Reihen bis zur zweiten Mächtigkeit, und soweit Verallgemeinerungen angestrebt sind, beschränken sie sich auf die nächstliegenden Stufen, die
den Alefs mit endlichen Indizes entsprechen. In der vorliegenden Abhandlung, sollte sie nicht zum Buche anschwellen, mußten diese speziellen Typen
durchaus in die Rolle gelegentlicher Illustrationsbeispiele zurücktreten und
die allgemeinen Methoden den Vordergrund einnehmen. Das vorschweben-
de Ideal war etwa eine Beherrschung der Typenwelt in dem Sinne, daß die
komplexen Gebilde durch erzeugende Operationen aus elementaren aufgebaut
erscheinen sollten; [···] [H 1908, 435; IA: 213].

Die erzeugenden Operationen sind die Addition über einem geordneten „Erzeuger" sowie die von HAUSDORFF eingeführten Operationen der Produkt- und Po-
tenzbildung. Die „elementaren Gebilde", das „Baumaterial"

> sind die wohlgeordneten Mengen und ihre Inversen, deren Mächtigkeit freilich
> nicht mehr auf die Alefs mit endlichem Index eingeschränkt werden darf,
> und insbesondere sind die *regulären Anfangszahlen* mit ihren Inversen als die
> letzten Bausteine und Uratome der Typenwelt anzusehen. [H 1908, 435–436;
> IA: 213–214].

Daß und wie sich die dichten Mengen klassifizieren lassen und welche gewaltige
Vielfalt an Ordnungsstrukturen dabei zu Tage tritt, war ja der Hauptinhalt von
[H 1907b]; dies ist natürlich auch – in abgerundeter Form – ein wichtiger Teil der
vorliegenden Arbeit. HAUSDORFF umreißt das Ergebnis dieses Teils im Vorwort
folgendermaßen:

> Die dichten Mengen lassen sich klassifizieren, auf Grund der „Charaktere" ihrer
> Elemente und Lücken, welche Charaktere wieder von den regulären Anfangs-
> zahlen hergenommen sind, und nun ergibt sich mit Hilfe jener erzeugenden
> Operationen allgemeinster Art, daß alle a priori denkbaren „Spezies" dichter
> Mengen wirklich existieren, vertreten nicht nur durch einen, sondern durch
> unabzählbar viele wesentlich verschiedene Typen. [H 1908, 436; IA: 214].

HAUSDORFF hat zwar auf seine eigenen Vorarbeiten verwiesen, aber im Vorwort betont, daß von ihnen „hier übrigens nichts vorausgesetzt wird."Es wird in
[H 1908] also manches aus den *Untersuchungen über Ordnungstypen* wiederholt
bzw. in größerer Allgemeinheit – wie bereits in [H 1907b] begonnen – neu entwickelt. Im folgenden wollen wir nur auf die gegenüber den vorangegangenen Arbeiten ganz neuen oder aber wesentlich verallgemeinerten Ergebnisse eingehen.
    Eine völlig neue Thematik behandeln die Paragraphen 10 und 11 von [H 1908].
Den §10 „Typenringe" leitet HAUSDORFF folgendermaßen ein:

> Die allgemeine Addition ist als fundamentale Operation zur Erzeugung von
> Typen aus anderen Typen anzusehen; ihre große, wenngleich nicht unbe-
> schränkte Tragweite wird aus den folgenden Begriffsbildungen erhellen. [H 1908,
> 454; IA: 232].

HAUSDORFF nennt eine Menge $\mathcal{A}$ von Ordnungstypen einen *Typenring*, falls
(α) die Summe zweier Typen von $\mathcal{A}$ wieder in $\mathcal{A}$ liegt,

(β) die mit einem Typus von $\mathcal{A}$ als Erzeuger gebildete Summe unendlich vieler Typen von $\mathcal{A}$ wieder zu $\mathcal{A}$ gehört.

Mit $\mu, \nu \in \mathcal{A}$ ist dann auch das Produkt $\mu\nu \in \mathcal{A}$, ferner ist im Falle $2 \in \mathcal{A}$ die Forderung (α) eine Folge von (β) und somit überflüssig. Der Durchschnitt beliebig vieler Typenringe ist, falls $\neq \emptyset$, wieder ein Typenring. Sei nun A eine Menge von Ordnungstypen. Der Durchschnitt aller Typenringe, die A enthalten, also der kleinste Typenring, der A enthält, wird mit $[A]$ bezeichnet. Von grundlegender Bedeutung für den Aufbau eines Typenrings ist der Begriff der Basis. Sei A eine Menge von Ordnungstypen, dann heißt ein Typus β von A *unabhängig*, wenn es einen Typenring gibt, der A, aber nicht β enthält, andernfalls heißt β von A *abhängig*. $[A]$ besteht dann gerade aus allen Typen, die von A abhängig sind. Wenn kein $\alpha \in A$ von der Menge $A \setminus \{\alpha\}$ abhängig ist, so heißt A eine *Basis* des Ringes $[A]$.

Beispiele für Typenringe sind zahlreich, „da fast jede sich natürlich darbietende Typenmenge ein Ring ist."[H 1908, 455; IA: 233]. Wegen der Alephrelationen ist jede Typenklasse $T(\aleph_\alpha)$ ein Typenring. Auch jede CANTORsche Zahlklasse ist ein Typenring. Sei ferner ω_α eine reguläre Anfangszahl. Dann ist die Menge aller Ordnungszahlen $< \omega_\alpha$ ein Typenring; dessen Basis ist

$$A = \{1, \omega, \omega_1, \ldots \omega_\xi, \ldots\} \qquad\qquad (*)$$

mit regulären Anfangszahlen $\omega_\xi < \omega_\alpha$. Also ist $[1, \omega]$ der Ring, der aus den ersten beiden Zahlklassen besteht, $[1, \omega, \omega_1]$ besteht aus den ersten drei Zahlklassen, $[\omega]$ enthält alle Limeszahlen der zweiten Zahlklasse, $[1, \omega + 1]$ alle endlichen Zahlen und alle Nichtlimeszahlen der zweiten Zahlklasse. Die zweite Zahlklasse selbst hat keine endliche Basis.

Gegenüber der allgemeinen Addition invariante Eigenschaften können benutzt werden, um Typenringe zu konstruieren. HAUSDORFF ist sich aber sehr wohl der Gefahr bewußt, dabei inkonsistente „Mengen" zu bilden. Eine solche invariante Eigenschaft ist z.B. die Eigenschaft eines Typus, unbegrenzt zu sein. HAUSDORFF vermeidet es aber sorgfältig, vom Typenring der unbegrenzten Typen zu reden, sondern er betrachtet den Typenring aller Typen der Mächtigkeit $\leq \aleph_\alpha$ und stellt fest, daß darin etwa a) die unbegrenzten Typen, b) die begrenzten Typen, c) die Typen mit letztem Element jeweils einen Teilring bilden.

Im §11 „Aufbau beliebiger Typen" beweist HAUSDORFF einen sehr allgemeinen Struktursatz.[46] HAUSDORFF nennt eine geordnete Menge *zerstreut*[47], wenn sie keine dichte Teilmenge enthält. Für den Aufbau beliebiger Typen gilt dann folgender Struktursatz:

Theorem: *Jede geordnete Menge ist entweder zerstreut oder eine geordnete Summe von zerstreuten Mengen über einem dichten Erzeuger.*

---

[46]Zur Bezeichnung „Struktursatz" und zur Bedeutung von Struktursätzen s. den Kommentar von Ulrich Felgner zu [H 1908] in *HGW*, Band IA, 284–293.

[47]Zur historischen Entwicklung dieses Begriffs und zur Beweisidee des Struktursatzes s. *HGW*, Band IA, 285–286.

Beispielsweise bildet man zum Aufbau des Ringes aller höchstens abzählbaren Ordnungstypen zunächst den Ring $[1, \omega, \omega^*]$ aller zerstreuten abzählbaren Typen. Dichte abzählbare Erzeuger gibt es nur vier: η, $1 + \eta$, $\eta + 1$, $1 + \eta + 1$. Also sind alle endlichen Typen und alle Typen aus $T(\aleph_0)$ Elemente des Ringes $[1, \omega, \omega^*, \eta]$, der eine *endliche Basis* hat. Dazu HAUSDORFF:

> Dieses merkwürdige Ergebnis steht aber wahrscheinlich vereinzelt da, weil von der Mächtigkeit des Kontinuums aufwärts unendlich viele unabhängige dichte Typen existieren.[48]

Der dritte und letzte Teil von [H 1908] behandelt dichte Mengen. Zunächst wird der in [H 1907b] bereits formulierte Hauptsatz über vollständige Charakterenmengen W in allen Einzelheiten bewiesen. Der Satz lautet:
Ist W eine vollständige Charakterenmenge und sind $U \neq \emptyset$ und V Charakterenmengen mit $U \cup V = W$, so gibt es einen Typus von der Spezies (U, V) und dem Geschlecht W. Insbesondere gibt es einen irreduziblen Typus von der Spezies $(W, \emptyset)$.
Dabei heißt ein Typus irreduzibel, wenn jede Mittelstrecke einer repräsentierenden Menge M zur selben Spezies wie M selbst gehört. Aus diesem Satz folgt insbesondere, daß irreduzible Typen jeder beliebigen Spezies desselben Geschlechts existieren.

Nachdem in [H 1907a] bereits η_ν-Mengen für endliches ν kurz studiert wurden, folgt hier nun die allgemeine Theorie für beliebige Ordinalzahlen als Index:
Eine dichte unbegrenzte Menge M heißt eine η_α-Menge, wenn sie mit keiner Menge von einer Mächtigkeit $< \aleph_\alpha$ konfinal oder koinitial ist und kein Paar benachbarter Teilmengen enthält, die beide von einer Mächtigkeit $< \aleph_\alpha$ sind.
Teilmengen A, B von M mit $A < B$ heißen *benachbart*, falls es kein $m \in M$ gibt, welches zwischen A und B liegt. Auch in diesem allgemeinen Fall gelten die Sätze:
(I) η_α *ist universal in der Typenklasse $T(\aleph_\alpha)$, d.h. in eine η_α-Menge M kann jede geordnete Menge der Mächtigkeit $\leq \aleph_\alpha$ ordnungsisomorph eingebettet werden.*
(II) *Es gibt höchstens einen η_α-Typus der Mächtigkeit $\aleph_\alpha$, d.h. wenn es zwei η_α-Mengen der Mächtigkeit $\aleph_\alpha$ gibt, so sind sie ordnungsisomorph.*
Ob es η_α-Mengen der kleinstmöglichen Mächtigkeit $\aleph_\alpha$ überhaupt gibt, muß HAUSDORFF offen lassen. Für Nichtlimeszahlen als Index gilt aber folgendes: Eine $\eta_{\alpha+1}$-Menge der Mächtigkeit $\aleph_{\alpha+1}$ existiert genau dann, wenn die verallgemeinerte Kontinuumhypothese $2^{\aleph_\alpha} = \aleph_{\alpha+1}$ zutrifft.[49] Für singuläres $\aleph_\alpha$ ist eine η_α-Menge auch $\eta_{\alpha+1}$-Menge.

HAUSDORFF nennt eine geordnete dichte Menge M eine $c_{\sigma\sigma}$-Menge, wenn $c_{\sigma\sigma}$ der niedrigste symmetrische Charakter in ihrer Charakterenmenge W ist. Eine solche Menge M hat also weder Elemente noch Lücken der Charaktere

---

[48][H 1908, 458; IA: 236]. Hausdorff verweist hier auf den §25 von [H 1908], wo dies bewiesen wird.

[49]Zu den η_α-Mengen und ihrer Bedeutung für die Modelltheorie, die Topologie und die Algebra s. den umfangreichen Essay von Ulrich Felgner *Die Hausdorffsche Theorie der η_α-Mengen und ihre Wirkungsgeschichte* in *HGW*, Band II, 645–674.

$c_{00}, c_{11}, \cdots c_{\alpha\alpha} \cdots$ mit $\alpha < \sigma$. Der vorletzte Paragraph von [H 1908] ist vor allem Mächtigkeitsabschätzungen solcher Mengen gewidmet. HAUSDORFF bezeichnet die Summe der Potenzen

$$\aleph_\sigma + \aleph_\sigma^2 + \cdots + \aleph_\sigma^{\aleph_0} + \aleph_\sigma^{\aleph_1} + \cdots + \aleph_\sigma^{\aleph_\gamma} + \cdots = \sum_{\gamma < \sigma} \aleph_\sigma^{\aleph_\gamma}$$

mit $(\aleph_\sigma)_\sigma$. Dann gilt folgender Satz:

Eine $c_{\sigma\sigma}$-Menge M hat mindestens die Mächtigkeit $(\aleph_\sigma)_\sigma$. Hat sie keine $c_{\sigma\sigma}$-Lücken, so hat sie mindestens die Mächtigkeit $\aleph_\sigma^{\aleph_\sigma}$.

HAUSDORFF setzt nun voraus, daß σ keine Limeszahl, d. h. $\aleph_\sigma$ regulär ist. Dann ist $(\aleph_\sigma)_\sigma = \aleph_\sigma$ genau dann, wenn die verallgemeinerte Kontinuumhypothese $2^{\aleph_{\sigma-1}} = \aleph_\sigma$ zutrifft. Unter dieser Bedingung gilt also:

Für eine $c_{\sigma\sigma}$-Menge M ist $\text{card}(M) \geq \aleph_\sigma$.

Ferner zeigt HAUSDORFF, daß es $c_{\sigma\sigma}$-Mengen kleinstmöglicher Mächtigkeit $\aleph_\sigma$ gibt, indem er eine solche Menge in Gestalt einer speziellen Potenz $(1 + \sigma)$-ter Klasse konstruiert. Für eine $c_{\sigma\sigma}$-Menge M ohne $c_{\sigma\sigma}$-Lücken gilt bei Gültigkeit der verallgemeinerten Kontinuumhypothese $\text{card}(M) \geq \aleph_{\sigma+1}$.

7.2.4   Die Graduierung nach dem Endverlauf

HAUSDORFF hat nach der großen zusammenfassenden Arbeit von 1908 noch zwei Arbeiten über geordnete Mengen geschrieben, die zwar inhaltlich eng zusammenhängen, aber zeitlich einen Abstand von 27 Jahren aufweisen: *Die Graduierung nach dem Endverlauf* [H 1909a, IA: 297–335] und *Summen von $\aleph_1$ Mengen* [H 1936b, IA: 349–363]. Die erste erschien in einem lokalen Journal, die zweite in einer führenden Fachzeitschrift. Dies mag die Ursache dafür gewesen sein, daß die bis heute anhaltende Rezeption sich vor allem auf die zweite Arbeit bezieht. VLADIMIR KANOVEI hat für den Band IA der HAUSDORFF-Edition neben Kommentaren zu einzelnen Stellen einen umfangreichen Essay über beide Arbeiten verfaßt [Kanovei 2013]. Er leitet ihn mit folgender Einschätzung ein:

> Judging by its impact on the course of set theoretic investigations, HAUSDORFF's paper [H 1936b] is one of the most valuable research articles of the pre-forcing era of set theory. The results obtained, especially, the existence of (ω_1, ω_1^*)-gaps, the concepts and methods introduced, and the problems discussed in [H 1936b], have inspired numerous set theoretic studies, including those based on forcing and other techniques completely unknown in HAUSDORFF's times. [Kanovei 2013, 367].

Die Arbeit [H 1909a] schließt unmittelbar an den Teil V „Über Pantachietypen" von [H 1907a] an. In den ersten beiden Paragraphen von [H 1909a] werden die dortigen Ergebnisse rekapituliert; das dort erstmals benutzte Maximumprinzip wird zu einem Maximalkettensatz verallgemeinert, der sich zunächst gar nicht mehr auf geordnete Mengen beziehen muß.[50]

Im §3 werden in der Menge $\mathbb{R}^\omega$ der reellen Zahlenfolgen die Operationen der Addition, Subtraktion, Multiplikation und Division komponentenweise eingeführt, also für $A = \{a_n\}$, $B = \{b_n\}$ ist etwa $\frac{A}{B} = \{\frac{a_n}{b_n}\}$; $b_n \neq 0$ ab einer Stelle n_0. Ein *rationaler Bereich* (eine *rationale Pantachie*) ist dann ein Bereich (eine Pantachie), dem bzw. der mit A, B stets auch $A + B$, $A - B$, AB, $\frac{A}{B}$ angehören. HAUSDORFF gelingt es, die Existenz einer rationalen Pantachie zu beweisen. Der Beweis ist ziemlich kompliziert, benutzt eine Reihe von Hilfsmitteln aus der Algebra und schließlich den im §1 bewiesenen allgemeinen Maximalkettensatz.[51] Wir hatten gesehen, daß bei Gültigkeit von $2^{\aleph_0} = \aleph_1$ alle Pantachien vom selben homogenen Typus η_1 sind. Für eine rationale Pantachie kann nun aber ihre Homogenität aus ihrer Abgeschlossenheit gegenüber den obigen Operationen bewiesen werden. Damit gelingt es HAUSDORFF dann, die Existenz homogener Pantachien „unabhängig von der Kontinuumhypothese" [H 1909a, 310; IA: 311] nachzuweisen.

§4 trägt den Titel „Beziehungen zur zweiten Zahlklasse". Das Problem, das HAUSDORFF sich hier stellt, besteht darin, unabhängig von der Kontinuumhypothese die Existenz einer Pantachie zu beweisen,

1. die mit ω_1 konfinal (oder mit ω_1^* koinitial) ist,
2. die ω_1-Elemente (oder ω_1^*-Elemente) enthält,
3. die $\omega_1\omega^*$-Lücken (oder $\omega\omega_1^*$-Lücken) enthält,
4. die $\omega_1\omega_1^*$-Lücken enthält.

Wenn einer dieser Existenzbeweise gelänge, so

> wäre damit eine erste engere Beziehung zwischen dem Kontinuum und der zweiten Zahlenklasse hergestellt. [H 1909a, 320; IA: 321].

Die Punkte 1.–3. muß HAUSDORFF offen lassen. Er kann aber immerhin beweisen, was durchaus nicht einfach ist, daß das Bestehen einer dieser Eigenschaften das Bestehen der beiden übrigen nach sich zieht. Beim Punkt 4. erzielt er einen durchschlagenden Erfolg; es gilt nämlich der Satz:

(I) *Es gibt in der Menge $\mathbb{R}^\omega$ der reellen Zahlenfolgen, partiell geordnet nach dem Vorzeichen der schließlichen Differenz, Pantachien mit mindestens einer $\omega_1\omega_1^*$-Lücke.*

Der mehr als drei Seiten lange Beweis geht über viele trickreiche Zwischenschritte und ist von großem Erfindungsreichtum.

Im letzten Paragraphen von [H 1909a] wendet HAUSDORFF die Theorie auf Fragen der Analysis an. $\mathfrak{Z}$ sei die Menge der reellen positiven Zahlenfolgen, partiell geordnet nach dem Vorzeichen der schließlichen Differenz. Eine Folge $A = \{a_n\}$

---

[50]Die heute übliche Formulierung des Hausdorffschen Maximalkettensatzes findet sich mit Beweis erst in *Grundzüge der Mengenlehre* [H 1914a, II: 140–141]. S.dazu Ulrich Felgner: *Der Hausdorffsche Maximalkettensatz und Zorns Lemma* in HGW, Band II, 602–604.

[51]Eine genaue Darstellung des Beweises mittels der heutigen algebraischen Begrifflichkeit und Terminologie findet man in [Plotkin 2005, 263–265]. Plotkin stellt dort auch fest, daß – entgegen anders lautender Behauptungen – dieser Beweis die erste Anwendung eines Maximumprinzips in der Algebra ist.

heißt konvergent (divergent), wenn $\sum_n a_n$ konvergent (divergent) ist. HAUSDORFF will abschließend der Frage von DU BOIS-REYMOND nachgehen, ob es eine „Grenze zwischen Konvergenz und Divergenz" geben kann. Gegeben sei in $\mathfrak{Z}$ eine Pantachie $\mathfrak{P}$, in der es konvergente und divergente Folgen geben möge; $\mathfrak{P}_c$ sei die Menge der konvergenten, $\mathfrak{P}_d$ die Menge der divergenten Folgen. Dann ist $\mathfrak{P}_c < \mathfrak{P}_d$ und es geht um die Untersuchung der Zerlegung $\mathfrak{P} = \mathfrak{P}_c + \mathfrak{P}_d$. HAUSDORFFs Ergebnis ist folgendes:

1. *Die Zerlegung kann ein Schnitt sein, d.h. $\mathfrak{P}_c$ hat ein letztes, $\mathfrak{P}_d$ kein erstes Element, oder $\mathfrak{P}_c$ hat kein letztes, $\mathfrak{P}_d$ hat ein erstes Element.*
2. *Die Zerlegung kann eine Lücke sein, und zwar kann sie jede in einer Pantachie mögliche Lückenform darstellen.*

Im Fall 1. kann von einer Grenze zwischen Konvergenz und Divergenz gesprochen werden; diese ist entweder die letzte konvergente oder die erste divergente Folge. Im Fall 2. existiert eine solche Grenze nicht.

HAUSDORFFs Ausgangspunkt in der Arbeit [H 1936b] sind Darstellungen eines separablen metrischen Raumes X durch Summen von $\aleph_1$ wachsenden Borelmengen X^ξ:

$$X = \sum_{\xi < \omega_1} X^\xi, \quad X^0 \subset X^1 \subset \cdots \subset X^\xi \subset \cdots \tag{7.4}$$

Ist $T^\xi = X - X^\xi$, so gilt

$$T^0 \supset T^1 \supset \cdots \supset T^\xi \supset \cdots \quad \text{und} \quad \bigcap_{\xi < \omega_1} T^\xi = \emptyset.$$

Die Summe (7.4) heißt *k-konvergent* (konvergent der Kategorie nach), wenn schließlich, d.h. für alle $\xi \geq \alpha$, $\alpha < \omega_1$, die Mengen T^ξ von 1. Kategorie in X sind.

Die Summe (7.4) heißt *m-konvergent* (konvergent dem Maß nach), wenn für jedes mindestens auf den Borelmengen $\subset X$ und auf X definierte endliche Maß $\mu(A)$ schließlich $\mu(T^\xi) = 0$ ist.

WACLAW SIERPIŃSKI hatte schon 1920 in Bezug auf Summen von $\aleph_1$ Mengen folgende zwei Probleme aufgeworfen[52]: Kann man jeweils ohne Kontinuumhypothese beweisen

– daß eine Summe von $\aleph_1$ Mengen vom Lebesgue-Maß Null nicht notwendig vom Lebesgue-Maß Null sein muß?

– daß eine Summe von $\aleph_1$ Mengen erster Kategorie nicht notwendig von erster Kategorie sein muß?

Ein Ja auf diese Fragen würde *m-divergente* respektive *k-divergente* Darstellungen (7.4) liefern. Dazu HAUSDORFF:

Die Tatsache, dass die bisher bekannten, ohne Kontinuumhypothese definierbaren Darstellungen alle *k-konvergent* und *m-konvergent* sind, beleuchtet die Schwierigkeit der beiden Sierpińskischen Probleme. [H 1936b, 243; IA: 351].

---

[52]Problème 6. Fundamenta Math. **1** (1920), 224.

Eine dieser Darstellungen, von denen HAUSDORFF hier spricht, stammt von ihm selbst; er gewinnt sie mittels der von ihm bewiesenen Existenz von $\omega_1\omega_1^*$-Lücken in geeignet partiell geordneten Mengen von Zahlenfolgen. Dieser sein Hauptsatz (I) aus §4 von [H 1909a] ist deshalb ein zentraler Teil von [H 1936b]. HAUSDORFF benötigt jedoch für dessen Anwendung zur Gewinnung von Darstellungen von Räumen in der Form (7.4) dyadische Folgen, d.h. Folgen aus den Elementen 0 und 1. Für diese muß zunächst die Definition von „final kleiner" gegenüber beliebigen Folgen modifiziert werden. Zwei Folgen $a, b \in 2^\omega$ heißen *final gleich*, in Zeichen $a = b$, falls ein $k \in \mathbb{N}$ existiert mit $a_n = b_n$ für $n \geq k$. Die übliche Gleichheit von Folgen ($a_n = b_n \ \forall n$) bezeichnet HAUSDORFF mit $a \equiv b$. Alle mit einem a final gleichen Folgen bilden eine abzählbare Klasse $K(a)$.

$a \leq b$ bedeute: Es existiert ein $k \in \mathbb{N}$ mit $a_n \leq b_n$ für $n \geq k$. Ist $a \leq b$ und *unendlich oft* $a_n < b_n$, so heiße a kleiner b, in Zeichen $a < b$. Ist weder $a \leq b$ noch $a \geq b$, so sind a, b unvergleichbar. Die Relationen $\leq$ und $<$ sind transitiv. Eine Menge A vergleichbarer dyadischer Folgen, die aus jeder Klasse $K(a)$, $a \in A$ genau ein Element enthält, ist eine geordnete Menge dyadischer Folgen. Der Hauptsatz (I) aus §4 von [H 1909a] lautet dann folgendermaßen:
Es gibt zwei geordnete Mengen A, B dyadischer Folgen von den Ordnungstypen ω_1, ω_1^*, so daß $A < B$ ist, aber keine Folge x existiert mit $A < x < B$.
A und B bilden also eine $\omega_1\omega_1^*$-Lücke. HAUSDORFF merkt in einer Fußnote an, daß er einen Satz dieser Art für Folgen reeller oder rationaler Zahlen bereits 1909 bewiesen habe. Da diese Arbeit aber wenig bekannt sei und für dyadische Folgen doch einige Modifikationen erforderlich waren, habe er das Ganze noch einmal ausführlich dargestellt. Er betont auch, daß dieser Satz „die bisher einzige, ohne Kontinuumhypothese herstellbare Verbindung der zweiten Zahlenklasse mit den Problemen der finalen Ordnung" ist [H 1936b, 247; IA: 355], während der Punkt 3. aus [H 1909a] nach wie vor offen ist und damit auch die Punkte 1. und 2.

In der Menge C der dyadischen Folgen sei

$$a^0 < a^1 < \cdots < a^\xi < \cdots \mid \cdots < b^\xi < \cdots < b^1 < b^0, \quad \xi < \omega_1 \qquad (7.5)$$

eine $\omega_1\omega_1^*$-Lücke. C kann zu einem topologischen Raum gemacht werden, indem man als Basis der offenen Mengen folgende Mengen wählt

$$M_{a_1,\cdots a_k} = \{x \in C; \ x = (a_1, \cdots a_k, x_{k+1}, x_{k+2}, \cdots); \ k \in \mathbb{N}\},$$

d.h. für jede dieser Mengen ist eine gewisse Zahl von Anfangsziffern vorgeschrieben. Diese Basismengen sind zugleich abgeschlossen. C läßt sich metrisieren, indem man den Abstand $\rho(x, y)$ gleich $\frac{1}{k}$ wählt, wenn die k-te Ziffer die erste ist, an der sich x und y unterscheiden. Der entstehende metrische Raum ist kompakt. Für $a, b \in C$

mit $a < b$ ist $T = \{x \in C; \; a \leq x \leq b\}$ ein F_σ.[53] Denn $F_n = \{x; \; a_n \leq x_n \leq b_n\}$ ist abgeschlossen und

$$T = \underline{\lim} \, F_n = \sum_n \bigcap_{k=0}^{\infty} F_{n+k}.$$

Unsere Lücke (7.5) liefert also mit den Mengen $T^\xi = \{x; \; a^\xi \leq x \leq b^\xi\}$ eine Folge abnehmender verschiedener F_σ-Mengen mit $\cap_\xi T^\xi = \emptyset$. Dies führt zu folgendem Hauptergebnis:

Satz I. *Jeder separable, vollständige, überabzählbare Raum X läßt sich in der Form* (7.4) *mit wachsenden, verschiedenen G_δ-Mengen X^ξ darstellen.*

Zum Beweis ist nur noch zu bemerken, daß X den Raum C topologisch als kompakte und somit abgeschlossene Menge enthält. Die T^ξ sind F_σ auch in X, somit $X^\xi = X - T^\xi$ auch G_δ in X. HAUSDORFF beweist dann noch, daß die so erhaltene Darstellung k-konvergent und m-konvergent ist.

Satz I legt folgende Fragestellung nahe: Läßt sich ein separabler, vollständiger, überabzählbarer Raum X als Summe von $\aleph_1$ wachsenden verschiedenen F_σ darstellen? HAUSDORFF zeigt, daß diese Frage genau dann mit Ja zu beantworten ist, wenn die zweite SIERPIŃSKIsche Frage mit Ja beantwortet wird.

Der §2 von [H 1936b] hängt nicht mit dem HAUSDORFFschen Lückensatz, sondern mit den LUSIN-SIERPIŃSKIschen Raumzerlegungen zusammen und soll deshalb hier übergangen werden.

7.2.5   Zur Rezeption von Hausdorffs Arbeiten über geordnete Mengen

Wenn man alle Arbeiten HAUSDORFFs über geordnete Mengen Revue passieren läßt, blickt man auf ein eindrucksvolles und kunstreiches Gebäude neuer Begriffsbildungen, Verfahren, Konstruktionen und Sätze. Einiges davon ist bald fester Bestandteil der Mengenlehre geworden, anderes wurde erst in neuerer Zeit Ausgangspunkt und Gegenstand aktueller Forschung. Der Bedeutung dieser Arbeiten ist kürzlich in besonderer Weise Rechnung getragen worden, indem JACOB M. PLOTKIN alle diese Aufsätze ins Englische übersetzt und die Übersetzungen mit lesenswerten Einführungen versehen hat [Plotkin 2005]. PLOTKIN charakterisiert im Klappentext seines Buches HAUSDORFFs Stellung in der Ära nach CANTOR sehr treffend folgendermaßen:

> Georg Cantor, the founder of set theory, published his last paper on sets in 1897. In 1900, David Hilbert made Cantor's Continuum Problem and the challenge of well-ordering the real numbers the first problem in his famous Paris lecture. It was time for the appearance of the second generation of Cantorians.

---

[53]Eine F_σ-Menge ist eine abzählbare Vereinigung abgeschlossener Mengen, eine G_δ-Menge ist ein abzählbarer Durchschnitt offener Mengen.

They emerged in the decade 1900–1909, and foremost among them we-
re Ernst Zermelo and Felix Hausdorff. Zermelo isolated the Choice Principle,
proved that every set could be well-ordered, and axiomatized the concept of
set. He became the father of abstract set theory. Hausdorff eschewed foundations and pursued set theory as part of the mathematical arsenal. He was
recognized as the era's leading Cantorian.

Die folgenden kurzen Bemerkungen zur Rezeption der HAUSDORFFschen Untersuchungen über geordnete Mengen stützen sich auf die Kommentare, welche die Spe-
zialisten auf diesem Gebiet für die einschlägigen Bände der Hausdorff-Edition beigesteuert haben.[54] Einige der von HAUSDORFF geprägten Begriffsbildungen sind
heute Allgemeingut der Mengenlehre und werden ständig benutzt, ohne daß dabei noch an den Urheber gedacht oder sein Name erwähnt wird. Dazu gehört der
durch TARSKI in die endgültige Form gebrachte Begriff der Konfinalität[55] und die
Unterscheidung von regulären und singulären Anfangszahlen bzw. Kardinalzahlen.
Mit HAUSDORFF beginnt auch die Untersuchung partiell geordneter Mengen. Zwei
grundlegende Resultate HAUSDORFFs sind heute nach ihm benannt, die HAUS-
DORFFsche Rekursionsformel und der HAUSDORFFsche Maximalkettensatz, auch
HAUSDORFFsches Maximumprinzip genannt. Über die Rekursionsformel als Basis weiterer Ergebnisse zur Alephexponentiation wurde schon im Zusammenhang
mit den Ereignissen auf dem Internationalen Mathematiker-Kongreß in Heidelberg
berichtet.[56]

Mit seiner Frage, ob es reguläre Kardinalzahlen mit Limesindex gibt und
mit seiner Feststellung, daß solche Zahlen, sollten sie existieren, von einer „ex-
orbitanten Größe" sein müssen, hat HAUSDORFF die Entwicklung eines Gebietes
angestoßen, das heute eine prominente Stellung innerhalb der Mengenlehre ein-
nimmt, das Gebiet der großen Kardinalzahlen.[57] Ein modernes Standardwerk
zu diesem Gebiet, welches auch die historische Entwicklung berücksichtigt, ist
[Kanamori 1994/2005]. Im Klappentext dieses Buches charakterisiert der Autor
kurz die heutige Bedeutung des Gebietes der großen Kardinalzahlen:

> The theory of large cardinals is currently a broad mainstream of modern set
> theory, the main area of investigation for the analysis of the relative consisten-
> cy of mathematical propositions and possible new axioms for mathematics.

Zum Ausgangspunkt der ganzen Theorie schreibt er am Beginn seines Werkes:

> While Cantor had concentrated his efforts on the rational and real ordertypes,
> the second-number class, and of course, the Continuum Hypothesis, Hausdorff
> extended mathematical investigations into the higher transfinite. Deploring

---

[54]Betreffs einer ausführlicheren Darstellung und weiterführender Literatur wird jeweils auf die
entsprechenden Passagen in den Bänden der Edition verwiesen.

[55]Zur Entwicklung des Begriffes s. Ulrich Felgner in *HGW*, Band II, 593–594.

[56]Für neuere Untersuchungen zur Alephexponentiation spielen die singulären Kardinalzahlen
eine besondere Rolle; s. dazu *HGW*, Band II, 598–600 und [Felgner 1979, 166–205].

[57]Einen Überblick gibt Teil III „Large Sets" in [Jech 1997, 295–492], ferner das Kapitel VII
„Unerreichbare Zahlen" in [Bachmann 1967, 188–203]. Eine gut lesbare kurze Einführung ist
[Schindler 2006].

all the fuss made over foundations by his contemporaries he ventured forth
with vigor, pursuing structure for its own sake. His paper [[H 1908] – W.P.]
contains the first statement of the Generalized Continuum Hypothesis, the
construction of the η_α sets – prototypes for saturated model theory – and for
the first time, the following concept formulated for $\kappa > \omega$:

> κ is *weakly inaccessible iff* κ is a regular limit cardinal.[58]

Die ersten Beiträge zur Theorie großer Kardinalzahlen stammen von PAUL MAHLO
aus den Jahren 1911–1913 [Gottwald/ Kreiser 1984]. Zur weiteren Entwicklung des
Gebietes sei auf das Werk von KANAMORI verwiesen.

Wir hatten gesehen, daß mit HAUSDORFFs Produkt- und Potenzbegriffen
ein gewaltiges Arsenal neuer Ordnungsstrukturen geschaffen worden war. Aber
selbst ein gestandener Mengentheoretiker wie ABRAHAM A. FRAENKEL hat die
Bedeutung dieser Schöpfungen unterschätzt. In seinem Buch *Abstract Set Theory*
führt er zunächst aus, daß es i. a. unmöglich ist, das cartesische Produkt geordneter
Mengen M_α (α durchläuft eine transfinite geordnete Indexmenge) lexikographisch
zu ordnen. Dann heißt es:

> In 1904, Hausdorff began to develop a theory of what might be called *substitute-
> products* and *substitute-powers*.[59] Its purpose is to replace the outer product
> in question by a subset which is just narrow enough to allow for a suitable
> order of its complexes. Not only are these investigations rather complicated,
> but the result is meagre enough. [Fraenkel 1953, 210].

Es hat allerdings auch fast 50 Jahre gedauert, bis das Potential der wohl bedeutendsten von HAUSDORFF neu konstruierten Ordnungsstrukturen, der schon
mehrfach hervorgehobenen η_α-Mengen, erkannt und genutzt wurde. In ihrer Monographie über Modelltheorie schreiben CHEN CHUNG CHANG und HOWARD JE-
ROME KEISLER in den historischen Anmerkungen zu Kapitel 5 „Saturated and
special models":

> The notions of α-saturated and saturated models go back to the η_α-sets of
> Hausdorff. [$\cdots$] Their importance for model theory was not realized and ex-
> ploited until the late 1950's. [Chang/ Keisler 1973, 524].

Die Autoren verweisen auf die Arbeiten von BJARNI JÓNSSON, der sich 1956
auf HAUSDORFFs Theorie der η_α-Mengen bezieht [Jónsson 1956], [Jónsson 1960].
JÓNSSONs Ausgangspunkt ist die Frage nach der Existenz einer $\aleph_\alpha$-universalen
Gruppe $\mathfrak{G}$: Gibt es eine Gruppe $\mathfrak{G}$ der Mächtigkeit $\aleph_\alpha$, so daß jede beliebige Gruppe der Mächtigkeit $\aleph_\alpha$ Untergruppe von $\mathfrak{G}$ ist? Zu JÓNSSONs Resultaten und zu
daran anschließenden Forschungen über universell-homogene und saturierte Modelle s. [Felgner 2002]. Im Essay von FELGNER werden auch neuere Ergebnisse über
die Kardinalität von η_α-Mengen und über η_α-Gruppen und η_α-Körper referiert.
Zum Abschluß dieses Essays heißt es:

---

[58] [Kanamori 1994/2005, 16]. Der Autor weist darauf hin, daß die Ausdrucksweise „weakly
inaccessible" sehr viel späteren Datums ist.

[59] An dieser Stelle verweist Fraenkel auf [H 1904a], [H 1906b], [H 1907a], [H 1907b], [H 1908]
und [H 1914a].

Insgesamt zeigt sich die Theorie der η_α-Mengen als ein lebendiges Gebiet. Viele Anwendungen und Fortentwicklungen haben wir nicht erwähnt, etwa die Resultate über Partitionsrelationen für η_α-Mengen. Andere Fortentwicklungen haben wir nur ansatzweise erläutert, etwa die mengentheoretischen Resultate im Umfeld der Lücken-Sätze (vergl. dazu den umfangreichen Übersichtsartikel von M. SCHEEPERS [Scheepers 1993]). Das Gebiet ist noch lange nicht ausgeschöpft und wird sicherlich auch im neuen Jahrhundert noch zu zahlreichen Anwendungen und Weiterbildungen führen. [Felgner 2002, 671] .

Im letzten Paragraphen „Das Pantachieproblem" von [H 1907a] hatte HAUSDORFF eine Reihe von Fragen genannt, die er offen lassen mußte, wenn die Gültigkeit der Kontinuumhypothese nicht vorausgesetzt wird. Die erste dieser Fragen lautete:

(α) *Gibt es eine Pantachie ohne $\omega_1\omega_1^*$-Lücken?*

HAUSDORFF hatte bereits gezeigt, daß aus der Existenz einer solchen Pantachie $2^{\aleph_0} = 2^{\aleph_1}$ folgt, d.h. die Kontinuumhypothese kann dann nicht zutreffen. Mit dem Problem (α) hat sich kein Geringerer als KURT GÖDEL zwischen 1963 und 1974 immer wieder beschäftigt. Er glaubte insbesondere, aus einer Liste von drei plausiblen Axiomen zusammen mit einem „Hausdorff continuity axiom" (Nummer (4) in seiner Liste) die von ihm schon länger vermutete Gleichung $2^{\aleph_0} = \aleph_2$ herleiten zu können.[60] GÖDEL sagt in dieser Notiz allerdings nicht, was das „Hausdorff continuity axiom" sein soll. AKIHIRO KANAMORI hat sich eingehend mit GÖDELS Versuchen, $2^{\aleph_0} = \aleph_2$ zu beweisen, auseinandergesetzt [Kanamori 2007, 179–183]. Er zitiert dort aus einem Brief GÖDELS an ABRAHAM ROBINSON vom 20. März 1974, in dem es heißt:

> Hausdorff proved that the existence of a ‚continuous' system of orders of growth is incompatible with Cantor's Continuum Hypothesis. [Kanamori 2007, 182].

Hier bedeutet ‚continuous' zweifelsfrei die Abwesenheit von $\omega_1\omega_1^*$-Lücken, denn aus anderen mit ‚continuous' zu bezeichnenden Eigenschaften hat HAUSDORFF dies Ergebnis nicht hergeleitet. KANAMORI formuliert deshalb das Axiom (4) von GÖDEL folgendermaßen: „(4) In addition, the pantachie has no $\omega_1\omega_1^*$-gaps." Wie auch immer Gödels Bemühen in dieser Sache beurteilt wird, so ist doch KANAMORIS Schlußsatz bemerkenswert:

> As set theory was to develop after Gödel, there would be a circling back, with deep and penetrating arguments from strong large cardinal hypotheses that, after all, lead to $2^{\aleph_0} = \aleph_2$. [Kanamori 2007, 183].

Besonders bemerkenswert ist KANOVEIS Einschätzung des HAUSDORFFschen Problems (α):

---

[60]Kurt Gödel: *Some considerations leading to the probable conclusion that the true power of the continuum is* $\aleph_2$. (Nachlaß Gödel, 1970a). *Collected Works*, vol. III. Oxford Univ. Press 1995, 420–422.

As for pantachies containing no $(\omega_1\omega_1^*)$-gaps, the problem of their existence remains open, and in fact it appears to be the oldest open problem in set theory explicitly stated in a suitable mathematical publication.[61]

Die Gleichung $2^{\aleph_0} = 2^{\aleph_1}$ wird heute meist als LUSINsche Hypothese bezeichnet; wir wollen sie als **LH** abkürzen. Es ist eine offene Frage, ob die Existenz von Pantachien ohne $\omega_1\omega_1^*$-Lücken auf der Basis von **ZFC** + **LH** bewiesen oder widerlegt werden kann, mit anderen Worten, die Fragen
- ist die Existenz solcher Pantachien konsistent mit **ZFC** + **LH**?
- ist die Nicht-Existenz solcher Pantachien konsistent mit **ZFC** + **LH**?
sind beide offen.

Eine weitere Frage, die HAUSDORFF in [H 1907a] offen lassen mußte, ist das Skalenproblem:

Gibt es in $\mathcal{M} = (\mathbb{R}^+)^\omega$, partiell geordnet nach dem Endverlauf, eine Skala, d.h. eine wohlgeordnete Teilmenge, mit der $\mathcal{M}$ konfinal ist?

HAUSDORFF selbst konnte zeigen, daß es ω_1-Skalen gibt, falls die Kontinuumhypothese zutrifft. Ergebnisse von ROBERT SOLOVAY und STEVEN HECHLER zeigen, daß das Skalenproblem auf der Basis **ZFC** nicht lösbar ist.[62]

Die speziellen Betrachtungen über $\omega_1\omega_1^*$-Lücken weisen auf ein generelles Problem hin, welches in HAUSDORFFs Untersuchungen wurzelt und das in der modernen mengentheoretischen Forschung in verschiedenen Richtungen untersucht und weiterentwickelt wurde. Zugrundegelegt werden die Mengen $\mathbb{R}^\omega$, $\mathbb{N}^\omega$ bzw. 2^ω, versehen mit den von HAUSDORFF betrachteten finalen partiellen Ordnungen oder geeigneten Modifikationen dieser partiellen Ordnungen. Sei nun P eine dieser partiell geordneten Mengen. Gefragt ist nach dem Spektrum ihrer Lücken, Limites, Türme[63], Skalen und Pantachien. Eine besondere Bedeutung haben in diesem Spektrum die Lücken. Die Literatur dazu ist immens angewachsen und kann im Rahmen dieser Biographie nicht referiert werden. Es sei nur noch auf die beiden Übersichtsartikel, die schon erwähnt wurden, etwas näher hingewiesen: [Scheepers 1993] und [Kanovei 2013].

SCHEEPERS' Aufsatz hat vier Teile. Im ersten Teil „The Classical Era" werden neben den Anfängen bei DU BOIS-REYMOND vor allem die Ergebnisse von HAUSDORFF besprochen, ferner einige Folgearbeiten aus den dreißiger bis fünfziger Jahren, vor allem die von FRITZ ROTHBERGER. Der zweite Teil „The Forcing Era" bringt hauptsächlich Resultate über relative Konsistenz, die meist mit der Methode des forcing gewonnen werden. Im Teil 3 „Gaps and Special Axioms" wird die Lückenstruktur in $\mathbb{N}^\omega$, versehen mit der HAUSDORFFschen partiellen Ordnung, untersucht, wenn zu **ZFC** zusätzliche Axiome angenommen werden, z.B. **LH** oder Martins Axiom **MA** (in verschiedenen Versionen). Teil 4 schließlich bringt Anwendungen der Untersuchungen über Lücken, etwa in der Maßtheorie oder der allgemeinen Topologie. HAUSDORFF selbst hatte ja – wie erwähnt – in [H 1936b]

---

[61]*HGW*, Band IA, 341.

[62]S.dazu U. Felgner in *HGW*, Band IA, S.197–198.

[63]$X \subseteq P$ heißt unbeschränkt, wenn kein $x \in P$ mit $X < x$ existiert. Eine wohlgeordnete unbeschränkte Menge heißt ein Turm. Hausdorff nannte solche Mengen „transzendente Reihen".

aus seinem Lückensatz ein Theorem über separable vollständige überabzählbare Räume gewonnen. In dem Gedenkband *Theory of Sets and Topology. In Honour of Felix Hausdorff (1868–1942)* [Asser/ Flachsmeyer/ Rinow 1972] publizierte RYS-ZARD ENGELKING einen kurzen Aufsatz *Hausdorff Gaps and Limits and Compactification* [Asser/ Flachsmeyer/ Rinow 1972, 89–94], in dem er einige an [H 1936b] anschließende die Topologie betreffende Arbeiten referiert. Mittlerweile sind die Anwendungen in der Topologie zu einem umfangreichen Untersuchungsgebiet angewachsen, das eine ganze Monographie beansprucht [Frankiewicz/ Zbierski 1994].

Der Übersichtsartikel von KANOVEI behandelt systematisch partiell geordnete Mengen von Zahlenfolgen aus den Basismengen $\mathbb{R}$, $\mathbb{N}$, 2, deren partielle Ordnung durch verschiedene Arten von „Graduierung nach dem Endverlauf" definiert wird. KANOVEI nennt sie „Hausdorff ordered structures" (HOS). Das Grundproblem besteht darin, für jede der HOS Aussagen über die möglichen Lücken, Limites, Türme, Skalen und Pantachien zu machen. KANOVEI referiert HAUSDORFFs diesbezügliche Ergebnisse und die einiger Nachfolger und gibt dann eine Übersicht über Implikationen und Äquivalenzen betreffs der Existenz gewisser Objekte. Die Frage nach der Existenz ist mit solchen Sätzen über Implikationen und Äquivalenzen natürlich nicht beantwortet. Einige solche Existenzfragen hat HAUSDORFF beantwortet, andere mußte er offen lassen. Einen Überblick über den Stand, insbesondere die Konsistenz solcher Existenzaussagen mit gewissen Hypothesen oder zusätzlichen Axiomen gibt Abschnitt 9 von [Kanovei 2013]. Des weiteren diskutiert KANOVEI den Stand von Partitionsproblemen (insbesondere der beiden SIERPIŃ-SKIschen Probleme, von denen HAUSDORFF in [H 1936b] ausgegangen war) sowie die Fragen, die HAUSDORFF explizit als zu seiner Zeit offen charakterisiert hatte. Schließlich geht er noch auf die Beziehungen der HAUSDORFFschen Untersuchungen über geordnete Mengen zur deskriptiven Mengenlehre ein.

In [H 1908] hatte HAUSDORFF einen tiefliegenden Struktursatz bewiesen, nämlich, daß jede geordnete Menge entweder zerstreut oder eine geordnete Summe von zerstreuten Mengen über einem dichten Erzeuger ist. Grundlegend für den Beweis des Struktursatzes war HAUSDORFFs Satz über den Aufbau der zerstreuten Mengen:

Eine geordnete Menge der Mächtigkeit $< \aleph_\alpha$ ist genau dann zerstreut, wenn sie Element des Typenringes mit der Basis $\{1, \beta, \beta^*\}$ ist, wo β alle regulären Anfangszahlen $< \omega_\alpha$ durchläuft.

An diesen Satz knüpfen eine Reihe neuerer Arbeiten an; einen Überblick über diese Untersuchungen findet man in [Abraham et al. 2012].[64] Dieser Übersichtsartikel beginnt mit dem Satz:

> The research described in this paper was motivated by a classical theorem of Hausdorff about linear orderings. [Abraham et al. 2012, 6259].

Gemeint ist der obige Satz über die Erzeugung der zerstreuten Mengen. Die genannten Untersuchungen ziehen einerseits allgemeinere Ordnungsstrukturen in

---

[64]Den Hinweis auf diese Arbeit verdanke ich Frau Heike Mildenberger (Tübingen).

Form geeigneter partieller Ordnungen in Betracht („If we aim to generalise Hausdorff's theorem, then a natural approach is to try replacing linear orderings by
some more general class of partial orderings") und verallgemeinern andererseits den
Begriff „zerstreut" in verschiedener Weise (κ-scattered, $\mathbb{Q}_\kappa$-scattered). Es werden
gewisse Analoga zu HAUSDORFFs Theorem bewiesen, aber auch viele weit darüber
hinausreichende Resultate erzielt. Diese Arbeit zeigt ein weiteres Mal, wie lebendig
HAUSDORFFs Forschungen über geordnete Mengen sind, denn es ist doch gewiß
recht selten, daß eine Arbeit im 21. Jahrhundert direkt an einen Aufsatz anknüpft,
der über einhundert Jahre zurückliegt.

7.3 Hausdorffs Stellung zu den Grundlagenfragen der Mathematik

In diesem Abschnitt wollen wir ausnahmsweise das chronologische Prinzip
verlassen und die gesamte Zeit von HAUSDORFFs Wirksamkeit ins Auge fassen.
Am Beginn seiner wissenschaftlichen Laufbahn als Astronom und als Verfasser
von Arbeiten über Optik und Versicherungsmathematik haben Grundlagenfragen
der Mathematik HAUSDORFF nicht tangiert. Aber bereits das *Chaos in kosmischer
Auslese* zeigt eine philosophisch motivierte gründliche Auseinandersetzung mit der
nichteuklidischen Geometrie und mit dem Raumproblem und damit mit Grundlagenfragen der Geometrie. Eine neue Qualität erhielt diese Auseinandersetzung
mit dem Erscheinen von HILBERTs *Grundlagen der Geometrie* im Jahre 1899. Die
gründliche Beschäftigung mit diesem Werk führte HAUSDORFF zu einem eigenen
Standpunkt in der Frage, wie mathematische Disziplinen begründet werden sollten.
Dieser Weg, der HAUSDORFF schließlich zu einem der Wegbereiter der modernen,
mengentheoretisch-axiomatisch fundierten Mathematik des 20. Jahrhunderts werden ließ, wurde bereits am Ende von Abschnitt 5.9, S. 188–193 beschrieben. Besonders aufschlußreich ist in diesem Zusammenhang das Fragment *Der Formalismus*
aus HAUSDORFFs Nachlaß.[65] Dort sagt HAUSDORFF, die formale Logik sei die
„einzige Gewissheit, die wir kennen", und er rühmt die „vollkommene Logisirung,
Formalisirung und Rationalisirung", welche die Geschichte der reinen Mathematik
in der zweiten Hälfte des 19. Jahrhunderts beherrscht habe. HAUSDORFF versteht
unter *formaler Logik* die Regeln logischen Schließens in der natürlichen mathematischen Sprache. Er grenzt sie ab von der *symbolischen Logik*[66], die logische
Kalküle in einer künstlichen Symbolsprache entwickelt und deren Hauptvertreter
damals ERNST SCHRÖDER, GOTTLOB FREGE und GIUSEPPE PEANO waren. Mit
der symbolischen Logik hatte sich HAUSDORFF – wie wir gesehen haben – in seiner Rezension von MAUTHNERs *Sprachkritik* sehr kritisch auseinandergesetzt, dies
aber wenig später in einem Brief an MAUTHNER relativiert. Nach der Rezension

---

[65]Nachlaß Hausdorff, Kapsel 49, Fasz. 1067, Bll. 1–12; vermutlich um 1904 entstanden. Vollständig abgedruckt in *HGW*, Band VI, 473–478.
[66]Beide Begriffe werden heute synonym gebraucht.

von BERTRAND RUSSELLS *The Principles of Mathematics* [H 1905][67] hat er sich zur symbolischen Logik nicht wieder geäußert; auch in seinem Nachlaß findet sich dazu, außer den Vorbereitungen zu [H 1905], nichts.

Die Entwicklung der Mengenlehre war nach der Jahrhundertwende, insbesondere nach dem Bekanntwerden der BURALI-FORTIschen (1897) und mehr noch der RUSSELLschen Antinomie (1903) und nach ZERMELOS erstem Beweis des Wohlordnungssatzes (1904), durch heftige und kontroverse Debatten, vor allem um die Antinomien der Mengenlehre und um das Auswahlaxiom begleitet.[68] In der Besprechung von RUSSELLS Buch nimmt HAUSDORFF erstmals zur Antinomienfrage Stellung. RUSSELLS Antinomie habe sich „als das philosophisch wohlbekannte Paradoxon der schlecht definierten *Allheits*kategorie entpuppt." Das Wort „alle" würde nicht immer eine erfüllbare Forderung bezeichnen, so daß wir

> in manchen Fällen zwar distributiv *jedes* Objekt einer bestimmten Definition gemäss denken, nicht aber kollektiv *alle* Objekte „uno intellectus actu" zusammenfassen können.

Insbesondere lehnt HAUSDORFF RUSSELLS Definition der Kardinalzahl einer Menge als Klasse aller mit ihr gleichmächtigen Mengen ab, denn:

> Hier haben wir wieder den unvollziehbaren Begriff „aller" Mengen, und an der Spitze der Arithmetik stünde als Urwiderspruch die Zahl Eins in ihrer kontradiktorischen Gestalt als Klasse *aller* Einzeldinge.

Man müsse die Mengen, mit denen man operiert auf widerspruchsfreie Definition prüfen;

> solche Klassen wie die Menge aller natürlichen Zahlen, die Menge aller Punkte des Raumes, die Menge aller Funktionen scheinen keine Bedenken darzubieten, während die Menge aller unendlichen Kardinal- oder Ordinalzahlen [···] zu den unzulässigen Klassenbegriffen gehören.[69]

Offen bleibt natürlich bei HAUSDORFF die Frage, wie entschieden werden könne, welche unendlichen Mengen im Sinne CANTORS transfinit und damit logisch unbedenklich sind, und welche im Sinne CANTORS absolut unendlich sind, d.h. Klassen darstellen, deren Elemente man nicht alle „uno intellectus actu" zusammenfassen kann.[70] HAUSDORFF vertraute dabei seiner Intuition, schwankenden Grund erkennen und durch entsprechende Vorsicht umgehen zu können. Diesen Optimismus bringt er auch am Beginn seiner *Untersuchungen über Ordnungstypen* zum Ausdruck. Ein Beispiel, wie er die Klippe antinomischer Mengen umschifft, finden wir am Beginn des §2 „Wohlgeordnete Mengen" von [H 1908]; dort heißt es:

---

[67]Abgedruckt mit Kommentar von Peter Koepke in *HGW*, Band IA, 481–496.

[68]S. dazu Kapitel 2 „Zermelo and His Critics (1904–1908)" in [Moore 1982, 85–141], und Abschnitt IX „Diffusion, Crisis, and Bifurcation: 1890–1914" in [Ferreirós 2007, 299–336].

[69]Alle Zitate in [H 1905, 123–124; IA: 485–486].

[70]S. dazu [Purkert 1986]. Ob Cantor seine Sicht auf die Antinomienfrage, die er Hilbert in mehreren Briefen mitteilte, auch mit Hausdorff besprochen hat, wissen wir leider nicht.

Die Theorie der wohlgeordneten Mengen setzen wir als bekannt voraus. Wir denken uns von vornherein eine hinlänglich große Ordnungszahl Δ gewählt, die an Mächtigkeit alle Mengen, die wir in Betracht ziehen, übertrifft, und verstehen unter W die Menge aller Ordnungszahlen $< \Delta$; nur von den Elementen und Teilmengen von W ist im folgenden die Rede. [H 1908, 441; IA: 219].

HAUSDORFFs Trachten war stets darauf gerichtet, die mathematische Substanz der Mengenlehre selbst, etwa durch die Schaffung und Untersuchung neuer Ordnungsstrukturen, zu erweitern und ihr neue Felder der Anwendungen, wie etwa die Topologie oder die Wahrscheinlichkeitstheorie, zu erschließen. Den Ausbau und die Befestigung der Grundlagen überließ er gerne anderen.

Diese Position muß er auch in Vorträgen und Diskussionen nach außen vertreten haben. So berichtet GERHARD HESSENBERG auf einer Postkarte vom 20. September 1907 seinem Freund LEONARD NELSON von der Dresdener Tagung der Deutschen Mathematiker-Vereinigung, auf der HAUSDORFF den Inhalt von [H 1907b] vorgetragen hatte, unter anderem folgendes:

> Ausgezeichnet hat mir ferner Hausdorff gefallen. Er ist der einzige produktive Mengentheoretiker, der sich von den Paradoxien so wenig irritieren lässt, wie Newton etc von den eleatischen Witzchen.[71]

HESSENBERG spielt hier darauf an, daß die Begründer der Infinitesimalrechnung kühn vorangeschritten sind, ohne sich von den Schwierigkeiten mit dem Unendlichen, die schon in der Antike in den Paradoxien des ZENON VON ELEA zu Tage traten, irritieren zu lassen.

HAUSDORFF hat am Beginn der großen Annalenarbeit [H 1908] seinen Standpunkt zu den Diskussionen um die Antinomien und das Auswahlaxiom kurz und präzise folgendermaßen umrissen:

> Sie [die Arbeit [H 1908] – W.P.] stellt sich insbesondere auf den Standpunkt, daß die Gesamtheit „aller" Ordnungszahlen oder Kardinalzahlen weder als Menge noch als Teilmenge einer Menge widerspruchsfrei existiert; sie akzeptiert den Cantorschen Wohlordnungssatz in der Beweisformulierung von Herrn Zermelo und legt keinen Wert auf die Feststellung, daß sich ein Teil ihrer Resultate auch unabhängig davon herleiten ließe; sie bedient sich der „Auswahlpostulate", sogar, ohne sie zu nennen, und kommt nur einem *vielleicht* berechtigten Bedenken [···] durch den gelegentlichen Hinweis entgegen, daß sich eine transfinite Reihe sukzessiver Auswahlen, deren jede die früheren voraussetzt, auf Grund einer Wohlordnung vermeiden oder, was dasselbe ist, durch eine simultane Menge independenter Auswahlen ersetzen läßt. [H 1908, 436–437; IA: 214–215].

An den hier formulierten Positionen hat HAUSDORFF auch später festgehalten. In seinem Hauptwerk *Grundzüge der Mengenlehre* [H 1914a] führt er den Mengenbegriff folgendermaßen ein:

---

[71] Archiv der sozialen Demokratie der Friedrich-Ebert-Stiftung Bonn, Nachlaß Nelson, Korrespondenz H, 65–66, Mappe Hessenberg 3.

> Eine Menge ist eine Zusammenfassung von Dingen zu einem Ganzen, d.h. zu
> einem neuen Ding. Man wird dies schwerlich als Definition, sondern nur als
> anschauliche Demonstration des Mengenbegriffs gelten lassen, [···][72]

Das große Verdienst CANTORs bestehe darin, „über populäre Vorurteile und philosophische Machtsprüche hinwegschreitend" auch unendliche Mengen in die Betrachtung einbezogen und so eine neue Wissenschaft, die Mengenlehre, begründet
zu haben. Die Mengenlehre sei „das Fundament der gesamten Mathematik", denn
Infinitesimalrechnung, Analysis und Geometrie arbeiteten beständig mit unendlichen Mengen. Es gibt jedoch ein aber:

> Über das Fundament dieses Fundamentes, also über eine einwandfreie Grund-
> legung der Mengenlehre selbst ist eine vollkommene Einigung noch nicht er-
> zielt worden. [H 1914a, 1; II: 101].

Die meisten der „Paradoxien des Unendlichen" seien nur scheinbar und lösen sich
auf, wenn man beachtet, daß Gesetzmäßigkeiten, die für endliche Mengen gelten,
für unendliche Mengen nicht zu gelten brauchen.[73]

Solche scheinbaren Paradoxien liebte HAUSDORFF, und er suchte auch selbst
welche zu konstruieren. Eine dieser Konstruktionen ist berühmt geworden und
trägt heute seinen Namen: das HAUSDORFFsche Kugelparadoxon, auf das wir später noch genauer eingehen werden. Aber nicht alle im Zusammenhang mit dem Unendlichen empfundenen Widersprüche sind scheinbar; der naive Mengenbegriff[74]
verursacht auch wirkliche Probleme: In seinem Buch zeigt HAUSDORFF, daß es zu
jeder Menge von Kardinalzahlen stets eine Kardinalzahl gibt, die größer ist als
alle Zahlen dieser Menge, also darin nicht vorkommt. Die „Menge aller Kardinalzahlen" ist also widersprüchlich. Das gleiche gilt für die Ordinalzahlen. Mit der
„Menge aller Kardinalzahlen" und der „Menge aller Ordinalzahlen" darf man also
nicht operieren, wie HAUSDORFF schon 1908 betont hatte. Er sah jedoch ZER-
MELOs Axiomatisierung der Mengenlehre [Zermelo 1908] als einen hoffnungsvollen
Versuch an, die Prinzipien der Mengenbildung so zu beschränken, daß diese Antinomien vermieden werden:

> Den hiernach notwendigen Versuch, den Prozeß der uferlosen Mengenbildung
> durch geeignete Forderungen einzuschränken, hat E. Zermelo unternommen.

---

[72][H 1914a, 1; II: 101]. Von mathematischen Gegenständen als von „Dingen" zu sprechen, hat
Hausdorff vermutlich von Hilbert übernommen. In seinem Vortrag *Über die Grundlagen der Logik
und Arithmetik* auf dem Internationalen Mathematiker-Kongreß in Heidelberg beginnt Hilbert
seine Ausführungen zur Grundlegung der Arithmetik folgendermaßen: „Ein Gegenstand unseres
Denkens heiße ein *Gedankending* oder kurz ein *Ding* und werde durch ein Zeichen benannt." In:
[Krazer 1905, 176].

[73]Dies hatte schon Bernard Bolzano in seinem 1851 posthum erschienenen Werk *Paradoxien
des Unendlichen* dargelegt. Daß Hausdorff hier die Worte Paradoxien des Unendlichen in An-
führungsstriche setzt, kann als Hinweis auf Bolzanos Werk, welches er sicher kannte, gedeutet
werden.

[74]Diese Hausdorffsche Bezeichnung für den von Cantor eingeführten Begriff der Menge als einer
„Zusammenfassung M von bestimmten wohlunterschiedenen Objekten m unserer Anschauung
oder unseres Denkens zu einem Ganzen" wurde später allgemeiner Sprachgebrauch.

Da indessen diese äußerst scharfsinnigen Untersuchungen noch nicht als abgeschlossen gelten können und da eine Einführung des Anfängers in die Mengenlehre auf diesem Wege mit großen Schwierigkeiten verbunden sein dürfte, so wollen wir hier den naiven Mengenbegriff zulassen, dabei aber tatsächlich die Beschränkungen innehalten, die den Weg zu jenem Paradoxon abschneiden. [H 1914a, 2; II: 102].

Worauf sich die Bemerkung bezieht, daß ZERMELOS Axiomatisierung noch nicht als abgeschlossen gelten könne, wird nicht gesagt. Es ist zu vermuten, daß es HAUSDORFF nicht entgangen war, daß ZERMELOS Begriff der „definiten Eigenschaft" an Präzision zu wünschen übrig ließ. Dieser schwache Punkt und eine Lücke in ZERMELOS System konnten erst 1922 von FRAENKEL und SKOLEM beseitigt werden.[75]
Die *Grundzüge der Mengenlehre* waren im Sommer 1923 vergriffen. Der Verlag wünschte eine zweite Auflage, die in Göschens Lehrbücherei erscheinen sollte und die deshalb gegenüber den *Grundzügen* um etwa 200 Seiten kürzer gehalten werden mußte. HAUSDORFF entschloß sich, ein ganz neues Buch zu schreiben, welches 1927 unter dem Titel *Mengenlehre* herauskam [H 1927a]. Bei der Vorbereitung der *Mengenlehre* mußte sich HAUSDORFF entscheiden, ob er den naiven Standpunkt beibehalten oder die axiomatische Grundlegung nach ZERMELO-FRAENKEL als Ausgangspunkt wählen sollte. Wie aus einer Postkarte HAUSDORFFs an FRAENKEL vom 9. Juni 1924 hervorgeht, wurde ihm diese Entscheidung durch ein mittlerweile erschienenes Buch FRAENKELs [Fraenkel 1923] sehr erleichtert; HAUSDORFF schreibt im Hinblick auf dieses Buch:

> Sie haben mir für die 2. Aufl. meines Buches (die ich gänzlich neu bearbeiten will) einen grossen Dienst geleistet, insofern ich für verschiedene wichtige Dinge, die mir nicht liegen, auf Ihre ausgezeichnete Darstellung verweisen kann, z. B. für die Axiomatik (in der Sie einen wesentlichen Fortschritt über Zermelo hinaus erzielt haben betr. das Axiom der Aussonderung) und für die Behandlung der Antinomien.[76]

Dementsprechend heißt es bereits im Vorwort von HAUSDORFFs neuem Buch:

> Zu einer Diskussion über Antinomien und Grundlagenkritik habe ich mich jetzt ebensowenig wie damals entschließen können. [H 1927a, 6; III: 46].

Der Standpunkt, den HAUSDORFF 1927 am Beginn seines Buches unverändert und mit ausgesuchtem Sprachgefühl zum Ausdruck bringt, ist sozusagen die Position des „working mathematician", der sich – wie es HESSENBERG schon 1907 an HAUSDORFF schätzte – durch Grundlagenschwierigkeiten nicht irre machen läßt und bezüglich deren befriedigender Lösung optimistisch ist:

> Eine Menge entsteht durch Zusammenfassung von Einzeldingen zu einem Ganzen. Eine Menge ist eine Vielheit, als Einheit gedacht. [···] Eine Menge kann aus einer natürlichen Zahl von Dingen bestehen oder nicht; je nachdem heißt sie *endlich* oder *unendlich*. [···] Es ist das unsterbliche Verdienst GEORG

---

[75][Fraenkel 1922], [Skolem 1922]. Wiederabdruck beider Arbeiten in [Felgner 1979, 49–72].
[76]*HGW*, Band IX, 293.

CANTORS, diesen Schritt in die Unendlichkeit gewagt zu haben, unter inneren wie äußeren Kämpfen gegen scheinbare Paradoxien, populäre Vorurteile, philosophische Machtsprüche (infinitum actu non datur), aber auch gegen Bedenken, die selbst von den größten Mathematikern ausgesprochen waren. Er ist dadurch der Schöpfer einer neuen Wissenschaft, der Mengenlehre geworden, die heute das Fundament der gesamten Mathematik bildet. An diesem Triumph der CANTORschen Ideen ändert es nach unserer Ansicht nichts, daß noch eine bei allzu uferloser Freiheit der Mengenbildung auftretende Antinomie der vollständigen Aufklärung und Beseitigung bedarf. [H 1927a, 11; III: 55].

Den Begriff der Kardinalzahl $\mathfrak{a}$ einer Menge A hatte HAUSDORFF in den *Grundzügen* eingeführt als ein der Menge A zugeordnetes „Ding" derart, daß genau dann zwei Mengen A und B das gleiche Ding entspricht, wenn sie äquivalent sind, d.h. wenn zwischen ihnen eine bijektive Abbildung möglich ist. JOHN VON NEUMANN hatte 1922 die Ordinalzahlen als kanonische Repräsentanten der Isomorphietypen wohlgeordneter Mengen eingeführt. Als Kardinalzahl einer Menge M definiert er die kleinste mit M gleichmächtige Ordinalzahl.[77] Damit war erreicht, daß Kardinal- und Ordinalzahlen (speziell definierte) Mengen sind, was für eine konsequente mengentheoretische Fundierung der Mathematik von entscheidender Bedeutung ist. In seinem Buch *Mengenlehre* hat HAUSDORFF jedoch die Definition der Kardinalzahl aus den *Grundzügen* beibehalten und sie folgendermaßen kommentiert:

> Diese formale Erklärung sagt, was die Kardinalzahlen sollen, nicht was sie sind. [···] Relationen zwischen Kardinalzahlen sind uns nur ein bequemer Ausdruck für Relationen zwischen Mengen: das „Wesen" der Kardinalzahl zu ergründen, müssen wir der Philosophie überlassen. [H 1927a, 25; III: 69].

Wenn von HAUSDORFFs Position zu Grundlagenfragen der Mathematik die Rede ist, muß seine scharfe Ablehnung des Intuitionismus Erwähnung finden. Er hat sich allerdings nie öffentlich mit dem Intuitionismus auseinandergesetzt. Es gibt zu diesem Thema auch keine Bemerkungen in nachgelassenen Studien oder Notizen. In allen Faszikeln im Nachlaß, in denen LUITZEN E. J. BROUWER vorkommt, geht es um topologische Themen.[78] Auch alle Notizen, in denen auf HERMANN WEYL Bezug genommen wird, thematisieren konkrete mathematische Fragen (Riemannsche Flächen, Gleichverteilung modulo 1). Wir wissen über HAUSDORFFs Meinung zum Intuitionismus nur etwas aus seiner Korrespondenz.

Es gibt keine Belege darüber, wann sich HAUSDORFF erstmals mit intuitionistischen Positionen beschäftigt hat. BROUWERs frühe Schriften dazu waren ziemlich technisch und schwer verständlich. Eine gewisse Ausnahme ist der kurze Artikel *Intuitionistische Mengenlehre*, der im Jahresbericht der DMV auch gut

---

[77] [Neumann 1922]. Zermelo hatte ähnliche Ideen entwickelt, aber nicht veröffentlicht. S. dazu *HGW*, Band II, 634–644.

[78] Zu Brouwers Persönlichkeit und Werk, insbesondere auch zum Intuitionismus, siehe [Van Dalen 1999/2005].

zugänglich war.[79] Es ist zu vermuten, daß HAUSDORFF zumindest diesen Artikel BROUWERs und die Schrift von HERMANN WEYL *Das Kontinuum. Kritische Untersuchungen über die Grundlagen der Analysis*[80] bereits vor 1920 zur Kenntnis genommen hat. Die erste persönliche Begegnung HAUSDORFFs mit BROUWER dürfte auf der Versammlung der Deutschen Mathematiker-Vereinigung stattgefunden haben, die vom 20. bis 24. September 1920 im Rahmen der „Versammlung der Gesellschaft deutscher Naturforscher und Ärzte" in Bad Nauheim tagte. BROUWER hielt dort einen Vortrag unter dem provokanten Titel *Besitzt jede reelle Zahl eine Dezimalbruchentwicklung?*[81] Ob sich HAUSDORFF, der zwei Tage später zu einem Thema aus der Analysis referierte, an der Diskussion beteiligt hat, ist nicht bekannt. Die Reaktionen auf BROUWERs Vortrag waren jedenfalls teilweise heftig ablehnend.[82] Die erste Reaktion HAUSDORFFs auf den Intuitionismus findet sich in der bereits oben genannten Postkarte an FRAENKEL vom 9. Juni 1924. Dort fährt HAUSDORFF nach der oben zitierten Passage folgendermaßen fort:

> Es ist Ihnen sogar geglückt, die Orakelsprüche der Herren Brouwer und Weyl
> verständlich zu machen – ohne dass sie mir nun weniger unsinnig erscheinen!
> Sowohl Sie als auch Hilbert behandeln den Intuitionismus zu achtungsvoll;
> man müsste gegen die sinnlose Zerstörungswuth dieser mathematischen Bol
> schewisten einmal gröberes Geschütz auffahren![83]

HAUSDORFF selbst jedenfalls hat solches Geschütz nie aufgefahren; seine tiefe Abneigung aber blieb. In einer Postkarte an FRAENKEL vom 20. Februar 1927 bedankt er sich für die Zusendung von dessen Buch *Zehn Vorlesungen über die Grundlegung der Mengenlehre* (Leipzig 1927). Es sei „so spannend-dramatisch geschrieben", daß er „bereits einen grossen Teil davon verschlungen" habe. Dann heißt es weiter:

> Ich hege immer noch die Hoffnung, dass Sie, als bester Kenner dieser Littera
> tur, noch einmal einen kräftigen und witzigen Angriff auf den Intuitionismus
> machen werden – wenn es nicht vielleicht ratsamer ist, diese Kastratenma
> thematik an ihrem eigenen komplizierten Stumpfsinn ersticken zu lassen.[84]

Nach 1927, also nach dem Erscheinen seines Buches *Mengenlehre*, hat sich HAUSDORFF öffentlich nicht mehr zu Grundlagenfragen geäußert, sieht man von der unveränderten Nachauflage des Buches 1935 ab. Er hat aber noch gelegentlich in Briefen solche Fragen berührt; diese Briefstellen zeigen auch, daß er sich immer wieder mit Grundlagenfragen beschäftigt hat. Zu nennen sind insbesondere ein Brief an KARL MENGER vom 20. März 1929, in dem sich HAUSDORFF zu MENGERs

---

[79]Band **28** (1919), 203–208.
[80]Veit & Comp., Leipzig 1918.
[81]Publiziert in Math. Annalen **83** (1921), 201–210.
[82]Robert Fricke schrieb am 28. September 1920 an Felix Klein, Edmund Landau habe angesichts des Brouwerschen Vortrags vorgeschlagen, eine Sektion für pathologische Mathematik ins Leben zu rufen und diese dann der medizinischen Abteilung der Naturforscherversammlung anzugliedern. S. dazu Abschnitt 8.9 „Intuitionism, the Nauheim Conference" in [Van Dalen 1999/2005, 325–330].
[83]*HGW*, Band IX, 293.
[84]*HGW*, Band IX, 294–295.

Aufsätzen *Bemerkungen zu Grundlagenfragen I–IV* im Jahresbericht der DMV von 1928 äußert[85], ferner ein Brief an PAUL ALEXANDROFF vom 8. März 1930, in dem HAUSDORFF über seine Diskussionen mit EDUARD STUDY über dessen Ansichten zu Grundlagenfragen berichtet.[86]

Das Interesse für das Kontinuumproblem, das ihn einst „wie eine Monomanie geplagt" hatte[87], hat HAUSDORFF auch in schwerer Zeit nicht verloren. Er hat im August und September 1938 SIERPIŃSKIs Buch *Hypothèse du Continu* (Warschau 1934) gründlich durchgearbeitet, teilweise exzerpiert, in seine Terminologie und Bezeichnungsweise übertragen, die Beweise gelegentlich vereinfacht und einige kritische Bemerkungen angebracht.[88]

Das bedeutendste zu HAUSDORFFs Lebzeiten erzielte Resultat zum Kontinuumproblem war KURT GÖDELs Satz, daß die verallgemeinerte Kontinuumhypothese und das Auswahlaxiom mit dem ZERMELO-FRAENKELschen System **ZF** konsistent sind [Gödel 1938], [Gödel 1939], [Gödel 1940]. Es gibt keinen Hinweis darauf, daß HAUSDORFF diese Arbeiten rezipiert hat. Da sie in den USA publiziert wurden, ist es sehr gut möglich, daß er sie unter seinen damaligen Lebens- und Arbeitsbedingungen gar nicht mehr zu Gesicht bekam. Es ist aber auch möglich, daß er diese Art von Grundlagenuntersuchungen ignorierte. Auch GÖDELs Vollständigkeitssatz [Gödel 1930] und seine Unvollständigkeitssätze [Gödel 1931], die er in den „Monatsheften für Mathematik und Physik" leicht hätte studieren können, hat er nicht rezipiert – der Name GÖDEL kommt in seinem gesamten Nachlaß nicht vor. Es ist wohl so, daß die mathematische Logik HAUSDORFF fremd geblieben ist, und obwohl er FRITZ MAUTHNER versichert hatte, er habe seine „antilogische Periode" hinter sich, seine „erste wenigstens"[89], hat er Zeit seines Lebens die Bedeutung dieses Gebietes für die Mathematik ein wenig unterschätzt.

7.4 Mongré erwacht noch einmal

1909 hatte HAUSDORFF seine großen Arbeiten über geordnete Mengen, die ihn sehr stark in Anspruch genommen hatten, abgeschlossen. So fand er wohl die Muße für drei unter seinem Pseudonym publizierte Aufsätze in „Die neue Rundschau (Freie Bühne)" in den Jahren 1909 und 1910. Die drei Artikel knüpften an konkrete Ereignisse an; zwei an das Erscheinen von vieldiskutierten Büchern, der dritte an die Wiederkehr des Halleyschen Kometen im Jahre 1910.

---

[85] *HGW*, Band IX, 497–500.
[86] *HGW*, Band IX, 89–91.
[87] Brief an Hilbert vom 29.9.1904, *HGW*, Band IX, 330.
[88] NL Hausdorff, Kapsel 42, Fasz. 729: *Sierpiński, Hypothèse du Continu.* August, September 1938. 78 Blatt.
[89] Brief an Mauthner vom 17.6.1904; *HGW*, Band IX, 467.

7.4.1   Strindbergs Blaubuch

Der in den 1890-iger Jahren bereits weltbekannte schwedische Dramatiker, Romancier und Novellist AUGUST STRINDBERG wandte sich unter dem Einfluß von ERNST HAECKELs Monismus, insbesondere von dessen 1892 vorgestelltem *Glaubensbekenntnis*, alchemistischen Studien und Experimenten zu, die er über Jahre in Deutschland, Österreich und Frankreich betrieb. Er wollte die Chemie revolutionieren und glaubte sogar, den alten Alchemistentraum, Gold zu machen, verwirklichen zu können. Sein einschlägiges gegen die zeitgenössische Chemie gerichtetes Werk *Antibarbarus* (1893) wurde jedoch in Fachkreisen vernichtend kritisiert, was ihn nicht davon abhielt, seine alchemistischen Experimente mit großem Eifer fortzusetzen. 1896 erlitt STRINDBERG einen psychischen Zusammenbruch mit Wahnvorstellungen und Depressionen, den er allmählich überwand und in den autobiographischen Romanen *Inferno* (1897) und *Legenden* (1898) sowie in Dramen thematisierte und zu verarbeiten suchte. Er hatte sich in dieser Krise und danach zunehmend der Religion, der Mystik und dem Okkultismus zugewandt und studierte die Schriften von EMANUEL SWEDENBORG und von neueren Theosophen wie HELENA PETROVNA BLAVATSKY. 1907 und 1908 erschienen in Stockholm drei Bände seines *Blaubuch*; Band 1 und Band 2 wurden von EMIL SCHERING sofort ins Deutsche übersetzt und erschienen 1908 unter den Titeln *Ein Blaubuch. Die Synthese meines Lebens. Erster Band* und *Ein Blaubuch. Die Synthese meines Lebens. Zweiter Band. (Mit dem Buch der Liebe).* STRINDBERG offerierte darin eine Fundamentalkritik der modernen Wissenschaft, und zwar aller möglichen Gebiete, von der Assyriologie bis zur Mathematik, von der Bakteriologie bis zur Sprachwissenschaft des Chinesischen. Diese Kritik stellte alle Errungenschaften der modernen Wissenschaft in Frage und offenbarte eine weitgehende Unkenntnis des Autors bezüglich des aktuellen Standes der jeweils in Rede stehenden Gebiete. Sie war der Form nach pauschale Ablehnung und oft ein heftiges Zetern und beruhte meist auf abstrusen eigenen Vorstellungen STRINDBERGs über die behandelten Gegenstände und Theorien.

HAUSDORFFs Essay *Strindbergs Blaubuch*[90] war die erste ausführlichere Rezension der beiden übersetzten Blaubuch-Bände im deutschen Sprachraum. 1897, im Aphorismus Nr. 8 des *Sant' Ilario*, hatte HAUSDORFF die Kritik STRINDBERGS aus der Mitte der 90-er Jahre an den zeitgenössischen Naturwissenschaften noch mit einer gewissen Sympathie betrachtet. Zwölf Jahre später war die Situation eine andere. HAUSDORFF hatte sich mehrfach mit neuen Formen der Religiosität, mit irrationalistischen Argumentationen, mit Mystik und Okkultismus kritisch auseinandergesetzt. Er hatte insbesondere *Das unreinliche Jahrhundert* und *Gottes Schatten* geschrieben, bei seinem Freund MAUTHNER die irrationalistische Wissenschaftskritik bemängelt und dessen Hinwendung zur Mystik bedauert. Und er selbst war mittlerweile ein bedeutender Wissenschaftler geworden.

STRINDBERG wiederum hatte sich mit dem Blaubuch immer weiter von den sachlichen Inhalten der Wissenschaft entfernt und war in seiner Polemik weitaus

---

[90][H 1909c, VIII: 691–695], Anmerkungen in *HGW*, Band VIII, 696–720.

radikaler geworden. Die Tatsache, daß er ein bedeutender und international anerkannter Schriftsteller war, sicherte allen seinen Schriften von vornherein – unabhängig von ihrem Inhalt – eine beträchtliche Aufmerksamkeit.

Wir wissen nicht, ob die Redaktion der Neuen Rundschau HAUSDORFF um
eine Besprechung gebeten hat oder ob er aus eigenem Antrieb zur Feder griff,
um diese Art von Wissenschaftskritik bloßzustellen und damit zu neutralisieren.
Seine Bewunderung für den Schriftsteller STRINDBERG, besonders für dessen dem
Naturalismus verhaftete Frühwerk, war jedoch ungebrochen:

> Vor zwanzig Jahren sahen wir furchtsam staunend den Widerschein einer Göt-
> terdämmerung am nördlichen Himmel. Der Vater, Fräulein Julie, An offener
> See ... ein vulkanischer Ausbruch ohnegleichen. Strindberg, herrlichster der
> Hasser! [H 1909c, 892; VIII: 691].

Nun aber schreibt der inzwischen Sechzigjährige ein Buch von neunhundert Seiten[91],

> das innen „die Synthese meines Lebens", auf dem Umschlag Strindbergs Te-
> stament an die Menschen genannt wird. Sollte dies endlich wieder eine große
> Eruption sein? Plutonisches Feuer aus dem tiefsten Erdinnern, Rütteln und
> Schütteln des alten Seismos, der eine neue Welt ans Licht emporschieben will
> und zuvor die bestehende stürzen muß? Enttäuschung! Die längstbekannten
> Risse und Spalten, aus denen Schwefel, nichts als Schwefel quillt; machtlose
> Steinwürfe und Schlammergüsse, die unnützerweise ein paar Obstgärten ver-
> wüsten. Ein Schauspiel ohne jede Großartigkeit. Hier ist das Fürchten nicht
> zu lernen.
>
> Aber wie? es soll ein unbedeutendes Schauspiel sein, wenn die Wis-
> senschaft unserer Tage von einem zornmütigen Propheten vernichtet wird!
> Wenn die Feigheit und Feilheit in der Philosophie, die Verlogenheit in der
> Mathematik, die Korruption in der Astronomie, die Absurdität in den Natur-
> wissenschaften, der Bankrott in der Keilschriftforschung und so weiter und so
> weiter, wenn alle diese verrotteten und verjährten Lügen einer heidnischen,
> käuflichen, fälschenden, die Jugend verderbenden Sophistik aufgedeckt wer-
> den von dem Genie des Hasses, das hier für die Religion der Liebe streitet?
>
> Ja, solche Worte stehen in dem Buche. Und da sie zwar nicht bewiesen,
> aber so oft wiederholt werden, daß ein Unbefangener sie schließlich glauben
> könnte (Strindbergs Übersetzer eröffnet den Reigen), so ist es vielleicht nötig,
> irgendwann und irgendwo einmal zu widersprechen, sozusagen im Namen der
> Wissenschaft, über die heute jeder Beliebige, vom letzten Zentrumsstimmvieh
> bis hinauf zu einem Strindberg, seine Bêtisen zu Markte bringt mit einem
> Grade von Kühnheit, der proportional zum Quadrat der Entfernung von der
> Wissenschaft wächst. [H 1909c, 892–893; VIII: 691–692].

HAUSDORFF konzediert durchaus, daß STRINDBERG im Blaubuch „einige seiner
alten bezaubernden Qualitäten noch nicht verloren hat", „daß dieser Dichter immer
noch hörbar ist". [H 1909c, 893; VIII: 692]. Sollte man also vom Inhalt absehen,

---

[91]Die ersten beiden Bände des Blaubuchs haben zusammen 900 Seiten.

die Sache literarisch nehmen und dem Autor großzügig entsprechende Freiheiten zugestehen? HAUSDORFFs Antwort ist ein eindeutiges Nein! Es gäbe eine Grenze, „über die hinaus die Toleranz gegen die Intoleranten aufhört":

> Niemand ist verpflichtet, Geigenspiel gern zu haben. Aber niemand ist berechtigt, zu erklären: ich mag Geige nicht, *und alle Geiger spielen falsch.*
>
> Zumal wenn dieser Kritiker vom Geigenspiel so viel versteht wie Strindberg von der Wissenschaft. [H 1909c, 894; VIII: 693].

Nur naive Gemüter – so HAUSDORFF – können glauben, daß ein einzelner Mensch alle Wissenschaften so beherrschen kann, um darin mitzureden, und nur solche Gemüter werden die Polyhistorie „dieses unheimlichen Alten, der alles weiß und alles besser weiß", bewundern. Ein Prüfungskollegium aus Fachleuten der einzelnen Disziplinen würde „über dieses panhistorische Blaubuch" gewiß ein anderes Urteil fällen. HAUSDORFF könne sich z.B. denken, wie sich ein Chemiker „über diesen verspäteten Alchymisten Strindberg äußern würde, der auf dem geduldigen Papier Chlor aus Wasserstoff und Sauerstoff, Eisen aus Wasserstoff und Kohlenstoff aufbaut."[H 1909c, 894; VIII: 693].

Für die Mathematik und damit zusammenhängende Wissenschaften wie Astronomie und Physik ist HAUSDORFF als Kritiker sozusagen selbst zuständig und er bringt seine Kritik in die Form einer witzigen Satire. Es sei ihm nämlich gelungen, mittels HERPENTILs Anleitung zur schwarzen Magie den verstorbenen Mathematiklehrer STRINDBERGS aus dem Jenseits herbei zu rufen:

> Dieser in Ehren verkalkte Greis, noch immer etwas cholerisch trotz langer Ablagerung auf der Astralebene, warf einen Blick auf gewisse Stellen des Blaubuchs, die wir ihm mit vorwurfsvollem Finger bezeichneten, riß uns das Buch aus der Hand, stürzte sich auf einen aus dem Milieu herausragenden Rotstift, schwang ihn wie einen nassen Pinsel, schleuderte pastose Striche, flammende Kreuze und Doppelkreuze auf den Rand des Papiers, malte eine Fünf, gellend wie eine Fanfare, unter das Ganze und brach in ein erschütterndes Wehgeschrei aus.
>
> „Es ist zum Verzweifeln! Sprechen Sie mir die facultas docendi ab, ich verdiene es! Nein, ich verdiene es nicht! Die Lunge habe ich mir aus dem Brustkasten geredet, und er hat's immer noch nicht verstanden, dieser ewige Quartaner! Nie hat er begriffen, daß $\frac{1}{2} \cdot \frac{1}{2} = \frac{1}{4}$ ist; er behauptete, darin liege ein Widerspruch, denn Vervielfältigen könne ja keine Verminderung ergeben; er behauptet's heute noch – ![···]"[H 1909c, 894–895; VIII: 693–694].

Und so weiter, und so weiter. Die heftige Schimpfkanonade des Geistes aus dem Jenseits nimmt fast eine ganze Druckseite in Anspruch. Am Schluß des Essays findet HAUSDORFF auch eine nützliche Seite des Blaubuchs. Um das moderne aufgeklärte Europa schätzen zu lernen, ist eine Stunde mit dem Blaubuch durchaus zu empfehlen:

> Eine Stunde unter Troglodyten! und mit einer neuen Begierde, einer neuen Dankbarkeit werdet ihr ins alluviale Europa zurückkehren, zu den feinverzweigten Geweben eurer Wissenschaft, zu dem verstehenden Lächeln eurer

Dichtung, zu den guten Manieren eures unbekehrten Heidentums. [H 1909c, 896; VIII: 695].

7.4.2 Andacht zum Leben

HAUSDORFFs Essay *Andacht zum Leben*[92] ist eine Reaktion auf das Buch des theoretischen Physikers FELIX AUERBACH *Ektropismus oder die physikalische Theorie des Lebens.*[93] Der Essay beginnt mit der Feststellung, daß die Existenz des Lebens die wohl größte Herausforderung für das menschliche Denken ist. Um damit fertig zu werden, habe sich „der Gedanke zu verzweifelten Posen" verrenkt:

> Spiritualismus und Materialismus, Vitalismus und Mechanismus, Dualismus und Monismus geben ihre Lösungen des Rätsels, deren manche nicht mehr ist als die Weigerung, eine Lösung zu suchen. Nur die Dichter, diese andächtigen Seelen, helfen sich mit verhältnismäßig einfachen Mitteln: mit Anbetung! Sie beten das Leben an, das Weltgeheimnis, das Unerforschliche, das Mysterium der Zeugung, sie, die Erben tausendjähriger Frömmigkeit, die nur den Fetisch wechselt und auf die Altäre der alten Götter neue Symbole stellt, die nicht ganz so kompromittierend göttlich sind. [H 1910b, 1737; VIII: 743].

Letzteres kann man AUERBACH nicht vorwerfen; er „wirft sich nicht in agnostischer Demut vor der Sphinx nieder, aber ohne einige dichterische Aufregung und Andacht zum Leben ist es doch nicht abgegangen." [H 1910b, 1738; VIII: 743].

HAUSDORFF erläutert den Lesern der Rundschau zunächst den physikalischen Ausgangspunkt, an den AUERBACHs Buch anknüpft, und das ist der zweite Hauptsatz der Thermodynamik. Sein Entdecker RUDOLF CLAUSIUS hatte ihn 1865 folgendermaßen formuliert: *Die Entropie der Welt strebt einem Maximum zu.* [Clausius 1865, 400]. Die von CLAUSIUS eingeführte Zustandsgröße Entropie ist gewissermaßen ein Maß für die Energieentwertung in einem thermodynamischen System. Die maximale Entropie eines solchen Systems ist erreicht, wenn alle Temperaturunterschiede ausgeglichen sind. Auf das Weltall als Ganzes angewandt, führte der zweite Hauptsatz auf die zeitgenössisch lebhaft diskutierte Hypothese vom Wärmetod des Weltalls. Demnach strebt

> das Weltgeschehen der Ruhe vollkommenen Gleichgewichts zu: wenn alle Intensitätsunterschiede sich ausgeglichen haben und alle Energie in Form lauer Wärme gleichmäßig im Weltraum zerstreut ist, so kann nichts mehr geschehen. [H 1910b, 1738; VIII: 744].

Gegen diese pessimistische Prognose bringt AUERBACH seinen Ektropismus ins Spiel. Die Geschichte des Lebens ist ja nach Meinung der Biologen gekennzeichnet durch Höherentwicklung, Differenzierung, „Wertsteigerung". Der organischen Materie schreibt er demnach die Fähigkeit zu, *ektropisch*, d.h. entropievermindernd zu wirken. Die Welt habe sich das Leben sozusagen als Gegengewicht gegen die

---

[92] [H 1910b, VIII: 743–746], Anmerkungen in *HGW*, Band VIII, 747–753.
[93] Wilhelm Engelmann, Leipzig 1910.

Entwertung der Energie geschaffen. Die Welt – so AUERBACH – wird nicht dem Wärmetod anheimfallen, sondern sie wird schließlich ektropisch werden.

Eine solche Spekulation, solche „Andacht zum Leben", kann HAUSDORFF nicht unwidersprochen stehen lassen:

> Mündet auch die Physik in eine Religion des Lebens, die Biologie in eine Biolatrie? Das Pathos der Andächtigen reizt zum Widerspruch. [H 1910b, 1739; VIII: 745].

Zunächst stellt er fest, daß die Hypothese vom Wärmetod schon hinfällig wird, wenn man das Weltall nicht als abgeschlossenes System, sondern als ein System mit unendlichem Energievorrat betrachtet. Aber davon ganz abgesehen ist gegen AUERBACH einzuwenden, daß die Entropieverminderung durch das Leben, etwa auf der Erde, gegenüber der allseitigen Energieabstrahlung der Erde und erst recht der Sonne und der damit verbundenen Entropievermehrung geradezu von einem verschwindenden Betrag ist.

AUERBACH glaubte der Antwort auf die Frage, warum es Leben gibt, näher gekommen zu sein. Dem widerspricht HAUSDORFF auch mit dem Argument, daß die Interpretation der Entropievermehrung als „Entwertung" von Energie bereits ein Anthropomorphismus ist: „Der anorganischen Natur könnte es recht gleichgültig sein, ob geordnete oder ungeordnete, verdichtete oder zerstreute Molekelschwärme im Raume tanzen;" [H 1910b, 1740; VIII: 746]. Und er schließt seinen Essay mit dem folgenden Satz:

> Nein, ihr Anbeter des Lebens: das Leben ist eine heillose und rätselhafte Sache, auf die man keinen dithyrambischen Toast ausbringen soll! und der Ektropismus mag eine physikalische Theorie des Lebens, ein wertvoller Beitrag zum Verständnis des Lebens sein, aber eine Biodizee, eine Rechtfertigung des Lebens ist er nicht. [H 1910b, 1741; VIII: 746].

7.4.3 Der Komet

Im Mai 1910 stand die Wiederkunft des Halleyschen Kometen bevor. Auf Grund von Bahnberechnungen nahm man an, daß am 18. Mai 1910 ein Durchgang der Erde durch den Schweif des Kometen wahrscheinlich sei. Da mittels Spektralanalyse Cyanide im Halleyschen Kometen nachgewiesen worden waren, wurde darüber spekuliert, daß der Durchgang durch den Schweif des Kometen die Atmosphäre der Erde mit tödlichem Blausäuregas anreichern könnte und damit das Ende der Welt bevorstünde. Es erschienen deshalb in verschiedenen Zeitungen weltweit Artikel, die eine Weltuntergangsstimmung verbreiteten und den bevorstehenden Weltuntergang auf den 18. Mai 1910 datierten. Andererseits gab es eine Fülle von satirischen Zeitungs- und Zeitschriftenartikeln, von Karikaturen und Gedichten, welche die angebliche Gefahr des Weltuntergangs parodierten. HAUS-DORFFs Essay *Der Komet*[94], erschienen im Mai-Heft der Neuen Rundschau, ist eine Satire auf den sensationsheischenden Umgang der Presse mit dem Ereignis

---

[94][H 1910a, VIII: 723–727], Anmerkungen in *HGW*, Band VIII, 728–740.

der Kometenwiederkehr und vielleicht auch eine subtile Parodie der Kriterien der Neuen Rundschau und ihres Verlegers SAMUEL FISCHER bei der Auswahl von Autoren und Beiträgen.

Der Komet ist angelegt als Besprechung des Verlegers einer Zeitschrift des Namens „Spleen" mit seinem Chefredakteur über das Maiheft 1910:

> *Verleger*: Haben Sie Ihren Essai über den Kometen fertig für das Maiheft? Etwas noch nicht Dagewesenes, ekstatisch Auf- und Abschwebendes, um die höchsten Gipfel Kreisendes, Sie verstehn, so etwas ultraviolett Transzendentales, eine Projektion auf die nichteuklidische Bewußtseinsebene? Haben Sie es? Geben Sie es.
>
> *Redakteur*: Ich habe nichts, verehrter Meister. [H 1910a, 708; VIII: 723].

Tatsächlich aber hat der Redakteur ein Dutzend Autoren um einen Beitrag gebeten, die auch alle geliefert haben. Er habe die Beiträge aber gar nicht gelesen, weil doch nur alles voraussehbar sei, was darin stehe – ebenso voraussehbar, wie das, was in sieben Jahren in einem Essay anläßlich Theodor Storms hundertstem Geburtstag stehen werde. Der Verleger teilt diese Resignation seines Redakteurs, aber das Maiheft drängt nun einmal. Er meint deshalb, man sollte doch die eingelieferten Beiträge mal durchsehen, ob sich nicht doch etwas brauchbares fände.

Bevor das geschieht, will der Redakteur seinem Meister „a priori deduzieren, was drin steht." Dazu entwirft er eine „Kategorientafel" und unterscheidet „drei Haupttribünen, von denen aus man das Phänomen besichtigen kann: I. Wissenschaft, II. Philosophie, III. Stimmung." Beim Durchblättern der zu I. gehörigen Manuskripte wird sofort klar: das ist nichts für den „Spleen". Immerhin entdecken die beiden zu ihrem Vergnügen einen Autor, der offenbar nur ein altes Lexikon besitzt, denn er schreibt nichts über α-Teilchen, β-Teilchen, γ-Strahlen usw. Auch mit II. ist kein Staat zu machen: „Worüber kann man sich philosophisch aufregen?" Selbst die Kategorie „Stimmung" liefert zunächst nichts Brauchbares, bis der Verleger auf einen ihm und dem Redakteur unbekannten Namen stößt; er liest aus einem Manuskript vor:

> „In Lubienitzkys Geschichte der Kometen wird erzählt, im Jahre 1000 unserer Zeitrechnung sei aus einer Öffnung des Himmels eine brennende Fackel mit langem blitzendem Schweife herabgefallen, und als sich die Spalte des Himmels allmählich verlor, sei eine Figur mit einem Schlangenkopfe und mit blauen Füßen gesehen worden; dieses erdichtete Tier ist sogar abgebildet, und man findet dort viele ähnliche Nachrichten, die ganz unglaublich sind, gesammelt."[95]

Während der Redakteur dann weiter vorliest und noch dies und jenes aus der Kategorie „Stimmung" hervorkramt, versinkt der Verleger in tiefes Nachdenken und hört gar nicht mehr zu. Plötzlich springt er begeistert hoch und ruft aus:

---

[95][H 1910a, 711–712; VIII: 726]. Der polnische Theologe Stanislaus Lubienietzki veröffentlichte ein großes dreiteiliges Werk über Kometen mit zahlreichen Sternkarten und phantasievollen Bildtafeln. Genauere Angaben in *HGW*, Band VIII, 738–739.

Lubienitzky! Wir sind gerettet. Was schiert uns Halley, der Sohn des wohlhabenden Seifensieders, was kümmern uns Perihel und Aphel, Parabeln und Hy-
perbeln, 75 Jahre Umlaufszeit, Kern, Koma und Schweif, gespaltener Schweif,
sechsfacher Schweif, ein ganzer Wald von Schweifen! Ein Erlebnis der Seele
brauchen wir, eine Sache mit Schlangenkopf und blauen Füßen ... Telepho-
nieren Sie an die Abteilung für Buchschmuck! Wir machen einen Bibliophilen-
Neudruck von Lubienitzky!!! [H 1910b, 712; VIII: 727].

1910 wurde in München eine neue künstlerisch-literarische Zeitschrift gegründet: Licht und Schatten. Im Frühjahr 1913 übernahm HAUSDORFFs guter Bekannter HANS HEILMANN – der Papa HEILMANN – die Redaktion des Blattes. Es ist
zu vermuten, daß er bei HAUSDORFF, der da schon in Bonn außerordentlicher
Professor war, wegen eines kleinen Beitrags angefragt hat. So könnte dessen kurzer Essay *Biologisches*[96] entstanden sein, der in einigen Punkten an *Andacht zum
Leben* anknüpft. In wenigen Zeilen stellt HAUSDORFF darin die schöne Welt der
Kunst den Schrecken in der realen Welt entgegen und offenbart damit seine mittlerweile pessimistische Sicht auf die Wirklichkeit des Lebens am Vorabend des
ersten Weltkrieges.

Mit *Biologisches* verabschiedete sich der Philosoph und Literat PAUL MON-
GRÉ endgültig von der Öffentlichkeit.

7.5   Zwei mathematische Intermezzi

In seiner Leipziger Zeit publizierte HAUSDORFF noch zwei kleinere mathematische Arbeiten, die ganz abseits seines damaligen Hauptarbeitsgebietes lagen.
Beide waren durch äußere Ereignisse veranlaßt: die erste, *Die symbolische Exponentialformel in der Gruppentheorie* [H 1906a, IV: 431–460], durch eine Vorlesung,
die HAUSDORFF in Leipzig hielt, die zweite, *Zur Hilbertschen Lösung des Waringschen Problems* [H 1909b, IV: 503–507], durch eine berühmte Arbeit DAVID
HILBERTs.

7.5.1   Die Baker-Campbell-Hausdorff-Formel

Im Wintersemester 1905/06 hielt HAUSDORFF die Vorlesung „Einführung
in die Theorie der Transformationsgruppen (nach Sophus Lie)".[97] Diese Vorlesung lehnte sich eng an LIEs *Theorie der Transformationsgruppen* (I–III, 1888,
1890, 1893) sowie an die Bücher von LIE und SCHEFFERS *Vorlesungen über Differentialgleichungen mit bekannten infinitesimalen Transformationen* (1891) und
Vorlesungen über continuirliche Gruppen (1893) an. In LIEs Theorie spielen die

---

[96][H 1913, VIII: 757–758], Anmerkungen in *HGW*, Band VIII, 759–761.
[97]Manuskript in Nachlaß Hausdorff, Kapsel 05, Faszikel 20.

„Symbole" infinitesimaler Transformationen eine grundlegende Rolle, das sind Differentialoperatoren 1. Ordnung der Gestalt

$$X = \sum_{i=1}^{n} \xi_i(x_1, \ldots x_n) \frac{\partial}{\partial x_i}.$$

Mittels der formalen Potenzreihe der Exponentialfunktion kann zum Symbol X der für die Theorie bedeutsame Operator e^X eingeführt werden. In seiner Vorlesungsausarbeitung formuliert HAUSDORFF dann den folgenden Satz:

V. *Durch die Formel* $e^W = e^U e^V$ *wird* W *als Operator 1. Ordnung definirt, der aus* U, V *durch wiederholte Klammerbildung entsteht.*[98]

Mit der Klammerbildung $[U, V]$ ist die LIE-Klammer $[U, V] = UV - VU$ gemeint. Dann heißt es weiter auf Blatt 103 des Vorlesungsmanuskripts:

Der Beweis dieses Satzes bildet aber unverhältnissmässig grössere Schwierigkeiten als der von Satz II [eine aus der Definition leicht zu gewinnende Eigenschaft von e^X – W.P.] (Meine demnächst erscheinende Arbeit, Leipz. Berichte, 15. Jan. 1906).[99]

HAUSDORFF zeigt dann, wie man die Anfangsglieder der Entwicklung für W finden kann: Man setzt $e^W = 1 + T$, gewinnt durch Ausmultiplizieren der Reihen für e^U und e^V die Anfangsglieder der Entwicklung von T, und setzt diese Entwicklung von T in die logarithmische Reihe

$$W = T - \frac{1}{2}T^2 + \frac{1}{3}T^3 - \cdots$$

ein. Das liefert

$$W = U + V + \frac{1}{2}[U, V] + \frac{1}{12}[[V, U], U] + \frac{1}{12}[[U, V], V] + \cdots$$

indessen ist die Fortsetzung dieser Rechnung ganz undurchsichtig und lässt weder das Gesetz der Entwicklung noch die Richtigkeit von V. erkennen. Indem wir auf die genannte Arbeit verweisen, nehmen wir V. als richtig an.[100]

Es liegt also auf der Hand, daß HAUSDORFF bei der Vorbereitung seiner Vorlesung gesehen hat, daß das Wesen der Exponentialformel in der bis dahin vorliegenden Literatur noch nicht klar genug zum Ausdruck kam. Insbesondere erkannte er, daß diese Untersuchung von der Bedeutung der Exponenten als Symbole infinitesimaler Transformationen losgelöst werden kann und – modern gesprochen – als Problem der Algebrentheorie zu behandeln ist:

---

[98] Nachlaß Hausdorff, Kapsel 05, Faszikel 20, Blatt 103.
[99] Gemeint ist [H 1906a, IV: 431–460].
[100] Nachlaß Hausdorff, Kapsel 05, Fasz. 20, Bl. 104.

Ein großer Teil der Gruppentheorie ist aber von dieser speziellen Bedeutung der Symbole ganz unabhängig und beruht ausschließlich auf dem *formalen* Umstande, daß (durch die Zusammensetzung der Operatoren) zwischen den Zeichen X eine Art nichtkommutativer Multiplikation definiert ist. [$\cdots$] Es handelt sich um das Problem, die Exponentialformel für nichtkommutative Multiplikation aufzustellen, d.h. die durch $e^x e^y = e^z$ definierte Funktion z von x, y zu untersuchen; ein Problem, das von größter Tragweite für die sogenannten Fundamentalsätze der Gruppentheorie ist, seinerseits aber ohne gruppentheoretische Voraussetzungen als Aufgabe symbolischer Analysis behandelt werden kann.[101]

In moderner Terminologie kann HAUSDORFFs Resultat folgendermaßen beschrieben werden: Es sei K ein Körper der Charakteristik Null und x, y zwei assoziative aber nicht kommutative Unbestimmte. A sei die Algebra aller formalen Potenzreihen in den Unbestimmten x, y mit Koeffizienten aus K und der üblichen Multiplikation. Ist $\mathfrak{m}$ die Menge aller Elemente von A mit konstantem Term 0, so ist für jedes $u \in \mathfrak{m}$

$$e^u = \sum_{k=0}^{\infty} \frac{u^k}{k!}$$

wohldefiniert. Es kommt nun darauf an, die Natur des Elementes z in $e^z = e^x \cdot e^y$ zu ergründen, d.h. $z = \log(e^x \cdot e^y)$ zu untersuchen. Es ist $z \in \mathfrak{m}$. Man führt nun in A die LIE-Klammer $[u, v] = uv - vu$ ein und betrachtet die von x und y in A erzeugte LIE-Algebra L, bestehend aus allen formalen Potenzreihen, bei denen das Glied vom Grad n eine Linearkombination von n-fachen Klammerausdrücken von x und y ist. Dann lautet HAUSDORFFs Hauptergebnis: $z \in L$. Der Beweis enthält ein rekursives Verfahren zur Berechnung der Glieder z_n n-ten Grades in der Reihe für z. Bis zu den Gliedern 5. Grades hat HAUSDORFF die Reihe berechnet. Er betont jedoch:

> Aber auch zur wirklichen Berechnung beliebig vieler Glieder von z ist dieses Verfahren geeignet. [H 1906a, 29; IV: 441].

Die Rekursionsformel hat HAUSDORFF nicht explizit hingeschrieben; sie lautet mit $z_0 = 0$, $z_1 = x + y$,

$$z_m = \sum_{k=0}^{m-1} \sum_{m_1 + \cdots + m_k = m-1} \frac{B_k}{m\,k!} [z_{m_1}, [z_{m_2}, [\cdots [z_{m_k}, x + (-1)^k y] \cdots]]]$$

Dabei ist B_k die k-te Bernoulli-Zahl [Czichowski 1992].

Eine explizite Formel für das Glied z_n in der Reihe für z hat 1947 der russische Mathematiker E. B. DYNKIN angegeben [Dynkin 1947]. Die Formel ist ziemlich kompliziert, und um etwa einige weitere Glieder nach dem vom Grad 5 zu

---

[101][H 1906a, 19; IV: 431]. Ich stütze mich im folgenden auf den Kommentar von Winfried Scharlau zu [H 1906a] in *HGW*, Band IV, 461–465.

berechnen, würde man HAUSDORFFs Rekursion vor der expliziten Formel DYN-KINS vorziehen. DYNKIN betont, daß man seine Formeln durch direkte Rechnungen finden kann; sie liefert also einen neuen Beweis von HAUSDORFFs Satz $z \in L$.

Im Teil II „Gruppentheoretische Anwendungen" von [H 1906a] wird gezeigt, wie mittels der Exponentialformel die LIEschen Fundamentalsätze elegant bewiesen werden können. Hier erst kommen Konvergenzfragen ins Spiel, die im ersten algebraischen Teil noch keine Rolle spielen. In moderner Formulierung ist das Ergebnis der beiden Fundamentalsätze folgendes: Gegeben sei eine endlichdimensionale reelle oder komplexe LIE-Algebra. Dann gibt es eine endlichdimensionale LIE-Gruppe, deren LIE-Algebra die gegebene Algebra ist.

Als Fazit seines Kommentars zu [H 1906a] faßt WINFRIED SCHARLAU HAUS-DORFFs besondere Leistung auf dem Gebiet der LIE-Theorie folgendermaßen zusammen:

> HAUSDORFF hat den formal-algebraischen Kern eines zentralen Punktes der LIE-Theorie (d. h. des Zusammenhanges zwischen LIE-Gruppen und LIE-Algebren) erkannt und in die bis heute gültige Form gebracht.[102]

Es seien noch einige Bemerkungen zur Beziehung HAUSDORFFs zu seinen Vorgängern angefügt. Er kannte die Arbeiten von CAMPBELL in Proc. London Math. Society von 1897 und 1898, die vier Arbeiten von PASCAL aus den Lombardo Rendiconti der Jahre 1901 und 1902 (von denen er übrigens nicht viel hielt), ferner die Arbeit von POINCARÉ in Comptes Rendus von 1899 und die von BAKER in Proc. London Math. Society von 1901.[103] Das Buch [Campbell 1903] hat HAUS-DORFF genau studiert: Im Nachlaß finden sich knappe Notizen zu den einzelnen Abschnitten. So heißt es zu Abschnitt 50 des Kapitels IV von [Campbell 1903]:

> Daraus (fragwürdiger) Beweis, dass $e^y e^x = e^u$, wo u sich aus x, y durch Alternantenbildung zusammensetzt.[104]

Einige Zeit nach Erscheinen von [H 1906a] muss ENGEL HAUSDORFF auf eine Arbeit von BAKER aufmerksam gemacht haben, die viel engere Beziehungen zu HAUSDORFFs Arbeit hat als die Schriften aller übrigen Vorgänger [Baker 1905]. In einem Brief an ENGEL vom 9. März 1907 schreibt HAUSDORFF, er habe nach sofortigem Studium der Arbeit [Baker 1905] leider bemerkt, „dass sich ihr Inhalt wirklich grossentheils mit dem meiner Abhandlung deckt."Dann heißt es weiter:

> Offenbar lag dieses Problem in der Luft, da es gerade in den letzten Jahren von Campbell, Pascal, Poincaré und mir aufgegriffen und mit mehr oder weniger Geschick erledigt worden ist; aber speciell die letzte Baker'sche Arbeit – die einzige, die mir gänzlich unbekannt geblieben ist – hat mit der meinigen die meisten Berührungspunkte. Übrigens aber hätte ich, wenn ich sie damals gekannt hätte, meine Arbeit, wenn auch mit etwas gedämpfter Freude, doch

---

[102]*HGW*, Band IV, 463.

[103]Alle diese Angaben stammen aus einem Brief Hausdorffs an Friedrich Engel vom 29.12. 1905 (*HGW*, Band IX, 205-206). Zur Geschichte des Theorems von Baker-Campbell-Hausdorff s. auch [Achilles, Bonfiglioni 2012].

[104]Nachlaß Hausdorff, Kapsel 51, Faszikel 1104, Bl. 7-10, dort Blatt 9.

veröffentlicht, da ich doch von Allen, Baker eingerechnet, den einfachsten und durchsichtigsten Beweis gefunden habe.[105]

Heute bezeichnet man das oben skizzierte Ergebnis als „Baker-Campbell-Hausdorff-Formel".

7.5.2 Zur Hilbertschen Lösung des Waringschen Problems

Die mathematische Sensation des Jahres 1909 war die Lösung des WARINGschen Problems durch DAVID HILBERT. Bereits im 17. Jahrhundert hatte man die Gültigkeit des Vier-Quadrate-Satzes vermutet (BACHET DE MÉZIRIAC 1621, FERMAT 1640): Jede natürliche Zahl kann als Summe von höchstens vier Quadraten dargestellt werden. Den ersten Beweis lieferte LAGRANGE 1770. Im selben Jahre formulierte EDWARD WARING seine berühmte, den Vier-Quadrate-Satz verallgemeinernde Vermutung: Es gibt zu vorgegebenem n eine feste Zahl $g(n)$, so daß jede natürliche Zahl als Summe von höchstens $g(n)$ n-ten Potenzen dargestellt werden kann.[106] Nach dem Vier-Quadrate-Satz ist $g(2) = 4$. Man hat vor HILBERT WARINGs Vermutung nach und nach für $n = 3, 4, 5, 6, 7, 8, 10$ beweisen können.[107] HILBERT gelang mit analytischen Mitteln der allgemeine Beweis [Hilbert 1909]. Bevor sein Artikel in den Annalen erschien, war er in den Nachrichten der Gesellschaft der Wissenschaften zu Göttingen, Sitzung vom 2. Februar 1909, S. 17–36, abgedruckt worden. Davon hatte FELIX HAUSDORFF einen Sonderdruck erhalten; bereits am 3. März 1909 schrieb er an HILBERT:

Herzlichen Dank für die Zusendung Ihrer Lösung des Waring'schen Problems. Das ist ja wieder einmal ein Ereigniss! [···]

Darf ich mir noch erlauben, Sie auf eine Vereinfachung des Satzes I hinzuweisen: soviel ich sehe, kann man statt des 25-fachen Integrals das 5fache

$$(x_1^2 + \cdots + x_5^2)^m = C \int \cdots \int (t_1 x_1 + \cdots + t_5 x_5)^{2m}\, dt_1 dt_2 \cdots dt_5 ,$$

erstreckt über das Gebiet

$$t_1^2 + t_2^2 + \cdots + t_5^2 \leq 1 ,$$

setzen, von dem noch unmittelbar klar ist, dass es orthogonale Invariante ist, [···][108]

HILBERT hat diese Anregung im Wiederabdruck seiner Arbeit in den Mathematischen Annalen aufgegriffen. In einer Fußnote heißt es an dieser Stelle:

[105] *HGW*, Band IX, 216–217. Hausdorff begründet dies dann noch im einzelnen.
[106] Edward Waring: *Meditationes algebraicae*, Cambridge 1770, 204–205 und *Meditationes algebraicae*, 3th. ed., Cambridge 1782, 349–350.
[107] Zur Geschichte von Warings Vermutung bis 1920 s. [Dickson 1920], 717–725.
[108] *HGW*, Band IX, 334–335.

In meiner ursprünglichen Veröffentlichung (Nachr. der Ges. der Wiss. zu Göttingen 1909) habe ich mich hier eines gewissen 25-fachen Integrales bedient; daß man dasselbe für den vorliegenden Zweck durch das obige 5-fache Integral ersetzen kann, ist eine sehr dankenswerte, mir von verschiedenen Seiten (F. HAUSDORFF, J. KÜRSCHÁK, u. A.) gemachte Bemerkung. [Hilbert 1909, 282].

Der Kern von HILBERTs Beweis ist der folgende Satz II, den er aus obiger Integralformel mit beträchtlichem Aufwand (5 Druckseiten) herleitet.

Satz II: *Für gegebene natürliche Zahl m gilt identisch in den fünf Variablen* $x_1, \ldots, x_5$

$$(x_1^2 + \cdots + x_5^2)^m = \sum_{h=1}^{M} r_h (a_{1h} x_1 + \cdots + a_{5h} x_5)^{2m}$$

mit

$$M = \frac{(2m+1)(2m+2)(2m+3)(2m+4)}{4!}.$$

Dabei sind $r_1, \ldots, r_M$ *positive rationale,* $a_{1h}, \ldots, a_{5h}$ *ganze Zahlen, die alle durch m bestimmt sind.*

Aus Satz II folgt über eine Reihe von Hilfssätzen schließlich der Beweis der WARINGschen Vermutung. HAUSDORFF fand nun für diese Identität einen zweiten Beweis, der von dem HILBERTschen Beweis vollkommen verschieden war. Bereits am 16. März 1909 schrieb er an HILBERT:

Ihre wunderbare Arbeit über das Waring'sche Problem hat sich meiner Gedanken derart bemächtigt, dass ich dem Reiz, einigen Punkten darin noch auf eine andere Weise als die Ihrige beizukommen, nicht widerstehen konnte. Insbesondere lockte mich Ihr Satz II zur Aufsuchung eines Beweises, der gleichzeitig einen Fingerzeig über die passende Wahl der betreffenden Linearformen gäbe. Nachdem ich schliesslich etwas Derartiges gefunden habe, wobei die Nullstellen der Ableitungen von e^{-x^2} eine Rolle spielen, erlaube ich mir Ihnen beifolgend ein kleines Manuscript darüber zur Ansicht zu senden. Wenn Sie es der Ehre für würdig halten, im Kielwasser Ihrer Arbeit mitzuschwimmen, so liesse es sich vielleicht bei Gelegenheit des Abdruckes Ihrer Abhandlung in den Math. Annalen als kleines Anhängsel von 2–3 Seiten miteinschieben.[109]

HILBERT veranlaßte, HAUSDORFFs Anregung folgend, den Abdruck von dessen Note unmittelbar nach seiner Arbeit im Band 67 der Annalen.[110]

In HAUSDORFFs Beweis von Identitäten der Art, wie sie in HILBERTs Satz II vorkommen, spielen die Hermiteschen Polynome $f_m(x)$ und insbesondere deren Nullstellen eine entscheidende Rolle. Sie sind definiert durch

$$e^{-x^2} f_m(x) = \left(-\frac{1}{2} \right)^m \frac{d^m e^{-x^2}}{dx^m}$$

---

[109] *HGW*, Band IX, 336.
[110] [H 1909b, IV: 503–507], Kommentar von Winfried Scharlau in *HGW*, IV, 508–509.

und orthogonal bezüglich der Gewichtsfunktion e^{-x^2}. SCHARLAU wirft in seinem Kommentar die Frage auf, „wie HAUSDORFF auf die originelle Idee gekommen ist, die Hermiteschen Orthogonalpolynome [···] zu verwenden". Man wird diese Frage nicht abschließend beantworten können, da sich HAUSDORFF in seinem Brief an HILBERT und in seiner Arbeit dazu nicht äußert. Er kannte diese Polynome und deren Eigenschaften jedoch sehr gut, denn er hatte sie 1901 in seiner Arbeit *Beiträge zur Wahrscheinlichkeitsrechnung* [H 1901a] dazu benutzt, eine elegante Herleitung der Gram-Charlier-Reihen vom Typ A zu liefern.[111]

Eine interessante Vereinfachung des Beweises des WARINGschen Satzes lieferte der schwedische Mathematiker ERIK STRIDSBERG [Stridsberg 1912]. STRIDSBERG benutzt Anregungen aus HAUSDORFFs Arbeit, insbesondere Operationen mit den Hermiteschen Polynomen, um den langen Weg HILBERTs von dessen Satz II zum WARINGschen Satz zu vereinfachen. STRIDSBERGs Beweisgang gipfelt in folgendem Ergebnis: Gilt WARINGs Satz für alle $k < n$, so auch für n. Da er für $n = 1$ und 2 gilt, gilt er demnach für alle n.

GEORG FROBENIUS hat STRIDSBERGs Beweis in Bezug auf Benutzung mehr algebraischer Methoden modifiziert [Frobenius 1912], dabei auch Ergebnisse von ROBERT REMAK [Remak 1912] benutzend. Seine Note beginnt folgendermaßen:

> Den berühmten HILBERTschen Beweis für den Satz von WARING hat HAUSDORFF in höchst scharfsinniger Weise erheblich vereinfacht (Math. Ann. Bd. 67). [Frobenius 1912, 666].

Diese Worte von einem Mathematiker, der seinerzeit neben SCHWARZ der führende Kopf der Berliner Mathematik war und zudem als recht kritisch galt, dürften HAUSDORFF – damals schon am neuen Wirkungskreis in Bonn – wohl getan haben.

7.6 Biographische Ergänzungen zur Leipziger Zeit

In diesem Abschnitt folgen lediglich einige Ergänzungen zur Entwicklung des Lehrkörpers am Leipziger mathematischen Institut, zu HAUSDORFFs unbefriedigender Situation an der Leipziger Universität und zu seinem Wirken als akademischer Lehrer.

HAUSDORFFs Ende 1901 erfolgte Ernennung zum außerplanmäßigen außerordentlichen Professor, wurde – wie bereits erwähnt – erst am 4. Juli 1903, dem Tag seiner Antrittsvorlesung und anschließenden Vereidigung, wirksam. Die personelle Situation am Leipziger mathematischen Institut war zu dieser Zeit folgende: Das erste Ordinariat hatte seit 1868 WILHELM SCHEIBNER inne. Er stand im 77. Lebensjahr und war nicht mehr in der Lage, Vorlesungen zu halten. Der zweite Ordinarius, CARL NEUMANN, Ordinarius seit 1868, hatte ebenfalls die 70 überschritten, las aber noch Semester für Semester eine vierstündige Vorlesung, begleitet von einer meist einstündigen Übung. ADOLPH MAYER, seit 1881 ordentlicher Honorarprofessor und Ordinarius seit 1890, war ab dem Jahre 1900 aus

---

[111]*HGW*, Band V, 551–554.

gesundheitlichen Gründen für dauernd beurlaubt, hielt aber bis zum Wintersemester 1907/08 regelmäßig eine vierstündige Vorlesung, gelegentlich auch mit Übungen.[112] Die Lehrbelastung von NEUMANN und MAYER war etwas geringer als die für einen Ordinarius übliche. Der einzige Ordinarius im Vollbesitz seiner Kräfte war der 1899 als Nachfolger LIEs berufene OTTO HÖLDER.[113] Im Range eines ordentlichen Honorarprofessors wirkte FRIEDRICH ENGEL, der 1889 in Leipzig außeretatmäßiger außerordentlicher Professor wurde und ab 1892 mit der Ernennung zum etatmäßigen Honorarprofessor eine geringe Besoldung erhielt. 1899 wurde er ordentlicher Honorarprofessor. Als Privatdozent lehrte noch HEINRICH LIEBMANN, der sich 1899 habilitiert hatte und 1904 zum außerordentlichen Professor befördert wurde. Er wirkte bis 1910 in Leipzig.

Zum Sommersemester 1904 wurde ENGEL auf ein Ordinariat in Greifswald berufen. Sein Vorgänger dort, EDUARD STUDY, war als Nachfolger von RUDOLF LIPSCHITZ nach Bonn gegangen. HAUSDORFF und ENGEL hatten sich gut verstanden. In einem Brief an ENGEL vom 13. Mai 1904 bedauert HAUSDORFF, daß er sich nicht persönlich verabschieden konnte, da er zum Zeitpunkt von ENGELs Abschiedsbesuch in Berlin war. Dann heißt es:

> Obwohl wir uns hier in Leipzig selten genug gesehen und gesprochen haben, so kann ich doch aufrichtig sagen, dass Sie mir fehlen: die Möglichkeit persönlicher Aussprache war doch immer da, die Möglichkeit verständnisvoller Anregung und Berathung auf *allen* Gebieten unserer Wissenschaft.[114]

ENGEL und STUDY haben im weiteren Verlauf von HAUSDORFFs Karriere eine ausschlaggebende Rolle gespielt. STUDY und HAUSDORFF lernten sich im Sommer 1903 persönlich kennen. In einem Brief STUDYs an ENGEL vom 7. August 1903 heißt es:

> Den Kollegen Hausdorff endlich kennen gelernt zu haben, ist mir sehr erfreulich.[115]

HAUSDORFF muß gegen Ende 1903 die schwierige Aufgabe übernommen haben, STUDYs *Geometrie der Dynamen* für die „Zeitschrift für mathematischen und naturwissenschaftlichen Unterricht" zu besprechen. Wir wissen nicht, ob der Herausgeber der Zeitschrift, HEINRICH SCHOTTEN, den HAUSDORFF aus dem „Mathematischen Kränzchen" der Hallenser und Leipziger Mathematiker kannte, ihn um eine Rezension gebeten hat, ob HAUSDORFF sie von sich aus anbot oder ob vielleicht die Anregung von STUDY selbst nach seiner Bekanntschaft mit HAUSDORFF ausgegangen ist. Jedenfalls war das Referat im Mai 1904 fertig. Im oben zitierten Brief HAUSDORFFs an ENGEL vom 13. Mai 1904 heißt es dazu:

> Die Geometrie der Dynamen Ihres dortigen Vorgängers habe ich endlich durchgearbeitet; es ist doch ein mächtiges und genussreiches, wenn auch nicht

---

[112]Scheibner, Neumann und Mayer wurden bereits im Kapitel 2 näher vorgestellt.
[113]S. zu Hölder Günther Eisenreich: *Otto Hölder*. In [Beckert/ Schumann 1981, 147–168]; s. auch B. L. van der Waerdens Nachruf auf Otto Hölder in Math. Annalen **116** (1938), 157–165.
[114]*HGW*, Band IX, 202.
[115]Nachlaß Engel, Universitätsbibliothek Gießen. Zitiert nach [Hartwich 2005, 112].

bequemes Werk. Mein Referat darüber wird, hoffe ich, Study nicht missfallen; nur fürchte ich, dass es etwas länglich gerathen ist und Schotten eine Verkürzung wünschen wird.[116]

HAUSDORFFs Besprechung [H 1904b, VI: 323–336] hat STUDY gewiß nicht mißfallen. Sie ist die mit Abstand ausführlichste und kenntnisreichste Rezension und gleichzeitig eine Art Essay über STUDYs Intentionen und Methoden. Schon die Überschrift *Eine neue Strahlengeometrie* weist über eine übliche Buchbesprechung hinaus. Der erste Abschnitt, eine Art generelle Würdigung, lautet folgendermaßen:

> Im vorigen Jahre ist ein Werk liniengeometrischen Inhalts erschienen, das durch Reichtum an Ergebnissen, Originalität der Methode, Tiefe und Klarheit der Darstellung das mittlere Niveau der Lehrbuchliteratur unvergleichlich überragt und ein Recht darauf hat, unsern Lesern nicht in knapper Rezension, sondern in einer etwas umfangreicheren Analyse vorgeführt zu werden. Wir meinen das Werk von E. STUDY, *„Geometrie der Dynamen. Die Zusammensetzung von Kräften und verwandte Gegenstände der Geometrie."* Ein umfassendes Gebiet der Liniengeometrie, dasjenige nämlich, das an die Statik und Kinematik starrer Körper angrenzt, erfährt hier eine *neue, systematische* und *erschöpfende* Behandlung.[117]

Im Herbst 1904 sah sich STUDY, zu diesem Zeitpunkt einziger Ordinarius für Mathematik in Bonn und damit einziger Mathematiker in der Philosophischen Fakultät, mit folgender Situation konfrontiert: Wegen des Todes von HERMANN KORTUM (persönlicher Ordinarius seit 1892) und wegen des Weggangs von LOTHAR HEFFTER (Extraordinarius seit 1897) an die TH Aachen waren beide etatmäßigen Extraordinariate wieder zu besetzen. Das erstere war bereits für KORTUM als persönliches Ordinariat ausgestattet gewesen; die Fakultät wollte es gerne ab 1905 in ein etatmäßiges Ordinariat umgewandelt sehen. Für dessen Besetzung schlug sie an erster Stelle pari passu HEFFTER, GEORG LANDSBERG und ARTHUR SCHOENFLIES und an zweiter Stelle EDMUND LANDAU vor. Für das planmäßige Extraordinariat wurden an erster Stelle wiederum LANDSBERG und gleichrangig FRANZ LONDON vorgeschlagen, an zweiter Stelle HAUSDORFF und GERHARD KOWALEWSKI (Extraordinarius in Greifswald).[118]

Es ist interessant und hat vielleicht auch damit zu tun, daß STUDY absolut areligiös war und keinerlei antisemitische Vorbehalte hatte, daß außer HEFFTER und KOWALEWSKI alle Vorgeschlagenen Juden waren. Diese waren in der Regel bei Berufungen benachteiligt. LANDSBERG und LONDON waren wie HAUSDORFF zwar mit einem Professorentitel versehen; sie hatten aber keine etatmäßig besoldeten Stellen und waren praktisch Privatdozenden (LANDSBERG seit 11 und LONDON

---

[116] *HGW*, Band IX, 202.

[117] [H 1904b, 470; VI: 323]. Die Besprechung endet mit den Worten: „Hiermit wollen wir unseren Bericht schließen und der Hoffnung Ausdruck geben, daß das schwierige, aber außerordentlich lohnende Werk sich auch unter den Lesern dieser Zeitschrift viele Freunde erwerben möge." [H 1904b, 483; VI: 336].

[118] Geheimes Staatsarchiv Preußischer Kulturbesitz, Abt. Merseburg. Sign.: Rep. 76 V a, Sekt. 3, Tit. IV. Nr.55, Bd.1, Bll.279, 279v.

seit 15 Jahren). Die Bonner Fakultät wies gegenüber dem Ministerium auf diese Ungerechtigkeit hin, natürlich ohne den wahren Grund zu nennen. Die Begründung, warum LANDSBERG nicht nur für die erste, sondern auch für die zweite Stelle vorgeschlagen war, lautete:

> Wir erwähnen hier nochmals Landsberg, denn es besteht die dringende Gefahr, daß dieser bedeutende Gelehrte der akademischen Tätigkeit wird den Rücken kehren müssen, wenn er auch diesesmal wieder übergangen wird.[119]

Im Gutachten für LONDON heißt es:

> Aber auch die Beförderung von Professor London erscheint kaum minder als eine Forderung ausgleichender Gerechtigkeit. Seine Arbeiten zwar sind nicht sehr hervorragend, durch eine seit Jahren ausgeübte unermüdliche und vielseitige Lehrtätigkeit hat aber auch er schon längst billigen Anspruch auf Berücksichtigung erworben.[120]

LANDSBERG hatte ein Angebot aus Breslau, das er vorzog; HEFFTER und SCHOENFLIES kamen nicht. So wurde schließlich FRANZ LONDON auf die erste Stelle als planmäßiger Extraordinarius berufen; erst 1911 wurde er zum Ordinarius ernannt. Er wurde später HAUSDORFF ein lieber Kollege und die Familien standen in freundschaftlichem Verkehr.

Das Gutachten für HAUSDORFF zur Berufung auf das zweite planmäßige Extraordinariat lautet folgendermaßen:

> Felix Hausdorff ist geboren 1868. In Leipzig ist er seit 1895 Privatdocent, seit 1902 Titularprofessor[121], außerdem seit einigen Jahren Docent an der Handelshochschule daselbst. Er hat vielseitige und dabei gründliche Arbeiten aufzuweisen, darunter auch astronomische, auch hat er philosophische Interessen betätigt. Unter seinen Vorlesungen befinden sich ungewöhnliche Themata, wie „Kalenderwesen", „Zeit und Raum". Eingehend hat er sich mit Statistik und Versicherungswesen beschäftigt. Eine Berufung nach Göttingen, wo er diese Fächer vertreten sollte, hat er indessen abgelehnt.[122] Darstellende Geometrie hat er bis jetzt noch nicht betrieben, doch ist kaum zweifelhaft, daß seine große Anpassungsfähigkeit auch dieser Forderung gerecht werden würde. Wir würden ihn ebenfalls an erster Stelle nennen, wenn er nicht, ungleich den zuvor genannten, bereits geordneter Verhältnisse sich erfreute.[123]

Auf das zweite Extraordinariat wurde schließlich GERHARD KOWALEWSKI berufen. Über die Gründe, warum er HAUSDORFF vorgezogen wurde, kann man nur

---

[119]Geheimes Staatsarchiv Preußischer Kulturbesitz, Abt. Merseburg. Sign.: Rep. 76 V a, Sekt. 3, Tit. IV. Nr. 55, Bd. 1, Bl. 283.

[120]Geheimes Staatsarchiv Preußischer Kulturbesitz, Abt. Merseburg. Sign.: Rep. 76 V a, Sekt. 3, Tit. IV. Nr. 55, Bd. 1, Bl. 283–283v.

[121][Hier irrte die Fakultät; es muß 1903 heißen.]

[122][Diese Behauptung entbehrt jeder Grundlage. Sorgfältige Recherchen von Egbert Brieskorn haben ergeben, daß Hausdorff einen solchen Ruf nie erhalten hat. Diese Stelle im Gutachten ist der Ausgangspunkt der in der Literatur über Hausdorff des öfteren verbreiteten Legende, er habe einen Ruf nach Göttingen abgelehnt.]

[123]Geheimes Staatsarchiv Preußischer Kulturbesitz, Abt. Merseburg. Sign.: Rep. 76 V a, Sekt. 3, Tit. IV. Nr. 55, Bd. 1, Bl. 283v–284.

spekulieren. Am wahrscheinlichsten scheint es zu sein, daß das preußische Kultusministerium nicht gleichzeitig zwei Juden nach Bonn berufen wollte. Es ist auch
möglich, daß STUDY, der KOWALEWSKI aus Greifswald kannte, weiter ganz gern
mit ihm zusammengearbeitet hätte. Letzten Endes kann auch das soziale Argument gestochen haben, daß HAUSDORFF sich bereits „geordneter Verhältnisse" erfreute, wobei bei dieser Berufung die finanzielle Besserstellung von KOWALEWSKI
nicht erheblich gewesen sein dürfte.

Die Greifswalder Philosophische Fakultät bemühte sich, das durch den Weggang von KOWALEWSKI frei werdende Extraordinariat sofort, d. h. noch zum Wintersemester 1904/05, wieder zu besetzen. Am 21. Oktober 1904 reichte die Fakultät beim Preußischen Kultusministerium folgenden Dreiervorschlag ein: 1. Max
Dehn, 2. Theodor Vahlen, 3. Felix Hausdorff. Bereits am 27. Oktober 1904 berief
das Ministerium VAHLEN.[124] Warum das Ministerium nicht den an erster Stelle
Genannten berief, kann damit zusammenhängen, daß dem alteingesessenen Ordinarius WILHELM THOMÉ „Vahlen durchaus angenehm sei."[125] Möglicherweise
hat auch eine Rolle gespielt, daß DEHN und HAUSDORFF Juden waren. Ob HAUS
DORFF von diesem Vorgang überhaupt etwas erfahren hat, ist fraglich. Man kann
aber auf Grund der präzisen Angaben über HAUSDORFF in dem Schreiben an das
Ministerium annehmen, daß dieser Vorschlag auf ENGEL zurückgeht.

Die Bemerkung im Bonner Gutachten, HAUSDORFF erfreue sich bereits geordneter Verhältnisse, kann sich nur auf seine finanzielle Situation bezogen haben.
In der akademischen Laufbahn war er seit neun Jahren ebenfalls nur Privatdozent
und seit einem Jahr „Titularprofessor". Es gibt keine Quellen, aus denen die Vermögensverhältnisse HAUSDORFFs zahlenmäßig ersichtlich wären. Man kann jedoch
indirekt schließen, daß er mindestens über finanzielle Mittel verfügt haben muß,
wie sie in der damaligen Zeit in etwa einem Ordinarius zur Verfügung standen.
Schon die Gründung einer Familie wäre mit den Einnahmen eines Privatdozenten
allein nicht möglich gewesen. Wir wissen auch aus einem Schriftwechsel mit der
Leipziger Stadtverwaltung, daß im Hause HAUSDORFF – wie in einem etablierten Professorenhaushalt üblich – ein Dienstmädchen beschäftigt war. Aus HAUS
DORFFs Korrespondenz geht hervor, daß er mit seiner Frau in den Sommerferien
ausgedehnte Reisen in die Schweizer Berge, nach Italien und Südfrankreich unternahm. So schreibt er z. B. am 7. Oktober 1906 an FRITZ MAUTHNER: „Sehr
verehrter Herr Mauthner, vorgestern erst kamen wir von unserer Reise zurück,
deren Hauptpunkte Evolena, Zermatt, Chamonix, Avignon, Arles, Marseille und
die Revieraorte bis Genua waren."[126] Auch innerhalb Deutschlands verreiste er
des öfteren, z. B. an die Ostsee, in die Thüringer Berge oder in die Hauptstadt.
Die finanziellen Mittel kamen vermutlich in der Hauptsache aus dem Erbe seines

---

[124]Universitätsarchiv Greifswald, Acta der Philosophischen Fakultät, Dekanat Prof. Dr. Gercke,
Dekanatsjahr 1904/05, Band 1. Wir danken Herrn Peter Schreiber, Greifswald, für die Recherche.
[125]Universitätsarchiv Greifswald, Acta der Philosophischen Fakultät, Dekanat Prof. Dr. Gercke,
Dekanatsjahr 1904/05, Band 1.
[126]*HGW*, Band IX, 481. Die kleine Nora war während solcher Reisen meist beim Großvater und
Tante Sitta in Bad Reichenhall.

Vaters und aus den Erträgen seines Verlages „Der Spinner und der Weber". Gewisse Einnahmen wird er auch aus den zahlreichen Aufführungen des „Arzt seiner Ehre" gehabt haben. Die Kollegiengelder und das Honorar für seine Lehrtätigkeit an der Handelshochschule waren sicher nur eine Ergänzung.

Die Lehrbelastung HAUSDORFFs an der Universität Leipzig und an der Handelshochschule in den 17 Semestern von WS 1901/02 bis WS 1909/10 überstieg die übliche Lehrbelastung eines Ordinarius.[127] Die Thematik seiner Vorlesungen war außerordentlich vielseitig und zeigt seine ungewöhnlich breite mathematische Bildung. Neben Einführungsvorlesungen wie analytische Geometrie, lineare Algebra und Infinitesimalrechnung las HAUSDORFF über projektive Geometrie, nichteuklidische Geometrie, Differentialgeometrie, analytische Mechanik, Differentialgleichungen, algebraische Gleichungen, Zahlentheorie, algebraische Zahlen, Theorie der Transformationsgruppen sowie Reihen und bestimmte Integrale. An der Handelshochschule las er stets Politische Arithmetik; hinter diesem Titel verbirgt sich eine Einführung in die Finanz- und Versicherungsmathematik.

Die Leipziger Universität und das sächsische Kultusministerium haben HAUSDORFF sein großes Engagement in der Lehre nicht gedankt. Leipzig war für ihn ein totes Gleis. Es wurde rein gar nichts unternommen, um seine akademische Position zu verbessern. Die Wahl zum außerordentlichen Mitglied der Königlich Sächsischen Gesellschaft der Wissenschaften (der späteren Sächsischen Akademie der Wissenschaften) am 29. April 1907 war da lediglich ein Trostpflaster.[128]

Ein Berufungsvorgang aus dem Jahre 1909 dürfte HAUSDORFF seine aussichtslose Lage in Leipzig schmerzhaft deutlich gemacht haben. Am 8. April 1908 war WILHELM SCHEIBNER im Alter von 82 Jahren verstorben. Eine Lücke in der Lehre war durch diesen Todesfall nicht entstanden, denn man kann sagen, daß HAUSDORFF seit Jahren den krankheitsbedingten Komplettausfall von SCHEIBNER ohne Kosten für die Staatskasse mehr als kompensiert hatte. Die Fakultät schlug für die Wiederbesetzung des Ordinariats ADOLPH KNESER, KURT HENSEL, HEINRICH BURKHARDT und EDUARD STUDY vor. Alle Genannten waren sechs bzw. sieben Jahre älter als HAUSDORFF und dieser hätte sich bei der Berufung eines dieser Kandidaten nicht über eine offensichtliche Zurücksetzung beklagen können. Aber alle vier schlugen den Ruf nach Leipzig aus. Es wäre nun durchaus möglich gewesen, das Ordinariat zunächst in ein planmäßiges Extraordinariat umzuwandeln und HAUSDORFF endlich eine etatmäßige Stelle – auch als Sprungbrett für eine auswärtige Berufung – zu gewähren.[129] Die Fakultät hat jedoch am 12. Dezember 1908 einen neuen Vorschlag verabschiedet, der an erster Stelle den damals 27-jährigen GUSTAV HERGLOTZ (a. o. Professor an der TH Wien), und an zweiter

---

[127] S. dazu Walter Purkert: *Hausdorff als akademischer Lehrer. HGW*, Band IA, 497–513, dort 502–504.

[128] Bei der Berufung auf ein Ordinariat in Sachsen wurde ein außerordentliches Mitglied automatisch ordentliches Mitglied. Beim Weggang aus Sachsen erlosch die außerordentliche Mitgliedschaft, d. h. Hausdorff war ab dem 15. April 1910 kein außerordentliches Mitglied mehr. Die Akten zur Wahl sind wegen Kriegsverlust nicht mehr vorhanden.

[129] 1911, nach der Emeritierung von NEUMANN, ist man mit dessen Stelle so verfahren; auf das entstehende Extraordinariat wurde PAUL KOEBE berufen.

Stelle OSKAR BOLZA (damals Professor in Chicago), nominierte. Zum Sommersemester 1909 wurde HERGLOTZ berufen. Man kann sich vorstellen, wie sich der im vierzigsten Lebensjahr stehende HAUSDORFF, praktisch noch Privatdozent, fühlte, einen so jungen Mann als Ordinarius vor die Nase gesetzt zu bekommen.[130] HAUSDORFF jedenfalls hat – wie wir sehen werden – seine schließliche Berufung nach Bonn zum Sommersemester 1910 als Befreiung empfunden.

---

[130]Es muß allerdings betont werden, daß Herglotz' Berufung durchaus keine Fehlberufung war. Er war ein sehr vielseitiger, produktiver und tiefschürfender Mathematiker, der bis 1925 in Leipzig wirkte und den Ruf Leipzigs als eines Zentrums der Mathematischen Physik mitbegründete.

Teil III

Hausdorff als etablierter Mathematiker

Kapitel 8

Extraordinarius in Bonn

8.1 Berufung nach Bonn und eine weitere Enttäuschung

Nach der Berufung von GERHARD KOWALEWSKI als Ordinarius an die Deutsche Technische Hochschule in Prag war zum Sommersemester 1910 das planmäßige Extraordinariat für Mathematik an der Universität Bonn vakant. In der Sitzung der Mathematisch-Naturwissenschaftlichen Abteilung der Philosophischen Fakultät wurde am 12. Januar 1910 einstimmig beschlossen, an erster Stelle pari passu GEORG LANDSBERG und FELIX HAUSDORFF, an zweiter Stelle HANS HAHN und an dritter Stelle GEORG FABER vorzuschlagen. Wie der Dekan ANSCHÜTZ in einem Schreiben vom 10. Januar bemerkte, ging dieser Vorschlag auf STUDY zurück. Im Schreiben des Kurators der Universität Bonn an den preußischen Kultusminister vom 26. Januar 1910 heißt es entsprechend diesem Fakultätsbeschluß:

> An erster Stelle schlagen wir pari passu die beiden außerordentlichen Professoren Georg Landsberg (Kiel) geboren 1865 und Felix Hausdorff (Leipzig) geboren 1868 vor. Beide Gelehrten standen schon auf früheren Vorschlagslisten unserer Fakultät und so war kein Grund vorhanden, sie diesmal nicht auch an erster Stelle zu nennen.[1]

Das Kultusministerium in Berlin entschied sich für HAUSDORFF. Mit Telegramm vom 4. April 1910 nahm HAUSDORFF den Ruf an und wurde rückwirkend zum 1. April 1910 zum etatmäßigen Extraordinarius nach Bonn berufen.

Er war offenbar auch STUDYs Wunschkandidat, denn auf einer Postkarte vom 9. April 1910 aus Rom an FRIEDRICH ENGEL schreibt STUDY:

> Soeben erhalte ich die Nachricht, dass Hausdorff nach Bonn kommt. Du wirst es wohl schon andernorts erfahren haben, und Dich genauso darüber freuen.[2]

---

[1] Geheimes Staatsarchiv Preußischer Kulturbesitz, Abt. Merseburg. Rep. 76 V a, Sekt. 3, Tit. IV, Nr. 55, Bd. 3, Bl. 291. Zitiert nach [Ilgauds 1985, 65–66].

[2] [Ullrich 2004, 398].

© Der/die Autor(en), exklusiv lizenziert durch
Springer-Verlag GmbH, DE, ein Teil von Springer Nature 2021
E. Brieskorn und W. Purkert, *Felix Hausdorff*, Mathematik im Kontext,
https://doi.org/10.1007/978-3-662-63370-0_8

ENGEL hatte HAUSDORFF, noch vor dessen Entscheidung anzunehmen, zum Ruf nach Bonn gratuliert, denn HAUSDORFF antwortete am 4. April 1910, am Tage seiner telegraphischen Annahme des Rufes:

> Ihnen und Ihrer Frau Gemahlin unseren herzlichsten Dank für die freundlichen Glückwünsche, und Ihnen speciell den meinigen für Ihren causalen Antheil an der Sache – möge er nun, wie Sie schrieben, ganz klein oder etwas grösser oder sehr gross gewesen sein. Ich habe natürlich angenommen, obschon es mir (allerdings nicht aus akademischen Gründen!!) schwer fällt, Leipzig zu verlassen.[3]

Aus einem weiteren Brief HAUSDORFFs an ENGEL wissen wir etwas über einen HAUSDORFF tangierenden Berufungsvorgang, über den merkwürdigerweise in den Akten des Geheimen Staatsarchivs Preußischer Kulturbesitz nichts zu finden ist. Am 1. Oktober 1910 war der Greifswalder Ordinarius WILHELM THOMÉ gestorben. THOMÉ war lange schwer krank gewesen, und STUDY, der davon ausging, man würde zunächst einen Vertreter für den kranken THOMÉ im Range eines Extraordinarius suchen, gab ENGEL in einem Brief vom 1. 10. 1910, als er vom Tod THOMÉs noch nichts wußte, folgenden Rat:

> Ich empfehle Dir Dehn, und zwar auch dann, wenn es sich um definitive Besetzung der Stelle handelt, so dass Du eine Enttäuschung des Vertreters nicht würdest fürchten müssen. Wenn es sich um ein Ordinariat handelt, würde ich allerdings Hausdorff an erster Stelle nennen. [Ullrich 2004, 399].

Als Nachfolger THOMÉs wurde kurz darauf, Anfang 1911, der in Greifswald seit 1904 tätige Extraordinarius THEODOR VAHLEN berufen. Diese Entscheidung des Preußischen Kultusministeriums setzte sich über den Beschluß der Greifswalder Fakultät hinweg, die – STUDYs Rat an ENGEL folgend – HAUSDORFF an die erste Stelle gesetzt hatte. Dies geht aus dem folgenden Brief HAUSDORFFs an ENGEL vom 21. Februar 1911 hervor:

> Sehr geehrter Herr Professor, seit einigen Wochen ist Ihnen dieser Brief zugedacht, nämlich seitdem ich durch Study und London erfahren habe, dass ich in Greifswald auf der Liste war, noch dazu primo loco und allein über ein ganzes Aggregat von Gliedern zweiter Ordnung dominirend. Für diese grosse Auszeichnung, die ich Ihnen zu verdanken habe, möchte ich Ihnen meine herzliche Erkenntlichkeit aussprechen, die natürlich nicht im mindesten dadurch verringert wird, dass die hochwohllöbliche Regierung in der Wilhelmstrasse ein Anderes beschlossen hat. Ich wäre sehr gern nach Greifswald gekommen und das Zusammenwirken mit Ihnen hätte mich aufrichtig gefreut; da nun nichts daraus geworden ist, habe ich immerhin das Vergnügen gehabt, erstens zu wissen, dass Sie etwas von mir halten, zweitens nach jahrelangem Stillstand auf dem toten Geleise in Leipzig endlich wieder in Cirkulation zu sein und überhaupt in Betracht zu kommen. Das war mir doppelt wohlthuend ange-

---

[3] *HGW*, Band IX, 218.

sichts der schnöden Behandlung, die ich in Leipzig erfahren habe und von der Sie ja auch ein Lied mit mehreren Strophen zu singen wissen.[4]

Auf eine Anfrage an das Geheime Staatsarchiv nach den Hintergründen, warum sich das Kultusministerium über den Vorschlag aus Greifswald hinwegsetzte, erhielt ich die Auskunft, der entsprechende Aktenband enthalte „nur ein kurzes Schreiben der Universität an den Kultusminister vom 3. Oktober 1910 über den Tod des ordentlichen Professor Dr. phil. Wilhelm Thomé nach kurzem schweren Leiden am 1. Oktober". Dann schreibt der zuständige Mitarbeiter Dr. MARCUS:

Ein Wiederbesetzungsverfahren mit der Berufung von Theodor Vahlen im Jahre 1911 konnte ich auffälligerweise in diesem Aktenband nicht ermitteln.

Man kann nur spekulieren, warum der Vorgang nicht vorhanden ist. Vermutlich hat man ihn verschwinden lassen, denn daß es ihn nicht gegeben hat, ist sehr unwahrscheinlich. Vielleicht hängt das Verschwinden damit zusammen, daß VAHLEN, einer der Nationalsozialisten der ersten Stunde und NSDAP-Gauleiter von Pommern, zum Verfassungstag 1924 die Fahne der Republik am Greifswalder Universitätsgebäude beseitigen ließ und deshalb nach langem Prozeß 1927 ohne Anspruch auf Ruhegeld entlassen wurde.[5] Wie dem auch immer sei: schon bei der Besetzung des freien Ordinariats in Greifswald mit VAHLEN ging es nicht ganz mit rechten Dingen zu.

8.2 Hausdorff in der neuen Umgebung

HAUSDORFF hatte in Leipzig viele Jahre in der Lortzingstraße 13 und zum Schluß am Nordplatz 5 gewohnt. Beide Gebäude liegen am Rande des Waldstraßenviertels, einer vornehmen Wohngegend in der Nähe des Rosentals.[6] Nach seiner Übersiedlung nach Bonn mietete er eine Wohnung in der Händelstraße 18, gelegen im gutbürgerlichen Musikerviertel am Rande des Stadtzentrums in der Nähe des Beethovenplatzes.[7] Auch dort befindet sich in unmittelbarer Nähe ein kleiner Park, das Baumschulwäldchen. Von seiner Wohnung bis zum Universitätshauptgebäude an der Hofgartenwiese, wo seine Vorlesungen stattfanden, hatte er einen Fußweg von knapp 15 Minuten.

HAUSDORFF fühlte sich sehr bald im akademischen Leben der Universität Bonn und insbesondere im Kreise seiner unmittelbaren Kollegen ausgesprochen wohl. In dem im vorigen Abschnitt schon genannten Brief an ENGEL vom 21. Februar 1911 schreibt er:

---

[4] *HGW*, Band IX, 218–219. Zum Lied, das auch Engel über die Behandlung in Leipzig „zu singen wisse" s. [Purkert 1984].

[5] Der ganze Vorgang wird eingehend dokumentiert und analysiert in [Siegmund-Schultze 1984].

[6] Das Waldstraßenviertel ist im Krieg erhalten geblieben und zählt heute zu den schönsten geschlossen erhaltenen Gründerzeitvierteln Europas. Das Rosental ist eine parkähnliche Auenwaldlandschaft, in der Hausdorff oft spazieren ging.

[7] Das schöne Gründerzeithaus steht heute unter Denkmalschutz; Denkmal-Nr. A 483.

Erst hier in Bonn ist mir das fatal Bonzenhafte und Unerfreuliche der Leipziger Hierarchie recht zu Bewusstsein gekommen – hier, wo auch der Privatdocent als Mensch gilt, dessen Besuche erwidert werden und der zum Rectoressen eingeladen wird. In Bonn kommt man sich, auch als Nicht-Ordinarius, förmlich existenzberechtigt vor, eine Empfindung, zu der ich mich an der Pleisse nie habe aufschwingen können. Übrigens brauche ich nicht hinzuzufügen, dass ja speciell die mathematischen Collegen in Bonn an meinem Wohlgefühl im hiesigen Milieu den hervorragendsten Antheil haben.[8]

Neben STUDY gab es zwei „mathematische Collegen", FRANZ LONDON, ab 1911 Ordinarius, und den Privatdozenten JOHANN OSWALD MÜLLER. LONDON, Sohn eines jüdischen Kaufmanns, hatte sich 1889 in Breslau habilitiert und war dort bis zu seiner Berufung nach Bonn Privatdozent gewesen. Seine nicht zahlreichen Arbeiten behandeln fast ausschließlich Themen aus der projektiven Geometrie, meist mit elementaren Methoden. Als Forscher hat er keine größere Bedeutung erlangt. Seit seiner Berufung nach Bonn 1904 hat er nichts mehr publiziert und sich mit all seiner Kraft der Lehre gewidmet. Dieses Engagement würdigte STUDY im Nachruf auf LONDON[9] mit folgenden Worten:

> Seine eigentliche und gar nicht hoch genug einzuschätzende Bedeutung hatte Franz London als Lehrer. Er war Lehrer mit Leib und Seele; keine Mühe war ihm zu groß, wenn er damit seine zahlreichen Schüler fördern konnte, die seinem Vortrag mit Begeisterung folgten; ihnen hat er in seiner Pflichttreue einen ungewöhnlich großen Teil seiner Zeit gewidmet. [Study 1918, 155].

In seinem Nachruf berichtet STUDY auch, daß in Bonn auf LONDONs Initiative hin ab 1908 der Seminarbetrieb dreistufig organisiert war: *Unterstufe*: Übungen im Anschluß an die Anfängervorlesungen; *Mittelstufe*: Vorträge der Teilnehmer über leichtere Aufgaben; *Oberstufe*: Referate der Mitglieder über neuere Arbeiten. Besonders lagen LONDON die Übungen zu den Anfängervorlesungen am Herzen. Als der Bonner Universitätskurator 1922 in einem Antrag die Wichtigkeit von Mitteln für diesen Übungsbetrieb darlegte, ergänzte er dies durch folgende Bemerkung: „Bis zum Jahre 1917 hat der verstorbene Geheimrat Prof. Dr. London einen Assistenten aus eigenen Mitteln bezahlt."[Schubring 1985, 155].

LONDON hat auch für die mathematische Forschung beträchtliche Mittel aus dem weiteren Kreis seiner Familie akquiriert. Er veranlaßte seinen wohlhabenden Schwager ALFRED HAMBURGER, der Bonner Universität 30.000 Mark für die Förderung der mathematischen Forschung zu stiften. Die Einrichtung der Stiftung hat er selbst leider nicht mehr erlebt. LONDON und seine Frau LOUISE, geb. HAMBURGER, führten ein gastfreies Haus. STUDY schreibt über LONDON als Mensch, Freund und Gastgeber:

> Durch seine Frische und geistige Regsamkeit belebte er sein Heim, das erfüllt war von Behaglichkeit und Frohsinn, und nur zu gern ließ er auch andere an seinem Glücke teilnehmen; so war das Haus London ein Mittelpunkt edler

---

[8] *HGW*, Band IX, 219.
[9] London war am 27. Februar 1917, noch nicht 54 Jahre alt, an einem Herzleiden verstorben.

Geselligkeit. Wem es je vergönnt war, darin Gast zu sein, dem wird Londons geistreiche, temperamentvolle Unterhaltung, sein liebenswürdiger Humor und seine Aufmunterung zur Lebensfreude ebenso unvergeßlich sein, wie das warme Empfinden und Verstehen, das er in Freud und Leid anderen entgegenbrachte. [Study 1918, 156].

Nach dieser Schilderung nimmt es nicht wunder, daß auch HAUSDORFFs bald zum LONDONschen Freundeskreis gehörten. Nach LONDONs Tod blieben sie der Witwe freundschaftlich verbunden; sie gehörten, als sie ab 1921 wieder in Bonn wohnten, bis zur Emigration von LOUISE LONDON zu ihren engsten Freunden. So schreibt der Bruder von LOUISE LONDON, CARL HAMBURGER, am 30. Januar 1944 an die in den USA lebende ELSE PAPPENHEIM, Nichte von CHARLOTTE HAUSDORFF:

Hausdorffs waren die nächsten Freunde meiner Schwester in Bonn, die ihr stets treu zur Seite standen.[10]

Der neben den drei Professoren in Bonn wirkende Privatdozent JOHANN OSWALD MÜLLER hatte 1903 in Göttingen bei HILBERT promoviert. Die Dissertation enthält eine Verbesserung des SCHWARZschen Beweises der isoperimetrischen Eigenschaft der Kugel. Anschließend studierte er für ein Jahr in Paris. Danach setzte er seine mathematische Bildung in Göttingen fort, ohne immatrikuliert zu sein. 1909 habilitierte er sich in Bonn unter STUDY mit einer Arbeit aus der Variationsrechnung und wurde Privatdozent. Die mathematische Forschung gab MÜLLER vollständig auf und widmete sich ausschließlich der Lehre. Daneben war er als Studienrat in Köln tätig. 1917 wurde ihm der Titel „Professor" verliehen. 1921 erteilte ihm das preußische Kultusministerium auf Antrag der Philosophischen Fakultät einen unbefristeten und besoldeten Lehrauftrag für höhere Algebra, Zahlentheorie und Wahrscheinlichkeitsrechnung. Er wurde auch Mitglied der Prüfungskommission für das höhere Lehramt. MÜLLER war also in der ersten und auch in der gesamten zweiten Bonner Zeit HAUSDORFFs dessen Kollege. Die beiden müssen sich gut verstanden haben, denn MÜLLER hielt auch in schwerer Zeit zu HAUSDORFFs.[11]

HAUSDORFFs akademische Situation hatte sich mit dem Übergang nach Bonn entscheidend verbessert; wenn er an ENGEL schrieb, daß es ihm schwer falle, Leipzig zu verlassen, so hatte das keine akademischen Gründe, wie er in dem Schreiben ja selbst betonte, sondern hing sicher damit zusammen, daß er in Leipzig einen Freundeskreis von Intellektuellen und Künstlern zurücklassen mußte, in dem er sich viele Jahre lang bewegt und wohl gefühlt hatte. Die Verbesserung in Bonn betraf nicht nur das kollegiale Verhältnis unter den Mathematikern, sondern auch die Lehrtätigkeit. In Leipzig hatte HAUSDORFF seit 1901 nicht mehr über Mengenlehre gelesen, obwohl dieses Gebiet über Jahre hinweg im Mittelpunkt seiner Forschungen gestanden hatte. Das kann man wohl nur so erklären, daß die Mengenlehre im Leipziger mathematischen Umfeld nicht gerade hoch im Kurs stand, daß sie vielleicht sogar auch hier „mit mittelalterlichen Waffen" bekämpft wurde,

---

[10]Eine Abschrift des Briefes erhielt Egbert Brieskorn von Frau Else Pappenheim, New York.
[11]Mehr darüber im Kapitel 11.

wie es HAUSDORFF in seinem schon zitierten Brief an HILBERT vom 15. Juli 1907 beklagt hatte. Jedenfalls stellt EISENREICH in seiner biographischen Skizze über OTTO HÖLDER, den damals bedeutendsten Mathematiker in Leipzig, fest:

> Hölder stand dem Operieren mit unendlichen Mengen immer skeptisch gegenüber. [Beckert/ Schumann 1981, 163].

In Bonn stand die Mengenlehre sofort auf HAUSDORFFs Vorlesungsprogramm. In einem Schreiben an die Bonner Philosophische Fakultät vom 18. April 1910 kündigt er für das Sommersemester 1910 unter anderem folgende Lehrveranstaltung an: *Einführung in die Mengenlehre* (zweistündig).[12] In Bonn war die Atmosphäre bezüglich der Mengenlehre sehr offen. So hatte die Fakultät in dem Antrag vom 4. Juni 1910 zur Umwandlung des LONDONschen Extraordinariats in ein Ordinariat neben dem Argument der Verdopplung der Studentenzahlen folgendes ins Feld geführt:

> Gleichzeitig hat sich in den letzten Jahrzehnten gerade der mathematische Lehrbetrieb bedeutend erweitert. Früher nie behandelte Gegenstände wie Mengenlehre, Gruppentheorie und darstellende Geometrie erfordern jetzt besondere regelmäßig wiederkehrende Vorlesungen.[13]

HAUSDORFF hat im Sommersemester 1912 eine völlig überarbeitete *Einführung in die Mengenlehre*, ferner im Wintersemester 1910/11 eine *Einführung in die Gruppentheorie* gelesen. An weiteren Spezialvorlesungen las er im Wintersemester 1911/12 *Fouriersche Reihen und verwandte Entwicklungen* und im Sommersemester 1912 *Elliptische Funktionen*. Erwähnt sei noch, daß er auch an der Kölner Handelshochschule gelesen hat, und zwar im WS 1910/11 *Einführung in die Versicherungsmathematik* und im SS 1911 *Politische Arithmetik*.

8.3   Eine bemerkenswerte Rezension

HAUSDORFF hat in seiner ersten Bonner Zeit nur eine kürzere Note publiziert, und das ist eine Besprechung der zusammen fast tausend Seiten umfassenden zwei Bände von EDMUND LANDAUs *Handbuch der Lehre von der Verteilung der Primzahlen* [H 1911, IV: 513–518]. Die Besprechung ist sprachlich und inhaltlich ein Kabinettstück; WOLFGANG SCHWARZ charakterisiert sie eingangs seines Kommentars so:

> Es ist erstaunlich, mit welcher Einfühlsamkeit, Einsicht und sprachlichen Anteilnahme der der Zahlentheorie nicht ganz nahestehende Referent FELIX HAUSDORFF in seiner Besprechung des 1909 erschienenen LANDAUschen *Handbuch der Lehre von der Verteilung der Primzahlen* seine keineswegs leichte Aufgabe angeht, das *Handbuch*, ein bahnbrechendes Werk, das in seiner

---

[12] *HGW*, Band IX, 693.

[13] Geheimes Staatsarchiv Preußischer Kulturbesitz, Abt. Merseburg. Rep. 76 V a, Sekt. 3, Tit. IV, Nr. 55, Bd. 4, Bl. 24.

Wichtigkeit für die analytische Zahlentheorie kaum überschätzt werden kann, zu besprechen.[14]

HAUSDORFF schließt seine Besprechung mit einer Erwartung: Es sei zwar müßig, darüber zu spekulieren, welche Entdeckungen in welchen mathematischen Gebieten die Primzahltheorie fördern werden,

> [···] wir dürfen aber vielleicht erwarten, daß auch in der künftigen Entwicklung dieser Disziplin der Verfasser des vorliegenden Handbuchs eine führende Rolle spielen wird, und daß alle weiteren Fortschritte von diesem Werk als der äußersten bis jetzt erreichten Station ihren Ausgang nehmen werden. [H 1911, 97; IV: 518].

Mit dieser Erwartung lag HAUSDORFF vollkommen richtig. Daß LANDAU bis zu seinem Tod im Februar 1938 einer der führenden Vertreter der analytischen Zahlentheorie war, ist unbestritten. In ihrem Nachruf auf LANDAU schreiben GODEFREY HAROLD HARDY und HANS HEILBRONN über das *Handbuch der Lehre von der Verteilung der Primzahlen*:

> The *Handbuch* was probably the most *important* book he wrote. In it the analytic theory of numbers is presented for the first time, not as a collection of a few beautiful scattered theorems, but as a systematic science. The book transformed the subject, hitherto the hunting ground of a few adventurous heroes, into one of the most fruitful fields of research of the last thirty years. Almost everything in it has been superseded, and that is the greatest tribute to the book. [Hardy/ Heilbronn 1938, 307–308].

8.4 Die Arbeit am „opus magnum"

Ab Sommer 1912 arbeitete HAUSDORFF an seinem opus magnum, dem Buch *Grundzüge der Mengenlehre*, seinem wohl einflußreichsten Werk. Ein erster Hinweis auf die Arbeit an dem Buch ist die gegenüber den Vorlesungen über Mengenlehre von 1901 und 1910 neue Gestaltung des Abschnitts über Punktmengen in der *Einführung in die Mengenlehre* vom Sommersemester 1912. Er formuliert dort für die offenen Kugelumgebungen U_x von Punkten $x \in \mathcal{E} = \mathbb{R}^n$ vier Eigenschaften:

(α) Jedes U_x enthält x und ist in $\mathcal{E}$ enthalten.

(β) Für zwei Umgebungen desselben Punktes ist $U_x \subseteq U'_x$ oder $U'_x \subseteq U_x$.

(γ) Liegt y in U_x, so giebt es auch eine Umgebung U_y, die in U_x enthalten ist ($U_y \subseteq U_x$).

(δ) Ist $x \neq y$, so giebt es zwei Umgebungen U_x, U_y ohne gemeinsamen Punkt ($\mathfrak{D}(U_x, U_y) = 0$).

Die folgenden Bemerkungen stützen sich zunächst nur auf diese Eigenschaften. Sie gelten daher allgemein, wenn $\mathcal{E}$ eine Punktmenge $\{x\}$ ist, deren Punkten x Punktmengen U_x zugeordnet sind mit diesen 4 Eigenschaften.[15]

---

[14]*HGW*, Band IV, 519.
[15]Nachlaß Hausdorff: Kapsel 09: Fasz. 34, Bl. 21.

Mit dem letzten Satz hob HAUSDORFF den axiomatischen Charakter der von ihm
aufgestellten vier Fundamentaleigenschaften ausdrücklich hervor. Bis auf (β) sind
das in der Tat die Axiome, die HAUSDORFF in den *Grundzügen* der Definition
eines topologischen Raumes zugrunde legte. Will man die linear geordneten Mengen mittels eines für sie natürlichen Umgebungsbegriffs topologisieren, so ist (β)
ungeeignet, denn für eine solche Menge vom Ordnungstyp $\omega_0 + 1 + \omega_1^*$ hat der kleinste nicht isolierte Punkt keine Umgebungsbasis, die (β) erfüllt.[16] HAUSDORFF hat
deshalb in den *Grundzügen* (β) durch folgendes Axiom ersetzt:

(B) Sind U_x, V_x Umgebungen von x, so existiert eine Umgebung W_x von x
mit $W_x \subseteq U_x \cap V_x$.

Im Anhang der *Grundzüge der Mengenlehre* hat HAUSDORFF in den Anmerkungen
zu seiner Theorie der topologischen Räume explizit darauf hingewiesen, daß er die
Umgebungsaxiome schon 1912 in einer Bonner Vorlesung über Mengenlehre der
Theorie der Punktmengen zugrunde gelegt hat.

Den Beginn der eigentlichen Arbeit an dem Buch kann man ziemlich genau
datieren. In einem Brief HAUSDORFFs an HILBERT vom 27. Februar 1914, in dem er
diesem seine Arbeit über das Kugelparadoxon [H 1914b] für die Annalen anbietet,
heißt es:

Ich hoffe Ihnen nächstens ein Buch über Mengenlehre dediciren zu können,
an dem ich seit $1\frac{1}{2}$ Jahren gearbeitet habe und von dem augenblicklich die
letzten Bogen im Satz sind.[17]

Daraus folgt, daß die Arbeit am Manuskript des Buches etwa im August 1912 begonnen wurde. Diese Datierung geht auch aus einem Brief an ENGEL vom 15. Februar 1913 hervor, aus dem man auch ersehen kann, daß HAUSDORFF sein Werk in
Bonn weitgehend vollendet hat. Nach Klagen über die Lärmbelästigung in Bonn
allgemein und durch seine Nachbarn im besonderen schreibt er dort nämlich:

Trotz alledem habe ich mich im letzten Halbjahr einmal aufgerafft und ein
Buch über Mengenlehre grösstentheils vollendet, das hoffentlich im Lauf dieses
Jahres erscheinen und, wie ich mir einbilde, ganz anständig ausfallen wird.
Vielleicht sind Sie aber so freundlich, nicht darüber zu sprechen (nur Study,
London und Schoenflies wissen davon), denn ich fände es fatal, eine That
anzukündigen, ehe sie vollständig gethan ist.[18]

Das Buch ist dann in Greifswald endgültig fertiggestellt worden und im April 1914
erschienen. Auf seinen Inhalt wird im nächsten Kapitel eingegangen.

---

[16] Vgl. *HGW*, Band II, 718–719.
[17] *HGW*, Band IX, 338–339.
[18] *HGW*, Band IX, 223.

Kapitel 9

Ordinarius in Greifswald

9.1 Die Berufung nach Greifswald

In Kiel war im September 1912 der ein Jahr vorher zum Ordinarius berufene GEORG LANDSBERG verstorben. FRIEDRICH ENGEL hatte einen Ruf nach Kiel erhalten, diesen aber nicht angenommen, da er fast gleichzeitig einen Ruf nach Gießen erhielt und diesen annahm. Damit war zum Sommersemester 1913 das Ordinariat in Greifswald frei und die Philosophische Fakultät bemühte sich frühzeitig um einen Nachfolger, um die Stelle sofort wieder zu besetzen. In einem Schreiben der Fakultät an den Preußischen Kultusminister vom 15. Februar 1913 wird folgender Vorschlag gemacht:

> An erster Stelle schlagen wir vor Dr. Felix Hausdorff, außerordentlicher Professor an der Universität Bonn. Seine zahlreichen Arbeiten zeichnen sich alle durch außerordentlichen Scharfsinn aus. Er ist einer der besten Kenner der Mengenlehre, die von G. Cantor begründet, einen tiefgehenden Einfluss auf die ganze neuere Mathematik ausgeübt hat. Dieses schwierige Gebiet hat er nach allen Seiten hin kritisch beleuchtet und durch eigene Arbeiten die Weiterentwicklung der ganzen Theorie wesentlich gefördert. Er kann auf eine langjährige erfolgreiche Lehrtätigkeit in Leipzig und Bonn zurückblicken. [Ilgauds 1985, 67].

An zweiter Stelle wurde HEINRICH JUNG, damals Oberlehrer in Hamburg, vorgeschlagen. An dritter Stelle wurden die Extraordinarien PAUL KOEBE (Leipzig) und OSCAR PERRON (Tübingen) genannt. Der Vorschlag, HAUSDORFF an die erste Stelle zu setzen, ging natürlich auf ENGEL zurück. Er hatte darüber unmittelbar nach der Fakultätssitzung STUDY in einem Telegramm informiert. In einem emotionalen Brief vom 15. Februar 1913 an ENGEL bedankt sich HAUSDORFF für dessen erneutes Vertrauen:

> Study hat mir Ihr langes Telegramm gezeigt, wonach Sie mich abermals an erster Stelle vorgeschlagen haben. Ich möchte Ihnen gern sagen, wie tief mich

© Der/die Autor(en), exklusiv lizenziert durch
Springer-Verlag GmbH, DE, ein Teil von Springer Nature 2021
E. Brieskorn und W. Purkert, *Felix Hausdorff*, Mathematik im Kontext,
https://doi.org/10.1007/978-3-662-63370-0_9

dieser wiederholte Beweis Ihres Vertrauens ehrt und erfreut, und wie aufrichtig dankbar ich Ihnen dafür bin. Die gute Meinung, die Sie und Study von mir haben, hat mein an sich nicht sehr entwickeltes Selbstgefühl, das in Leipzig bereits unter jedes positive ε zu sinken im Begriff war, wieder auf den Punkt gehoben, der zur wissenschaftlichen Bethätigung die nothwendige untere Grenze ist. Falls das Ministerium Ihrem wiederholten Werben um mich Gehör giebt, will ich meine Kraft daran setzen, dass keine zu tiefe Kluft zwischen Ihnen und Ihrem Nachfolger constatirt werde.

Übrigens hoffe ich sehr, dass diesmal etwas aus der Sache wird. Noch viel lieber wäre es mir natürlich gewesen, wenn ich vor zwei Jahren zum Zusammenwirken mit Ihnen berufen worden wäre; jetzt werden wir uns wohl, gegebenen Falls, in Greifswald zuerst sehr einsam fühlen. Sie wundern Sich vielleicht, dass ich anscheinend so gern von Bonn fortgehe: die akademischen Verhältnisse sind hier ja vortrefflich, und einen so freundschaftlichen und herzlichen Verkehr wie den mit Studys und Londons werden wir sicher, nachdem der gute Engel Greifswalds fort ist, so schnell nicht wieder finden.[1]

Nachdem HAUSDORFF telegraphisch sein Einverständnis mit einer Berufung nach Greifswald erklärt hatte, sandte ihm am 22. März der Kultusminister die Bestallung; im Begleitschreiben werden die mit der Ernennung zum ordentlichen Professor verbundenen Pflichten umrissen, nämlich „die Mathematik in ihrem gesamten Umfange in Vorlesungen und, soweit erforderlich, in Übungen zu vertreten; zugleich bestelle ich Sie zum Mitdirektor des Mathematischen Seminars."[2]

HAUSDORFF hatte ins Auge gefaßt, fürs erste ENGELs Wohnung zu übernehmen. Da er die Wohnungsfrage nicht allein entscheiden wollte, fuhr er am 18. März mit seiner Frau zu einem Besuch nach Greifswald. Sein Brief an ENGEL vom 27. März, geschrieben nach der Rückkehr nach Bonn, lässt seine Erleichterung erkennen, daß er nun endlich, mit fast 45 Jahren, dank ENGEL die längst verdiente akademische Lebensstellung erreicht hatte:

Lieber und verehrter Herr Engel! Heute ist es schon acht Tage her, dass wir von Ihnen Abschied nahmen. Wir sind dann etliche Tage in Berlin geblieben, um uns – im Vorgefühl unseres künftigen provincialen Daseins – noch ein bischen Theater u. s. w. zu Gemüthe zu führen. Nun, nach der Heimkehr, sei es aber das Erste, dass wir Ihnen und Ihrer Frau Gemahlin für die liebenswürdige Aufnahme herzlichst danken, mit der Sie uns in der neuen Heimath bewillkommnet haben. Nicht nur, dass Sie etwas Grosses und Entscheidendes für mich gethan haben, wofür ich Ihnen immer dankbar sein werde, haben Sie dem auch noch zahlreiche Gaben und Hülfen sozusagen secundärer Art hinzugefügt; wir haben Ihre Gastfreundschaft genossen und Ihre Zeit in erheblichem Masse mit Beschlag belegt. Dies alles hat uns äusserst wohlgethan und uns die Anpassung an das fremde Milieu sehr erleichtert. Wenn ich dabei eines bedaure, so ist es dies, dass ich als Ihr Nachfolger und nicht als Ihr College nach Greifswald komme, dass also die freundschaftliche Geneigtheit,

---

[1] *HGW*, Band IX, 223.
[2] *HGW*, Band IX, 690.

mit der Sie Beide uns entgegengekommen sind, nur ein Schwanengesang und nicht ein Präludium sein konnte.[3]

HAUSDORFFs haben dann tatsächlich einige Monate in ENGELs Wohnung in der Arndtsraße 11 gewohnt, bevor sie ein geeignetes Haus zum Kauf fanden.

9.2 Das mathematische Seminar in Greifswald von 1913 bis 1921

Greifswald war eine kleine preußische Provinzuniversität, an der vor dem I. Weltkrieg etwa 1300 bis 1400 Studenten immatrikuliert waren, davon durchschnittlich etwa 120 für Mathematik und Naturwissenschaften. Im Krieg reduzierte sich die Anzahl der für Mathematik und Naturwissenschaften Immatrikulierten auf knapp 100; davon waren aber viele beim Heer. Für das Wintersemester 1914/15 waren von 95 Immatrikulierten nur 32 an der Universität, die übrigen im Kriegsdienst. Zahlen für die Mathematik allein liegen nicht vor; man kann sich aber leicht vorstellen, daß die Hörerzahlen für die mathematischen Vorlesungen in Greifswald, insbesondere während der Kriegszeit, sehr gering waren. In den Jahren 1919 und 1920 haben sich die Studentenzahlen insgesamt mehr als verdoppelt, für Mathematik und Naturwissenschaften stiegen sie jedoch nur mäßig auf maximal 145 im Sommersemester 1919, um dann sehr bald wieder auf unter 100 zu sinken.

Als HAUSDORFF seinen Dienst in Greifswald antrat, wirkten dort als Ordinarius THEODOR VAHLEN und als Privatdozent mit Lehrauftrag der Geometer WILHELM BLASCHKE. BLASCHKE verließ bereits nach Ende des Sommersemesters Greifswald, um ein Extraordinariat an der Deutschen Technischen Hochschule Prag anzutreten. Er hat in Greifswald und danach in Prag HAUSDORFF bei der Fertigstellung der *Grundzüge der Mengenlehre* unterstützt: er zeichnete die Figuren und sah die letzten Bogenkorrekturen nochmals durch. Für seine Hilfe wird ihm im Vorwort des Buches gedankt. Es muß auch familiären Kontakt zwischen HAUSDORFFs und BLASCHKEs gegeben haben, denn HAUSDORFF beschließt seinen am 29. Oktober 1913 nach Prag gesandten Brief folgendermaßen:

Für Bisheriges und Künftiges herzlichen Dank!

Viele Grüsse von uns Beiden an Sie und Ihre Frau Gemahlin. Wie spiegelt sich in der Moldau die cima des Möndes? Ihr ergebener F. Hausdorff.[4]

Den BLASCHKEschen Lehrauftrag erhielt ab dem Wintersemester 1913/14 CLEMENS THAER. VAHLEN und THAER waren bis zu HAUSDORFFs Wechsel nach Bonn 1921 seine einzigen mathematischen Kollegen in Greifswald.

Wie berichtet, wurde VAHLEN 1904 Extraordinarius und 1911 Ordinarius in Greifswald. Bis etwa 1907 hat er eine beträchtliche Anzahl von Arbeiten auf den

---

[3] *HGW*, Band IX, 227.

[4] *HGW*, Band IX, 159. cima heißt auf Italienisch auch Leuchte. Blaschke war einige Zeit in Italien gewesen und konnte Italienisch.

Gebieten Differentialgeometrie, algebraische Geometrie, Zahlentheorie und Algebra verfaßt, die aber – vielleicht bis auf seine Untersuchungen über hyperkomplexe Zahlsysteme im Anschluß an CLIFFORD – kaum Bedeutung erlangten. 1905 erschien sein Buch *Abstrakte Geometrie. Untersuchungen über die Grundlagen der euklidischen und nichteuklidischen Geometrie.* Es wurde von MAX DEHN einer vernichtenden Kritik unterzogen [Dehn 1905]. DEHN hat in durchaus sachlichem Ton auf mehr als zwei Seiten zahlreiche gravierende Fehler, verschwommene und unklare Passagen sowie methodisch fragwürdige Herangehensweisen kritisiert. Vielleicht hängt VAHLENs später offen zu Tage tretender Antisemitismus auch damit zusammen, dass dieser scharfe Kritiker seines Buches Jude war. Ab 1907 wandte sich VAHLEN der angewandten Mathematik zu. Das Desaster mit seinem Buch mag zu dieser Neuorientierung beigetragen haben. 1938, in seiner Antrittsrede vor der Berliner Akademie, begründete er den Wandel ideologisch:

> Meine „Abstrakte Geometrie" bezeichnet den Wandel, nach ihrer Vollendung zog es mich zu der natürlichen konkreten Denkart unserer Rasse.[5]

Auf seinem neuen Gebiet hat VAHLEN nur wenige Forschungsarbeiten publiziert und keine Bedeutung erlangt.

Es ist nur eine einzige Äußerung HAUSDORFFs zu VAHLEN überliefert, und zwar aus einem Brief an ENGEL vom 26. Mai 1913, also kurz nach HAUSDORFFs Amtsantritt. Dort heißt es:

> Hoffentlich komme ich mit ihm [Thaer – W.P.] in etwas näheren Verkehr, denn mit Vahlen scheint nicht viel anzufangen. Wir sind in dieser Beziehung allerdings durch Studys und Londons verwöhnt; und die Freundlichkeit, mit der Sie uns aufgenommen haben, verschärft unsere Betrübniss darüber, dass Sie nicht mehr hier sind.[6]

Man kann nur vermuten, daß HAUSDORFF und VAHLEN ein auf den dienstlichen Verkehr beschränktes distanziertes Verhältnis zueinander hatten. Sieben Semester lang, vom Wintersemester 1914/15 bis Wintersemester 1917/18 war VAHLEN als Offizier im Kriegsdienst und nicht in Greifswald. Die weitere für einen Ordinarius ungewöhnliche politische Entwicklung VAHLENs und dessen steile Karriere im nationalsozialistischen Deutschland hat HAUSDORFF – wenn überhaupt – nur von Ferne wahrgenommen [Siegmund-Schultze 1984].

Der zweite mathematische Kollege HAUSDORFFs, CLEMENS THAER, hatte 1906 bei dem bekannten Geometer MORITZ PASCH promoviert und war nach einem Aufenthalt in Göttingen 1908 Assistent in Jena, wo er sich 1909 habilitierte. 1911 heiratete er GERTRUD PASCH, die Tochter seines Doktorvaters. Im Zuge der Umhabilitation nach Greifswald hatte er dort eine Antrittsvorlesung zu halten. Darüber schrieb HAUSDORFF in dem oben schon genannten Brief vom 26. Mai 1913 an ENGEL:

---

[5] [Siegmund-Schultze 1984, 20].
[6] *HGW*, Band IX, 231–232.

> Thaer hat vorgestern seine Antrittsvorlesung gehalten, für mein Gefühl sehr
> fein und durchdacht, obwohl ich ihm widersprechen würde (Existenz der Irra-
> tionalzahlen). Hoffentlich komme ich mit ihm in etwas näheren Verkehr [···][7]

Einen gewissen Verkehr, auch familiärer Natur, muß es gegeben haben, wie aus
folgender Passage aus THAERS autobiographischen Aufzeichnungen hervorgeht:

> Die Greifswalder Mathematiker, Vahlen und Hausdorff, kamen uns, in ihrem
> Temperament entsprechend verschiedener Weise, beide freundlich entgegen.
> Mich zog mehr zu Vahlens vornehmem, zurückhaltendem Wesen, auch seiner
> schonungsbedürftigen, feinen stillen Frau, eure Mutter mehr zu der intellektu-
> ell sehr hochstehenden Hausdorffschen Familie, in der die Unterhaltung über
> wissenschaftliche und künstlerische Fragen immer geistreich, allerdings oft
> sarkastisch war. Freunde wie in Jena, habe ich hier nicht gefunden.[8]

Wie der letzte Satz schon andeutet, hat sich eine freundschaftliche Beziehung zu
HAUSDORFF nicht entwickelt; es gibt auch keine weiteren Belege für Kontakte, die
über das Dienstliche hinausgingen.

THAERS Verdienste als Forscher liegen auf mathematikhistorischem Gebiet.
Seine bedeutendste Leistung ist die deutsche Übersetzung der *Elemente* des EU-
KLID nach der griechisch-lateinischen Standardausgabe von HEIBERG, erschienen
1933 in Ostwalds Klassikern. Schließlich hat er im hohen Alter noch die *Data* des
EUKLID übersetzt. Seit 1933 hat er darüber hinaus noch zwölf mathematikhisto-
rische Publikationen vorgelegt.[9]

In den ersten drei Greifswalder Semestern HAUSDORFFS war das Mathematische Seminar mit drei Dozenten normal besetzt und er konnte außer der Grund-
vorlesung *Funktionentheorie* anspruchsvollere Vorlesungen halten, wie *Differentialgeometrie, Algebraische Zahlen, Elliptische Funktionen* und *Integralgleichungen*. Vom Wintersemester 1914/15 bis Wintersemester 1917/18 fehlte VAHLEN;
im Sommersemester 1916 und im Wintersemester 1916/17 war auch noch THA-
ER eingezogen worden. In diesen beiden Semestern war HAUSDORFF der einzige
Dozent, der mathematische Lehrveranstaltungen abhielt: Das mathematische Seminar bestand aus ihm allein! Außer einer *Einführung in die Mengenlehre* im
Wintersemester 1915/16, einer *Mechanik* im Sommersemester 1916 und zwei Vorlesungen über elliptische Funktionen hat HAUSDORFF im gesamten Zeitraum der
Minderbesetzung nur Grundvorlesungen halten können. Nach dem Krieg gab es
für Kriegsteilnehmer zwei sogenannte Zwischensemester, um sie rasch wieder an
das Studium heranzuführen; auch in den normalen Semestern standen die Grundvorlesungen im Vordergrund. In dieser Zeit hat HAUSDORFF neben der Vorlesung
über elliptische Funktionen nur eine „höhere" Vorlesung gehalten, und zwar *Fourierreihen und verwandte Entwicklungen*. Diese unbefriedigende Situation in der

---

[7] *HGW*, Band IX, 231.

[8] Auszüge aus den Aufzeichnungen stellte uns Thaers Sohn Rudolf dankenswerter Weise zur
Verfügung.

[9] Über sein Werk, seine politische Tätigkeit während der Weimarer Republik und über seine
aufrechte Haltung zur Zeit der nationalsozialistischen Diktatur informiert Peter Schreiber in
[Schreiber 1996].

Lehre hatte sich mit seiner 1921 erfolgten Berufung nach Bonn erledigt; in Bonn hat er eine Reihe von Vorlesungen gehalten, die aktuelle Forschungen thematisierten. Darauf wird im Kapitel 10 näher eingegangen.

9.3   Die „Grundzüge der Mengenlehre"

Als erste und vordringlichste Aufgabe am neuen Wirkungsort Greifswald betrachtete HAUSDORFF die endgültige Fertigstellung und Drucklegung seiner *Grundzüge der Mengenlehre*, die er in Bonn „grösstentheils vollendet" hatte. Nach Erhalt des Rufes nach Greifswald kündigt er in einem Brief an ENGEL vom 11. März 1913 diesem an, er müsse ihn leider gleich mit Fragen belästigen; eine war die nach den Vorlesungen, die man von ihm erwartete:

> Erstens habe ich keine Ahnung, was ich im Sommersemester lesen muss; ich möchte gleich bemerken, dass ich mir diesmal und für den Anfang nicht zu viel aufladen kann, schon um endlich mein Buch abschliessen zu können.[10]

Es dauerte jedoch noch über ein Jahr, ehe das Werk erschien. HAUSDORFF hat in Greifswald auch die schon vorhandenen Manuskriptteile erheblich überarbeitet, wie aus seinem Nachlaß hervorgeht. Die *Grundzüge der Mengenlehre*[11] müssen in der ersten Aprilhälfte des Jahres 1914 erschienen sein, denn schon am 20. 4. 1914 dankt HAUSDORFF in einem Brief an HILBERT für „Ihre freundlichen Worte über mein Buch..."[12] Auch ENGEL hatte er natürlich ein Exemplar gesandt; darin steht folgende kurze Widmung: „Herrn Prof. Dr. Engel in dankbarer Hochschätzung d. V." ENGEL vermerkte auf dem Einbandblatt: „F.Engel Erh. Giessen 6.5.1914".[13] In einem Brief an ENGEL vom 24. Mai 1914 äußert sich HAUSDORFF zufrieden über sein Werk – nicht ohne einen kräftigen Schuß Ironie und ein wenig Untertreibung:

> Lieber und verehrter Herr College, haben Sie vielen Dank für Ihre freundlichen Worte über mein Buch. Ich hoffe, dass es wirklich eine relativ anständige Leistung ist und als solche auch Ihnen, der Sie mich in den erleuchteten Kreis der Ordinarien befördert haben, eine nachträgliche Rechtfertigung ertheilt.[14]

Zur Mengenlehre im damaligen Verständnis dieses Gebietes gehörten drei heute als verschiedene Disziplinen geltende Teilgebiete:

1. Die allgemeine Mengenlehre mit ihrem Kern, der Theorie der Ordnungstypen und der transfiniten Ordinal- und Kardinalzahlen.

2. Die Theorie der Punktmengen des $\mathbb{R}^n$.

---

[10] *HGW*, Band IX, 224.
[11] [H 1914a, II: 93–576].
[12] *HGW*, Band IX, 340.
[13] Dieses Exemplar hat mir Herr Prof. Dr. Christoph J. Scriba geschenkt. Es befindet sich jetzt im Nachlaß Hausdorffs.
[14] *HGW*, Band IX, 234.

3. Die Theorie von Inhalt und Maß einschließlich der Theorie der reellen Funktionen.

Es ist hier nicht der Ort, einen Überblick über die vor 1914 erschienenen lehrbuchmäßigen oder monographischen Darstellungen einzelner Teilgebiete oder Aspekte der Mengenlehre zu geben.[15] Als Fazit der dortigen Ausführungen kann gesagt werden, daß bis ins erste Jahrzehnt des 20. Jahrhunderts noch kein eigenständiges Lehrbuch erschienen war, welches das *Gesamtgebiet der Mengenlehre im damaligen Verständnis* systematisch und umfassend dargestellt hätte. Ein solches Werk hatte SCHOENFLIES ins Auge gefaßt. 1913, wenige Monate vor Erscheinen der *Grundzüge* HAUSDORFFs, brachte SCHOENFLIES eine vollkommen überarbeitete und stark erweiterte Fassung des ersten Teiles seines Mengenberichts aus dem Jahre 1900 heraus. Für das Projekt der Neubearbeitung seiner beiden Berichte [Schoenflies 1900], [Schoenflies 1908] hatte er in HANS HAHN einen hervorragenden Kenner der Materie als Partner gewonnen. Der erste, von SCHOENFLIES bearbeitete Teil des Gesamtwerkes [Schoenflies 1913] enthielt – wie im Titel vermerkt – die allgemeine Mengenlehre und die Theorie der Punktmengen. Der zweite Teil, von HAHN bearbeitet, sollte die Theorie der reellen Funktionen einschließlich Maßtheorie enthalten, ferner ein Kapitel über die Axiomatik der Mengenlehre. Dieser zweite Teil konnte wegen des ersten Weltkrieges nicht mehr erscheinen. HAHN verwendete seine Vorarbeiten, um 1921 bei Springer ein eigenständiges Werk *Theorie der reellen Funktionen* herauszugeben (ohne das Kapitel über Axiomatik). Mengentheoretisch fußte dieses Werk schon ganz auf HAUSDORFFs *Grundzügen*; HAUSDORFF hatte auch die Korrekturen mitgelesen.

SCHOENFLIES' Buch sollte nach wie vor eine „eigenartige Mischung von historischem Bericht und methodischem Lehrbuch" sein, wie er im Vorwort betonte [Schoenflies 1913, IV]. Das Werk hatte aber in der Tat mehr den Charakter eines Lehrbuchs angenommen. Ihm war in Bezug auf Präzision der Darstellung zweifellos die Mitwirkung von HAHN und besonders die von BROUWER zugute gekommen, welche SCHOENFLIES im Vorwort hervorhebt. HAUSDORFF betrachtete das SCHOENFLIESsche Buch ein wenig als Konkurrenz zu seinen *Grundzügen*. In einem Brief an HILBERT vom 27. Februar 1914 schrieb er im Hinblick auf die *Grundzüge*:

> Leider ist mir Schoenflies zuvorgekommen, dessen zweite Auflage immerhin wesentlich besser ist als die erste.[16]

SCHOENFLIES' Buch war ohne Zweifel das bis dahin umfassendste Buch über Mengenlehre und eine gute Gesamtschau auf den erreichten Stand der Theorie. Allerdings war es ihm nicht gelungen, neue methodische bzw. begriffliche Gesichtspunkte einzuführen oder neue eigene Resultate vorzulegen. SCHOENFLIES hatte mit seinem Werk das Pech, daß wenige Monate später mit HAUSDORFFs *Grundzügen* ein weitaus überlegenes Lehrbuch erschien, welches sein Buch schließlich vollkommen überschattete.

---

[15]Dazu muß auf die historische Einführung von W. Purkert zu den *Grundzügen* in *HGW*, Band II, 1–89, verwiesen werden.

[16]*HGW*, Band IX, 339.

HAUSDORFFS Werk war das erste Lehrbuch, welches die gesamte Mengenlehre in der damaligen Auffassung dieser Disziplin, also alle drei der oben genannten Teilgebiete, systematisch und mit vollständigen Beweisen darstellte. Es sei hier schon erwähnt, worauf noch mehrfach einzugehen sein wird, daß HAUSDORFF die Theorie der Punktmengen völlig neu gestaltete, nämlich als eine Theorie der topologischen Räume mit dem Spezialfall metrische Räume, von denen wiederum der $\mathbb{R}^n$ nur ein sehr spezieller Fall ist. Über diese wesentliche Neuerung hinaus enthält das Buch eine Reihe weiterer origineller Beiträge seines Verfassers. Die *Grundzüge der Mengenlehre* sind für die Entwicklung der Mathematik im 20. Jahrhundert von so großer Bedeutung gewesen, daß diesem Werk in der HAUSDORFF-Edition ein ganzer Band, der Band II, gewidmet ist, in welchem in den Anmerkungen zu HAUSDORFFs Text und in einer Reihe von Essays die neuen Ideen in diesem Werk im Hinblick auf ihren Einfluß eingehend gewürdigt werden.

Im Vorwort betont HAUSDORFF, daß das Werk ein Lehrbuch und kein Bericht sein will. Deshalb werden keine höheren Vorkenntnisse vorausgesetzt und alles wird „mit vollständig ausgeführten Beweisen" dargestellt. Der letzte Punkt wird noch speziell durch die Eigenheiten des behandelten Gebietes gerechtfertigt: In einem Gebiet nämlich,

> wo schlechthin nichts selbstverständlich und das Richtige häufig paradox, das Plausible falsch ist, gibt es außer der lückenlosen Deduktion kaum ein Mittel, sich und den Leser vor Täuschungen zu bewahren. [H 1914a, V; II: 97].

Das Buch sollte für jeden lesbar sein, „der über einige Abstraktion des Denkens verfügt." Er hoffe aber – so HAUSDORFF – auch den Fachgenossen manches Neue bieten zu können, „mindestens in methodischer und formaler Hinsicht".

Die *Grundzüge* hat HAUSDORFF GEORG CANTOR gewidmet.[17] Wie bereits früher im Abschnitt 7.3 „HAUSDORFFs Stellung zu den Grundlagenfragen der Mathematik" ausgeführt, wird in dem Buch der sogenannte naive Mengenbegriff CANTORs zugrunde gelegt. Im ersten Kapitel „Mengen und ihre Verknüpfungen: Summe, Durchschnitt, Differenz" definiert HAUSDORFF zunächst die Differenz $B - A$ als Komplement von A in B, wobei stets $A \subseteq B$ vorausgesetzt wird. Die Vereinigung von Mengen bezeichnet HAUSDORFF als Summe. Über die Beweise der Rechenregeln für die Verknüpfungen Summe und Durchschnitt hinaus entwickelt er im Kapitel 1 die Elemente der Mengenalgebra. Das beginnt mit den DE MORGANschen Regeln, aus denen folgt, daß sich aus einer Gleichung zwischen Mengen eine richtige Gleichung ergibt, wenn man alle Mengen durch ihre Komplemente ersetzt und die Zeichen $\cup$, $\cap$ vertauscht. Dieses wichtige Prinzip der Mengenalgebra nennt HAUSDORFF das *Dualitätsprinzip*.

HAUSDORFF führte im ersten Kapitel auch eine Reihe von neuen Begriffen der Mengenalgebra ein, die modifiziert oder manchmal auch unter anderen Bezeichnungen noch heute zu den Grundlagen verschiedener Disziplinen wie deskriptiver Mengenlehre, allgemeiner Topologie, Theorie der reellen Funktionen sowie

---

[17]Die Widmung lautet: „Dem Schöpfer der Mengenlehre Herrn Georg Cantor in dankbarer Verehrung gewidmet".

Inhalts- und Maßtheorie zählen. Eine Menge von Mengen (HAUSDORFF spricht von einem System von Mengen) nennt er einen Ring (Körper), wenn mit zwei Mengen A, B auch $A \cup B$, $A \cap B$ ($A \cup B$, $A - B$ im Falle $B \subseteq A$) dem System angehören. Ein Mengenkörper enthält dann auch stets $A \cap B$. Mengenkörper im HAUSDORFFschen Sinne heißen heute Boolesche Ringe. Ein Mengensystem heißt ein σ-System (δ-System), wenn es abgeschlossen gegenüber abzählbarer Vereinigungsbildung (abzählbarer Durchschnittsbildung) ist. Ein Ring oder Körper, der zugleich σ-System ist, heißt ein σ-Ring bzw. σ-Körper; entsprechend sind δ-Ring und δ-Körper definiert. Ein σ-Körper ist auch δ-Körper, aber nicht umgekehrt. HAUSDORFF zeigt später in seinem Buch die Anwendungen dieser Begriffe in den oben genannten Gebieten.

Im Vorwort hatte HAUSDORFF auch die „Limesbildungen von Mengenfolgen" als Novität genannt. Sei $X_1, X_2, \ldots$ eine Folge von Mengen, so erweisen sich folgende Mengenbildungen als besonders interessant:

$$\limsup_i X_i = \bigcap_{k=1}^{\infty} \bigcup_{j=k}^{\infty} X_j, \quad \liminf_i X_i = \bigcup_{k=1}^{\infty} \bigcap_{j=k}^{\infty} X_j.$$

$\limsup X_i$ ist die Menge aller $x \in \cup_i X_i$, die in unendlich vielen der X_i enthalten sind, $\liminf X_i$ ist die Menge aller $x \in \cup_i X_i$, die in fast allen X_i enthalten sind, d.h. in allen bis auf endlich vielen. Eine Mengenfolge heißt konvergent, falls $\limsup X_i = \liminf X_i$; diese Menge wird dann mit $\lim X_i$ bezeichnet. Im topologischen Kapitel 7 kommt HAUSDORFF auf diese Mengenbildungen zurück.

Im Kapitel 2 „Mengen und ihre Verknüpfungen: Funktion, Produkt, Potenz" leistete HAUSDORFF einen entscheidenden Beitrag dazu, seiner Behauptung auf S.1 seines Buches, die Mengenlehre sei „das Fundament der gesamten Mathematik", Nachdruck zu verleihen: er führte den Funktionsbegriff (in heutiger Terminologie den Begriff der eindeutigen Abbildung) auf rein mengentheoretische Begriffe zurück. HAUSDORFF schuf damit den modernen Funktionsbegriff, der heute in der Mathematik omnipräsent ist, meist ohne daß noch gesagt wird, von wem er stammt.[18]

Die Grundidee HAUSDORFFs besteht darin, eine Abbildung bzw. Funktion von A in B als geeignete Teilmenge von $A \times B$ zu definieren und damit den vorher nicht genauer bestimmten Begriff der Zuordnung mengentheoretisch zu fassen. Diese Idee basiert auf einer rein mengentheoretischen Definition des Begriffs „geordnetes Paar" (a, b). Das cartesische Produkt $A \times B$ ist dann die Menge aller geordneten Paare (a, b) mit $a \in A$ und $b \in B$. HAUSDORFF definiert das geordnete Paar (a, b) als die Menge $\{\{a, 1\}, \{b, 2\}\}$. Dazu ist zu bemerken, daß die Definition nicht wirklich vom Begriff der natürlichen Zahl abhängt; man braucht nur zwei verschiedene Objekte, etwa $\emptyset$, $\{\emptyset\}$. Allgemein durchgesetzt hat sich die 1921 von KURATOWSKI gegebene Definition $(a, b) = \{\{a\}, \{a, b\}\}$, die den Vorteil hat, außer a, b kein weiteres Objekt zu benötigen. HAUSDORFF führt nun eine *eindeutige*

---

[18]S.zum Funktionsbegriff auch den Essay von Ulrich Felgner *Der Begriff der Funktion* in *HGW*, Band II, 621–633.

Funktion von A in B ein *als eine Menge* $P \subset A \times B$ mit der Eigenschaft, daß jedes $a \in A$ in genau einem $(a, b) \in P$ als erstes Element vorkommt. Die Menge P realisiert dann das Gewünschte, nämlich daß jedem a eindeutig ein b zugeordnet ist; man schreibt dann traditionell $b = f(a)$. Ist zudem P so beschaffen, daß auch jedes $b \in B$ in genau einem Paar $(a, b) \in P$ auftritt, so stellt P eine eineindeutige Abbildung (Bijektion) von A auf B dar. Dieser Begriff führt dann unmittelbar auf den Äquivalenzbegriff von Mengen, die Basis für die spätere Definition der Kardinalzahlen.

Mittels des Funktionsbegriffs kann nun auch das cartesische Produkt beliebig vieler A_α, $\alpha \in J$, J eine beliebige Indexmenge, als Menge aller eindeutigen Funktionen f von J in $\cup_\alpha A_\alpha$ mit $f(\alpha) \in A_\alpha$ definiert werden. Sind alle $A_\alpha = A$, so erhält man daraus die Potenz A^J als die Menge aller eindeutigen Funktionen von J mit „Werten" in A.

Im Kapitel 3 „Kardinalzahlen oder Mächtigkeiten" wird zunächst jeder Menge A ein „Ding" oder „Zeichen" $\mathfrak{a}$ zugeordnet, ihre Kardinalzahl oder Mächtigkeit, und zwar so, daß äquivalenten Mengen und nur solchen die gleiche Kardinalzahl zukommt.[19] Beim Vergleich von Kardinalzahlen muß HAUSDORFF die Möglichkeit, daß zwei Kardinalzahlen unvergleichbar sind, zunächst zulassen, da er den Wohlordungssatz erst wesentlich später bringt. Es folgt der CANTOR-BERNSTEINsche Äquivalenzsatz; neben BERNSTEINs Beweis gibt HAUSDORFF auch ZERMELOS Beweis an, der auf Ideen von DEDEKIND beruht.[20] Danach folgen die Definitionen von Summe, Produkt und Potenz von Kardinalzahlen, Sätze über Ungleichungen, insbesondere der Satz von König, sowie Ausführungen über die Kardinalzahlen $\aleph_0$, $2^{\aleph_0} = \aleph$ und $2^\aleph$ nebst Beispielen von Zahlen-, Punkt- und Funktionenmengen, welche die Mächtigkeit $\aleph_0$ oder $\aleph$ oder $2^\aleph$ besitzen.

Das Kapitel 4 trägt den Titel „Geordnete Mengen. Ordnungstypen." Um eine Ordnung in einer Menge A zu definieren, greift HAUSDORFF wie beim Funktionsbegriff auf die geordneten Paare zurück: Eine Ordnung auf A ist eine Teilmenge P von $A \times A$ mit folgenden Eigenschaften:
1) Linearität: Für $a, b \in A$ mit $a \neq b$ ist entweder $(a, b) \in P$ oder $(b, a) \in P$.
2) Irreflexivität: Für jedes $a \in A$ gilt $(a, a) \notin P$.
3) Transitivität: Aus $(a, b) \in P$, $(b, c) \in P$ folgt $(a, c) \in P$.
Der Begriff der Ordnung (man sagt heute meist lineare Ordnung) ist somit – wie der Funktionsbegriff im Kapitel 1 – auf den Mengenbegriff zurückgeführt.

Zwei ordnungsisomorphe Mengen heißen bei HAUSDORFF ähnlich. Die Ähnlichkeit ist eine Äquivalenzrelation. Die Definition des Ordnungstypus leidet an derselben Schwäche wie die Definition der Kardinalzahl:

Wir ordnen nämlich jeder Menge A ein Zeichen α zu, derart, daß ähnlichen Mengen und nur solchen dasselbe Zeichen entspricht, [···] Dieses Zeichen α heißt der Ordnungstypus (oder Typus) der Menge A. [H 1914a, 73; II: 173].

---

[19]Zur Problematik der Definition von Kardinalzahlen s. Ulrich Felgners Essay *Der Begriff der Kardinalzahl* in *HGW*, Band II, 634–644.
[20]Zum Äquivalenzsatz s. [Hinkis 2013].

Die Ordinalzahlen definiert HAUSDORFF später als die Ordungstypen wohlgeordneter Mengen. Die Tatsache, das es in den *Grundzügen der Mengenlehre* noch nicht gelungen ist, die Begriffe Kardinalzahl, Ordnungstypus und Ordinalzahl auf den Mengenbegriff zurückzuführen, ist sozusagen ein „Schönheitsfehler", beeinträchtigt aber in keiner Weise die entwickelten Theorien, die im Rahmen dessen liegen, was das System **ZFC** hergibt.

Des weiteren gibt HAUSDORFF in diesem Kapitel eine zusammenfassende Darstellung der Grundlagen der Theorie der geordneten Mengen, die teils schon von CANTOR stammen, teils von ihm selbst in seinen Arbeiten über geordnete Mengen entwickelt wurden: geordnete Summen, geordnete Produkte (mit endlich vielen Faktoren), Strecken und Stücke, Konfinalität und Koinitialität, dichte, stetige und zerstreute Mengen.

Kapitel 5 „Wohlgeordnete Mengen. Ordnungszahlen" ist die bis dahin beste systematische und doch konzise Darstellung der Kerngedanken der CANTORschen Mengenlehre. Sie knüpft an die Bemühungen von HESSENBERG, eine systematische Theorie der wohlgeordneten Mengen vorzulegen, an [Hessenberg 1906] und bereichert das Vorhandene durch originelle eigene Ideen.

Nach der Definition der Wohlordnung und Sätzen über Summen und Produkte wohlgeordneter Mengen wird die Vergleichbarkeit von Ordnungszahlen[21] gezeigt, ferner, daß jede Menge von Ordnungszahlen, der Größe nach geordnet, eine wohlgeordnete Menge ist. Es folgen die Gesetze für das Rechnen mit Ordnungszahlen, die Limesformeln, der euklidische Algorithmus und das Prinzip der transfiniten Induktion (als Beweisprinzip und als Definitionsprinzip).

Neu ist die allgemeine Theorie der Normalfunktionen und ihrer kritischen Zahlen. Jeder Ordnungszahl α sei eine Ordnungszahl $f(\alpha)$ zugeordnet. $f(\alpha)$ heißt eine *Normalfunktion*, falls sie monoton und stetig ist, d.h.

$$\text{für } \alpha < \beta \text{ ist } f(\alpha) < f(\beta) \text{ und für } \alpha = \lim_\mu \xi_\mu \text{ ist } f(\alpha) = \lim_\mu f(\xi_\mu).$$

Wegen der Monotonie ist stets $f(\alpha) \geq \alpha$. HAUSDORFF zeigt, daß es unendlich viele Zahlen α mit $f(\alpha) = \alpha$ geben muß. Diese Zahlen nennt er die *kritischen Zahlen* der Normalfunktion f. Aus den kritischen Zahlen κ_α einer Normalfunktion kann man durch transfinite Induktion eine neue Normalfunktion $g(\alpha)$ gewinnen, aus deren kritischen Zahlen eine weitere usw.

Im Vorgriff auf den am Ende des Kapitels zu beweisenden Wohlordnungssatz sind für HAUSDORFF im folgenden Kardinalzahlen stets Mächtigkeiten wohlgeordneter Mengen. Aus dem Satz, daß jede Menge von Kardinalzahlen, der Größe nach geordnet, eine wohlgeordnete Menge ist, ergibt sich, daß es zu jeder Menge K von Kardinalzahlen eine nächstgrößere Kardinalzahl gibt; dies ist die kleinste Kardinalzahl nach K. Nun führt HAUSDORFF die Alephreihe mittels transfiniter Induktion ein: Jeder Ordnungszahl α wird eine Kardinalzahl $\aleph_\alpha$ zugeordnet, so

---

[21]„Ordnungszahl" und „Ordinalzahl" wurden und werden in diesem Buch stets als Synonyme gebraucht.

daß $\aleph_0$ die kleinste transfinite Kardinalzahl ist und $\aleph_\alpha$ für $\alpha > 0$ die kleinste Kardinalzahl ist, die auf $K = \{\aleph_\xi, \ \xi < \alpha\}$ folgt. Jedes Aleph erhält so einen Index, den Typus aller vorangehenden Alephs. Die Funktion $\aleph_\alpha$ hat Eigenschaften, die denen einer Normalfunktion analog sind:

$$\aleph_\alpha < \aleph_\beta \ \text{für} \ \alpha < \beta \ ; \ \ \aleph_\alpha = \lim \aleph_\xi \ \text{für} \ \alpha = \lim \xi \, .$$

Die Zahlklasse $Z(\aleph_\alpha)$ ist die Menge aller Ordnungszahlen der Mächtigkeit $\aleph_\alpha$. Die kleinste Zahl ω_α von $Z(\aleph_\alpha)$ heißt die Anfangszahl dieser Zahlklasse. Die Anfangszahlen ω_α spielen in der ganzen Theorie eine herausragende Rolle.[22] HAUSDORFF beweist dann, daß $Z(\aleph_\alpha)$ den Typus $\omega_{\alpha+1}$ und die Mächtigkeit $\aleph_{\alpha+1}$ hat. Für die erstmalig von HESSENBERG bewiesene Alephrelation $\aleph_\alpha^2 = \aleph_\alpha$ gibt er einen vereinfachten Beweis.

In einem Paragraphen „Die Anfangszahlen" gibt HAUSDORFF eine zusammenfassende Darstellung seiner diesbezüglichen früheren Ergebnisse: Unterscheidung von regulären und singulären Ordnungszahlen, die Feststellung, daß jede transfinite reguläre Ordnungszahl eine Anfangszahl ω_α ist und daß die ω_α mit α Nichtlimeszahl regulär sind. Er stellt dann, wie schon früher in [H 1908], die Frage, ob es reguläre Anfangszahlen mit Limeszahlindex gibt. Eine Plausibilitätsbetrachtung zeigt, daß solche Zahlen eine unvorstellbar große Mächtigkeit haben müßten. Spätere Bearbeiter der Theorie der unerreichbaren Kardinalzahlen haben sich meist auf die *Grundzüge* und nicht auf die früheren Arbeiten als Ausgangspunkt dieser Theorie berufen. Es folgt dann der Hauptsatz, daß jede geordnete Menge mit genau einer regulären Ordnungszahl konfinal ist. Hat die Menge kein letztes Element, ist sie mit genau einer regulären Anfangszahl konfinal. Dieser Satz ist – wie wir im Abschnitt 7.2 gesehen haben – die Grundlage für die Untersuchung von geordneten Mengen mittels ihrer Element- und Lückencharaktere.

Der letzte Paragraph dieses Kapitels behandelt den Wohlordnungssatz. HAUSDORFF deutet zunächst an, wie ZERMELOs erster Beweis von 1904 argumentierte und reproduziert dann dessen zweiten Beweis von 1908. Das Resümee dieses Paragraphen lautet:

> Mit dem Wohlordnungssatz ist nun endlich die erwünschte Einfachheit im Aufbau der Mengenlehre erreicht. Alle unendlichen Mächtigkeiten sind jetzt Alefs und alle Mächtigkeiten als paarweise vergleichbar erkannt. [H 1914a, 138; II: 238].

Bis zu diesem Punkt war es in HAUSDORFFs Aufbau noch denkbar, daß etwa $\aleph_1$ **eine** (unter vielen mit ihr unvergleichbaren) auf $\aleph_0$ nächstfolgende Mächtigkeit ist; jetzt ist sie **die** auf $\aleph_0$ nächstfolgende. Die Möglichkeit, eine Mengenlehre ohne Auswahlaxiom ins Auge zu fassen, zieht HAUSDORFF nicht wirklich in Betracht.

Das sechste Kapitel „Beziehungen zwischen geordneten und wohlgeordneten Mengen" ist fast ganz der zusammenfassenden Darstellung eigener Ergebnisse HAUSDORFFs auf dem Gebiet der geordneten Mengen gewidmet. Zunächst führt er

---

[22] In der modernen Mengenlehre werden sie meist mit den $\aleph_\alpha$ identifiziert.

den Begriff der teilweise geordneten Menge ein und beweist mittels des Wohlordnungssatzes den später nach ihm benannten Maximalkettensatz. Es folgen dann
die Betrachtungen über Element- und Lückencharaktere und der Existenzbeweis
für Mengen vorgeschriebener Spezies. Sehr eingehend und übersichtlich behandelt
HAUSDORFF seine allgemeinen Produkt- und Potenzbegriffe. Er zeigt, wie sich die
bereits seit CANTOR bekannten Produkte und Potenzen von Ordnungszahlen in
die allgemeine Theorie einordnen und macht an vielen speziellen Fällen, wie etwa
den η_α-Mengen, deutlich, welches gewaltige Potential zur Bildung neuer Ordnungsstrukturen in dieser allgemeinen Theorie steckt. Unter der Überschrift „Rationale
Ordnungszahlen" behandelt er ferner den Kettenbruchalgorithmus für Ordnungszahlen und in einem weiteren Paragraphen „Initiale und finale Ordnung" bringt er
Resultate aus [H 1909a]. Im letzten Paragraphen stellt HAUSDORFF eine Verbindung seines Potenzbegriffes mit nichtarchimedisch angeordneten Größensystemen
her und beweist den HAHNschen Einbettungssatz.[23]

Die Kapitel 7 und 8 über Punktmengen, man sollte besser sagen, die topologischen Kapitel, atmen den Geist einer neuen Zeit! Im Kapitel 7 „Punktmengen
in allgemeinen Räumen" entwickelt HAUSDORFF auf axiomatischer Grundlage und
mit der Mengentheorie als Basis eine systematische Theorie der topologischen
Räume. Die klassische Punktmengenlehre des $\mathbb{R}^n$ wird zu einem Spezialfall im
Rahmen dieser neu geschaffenen allgemeinen oder mengentheoretischen Topologie. Der grundlegende Begriff dieser Theorie ist der des topologischen Raumes:

> Unter einem *topologischen* Raum verstehen wir eine Menge E, worin den
> Elementen (Punkten) x gewisse Teilmengen U_x zugeordnet sind, die wir Um-
> gebungen von x nennen, und zwar nach Maßgabe der folgenden
> **Umgebungsaxiome:** [H 1914a, 213; II: 313].

Es folgen nun die vier HAUSDORFFschen Umgebungsaxiome, die wir schon im
Abschnitt 8.4, S. 339 im Zusammenhang mit seiner Bonner Vorlesung von 1912
angegeben haben. Bevor er den allgemeinen Begriff des topologischen Raumes
einführt, definiert er ebenfalls axiomatisch den Begriff des metrischen Raumes:

> Unter einem *metrischen* Raume verstehen wir eine Menge E, in der je zwei
> Elementen (Punkten) x, y eine reelle nichtnegative Zahl, ihre *Entfernung* $\overline{xy} \geq$
> 0 zugeordnet ist; und zwar verlangen wir überdies die Gültigkeit der folgenden
> **Entfernungsaxiome:**
>
> (α) (Symmetrieaxiom). Es ist stets $\overline{yx} = \overline{xy}$.
>
> (β) (Koinzidenzaxiom). Es ist $\overline{xy} = 0$ dann und nur dann, wenn $x = y$.
>
> (γ) (Dreiecksaxiom). Es ist stets $\overline{xy} + \overline{yz} \geq \overline{xz}$. [H 1914a, 211; II: 311].

Er zeigt dann sofort, daß jeder metrische Raum mittels der Umgebungsdefinition
$U_x = \{y \in E; \ \overline{xy} < \rho\}$ (ρ beliebig > 0) ein topologischer Raum ist. Räume, die
den drei Bedingungen (α)–(γ) genügen, hatte bereits 1906 MAURICE FRÉCHET in
seiner Dissertation unter der Bezeichnung „classes (E)" eingeführt [Fréchet 1906].

---

[23]S. dazu *HGW*, Band II, 606–607.

FRÉCHETs bedeutsame Dissertation fand jedoch zunächst wenig Resonanz. HAUS-
DORFF hat den Namen „metrischer Raum"eingeführt und die Theorie dieser Räume, eingebettet in die allgemeinere Theorie der topologischen Räume, im Kapitel
8 der *Grundzüge* entwickelt. Seit HAUSDORFFs Buch sind die metrischen Räume
Allgemeingut der Mathematiker. HANS FREUDENTHAL bemerkte dazu:

> Man kann nicht sagen, daß FRÉCHETs Begriffe bis zu HAUSDORFFs Buch viel
> Anklang fanden. Der erste, der sie in ihren Konsequenzen wirklich von neuem
> durchdachte und derjenige, der sie, sei es unter neuen Namen, popularisierte,
> war HAUSDORFF.[24]

Mit dem axiomatischen Aufbau der Theorie topologischer Räume hat HAUSDORFF
die Bilanz aus mehreren historischen Entwicklungslinien gezogen; als diese historischen Wurzeln der allgemeinen Topologie können gelten:

1. Die Theorie der Punktmengen des $\mathbb{R}^n$ und ihre Anwendungen in der Theorie
   der reellen Funktionen, der Maß- und Integrationstheorie, der Funktionentheorie und der Geometrie,

2. die Theorie der geordneten Mengen, insbesondere die zahlreichen Versuche,
   topologische Begriffe auf Ordnungsstrukturen zu übertragen,

3. die weitgehende Verallgemeinerung des Raumbegriffs in der Geometrie im
   Verlaufe des 19. Jahrhunderts, insbesondere das Studium von Mannigfaltigkeiten und die Auseinandersetzungen um das Raumproblem, und schließlich

4. die Herausbildung erster abstrakter Raumkonzepte (FRÉCHET, RIESZ, ame-
   rikanische topologische Schule um E. H. MOORE).[25]

HAUSDORFF war ein bedeutender früher Vertreter einer neuen Art von Mathema-
tik, jener Mathematik, die man später als die moderne Mathematik des 20.Jahr-
hunderts bezeichnet hat. Charakteristisch für diese damals neue Auffassung von
Mathematik ist der mengentheoretisch-axiomatische Aufbau der Theorien grundlegender Strukturen. Dabei wird, wie in HAUSDORFFs Theorie der topologischen
Räume, aus konkreten Beispielen oder Teilgebieten ein gemeinsamer struktureller
Kern herausgeschält und dann für diesen auf der Grundlage geeignet gewählter
Axiome deduktiv eine allgemeine Theorie entwickelt, die alle Beispiele als Spezialfälle enthält, aber darüber hinaus viele weitere Möglichkeiten der Anwendung
bietet. Der Aufbau solcher Theorien bringt einen Gewinn an Allgemeinheit und
Durchsichtigkeit mit sich und damit an Vereinfachung, Vereinheitlichung und letztlich an Denkökonomie. Die Kapitel zur Topologie der HAUSDORFFschen *Grundzüge*
stellen einen der Basistexte der mathematischen Moderne dar und *sind somit nicht
nur inhaltlich, sondern auch methodisch eine Pionierleistung.*

---

[24]Hans Freudenthal: *Felix Hausdorffs wissenschaftliche Bedeutung.* Vortrag Univ. Münster
1970, unpubliziert. Nachlaß Freudenthal, Rijksarchief Noord-Holland, Haarlem. Inv.-Nr. 557,
Bl. 6.

[25]Näheres zu diesen vier Entwicklungslinien findet man im Essay *Zum Begriff des topologischen
Raumes* in *HGW*, Band II, 675–708. Zur Herausbildung der Hausdorffschen Umgebungsaxiome
s.ebenda, 708–718.

Bevor wir den Inhalt des Kapitels 7 skizzieren, sollen noch einige Bemerkungen zum vierten der HAUSDORFFschen Umgebungsaxiome Platz finden. Dieses Axiom ist ein sogenanntes Trennungsaxiom und wird heute meist als HAUSDORFFsches Trennungsaxiom oder Axiom T_2 bezeichnet. In den zwanziger und frühen dreißiger Jahren des vorigen Jahrhunderts wurden sowohl schwächere als auch stärkere Trennungsaxiome eingeführt. HAUSDORFF selbst ist den Schritt, Räume durch verschiedene Trennungseigenschaften zu charakterisieren, noch nicht gegangen. FRÉCHET führte 1928 das schwächere T_1-Axiom ein [Fréchet 1928a]: Ist $x \neq y$, so existiert U_x mit $y \notin U_x$ und es existiert U_y mit $x \notin U_y$. Um diese T_1-Räume von denen HAUSDORFFs abzugrenzen, nannte FRÉCHET letztere „espaces de Hausdorff"; diese Bezeichnung hat sich durchgesetzt: T_2-Räume heißen heute *Hausdorffräume*. Jeder Hausdorffraum ist auch T_1-Raum. Die stärkeren Trennungsaxiome T_3 (regulärer Raum) und T_4 (normaler Raum) wurden von LEOPOLD VIETORIS [Vietoris 1921] bzw. HEINRICH TIETZE [Tietze 1923] eingeführt.[26]

Es sei nun X ein topologischer Raum und $A \subseteq X$ eine beliebige Teilmenge. HAUSDORFF beginnt den Aufbau der allgemeinen Topologie mit der Definition und dem systematischen Studium einer Reihe von Mengen, die aus A durch Betrachtung charakteristischer Eigenschaften von Punkten in Bezug auf A hervorgehen. So bildet er die Menge A_i der inneren Punkte von A und die Menge A_r der Randpunkte von A (Punkte von A, die keine inneren Punkte sind). Die Mengen A mit $A_i = A$ sind die in heutiger Terminologie offenen Mengen. HAUSDORFF bezeichnet sie als *Gebiete*. In einer Fußnote hebt er die fundamentale Bedeutung der offenen Mengen für die ganze Theorie hervor:

> Der Begriff einer Menge ohne Randpunkte ist aber so fundamental, daß er entschieden ein eigenes Substantiv verdient.[27]

Es wird dann bewiesen, daß die Vereinigung beliebig vieler und der Durchschnitt endlich vieler offener Mengen eine offene Menge ist. Die Einführung einer Topologie in einer Menge X mittels eines Systems $\mathfrak{O}$ von „offenen Mengen" mit diesen beiden Eigenschaften als Axiomen und dem Axiom $\emptyset \in \mathfrak{O}$, $X \in \mathfrak{O}$ geht auf ALEXANDROFF (nach Vorarbeit von TIETZE) zurück [Alexandroff 1925], [Tietze 1923].

Des weiteren bildet HAUSDORFF zu einer Menge $A \subseteq X$ die Mengen A_α der Berührungspunkte, A_β der Häufungspunkte und A_γ der Verdichtungspunkte von A.[28] A_β ist die von CANTOR bereits studierte Ableitung A' von A. CANTOR

---

[26] S. zur Thematik Trennungseigenschaften den Essay *Trennungsaxiome* von Horst Herrlich, Mirek Hušek und Gerhard Preuß in *HGW*, Band II, 745–751.

[27] [H 1914a, 215; II: 315]. Hausdorffs Vorschlag zur Bezeichnung der offenen Mengen hat sich aber nicht durchgesetzt; s. zur Geschichte der Bezeichnung „offene Menge" *HGW*, Band II, 720–721.

[28] x heißt Berührungspunkt (Häufungspunkt, Verdichtungspunkt) von A, wenn in jeder Umgebung U_x mindestens ein Punkt (unendlich viele Punkte, überabzählbar viele Punkte) von A liegen. Hausdorff weist darauf hin, daß man entsprechend der Alephfolge A_γ weiter differenzieren könnte: In U_x liegen mindestens $\aleph_1$ Punkte, mindestens $\aleph_2$ Punkte usw. von A. Für euklidische Räume hätte man aber „mit der Wahrscheinlichkeit zu rechnen", daß außer den drei genannten keine neuen Mengen entstehen (dann nämlich, wenn die Kontinuumhypothese zutrifft); für

folgend nennt HAUSDORFF eine Menge $A \subseteq X$ *abgeschlossen*, falls $A_\beta \subseteq A$, *in-sichdicht*, falls $A \subseteq A_\beta$ und *perfekt*, falls $A = A_\beta$. Er zeigt dann, daß A genau dann abgeschlossen ist, wenn $A = A_\alpha$ bzw. wenn $X - A$ offen ist. Es werden noch folgende grundlegende Sätze bewiesen: I. Der Durchschnitt beliebig vieler und die Vereinigung endlich vieler abgeschlossener Mengen ist abgeschlossen. II. Die Vereinigung beliebig vieler insichdichter Mengen ist insichdicht. Diese Sätze und der Satz über die Offenheit der Vereinigung beliebig vieler offener Mengen sind die Grundlage gewisser Kern- und Hüllenbildungen. Es ist aber bemerkens-wert, daß HAUSDORFF die für die Topologie wichtigen Operationen der Kern- und Hüllenbildung ganz allgemein einführt:

> Wenn ein System von Mengen M (wie hier das System der Gebiete) die Eigenschaft hat, daß die *Summe* beliebig vieler Mengen des Systems wieder dem System angehört, so läßt sich in bezug auf eine beliebige Menge A, die mindestens ein M als Teilmenge enthält, die *größte in A enthaltene Menge M* definieren. [$\cdots$]
>
> Wenn andererseits ein System von Mengen M (wie das der Randmen-gen) die Eigenschaft hat, daß der *Durchschnitt* beliebig vieler Mengen des Systems wieder dem System angehört, so läßt sich für eine Menge A, die in mindestens einem M als Teilmenge enthalten ist, die *kleinste, A enthaltende Menge M* definieren. [H 1914a, 217–218; II: 317–318].

Im ersten Fall ist diese Menge die Vereinigung aller $M \subseteq A$, im zweiten Fall der Durchschnitt aller $M \supseteq A$. HAUSDORFF sucht nach diesem Schema die kleinste abgeschlossene Menge, die A umfaßt (er spricht noch nicht von Hüllen); dies ist gerade A_α. An Kernen hat er zwei nichttriviale Beispiele, den offenen Kern A_i (bei ihm das Innere genannt) und den insichdichten Kern von A, den er auch *Kern von A* nennt und mit A_k bezeichnet.

Am Schluß dieser Betrachtungen zeigt HAUSDORFF, daß man mittels Vereini-gungs- und Durchschnittsbildung alle diese für die Topologie als wichtig erkannten Mengen auf α-Mengen, d.h. auf abgeschlossene Hüllen zurückführen kann. KURA-TOWSKI hat 1922, allerdings ohne sich auf HAUSDORFF zu beziehen, die Topologie auf vier Axiome für den Hüllenoperator aufgebaut, zunächst ohne Trennungsei-genschaften [Kuratowski 1922]. Später fügte er das T_1-Axiom hinzu, welches sich mittels der Hüllenoperation leicht formulieren läßt.

Im nächsten Paragraphen arbeitet HAUSDORFF die fundamentale Bedeu-tung des Kompaktheitsbegriffs für die Topologie heraus. Implizit hatte man in der Analysis schon lange mit dem Kompaktheitsbegriff gearbeitet, indem man die Eigenschaften abgeschlossener beschränkter Mengen des $\mathbb{R}^n$ studierte und für die Analysis ausnutzte. Dieser Kompaktheitsbegriff benötigt aber die Metrik des $\mathbb{R}^n$ und ist für die Übertragung auf topologische Räume ungeeignet. HAUSDORFF übernimmt die Definition von FRÉCHET: $A \subseteq X$ heißt *kompakt*, wenn jede un-

---

geordnete topologische Räume (die Umgebungen U_x sind die Mittelstrecken, die x enthalten) „müßte man die Verdichtungspunkte höherer Ordnung in Betracht ziehen". [H 1914a, 220; II: 320]. Hausdorff tut dies aber hier nicht.

endliche Teilmenge von A mindestens einen Häufungspunkt besitzt (die endlichen Mengen und die leere Menge sollen auch zu den kompakten Mengen gehören) [Fréchet 1906].[29] Für in diesem Sinne kompakte abgeschlossene Mengen gilt der CANTORsche Durchschnittssatz: Eine absteigende Folge nichtleerer solcher Mengen hat einen nichtleeren Durchschnitt. Ferner gilt eine abzählbare Version des HEINE-BORELschen Überdeckungssatzes: Ist eine kompakte abgeschlossene Menge A in der Vereinigung abzählbar vieler offener Mengen enthalten, so wird A bereits von endlich vielen dieser offenen Mengen überdeckt. HAUSDORFF möchte nun „zwei Hauptbegriffe der elementaren Analysis in die Theorie der Punktmengen" übertragen, „die Begriffe Limes und Konvergenz." [H 1914a, 232; II: 332]. Ein Punkt x heißt Limes der unendlichen Menge A, wenn jede seiner Umgebungen U_x alle Punkte von A bis auf endlich viele enthält. A heißt konvergent, wenn sie einen Limes besitzt (sie besitzt dann nur einen einzigen Limes). Die Konvergenz kann auf die Kompaktheit zurückgeführt werden: Eine Menge A ist konvergent genau dann, wenn sie eine kompakte Menge mit einem einzigen Häufungspunkt ist.

HAUSDORFFs Kompaktheitsbegriff ist in aktueller Terminologie der Begriff der abzählbaren Kompaktheit. Man nennt heute eine Menge A kompakt, wenn jede offene Überdeckung von A eine endliche Teilüberdeckung besitzt. Dieser Kompaktheitsbegriff ist ab 1923 von ALEXANDROFF und URYSOHN eingeführt und studiert worden.[30] Kompakte Mengen in diesem Sinne nannten ALEXANDROFF und URYSOHN bikompakt, das Wort „kompakt" war bei ihnen für die in HAUSDORFFs Sinne kompakten Mengen reserviert. 1930 konnte ANDREI TYCHONOFF zeigen, daß sich die Eigenschaft „bikompakt" auf beliebige Produkte vererbt [Tychonoff 1930]; seitdem hat sich dieser Begriff als allgemeiner Kompaktheitsbegriff durchgesetzt.

Unter der Überschrift „Relativbegriffe" führt HAUSDORFF im folgenden Paragraphen in Gestalt der Relativtopologie[31] auf einer Teilmenge $M \subset X$ eine von X abgeleitete Topologie ein. Das ist die Grundlage für die Definition des Begriffs Teilraum eines topologischen Raumes, obwohl HAUSDORFF hier noch nicht von Teilräumen spricht. Diese Idee war völlig neu; im Vorwort hebt er dementsprechend „die systematische Durchführung der Relativbegriffe" als Novität hervor.[32]

Es sei M eine fixierte Teilmenge eines topologischen Raumes X. A heißt *in M abgeschlossen* (relativ abgeschlossen), falls $A = M \cap F$ ist (F abgeschlossen in X). A heißt *ein Relativgebiet von M*[33], falls $A = M \cap G$ ist (G offen in X). Es zeigt sich, daß Relativgebiete in M und in M abgeschlossene Mengen Komplemente (bezüglich M) voneinander sind. Es gelten auch die für offene und abgeschlossene Mengen charakteristischen Sätze: Der Durchschnitt endlich vieler und die Vereingung beliebig vieler Relativgebiete von M ist wieder ein Relativgebiet von M;

---

[29]Zur Entwicklung des Kompaktheitsbegriffes bei Fréchet s.[Taylor 1982, 244f.].

[30]S. dazu den ersten Brief von ALEXANDROFF und URYSOHN an HAUSDORFF vom 18. April 1923 und die Anmerkungen zu diesem Brief in *HGW*, Band IX, 5–9.

[31]Sie wird heute meist induzierte Topologie, auch Unterraum- oder Spurtopologie genannt.

[32][H 1914a, VI; II: 98]. Eine der topologischen Grundkonstruktionen, die Teilraumbildung, war damit faktisch vorgezeichnet. Die Konstruktion von Summen, Produkten und Quotienten topologischer Räume findet man in den *Grundzügen* noch nicht.

[33]eine in M offene Menge

die Vereinigung endlich vieler und der Durchschnitt beliebig vieler in M abgeschlossener Mengen ist wieder in M abgeschlossen. Es werden dann noch weitere Sätze bewiesen, z.B., daß der insichdichte Kern einer Menge M eine in M abgeschlossene Menge ist oder daß ein Relativgebiet einer insichdichten Menge M wieder insichdicht ist. Daß HAUSDORFF mit diesen Betrachtungen über Relativbegriffe insbesondere den Teilraumbegriff im Sinn hat, geht aus folgenden Passagen hervor:

> Die Begriffe des Relativgebiets und der relativ abgeschlossenen Menge sind noch einer etwas systematischeren Auffassung fähig, indem wir eine ganze *Relativtheorie* entwickeln, die sich, statt auf die Menge E, auf eine Teilmenge von ihr als zugrunde liegenden Raum bezieht.[34]

Da ein topologischer Raum bei HAUSDORFF durch ein System von Umgebungen definiert ist, werden neue Umgebungen V_y eines Punktes $y \in M$ vermöge $V_y = U_y \cap M$ definiert, wobei U_y die Umgebungen im Raum E sind. Nachdem festgestellt ist, daß die V_y den vier Umgebungsaxiomen genügen, heißt es:

> Nachdem hiermit die Umgebungen fixiert sind, hängt alles weitere nur von der Menge M ab, und jeder solchen (nichtverschwindenden) Menge M entspricht eine *Relativtheorie*, in der M statt E die Rolle des umfassenden Raumes übernommen hat. [H 1914a, 242; II: 342].

Einen nachhaltigen Einfluß hatte die von HAUSDORFF im §7 von Kapitel 7 entwickelte Theorie des Zusammenhangs. Definitionen für den Zusammenhang einer Punktmenge gab es vor HAUSDORFF bereits einige, etwa die von CANTOR, JORDAN, SCHOENFLIES und STUDY.[35] Seiner eigenen Definition stellt er folgende Bemerkung voran:

> Für den Zusammenhang sind verschiedene Definitionen üblich; die im Text gegebene deckt sich mit keiner von ihnen, scheint uns aber die natürlichste und allgemeinste zu sein. [H 1914a, 244; II: 344].

In der Tat hat sich in der Folgezeit HAUSDORFFs Konzept von Zusammenhang in der allgemeinen Topologie durchgesetzt. Er nennt eine nichtleere Teilmenge A eines topologischen Raumes X zusammenhängend, wenn eine Darstellung $A = A_1 \cup A_2$ mit *disjunkten, nichtleeren, in A abgeschlossenen* Teilmengen A_1, A_2 nicht möglich ist. Der topologische Raum X würde demnach zusammenhängend sein, wenn er nicht Vereinigung zweier disjunkter, nichtleerer, abgeschlossener Mengen ist. Würde man dies als Definition voranstellen, liefe HAUSDORFFs Definition darauf hinaus, daß eine Menge $A \subset X$ zusammenhängend ist, wenn sie, als topologischer Teilraum aufgefaßt, ein zusammenhängender topologischer Raum ist. Übrigens kann in allen diesen Formulierungen „abgeschlossen" durch „offen" ersetzt werden.

HAUSDORFFs Definition des Zusammenhangs hat sich aber nicht nur deshalb durchgesetzt, weil sie die „natürlichste und allgemeinste" ist, sondern weil er über

---

[34][H 1914a, 241; II: 341]. Hausdorff schreibt für den ganzen Raum meist E.
[35]Diese Vorläufer nennt er in den Anmerkungen zu diesem Paragraphen; die einschlägigen Arbeiten von RIESZ und LENNES scheint er nicht gekannt zu haben.

die Begriffsbestimmung hinaus eine ganze Theorie des Zusammenhangs entwickelt hat, an die eine Reihe von Forschern angeknüpft haben. Er zeigt zunächst, daß die Vereinigung beliebig vieler zusammenhängender Mengen, die paarweise mindestens einen Punkt gemeinsam haben, zusammenhängend ist. Auf der Grundlage dieses Satzes kann nun zu einem Punkt $p \in A \subseteq X$ mittels Kernbildung eine maximale zusammenhängende Teilmenge von A, die p enthält, konstruiert werden: Man bilde die Vereinigung aller zusammenhängenden Teilmengen von A, die p enthalten. Solch eine maximale zusammenhängende Teilmenge nennt HAUSDORFF eine *Komponente* von A. Zwei Komponenten von A sind entweder disjunkt oder fallen zusammen. Jede Komponente von A ist in A abgeschlossen. Die Mächtigkeit der Menge der Komponenten von A heißt die *Komponentenzahl* von A; sie ist eine natürliche Zahl ≥ 1 oder ein Aleph. Jeder topologische Raum ist somit entweder zusammenhängend oder er zerfällt in paarweise disjunkte, abgeschlossene Zusammenhangskomponenten. Enthält eine Komponente mehr als einen Punkt, so ist sie insichdicht. Komponenten mit mehr als einem Punkt sind also perfekte Mengen. Räume, deren Zusammenhangskomponenten alle einpunktig sind, nennt HAUSDORFF *punkthaft*. [H 1914a, 322; II: 422]. Sie heißen heute total unzusammenhängend. Von besonderer Bedeutung ist es, daß HAUSDORFFs Zusammenhangsbegriff eine topologische Invariante ist: das homöomorphe Bild einer zusammenhängenden Menge $A \subseteq X$ ist zusammenhängend [H 1914a, 363; II: 463].

Das Kapitel 8 „Punktmengen in speziellen Räumen" beginnt HAUSDORFF mit der Definition der „Gleichwertigkeit" zweier Umgebungssysteme. Zwei solche Systeme $\{U_x\}, \{V_x\}$ heißen *gleichwertig*, wenn sie die gleiche Topologie (d.h. das gleiche System offener Mengen) erzeugen. Das ist genau dann der Fall, wenn jedes U_x ein V_x und jedes V_x ein U_x als Teilmenge enthält. Ein zum gesamten Umgebungssystem $\{U_x\}$ gleichwertiges Teilsystem $\{U_x'\}$ nennt man heute eine Umgebungsbasis. HAUSDORFFs Ziel im Kapitel 8 besteht zunächst darin, mittels gewisser Mächtigkeitsbeschränkungen die Räume weiter zu spezialisieren. Dazu dienen ihm zwei *Abzählbarkeitsaxiome*, die er erstes und zweites Abzählbarkeitsaxiom nennt.
Erstes Abzählbarkeitsaxiom: *Jeder Punkt x des Raumes X besitzt eine höchstens abzählbare Umgebungsbasis.*
Zweites Abzählbarkeitsaxiom: *Der ganze Raum X besitzt eine abzählbare Umgebungsbasis.*

HAUSDORFF untersucht dann zunächst die Konsequenzen des schwächeren ersten Abzählbarkeitsaxioms. Das wichtigste Resultat ist, daß die Berührungspunkte einer Menge A identisch sind mit den Limites konvergenter Folgen von Punkten von A. In Hausdorffräumen mit erstem Abzählbarkeitsaxiom läßt sich also die topologische Struktur vollständig mit Hilfe konvergenter Folgen beschreiben. Mittels dieses Resultats kann HAUSDORFF nun auch seine Raumtheorie mit FRÉCHETs Theorie der Limesräume in Beziehung setzen [H 1914a, 265–268; II: 365–368].

Im nächsten Paragraphen geht es um die Konsequenzen des zweiten Abzählbarkeitsaxioms. In Räumen mit zweitem Abzählbarkeitsaxiom läßt sich näheres über die Verdichtungspunkte sagen. Während für einen beliebigen Hausdorffraum nur bekannt ist, daß die Menge A_γ der Verdichtungspunkte einer höchstens abzählbaren Menge A leer ist, gilt nun auch umgekehrt: Ist $A \cap A_\gamma = \emptyset$, so ist A höchstens abzählbar. Mehr noch, die Menge der zu A gehörigen Verdichtungspunkte von A ist insichdicht und damit Teilmenge des insichdichten Kerns von A. Desweiteren gelten in einem Raum X mit zweitem Abzählbarkeitsaxiom folgende Mächtigkeitsabschätzungen: Die Menge aller offenen (abgeschlossenen) Mengen von X hat höchstens die Mächtigkeit $2^{\aleph_0}$ des Kontinuums. Daraus folgt, daß auch die Menge X selbst (die Menge der Punkte des Raumes) höchstens Kontinuumsmächtigkeit hat. Eine Menge paarweise disjunkter offener Mengen von X ist dagegen höchstens abzählbar. Für den $\mathbb{R}^n$ waren diese Sätze seit CANTOR bekannt. HAUSDORFF hat auch weitere für euklidische Räume von Forschern wie CANTOR, BERNSTEIN, YOUNG und LINDELÖF gefundene Resultate auf topologische Räume mit zweitem Abzählbarkeitsaxiom übertragen können. Insbesondere ist für einen solchen Raum X eine Menge $A \subseteq X$ genau dann kompakt im modernen Sinne, wenn sie abzählbar kompakt, d.h. kompakt im Sinne von Hausdorff ist.

HAUSDORFF deutet auch schon eine Verallgemeinerung des zweiten Abzählbarkeitsaxioms an: *Die niedrigste Mächtigkeit einer Umgebungsbasis des Raumes X ist $\aleph_\sigma$.* Diese Verallgemeinerung führte später zum Begriff des Gewichts eines topologischen Raumes. HAUSDORFF hat diese Idee in den *Grundzügen* aber nicht weiter verfolgt.

Die metrischen Räume, deren axiomatische Grundlage, die Entfernungsaxiome, HAUSDORFF schon am Beginn der Punktmengentheorie formuliert hatte, bilden den Gegenstand der Paragraphen 6–9 von Kapitel 8. Sie erfüllen, als topologische Räume aufgefaßt, das erste Abzählbarkeitsaxiom. Metrische Räume, die das zweite Abzählbarkeitsaxiom erfüllen, sind genau die separablen metrischen Räume.[36]

Zunächst führte HAUSDORFF ein Konzept ein, das heute in verschiedenen Gebieten der Mathematik bis in die Informatik hinein von Bedeutung ist, die nach ihm benannte Metrik (Hausdorff distance). Sei X ein metrischer Raum mit der Metrik $d(x, y)$ und A, B seien nichtleere kompakte Teilmengen von X. HAUSDORFF zeigte, daß die Funktion

$$d_H(A, B) = \max \left\{ \sup_{a \in A} \inf_{b \in B} d(a, b), \ \sup_{b \in B} \inf_{a \in A} d(a, b) \right\}$$

den drei metrischen Axiomen genügt. Mit $d_H(A, B)$ als Abstand wird also die Menge der nichtleeren kompakten Teilmengen von X zu einem neuen metrischen Raum. Diese HAUSDORFFsche Raumkonstruktion war der Ausgangspunkt für die Theorie der Hyperräume.[37] Für die nichtleeren kompakten Teilmengen der euklidischen Ebene hatte der rumänische Mathematiker DIMITRIE POMPEIU bereits

---

[36]Separable Räume hatte erstmals 1906 Fréchet in seiner Dissertation [Fréchet 1906] betrachtet; von ihm stammt auch der Ausdruck separabel.

[37]S.dazu den Essay *Hausdorff-Metriken und Hyperräume* von Horst Herrlich, Mirek Hušek und Gerhard Preuß in *HGW*, Band II, 762–766 und die dort zitierte Literatur zum Thema Hyperräume.

1905 obige Abstandsfunktion betrachtet, wie HAUSDORFF selbst in seinen Anmerkungen erwähnte [H 1914a, 463; II: 563].

Sei X ein metrischer Raum und $H(X)$ der Hyperraum der nichtleeren kompakten Teilmengen von X mit $d_H(A, B)$ als Metrik. HAUSDORFF kann zeigen, daß aus der Separabilität von X auch die von $H(X)$ folgt. Spätere Forscher haben weitere wichtige Eigenschaften von $H(X)$ zeigen können, z.B.: Ist X vollständig, so auch $H(X)$. Ist X kompakt, so auch $H(X)$.

MICHAIL L. GROMOV benutzte die Hausdorff-Metrik, um ein Maß dafür zu finden, wie weit zwei kompakte metrische Räume X, Y davon entfernt sind, isometrisch zu sein. Diesen Abstand bezeichnet man als Gromov-Hausdorff-Metrik $d_{GH}(X, Y)$. Sie ist die kleinstmögliche Hausdorff-Distanz, die X und Y bei isometrischer Einbettung in einen metrischen Raum Z haben können:

$$d_{GH}(X, Y) = \inf \{ d_H(f(X), g(Y)), \ f : X \to Z, \ g : Y \to Z \}.$$

Dabei sind f bzw. g isometrische Einbettungen von X bzw. Y in Z. Die Gromov-Hausdorff-Metrik und die Konvergenz im Sinne dieser Metrik spielen in der Differentialtopologie eine wichtige Rolle [Gromov 1999].

Mit der Betrachtung der „Borelschen Mengen" in metrischen Räumen tritt HAUSDORFF in ein Gebiet ein, welches heute „deskriptive Mengenlehre" genannt wird.[38] In einer modernen Darstellung der klassischen deskriptiven Mengenlehre wird das Gebiet folgendermaßen umschrieben:

> Descriptive set theory is the study of „**definable sets**" in **Polish** (i.e., separable completely metrizable) **spaces**. In this theory, sets are classified in hierarchies, according to the complexity of their definitions, and the structure of the sets in each level of these hierarchies is systematically analyzed. [Kechris 1995, XV].

Die deskriptive Mengenlehre hat mittlerweile Anwendungen in zahlreichen Zweigen der Mathematik gefunden, z.B. in der Maßtheorie, Wahrscheinlichkeitstheorie, Topologie, Funktionalanalysis, harmonischen Analyse, Limitierungstheorie, Potentialtheorie, Ergodentheorie, Darstellungstheorie Liescher Gruppen, Kombinatorik und mathematischen Logik.[39] Die Bezeichnung „deskriptive Mengenlehre" stammt von ALEXANDROFF und wurde von ihm erstmals in einem Brief an HAUSDORFF vom 4. Juli 1926 benutzt.[40] Nachdem sie von ALEXANDROFF und HOPF in ihrem Klassiker *Topologie I* verwendet wurde, hat sie sich allgemein durchgesetzt [Alexandroff/·Hopf 1935, 19–20].

Die im vorigen Zitat genannten Hierarchien von Mengen sind i.a. durch transfinite Ordinalzahlen indiziert. Ein erstes Beispiel solcher verallgemeinerter „Mengenfolgen" studierte CANTOR, die Folge $\{P^\alpha\}$ der suzessiven Ableitungen einer

---

[38] Ich stütze mich im folgenden auf meine historische Einführung zu Hausdorffs Buch *Mengenlehre* ([H 1927a]) in *HGW*, Band III, 1–40.

[39] Literaturhinweise zu zahlreichen Anwendungen findet man in [Kechris 1995, 347].

[40] *HGW*, Band IX, 44.

Punktmenge des $\mathbb{R}^n$ (α eine Zahl der ersten oder zweiten Zahlklasse). Die transfiniten Ordinalzahlen sind für die deskriptive Mengenlehre, insbesondere für die Untersuchung höherer Punktklassen, ein unverzichtbares Instrumentarium.

Die deskriptive Mengenlehre hat ihren Ursprung in der „deskriptiven Funktionentheorie"der französischen Schule um BOREL, BAIRE und LEBESGUE.[41] Diese deskriptive Funktionentheorie war nicht zuletzt aus philosophischen Erwägungen heraus entstanden, aus Erwägungen, die das Problem der Existenz mathematischer Gegenstände betrafen. Für BAIRE, BOREL und LEBESGUE mußten sich die mathematischen Objekte durch gewisse akzeptierte Prozeduren „beschreiben"(décrire) lassen. Jedenfalls gehörten CANTORs Theorie beliebiger Mengen beliebig großer Mächtigkeit, beliebige Funktionen im Sinne DIRICHLETs und beliebige Auswahlen in ZERMELOs Beweis des Wohlordnungssatzes nicht zum Bereich des „Beschreibbaren".[42]

HAUSDORFF ist es in den *Grundzügen* gelungen, die wichtigsten Konzepte und Resultate der französischen Schule in neuer Form und gelungener Systematik darzustellen und inhaltlich anzureichern. In dem Essay *Deskriptive Mengenlehre in Hausdorffs Grundzügen der Mengenlehre*[43] weisen VLADIMIR KANOVEI und PETER KOEPKE auf einen methodisch außerordentlich bedeutsamen Wechsel der Perspektive hin, den HAUSDORFF in den *Grundzügen* gegenüber der französischen Schule vorgenommen hat:

> In den *Grundzügen* baut HAUSDORFF die deskriptive Theorie zum ersten Mal als eine Theorie von *Mengen* und nicht als eine Theorie von *Funktionen* auf. Diese Sichtweise hat sich historisch durchgesetzt.[44]

Von den philosophisch motivierten Einschränkungen, die sich die französischen Forscher auferlegt hatten, grenzte sich HAUSDORFF im Anhang zu den *Grundzügen* deutlich ab [H 1914a, 450; II: 550]. Für ihn waren die Ergebnisse der französischen Schule der Theorie der reellen Funktionen wegen ihrer mathematischen Substanz interessant: Funktionen und Mengen, die durch gewisse abzählbare Prozeduren entstehen, haben interessante Struktureigenschaften, die es zu ergründen gilt.

Und hier nun ist die Klasse der Borelschen Mengen von besonderem Interesse. Es sei $\mathfrak{A}$ ein gegebenes Mengensystem und $\mathfrak{A}_{(\sigma\delta)}$ bezeichne das kleinste Mengensystem, welches $\mathfrak{A}$ umfaßt und abgeschlossen ist gegenüber abzählbarer Vereinigungs- und Durchschnittsbildung. HAUSDORFF zeigt zunächst mit Rückgriff auf die von ihm im Kapitel 1 der *Grundzüge* entwickelte Mengenalgebra, wie man $\mathfrak{A}_{(\sigma\delta)}$ sukzessive aufbauen kann. Die Mengen A_σ (A_δ) sind die abzählbaren Vereinigungen (Durchschnitte) von Mengen aus $\mathfrak{A}$; die A_σ (A_δ) bilden das kleinste σ-System (δ-System) $\mathfrak{A}_\sigma$ $(\mathfrak{A}_\delta)$ über $\mathfrak{A}$. Mit Bildung der $A_{\sigma\delta}$ $(A_{\delta\sigma})$ kann fortgefahren werden,

---

[41] Als wichtigste Beiträge zu dieser Theorie sind zu nennen das Buch [Borel 1898] sowie die beiden umfangreichen Aufsätze [Baire 1899] und [Lebesgue 1905].

[42] Das „Manifest" dieser „französischen Halbintuitionisten" ist [Baire et al. 1905]. Ausführlich ist die Problematik behandelt bei [Moore 1982, 92ff.].

[43] *HGW*, Band II, 773–787.

[44] *HGW*, Band II, 773.

usw. Durch diesen Prozeß wird $\mathfrak{A}_{(\sigma\delta)}$ folgendermaßen aufgebaut: Sei $\varphi(\mathfrak{A}) = \mathfrak{A}_{\sigma\delta}$, so definiert man für jedes $\eta < \omega_1$:

$$\mathfrak{A}_0 = \mathfrak{A}, \quad \mathfrak{A}_\eta = \bigcup_{\xi < \eta} \varphi(\mathfrak{A}_\xi); \quad \text{schließlich erhält man} \quad \mathfrak{A}_{(\sigma\delta)} = \bigcup_\eta \mathfrak{A}_\eta \ (\eta < \omega_1).$$

Sei nun X ein metrischer Raum. Abgeschlossene Mengen bezeichnet HAUSDORFF mit F (ensemble fermé), offene Mengen mit G (Gebiet). Die F_δ sind Mengen F, die G_σ sind Mengen G, also jeweils nichts neues. Die erste Stufe im obigen Prozeß sind die G_δ und die F_σ, dann folgen $F_{\sigma\delta}$ und $G_{\delta\sigma}$, usw. F und G, F_σ und G_δ, $F_{\sigma\delta}$ und $G_{\delta\sigma}$ sind jeweils Komplemente voneinander. Sei $\mathfrak{G}$ das System der offenen Mengen, $\mathfrak{F}$ das der abgeschlossenen Mengen. Man kann dann obigen Prozeß für $\mathfrak{A} = \mathfrak{G}$ bzw $\mathfrak{A} = \mathfrak{F}$ anwenden und erhält mit $\mathfrak{G}_{(\delta\sigma)}$ $(\mathfrak{F}_{(\sigma\delta)})$ das kleinste Mengensystem, das alle offenen (abgeschlossenen) Mengen enthält und abgeschlossen gegenüber abzählbarer Vereinigungs- und Durchschnittsbildung ist. HAUSDORFF zeigt, daß jede abgeschlossene Menge F ein G_δ, jede offene Menge G ein F_σ ist. Deshalb ist es gleichgültig, ob man den stufenweisen Aufbau mit $\mathfrak{G}$ oder $\mathfrak{F}$ beginnt; das schließlich entstehende System der Borelschen Mengen ist das kleinste Mengensystem, welches alle offenen und abgeschlossenen Mengen enthält und abgeschlossen ist gegenüber abzählbarer Vereinigungs- und Durchschnittsbildung. Die Bezeichnung „Borelsche Mengen" in diesem allgemeinen Sinne stammt von HAUSDORFF; SCHOENFLIES hatte nur abzählbare Durchschnitte von offenen Mengen, also G_δ-Mengen in HAUSDORFFs Systematik, als Borelsche Mengen bezeichnet. HAUSDORFFs Bezeichnungen für die Mengen der Borelschen Hierarchie (G_δ, F_σ, usw.) haben sich durchgesetzt und waren über Jahrzehnte die gängige Terminologie; erst in neuerer Zeit sind sie im Rahmen der Entwicklung von mathematischer Logik und deskriptiver Mengenlehre teilweise durch eine andere Symbolik ersetzt worden. HAUSDORFFs Einführung der σ-Algebra der Borelmengen und deren systematischer Aufbau gehörten in der weiteren Entwicklung der deskriptiven Mengenlehre und weiterer Gebiete wie Maßtheorie oder allgemeiner Topologie zum Standardinstrumentarium.

Im folgenden untersucht HAUSDORFF u. a. vollständige Räume. Einen metrischen Raum nennt er *vollständig*, wenn jede Cauchy-Folge konvergiert. Solche Räume hatte FRÉCHET in [Fréchet 1906] als Räume bezeichnet, die „une généralisation du théorème de Cauchy" gestatten. Der von HAUSDORFF gewählte Ausdruck „vollständig" hat sich durchgesetzt. HAUSDORFF zeigte dann, daß sich jeder metrische Raum isometrisch in einen vollständigen metrischen Raum einbetten läßt. Diese „Hausdorff-Vervollständigung" ist eine Verallgemeinerung des Verfahrens, mit dem CANTOR und CHARLES MÉRAY den Körper der reellen Zahlen aus dem der rationalen Zahlen gewonnen hatten. Mit den separablen vollständigen metrischen Räumen (den polnischen Räumen, wie sie heute auch heißen) stand nun die Klasse der Räume zur Verfügung, in der die klassische deskriptive Mengenlehre arbeitet.

CANTOR hatte die Frage der Mächtigkeit *abgeschlossener* Mengen des $\mathbb{R}^n$ mittels des heute nach ihm und IVAR BENDIXSON benannten Satzes klären können: Eine abgeschlossene Menge des $\mathbb{R}^n$ ist entweder höchstens abzählbar oder von der Mächtigkeit $\aleph$ des Kontinuums. Hier setzt eine wichtige Entwicklungslinie der deskriptiven Mengenlehre an, zu der HAUSDORFF wesentlich beigetragen hat. Nachdem WILLIAM HENRY YOUNG für G_δ-Mengen von $\mathbb{R}$ gezeigt hatte, daß sie höchstens abzählbar oder von der Mächtigkeit $\aleph$ sind, erweiterte HAUSDORFF dies Resultat auf G_δ-Mengen in polnischen Räumen. Schließlich hat er im Anhang zu den *Grundzügen* gezeigt, daß in einem polnischen Raum eine $G_{\delta\sigma\delta}$-Menge entweder höchstens abzählbar oder von Kontinuumsmächtigkeit ist. Damit ist in polnischen Räumen das Kontinuumproblem für die Mengen G, G_δ, $G_{\delta\sigma}$, $G_{\delta\sigma\delta}$, $G_{\delta\sigma\delta\sigma}$, F, F_σ, $F_{\sigma\delta}$, $F_{\sigma\delta\sigma}$ gelöst, d.h. alle diese Mengen sind entweder höchstens abzählbar oder von der Mächtigkeit $\aleph$. An diese Feststellung knüpft HAUSDORFF folgende Bemerkung an:

> Der Versuch scheint nicht aussichtslos, das gleiche für alle *Borel*schen Mengen zu beweisen, d.h. die aus den Gebieten oder abgeschlossenen Mengen durch Summen- und Durchschnittsbildung über Folgen hervorgehen. [H 1914a, 466; II: 566].

Dieser Beweis ist HAUSDORFF (und unabhängig von ihm ALEXANDROFF) 1916 gelungen; darauf wird im nächsten Abschnitt eingegangen.

Die beiden letzten Paragraphen des Kapitel 8 sind den euklidischen Räumen und insbesondere der euklidischen Ebene gewidmet. Es geht u.a. darum, spezifische Eigenschaften der euklidischen Räume, wie die Existenz von Strecken und Streckenzügen, mit der allgemeinen Theorie, etwa des Zusammenhangs, zu verknüpfen. Bei der Behandlung der euklidischen Ebene steht der Jordansche Kurvensatz und sein Beweis nach BROUWER im Mittelpunkt. Ganz neue Resultate enthalten die Paragraphen über die euklidischen Räume nicht; sie sind aber – wie das ganze Buch – ein Muster an Klarheit und methodischem Geschick.

Das Kapitel 9 „Abbildungen oder Funktionen" beginnt HAUSDORFF mit der Betrachtung eindeutiger Abbildungen eines topologischen Raumes X auf einen topologischen Raum Y. Er definiert hier erstmals die punktweise und die globale Stetigkeit für solche Abbildungen: $f : X \to Y$ heißt stetig im Punkt x, wenn es zu jeder Umgebung V_y des Punktes $y = f(x)$ eine Umgebung U_x von x gibt mit $f(U_x) \subseteq V_y$. $f(x)$ heißt auf X stetig (global stetig), wenn f in allen Punkten von X stetig ist. HAUSDORFF zeigt, daß dies genau dann der Fall ist, wenn die Urbildmenge $f^{-1}(F)$ jeder abgeschlossenen Menge $F \subseteq Y$ in X abgeschlossen ist. In diesem Kriterium kann „abgeschlossen" durch „offen" ersetzt werden. Er zeigt dann einige Anwendungen dieser Begriffe, z.B.: Das stetige Bild einer zusammenhängenden Menge ist wieder zusammenhängend. Das stetige Bild $f(A)$ einer beliebigen Menge A kann nicht mehr Zusammenhangskomponenten haben als A selbst. In einem Raum X mit erstem Abzählbarkeitsaxiom ist eine auf X stetige Funktion f bereits gegeben, wenn $f(p)$ für alle p einer in X dichten Teilmenge P gegeben ist. Dieser Satz erlaubt Mächtigkeitsabschätzungen für die Menge der stetigen Funktionen, wenn die Mächtigkeit von P bekannt ist.

Im nächsten Paragraphen „Kurven. Dimensionszahl" betrachtet HAUSDORFF stetige Abbildungen $f : A \to B$, wo A, B Punktmengen in euklidischen Räumen

X, Y sind. Von besonderem Interesse sind die *stetigen Streckenbilder*; „eine solche Menge als *stetige Kurve* zu bezeichnen" [H 1914a, 369; II: 469], findet HAUSDORFF jedoch angesichts der von PEANO und HILBERT konstruierten „Kurven" problematisch.

Die „Peano-Kurve" war Ausgangspunkt zahlreicher Untersuchungen in der Topologie über Peano-Kontinua, Bögen, einfach geschlossene Kurven, irreduzible Kontinua, eindimensionale Kontinua, einfach zusammenhängende Kontinua und letztlich auch über einen geeigneten Kurvenbegriff. Einen Überblick über die historische Entwicklung dieser Forschungen findet man in [Charotnik 1998]. Wie HAUSDORFFs Nachlaß zeigt, hat er sich, vor allem in den zwanziger und dreißiger Jahren, für diese Thematik lebhaft interessiert.[45] Insbesondere hat er sich mit der ersten Monographie über Kurventheorie [Menger 1932] gründlich beschäftigt.

Als weiteres Thema behandelt HAUSDORFF die topologische Invarianz der Dimension. 1878 hatte GEORG CANTOR gezeigt, daß die Mengen $[0, 1]$ und $[0, 1]^n$ gleichmächtig sind [Cantor 1878]. Dazu hatte DEDEKIND in einem Brief an CANTOR bemerkt, daß eine Bijektion zwischen diesen beiden Mengen bei $n > 1$ „nothwendig eine *durchweg unstetige*" ist [Cavaillès/ Noether 1937, 38]. Es gab eine Reihe von Versuchen, die Invarianz der Dimension bei umkehrbar eindeutigen, beidseitig stetigen Abbildungen (Homöomorphismen) zu beweisen.[46] Ein einwandfreier Beweis gelang erst 1911 BROUWER [Brouwer 1911]. HAUSDORFF schickt der Behandlung des Dimensionsproblems folgende allgemeine Bemerkung voraus:

> Man pflegt die Betrachtung solcher Eigenschaften und Beziehungen von Punktmengen, die bei umkehrbar eindeutiger und (beiderseits) stetiger Abbildung invariant bleiben, als *Analysis situs* zu bezeichnen; schreibt man Mengen, die eindeutige stetige Bilder von einander sind, denselben *geometrischen Typus* zu, genau wie man ähnlich geordneten Mengen denselben Ordnungstypus zuschreibt, so ist Analysis situs die Theorie der geometrischen Typen, deren Aufzählung, Klassifikation usw. ihr obliegt. Aber diese Theorie befindet sich nach unserer Meinung noch durchaus nicht in dem erwünschten Zustande von Einfachheit und Vollständigkeit; wir können hier nicht sehr tief in sie eindringen [···] [H 1914a, 376; II: 476].

HAUSDORFF deutet hier ein Problem an, das die Topologen lange beschäftigte, nämlich die Verbindung der von ihm geschaffenen allgemeinen Topologie mit der geometrischen bzw. algebraischen Topologie. Es war ein langer Weg, bis sich die allgemeine Topologie als Sprache und Methode für eine begriffliche Fundierung der „Analysis situs", in der mehr und mehr algebraische Methoden dominierten, durchgesetzt hatte.[47]

---

[45] S. dazu Horst Herrlich, Mirek Hušek, Gerhard Preuß: *Hausdorffs Studien über Kurven, Bögen und Peano-Kontinua. HGW*, Band III, 798–825.

[46] S. dazu die detailreiche Studie [Johnson 1979/1981].

[47] S. dazu Egbert Brieskorn, Erhard Scholz: *Zur Aufnahme mengentheoretisch-topologischer Methoden in die Analysis Situs und geometrische Topologie* (Abschnitt 3.4 der historischen Einführung zu *HGW*, Band II) in *HGW*, Band II, 70–75.

HAUSDORFF beweist den Satz von der topologischen Invarianz der Dimension nur bis zur Dimension 2; er benutzt hierfür den Jordanschen Kurvensatz. Für höhere Dimensionen verweist er auf BROUWER.

In den restlichen Paragraphen des neunten Kapitels behandelt HAUSDORFF die Grundlagen der Theorie der stetigen und Baireschen Funktionen. Bezüglich der Ergebnisse gehen diese Partien nicht über die französische Schule hinaus, sind aber insofern allgemeiner, als sie Funktionen auf metrischen Räumen mit „Werten"in metrischen Räumen oder reellwertige Funktionen auf metrischen Räumen zum Gegenstand haben. HAUSDORFF entwickelt die Theorie aus einer mengentheoretischen Perspektive. So verknüpft er Eigenschaften von Funktionen mit Mengenklassen der Borelschen Hierarchie. Zum Beispiel bilden die Stetigkeitspunkte einer Funktion eine Menge G_δ, die Unstetigkeitspunkte eine Menge F_σ.

Das zehnte und letzte Kapitel „Inhalte von Punktmengen"war die erste zusammenfassende deutschsprachige Darstellung der LEBESGUEschen Maß- und Integrationstheorie [Lebesgue 1902], [Lebesgue 1904]. Aber auch hier hat HAUSDORFF nicht nur eine bereits existierende Theorie meisterhaft präsentiert, sondern auch eigene Beiträge von weitreichender Bedeutung beigesteuert.[48]

An erster Stelle ist hier das später nach HAUSDORFF benannte Kugelparadoxon zu nennen, das wohl spektakulärste Einzelresultat des ganzen Buches, welches sich im Anhang zum zehnten Kapitel befindet. Er hat es 1914 auch separat in den Mathematischen Annalen publiziert.[49] Ausgangspunkt ist das sog. „leichte Maßproblem": Läßt sich jeder beschränkten Menge A des $\mathbb{R}^3$ eine positive Mengenfunktion $\mu(A)$ (ein Inhalt) zuordnen, so daß folgende Bedingungen erfüllt sind:

(α) Kongruente Mengen haben den gleichen Inhalt.

(β) Der Einheitswürfel hat den Inhalt 1.

(γ) Der Inhalt ist additiv, d.h. für disjunkte Mengen A, B gilt $\mu(A \cup B) = \mu(A) + \mu(B)$.

HAUSDORFFs Ergebnis ist, daß ein solcher Inhalt auf allen Teilmengen des Raumes nicht existieren kann. Daraus folgt auch die negative Lösung des leichten Maßproblems für alle Dimensionen > 3. Für die Dimensionen 1 und 2 blieb das Problem zunächst offen.

Der Beweis beruht auf HAUSDORFFs paradoxer Kugelzerlegung. Eine Kugel K kann demnach in paarweise disjunkte Teilmengen $K = Q \cup A \cup B \cup C$ so zerlegt werden, daß A zu B, B zu C kongruent ist und daß A auch zu $B \cup C$ kongruent ist. Q ist abzählbar und kann bei der Inhaltsbetrachtung vernachlässigt werden. Gäbe es nun einen Inhalt μ auf allen Teilmengen, so wäre $\mu(A) = \frac{1}{3}\mu(K)$ und andererseits $\mu(A) = \mu(B \cup C) = \frac{1}{2}\mu(K)$. Es kann also einen solchen Inhalt nicht geben.

---

[48]S.auch Srishti D. Chatterji: *Measure and Integration Theory*. Kommentar zu Kapitel 10. *HGW*, Band II, 788–800.

[49]Felix Hausdorff: *Bemerkung über den Inhalt von Punktmengen* [H 1914b, IV: 5–10]. Kommentar von Srishti D.Chatterji, *HGW*, Band IV, 11–18.

Für den Beweis der Existenz seiner paradoxen Kugelzerlegung benötigt HAUS-DORFF das ZERMELOsche Auswahlaxiom. Er benutzt es hier, ohne es zu erwähnen, ganz so wie er es in [H 1908] programmatisch erklärt hatte. Ob man eine paradoxe Zerlegung wie die HAUSDORFFsche auch mit einer schwächeren Variante des Auswahlaxioms gewinnen kann, scheint eine offene Frage zu sein.[50]

Die bei HAUSDORFF offen gebliebene Frage, wie es mit dem leichten Maßproblem in den Dimensionen 1 und 2 steht, konnte STEFAN BANACH 1923 beantworten [Banach 1923]: Das Problem ist in diesen Dimensionen lösbar; es existieren sogar jeweils überabzählbar viele Inhalte, die (α), (β), (γ) erfüllen. Der tiefere Grund dafür liegt darin, daß die Gruppe der euklidischen Bewegungen in den Dimensionen 1 und 2 auflösbar ist. Für Dimensionen ≥ 3 ist diese Gruppe nicht auflösbar. Den Grund dafür, daß sein Zerlegungsverfahren in den Dimensionen 1 und 2 nicht funktionieren kann, hatte HAUSDORFF schon klar gesehen; er schreibt am Ende seiner Ausführungen:

> Für die gerade Linie und die Ebene muß die Frage offen bleiben, da die Struktur der Bewegungsgruppe in diesen Fällen das obige Verfahren nicht zuläßt.
> [H 1914a, 472; II: 572].

Eine wesentliche Verallgemeinerung der HAUSDORFFschen paradoxen Kugelzerlegung fanden BANACH und TARSKI 1924 [Banach/ Tarski 1924]. Sie zeigten, daß in euklidischen Räumen mit Dimension $n \geq 3$ zwei beschränkte Teilmengen A, B, die beide innere Punkte besitzen, endlich zerlegungsgleich sind, d.h. es gibt disjunkte Partitionen

$$A = A_1 \cup A_2 \cup \cdots \cup A_m, \quad B = B_1 \cup B_2 \cup \cdots \cup B_m,$$

so daß A_i kongruent B_i ist für $i = 1, 2, \ldots m$. Dieser Satz ist unter der Bezeichnung BANACH-TARSKI-Paradoxon bekannt geworden. Der Beweis fußt auf einer von BANACH stammenden Verallgemeinerung des Äquivalenzsatzes von SCHRÖDER-BERNSTEIN (oft auch CANTOR-BERNSTEINscher Äquivalenzsatz genannt).[51]

Das „schwere Maßproblem" ist die Frage, ob sich auf allen beschränkten Mengen A des $\mathbb{R}^n$ eine nichtnegative Mengenfunktion $\mu(A)$ definieren läßt, die (α) und (β) erfüllt und für die statt (γ) die σ-Additivität gilt. Dieses Problem war bereits 1905 für die Dimension 1 (und damit für alle n) im negativen Sinne von GIUSEPPE VITALI gelöst worden: Ein solches Maß auf allen beschränkten Mengen kann es für keine Dimension geben.[52] HAUSDORFF liefert in den *Grundzügen* einen eigenen Beweis; diesen hatte er früher auch schon SCHOENFLIES mitgeteilt, der ihn mit HAUSDORFFs Erlaubnis in [Schoenflies 1913] veröffentlichte.

---

[50] S. dazu und zur Rolle des Auswahlaxioms oder abgeschwächter Formen dieses Axioms in der Maßtheorie den Aufsatz [Schreiber 1996a], ferner Abschnitt 5.2 "Desasters in Geometry: Paradoxical Decompositions" in [Herrlich 2006, 126–136].

[51] S. dazu das Kapitel 27 „The Origin of Hausdorff Paradox in Bernstein's Division Theorem" und Kapitel 29 „Banach's Proof of CBT" in [Hinkis 2013, 283–290, 303–307].

[52] [Vitali 1905]. Vitalis Ziel war es lediglich, zu zeigen, daß es auf der Zahlengeraden beschränkte Mengen gibt, die nicht im Lebesgueschen Sinne meßbar sind.

HAUSDORFFs paradoxe Kugelzerlegung war der Ausgangspunkt für die Entwicklung zweier miteinander verflochtener Gebiete, der Untersuchung paradoxer Zerlegungen und der Theorie der amenablen Gruppen. Letztere hat ihren Ursprung in einer an HAUSDORFF und BANACH/TARSKI anknüpfenden maßtheoretischen Arbeit von JOHN VON NEUMANN [Neumann 1929]. Von Neumann nannte sie „meßbare Gruppen", die Bezeichnung „amenable Gruppen" ist späteren Datums. Die Theorie der amenablen Gruppen hat mittlerweile auch Anwendungen in der Funktionalanalysis und in einer Reihe weiterer Gebiete wie Graphen- oder Automatentheorie gefunden. Eine monographische Darstellung beider Richtungen und einen Überblick über die umfangreiche Literatur bis 1993 gibt das Buch [Wagon 1993].[53]

Bemerkenswert war auch die Verbindung, die HAUSDORFF· im Kapitel 10 zwischen Maßtheorie und Wahrscheinlichkeitsrechnung herstellte. Es handelt sich nur um einen Hinweis von aphoristischer Kürze; vergleicht man ihn aber mit dem zeitgenössischen Stand der Wahrscheinlichkeitsrechnung, so ist es ein wahrhaft visionärer Blick in die Zukunft:

> Wir bemerken noch, daß manche Theoreme über das Maß von Punktmengen vielleicht ein vertrauteres Gesicht zeigen, wenn man sie in der Sprache der *Wahrscheinlichkeitsrechnung* ausdrückt. [H 1914a, 416; II: 516].

Die etwa eine halbe Seite umfassende Erläuterung dieses Satzes läuft darauf hinaus, den Begriff der Wahrscheinlichkeit auf den des Maßes zurückzuführen. Es sei noch erwähnt, daß HAUSDORFF selbst die hier im Keim angelegte neue Sicht auf die Wahrscheinlichkeitstheorie in seiner Bonner Vorlesung „Wahrscheinlichkeitsrechnung" vom Sommersemester 1923 zur Grundlage gemacht hat; darauf wird im nächsten Kapitel kurz eingegangen.

Ein für die Entwicklung der Wahrscheinlichkeitstheorie wichtiges Einzelresultat präsentiert HAUSDORFF im §4 „Beispiele und Anwendungen" von Kapitel 10; er gibt dort einen korrekten Beweis für einen Satz von BOREL aus dem Jahre 1909, der einen Spezialfall des starken Gesetzes der großen Zahl darstellt [Borel 1909]. Sei $x \in (0,1)$ und $p_n(x)$ die Anzahl einer fixierten Ziffer in den ersten n Stellen der Dezimalbruchentwicklung von x. Dann hat nach BOREL die Menge der x, für die $\lim_n \frac{p_n(x)}{n} = \frac{1}{10}$ ist, das Lebesgue-Maß 1. BORELs Beweis war aber völlig unzureichend.

HAUSDORFF betrachtet statt der Dezimalbrüche Dualbrüche und beschränkt sich auf die irrationalen Zahlen $x \in (0,1)$. Das zu BORELs Satz analoge Resultat lautet dann: Ist $p_n(x)$ die Anzahl der Nullen in den ersten n Dualstellen von x, so gilt (μ ist das Lebesgue-Maß):

$$\mu\left(\left\{x;\ \lim_{n \to \infty} \frac{p_n(x)}{n} = \frac{1}{2}\right\}\right) = 1.$$

---

[53]Siehe auch [Laczkovich 1992] und [Ceccherini-Silberstein et al. 1992] und die dort angegebene Literatur zu neueren Entwicklungen.

Mit diesen Bemerkungen zur Wahrscheinlichkeitsrechnung wollen wir den kursorischen Überblick über den Inhalt von HAUSDORFFs Hauptwerk, insbesondere über das Neue darin, abschließen. Es seien noch einige Bemerkungen zur Rezeption angefügt.

Die *Grundzüge* erschienen – wie schon erwähnt – im April 1914, in einer bereits spannungsgeladenen Zeit am Vorabend des 1. Weltkrieges. Im August 1914 begann der Krieg, der auch das wissenschaftliche Leben in Europa in dramatischer Weise in Mitleidenschaft zog. Unter diesen Umständen konnte HAUSDORFFs Buch in den ersten fünf bis sechs Jahren nach seinem Erscheinen kaum wirksam werden. Es mag auch eine Rolle gespielt haben, daß nach wie vor nur ganz wenige der etablierten Mathematiker auf dem Gebiet der Mengenlehre forschten. Jedenfalls nahm man in den führenden deutschen mathematischen Fachzeitschriften bis weit nach dem 1. Weltkrieg von HAUSDORFFs Buch überhaupt keine Notiz. So werden die *Grundzüge* in den *Mathematischen Annalen* bis Band 82 (1921) von niemand zitiert, ausgenommen von HAUSDORFF selbst in seiner berühmten Arbeit *Dimension und äußeres Maß* [H 1919a]. Es ist auch bemerkenswert, daß dieses wichtige Buch im Jahresbericht der DMV nicht besprochen wurde, so daß HAUSDORFF 1917 schließlich zur Selbsthilfe griff und eine Selbstanzeige einrücken ließ.[54] Sie enthält hauptsächlich Auszüge aus dem Vorwort der *Grundzüge*.

Immerhin gab es eine ganze Reihe von Rezensionen der *Grundzüge*.[55] Eine erste erschien bereits 1914 im *Literarischen Zentralblatt für Deutschland*. Dort wurden die *Grundzüge*, das SCHOENFLIESsche Buch von 1913 und ein Werk von JULIUS KÖNIG gemeinsam besprochen. Der Teil über die *Grundzüge* ist inhaltlich dürftig und beschränkt sich im wesentlichen auf die Aufzählung von Themen. 1915 gab es drei Rezensionen, eine zwar freundliche, aber nicht sehr detaillierte von HEINRICH WIELEITNER in der *Zeitschrift für mathematischen und naturwissenschaftlichen Unterricht*, eine von dem Wiener Funktionentheoretiker WILHELM GROSS in *Monatshefte für Mathematik und Physik*, welche die Originalität des HAUSDORFFschen Werkes hervorhebt, ohne sehr ins Einzelne zu gehen, und eine von dem in der Mengenlehre bestens bewanderten GIULIO VIVANTI im *Bolletino di bibliografia e di storia delle science matematiche e fisiche*. Diese Rezension wird HAUSDORFFs Leistung sehr viel besser gerecht als die oben genannten. VIVANTI zitiert z. B. HAUSDORFFs Umgebungsaxiome im Wortlaut und legt den Schwerpunkt seiner inhaltsreichen Besprechung auf die topologischen Kapitel der *Grundzüge*. Er schließt mit der Überzeugung, daß HAUSDORFFs Buch „ein wichtiger Schritt nach vorn sowohl im Hinblick auf Verallgemeinerung als auch hinsichtlich der Strenge ist."[56]

Gering war die Resonanz in Frankreich. 1916 erschien anonym eine neunzeilige Besprechung in *L'enseignement mathématique*, die immerhin bescheinigt, daß HAUSDORFFs Buch eine excellente Einführung in das Studium der Mengen-

---

[54] Wiederabdruck in *HGW*, Band II, 829.
[55] Alle uns bekannt gewordenen Rezensionen sind in *HGW*, Band II, 827–855, abgedruckt.
[56] In deutscher Übersetzung abgedruckt in *HGW*, Band II, 837–840.

lehre ist, und die ansonsten sinngemäß einige Passagen aus HAUSDORFFs eigener Einleitung wiederholt. Das *Bulletin des Sciences Mathématiques*, welches regelmäßig zahlreiche Bücher besprach, nahm von den *Grundzügen* gar keine Notiz. Selbst ein Forscher wie FRÉCHET, der an HAUSDORFFs Buch ein vitales Interesse haben mußte, hat es nach eigenem Zeugnis erst nach dem Ende des Krieges gelesen; er schrieb 1921: „Ce n'est qu'après la guerre j'ai pu lire l'intéressant Livre de Hausdorff." [Fréchet 1921, 367]

Es ist vielleicht auch bezeichnend, daß die Besprechung der *Grundzüge* im *Jahrbuch über die Fortschritte der Mathematik* von keinem prominenten Mathematiker vorgenommen wurde, sondern vom Herausgeber des Jahrbuchs selbst, dem greisen EMIL LAMPE, der zwar ein persönlicher Freund CANTORs, aber kein Kenner der Mengenlehre war. LAMPE wiederholte im wesentlichen HAUSDORFFs eigenes Vorwort und nannte dann lediglich die Kapitelüberschriften der *Grundzüge*. 1920 erschien eine fast gleichlautende Besprechung LAMPEs im *Archiv der Mathematik und Physik*; der Jahrbuchband für 1914/15 kam erst 1922 heraus.

Eine sehr gründliche und kompetente Rezension der *Grundzüge* erschien im Dezember 1920 im *Bulletin of the American Mathematical Society*. Ihr Autor HENRY BLUMBERG hatte 1912 bei EDMUND LANDAU in Göttingen promoviert und arbeitete hauptsächlich auf dem Gebiet der reellen Funktionen. Es ist auch heute noch ein Genuß, diese von tiefem Verständnis und Bewunderung für HAUSDORFFs Werk getragene Besprechung zu lesen.[57]

BLUMBERGs Rezension fällt in eine Zeit, in der sich eine junge, neue Generation von Forschern anschickte, die zukunftsweisenden Impulse aufzunehmen, die in HAUSDORFFs Buch in so reichem Maße enthalten waren, wobei ohne Zweifel die Topologie im Mittelpunkt des Interesses stand. Darüber wird im nächsten Kapitel berichtet.

Bei HAUSDORFF selbst kann man nach dem Erscheinen der *Grundzüge*, insbesondere nach 1916, eine Verschiebung seiner Forschungsinteressen hin zur Analysis konstatieren. Das wird außer an seinen Publikationen besonders an den Themen seiner Studien im Nachlaß deutlich. Aus dem Zeitraum vom Erscheinen der *Grundzüge* bis Ende 1916 sind im Nachlaß 51 datierte Studien erhalten. Davon widmen sich 23 der Mengenlehre oder Topologie, 25 der Analysis und 3 anderen Gebieten wie Geometrie und Zahlentheorie. Aus dem Zeitraum vom 1. Januar 1917 bis zum Weggang aus Greifswald Ende September 1921 gibt es im Nachlaß 63 datierte Studien, nur fünf zu Themen der Mengenlehre oder Topologie, aber 52 zur Analysis und 6 zu anderen Gebieten (Geometrie, Wahrscheinlichkeitsrechnung und Algebra).

Eine Studie im unmittelbaren Anschluß an die *Grundzüge* soll hier noch Erwähnung finden; HAUSDORFF hat sie mit *Metrische und topologische Räume* überschrieben.[58] Der Text beginnt mit folgendem Satz: „In metrischen Räumen gelten verschiedene Sätze, die in topologischen nicht richtig sind." In den *Grund-*

---

[57] Abgedruckt in *HGW*, Band II, 844–853.

[58] Nachlaß Hausdorff, Kapsel 33, Faszikel 223, datiert vom 25. Mai 1915. Abgedruckt in *HGW*, Band III, 750–751.

zügen hatte HAUSDORFF bewiesen, daß jeder abzählbar kompakte (also kompakte im Sinne HAUSDORFFs) metrische Raum separabel ist. Um zu zeigen, daß dieser Satz für topologische Räume i. a. nicht gilt, konstruiert er ein berühmt gewordenes Gegenbeispiel, die „lange Halbgerade" $H = \lambda + (1 + \lambda)\omega_1$, versehen mit der Ordnungstopologie. Dabei ist λ der Ordnungstypus der reellen Geraden $\mathbb{R}$, ω_1 ist die Anfangszahl der dritten Zahlklasse. H ist ein abzählbar kompakter Hausdorffraum, der aber *nicht separabel* ist.

HAUSDORFF hat seine interessante Konstruktion nicht publiziert. Er hat sie aber TIETZE mitgeteilt, der H als Beispiel eines abzählbar kompakten, „jedoch dem zweiten Abzählbarkeitsaxiom nicht genügenden Raumes" publizierte, „ein Beispiel, das ich einer freundlichen Mitteilung von Herrn F. Hausdorff verdanke." [Tietze 1924, 218] Unabhängig von HAUSDORFF und TIETZE hat ALEXANDROFF 1924 die „lange Gerade" $(1+\lambda)\omega_1^* + \lambda + (\lambda+1)\omega_1$ entdeckt [Alexandroff 1924a]; sie entsteht als Spiegelung der langen Halbgeraden am Nullpunkt. Man spricht heute oft von der „ALEXANDROFFschen langen Geraden".[59]

9.4 Ein Beitrag zur deskriptiven Mengenlehre

In seiner Arbeit *Die Mächtigkeit der Borelschen Mengen* [H 1916] beweist HAUSDORFF die Richtigkeit der in den *Grundzügen* ausgesprochenen Vermutung, daß sich sein dort für Mengen $G_{\delta\sigma\delta}$ bewiesener Mächtigkeitssatz auf beliebige Borelmengen übertragen läßt. Es wird also in [H 1916] der folgende Satz bewiesen:

> *Jede Borelsche Menge ist entweder endlich oder abzählbar oder von der Mächtigkeit des Kontinuums.* [H 1916, 433; III: 434].

Das Beweisprinzip ist das gleiche wie bei den ersten Schritten von CANTOR, YOUNG und HAUSDORFF selbst: Unter Berücksichtigung von CANTORS Satz, daß jede perfekte Menge des $\mathbb{R}^n$ Kontinuumsmächtigkeit hat, genügt es zu zeigen, daß jede überabzählbare Borelmenge eine perfekte Teilmenge enthält. Der Beweis ist bei HAUSDORFF sehr technisch und beansprucht $3\frac{1}{2}$ Druckseiten.[60]

Das Kontinuumproblem für Borelmengen war somit gelöst. HAUSDORFF ist allerdings sehr skeptisch (und vollkommen zu Recht, wie wir heute wissen), ob man auf diesem Wege der Lösung des Kontinuumproblems näher kommen kann:

> Damit ist also für eine sehr umfassende Kategorie von Mengen die Mächtigkeit geklärt; als einen Schritt zur Lösung des Kontinuumproblems kann man dies freilich kaum auffassen, da die Borelschen Mengen eben doch noch sehr speziell sind und nur ein verschwindend kleines Teilsystem (von der Mächtigkeit $\aleph$ des Kontinuums) in dem System aller Mengen bilden (das von der Mächtigkeit $2^\aleph > \aleph$ ist). [H 1916, 437; III: 438].

[59]Zur Bedeutung der Hausdorffschen und daraus abgeleiteter Konstruktionen als Gegenbeispiele in der Topologie s. Horst Herrlich, Mirek Hušek und Gerhard Preuß: *Gegenbeispiele in der Topologie*, Kommentar zu Faszikel 223, *HGW*, Band III, 751–754.

[60]Zu Hausdorffs Beweis und zu einem bemerkenswert kurzen neueren Beweis s. den Kommentar zu [H 1916] von Vladimir Kanovei und Peter Koepke in *HGW*, Band III, 440–441.

HAUSDORFF schließt seinen Aufsatz mit der Bemerkung, daß sein Satz über die Mächtigkeit der Borelmengen nicht nur für Euklidische Räume, sondern auch für vollständige separable metrische Räume gilt.

Unabhängig von HAUSDORFF und ebenfalls im Jahre 1916 löste auch der junge ALEXANDROFF das Kontinuumproblem für Borelmengen [Alexandroff 1916]. Die ALEXANDROFFsche Argumentation beruhte auf Ideen, die es später gestatteten, einen analogen Mächtigkeitssatz auch für Suslinsche Mengen zu beweisen. Insgesamt kann man sagen, daß die Arbeiten von ALEXANDROFF und HAUSDORFF ein wichtiger Impuls für die weitere Entwicklung der deskriptiven Mengenlehre, vor allem in Rußland und Polen, waren.

9.5 Dimension und äußeres Maß

HAUSDORFFs Aufsatz *Dimension und äußeres Maß* [61] ist unter allen seinen Zeitschriftenaufsätzen die mit Abstand einflußreichste Arbeit gewesen. Hier führt er diejenigen Begriffe ein, die heute unter den Bezeichnungen Hausdorff-Maß und Hausdorff-Dimension in zahlreichen mathematischen Gebieten eine Rolle spielen. So sah sich die American Mathematical Society veranlaßt, in der Klassifikation der „Mathematical Reviews"im Abschnitt 28A „Classical measure theory" ein eigenständiges Teilgebiet 28A78 „Hausdorff and packing measures"einzuführen. Man geht vielleicht nicht fehl mit der Behauptung, daß *Dimension und äußeres Maß* gegenwärtig eine der meistzitierten Originalarbeiten aus dem Jahrzehnt von 1910 bis 1920 ist. Gemessen an dieser Wirkung sind HAUSDORFFs einleitende Sätze sehr bescheiden formuliert:

> Herr Carathéodory hat eine hervorragend einfache und allgemeine, die Lebesguesche als Spezialfall enthaltende Maßtheorie entwickelt und damit insbesondere das p-dimensionale Maß einer Punktmenge im q-dimensionalen Raume definiert. Hierzu geben wir im folgenden einen kleinen Beitrag. [H 1919a, 157; IV: 21].

HAUSDORFF wird es selbst wohl nicht geahnt haben, welche Bedeutung sein „kleiner Beitrag"dereinst erlangen sollte.[62]

---

[61][H 1919a, IV: 21–43]. Die Arbeit ist mit „Greifswald, März 1918" unterzeichnet. Eine englische Übersetzung dieser Arbeit findet sich in [Edgar 1993, 75–99].

[62]Eine Wirkungsgeschichte von *Dimension und äußeres Maß* würde gewiß eine ganze Monographie füllen. Im Rahmen der Biographie müssen einige Andeutungen genügen. Wir können uns dabei auf vier vorzügliche Studien stützen, die in Vorbereitung der Hausdorff-Edition entstanden sind. An erster Stelle ist Srishti D. Chatterjis Kommentar zu [H 1919a] in *HGW*, Band IV, 44–54, zu nennen, ferner die Arbeiten [Bandt/ Haase 1996], [Steffen 1996], [Bothe/ Schmeling 1996] und [Scholz 1996], die alle im von Egbert Brieskorn edierten Sammelband [Brieskorn 1996] enthalten sind.

In der von LEBESGUE 1902 in seiner Dissertation entwickelten Maßtheorie [Hawkins 1975, 120–124] konstruiert er für Mengen $A \subset [0,1]$ ein *äußeres Maß* $\mu^*(A)$ folgendermaßen: Sind I_n Intervalle der Länge $l(I_n)$, so sei

$$\mu^*(A) = \inf \left\{ \sum_n l(I_n); \ A \subset \bigcup_n I_n \right\}.$$

Als *inneres Maß* definiert er die Größe $\mu_*(A) = 1 - \mu^*(\overline{A})$ mit $\overline{A} = [0,1]\backslash A$. Die Menge A heißt *messbar* (Lebesgue-meßbar), falls $\mu_*(A) = \mu^*(A)$ ist. Alle Borelschen Mengen sind Lebesgue-meßbar; LEBESGUEs Maßtheorie ist somit eine Erweiterung der BORELschen Maßtheorie. Die Erweiterung ist mit Blick auf die Mächtigkeit der entstehenden Mengensysteme beträchtlich, denn das System der Lebesgue-meßbaren Mengen hat die Mächtigkeit $2^\aleph$, das der Borelmengen nur die Mächtigkeit $\aleph$.

Die CARATHÉODORYsche Maßtheorie[63], von der HAUSDORFF ausgeht, zeichnet sich dadurch aus, daß Meßbarkeit nur mittels eines äußeren Maßes definiert wird; sie vereinfacht die LEBESGUEsche Maßtheorie ganz erheblich.

CARATHÉODORY führte äußere Maße in Euklidischen Räumen mittels der folgenden Axiome ein:

1.) Jeder Punktmenge $A \subseteq \mathbb{R}^q$ ist eine reelle Zahl $L(A)$ mit $0 \leq L(A) \leq \infty$ eindeutig zugeordnet.

2.) Für $B \subseteq A$ ist $L(B) \leq L(A)$.

3.) Die Mengenfunktion $L(A)$ ist σ-subadditiv.

4.) Für A, B mit Entfernung $\delta(A,B) > 0$ gilt $L(A \cup B) = L(A) + L(B)$.

$L(A)$ kann auf diese Weise auch auf den Teilmengen eines beliebigen metrischen Raumes definiert werden. Eine Mengenfunktion, für die 1.) - 4.) gilt, heißt heute ein *metrisches äußeres Maß*.

Eine Menge A heißt *L-meßbar*, falls für jedes $W \subseteq \mathbb{R}^q$ die Gleichung

$$L(W) = L(A \cap W) + L(W \backslash (A \cap W))$$

gilt. Nun kann noch eine weitere Forderung formuliert werden:

5.) Es ist $L(A) = \inf\{L(B); \ B \supset A, \ B \text{ ist } L\text{-meßbar}\}$.

Die Borelschen Mengen erweisen sich wegen 4.) bezüglich eines jeden metrischen äußeren Maßes als meßbar.

Die im Kapitel 1 von CARATHÉODORYs Arbeit aus den Axiomen 1.) - 5.) entwickelte Maßtheorie ist der LEBESGUEschen vollkommen gleichwertig; es geht keine meßbare Menge der LEBESGUEschen Theorie verloren. In den handschriftlichen Aufzeichnungen zu seinem Aufsatz zählt CARATHÉODORY die „großen Vorteile" seiner Theorie auf:

---

[63] Constantin Carathéodory: *Über das lineare Maß von Punkmengen – eine Verallgemeinerung des Längenbegriffs.* Göttinger Nachrichten, Jahrgang 1914, 404–426. Wiederabdruck in Carathéodory: *Gesammelte Mathematische Schriften*, Band IV, München 1956, 249–275. Mit handschriftlichen Notizen des Autors „Zur Geschichte der Definition der Meßbarkeit", 276–277.

1. Sie kann für das lineare Maß verwendet werden.

2. Sie gilt im Lebesgueschen Fall, auch wenn $L(A) = \infty$ ist.

3. Die Beweise der Hauptsätze der Theorie sind unvergleichlich einfacher und kürzer.

4. Der Hauptvorteil besteht aber darin, daß die neue Definition [der Meßbarkeit – W. P.] vom Begriff des *inneren Maßes* unabhängig ist. [64]

Der hier unter 1. formulierte Vorteil bezieht sich auf das eigentliche Ziel von CARATHÉODORYs Arbeit, welches auch im Titel zum Ausdruck kommt: Es sollte im q-dimensionalen Raum ($q > 1$) ein *lineares (eindimensionales) Maß* so definiert werden, daß das Maß eines rektifizierbaren Kurvenstücks gleich der Länge dieses Kurvenstücks ist. Dies war gegenüber der LEBESGUEschen Theorie eine ganz neue Fragestellung; LEBESGUEs Theorie liefert ein lineares Maß in $\mathbb{R}^1$, ein Flächenmaß in $\mathbb{R}^2$, ein Volumenmaß in $\mathbb{R}^3$ usw., aber kein p-dimensionales Maß in $\mathbb{R}^q$ ($p < q$).

CARATHÉODORYs Konstruktion eines äußeren Maßes ist folgende: Sei $\mathfrak{U}$ ein System beschränkter Teilmengen des $\mathbb{R}^q$, so daß für beliebiges $\varepsilon > 0$ jedes $A \subset \mathbb{R}^q$ durch endlich oder abzählbar viele $U_k \in \mathfrak{U}$ mit Durchmessern $d(U_k) < \varepsilon$ überdeckt werden kann. Ein solches System wäre z.B. das System der offenen oder das der abgeschlossenen Kugeln mit Durchmessern $< \varepsilon$. CARATHÉODORY bildet dann

$$L_\varepsilon(A) = \inf\left\{ \sum_{n \geq 1} d(U_n);\ A \subset \bigcup_{n \geq 1} U_n,\ U_n \in \mathfrak{U},\ d(U_n) < \varepsilon \right\} \tag{9.1}$$

und

$$L(A) = \lim_{\varepsilon \downarrow 0} L_\varepsilon(A).$$

Er beweist dann im folgenden, daß diese Mengenfunktion die Forderungen 1.) bis 5.) erfüllt und für ein rektifizierbares Kurvenstück A dessen Länge ergibt. Ist $L(A)$ endlich, so ist das Lebesgue-Maß von A gleich Null.

Am Schluß seines Aufsatzes gibt CARATHÉODORY einen kurzen Hinweis, wie man auch ein p-dimensionales Maß ($p < q$) definieren könnte. Dazu bemerkt er, daß man, ohne $L(A)$ zu ändern, statt der U_k auch deren abgeschlossene konvexe Hüllen C_k verwenden kann. $d(U_k) = d(C_k)$ kann man dann als Supremum über alle Strecken erhalten, die bei senkrechter Projektion von C_k auf alle möglichen Geraden des $\mathbb{R}^q$ entstehen. Analog würde man Größen $d^{(p)}(U_k)$ („p-dimensionale Durchmesser") finden können, indem man das Supremum über alle „Schatten" nimmt, welche C_k bei senkrechter Projektion auf alle möglichen p-dimensionalen Teilräume von $\mathbb{R}^q$ wirft. Das mit den $d^{(p)}(U_k)$ wie oben gebildete $L(A)$ würde dann ein p-dimensionales äußeres Maß und auf den L-meßbaren Mengen ein p-dimensionales Maß in $\mathbb{R}^q$ liefern.

HAUSDORFF geht von äußeren Maßen nach CARATHÉODORY aus, d.h. von Mengenfunktionen $L(A)$ auf den Teilmengen A eines $\mathbb{R}^q$, welche die Bedingungen 1.) - 5.) erfüllen. Zunächst geht es darum, Möglichkeiten zu finden, solche äußeren

---

[64] Carathéodory: *Gesammelte Mathematische Schriften*, Band IV, 276.

Maße miteinander zu vergleichen: $L(A), M(A)$ heißen *von gleicher Ordnung*, wenn sie für jede Menge A gleichzeitig $= 0$ oder endlich oder unendlich sind. Das ist insbesondere der Fall, falls für positive Konstanten h, k stets

$$hL(A) \leq M(A) \leq kL(A)$$

ist. Ist $M(A) = 0$, sobald $L(A)$ endlich ist, oder $L(A) = \infty$, sobald $M(A) > 0$ ist, so heißt L *von niederer Ordnung gegenüber* M bzw. M *von höherer Ordnung gegenüber* L. Das ist insbesondere der Fall, falls für jedes positive ρ gilt

$$M(A) \leq \rho L(A).$$

Die grundlegend neue Idee HAUSDORFFs besteht darin, CARATHÉODORYs Konstruktion (9.1) möglichst weitreichend zu modifizieren und die entstehenden äußeren Maße (bzw. zugehörigen Maße) zu studieren. $\mathfrak{U}$ sei ein Mengensystem wie oben und jeder Menge $U \in \mathfrak{U}$ sei eine nichtnegative reelle Zahl $l(U)$ zugeordnet. HAUSDORFF bildet nun (analog zu (9.1))

$$L(A) = \lim_{\varepsilon \downarrow 0} \inf \left\{ \sum_{n \geq 1} l(U_n); \; A \subset \bigcup_{n \geq 1} U_n, \; U_n \in \mathfrak{U}, \; d(U_n) < \varepsilon \right\} \qquad (9.2)$$

Dann gilt ohne weitere Einschränkung für $l(U)$: $L(A)$ genügt den CARATHÉO-DORYschen Bedingungen 1.) - 4.) und, wenn die U Borelsche Mengen sind, auch der Bedingung 5.)

Im folgenden betrachtet HAUSDORFF nur monotone und stetige Mengenfunktionen $l(U)$. Um die Stetigkeit zu definieren, umgibt man jeden Punkt von U als Mittelpunkt mit einer Kugel vom Radius β. U_β sei die Menge der inneren Punkte aller dieser Kugeln. $l(U)$ heißt *stetig*, falls für vorgegebenes $\rho > 0$ ein β existiert, so daß für alle U gilt: $l(U_\beta) \leq l(U) + \rho$. $l(U)$ heißt *monoton*, falls aus $U \subseteq V$ folgt $l(U) \leq l(V)$. HAUSDORFF zählt dann sieben Beispiele A) - G) von monotonen und stetigen $l(U)$ auf; drei davon seien hier genannt:

C) $l(U) = \sup \Delta_p$; Δ_p das p-dimensionale Volumen eines Simplex mit Ecken $u_0, u_1, \cdots u_p$ in U, das Supremum über alle solchen Simplices erstreckt. Für $p = 1$ ergibt sich das lineare Maß von CARATHÉODORY.

F) $l(U) = q$-dimensionales Volumen im LEBESGUEschen Sinne der konvexen Hülle U_c von U.

G) $l(U) = $ Supremum über alle p-dimensionalen Volumina der senkrechten Projektionen von U_c auf alle möglichen p-dimensionalen Teilräume von $\mathbb{R}^q$ (liefert das p-dimensionale Maß von CARATHÉODORY).

Die angegebenen oder ähnliche Beispiele erschöpfen aber bei weitem nicht die ungeheure Vielfalt der so konstruierbaren äußeren Maße; dazu HAUSDORFF:

Bedenkt man nun noch, daß jede nichtnegative resp. stetige resp. monoto-ne (mit wachsendem t nicht abnehmende) Funktion $\lambda(t)$ von $t \geq 0$ aus ei-ner nichtnegativen resp. stetigen resp. monotonen Mengenfunktion $l(U)$ eine

ebensolche $\lambda(l(U))$ hervorgehen läßt, daß man auch mehrere Mengenfunktionen in analoger Weise verknüpfen kann und daß endlich noch die Wahl des
Systems $\mathfrak{U}$ freisteht, so ergibt sich ein weiter Spielraum von Möglichkeiten,
äußere Maße im Sinne Carathéodorys zu definieren. [H 1919a, 162; IV: 26].

Mit diesen Möglichkeiten kann HAUSDORFF nun sein eigentliches Ziel in Angriff
nehmen, das er am Beginn seines Aufsatzes so umrissen hatte:

> Nach einleitenden Betrachtungen, die das Carathéodorysche Längenmaß in
> naheliegender Weise verallgemeinern und einen Überblick über die reiche Fülle
> analoger Maßbegriffe gestatten, stellen wir eine Erklärung des p-dimensionalen
> Maßes auf, die sich unmittelbar auf nichtganzzahlige Werte von p ausdehnen
> und Mengen *gebrochener Dimension* als möglich erscheinen läßt, ja sogar sol-
> che, deren Dimensionen die Skala der positiven Zahlen zu einer verfeinerten,
> etwa logarithmischen Skala ausfüllen. Die Dimension wird so zu einem Gra-
> duierungsmerkmal wie die „Ordnung"des Nullwerdens, die „Stärke"der Kon-
> vergenz und verwandte Begriffe. [H 1919a, 157; IV: 21].

Für $\mathfrak{U}$ wählt HAUSDORFF das System der offenen Kugeln des $\mathbb{R}^q$. $A \subset \mathbb{R}^q$ kann
dann stets mit endlich oder abzählbar vielen Kugeln U_n mit Durchmessern $d_n < \varepsilon$
überdeckt werden. $\lambda(x)$ sei eine auf $[0, \infty)$ definierte reelle monoton wachsende
stetige Funktion mit $\lambda(0) = 0$. Dann liefert

$$L^\lambda(A) = \lim_{\varepsilon \downarrow 0} \inf \left\{ \sum_{n \geq 1} \lambda(d_n);\ A \subset \bigcup_{n \geq 1} U_n,\ d_n < \varepsilon \right\}$$

ein äußeres Maß bzw. auf den nach CARATHÉODORY L^λ-messbaren Mengen ein
Maß. Äußere Maße (bzw. Maße) dieser Art werden heute nach HAUSDORFF benannt. Man kann sie allgemeiner als bei HAUSDORFF in metrischen Räumen definieren.

HAUSDORFF führt dann seinen Dimensionsbegriff ein: Ist $0 < L^\lambda(A) < \infty$, „so
sagen wir, A sei von der Dimension $[\lambda(x)]$."[H 1919a, 166; IV: 30]. Sind $\lambda(x), \mu(x)$
zwei Funktionen mit den obigen Eigenschaften und sind L^λ, L^μ *von gleicher Ordnung*, so sollen die Dimensionen $[\lambda], [\mu]$ *einander gleich* heißen; es ist dann jede
Menge A der Dimension $[\lambda]$ auch von der Dimension $[\mu]$ und umgekehrt. Da L^λ
nur vom Verhalten der Funktion $\lambda(x)$ in einer kleinen Umgebung von 0 abhängt,
folgt aus

$$0 < a \leq \frac{\mu(x)}{\lambda(x)} \leq b < \infty \text{ für } x \in (0, \rho)$$

(ρ hinreichend klein), daß $[\lambda] = [\mu]$ ist.

Ist L^μ von *höherer Ordnung* als L^λ, so heißt $[\mu]$ die höhere, $[\lambda]$ die niedrigere
Dimension (in Zeichen $[\mu] \succ [\lambda]$). Aus der früheren Ordnungsdefinition folgt dann
die charakteristische Eigenschaft: Eine Menge A von bestimmter Dimension hat
für jede höhere Dimension das Maß 0, für jede niedrigere das Maß ∞. Ist

$$\lim_{x \downarrow 0} \frac{\mu(x)}{\lambda(x)} = 0 \,,$$

so ist $L^\mu \leq \rho L^\lambda$ für jedes $\rho > 0$, d.h. für $L^\lambda(A)$ endlich verschwindet $L^\mu(A)$; $[\mu] \succ [\lambda]$. Modern ausgedrückt ist $[\lambda] = [\mu]$ eine Äquivalenzrelation in der Menge der zulässigen „Hausdorff-Funktionen" $\lambda(x)$ und $[\lambda] \prec [\mu]$ eine Halbordnung in der Menge der Äquivalenzklassen.

Der *wichtigste Spezialfall* ist $\lambda(x) = x^p$, p eine beliebige positive reelle Zahl. HAUSDORFF bezeichnet die zugehörige Dimension $[x^p]$ mit (p), das zugehörige äußere Maß werde mit $L^{(p)}$ bezeichnet. Es gilt $(q) \succ (p)$ genau dann, wenn $q > p$ ist. Die Skala möglicher Dimensionen ist also in diesem Fall die Skala der positiven reellen Zahlen. Heute meint man in der Regel diesen Spezialfall, wenn von Hausdorff-Maßen und Hausdorff-Dimensionen die Rede ist.[65] Die Hausdorff-Dimension H-dim(A) einer Menge A ist dann diejenige reelle Zahl $p > 0$, für die gilt

$$0 < L^{(p)}(A) < \infty, \quad L^{(q)}(A) = 0 \text{ für } q > p, \quad L^{(q)}(A) = \infty \text{ für } q < p.$$

Man kann die Hausdorff-Dimension auch so definieren:

$$\text{H-dim}(A) = \sup\{q > 0; \ L^{(q)}(A) = \infty\} = \inf\{q > 0; \ L^{(q)}(A) = 0\}.$$

Es sei

$$c_p = \frac{(\sqrt{\pi})^p}{2^p \, \Gamma\left(\frac{p}{2} + 1\right)};$$

für ganzzahliges p ist c_p das Volumen der p-dimensionalen Kugel vom Durchmesser 1. Meist wird $c_p L^{(p)}(A) = \mathcal{H}^p(A)$ als p-dimensionales Hausdorff-Maß bezeichnet; es gehört zur Hausdorff-Funktion $\lambda(x) = c_p x^p$. $\mathcal{H}^p(A)$ liefert für $p = 1, 2, 3$ das übliche Längen-, Flächen- bzw. Volumenmaß. Für ganzzahlige p hatte Hausdorff im ersten Teil seiner Arbeit bereits $\mathcal{H}^p(A)$ als Carathéodory-Maß eingeführt und gezeigt, daß es für $p = 1, 2, 3$ Längen, Flächen und Volumina liefert.

Allgemeiner als $\lambda(x) = x^p$ sind die $\lambda(x)$ der *logarithmischen Skala*:

$$\lambda(x) = x^{p_0} \left(l\left(\frac{1}{x}\right)\right)^{-p_1} \left(l_2\left(\frac{1}{x}\right)\right)^{-p_2} \left(l_3\left(\frac{1}{x}\right)\right)^{-p_3} \cdots$$

mit $l(y) = \ln y$, $l_2(y) = \ln \ln y$, $l_3(y) = \ln \ln \ln y$, usw. Dabei soll das erste nichtverschwindende p_i positiv sein und ab einer Stelle p_k sollen alle weiteren p_i verschwinden. Die zugehörige Dimension bezeichnet HAUSDORFF mit $P = (p_0, p_1, \ldots, p_k)$. Die Anordnung dieser Dimensionen ihrer Höhe nach erweist sich als die lexikographische Anordnung: Q ist höher als P, wenn die erste nichtverschwindende Differenz $q_i - p_i$ positiv ist. Beispielsweise ist für $q_0, q_1, q_2 > 0$ etwa $(0, 0, q_2)$ unendlich klein gegen $(0, q_1)$ und $(0, q_1)$ unendlich klein gegen (q_0).

Die zentrale Frage der ganzen Theorie ist nun, ob es für gegebenes $\lambda(x)$ tatsächlich $A \subset \mathbb{R}^q$ mit Dimension $[\lambda]$ gibt. Mit einer positiven Antwort würde der

---

[65] Die Klasse $\mathfrak{U}$ der überdeckenden Mengen ist meist allgemeiner gewählt; sind die überdeckenden Mengen Kugeln, spricht man heute von sphärischen Maßen.

Nachweis erbracht sein, daß, von Trivialfällen abgesehen, das ganze Gedankenge-
bäude nicht etwa leer ist. HAUSDORFF löst das Problem nicht in voller Allgemeinheit, sondern er beweist folgendes: Ist $\lambda(x) : [0, \infty) \to [0, \infty)$ eine streng monoton
wachsende, streng konkave Funktion mit $\lambda(0) = 0$, $\lim_{x \to \infty} \lambda(x) = \infty$, dann existiert $A \subset \mathbb{R}$ mit Dimension $[\lambda]$. Die Konstruktion einer solchen Menge erfolgt
analog zur Konstruktion der klassischen Cantor-Menge und liefert eine Menge A,
die wie die Cantor-Menge perfekt und nirgendsdicht ist. Man fixiert zunächst po-
sitive Zahlen $\xi_0, \xi_1, \ldots, \xi_n$, so daß gilt $\xi_0 > 2\xi_1$, $\xi_1 > 2\xi_2, \ldots, \xi_{n-1} > 2\xi_n$ und
$2^n \lambda(\xi_n) = 1$. Aus dem Intervall $[0, \xi_0]$ wird nun ein mittleres offenes Intervall der
Länge $\xi_0 - 2\xi_1$ so entfernt, daß die zwei verbleibenden abgeschlossenen Intervalle
die gleiche Länge ξ_1 haben. Aus diesen werden die mittleren offenen Intervalle der
Länge $\xi_1 - 2\xi_2$ entfernt, es bleiben vier abgeschlossene Intervalle der Länge ξ_2 usw.
Nach dem n.ten Schritt hat man 2^n abgeschlossene Intervalle der Länge ξ_n; die
Vereinigung dieser 2^n Intervalle sei A_n. Dann ist

$$A = \bigcap_{n=1}^{\infty} A_n$$

eine perfekte nirgendsdichte Menge. Es ist $L^\lambda(A) \leq 2^n \lambda(\xi_n) = 1$. Der schwierig-
ste und technisch aufwendigste Teil des Beweises besteht darin, zu zeigen, daß
$L^\lambda(A) \geq 1$ ist [H 1919a, 169–172; IV: 33–36]. Also ist schließlich $L^\lambda(A) = 1$ und
somit die Dimension von A gleich $[\lambda]$.

Nachdem die Existenzfrage geklärt ist, folgen Beispiele. Zunächst möchte
HAUSDORFF eine Menge von der Dimension p mit $0 < p < 1$ konstruieren. Es
ist also jetzt $\lambda(x) = x^p$, $0 < p < 1$. Die für die Konstruktion einer perfekten
nirgendsdichten Menge $A \subset \mathbb{R}$ mit $L^{(p)}(A) = 1$ benutzten Zahlen ξ_n mit den
geforderten Eigenschaften erhält man, wenn man $\xi_n = \xi^n$ mit $\xi = \left(\frac{1}{2}\right)^{\frac{1}{p}}$ setzt.
Es ist dann $\xi_0 = 1$, $\xi_i > 2\xi_{i+1}$ und $2^n \lambda(\xi_n) = 2^n \xi^{np} = 1$. Zum Beispiel erhält
man eine Menge mit Hausdorff-Dimension $\frac{1}{2}$, wenn man $\xi = \frac{1}{4}$ wählt, d.h. jeweils
die mittlere Hälfte der bei Konstruktion von A verbleibenden abgeschlossenen
Intervalle tilgt. Läßt man $\xi < \frac{1}{2}$ zunächst unbestimmt, so ergibt die Bedingung
$2^n \xi^{np} = 1$ für p:

$$p = \frac{\ln 2}{\ln \frac{1}{\xi}} .$$

Für die Cantor-Menge ist $\xi = \frac{1}{3}$, so daß HAUSDORFF für deren Dimension $p = \frac{\ln 2}{\ln 3} = 0{,}630929753\cdots$ erhält. Mit geeigneter Wahl von ξ können so Mengen $A \subset \mathbb{R}$
einer beliebigen Hausdorff-Dimension zwischen 0 und 1 konstruiert werden.

„Um eine Menge von der 'unendlich kleinen' Dimension $(0, p)$ der logarithmi-
schen Skala zu bilden"[H 1919a, 172; IV: 36], setzt HAUSDORFF $\lambda(x) = \left(\ln \frac{1}{x}\right)^{-p}$,
$p > 0$. Diese Funktion erfüllt die im obigen allgemeinen Existenzsatz geforderte
Konkavität nur für hinreichend kleine x. Aber auch in diesem Fall lassen sich ξ_n
finden mit $2^n \lambda(\xi_n) = 1$, nämlich

$$\xi_n = e^{-\eta^n} \text{ mit } \eta = 2^{\frac{1}{p}} .$$

Ab einem hinreichend großen n gilt auch hier $\xi_n > 2\xi_{n+1}$, so daß man, mit dem Intervall $[0, \xi_n]$ beginnend, eine Menge A wie oben konstruieren kann, welche die Dimension $[\lambda]$ hat.

Die Frage nach den schwächsten Bedingungen, die an $\lambda(x)$ zu stellen sind, damit eine Menge $A \subset \mathbb{R}$ mit Dimension $[\lambda]$ existiert, blieb bei HAUSDORFF offen. Sie wurde von ARYEH DVORETZKY 1948 abschließend beantwortet; er bewies folgenden Satz: Eine notwendige und hinreichende Bedingung dafür, daß eine Menge $A \subset \mathbb{R}$ der Dimension $[\lambda]$ existiert, ist

$$\liminf_{x \downarrow 0} \frac{\lambda(x)}{x} > 0.$$

Für die Existenz von $A \subset \mathbb{R}^q$ der Dimension $[\lambda]$ ist

$$\liminf_{x \downarrow 0} \frac{\lambda(x)}{x^q} > 0$$

notwendig und hinreichend.[66]

HAUSDORFF setzt sich abschließend das Ziel, ebene Mengen vorgeschriebener Dimension zu konstruieren. Es gelingt ihm, folgendes zu zeigen: Ist $A \subset [0, \xi_0]$ eine wie oben konstruierte perfekte nirgendsdichte Menge der Dimension $[\lambda]$, B eine ebensolche der Dimension $[\mu]$, so hat $A \times B \subset \mathbb{R}^2$ die Dimension $[\lambda\mu]$. Insbesondere für die Hausdorff-Dimension ($\lambda(x) = x^p$, $\mu(x) = x^q$) gilt also für diese speziellen A, B

$$\text{H-dim}(A \times B) = \text{H-dim}(A) + \text{H-dim}(B).$$

HAUSDORFF ist es damit gelungen zu zeigen, daß es zu jedem p mit $1 < p < 2$ eine Menge $C \subset \mathbb{R}^2$ gibt mit H-dim$(C) = p$. Er deutet dann noch an, wie man spezieller beweisen kann, daß es „ebene Jordansche Kurven gibt, die von einer beliebigen Dimension zwischen 1 und 2 sind."[H 1919a, 179; IV: 43]. HAUSDORFF schließt seinen Aufsatz mit der Bemerkung, daß man mit drei Mengen A, B, C der obigen Art auch eine räumliche Menge $A \times B \times C$ der Dimension $[\lambda\mu\nu]$ bilden kann.

Seine Betrachtung der ebenen Mengen hatte HAUSDORFF mit folgender Feststellung eingeleitet:

> Die Konstruktion ebener Mengen vorgeschriebener Dimension ist nicht ohne Schwierigkeit. [H 1919a, 177; IV: 41].

In der Tat ist das allgemeine Problem, was man über die Dimension von $A \times B$ sagen kann, wenn A die Dimension $[\lambda]$, B die Dimension $[\mu]$ hat, schwierig, und es gibt dazu vielfältige Untersuchungen.[67] Für die Hausdorff-Dimension gilt im allgemeinen

$$\text{H-dim}(A \times B) \geq \text{H-dim}(A) + \text{H-dim}(B).$$

---

[66][Dvoretzky 1948]. Näheres bei S.D. Chatterji in *HGW*, Band IV, 48–49.

[67][Rogers 1998, 130–131] und die dort auf S.131 angegebene zahlreiche Literatur zu diesem Problem.

Hier ist z.B. interessant, unter welchen Bedingungen die Gleichheit gilt oder um wieviel H-dim($A \times B$) die Summe auf der rechten Seite übertreffen kann [Steffen 1996, 195–197].

Die Rezeption von HAUSDORFFs Arbeit setzte sehr zögerlich ein. Es dauerte zehn Jahre, bis diese Arbeit erstmals Ausgangspunkt tiefgehender weiterer Studien wurde, und zwar in dem Artikel *On linear sets of points of fractional dimension* von ABRAM SAMOILOVITCH BESICOVITCH [Besicovitch 1929]. Daß vom Erscheinen von HAUSDORFFs *Dimension und äußeres Maß* ganze zehn Jahre vergehen mußten, bis davon wirklich Notiz genommen wurde, kann vielleicht als Indiz dafür gelten, daß HAUSDORFF mit dem kühnen Gedanken nichtganzzahliger Dimensionen seiner Zeit beträchtlich voraus war.

BESICOVITCH erwähnt zunächst den bedeutenden Schritt, den CARATHÉODORY mit dem p-dimensionalen Maß im $\mathbb{R}^q$ ($q > p$) über LEBESGUE hinaus getan hat, und fährt dann fort:

> But there are sets which from the point of view of the compactness of their points represent something intermediate between sets of finite positive measure of two consecutive numbers of dimensions, *e.g.* between sets of finite linear measure and of finite plane measure. *These are Hausdorff's fractional dimensional sets.* [Besicovitch 1929, 161].

BESICOVITCH nennt eine Menge $A \subset \mathbb{R}$ mit H-dim(A) = s und Hausdorff-Maß $L^{(s)}(A)$ ($0 < s < 1$) eine s-Menge. Er führt dann die Begriffe obere Dichte $D(x, A)$ und untere Dichte $d(x, A)$ eines Punktes x ein:

$$D(x, A) = \limsup_{h \to +0} \frac{L^{(s)}(A \cap (x - h, x + h))}{(2h)^s},$$

$$d(x, A) = \liminf_{h \to +0} \frac{L^{(s)}(A \cap (x - h, x + h))}{(2h)^s}.$$

x heißt ein regulärer Punkt von A, falls $D(x, A) = d(x, A)$ ist, d.h. reguläre Punkte haben eine eindeutige Dichte. Alle übrigen Punkte von A heißen irregulär. Das Hauptergebnis von BESICOVITCH lautet: Fast alle Punkte einer s-Menge sind irregulär. Ferner gibt er Abschätzungen nach oben und unten für $D(x, A)$ und $d(x, A)$.[68]

In zahlreichen Arbeiten haben BESICOVITCH und seine Schüler HAUSDORFFs Ideen weiterentwickelt und in verschiedenen mathematischen Gebieten angewandt.[69] Sie haben insbesondere in erheblichem Maße zur Entwicklung eines neuen Gebietes beigetragen, welches sich seit den dreißiger Jahren neben der abstrakten Maßtheorie lebhaft entwickelte, der geometrischen Maßtheorie. Die geometrische

---

[68]Zur hieran anschließenden Entwicklung s. den Abschnitt 3. „Reguläre Mengen und irreguläre Mengen – von Besicovitch über Federer und Marstrand bis Preiss" in [Steffen 1996, 211–227]. Die Frage bestmöglicher Abschätzungen der unteren und oberen Dichten hat viele Forscher beschäftigt; s. dazu auch [Bandt/ Haase 1996, 159].

[69]Einen Überblick über Besicovitch' Publikationen findet man in [Rogers 1998, 169–170].

Maßtheorie untersucht geometrische Eigenschaften von Mengen, Abbildungen und Funktionen in Euklidischen Räumen mittels Verknüpfung geometrischer, auch differentialgeometrischer, Methoden mit Methoden der Maßtheorie. Ihre Entwicklung war vor allem motiviert durch Fragestellungen aus der Analysis, z.B. aus der Theorie der Minimalflächen (Plateausches Problem), der Variationsrechnung im allgemeinen, der Potentialtheorie und der Integrationstheorie. Dabei kommen neben dem klassischen Lebesgue-Maß verschiedene spezifisch angepaßte Maße zum Einsatz. Insbesondere gehören Hausdorff-Maße zum grundlegenden Instrumentarium der geometrischen Maßtheorie. In der klassischen Monographie über dieses Gebiet von HERBERT FEDERER [Federer 1969][70] werden mittels HAUSDORFFs Konstruktion (9.2) sieben verschiedene Maße durch verschiedene Wahl der geometrischen Eigenschaften der Größen $l(U)$ eingeführt. Dabei sind die Hausdorff-Maße $\mathcal{H}^p(A)$ von besonderer Wichtigkeit, wie man bereits FEDERERs Einleitung zu seinem Werk entnehmen kann.

Wir wollen die Ausführungen zu *Dimension und äußeres Maß* noch mit einigen Bemerkungen zu Anwendungen von HAUSDORFFs Ideen in verschiedenen Gebieten der Mathematik abschließen. Dabei kann es sich nur um einige wenige Beispiele handeln.[71]

Die erste Anwendung der HAUSDORFFschen Begriffsbildungen außerhalb der Maßtheorie war zahlentheoretischer Natur und betraf diophantische Approximationen. 1929, im gleichen Jahr, in dem BESICOVITCH an HAUSDORFFs Arbeit anknüpfte, publizierte der tschechische Mathematiker VOJTĚCH JARNÍK in Moskau die Arbeit *Diophantische Approximationen und Hausdorffsches Mass* [Jarník 1929]. Er betrachtet dort Approximationen einer reellen Zahl $x \in [0,1]$ durch rationale Zahlen, insbesondere folgendes Problem: Was kann man über die Menge

$$M_\alpha = \left\{ x \in [0,1]; \ \left| x - \frac{a}{b} \right| \le \frac{1}{b^\alpha} \text{ für unendlich viele ganze Zahlen } a, b \right\}$$

aussagen? ALEXANDER J. KHINTCHINE hatte 1926 bewiesen, daß das Lebesgue-Maß von M_α für $\alpha > 2$ Null ist. Hier nun setzt JARNÍK an:

Man wird aber trotzdem vermuten, dass z.B. die Menge M_3 in einer gewissen Hinsicht „viel grösser" sein muss als die Menge M_4. Zu einer solchen Klassifikation von Mengen vom LEBESGUE'schen Mass Null eignet sich nun der Mass- und Dimensionsbegriff des Herrn HAUSDORFF; das Ziel dieser Note ist es eben,

---

[70]Ein neueres Lehrbuch ist [Mattila 1999].

[71]Umfangreicheres Material findet man in den eingangs dieses Abschnitts genannten Arbeiten aus dem Sammelband [Brieskorn 1996], ferner im Abschnitt „Applications of Hausdorff Measures"in [Rogers 1998, 128–135]; dort finden sich auch zahlreiche Hinweise auf einschlägige Literatur. Zu [Rogers 1998] (es ist die zweite Auflage des 1970 erstmals erschienenen Buches von Rogers) hat Kenneth J. Falconer ein umfangreiches Vorwort verfaßt, in dem er in den Paragraphen 2. „Recent general developments"und 3. „Recent applications of Hausdorff measures"die Entwicklung seit 1970 skizziert. Am Beginn seines Vorworts entschuldigt er sich, daß er auch nur einiges wenige ansprechen konnte, dann heißt es: „A full bibliography would run to hundreds of pages."

in einem besonders einfachen Fall – nämlich genau für die Mengen M_α – die Bedeutung dieses Begriffes für derartige Fragen zu zeigen. [Jarník 1929, 373].

Das Hauptergebnis seiner Note ist der Beweis, daß H-dim$(M_\alpha) = \frac{2}{\alpha}$ ist. In einer längeren Arbeit aus dem Jahr 1931 [Jarník 1931] hat er diese Überlegungen wesentlich verallgemeinert.

Eine weitere bemerkenswerte zahlentheoretische Anwendungen der HAUS-DORFFschen Ideen aus *Dimension und äußeres Maß* geht auf BESICOVITCH zurück. In der dyadischen Entwicklung von $x \in (0,1)$ sei $p_n(x)$ die Summe der ersten n Dualziffern (d.h. die Anzahl der Einsen). Dann gilt, wie HAUSDORFF in den *Grundzügen* bewiesen hatte, das folgende starke Gesetz der großen Zahl (μ ist das Lebesgue-Maß):

$$\mu\left(\left\{x;\ \lim_{n\to\infty} \frac{p_n(x)}{n} = \frac{1}{2}\right\}\right) = 1 \tag{9.3}$$

In seiner Arbeit *On the sum of digits of real numbers represented in the dyadic system* [Besicovitch 1934] widmet sich BESICOVITCH dem Problem, die Mengen

$$E_p = \left\{x \in (0,1);\ \limsup_n \frac{p_n(x)}{n} \leq p < \frac{1}{2}\right\}$$

zu charakterisieren. Da wegen (9.3) $\mu(E_p) = 0$ ist für jedes $p < \frac{1}{2}$, kann das Lebesgue-Maß keine Information über diese Mengen liefern. Mit Verweis auf HAUS-DORFFs Arbeit und auf seine eigene Arbeit von 1929 konstatiert BESICOVITCH:

> The solution of this problem is given in terms of sets of fractional dimensions. [Besicovitch 1934, 321].

Er berechnet dann die Hausdorff-Dimension von E_p und bestimmt damit gewissermaßen die Größe von E_p in Abhängigkeit von p, d.h. als Funktion der Abweichung vom „Normalfall". In ähnlicher Weise war die Hausdorff-Dimension bei den von HAUSDORFF konstruierten Cantormengen eine Art Größenmaßstab für diese Mengen (die alle das Lebesgue-Maß 0 haben) in Abhängigkeit vom Parameter ξ, ebenso bei JARNÍK. S.D. CHATTERJI charakterisiert in seinem Kommentar zu [H 1919a] diesen Nutzen der Hausdorff-Dimension folgendermaßen:

> This is a typical service rendered by HAUSDORFF dimensions in general and they are used in this sense in many refined investigations; for example, many curves that arise in various studies of dynamical systems or stochastic processes have no tangents anywhere and their HAUSDORFF dimension functions indicate the degree of their *fractal* nature.[72]

Mit $I(p) = -(p\log p + q\log q)$; $p + q = 1$ ergibt sich für die Hausdorff-Dimension von E_p:

$$\text{H-dim}(E_p) = \frac{I(p)}{\log 2}.$$

---

[72]S.D. Chatterji in *HGW*, Band IV, 52. S.dazu auch den Abschnitt 0.2 „Die Hausdorff-Dimension als Größenmaßstab"in [Bandt/ Haase 1996, 164–178].

$I(p)$ kann interpretiert werden als Shannon-Information zum Alphabet (diskreten Wahrscheinlichkeitsraum) $Z = \{0, 1\}$ mit $P(\{1\}) = p$, $P(\{0\}) = q$. Die Verbindungen von Hausdorff-Dimension und Shannon-Information leiten über zu Anwendungen von HAUSDORFFs Ideen in der Ergodentheorie und der statistischen Mechanik; s. dazu die Bücher [Billingsley 1985], [Falconer 1990] und [Ruelle 1978].

Wir kommen nun zu einigen analytischen Anwendungen. In seiner Dissertation [Frostman 1935] verknüpfte OTTO FROSTMAN den Kapazitätsbegriff der Potentialtheorie mit HAUSDORFFs Maßbegriff; er zeigte, daß die Kapazität einer abgeschlossenen Menge im Euklidischen Raum eng zusammenhängt mit dem Hausdorff-Maß L^λ dieser Menge zu einer passenden Hausdorff-Funktion $\lambda(x)$.[73] FROSTMAN bewies für jede kompakte Menge $A \subset \mathbb{R}^q$ die Gleichheit der Hausdorff-Dimension $\inf\{p > 0;\ L^{(p)}(A) = 0\}$ mit ihrer Kapazitätsdimension (dimension capacitaire). Dies eröffnete eine leistungsfähige analytische Möglichkeit, um die Hausdorff-Dimension kompakter Mengen zu berechnen.

Die Lösungen nichtlinearer elliptischer Systeme partieller Differentialgleichungen haben i. a. Singularitäten, wie ENNIO DE GIORGI im Jahre 1968 an einem Beispiel zeigte. Zahlreiche Arbeiten haben sich in der Folgezeit damit beschäftigt, die Hausdorff-Dimension der Menge der singulären Punkte abzuschätzen, welche die Lösungen eines solchen Systems haben können.[74]

Hausdorff-Maße spielen auch eine wichtige Rolle in der Theorie der trigonometrischen Reihen. Eine zusammenfassende Darstellung diesbezüglicher Resultate findet man in der Monographie [Kahane, Salem 1994]. In den einführenden Abschnitten dieses Werkes werden Hausdorff-Maß und Hausdorff-Dimension sowie die Kapazitätsformel von FROSTMAN besprochen. Von besonderer Bedeutung sind die von HAUSDORFF mittels passender Zahlenfolgen $\{\xi_n\}$ konstruierten Mengen A vom Typ der Cantormenge. Die Autoren nennen sie „ensembles parfaits symétriques" und benutzen sie und geeignete Verallgemeinerungen zur Lösung zahlreicher Probleme der harmonischen Analysis, z.B. in Untersuchungen von Eindeutigkeitsmengen.[75]

Eine enge Beziehung zu Hausdorff-Maßen und Hausdorff-Dimensionen haben die Packungsmaße und Packungsdimensionen. Während das äußere Hausdorff-Maß $L^\lambda(A)$ durch möglichst knappe Überdeckung von A durch Kugeln konstruiert wird, wird das Packungsmaß $p_\lambda(A)$ dual dazu konstruiert durch möglichst knappe Ausschöpfung von A durch Kugeln von innen her. Das Packungsmaß kann in beliebigen metrischen Räumen definiert werden; wir wollen uns auf den euklidischen Raum $\mathbb{R}^n$ beschränken. Unter einer *Kugelpackung* $\mathcal{P}$ *für* $A \subset \mathbb{R}^n$ versteht man eine Men-

---

[73]Frostman war Schüler von Marcel Riesz, der an der Universität Lund wirkte. Riesz und Hausdorff haben korrespondiert und sich mindestens einmal persönlich getroffen, und zwar im September 1920 in Saßnitz (s. *HGW*, Band IX, 571–579).

[74]Einen guten Überblick findet man in [Giaquinta 1983].

[75]Die Charakterisierung von Eindeutigkeitsmengen der trigonometrischen Entwicklung war übrigens Cantors Ausgangspunkt für die Einführung transfiniter Ordinalzahlen, s. dazu [Purkert/ Ilgauds 1987, 33–39].

ge abgeschlossener paarweise disjunkter Kugeln K mit Mittelpunkten in A und Radien $r(K)$. Mit einer Hausdorff-Funktion $\lambda(x)$ bildet man

$$P_\lambda(A) = \inf_{\varepsilon > 0} \sup_{\mathcal{P} \text{ für } A} \left\{ \sum_{K \in \mathcal{P}} \lambda(r(K)); \ r(K) \leq \varepsilon \right\}.$$

Mit der Mengenfunktion $P_\lambda(A)$ wird das Packungsmaß dann wie folgt definiert:

$$p_\lambda(A) = \inf \left\{ \sum_n P_\lambda(A_n); \ A \subseteq \bigcup_n A_n \right\}.$$

Es ist ein metrisches äußeres Maß. Das Packungsmaß zu $\lambda(x) = x^\alpha$ werde mit $p_\alpha(A)$ bezeichnet. Für diesen Spezialfall wird die Packungsdimension Dim(A) definiert als

$$\mathrm{Dim}(A) = \inf\{\alpha > 0; \ p_\alpha(A) < +\infty\}.$$

Es gilt stets H-dim$(A) \leq$ Dim(A). Für die von HAUSDORFF konstruierten selbstähnlichen Mengen vom Typ der Cantormenge gilt hier die Gleichheit. Wie schon bemerkt, hat man der von HAUSDORFF als schwierig bezeichneten Frage nach H-dim$(A \times B)$ zahlreiche Untersuchungen gewidmet. Die Abschätzung nach unten durch H-dim$(A) +$ H-dim(B) wurde schon erwähnt. Mit Hilfe der Packungsdimension findet man auch gute Abschätzungen nach oben; nach einer Reihe von Vorarbeiten verschiedener Autoren konnte C. TRICOT schließlich folgendes beweisen [Tricot 1982] Für $A, B \subset \mathbb{R}^n$ gilt

$$\text{H-dim}(A \times B) \leq \text{H-dim}(A) + \mathrm{Dim}(B) \leq \mathrm{Dim}(A \times B) \leq \mathrm{Dim}(A) + \mathrm{Dim}(B).$$

Ein weiteres Feld, das seinen Ursprung letztlich in HAUSDORFFs Arbeit *Dimension und äußeres Maß* hat, ist die *fraktale Geometrie*.[76] Der Grundbegriff dieses Gebietes ist der des *Fraktals*. Die intuitive Vorstellung, die der Schöpfer dieses Begriffes, BENOÎT MANDELBROT [Mandelbrot 1977], mit den so bezeichneten Teilmengen Euklidischer Räume verband, waren Eigenschaften wie hohe Irregularität, die traditionellen geometrischen Begriffen wie Glattheit entgegengesetzt und mit solchen Begriffen nicht faßbar ist, das Vorliegen einer Feinstruktur, die in noch so kleinen Maßstäben immer wieder Details aufweist und ferner oft die Eigenschaft strikter oder wenigstens annähernder Selbstähnlichkeit besitzt. Typische Beispiele waren lange vor MANDELBROT bekannt, wie die klassische Cantormenge, die von HAUSDORFF konstruierten Mengen vom Typ der Cantormenge, die von Kochsche Schneeflockenkurve, das Sierpiński-Dreieck, der Sierpiński-Teppich oder der Menger-Schwamm. Das Wort „Fraktal" wählte MANDELBROT, da Mengen solcher Art i.a. nichtganzzahlige („gebrochene") Hausdorff-Dimension aufweisen. Da es jedoch auch Mengen mit ganzzahliger Hausdorff-Dimension gibt, die man intuitiv als Fraktale betrachten würde, definierte er schließlich in seinem Hauptwerk

---

[76]Die wohl beste Einführung in dieses Gebiet ist die 2003 erschienene erweiterte zweite Auflage von [Falconer 1990].

The Fractal Geometry of Nature [Mandelbrot 1982] ein Fraktal als eine Teilmenge des $\mathbb{R}^n$, deren Hausdorff-Dimension größer als deren topologische Dimension ist [Mandelbrot 1982, 15]. Eine allgemein akzeptierte Definition des Begriffs „Fraktal" scheint es nicht zu geben. FALCONER kommentiert MANDELBROTs Definition folgendermaßen:

> This definition proved to be unsatisfactory in that it excluded a number of sets that clearly ought to be regarded as fractals. Various other definitions have been proposed, but they all seem to have this same drawback. [Falconer 1990, XX].

FALCONER schlägt dann vor, man solle doch mit dem Begriff Fraktal so verfahren wie die Biologen mit dem Begriff Leben, d.h. man solle gewisse Eigenschaften – etwa die oben genannten – als hinreichend für ein Fraktal betrachten, ohne daß im Einzelfall jede dieser Eigenschaften unbedingt vorliegen muß.

MANDELBROTs Anliegen in seinem für breite Kreise geschriebenen Buch war es – der Titel bringt es schon zum Ausdruck – Wissenschaftler der verschiedensten Disziplinen, Physiker, Astrophysiker, Chemiker, Biologen, Mediziner, Geographen, Meteorologen, Ökonomen und Statistiker auf das Konzept des Fraktals, insbesondere auf die Eigenschaft der Selbstähnlichkeit bzw. Skaleninvarianz, aufmerksam zu machen und das Potential dieser Begriffe für die jeweilige Disziplin zu demonstrieren. Eine zentrale Rolle spielt dabei, wie MANDELBROT schon im Vorwort betont, die Hausdorff-Dimension, die er – BESICOVITCH würdigend – Hausdorff-Besicovitch-Dimension nennt.[77] Begleitet wird der Text durch zahlreiche Abbildungen, teils von in der Natur vorkommenden Strukturen, meist aber von computererzeugten Bildern, welche gewisse Fraktale visualisieren.

MANDELBROTs Buch hat eine Vielzahl von Arbeiten ausgelöst, an denen neben Mathematikern und Informatikern auch Wissenschaftler der oben genannten Disziplinen beteiligt waren. Eine gewisse Bilanz zieht 10 Jahre nach MANDELBROTs Werk – auch wiederum für ein breites Publikum gedacht – der fast tausendseitige Band *Chaos and Fractals. New Frontiers of Science.* [Peitgen et al. 1992] Es blieb leider nicht aus, daß in der Hochkonjunktur der „Fraktaltheorie" auch Erwartungen geweckt wurden, die sich nicht erfüllen ließen. Es wurde auch, gerade in der populärwissenschaftlichen Literatur, mancher Unsinn verbreitet.[78] Das tut aber dem Wert der seriösen interdisziplinären Forschung keinen Abbruch. Natürlich gibt es in der Natur kein mathematisches Fraktal, genausowenig wie es dort einen exakten Kreis oder eine vollkommene Ellipse gibt. Aber als mathematische Modelle gewisser Erscheinungen haben Fraktale mit ihrer i.a. gebrochenen Dimension die gleiche Berechtigung wie Ellipsen als Modelle der Bewegung der Planeten. Insbesondere im Hinblick auf HAUSDORFFs Dimensionskonzept stellen CH. BANDT und H. HAASE dazu treffend fest:

---

[77]Diese Bezeichnung hat sich nicht durchgesetzt.
[78]Eine scharfzüngige Auseinandersetzung mit solchen Erscheinungen findet sich in [Steffen 1996, 203–211].

Hausdorff hat uns den Blick geweitet für neue Analogien und Modelle zum
Verständnis der uns umgebenden Welt. Aus dieser Sicht scheint der außermathematische Gebrauch des Begriffs Hausdorff-Dimension durchaus gerechtfertigt. [Bandt/ Haase 1996, 177].

Zur Popularität der Fraktale weit über die Mathematik und Naturwissenschaften
hinaus haben auch die Möglichkeiten moderner Computer-Graphik beigetragen.
Bilder von Julia-Mengen, der Mandelbrotmenge oder seltsamer Attraktoren sind
ästhetisch sehr reizvoll; sie illustrieren Fraktale, die man beim Studium diskreter
dynamischer Systeme (im einfachsten Fall Iteration der Abbildung $z \to z^2 + c$ in
der komplexen Zahlenebene) oder zeitkontinuierlicher dynamischer Systeme (z.B.
in der Turbulenztheorie) entdeckt hatte.[79]

Diese Bemerkungen führen bereits auf ein großes Gebiet hin, in dem HAUS-
DORFFs Begriffe eine Rolle spielen, die Theorie der dynamischen Systeme. Ein
dynamisches System ist ein Tripel (T, X, Φ), bestehend aus einem Zeitraum T,
einem Zustands- oder Phasenraum X und einer Abbildung $\Phi(t, x) : T \times X \to X$
mit

$$\Phi(0, x) = x; \quad \Phi(s, \Phi(t, x)) = \Phi(s + t, x).$$

Dabei ist $T = \mathbb{N}_0$ oder $\mathbb{Z}$ (diskretes System) bzw. $T = [0, \infty)$ oder $\mathbb{R}$ (kontinu-
ierliches System). Für X wählen wir den $\mathbb{R}^n$; X kann aber allgemeiner eine Riemannsche Mannigfaltigkeit, ein beliebiger metrischer Raum oder auch ein Hausdorffraum sein. Sei für ein diskretes System $\Phi(1, x) = \varphi(x)$, so ist $\Phi(2, x) =$
$\Phi(1, \Phi(1, x)) = \varphi(\varphi(x))$, usw., d.h. das dynamische System wird durch Iteration
der Funktion $\varphi(x)$ erzeugt. Kontinuierliche Systeme werden oft durch nichtlineare Systeme gewöhnlicher Differentialgleichungen erzeugt; $\Phi(t, x)$ sind dann, als
Funktionen von t, die Lösungskurven.

Für verschiedene nichtlineare dynamische Systeme existieren Mengen im Zu-
standsraum mit i. a. nichtganzzahliger Hausdorff-Dimension, für deren Punkte das
System chaotisches Verhalten insofern zeigt, als kleinste Differenzen in den Anfangswerten im Verlauf der Zeit zu großen Differenzen zwischen den Werten des
Systems führen; man hat also in diesen Mengen eine außerordentlich hohe Emp-
findlichkeit des Systems in Bezug auf die Ausgangsdaten. Im Hinblick darauf wollen wir den diskreten Fall noch etwas näher betrachten; im kontinuierlichen Fall ist
der Begriffsapparat analog. Mit $\varphi^k(x)$ werde die k-te Iterierte von φ bezeichnet.
Eine abgeschlossene Menge $F \subset X$, die unter φ invariant ist $(\varphi(F) = F)$ heißt ein
Attraktor für φ, falls eine offene Menge $V \supset F$ existiert (das Einzugsgebiet von
F), so daß

$$\lim_{k \to \infty} \text{dist.}(F, \varphi^k(x)) = 0$$

ist für jedes $x \in V$. Eine abgeschlossene invariante Menge F heißt ein *Repeller* für
φ, falls sie für die (nicht notwendig eindeutige) inverse Funktion φ^{-1} ein Attraktor
ist. Ein Attraktor heißt ein *fraktaler* oder *seltsamer* Attraktor, falls folgendes gilt:

---

[79]Ein Klassiker ist *The Beauty of Fractals. Images of Complex Dynamical Systems*
[Peitgen/ Richter 1986].

1) Es gibt ein $\delta > 0$, so daß für jedes $x \in F$ Punkte $y \in F$ beliebig nahe an x existieren mit $|\varphi^k(x) - \varphi^k(y)| \geq \delta$ für passendes k (hochempfindliche Abhängigkeit von den Anfangsbedingungen).

2) Der Orbit $\{\varphi^k(x)\}$ ist dicht in F für $x \in F$.

3) Die periodischen Punkte von φ in F (d.h. die Punkte $x \in F$ mit $\varphi^j(x) = x$ für irgendein j) sind dicht in F.

Erste Beispiele fraktaler Repeller fand GASTON JULIA im Jahre 1918.[80] In dieser Arbeit untersuchte er die Iteration rationaler Funktionen $\varphi(z)$ in der komplexen Zahlenebene. Er fand, daß sich die Punkte z der Zahlenebene auf zwei Klassen $F(\varphi)$ und $J(\varphi)$ verteilen, je nachdem, wie – anschaulich gesprochen – z als Startwert die Dynamik des Prozesses bestimmt: $F(\varphi)$ (später als Fatou-Menge von φ bezeichnet) besteht aus denjenigen z, für welche der Orbit $\{\varphi^k(z)\}$ gewissermaßen stetig von z abhängt, d.h. für die z' einer kleinen Umgebung von z ergeben sich Orbits, die alle nahe dem Orbit von z bleiben (stabile Dynamik). $J(\varphi)$ (die Julia-Menge von φ; diese Bezeichnung stammt von MANDELBROT) besteht aus allen z, für die der Orbit sehr empfindlich auf kleinste Abänderungen von z reagiert (chaotische Dynamik). JULIA hat in seiner Arbeit u.a. die Eigenschaften der Mengen $J(\varphi)$ eingehend studiert; z.B. fand er, daß sie perfekt und damit überabzählbar sind. Sie sind aus heutiger Sicht in der Regel Fraktale. Selbst für die einfachen Funktionen $\varphi_c(z) = z^2 + c$ bietet das Studium der Julia-Mengen $J(\varphi_c)$ in Abhängigkeit vom Parameter c und die Bestimmung ihrer Hausdorff-Dimensionen viele interessante Probleme.

Den Begriff des seltsamen Attraktors (strange attractor) führten DAVID RUELLE und FLORIS TAKENS 1971 in ihren Untersuchungen zur Turbulenz ein.[81] Die wichtige Rolle, welche die Hausdorff-Dimension in der Turbulenztheorie spielen kann, zeigten MANDELBROT, KAHANE und TAKENS einem interdisziplinären Publikum von Mathematikern und Physikern in Vorträgen auf der Tagung „Turbulence and Navier Stokes Equations", die 1975 in Orsay stattfand.[82]

Die erste Untersuchung, die auf einen seltsamen Attraktor führte (ohne daß dieser Begriff dort schon auftaucht), stammt von dem Mathematiker und Meteorologen EDWARD N. LORENZ aus dem Jahre 1963 [Lorenz 1963]. LORENZ studierte ein vereinfachtes mathematisches Modell der atmosphärischen Konvektion, welches auf folgendes System von Differentialgleichungen führte:

$$\frac{dx}{dt} = \sigma(y - x), \quad \frac{dy}{dt} = rx - y - xz, \quad \frac{dz}{dt} = xy - bz.$$

Er stellte fest, daß für gewisse Werte der Parameter σ, r und b chaotisches Verhalten vorliegt, d.h. kleinste Änderungen der Anfangsbedingungen führen zu großen Änderungen der Zustände des Systems. Wegen der unvermeidlichen Meßfehler bei

---

[80][Julia 1918], ausgezeichnet mit dem Grand Prix de l'Académie des Sciences.

[81][Ruelle/ Takens 1971]. Eine Zusammenfassung einschlägiger Ergebnisse gibt Ruelle in [Ruelle 1989].

[82]Die Vorträge sind im Tagungsband *Turbulence and Navier Stokes Equations*, Lecture Notes in Mathematics, Nr. 565, Springer, Berlin-Heidelberg 1976, abgedruckt.

den Anfangswerten sei deshalb eine langfristige Wetterprognose prinzipiell unmöglich [Sparrow 1982]. Visualisierungen des Lorenz-Attraktors und zahlreicher Attraktoren kontinuierlicher dynamischer Systeme findet man in [Holden 1986, 15–34].

Die Entwicklung der Theorie der dynamischen Systeme in neuerer Zeit hat gezeigt, daß die Hausdorff-Dimension und aus ihr abgeleitete Invarianten nicht nur selbst als Größenmaße von Interesse sind, sondern daß sie in den vielfältigen Beziehungen zwischen grundlegenden Begriffen der Dynamik wie Entropie und Ljapunov-Exponenten eine ausschlaggebende Rolle spielen [Bothe/ Schmeling 1996, 239–241].

Von den Beziehungen der HAUSDORFFschen Begriffsbildungen zur Stochastik wollen wir nur zwei kurz andeuten, die zufälligen Fraktale und die Brownsche Bewegung. Ein Beispiel für ein zufälliges Fraktal wäre etwa eine zufällige Cantor-Menge, die man erhalten könnte, indem man in jedem Schritt auswürfelt, welches Drittel aus den Intervallen des vorangehenden Schrittes jeweils herausgenommen wird. Man könnte aber auch stets ein mittleres Intervall aus den vorhergehenden Intervallen herausnehmen, aber so, daß die Längen der verbleibenden Intervalle zufällig sind, aber in jedem Schritt die gleiche Verteilung haben (statistische Selbstähnlichkeit).

Auch eine für die Geschichte der Physik und für die Geschichte der Wahrscheinlichkeitstheorie besonders bedeutsame Erscheinung ist in bemerkenswerter Weise mit HAUSDORFFs Begriffsbildungen verknüpft, die Brownsche Bewegung. Als Brownsche Bewegung bezeichnet man die unregelmäßig wimmelnde Bewegung sehr kleiner in Flüssigkeiten suspendierter Teilchen. Sie ist benannt nach dem schottischen Botaniker ROBERT BROWN, der sie 1827 an in Wasser suspendierten Pollenkörnchen entdeckte. Im Laufe des 19. Jahrhunderts haben sich zahlreiche Forscher mit diesem Phänomen beschäftigt und auch einige zutreffende experimentelle Ergebnisse beigesteuert, jedoch war bis zur Jahrhundertwende die Ursache der Brownschen Bewegung nicht endgültig geklärt. Erst recht gab es keinen Ansatz zur theoretischen Bewältigung, d.h. es gab kein theoretisches Modell, aus dem sich die mittlere Verschiebung eines Brownschen Teilchens hätte berechnen lassen [Purkert 1983]. Dies änderte sich mit einer Arbeit ALBERT EINSTEINS aus dem Jahre 1905 [Einstein 1905]. Dort betrachtete er ein eindimensionales Modell; in diesem sei $X(t)$ der zufällige Ort eines bei 0 gestarteten Teilchens. Unter gewissen physikalisch motivierten stochastischen Unabhängigkeitsvoraussetzungen konnte EINSTEIN zeigen, daß $X(t)$ normalverteilt ist mit Varianz $2Dt$ (D ist der Diffusionskoeffizient). Also hat man für die mittlere Verschiebung $\sigma_X = \sqrt{2Dt}$. EINSTEIN ging es in seiner Arbeit um den Beweis der realen Existenz von Atomen und Molekülen. Er ließ es 1905 noch offen, ob die von ihm theoretisch vorausgesagten Schwankungserscheinungen etwas mit der Brownschen Bewegung zu tun haben; später betonte er diesen Zusammenhang.

Ab 1908 hat der französische Physiker und spätere Nobelpreisträger JEAN BAPTISTE PERRIN die Berechnungen EINSTEINs experimentell bestätigt und damit der Atomtheorie endgültig zum Durchbruch verholfen [Perrin 1908]. Anfang der zwanziger Jahre hat dann NORBERT WIENER unter ausdrücklicher Berufung auf EINSTEIN den stochastischen Prozeß, der als Modell der Brownschen Bewegung dient, näher untersucht [Wiener 1921], [Wiener 1923]. Dieser Prozeß wird heute nach WIENER benannt. Für die Hausdorff-Dimension der Trajektorien von Wiener-Prozessen gilt folgendes:

1.) Ist $X(t)$ ein eindimensionaler Wiener-Prozeß, so hat mit Wahrscheinlichkeit 1 der Graph $\{(t, x(t)) \in \mathbb{R}^2;\ t \in [0, c)\}$ einer Trajektorie $x(t)$ die Hausdorff-Dimension $1\frac{1}{2}$, das heißt die Graphen P-fast aller Trajektorien haben die Hausdorff-Dimension $1\frac{1}{2}$.

2.) Für $n \geq 2$ haben P-fast alle Trajektorien $x(t) = (x_1(t), \cdots, x_n(t))$ eines n-dimensionalen Wiener-Prozesses die Hausdorff-Dimension 2.

Es ist bemerkenswert, daß bei der Brownschen Bewegung die Hausdorffschen Dimensionsfunktionen der logarithmischen Skala eine Rolle spielen. Es zeigt sich nämlich, daß mit Wahrscheinlichkeit 1 die Trajektorien eines Wiener-Prozesses im $\mathbb{R}^n$ ($n \geq 2$) das zweidimensionale Hausdorff-Maß 0 haben. Sie haben aber für $n = 2$ ein positives endliches Hausdorff-Maß L^λ für die Dimensionsfunktion $\lambda(x) = x^2 \ln(\frac{1}{x}) \ln\ln\ln(\frac{1}{x})$ und für $n \geq 3$ haben sie ein positives endliches Hausdorff-Maß für die Dimensionsfunktion $\lambda(x) = x^2 \ln\ln(\frac{1}{x})$. Die Brownschen Trajektorien haben also sozusagen eine Dimension, die „logarithmisch kleiner" als 2 ist. Diese und weitere Ergebnisse zur Brownschen Bewegung gehen im wesentlichen auf den BESICOVITCH-Schüler SAMUEL J. TAYLOR zurück [Taylor/ Tricot 1985], [Taylor 1986].

Merkwürdigerweise ist HAUSDORFF später nie mehr auf seine Schöpfungen aus *Dimension und äußeres Maß* oder auf deren Rezeption durch andere Mathematiker zurückgekommen. Im gesamten Nachlaß findet sich dazu nichts; der Name BESICOVITCH z.B. kommt in seinem Nachlaß nicht vor, obwohl sich dort Studien oder Bemerkungen zu hunderten von Arbeiten anderer Mathematiker finden. Sein lebhaftes Interesse jedoch galt den verschiedenen Versionen topologischer Dimensionsbegriffe. Dazu finden sich im Nachlaß zahlreiche Studien.[83] Es gibt ein umfangreiches Manuskript „Dimensionstheorie" von 200 Blatt, das wie ein Buch aufgebaut ist und als Buchmanuskript hätte dienen können.[84] Es weist HAUSDORFF als hervorragenden Kenner des gesamten Gebietes aus. Vielleicht hat er anfangs an die Veröffentlichung gedacht; nach 1935 hätte er allerdings als Jude im nationalsozialistischen Deutschland kein Buch mehr publizieren können.

Einen bemerkenswerten Zusammenhang von Hausdorff-Dimension und topologischer Dimension entdeckte 1936 der polnische Mathematiker EDWARD SZPILRAJN und hielt darüber einen Vortrag auf dem Internationalen Mathematikerkongreß in Oslo [Szpilrajn 1937]. Szpilrajn nannte sich ab 1940 Edward Marczewski, um der Verfolgung als Jude durch die deutsche Besatzungsmacht zu entgehen. Wir betrachten einen separablen metrischen Raum (X, ρ); $d(X, \rho)$ bezeichne seine kleine induktive Dimension (Menger-Urysohn-Dimension). Ist ρ' eine weitere

---

[83] S. dazu Horst Herrlich, Mirek Hušek, Gerhard Preuß: *Hausdorffs Studien zur Dimensionstheorie. HGW*, Band III, 840–853; angehängt sind Studien Hausdorffs aus dem Nachlaß, 854–864.

[84] NL Hausdorff: Kapsel 47, Faszikel 986, verfaßt zwischen 1930 und 1936.

Metrik auf X, welche dieselbe Topologie erzeugt, d.h. (X, ρ) und (X, ρ') sind als topologische Räume homöomorph, so wollen wir dies mit $\rho' \sim \rho$ kennzeichnen. Es gilt dann $d(X, \rho) = d(X, \rho')$. Der Satz von SZPILRAJN lautet nun folgendermaßen:

$$\inf_{\rho' \sim \rho} \{\text{H-dim}(X, \rho')\} = d(X, \rho).$$

In HAUSDORFFs Nachlaß kommt SZPILRAJN in fünf Faszikeln vor; *La dimension et la mesure* ist nicht dabei.

9.6 Weitere analytische Arbeiten

9.6.1 Der Wertvorrat einer Bilinearform

HAUSDORFFs späterer Kollege und Freund in Bonn, OTTO TOEPLITZ, hatte sich seit 1906, angeregt durch HILBERTs Untersuchungen über Integralgleichungen, eingehend mit unendlichen Matrizen und Bilinearformen mit unendlich vielen Variablen befaßt. Ein großer Teil seiner mathematischen Arbeiten war diesem Gebiet gewidmet. Im Mittelpunkt einer seiner Arbeiten [Toeplitz 1918] steht der von ihm dort eingeführte Begriff des Wertvorrats einer Bilinearform

$$C(x, y) = \sum_{i,j=1}^{n} c_{ij} x_i y_j$$

mit $c_{ij} \in \mathbb{C}$ und $x, y \in \mathbb{C}^n$. Als *Wertvorrat* der Bilinearform (bzw. der Matrix C) bezeichnet Toeplitz die Menge $\mathfrak{W} = W(C) = \{C(x, \overline{x}) \in \mathbb{C}; \; \sum x_i \overline{x}_i = 1\}$. Der zentrale Satz seiner Arbeit lautet: *Der äußere Rand des Bereiches $\mathfrak{W}$ ist eine konvexe Kurve.* Danach heißt es:

> Die Frage, ob $\mathfrak{W}$ das ganze Innere seines äußeren, konvexen Randes ausfüllt, oder Löcher hat, ist $[\cdots]$ offen geblieben. [Toeplitz 1918, 195].

An diese Fragestellung knüpft HAUSDORFF in seiner kleinen Note *Der Wertvorrat einer Bilinearform*[85] unmittelbar an. Sein Resultat ist, daß $\mathfrak{W}$ im Innern keine Löcher hat; der Wertvorrat ist für jedes C eine konvexe Teilmenge von $\mathbb{C}$. Die Resultate von TOEPLITZ und HAUSDORFF lassen sich auf sehr viel allgemeinere Situationen übertragen. Sei z.B. H ein komplexer Hilbertraum mit Skalarprodukt (x, y) und $T : H \to H$ ein beschränkter linearer Operator. Die Menge $W(T) = \{(Tx, x) \in \mathbb{C}; \; |x| = 1\}$ (das Analogon zum Wertvorrat bei TOEPLITZ und HAUSDORFF) heißt heute *numerischer Wertebereich (numerical range)* von T. Es gilt der Satz: *Der numerische Wertebereich ist eine konvexe Menge in $\mathbb{C}$.* Dieser Satz heißt heute Satz von TOEPLITZ-HAUSDORFF.[86]

---

[85] [H 1919b], eingereicht am 28.November 1918, *HGW*, Band IV, 57–59, Kommentar von S.D.Chatterji 60–64.

[86] Über die lebhafte Entwicklung von Untersuchungen zum numerischen Wertebereich, die ihren Ausgangspunkt letztlich in den beiden kurzen Aufsätzen von Toeplitz und Hausdorff hatten, siehe neben dem Kommentar von Chatterji die Bücher [Bonsall/ Duncan 1971/1973] und [Gustafson/ Rao 1997].

9.6.2 Die Verteilung der fortsetzbaren Potenzreihen

Zusammen mit seiner Note [H 1919b] hatte HAUSDORFF am 28. November 1918 eine zweite kurze Arbeit *Zur Verteilung der fortsetzbaren Potenzreihen*[87] bei der Mathematischen Zeitschrift eingereicht. Ausgangspunkt seiner Beschäftigung mit der Thematik der analytischen Fortsetzbarkeit von Potenzreihen über ihren Konvergenzkreis hinaus war eine Vermutung von GEORGE PÓLYA aus einer Arbeit von 1916 [Pólya 1916]. PÓLYA hatte dort die Frage aufgeworfen, ob folgender Satz richtig ist oder falsch: „Wenn eine Potenzreihe mit ganzzahligen Koeffizienten den Konvergenzradius 1 hat, so sind nur zwei Fälle möglich: entweder ist die dargestellte Funktion rational, oder sie ist über den Einheitskreis hinaus nicht fortsetzbar."[Pólya 1916, 510]. Wie aus einem späteren Brief HAUSDORFFs an PÓLYA hervorgeht, versuchte er sich sofort an diesem Problem, hatte aber keinen Erfolg.[88] Inzwischen war eine weitere Arbeit PÓLYAs erschienen [Pólya 1918], in der dieser in der Menge der Potenzreihen mit Konvergenzradius 1 einen Umgebungsbegriff einführte und so topologische Betrachtungen ermöglichte. Insbesondere konnte er auf diese Weise die unter Funktionentheoretikern verbreitete Ansicht, daß die Nichtfortsetzbarkeit einer Potenzreihe über ihren Konvergenzkreis hinaus gewissermaßen der Regelfall, die Fortsetzbarkeit die Ausnahme ist, präzise fassen. PÓLYA bewies u.a. folgende Sätze: I. Die Menge der nichtfortsetzbaren Potenzreihen ist überall dicht. II. Die Menge der nichtfortsetzbaren Potenzreihen ist offen. III. Die Menge der fortsetzbaren Potenzreihen hat keinen isolierten Punkt.

HAUSDORFF fand einen elementaren Beweis von PÓLYAs Satz III. Er teilte ihn PÓLYA am 15. September 1917 brieflich mit und übernahm ihn später als §1 in seine Note [H 1919c]. Nach dem September 1917 hat HAUSDORFF intensiv versucht, PÓLYAs Vermutung, daß eine fortsetzbare Funktion notwendig rational sein muß, zu beweisen. Es gelang ihm aber nur, zu zeigen,

dass es höchstens abzählbar viele Functionen $f(x) = \sum a_m x^m$ mit ganzzahliger Potenzreihe giebt, die für $|x| < 1$ regulär und über dies Gebiet hinaus fortsetzbar sind (was für die Richtigkeit Ihres Satzes spricht), aber dass dies rationale Functionen sind, habe ich noch nicht heraus.[89]

Am 25. Dezember 1917 teilte HAUSDORFF PÓLYA den Beweis für diesen Satz mit.[90] Satz und Beweis bilden den zweiten Paragraphen von HAUSDORFFs Note [H 1919c].

PÓLYAs Vermutung wurde erstmals 1919 von FRITZ CARLSON bewiesen (publiziert 1921); einen weiteren Beweis gab 1922 GABOR SZEGÖ.[91]

---

[87][H 1919c, IV: 67–72], Kommentar von R. Remmert, 73–75.
[88]*HGW*, Band IX, 548.
[89]Brief an PÓLYA vom 21.11.1917, *HGW*, Band IX, 549.
[90]*HGW*, Band IX, 550–552.
[91]S. [Remmert 1998], dort auf S. 265 Ausführungen zum „Pólya-Carlson theorem".

9.6.3 Über halbstetige Funktionen und deren Verallgemeinerung

Es war dies die vierte Arbeit, die HAUSDORFF im Jahre 1919 publizierte.[92]
Sie handelt von reellwertigen Funktionen auf metrischen Räumen. Den ersten Teil
dieser Arbeit leitet HAUSDORFF folgendermaßen ein:

> Für einige bekannte Sätze über stetige und halbstetige Funktionen gebe ich in
> §1 neue und, wie mir scheint, besonders einfache Beweise sowie einen merk-
> würdigen logischen Zusammenhang. [H 1919d, 292; IV: 79].

Es handelt sich um die folgenden fünf Sätze von BAIRE (I.), HAHN (II.) und TIET-
ZE (III.–V.):

I. (Approximationssatz von BAIRE) Jede unterhalb stetige Funktion ist Limes einer aufsteigenden Folge stetiger Funktionen.

II. (Interpolationssatz von HAHN) Ist $g(x)$ unterhalb, $h(x)$ oberhalb stetig und
überall $g(x) \geq h(x)$, so gibt es eine stetige Funktion $f(x)$ mit $g(x) \geq f(x) \geq h(x)$.

III. (TIETZEscher Erweiterungssatz) Eine in der abgeschlossenen Menge A definierte stetige Funktion $\varphi(x)$ läßt sich zu einer im ganzen Raum stetigen Funktion
$f(x)$ erweitern, d.h. es gibt eine stetige Funktion auf dem Raum X, die in A mit
$\varphi(x)$ übereinstimmt.

IV. Es sei $\varphi(x)$ nach unten beschränkt und in der abgeschlossenen Menge A stetig.
Dann gibt es eine stetige Funktion $f(x) \leq \varphi(x)$, die in A mit $\varphi(x)$ übereinstimmt.

V. Jede unterhalb stetige, in der abgeschlossenen Menge A stetige Funktion $\varphi(x)$
ist Limes einer aufsteigenden Folge stetiger Funktionen $f_n(x)$ mit $f_n(x) = \varphi(x)$ in
A.

Dabei heißt $f(x)$ oberhalb stetig in x (unterhalb stetig in x), falls

$$\limsup_{y \to x} f(y) \leq f(x) \quad (\liminf_{y \to x} f(y) \geq f(x))$$

ist. Der „merkwürdige logische Zusammenhang", den HAUSDORFF eingangs konstatiert, besteht darin, daß der Beweis jedes der Sätze (bis auf I.) jeweils auf dem
vorhergehenden Satz fußt, d.h. die Beweise folgen dem Schema I. → II.→ III. →
IV. → V.

HAUSDORFFs neue Beweise waren eine wesentliche Vereinfachung; CHATTER-
JI schreibt dazu in seinem Kommentar:

> [···]; it is hard to imagine easier proofs even when $X = \mathbb{R}^n$. Since these
> theorems are of wide use in many areas of analysis, HAUSDORFF's proofs have
> been taken over by many authors.[93]

Eine besondere Bedeutung hatte für HAUSDORFF der TIETZEsche Erweiterungssatz. Er hat sich mit dem Thema der Erweiterung stetiger Abbildungen in metrischen und topologischen Räumen immer wieder über einen Zeitraum von etwa

---

[92] [H 1919d, IV: 79–96], Kommentar von S.D.Chatterji, S.97–103.
[93] *HGW*, Band IV, 98.

zwei Jahrzehnten beschäftigt, wie zahlreiche Studien im Nachlaß und seine Publikationen [H 1930b] und [H 1938] zeigen. Wir werden diese Entwicklung anläßlich der Besprechung seiner letzten Arbeit [H 1938] im Zusammenhang skizzieren.

Im zweiten, umfangreicheren Teil von [H 1919d] verallgemeinert HAUSDORFF Resultate von LEBESGUE über reellwertige Borelsche und Bairesche Funktionen im $\mathbb{R}^n$ auf den Fall metrischer Räume. Diese Untersuchungen gingen, erweitert um neue Erkenntnisse aus der deskriptiven Mengenlehre (Suslinsche Mengen), in das Kapitel 9 von HAUSDORFFs *Mengenlehre* [H 1927a] ein; darauf wird bei der Behandlung dieses Werkes im nächsten Kapitel kurz eingegangen.[94]

9.6.4 Arbeiten zur Limitierungstheorie

Von nachhaltigem Einfluß war HAUSDORFFs Beitrag zur Limitierungstheorie divergenter Reihen, niedergelegt in den zwei umfangreichen Aufsätzen *Summationsmethoden und Momentfolgen I* und *II*.[95] HAUSDORFFs zentrale Entdeckung war die des Zusammenhanges zwischen dem Momentenproblem und einer großen Klasse von Summationsverfahren, die man heute Hausdorffsche Summationsverfahren, kurz *Hausdorff-Verfahren*, nennt.

Bei der Entwicklung von Summationsverfahren geht es darum, der Partialsummenfolge $s_0, s_1, \cdots$ einer divergenten Reihe $\sum_k a_k$ in sinnvoller Weise einen verallgemeinerten Grenzwert zuzuordnen. Man wird dabei in der Regel wünschen, daß das Verfahren so beschaffen ist, daß es einer konvergenten Reihe als verallgemeinerten Grenzwert ihre Summe zuordnet.

Bereits im 18. Jahrhundert hatte LEONHARD EULER mit divergenten Reihen gearbeitet und ihnen im verallgemeinerten Sinne Zahlenwerte als „Summen" zugeordnet. Weil dabei Ungereimtheiten auftreten können, haben schon zu EULERs Zeiten viele Mathematiker die Verwendung divergenter Reihen abgelehnt. EULER selbst hat aber durch das Arbeiten mit divergenten Reihen manch bedeutsames Ergebnis erzielt; vor Irrtümern haben ihn seine immense Erfahrung und seine untrügliche Intuition bewahrt.

Ab etwa 1830 bis in die letzten beiden Jahrzehnte des 19. Jahrhunderts hat man divergente Reihen weitgehend aus der Mathematik verbannt. So beginnt das 108(!) Seiten umfassende Literaturverzeichnis in der Monographie *Limitierungstheorie* ([Zeller, Beekmann 1970]) mit dem Jahre 1880. 1882 publizierte OTTO HÖLDER ein Summationsverfahren, das später nach ihm benannt wurde.[96] Ist $s_0, s_1, \cdots$ die Partialsummenfolge, so bildet man folgendermaßen iterierte Mittel:

$$H_n^{(1)} = \frac{s_0 + s_1 + \cdots + s_n}{n+1}, \cdots H_n^{(k)} = \frac{H_0^{(k-1)} + H_1^{(k-1)} + \cdots + H_n^{(k-1)}}{n+1}$$

---

[94]Spätere Autoren haben meist die *Mengenlehre* zitiert und nicht [H 1919d].

[95][H 1921]. Teil I: Mathematische Zeitschrift **9** (1921), 74–109 (eingereicht am 11. Februar 1920), Teil II: Ebenda, 280–299 (eingereicht am 8. September 1920). Wiederabdruck in *HGW*, Band IV, 107–162, Kommentar von S. D. Chatterji S. 163–171.

[96] [Hölder 1882].

Ist $\lim_{n\to\infty} H_n^{(k)} = s$, so heisst die Reihe H^k-summierbar zum Wert s; die $H_n^{(k)}$ heißen die Hölder-Mittel k.-ter Ordnung. Ein ähnlich strukturiertes Verfahren fand ERNESTO CESÀRO im Jahre 1890 [Cesàro 1890]. Hier ist

$$A_n^{(1)} = s_0 + \cdots + s_n, \ \cdots \ A_n^{(k)} = A_0^{(k-1)} + \cdots + A_n^{(k-1)}, \ \ C_n^{(k)} = \frac{A_n^{(k)}}{\binom{n+k}{k}}.$$

Ist $\lim_{n\to\infty} C_n^{(k)} = s$, so heißt die Reihe C^k-summierbar; die $C_n^{(k)}$ sind die Cesàro-Mittel k.-ter Ordnung.

Die Hausdorff-Verfahren gehören zur großen Klasse der Matrixverfahren. Eine reellwertige Zahlenfolge ist ein Element des Vektorraumes $\mathbb{R}^{\mathbb{N}}$. Die betrachteten Limitierungsverfahren (Summationsmethoden) sind spezielle lineare Abbildungen $\mathbb{R}^{\mathbb{N}} \to \mathbb{R}^{\mathbb{N}}$, die durch unendliche Matrizen $A = (a_{nm}), n, m = 0, 1, 2, \cdots$ mit reellen a_{nm} beschrieben werden. Eine Zahlenfolge $\{s_m\}$ heißt *A-limitierbar zum Wert* t, wenn für jedes n die Reihe $\sum_{m=0}^{\infty} a_{nm}s_m$ konvergiert mit dem Grenzwert t_n und wenn $\lim_{n\to\infty} t_n = t$ ist. Die Matrix A (bzw. das durch sie gegebene Limitierungsverfahren) heißt *konvergenzerhaltend*, falls jede konvergente Folge $\{s_m\}$ A-limitierbar ist. Eines der herausragenden frühen Resultate zur Limitierungstheorie erzielte OTTO TOEPLITZ 1911 [Toeplitz 1911]: Er fand notwendige und hinreichende Bedingungen dafür, daß A konvergenzerhaltend ist; dies ist genau dann der Fall, wenn

$$(1) \ \sum_{m=0}^{\infty} |a_{nm}| \le M \text{ für alle } n; \ \ (2) \ \lim_{n\to\infty} a_{nm} = l_m \ ; \ \ (3) \ \lim_{n\to\infty} \sum_{m=0}^{\infty} a_{nm} = l \, .$$

Das Verfahren heißt *permanent* (oder *regulär*), wenn A konvergenzerhaltend ist und jede konvergente Folge zu ihrem Grenzwert $\lim_{m\to\infty} s_m = s$ limitiert, d.h. wenn $t = s$ ist. Das ist genau dann der Fall, wenn in (2) $l_m = 0$ für alle m und in (3) $l = 1$ ist. Dieser Satz ist heute als TOEPLITZscher Permanenzsatz bekannt.

Die Menge aller Folgen $\{s_m\} \in \mathbb{R}^{\mathbb{N}}$, die durch ein gegebenes Verfahren A zu einem endlichen Wert limitierbar sind, heißt das *Wirkfeld* (oder, wie HAUSDORFF diese Menge nennt, das *Konvergenzfeld*) $\mathfrak{A}$ von A. Sind für zwei Matrizen A, B die Konvergenzfelder $\mathfrak{A}, \mathfrak{B}$ gleich, so heißen die zugehörigen Verfahren *äquivalent*. Ist $\mathfrak{A} \subset \mathfrak{B}$ ($\mathfrak{A} \supset \mathfrak{B}$), so heißt A *schwächer* (*stärker*) als B. Tritt keiner dieser drei Fälle ein, so heißen die Verfahren *unvergleichbar*.

Ein wichtiges Ergebnis der Limitierungstheorie vor HAUSDORFF war auch der Äquivalenzsatz von KNOPP und SCHNEE: Für jedes $k \in \mathbb{N}$ sind Hölderverfahren H^k und Cesàro-Verfahren C^k äquivalent. HAUSDORFF hat in [H 1921] den Äquivalenzsatz von KNOPP und SCHNEE wesentlich verallgemeinert.

Bei der Konstruktion der Hausdorff-Verfahren spielen die aus einer Zahlenfolge $\{a_m\}_{m=0,1,\cdots}$ hervorgehenden Differenzen n.-ter Ordnung

$$\overset{n}{\bigtriangledown} a_m \doteq a_{m,n} = a_m - \binom{n}{1}a_{m+1} + \binom{n}{2}a_{m+2} - \cdots + (-1)^n a_{m+n}$$

eine entscheidende Rolle. Für $m = 0$ erhält man statt der Doppelfolge $\{a_{m,n}\}$ eine gewöhnliche Zahlenfolge $\{b_n\}_{n=0,1,\cdots}$, die *Differenzenfolge*

$$b_n = a_{0,n} = a_0 - \binom{n}{1}a_1 + \binom{n}{2}a_2 - \cdots + (-1)^n a_n$$

der Folge $\{a_m\}$. Mit den hier auftretenden Koeffizienten bildet HAUSDORFF die unendliche Dreiecksmatrix

$$T = (\rho_{n,m}) = \left\{ \begin{array}{cc} \binom{n}{m}(-1)^m, & 0 \le m \le n \\ \\ 0, & m > n \end{array} \right\} = \left(\begin{array}{cccccc} 1 & 0 & 0 & 0 & 0 & \cdots \\ \\ 1 & -1 & 0 & 0 & 0 & \cdots \\ \\ 1 & -2 & 1 & 0 & 0 & \cdots \\ \\ 1 & -3 & 3 & -1 & 0 & \cdots \\ \vdots & \vdots & \vdots & \vdots & \vdots & \cdots \end{array} \right)$$

Wegen $a_{m,0} = b_{0,m}$ bilden die a_m – gewissermaßen reziprok – die Differenzenfolge der b_n; daraus folgt $T^{-1} = T$ bzw. $T^2 = E$.

Ein Hausdorff-Verfahren wird durch eine Matrix der Form $T^{-1}\mu T = T\mu T$ gegeben; dabei ist μ eine *Diagonalmatrix* mit den Elementen $\mu_0, \mu_1, \mu_2, \cdots$ in der Hauptdiagonale. Die Folge $\{\mu_n\}_{n=0,1,\cdots}$ bestimmt also das Verfahren. Matrizen vom Typ $H = T\mu T$ wollen wir im folgenden Hausdorff-Matrizen nennen. Zwei solche Matrizen kommutieren stets miteinander. Sei umgekehrt H eine Hausdorff-Matrix mit lauter verschiedenen μ_n und K eine mit H vertauschbare Matrix. Bildet man $\mu' = TKT$, so sieht man leicht, daß μ' eine Diagonalmatrix sein muß. Also ist $K = T\mu'T$ auch eine Hausdorff-Matrix. Da die zu den Cesàro-Mitteln erster Ordnung gehörige Matrix C^1 eine Hausdorff-Matrix mit $\mu_n = \frac{1}{n+1}$ ist, gilt der Satz: *Die Klasse der Hausdorff-Matrizen stimmt mit der Klasse der mit C^1 vertauschbaren Matrizen überein.*

HAUSDORFF konnte ferner zeigen, daß sich die klassischen Verfahren von HÖLDER und CESÀRO in sein allgemeines Schema einordnen lassen: Das Hölder-Verfahren k.-ter Ordnung H^k ist ein Hausdorff-Verfahren mit $\mu_n = (n+1)^{-k}$. Das Cesàro-Verfahren k.-ter Ordnung C^k ist ein Hausdorff-Verfahren mit

$$\mu_n = \frac{1}{\binom{n+k}{n}}.$$

Diese beiden Verfahren waren nur für $k \in \mathbb{N}$ definiert. HAUSDORFF konnte nun völlig zwanglos mittels $\mu_n = (n+1)^{-\alpha}$ bzw. $\mu_n = \binom{n+\alpha}{n}^{-1}$ auch H^α für $\alpha \in \mathbb{R}$ und C^α für $\alpha \in \mathbb{R}\backslash\{-1, -2, \cdots\}$ definieren und so auch im Hinblick auf die Ordnung feinere Skalen in Betracht ziehen.

Die Frage ist nun, welche Folgen $\{\mu_n\}$ zu permanenten Summationsverfahren führen, denn solche Verfahren wird man haben wollen. Eine konvergenzerhaltende Matrix A nennt HAUSDORFF eine *C-Matrix*.[97] Er nennt ferner A eine *reine C-Matrix*, wenn sie Nullfolgen zu Nullfolgen limitiert, und schließlich eine *normierte C-Matrix*, wenn sie darüber hinaus ein permanentes Verfahren liefert. Entsprechend nennt er eine Folge $\{\mu_n\}_{n=0,1,\dots}$ eine *C-Folge (reine C-Folge, normierte C-Folge)*, wenn die Hausdorff-Matrix $T\mu T$ eine C-Matrix (reine C-Matrix, normierte C-Matrix) ist.

Ist $T\mu T$ eine Hausdorff-Matrix, $a = \{a_m\}$ und $(T\mu T)a = \{A_n\}$, so findet man unter Benutzung der Eigenschaften der Differenzen

$$A_n = \sum_{m=0}^{n} \binom{n}{m} \mu_{m,n-m}\, a_m$$

mit $\mu_{m,n-m} = \nabla^{n-m} \mu_m$. Der TOEPLITZsche Permanenzsatz lautet für solche Matrizen folgendermaßen: Genau dann ist ein durch die Folge $\{\mu_n\}$ gegebenes Hausdorff-Verfahren permanent, d.h. $T\mu T$ eine normierte C-Matrix, wenn gilt

$$(1) \quad M_n = \sum_{m=0}^{n} \binom{n}{m} |\mu_{m,n-m}| \leq M \text{ für alle } n,$$

$$(2) \quad \lim_{n\to\infty} \binom{n}{m} \mu_{m,n-m} = 0 \text{ für alle } n, \quad (3) \quad \lim_{n\to\infty} \sum_{m=0}^{n} \binom{n}{m} \mu_{m,n-m} = 1.$$

Wegen $\sum_{m=0}^{n} \binom{n}{m} \mu_{m,n-m} = \mu_0$ vereinfacht sich (3) zu $\mu_0 = 1$.

Mittels des auf ISSAI SCHUR zurückgehenden Begriffs der totalen Monotonie einer Folge findet HAUSDORFF ein notwendiges und hinreichendes Kriterium für die Gültigkeit von (1): $\{\mu_n\}$ heißt *total monoton*, wenn alle ihre Differenzen nichtnegativ sind, d.h. $\nabla^n \mu_m \geq 0$ für $m, n \in \mathbb{N}$. Sein Ergebnis lautet dann: (1) gilt genau dann, wenn $\mu_n = \alpha_n - \beta_n$, wobei $\{\alpha_n\}, \{\beta_n\}$ total monotone Folgen sind. Hieraus folgt auch, daß für eine Hausdorff-Matrix (1) *allein* notwendig und hinreichend dafür ist, daß sie eine C-Matrix ist. $\{\mu_n\}$ ist also genau dann eine C-Folge, wenn sie Differenz zweier total monotoner Folgen ist. Insbesondere ist jede total monotone Folge eine C-Folge.

Für das Hölder-Verfahren war $\mu_n = (n+1)^{-\alpha}$. Dies läßt sich folgendermaßen ausdrücken:

$$\mu_n = \frac{1}{\Gamma(\alpha)} \int_0^1 u^n \left(\ln \frac{1}{u}\right)^{\alpha-1} du; \quad \alpha > 0.$$

Auch für das Cesàro-Verfahren findet HAUSDORFF für die μ_n eine Integraldarstellung:

$$\mu_n = \binom{n+\alpha}{n}^{-1} = \alpha \int_0^1 u^n (1-u)^{\alpha-1}\, du; \quad \alpha > 0.$$

---

[97] Eine solche Matrix wird gelegentlich auch als Toeplitz-Matrix bezeichnet.

In beiden Fällen sind die μ_n also die Momente einer auf $[0,1]$ gegebenen Funktion $\chi(u)$. Hieran anknüpfend fährt HAUSDORFF folgendermaßen fort:

> Dem Fingerzeig folgend, den die Integraldarstellungen (17), (19) [dies sind die beiden obigen Darstellungen – W.P.] geben, bilden wir mit einer Funktion $\chi(u)$, die im Intervall $0 \leq u \leq 1$ von beschränkter Schwankung ist, die Stieltjesschen Integrale
>
> $$\mu_n = \int_0^1 u^n \, d\chi(u) \quad (n = 0, 1, 2, \cdots)$$
>
> und nennen dies eine *Momentfolge*. [H 1921, 84; IV: 117].

Der zentrale Satz der HAUSDORFFschen Limitierungstheorie lautet dann folgendermaßen:
Genau dann ist eine Folge $\{\mu_n\}$ eine C-Folge, wenn sie eine Momentfolge ist. Sie liefert darüber hinaus genau dann ein permanentes Verfahren, d.h. ist eine normierte C-Folge, wenn für $\chi(u)$ zusätzlich gilt:

$$\chi(0) = \lim_{u \to +0} \chi(u) = 0 \quad und \quad \chi(1) = 1.$$

Daß eine Momentfolge eine C-Folge ist, folgt daraus, daß sich eine Momentfolge als Differenz zweier total monotoner Folgen schreiben läßt. Speziell ist die Momentfolge einer nichtfallenden Funktion $\chi(u)$ total monoton. Die Umkehrung, daß jede C-Folge eine Momentfolge ist, erfordert die Lösung des Momentenproblems: Gegeben ist eine Folge $\{\mu_n\}_{n=0,1,\cdots}$ mit der Eigenschaft, daß sie Differenz zweier total monotoner Folgen ist. Kann eine Funktion $\chi(u)$ beschränkter Schwankung auf $[0,1]$ eindeutig[98] bestimmt werden, so daß

$$\mu_n = \int_0^1 u^n \, d\chi(u) \quad (n = 0, 1, 2, \cdots)$$

ist? Im letzten Paragraphen von [H 1921], I, gibt HAUSDORFF eine von der STIELT-JESschen Theorie unabhängige Lösung und kann damit die Frage mit „Ja" beantworten. Wenn $\{\mu_n\}$ selbst total monoton ist, erweist sich $\chi(u)$ als monoton wachsend. Auf seine originelle Lösung des Momentenproblems kommt HAUSDORFF in [H 1923b] nochmals eingehend zurück (siehe Abschnitt 10.6.2, S. 442–443).
Auch bezüglich der Vergleichbarkeit seiner Limitierungsverfahren erzielt HAUSDORFF abschließende Resultate. Seien $\{\mu_n\}$, $\{\mu_n'\}$ Folgen, die permanente Hausdorff-Verfahren liefern, also normierte C-Folgen. $\mathfrak{A}, \mathfrak{A}'$ seien ihre Wirkfelder. Dann gilt: *Genau dann ist $\mathfrak{A} \subseteq \mathfrak{A}'$, wenn $\{\frac{\mu_n'}{\mu_n}\}$ eine normierte C-Folge ist.*

Die beiden Verfahren sind also genau dann äquivalent, wenn $\{\frac{\mu_n'}{\mu_n}\}$ und $\{\frac{\mu_n}{\mu_n'}\}$ normierte C-Folgen sind, also beide wiederum permanente Hausdorff-Verfahren liefern. Mittels dieses Kriteriums findet HAUSDORFF einen neuen schönen Beweis des

---

[98]Um völlige Eindeutigkeit zu gewährleisten, setzt man an einer Unstetigkeitsstelle u_0 für $\chi(u_0)$ den Wert $\frac{1}{2}(\chi(u_0 - 0) + \chi(u_0 + 0))$, was keinen Einfluß auf die Momente hat.

Äquivalenzsatzes von KNOPP und SCHNEE. Er beweist aber mehr als KNOPP und SCHNEE, nämlich: H^α und C^α sind äquivalent für beliebiges reelles $\alpha > -1$. Eine Erweiterung dieses Resultats gibt HAUSDORFF in [H 1930a] (s. Abschnitt 10.6.4, S. 448–449).

Hier konnten aus Raumgründen nur die Umrisse der HAUSDORFFschen Limitierungstheorie aus [H 1921], I skizziert werden. Die Ausarbeitung dieser Theorie mit allen Beweisen erforderte einen beträchtlichen Rechenaufwand und großes Geschick im Umgang mit dem analytischen Apparat. Zu einigen Folgeentwicklungen sei auf den Kommentar zu [H 1921] verwiesen. Die abschließende Einschätzung, die CHATTERJI dort gibt, sei hier wörtlich wiedergegeben:

> The HAUSDORFF matrices provided a first general class of summability methods which included a number of important methods as special cases and provided a general theory, based on a solution of HAUSDORFF's moment problem, which seems really satisfactory. Hence, almost all the monographs after 1930 dealing with Summability Theory devote an important place to HAUSDORFF matrices; [···][99]

In ([H 1921]), II verallgemeinert HAUSDORFF sein Momentenproblem. Sei $t_0 = 0 < t_1 < t_2 < \cdots$ eine *unbeschränkte* Folge reeller Zahlen. $\{\mu_n\}$ heisst eine $\{t_n\}$-*Momentfolge*, wenn eine monoton nicht abnehmende Funktion $\chi(u)$ auf $[0,1]$ existiert mit

$$\mu_n = \int_0^1 u^{t_n}\, d\chi(u) \quad (n = 0, 1, 2, \cdots).$$

Im sogenannten *Divergenzfall* $\sum_{n=1}^\infty \frac{1}{t_n} = \infty$ gibt HAUSDORFF eine vollständige Lösung des t_n-Momentenproblems. Er führt dazu den Begriff der totalen Monotonie einer Folge $\{\mu_n\}$ *bezüglich der Folge* $\{t_n\}$ ein und zeigt, daß $\{\mu_n\}$ eine $\{t_n\}$-Momentfolge genau dann ist, wenn sie Differenz von zwei bezüglich $\{t_n\}$ total monotoner Folgen ist.

Außerordentlich viel Aufwand hat HAUSDORFF betrieben, um auch im *Konvergenzfall* $\sum_{n=1}^\infty \frac{1}{t_n} < \infty$ Ergebnisse zu erzielen. Dazu gibt es im Nachlaß zahlreiche Studien, sieben davon sind abgedruckt in *HGW*, Band IV, 339–373. Spätere funktionalanalytische Ergebnisse lassen erkennen, daß es im Konvergenzfall keine eindeutige Lösung des Momentenproblems geben kann.

Die HAUSDORFFsche Limitierungstheorie wurde ab den dreißiger Jahren ein lebhaft bearbeitetes Forschungsgebiet. Die Bibliographie in der Monographie von ZELLER und BEEKMANN, die bis zum Jahre 1968 reicht, weist insgesamt 93 Arbeiten zur Limitierungstheorie aus, die sich bereits im Titel auf HAUSDORFF beziehen. Es gab sicher zahlreiche weitere Artikel, in denen HAUSDORFFs Ideen eine Rolle spielen, ohne daß es im Titel gesagt wird. Von der Entwicklung der Limitierungstheorie bis in die neuere Zeit erhält man einen Eindruck durch die Monographie

---

[99] *HGW*, Band IV, 170. Dies gilt z.B. für die Monographien von [Hardy 1949/1963], [Zeller/ Beekmann 1970], [Lorentz 1953] und [Widder 1946/2010]. Das klassische Werk von Hardy widmet den Hausdorff-Verfahren ein ganzes Kapitel: Nr. XI „Hausdorff Means", 247–282.

[Boos 2000, 2006] und den Sammelband [Dutta, Rhoades 2016] und die in diesen Werken vorhandenen umfangreichen Bibliographien.

Ein etwa seit 2000 intensiv bearbeitetes Gebiet der Limitierungstheorie ist die Untersuchung von Hausdorff-Operatoren auf Funktionenräumen, etwa auf Hardy-Räumen. Ein Hausdorff-Operator entsteht z.B., wenn man in den Taylorreihen von in $|z| < 1$ holomorphen Funktionen die Koeffizientenfolge durch die Folge ihrer Hausdorff-Mittel ersetzt. Sei also etwa $H_\mu = T\mu T$ eine Hausdorff-Matrix, $a = \{a_n\}_{n=0,1,\cdots}$, $(T\mu T)a = A = \{A_n\}$ und $f(z) = \sum_{n=0}^{\infty} a_n z^n$, so ist

$$\mathcal{H}_\mu f(z) = \mathcal{H}_\mu \left(\sum_{n=0}^{\infty} a_n z^n \right) = \sum_{n=0}^{\infty} A_n z^n$$

der zu H_μ gehörige Hausdorff-Operator. Ähnlich kann man auch über Fourierreihen Hausdorff-Operatoren definieren. Einen Einblick in diese Forschungen geben die Übersichtsartikel [Liflyand 2013] sowie [Chen et al. 2013] und die dort angegebene umfangreiche Literatur. Im erstgenannten Artikel werden auch eine Reihe offener Probleme angeführt.

9.7 Biographisches aus der Greifswalder Zeit

Wir hatten eingangs des Kapitels erwähnt, daß HAUSDORFFs in Greifswald zunächst in ENGELs Mietwohnung eingezogen waren. Für HAUSDORFF war der entscheidende Punkt in Wohnungsfragen neben genügend Platz für die Bibliothek und seinen Bechstein-Flügel immer die Ruhe zum arbeiten. In dieser Beziehung war ENGELs Wohnung in einem Mehrparteienhaus nicht ideal. Es ergab sich aber bald eine günstige Gelegenheit, ein relativ neues Haus (erbaut 1904) in angenehmer Lage (Greifswald, „Am Graben 5") zu erwerben, das durch den Weggang des Mediziners ANTON STEYRER nach Innsbruck zum Verkauf stand. Das Adreßbuch von Greifswald für das Jahr 1914 weist als Besitzer der 12 Häuser der Straße „Am Graben" sechs Universitätsprofessoren, zwei Rentiers und je einen Arzt, Lehrer, Bahnverwalter und städtischen Beamten aus. HAUSDORFFs unmittelbare Nachbarn waren der Rentier ALBERT RUGE und der Bahnverwalter ROBERT JENSSEN. Es handelte sich also um eine gutbürgerliche ruhige Gegend. Das Haus ist derzeit in gutem Zustand; eine von der Universität Greifswald angebrachte Tafel erinnert daran, daß HAUSDORFF hier von 1913 bis 1921 wohnte.[100]

Unsere Kenntnisse über das Leben der Familie HAUSDORFF in Greifswald sind sehr lückenhaft. Sie fußen auf mehr oder weniger zufällig erhalten gebliebenen Quellen und einigen wenigen Briefen aus dieser Zeit.

Eingangs des Kapitels hatten wir schon gesehen, daß HAUSDORFF zu den beiden anderen Greifswalder Mathematikern keine näheren persönlichen Beziehungen knüpfen konnte. Wir wissen aber von guten Kontakten zu drei Kollegen aus der

---

[100]Die Straße „Am Graben" wurde umbenannt; die heutige Adresse ist Goethestraße 5. Ein Photo des Hauses befindet sich im Abbildungsteil am Schluß dieses Bandes.

Fakultät. Die wohl engste freundschaftliche Beziehung, auch im familiären Rahmen, bestand zu THEODOR POSNER. Geboren am 18. Februar 1871 in Berlin als Sohn des jüdischen Kaufmanns ISIDOR POSNER, muß er, vielleicht schon durch die Eltern veranlaßt, konvertiert sein, denn in den Greifswalder Akten wird er als "evangelisch" geführt. Er studierte Chemie und promovierte 1893 in Berlin. 1897 habilitierte er sich in Greifswald und wurde Privatdozent und Assistent am Chemischen Institut. Zum 1.1. 1901 erhielt er die Stelle eines Abteilungsvorstehers am Chemischen Institut. Noch als Privatdozent verfaßte er das weit verbreitete *Lehrbuch der synthetischen Methoden der organischen Chemie für Studium und Praxis*.[101] 1904 erhielt er den Titel Professor und 1907 wurde er zum Extraordinarius berufen. Erst 1921 erhielt er ein Ordinariat für Chemie. Er starb bereits am 22. Februar 1929. POSNER war HAUSDORFF gewissermaßen geistesverwandt: er war witzig, liebte die Musik über alles und interessierte sich lebhaft für alle Seiten des kulturellen Lebens. Im Nachruf der Universität heißt es:

> Seit über 30 Jahren hat er an der Universität als eine stille, aber sicher und charaktervoll in sich ruhende Persönlichkeit von reicher geistiger Kultur und tiefer Herzensgüte gewirkt und sich, über seine wissenschaftliche Tätigkeit hinaus, um das musikalische Leben der Stadt die größten Verdienste erworben.

Ein besonderes Zeugnis des freundschaftlichen Verhältnisses zwischen HAUSDORFF und POSNER ist das handschriftliche Widmungsgedicht zu POSNERs 50. Geburtstag, das HAUSDORFF in sein Geburtstagsgeschenk, ein Exemplar seines *Sant' Ilario*, eingelegt hatte.[102] Dort thematisiert er unter anderem die unheilvolle gesellschaftliche Situation in Deutschland nach dem I. Weltkrieg. Die letzten beiden Verse des Gedichts würdigen in anrührender Weise den guten Freund POSNER.

Nach POSNERs Tod haben HAUSDORFFS die freundschaftlichen Beziehungen zu seiner Witwe weiter gepflegt. Frau POSNER war es auch, die HAUSDORFFS in den letzten Stunden ihres Lebens zur Seite stand (s. Abschnitt 11.4, S. 510–512).

In Gesprächen mit EGBERT BRIESKORN berichtete HAUSDORFFs Tochter auch von freundschaftlichen Beziehungen zur Familie des Mineralogen und Petrologen LUDWIG MILCH. MILCH stammte wie HAUSDORFF aus einer Breslauer jüdischen Familie, hatte 1889 in Heidelberg promoviert und sich 1892 in Breslau habilitiert. 1907 wurde er zum etatmäßigen außerordentlichen Professor für Minaralogie, Kristallographie und Petrologie nach Greifswald berufen und dort 1912 zum persönlichen Ordinarius befördert. 1917 erhielt er einen Ruf als Professor der Mineralogie an die Universität Breslau und kehrte in seine Heimatstadt zurück. Sein Hauptforschungsgebiet waren die Gesteine des Riesengebirges. MILCH wird von HAUSDORFFs Tochter als vielseitig gebildet und interessiert und als großer Musikliebhaber geschildert. Er war mit GERHARD HAUPTMANN befreundet.

---

[101] Veit & Co., Leipzig 1903.
[102] Das Gedicht ist vollständig abgedruckt in *HGW*, Band VIII, 255–256. Offenbar hat Posners Frau Else das Buch mit dem Gedicht irgendwann nach Posners Tod an Hausdorff zurückgegeben; beides befindet sich im Nachlaß Hausdorff, Kapsel 52, Faszikel 1142.

Ein guter Bekannter HAUSDORFFs war auch der bedeutende theoretische Physiker GUSTAV MIE. Er hatte 1891 in Heidelberg im Fach Mathematik promoviert und sich 1897 an der TH Karlsruhe für theoretische Physik habilitiert. 1902 wurde er zum Extraordinarius und 1905 zum Ordinarius für theoretische Physik an die Universität Greifswald berufen. 1917 wechselte er nach Halle/Saale und 1924 nach Freiburg, wo er bis zu seiner Emeritierung 1935 wirkte. Er starb 1957 in Freiburg. MIE war ein Gegner des Nationalsozialismus und Mitglied des „Freiburger Konzils", einer Oppositionsgruppe von Freiburger Professoren und Kirchenvertretern, die sich als Reaktion auf den Novemberpogrom 1938 gebildet hatte.

MIE leistete bedeutende Beiträge zur Optik (Mie-Streuung) und entwickelte Ideen, die ähnliche Ziele verfolgten wie EINSTEINs allgemeine Relativitätstheorie.[103] Vermutlich war es MIE, der HAUSDORFF mit den Debatten um die allgemeine Relativitätstheorie bekannt gemacht hat. Diese neuen Ideen mußten HAUSDORFF lebhaft interessieren, denn das Raumproblem hatte ihn seit seiner Studienzeit beschäftigt. Wir wissen von der gemeinsamen Arbeit von HAUSDORFF und MIE an Fragen der Relativitätstheorie aus einem Brief, den HAUSDORFF am 14. März 1916 an DAVID HILBERT schrieb. Darin heißt es:

> Sehr geehrter Herr Geheimrath! Über Ihre Arbeit „Die Grundlagen der Physik", für deren freundliche Zusendung ich Ihnen verbindlichst danke, habe ich mit Mie mehrere eingehende Besprechungen gehabt. Der mathematische Theil, den ich naturgemäss übernommen habe, macht mir einige nicht unerhebliche Schwierigkeiten; [···][104]

Die Lebensbedingungen der Familie HAUSDORFF während der Kriegsjahre ab 1916, als sich die Versorgungslage im Deutschen Reich dramatisch verschlechterte, waren gewiß nicht einfach. Was die Ernährung betrifft, war es sicher in einer kleinen Stadt wie Greifswald, umgeben von weiten ländlichen Regionen, nicht ganz so schlimm wie in den Großstädten und Industriegebieten. Zum Beispiel entschuldigt sich HAUSDORFF in einem Brief vom 19. Dezember 1917 an eine Freundin, er könne ihr im Moment keine Gans schicken, denn „unsere Lebensmittelschieber liessen uns im Stich".[105] Schwieriger war es mit Brennmaterial; in einem späteren Brief von CHARLOTTE HAUSDORFF an ihre Tochter erinnert sie diese an die Zeit in Greifswald, als HAUSDORFF persönlich Holz in einem Handwagen herbeischaffen mußte, und wie der eben als Gast eingetroffene Herr MILCH geholfen habe, die schweren Kloben ins Haus zu schleppen.[106]

Worauf HAUSDORFF die ganze Kriegszeit und einige Jahre darüber hinaus verzichten mußte, waren seine geliebten Sommerreisen in den Süden, etwa nach Südfrankreich oder Italien. So schreibt er am 4. Januar 1916 an FRANZ MEYER:

---

[103]Einen Überblick über Leben und Werk Mies mit dessen vollständiger Bibliographie gibt Wolfram Hergert in [Hergert 2012].

[104]*HGW*, Band IX, 341. Hilberts Rolle bei der Entwicklung der allgemeinen Relativitätstheorie wurde unter Wissenschaftshistorikern kontrovers diskutiert; s. dazu [Corry 2004] und die darin angegebene umfangreiche Literatur.

[105]*HGW*, Band IX, 195.

[106]Nachlaß König. Handschriftenabteilung der Universitäts- und Landesbibliothek Bonn.

Dass uns nun die Landschaft Zarathustras ein Jahrzehnt verboten bleibt, nimmt dem Leben einen wesentlichen Reiz![107]

Einen – wenn auch nicht entfernt äquivalenten – Ausgleich bot die Umgebung um Greifswald, vor allem Rügen. Man reise im Sommer auch regelmäßig nach Bad Reichenhall, wo CHARLOTTE HAUSDORFFs Schwester SITTA wohnte. Dort haben HAUSDORFFS im Sommer 1916 die berühmte Schauspielerin LOUISE DUMONT und ihren Ehemann, den Regisseur GUSTAV LINDEMANN, persönlich kennengelernt.[108] In HAUSDORFFs Briefen an LOUISE DUMONT finden sich mehrere Passagen, die seine ausgesprochen kritische Einstellung zum Krieg im allgemeinen und zu dem auch Ende 1916 noch vorhandenen Hurrapatriotismus im besonderen zeigen. Im ersten Brief vom 28. Dezember 1916 schreibt er, nachdem er gute Genesungswünsche für GUSTAV LINDEMANN übermittelt hatte:

> Mehr als solche individuell begrenzten Hoffnungen und Wünsche kann man ja in dieser grauenvollen Zeit kaum hegen; gerade weil das Schicksal des Einzelnen, wie uns täglich in den Zeitungen gepredigt wird, heute völlig Null und gleichgültig geworden ist, muss man in das Ohr des lieben Gottes, das durch Trommelfeuer taub geworden ist, nur persönliche Bitten für sich und die durch Sympathie Verbundenen hineinschreien. Hoffentlich vergelten Sie Gleiches mit Gleichem und schliessen, wenn Sie Sich an den schwerhörigen alten Herrn wenden, auch uns in Ihre Gebete ein![109]

Im Sommer 1917 traf man sich wieder in Bad Reichenhall. Nach der Rückkehr nach Greifswald schrieb HAUSDORFF an LOUISE DUMONT unter anderem:

> In einem Briefe von Heine aus dem Jahr 48 fand ich folgende Worte: „Über die Zeitereignisse sag' ich nichts; das ist Universalanarchie, Weltkuddelmuddel, sichtbar gewordener Gotteswahnsinn! Der Alte muss eingesperrt werden, wenn das so fort geht." – Was müsste da erst heute mit „dem Alten" geschehen? Und es giebt noch Menschen (wie unseren Reichskanzler), die ihn für einen vernünftigen und wohlwollenden alten Herrn halten.[110]

Auch die russische Oktoberrevolution unter LENIN lehnte HAUSDORFF entschieden ab; am 14. November 1917 schreibt er an LOUISE DUMONT:

> Im Übrigen ist ja die Welt so finster wie nur möglich, und auch in Ihrem geliebten Russland dämmert kein Tag, sondern zuckt Höllenflammenschein. (Gut gesagt, beinahe alldeutsch!).[111]

---

[107] *HGW*, Band IX, 510.

[108] Dumont und Lindemann hatten 1905 das „Schauspielhaus Düsseldorf" begründet und viele Jahre gemeinsam geleitet. Das Haus galt bald als eine der führenden Bühnen Deutschlands. Hausdorffs Einakter *Der Arzt seiner Ehre* wurde am Schauspielhaus Düsseldorf in der Spielzeit 1905/06 elf mal und in der Spielzeit 1911/12 neun mal aufgeführt. Eine persönliche Begegnung Hausdorffs mit der Leitung des Hauses hat es aber damals nicht gegeben.

[109] *HGW*, Band IX, 187.

[110] *HGW*, Band IX, 191–192.

[111] *HGW*, Band IX, 193. Louise Dumont fühlte sich Rußland und seiner Kultur verbunden. Sie hatte dort auf Gastspielreisen große Erfolge gefeiert. Später bemühte sie sich, russische Autoren wie Gogol und Gorki dem deutschen Publikum nahe zu bringen.

Die eingeklammerte Bemerkung ist eine verächtlich gemeinte ironische Anspielung auf den 1891 gegründeten Alldeutschen Verband, der besonders in der Zeit des I. Weltkrieges starken Zulauf hatte. Sein Programm der Schaffung eines „Großdeutschen Reiches", sein Antisemitismus, seine expansionistischen Ziele, sein Pangermanismus und Militarismus dienten den Nationalsozialisten als Vorbild.

HAUSDORFFs Tochter NORA war in Greifswald zu einer hübschen jungen Frau herangewachsen. Als die Familie nach Greifswald zog, war sie 13 Jahre alt. Sie absolvierte dort in einem Privatlyzeum die letzten Klassen ihrer Schulzeit. 1917 machte sie eine Ausbildung in der Krankenpflege, wo sie auch gegen Kriegsende zeitweilig tätig war. Von April 1920 bis September 1921 absolvierte sie eine Ausbildung in der Säuglings- und Kleinkinderpflege; am Ende dieser Ausbildung erhielt sie nach entsprechender Prüfung den Ausweis als staatlich geprüfte Säuglingspflegerin.

NORA hat in den Gesprächen mit EGBERT BRIESKORN auch darauf hingewiesen, daß HAUSDORFF, auch wenn in der Familie öfter über Politik diskutiert wurde, im Grunde kein politischer Mensch war. Für ihn standen stets die Freiheit und die Rechte des Individuums im Vordergrund. Er lehnte es ab, daß sich das Individuum einer „höheren Bestimmung" unterzuordnen habe, mißtraute Weltverbesserern mit ihren Ideologien und verachtete demagogische Propaganda. Und doch war er in Greifswald, wenn auch nur für eine relativ kurze Zeitspanne, Mitglied einer politischen Partei. In einem Personalfragebogen, der nach dem 7.11.1934 ausgefüllt wurde, hat HAUSDORFF in der Spalte „politische Betätigung" folgendes eingetragen:

> Mitglied der Deutschen Demokratischen Partei 1919–1921 in Greifswald (ohne Betätigung).

Die Deutsche Demokratische Partei (DDP) wurde im November 1918 gegründet. In ihr vereinigte sich die linksliberale Fortschrittliche Volkspartei mit dem liberalen Flügel der Nationalliberalen Partei. Die Partei bekannte sich zu individueller Freiheit, sozialer Verantwortung und zur parlamentarischen Demokratie der Weimarer Republik. Sie hatte anfangs großen Erfolg bei den Wählern; bei der Reichstagswahl vom Januar 1919 wurde sie drittstärkste Kraft.[112] Prominente Mitglieder waren ERNST CASSIRER, THEODOR HEUSS, FRIEDRICH NAUMANN, WALTER RATHENAU, LUDWIG QUIDDE, MAX WEBER und THEODOR WOLFF. Der Hauptgegner der DDP war die Deutschnationale Volkspartei (DNVP), gegründet ebenfalls im November 1918. Sie vertrat einen völkischen Nationalismus, strebte die Wiederherstellung der Monarchie an, bekämpfte entschieden die parlamentarische Demokratie und war stramm antisemitisch. Die DNVP lag bei der Reichstagswahl Anfang 1919 mit 44 Sitzen deutlich hinter der DDP. In Vorpommern und speziell in Greifswald waren die Kräfteverhältnisse aber anders als im Deutschen Reich insgesamt. Das betrifft insbesondere die Universität Greifswald. Von den Ordinarien, die schon vor dem Krieg in Greifswald wirkten, waren nach

---

[112]SPD 165 Sitze, Zentrum 91 Sitze, DDP 75 Sitze.

dem Krieg 19 Mitglieder politischer Parteien: 12 waren Mitglieder der DNVP, 3 des Stahlhelm, 2 der Deutschen Volkspartei und 2 der DDP. DDP-Mitglied neben HAUSDORFF war der aus Breslau stammende Kunsthistoriker MAX SEMRAU. Die beiden Vertreter einer liberalen demokratischen Gesinnung waren also unter den parteipolitisch gebundenen Professoren ziemlich allein auf weiter Flur.

Die DDP verlor leider sehr rasch an Bedeutung, obwohl sie an mehreren Koalitionen der Weimarer Republik beteiligt war. Sie driftete auch weiter nach rechts ab und schloß vor der Reichstagswahl 1930 ein Bündnis mit der Volksnationalen Reichsvereinigung. Diese gehörte zum nationalistischen und antisemitischen Jungdeutschen Orden. Wir wissen nicht, ob HAUSDORFF diesen Niedergang nach seinem Austritt 1921 noch verfolgt hat.

Kapitel 10

Die Jahre in Bonn bis 1933

10.1 Die Berufung zum Ordinarius nach Bonn

Das persönliche Ordinariat von FRANZ LONDON in Bonn wurde 1917 nach LONDONs Tod in ein zweites planmäßiges Ordinariat umgewandelt. Auf diesen Lehrstuhl wurde am 3. Mai 1917 HANS HAHN berufen. Er war seit September 1916 als Nachfolger von ISSAI SCHUR bereits planmäßiger Extraordinarius in Bonn gewesen. HAHN war vor allem Analytiker. Er leistete bedeutende Beiträge zur Funktionalanalysis, Maßtheorie, harmonischen Analyse und zur Topologie. Seine Monographie *Theorie der reellen Funktionen*[1] war ein Standardwerk auf diesem Gebiet. Im Vorwort dankt HAHN neben anderen auch HAUSDORFF „für zahlreiche wertvolle Ratschläge und Verbesserungen". Am 11.1.1921 teilte HAHN der Philosophischen Fakultät in Bonn mit, daß er einen Ruf an die Universität Wien erhalten und angenommen habe. Zum 1. April 1921 schied er aus der Bonner Stellung aus. In Wien war er eines der führenden Mitglieder des berühmten Wiener Kreises. Zu seinen Doktoranden zählen KURT GÖDEL und KARL MENGER.

Es muß an dieser Stelle auch über die Wiederbesetzung des Extraordinariats berichtet werden, das nach HAHNs Beförderung zum Ordinarius in Bonn zum Wintersemester 1917/18 frei geworden war, denn STUDY traf hier eine Wahl, die er bereits 1921 anläßlich der Verhandlungen um die Nachfolge HAHNs und später erst recht bitter bereut haben dürfte. Im Schreiben an den Minister wird an erster Stelle HANS BECK, Oberlehrer an einem Berliner Gynasium, vorgeschlagen. BECK hatte in Greifswald Mathematik studiert und dort 1899 das Examen gemacht. Ab 1900 war er Lehrer an verschiedenen höheren Schulen. STUDY hat ihn möglicherweise schon als Studenten in Greifswald gekannt. 1905 hat BECK bei ihm in Bonn mit einer geometrischen Arbeit promoviert. Im Gutachten zur Berufung werden seine pädagogischen Fähigkeiten gerühmt. Er solle sich – so heißt es weiter

---

[1] Springer, Berlin 1921. Als neues Werk unter gleichem Titel: Akademische Verlagsgesellschaft, Leipzig 1932.

© Der/die Autor(en), exklusiv lizenziert durch
Springer-Verlag GmbH, DE, ein Teil von Springer Nature 2021
E. Brieskorn und W. Purkert, *Felix Hausdorff*, Mathematik im Kontext,
https://doi.org/10.1007/978-3-662-63370-0_10

– „sehr stark dem Anfängerunterrichte widmen" und ferner „den nach Kriegsschluß sicherlich notwendig werdenden Ergänzungsunterricht aus Elementarmathematik für *Notabiturienten* und *Kriegsteilnehmer* erteilen".[2] Daß BECK ohne Habilitation auf eine Berufungsliste kam, darf für diese Zeit als absolute Ausnahme betrachtet werden. Die zitierten Passagen aus dem Gutachten zeigen jedoch, wie STUDY sich BECKs Rolle als Ergänzung der Ordinarien in Bonn vorgestellt hatte. Von wissenschaftlichen Leistungen BECKs ist nirgends die Rede.

BECK wurde antragsgemäß zum Wintersemester 1917/18 zum etatmäßigen außerordentlichen Professor an der Universität Bonn ernannt. Es war eine Tendenz in der Hochschulpolitik Anfang der zwanziger Jahre, alle auf Dauer lehrenden Extraordinarien, z. T. über persönliche Ordinariate, zu Ordinarien zu ernennen. Im Juli 1920 erhielt BECK ein persönliches Ordinariat und war damit in der Fakultät den beiden etatmäßigen Ordinarien HAHN und STUDY gleichgestellt.[3] STUDY hatte gewiß nicht erwartet, daß sich sein ehemaliger Schüler, der *ihm allein* die Stellung an der Universität verdankte, schon bei nächster Gelegenheit, nämlich bei der Nachfolge HAHN, gegen ihn stellen würde.

Zur Wiederbesetzung des HAHNschen Ordinariats setzte die mathematisch-naturwissenschaftliche Sektion der Philosophischen Fakultät in ihrer Sitzung vom 8. Januar 1921 eine Kommission ein, deren Leitung der Dekan, der Zoologe RICHARD HESSE innehatte. Mitglieder waren neben STUDY und BECK der Physiker ALEXANDER PFLÜGER und der Mineraloge REINHARD BRAUNS. Die eingesetzte Kommission kam am gleichen Tage noch zusammen; in dem kurzen Protokoll heißt es:

> Herr Study berichtet über die von den Fachvertretern in Aussicht genommenen Herren: 1. Prof. Hausdorff – Greifswald und Prof. Koebe – Jena. 2. Prof. Tietze – Erlangen. Die nächste Sitzung soll stattfinden, sobald Auskünfte eingegangen sind.[4]

Man hatte zehn auswärtige Kollegen um Meinungsäußerungen gebeten, von denen sieben antworteten.[5] Schließlich beantragte STUDY im Namen der Kommission am 22. Januar 1921 folgende Liste: 1. KOEBE, 2. HAUSDORFF, 3. TIETZE und RADON pari passu. Diese Liste wurde mit 4:1 Stimmen angenommen. Vermutlich stammt die Gegenstimme von BECK, denn es muß eine ungewöhnlich heftige und für akademische Verhältnisse ganz ungewöhnliche Auseinandersetzung zwischen BECK einerseits und STUDY und HAHN andererseits stattgefunden haben. Es wurde nämlich von der Fakultät eine Kommission eingesetzt mit dem Ziel, „die kollegialen Beziehungen" zwischen den Beteiligten wiederherzustellen. In einem Protokoll dieser Kommission vom 19. Februar 1921 heißt es, sie trete zusammen, „um eine Vermittlung in dem Konflikt zu versuchen, der während der Beratungen über die

---

[2] Universitätsarchiv Bonn, Personalakte Hahn, PF-PA 180.
[3] Ein Antrag der Fakultät für diese Beförderung findet sich in der Personalakte Beck nicht.
[4] Dieses und alle folgenden Zitate zum Berufungsvorgang Hausdorff stammen aus Akte PF-PA 180, Universitätsarchiv Bonn.
[5] Leider sind die Meinungsäußerungen nicht archiviert worden.

durch den Weggang des Herrn Hahn erledigte Professur zwischen den Herren Stu-
dy und Hahn auf der einen und Herrn Beck auf der andern Seite entstanden ist".
Während BECK in drei inhaltlichen Punkten gerügt wurde, „erklärten die Herren
Study und Hahn, daß sie bedauern, in ihrer Erregung nicht den passenden Ort für
ihre Auseinandersetzung mit Herrn Beck gewählt zu haben". Inhaltlich hatte man
HAHN und STUDY nichts vorzuwerfen.

Am 9. Februar 1921 tagte die mathematisch-naturwissenschaftliche Sektion
der Fakultät und verabschiedete folgenden Beschluß:

> Auf die Liste kommen: Koebe einstimmig; Hausdorff 10:1; Tietze einstimmig;
> Radon 8:(3 Enthaltungen).

Es ist anzunehmen, daß die Gegenstimme bei HAUSDORFF von BECK stammt.
BECK war seit 1919 Mitglied der DNVP; vielleicht wußte er auch als alter Greifswalder, daß HAUSDORFF Mitglied der DDP war. Es konnte auch Antisemitismus,
eine der ideologischen Grundlagen der DNVP, im Spiel sein.

In dieser Sitzung der Sektion wurde auch beschlossen, daß die eingangs gebildete Kommission das Gutachten für den Minister abfassen sollte. Dieses Gutachten
mit Datum vom 18.2.1921 beginnt folgendermaßen:

> Für das durch den Weggang von Prof. Hahn erledigte Ordinariat bringt die
> philosophische Fakultät in Vorschlag:
> I. Dr. Paul Koebe, ord. Prof. a. d. U. Jena.
> II. Dr. Felix Hausdorff, ord. Prof. a. d. U. Greifswald und Dr. Heinrich Tietze,
> ord. Prof. a. d. U. Erlangen.
> III. Dr. Hans Radon, a. o. Prof. a. d. U. Hamburg.

Bevor die einzelnen Kandidaten kurz gewürdigt werden, betont die Fakultät, daß
der zu Berufende die „Vielseitigkeit bewiesen haben sollte, die für eine Vertretung
der Analysis als grundlegender Disziplin für höhere Geometrie und theoretische
Physik zum mindesten sehr erwünscht ist."

In dem sich auf HAUSDORFF beziehenden Teil des Schreibens heißt es nach
Aufzählung der bisherigen akademischen Positionen des Kandidaten:

> Er hat sich vor allem Verdienste erworben um die Mengenlehre, in der er
> die Theorie der geordneten Mengen grossentheils selbst geschaffen hat. Sei-
> ne Grundzüge der Mengenlehre (1914) sind das beste Lehrbuch über diesen
> Gegenstand. Ausserdem hat er sich in geometrischer Optik, Wahrscheinlich-
> keitslehre, Gruppentheorie, und, in letzter Zeit, in der Theorie der reellen
> Funktionen mit Erfolg bethätigt. Er ist also einer unserer vielseitigsten Ma-
> thematiker. Seine Lehrtätigkeit in Bonn ist der Fakultät in bester Erinnerung,
> und lässt ihn als besonders geeignet für die zu besetzende Stelle erscheinen.

Besonders bemerkenswert ist der KOEBE betreffende Teil des Gutachtens; er sei
deshalb hier auch zitiert:

> *Dr. Paul Koebe*, geb. 1882 in Luckenwalde, hab. Göttingen 1907, a.o. Professor
> in Leipzig 1910, seit 1914 ord. Professor in Jena, ist der hervorragendste unter

der jüngeren Generation deutscher Mathematiker und einer der bedeutendsten Mathematiker überhaupt. Seine Untersuchungen über Funktionentheorie und konforme Abbildung sind höchst originell und von unvergänglichem
Werthe. Über Koebe's Lehrthätigkeit haben wir nur günstige Nachrichten.

KOEBE war 1907 schlagartig durch seinen Beweis des Uniformisierungssatzes für
Riemannsche Flächen berühmt geworden. Er hatte damit das 22. Hilbertsche Problem gelöst. Im gleichen Jahr hatte auch POINCARÉ den Uniformisierungssatz
mit einer anderen Methode bewiesen. Von KOEBE stammen auch wichtige Resultate über konforme Abbildungen, insbesondere zum Riemannschen Abbildungs-
satz [Kühnau 1981]. Das sind ohne Zweifel Leistungen von „unvergänglichem Werthe". Die Einschätzung, KOEBE sei „einer der bedeutendsten Mathematiker überhaupt" hätte wohl schon damals – außer KOEBE selbst – kaum jemand unterschrieben. Aus heutiger Sicht ist etwa der Einfluß HAUSDORFFs auf die Entwicklung der
Mathematik insgesamt beträchtlich größer als der KOEBEs.

Das preußische Kultusministerium hat die von der Philosophischen Fakultät
vorgeschlagene Reihenfolge ignoriert und an KOEBE keinen Ruf ergehen lassen,
sondern sich für HAUSDORFF entschieden.[6] Vielleicht hatte man im Ministerium
den Berufungsvorgang Nachfolge HERMANN AMANDUS SCHWARZ in Berlin im
Jahre 1917 noch in Erinnerung. Dort stand KOEBE an dritter Stelle auf der Liste
hinter ERHARD SCHMIDT und ISSAI SCHUR. Im Gutachten hieß es über KOEBE:
„Allerdings gehen seine Gedanken alle nach einer Richtung, aber es sind wichtige
Probleme, die in dieser Richtung liegen."[Kühnau 1981, 183]. Dies deutet nicht auf
Vielseitigkeit hin, welche die Bonner in ihrer Präambel zu den Personengutachten
ja ausdrücklich wünschten.

In einem Schreiben des preußischen Ministers für Wissenschaft, Kunst und
Volksbildung vom 13. April 1921 wird HAUSDORFF die Berufung zum Ordinarius
in Bonn zum 1. Oktober 1921 mitgeteilt. Eigentlich war die Berufung zum Sommersemester 1921 vorgesehen; HAUSDORFF hatte aber in Abstimmung mit STUDY
das Ministerium gebeten, seine Stelle in Bonn erst zum Wintersemester 1921/22
antreten zu dürfen. In Greifswald wollte nämlich THAER ganz in den Schuldienst
wechseln und ein sofortiger Abgang HAUSDORFFs zum Sommersemester 1921 hätte bedeutet, daß für die wachsende Studentenzahl in Greifswald mit VAHLEN nur
ein einziger Dozent für Mathematik zur Verfügung gestanden hätte.

HAUSDORFF kaufte in Bonn ein Haus in der Hindenburgstraße 61 (heute
Hausdorffstraße 61) und trat zum 1. Oktober 1921 seine Stelle als Ordinarius an
der Universität Bonn an.

---

[6]Geheimes Staatsarchiv Preußischer Kulturbesitz, I. HA Rep. 76 Kultusministerium, Va Sekt.
3 Tit. IV Nr 55, Band 8, Bll.14–20 versus. Ich danke Herrn Thomas Breitfeld, Geheimes Staatsarchiv Berlin, für die Durchsicht der Akte und die freundliche Mitteilung der Ergebnisse.

10.2 Das Bonner Mathematische Seminar von 1921 bis 1933

Bei HAUSDORFFs Dienstantritt wirkten in Bonn die Ordinarien STUDY und BECK sowie der außeretatmäßige Extraordinarius MÜLLER. STUDY, seit 1904 Ordinarius in Bonn, war ein bedeutender Mathematiker. Er hatte sich 1885 bei FELIX KLEIN in Leipzig habilitiert und hatte neben Untersuchungen zur Invariantentheorie der allgemeinen projektiven Gruppe auch Invariantentheorien für weitere davon verschiedene Gruppen entwickelt. Sein Ziel war es, aus wenigen „Fundamentalinvarianten" und den zwischen ihnen bestehenden „Hauptidentitäten" die Sätze der zur gegebenen Gruppe gehörenden Geometrie herzuleiten; dieses Herangehen ist die wohl konsequenteste Durchführung des „Erlanger Programms" von FELIX KLEIN. STUDYs erstes Buch über Invariantentheorie *Methoden zur Theorie der ternären Formen* (1889) hatte trotz vieler origineller Resultate wegen seiner abstrakten Darstellung wenig Erfolg und mußte teilweise makuliert werden; die Renaissance der Invariantentheorie brachte 1982 (!) eine Neuauflage. STUDY ist einer der Begründer der Geometrie über dem Körper der komplexen Zahlen; er entwickelte die analytische Geometrie der endlichdimensionalen euklidischen Räume über den komplexen Zahlen und führte in diesen Räumen die nach ihm und FUBINI benannte Metrik ein. STUDY leistete auch wichtige Beiträge zur Theorie der hyperkomplexen Zahlsysteme (Algebren endlichen Ranges über den reellen oder komplexen Zahlen). In verschiedenen geometrischen Arbeiten suchte er jeweils nach einem hyperkomplexen System, mit dem sich die Formeln seines speziellen Problems besonders durchsichtig gestalten. So sind für die Behandlung der metrischen Liniengeometrie, der „STUDYschen Strahlengeometrie", in seinem Hauptwerk *Geometrie der Dynamen* (1903) die nach ihm benannten „dualen Zahlen" $z = x + \varepsilon y$ mit $\varepsilon^2 = 0$ das geeignete Hilfsmittel. Eine von STUDYs bevorzugten Forschungsmethoden war die Abbildung gewisser geometrischer Objektklassen auf Mannigfaltigkeiten in projektiven Räumen. So wird in *Geometrie der Dynamen* die Kinematik des starren Körpers auf die Untersuchung einer quadratischen Hyperfläche im 7-dimensionalen projektiven Raum zurückgeführt. In der Differentialgeometrie geht die STUDYsche Krümmungsinvariante beim Studium von Kurven konstanter Torsion auf ihn zurück. Ein wichtiger Beitrag zur Algebra war STUDYs Arbeit über lineare Gleichungssysteme über dem Bereich der Quaternionen. Er gibt dort eine Verallgemeinerung des Begriffs der Determinante für den nichtkommutativen Fall; hier spielt die „STUDYsche Nablafunktion" eine grundlegende Rolle.[7] In seinem Streben nach Strenge, Exaktheit und im gewissen Sinne auch Vollständigkeit der geometrischen Methoden scheute STUDY auch vor öffentlicher Kritik und Polemik nicht zurück. So kritisierte er, obwohl er LIE als einen der genialsten Mathematiker seines Jahrhunderts schätzte, dessen Theorie der Berührungstransformationen und wies Wege zur Überwindung der Schwächen [Fritzsche 1993].

---

[7]Hieran knüpfte Hausdorff in [H 1927c] an.

STUDY hatte auch weitgespannte philosophische Interessen und verfaßte mehrere Bücher zu erkenntnistheoretischen Fragen und zu philosophischen Problemen der Mathematik. Als Entomologe wurde er durch seine Arbeiten über Mimikri bei Insekten bekannt. Seine Schmetterlingssammlung war eine der bedeutendsten privaten Sammlungen in Europa.[8]

An das freundschaftliche Verhältnis, das HAUSDORFF schon in seiner ersten Bonner Zeit zu STUDY hatte, konnte er anknüpfen. HAUSDORFFs Tochter hat in Gesprächen mit EGBERT BRIESKORN berichtet, daß zwischen HAUSDORFF und STUDY bis zu STUDYs Tod am 6. Januar 1930 eine stets ungetrübte Freundschaft bestanden hat. Als STUDY nach schwerem Krebsleiden gestorben war, gab es im Mainzer Krematorium am 9. Januar 1930 eine weltliche Trauerfeier, auf der HAUSDORFF die Ansprache hielt.[9] Sie ist ein anrührendes Zeugnis der Freundschaft und Geistesverwandtschaft beider Männer.

Die im vorigen Abschnitt erwähnten Bemühungen der Fakultätskommission, zwischen STUDY und BECK „die kollegialen Beziehungen" wiederherzustellen, waren völlig mißlungen. Das Verhältnis blieb feindselig, ja es kam sogar in den Jahren 1923 bis 1927 zu öffentlich in Fachzeitschriften ausgetragenen Auseinandersetzungen. Diese hatte BECK begonnen mit unsachgemäßen Angriffen gegen STUDYs erfolgreiche Bemühungen, einige Schwächen in der LIEschen Kugelgeometrie zu beheben. BECK hatte auch in seinen Veröffentlichungen den Eindruck zu erwecken gesucht, als habe er selbst erst und nicht STUDY den richtigen Aufbau der Kugelgeometrie gegeben. Aber auch innerhalb der Fakultät waren die Auseinandersetzungen wieder eskaliert. Am 26. April 1926 teilte STUDY in einem ausführlich begründeten Schreiben der Fakultät mit, „dass ich in Zukunft nicht mehr mitwirken werde an der Beurteilung von Dissertationen, für die Herr H. Beck als Referent fungiert."[10] Die Fakultät bat nun einige Professoren anderer Universitäten um ihre Meinung zu dem Streit. Aus einem dieser Briefe sei hier noch zitiert. Am 11.5.1927 schrieb ISSAI SCHUR aus Berlin u. a.:

> Ich habe aber durchaus den Eindruck, dass Herr Study auch hier der bei weitem überlegene Geist ist, der die Dinge von einer ganz anderen Höhe zu beurteilen weiß als Herr Beck. [· · ·] Die Schärfe des Tones in der Studyschen Publikation ist an einzelnen Stellen [· · ·] gewiß zu bedauern. Das erklärt sich aber aus dem ganzen Verhalten des Herrn Beck gegenüber dem hervorragenden Forscher Study, dem er so unendlich viel in wissenschaftlicher Hinsicht zu verdanken hat.[11]

HAUSDORFF hat sich zu der Kontroverse nicht geäußert. Es ist aber völlig klar, auf wessen Seite er stand. Seine Tochter hat berichtet, daß ihr Vater von BECK gar nichts gehalten hat. HAUSDORFF hat sicher versucht, so viel wie möglich kritische

---

[8]Zu Study s. [Engel 1930], [Weiss 1933], [Krull 1970] sowie W. Purkert in *Neue Deutsche Biographie*, Band 25 (2013).

[9]*Worte am Sarge von Eduard Study.* Nachlaß Hausdorff, Kapsel 52, Faszikel 1140. Publiziert: [H 1932] und *HGW*, Band VI, 343–344.

[10]PF-PA 536 Eduard Study. Universitätsarchiv Bonn.

[11]Ebenda.

Distanz zu BECK zu wahren, aber es war gewiß eine unangenehme Situation, über viele Jahre mit solchen Spannungen im Kollegenkreis leben zu müssen. Er hat auch nie zusammen mit BECK ein Seminar angeboten. Das Mathematische Seminar, eine Vortragsveranstaltung für fortgeschrittene Studenten, wurde im Vorlesungsverzeichnis vom Wintersemester 1922 an bis zu STUDYs Emeritierung stets so angekündigt: „Prof. Study im Verein mit den Professoren Hausdorff und Müller". Später hat HAUSDORFF das Seminar mit TOEPLITZ zusammen abgehalten. Mit MÜLLER hat er sich immer gut verstanden.

EDUARD STUDY wurde zum Ende des Sommersemesters 1927 emeritiert. Auch bei der Diskussion um die Nachfolge muß es heftigen Streit gegeben haben (der leider nicht dokumentiert ist), denn die Vorschlagsliste an das Ministerium kam lange nicht zustande. Am 21. Juli 1927 drohte der Minister, falls die Liste aus Bonn nicht umgehend eingehe, „auch ohne sie einen Nachfolger für Prof. Study zu ernennen".[12] Das vom 21.7.1927 datierte Gutachten der Fakultät nennt an erster Stelle GERHARD KOWALEWSKI, ord. Professor an der TU Dresden und an zweiter Stelle pari passu HANS MOHRMANN, ord. Professor an der Universität Basel, und OTTO TOEPLITZ, ord. Professor an der Universität Kiel. Das Ministerium ignorierte auch hier die Bonner Reihenfolge und berief den mit Abstand bedeutendsten der drei Vorgeschlagenen, OTTO TOEPLITZ.

TOEPLITZ, Jahrgang 1881, stammte aus einer Familie von Mathematikern: sein Großvater und sein Vater waren Gymnasiallehrer für Mathematik. Er studierte ab 1900 Mathematik in Breslau und Berlin und promovierte 1905 mit einer Arbeit aus der algebraischen Geometrie. TOEPLITZ setzte dann seine Studien in Göttingen bei KLEIN und HILBERT fort, habilitierte sich 1907 in Göttingen und wurde dort Privatdozent. 1913 wurde er außerordentlicher und 1920 ordentlicher Professor in Kiel. Die Stelle in Bonn trat er zum Sommersemester 1928 an.

TOEPLITZ' einflußreichste Arbeit, die auch heute noch sehr oft zitiert wird, ist eine knapp zweiseitige Note aus dem Jahre 1911.[13] Dort zeigte er, daß eine reelle periodische Funktion f genau dann positiv ist, wenn die aus ihren Fourierkoeffizienten a_l hervorgehenden quadratischen Formen $\sum_0^N a_{k-i} x_k \overline{x_i}$, $0 \le i, k \le N$ für alle N positiv definit sind. Die in diesem Zusammenhang gebildeten und später nach TOEPLITZ benannten Matrizen bzw. die entsprechenden Operatoren spielen eine wichtige Rolle in der Theorie der partiellen Differentialgleichungen, der statistischen Mechanik und in der Röntgenkristallographie.[14] Die HILBERTsche Theorie der linearen Integralgleichungen fortsetzend arbeitete TOEPLITZ, z. T. gemeinsam mit seinem Freund ERNST HELLINGER, über unendliche lineare, bilineare und quadratische Formen und die zugehörigen unendlichen Matrizen. Der 1927 erschienene gemeinsam mit HELLINGER verfaßte Enzyklopädieartikel *Integralgleichungen und Gleichungen mit unendlich vielen Unbekannten* stellte die erreichten Ergebnisse zusammenfassend dar; er erwies sich als wichtiger Impuls für die ent-

---

[12]Ebenda.

[13]Otto Toeplitz: *Über die Fouriersche Entwicklung positiver Funktionen*. Rendiconti del Circolo Matematico di Palermo **32** (1911), 191–192.

[14]Zur nachhaltigen Wirkung der Toeplitzschen Resultate s. [Gohberg 1982].

stehende Funktionalanalysis und wurde schon wenig später in die Sprache der abstrakten Hilbertraumtheorie übersetzt. Über den TOEPLITZschen Permanenzsatz, ein grundlegendes Resultat in der Summationstheorie divergenter Reihen, wurde schon im Zusammenhang mit HAUSDORFFs Beiträgen zur Limitierungstheorie berichtet. In den dreißiger Jahren arbeitete TOEPLITZ mit GOTTFRIED KÖTHE über gewisse unendlichdimensionale nichtnormierbare Koordinatenräume, sog. vollkommene Räume. Diese Arbeiten waren eine wichtige Vorstufe für die spätere Entwicklung der Theorie der lokalkonvexen Räume.

TOEPLITZ hatte großes Interesse für Geschichte der Mathematik, insbesondere für die des antiken Griechenland. Er führte in Kiel (gemeinsam mit HEINRICH SCHOLZ und JULIUS STENZEL) und in Bonn (gemeinsam mit OSKAR BECKER und ERICH BESSEL-HAGEN) Seminare zur Geschichte der Mathematik durch. Gemeinsam mit STENZEL und OTTO NEUGEBAUER begründete er die Zeitschrift *Quellen und Studien zur Geschichte der Mathematik*. In der Lehre plädierte er für die „genetische Methode", die darin bestand, den historischen Gang der Entwicklung des gelehrten Gegenstandes nachzuvollziehen. Das Buch *Die Entwicklung der Infinitesimalrechnung* (1949 von KÖTHE aus dem Nachlaß herausgegeben) ist ein Anfängerkurs nach dieser Methode. Gemeinsam mit HANS RADEMACHER publizierte TOEPLITZ 1930 das Buch *Von Zahlen und Figuren. Proben mathematischen Denkens für Liebhaber der Mathematik*. Es ist eines der besten populärwissenschaftlichen Bücher über Mathematik und wurde in zahlreiche Sprachen übersetzt. Ein ständiges Anliegen von TOEPLITZ war die Ausbildung und die Weiterbildung von Gymnasiallehrern. Diesem Problemkreis widmete sich die von ihm und HEINRICH BEHNKE begründete Zeitschrift *Semester-Berichte zur Pflege des Zusammenhangs von Universität und Schule*.

HAUSDORFF war von der Entscheidung des Ministers, gegen die Reihenfolge der Bonner Liste TOEPLITZ zu berufen, freudig überrascht, denn am 1. Oktober 1927 schrieb er an TOEPLITZ:

> Vorgestern von einer Reise heimgekehrt, wo ich zeitlos und zeitungslos gelebt habe, erfahre ich von Ihrer Berufung und beglückwünsche Sie und mich: Sie zur Übersiedlung in ein milderes Klima, mich dazu, dass ich nun unter lauter Geometern eine analytisch fühlende Brust an die meinige drücken kann. Ich hoffe und glaube, dass wir uns recht gut vertragen werden.[15]

HAUSDORFFs Hoffnung, daß man sich „recht gut vertragen" werde, wurde noch übertroffen. Zwischen den Familien HAUSDORFF und TOEPLITZ entstand ein ausgesprochen freundschaftliches Verhältnis. Dazu mag auch beigetragen haben, daß in der TOEPLITZ-Familie die Musik eine große Rolle spielte. TOEPLITZ' Frau ERNA, geb. HENSCHEL, war sehr musikalisch und hatte schon als 19-jährige die Partie der Isolde in einer Privataufführung von WAGNERs *Tristan und Isolde* gesungen. Der Sohn ERICH, der später Berufsmusiker wurde, hat in seiner Jugend auch mit HAUSDORFF gemeinsam musiziert.

---

[15] *HGW*, Band IX, 621.

TOEPLITZ hatte es in den Berufungsverhandlungen erreicht, daß ERICH BES-SEL-HAGEN nach der Umhabilitierung von Halle/Saale nach Bonn als Privatdozent bezahlte Lehraufträge erhielt. Er versprach sich von der Zusammenarbeit mit BESSEL-HAGEN vor allem Hilfe beim Aufbau einer historisch-didaktischen Abteilung des Mathematischen Seminars.

BESSEL-HAGEN hatte 1920 bei CARATHÉODORY mit einer Arbeit zur Variationsrechnung promoviert. 1921 bis 1923 war er in Göttingen Privatassistent von FELIX KLEIN, dessen *Vorlesungen über die Entwicklung der Mathematik im 19. Jahrhundert* er mit herausgab. Er habilitierte sich 1925 in Göttingen mit einer Arbeit über elliptische Modulfunktionen. 1927 ging er als Assistent von HELMUT HASSE nach Halle. BESSEL-HAGEN war vor allem auf dem Gebiet der Mathematikgeschichte tätig. So wirkte er an der Herausgabe der Gesammelten Werke von GAUSS und von KLEIN mit. In Bonn hielten BESSEL-HAGEN, TOEPLITZ und der Philosoph OSKAR BECKER regelmäßig ein mathematikhistorisches Seminar ab.[16] BESSEL-HAGEN kümmerte sich auch um nachgelassenes Schriftgut verschiedener Mathematiker. So bewahrte er nach TOEPLITZ' Emigration Teile von dessen Nachlaß auf, ebenso nach HAUSDORFFs Tod wichtige Papiere wie HAUSDORFFs Abschiedsbrief.[17]

1931 wurde BESSEL-HAGEN zum nichtbeamteten außerordentlichen Professor an der Universität Bonn ernannt. Nach TOEPLITZ' Entlassung 1935 übernahm er die Leitung der historisch-didaktischen Abteilung des Mathematischen Seminars. BESSEL-HAGEN stand, ungeachtet der Gefahr der Ausgrenzung und Bestrafung, der Familie HAUSDORFF bis zum Ende treu zur Seite (s. dazu Kapitel 11).

Als weiterer Privatdozent wirkte in Bonn ERNST AUGUST WEISS. Er studierte Mathematik in Hannover, Hamburg und vor allem in Bonn und promovierte 1924 bei STUDY mit einer geometrischen Arbeit. 1926 habilitierte er sich mit einer Arbeit über die Weddlesche Fläche und wurde Privatdozent. Er verbrachte 1928/29 als Stipendiat des International Education Board zwei Semester bei ÉLIE CARTAN in Paris und ein Semester bei A. BOUL in Toulouse. 1932 wurde er zum nichtbeamteten außerordentlichen Professor ernannt. WEISS arbeitete auf dem Gebiet der algebraischen Geometrie und der Invariantentheorie in der Tradition von STUDY. Dieser schätzte ihn; nachhaltige Bedeutung haben WEISS' Arbeiten allerdings nicht erlangt. Nach 1933 spielte er als überzeugter und aktiver Nationalsozialist eine unrühmliche Rolle (s. Kapitel 11).

10.3 Hausdorff als akademischer Lehrer in Bonn

Wir hatten gesehen, daß HAUSDORFF in den letzten Jahren seiner Greifswalder Zeit wegen der schwachen Besetzung der Mathematik in Greifswald mit

---

[16]Zu Bessel-Hagens Leistungen auf dem Gebiet der Mathematikgeschichte siehe vor allem [Dauben/ Scriba 2002, 134–135, 362, 548].

[17]S. dazu [Neuenschwander 2002]. Der Artikel enthält auch eine Bibliographie.

den Grundvorlesungen fast vollständig ausgelastet war. Die Berufung nach Bonn brachte auch in dieser Hinsicht für ihn eine wesentliche Verbesserung.

An Grundvorlesungen hielt HAUSDORFF in Bonn bis zum Wintersemester 1932/33 zweimal einen viersemestrigen und einmal einen dreisemestrigen Zyklus analytischer Vorlesungen (Differential- und Integralrechnung, gewöhnliche Differentialgleichungen, Funktionentheorie). Ferner hielt er viermal eine einsemestrige Vorlesung über elementare Zahlentheorie und einmal eine solche über algebraische Gleichungen. Diese im Vergleich zu Greifswald geringe Belastung an elementaren Vorlesungen ermöglichte es ihm, eine Reihe anspruchsvoller Vorlesungen für höhere Semester zu halten, die öfters bis an die Front der Forschung führten.[18]

In HAUSDORFFs Nachlaß finden sich von ihm eigenhändig angefertigte Niederschriften fast aller seiner Vorlesungen, die er in den insgesamt 78 Semestern seiner Lehrtätigkeit gehalten hat. Die Manuskripte sind in der Regel druckreif ausgearbeitet. Es ist gewiß ein seltener Fall, daß die Lehrtätigkeit eines bedeutenden Mathematikers von der ersten bis zur letzten Vorlesung so lückenlos und so authentisch dokumentiert ist. Anhand dieser Ausarbeitungen sollen im folgenden zu ausgewählten „höheren" Vorlesungen einige Angaben gemacht werden.

HAUSDORFF begann seine Lehrtätigkeit in Bonn im Wintersemester 1921/22 mit einer vierstündigen Vorlesung *Mengenlehre und Theorie der reellen Funktionen*.[19] Er beginnt mit der Darstellung seiner in den *Grundzügen* entwickelten Mengenalgebra. Neu in diesem Eingangskapitel ist, anknüpfend an neueste Forschungen von SUSLIN und LUSIN, die Konstruktion des SUSLINschen Mengensystems $\mathfrak{M}_s$ über einem gegebenen Mengensystem $\mathfrak{M}$. Die auf die allgemeine Mengenlehre (Kardinalzahlen, Ordnungstypen, Ordinalzahlen) folgende Punktmengentheorie erscheint als axiomatisch begründete Theorie der metrischen Räume. Man kann sagen, daß die Bonner Vorlesung die Grundlage für HAUSDORFFs Lehrbuch *Mengenlehre* [H 1927a] war. Sie ist inhaltlich so gut wie vollständig in die *Mengenlehre* eingegangen; eine Reihe von Paragraphen der Vorlesung wurden z. T. wörtlich übernommen. Die Tatsache, daß das Buch *Mengenlehre* noch 1991 nachgedruckt erschien (4. Aufl. der englischen Übersetzung), 70 Jahre nach der Vorlesung, die ihm großenteils zugrunde lag, wirft ein Licht auf die Qualität, welche die Bonner Mathematik in der Lehre mit HAUSDORFFs Berufung gewonnen hatte.

Für die damalige Zeit weit in die Zukunft weisend war HAUSDORFFs dreistündige Vorlesung *Wahrscheinlichkeitsrechnung* aus dem Sommersemester 1923.[20] Wegen ihres besonderen historischen Interesses ist sie im Band V der Hausdorff-Edition vollständig abgedruckt.[21] Wir wollen die Vorlesung hier nur unter dem Aspekt der Begründung der Wahrscheinlichkeitstheorie betrachten.[22] Zu HAUS-

---

[18]Genaue Angaben in Walter Purkert: *Hausdorff als akademischer Lehrer. HGW*, Band IA, 509–512.

[19]Nachlaß Hausdorff, Kapsel 13, Faszikel 42, 248 Blatt.

[20]Nachlaß Hausdorff, Kapsel 21, Faszikel 64, 227 Blatt.

[21]*HGW*, Band V, 595–723. Kommentar von S. D. Chatterji: 723–756.

[22]Eine eingehende Analyse der Vorlesung in dieser Hinsicht findet sich in [Hochkirchen 1999, 237–247].

DORFFs Behandlung fundamentaler Theoreme wie der schwachen und starken Gesetze der großen Zahl oder des Zentralen Grenzwertsatzes sei auf den Kommentar von CHATTERJI verwiesen.[23]

Das grundlegend Neue bei HAUSDORFF ist die axiomatische Einführung der Wahrscheinlichkeit auf der Basis von Mengenlehre und Maßtheorie. Er führt seine Zuhörer langsam über den sehr speziellen Fall der klassischen Wahrscheinlichkeit nach LAPLACE an die allgemeine Theorie heran. Diese wird folgendermaßen begründet: Gegeben sei eine Menge M, die Menge der „möglichen Fälle"; heute spricht man von der Menge der Elementarereignisse. $\mathfrak{M}$ sei ein „Borelsches System" von Teilmengen von M (in heutiger Terminologie eine σ-Algebra von Teilmengen von M). Die $A \in \mathfrak{M}$ nennt HAUSDORFF „meßbar". Jeder Menge $A \in \mathfrak{M}$ sei eine reelle Zahl $w(A)$ zugeordnet, so daß folgende Axiome gelten:

1. $0 \le w(A) \le 1$.
2. $w(M) = 1$.
3. $w(A)$ ist eine σ-additive Mengenfunktion.

Daraus ergibt sich unmittelbar, daß $w(\overline{A}) = 1 - w(A)$ ist. A, B heißen *unabhängig*, falls $w(A \cap B) = w(A) \cdot w(B)$ ist.

In der Wahrscheinlichkeitstheorie des 19. und beginnenden 20. Jahrhunderts wurde die Wahrscheinlichkeit im stetigen Fall, in dem man das Verhältnis der günstigen und möglichen Fälle nicht mehr durch Abzählen ermitteln konnte (z.B. in der Theorie der Meßfehler), durch eine Verteilungsfunktion bzw. durch eine Dichtefunktion definiert. Diesen Fall ordnet HAUSDORFF in sein axiomatisches System ein, indem er zeigt, daß zu jeder monoton nichtfallenden linksstetigen Funktion $F(x) : \mathbb{R} \to [0, 1]$ mit $F(-\infty) = 0$, $F(\infty) = 1$ eine σ-additive nichtnegative Mengenfunktion $w(A)'$ auf der von den Intervallen erzeugten σ-Algebra existiert, so daß $w([\alpha, \beta)) = F(\beta) - F(\alpha)$ ist für $-\infty < \alpha < \beta < \infty$. Er behandelt auch anlog den Fall des $\mathbb{R}^2$, so daß die Übertragung auf den allgemeinen Fall des $\mathbb{R}^n$ nahe liegt. Die maßtheoretischen Grundlagen setzt er nicht voraus, sondern stellt sie in der Vorlesung alle zur Verfügung. Auch die Theorie der meßbaren Funktionen und die Lebesgue-Stieltjessche Integrationstheorie, die man für die Behandlung von Zufallsgrößen benötigt, wird bereitgestellt.[24]

Die Wahrscheinlichkeitstheorie befand sich Ende des 19. Jahrhunderts in einer merkwürdigen Situation. Auf der einen Seite stand ein schon recht beachtliches Theoriegebäude mit dem Gesetz der großen Zahl und dem Zentralen Grenzwertsatz als Kernstück, mit ausgefeilten analytischen Methoden und mit zahlreichen Anwendungen in der Fehlertheorie, der Statistik, der Physik und dem Versicherungswesen. Auf der anderen Seite war der Grundbegriff der Theorie, der Begriff der Wahrscheinlichkeit, höchst unklar. Er gründete sich auf den Begriff „gleichmögliche Fälle", d.h. er bezog sich auf Sachverhalte außerhalb der Mathematik, zum Beispiel auf postulierte Symmetrien beim Würfel oder beim Roulette. Versuche, ihn als innermathematischen Begriff aufzufassen, führten unweigerlich in

---

[23] Beim Beweis des Zentralen Grenzwertsatzes z.B. schließt sich Hausdorff an die erst ein Jahr zuvor publizierten Ideen von Jarl Waldemar Lindeberg an, auf dessen Arbeit er auch hinweist.
[24] Die Bezeichnung „Zufallsgröße" bzw. „Zufallsvariable" kommt noch nicht vor.

einen Zirkel, denn was sollte „gleichmöglich" anderes sein als „gleichwahrschein-
lich".[25] Die Erfolge in der statistischen Mechanik, aber auch die dabei und bei
anderen Gelegenheiten auftretenden logischen Ungereimtheiten waren es insbesondere, die zu Ende des Jahrhunderts eine lebhafte Debatte um die Grundlegung der
Wahrscheinlichkeitstheorie auslösten, an der sich neben Mathematikern auch Philosophen und Naturwissenschaftler beteiligten. Es nimmt deshalb nicht wunder,
daß DAVID HILBERT in seinem Pariser Vortrag im Jahre 1900 die Axiomatisierung
der Wahrscheinlichkeitsrechnung als Problem Nr. 6 in die Liste seiner berühmten
23 Probleme aufgenommen hat.

Mit HAUSDORFFs Vorlesung war eine axiomatische Grundlegung der Wahrscheinlichkeitstheorie gegeben, die bis auf die Bezeichnungsweise mit der zehn
Jahre später von KOLMOGOROV vorgeschlagenen übereinstimmt. HAUSDORFF hat
die Vorlesung leider nicht veröffentlicht; so wird der Beginn der modernen, axiomatisch begründeten Wahrscheinlichkeitstheorie auf das Erscheinen von KOLMO-
GOROVs *Grundbegriffe der Wahrscheinlichkeitsrechnung*[26] datiert. KOLMOGOROV
selbst hat im Vorwort festgestellt, daß der maßtheoretische Aufbau der Wahrscheinlichkeitstheorie „in den betreffenden mathematischen Kreisen seit einiger
Zeit geläufig" sei. Das Neue bei ihm sei vor allem die Behandlung von Wahrscheinlichkeiten in Funktionenräumen, d. h. in heutiger Sprechweise die Einordnung der
stochastischen Prozesse in das axiomatische Gebäude (Hauptsatz von Kolmogorov), sowie die Theorie der bedingten Wahrscheinlichkeiten und bedingten Erwartungen.

Im Sommersemester 1925 las HAUSDORFF zweistündig *Divergente Reihen*.[27]
Nach einer historischen Einführung behandelt er in dieser Vorlesung zunächst
Summationsverfahren, die auf dem Studium von Potenzreihen beruhen, wie die
von ABEL und BOREL. Dann folgt ein allgemeiner Abschnitt über Matrixverfah-
ren, die HAUSDORFF „Diskrete Limitierungsverfahren" nennt. Im Zentrum dieser
allgemeinen Betrachtungen stehen der TOEPLITZsche Permanenzsatz und Unter-
suchungen zum Wirkungsfeld eines Verfahrens. Nach ausführlicher Behandlung der
Cesàro- und Hölderverfahren mit Anwendungen auf Fourierreihen bringt HAUS-
DORFF im §3 „Die mit C^1 vertauschbaren Verfahren" seine eigene Theorie aus
Summationsmethoden und Momentfolgen I. Im weiteren geht er auf Resultate zur
Limitierungstheorie aus aktuellen Arbeiten anderer Autoren ein und schließt die
Vorlesung mit Umkehrsätzen vom TAUBERschen Typ sowie weiteren Ausführungen zu zwei Verfahren von BOREL. Auch die Veröffentlichung dieser Vorlesung
wäre sehr wünschenswert gewesen, hätte sie doch erstmals für das deutschsprachige Publikum einen Überblick über den aktuellen Stand der Limitierungstheorie
gegeben.

---

[25] Auf diesen Zirkelschluß weist Hausdorff in seiner Vorlesung expressis verbis hin: Faszikel 64,
Bl. 6, *HGW*, Band V, 597–598.

[26] Erschienen in der Serie „Ergebnisse der Mathematik und ihrer Grenzgebiete", Springer, Berlin
1933.

[27] Nachlaß Hausdorff, Kapsel 14, Faszikel 45, 197 Blatt.

HAUSDORFF hat auch im Wintersemester 1933/34 *Divergente Reihen* gelesen. Dazu hat er die Vorlesung neu ausgearbeitet.[28] In dieser neuen Version ist die Theorie der Matrixverfahren bereits klar in die Funktionalanalysis eingeordnet; einige Stichworte aus dem §1 „Grundlagen" mögen dies illustrieren: der Vektorraum der Folgen; lineare Funktionale; allgemeiner Begriff des Limitierungsverfahrens, permanente Verfahren; Fortsetzungssatz von Hahn-Banach mit Folgerungen für die Existenz permanenter Verfahren; TOEPLITZscher Permanenzsatz. Das eben über die Bedeutung einer möglichen Veröffentlichung des Vorlesungstextes Gesagte trifft auf diese weiter ausgereifte und aktualisierte Version von *Divergente Reihen* erst recht zu.

HAUSDORFF hat sich bereits früh für analytische Themen interessiert, die wir heute in das Gebiet der Funktionalanalysis einordnen. Bereits im Sommersemester 1914, zu Beginn seiner Tätigkeit in Greifswald, hielt er eine zweistündige Vorlesung *Integralgleichungen*.[29] Sie enthält große Teile der damals bekannten Theorie der Operatoren in unendlichdimensionalen Räumen. HAUSDORFF hat die Vorlesung im Wintersemester 1923/24 in Bonn wiederholt. Auch im Sommersemester 1934 hat er in Bonn *Integralgleichungen* gelesen. Bei dieser Gelegenheit hat er die Vorlesung völlig neu ausgearbeitet.[30] Man sieht aus HAUSDORFFs Nachlaß, daß er sich ab etwa 1926 verstärkt mit Themen aus der Funktionalanalysis auseinandergesetzt hat. Im Sommersemester 1931 hielt er eine dreistündige Vorlesung *Punktmengen*.[31] Nach zwei einführenden Paragraphen über metrische Räume und über injektive Abbildungen eines metrischen Raumes auf einen metrischen Raum folgt in dieser Vorlesung auf den Blättern 46–181 unter der Überschrift „Theorie der linearen metrischen Räume" eine Darstellung der grundlegenden Begriffe und Resultate der damals gerade als neue Disziplin im Entstehen begriffenen linearen Funktionalanalysis. Die Vorlesung war auch Ausgangspunkt für HAUSDORFFs Arbeit *Zur Theorie der linearen metrischen Räume* [H 1931]; diese Arbeit ist nicht ohne Einfluß auf die Entwicklung der Funktionalanalysis geblieben, worauf wir später noch eingehen werden.

Im Sommersemester 1933 las HAUSDORFF zweistündig eine *Einführung in die kombinatorische Topologie*. Diese Vorlesung ist historisch besonders bemerkenswert, enthält sie doch eine – verglichen mit den zeitgenössischen Monographien und Abhandlungen – ausgereifte und begrifflich klare Einführung in die Homologietheorie. Die benötigten Werkzeuge aus der Theorie der endlich erzeugten abelschen Gruppen werden nicht vorausgesetzt, sondern in der Vorlesung selbst bereitgestellt. HAUSDORFF stand bis Mitte der zwanziger Jahre der kombinatorischen Topologie kritisch gegenüber – er hielt ihre Grundlegung für fragwürdig. Erst durch den Gedankenaustausch mit ALEXANDROFF gewann er zunehmend Interesse an diesem Gebiet. HAUSDORFFs *Einführung in die kombinatorische Topologie*

---

[28]Nachlaß Hausdorff, Kapsel 18, Faszikel 56, 166 Blatt.
[29]Nachlaß Hausdorff, Kapsel 12, Faszikel 39, Blätter 1–149.
[30]Faszikel 39, Blätter 150–261.
[31]Nachlaß Hausdorff, Kapsel 15, Faszikel 50.

ist wegen ihrer historischen Bedeutung vollständig in der Edition abgedruckt.[32] Die historische Einleitung dazu, der Essay *Hausdorffs Blick auf die entstehende algebraische Topologie* von ERHARD SCHOLZ[33] behandelt eingehend HAUSDORFFS Hinwendung zu diesem Gebiet, seine kritische Auseinandersetzung mit verschiedenen Autoren und seine eigenen Überlegungen in der Vorlesung und in einer Reihe von im Nachlaß vorhandenen Studien. Zwei dieser Studien, *Die topologische Invarianz der Homologiegruppen (Vereinfachte Umarbeitung des §4 meiner Vorlesung von SS 1933 nebst Zusätzen)* und *Euklidische Komplexe* sind in Auszügen in der Edition abgedruckt.[34]

Leider gibt es über HAUSDORFF als akademischen Lehrer nur wenige Zeugnisse von Personen, die bei ihm gehört haben. Ein relativ ausführliches Zeugnis besitzen wir von MAGDA DIERKESMANN, die Ende der zwanziger/Anfang der dreißiger Jahre in Bonn studierte. In ihrem Artikel *Felix Hausdorff. Ein Lebensbild* [Dierkesmann 1967] erinnert sie sich:

> Felix Hausdorff war ein Mensch, dem trotz seiner großen Bescheidenheit und Liebenswürdigkeit von seinen Schülern stets Achtung und Respekt entgegengebracht wurde, eine Wirkung, die nur ein großer Geist, eine Persönlichkeit von außerordentlicher Prägung auf seine Umgebung auszuüben vermag, weil sie unbewußt und ungewollt ist. [···] Er sprach sehr leise und zwang damit seine Hörer zu unbedingter Aufmerksamkeit. In völlig freiem Vortrag, den schönen Kopf leicht vorgeneigt, ein Stück Kreide in der Hand, ging er vor der Tafel auf und ab, um dort das Wichtigste mit kleiner Schrift niederzuschreiben. Warum trotzdem eine so intensive Faszination von seinem Vortrag ausging, verstand ich erst in den höheren Semestern. Das Bestrickende war: Er trug strenge Wissenschaft mit künstlerischer Art vor. Er verband die unbedingte Klarheit mathematischer Denkweise mit künstlerischer Leichtigkeit, die immer wieder frappierte, wenn er die Lösung tiefgründiger mathematischer Probleme in vollendeter Meisterschaft vortrug. [Dierkesmann 1967, 52–53].

Betrachtet man die druckreifen Ausarbeitungen seiner Vorlesungen, so ist es erstaunlich, daß HAUSDORFF frei vortrug und diese Manuskripte während der Vorlesungen nicht benutzte. Außer MAGDA DIERKESMANN bestätigte das auch HAUSDORFFs ehemaliger Student GÜNTER BERGMANN[35], der 1995 dem Verfasser in einem Gespräch berichtete, daß HAUSDORFF den Hörsaal betrat, die Mappe mit der Niederschrift auf das Pult legte, völlig frei vortrug, die Mappe wieder an sich nahm und den Hörsaal verließ. Nie habe HAUSDORFF auch nur einen Blick in seine Manuskripte geworfen.

HAUSDORFF hatte nur drei Doktoranden. Dies mag bei einem so aktiven Gelehrten, der seine Studenten in einer Reihe von Vorlesungen bis an aktuelle Forschungen heranführte, etwas verwundern. Die Gründe für die geringe Zahl an Doktoranden sind hauptsächlich persönlicher Natur. Einerseits sollte eine Disser-

---

[32] *HGW*, Band III, 893–953.
[33] *HGW*, Band III, 865–892.
[34] *HGW*, Band III, 954–980.
[35] Bergmann hat 1951 seinen Namen geändert; als Student hieß er Günter Bullig.

tation einen gewissen Beitrag zu einem mathematischen Forschungsgebiet liefern; das Niveau abzusenken, wie BECK es in vielen Fällen tat, wäre für HAUSDORFF nicht in Frage gekommen. Andererseits fühlte er sich für einen Doktoranden verantwortlich und fürchtete nichts mehr als ein Scheitern des ihm Anvertrauten, wenn sich ein Thema als zu schwierig oder nicht ergiebig genug herausstellen sollte. Die äußeren Umstände an HAUSDORFFs Wirkungsstätten haben sicher auch eine Rolle gespielt. Die Situation in Greifswald in der Kriegs- und Nachkriegszeit hat Dissertationen kaum ermöglicht. In Bonn, das verglichen mit größeren mathematischen Zentren wie Göttingen oder Berlin weniger Studierende hatte, die an Forschung interessiert waren und eine akademische Karriere anstrebten, gab es bei drei Ordinariaten genügend Möglichkeiten, Themen zu erhalten, zumal es sich herumgesprochen hatte, daß bei BECK die Hürden nicht gerade hoch lagen. Im Zeitraum vom 30.6.1921 bis Ende 1936 promovierten in Bonn 37 Personen auf dem Gebiet der Mathematik, davon 2 noch bei HAHN, 16 bei BECK (zwei davon betreute WEISS), 8 bei TOEPLITZ, 7 bei STUDY, 3 bei HAUSDORFF und eine bei BESSEL-HAGEN.[36]

HAUSDORFFs erster Doktorand war KARL BÖGEL. Er hatte in Tübingen, Stuttgart und Göttingen Mathematik studiert und war dann Gymnasiallehrer geworden. 1920 hatte er in den Mathematischen Annalen eine Arbeit über reelle Funktionen publiziert, die an Sätze von BAIRE anknüpfte. Über ein Thema aus diesem Gebiet promovierte er am 31.7.1924 bei HAUSDORFF.[37] Weiterhin im Schuldienst tätig, hat BÖGEL später noch drei mathematische Arbeiten im Umfeld seines Dissertationsthemas publiziert, ferner elf Arbeiten zur Didaktik der Mathematik. 1935 wurde er von den nationalsozialistischen Behörden aus dem Schuldienst entfernt; die Gründe dafür konnten nicht ermittelt werden. Er muß dann in der Industrie oder anderweitig in der angewandten Forschung gearbeitet haben, denn nach dem Krieg wurde er zur wissenschaftlichen Arbeit in der Sowjetunion zwangsverpflichtet, wo er bis 1953 tätig war. Nach der Rückkehr in die DDR wurde er noch 1953 zum ordentlichen Professor für Mathematik an die gerade neu gegründete Hochschule für Elektrotechnik in Ilmenau (Thüringen) berufen. Dort hat er sich beim Aufbau eines Fachbereichs Mathematik und als Dekan große Verdienste erworben. 1955 wurde er emeritiert.

Am 25. Juli 1930 promovierte bei HAUSDORFF GUSTAV STEINBACH (geb. 1907) mit der Arbeit *Beiträge zur Mengenlehre*. STEINBACH hatte seine gesamte Studienzeit in Bonn verbracht. Die Dissertation wurde von HAUSDORFF mit „sehr gut" bewertet. Sie wurde im *Jahrbuch über die Fortschritte der Mathematik* relativ ausführlich referiert. Inhaltlich handelt es sich darin vor allem um Untersuchungen zur deskriptiven Mengenlehre im Anschluß an Arbeiten von LUSIN. So wird z.B. die Theorie der projektiven Mengen, die LUSIN in euklidischen Räumen mittels Projektionen entwickelt hatte, mittels geeigneter Abbildungseigenschaften

---

[36]Universitätsarchiv Bonn, Promotionsalben der philosophischen Fakultät AB 54, AB 55.

[37]Das Thema der Arbeit lautete *Über den Zusammenhang von eindimensionaler und mehrdimensionaler Schwankung einer Funktion mehrerer reeller Veränderlicher und über die Umkehrbarkeit der Differentiationsfolge.* Hausdorff bewertete die Arbeit mit „sehr gut".

auf vollständige separable metrische Räume verallgemeinert. Im §8 seiner Arbeit hatte STEINBACH die verschiedenen in der Literatur vorkommenden Versionen der „Baireschen Bedingung" betrachtet und ihre gegenseitigen Beziehungen für beliebige Räume studiert (in separablen Räumen sind sie alle gleichwertig). HAUSDORFF hat beim Neudruck seiner *Mengenlehre* [H 1935a] einen §45 „Die Bairesche Bedingung" neu aufgenommen. In den Quellenangaben zu diesem neuen Paragraphen hat er auf die Ergebnisse von STEINBACH hingewiesen. [H 1935a, 304; III: 348]. Von STEINBACH selbst konnten keine weiteren mathematischen Publikationen nachgewiesen werden. Auch über seinen weiteren Lebensweg ist nichts bekannt.

HAUSDORFFs letzter Doktorand war FRANZ HALLENBACH. Er hatte in Köln, Göttingen und Bonn studiert und am 29. 7. 1933 mit der Dissertation *Zur Theorie der Limitierungsverfahren von Doppelfolgen* in Bonn promoviert. Bei dieser Dissertation gewinnt man anhand des HAUSDORFFschen Nachlasses den Eindruck, daß er die nichttrivialen Probleme im wesentlichen selbst gelöst haben wollte, bevor er das Thema vergab. Es gibt dort nämlich eine beträchtliche Reihe von Studien HAUSDORFFs im Gesamtumfang von 151 Blatt zur Limitierungstheorie und zum Momentproblem bei Doppelfolgen. Auch bei der Abfassung der Arbeit hat HAUSDORFF beträchtliche Hilfestellung geleistet, wie aus dem Nachlaß hervorgeht.[38] Schließlich war es mit HALLENBACHs Dissertation gelungen, HAUSDORFFs Limitierungstheorie aus *Summationsmethoden und Momentfolgen* weitgehend auf Doppelfolgen zu übertragen. HAUSDORFF hat die Arbeit mit „gut" bewertet. Sie wurde im *Jahrbuch über die Fortschritte der Mathematik* ungewöhnlich ausführlich besprochen und später von verschiedenen Autoren zitiert.

Von HALLENBACH sind keine weiteren mathematischen Arbeiten bekannt. Er beschäftigte sich in der Folgezeit mit Geophysik und trat 1936 in die Preußische Geologische Landesanstalt ein. Sein Spezialgebiet waren geoelektrische Untersuchungen für die Hydrogeologie. Nach dem Krieg stieg er bis zum Leiter der „Geowissenschaftlichen Gemeinschaftsaufgaben der Länder" in Bonn im Range eines Oberregierungsrates auf; in dieser Stellung nahm er auch Lehraufträge an der Universität Bonn wahr. Von ihm stammt eine Reihe von Veröffentlichungen zu Anwendungen der Geophysik, vor allem auf die Wassersuche.

10.4 Die Rezeption der *Grundzüge der Mengenlehre*

Zu der zunächst sehr bescheidenen Resonanz auf die *Grundzüge* und zu den Besprechungen dieses Werkes wurde schon im Abschnitt 9.3, S. 369–370 einiges ausgeführt. Als besonders inhaltsreich und dem Werk adäquat wurde dort bereits die erst im Dezember 1920 erschienene Besprechung von HENRY BLUMBERG[39] hervorgehoben. Drei Zitate aus dieser Rezension mögen die folgenden Ausführungen über die verspätet einsetzende, dafür aber umso nachhaltigere Rezeption von HAUSDORFFs *opus magnum* einleiten. BLUMBERG beginnt folgendermaßen:

---

[38]Nachlaß Hausdorff, Kapsel 51, Faszikel 1132, Kapsel 36, Faszikel 455.
[39]Bulletin of the AMS **27** (1921), 116–129; Wiederabdruck in *HGW*, Band II, 844–855.

> If there are still mathematicians who hold the theory of aggregates under general suspicion, and are reluctant to grant it full recognition as a rigorous, mathematical discipline, they will find it hard to retain their doubts under fire of the logic of Hausdorff's treatise. It would be difficult to name a volume in any field of mathematics, even in the unclouded domain of number theory, that surpasses the Grundzüge in clearness and precision.[40]

Nachdem er den Inhalt der Kapitel über die allgemeine Mengenlehre resümiert hat, widmet sich BLUMBERG eingehend den topologischen Kapiteln. Diesen Teil seiner Besprechung leitet er mit folgender Bemerkung ein:

> The remaining chapters of the book (VII-X) will prove of more general interest because they are concerned with the applications of the abstract theory to the study of space relations. It is in these chapters especially that Hausdorff impresses you with his masterful exposition. The theory of point sets is cast into a new and more general mold, and the resulting treatment is characterized throughout by originality, naturalness, and beauty.[41]

Am Schluß der Besprechung nennt BLUMBERG einige wenige Druckfehler und kleinere Versehen. An wirklicher Kritik könne man höchstens einwenden, daß das Buch so vollendet und abgerundet geschrieben ist, daß es beim Leser vielleicht mehr Bewunderung hervorruft als eigene Aktivitäten anregt. Dann heißt es:

> But such remonstrance would be like quarreling with Beethoven for having written symphonies instead of operas.[42]

BLUMBERGs vielleicht nicht ganz ernst gemeinte Befürchtung, HAUSDORFFS *Grundzüge* würden wegen der vollendeten Darstellung möglicherweise bei anderen Forschern wenig Ansporn für eigene weiterführende Ideen sein, war in der Tat völlig unbegründet. Seit Anfang der zwanziger Jahre schickte sich eine neue Generation meist junger Mathematiker an, die Anregungen aufzunehmen, die in HAUSDORFFS Buch in so reichem Maße enthalten waren, wobei ohne Zweifel die Topologie im Mittelpunkt des Interesses stand. Unter diesen Forschern sind besonders zu nennen STEFAN BANACH, KAROL BORSUK, WITOLD HUREWICZ, ZYGMUNT JANISZEWSKI, BRONISŁAW KNASTER, KAZIMIERZ KURATOWSKI, STEFAN MAZURKIEWICZ, WACŁAW SIERPIŃSKI, HUGO STEINHAUS, ALFRED TARSKI und STANISLAW ULAM in Polen, PAUL ALEXANDROFF, ALEXANDER KUROSCH, LEV PONTRJAGIN, LEV TUMARKIN, ANDREJ TYCHONOFF und PAUL URYSOHN in Rußland, HANS HAHN, KARL MENGER und LEOPOLD VIETORIS in Österreich, HEINRICH TIETZE in Deutschland (viele dieser Forscher jeweils mit einer Reihe von Schülern). Auffallend stark sind Mathematiker aus Polen und Rußland vertreten, während die Rezeption der *Grundzüge* durch Mathematiker des eigenen Landes relativ bescheiden blieb.

Eine besondere Rolle bei der Rezeption der HAUSDORFFschen Ideen spielte die 1920 in Polen gegründete Zeitschrift *Fundamenta Mathematicae*. Bereits 1917

---

[40] *HGW*, Band II, 844.
[41] *HGW*, Band II, 849.
[42] *HGW*, Band II, 853.

hatte JANISZEWSKI in einer Denkschrift Vorschläge gemacht, wie in einem neu erstehenden Polen die Mathematik zu internationaler Bedeutung geführt werden könne. Er schlug darin vor, die Kräfte auf ein modernes aussichtsreiches Gebiet zu konzentrieren und ein spezielles Fachjournal zu gründen, welches ausschließlich diesem Spezialgebiet gewidmet sein sollte. Als 1919 schließlich JANISZEWSKI, SIER-PIŃSKI und MAZURKIEWICZ als Professoren an der wiedererstandenen Warschauer Universität vereint waren, wurden diese Pläne in die Tat umgesetzt [Duda 1996], [Kuzawa 1968], [Kuzawa 1970]. Man wählte als Gebiet die Mengenlehre und ihre Anwendungen und gründete mit *Fundamenta Mathematicae* eine der ersten mathematischen Spezialzeitschriften mit den Schwerpunkten Mengenlehre, Topologie, Theorie der reellen Funktionen, Maß- und Integrationstheorie, Funktionalanalysis, Logik und Grundlagen der Mathematik. Ein besonderes Gewicht hatte in diesem Spektrum die allgemeine Topologie. Von Band 1 (1920) an war die Zeitschrift, geführt von SIERPIŃSKI und MAZURKIEWICZ,[43] ein international geachtetes Blatt auf hohem Niveau.

HAUSDORFFs *Grundzüge* waren in *Fundamenta Mathematicae* vom ersten Bande an mit bemerkenswerter Häufigkeit präsent. Von den 558 Arbeiten (HAUS-DORFFs eigene drei Arbeiten nicht gerechnet), die in den ersten 20 Bänden von 1 (1920) bis 20 (1933) erschienen sind, haben 88 die *Grundzüge* zitiert. Dabei muß man noch berücksichtigen, daß HAUSDORFFs Begriffsbildungen zunehmend Allgemeingut wurden, so daß sie auch in einer Reihe von Arbeiten verwendet werden, die HAUSDORFF nicht explizit nennen. Die häufigsten Zitationen beziehen sich auf die Übernahme HAUSDORFFscher Begriffe und Resultate, aus dem topologischen Teil der *Grundzüge*.

Es ist im Rahmen dieser Biographie ganz unmöglich, diese statistischen Daten mit Ausführungen zum Inhalt aller dieser Arbeiten zu unterlegen. In den Anmerkungen zum Text der *Grundzüge*[44] und in den kommentierenden Essays[45] wird auf eine Reihe von Entwicklungen, die sich aus HAUSDORFFs Werk ergeben haben, im Detail eingegangen.

Besonders eng waren HAUSDORFFs Beziehungen zu den russischen Topologen. Durch den erhalten gebliebenen Briefwechsel HAUSDORFFs mit ALEXAN-DROFF/URYSOHN (nach URYSOHNs frühem Tod mit ALEXANDROFF allein) sind wir über diese Beziehungen, die im gründlichen Studium der *Grundzüge* durch die beiden jungen russischen Mathematiker ihren Ausgangspunkt hatten, gut informiert.[46] Ein erster Brief von ALEXANDROFF und URYSOHN an HAUSDORFF, datiert vom 18. April 1923, beginnt folgendermaßen:

---

[43]JANISZEWSKI war kurz vor Erscheinen des ersten Bandes der damals grassierenden Virusgrippe, der „Spanischen Grippe" erlegen.
[44]*HGW*, Band II, 577–617.
[45]*HGW*, Band II, 621–800.
[46]Der Briefwechsel ist kommentiert abgedruckt in *HGW*, Band IX, 3–134.

> Schon seit recht langer Zeit strebten wir danach, Ihnen die Ergebnisse, die wir in der von Ihnen geschaffenen Theorie der topologischen Räume gefunden haben, mitzuteilen.[47]

Es folgen dann eine Reihe von Ergebnissen über kompakte und lokalkompakte Räume. Eine zusammenfassende Darstellung aller dieser Ergebnisse war bereits Ende 1923 fertiggestellt, wurde aber erst 1929 publiziert [Alexandroff/ Urysohn 1929].

ALEXANDROFF und URYSOHN bitten in dem Brief schließlich darum, HAUSDORFF bei passender Gelegenheit besuchen zu dürfen. 1923 war dies noch nicht möglich, da Ausländer in das französisch besetzte Bonn nicht einreisen durften. Erst ein Jahr später, als die Beiden wieder im Sommer in Göttingen weilten, waren sie danach für einige Tage in HAUSDORFFs Haus in Bonn zu Gast. Anschließend fuhren sie für eine Woche zu BROUWER nach Blaricum und dann weiter nach Frankreich, wo sie den August in Batz-sur-Mer an der bretonischen Atlantikküste verbringen wollten. In einem Brief vom 3. August 1924 aus ihrem Urlaubsort dankten sie HAUSDORFF „für den so freundlichen und liebenswürdigen Empfang, den wir in Ihrem Hause erhalten haben". „Von unserem Zusammensein mit Ihnen", so schreiben sie, „behalten wir, und werden gewiß noch lange die lebhafteste und beste Erinnerung behalten." Ferner teilen sie mit, daß es URYSOHN mittlerweile gelungen sei, einen universellen separablen metrischen Raum zu konstruieren, d. h. einen separablen metrischen Raum, in den sich jeder solche Raum isometrisch einbetten läßt. Es ist interessant, daß sich HAUSDORFF auch seinerseits von ALEXANDROFF und URYSOHN zu eigenen Überlegungen anregen ließ. So schrieb er bereits am 11. August 1924 nach Batz-sur-Mer:

> Ihre Mitteilung vom metrischen separablen Universalraum, den Herr Urysohn construirt hat, hat mich sehr interessirt und, da Sie nichts Näheres darüber schrieben, als Aufforderung gewirkt, selbst einen solchen zu finden.[48]

Dann teilte er seine Konstruktion eines solchen Universalraumes kurz mit. Er habe sie „erst gestern gefunden".[49]

Der Urlaub in Batz-sur-Mer endete tragisch. Beim Baden im Atlantik wurde URYSOHN am 17. August 1924 von einer großen Welle erfaßt und mit dem Kopf an einen Felsen geschleudert. ALEXANDROFF konnte ihn nur noch tot bergen.[50] Einen Tag später hat er HAUSDORFF über das Unglück in Kenntnis gesetzt. Tief betroffen antwortete HAUSDORFF am 23. August – aus diesem einfühlsamen und anrührenden Brief sei hier eine Passage zitiert:

> Mit Schauder vor der Sinnlosigkeit des Schicksals halte ich den Brief in Händen, den mir Urysohn am 16. August geschrieben hat – wahrscheinlich den

---

[47] *HGW*, Band IX, 5.

[48] *HGW*, Band IX, 22.

[49] Hausdorffs ausführliche Darstellung der Konstruktion ist im Nachlaß, Kapsel 31, Faszikel 166 erhalten. Sie ist von eigenständigem Interesse und deshalb in *HGW*, Band III, 762–765 abgedruckt. Urysohns Konstruktion hat Alexandroff aus dessen Nachlaß publiziert [Urysohn 1927].

[50] Die näheren Umstände des Unglücks schildert Alexandroff im zweiten Teil seiner Autobiographie [Alexandrov 1980, 318–319].

letzten Brief seines Daseins, einen Tag vor seinem Tode. Ich wollte ihm dar-
auf antworten, dass sein Beweis des Satzes von der Metrisirbarkeit normaler
Räume mit zweitem Abzählbarkeitsaxiom so schön und einfach sei und dass
er damit die lange und complicirte Arbeit über die Metrisation kompakter
Räume so weit überholt habe, dass ich meine Beweise nun nicht mehr der
Veröffentlichung für werth halte.[51]

ALEXANDROFF hat in der Folgezeit viel Mühe darauf verwandt, URYSOHNs nachgelassene Ergebnisse für die Publikation vorzubereiten. Am 2. September 1924,
kurz vor der Rückreise nach Moskau, schrieb er an HAUSDORFF:

> Sie werden wirklich erstaunen wie tief er in die verborgensten Geheimniße der
> topologischen Raumstruktur eindringen konnte, wenn Sie seine Hauptarbeit
> „Mémoire sur les multiplicités Cantoriennes" vor Ihren Augen haben werden.[52]

Diese Arbeit vom Umfang eines Buches erschien in zwei Teilen in Fundamenta
Mathematicae [Urysohn 1925/1926]. Dort entwickelt URYSOHN eine Theorie der
Kontinua in kompakten metrischen Räumen und führt die später nach ihm und
MENGER benannte Dimension (kleine induktive Dimension) ein. Daß diese wich-
tige Arbeit ganz auf HAUSDORFFs *Grundzügen* basiert, mag man daraus ersehen,
daß URYSOHN in seinem Text dieses Werk nicht weniger als 60 mal anführt.

In der Folgezeit entwickelte sich ein ausgesprochen freundschaftliches Verhältnis zwischen HAUSDORFF und dem 28 Jahre jüngeren ALEXANDROFF. ALEX-
ANDROFF weilte in den zwanziger Jahren (außer 1929) regelmäßig im westlichen
Ausland, bei BROUWER in Blaricum und als Gastdozent in Amsterdam, mehr-
mals als Gastdozent in Göttingen, zweimal einige Monate in Princeton und zum
Sommerurlaub oft in Frankreich. Wenn es sich machen ließ, besuchte er jeweils für
mehrere Tage HAUSDORFF in Bonn, so Anfang November 1925, Anfang August
1927 und Ende Oktober 1930; im Herbst 1932 trafen sie sich am Lago Maggiore.[53]

ALEXANDROFF hatte, als er nach URYSOHNs Tod dessen Professur übertragen bekam, in Moskau damit begonnen, einen Kreis von Studenten in die in
HAUSDORFFs *Grundzügen* begründete allgemeine Topologie einzuführen, „aus denen, wie ich hoffe, eine gewiße Anzahl von neuen Arbeitern auf unserem Gebiete
entstehen könnte."[54] Diese Hoffnung ging in Erfüllung – nach und nach entstand
die bedeutende Moskauer Schule der Topologie. Es ist wohl nicht übertrieben,
wenn man HAUSDORFF – obwohl er nie selbst in Moskau war– gewissermaßen als
„Gründungsvater" dieser Schule bezeichnet [Purkert 2015a]. ALEXANDROFF jedenfalls hat immer wieder betont, wie wichtig ihm die *Grundzüge der Mengenlehre*
stets gewesen sind. Am 13. Mai 1926 schrieb er aus Göttingen an HAUSDORFF:

---

[51] *HGW*, Band IX, 25–26. Hausdorff hat seine durchaus interessanten Resultate zum Metri-
sationsproblem nicht publiziert. Sie sind im Nachlaß, Kapsel 31, Faszikel 165, datiert vom 10.
bis 22.7 1924, erhalten geblieben und in *HGW*, Band III, 755–758 abgedruckt, mit Kommentar
759–761.

[52] *HGW*, Band IX, 28.

[53] In zahlreichen Briefen ihrer Korrespondenz spiegelt sich diese persönliche Freundschaft wider.

[54] Brief Alexandroffs an Hausdorff vom 2. August 1925; *HGW*, Band IX, 30.

Ich danke Ihnen nochmals sehr, daß Sie mir die Gelegenheit gegeben, ein Ihrer erster Leser zu werden.[55] Übrigens, merke ich bei meiner jetzigen Vorlesung in Göttingen, daß ich Ihre erste Auflage bereits auswendig zitiere (so dirigieren gute Dirigenten z.B. die Beethovenschen Symphonien auch ohne Partitur!)[56]

HAUSDORFF wußte übrigens sehr gut, wo er mit den *Grundzügen* die meiste Resonanz gefunden hatte. Als seine *Mengenlehre* erschienen war, schrieb er am 29. Mai 1927 – nicht ohne einen kräftigen Schuß Selbstironie – an ALEXANDROFF:

Hoffentlich verschluckt Russland und Polen ungeheure Mengen meines Buches, damit ich meinem Verleger imponiere![57]

In Moskau hatte ALEXANDROFF mit Kollegen und Schülern mittlerweile einen Topologischen Verein gegründet, der HAUSDORFF einstimmig zum Ehrenmitglied gewählt hatte. Darüber hat sich HAUSDORFF sehr gefreut.[58] Es sei noch angemerkt, daß russische Mathematiker einen beträchtlichen Anteil an der Rezeption der *Grundzüge* in Deutschland selbst hatten: Von den 34 Arbeiten in den Bänden 83 (1921) bis 106 (1932) der *Mathematischen Annalen*, die HAUSDORFFs *Grundzüge* zitieren und die z. T. direkt daran anknüpfen, stammen 16 von russischen Autoren.

In den Briefen, die ALEXANDROFF an HAUSDORFF schrieb, spiegelt sich auch bis zum gewissen Grade die Entwicklung der Moskauer Schule wider; regelmäßig teilte er HAUSDORFF Ergebnisse der Moskauer Arbeitsgruppe mit. ALEXANDROFF schwebte vor, eine Synthese der allgemeinen Topologie mit den klassischen Zweigen der Topologie zu erreichen; er wolle, schreibt er am 4. Juli 1926 an HAUSDORFF, „die bis jetzt bestehende tiefe Schlucht zwischen der allgemeinen (mengentheoretischen) und der klassischen Topologie auszufüllen" suchen.[59] Dabei wolle er mit HEINZ HOPF zusammenarbeiten, den er in Göttingen kennen gelernt hatte. ALEXANDROFF hatte für ein solches Projekt ausgezeichnete Voraussetzungen: Er hatte HAUSDORFFs *Grundzüge* gründlich rezipiert, ja geradezu verinnerlicht, war mehrfach bei BROUWER und weilte mit HOPF zusammen im Winter 1927/28 bei ALEXANDER, LEFSCHETZ und VEBLEN in Princeton. Die Arbeit an einer Monographie, welche die „tiefe Schlucht" überwinden sollte, begann ALEXANDROFF im Sommer 1928. Bald kam HOPF als zweiter Autor hinzu, mit dem ALEXANDROFF im Sommersemester 1928, vor seiner Abreise nach Batz, ein „ziemlich umfangreiches topologisches Seminar" abgehalten hatte.[60] Immer wieder spielt in ALEXANDROFFs Briefen an HAUSDORFF dieses Werk eine Rolle.

---

[55] Dies bezieht sich darauf, daß Alexandroff die Korrekturfahnen von Hausdorffs neuem Buch *Mengenlehre* mit der Bitte um kritische Bemerkungen zugeschickt bekam. Die *Mengenlehre* hatte Hausdorff als zweite Auflage der *Grundzüge der Mengenlehre* deklariert; sie war aber ein vollkommen neues Buch.

[56] *HGW*, Band IX, 42.

[57] *HGW*, Band IX, 51.

[58] S. zu diesem Vorgang und zu Hausdorffs Reaktion *HGW*, Band IX, 82–84.

[59] *HGW*, Band IX, 44.

[60] *HGW*, Band IX, 69.

Es dauerte allerdings noch bis 1935, bis die *Topologie I* von ALEXANDROFF und HOPF erschien.[61] HAUSDORFF hatte, schon in für ihn schwerer Zeit, einen größeren Teil der Korrekturen mitgelesen. Im Brief vom 9. März 1935, dem letzten in der erhalten gebliebenen Korrespondenz, schreibt ALEXANDROFF

> Die beiden Verfasser sind Ihnen für Ihre Teilnahme am Lesen der Korrekturen wirklich ausserordentlich dankbar. Es freut mich sehr, dass Sie wenigstens die ersten Kapitel gut finden. Die weiteren Kapitel haben in der ersten Fahnenkorrektur eine gründliche Reorganisation erfahren; ich hoffe sehr, dass diese Kapitel in der zweiten Korrektur Ihnen besser gefallen werden als in der ersten! Insbesondere ist das ehemalige Kap. VI, allerdings mehr in seiner zweiten Hälfte, ganz umgearbeitet.[62]

Das Buch von ALEXANDROFF und HOPF hatte einen großen Einfluß, wenn auch von der endgültigen Überwindung der „tiefen Schlucht", von der ALEXANDROFF gesprochen hatte, erst weit nach dem 2. Weltkrieg die Rede sein konnte.[63]

Es seien noch einige Bemerkungen zur Lehrbuchliteratur nach 1914 auf den Gebieten allgemeine Mengenlehre und allgemeine Topologie angefügt. Das erste Lehrbuch der allgemeinen Mengenlehre nach 1914 war FRAENKELS *Einleitung in die Mengenlehre* [Fraenkel 1919]. Es führte auf elementarem Niveau in die Mengenlehre ein. Im Vorwort heißt es:

> Wer vom Standpunkt des Mathematikers aus das mengentheoretische Gebäude gründlich kennenlernen will, darf sich daher mit dem vorliegenden Büchlein nicht begnügen, sondern muß noch zu einer der am Schluß angeführten Schriften (am besten zu Herrn HAUSDORFFS „Grundzügen") greifen. [Fraenkel 1919, IV].

1923 erschien eine zweite Auflage von FRAENKELS Werk, bereits in Springers gelber Reihe [Fraenkel 1923]. Gegenüber der ersten Auflage waren die Grundlagenfragen ausführlicher behandelt und insbesondere die ZERMELOsche Axiomatisierung mit eigenen Ergänzungen FRAENKELS dargestellt. Das obige Zitat wird im Vorwort wiederholt.

1927 erschien – wie bereits erwähnt – HAUSDORFFS *Mengenlehre*; auf dieses Werk wird im nächsten Abschnitt genauer eingegangen.

Die dritte Auflage von FRAENKELS *Einleitung in die Mengenlehre* kam 1928 heraus, wiederum erweitert und aktualisiert. Obwohl diese dritte Auflage als ein

---

[61] Paul Alexandroff, Heinz Hopf: *Topologie I*. Springer-Verlag, Berlin 1935. Ursprünglich hatten die Autoren drei Bände geplant. Die Bände II und III kamen wegen der zunehmenden Restriktionen in der stalinistischen Sowjetunion, Reisen und Beziehungen zum westlichen Ausland betreffend, nicht mehr zustande.

[62] *HGW*, Band IX, 131. Zu den in diesem Brief angesprochenen mathematischen Fragen, in denen es Differenzen zwischen Alexandroff und Hausdorff gab, s. die Abschnitte 6 und 7 von Erhard Scholz: *Hausdorffs Blick auf die entstehende algebraische Topologie*, HGW, Band III, 879–888.

[63] S. dazu Egbert Brieskorn, Erhard Scholz: *Zur Aufnahme mengentheoretisch-topologischer Methoden in die Analysis Situs und geometrische Topologie*. Abschnitt 3.4 der historischen Einführung zu *HGW*, Band II, 70–75.

vollwertiges Lehrbuch der allgemeinen Mengenlehre betrachtet werden kann, bemerkte FRAENKEL darin:

> Für eindringende Studien kommt allein das ausgezeichnete Lehrbuch von Hausdorff in Betracht. (S.394).

Ebenfalls 1928 erschien in der Sammlung Göschen ERICH KAMKES *Mengenlehre*. Entsprechend dem Zweck der Sammlung sollte dieses Bändchen, welches die allgemeine Mengenlehre und einige Elemente der Punktmengentheorie des $\mathbb{R}^n$ enthielt, Studenten mit einem Basiswissen auf mengentheoretischem Gebiet ausrüsten. „Für weitergehende Studien auf dem Gesamtgebiet der Mengenlehre" empfielt KAMKE HAUSDORFFS *Grundzüge* und HAUSDORFFS *Mengenlehre* und für die axiomatische Grundlegung FRAENKELS Bücher. Das Büchlein hat seinen Zweck sehr gut erfüllt; es erlebte nach dem 2. Weltkrieg noch sechs weitere Auflagen.

Von den drei Lehrbüchern zur allgemeinen Topologie wollen wir hier nur das wichtigste in Betracht ziehen, die *Topologie I* von KURATOWSKI.[64] Im Vorwort nennt KURATOWSKI an Büchern, von denen er bei der Abfassung seines Werkes profitiert hat, an erster Stelle die *Grundzüge* und die *Mengenlehre* von HAUSDORFF, dann [Sierpiński 1928] und schließlich [Fréchet 1928a]. Nach SIERPIŃSKI, KURATOWSKIS Lehrer, ist HAUSDORFF der im Text mit Abstand am meisten zitierte Autor. KURATOWSKIS *Topologie I* war ohne Zweifel das einflußreichste Buch der „zweiten Generation" über allgemeine Topologie. So wird beispielsweise in *Fundamenta Mathematicae* nach 1933 bei Referenzen, die die allgemeine Topologie betreffen, zunehmend auf KURATOWSKIS Buch verwiesen. RYSZARD ENGELKING nennt KURATOWSKIS *Topologie I* in einem Artikel über das mathematische Werk von KURATOWSKI „a masterpiece of mathematical literature."[Engelking 1998, 449].

Im Kapitel I „Notions fondamentales, calcul topologique" entwickelt KURATOWSKI, ausgehend von seinen Hüllenaxiomen, die allgemeine Theorie der T_1-Räume, wobei die topologischen Eigenschaften als absolute, als relative und als Eigenschaften im Kleinen studiert werden. Das Kapitel II „Espaces métrisables et séparables" behandelt zunächst weitere Raumtypen (z.B. spezielle L-Räume, Hausdorffräume, metrische Räume), um dann die metrisierbaren separablen Räume in den Mittelpunkt zu stellen und für ihre Punktmengen und Funktionen eine reichhaltige Theorie zu entwickeln, einschließlich der Elemente der Dimensionstheorie. Im Kapitel III „Espaces complets" stehen die Eigenschaften vollständiger Räume im Vordergrund (CANTORscher Durchschnittssatz, BAIREs Charakterisierung der Mengen 1. Kategorie) sowie Fortsetzungssätze für stetige Abbildungen (TIETZE, HAUSDORFF). Ferner werden die deskriptive Mengenlehre behandelt und hier vor allem die Abbildungseigenschaften verschiedener Mengenklassen, wodurch die Beziehungen der deskriptiven Mengenlehre zur Topologie besonders deutlich werden.

Die Wirkung von KURATOWSKIS *Topologie* beruhte zu einem nicht geringen Teil darauf, daß er die vielfältigen Beziehungen der allgemeinen Topologie zur Maßtheorie, zur Theorie der reellen Funktionen, zur deskriptiven Mengenlehre und

---

[64][Kuratowski 1933] (Band II erschien erst 1950). Zu den beiden weiteren Werken [Fréchet 1928a] und [Sierpiński 1928/1934] s. *HGW*, Band II (Historische Einführung), S.62–64.

zur Funktionalanalysis aufzeigte und so das Interesse für allgemeine Topologie in weiteren Kreisen von Mathematikern weckte.

Eine lebhafte Rezeption erfuhren HAUSDORFFs *Grundzüge* in Frankreich zu einer Zeit, in der HAUSDORFF selbst diesen Erfolg nicht mehr verfolgen konnte, und zwar im Entstehungsprozeß der Gruppe BOURBAKI.[65]

Es gab unveränderte Nachdrucke der *Grundzüge der Mengenlehre* bei Chelsea Publications New York in den Jahren 1949 und 1965. Im Nachlaß von HAUSDORFFs Tochter ist nur eine der jährlichen Honorarabrechnungen von Chelsea erhalten geblieben, die aus dem Jahre 1977.[66] Demnach hat Chelsea 1977 noch 48 Exemplare der *Grundzüge* verkauft, und das 63 Jahre nach Erscheinen. 1978 war das Werk vergriffen und Chelsea hat noch einen weiteren Nachdruck veranstaltet.

Die Ausführungen zur Rezeption der *Grundzüge* mögen mit einer Einschätzung enden, die schon aus einer größeren historischen Distanz heraus getroffen wurde. Im Jahre 1972 waren 60 Jahre vergangen, seit HAUSDORFF seine Arbeit an den *Grundzügen* begonnen hatte. In das gleiche Jahr fiel der 30. Jahrestag seines tragischen Todes. Beide Ereignisse waren der Anlaß für die Edition eines Sammelbandes *Theory of Sets and Topology. In Honour of Felix Hausdorff (1868–1942)*, zu dessen 40 Autoren neben jungen Forschern auch eine Reihe prominenter Mathematiker aus verschiedenen Ländern zählten [Asser/ Flachsmeyer/ Rinow 1972]. Im Vorwort zitieren die Herausgeber eine längere Passage aus HAUSDORFFs *Grundzügen*, um dann festzustellen:

> Ganze Generationen junger Mathematiker haben aus diesem Buch wesentliche Kenntnisse und Anregungen erhalten, und es ist zu wünschen, daß auch heute noch viele Lernende zu diesem Werk greifen mögen, das von einer zeitlosen Modernität ist. Man kann wohl mit Recht behaupten, daß die „Grundzüge der Mengenlehre"und die Einzelarbeiten Hausdorffs einen entscheidenden Einfluß auf die Entwicklung der Mengenlehre, der allgemeinen Topologie, der Maßtheorie und damit der gesamten Mathematik ausübten. [Asser/ Flachsmeyer/ Rinow 1972, 6].

10.5   Hausdorffs Buch *Mengenlehre*

HAUSDORFFs *Grundzüge der Mengenlehre* waren Mitte 1923 ausverkauft.[67] Der Verlag Veit & Co. in Leipzig, der die *Grundzüge* herausgebracht hatte, war bereits 1919 vom Verlag Walter de Gruyter in Berlin übernommen worden. De Gruyter hatte 1921 eine Lehrbuchserie „Göschens Lehrbücherei"aus der Taufe gehoben; als erster Band in der Gruppe 1 „Reine und angewandte Mathematik"erschien 1921 das Buch *Irrationalzahlen* von OSKAR PERRON. Die Bücher in der neuen Lehrbücherei sollten in der Regel etwa 260 Seiten und maximal 320 Seiten

---

[65]S. dazu in *HGW*, Band II, Historische Einführung, den Abschnitt 3.3 „Hausdorff und Bourbaki", 67–70.

[66]Universitäts- und Landesbibliothek Bonn, Nachlaß König, Nr. 278.

[67]S. seinen Brief an Ernst Zermelo vom 17. Juni 1923, *HGW*, Band IX, 665.

umfassen. Als Mitte 1923 der Verlag wegen einer Neuauflage der *Grundzüge* für „Göschens Lehrbücherei" an HAUSDORFF herantrat, mußten also erhebliche Kürzungen stattfinden (die *Grundzüge* hatten 476 Seiten).

Der Verlagsvertrag wurde am 12. Mai 1924 unterschrieben. Darin wurde vereinbart, daß das fertige Manuskript bis Ende 1924 beim Verlag vorliegen sollte. Das Werk erschien aber erst 1927.[68] Diese Verzögerung hing vermutlich damit zusammen, daß HAUSDORFF nicht einfach kürzte und hier und da die Übergänge glättete, sondern daß er sich entschlossen hatte, ein vollkommen neues Buch zu schreiben.

Im Vorwort des Buches, das als zweite Auflage der *Grundzüge* deklariert war, stellt HAUSDORFF fest, daß die erhebliche Einschränkung des Umfangs eine „Umarbeitung in den kleinsten Teilen" erfordert hätte, „der ich schließlich eine völlige Neubearbeitung vorgezogen habe." Von dem in den *Grundzügen* behandelten Stoff ließ HAUSDORFF große Teile der von ihm selbst geschaffenen Theorie der geordneten Mengen sowie die Ausführungen über euklidische Räume weg. Ferner entschloß er sich, die Maß- und Integrationstheorie ganz zu opfern, „für die es ja an sonstigen Darstellungen nicht mangelt." Die wohl gravierendste Änderung kündigt er im Vorwort folgendermaßen an:

> Mehr als diese Streichungen wird vielleicht bedauert werden, daß ich zu weiterer Raumersparnis in der Punktmengenlehre den *topologischen* Standpunkt, durch den sich die erste Auflage anscheinend viele Freunde erworben hat, aufgegeben und mich auf die einfachere Theorie der *metrischen* Räume beschränkt habe, wofür ein flüchtiger Überblick (§40) über die topologischen Räume kein genügender Ersatz ist. [H 1927a, 5–6; III: 45–46].

Der erwähnte §40 ist zwar nur knapp sechs Seiten lang, aber doch von besonderem Interesse. HAUSDORFF stellt dort zunächst verschiedene Möglichkeiten vor, in einer Menge axiomatisch eine Topologie einzuführen. Als undefinierter Grundbegriff wird jeweils einer der folgenden Begriffe gewählt: offene Menge, abgeschlossene Menge, abgeschlossene Hülle, offener Kern, Umgebung. Er skizziert dann Möglichkeiten, die Räume durch Trennungseigenschaften verschiedener Stärke sowie durch Separabilitätseigenschaften weiter zu spezialisieren. Dieser kurze Paragraph war insofern von historischer Bedeutung, als hier erstmalig eine systematische Zusammenstellung der in verschiedenen Originalarbeiten verstreuten Vorschläge zur Einführung von Topologien und zur Formulierung von Trennungs- und Separabilitätseigenschaften im Rahmen eines Lehrbuchs erfolgte. Für Lehrbücher der allgemeinen Topologie wurde es später kanonisch, mit einer Übersicht über die verschiedenen Möglichkeiten der Einführung von Topologien zu beginnen.

Es wird vielleicht nicht nur die „Raumersparnis" gewesen sein, die HAUSDORFF bewogen hat, sich auf die metrischen Räume zu konzentrieren. Er wird in einem Lehrbuch in Göschens Lehrbücherei das Ziel gehabt haben, seinen Lesern besonders den Teil der allgemeinen Topologie nahezubringen, der in den zwanzi-

---

[68] [H 1927a, III: 41–351]. Historische Einführung von Walter Purkert und Vladimir Kanovei, *HGW*, Band III, 1–40.

ger Jahren am intensivsten erforscht war und der in verschiedenen Zweigen der Mathematik schon die meisten Anwendungen gefunden hatte, und das war ohne Zweifel die Theorie der metrischen Räume.

HAUSDORFF wußte aus den Briefen ALEXANDROFFs, daß dieser den Wechsel von den topologischen Räumen zur spezielleren Klasse der metrischen Räume kritisch gesehen hatte, vielleicht deshalb seine Formulierung im Vorwort „Mehr als diese Streichungen wird vielleicht bedauert werden [···]". Es gab in den Rezensionen in der Tat manche Stimme des Bedauerns. So schreibt z.B. ARTHUR ROSENTHAL in der *Deutschen Literaturzeitschrift*:

> Unter dem jetzt Weggelassenen befindet sich manches, was man nur ungern vermissen wird. Gerade einige solche Theorien, die man H.selbst zu verdanken hat, sind in der 2.Aufl.ausgeschieden worden; nämlich die höheren Teile der Theorie der geordneten Mengen und – was ganz besonders bedauerlich ist – die von H.in der 1.Aufl.geschaffene Theorie der topologischen Räume, an die inzwischen so viele andere Mathematiker angeknüpft haben. [Rosenthal 1928, 294].

Aber HAUSDORFF wollte nicht nur kürzen; er war natürlich auch bestrebt, wichtige seit dem Erscheinen der *Grundzüge* erzielte Fortschritte auf dem Gebiet der Mengenlehre in sein neues Buch aufzunehmen. Solche Fortschritte gab es vor allem in zwei Bereichen:

1.) Die Untersuchungen zur Grundlegung der Mengenlehre hatten zu einer weithin akzeptierten vervollständigten Version der ZERMELOschen Axiomatik geführt (A. FRAENKEL, TH. SKOLEM).

2.) Es hatte einen beträchtlichen Ausbau des Gebietes gegeben, das man heute als deskriptive Mengenlehre bezeichnet (ALEXANDROFF, HAUSDORFF, LUSIN, SUSLIN, SIERPIŃSKI, KURATOWSKI u.a.).

Die Problematik der axiomatischen Grundlegung der Mengenlehre lag HAUSDORFF nicht besonders am Herzen – er überließ diese Arbeit gerne anderen und konnte sich durch das Erscheinen von FRAENKELs Büchern im Hinblick auf das eigene Werk entlastet fühlen.[69]

Ganz anders lagen die Dinge bei der deskriptiven Mengenlehre. HAUSDORFF bemühte sich, alle auf diesem Gebiet erzielten Fortschritte, insbesondere die der russischen Schule um LUSIN, in sein Buch einzuarbeiten. Die große Resonanz auf HAUSDORFFs *Mengenlehre* beruhte zu einem wesentlichen Teil darauf, daß hier *erstmals eine monographische Darstellung des damals aktuellen Standes der deskriptiven Mengenlehre gegeben wurde.*

Im folgenden geben wir einen kurzen Überblick über den Inhalt der *Mengenlehre*. Die ersten vier Kapitel bringen, etwas knapper als in den *Grundzügen*, die allgemeine Mengenlehre, wie sie im wesentlichen seit CANTOR, DEDEKIND, BERNSTEIN, ZERMELO und HESSENBERG vorlag (diese Autoren nennt HAUSDORFF auch

---

[69]Näheres dazu wurde im Abschnitt „Hausdorffs Stellung zu den Grundlagenfragen der Mathematik" 7.3, S. 305–309 bereits ausgeführt.

in den Quellenangaben zu den Kapiteln 1–4). Aus Sicht der modernen, axiomatisch begründeten Mengenlehre entspricht die HAUSDORFFsche „naive" Mengenlehre einer Erweiterung des Systems **ZFC** mit Urelementen; diese Theorie ist zu **ZFC** äquivalent.[70]

Das Kapitel 5 ist mit „Mengensysteme" überschrieben. Ein *Mengensystem* $\mathfrak{M}$ ist eine Menge von Mengen. Es geht in diesem Kapitel um kleinste oder größte Mengensysteme, die gegenüber gewissenen mengenalgebraischen Operationen abgeschlossen sind, z.B. die schon in den *Grundzügen* behandelten Mengenringe, Mengenkörper, σ- und δ-Systeme. Das Borelsche System $\mathfrak{B}$ über einem gegebenen Mengensystem $\mathfrak{M}$ ist das System $\mathfrak{M}_{(\sigma\delta)}$. Die Borelsche Hierarchie wird also hier rein mengenalgebraisch betrachtet, während in den *Grundzügen* $\mathfrak{M}$ das System $\mathfrak{G}$ der offenen (oder $\mathfrak{F}$ der abgeschlossenen) Mengen etwa eines metrischen Raumes war. HAUSDORFFs bedeutendste Neuerung in diesem Kapitel ist die Einführung der δs-Operation (von einigen späteren Autoren auch Hausdorff-Operation genannt).[71] Eine δs-Operation ordnet jeder Folge $\{M_i\}_{i=1,2,\cdots}$ von Mengen $M_i \in \mathfrak{M}$ eine Menge X folgendermaßen zu: Es sei N eine Menge wachsender Folgen $\nu = (n_1, n_2, \cdots)$ natürlicher Zahlen. Zu jeder solchen Folge ν wird der Durchschnitt

$$M_\nu = M_{n_1} \cap M_{n_2} \cap M_{n_3} \cap \cdots$$

der durch ν aus der Mengenfolge $\{M_i\}$ ausgewählten Mengen gebildet. Zur (i.a. überabzählbaren) Menge N gehöre dann die Menge

$$X = \Phi_N(M_1, M_2, \cdots) = \bigcup_{\nu \in N} M_\nu.$$

Diese Operation nennt HAUSDORFF deshalb δs-Funktion (später meist als δs-Operation bezeichnet), weil sie zunächst einen abzählbaren Durchschnitt und dann eine i.a. überabzählbare Vereinigung vornimmt. HAUSDORFF beweist dann folgendes Theorem:

Für jede Ordinalzahl $1 \le \xi \le \omega_1$ *existiert eine Menge* N_ξ *von Folgen wachsender natürlicher Zahlen, so daß die* δs-*Funktion*

$$X = \Phi_{N_\xi}(M_1, M_2, M_3, \cdots), \quad M_i \in \mathfrak{M}$$

genau die von $\mathfrak{M}$ *erzeugten Borelmengen der Klasse* $\mathfrak{B}^\xi$ *durchläuft.*

Im letzten Paragraphen des 5.Kapitels behandelt HAUSDORFF die Suslinschen Mengen. Deren Theorie war vor allem in der russischen Schule um NIKOLAI LUSIN entwickelt worden. Sie hießen dort analytische Mengen (*ensembles analytiques*) oder A-Mengen und wurden durch die sogenannte A-Operation definiert. HAUSDORFF benannte sie in seinem Buch nach MICHAEL SUSLIN, dem jung verstorbenen Entdecker dieser Mengen [Lorentz 2001]. Man geht bei der A-Operation

---

[70] S.Vladimir Kanovei, Peter Koepke in *HGW*, Band III, 352.
[71] Zur Geschichte der δs-Operation und zu Studien Hausdorffs darüber in seinem Nachlaß s. *HGW*, Band III, 570–587.

von der Menge $\mathbb{N}^{\mathbb{N}}$ *aller* Folgen $\nu = (n_1, n_2, \cdots)$ natürlicher Zahlen aus (die n_i brauchen also jetzt nicht paarweise verschieden zu sein). Ist eine Folge ν gegeben, so ordnet man den endlichen Abschnitten $(n_1), (n_1, n_2), (n_1, n_2, n_3), \ldots$ von ν Mengen $M_{n_1}, M_{n_1, n_2}, M_{n_1, n_2, n_3}, \ldots \in \mathfrak{M}$ zu. Man bildet dann

$$M_\nu = M_{n_1} \cap M_{n_1, n_2} \cap M_{n_1, n_2, n_3} \cap \cdots.$$

Werden zu jeder Folge ν die $M_{n_1}, M_{n_1, n_2}, \ldots$ auf alle möglichen Weisen dem System $\mathfrak{M}$ entnommen, so bilden die Mengen

$$X = \bigcup_{\nu \in \mathbb{N}^{\mathbb{N}}} M_\nu$$

das System $\mathfrak{M}_S$ aller vom System $\mathfrak{M}$ erzeugten Suslinschen Mengen. HAUSDORFF bemerkt, daß die A-Operation auch eine δs-Operation ist. Er zeigt dann $\mathfrak{M}_{(\sigma\delta)} \subseteq \mathfrak{M}_S$ und $(\mathfrak{M}_S)_S = \mathfrak{M}_S$. Sein Haupttheorem ist das folgende:
Es gibt eine feste Menge N von Folgen $\nu = (n_1, n_2, \cdots)$ wachsender natürlicher Zahlen derart, daß die δs-Funktion

$$X = \bigcup_{\nu \in N} M_\nu = \Phi_N(M_1, M_2, \cdots), \quad M_i \in \mathfrak{M}$$

genau die von $\mathfrak{M}$ erzeugten Suslinschen Mengen darstellt.
    Im Kapitel 6 „Punktmengen" behandelt HAUSDORFF für metrische Räume im wesentlichen diejenigen Inhalte, die er in den *Grundzügen* im Kapitel „Punktmengen in allgemeinen Räumen" für die Klasse der topologischen T_2-Räume (Hausdorffräume) und teilweise im Kapitel „Punktmengen in speziellen Räumen" behandelt hatte. Die Spezifik der metrischen Räume macht natürlich manches einfacher. Zum Beispiel hatte HAUSDORFF in den *Grundzügen* begonnen, die Hausdorffräume weiter zu spezialisieren, indem er das erste und dann das zweite Abzählbarkeitsaxiom einführte und bei Erfülltsein dieser Axiome jeweils die Folgen für die Struktur des Raumes untersuchte. Das erste dieser Axiome erübrigt sich nun, da es jeder metrische Raum erfüllt. Das zweite erübrigt sich insofern, als ein metrischer Raum diesem Axiom genau dann genügt, wenn er separabel ist; das Studium der metrischen Räume mit zweitem Abzählbarkeitsaxiom fällt also mit dem Studium der separablen Räume zusammen, denen HAUSDORFF im Kapitel 6 einen eigenen Paragraphen widmet.
    In den *Grundzügen* hatte HAUSDORFF die Menge der nichtleeren, abgeschlossenen und beschränkten Teilmengen eines metrischen Raumes mittels der heute nach ihm benannten Metrik metrisiert. Die so entstehenden metrischen Räume sind in heutiger Terminologie spezielle Hyperräume.[72] HAUSDORFF nennt sie *Mengenräume* und widmet ihnen im Kapitel 6 einen eigenen Paragraphen. Ist X der zugrundeliegende metrische Raum, so werde der Hyperraum der abgeschlossenen

---

[72]S.dazu den Essay *Hausdorff-Metriken und Hyperräume* von H.Herrlich, M.Hušek und G.Preuß in *HGW*, Band II, 762–766.

beschränkten Teilmengen von X, versehen mit der Hausdorff-Metrik $d_H(A, B)$ mit $\mathbf{F}(X)$ bezeichnet. Die erzielten Ergebnisse der weiteren Untersuchungen waren nicht neu; methodisch wichtig aber war, daß hier schon durch die Terminologie „Mengenräume" deutlich gemacht wurde, daß durch Einführung einer Metrik (oder Topologie) auf geeigneten Klassen von Teilmengen eines Raumes X ein neues Untersuchungsgebiet mit neuen interessanten Typen von Räumen entsteht. Betrachtet man z.B. den Teilraum $\mathbf{K}(X)$ von $\mathbf{F}(X)$, dessen Elemente die nichtleeren *kompakten* Teilmengen von X sind, so erhält man eine besonders interessanten „Mengenraum"; auf ihn vererben sich wichtige Eigenschaften von X, wie Vollständigkeit, Kompaktheit und Separabilität. Der Raum $\mathbf{K}(X)$ ist auch für die deskriptive Mengenlehre von besonderem Interesse.

Seit der Ausarbeitung der *Grundzüge* hatte sich HAUSDORFF mit der deskriptiven Mengenlehre beschäftigt und dazu mit [H 1916] auch einen wesentlichen Beitrag geleistet. Die lebhafte weitere Entwicklung dieses Gebiets seit 1916, vor allem in der russischen und polnischen Schule um LUSIN und SIERPIŃSKI, hat HAUSDORFF besonders interessiert. Dieses Interesse hielt bis weit in die dreißiger Jahre an, wie sein Nachlaß zeigt.

In den Kapiteln 7 „Punktmengen und Ordnungszahlen", 8 „Abbildungen zweier Räume" und 9 „Reelle Funktionen" seines Buches hat HAUSDORFF neben anderem eine systematische, abgerundete und möglichst allgemeine Darstellung des damals aktuellen Standes der deskriptiven Mengenlehre gegeben. Die Sätze dieser Theorie galten in ihrer ursprünglichen Form bei SUSLIN, LUSIN, SIERPIŃSKI und anderen für Mengen in euklidischen Räumen oder im Baireschen Raum der Irrationalzahlen.[73] HAUSDORFF versucht, mit möglichst allgemeinen Voraussetzungen an die Topologie des zugrundeliegenden Raumes zu arbeiten. Meistens wählt er einen polnischen Raum, d.h. einen separablen vollständigen metrischen Raum.[74] Einige Resultate bleiben sogar in nichtseparablen oder in unvollständigen Räumen gültig.

Kapitel 7 beginnt mit einem Paragraphen „Hüllen und Kerne". Hatte HAUSDORFF in den *Grundzügen* Kern- und Hüllenbildung an Beispielen wie insichdichter Kern oder abgeschlossene Hülle demonstriert, führt er hier einen allgemeinen Hüllen- bzw. Kernbildungsprozeß ein und schafft damit einen generellen Zugang zu diesen wichtigen topologischen Konstruktionen. Jeder Teilmenge A des Raumes X sei eine Menge A_φ zugeordnet. Die Mengenfunktion φ sei monoton, d.h. mit $A \subset B$ ist $A_\varphi \subseteq B_\varphi$. Dann gilt: Die Vereinigung V (der Durchschnitt D) beliebig vieler Mengen mit $A \subseteq A_\varphi$ (mit $A \supseteq A_\varphi$) ist wieder eine solche Menge, d.h. es gilt $V \subseteq V_\varphi$ $(D \supseteq D_\varphi)$. Für beliebiges $M \subseteq X$ läßt sich nun definieren:

$$\underline{M} = \bigcup_{A \subseteq M} A, \ A \subseteq A_\varphi; \qquad \overline{M} = \bigcap_{A \supseteq M} A, \ A \supseteq A_\varphi.$$

---

[73]Noch in Lusins Monographie [Lusin 1930] wird der Bairesche Raum zugrundegelegt.

[74]Diese Wahl bestimmt bis heute das Herangehen in der deskriptiven Mengenlehre; s. [Kechris 1995].

$\underline{M}$ heißt der φ-Kern, $\overline{M}$ heißt die φ-Hülle von M. Ist beispielsweise $A_\varphi = A_i =$ Menge der inneren Punkte von A, dann gilt stets $A \supseteq A_\varphi$, d.h. $\overline{M} = M$ und $\underline{M}$ liefert den offenen Kern von M. Für $A_\varphi = A_\beta =$ Menge der Häufungspunkte von A sind die Mengen A mit $A \subseteq A_\beta$ die insichdichten und die Mengen A mit $A \supseteq A_\beta$ die abgeschlossenen Mengen, d.h. $\underline{M}$ ist der insichdichte Kern und $\overline{M}$ die abgeschlossene Hülle von M.

Es folgt ein kurzer Paragraph „Sonstige Anwendungen der Ordnungszahlen". Darin wird die Existenz gewisser Maximal- oder Minimalmengen induktiv mittels der Ordnungszahlen bewiesen. Beispiele sind die Existenz einer Hamelbasis für $\mathbb{R}$ oder die Existenz mindestens eines zwei beliebige Punkte x, y eines kompakten Kontinuums verbindenden irreduziblen (d.h. minimalen) Teilkontinuums.

Der Rest des gesamten weiteren Kapitels 7 ist den Borel- und Suslinmengen gewidmet und damit dem damaligen Kernbestand der deskriptiven Mengenlehre. Ist X ein metrischer Raum, $\mathfrak{F}$ das System seiner abgeschlossenen, $\mathfrak{G}$ das System seiner offenen Mengen. Dann liefern die im Kapitel 5 behandelten Mengenoperationen das System $\mathfrak{B}$ der Borelmengen und das System $\mathfrak{S}$ der Suslinmengen von X: $\mathfrak{B} = \mathfrak{F}_{(\sigma\delta)} = \mathfrak{G}_{(\delta\sigma)}$, $\mathfrak{S} = \mathfrak{F}_S = \mathfrak{G}_S$. HAUSDORFF behandelt dann wie in den *Grundzügen* den Aufbau der σ-Algebra $\mathfrak{B}$ mittels transfiniter Rekursion über die Ordinalzahlen der zweiten Zahlklasse (Borelsche Hierarchie). Es folgt ein wichtiges Theorem über die Mächtigkeit von Suslinmengen in einem polnischen Raum: Eine solche Menge ist entweder höchstens abzählbar oder von der Mächtigkeit des Kontinuums.[75] Aus dem Theorem ergibt sich wegen $\mathfrak{B} \subseteq \mathfrak{S}$ sofort HAUSDORFFs früheres Resultat aus [H 1916]. Für das Kontinuumproblem ist nichts gewonnen, denn in einem solchen Raum hat $\mathfrak{S}$ die Mächtigkeit $\aleph$ des Kontinuums, X selbst auch (falls sein perfekter Kern nicht leer ist), und somit hat die Menge aller Teilmengen von X die Mächtigkeit $2^\aleph > \aleph$; dazu HAUSDORFF:

> Für die überwiegende Mehrheit der Punktmengen bleibt also die Mächtigkeitsfrage und damit das Kontinuumproblem ungeklärt. [H 1927a, 181; III: 225].

Es folgt ein Paragraph „Existenzsätze"; darin werden die folgenden beiden grundlegenden Sätze bewiesen: X sei ein vollständiger Raum mit nichtleerem perfekten Kern. Dann gilt:

1.) *Für jedes $\xi < \omega_1$ gibt es Elemente in der Borelklasse $\mathfrak{B}^\xi$, die keinem $\mathfrak{B}^\eta$ mit $\eta < \xi$ angehören; die Länge der Borelschen Hierarchie in einem solchen Raum hat also den maximalen Wert ω_1.*

2.) *Es gibt in einem solchen Raum Suslinmengen, die keine Borelmengen sind, d.h. es gilt $\mathfrak{B} \subset \mathfrak{S}$.*[76]

Schließlich geht es um Kriterien dafür, unter welchen Bedingungen eine Suslinmenge eine Borelmenge ist. Anders als bei den Borelmengen ist das Komplement

---

[75]Diesen Satz hatte als erster Suslin für den Raum $X = \mathbb{R}$ bewiesen.

[76]Für diese Existenzsätze hat Hausdorff viele Jahre später, im Dezember 1935, sehr viel kürzere Beweise angegeben. Der im Nachlaß vorhandene Faszikel 437 *Abkürzung der Existenzbeweise, Mengenl. §33* ist abgedruckt in *HGW*, Band III, 582; s. auch den Kommentar zu den Existenzbeweisen in *HGW*, Band III, 379–380.

einer Suslinmenge (eine co-Suslinmenge in heutiger Terminologie) i.a. keine Suslinmenge. Bereits SUSLIN hatte vermutet, daß eine Suslinmenge genau dann eine Borelmenge ist, wenn ihr Komplement wieder eine Suslinmenge ist. Ein zweites Kriterium geht auf LUSIN zurück. Es besagt, daß eine Suslinmenge S genau dann eine Borelmenge ist, wenn sie sich mittels disjunkter Summanden darstellen läßt, d.h. S hat mindestens eine Darstellung

$$S = \bigcup_{\nu \in \mathbb{N}^{\mathbb{N}}} F_\nu$$

mit *disjunkten* F_ν; dabei ist $F_\nu = F_{n_1} \cap F_{n_1 n_2} \cap \cdots (F_{n_1}, F_{n_1 n_2}, \cdots \in \mathfrak{F})$ der zur Zahlenfolge ν gehörige Summand. Die Notwendigkeit des zweiten Kriteriums beweist HAUSDORFF für jeden metrischen Raum, d.h. wenn S eine Borelmenge ist, hat sie eine Darstellung mit disjunkten Summanden.[77] Die Hinlänglichkeit ist wesentlich schwieriger zu beweisen. Dafür wird LUSINs Theorie der Indizes benötigt, von der HAUSDORFF eine konzise Darstellung gibt. Er führt die Beweise für die Hinlänglichkeit beider Kriterien für den Fall polnischer Räume. Die ursprünglichen Beweise von LUSIN und SIERPIŃSKI wurden für euklidische Räume geführt. Die allgemeine Form dieser Resultate und Beweise ist eine von HAUSDORFFs originellen Leistungen in seiner *Mengenlehre*.

Über die Mächtigkeit von co-Suslinmengen in einem polnischen Raum läßt sich weniger sagen als bei den Suslinmengen. Es gilt (LUSIN): Jede co-Suslinmenge läßt sich als Vereinigung von $\aleph_1$ Borelschen Mengen B_ξ darstellen. Daraus folgt: Eine überabzählbare co-Suslinmenge hat entweder die Mächtigkeit $\aleph_1$ (wenn alle B_ξ höchstens abzählbar sind) oder sie hat die Mächtigkeit $\aleph$ (wenn mindestens ein B_ξ die Mächtigkeit $\aleph$ hat). Dieses Resultat–so HAUSDORFF–,,ist wegen des ungelösten Kontinuumproblems ein weniger präzises Resultat als der für die Suslinschen Mengen selbst gültige Satz"[H 1927a, 190; III: 234].

Das Kapitel ,,Abbildungen oder Funktionen" der *Grundzüge* hat HAUSDORFF in der *Mengenlehre* in zwei Kapitel ,,Abbildungen zweier Räume" (Kap. 8) und ,,Reelle Funktionen" (Kap. 9) aufgeteilt. Im Kapitel 8 behandelt er stetige Abbildungen, stetige injektive (er sagt schlichte) Abbildungen und Homöomorphismen $X \to Y$ für metrische Räume X und Y. Vieles davon hatte er schon in den *Grundzügen* für topologische Räume X, Y abgehandelt, manches auch nur für metrische Räume. Neu ist hier vor allem das Studium des Verhaltens von Borel- und Suslinmengen unter solchen Abbildungen. Da Y genau dann stetiges Bild von X ist, wenn jede in Y abgeschlossene Menge als Urbild eine in X abgeschlossene Menge hat, gilt zunächst für beliebige metrische Räume der Satz:
Ist Y stetiges Bild von X, so haben die Borelschen bzw. Suslinschen Mengen von Y als Urbilder Borelsche bzw. Suslinsche Mengen von X.

Aussagen über die Bilder von Borel- und Suslinmengen erfordern einschränkende Voraussetzungen für die Räume. Sind X und Y polnische Räume, so gilt:

---

[77]Die Notwendigkeit des ersten Kriteriums ist eine wohlbekannte Eigenschaft der Borelmengen.

Das stetige Bild einer Suslinmenge von X ist eine Suslinmenge von Y.
Das injektive stetige Bild einer Borelmenge von X ist eine Borelmenge von Y.[78]
Auf HAUSDORFF selbst geht im Kapitel 8 der folgende Satz zurück, den er 1924 publiziert hatte: Jede Menge G_δ in einem vollständigen Raum ist mit einem vollständigen Raum homöomorph.[79] Schließlich befindet sich im Kapitel 8 auch der Paragraph über die topologischen Räume, von dem anfangs S. 429 schon kurz die Rede war.

Das Kapitel 9 handelt von reellwertigen Funktionen auf metrischen Räumen. HAUSDORFF präsentiert hier eine wesentliche Erweiterung und abschließende Darstellung seiner im zweiten Paragraphen von [H 1919d] begonnenen Untersuchungen. Im ersten Paragraphen des Kapitels 9 „Funktionen und Urbildmengen" setzt HAUSDORFF über den Raum X, auf dem die Funktionen definiert sind, gar nichts voraus. X sei also eine beliebige Menge und $f : X \to \mathbb{R}$ eine reelle Funktion auf X. Dann heißen die Urbildmengen

$$[f > y] = \{x \in X, f(x) > y\} \text{ und } [f \geq y] = \{x \in X, f(x) \geq y\}$$

die *Lebesgueschen Mengen* von f. Seien $\mathfrak{M}, \mathfrak{N}$ gegebene Mengensysteme. Ist $[f > y]$ für jedes y ein $M \in \mathfrak{M}$ und $[f \geq y]$ für jedes y ein $N \in \mathfrak{N}$, so heißt f von der Klasse (M, N). Beispielsweise sind stetige Funktionen auf einem metrischen Raum X von der Klasse (G, F), wo G die Menge $\mathfrak{G}$ der offenen, F die Menge $\mathfrak{F}$ der abgeschlossenen Mengen von X durchläuft.

Ein System $\{f\}$ reeller Funktionen heißt *gewöhnliches Funktionensystem*, wenn jede konstante Funktion ein f ist, der Betrag eines f ein f ist und Summe, Differenz, Produkt und Quotient (bei nirgends verschwindendem Divisor) zweier f wieder ein f ist. Ein gewöhnliches Funktionensystem $\{f\}$ heißt *vollständig*, wenn der Limes einer gleichmäßig konvergenten Folge von Funktionen $f_n \in \{f\}$ wieder ein $f \in \{f\}$ ist.

Man kann aus Eigenschaften der Systeme $\mathfrak{M}, \mathfrak{N}$ auf solche des Systems aller Funktionen der Klasse (M, N) schließen; es gilt nämlich der folgende Klassensatz: (K) *Enthalte $\mathfrak{M}$ die Mengen X und $\emptyset$ und sei ein σ-Ring, $\mathfrak{N}$ bestehe aus den Komplementen $N = X \backslash M$ von Mengen aus $\mathfrak{M}$ (ist also ein δ-Ring), dann bilden die Funktionen f der Klasse (M, N) ein vollständiges Funktionensystem.*

Das Ziel der folgenden Betrachtungen ist die Umkehrung dieses Klassensatzes. Sei $\{f\}$ ein gewöhnliches Funktionensystem und $M = [f > y]$, $N = [f \geq y]$ seien seine Lebesgueschen Mengen. Dann kann der Klassensatz (K) folgendermaßen umgekehrt werden:

Sei $\{f\}$ ein vollständiges Funktionensystem. Dann bilden die M einen σ-Ring, die N einen δ-Ring, und die Funktionen der Klasse (M, N) sind mit den Funktionen des Funktionensystems $\{f\}$ identisch.

Der Rest des Kapitels 9 ist im wesentlichen der Theorie der Baireschen Funktionen gewidmet. Der zugrundeliegende Raum X wird jetzt als metrischer Raum

---

[78]Das stetige Bild einer Borelmenge ist zwar gewiß eine Suslinmenge, braucht aber keine Borelmenge zu sein.

[79][H 1924, III: 445–447]. S. dazu genaueres im nächsten Abschnitt.

vorausgesetzt. HAUSDORFF führt die Hierarchie der Baireschen Funktionen etwas abweichend vom damals üblichen Vorgehen in der folgenden Weise ein. Ein System $\{f\}$ von Funktionen $f : X \to \mathbb{R}$ heißt *Bairesches System*, wenn der Limes jeder konvergenten Folge von Funktionen aus $\{f\}$ wieder dem System $\{f\}$ angehört. Ist Φ ein vorgegebenes Funktionensystem, so heißt der Durchschnitt aller Baireschen Systeme $\{f\}$ mit $\{f\} \supseteq \Phi$ das System der von Φ erzeugten Baireschen Funktionen. Wie bei BAIRE kann dieses System als Hierarchie von Funktionenklassen induktiv über die Ordinalzahlen $\xi < \omega_1$ aufgebaut werden.

Sei nun X ein metrischer Raum. Wählt man als Ausgangssystem Φ^0 der BAIREschen Hierarchie die Menge der stetigen Funktionen $f^0 : X \to \mathbb{R}$, so heißen die Funktionen des gesamten Baireschen Systems über Φ^0 die *Baireschen Funktionen des Raumes X*. Es gilt dann folgender, bereits auf LEBESGUE zurückgehender Satz:

Die Baireschen Funktionen des Raumes X sind identisch mit den Funktionen der Klasse (B, B), wo B die Borelschen Mengen des Raumes X durchläuft.

Unter der Überschrift „Raumerweiterung" behandelt HAUSDORFF Zusammenhänge zwischen Suslinmengen und Baireschen Funktionen. Er betrachtet dazu das cartesische Produkt $X \times \mathbb{R}$, das, mit der Produktmetrik versehen, wieder zum metrischen Raum wird. Dann gelten folgende Sätze:

Eine reelle Funktion $f : A \to \mathbb{R}$ auf einer Suslinmenge A in einem polnischen Raum X ist genau dann eine Bairesche Funktion, wenn ihr Graph

$$\Gamma_f = \{(x, f(x)); x \in A\}$$

eine Suslinmenge in $A \times \mathbb{R}$ ist.

Ist A eine Borelmenge in X, so ist f genau dann eine Bairesche Funktion auf A, wenn Γ_f eine Borelmenge in $A \times \mathbb{R}$ ist.

Die Projektion von Γ_f auf $\mathbb{R}$ bezeichnet HAUSDORFF, falls $f(x)$ eine Bairesche Funktion ist, als *Bairesches Bild von A*. Über Bairesche Bilder gelten folgende Sätze:

Das Bairesche Bild einer Suslinmenge in einem polnischen Raum ist eine Suslinmenge in $\mathbb{R}$.

Das injektive Bairesche Bild einer Borelmenge in einem polnischen Raum ist eine Borelmenge in $\mathbb{R}$.

Schließlich verallgemeinert HAUSDORFF die Bairesche Klassifikation auf Abbildungen $f : X \to Y$ eines metrischen Raumes X in einen metrischen Raum Y. Es gelingt ihm, eine Reihe von Resultaten aus der Theorie der reellen Funktionen (wenn auch nicht alle) auf Bairesche Abbildungen von X in einen polnischen Raum Y zu übertragen.[80]

Mit diesen Skizzen zum Inhalt der *Mengenlehre* wollen wir es bewenden lassen und nur noch einige Bemerkungen zur Rezeption der *Mengenlehre* anfügen. Die lebhafte Rezeption der *Grundzüge der Mengenlehre* hatte – wie wir gesehen

---

[80]Diese Untersuchungen hat Banach später vervollständigt; s.dazu Kanovei/Koepke in *HGW*, Band III, 393.

haben – erst Jahre nach Erscheinen des Buches eingesetzt, was hauptsächlich auf den ersten Weltkrieg zurückzuführen war. Ganz im Gegensatz dazu wurde die *Mengenlehre* sofort mit großer Aufmerksamkeit aufgenommen. Zum einen waren die äußeren Bedingungen für wissenschaftliche Arbeit 1927 viel besser als in den Kriegs- und ersten Nachkriegsjahren, zum anderen war HAUSDORFF mittlerweile ein weltweit bekannter und anerkannter Mathematiker, nicht zuletzt durch seine *Grundzüge*. Insgesamt erschienen in den Jahren 1927 und 1928 mindestens elf Rezensionen der *Mengenlehre*, davon fünf in Deutschland, zwei in den USA, je eine in Holland, Norwegen, Spanien und der Tschechoslowakei.[81] ARTHUR ROSENTHAL hatte am Schluß seiner Rezension geschrieben:

> Die 2. Aufl. wird sicherlich ebenso viel und eifrig studiert werden wie die 1. Aufl.; und es ist zu erwarten, daß sie in eben so hohem Maße wie die erste anregend wirken wird.[82]

Diese Vorhersage hat sich voll und ganz bestätigt. Betrachten wir etwa die ersten 20 Bände von *Fundamenta Mathematicae* nach dem Erscheinen der *Mengenlehre*, d. h. die Bände 9(1927) bis 28(1937), so finden wir das Buch in 70 von 590 insgesamt in diesen Bänden erschienenen Arbeiten zitiert, das entspricht einer Quote von 11,9 %. Bei den *Grundzügen* hatte die Quote in den ersten 20 Bänden der *Fundamenta* (Bände 1(1920) bis 20(1933)) bei 15,8 % gelegen.

Der große Erfolg beruhte zum einen darauf, daß die *Mengenlehre* – den Zielen von Göschens Lehrbücherei bestens entsprechend – ein vorzügliches Lehrbuch war, eine hervorragende Einführung in die allgemeine Mengenlehre, die Topologie der metrischen Räume und die Grundlagen der Theorie der reellen Funktionen. Dies wird mit bewirkt haben, daß das Werk auch buchhändlerisch ein Erfolg war. Es gab z. B. mindestens einen unveränderten Nachdruck, denn es gibt Exemplare, die zwar das Ausgabedatum 1927 angeben, in die aber eine Übersicht über Göschens Lehrbücherei fest eingebunden ist, die bis 1931 reicht. Ein um zwei Paragraphen erweiterter Nachdruck erschien als „dritte Auflage" 1935.[83]

Das Werk war aber auch für aktive Forscher von Interesse, weil es – wie schon erwähnt – die erste zusammenfassende Darstellung des damaligen Standes der deskriptiven Mengenlehre enthielt, welche auch eine Reihe neuer Ideen und beträchtliche Verallgemeinerungen präsentierte. Dies würdigten auch mehrere Rezensenten. Die erste Monographie, die vollständig der deskriptiven Mengenlehre gewidmet war, erschien 1930 in Paris, LUSINs *Leçons sur les ensembles analytiques* [Lusin 1930]. In einer Besprechung dieses Werkes hatte kein Geringerer als JOHN VON NEUMANN geschrieben:

> Die vom Verf. und *M. Suslin* geschaffene Theorie der analytischen Mengen ist eine der wichtigsten Etappen im Fortschritt der Punktmengentheorie und ein

---

[81] Eine Übersicht über alle uns nach Auswertung von 121 verschiedenen Periodika bekannt gewordenen Rezensionen findet sich in *HGW*, Band III, 409. Fünf dieser Rezensionen sind im Band III, 410–423 abgedruckt.

[82] [Rosenthal 1928, 395]; *HGW*, Band III, 419.

[83] Näheres dazu im nächsten Kapitel.

heute bereits in den Hauptzügen fertiges und übersehbares Lehrgebäude. Da
die Originalliteratur unübersichtlich ist, ist das Bedürfnis nach einer zusammenfassenden Darstellung des Gegenstandes dringend. (In deutscher Sprache
ist seit einigen Jahren die vorzügliche Zusammenfassung in *Hausdorffs* Mengenlehre vorhanden; [···]).[84]

Zum Vergleich der Werke von LUSIN und HAUSDORFF hat VLADIMIR KANOVEI
im Abschnitt 5 „Hausdorff und Lusin" der historischen Einführung zum Wiederabdruck der *Mengenlehre* in *HGW*, Band III, folgendes ausgeführt:

> 1) HAUSDORFF präsentierte die deskriptive Mengenlehre in einer Form, die
> auf alle separablen metrischen Räume anwendbar ist. Diese allgemeine Form
> ist eine von HAUSDORFFs originellen Leistungen in seiner *Mengenlehre*. LUSIN
> hat in den *Leçons* nur den Fall der reellen Zahlen und hauptsächlich nur den
> Baire-Raum der irrationalen Zahlen betrachtet.
> 2) HAUSDORFF hat LUSINs etwas weitschweifigen Stil wesentlich modernisiert.
> LUSIN bevorzugte eine mehr geometrische Art der Darstellung, welche nicht
> immer mit dem Inhalt harmonierte und zu unnötig langen und umständlichen
> Argumentationen sowohl in den *Leçons* als auch in seinen früheren Arbeiten
> führte. HAUSDORFFs Darstellung des damals aktuellen Standes der deskripti-
> ven Mengenlehre in [H 1927a] war viel moderner und kompakter.[85]

Auch nach 1930 wird in *Fundamenta Mathematicae* HAUSDORFFs *Mengenlehre*
im Hinblick auf Gegenstände aus der deskriptiven Mengenlehre fast ebenso oft
zitiert wie LUSINs *Leçons*. Es sei noch erwähnt, daß eine Reihe von Forschern direkt an Fragestellungen oder neue Ideen HAUSDORFFs in seinem Buch angeknüpft
haben.[86]

Der Abschnitt über HAUSDORFFs *Mengenlehre* kann nicht passender beendet
werden als mit dem Schlußsatz aus der Rezension dieses Werkes von HANS HAHN,
der bei der Niederschrift dieser Zeilen vielleicht auch schon die besondere Gefahr
des deutschen Antisemitismus im Auge hatte:

> Soll ein zusammenfassendes Urteil über dieses Buch abgegeben werden, so
> kann es nur lauten: Eine in jeder Hinsicht mustergültige Darstellung eines
> schwierigen und dornigen Gebietes; ein Werk von der Art derer, die den Ruhm
> der deutschen Wissenschaft über die Welt getragen haben und auf das mit
> dem Verfasser alle deutschen Mathematiker stolz sein dürfen.[87]

---

[84]Jahrbuch über die Fortschritte der Mathematik **56** (1930), 85.

[85]*HGW*, Band III, 28–29.

[86]Einige einschlägige Beispiele werden in *HGW*, Band III, 22-25 kurz behandelt.

[87]Hahn in Monatshefte für Mathematik und Physik **35** (1928), 58. Zum Schicksal der *Mengenlehre* in der Nazizeit und zu den Übersetzungen ins Russische und Englische s. Abschnitt 11.3
im nächsten Kapitel.

10.6   Hausdorffs mathematische Arbeiten bis 1933

10.6.1   Die Hausdorff-Youngsche Ungleichung

Am 20.Mai 1922 reichte HAUSDORFF bei der Mathematischen Zeitschrift eine Arbeit unter dem Titel *Eine Ausdehnung des Parsevalschen Satzes über Fourierreihen* ein, die 1923 erschien.[88] Diese Arbeit von nur sieben Seiten hat einen weitreichenden Einfluß ausgeübt.

Es sei $f(t)$ eine Lebesgue-integrable Funktion $f : [0, 2\pi] \to \mathbb{C}$ mit den Fourierkoeffizienten

$$a_n(f) = \frac{1}{2\pi} \int_0^{2\pi} f(t)e^{-int}\, dt; \quad n = 0, \pm 1, \pm 2, \cdots .$$

Seien ferner p, q positive reelle Zahlen > 1 mit

$$\frac{1}{p} + \frac{1}{q} = 1.$$

Der Inhalt von HAUSDORFFs Arbeit ist der Beweis der folgenden beiden Sätze:
I. *Ist $p \leq q$ und für eine Folge $\{a_n\}$, $n = 0, \pm 1, \cdots$ die Reihe $\sum_{n=-\infty}^{\infty} |a_n|^p$ konvergent, so sind die a_n die Fourierkoeffizienten einer Funktion $f(t) \in L^q([0, 2\pi])$ und es gilt*

$$|f|_{L^q} = \left(\frac{1}{2\pi} \int_0^{2\pi} |f(t)|^q\, dt \right)^{\frac{1}{q}} \leq \left(\sum_{n=-\infty}^{\infty} |a_n|^p \right)^{\frac{1}{p}} .$$

II. *Ist $p \leq q$ und $f(t) \in L^p([0, 2\pi])$, so ist für ihre Fourierkoeffizienten $a_n(f)$ die Reihe $\sum_{n=-\infty}^{\infty} |a_n(f)|^q$ konvergent und es gilt*

$$\left(\sum_{n=-\infty}^{\infty} |a_n(f)|^q \right)^{\frac{1}{q}} \leq |f|_{L^p} .$$

Bevor HAUSDORFF mit dem Beweis seiner Sätze beginnt, weist er auf die Unsymmetrie in diesen Sätzen hin: Sie gelten nicht für $p > 2$, d.h. für $p > q$. HARDY und LITTLEWOOD haben nämlich 1914 eine Folge $\{a_n\}$ angegeben, für die $\sum |a_n|^p$ für jedes $p > 2$ konvergiert, es aber keine Funktion f mit $a_n = a_n(f)$ gibt. CARLEMAN hat 1918 eine stetige Funktion $f(t)$ (d.h. es ist $f \in L^p$ für alle $p > 2$) angegeben, für die $\sum |a_n(f)|^q$ für jedes $q < 2$ divergiert.[89]

Für $p = q = 2$ liefern I. und II. den Satz von Fischer-Riesz, den ERNST FISCHER und FRIEDRICH RIESZ im Jahre 1907 unabhängig voneinander bewiesen hatten [Riesz 1907], [Fischer 1907]: Genau dann ist $f \in L^2([0, 2\pi])$, wenn die Folge

---

[88][H 1923a, IV: 175–181] mit Kommentar von Srishti D. Chatterji, 182–190.
[89]Die bibliographischen Angaben dazu finden sich in [H 1923a, 164; IV: 176].

ihrer Fourierkoeffizienten $\in \ell^2$ ist, d.h. wenn die Reihe $\sum |a_n|^2$ konvergiert. Die Gleichheit der Normen in diesem Falle

$$\left(\frac{1}{2\pi}\int_0^{2\pi}|f(t)|^2\,dt\right)^{\frac{1}{2}} = \left(\sum_{n=-\infty}^{\infty}|a_n|^2\right)^{\frac{1}{2}}$$

wurde in der Theorie der Fourierreihen als Parsevalsche Gleichung oder Parsevalscher Satz bezeichnet. Diese Namensgebung erklärt HAUSDORFFs Wahl der Überschrift für seine Arbeit.

Der Satz von Fischer-Riesz und die Parsevalsche Gleichung waren der Ausgangspunkt für zahlreiche Arbeiten von WILLIAM HENRY YOUNG (einige gemeinsam mit seiner Frau GRACE CHISHOLM YOUNG) zur Theorie der trigonometrischen Reihen mit bedeutenden Resultaten.[90] YOUNG hatte 1912 bereits einen speziellen Fall von HAUSDORFFs Theoremen I. und II. bewiesen. Bezeichnet man mit $a_n(f)$ die Fourierkoeffizienten der Funktion f und wählt man $q = 2k$, $p = \frac{2k}{2k-1}$, $k = 1, 2, \cdots$, so gilt nach YOUNG: Ist $f \in L^p([0, 2\pi])$, dann ist $\{a_n(f)\} \in \ell^q$, und ist $\{a_n\} \in \ell^p$, dann existiert $f \in L^q([0, 2\pi])$, so daß $a_n = a_n(f)$ ist. Die Ungleichungen, die HAUSDORFF in I. und II. formuliert, kommen bei YOUNG überhaupt nicht vor. HAUSDORFF schreibt, YOUNG habe beide Sätze „in etwas anderer Form" für die oben angegebenen Wertepaare von p und q bewiesen. Dieses Theorem YOUNGs liegt HAUSDORFFs Beweis seiner Sätze I. und II zugrunde. Es ist deshalb sehr wohl berechtigt, HAUSDORFFs Ungleichung in II. als Hausdorff-Youngsche Ungleichung (Hausdorff-Young inequality) zu bezeichnen.

Ein zweites Ergebnis von YOUNG hat HAUSDORFF für seine Beweisführung benötigt, nämlich die Youngsche Faltungsungleichung. Für zwei Folgen $a = \{a_n\}, b = \{b_n\}$ ist die Faltung $a * b$ definiert als die Folge $c = \{c_n\}$ mit $c_n = \sum_{k \in D} a_k b_{n-k}$, D eine endliche Teilmenge von $\mathbb{Z}$. Dann gilt für $1 < \alpha, \beta < \infty$ und

$$\frac{1}{\alpha} + \frac{1}{\beta} - 1 > 0$$

die auf YOUNG zurückgehende Ungleichung

$$|a * b|_{\ell^\gamma} \leq |a|_{\ell^\alpha} \cdot |b|_{\ell^\beta} \quad \text{mit} \quad \gamma = \frac{\alpha\beta}{\alpha + \beta - \alpha\beta}.$$

Ferner benötigt HAUSDORFF ein Ergebnis von RIESZ aus dem Jahre 1910, nämlich eine hinreichende Bedingung dafür, daß eine auf $[a, b]$ meßbare reelle Funktion f zu $L^q([a, b])$ gehört [Riesz 1910].

Noch im Jahr des Erscheinens von HAUSDORFFs Arbeit verallgemeinerte F. RIESZ dessen Resultate auf beliebige Orthonormalsysteme von gleichmäßig beschränkten Funktionen. Damit hatte es folgende Bewandtnis: Auf der Jahrestagung der DMV des Jahres 1922, die vom 17.–24. September in Leipzig stattfand,

---

[90]Fast alle diese Arbeiten (44 an der Zahl) sind abgedruckt in S.D. Chatterji, H. Wefelscheid (Eds.): *G.C. Young, W.H. Young: Selected Papers*, Lausanne 2000. Hausdorff zitiert in seiner Arbeit vier Aufsätze von Young aus dem Jahr 1912, in den *Selected Papers* abgedruckt S.314–330 und 479–496.

hielt HAUSDORFF am 19. September 1922 einen Vortrag mit dem Titel *Über Fourierkonstanten.*[91] In diesem Vortrag brachte HAUSDORFF unter anderem auch seine Sätze I. und II. und verwies bezüglich der Beweise auf seine demnächst erscheinende Arbeit. FRIEDRICH RIESZ war unter den Zuhörern und versuchte in der Folgezeit, eigene Beweise zu finden. Er habe dabei – so bemerkt er in der späteren Publikation – gefunden, „daß jene Resultate nicht nur für das trigonometrische Orthogonalsystem, sondern auch für jedes beschränkte Orthogonalsystem gelten [Riesz 1923, 118]. Bevor er sie zur Publikation einreichte, schickte RIESZ seine Resultate an HAUSDORFF. Dieser äußerte sich in einem Brief vom 18. November 1922 sehr anerkennend über RIESZ' weitertragenden neuen Beweis:

> So wird Ihr Verfahren ohne Weiteres auf beschränkte Orthogonalfunctionen ausdehnbar, während das meinige, wie Sie Sich richtig erinnern, nur auf trigonometrische Reihen passte; mein Stützpunkt, die Ergebnisse von Young, ist mir also gleichzeitig zum Hemmniss geworden, das mich die einfachere und weiter tragende Schlussweise übersehen liess. [· · ·]

> Jedenfalls müssen Sie Ihre Sache veröffentlichen; sie ist sehr schön, so schön, dass ich mich ärgere, sie wegen meines Festklebens an Young nicht selbst gefunden zu haben.[92]

Wesentliche neue Aspekte zu dem Themenkreis der Hausdorff-Youngschen Ungleichung stammen von FRIEDRICH RIESZ' Bruder MARCEL RIESZ und dessen Schüler OLOF THORIN.[93] Die Ergebnisse von Riesz-Thorin wurden Ausgangspunkt und eine der Grundlagen eines neuen umfangreichen Zweiges der Funktionalanalysis, der Theorie der Interpolationsräume [Bergh/ Löfström 1976]. Die bis dahin allgemeinste Version der Hausdorff-Youngschen Ungleichung fand 1940 ANDRÉ WEIL im Rahmen der von ihm initiierten Ausdehnung der harmonischen Analyse auf lokalkompakte abelsche Gruppen.[94]

Es gab weitere Verallgemeinerungen auf nichtabelsche Gruppen. Ein Blick auf die Einträge bei Wikipedia unter dem Stichwort „Hausdorff-Young inequality"zeigt, daß die mit YOUNG und vor allem mit HAUSDORFF und den Brüdern RIESZ begonnene Entwicklung auch in der neueren Forschung lebhaft weiterwirkt. Mittlerweile reicht diese Wirkung bis in die Mathematische Physik hinein [Cooney 2010].

---

[91]Vortragsmanuskript in Nachlaß Hausdorff, Kapsel 26a, Faszikel 85, Bll. 1–8v. Es sei noch angemerkt, daß Hausdorff selten Tagungen besuchte; seine Teilnahme an den DMV-Jahrestagungen ist nur für die Tagungen 1907 in Dresden, 1920 in Bad Nauheim und 1922 in Leipzig belegt. Die weite Reise nach Leipzig, auf der ihn seine Frau begleitete, war sicher auch dadurch motiviert, dort alte Freunde, wie Gustav Kirstein, wiederzusehen.
[92]*HGW*, Band IX, 569.
[93]Näheres in *HGW*, Band IB, 900–901.
[94]S. dazu [Weil 1940/1951/1965], [Hewitt/ Ross 1963/1970/1979], [Chatterji 2000].

10.6.2 Momentenprobleme

In seiner Arbeit *Momentprobleme für ein endliches Intervall*[95] arbeitet HAUS-DORFF eine Thematik weiter aus, die schon in *Summationsmethoden und Moment-folgen I, II* [H 1921] eine wesentliche Rolle gespielt hatte. Heute bezeichnet man als „Hausdorffsches Momentenproblem" die folgende Problemstellung: Gegeben sei eine Folge $\{\mu_m\}_{m=0,1,2,\cdots}$ reeller Zahlen. Was sind die notwendigen und hinrei-chenden Bedingungen dafür, daß auf $[0,1]$ ein Borelmaß χ existiert, so daß die μ_m die zum Maß χ gehörigen Momente sind, daß also gilt:

$$\mu_m = \int_0^1 x^m \, d\chi(x), \quad m = 0, 1, 2, \cdots.$$

Ferner soll, falls $\{\mu_m\}$ eine Momentfolge ist, das zugehörige Maß χ bestimmt werden.[96]

Diese allgemeine Fassung des Momentenproblems kommt bei HAUSDORFF noch nicht vor. Bei ihm war $\chi(x)$ eine geeignete auf $[0,1]$ definierte Funktion und das die Momente definierende Integral ein Riemann-Stieltjes-Integral. Für das In-tervall $[0,\infty)$ und $\chi(x)$ monoton hatte THOMAS JEAN STIELTJES bereits 1894 das Momentenproblem gelöst.[97] STIELTJES benötigte umfangreiche Hilfsmittel aus der Theorie der Kettenbrüche und der Funktionentheorie. Dazu bemerkt HAUSDORFF eingangs seiner Arbeit, er habe bereits bei seinen Untersuchungen über Summa-tionsmethoden und Momentfolgen [H 1921] bemerkt, daß sich das Momentenpro-blem „auch ohne jenen umfänglichen algebraischen und funktionentheoretischen Apparat in fast elementarer Weise behandeln läßt." [H 1923b, 221; IV: 194].

HAUSDORFF betrachtet die folgenden Varianten für die „Belegungsfunkti-on" $\chi(x)$:
1.) $\chi(x)$ ist eine reelle monoton nichtfallende Funktion. Dabei werde folgende Normierung vorgenommen: Ist u eine Unstetigkeitsstelle von χ, so werde $\chi(u) = \frac{1}{2}[\chi(u-0) + \chi(u+0)]$ gesetzt, und ferner $\chi(0) = 0$.
2.) $\chi(x)$ ist eine reelle Funktion beschränkter Schwankung, d.h. $\chi(x) = \chi_1(x) - \chi_2(x)$ mit Funktionen χ_1, χ_2 von der unter 1.) genannten Art.
3.) $\chi(x)$ hat eine Dichte $\varphi(x)$, d.h. $\chi(x) = \int_0^x \varphi(t) \, dt$, also $d\chi(x) = \varphi(x) \, dx$, und es sei zusätzlich $\varphi \in L^\alpha([0,1])$, $\alpha > 1$.

Wie schon in [H 1921] spielen die höheren Differenzen

$$\overset{n}{\nabla} \mu_m \doteq \mu_{m,n} = \mu_m - \binom{n}{1}\mu_{m+1} + \binom{n}{2}\mu_{m+2} - \cdots + (-1)^n \mu_{m+n}$$

---

[95] [H 1923b, IV: 193–221], mit Kommentar von Srishti D.Chatterji, 222–235.
[96] Zur Thematik der Momentenprobleme s. [Shohat/ Tamarkin 1943/1970]. Dort findet man auch einen kurzen historischen Überblick.
[97] 1920 hat Hans Hamburger das Stieltjessche Momentenproblem für das Intervall $(-\infty,\infty)$ erledigt.

der Folge $\{\mu_m\}$ eine entscheidende Rolle, ferner die Größen

$$\lambda_{p,m} = \binom{p}{m} \mu_{m,p-m}.$$

Eine Folge $\{\mu_m\}$ heißt *total monoton*, falls $\mu_{m,n} \geq 0$ ist; das ist genau dann der Fall, wenn $\lambda_{p,m} \geq 0$ ist. HAUSDORFF beweist nun folgende Sätze:

(I) *Die Folge $\{\mu_m\}$ ist genau dann die Folge der Momente einer Belegungsfunktion $\chi(x)$ der unter 1.) angegebenen Art, wenn sie total monoton ist.*

(II) *Die Folge $\{\mu_m\}$ ist genau dann die Folge der Momente einer Belegungsfunktion $\chi(x)$ der unter 2.) angegebenen Art, wenn für alle p gilt:*

$$\sum_{m=0}^{p} |\lambda_{p,m}| \leq L < \infty.$$

(III) *Die Folge $\{\mu_m\}$ ist genau dann die Folge der Momente einer Belegungsfunktion $\chi(x)$ der unter 3.) angegebenen Art, wenn für alle p gilt:*

$$(p+1)^{\alpha-1} \sum_{m=0}^{p} |\lambda_{p,m}|^{\alpha} \leq M < \infty.$$

Es sei nun $\mathfrak{P}$ der Vektorraum aller reellen Polynome auf $[0,1]$. Der grundlegende Gedanke, um (I) zu beweisen und $\chi(x)$ effektiv zu konstruieren, der auch schon MARCEL RIESZ' Arbeiten zum Momentenproblem aus den Jahren 1921–23 zugrunde lag [Riesz 1921/1922/1923], besteht bei HAUSDORFF darin, der Folge $\{\mu_m\}$ ein lineares Funktional $Mf : \mathfrak{P} \to \mathbb{R}$, das *Moment* von f, in folgender Weise zuzuordnen: Für

$$f(x) = a_0 + a_1 x + \cdots + a_n x^n \text{ sei } Mf = a_0 \mu_0 + a_1 \mu_1 + \cdots + a_n \mu_n.$$

Dafür, daß eine monotone Funktion $\chi(x)$ mit den Momenten μ_m existiert, ist notwendig, daß M positiv ist, d.h. $f \in \mathfrak{P}$, $f \geq 0 \implies Mf \geq 0$. Denn es ist $Mf = \int_0^1 f(x)\, d\chi(x)$ und das ist für positives f positiv. Setzt man nun für $f(x)$ die Bernsteinschen Polynome $f(x) = x^m(1-x)^n$, so folgt wegen $M[x^m(1-x)^n] = \mu_{m,n}$ sofort die Notwendigkeit der totalen Monotonie der Folge $\{\mu_m\}$ für die Existenz eines monotonen χ mit den Momenten μ_m. Dafür, daß die totale Monotonie für die Existenz eines solchen χ auch hinreichend ist, gibt HAUSDORFF mehrere Beweise.[98]

Ein Momentenproblem heißt *bestimmt*, falls zu vorgegebener Momentfolge $\{\mu_m\}$ das diese Folge erzeugende Maß eindeutig bestimmt ist, andernfalls *unbestimmt*. Das Stieltjessche und das Hamburgersche Momentenproblem sind i.a. unbestimmt. Man sucht bei diesen Momentenproblemen nach weiteren Bedingungen, welche die Bestimmtheit garantieren. Das Hausdorffsche Momentenproblem erweist sich in jedem Falle als bestimmt.

---

[98]S. D. Chatterji hat in seinem Kommentar in *HGW*, Band IV, 222ff. diese Beweise eingehend analysiert und Beziehungen zu Arbeiten anderer zum Momentenproblem und insbesondere zur sich entwickelnden Funktionalanalysis, z.B. zum Satz von Hahn-Banach, aufgezeigt.

10.6.3   Die Mengen G_δ in vollständigen Räumen

Die erste Arbeit, die HAUSDORFF in Fundamenta Mathematicae publizierte, war die kurze Note *Die Mengen G_δ in vollständigen Räumen.*[99] Sie war eine Reaktion auf eine Mitteilung von ALEXANDROFF in den Comptes Rendus der Pariser Akademie [Alexandroff 1924a]. HAUSDORFF leitet seine Arbeit folgendermaßen ein:

> Herr P. ALEXANDROFF hat den interessanten Satz [hier in einer Fußnote Hinweis auf die Arbeit in Comptes Rendus – W.P.] gefunden, dass die in vollständigen separablen Räumen liegenden Mengen G_δ topologisch nichts anderes als vollständige separable Räume selbst, d.h. mit ihnen homöomorph sind. Da der (loc. cit. nur skizzirte) Beweis nach der eigenen Angabe des Verfassers ziemlich schwierig zu sein scheint, so möchte ich hier einen kurzen und einfachen Beweis mittheilen, überdies ohne Einschränkung auf separable Räume. Der Satz lautet also:
>
> *Jede Menge G_δ in einem vollständigen Raum ist mit einem vollständigen Raum homöomorph.* [H 1924, 146; III: 445].

Vor der Veröffentlichung hatte HAUSDORFF seinen Beweis an ALEXANDROFF und URYSOHN geschickt. Der Begleitbrief ist nicht mehr vorhanden, wohl aber die Antwort der beiden; dort heißt es:

> Mit größtem Interesse haben wir Ihren geehrten Brief durchgelesen. Ihr so außerordentlich einfacher und eleganter Beweis des Satzes über die G_δ hat uns desto mehr überrascht, daß er das zweite Abzählbarkeitsaxiom [d.h. die Separabilität - W.P.] nicht benutzt: obwohl wir immer überzeugt waren, daß der Satz auch allgemein gilt, war es uns klar, daß die alte Methode [d.h. die von Alexandroff - W.P.] nicht von dem II. Abzählbarkeitsaxiom zu befreien sei.[100]

In diesem Brief wird auch ein auf URYSOHN zurückgehender Beweis für die Umkehrung des HAUSDORFFschen Satzes mitgeteilt, d.h. für den Satz: Ist ein vollständiger metrischer Raum E einer Teilmenge A eines vollständigen metrischen Raumes R homöomorph, so ist A in R ein G_δ.[101]

HAUSDORFFs Beweis seines Satzes beruht auf einer geschickt gewählten Ummetrisierung. Sei also E ein vollständiger metrischer Raum mit der Metrik $d(x,y)$ und $A \subset E$ ein G_δ. Das Komplement $B = E \setminus A$ ist dann ein F_σ, d.h. $B = F_1 \cup F_2 \cup \cdots$ mit abgeschlossenen Mengen F_n. HAUSDORFF führt nun auf A die folgende neue Metrik ein: $d'(x,y) = \max[d(x,y), \rho(x,y)]$ mit

$$\rho(x,y) = \sum_{n=1}^{\infty} c_n \sup_{t \in F_n} \frac{d(x,y)}{d(x,y) + d(x,t) + d(y,t)}.$$

---

[99][H 1924, III: 445–447], mit Kommentar von Horst Herrlich, Mirek Hušek und Gerhard Preuß in *HGW*, Band III, 448–453.

[100]*HGW*, Band IX, 16. Nach dieser Passage ist auch klar, daß Alexandroff auf die Publikation des in Comptes Rendus angekündigten ausführlichen Beweises verzichtet hat.

[101]*HGW*, Band IX, 17–18.

Dabei ist $\sum c_n$ eine konvergente Reihe positiver Zahlen. Er zeigt dann mittels relativ einfacher Rechnungen: 1.) $d'(x,y)$ ist eine Metrik auf A. 2.) $d'(x,y)$ und $d(x,y)$ erzeugen auf A die gleiche Topologie. 3.) A mit der Metrik $d'(x,y)$ ist ein vollständiger metrischer Raum. Damit ist sein Satz bewiesen.

Das Konzept der Vollständigkeit eines metrischen Raumes hatte HAUSDORFF in den *Grundzügen* eingeführt. Er hat dort auch in Verallgemeinerung des Cantor-Merayschen Verfahrens zur Konstruktion der reellen Zahlen aus den rationalen Zahlen gezeigt, daß man jeden metrischen Raum vervollständigen kann, d.h. man kann zu jedem metrischen Raum E eine dichte metrische Einbettung in einen vollständigen metrischen Raum $\overline{E}$ konstruieren. Ferner hat er in den *Grundzügen* eine Reihe grundlegender Sätze über vollständige metrische Räume bewiesen.[102]

Mit ALEXANDROFFs o.g. Arbeit und mit HAUSDORFFs Arbeit [H 1924] beginnt das Studium von Vollständigkeitskonzepten im topologischen Sinne. Sie lieferten nämlich eine topologische Charakterisierung von vollständig metrisierbaren Räumen. HAUSDORFF hat sich weiter mit solchen Fragen beschäftigt. Er führte den Begriff der geschlossenen Basis ein: Eine Basis $\mathfrak{B}$ des Systems $\mathfrak{G}$ der offenen Mengen eines topologischen Raumes heißt *geschlossen*, wenn aus $G_1 \supseteq G_2 \supseteq \cdots$ mit $G_n \in \mathfrak{B}$ stets folgt $\cap_{n=1}^{\infty} G_{n\alpha} \neq \emptyset$, $G_{n\alpha}$ die abgeschlossene Hülle von G_n. Damit konnte er folgendes Theorem beweisen:

Ein metrischer Raum E ist genau dann ein absolutes G_δ (d.h. ein G_δ in jedem E umfassenden Raum), wenn das System seiner offenen Mengen eine geschlossene Basis besitzt.[103] Er hat jedoch dieses Ergebnis nicht veröffentlicht, weil er einem Schüler ALEXANDROFFs, NIKOLAI WEDENISSOFF, den Vortritt ließ, der das gleiche Ergebnis unabhängig von ihm gefunden hatte (in der Moskauer Schule arbeitete man mit geschlossenen Umgebungsbasen).

10.6.4 Vier kürzere Noten und ein Dauerthema

Am 10. Dezember 1924 reichte HAUSDORFF bei den Mathematischen Annalen seine Arbeit *Zum Hölderschen Satz über* $\Gamma(x)$ ein.[104] Die ersten zwei Zeilen der Arbeit umreißen bereits ihren Zweck:

> Der folgende Beweis, daß $\Gamma(x)$ keiner algebraischen Differentialgleichung genügt, dürfte wesentlich einfacher sein als die bisherigen.[105]

Man sagt, eine Funktion $f(z) : \mathbb{C} \to \mathbb{C}$ genüge einer algebraischen Differentialgleichung, wenn es ein Polynom $G(x, x_0, x_1, \cdots x_n)$ in endlich vielen Unbestimmten über $\mathbb{C}$ gibt mit $G(z, f(z), f'(z), \cdots f^{(n)}(z)) \equiv 0$. Die von HAUSDORFF genannte Arbeit von HÖLDER enthält den ersten Beweis dafür, daß die Gammafunktion

---

[102][H 1914a, 315–328; II: 415–428]. S. dazu auch den Essay *Vervollständigung und totale Beschränktheit* von Horst Herrlich et al. in *HGW*, Band II, 767–772.

[103]Satz und Beweis niedergelegt in Nachlaß Hausdorff, Kapsel 33, Faszikel 265, datiert vom 28. 10. 1926.

[104][H 1925, IV: 239–242], mit Kommentar von Srishti D. Chatterji, 243–245.

[105]Hier weist Hausdorff auf die folgende Arbeiten hin: [Hölder 1887], [Moore 1897] und [Ostrowski 1919].

$\Gamma(z)$ *keiner* algebraischen Differentialgleichung genügt. HÖLDER erwähnt am Beginn seiner Arbeit, daß bereits WEIERSTRASS diesen Satz vermutet habe und die Aufgabe gestellt habe, ihn zu beweisen.

HAUSDORFF beweist in seiner Arbeit das folgende allgemeine Theorem:
Es sei $\varphi(x)$ eine rationale Funktion, die für $x \to \infty$ gegen 0 geht und kein Paar verschiedener Pole mit ganzzahliger Differenz hat. Wenn eine Funktion $y(x)$ einer algebraischen Differentialgleichung und gleichzeitig der Differenzengleichung $y(x+1) - y(x) = \varphi(x)$ genügt, so muß $\varphi(x) \equiv 0$ sein.
Die logarithmische Ableitung $y(x) = \frac{\Gamma'(x)}{\Gamma(x)}$ der Gammafunktion erfüllt die Differenzengleichung $y(x+1) - y(x) = \frac{1}{x}$, kann also keiner algebraischen Differentialgleichung genügen. Daraus ist dann auch leicht auf $\Gamma(x)$ selbst zu schließen.

In der Arbeit *Beweis eines Satzes von Arzelà*[106] gibt HAUSDORFF einen neuen und – wie er meint – „kurzen und natürlichen, auch für eine elementare Vorlesung geeigneten" Beweis des heute meist als Arzelàscher Grenzwertsatz bezeichneten Theorems [Arzelà 1885]:
Wenn die auf $[a, b]$ definierten Riemann-integrablen und *gleichmäßig beschränkten* Funktionen $f_n(x)$ gegen eine *Riemann-integrable* Funktion $f(x)$ konvergieren, dann sind Limes und Integral vertauschbar, d.h. es gilt

$$\lim_{n \to \infty} \int_a^b f_n(x)\,dx = \int_a^b f(x)\,dx.$$

Es ist ein Nachteil des Riemann-Integrals, daß man von der Grenzfunktion Integrierbarkeit voraussetzen muß. LEBESGUE konnte für das von ihm eingeführte Integral einen viel weitergehenden Konvergenzsatz beweisen: Ist $\lim f_n(x) = f(x)$ fast überall auf $[a, b]$ und gilt $|f_n(x)| \leq g(x)$ für eine Lebesgue-integrable Funktion $g(x)$, dann ist $f(x)$ Lebesgue-integrabel und Integral und Limes sind vertauschbar. Dieser Satz ist – etwa für die Theorie der L^p-Räume – von grundlegender Bedeutung.

HAUSDORFF erwähnt das Lebesgue-Integral gar nicht, ihm ging es hier vermutlich in der Tat um einen „für elementare Vorlesungen geeigneten Beweis", denn damals (und bis in die fünfziger Jahre hinein) war das Lebesgue-Integral den „höheren Vorlesungen" vorbehalten. Er selbst war es ja gewesen, der in den *Grundzügen* erstmalig im deutschsprachigen Raum einen Überblick über die Lebesguesche Maß- und Integrationstheorie geliefert und dort hervorgehoben hatte, daß „die relativ geringe Einschränkung, unter der die Vertauschung von Integral und Limes gestattet ist, einen fundamentalen Vorzug der Lebesgueschen Integrale vor den Riemannschen" darstellt [H 1914a, 440; II: 540].

Seit der ersten Hälfte des 19. Jahrhunderts untersuchten eine Reihe bedeutender Mathematiker wie E. CARTAN, CAYLEY, CLIFFORD, DEDEKIND, FROBENIUS,

---

[106][H 1927b, IV: 249–251], mit Kommentar von Srishti D. Chatterji, 252–253.

GAUSS, HAMILTON, KRONECKER, MOLIEN, WEIERSTRASS und andere sogenannte hyperkomlexe Zahlensysteme, das sind in heutiger Terminologie endlichdimensionale assoziative Algebren über dem Körper $\mathbb{R}$ oder über dem Körper $\mathbb{C}$.

Im Mittelpunkt stand das Klassifikationsproblem [Happel 1980], zu dem die
damals in Leipzig tätigen Mathematiker STUDY und GEORG SCHEFFERS um 1890
weitreichende Ergebnisse erzielten, die erst viele Jahrzehnte später übertroffen
wurden. HAUSDORFF hat sich schon als junger Mann für diese Thematik interessiert und mit [H 1900b] einen eigenen kleinen Beitrag publiziert, der allerdings
keinen Einfluß auf die weitere Entwicklung hatte.

Im Wintersemester 1926/27 nahm HAUSDORFF die Thematik mit der Vorlesung *Hyperkomplexe Zahlen* wieder auf.[107] Der letzte Paragraph (Bll. 110-141)
ist überschrieben mit *Die Lipschitzschen Zahlensysteme*. Arbeiten von STUDY aus
den Jahren 1923–1926 und schließlich HAUSDORFFs Vorlesung waren sicher der
Ausgangspunkt für seine 1927 erschienene Arbeit LIPSCHITZ*sche Zahlensysteme
und* STUDY*sche Nablafunktionen*.[108] Auch diese Arbeit hat wie [H 1900b] auf die
weitere Entwicklung keinen nachweisbaren Einfluß gehabt. Wir wollen deshalb
darauf nicht weiter eingehen und es mit SCHARLAUs abschließender Einschätzung
in seinem Kommentar bewenden lassen:

> Insgesamt ist HAUSDORFFs Arbeit als ein Beitrag zur Strukturtheorie der
> Clifford-Algebren anzusehen. Viele wesentliche Begriffe und Resultate sind
> im Kern zwar schon bei LIPSCHITZ[109] vorhanden [···], aber es existierte noch
> keine systematische Darstellung der Theorie unter Verwendung der bis et-
> wa 1920 Allgemeingut gewordenen Grundbegriffe der Algebra und Linearen
> Algebra.[110]

HAUSDORFFs Aufsatz *Die Äquivalenz der Hölderschen und Cesàroschen Grenzwerte negativer Ordnung* [H 1930a, IV: 257–267] schließt direkt an seine Arbeit
Summationsmethoden und Momentfolgen I, II [H 1921] an. Dort hatte er die bis
dahin nur für natürliche k definierten Hölder- und Cesàro-Matrizen H^k und C^k
auch für reelle α definieren können, wobei er für C^α die Werte $\alpha = -1, -2, \cdots$ aus-
schließen mußte. Er hatte auch die Äquivalenz beider Verfahren, d.h. $H^\alpha \sim C^\alpha$,
für $\alpha > -1$ bewiesen und damit den Äquivalenzsatz von KNOPP und SCHNEE
wesentlich verallgemeinert.

Die Grundidee der Arbeit [H 1930a] besteht darin, die Matrix C^α durch eine
modifizierte Matrix Γ^α zu ersetzen, welche dann für alle $\alpha \in \mathbb{R}$ definiert ist. C^α
war die Hausdorff-Matrix zur Momentfolge

$$\mu_n = \binom{n+\alpha}{n}^{-1} = \frac{\Gamma(n+1)\Gamma(\alpha+1)}{\Gamma(n+\alpha+1)}.$$

---

[107]Nachlaß Hausdorff, Kapsel 14, Faszikel 46, 141 Blatt.
[108][H 1927c, IV: 469–483], mit Kommentar von Winfried Scharlau, 484–486. Die Lipschitzschen
Zahlensysteme werden heute als Clifford-Algebren bezeichnet.
[109]Rudolf Lipschitz: *Untersuchungen über die Summen von Quadraten*. Bonn 1886.
[110]*HGW*, Band IV, 485.

Sie ist wegen der singulären Stellen von $\Gamma(x)$ für $\alpha = -1, -2, \cdots$ nicht definiert. HAUSDORFF nimmt nun die Momentfolge $\mu_n = \frac{\Gamma(n+1)}{\Gamma(n+\alpha+1)}$; die zugehörige Hausdorff-Matrix werde mit Γ^α bezeichnet. Dann gilt folgender Satz:
Ist $\{x_n\}$ H^α-limitierbar zum Wert x, dann ist $\{x_n\}$ auch Γ^α-limitierbar zum Wert $\frac{x}{\Gamma(\alpha+1)}$. Die Umkehrung gilt nicht ohne weiteres, sondern für $\alpha \leq -1$ nur unter einer zusätzlichen Bedingung.

Ganz im Gegensatz zur Arbeit *Summationsmethoden und Momentfolgen I, II*, die einen beträchtlichen Einfluß auf die Entwicklung der Limitierungstheorie hatte, wurde die kleine Ergänzung, die HAUSDORFF dazu in [H 1930a] geliefert hatte, wenig beachtet. Mir ist nur eine Arbeit bekannt geworden, die direkt auf [H 1930a] fußt, nämlich *Über die Äquivalenz der Cesàroschen und Hölderschen Mittel für Integrale bei negativer Ordnung* [Watanabe 1932]. Um divergente Integrale zu limitieren, hatte man ganz in Analogie zur Reihenlimitierung auch entsprechende Cesàro- und Höldermittel eingeführt. Auch hier existieren die Cesàro-Mittel für $\alpha = -1, -2, \cdots$ nicht. WATANABE führt nun mit direktem Bezug auf HAUSDORFFS Arbeit modifizierte Cesàro-Mittel ein und überträgt dann HAUSDORFFS Theorie auf den Fall der Integrale.

Ein Thema, das HAUSDORFF über einen Zeitraum von zwanzig Jahren immer wieder einmal beschäftigt hat, war die Erweiterung stetiger Abbildungen. Es beginnt mit der Arbeit [H 1919d], in der er einen neuen durchsichtigen Beweis des Tietzeschen Erweiterungssatzes gibt. Nach vielen im Nachlaß dokumentierten Bemühungen, allgemeinere Resultate zu erzielen, erfolgte die Publikation *Erweiterung einer Homöomorphie* [H 1930b]. Schließlich kommt HAUSDORFF 1938 in seiner letzten Veröffentlichung *Erweiterung einer stetigen Abbildung* [H 1938] noch einmal auf das Thema zurück. Wie bereits bei den kurzen Ausführungen zu [H 1919d] angekündigt, werden wir diese Entwicklung im nächsten Kapitel anläßlich der Besprechung von [H 1938] im Zusammenhang behandeln.

10.6.5 Ein Beitrag zur linearen Funktionalanalysis

HAUSDORFFS letzte Arbeit aus dem Zeitraum 1922 bis Ende 1932 *Zur Theorie der linearen metrischen Räume*[111] erschien im Band 167 des Crelle-Journals. Dieser Band war KURT HENSEL, Mitherausgeber dieses Journals seit 1902, zum 70. Geburtstag am 29. Dezember 1931 gewidmet. Geplant und organisiert hatte diese Geburtstagsgabe HENSELS Schüler HELMUT HASSE, der einen ausgewählten Kreis von Schülern, Freunden und Kollegen HENSELS um Mitwirkung gebeten hatte. Insgesamt haben 38 Autoren zu diesem Band beigetragen, darunter viele erstrangige Mathematiker.

HAUSDORFF hatte sich schon früh intensiv mit Gebieten beschäftigt, die am Beginn der Entwicklung der Funktionalanalysis standen; davon zeugen eine Reihe seiner Vorlesungen in Bonn, wie schon im Abschnitt „Hausdorff als akademischer

---

[111][H 1931, IV: 271–288] mit Kommentar von Srishti D. Chatterji, 289–300.

Lehrer in Bonn" ausgeführt wurde. Insbesondere hatten wir dort erwähnt, daß seine Arbeit [H 1931] aus der im Sommersemester 1931 gehaltenen Vorlesung *Punktmengen* unmittelbar hervorgegangen ist. Diese Vorlesung war, was der Titel nicht vermuten läßt, eine vorzügliche Einführung in den aktuellen Stand der linearen Funktionalanalysis.

In [H 1931] geht es HAUSDORFF vor allem darum, zentrale Sätze aus der Theorie der linearen normierten Räume, die bisher verstreut in der Literatur behandelt worden waren[112], in einer in sich geschlossenen und ohne weitere Literaturstudien verständlichen Darstellung zu präsentieren und die Beweise von unnötigen Voraussetzungen zu befreien. Insbesondere wollte er die Voraussetzung der Vollständigkeit der beteiligten Räume, wo immer möglich, vermeiden. Die ganze Arbeit ist so klar und durchsichtig, daß sie heute noch für einen Einführungskurs geeignet wäre. Für die junge Nachkriegsgeneration in Deutschland zählte sie mit zur Basisliteratur auf dem Gebiet der Funktionalanalysis. So schreibt KLAUS KRICKEBERG am 3.11. 2016 an den Verfasser:

> Mich hat auch seine [Hausdorffs – W.P.] große und wirklich grundlegende Arbeit über die Dualität in linearen Räumen [gemeint ist [H 1931] – W.P.] sehr beeinflußt. Später hat ja Dieudonné denselben Stoff behandelt, aber die wesentlichen Ideen standen alle schon bei Hausdorff.

Im folgenden benutzen wir die heutige Terminologie, die sich vielfach erst ab den dreißiger Jahren herauszubilden begann und von HAUSDORFFs Terminologie meist abweicht. Im §1 geht es um die in dieser Arbeit zugrunde gelegten Räume; es sind normierte Vektorräume über $\mathbb{R}$. Mit der Metrik $|x-y|$ wird ein solcher Raum X zu einem metrischen Raum (ein linearer metrischer Raum in HAUSDORFFs Terminologie). Er definiert dann den Begriff des Unterraums und den Begriff der Basis eines Raumes. Den von einer Menge $A \subset X$ erzeugten Unterraum nennt er die lineare Hülle A_λ von A. An Beispielen betrachtet er die Räume ℓ^p $(p \geq 1)$ und ℓ^∞.

Im §2 werden zunächst der Begriff der linearen Abbildung $s : X \to Y$ $(X, Y$ normierte Vektorräume) und die Begriffe Stetigkeit und Beschränktheit einer solchen Abbildung eingeführt. Ein erster wichtiger Satz der Theorie besagt, daß eine solche Abbildung genau dann stetig ist, wenn sie beschränkt ist, d.h. wenn $|sx| \leq M|x|$ ist für alle x. Ferner ist eine stetige lineare Abbildung durch die Bilder einer Basis von X vollständig bestimmt. Von Beginn an verknüpft HAUSDORFF topologische Eigenschaften der betrachteten Räume mit den Eigenschaften linearer Abbildungen.

Ist die lineare Abbildung s injektiv (HAUSDORFF sagt schlicht) und $R(s) \subseteq Y$ ihr Wertebereich (range), so ist $s^{-1} : R(s) \to X$ eine lineare Abbildung, die genau dann stetig ist, wenn s nach unten beschränkt ist, d.h. $|sx| \geq m|x|$. Ist s stetig, injektiv und s^{-1} auch stetig, so nennt HAUSDORFF die Räume X und $R(s)$ *linear homöomorph*. Jeder mit einem vollständigen Raum linear homöomorphe Raum ist

---

[112]Hausdorff nennt Arbeiten von S. Banach, H. Hahn, E. Helly, F. Riesz, J. Schauder, E. Schmidt, W. Sierpiński und O. Toeplitz.

wieder vollständig. Für gegebene normierte Vektorräume X, Y bilden alle linearen stetigen Abbildungen $s : X \to Y$ vermöge

$$(\alpha s)x = \alpha \cdot sx, \quad (s_1 + s_2)x = s_1 x + s_2 x, \quad |s| = \sup_{|x|=1} |sx|$$

einen normierten Vektorraum S. Für diesen gilt folgender Satz:
Falls Y vollständig ist, ist auch S vollständig, modern gesprochen: ist Y ein Banachraum, so auch S.

Einen besonders wichtigen Spezialfall für stetige lineare Abbildungen erhält man, wenn man $Y = \mathbb{R}$ setzt. HAUSDORFF nennt diese Abbildungen $u : X \to \mathbb{R}$ Linearformen oder lineare Funktionale.[113] Der oben definierte Raum S ist in diesem Fall von besonderer Bedeutung; er heißt der zu X *duale Raum* (HAUSDORFF sagt: konjugierte Raum) und werde mit X' bezeichnet. Da $\mathbb{R}$ vollständig ist, ist nach obigem Satz der duale Raum X' eines normierten Vektorraumes X stets vollständig. Von besonderer Bedeutung für das folgende ist die zu einer linearen stetigen Abbildung $s : X \to Y$ *duale Abbildung s'* (HAUSDORFF benutzt den heute auch noch verwendeten Begriff *konjugierte Abbildung*). $s' : Y' \to X'$ ist eine lineare stetige Abbildung zwischen den dualen Räumen, definiert durch

$$v(sx) = (s'v)x \quad \text{mit } v \in Y', \; u = s'v \in X', \; x \in X, \; sx \in Y.$$

Es gilt $|s'| = |s|$.

Nach diesen Vorbereitungen werden in den Paragraphen 3 und 4 zentrale Theoreme der Theorie der normierten Vektorräume bewiesen.[114] Neu ist bei HAUSDORFF am Beginn von §3 der Begriff des Quotientenraumes. Sei X ein linearer normierter Raum und F ein abgeschlossener linearer Unterraum, so führt er eine Äquivalenzrelation $x' \equiv x \pmod{F} \Leftrightarrow x' - x \in F$ ein. Die Restklassen $[x]$ bilden vermöge $\alpha[x] = [\alpha x]$ und $[x+y] = [x]+[y]$ einen linearen Raum, den *Quotientenraum* $X|F$. Er ist vermöge $|[y]| = \inf_{x \in [y]} |x|$ ein normierter linearer Raum, der, wenn X vollständig ist, auch vollständig ist. Ein weiterer von HAUSDORFF neu eingefürter Begriff ist der des topologischen Homomorphismus (er spricht von stetig umkehrbaren Abbildungen). Sei $s : X \to Y$ eine stetige lineare Abbildung und $R(s)$ ihr Wertebereich, $N(s) = \{x \in X; sx = 0\}$ ihr Kern, so induziert s eine stetige lineare Abbildung $\sigma : X|N(s) \to R(s)$. Die Abbildung $s : X \to Y$ heißt ein *topologischer Homomorphismus (stetig umkehrbar)*, wenn σ ein Homöomorphismus, d.h. σ^{-1} stetig ist. Ein erster wichtiger Satz HAUSDORFFs besagt, daß $s : X \to Y$ genau dann ein topologischer Homomorphismus ist, wenn das Bild $s(G)$ einer offenen Menge $G \subseteq X$ eine offene Menge in $R(s)$ ist.

Es folgt dann ein Theorem, das HAUSDORFF als „Erster Hauptsatz" bezeichnet. Dieses Theorem ist eine Version des Satzes von der offenen Abbildung (open mapping theorem) und ist in der Tat ein „Hauptsatz" der ganzen Theorie. Er lautet: *Es sei $s : X \to Y$ eine stetige lineare Abbildung und X sei vollständig. Je*

---

[113] Ein lineares Funktional ist also bei Hausdorff stets stetig.

[114] Zu den Beziehungen von Hausdorffs Beweisen dieser Sätze zu den früheren Beweisen von Banach, Schauder u.a. siehe den o.g. Kommentar zu [H 1931] von S.D. Chatterji.

nachdem diese Abbildung ein topologischer Homomorphismus ist oder nicht, ist der Raum $R(s)$ vollständig oder in sich von erster Kategorie.

Das nächste Theorem im §3 zählt ebenfalls zu den „Hauptsätzen" der Theorie, der Satz von der gleichmäßigen Beschränktheit (auch Satz von Banach-Steinhaus). HAUSDORFF nennt ihn „Beschränktheitssatz": *Sei $\{s_t\}_{t \in T}$ eine Menge von stetigen linearen Abbildungen $s_t : X \to Y$ und X sei vollständig. Wenn für jedes x die Bildpunkte $s_t x$ eine beschränkte Menge bilden, d.h. $|s_t x| \leq a_x$, $a_x > 0$, dann bilden die Normen $|s_t|$ eine beschränkte Menge.*[115]

Unter Benutzung des Satzes, daß jeder Vektorraum eine Hamel-Basis besitzt, beweist HAUSDORFF im §3 noch zwei bemerkenswerte Sätze:

1. *Es gibt normierte Vektorräume, die unvollständig und doch in sich von zweiter Kategorie sind.*

2. *Jeder unendlichdimensionale normierte Vektorraum ist injektives stetiges lineares Bild eines normierten Vektorraumes erster Kategorie.*

Der letzte Paragraph von [H 1931] ist im wesentlichen dem Studium der Dualität in normierten Vektorräumen gewidmet. HAUSDORFF beginnt mit wichtigen Beispielen dualer Räume: Der duale Raum von ℓ^p, $p > 1$ ist ℓ^q, wobei $\frac{1}{p} + \frac{1}{q} = 1$ ist. Der duale Raum von ℓ^1 ist ℓ^∞, der duale Raum von ℓ^∞ ist ℓ^1. Es folgt ein weiterer „Hauptsatz" der Funktionalanalysis, der Satz von Hahn-Banach; HAUSDORFF nennt ihn „Erweiterungssatz": *Ein auf dem linearen Unterraum $L \subset X$ definiertes lineares Funktional u mit der Schranke M* (d.h. $|ux| \leq M|x|$) *läßt sich auf den ganzen Raum X mit derselben Schranke erweitern.* Als Folgerung ergibt sich der folgende interessante Satz: *Ist L in X abgeschlossen, so gibt es ein auf L verschwindendes lineares Funktional u, welches auf einem vorgegebenen Punkt $x_0 \in X \setminus L$ nicht verschwindet.*

Im folgenden sei wieder $s : X \to Y$ (X, Y normierte Vektorräume) eine stetige lineare Abbildung und $s' : Y' \to X'$ die zugehörige duale Abbildung: HAUSDORFF behandelt nun das Problem, wann $y = sx$ bzw. $u = s'v$ auflösbar sind, d.h. wann gibt es zu vorgegebenem y (bzw. u) ein x (bzw. v), so daß diese Gleichungen gelten? Es läuft also darauf hinaus, näheres über $R(s)$ (bzw. $R(s')$) zu ermitteln. Neben den Kernen $N(s)$ und $N(s')$ (die in ihren jeweiligen Räumen abgeschlossene Mengen sind) führt HAUSDORFF noch folgende abgeschlossenen Mengen ein:

$$F_y = \{y \in Y;\ vy = 0 \text{ für } v \in N(s')\}, \quad F_u = \{u \in X';\ ux = 0 \text{ für } x \in N(s)\}.$$

Folgende notwendige Bedingungen für Auflösbarkeit sind evident: Für die Auflösbarkeit von $y = sx$ nach x (bzw. $u = s'v$ nach v) ist $R(s) \subseteq F_y$ (bzw. $R(s') \subseteq F_u$) notwendig. HAUSDORFF nennt nun $y = sx$ (bzw. $u = s'v$) *normal auflösbar,* wenn $R(s) = F_y$ (bzw. $R(s') = F_u$) ist. Dann gelten die folgenden drei fundamentalen Theoreme:

1) *$y = sx$ ist genau dann normal auflösbar, wenn $R(s)$ in Y abgeschlossen ist.*

2) *Zur normalen Auflösbarkeit von $u = s'v$ ist notwendig und, falls X reflexiv ist*

---

[115]Hausdorff bemerkt in einer Fußnote: „Dieser Satz ist, teilweise unter spezielleren Voraussetzungen, wiederholt bewiesen worden." Er nennt Toeplitz, Helly, Banach und Hahn.

(d.h. $X'' = X$) auch hinreichend, daß $R(s')$ in X' abgeschlossen ist.
3) $u = s'v$ *ist genau dann normal auflösbar, wenn s ein topologischer Homomorphismus ist.* Dies ist unter der Voraussetzung, daß X *vollständig* ist, genau dann der Fall, wenn $R(s')$ in X' abgeschlossen ist.

HAUSDORFF stellt zusammenfassend fest, daß „unter den in der Literatur üblichen Einschränkungen" [H 1931, 310; IV: 287] (die Räume X und Y sind vollständig, d.h. Banachräume) für jede der Abbildungen $y = sx$, $u = s'v$ die normale Auflösbarkeit genau dann vorliegt, wenn sie topologische Homomorphismen sind. Nach 3) sind dann alle vier dieser Eigenschaften äquivalent.

Am Schluß seiner Arbeit geht HAUSDORFF noch kurz auf die kompakten (bei ihm vollstetigen) linearen Abbildungen ein, die F. RIESZ 1918 eingeführt hatte. t : $X \to Y$ heißt *vollstetig,* wenn die Bildfolge $\{y_n\} = \{tx_n\}$ einer jeden beschränkten Folge $\{x_n\}$ eine Fundamentalfolge $\{y_p\}$ enthält. Er beweist dann folgenden Satz: *Ist $t : X \to X$ eine vollstetige lineare Abbildung des vollständigen Raumes X in sich, so ist $y = sx = x - tx$ ein topologischer Homomorphismus.*

Damit sind die wichtigsten Ergebnisse aus [H 1931] kurz umrissen. S.D. CHATTERJI hat die Rezeption von [H 1931] eingehend untersucht. Als Fazit ergibt sich, daß BANACHs großartiges Werk [Banach 1932] alle vorherigen Arbeiten zur linearen Funktionalanalysis überschattet hat; alle späteren Autoren beziehen sich in fast allen Punkten auf BANACH. Es gibt jedoch eine Ausnahme, und das ist die bedeutende Arbeit [Dieudonné 1942]. Hierzu stellt CHATTERJI fest:

> On reading this paper it becomes clear that Bourbaki had started on a systematization of the general theory of locally convex topological vector spaces already around 1938 (the basic definitions of the latter theory having germinated around 1934–35 in the works of Kolmogorov, von Neumann and others). Dieudonné (a founding member of the Bourbaki group) was strongly motivated in writing his 1942 paper by the problem of solving the equations $y = sx, u = s'v$ (in our notation) in the general framework of two vector spaces in duality; indeed [Dieudonné 1942] can be said to be the birthplace of this duality theory. Two sources seemed to have influenced Dieudonné: Banach's book [Banach 1932] and this paper of Hausdorff; he refers to them several times and although his methodology is quite different, it is clear that he is aiming at the clearest possible formulation of the theorems concerning s, s' given by Banach and Hausdorff. [116]

Der wichtigste Fortschritt bei DIEUDONNÉ war die Einführung und systematische Verwendung der nichtmetrisierbaren schwachen Topologien $\sigma(X, X')$ und $\sigma(X', X)$ und damit im Zusammenhang die Entwicklung der Theorie der lokalkonvexen topologischen Vektorräume durch die Mathematiker der BOUBAKI-Gruppe.[117]

---

[116]*HGW*, Band IV, 296.
[117]S.dazu und zu weiteren daran anschließenden Resultaten im Kommentar von S.D. Chatterji die Seiten 294–300.

10.7 Familie, Freundeskreis und soziales Leben

Im Abschnitt 6.2 „Gründung einer Familie" hatten wir schon, chronologisch bis in die Bonner Zeit vorgreifend, etwas über HAUSDORFFs Familienleben, das Verhältnis zu seiner Frau und die Atmosphäre in seinem gastlichen Heim ausgeführt. Immer wieder war auch schon von seiner tiefen Liebe zur Musik die Rede gewesen, die er nicht zuletzt auch zu Hause als vorzüglicher Pianist an seinem Bechstein-Flügel auslebte. Im folgenden soll dieses Bild lediglich durch einige Punkte ergänzt werden, die sich auf HAUSDORFFs Jahre als Ordinarius in Bonn bis zur Machtergreifung durch die Nationalsozialisten beziehen.

Wie bereits erwähnt, kaufte HAUSDORFF nach seiner Berufung nach Bonn ein geräumiges Einfamilienhaus in der Hindenburgstraße 61 (heute Hausdorffstraße 61). Es lag damals in einer besonders ruhigen Gegend, was für den Kauf ausschlaggebend gewesen war. Vom Hauptgebäude der Universität am Hofgarten, wo die Mathematikvorlesungen stattfanden, war es ca. 1,6 km entfernt, so daß HAUSDORFF seine Wirkungsstätte gut zu Fuß erreichen konnte. Das Haus hat den Krieg unbeschadet überstanden; ein Foto befindet sich im Abbildungsteil dieses Bandes. Zum Haus gehörte ein schöner Garten mit zahlreichen Apfelbäumen.

Gelegentlich wurde in diesem Band schon von Reisen HAUSDORFFs in den Süden berichtet. Für die Jahre in Bonn nach Beendigung der Hyperinflation Ende 1923 kann man annehmen, auch wenn nicht alle Reisen durch Quellen belegt sind, daß HAUSDORFF in der Regel jedes Jahr in den Semesterferien im Frühjahr und in den Sommerferien im Sommer und Frühherbst gemeinsam mit seiner Frau längere Reisen in die Schweiz, nach Italien oder nach Südfrankreich unternahm. Gelegentlich traf man auf diesen Reisen auch Kollegen und führte einen regen Gedankenaustausch. So schreibt HAUSDORFF am 12. April 1925 aus einem Ferienort im Tessin (vermutlich Lugano) an PÓLYA:

> Seit Ihrer Abreise waren wir in Vira-Magadino, Pallanza (Isola Madre), Camedo, Contra, Lugano. Das Axiom: wenn Zürich, dann Pólya – steht für uns fest! – Hier ist jetzt Mathematikerkongress: Brouwer, Schoenflies, Ludwig (Geometer aus Dresden), Faber (dieser leider schon weg).[118]

Fast genau ein Jahr später, am 25. April 1926, schreibt HAUSDORFF aus Lugano an PÓLYA:

> Wir sind schon eine Woche in Lugano, bei Regen und Kälte; wenn wir noch länger bleiben, müssten wir wieder Sie herkommen lassen.[119]

Auch im Briefwechsel mit ALEXANDROFF ist öfter von Reisen oder Reiseplänen die Rede. So schreibt HAUSDORFF am 14. Juni 1928 an ALEXANDROFF:

> In den Osterferien war ich mit meiner Frau in Italien, vier Wochen in Levanto, wo sich zum Schluss ein Mathematikerkongress entwickelte (Hensel, Courant, Neugebauer, H. Lewi) und dann drei Wochen in Rom.[120]

---

[118] HGW, Band IX, 556.
[119] HGW, Band IX, 557.
[120] HGW, Band IX, 60.

Aus diesem Briefwechsel geht z. B. auch hervor, daß HAUSDORFFs im Sommer 1925 und Anfang Oktober 1928 in der Schweiz waren. Im Frühjahr 1930 weilten sie in Menton an der Côte d'Azur. Das letzte Mal sahen sich ALEXANDROFF und HAUSDORFFs 1932 in Locarno am Nordufer des Lago Maggiore.

HAUSDORFFs Tochter hat berichtet, daß ihr Vater die Schweizer Berge besonders liebte und dort auch Bergtouren unternahm. Er habe sogar sehr gut schwitzerischen Dialekt gesprochen. Besonders bevorzugte Orte waren Zermatt und Montreux. Auch in Chamonix in den französischen Alpen weilte er gern. Wenn er den Sommerurlaub am Meer oder an einem See verbrachte, schwamm er sehr gern. Im Rhein in Bonn habe er aber nie gebadet, obwohl das damals noch allgemein üblich war.

In HAUSDORFFs Haus wohnte selbstverständlich auch die Tochter LENORE (NORA), für die, wie für die übergroße Mehrheit der Töchter der Mittelschicht, ein Leben als Ehefrau und Mutter ins Auge gefaßt wurde. Nach ihrer eigenen Erzählung hat sie ihren späteren Ehemann ARTHUR KÖNIG anläßlich eines „Professoriums" kennengelernt.[121] HAUSDORFF kannte KÖNIG als (schon älteren) Hörer seiner Vorlesung *Wahrscheinlichkeitsrechnung* vom Sommersemester 1923; möglicherweise hat auch diese Bekanntschaft zu einem näheren Kennenlernen der jungen Leute beigetragen.

ARTHUR KÖNIG wurde am 13. Oktober 1896 als Sohn des Physikers ARTHUR PETER KÖNIG in Berlin geboren. Sein Vater starb bereits 1901; die Mutter, eine Bibliothekarin, zog mit dem kleinen ARTHUR nach Bonn. Sie starb 1911, und KÖNIG wurde von den Geschwistern seiner Mutter aufgenommen. Er machte 1915 ein Not-Abitur und diente bis 1918 im Heer. 1919 begann er das Studium der Astronomie in Bonn, wo er 1923 mit einer Arbeit über die Vermessung der Plejaden promovierte. Danach wurde er Assistent an der Bonner Sternwarte.[122]

Die evangelisch-kirchliche Trauung des jungen Paares fand am 28. Februar 1925 statt. Die junge Familie bezog danach in Bonn eine eigene Wohnung. Am 19. Mai 1927 wurde das erste Kind geboren, der Sohn FELIX. HAUSDORFF berichtet darüber erfreut an ALEXANDROFF in einem Brief vom 29. Mai 1927:

> Es wird Sie interessieren, dass ich am 19. Mai Grosspapa geworden bin; meine Tochter hat ein Knäblein zur Welt gebracht. Mutter und Kind befinden sich vortrefflich.[123]

1929 erhielt KÖNIG ein Angebot der Firma Carl Zeiss in Jena, die Leitung der Astronomie-Abteilung des Zeiss-Werkes zu übernehmen. Im Juli 1929 siedelte die Familie König nach Jena über. Dort wurde am 22. Februar 1932 der Sohn HERMANN geboren. Nach einiger Zeit stellte sich heraus, daß HERMANN geistig behindert war. Er war nicht schulfähig und blieb auf dem geistigen Niveau eines

---

[121] Ein Professorium war ein jährlich vom Rektor der Universität veranstalteter Ball, verbunden mit einem Banquet.
[122] Die Daten stammen aus dem Nachruf auf König von Otto Heckmann in Astronomische Nachrichten **292** (4) (1970), 191.
[123] *HGW*, Band IX, 51.

Kleinkindes. Erst nach dem Krieg hat die medizinische Wissenschaft die Ursache seiner Behinderung erkannt: Ein genetischer Defekt führte zur Stoffwechselkrankheit Phenylketonurie, die wiederum irreparable Hirnschäden verursacht.

Über CHARLOTTE HAUSDORFFs Schwestern SITTA und EDITH, verehelichte PAPPENHEIM, wurde schon kurz berichtet. EDITH PAPPENHEIM und ihre Tochter ELSE haben HAUSDORFFs in Bonn in den zwanziger und frühen dreißiger Jahren nach Aussagen von ELSE fast jährlich besucht. EDITH lebte ab September 1938 bei HAUSDORFFs in Bonn; ihrer Tochter gelang die Emigration in die Vereinigten Staaten. Darauf werden wir im nächsten Kapitel genauer zurückkommen.

FELIX HAUSDORFF hatte, wie seine Tochter berichtet hat, zu seinen Schwestern und deren Familien ein herzliches Verhältnis. Beide lebten in Prag. Die ältere Schwester MARTHA war mit ANTON BRANDEIS (1852–27.10.1931) verheiratet. Sie starb bereits ein halbes Jahr nach dem Tod ihres Mannes am 29.4.1932 in Prag. Die jüngere Schwester VALLY war die Ehefrau von ANTON GLASER (geb. 1.6.1865), der in Prag eine Firma für Eisenkonstruktionen betrieb. Wir haben nur ganz sporadische schriftliche Zeugnisse zu den Beziehungen der Familie HAUSDORFF zu den Prager Verwandten, die gewissermaßen zufällige Schlaglichter auf dieses Detail der Biographie werfen.

Es gibt nur einen einzigen, sehr herzlich gehaltenen Brief von HAUSDORFFs Neffen LUDWIG BRANDEIS und dessen Ehefrau an HAUSDORFFs. Dort bedanken sie sich für das Geschenk anläßlich des Einzugs in ein neues Haus, eine prächtige Nietzsche-Ausgabe. Dort sprechen sie insbesondere die Hoffnung aus, „Euch bald in unserm neuen Heim begrüßen zu können".[124] Auch von ANTON GLASER ist nur ein einziger Brief erhalten, ein Glückwunsch zu HAUSDORFFs Geburtstag am 8.11.1926, der folgendermaßen schließt:

> Nun empfange noch meine besten Wünsche, in gleicher großen Herzlichkeit und Zuneigung wie immer.   Viele, viele Grüße! Euer Anton[125]

Es hat sicherlich auch manche persönlichen Besuche gegeben. Von einem wissen wir aus einem Brief HAUSDORFFs an ALEXANDROFF vom 4. Januar 1929, in dem HAUSDORFF den „Weihnachtsbesuch meiner Geschwister" erwähnt. ELSE PAPPENHEIM berichtete in einem Brief an EGBERT BRIESKORN über ein Treffen mit HAUSDORFFs bei den Verwandten in Prag im Jahre 1935. Für das Jahr 1936 ist eine Reise HAUSDORFFs mit seiner Frau nach Prag durch eine schriftliche Quelle dokumentiert[126]; es war vermutlich der letzte Besuch bei seinen Verwandten. In einer Zeit, als in Deutschland der Antisemitismus Staatsdoktrin war, müssen Aufenthalte bei lieben Menschen im freien Prag HAUSDORFFs besonders gut getan haben.

Alle Prager Verwandten, die zum Zeitpunkt der Okkupation der Tschechoslovakei durch Nazi-Deutschland noch lebten, sind Opfer der nationalsozialistischen Judenverfolgung geworden. HAUSDORFFs Neffe LUDWIG BRANDEIS wurde am 13.7.1943 in das Konzentrationslager Theresienstadt deportiert; am 28.10.

---

[124] *HGW*, Band IX, 163.
[125] *HGW*, Band IX, 299.
[126] Brief Hausdorffs aus Prag an Bessel-Hagen in Bonn vom 21.6.1936: *HGW*, Band IX, 147.

1944 wurde er in das Vernichtungslager Auschwitz verbracht und dort ermordet.[127] Seine Frau MARTA wurde am 6.3. 1943 nach Theresienstadt deportiert und von dort ebenfalls am 28.10. 1944 nach Auschwitz transportiert und dort ermordet („nevrátila se"). Auch deren Kinder ANITA und EVA wurden in Auschwitz ermordet. ANTON GLASER und seine Frau VALLY wurden am 9.7. 1942 in das Konzentrationslager Theresienstadt deportiert. VALLY GLASER starb dort am 5. Juli 1944 und ihr Mann wenige Tage später, am 22. Juli 1944. Ihre Tochter EDITH SPITZER, ihr Schwiegersohn RUDOLF SPITZER und die drei Enkelkinder FRANZ, HANS und THOMAS SPITZER wurden in Auschwitz ermordet.[128]

HAUSDORFFs hatten in Bonn einen über die Jahre stabilen Freundeskreis geistig hochstehender und integrer Persönlichkeiten. Zunächst seien hier kurz noch einmal die Freundschaften genannt, über die schon in vorangehenden Abschnitten dieses Buches berichtet worden ist. Die älteste noch aktive freundschaftliche Beziehung war die zu GUSTAV KIRSTEIN und seiner Frau CLÄRE sowie zu deren Tochter MARIANNE, die 1929 den Mathematiker REINHOLD BAER geheiratet hatte.[129] HAUSDORFF beteiligte sich z.B. mit einem kunstvollen Akrostichon an der Huldigung, die KIRSTEINs Freunde zu dessen 60. Geburtstag am 24. Februar 1930 veranstaltet hatten.[130] HAUSDORFFs reisten auch nach dem am 14.2. 1934 erfolgten unerwarteten Tod GUSTAV KIRSTEINs nach Leipzig, um CLÄRE KIRSTEIN beizustehen. Eine alte Freundschaft aus Greifswalder Tagen war die zu THEODOR POSNER und seiner Frau ELSE. Nach POSNERs Tod 1929 blieb ELSE POSNER der Familie HAUSDORFF eine treue Freundin; sie war es, die HAUSDORFFs in den letzten Stunden ihres Lebens beistand. Auch zur Witwe von FRANZ LONDON bestanden die engen freundschaftlichen Beziehungen bis zu ihrer Emigration fort. Ferner sei hier auch daran erinnert, daß in der ersten und in der zweiten Bonner Zeit – ganz im Gegensatz zur Situation in Leipzig oder in Greifswald – HAUSDORFFs zur Mehrzahl der mathematischen Kollegen über das Kollegiale weit hinausgehende familiäre freundschaftliche Beziehungen pflegten. Das gilt von Beginn an für EDUARD STUDY, FRANZ LONDON und JOHANN OSWALD MÜLLER, später kamen OTTO TOEPLITZ und ERICH BESSEL-HAGEN hinzu.

Von den Freunden aus anderen Fachgebieten nennen wir an erster Stelle den Neurologen und Psychiater OTTO LÖWENSTEIN und seine Frau MARTA, geb. GRUNEWALD. LÖWENSTEIN habilitierte sich 1920 in Bonn und wurde 1923 zum nichtbeamteten Extraordinarius ernannt. 1926 wurde er leitender Arzt der neu gegründeten „Provinzial-Kinderanstalt für seelisch Abnorme" und entwickelte sie in der Folgezeit zur ersten kinder- und jugendpsychiatrischen Einrichtung in Eu-

---

[127]In der Kartei der Föderation jüdischer Gemeinden in der Tschechischen Republik heißt es: „Nevrátil se" (er ist von dort nicht zurückgekehrt).

[128]Die Daten zur Verfolgung der Familien Brandeis und Glaser recherchierten Dozent Dr. Leo Boček und Prof. Jiri Vesely, Karls-Universität Prag, bei der Föderation jüdischer Gemeinden in der Tschechischen Republik.

[129]Baers emigrierten unmittelbar nach der Machtergreifung durch die Nationalsozialisten über England nach den USA.

[130]Abgedruckt in *HGW*, Band IB, 438, ferner in *HGW*, Band VIII, 261.

ropa mit einem eigenen, von der Erwachsenenpsychiatrie abgegrenzten Konzept.
1931 wurde LÖWENSTEIN nach heftigen Auseinandersetzungen in der Fakultät,
in denen unterschwellig seine jüdische Herkunft eine Rolle spielte, zum persönlichen Ordinarius für Pathopsychologie an der Universität Bonn ernannt.[131] Nach
der „Reichstagsbrandverordnung", die ein Freibrief für Inhaftierung und sogar Ermordung von den Nazis mißliebigen Personen war, war LÖWENSTEIN unmittelbar
gefährdet: seine Klinik wurde von der SA besetzt, seine Wohnung wurde durchsucht und er sollte in „Schutzhaft" genommen werden. Durch einen Kollegen aus
der Klinik gewarnt, konnte er über das Saarland in die Schweiz flüchten, wohin
ihm seine Familie bald folgte. In der Schweiz wirkte er von 1933–1939 an einem
privaten Sanatorium in Nyon, wo er auch eine spezielle Kinderklinik gründete und
leitete. 1939 übersiedelte die Familie nach New York, wo er zunächst an der New
York University und ab 1947 an der Columbia University als Professor wirkte. Er
starb am 25. März 1965 in New York.

MARTA LÖWENSTEIN war die Tochter des jüdischen Arztes Dr. JULIUS GRUNEWALD aus Barmen. Ihre Eltern waren aufgeklärte, liberal eingestellte und sozial
denkende Menschen, hoch gebildet und kultiviert – Musik spielte in der musikalisch
besonders talentierten Familie „eine überaus bedeutende, ja geradezu existentielle
Rolle" [Peters 2009, 159]. Von früher Kindheit an liebte auch MARTA GRUNEWALD
die Musik; sie sang viel und spielte ausgezeichnet Klavier, z. B. mit ihrer Mutter
JULIE GRUNEWALD vierhändig Beethoven. Sie studierte in München und Neapel Zoologie und promovierte 1915 in München mit einer zoologischen Arbeit. Im
1. Weltkrieg arbeitete sie in einem Kriegslazarett als Pflegerin. 1920 heiratete sie
OTTO LÖWENSTEIN. Das Ehepaar hatte zwei Töchter, ANNEBET (geb. 2.7.1922;
später verehelichte PERLS) und MARIELI (geb. 13.8.1926; später verehelichte ROWE). In der Emigration in der Schweiz unterstützte MARTA LÖWENSTEIN ihren
Mann bei der Arbeit mit behinderten Kindern. Sie starb am 12. Oktober 1965 in
Houston (Texas).

Die LÖWENSTEINs führten ein gastfreies Haus in Bonn; MARTA trat auch
als Sängerin auf und schrieb Gedichte. Die freundschaftliche Beziehung zu HAUSDORFFs muß schon bald nach deren Übersiedlung nach Bonn zustandegekommen
sein, denn ANNEBETH PERLS berichtete dem Verfasser folgende hübsche Geschichte:

> Beinah wäre ich bei Hausdorffs auf die Welt gekommen. Einer Einladung bei
> Hausdorffs folgend fuhren meine Eltern im Taxi, und waren schon fast dort,
> da musste das Taxi schnellstens umdrehen zum Spital, wo ich dann geboren
> wurde.[132]

---

[131]Der Hauptwidersacher in der Fakultät war Walther Poppelreuter, der am 1. November
1931 als erster Bonner Hochschullehrer der NSdAP beitrat. S. dazu [Waibel 2000, 61–80], ferner [Forsbach 2006, 346ff.].

[132]Mail von Annebeth Perls vom 7.3.2012. Übrigens wurde Marieli Löwenstein später sogar
Hausdorffs Patenkind (mail von Marieli Rowe an den Verfasser vom 25.2.2012).

In dieser mail schildert ANNEBETH PERLS auch ihre Kindheitserinnerungen vom Anfang der dreißiger Jahre an das gemeinsame Musizieren von FELIX HAUSDORFF und MARTA LÖWENSTEIN:

> Dass Onkel Häuschen ein berühmter Mathematiker, Philosoph, Schriftsteller war, konnte ich nicht wissen. Der Musiker ist mir unvergesslich. Er war ein ganz herrlicher Pianist – und der Begleiter meiner Mutter, der Sängerin. So musizierten sie zusammen, dass jedes Lied, jede Arie ein Erlebnis war. Welch Glück für uns Kinder, in dieser Atmosphäre aufzuwachsen.[133]

Auf dieses gemeinsame Musizieren bezieht sich auch der schöne Brief, den MARTA LÖWENSTEIN HAUSDORFF zum 70. Geburtstag geschrieben hat.[134] Es sei noch angemerkt, daß ANNEBETH PERLS in den USA als Sängerin entdeckt wurde und an der West Bay Opera in Palo Alto viele große Rollen der Opernliteratur verkörpert hat. Auch als Liedinterpretin ist sie in zahlreichen Konzerten aufgetreten.

Im Sommer 1932 hatten LÖWENSTEINs in der Endenicher Allee in Bonn ein Haus gekauft; über die Einzugsfeier berichtet MARTAs Mutter JULIE GRUNEWALD in ihrer 1954 niedergeschriebenen Autobiographie folgendes:

> Eines Tages wurde ich von Freunden in das Geheimnis eingeweiht, abends solle „house-warming" surprise party sein. Alle kamen sie an, die meisten sind nicht mehr oder in alle Weltgegenden verstreut. Musik, ernste und heitere Vorträge, und natürlich gute Bewirtung, teils von uns, teils von den Freunden geliefert, machten den Abend zu einem mir unvergesslichen. Die lieben, feinen Hausdorffs, Franks, nun Nachbarn, Dr. Samuel, der mit den Töplitz-Söhnen ein Trio spielte. Ach, es war unheimlich schön, und wohl keiner sah das Mene Tekel, die „Zeichenschrift an der Wand". Obwohl Freund Hausdorff in seinem humorvollen Gedicht, in dem jeder seinen Vers bekam, sagte:
>
> > „Man zieht gern um, auch Endenich
> > ist noch vielleicht das Ende nicht".
>
> Wie nah das war, wir hätten es doch ahnen sollen, können! Nun, wir haben diesen schönen Sommer genossen, und er lebt als gute Erinnerung in mir.[135]

HAUSDORFFs launiger Spruch bekam für ihn selbst tragische Bedeutung; s. seinen Abschiedsbrief an den Rechtsanwalt WOLLSTEIN, aus dem im letzten Abschnitt dieses Buches zitiert wird.

HAUSDORFF pflegte zu einer Reihe weiterer Kollegen an der Bonner Universität freundschaftliche Beziehungen, so zu dem Geographen ALFRED PHILIPPSON, dem Orientalisten PAUL ERNST KAHLE, dem Archäologen RICHARD DELBRUECK, dem Theologen GUSTAV HÖLSCHER, dem Literaturwissenschaftler OSKAR WALZEL und dem Ägyptologen HANS BONNET.

Was ALFRED PHILIPPSON betrifft, so gab es bereits Verbindungen von FELIX HAUSDORFFs bzw. seiner Frau Vorfahren zu dessen Vater, dem Rabbiner LUDWIG

---

[133] Die Kinder von Freunden durften Hausdorff „Onkel Häuschen" nennen.
[134] *HGW*, Band IX, 443–444. S. dazu auch *HGW*, Band IB, 479–480.
[135] Die Passage ist publiziert bei [Peters 2009, 140–141].

PHILIPPSON. Dieser war der bedeutendste Repräsentant der liberalen jüdischen Reformbewegung in den deutschen Staaten. Er begründete 1837 die *Allgemeine Zeitung des Judenthums*, das Sprachrohr dieser Reformbewegung, und redigierte sie 52 Jahre lang bis zu seinem Tod im Jahre 1889. 1869 war er an der Gründung des „Deutsch-Israelitischen Gemeindebundes" beteiligt. Im Deutsch-Israelitischen Gemeindebund hatte ja auch HAUSDORFFs Vater LOUIS HAUSDORFF von 1878 bis zu seinem Tod 1896 als Mitglied des Ausschusses (d.h. des Leitungsgremiums) gewirkt. Gemeinsam mit ABRAHAM GEIGER und SALOMON NEUMANN rief LUDWIG PHILIPPSON die 1872 eröffnete „Hochschule für die Wissenschaft des Judenthums" in Berlin ins Leben; er war selbst ein bedeutender Gelehrter, dessen Übersetzung der Hebräischen Bibel vor allem für die jüdische Glaubenspraxis im deutschsprachigen Raum prägend war. Zu seinen Freunden und Mitstreitern gehörte auch der Rabbiner ABRAHAM MEYER GOLDSCHMIDT, der Großvater väterlicherseits von HAUSDORFFs Frau CHARLOTTE.

ALFRED PHILIPPSON hatte 1886 in Leipzig bei dem Geographen FERDINAND VON RICHTHOFEN promoviert und sich 1891 an der Universität Bonn habilitiert. Als Privatdozent unternahm er eine Reihe von Forschungsreisen in den östlichen Mittelmeerraum und nach Rußland. Seine darauf basierenden landeskundlichen Werke waren nicht nur für Geographen und Geologen, sondern auch für Archäologen und Historiker von hohem Interesse.[136] 1904 erhielt er einen Lehrstuhl für Geographie an der Universität Bern. 1906 wurde er Ordinarius in Halle und zum Sommersemester 1911 wurde er schließlich auf den Lehrstuhl für Geographie an der Universität Bonn berufen. PHILIPPSON widmete sich nun auch verstärkt der rheinischen Landeskunde, schrieb ein sehr einflußreiches Lehrbuch der Geographie[137] und entwickelte das geographische Institut mit dem Ausbau von Bibliothek und Sammlungen zu einem der modernsten und angesehensten Institute in Europa. 1929 wurde er emeritiert.

Am 14. Juni 1942 wurden ALFRED PHILIPPSON, seine Frau MARGARETE und seine Tochter DORA in das Konzentrationslager Theresienstadt deportiert. Sie überlebten die Lagerzeit, weil sein Studienkollege, der bei führenden Nazis angesehene schwedische Geograph und Verehrer HITLERS, SVEN HEDIN für sie einen sog. „Prominentenstatus" und damit gewisse Erleichterungen erreicht hatte. In Theresienstadt schrieb PHILIPPSON seine Lebenserinnerungen *Wie ich zum Geographen wurde*.[138] Nach der Befreiung des Lagers Theresienstadt durch die Rote Armee kam die Familie im Juli 1945 nach Bonn zurück. PHILIPPSON nahm trotz seines hohen Alters die Lehrtätigkeit an der Universität wieder auf. Er verstarb hochgeehrt am 28. März 1953; im gleichen Jahr starb auch seine Frau. DORA PHILIPPSON setz-

---

[136] Genannt sei hier nur das Buch *Das Mittelmeergebiet, seine geographische und kulturelle Eigenart*. Leipzig 1904, 4. Auflage 1922.

[137] Alfred Philippson: *Grundzüge der Allgemeinen Geographie*. Zwei Bände in drei Teilen, Leipzig 1921–1924.

[138] [Böhm/ Mehmel 1996/2000], mit Schriftenverzeichnis Philippsons.

te sich bis zu ihrem Lebensende 1980 für Versöhnung und die christlich-jüdische Zusammenarbeit ein.[139]

Wir wissen von den freundschaftlichen Beziehungen der Familien HAUS-DORFF und PHILIPPSON hauptsächlich aus den Erzählungen von HAUSDORFFs Tochter, die insbesondere die vier Jahre ältere DORA sehr nett fand. Es gibt eine, allerdings sehr bedeutsame schriftliche Quelle zu dieser Freundschaft, und das ist HAUSDORFFs Abschiedsbrief an den Rechtsanwalt WOLLSTEIN. Dort heißt es:

> Sagen Sie Philippsons, was Sie für gut halten, nebst dem Dank für ihre Freundschaft [···][140]

Der Orientalist PAUL ERNST KAHLE war wie PHILIPPSON Kollege HAUS-DORFFs in der Philosophischen Fakultät. Er hatte Orientalistik und Theologie studiert und sich 1909 in Halle/Saale für semitische Philologie habilitiert. 1914 wurde er Ordinarius für Orientalische Philologie und Islam-Kunde in Gießen und 1923 Ordinarius und Direktor des Orientalischen Seminars an der Universität Bonn. Unter seiner Leitung wurde das Seminar eine weltweit anerkannte Institution, die selbst die ersten fünf Jahre nach der Machtergreifung durch die Nationalsozialisten mit einem internationalen Team von Mitarbeitern und Besuchern relativ unbehelligt arbeiten konnte. KAHLE spielte auch eine zentrale Rolle in der „Deutschen Morgenländischen Gesellschaft". Sein Hauptarbeitsgebiet war die Geschichte der hebräischen Sprache sowie die hebräische Bibel und deren Übersetzungen in der Antike. Seine Ergebnisse fanden internationale Anerkennung. Insbesondere wurden seine philologischen Theorien über die Entstehung der Bibeltexte durch die Textfunde am Toten Meer bestätigt.

1917 hatte KAHLE die 18 Jahre jüngere Volksschullehrerin MARIE GRISEVI-US geheiratet. Sie war eine lebenstüchtige, sozial eingestellte und gerecht denkende Frau. Ihr war ebenso wie ihrem Mann die nationalsozialistische Ideologie und insbesondere der Antisemitismus zuwider. Die fünf Söhne des Ehepaares KAHLE waren so erzogen, daß sie trotz Druck nicht der Hitlerjugend beitraten. Als Beispiel für den Geist in der Familie KAHLE sei hier die Antwort zitiert, die PAUL KAHLE der Universitätsverwaltung gab, als sie ihn im Juli 1933 aufforderte, den „Ariernachweis" zu erbringen:

> Bitte schicken Sie mir doch nicht immer wieder diesen Unfug. Sie haben doch kein Recht, von mir, einem Wissenschaftler und Philologen, zu verlangen, daß ich solchen Blödsinn unterzeichnen soll. Ich bin kein Arier. Es ist möglich, daß die Inder und Perser Arier sind. Ich bin weder Inder noch Perser. Ich bin ein Deutscher, und der Teufel weiß, was die Deutschen sind.[141]

Nach den Berichten von HAUSDORFFs Tochter waren die Familien KAHLE und HAUSDORFF gut befreundet und besuchten sich gegenseitig. Frau KAHLE sang

---

[139]Näheres zu Alfred und Dora Philippson findet man in [Mehmel 1996] und [Mehmel 2014].
[140]*HGW*, Band IX, 655. Auf diesen Brief kommen wir, wie erwähnt, im Abschnitt 11.4 zurück.
[141][Kahle/ Bleek 2003/2006, 16]. Marie Kahle hinterließ autobiographische Aufzeichnungen und Paul Kahle einen Bericht über die Universität Bonn 1923 bis 1939. Beide Texte haben Kahles Sohn John und Wilhelm Bleek erstmals 2003 in [Kahle/ Bleek 2003/2006] veröffentlicht.

gern, von HAUSDORFF am Klavier begleitet. Sie war im Gegensatz zu CHARLOTTE HAUSDORFF eine emanzipierte Frau, die selbst Auto fuhr und sozial eher linke Ansichten vertrat.

Am Abend nach dem Pogrom vom 9./10. November 1938 wurden MARIE KAHLE und ihr ältester Sohn WILHELM von einem Polizisten dabei angetroffen, wie sie der jüdischen Ladenbesitzerin EMILIE GOLDSTEIN halfen, ihren demolierten Laden wieder aufzuräumen. Einige Tage später erschien im „Westdeutschen Beobachter" ein vierspaltiger Hetzartikel gegen Frau KAHLE und ihren Sohn unter der Überschrift „Das ist Verrat am Volke". Die Familie wurde daraufhin zunehmend drangsaliert und bedroht. PAUL KAHLE wurde vom Dienst suspendiert und WILHELM wurde von der Universität verwiesen. Es gelang der Familie trotz diverser Schwierigkeiten schließlich, nach England zu emigrieren.[142] MARIE KAHLE verstarb dort bereits 1948 nach längerer schwerer Krankheit. PAUL KAHLE konnte, hauptsächlich finanziert durch den Millionär CHESTER BEATTY, weiter wissenschaftlich arbeiten, indem er in BEATTYs Bibliothek und in der Universitätsbibliothek Oxford arabische Handschriften beschrieb und katalogisierte. 1963 zog er zu seinem Sohn THEODOR nach Düsseldorf und verstarb am 24.9. 1964 nach einem Unfall in Bonn. Er war Ehrendoktor dreier Universitäten, darunter Oxford, und erhielt 1955 das Große Verdienstkreuz der Bundesrepublik Deutschland.

Auch RICHARD DELBRUECK war ein Kollege HAUSDORFFs in der Philosophischen Fakultät. Er hatte sich 1903 für Klassische Archäologie habilitiert und war von 1909 bis zum Kriegseintritt Italiens 1915 Leiter des Deutschen Archäologischen Instituts in Rom. Danach war er im Preußischen Kriegsministerium und im Auswärtigen Amt tätig. 1922 wurde er Ordinarius für Klassische Archäologie in Gießen und ab 1927 wirkte er in gleicher Position in Bonn. Sein Nachfolger auf dem Bonner Lehrstuhl, ERNST LANGLOTZ, schrieb über sein Verhalten unter dem Nazi-Regime, daß „Delbrueck aus seiner Abneigung gegen das Regime nie einen Hehl gemacht hat". [Langlotz 1968, 248].

Von den Beziehungen DELBRUECKs zu HAUSDORFF wissen wir aus einem Brief von LANGLOTZ' Frau MAILI vom 23.7. 1991 an den Bonner Heimatforscher KARL GUTZMER; dort heißt es:

Ich entsinne mich, daß im Delbrueck'schen Hause des öfteren der Name Hausdorff fiel. [···] Sicher hat Delbrueck mit Hausdorffs engen Kontakt gehabt, ebenso mit Prof. Philippson, den auch wir nach seiner Rückkehr aus Theresienstadt regelmäßig an seinem Geburtstag besuchten [···][143]

Ein weiterer Freund kam wie LÖWENSTEIN nicht aus der eigenen Fakultät, der evangelisch-lutherische Theologe und berühmte Alttestamentler GUSTAV HÖLSCHER. Er besuchte wie HAUSDORFF das Leipziger Nikolai-Gymnasium[144] und

---

[142]S. dazu [Kahle/ Bleek 2003/2006, 14–79]. Frau Kahle schildert dort auch, wie sie und ihre Söhne jüdische Freunde nach dem Pogrom getröstet haben, z.B. Philippsons, die nur etwa 50 Meter entfernt von ihnen wohnten.

[143]Nachlaß Brieskorn, Ordner Nr. 20.

[144]Sein Vater war Pfarrer an der Nikolaikirche.

studierte ab 1896 in Erlangen, Leipzig und Berlin Theologie und orientalische Sprachen.[145] Nach Habilitation in Halle und Positionen als Ordinarius in Gießen und Marburg berief ihn das Preußische Kultusministerium 1929 nach Bonn mit dem Auftrag, für eine möglichst gute Besetzung der drei noch freien Lehrstühle mit zu sorgen und die Fakultät wieder nach vorn zu bringen.[146] Dies gelang mit der Berufung solch bedeutender Theologen wie des Neutestamentlers KARL LUDWIG SCHMIDT, des Dogmatikers KARL BARTH und des Kirchenhistorikers ERNST WOLF. Zwei Jahre nach HÖLSCHERs Berufung war die Zahl der Studierenden von 99 im Jahr 1928 auf 460 angestiegen.

Diese Blütezeit war jedoch nur von kurzer Dauer; sie war nach der Machtergreifung der Nationalsozialisten bald zu Ende. SCHMIDT war – für einen Theologen ungewöhnlich – seit 1924 SPD-Mitglied. Er wurde im September 1933 entlassen und emigrierte in die Schweiz. KARL BARTH, einer der Mitbegründer der Bekennenden Kirche, der sich öffentlich scharf gegen die Judenverfolgung der Nazis wandte und den Eid auf HITLER verweigerte, wurde 1934 entlassen und ging nach Basel zurück. HÖLSCHER selbst wurde 1934 wegen Beteiligung an einem Manifest gegen den nationalsozialistischen „Reichsbischof" LUDWIG MÜLLER in Bonn entlassen und 1935 nach Heidelberg versetzt. Auch WOLF wurde 1934 als führendes Mitglied der Bekennenden Kirche in Bonn entlassen und 1935 nach Halle versetzt.

Von der Beziehung GUSTAV HÖLSCHERs mit HAUSDORFF berichtete HÖLSCHERs Sohn, der Altphilologe UVO HÖLSCHER, in einem Brief vom 17.12.1991 an EGBERT BRIESKORN folgendes:

> Ich erinnere mich sehr wohl aus Gesprächen, wie nah ihm Hausdorffs Schicksal gegangen ist; sie müssen sich in den Bonner Jahren, von 1930 an, nahe gestanden haben. [···] Ich glaube auch mich eines Besuches bei Hausdorffs mit uns zwei Söhnen zu erinnern.[147]

In einem Postskript verweist UVO HÖLSCHER auf eine Passage am Ende des 1945 von seinem Vater verfaßten Lebensberichts.[148] Dort habe sein Vater auch HAUSDORFFs im Auge gehabt, als er schrieb:

> Eine Verurteilung der Judenverfolgung mußte für jeden Christen selbstverständlich sein. Was wir jüdischen Freunden an Hilfe und Freundschaft erweisen konnten, war leider wenig genug; manche von ihnen haben sich den Grausamkeiten eines ihnen untragbar erscheinenden Lebens durch Gift entzogen. (S.59).

Wie die Beziehung zwischen HÖLSCHER und HAUSDORFFs zustande kam, ist nicht bekannt. Es könnte die Erinnerung an das Nikolai-Gymnasium eine Rolle gespielt haben; es könnte auch die Freude am Musizieren gewesen sein. HÖLSCHER schrieb in seinem Lebensbericht:

---

[145] Er beherrschte Hebräisch, Syrisch, Arabisch, Assyrisch und Persisch.

[146] An der evangelisch-theologischen Fakultät in Bonn waren 1928 vier Ordinariate vakant.

[147] Nachlaß Brieskorn, Ordner Nr. 20.

[148] Gustav Hölscher: *Gelehrter in politischer Zeit.* Lebensbericht, anläßlich seines 100. Geburtstages publiziert in Ruperto Carola. Forschungsmagazin der Universität Heidelberg, Doppelheft 58/59 (1977), 53–60.

Meine Freistunden fülle ich gern mit Violinspiel aus, auch mit gemeinsamem Musizieren mit Freunden [···] (S. 59).

Es ist auch möglich, daß die Beziehung durch HÖLSCHERS zweite Frau entstand, die er 1934 heiratete, nachdem seine erste Frau 1930 plötzlich verstorben war. Diese zweite Frau, GERTRUD, geborene VON MEIBOM, war die Witwe des Privatdozenten für Mathematik AXEL SCHUR, der sich 1927 mit HAUSDORFFs Hilfe von Hannover nach Bonn umhabilitiert hatte[149] und dort bereits am 5. April 1930 starb. AXEL SCHUR und seine Frau, literarisch gebildete und liberal eingestellte Menschen, verkehrten gesellig mit HAUSDORFFs. Denkbar ist, daß GERTRUD SCHUR HÖLSCHER bei HAUSDORFFs eingeführt hat, denkbar auch, daß umgekehrt HÖLSCHER seine zweite Frau bei HAUSDORFFs kennengelernt hat. Genaueres wissen wir nicht.

Von dem freundschaftlichen Verkehr HAUSDORFFs mit dem bedeutenden Germanisten und Literaturwissenschaftler OSKAR WALZEL wissen wir nur aus einer kurzen Passage in dessen Lebenserinnerungen, die er 1943 niederschrieb und die 1956 aus dem Nachlaß publiziert wurden [Enders 1956]. Er nennt dort im Kapitel 7 „Professur in Bonn" eine beachtliche Reihe von Theologen, Medizinern, Geistes- und Wirtschaftswissenschaftlern, mit denen er freundschaftlich verkehrte, dann heißt es:

Auch mit Mathematikern verkehrten wir, besonders mit dem einen, der unter dem Decknamen Paul Mongré einst dichtete.[150]

Der Österreicher OSKAR WALZEL studierte in Wien und Berlin und habilitierte sich 1894. Nach Professuren in Bern und an der TU Dresden wurde er 1921 Ordinarius in Bonn und Direktor des Germanistischen Seminars. Sein interdisziplinärer Ansatz in seinem Werk *Wechselseitige Erhellung der Künste* [Walzel 1917] ist bis heute in der Diskussion [Brück 2014]. Er war Herausgeber des *Handbuch der Literaturwissenschaft*, zu dem er die Bände *Gehalt und Gestalt im Kunstwerk des Dichters* (1923) und *Deutsche Dichtung von Gottsched bis zur Gegenwart* (1927–1930) selbst beisteuerte. 1933 emeritiert, konnte er aber weiter Vorlesungen halten und blieb bis 1935 Direktor des Germanistischen Seminars. 1936 wurde er von nationalsozialistischen Studenten wegen „jüdischer Versippung" (seine Frau war Jüdin) und wegen „politischer und weltanschaulicher Unzuverlässigkeit" scharf angegriffen. Im Juli 1936 wurde ihm vom Rektor die Lehrbefugnis entzogen. Seine Frau wurde im Herbst 1944 nach Theresienstadt deportiert und dort ermordet. WALZEL starb, isoliert und verzweifelt, während eines Bombenangriffs auf Bonn am 29. Dezember 1944 unter bis heute nicht ganz geklärten Umständen.

Auf den letzten der in der anfänglichen Aufzählung genannten Freunde HAUSDORFFs aus der Bonner Universität, den Ägyptologen HANS BONNET, den Retter des HAUSDORFFschen Nachlasses, werden wir im nächsten Kapitel näher eingehen.

---

[149]Hausdorffs Gutachten ist abgedruckt in *HGW*, Band IX, 683; dort findet man auch nähere Angaben zu Axel Schur.

[150][Enders 1956, 225]. Den Hinweis auf diese Passage verdanken wir Herrn Dr. Udo Roth, München.

HAUSDORFFs Haus war auch offen für junge Kollegen aus dem In- und Ausland sowie für Studierende, die seinen persönlichen oder fachlichen Rat suchten und seine und seiner Gattin Gastfreundschaft genießen konnten. Die freundschaftlichen Beziehungen zu ALEXANDROFF und dessen mehrfache Besuche in Bonn wurden schon erwähnt. Der Briefwechsel spiegelt wider, daß sich HAUSDORFF und ALEXANDROFF trotz des großen Altersunterschieds auch persönlich näher kamen. So erfahren wir aus dem Briefwechsel auch etwas über gesundheitliche Probleme der beiden Korrespondenten. HAUSDORFF litt lange Zeit an Darmbeschwerden. In einem Brief an ALEXANDROFF vom 7.Oktober 1931 berichtet er, daß eine Reihe gründlicher Untersuchungen „im Laufe der letzten anderthalb Jahre" nichts „Malignes ergeben" habe; dann heißt es weiter:

> Leider nur ändert das nichts an der Tatsache, dass meine Darmbeschwerden – mag es sich nun um nervöse Spasmen oder um Reste einer katarrhalischen Entzündung handeln – jetzt mit wenigen Unterbrechungen bereits ein Jahr dauern und meine Lust am Leben gründlich beeinträchtigen.[151]

Zu der wirklichen Beeinträchtigung kam noch – wie seine Tochter und ELSE PAPPENHEIM übereinstimmend berichteten – HAUSDORFFs Hang zur Hypochondrie, was die Sache gewiß nicht leichter machte. Seinen diesbezüglichen Gemütszustand zeigt auch ein Brief des 62-Jährigen vom 17.November 1930 an den damals 80-jährigen ALFRED PRINGSHEIM, in dem es zum Schluß heißt:

> In der Hoffnung, dass Sie Sich sehr gesund und in Folge dessen weniger alt als ich fühlen, grüsst Sie herzlich Ihr sehr ergebener F. Hausdorff[152]

Auch um vielleicht zunehmende Vergeßlichkeit sorgte sich HAUSDORFF; möglicherweise ist aber die folgende Passage aus einem Brief an FRIEDRICH ENGEL vom 14.Mai 1927 mehr Selbstironie als wirkliche Befürchtung:

> Überhaupt finde ich, dass mir die Mathematik über den Kopf wächst und dass ich mit jedem neuen Tage weniger weiss, erstens relativ, weil viel mehr produciert wird, als man noch fassen kann, und zweitens absolut, indem ich jeden Tag mehr vergesse als ich hinzulerne. Es ist mir ein Trost, anzunehmen, dass es Anderen auch nicht anders geht, aber diese Annahme ist vielleicht eine Selbsttäuschung.[153]

Wenn es wirklich eine Befürchtung war, war sie überflüssig, denn sein Geist war frisch bis zum letzten Tag.

Nach dieser kleinen Abschweifung wollen wir auf Gäste in seinem Haus zurückkommen. In einem Brief vom 13.9. 1930 an HAUSDORFF berichtet ALEXANDROFF von einer gemeinsamen Reise mit KOLMOGOROFF; dann heißt es:

> Herr Kolmogoroff will Sie ebenfalls besuchen, aber erst einige Monate später, da er den größten Teil des Winters in Paris bleibt.[154]

---

[151] *HGW*, Band IX, 111–112.
[152] *HGW*, Band IX, 561.
[153] *HGW*, Band IX, 236–237.
[154] *HGW*, Band IX, 99.

Es ist zu vermuten, daß dieser Besuch stattgefunden hat; einen Beleg dafür gibt es aber nicht. Auf jeden Fall stattgefunden hat ein Besuch der polnischen Mathematiker KURATOWSKI und KNASTER bei HAUSDORFF. Davon hat KNASTER seinem Schüler ROMAN DUDA berichtet.[155] KNASTER habe mehrfach von HAUSDORFFs Gastfreundschaft und dem guten Wein geschwärmt. Der Besuch hat vermutlich im Anschluß an den Internationalen Mathematikerkongreß in Zürich 1932 stattgefunden.

Auch jüngere Bonner Mathematiker verkehrten bei HAUSDORFFs. AXEL SCHUR und seine Frau wurden schon erwähnt. MAGDA DIERKESMANN, die in Bonn Mathematik studierte und 1932 bei HAUSDORFF das mündliche Examen ablegte, berichtete in einem Gespräch mit EGBERT BRIESKORN, daß SCHURs regelmäßig mit HAUSDORFFs verkehrten und daß Frau SCHUR, die sich besonders gut mit Frau HAUSDORFF verstand, sie bei HAUSDORFFs eingeführt habe, wo sie dann öfter auch selbst zu Gast war.[156]

Aus Gesprächen von HAUSDORFFs Tochter mit BRIESKORN wissen wir, daß auch mit FRANZ VON KRBEK und MARGARETE FLANDORFFER, die KRBEK einige Jahre später geheiratet hat, ein sehr freundschaftliches Verhältnis bestand. VON KRBEK hatte in Budapest Mathematik, Physik und Astronomie studiert und 1921 bei LEOPOLD FEJÉR promoviert. Von 1931 bis 1935 lebte er in Bonn und war einige Zeit Assistent am Physikalischen Institut. Danach lebte er als freier Autor in Berlin, kam über einen Lehrauftrag 1942 nach Greifswald, wo er sich 1945 habilitierte und von 1948 bis zur Emeritierung 1963 als Professor wirkte. Er ist vor allem als akademischer Lehrer und als Autor von Lehrbüchern sehr erfolgreich gewesen. MARGARETE FLANDORFFER stammte aus Greifswald und war eine gute Freundin NORAS aus Greifswalder Tagen. Bei HAUSDORFFs hatte sie ihren späteren Mann kennengelernt. KRBEKs liebten die Musik, besonders – wie HAUSDORFF – die Oper. VON KRBEK war witzig und charmant und konnte HAUSDORFF sicher einiges Interessante aus der Physik berichten.[157] Nähere mathematische Berührungspunkte gab es jedoch nicht.

Wie aus verschiedenen Zeugnissen hervorgeht, hatte HAUSDORFF ein gutes persönliches Verhältnis zu seinen Studenten. Einige verkehrten auch bei ihm zu Hause wie MAGDA DIERKESMANN oder ERNA BANNOW, die ab Sommersemester 1930 zwei Semester lang in Bonn und anschließend in Göttingen und Hamburg studierte. Später heiratete sie den Hamburger Mathematiker ERNST WITT. Sie war es, die HAUSDORFF im März 1932 vor dem Hauptgebäude der Universität photographiert hatte.[158] Frau WITT berichtete uns, daß HAUSDORFFs Studenten ihm stets zum Geburtstag einen großen Blumenstrauß überreichten. Sie selbst

---

[155] Brief von Roman Duda an Egbert Brieskorn vom 20.12.1990. Nachlaß Brieskorn, Ordner Nr.13.

[156] Nachlaß Brieskorn, Ordner Nr.12. Siehe auch [Dierkesmann 1967].

[157] Sein Buch *Die Grundlagen der Quantenmechanik und ihre Mathematik* erschien 1936 in Berlin.

[158] Das Photo ist wiedergegeben in *HGW*, Band III, S.II.

schickte zum 8. November 1932 aus Göttingen einen Strauß, wofür sich HAUSDORFF in einem Brief herzlich bedankte.[159]

Sozialen Verkehr außerhalb seines Heims pflegte HAUSDORFF vor allem in der „Lese" und im Bonner Bürgerverein. Die Bonner „Lese- und Erholungsgesellschaft", kurz „Lese" genannt, war 1787 von der Aufklärung verpflichteten Männern „von Bildung und Stand" gegründet worden. In den Räumen der Lese wurden Literatur und die wichtigsten Zeitungen und Zeitschriften zur Verfügung gestellt. Man konnte dort also lesen und sich über aktuelle politische, wissenschaftliche und kulturelle Fragen austauschen. Das Gesellschaftshaus der Lese war ein repräsentatives Stadtpalais am Ende des Hofgartens, weniger als 5 Minuten Fußweg vom Universitätshauptgebäude entfernt. Es reichte bis zum Rheinufer und beherbergte eine große Bibliothek, einen Festsaal, Gesellschaftsräume sowie – HAUSDORFF sicher willkommen – einen eigenen Weinhandel.[160] HAUSDORFF wurde 1924 Mitglied der „Lese- und Erholungsgesellschaft".[161] Nach übereinstimmenden Berichten von HAUSDORFFS Tochter und GÜNTER BERGMANN verkehrte HAUSDORFF gern in der Lese, trank ein Glas Wein und unterhielt sich mit Kollegen und Freunden.

Der „Bonner Bürgerverein" wurde 1862 als Gesellschaft zur „gemeinnützigen Belehrung, geselligen Unterhaltung und kulturellen Fortbildung" gegründet. Der Verein war sehr stark katholisch geprägt und in seiner Entstehungsgeschichte sozusagen eine Abspaltung von der Lese- und Erholungsgesellschaft. Das Gebäude des Vereins, das Bürgervereinshaus am Beginn der Poppelsdorfer Allee, war ein viergeschossiger Prachtbau mit Restaurant und Gartencafé einschließlich Terrasse zur Poppelsdorfer Allee und mit drei Kegelbahnen.[162] Es ist kaum anzunehmen, daß HAUSDORFF Mitglied des sehr christlich orientierten Vereins war, er nutzte aber die schönen gastronomischen Möglichkeiten unweit der Universität und ging nach Berichten von BERGMANN mit seinem Kollegen MÜLLER des öfteren kegeln (ein weiterer Kegelbruder soll der Musikwissenschaftler LUDWIG SCHIEDERMAIR gewesen sein).

In mehreren Gesprächen mit EGBERT BRIESKORN hat HAUSDORFFS Tochter geäußert, HAUSDORFF sei unpolitisch gewesen. Es mag zutreffen, daß HAUSDORFF das politische Tagesgeschäft und das Parteiengezänk nicht interessierte oder sogar abstieß. Er hat aber sehr wohl gesamtgesellschaftliche Fehlentwicklungen und Gefahren gesehen. Davon zeugt sein (auf S. 400 erwähntes) Widmungsgedicht für POSNER[163] und aus früheren Tagen einige seiner Essays.[164] Die nationalsozialisti-

---

[159] *HGW*, Band IX, 142.

[160] Das Gebäude wurde im Oktober 1944 bei einem Luftangriff vollständig zerstört.

[161] In der 1937 erschienenen *Festschrift zur Feier des 150jährigen Bestehens der Lese- und Erholungs-Gesellschaft zu Bonn 1787–1937*, herausgegeben im Bonner Universitätsverlag von dem Bonner emeritierten Ordinarius für katholische Philosophie Adolf Dyroff, werden alle Mitglieder seit Gründung, auch – was 1937 bemerkenswert ist – alle jüdischen Mitglieder, aufgeführt. Dort erscheint unter dem Jahr 1924 auch Felix Hausdorff (S. 146).

[162] Das Gebäude wurde 1969 abgerissen; heute steht dort das Hotel Bristol.

[163] Abdruck in *HGW*, Band VIII, 255–256.

[164] Insbesondere *Massenglück und Einzelglück*, *Das unreinliche Jahrhundert* und *Gottes Schatten*.

sche Gefahr bedenkt er Anfang 1932 noch mit beißender Ironie. In einem Brief zu
HILBERTs 70. Geburtstag am 23. Januar 1932 [165] überlegt er, welchen Ehrentitel
er HILBERT verleihen könnte:

> Da der Titel princeps mathematicorum bereits vergeben ist, würde ich vor-
> schlagen, Sie zum dux mathematicorum zu ernennen, wenn nicht der Name
> dux, duce, Führer heute politisch so diskreditiert wäre durch Leute, die sich
> auf Grund selbst erteilten Führerscheins zur Führung des deutschen Volkes
> anbieten. Ich möchte Sie lux mathematices nennen [···]

Zu diesem Zeitpunkt hat HAUSDORFF es wohl noch nicht für möglich gehalten,
daß der selbst erteilte Führerschein ein Jahr später amtliche Gültigkeit erlangen
würde.

---

[165] *HGW*, Band IX, 343.

Kapitel 11

Hausdorff unter der nationalsozialistischen Diktatur

11.1 Die Jahre bis zum Novemberpogrom 1938

Das Programm, welches sich die NSDAP am 25. Februar 1920 im Münchener Hofbräuhaus gegeben hatte, enthielt 25 Punkte. Punkt 4 lautete:

> Staatsbürger kann nur sein, wer Volksgenosse ist. Volksgenosse kann nur sein, wer deutschen Blutes ist, ohne Rücksichtnahme auf Konfession. Kein Jude kann daher Volksgenosse sein.

Punkt 6 forderte, daß öffentliche Ämter nur von Staatsbürgern ausgeübt werden dürfen. Während einige Punkte des Programms mit antikapitalistischer Anmutung nach und nach stillschweigend in der Versenkung verschwanden, wurde der rassistische Antisemitismus nach der Ernennung ADOLF HITLERs zum Reichskanzler am 30. Januar 1933 Staatsdoktrin des 3. Reiches. Am 28. Februar 1933, einen Tag nach dem Reichstagsbrand, erließ HINDENBURG die *Verordnung des Reichspräsidenten zum Schutz von Volk und Staat*, die sog. „Reichstagsbrandverordnung". Sie war die scheinlegale Grundlage dafür, daß politische Gegner der Nazis und auch Juden willkürlich in „Schutzhaft" genommen und in Gefängnissen und „wilden" Konzentrationslagern festgehalten, mißhandelt und in manchen Fällen sogar ermordet wurden. Am 23. März 1933 beschloß der Reichstag ohne die Abgeordneten der KPD, die in „Schutzhaft" saßen oder untergetaucht waren und gegen die Stimmen derjenigen SPD-Abgeordneten, die noch in Freiheit waren, das *Gesetz zur Behebung der Not von Volk und Reich*, das sog. „Ermächtigungsgesetz", das die Gewaltenteilung abschaffte und zusammen mit der „Reichstagsbrandverordnung" die wichtigste Grundlage für die Errichtung der nationalsozialistischen Diktatur darstellte [Broszat 1984], [Evans 2004]. Am 1. April 1933 gab es im ganzen deutschen Reich „spontane" Boykottmaßnamen gegen jüdische Geschäfte.

© Der/die Autor(en), exklusiv lizenziert durch
Springer-Verlag GmbH, DE, ein Teil von Springer Nature 2021
E. Brieskorn und W. Purkert, *Felix Hausdorff*, Mathematik im Kontext,
https://doi.org/10.1007/978-3-662-63370-0_11

Das erste Gesetz, welches auch massiv in die Universitäten eingriff, war das am 7. April 1933 erlassene *Gesetz zur Wiederherstellung des Berufsbeamtentums.* Der §3, Absatz 1 des Gesetzes lautet:

> Beamte, die nicht arischer Abstammung sind, sind in den Ruhestand zu versetzen; soweit es sich um Ehrenbeamte handelt, sind sie aus dem Amtsverhältnis zu entlassen.

Der Absatz 2 regelt Ausnahmen, er lautet:

> Abs. 1 gilt nicht für Beamte, die bereits seit dem 1. August 1914 Beamte gewesen sind oder die im Weltkrieg an der Front für das Deutsche Reich oder für seine Verbündeten gekämpft haben oder deren Väter oder Söhne im Weltkrieg gefallen sind.[1]

An den Universitäten und Hochschulen hatten alle verbeamteten Hochschullehrer, aber auch Privatdozenten, die ja gar nicht Beamte waren, einen „Fragebogen zur Durchführung des Gesetzes zur Wiederherstellung des Berufsbeamtentums" auszufüllen, der neben den persönlichen Daten des Befragten, seiner Eltern und Großeltern nur eine Zeile für alle diese Personen enthielt, auf die es ankam, nämlich „Konfession (auch frühere Konfession)". Ferner wurde nach politischer Betätigung gefragt und danach, ob für den Befragten eine der Ausnahmen des §3, Absatz 2 zutreffen.[2]

Am Mathematischen Seminar der Universität Bonn änderte sich, was den Lehrbetrieb betrifft, zunächst nicht viel, denn FELIX HAUSDORFF und OTTO TOEPLITZ waren schon vor 1914 Beamte und blieben in ihren Positionen. Von den außerordentlichen Professoren und Privatdozenten war niemand von dem Gesetz betroffen. Die Atmosphäre am Seminar änderte sich insofern, als ERNST AUGUST WEISS sich nach der Machtergreifung als überzeugter und bald sehr aktiver Nationalsozialist entpuppte.

WEISS erhielt nach einem Mathematikstudium in Hannover, Hamburg und vor allem in Bonn ab 1.1.1923 eine Stelle als außerplanmäßiger Assistent am Bonner Mathematischen Seminar. Er promovierte 1924 bei STUDY und reichte 1926 eine geometrische Habilitationsschrift ein. STUDY hatte ein sehr positives Gutachten geschrieben, dem sich HAUSDORFF mit einer Zeile „in allen Punkten" anschloß. BECK als notorischer Gegner STUDYs kritisierte die rasche Habilitation; WEISS sei „stark einseitig eingestellt".[3] Er schlug vor, den Beschluß über eine Habilitation von WEISS um zwei Semester zu verschieben. Obwohl BECK in diesem Fall mit seiner Einschätzung wohl recht hatte, wurde STUDYs scharfe Replik gegen BECK von HAUSDORFF – sicher mehr aus Freundschaft gegenüber STUDY als aus Überzeugung – wohlwollend unterstützt. Daraufhin wurde WEISS am 19.5.1926 habilitiert. Man kann also sagen, daß er seinen Erfolg mit der Habilitation auch HAUSDORFF

---

[1] Reichsgesetzblatt. Teil 1 (Nr. 34 vom 7. April 1933), S. 175.

[2] Der Fragebogen, den der damalige Privatdozent Reinhold Baer im Juni 1933 ausfüllte, ist im Katalog der Ausstellung *Transcending Tradition. Jewish Mathematicians in German-Speaking Academic Culture*, Springer, Heidelberg 2012, S. 215–218 abgedruckt.

[3] Personalakte E. A. Weiss, Universitätsarchiv Bonn.

verdankte. Mit einem Rockefeller-Stipendium verbrachte WEISS dann drei Semester in Frankreich. Am 14.5.1932 wurde er zum nichtbeamteten außerordentlichen Professor ernannt. Als mathematischer Forscher hat WEISS keine Bedeutung erlangt. WILHELM BLASCHKE widmet im Nachruf dessen Forschung ganze zwei Sätze ohne jede Wertung. Er würdigt ihn jedoch als erfolgreichen Lehrer und Autor zweier Lehrbücher.[4]

WEISS trat am 8.7.1933 der SA bei, wurde bald Rottenführer und im November 1934 Scharführer. Er brachte es bis zum Obertruppführer und Brigade-Adjutanten. Gelegentlich sei er im Mathematischen Seminar sogar in SA-Uniform erschienen. Am 1.5.1937 wurde er Mitglied der NSDAP. Über Bonn hinaus bekannt in der nationalsozialistischen Studenten- und Dozentenschaft wurden die von ihm organisierten und geleiteten „Mathematischen Arbeitslager" in Kronenburg in der Eifel. Mit einer Gruppe von Studenten fuhr WEISS für etwa 14 Tage nach Kronenburg, wo ein Lagerleben mit viel Körperertüchtigung, militärisch strukturierten Wachdiensten, Kontakten mit der örtlichen SA und regionalen Betrieben sowie mit Vorträgen und Aktivitäten zur nationalsozialistischen Erziehung[5] organisiert wurde. Täglich fanden auch mathematische Vorträge der Studierenden statt; gelegentlich hielt auch WEISS Vorträge, z.B. über seine Erfahrungen mit der mathematischen Bildung in Frankreich. Nach dem ersten Arbeitslager in Kronenburg in den Osterferien 1934 fanden weitere Arbeitslager in den Herbstferien 1934, in den Osterferien 1935 und 1936 sowie in den Herbstferien 1938 statt.[6]

WEISS war auch ein Anhänger der obskuren BIEBERBACHschen Theorien einer „völkischen Verwurzelung" der Mathematik. Der an der Berliner Universität wirkende bekannte Funktionentheoretiker LUDWIG BIEBERBACH, aktiver Nationalsozialist seit 1933, hatte mit mehreren Veröffentlichungen und weiteren Aktivitäten versucht, eine „Deutsche Mathematik" zu begründen und zu etablieren, die sich insbesondere von der angeblich existierenden „jüdischen Mathematik" unterscheiden und dieser natürlich überlegen sein sollte.[7] Sprachrohr der BIEBERBACHschen „Bewegung" war die Zeitschrift „Deutsche Mathematik", die von THEODOR VAHLEN herausgegeben wurde und deren Schriftleiter BIEBERBACH war. WEISS war vom ersten Band (1936) an Mitherausgeber dieses Journals und publizierte dort auch, z.B. eine „Ahnentafel von Eduard Study"[8], aus der sich angeblich „deutlich zwei Hauptlinien für die Weitergabe wertvollen Erbgutes ergeben". Auch über die Arbeitslager in Kronenburg und über die davon inspirierten Lager an anderen Universitäten wurde in der „Deutschen Mathematik" berichtet.

HAUSDORFF gegenüber scheint sich WEISS zwar distanziert, aber korrekt verhalten zu haben. In seinen umfangreichen Listen zum Versand seiner Separata

---

[4]Wilhelm Blaschke: *E. A. Weiß* †. Jahresbericht der DMV **52** (1942), 174–176.

[5]Z.B. gab es 1936 einen Lichtbildervortrag über Rassenkunde eines Herrn E. Hau.

[6]Zu Weiss und seiner Idee der Mathematischen Arbeitslager siehe [Segal 1992] und den Abschnitt „Mathematical Camps" in [Segal 2003, 188–197].

[7]Siehe dazu Chapter 7 *Ludwig Bieberbach and „Deutsche Mathematik"* in [Segal 2003, 334–418], ferner [Lindner 1980].

[8]Band 1 (1936), 711–715.

verzeichnet HAUSDORFF noch um 1936 WEISS als potentiellen Empfänger; die
Zeile im Namensverzeichnis lautet: „Prof. Dr. E.A.Weiss (? hat mir noch 1935
oder 1936 Arbeiten geschickt)".[9]

Unter den Studierenden wurden besonders eifrige Anhänger des Nationalsozialismus zu „Fachabteilungsleitern" gemacht. Fachabteilungsleiter Mathematik in
der Bonner Studentenschaft war ein gewisser HANS PETERS, der 1936 bei WEISS
promovierte. Von ihm ist ein Bericht über die Bonner Dozenten der Mathematik,
datiert vom 31.10.1934, an FRITZ KUBACH, damals Student in Heidelberg und
Reichsfachabteilungsleiter Mathematik in der Deutschen Studentenschaft überliefert. Aus diesem Bericht seien hier die Einschätzung der Ordinarien und die von
WEISS zitiert:

> Beck, Hans; Geometrie und Funktionentheorie; alleiniger Seminardirektor;
> entgegenkommend, aber nicht immer klar zu durchschauen;

> Hausdorff, Felix; Analytiker; Jude; wissenschaftlich außerordentlich fähig; zu-
> rückhaltend, in keiner Weise die Studentenschaft schädigend;

> Toeplitz, Otto; Analytiker; Jude; mit großer Vorsicht zu behandeln; Mann
> mit Verbindungen, der seine Schüler meist gut unterbringt;

> Weiss, E. A.; Geometer, Algebraiker; sehr aktiv im Sinne der Studentenschaft
> auch vor dem 30.1.33; S.A. = Rottenführer, Sturmbannadjutant; der Dozent,
> dem ich mein volles Vertrauen schenke, das er sich immer wieder verdient. [10]

Ferner schwadroniert PETERS über die Gründung neuer wissenschaftlicher Zeitschriften. Der Brief endet mit folgenden Sätzen:

> Die Überzeugung, die uns zur Durchführung unserer beiden math. Arbeits-
> lager veranlaßte, teile ich auch weiterhin: Wir müssen als Nationalsozialisten
> die Universität erobern; wir können sie nur auf Grund unserer eigenen wis-
> senschaftlichen Leistung erobern.

Eine Methode nationalsozialistischer Studenten, „die Universität zu erobern", war
die Störung oder der Boykott von Vorlesungen, die 1933 und 1934 noch von jüdischen Professoren gehalten wurden, wie z.B. der Boykott gegen EDMUND LANDAU
in Göttingen [Schappacher 1987], [Schappacher/ Scholz 1992]. Vermutlich ist auch
eine Vorlesung HAUSDORFFs von nationalsozialistischen Studenten gestört worden.
Im Wintersemester 1934/35, seinem letzten Semester, las HAUSDORFF zweistündig
„Infinitesimalrechnung III", eine Fortsetzung der vierstündigen „Infinitesimalrechnung II" aus dem vorigen Semester. Das 40-seitige Manuskript der Vorlesung befindet sich in HAUSDORFFs Nachlaß.[11] Auf Blatt 16 steht von HAUSDORFFs Hand:

---

[9]Nachlaß Bessel–Hagen, Abt. Handschriften und Rara der ULB Bonn. Das Fragezeichen
scheint darauf hinzudeuten, daß sich Hausdorff nicht mehr genau an die Daten der Zusendung
Weißscher Arbeiten erinnern konnte.

[10]US Document Center Berlin. Kopie im Nachlaß Brieskorn, Ordner Nr. 12.

[11]Kapsel 19, Faszikel 59.

„abgebrochen 20. 11.". HAUSDORFF hat in den 40 Jahren seiner Lehrtätigkeit nur einmal eine Vorlesung abgebrochen, und das war gegen Ende des Wintersemesters 1919/20 wegen des Kapp-Putsches. Es muß also etwas Gravierendes passiert sein, das ihn am 20.11.1934 zum Abbruch der Vorlesung veranlaßte. Eine Recherche in einschlägigen Zeitungen ergab folgendes: Am 22.November 1934, also zwei Tage nach HAUSDORFFs Vorlesungsabbruch, erschien im „Westdeutschen Beobachter" ein Artikel unter dem Titel „Partei erzieht den politischen Studenten. Arbeitstagung des NSD-Studentenbundes in Bonn". Dort wird berichtet, daß „in diesen Tagen" (also um den 20.11.herum) eine Arbeitstagung der Hochschulgruppen Universität und Landwirtschaftliche Hochschule des NSD-Studentenbundes stattgefunden habe. Dort sei hervorgehoben worden, daß der Führer selbst „dem NSD-Studentenbund als der alten politischen Kampftruppe der Bewegung an den deutschen Hochschulen die gesamte politische Erziehung der deutschen Studenten und Fachschüler unterstellt" hat. Dann heißt es weiter in dem Artikel:

> Das Wichtigste für den jungen Studenten sei die *politische Erziehung*. [···] In diesem Semester sei das Gebiet der politischen Erziehung das Thema „Rasse und Volkstum", auf dem gründliche Arbeit zu leisten sei. Alle sollten zu ihrem Teil mithelfen an der großen Aufgabe der Gestaltung des neuen Typus des deutschen Studenten, der Nationalsozialist sei.

Die Vermutung liegt sehr nahe, daß die Mitglieder des NSD-Studentenbundes sofort begannen, „gründliche Arbeit" zu leisten und die Vorlesung eines Juden, die ja im gleichen Gebäude stattfand, so störten, daß sie abgebrochen werden mußte.

Die Brutalität und Gesetzlosigkeit des nationalsozialistischen Regimes erfuhren HAUSDORFFs in der eigenen Verwandtschaft. Betroffen von einem unfaßbaren Verbrechen war die Familie von KÄTHE (KÄTE) SCHMID. KÄTHE wurde als KÄTHE TIETZ in der Familie von ADOLF und HEDWIG TIETZ 1899 in Schwerin geboren.[12] Ihr leiblicher Vater war ein Freiherr VON ALVENSLEBEN, mit dem ihre Mutter eine Affäre hatte. ADOLF TIETZ erkannte KÄTHE als sein Kind an und wurde in der Geburtsurkunde als Vater eingetragen; KÄTHE galt also als HAUSDORFFs Cousine. Sie heiratete 1921 WILHELM (WILLI) SCHMID, der Romanistik, Kunstgeschichte, Musikwissenschaft und Pädagogik studiert und 1923 promoviert hatte. Seit 1924 arbeitete er als Musikkritiker und Feuilletonist für das Gebiet der Musik beim „Bayerischen Kurier" und später bei den „Münchener Neuesten Nachrichten". Daneben schrieb er für Fachzeitschriften und versuchte sich als Schriftsteller. Er spielte hervorragend Viola da gamba und Cello, tourte gelegentlich mit einem von ihm gegründeten Streichquintett durch Deutschland und vor allem durch Italien und erwarb sich große Verdienste, die Musik der Renaissance und des Frühbarock wiederzubeleben. HAUSDORFFs mochten KÄTHE und WILLI SCHMID sehr gern; belegt ist z.B. ein Besuch der Familie SCHMID in Bonn mit einer schönen Wanderung im Siebengebirge. Belegt sind auch Begegnungen in Schwerin, Arendsee, Greifswald und Bad Reichenhall.[13]

---

[12] Adolf Tietz war ein Bruder von Hausdorffs Mutter.
[13] *HGW*,Band IX, 600.

Am Abend des 30. Juni 1934 wurde WILLI SCHMID von einem SS-Kommando in seiner Wohnung verhaftet und noch in der gleichen Nacht im Konzentrationslager Dachau ermordet. Dieser Mord geschah im Rahmen der von HITLER befohlenen und von der SS durchgeführten Liquidierung der SA-Führung, des sog. RÖHM-Putsches. WILLI SCHMID hatte mit der SA nicht das Geringste zu tun, und es ist gut möglich, daß er einer Verwechslung mit dem SA-Führer WILHELM SCHMIDT (oft auch SCHMID geschrieben) zum Opfer gefallen war.[14] Obwohl sich sogar RUDOLF HESS bei KÄTHE SCHMID für das „Versehen" entschuldigte, hatte sie lange zu kämpfen, bis sie eine Rente für die Kinder[15] vom Staat erhielt (Geld von der NSDAP oder der SS hatte sie abgelehnt). Eine eingehende Schilderung der Vorgänge um die Ermordung ihres Mannes gibt KÄTHE HOERLIN, verw. SCHMID, in einer notariell beglaubigten eidesstattlichen Erklärung vom 7. Juli 1945, welche in die Dokumente des Nürnberger Prozesses gegen die Hauptkriegsverbrecher vor dem Internationalen Militärgerichtshof, Nürnberg, 14. November 1945 – 1. Oktober 1946, eingegangen ist.[16]

HAUSDORFFs waren nach Erhalt der Nachricht aus München fassungslos; auf einer Briefkarte richteten sie an KÄTHE SCHMID und ihre Mutter HEDWIG TIETZ (HEDEL), die zur Zeit der Ermordung ihres Schwiegersohnes gerade in München zu Besuch weilte, diese Zeilen:

> Ihr armen Unglücklichen, dieser Schlag ist so entsetzlich, so furchtbar, dass man erstarrt u. verstummt. Wir haben Tag u. Nacht nur den einen Gedanken – warum, warum? Können wir Euch äusserlich irgendwie helfen?   Eure Lotte

> Käthe, Hedel, Ihr Ärmsten, wir sind ganz gelähmt von Entsetzen, Jammer und Mitgefühl. Ich weiss kein Wort des Trostes. – Wenn Ihr etwa Geldschwierigkeiten habt, will ich helfen, soviel ich kann.
> In tiefster Trauer   Euer Felix[17]

HEDWIG TIETZ starb am 25. Juli 1924 in Schwerin, weniger als einen Monat nach der Ermordung ihres Schwiegersohnes. Das von tiefem Mitgefühl getragene Beileidsschreiben von CHARLOTTE und FELIX HAUSDORFF an KÄTHE SCHMID zum Tod der Mutter endet mit dem Satz:

> Manchmal zweifeln wir, ob Du dies Alles tragen kannst; aber in Deiner Jugend, in Deiner Seele, in Deinem Geist sind so gewaltige Kräfte – wir hoffen

---

[14] Dieser SA-Führer stand auf der Liste der von der SS zu liquidierenden Personen; seine Adresse stand aber nicht auf der Liste, sondern nur der Aufenthaltsort München. Ein Beamter der Bayrischen Politischen Polizei (später Gestapo) sagte 1934 aus, er habe versehentlich aus dem Melderegister die Adresse von Willi Schmid herausgesucht und weitergegeben (siehe dazu [Gruchmann 2001, 464]) Zu zwei weiteren Vermutungen über die Ursache der Verwechslung s. *HGW*, Band IB, 947.

[15] Die Kinder des Ehepaares Schmid Renate (Duscha), Thomas und Heidi waren zum Zeitpunkt der Ermordung ihres Vaters 9, 7 und 2 Jahre alt.

[16] Mit Quellenangabe vollständig abgedruckt in *HGW*, Band IX, 594–596.

[17] *HGW*, Band IX, 593.

von ganzem Herzen, dass sie Dich nicht sinken lassen werden.
    In tiefer Mittrauer   Dein Felix[18]

KÄTHE SCHMID fand, wie HAUSDORFF es gehofft hatte, neben der Sorge um das Wohl ihrer drei Kinder Aufgaben, die sie ausfüllten und ihr halfen, ins Leben zurück zu finden. Im Herbst 1934 begann sie, unterstützt von OSWALD SPENGLER, aus Veröffentlichungen und nachgelassenen Papieren ihres Mannes ein Buch zusammenzustellen, das, nachdem die Gestapo den Text genehmigt hatte, 1935 erschien: *Unvollendete Symphonie. Gedanken und Dichtung von Willi Schmid*, Oldenbourg, München und Berlin 1935. Eine etwas modifizierte Version des Buches erschien 1937 beim Verlag Otto Müller in Salzburg.[19] Auch HAUSDORFFs hatten natürlich ein Exemplar des Werkes erhalten. CHARLOTTE HAUSDORFF schrieb im Mai 1935 an KÄTHE SCHMID:

> Felix ist nicht fähig in dem Buch zu lesen, er legt es immer wieder zu tief erschüttert aus der Hand. Ja, alle Wunden bluten wieder bei diesen Klängen.[20]

Eine zweite wichtige Aufgabe von KÄTHE SCHMID war die ehrenamtliche Arbeit für den „Deutschen Alpenverein". KÄTHE und WILLI SCHMID liebten die Berge und waren mit berühmten Bergsteigern wie WILLY MERKL befreundet. Als MERKL 1934 die „Deutsche Himalaya-Expedition 1934" mit dem Ziel der Besteigung des Nanga Parbat in Angriff nahm, übernahmen die SCHMIDs die Pressearbeit und richteten das Büro der Expedition in ihrer Wohnung ein. Mitte Juli 1934, nur zwei Wochen nach WILLI SCHMIDs tragischem Tod, erreichten KÄTHE erste Nachrichten vom Desaster der Expedition, dem zehn Bergsteiger, darunter MERKL, zum Opfer fielen. Obwohl sie erklärte, daß sie die versprochene Pressearbeit trotz aller Schicksalsschläge weiterführen würde, schickte ihr der Alpenverein sein Leitungsmitglied HERMANN HOERLIN zu Hilfe. HOERLIN war Physiker und Extrembergsteiger, Spezialist auf dem Gebiet der kosmischen Strahlung (Promotion 1936) und der Photographie unter extremen Bedingungen. Er hatte neben zahlreichen Alpengipfeln im Rahmen einer internationalen Himalaya-Expedition 1930 den Jongsong Peak und Gipfel des Kanchenjunga-Massivs bestiegen und sich 1932 in Peru mehrere Wochen in Höhen über 5000 Meter zu Forschungen über kosmische Strahlung aufgehalten. HOERLIN und KÄTHE SCHMID kamen sich bei der gemeinsamen Arbeit nach und nach näher und wurden schließlich ein Paar, das jahrelang eine Fernbeziehung führen mußte. Wegen des besonders in München virulenten massiven Antisemitismus siedelte KÄTHE SCHMID am 1. März 1937 mit den Kindern nach Salzburg über. HOERLIN arbeitete als Leiter des physikalischen Labors bei der Firma Agfa in Wolfen bei Dessau. Die 1935 erlassenen Nürnberger Rassengesetze verboten Ehen von „Ariern" mit Juden; Ehen zwischen „Mischlingen 1. Grades" und „Ariern" waren mit einer Sondergenehmigung in seltenen Ausnahmefällen möglich. HOERLIN und SCHMID führten einen langen Kampf mit der

---

[18]Der ganze Brief ist abgedruckt in *HGW*, Band IX, 596–597.
[19]Näheres zu dem Buch in *HGW*, Band IX, 598–599.
[20]*HGW*, Band IX, 598.

nationalsozialistischen Bürokratie, bis sie schließlich die Sondergenehmigung erhielten.[21] Sie heirateten am 12. Juli 1938 in Berlin und reisten am 9. August 1938 aus Deutschland aus. HOERLIN war bereits seit Frühjahr 1938 Leiter der Physikabteilung der Tochterfirma Agfa/Ansco in Binghamton, Staat New York. 1939 wurde die Tochter BETTINA geboren.[22] Vor der Ausreise haben sich HAUSDORFFs 1937 oder im Frühjahr 1938 noch einmal in der Schweiz, in Luzern, mit KÄTHE getroffen; es dürfte dies HAUSDORFFs letzte Auslandsreise gewesen sein. Am 16. Juli 1938 schrieben HAUSDORFFs einen Brief zum Abschied an KÄTHE vor ihrer großen Reise, in dem FELIX HAUSDORFF unter anderem schreibt:

> Meine liebe Katja,
>
> Alle meine herzlichen Wünsche begleiten Dich, Deine Kinder und Deinen Gatten in das neue Leben jenseits des atlantischen Ozeans. Trotz dieser räumlichen Trennung und trotz meinen 70 Jahren hoffe ich, Euch noch auf Erden wiederzusehen. [23]

Diese Hoffnung hat sich nicht erfüllt. Es sei noch angemerkt, daß HOERLINs spätere Forschungen zu den schädlichen Auswirkungen von Kernwaffentests in der Atmosphäre, insbesondere auf die Ozonschicht, dazu beitrugen, daß nach langen Verhandlungen zwischen den Großmächten schließlich ein Moratorium für solche Tests zustande kam. HOERLIN starb am 6. November 1983; die Grabrede hielt der Physik-Nobelpreisträger HANS BETHE. KÄTHE HOERLIN starb am 10. Juli 1985. Ihre Tochter DUSCHA war in zweiter Ehe mit dem Physiker VICTOR WEISSKOPF verheiratet. WEISSKOPF gilt als Mitbegründer der Quantenelektrodynamik und war 1961–1965 Direktor des Europäischen Kernforschungszentrums CERN in Genf. Im hohen Alter hat DUSCHA WEISSKOPF ein Buch über ihren Vater geschrieben.[24] Sie war es auch, die EGBERT BRIESKORN die Briefe von CHARLOTTE und FELIX HAUSDORFF an ihre Mutter schenkte; sie befinden sich jetzt in der Handschriftenabteilung der ULB Bonn. In einem Begleitschreiben zu der Schenkung schrieb sie an BRIESKORN:

> Ich bin sehr froh, dass diese Karten und Briefe Ihnen nützlich sind. Sie sind so liebevoll, dass man sicher ein besseres Bild von der Menschlichkeit der Autoren bekommt. Übrigens ist es auch so, dass meine Mutter vor ihrer Auswanderung viele Briefe verbrannt hat, weil sie ja nicht alles mitnehmen konnte. Die Hausdorff-Briefe hat sie aber sorgsam aufgehoben.

Am 21. Januar 1935 wurde das „Gesetz über die Entpflichtung und Versetzung von Hochschullehrern aus Anlaß des Neuaufbaus des deutschen Hochschulwesens" erlassen. Das Gesetz bestimmte, daß „die beamteten Hochschullehrer des

---

[21]Käthe Schmid konnte nachweisen, daß der „Arier" von Alvensleben ihr leiblicher Vater war.

[22]Die Beziehung ihrer Eltern, ihren Kampf um die Heiratserlaubnis und die Möglichkeit der Ausreise und ihr Leben in den USA schildert Bettina Hoerlin in dem Buch *Steps of Courage. My Parent's Journey from Nazi Germany to America*, Author House, Bloomington 2011.

[23]Der Brief ist vollständig abgedruckt in *HGW*, Band IX, 600.

[24]Duscha Schmid Weisskopf: *Willi Schmid: A Life in Germany*. Boston, Massachusetts 2004, 2012².

Deutschen Reiches zum Schluß des Semesters, in dem sie ihr 65. Lebensjahr vollenden, kraft Gesetzes von ihren amtlichen Verpflichtungen entbunden werden", falls nicht „überwiegende Hochschulinteressen" dagegen sprechen. Im Falle eines jüdischen Professors hat das Ministerium sicher keine Anstalten gemacht, zu prüfen, ob die Ausnahme im Gesetz anzuwenden sei. HAUSDORFF erhielt somit ein vom 5. März 1935 datiertes Schreiben vom preußischen Kultusminister folgenden Wortlauts:

> Kraft Gesetz sind Sie mit Ende März 1935 von den amtlichen Verpflichtungen entbunden. Der Abschied geht Ihnen noch besonders zu. Über die Umgrenzung der Ihnen nach der Entpflichtung verbleibenden Rechte behalte ich mir die Entscheidung vor.[25]

Ein Wort der Würdigung oder des Dankes für 40 Jahre treue Dienste im deutschen Hochschulwesen fanden die damals Verantwortlichen nicht. Von sich aus hatte HAUSDORFF keine Emeritierung beantragt; er hatte für das Sommersemester 1935 noch „Elliptische Funktionen (4-stündig)" und zusammen mit TOEPLITZ und BESSEL-HAGEN „Mathematisches Seminar, Analytische Abteilung" angekündigt. Der obige Vorgang bedeutete zwar keine freiwillige, aber zunächst doch eine reguläre Emeritierung, so daß die finanzielle Situation die eines Emeritus und somit zufriedenstellend war.

Vom 10. bis 16. September 1935 fand in Nürnberg der 7. Reichsparteitag der NSDAP statt. Im Rahmen dieser Veranstaltung beschloß der Reichstag, der extra telegraphisch nach Nürnberg einberufen worden war, am 15. September 1935 einstimmig zwei Gesetze, das „Reichsbürgergesetz" und das „Gesetz zum Schutze des deutschen Blutes und der deutschen Ehre", die „Nürnberger Rassengesetze". Für den Vollzug dieser Gesetze war die „Erste Verordnung zum Reichsbürgergesetz" vom 14. November 1935 maßgeblich. Darin wurde festgelegt, wer im Sinne der Nationalsozialisten als „Jude" zu gelten habe: Als „Jude" galt eine Person, von deren Großeltern drei oder vier „der Rasse nach" jüdisch waren. Wegen nicht existierender „Rassemerkmale" wurde bei der Definition dann doch auf die Konfession zurückgegriffen: Ein Großelternteil galt „der Rasse nach" als jüdisch, wenn er der jüdischen Religionsgemeinschaft angehörte oder angehört hatte.

Der §4 dieser Verordnung bestimmte in seinen ersten beiden Absätzen folgendes:

> (1) Ein Jude kann nicht Reichsbürger sein. Ihm steht ein Stimmrecht in politischen Angelegenheiten nicht zu; er kann ein öffentliches Amt nicht bekleiden.
> (2) Jüdische Beamte treten mit Ablauf des 31. Dezember 1935 in den Ruhestand.

Damit waren die Ausnahmen beseitigt, die das „Gesetz zur Wiederherstellung des Berufsbeamtentums" von 1933 vorgesehen hatte. Eine Folge für Bonn war, daß

---

[25] Archiv der Universität Bonn, PF-PA 191, Teil II.

OTTO TOEPLITZ ab 1. Januar 1936 in den Ruhestand versetzt war; seine Ruhe-
standsbezüge lagen mit 35% des ruhegehaltsfähigen Diensteinkommens deutlich
unter den Bezügen eines emeritierten Professors.

HAUSDORFF erhielt am 17. Dezember 1935 ein Schreiben des Universitätskurators, in dem ihm mitgeteilt wurde, daß er mit dem 31. Dezember 1935 in
den Ruhestand versetzt sei (also nicht mehr als Emeritus galt). Zwei Tage später teilte der Kurator mit, daß die Ruhebezüge ab 1. Januar 5.496 Reichsmark
jährlich betragen. Die Bezüge als Emeritus lagen bei 10.676 Reichsmark jährlich;
sie sollten also im neuen Jahr um fast die Hälfte reduziert werden. Eine „Zweite
Verordnung zum Reichsbürgergesetz" vom 21. Dezember 1935 definierte im einzelnen, wer als „Beamter" im Sinne von §4, Absatz (2) der „Ersten Verordnung zum
Reichsbürgergesetz" zu gelten hatte und demgemäß in den Ruhestand zu versetzen
war. Emeriti waren nicht genannt. Deshalb erhielt HAUSDORFF am 23. Dezember
1935 ein Schreiben des Universitätskurators, in dem ihm mitgeteilt wird, daß die
Versetzung in den Ruhestand zurückgenommen wird. In einer Mitteilung des Kurators an die Universitätskasse vom 23.12.1935 heißt es – HAUSDORFF betreffend –
demgemäß: „Die Emeritenbezüge sind weiter zu zahlen." Damit war HAUSDORFFS
materielle Grundlage zunächst noch, verglichen etwa mit vielen Juden in der freien
Wirtschaft, recht komfortabel. Dies, und seine Meinung, die uns von seiner Tochter
überliefert wurde, „uns alten Leuten werden sie wohl nichts tun", mag ein Grund
dafür gewesen sein, daß er in den Jahren, als vielleicht noch Aussicht auf Erfolg
bestanden hätte, keinen Versuch unternommen hat, zu emigrieren.

Mit weiteren Verordnungen und Verfügungen wurden, insbesondere ab 1939,
die Bezüge jüdischer Emeriti und Beamter im Ruhestand schrittweise immer mehr
beschnitten und das jüdische Vermögen nach und nach enteignet.[26]

Seit der Machtergreifung der Nationalsozialisten wurde die schrittweise Ver-
drängung von Juden aus dem Wirtschaftsleben, die sog. „Arisierung", bis zur völ-
ligen Enteignung nach dem Novemberpogrom 1938 kontinuierlich betrieben. Viele
jüdische Firmeninhaber sahen sich wegen der zunehmenden Schwierigkeiten genötigt, ihre Firmen zu schließen oder zu verkaufen; faire Preise waren aber in der
Regel nicht mehr zu erzielen. Auch HAUSDORFF und seine Miteigentümer entschlossen sich, den Verlag „Der Spinner und Weber. Hausdorff & Co." zu verkaufen, und zwar an den Verlag der Brüder ARTHUR GUSTAV und LUDWIG VOGEL in
Pößneck in Thüringen. Verkaufsverträge sind wegen Kriegsverlusten im Verlagsarchiv nicht mehr vorhanden. Wir wissen also nicht, was HAUSDORFF und seine
Miteigentümer erlöst haben. Die erste Nummer von „Der Spinner und Weber", die
in Pößneck gedruckt wurde, erschien am 4. Oktober 1935. Ob HAUSDORFF selbst
in die Verkaufsverhandlungen eingebunden war, wissen wir nicht. Spätestens seit
1934 war sein Schwiegersohn ARTHUR KÖNIG als Miteigentümer eingetragen; es
ist gut möglich, daß dieser sich – HAUSDORFFS Part betreffend – um den Verkauf
gekümmert hat, zumal er in Jena, nicht weit von Pößneck entfernt, wohnte.

---

[26]S. dazu den letzten Abschnitt dieses Kapitels.

Es sind hier von der nationalsozialistischen antisemitischen Gesetzgebung bisher nur einige wenige Gesetze genannt worden, die HAUSDORFF einschneidend betrafen. Die Diskriminierung, Schikanierung und Verfolgung der Juden mittels aller möglichen Gesetze und Verordnungen hatte aber schon 1935 ein beträchtliches Ausmaß erreicht. Das klassische Werk von JOSEPH WALK[27] zählt bis zu den Nürnberger Rassegesetzen bereits 637 Nummern! HAUSDORFFs Reaktion darauf war, daß er sich nach der Emeritierung zunehmend zurückzog und sich ganz der mathematischen Forschung widmete. KÄTHE SCHMID, die HAUSDORFFs im Oktober 1935 besuchte, schrieb aus Bonn an ihren Partner HERMANN HOERLIN:

> Mit Hausdorffs habe ich es sehr gut. Ich finde in ihnen die überlegenen, feinfühligen und mir sehr nahen Menschen als die ich sie immer gekannt. Die Not hat sie nicht verzerrt, noch engt sie sie im Geistigen ein. Felix ist so in der Mathematik verhaftet, dass er auf keine Weise herauszureissen ist – welch Glück ist das![28]

Am 27. Juli 1938 schrieb ERICH BESSEL-HAGEN an DORA REIMANN, die 1936 noch bei TOEPLITZ promoviert hatte:

> Hausdorff lebt mit seiner Frau sehr zurückgezogen, kümmert sich um die Dinge der Welt nicht und arbeitet an mathematischen Problemen. Gesundheitlich geht es ihm wechselnd (wie es ja immer war), im Durchschnitt aber besser als früher. [Neuenschwander 1996, 256].

HAUSDORFFs Kollege und Freund OTTO TOEPLITZ reagierte auf die Judenverfolgung mit vielfältigem Engagement für die jüdische Gemeinschaft. Er wurde am 16. August 1933 in den Vorstand der Bonner Synagogengemeinde gewählt. Im Oktober wurde er Vorsitzender des gerade ins Leben gerufenen jüdischen Kultur- und Schulvereins. Er engagierte sich für die Gründung einer jüdischen Volksschule und führte die entsprechenden Verhandlungen mit dem Schulamt. Die Schule wurde am 1. Mai 1934 mit 63 Schülern gegründet; 1935 waren es schon 84 Schüler und damit fast alle volksschulpflichtigen jüdischen Kinder im Einzugsbereich. Die Kinder waren so vor den Herabsetzungen und Anfeindungen an den öffentlichen Schulen geschützt. TOEPLITZ blieb bis 1936 Vorsitzender des Schulvereins. Er war auch Leiter der Hochschulabteilung der „Reichsvertretung der deutschen Juden" und organisierte in dieser Funktion Stipendien und andere Hilfen zur Auswanderung begabter jüdischer Studenten. Die Lage an den deutschen Hochschulen verfolgte er aufmerksam und führte eine Kartei über Absetzungen und Selbstmorde von Hochschulangehörigen aller Fachgebiete.

HAUSDORFF hatte, wie wir sahen, anders reagiert: er trug die Last still und zog sich in die mathematische Arbeit zurück. Er schätzte jedoch den Kampf von TOEPLITZ und seiner Frau ERNA[29] gegen die staatlichen Widernisse hoch ein. Zur

---

[27][Walk 1981/1996], Reprint der 2. Aufl. 2013.

[28]Duscha Weisskopf zitiert diese Passage aus dem Schreiben ihrer Mutter in einem Brief an Frau Ingeborg Hirzebruch vom 9. Juli 1996; Kopie im Nachlaß Brieskorn, Ordner Nr. 14.

[29]Erna Toeplitz war seit 1933 im Vorstand des Frauenvereins der Bonner Synagogengemeinde und Gründerin und Vorstandsvorsitzende der „Women's International Zionist Organization".

Silberhochzeit von OTTO und ERNA TOEPLITZ schuf er unter dem Titel „Sehr schwieriges Akrostichon für das Ehepaar Toeplitz" ein kunstvolles Gedicht, in dem er in liebevoll-anerkennender Weise auf TOEPLITZ' und seiner Frau Engagement Bezug nimmt.[30]

TOEPLITZ war auch, solange es ging, um die Erhaltung des hohen Niveaus der Bonner Mathematik bemüht. Nach HAUSDORFFs Emeritierung versuchte er, einen erstklassigen Mathematiker für Bonn zu gewinnen, nämlich HELMUT HASSE, Ordinarius in Göttingen. Davon zeugt der intensive Briefwechsel HASSE – TOEPLITZ zwischen April und Juni 1935.[31] TOEPLITZ wurde dabei von BECK unterstützt. HASSE kam aber schließlich nicht und die Verhandlungen um die Wiederbesetzung der beiden Ordinariate zogen sich lange hin. Alle von der Fakultät ins Auge gefaßten Kandidaten konnten letztlich nicht gewonnen werden; andererseits hatte die Fakultät das Rückgrat, die vom Ministerium empfohlenen Vertreter der „Deutschen Mathematik" ERHARD TORNIER und MAXIMILIAN KRAFFT abzulehnen.[32]

Schließlich schuf das Ministerium Fakten. Es entschied, das ehemals HAUSDORFFsche Ordinariat nach Göttingen zu überführen; die Stelle erhielt dort durch HASSEs Bemühungen der berühmte Zahlentheoretiker CARL LUDWIG SIEGEL. Die Bonner Mathematik erhielt für das verloren gegangene Ordinariat aus Göttingen ein planmäßiges Extraordinariat, auf das der in Jena habilitierte Funktionentheoretiker ERNST PESCHL, NSDAP-Mitglied seit 1933, zunächst als Vertretung und ein Jahr später als planmäßiger a.o. Professor berufen wurde. Auf das TOEPLITZsche Ordinariat berief das Ministerium am 1. Oktober 1938 den bedeutenden Algebraiker WOLFGANG KRULL, damals Ordinarius in Erlangen.[33] KRULL war Mitglied der NSDAP; er hielt kurz nach seiner Berufung eine Vorlesung über „Erbmathematik". Von 1941 bis 1943 fungierte er als Dekan der Fakultät, trat aber parteipolitisch sonst nicht hervor. PESCHL hat sich parteipolitisch auch nicht betätigt, im Gegenteil hatte er einige Schwierigkeiten mit fanatischen Parteigenossen.[34] KRULL und PESCHL waren ab 1943 nicht in Bonn, KRULL arbeitete beim meteorologischen Dienst der Kriegsmarine und PESCHL an der Deutschen Forschungsanstalt für Luftfahrt in Braunschweig.

Es seien hier noch einige Bemerkungen zum übrigen Lehrpersonal am Mathematischen Seminar nach dem Ausscheiden von HAUSDORFF und TOEPLITZ angefügt. Dem HAUSDORFF nahestehenden JOHANN OSWALD MÜLLER wurde 1937 die Lehrbefähigung entzogen, weil er mit einer jüdischen Frau verheiratet war und

---

Mit Sozialarbeiterinnen aus Köln richtete sie die jüdische Sozialhilfe-Organisation „Hilfe und Aufbau" ein.

[30] Abgedruckt in *HGW*, Band IB, 956–957.

[31] Niedersächsische Staats- und Universitätsbibliothek Göttingen, Abteilung Handschriften und seltene Drucke, Cod. Ms. Hasse 1:1725.

[32] Zu Einzelheiten s. *HGW*, Band IB, 957–958.

[33] Bemühungen der Bonner Fakultät um Krull sind in den Akten nicht nachweisbar.

[34] S. Kapitel 8, Abschnitt „Ernst Peschl" in [Segal 2003, 461–462].

sich nicht von dieser trennen wollte.[35] MÜLLER starb im Sommer 1940 an einem Karzinom der Speiseröhre.

HANS BECK wurde 1941 emeritiert und starb 1942. Sein persönliches Ordinariat wurde nicht wieder besetzt.

WEISS kam in Bonn überhaupt nicht zum Zuge. Er hatte auf allen Berufungslisten der Jahre 1935–37 nicht gestanden, weil man die Geometrie, wie er sie betrieb, durch BECK genügend vertreten sah; vielleicht hat BECK auch seine Abneigung gegen STUDY auf den Schüler übertragen. WEISS blieb also bis 1939 – wenn auch mit dem Professorentitel versehen – auf seiner außerplanmäßigen Assistentenstelle sitzen und erhielt erst 1939 eine besoldete Dozentenstelle. 1941 wurde er auf ein Ordinariat an der neu geschaffenen „Reichsuniversität" Posen berufen. Diese Stelle hat er aber nicht mehr angetreten, da er sich nach dem Überfall auf die Sowjetunion zur Wehrmacht gemeldet hatte und als Kommandeur eines Pionierbataillons an der Front im Einsatz war. Er wurde schwer verwundet und starb im Februar 1942 in einem Feldlazarett nahe des Ilmensees.

BESSEL-HAGEN wurde 1939 zum außerplanmäßigen Professor ernannt; über diesen aufrechten Mann wird im letzten Abschnitt dieses Kapitels ausführlicher berichtet.

Die Lage der Menschen in Deutschland, die nach Definition der Nazis Juden waren, wurde nach den Nürnberger Rassegesetzen in einer Unzahl kleinerer und größerer Schritte kontinuierlich weiter verschlechtert. In [Walk 1981, 1996] werden im Abschnitt II „Von den ‚Nürnberger Gesetzen' bis zur ‚Pogromnacht' (15. 9. 1935 – 9. 11. 1938)" 582 die Juden betreffende Gesetze, Verordnungen, Erlasse, Ausführungsbestimmungen, „Maßnahmen" und „Befehle" aufgelistet. Es ging dem Regime in dieser Zeit vor allem noch darum, möglichst viele Juden zur Auswanderung zu veranlassen und ihr Vermögen mittels „Reichsfluchtsteuer" und anderer Maßnahmen für den deutschen Staat zu kassieren. So sank im Stadtgebiet von Bonn zwischen den Volkszählungen von 1933 und 1939 der Anteil der Juden an der Gesamtbevölkerung von 0,8 auf 0,4%. [Rey 1994, 233].

Was sich HAUSDORFF in den Jahren bis 1937, d.h. solange es irgendwie ging, nicht nehmen ließ, waren Reisen mit seiner Frau ins Ausland. Die wichtigsten Voraussetzungen dafür, gültige Reisepässe und entsprechende finanzielle Mittel, waren bei HAUSDORFFs noch vorhanden. So weilten sie, wie Briefe bezeugen, im September 1934 in Locarno[36], im Oktober 1935 in Montreux[37] und im Juni 1936 in Prag.[38] Die letzte Urlaubsreise ging im Herbst 1937 an die ligurische Küste, nach Santa Margherita Ligure und Genua, in die Gegend des Sant' Ilario. Auf sie blickt HAUSDORFF in einem Brief an FRANZ MEYER vom 6. Dezember 1938, also zu einem Zeitpunkt, als für ihn eine solche Reise nicht mehr möglich war, wehmütig zurück:

---

[35] Das „Deutsche Beamtengesetz" vom 26. Januar 1937 führte zum Entzug der Lehrbefugnis für „jüdisch Versippte".
[36] *HGW*, Band IX, 352.
[37] *HGW*, Band IX, 353.
[38] *HGW*, Band IX, 147.

Im Herbst vorigen Jahres war ich mit meiner Frau noch einmal in S. Margherita; am 26. Oktober gingen wir bei melancholischem Abschiedswetter die Strandpromenade von Nervi auf und nieder. [···] Erinnerungen können schön sein, aber kein Ersatz für Hoffnungen; ich bin auf Dantes „nessun maggior dolore" gestimmt.[39]

Auch gelegentliche Besuche aus dem Ausland konnte HAUSDORFF noch empfangen. So besuchten ihn HARALD BOHR Anfang 1935[40] und OTTO NEUGEBAUER im Februar 1936.[41] ALEXANDROFF konnte ihn nicht mehr besuchen; dies lag aber ab 1933 an den Restriktionen in der Sowjetunion. Besonders aufschlußreich ist ein Brief ALEXANDROFFs vom 2. Juli 1933. In diesem Brief erkundigt er sich zunächst vorsichtig, „ob meine Briefe imstande sind, Sie jetzt zu erfreuen. oder ob es vielmehr angebracht ist, in Ihrem Interesse meine freundschaftlichen Gefühle Ihnen gegenüber doch etwas zurückzuhalten". Dann deutet er an, daß es einem sowjetischen Wissenschaftler so gut wie unmöglich war, in das nationalsozialistische Deutschland zu reisen und wie sehr ihn die Verfolgung und Vertreibung jüdischer Kollegen erschüttert hat:

Es war mir überhaupt ein schweres Erlebnis, sich nun mit der Tatsache abzufinden, dass ein Land, welches mir beinahe zur zweiten Heimat geworden ist, vor mir nun so gut wie verschlossen liegt. Vielleicht noch schwerer ist nur der Gedanke, dass ein grosser Kreis meiner Freunde und nächster Kollegen sich jetzt ausserhalb seines Wirkungskreises befindet. Sie können sich ja vorstellen, wie schwer mir das alles fällt...[42]

Der Briefwechsel mit ALEXANDROFF endet mit einem Brief vom 9. März 1935, in dem es vor allem um HAUSDORFFs Mitarbeit am Lesen der Korrekturen von ALEXANDROFF/HOPF *Topologie I* und um HAUSDORFFs Verbesserungsvorschläge geht. In der Sowjetunion setzten bald die STALINschen „Säuberungen" ein, die Postverkehr ins Ausland und Zusammenarbeit mit ausländischen Wissenschaftlern für sowjetische Wissenschaftler gefährlich machten. So konnten auch die geplanten Bände II und III der *Topologie* von ALEXANDROFF/HOPF nicht mehr fertiggestellt werden.

In Deutschland verschlechterte sich im Jahr 1938 die Lage für Juden bereits vor dem Novemberpogrom vom 9./10 November erheblich. Ein Schwerpunkt der 186 in [Walk 1981, 1996] für den Zeitraum vom 1. Januar 1938 bis 8. November 1938 dokumentierten staatlichen Reglementierungen für Juden war die völlige Ausschaltung der Juden aus dem Wirtschaftsleben. Auch die Scheinlegalität der Diskriminierung und Unterdrückung von Juden über Gesetze und Verordnungen, der man sich nach den Gesetzlosigkeiten der Anfangsjahre noch befleißigt hatte,

---

[39] *HGW*, Band IX, 511. Im 5. Gesang der „Hölle" von Dantes *Göttlicher Komödie* heißt es: Nessun maggior dolore che ricordasi del tempo felice ne la miseria, deutsch nach Karl Vossler: Im Elend sich vergangenen Glückes erinnern müssen, ist der größte Schmerz.
[40] *HGW*, Band IB, 951.
[41] *HGW*, Band IX, 313.
[42] *HGW*, Band IX, 130.

wurde schon vor dem Novemberpogrom verlassen. So heißt es in einem streng vertraulichen Schreiben vom 1. Juni 1938 an die örtlichen Dienststellen:

> Alle Juden, die mit einer Gefängnisstrafe von mehr als einem Monat oder mit einer Geldstrafe bestraft waren, für die im Nichtbeitreibungsfalle eine Gefängnisstrafe von mehr als einem Monat verhängt war, sind festzunehmen und ohne Vernehmung in ein Konzentrationslager zu verbringen. [Walk 1981/1996, Teil II, Nr. 478].

Die folgenden einschneidenden Bekanntmachungen und Verordnungen zur Stigmatisierung und Isolierung der Juden betrafen natürlich auch HAUSDORFFS:

– Bekanntmachung des Reichsinnenministeriums vom 23. Juli 1938:

> Juden, die deutsche Staatsangehörige sind, haben unter Hinweis auf ihre Eigenschaft als Jude bis zum 31.12.38 die Ausstellung einer Kennkarte zu beantragen. Bei allen mündlichen Anträgen an Behörden haben sie die Kennkarte unaufgefordert vorzulegen, bei schriftlichen Anträgen auf ihre Eigenschaft als Juden hinzuweisen und Kennort und Kennnummer der Kennkarte anzugeben. [Walk 1981/1996, Teil II, Nr. 506].

– Verordnung des Reichsinnenministeriums und des Reichsjustizministeriums vom 17. August 1938:

> Juden, die keinen Vornamen führen, der in dem vom Innenministerium am 18.8.38 herausgegebenen Runderlaß als jüdischer Vorname angeführt ist, haben vom 1.1.39 ab als weiteren Vornamen den Namen „Israel" (für männliche Personen) oder „Sara" (für weibliche Personen) anzunehmen. [Walk 1981/1996, Teil II, Nr. 524].

– Verordnung des Reichsinnenministeriums vom 5. Oktober 1938:

> Alle deutschen Reisepässe, deren Inhaber Juden sind, werden ungültig. Die früher ausgestellten Reisepässe sollen abgeliefert werden. [Walk 1981/1996, Teil II, Nr. 556].

Am 8. November 1938 beging HAUSDORFF seinen 70. Geburtstag. Die Feier fand im Familienkreis statt; einige liebe Menschen hatten auch schriftlich gratuliert.[43] Diese Geburtstagsfeier war noch einmal ein bescheidener Anklang an vergangene bessere Zeiten. Einen Tag später, in der Nacht vom 9. zum 10. November 1938 brach für die Juden in Deutschland und Österreich die Hölle los. Bevor wir darauf im letzten Abschnitt dieses Kapitels eingehen, wollen wir uns jetzt wieder HAUSDORFFS mathematischem Schaffen zuwenden.

11.2 Hausdorffs mathematische Arbeiten ab 1933

HAUSDORFF veröffentlichte ab 1933 noch sieben Arbeiten, alle in polnischen Zeitschriften: sechs in *Fundamenta Mathematicae* und eine in *Studia Mathematica.*

---

[43] Siehe dazu das chronologische Briefverzeichnis in *HGW*, Band IX, 712. Es hat sicher mehr Glückwünsche gegeben als erhalten geblieben sind; der Nachlaß Hausdorffs macht bezüglich Korrespondenz den Eindruck, daß sehr viel verloren ist.

Die *Fundamenta* hatten auch eine Kategorie „Probleme", in der man den Kollegen in aller Welt offene Probleme unterbreiten konnte; hier publizierte HAUSDORFF zweimal, Problem 58 (1933) und Problem 62 (1935).[44]

11.2.1 Zur Projektivität der δs-Funktionen

1933 erschien in *Fundamenta* HAUSDORFFs kurze Note *Zur Projektivität der δs-Funktionen*.[45] Den Begriff der δs-Funktion oder δs-Operation hatte HAUSDORFF in seinem Buch *Mengenlehre* eingeführt. Diese Operation spielt dort eine wichtige Rolle bei seiner abstrakten Darstellung der Suslinmengen über einem beliebigen Mengensystem $\mathfrak{M}$.

HAUSDORFFs Note schließt unmittelbar an eine umfangreiche Arbeit von LEONID KANTOROVITCH und E. LIVENSON an.[46] Sei N eine feste Menge von Folgen natürlicher Zahlen und $A = \Phi_N(A_1, A_2, \cdots) = \Phi(A_1, A_2, \cdots)$ eine δs-Funktion.[47] Durchlaufen die A_n unabhängig voneinander ein Mengensystem $\mathfrak{A}$, so durchläuft A ein Mengensystem, welches mit $\Phi\mathfrak{A}$ bezeichnet werden soll. Sei $Z = X \times Y$ und $C \subseteq Z$, so werde mit $\pi(C)$ die Projektion von C auf X bezeichnet. Durchläuft C ein Mengensystem $\mathfrak{C}$, so sei $\pi(\mathfrak{C})$ das von den $\pi(C)$, $C \in \mathfrak{C}$ durchlaufene Mengensystem.

$\mathfrak{C}$ sei nun ein System von Mengen aus Z, $\mathfrak{A}$ ein System von Mengen aus X, dann heißt $\mathfrak{C}$ δs-*projektiv zu* $\mathfrak{A}$, wenn zu jeder δs-Funktion Ψ eine δs-Funktion Φ existiert, so daß gilt $\pi(\Psi\mathfrak{C}) = \Phi\mathfrak{A}$.

Das Hauptergebnis („fundamental theorem") von KANTOROVITCH und LIVENSON besagt, daß für den Produktraum $Z = X \times Y$ zweier metrischer Räume für den Fall, daß Y kompakt und überabzählbar ist, folgendes gilt: Das System der in Z abgeschlossenen Mengen ist δs-projektiv zum System der in X abgeschlossenen Mengen. HAUSDORFFs Hauptsatz (Satz IV) in [H 1933a] verallgemeinert dieses Theorem wesentlich; er verschärft die Projektivität und braucht viel schwächere Voraussetzungen an die Räume:

Ist X ein beliebiger topologischer Raum (Trennungsaxiome werden nicht benötigt), Y ein topologischer Raum mit zweitem Abzählbarkeitsaxiom, so ist das System $\mathfrak{C}$ der in $Z = X \times Y$ offenen Mengen projektiv zum System $\mathfrak{A}$ der in X offenen Mengen.

Daraus folgt auch die analoge Aussage für abgeschlossene Mengen. HAUSDORFFs Beweis ist überdies beträchtlich einfacher als der bei KANTOROVITCH/ LIVENSON.

---

[44]Diese Probleme sind mit kurzen Kommentaren abgedruckt in *HGW*, Band III, 481–482 und 527–528.

[45][H 1933a, III: 473–477], mit Kommentar von Vladimir Kanovei und Peter Koepke, 478.

[46]L. Kantorovitch, E. Livenson: *Memoir on the analytical operations and projective sets I.* Fundamenta Math. **18** (1932), 214–279.

[47]Wir können die die δs-Funktion bestimmende Menge N im folgenden bei der Bezeichnung weglassen.

11.2.2 Über innere Abbildungen

HAUSDORFFs dreiteilige Arbeit *Über innere Abbildungen*[48] beschäftigt sich mit den Beziehungen zwischen inneren Abbildungen und Vollständigkeitseigenschaften topologischer Räume. Eine stetige Abbildung $\varphi : X \to Y$ des topologischen Raumes X auf den topologischen Raum Y heißt bei HAUSDORFF *innere Abbildung* (man sagt heute „offene Abbildung"), wenn jede in X offene Menge U ein in Y offenes Bild $V = \varphi(U)$ hat. Einen topologischen Raum X nennt HAUSDORFF topologisch vollständig, wenn er mit einem vollständigen metrischen Raum homöomorph ist.

Im ersten Teil seiner Arbeit beweist HAUSDORFF folgenden Satz:
I: *Sei $\varphi : X \to Y$ eine innere Abbildung von X auf $Y = \varphi(X)$, so folgt aus der topologischen Vollständigkeit von X die topologische Vollständigkeit von Y.*
Diesen Satz hatte er bereits in einer etwas spezielleren Version ohne Beweis in [H 1931] mitgeteilt. Der Beweis von I. findet sich in einer unveröffentlichten Studie im Nachlaß mit Datum 29.1.1931[49] und beruht auf dem folgenden notwendigen und hinreichenden Kriterium für topologische Vollständigkeit, welches HAUSDORFF bereits am 28.10.1926 gefunden hatte[50]: Ein topologischer Raum X ist topologisch vollständig genau dann, wenn er eine geschlossene Basis hat.

STEFAN MAZURKIEWICZ hatte, wie HAUSDORFF schreibt, „mit einer sehr scharfsinnigen, aber etwas verwickelten Konstruktion", folgenden Satz über Erweiterung innerer Abbildungen bewiesen [Mazurkiewicz 1932]:
Sei $y = \varphi(x)$ eine stetige Abbildung des topologisch vollständigen separablen Raumes X auf den topologischen Raum $Y = \varphi(X)$; sie sei in $A \subset X$ eine innere Abbildung. Dann gibt es eine Menge P mit $A \subset P \subset X$, die ein G_δ in X ist, so daß φ in P auch noch innere Abbildung ist.
HAUSDORFF hat in mehreren Studien[51] versucht, den Satz von MAZURKIEWICZ ohne die Voraussetzung der Separabilität zu beweisen. Dies ist ihm allerdings nicht gelungen; er hat jedoch einen gegenüber MAZURKIEWICZ wesentlich einfacheren Beweis gefunden, den er im 2.Teil von [H 1934] mitteilt. Erst 1981 konnte gezeigt werden, daß die Voraussetzung der Separabilität im Satz von MAZURKIEWICZ nicht entbehrlich ist, daß HAUSDORFFs diesbezügliche Bemühungen also nicht zum Erfolg führen konnten.[52]

Im dritten und letzten Teil von [H 1934] studiert HAUSDORFF offene Bilder von Teilmengen Bairescher Räume. Unter einem Baireschen Raum versteht er ein Produkt $X = X_1 \times X_2 \times \cdots$ einer Folge $\{X_n\}$ von Mengen mit folgender Metrik: Für $x = (x_1, x_2, \cdots) \in X$, $x' = (x'_1, x'_2, \cdots) \in X$ wird der Abstand

---

[48][H 1934, III: 485–497], mit Kommentar von Horst Herrlich, Mirek Hušek und Gerhard Preuß, 498–501.
[49]NL Hausdorff, Kapsel 35, Fasz. 407.
[50]NL Hausdorff, Kapsel 33, Fasz.265. S.dazu auch die Ausführungen im Abschnitt 10.6.3.
[51]NL Hausdorff, Kapsel 38, Fasz.519 bis 524 (insgesamt 37 Blatt, datiert vom 17.6. bis 3.7. 1934). Alle 6 Faszikel sind als Faksimile publiziert in [H 1969], Band I, 48–84.
[52]Zu Einzelheiten s.den Kommentar von Herrlich et al. in *HGW*, Band III, 499.

$d(x, x')$ definiert durch $d(x, x') = \frac{1}{n}$, falls die n-te Stelle die erste Differenzstelle von x und x' ist, d.h. falls $x_1 = x'_1, x_2 = x'_2, \cdots x_{n-1} = x'_{n-1}, x_n \neq x'_n$. Die so definierte Metrik ist nichtarchimedisch, d.h. es gilt $d(x, z) \leq \max\{d(x, y), d(y, z)\}$. Für $X_n = \mathbb{N}$ für alle n erhält man den Baireschen Nullraum.[53]

HAUSDORFF beweist dann den folgenden Satz:

Jeder metrische Raum Y ist vermöge einer inneren Abbildung $y = \varphi(x)$ Bild eines Baireschen Raumes X. Diese Abbildung läßt sich zu einer inneren Abbildung eines topologisch vollständigen Baireschen Raumes $V \supset X$ erweitern.[54] HAUSDORFF deutet auf Seite 290 seiner Arbeit auch an, daß jeder metrische Raum mit nichtarchimedischer Metrik homöomorph zu einem Teilraum eines Baireschen Raumes ist. Bereits 1927 hatte er gezeigt, daß jeder Teilraum eines Baireschen Raumes die Uryson-Menger-Dimension $\operatorname{ind} X = 0$ hat.[55]

11.2.3 Gestufte Räume

HAUSDORFF definiert in seiner Arbeit *Gestufte Räume*[56] einen gestuften Raum als eine Menge E, in der jedem $A \subseteq E$ eine Menge $A_\lambda \subseteq E$ zugeordnet ist, so daß *mit Ausnahme der Idempotenz* $(A_\lambda)_\lambda = A_\lambda$ die KURATOWSKIschen Hüllenaxiome $\emptyset_\lambda = \emptyset$, $A \subseteq A_\lambda$, $(A \cup B)_\lambda = A_\lambda \cup B_\lambda$ gelten. Außerdem verlangt HAUSDORFF das Trennungsaxiom T_1: Für jedes $x \in E$ gilt $\{x\}_\lambda = \{x\}$.[57] Heute heißen die gestuften Räume *Hüllenräume (closure spaces)* oder auch *prätopologische Räume*. HAUSDORFFs Ziel in dieser Arbeit ist es, zu zeigen, daß jeder FRÉCHETsche Limesraum (L-Raum) einen gestuften Raum und jeder gestufte Raum einen topologischen Raum erzeugt, so daß

> die gestuften Räume als Bindeglied zwischen L-Räumen und topologischen Räumen einer kurzen Untersuchung nicht unwert sind, die vielleicht einige bekannte Tatsachen der Raum-Axiomatik*) in hellerem Lichte erscheinen lässt. [H 1935b, 486; III: 505].

Die Fußnote *) verweist auf das Buch [Fréchet 1928a]. HAUSDORFFs Formulierung könnte man als kleinen Seitenhieb auf FRÉCHETs Buch auffassen, und das war sie wohl auch, denn dieses Buch war überhaupt kein Erfolg. ANGUS TAYLOR schreibt in seiner detailreichen, die Verdienste und Schwächen FRÉCHETs sorgfältig abwägenden Studie folgendes über das FRÉCHETsche Buch:

> FRÉCHET's book was too late on the scene to have any hope of displacing the influence of HAUSDORFF's book of 1914. Moreover, it was not constructed in a manner to capture the minds of young French mathematicians who

---

[53] Die Definition gibt Hausdorff mit Hinweis auf Baire, Acta Math. **32** (1909), 105, in seinem Buch *Mengenlehre* [H 1927a, 101–102; III: 145–146].

[54] Zu späteren Ergebnissen im Umfeld dieses Satzes s. den schon erwähnten Kommentar, *HGW*, Band III, 500.

[55] NL Hausdorff, Kapsel 33, Fasz. 273, datiert 2. bis 28.6.1927; Abdruck mit Kommentar in *HGW*, Band III, 770–777.

[56] [H 1935b, III: 505–521]. Kommentar von Horst Herrlich, Mirek Hušek und Gerhard Preuß, 522–524.

[57] Mit Idempotenz $(A_\lambda)_\lambda = A_\lambda$ ist ein gestufter Raum ein topologischer T_1-Raum.

might readily have preferred a French book to a German book on Topology.
[Taylor 1985, 361].

Im §1 „Topologische Räume" von [H 1935b] legt HAUSDORFF die Axiome für
abgeschlossene Mengen zugrunde, die er im §40 seines Buches *Mengenlehre* – wohl
mit als erster – formuliert hatte. Zusätzlich verlangt er, daß jede einpunktige Men-
ge abgeschlossen ist, d.h. er betrachtet nur T_1-Räume. Sind $\mathfrak{F}, \mathfrak{F}'$ zwei Teilmengensysteme von E, welche die Axiome für abgeschlossene Mengen erfüllen, so heißt
in heutiger Terminologie im Falle $\mathfrak{F}' \subset \mathfrak{F}$ die von $\mathfrak{F}$ erzeugte Topologie *feiner* als
die von $\mathfrak{F}'$ erzeugte, letztere heißt *gröber* als die von $\mathfrak{F}$ erzeugte. Diese Sprechweise benutzt HAUSDORFF noch nicht; $X' = (E, \mathfrak{F}')$ heißt bei ihm ein *Oberraum*
von $X = (E, \mathfrak{F})$, X ein *Unterraum* von X'. Der unterste aller möglichen Räume über der Grundmenge E ist dann der *diskrete Raum* $(E, \mathfrak{P}(E))$, wo $\mathfrak{P}(E)$ die
Potenzmenge von E ist. Wird die abgeschlossene Hülle einer Menge A mit A_α
bezeichnet, so gilt für jedes $A \subseteq E$: $A_\alpha(X') \supset A_\alpha(X)$, denn der Oberraum hat
weniger abgeschlossene Mengen und folglich größere abgeschlossenen Hüllen.

In einem gestuften Raum erfüllt das System der Mengen A mit $A_\lambda = A$
die Axiome für das System der abgeschlossenen Mengen eines topologischen Raumes. Definieren wir diese Mengen also als abgeschlossen, so erhält man einen aus
dem gestuften Raum hervorgehenden topologischen Raum mit der Grundmenge
E. Für eine beliebige Menge $A \subset E$ erhält man die abgeschlossene Hülle A_α in
dieser Topologie durch transfinite Wiederholung der λ-Operation:

$$A_0 = A, \quad A_{\xi+1} = (A_\xi)_\lambda, \quad A_\eta = \bigcup_{\xi < \eta} A_\xi \ (\eta \ \text{Limeszahl}). \tag{11.1}$$

Dieser Prozeß führt nach spätestens card(E) Schritten zu einer höchsten Stufe A_α
mit $(A_\alpha)_\lambda = A_\alpha$.[58] Hat man zwei gestufte Räume X, X' über derselben Grundmenge E mit den Stufenoperationen λ, λ', so heißt in Analogie zur obigen Hül-
lenbeziehung für topologische Räume X' gestufter Oberraum zu X, X gestufter
Unterraum zu X', wenn $A_{\lambda'} \supset A_\lambda$ für alle $A \subseteq E$. Hieraus folgt für die induzierten
topologischen Räume Y, Y' wegen $A_\alpha(Y') \supset A_\alpha(Y)$, daß dann auch Y' Oberraum
zu Y, Y Unterraum zu Y' ist.

Ein L-Raum über einer Grundmenge E entsteht, wenn in der Menge aller
Punktfolgen $(x_1, x_2, \cdots)$, $x_n \in E$, gewisse als konvergent mit Limes $x \in E$ ausge-
zeichnet werden, so daß für das System $\mathfrak{K}$ dieser Konvergenzen $x_n \to x$ folgende
Axiome gelten:

(1) *Der Limes einer konvergenten Folge ist eindeutig bestimmt.*
(2) *Die konstante Folge $(x, x, x, \cdots)$ ist konvergent mit Limes x.*
(3) *Jede Teilfolge einer nach x konvergenten Folge konvergiert nach x.*[59]
Für $A \subset E$ sei A_λ die Menge aller $x \in E$, für die es eine konvergente Folge $x_n \in A$

---

[58]α ist hier – wie stets – das Symbol für die Hülle, keine Ordinalzahl.
[59]Dieser Fréchetsche Begriff des L-Raumes kann mittels des Begriffs der Moore-Smith-Folge
oder mittels des Filterbegriffs wesentlich allgemeiner gefaßt werden; s.dazu den Essay „Zum
Begriff des topologischen Raumes", *HGW*, Band II, 728–732.

mit $x_n \to x$ gibt. Diese λ-Operation erfüllt die Axiome für einen gestuften Raum; somit induziert jeder L-Raum einen gestuften Raum und damit einen zugehörigen topologischen Raum mit den nach (11.1) gebildeten abgeschlossenen Hüllen. Auch für L-Räume kann man Konvergenzsysteme vergleichen und Ober- und Unterräume im HAUSDORFFschen Sinne definieren. Seien $\mathfrak{K}, \mathfrak{K}'$ zwei Konvergenzsysteme auf E und $\mathfrak{K}' \subset \mathfrak{K}$, so hat A in $X = (E, \mathfrak{K})$ mehr Limespunkte als in $X' = (E, \mathfrak{K}')$, also $A_\lambda(X) \supset A_\lambda(X')$, X Oberraum zu X', X' Unterraum zu X.

Für die weitere Untersuchung braucht HAUSDORFF gewisse Minimal- und Maximalräume. Was damit gemeint ist, soll hier nur für den Fall der topologischen Räume kurz angedeutet werden. $\mathfrak{F}_t$, $t \in T$ sei eine Menge von Systemen abgeschlossener Mengen über E, so daß $X_t = (E, \mathfrak{F}_t)$ topologische Räume sind. Diese Menge von Räumen hat gemeinsame Ober- und Unterräume. Für einen Oberraum X gilt $\mathfrak{F} \subset \mathfrak{F}_t$ für alle t; unter diesen Oberräumen gibt es einen untersten (Minimalraum) $\overline{X}$ mit $\overline{\mathfrak{F}} = \bigcap_t \mathfrak{F}_t$. Für dessen abgeschlossene Hüllen gilt $A_\alpha(\overline{X}) \supset \bigcup_t A_\alpha(X_t)$. Ebenso gibt es unter den Unterräumen mit $\mathfrak{F} \supset \mathfrak{F}_t$ einen obersten $\underline{X}$, so daß $\mathfrak{F}$ das kleinste System mit $\underline{\mathfrak{F}} \supset \bigcup_t \mathfrak{F}_t$ ist; für diesen ist $A_\alpha(\underline{X}) \subset \bigcap_t A_\alpha(X_t)$. Analoge Konstruktionen lassen sich (mit gewissen Modifikationen) auch für Hüllen- und für L-Räume ausführen.

Wir haben hier lediglich kurz die Stellung der Hüllenräume „als Bindeglied zwischen L-Räumen und topologischen Räumen" skizziert; HAUSDORFFs eingehendere Untersuchung dieser Beziehungen, in der vor allem der Begriff der stetigen Zerlegung von Räumen und spezielle Minimal- und Maximalräume eine Rolle spielen, wurde aus Platzgründen nicht besprochen. Es sei jedoch noch erwähnt, daß die Hüllenräume neuerdings wieder an Bedeutung gewonnen haben, weil Quotientenabbildungen zwischen solchen Räumen stets erblich sind, eine Eigenschaft, die topologische Räume i.a. nicht haben.[60]

11.2.4 Über zwei Sätze von G. Fichtenholz und L. Kantorovitch

HAUSDORFF knüpft in seiner kurzen Note *Über zwei Sätze von G. Fichtenholz und L. Kantorovitch*[61] an eine funktionalanalytische Untersuchung der beiden genannten Autoren an [Fichtenholz/ Kantorovitch 1935]. In dieser Untersuchung hatten FICHTENHOLZ und KANTOROVITCH ein kombinatorisches Lemma benötigt, das HAUSDORFF in seiner Note als Satz 1 so formuliert:

Ist A von der unendlichen Mächtigkeit $\mathfrak{m}$, so gibt es $2^{\mathfrak{m}}$ wesentlich verschiedene Abbildungen von A in A.
Dabei heißt eine Familie $\mathfrak{F}$ von Abbildungen $f : A \to A$ *eine Familie wesentlich verschiedener Abbildungen*, wenn es stets zu endlich vielen verschiedenen $f_1, f_2, \cdots f_n$ aus $\mathfrak{F}$ mindestens ein Argument $a \in A$ gibt mit $f_i(a) \neq f_k(a)$ für $1 \leq i < k \leq n$, für das also die Werte dieser Abbildungen paarweise verschieden sind.

---

[60]S.dazu den Kommentar zu [H 1935b] in *HGW*, Band III, 523.
[61][H 1936a, III: 531–532], mit Kommentar von Ulrich Felgner, *HGW*, Band III, 533–538.

Dieses Lemma hatten FICHTENHOLZ und KANTOROVITCH mittels transfiniter Induktion bewiesen; der Beweis ist vier Seiten lang. HAUSDORFFs Beweis nimmt ganze zehn Zeilen in Anspruch! HAUSDORFF betrachtet eine Menge M der Mächtigkeit $\mathfrak{m}$; die Menge $\mathfrak{P}_e(M) = \{X \subset M; X \text{ endlich}\}$ ihrer sämtlichen endlichen Teilmengen hat dann auch die Mächtigkeit $\mathfrak{m}$. Der Kunstgriff HAUSDORFFs besteht darin, o.B.d.A. $\mathfrak{P}_e(M)$ für A zu nehmen. Durchläuft T alle $2^{\mathfrak{m}}$ Teilmengen von M, so ist jeweils $f_T(X) = X \cap T$ bei festem T eine Abbildung von $\mathfrak{P}_e(M)$ in $\mathfrak{P}_e(M)$. Diese $2^{\mathfrak{m}}$ Abbildungen sind wesentlich verschieden, denn sind $T_1, T_2, \cdots T_n$ paarweise verschieden, so ist $T_i \setminus T_k \cup T_k \setminus T_i \neq \emptyset$. Wählt man aus jeder dieser nichtleeren Mengen ein Element aus und sei X die endliche Menge dieser Elemente, so gilt $X \cap T_i \neq X \cap T_j$, d.h. $f_{T_1}, \cdots f_{T_n}$ sind an der Stelle X paarweise verschieden.

C sei eine unendliche Menge. Ein Teilsystem $\mathfrak{M}$ der Potenzmenge $\mathfrak{P}(C)$ heißt ein *unabhängiges System von Teilmengen* von C, wenn für endlich viele $M_1, M_2, \cdots M_p, M_1', M_2', \cdots M_q'$ aus $\mathfrak{M}$ stets

$$M_1 \cap M_2 \cap \cdots \cap M_p \cap (C \setminus M_1') \cap (C \setminus M_2' \cap \cdots \cap (C \setminus M_q') \neq \emptyset$$

ist, d.h. keine Boolesche Kombination von endlich vielen Mengen aus $\mathfrak{M}$ kann die leere Menge darstellen. FICHTENHOLZ und KANTOROVITCH betrachteten die Menge C aller meßbaren Teilmengen eines abgeschlossenen Intervalls $[a, b]$. Diese Menge hat die Mächtigkeit $2^{\aleph_0}$. Sie bewiesen als „Lemma IV", daß es ein unabhängiges System $\mathfrak{M}$ von Teilmengen von C gibt, welches die Mächtigkeit $2^{2^{\aleph_0}}$ hat.

HAUSDORFF verallgemeinerte dieses Lemma mit dem Satz 2 seiner Note zu einem allgemeinen Theorem der infinitären Kombinatorik, das folgendes besagt:

Ist C eine unendliche Menge der Mächtigkeit $\mathfrak{m}$, so gibt es in $\mathfrak{P}(C)$ ein unabhängiges System $\mathfrak{M}$ von Teilmengen der Mächtigkeit $2^{\mathfrak{m}}$.

HAUSDORFFs Beweis, der auf Satz 1 und einem ähnlichen Kunstgriff wie beim Beweis von Satz 1 beruht, ist wesentlich kürzer als der Beweis von FICHTENHOLZ und KANTOROVITCH für ihr Lemma IV.

ULRICH FELGNER gibt in seinem Kommentar eine detailreiche Darstellung verschiedener Folgeentwicklungen einschließlich einer weiteren Verallgemeinerung der Sätze 1 und 2 durch HAUSDORFF selbst (Weiterfassung des Begriffs der Unabhängigkeit von Familien von Abbildungen oder von Teilmengensystemen).[62] Er weist ferner mit Angabe einschlägiger Literatur darauf hin, daß unabhängige Familien von Abbildungen oder unabhängige Teilmengensysteme in verschiedenen Gebieten der Mathematik wie Funktionalanalysis, Topologie, Maßtheorie und Algebra eine wichtige Rolle spielen. Der Kommentar schließt mit folgender Einschätzung:

Diese Hinweise mögen belegen, daß der Hausdorffsche Satz über die Existenz großer unabhängiger Mengensysteme (Satz 2) nach wie vor zu den zentralen Sätzen der „Infinitären Kombinatorik" gehört.[63]

[62]Studie „Zu meiner Arbeit: Über zwei Sätze von Kantorovitch und Fichtenholz (Studia Math.)" in Nachlaß Hausdorff, Kapsel 41, Faszikel 677 (vermutlich entstanden Ende April/Anfang Mai 1937). Die Studie ist abgedruckt in *HGW*, Band III, 731–732, kurzer Kommentar S. 736.

[63]*HGW*, Band III, 538.

HAUSDORFFs einflußreichster Beitrag zur allgemeinen Mengenlehre nach 1933 war jedoch die Arbeit *Summen von $\aleph_1$ Mengen.*[64] Sie hängt inhaltlich eng mit seiner Arbeit *Die Graduierung nach dem Endverlauf* [H 1909a] zusammen und wurde deshalb gemeinsam mit dieser bereits im Abschnitt 7.2.4, S. 296–298 besprochen.

11.2.5   Die schlichten stetigen Bilder des Nullraums

An die Arbeit [Kuratowski 1934] schließt HAUSDORFFs Artikel *Die schlichten stetigen Bilder des Nullraums*[65] unmittelbar an. Dort hatte KURATOWSKI den Begriff des (α, β)-*Homöomorphismus* als Verfeinerung des Begriffs der schlichten (d. h. injektiven) stetigen Abbildung eingeführt: Sind X, Y separable vollständige metrische Räume und ist $f : X \to Y$ eine bijektive Abbildung von X auf Y, so heißt f ein (α, β)-Homöomorphismus, falls $f[F^0(X)] \subset F^\beta(Y)$ und $f^{-1}[F^0(Y)] \subset F^\alpha(X)$ ist. Dabei sind F^α, G^α die Borelschen Mengen αter Stufe im jeweiligen Raum entsprechend der Lebesgueschen Klassifikation: $F^0 = F$ sind die abgeschlossenen Mengen, $G^0 = G$ die offenen Mengen, $F^1 = G_\delta, G^1 = F_\sigma, F^2 = F_{\sigma\delta}, G^2 = G_{\delta\sigma}$, usw. KURATOWSKI hatte gezeigt, daß in einem separablen vollständigen metrischen Raum das $(0, \alpha)$-homöomorphe Bild eines F ein $F^{\alpha+1}$ ist. Es ging nun um gewisse Umkehrungen dieses Satzes. KURATOWSKI hatte diesbezüglich schon folgende Ergebnisse erzielt: 1. Jedes $F^{\alpha+1}$ ($\alpha > 0$) ist $(0, \alpha)$-homöomorphes Bild eines 0-dimensionalen F. 2. Jedes $F^{\alpha+1}$ ($\alpha > 0$) ist $(0, \alpha)$-homöomorphes Bild einer im Baireschen Nullraum N abgeschlossenen Menge. 3. Ist $F^{\alpha+1}$ überabzählbar, so ist es nach Weglassen einer abzählbaren Menge $(0, \alpha)$-homöomorphes Bild von N.

HAUSDORFF nennt eine Menge $A \subseteq X$ *verdichtet*, wenn jeder Punkt von A Verdichtungspunkt von A ist. Er präzisiert dann KURATOWSKIs Ergebnisse mit folgendem Satz I:

Jedes verdichtete $F^{\alpha+1}$ ($\alpha > 0$) in einem separablen vollständigen metrischen Raum X ist $(0, \alpha)$-homöomorphes Bild von N.

Der Fall $\alpha = 1$ hatte ihm besondere Schwierigkeiten bereitet. Deshalb formuliert er in einem Satz II diesen Fall separat:

Jedes verdichtete $F^2 = F_{\sigma\delta}$ in X ist $(0, 1)$-homöomorphes Bild von N.

Zum Schluß der Arbeit charakterisiert HAUSDORFF die topologische Struktur des Baireschen Nullraums:

Ein Raum X ist genau dann homöomorph zu N, wenn er ein separabler, topologisch vollständiger, 0-dimensionaler Raum ist, der keine nichtleere kompakte offene Menge enthält.[66]

---

[64][H 1936b, IA: 349–363], Anmerkungen von Vladimir Kanovei 364–366. Siehe dazu auch den Essay von Kanovei *Gaps in partially ordered sets and related problems. Commentary to* [H 1909a] *and* [H 1936b] *in HGW*, Band IA, 367–405.

[65][H 1937, III: 541–548], mit Kommentar von Horst Herrlich, Mirek Hušek und Gerhard Preuß in *HGW*, Band III, 549–554.

[66]Zur Weiterführung der Resultate von Hausdorff und Kuratowski seit den siebziger Jahren sei auf den Kommentar, S.553–554 verwiesen.

11.2.6   Die Thematik „Erweiterung stetiger Abbildungen"

In HAUSDORFFs letzter Publikation *Erweiterung einer stetigen Abbildung*[67] nimmt er ein Thema wieder auf, das ihn über einen Zeitraum von mehr als zwei Jahrzehnten immer wieder beschäftigt hat. Erste Überlegungen HAUSDORFFs zur Erweiterung stetiger Abbildungen zwischen metrischen Räumen finden sich bereits in den *Grundzügen* [H 1914a, 368–369; II: 468–469].

HEINRICH TIETZE hatte in [Tietze 1915] den folgenden Erweiterungssatz bewiesen : *Zu einer in der abgeschlossenen Menge A eines metrischen Raumes X stetigen reellwertigen Funktion $\varphi(x)$ gibt es eine stetige Fortsetzung auf den ganzen Raum, d.h. eine stetige Funktion $f : X \to \mathbb{R}$, die auf A mit φ übereinstimmt.* In [H 1919d] hatte HAUSDORFF, gestützt auf einen Interpolationssatz von HAHN, einen besonders einfachen und durchsichtigen Beweis dieses Theorems gegeben.

In einer Studie vom 22. Dezember 1925[68] bewies HAUSDORFF folgenden Erweiterungssatz: *F sei im Raum A abgeschlossen und mit einer beschränkten Menge $\overline{F}$ homöomorph. Diese Homöomorphie läßt sich zu einer Homöomorphie zwischen A und einem (geeigneten) Raum $\overline{A}$ erweitern.* Etwa zwei Jahre später gelang ihm mittels dieses Satzes ein von Metrisationssätzen unabhängiger Beweis eines Resultats der beiden ALEXANDROFF-Schüler NIEMYTZKI und TYCHONOFF [Niemytzki/ Tychonoff 1928].[69] HAUSDORFF hatte diesen Beweis ALEXANDROFF mitgeteilt, der am 14. Juni 1928 unter anderem folgendes antwortete:

> Ihr Beweis bietet aber noch das hohe Interesse eines sehr eigenartigen Erweiterungssatzes; ich würde einen solchen Satz bestimmt publizieren.[70]

HAUSDORFF reagierte am 14. Juni 1928 so auf ALEXANDROFFs Vorschlag:

> Leider muss ich bis jetzt $\overline{F}$ als beschränkt voraussetzen (*A kann* ich als beschränkt voraussetzen) und kann mich nicht zur Publication entschliessen, so lange ich diese Voraussetzung nicht beseitigt habe, die doch wahrscheinlich unnötig ist.[71]

Im Juni 1930 gelang es HAUSDORFF endlich, den Satz ohne die lästige Beschränktheitsvoraussetzung zu beweisen. Am 30. Juni 1930 schickte er das endgültige Manuskript seiner Arbeit *Erweiterung einer Homöomorphie*[72] an SIERPIŃSKI.[73] Er formuliert das abschließende Ergebnis seiner lange währenden Bemühungen folgendermaßen:

---

[67] [H 1938, III: 557–564], mit Kommentar von Horst Herrlich, Mirek Hušek und Gerhard Preuß in *HGW*, Band III, 565–568.

[68] Nachlaß Hausdorff, Kapsel 26b, Faszikel 95, Bll. 39–40.

[69] Hausdorffs Beweis findet sich in Faszikel 95, Bll. 53–54.

[70] *HGW*, Band IX, 55.

[71] *HGW*, Band IX, 59–60.

[72] [H 1930b, III: 457–464], mit Kommentar von Horst Herrlich, Mirek Hušek und Gerhard Preuß in *HGW*, Band III, 465–469.

[73] Nachlaß Hausdorff, Kapsel 26b, Faszikel 95, Bll. 1–12. Auf Bl. 1 steht: „Umgearbeitet an Sierpiński geschickt 30.6.30".

Wir wollen den folgenden Satz über metrische Räume $E, F, \overline{F}, \overline{E}$ beweisen: *Ist F in E abgeschlossen, so läßt sich eine Homöomorphie zwischen F und $\overline{F}$ zu einer Homöomorphie zwischen E und einem geeigneten Raum $\overline{E}$ erweitern.* [H 1930b, 353; III: 457].

Der Weg zu diesem Satz ist eine geschickte „Ummetrisierung"; HAUSDORFF erläutert das so:

> Statt der alten Entfernungen uv, die den metrischen Raum E definieren, lassen sich neue Entfernungen $\overline{uv}$ einführen, die einen mit E homöomorphen Raum $\overline{E}$ definieren und für Punktepaare aus F die in der Metrik von $\overline{F}$ vorgeschriebenen Werte haben. [H 1930b, 353; III: 457].

Der Beweis sei – so HAUSDORFF – seinem Beweis des Tietzeschen Erweiterungssatzes aus dem Jahr 1919 nachgebildet, allerdings erfordere er „erheblich mehr Kunstgriffe". In der Tat ist die Bildung von $\overline{uv}$ eine kunstvolle Konstruktion. Mögen die Punkte von E mit u, v, w, die von F mit a, b, c, p, q, r und die von $E \setminus F$ mit x, y bezeichnet werden. Sei

$$\delta(u) = \inf_{p \in F} pu \quad \text{und} \quad \delta(u, v) = \min[uv, \delta(u) + \delta(v)].$$

Sei ferner (die Metrik in $\overline{F}$ ist gegeben, d.h. alle überstrichenen Werte sind hier gegeben):

$$\varphi(x, a) = \sup_{p \in F} \left[\overline{ap} - \overline{cp} - \frac{px}{\delta(x)} + 1 \right] + \inf_{p \in F} \left[\overline{cp} + 2\frac{px}{\delta(x)} - 2 \right].$$

c ist dabei irgendein fester Punkt aus F. Mit

$$\psi(u, v) = \sup_{a \in F} |\varphi(u, a) - \varphi(v, a)|$$

ist schließlich $\overline{uv} = \max[\psi(u, v), \delta(u, v)]$. Der Beweis, daß diese neue Metrik das Geforderte leistet, ist wahrlich ein Kunstwerk. Am Schluß seiner Arbeit zeigt HAUSDORFF in wenigen Zeilen, daß der Satz von NIEMYTZKI und TYCHONOFF aus seinem Theorem folgt.

HAUSDORFF hat sich auch weiterhin mit dem Erweiterunsproblem beschäftigt. Ein erstes Manuskript seiner letzten Veröffentlichung [H 1938][74], datiert vom 21. Mai 1937.[75] Es trägt oben HAUSDORFFs Vermerk „Umgearbeitet, 13.9. an Kuratowski geschickt."

HAUSDORFF beweist in dieser Arbeit die beiden folgenden neuen Sätze:
I. Eine stetige Abbildung der im metrischen Raum E abgeschlossenen Menge F auf den metrischen Raum $\overline{F}$ läßt sich zu einer stetigen Abbildung f von E auf einen geeigneten metrischen Raum $\overline{E} \supset \overline{F}$ erweitern.

---

[74]*HGW*, Band III, 557–564, mit Kommentar von Horst Herrlich, Mirek Hušek und Gerhard Preuß, 565–568.
[75]Nachlaß Hausdorff, Kapsel 26b, Faszikel 98.

II. *Diese Erweiterung ist insbesondere so möglich, daß $\overline{F}$ in $\overline{E}$ abgeschlossen ist und daß $E \setminus F$ mittels f auf $\overline{E} \setminus \overline{F}$ homöomorph abgebildet wird.*

Als Satz III. formuliert er dann nochmals sein Erweiterungstheorem aus [H 1930b] und bemerkt in einer Fußnote:

> Vgl. meine Arbeit: *Erweiterung einer Homöomorphie*, Fund. Math. **16** (1930), p. 353–360, von der die gegenwärtige eine Vereinfachung und Verallgemeinerung ist. [H 1938, 41; III: 558]. [76]

Wir haben hier bei der Behandlung von [H 1938], wie früher angekündigt, HAUSDORFFs Beschäftigung mit dem Problem der Erweiterung stetiger Abbildungen im Zusammenhang besprochen. Einen sehr schönen Überblick aus Sicht der modernen Topologie findet man in [Hušek 1992].

11.3 Das weitere Schicksal von Hausdorffs *Mengenlehre*

Am 2. Oktober 1934 fand im Verlag de Gruyter eine Lektorenkonferenz statt. Im Protokoll wird zu HAUSDORFFs Buch festgestellt:

> Hausdorff, Mengenlehre geht zu Ende. Neue Auflage machen oder anastatischen Nachdruck? Beschlossen: 500 Expl. anastatisch nachdrucken. [77]

HAUSDORFF hat aber, „um den inzwischen erzielten Fortschritten wenigstens teilweise gerecht zu werden", die Verlagsleitung offenbar überzeugen können, dem Nachdruck ein zehntes Kapitel hinzuzufügen und das Quellen- und Literaturverzeichnis zu aktualisieren. So erschien das Werk 1935 in einer neuen Auflage. [78] Die besondere Bedeutung von HAUSDORFFs *Mengenlehre* hatte – wie wir gesehen haben – darin bestanden, daß hier erstmals eine zusammenfassende Darstellung des damals aktuellen Standes der deskriptiven Mengenlehre vorgelegt wurde. Es lag also nahe, daß HAUSDORFF in dem zusätzlichen Kapitel 10 und in vier kurzen Nachträgen einige wesentliche seit Mitte der zwanziger Jahre erzielte Fortschritte zur deskriptiven Mengenlehre aus der polnischen Schule (BANACH, HUREWICZ, KURATOWSKI, NIKODYM, SIERPIŃSKI) und aus der russischen Schule um LUSIN behandelte.

Die meisten Rezensionen der Neuauflage waren kurz und verwiesen auf frühere Besprechungen der Ausgabe von 1927, in einigen auch mit einem Hinweis auf den bisherigen großen Erfolg des Werkes. So schrieb z.B. ERICH KAMKE im Jahresbericht der DMV:

> Nur acht Jahre nach Erscheinen der zweiten Auflage ist schon eine Neuauflage dieses Standardwerkes der Mengenlehre nötig geworden. Das ist angesichts des

---

[76] Zu weiteren Resultaten von Kuratowski (in direkter Reaktion auf Hausdorff), Čech, Dugundji und Borges verweisen wir auf den Kommentar, *HGW*, Band III, 567.

[77] Staatsbibliothek zu Berlin, Dep. 42 (Archiv de Gruyter), 461.

[78] [H 1935a]; Wiederabdruck in *HGW*, Band III, 41–351. Mit einer historischen Einführung von W. Purkert und V. Kanovei, S. 1–40 und kommentierenden Anmerkungen von U. Felgner, V. Kanovei und P. Koepke, S. 352–408.

keineswegs immer einfachen Gegenstandes des Werkes ein so großer Erfolg, daß jedes weitere empfehlende Wort überflüssig ist.[79]

Es gab zwei ausführlichere Rezensionen, beide von bedeutenden Fachleuten auf dem Gebiet der Mengenlehre, nämlich von THORALF SKOLEM und von GIULIO VIVANTI; beide sind in deutscher Übersetzung in *HGW*, Band III, 425–428, abgedruckt.

Mitte 1939 war auch von der Nachauflage nur noch ein geringer Bestand vorhanden. Darauf bezieht sich eine Aktennotiz aus dem Verlagsarchiv vom 12. September 1939, aus der wir im folgenden zitieren und die keines weiteren Kommentars bedarf:

> „Hausdorff, Mengenlehre" (Göschens Lehrbücherei Band 7). Die Bestände der 3. Auflage dieses Werkes gehen zu Ende. Wir haben aber Bedenken eine neue Auflage zu veranstalten, da Hausdorff Jude ist und wir befürchten müssen, daß uns durch den Nachdruck Unannehmlichkeiten entstehen könnten.
>
> In der Verlagskonferenz vom 1. Aug. 1939 wurde der Beschluß gefaßt, nach einem neuen Autor Umschau zu halten; da es aber sicher einer längeren Zeit bedarf, bis das neue Manuskript vorliegen kann, wollten wir uns einmal mit Herrn Professor Bieberbach in Verbindung setzen und dessen Meinung einholen, ob wir es riskieren könnten einen weiteren kleinen Manuldruck des Hausdorff'schen Buches zu veranstalten, eventuell mit der alten Jahreszahl. Herr Bieberbach riet von einer solchen Auffrischung des Buches dringend ab.

Es werden dann Vorschläge für neue Autoren vom Berater des Verlags für Göschens Lehrbücherei, Robert Haußner (Emeritus in Jena), genannt, die zum Teil geradezu absurd sind, wie BECK und TORNIER. Es wird auch ein Vorschlag von BIEBERBACH für einen neuen Autor genannt, nämlich PERRON. Dieser scheide für den Verlag aber aus, denn er würde sich „keinen Zwang auferlegen und Juden nach Herzenslust zitieren." Am Schluß heißt es:

> Neuerdings schrieb Herr Geheimrat Haußner: „Daß Sie sich wegen einer Mengenlehre überhaupt um jemanden bemühen, könnte leicht etwas hinausgeschoben werden, bis klar zu übersehen ist, ob auch unter den jetzigen Verhältnissen die Mengenlehre eine solche Beachtung und Wertschätzung findet wie bisher."[80].

Ein Buch über Mengenlehre eines anderen Autors ist in Deutschland bis zum Ende des nationalsozialistischen Regimes nicht erschienen.

Von HAUSDORFFs *Mengenlehre* gab es eine russische und eine englische Ausgabe. Die russische Ausgabe erschien 1937 unter HAUSDORFFs Namen und unter dem Titel „Mengenlehre" (Teoria mnoshestvch). Als verantwortliche Redakteure dieser Ausgabe fungierten ALEXANDROFF und KOLMOGOROFF. Allerdings – und das ist in der Geschichte der mathematischen Literatur ein ziemlich ungewöhnlicher Fall – erschien hier unter HAUSDORFFs Namen ein Buch, welches er *so nicht*

---

[79]Erich Kamke: *F. Hausdorff, Mengenlehre*. Jahresbericht der DMV **46** (1936), Literarisches, S. *25*.

[80]Beide Zitate: Staatsbibliothek zu Berlin, Dep. 42 (Archiv de Gruyter), 227 und 461.

geschrieben hatte. Der Sachverhalt wird am besten deutlich, indem wir im folgenden aus dem Vorwort der Redakteure zitieren[81]:

> Die „Mengenlehre" HAUSDORFFs gehört zum Bestand jener einzigartigen klassischen Werke der mathematischen Literatur, welche nicht nur die Bilanz einer ganzen Periode in der Entwicklung der jeweiligen Disziplin ziehen, sondern auch die Wege der künftigen Entwicklung skizzieren.
>
> Wenn man von der „Mengenlehre" HAUSDORFFs spricht, so hat man eigentlich zwei Bücher im Auge: die erste Auflage, erschienen 1914 unter dem Titel „Grundzüge der Mengenlehre", und die zweite Auflage, erschienen 1927 und einfach als „Mengenlehre" betitelt. Die beiden Bücher unterscheiden sich in ihrem Inhalt derartig stark voneinander, daß man sie als zwei verschiedene Werke betrachten muß und nicht als zwei Auflagen ein und desselben Buches.

Es wird dann vermerkt, daß HAUSDORFF in der *Mengenlehre* aus Umfangsgründen der allgemeinen Topologie nur einen einzigen Paragraphen gewidmet hat und „die Theorie der Punktmengen nur für metrische Räume durchgeführt" hat; ferner habe er die Maß- und Integrationstheorie und die „Topologie der Euklidischen Ebene und des *n*-dimensionalen Raumes" weggelassen. Aber auch das Neue gegenüber den *Grundzügen* wird hervorgehoben:

> Hinzugefügt ist in der zweiten Auflage, und zwar in meisterhafter Ausführung, die Theorie der *A*-Mengen von SUSLIN.

Dann werden die Veränderungen in der russischen „Übersetzung" kurz dargestellt und begründet:

> Zweifellos ist der Verzicht auf den *topologischen* Aufbau der Punktmengenlehre, welcher eine der glanzvollsten Errungenschaften der ersten Auflage des HAUSDORFFschen Buches war, der größte Verlust: der Autor selbst spricht in seinem Vorwort mit sichtlichem Bedauern von der Notwendigkeit, so zu verfahren.
>
> Die Redakteure der russischen Übersetzung haben den Entschluß gefaßt, diese Einbuße rückgängig zu machen, die das Buch aus äußeren Gründen erlitten hatte: unterstützt in dieser Beziehung vom Verlag ONTI, haben sie beschlossen, zum topologischen Standpunkt zurückzukehren, auf den sich zurecht der ausgezeichnete Ruf der ersten Auflage des Buches gründet. Wir haben also den Versuch gemacht, die großen Vorzüge der zweiten Auflage – Vorzüge, die vor allem in der logischen Vollendung und in der Geschliffenheit des gesamten Materials bestehen – mit den Vorzügen der ersten Auflage zu verbinden. Allerdings war das gesteckte Ziel durch mechanische Übertragung des Textes der ersten Auflage nicht zu erreichen: eben diese erste Auflage war der Stimulus einer gewaltigen Entwicklung der Theorie der topologischen Räume mit dem Ergebnis, daß diese Theorie überhaupt nicht mehr so aussieht, wie sie 1914 aussah, als die erste Auflage des HAUSDORFFschen Buches

---

[81] Das komplette Vorwort ist in deutscher Übersetzung von W. Purkert abgedruckt in *HGW*, Band III, 32–34.

erschien. Bei der Umarbeitung derjenigen Kapitel der ersten Auflage, welche der allgemeinen (topologischen) Mengenlehre gewidmet sind, mußten wir diese somit dem gegenwärtigen Stand der Theorie der topologischen Räume anpassen. ···

Somit hoffen wir, daß ungeachtet dessen, daß das HAUSDORFFsche Buch, wie sich aus dem Gesagten ergibt, unter unseren Händen eine beträchtliche Umarbeitung erfahren hat, der wahre Geist des Originals in vollem Maße erhalten geblieben ist. Unsere Aufgabe war es, in die Hände des sowjetischen Lesers ein Buch zu legen, welches im großen und ganzen sowohl die erste als auch die zweite Auflage des HAUSDORFFschen Buches ersetzt, dabei aber denjenigen Teil des Originals beibehält, der beibehalten werden konnte, weil er sich auf dem aktuellen Stand der Mengenlehre befindet.

Das Vorwort ist vom 7. August 1936 datiert und von ALEXANDROFF und KOLMOGOROFF unterzeichnet. Es deutet nichts darauf hin, daß HAUSDORFF überhaupt etwas von der russischen Ausgabe seines Buches erfahren hat. In den Referatenjournalen, zu denen er mit der Hilfe von BESSEL-HAGEN noch Zugang hatte, wird diese Ausgabe nicht erwähnt. Ob er mit der doch sehr weitgehenden Umarbeitung einverstanden gewesen wäre, läßt sich nicht sagen. Es scheint jedenfalls ziemlich sicher zu sein, daß er nicht gefragt wurde; ein Einverständnis seinerseits hätten ALEXANDROFF und KOLMOGOROFF vermutlich erwähnt. Den Verlag brauchte man nicht zu fragen, denn die Sowjetunion hat sich damals um Fragen des Copyright nicht gekümmert.

Die englische Ausgabe der *Mengenlehre*, deren erste Auflage 1957 bei Chelsea in New York erschien, ist eine wörtliche Übersetzung von [H 1935a][82], ausgeführt von einer Gruppe von Mathematikern unter Leitung von JOHN R. AUMANN. Vorangestellt ist ein ganz kurzes „Editor's Preface", gezeichnet mit A. G., aus dem lediglich hervorgeht, daß sich die Übersetzungsarbeit lange hingezogen hat und daß dem Herausgeber A. G. die Endredaktion oblag. In der zweiten Auflage (1962) sind zwei je reichlich eine halbe Seite umfassende Zusätze von R. L. GOODSTEIN angefügt: „Appendix E, on the Contradictions in Naive Set Theory" und „Appendix F, on the Axiom of Choice".

Die englische Ausgabe war ein sehr erfolgreiches Buch: weitere Auflagen nach 1957 und 1962 kamen 1978 und 1991 heraus. Im Jahre 2005 erschien ein Reprint von HAUSDORFF: *Set Theory*, veranstaltet von der American Mathematical Society (Providence, Rhode Island), fast 80 Jahre nach der Entstehung des größten Teiles dieses Werkes.

11.4   Die letzten Jahre

Der Novemberpogrom vom 9./10. November 1938, die sogenannte „Reichskristallnacht"[83], markiert den Übergang von der kontinuierlich betriebenen und

---

[82] Ein Nachdruck von [H 1935a] war bereits 1944 von Dover veranstaltet worden.
[83] S. dazu etwa [Döschner 2000], [Gross 2013] und die in diesen Werken angegebene Literatur.

ausgeweiteten Diskriminierung der Juden im nationalsozialistischen Herrschaftsgebiet zur brutalen Verfolgung und schließlichen systematischen Ermordung von sechs Millionen europäischer Juden. Ein willkommener Anlaß für die nationalsozialistische Führung, schon lange geplante Pogrome gegen die Juden loszutreten, war das Attentat des 17-jährigen polnischen Juden HERSCHEL GRYNSZPAN auf den Legationssekretär der deutschen Botschaft in Paris, ERNST VOM RATH am 7. November 1938; VOM RATH erlag am 9. November seinen Verletzungen. Die antijüdischen Ausschreitungen wurden von GOEBBELS und der Nazi-Propaganda als „spontane Aktionen" und „Ausdruck des Volkszorns" dargestellt. In Wahrheit waren sie wohlorganisiert. In einem Befehl der SA-Gruppenführer[84] an die Stabsführer der Gruppen vom 9. November 1938 heißt es:

> Sämtliche jüdische Geschäfte sind sofort von SA-Männern in Uniform zu zerstören, und eine SA-Wache aufzuziehen, die dafür sorgt, daß keinerlei Wertgegenstände entwendet werden können. Die Presse ist heranzuziehen. Synagogen sind sofort in Brand zu stecken, jüdische Symbole sind sicherzustellen. Von der Feuerwehr sind nur Wohnhäuser von Ariern zu schützen, aber auch jüdische anliegende Wohnhäuser, allerdings müssen Juden raus, da Arier dort kürzlich einziehen werden.
> Die Polizei darf nicht eingreifen. Juden sind zu entwaffnen, bei Widerstand sofort über den Haufen schießen. An den zerstörten jüdischen Geschäften, Synagogen usw. sind Schilder anzubringen: „Rache für Mord an vom Rath", „Tod dem internationalen Judentum", „Keine Verständigung mit den Völkern, die judenhörig sind".[Walk 1981/1996, 249].

Die Anzahl der jüdischen Todesopfer allein in der Pogromnacht betrug etwa 400. Die etwa 30000 verhafteten und deportierten Juden, darunter allein 4600 aus Wien, wurden vor allem auf die Konzentrationslager Dachau, Buchenwald und Sachsenhausen verteilt. Auch hier gab es hunderte Todesopfer (die genaue Zahl ist nicht bekannt, sie liegt aber deutlich über 400) und Tausende Verletzte und durch die unmenschlichen Bedingungen Erkrankte. Die meisten der Überlebenden wurden bis August 1939 entlassen, vorausgesetzt, sie hatten sich zur „Auswanderung" verpflichtet und ihren Besitz an den deutschen Staat übertragen. Während des Pogroms wurden 1406 Synagogen und Betstuben sowie mehr als 7000 jüdische Geschäfte, Wohnungen und Gemeindehäuser verwüstet oder völlig zerstört.

Bereits am 12. November 1938 wurde vom „Beauftragten für den Vierjahresplan" (HERMANN GÖRING) verfügt, daß die jüdischen Geschäftsinhaber, Gewerbetreibenden und Wohnungsinhaber die angerichteten Schäden sofort selbst zu beseitigen hätten. Der Wiederaufbau der zerstörten Synagogen und die Weiternutzung der wenigen noch vorhandenen wurde verboten. Ebenfalls bereits am 12. November erließ GÖRING eine „Verordnung über eine Sühneleistung der Juden deutscher Staatsangehörigkeit" folgenden Inhalts:

---

[84]Gruppenführer waren in der SA und SS hohe Ränge, vergleichbar mit Generälen beim Militär.

Den Juden deutscher Staatsangehörigkeit in ihrer Gesamtheit wird die Zahlung einer Kontribution von einer Milliarde Reichsmark an das Deutsche Reich auferlegt. [Walk 1981/1996, 255].

Bis Ende 1939 war bereits ein Viertel des Vermögens „aller Juden deutscher Staatsangehörigkeit und staatenloser Juden" enteignet; 1,13 Milliarden Reichsmark waren so dem Staat zugeflossen. Juden, die emigrieren konnten, wurden durch die „Reichsfluchtsteuer" faktisch vollständig enteignet.

In der Pogromnacht hatten HAUSDORFFs insofern Glück, daß ihre Wohnung nicht verwüstet wurde. Von der Enteignung eines Viertels ihres angesparten Vermögens waren sie ebenso betroffen wie von einer Verordnung des Reichsinnenministeriums und des „Stellvertreters des Führers" vom 5.12. 1938, die bestimmte, die Ruhegehälter ausgeschiedener jüdischer Beamter ab 1.1.1939 herabzusetzen. Wie wir sehen werden, setzte sich die finanzielle Ausplünderung in der Folgezeit fort. Die schon vor dem Pogrom beschlossenen Maßnamen zur Ausstellung von speziellen „Kennkarten J", zur Abnahme der Pässe und zur zwangsweisen Annahme der zusätzlichen Vornamen „Israel" und „Sara" wurden nun zügig durchgeführt. Am 2.Februar 1939 erhielt FELIX HAUSDORFF seine „Kennkarte J", versehen mit einem Paßbild und – wie bei Verbrecherkarteien – mit Fingerabdrücken des rechten und linken Zeigefingers. Bei „Unterschrift des Kennkarteninhabers" steht „Prof. Dr. Felix Israel Hausdorff".[85]

Man kann sich fragen, warum HAUSDORFF als ein international anerkannter Gelehrter in der Zeit bis etwa Mitte 1938 nicht versucht hat zu emigrieren. Die Antwort bleibt Vermutung: Hier war sein Haus, seine Bibliothek, seine Arbeitsmöglichkeit, einige treue Freunde, und obwohl in seiner Geisteshaltung immer ein Skeptiker, hatte selbst er es wohl nicht für möglich gehalten, daß das Regime sogar Menschen im Pensionsalter ihre in einem langen Leben erarbeiteten Existenzgrundlagen entziehen und ihnen schließlich selbst nach dem Leben trachten würde. Der Novemberpogrom und die folgenden Wochen machten aber gerade dies mit unverhüllter Brutalität deutlich. Am 31.Januar 1939 unternahm HAUSDORFF nun einen verzweifelten Versuch zu emigrieren. Dies geht aus einem Brief hervor, den RICHARD COURANT am 10.Februar 1939 an HAUSDORFF sandte; er hat folgenden Wortlaut:

Dear Colleague:
I just received your letter of January 31, 1939, and I am dictating my answer in a hurry, because there is a boat leaving tonight.

Of course, every mathematician in the world is under a great obligation to you and I certainly always have felt this way. If I could be of any help to you I should be only too glad. However, the circle of my personal influence is extremely narrow and offhand I do not see within it any concrete possibility, but I have immediately communicated with Weyl, hoping that through a certain connection he has something can be done. Unfortunately, everything

---

[85]Eine Abbildung der Kennkarten von Hausdorff und seiner Frau befindet sich im Abbildungsteil am Ende dieses Bandes.

here usually develops rather slowly, and therefore please do not think the matter has been forgotten if you should not hear from Weyl for a time.

I remember quite well our meeting in Italy years ago, and it would be a great satisfaction to me if I could see you and Mrs. Hausdorff in this country some time.

With kindest regards to you both, I am, Sincerely yours, R. Courant[86]

COURANT hat am selben Tag, am 10.2 1939 an HERMANN WEYL geschrieben und ihn gebeten, für HAUSDORFF tätig zu werden, denn WEYL hatte Beziehungen zu HARLOW SHAPLEY.[87] WEYL ist wenige Tage nach dem Brief COURANTs an ihn tätig geworden. In den VEBLEN Papers findet sich ein Schriftstück des „Emergency Committee" vom 17. Februar 1939 mit Einschätzungen HAUSDORFFs durch WEYL und JOHN VON NEUMANN. Diese zeugen von der hohen Wertschätzung, die HAUSDORFF bei zwei der bedeutendsten Mathematiker der ersten Hälfte des 20. Jahrhunderts genoß:

Hausdorff is known the world over as the author of the classical work on theory of sets in general, and point sets in particular. On this foundation set-theoretic topology has built ever since. Much of his research work is along the same lines. His other important papers are on such diverse subjects as Waring's problem, bi-linear forms of infinitely many variables, problem of momentum, astronomy etc. In spite of his seventy years he is still a creative mathematician.

A man with a universal intellectual outlook, and a person of great culture and charm.

H. Weyl

Hausdorff is a many-sided mathematician who has made contributions in widely. varying fields, so that his activities even outside of his main field – set theory – would put him in a very respectable place among mathematicians. His contributions to set theory are of the very first order; especially concerning the foundations of topology, point-set topology, theory of analytic sets, theory of measure, etc. His book on set theory is probably the best ever written on the subject. In spite of his age he still keeps up production of absolutely first quality. I feel that the mathematical community is under great obligation to him.

John von Neumann

---

[86] Der Originalbrief ist nicht erhalten. Prof. Reinhard Siegmund-Schultze (Kristiansand) entdeckte einen Durchschlag in den Courant Papers und machte ihn uns zugänglich. Auch die im folgenden zitierten Briefe und Einschätzungen von Weyl und von Neumann machte er uns zugänglich; er entdeckte sie in den Veblen Papers. Der gesamte Vorgang ist abgedruckt in *HGW*, Band IX, 173–177.

[87] Shapley war seit 1921 Direktor des Havard College Observatory. Als Astronom wurde er besonders bekannt durch die Berechnung der Größe unserer Galaxis. 1938 rief er, gemeinsam mit Hermann Weyl und Oswald Veblen, den „Asylum Fellowship Plan" ins Leben, dessen Aufgabe die Unterstützung älterer Flüchtlinge war.

Jedoch führten alle diese Bemühungen zu keinem Ergebnis. COURANT ist auch 1941 nochmals für HAUSDORFF aktiv geworden, aber selbst wenn er in den USA Erfolg gehabt hätte, wäre es zu spät gewesen.[88] Es sei noch angemerkt, daß COURANT viel für aus Deutschland vertriebene Mathematiker getan hat; das gleiche gilt für HERMANN WEYL und OSWALD VEBLEN.[89]

Im Herbst 1938 hatte es für HAUSDORFFs auch eine beträchtliche familiäre Veränderung gegeben: Sie nahmen Anfang Oktober 1938 die in Wien lebende Schwester von CHARLOTTE HAUSDORFF, EDITH PAPPENHEIM in ihr Haus in Bonn auf. Zu EDITH PAPPENHEIM hatten wir bereits einige Angaben im Abschnitt 6.2, S. 208 gemacht. Wir wollen diese zunächst um einige Bemerkungen zu ihrer Tochter ELSE ergänzen. Geboren 1911, lebte ELSE nach der 1919 erfolgten Scheidung ihrer Eltern bei ihrer Mutter. Nach dem Abitur an einem privaten Gymnasium studierte sie in Wien Medizin mit Spezialisierung auf Neurologie und Psychiatrie. 1935 promovierte sie, danach war sie in einer Klinik für Neurologie und Psychiatrie als Sekundarärztin tätig. Nach dem Anschluß Österreichs an Nazi-Deutschland wurde sie am 25. April 1938 fristlos entlassen, bevor sie die Facharztausbildung beenden konnte. Sie eröffnete eine Privatpraxis, die sie aber bald schließen mußte, da ihr die Praxiszulassung entzogen wurde. Über Palästina und Frankreich emigrierte sie in die USA, wo sie eine bekannte Psychiaterin wurde, die neben der Praxistätigkeit auch an verschiedenen Universitäten lehrte. ELSE PAPPENHEIM starb hochbetagt am 11. Januar 2009 in New York.[90]

Es war zunächst nur an einen zeitweiligen Aufenthalt von Frau PAPPENHEIM in Bonn gedacht, bis es ihrer Tochter gelingen würde, sie nach New York nachzuholen.[91] Obwohl ELSE mehrfach jeweils aktuelle „Affidavidts of Support" schickte[92] und auch eine beträchtliche Summe (die ihr ein Freund geliehen hatte) für die Schiffspassage hinterlegte, gelang es nicht, für die Mutter ein Einreisevisum zu erhalten. Deren Briefe an ELSE zeigen, daß sie die Hoffnung lange nicht aufgab und immer wieder verzweifelt versuchte, beim amerikanischen Konsulat in Stuttgart die immer höher werdenden Hürden der amerikanischen Behörden für die Einreise verfolgter Menschen aus Deutschland in die USA zu überwinden. Spätestens im August 1941 muß es EDITH PAPPENHEIM nach einer erneuten Verschärfung der Einreisebestimmungen in die USA klar gewesen sein, daß sie ihre Tochter ELSE nie wiedersehen würde.

HAUSDORFFs Frau CHARLOTTE mühte sich trotz laufend schlimmer werdender Lebensbedingungen, ihrem Mann das Arbeitsumfeld, das ihm so wichtig

---

[88]S.dazu *HGW*, Band IX, 176–177.

[89]Im einzelnen sei auf das für die Thematik der Emigration verfolgter Mathematiker grundlegende Werk [Siegmund-Schultze 2009] verwiesen. Zu Courants Bemühungen s. auch [Reid 1979].

[90]Zu Leben und Werk von Else Pappenheim s. [Handlbauer 2004].

[91]In Wien konnte sie nicht bleiben; sie hatte keine Verdienstmöglichkeiten mehr und mußte ihre Wohnung aufgeben; Hausdorffs Einladung war „eine Lebensrettung, bis ich sie herausbekommen könnte" (Brief von Else Pappenheim an Egbert Brieskorn vom 27.9.1994).

[92]Ein „Affidavid of Support" war eine notariell beglaubigte Bürgschaftserklärung eines US-Staatsbürgers oder legal Eingereisten für eine Person, die aus dem Ausland in die USA emigrieren wollte.

war, zu erhalten. Sie war aber oft krank, depressiv und unleidlich und baute auch körperlich immer mehr ab. HAUSDORFF tat die Anwesenheit seiner Schwägerin mit ihrer praktischen Ader, ihrem Einfühlungsvermögen und der Erfahrung ihres bisherigen Lebens, auch unter schwierigen Umständen nicht zu verzagen, sichtlich gut. So schreibt er in einem Brief an ELSE PAPPENHEIM vom 9. Mai 1939, in dem er zunächst deren persönliche und berufliche Entwicklung in den letzten Jahren würdigt, folgendes über ihre Mutter:

> Und noch etwas wollte ich Dir schreiben, nämlich wie sehr ich mich über Deine Mutter als Hausgenossin freue und wie ausserordentlich wohltätig ihre Anwesenheit auf mich wirkt. Sie hat entschieden psychiatrische Begabung, wahrscheinlich von Dir und Deinem Vater abgefärbt, und versteht glänzend mit mir umzugehen; sie und das Fröschlein [Hausdorffs Frau – W.P.] haben es nicht immer leicht mit mir![93]

In der Zeit nach dem Novemberpogrom bis zum Beginn des II. Weltkrieges am 1. September 1939 konzentrierten die nationalsozialistischen Behörden ihre judenfeindlichen Maßnahmen darauf, die Juden weiter auszuplündern und sie aus dem Wirtschaftsleben und aus dem öffentlichen Leben endgültig zu verdrängen. Die „Vermögensabgabe" und die Reduzierung der Ruhegehälter wurden schon erwähnt. Bereits am 12. November 1938 verfügte der Präsident der Reichskulturkammer: „Juden ist der Besuch von Theatern, Kinos, Konzerten, Ausstellungen usw. verboten [Walk 1981/1996, 255]. Ebenfalls ab 12. November 1938 durften Juden von ihrem privaten Bankkonto maximal 100 Reichsmark pro Woche abheben. Am 18. November 1938 erließ das Reichswirtschaftsministerium unter der Überschrift „Ausschaltung der Juden aus dem Wirtschaftsleben" eingehende Anweisungen zur Schließung noch verbliebener jüdischer Betriebe und jüdischer Einzelhandelsunternehmen. Am 3. Dezember 1938 wurde die Einziehung aller Führerscheine und Kraftwagenzulassungen von Juden angeordnet. Am 28. Januar 1939 wurde es Juden verboten, auf Märkten etwas zu verkaufen. Mit dem 31. Januar 1939 erloschen die Approbationen jüdischer Zahnärzte, Tierärzte und Apotheker. Am 21. Februar 1939 verfügte GÖRING als „Beauftragter für den Vierjahresplan":

> Alle Juden haben die in ihrem Eigentum befindlichen Gegenstände aus Gold, Platin oder Silber sowie Edelsteine und Perlen binnen 2 Wochen an die vom Reich eingerichteten öffentlichen Ankaufstellen abzuliefern. [Walk 1981/1996, 283] .

Wenige Tage später wurde verfügt, daß die Abliefernden das finanzielle Angebot der Ankaufstelle für die Wertgegenstände nicht ablehnen dürfen! Das kam faktisch einer Enteignung gleich. Am 16. April 1939 erließ das Reichswirtschaftsministerium eine Verfügung, die das jüdische Barvermögen und eventuell noch vorhandene monatliche Bezüge unter Kuratel stellte.

Wir haben hier nur einige wenige Beispiele aufgeführt; WALK listet für den genannten Zeitraum 229 Verordnungen, Anweisungen, Befehle etc. auf. Sie reichen von den erwähnten tiefgreifenden Einschnitten bis zu lächerlichen Schikanen,

---

[93] *HGW*, Band IX, 542.

wie „Der Verkauf von Losen der Deutschen Reichslotterie an Juden ist verboten."(1.8.1939) [Walk 1981/1996, 299]

HITLER hatte in einer Reichstagsrede am 30.Januar 1939 „die Vernichtung der jüdischen Rasse in Europa" angekündigt, falls es zum Krieg kommen sollte. Am 1.September brach er mit dem Überfall auf Polen diesen Krieg vom Zaun; in der Propaganda wurde der Krieg dem Judentum angelastet. Bereits am Tag des Kriegsbeginns wurde eine abendliche Ausgangssperre für Juden ab 8.00 Uhr (im Sommer ab 9.00 Uhr) verfügt. Am 12.9.1939 wurde verfügt, daß Juden besondere Geschäfte zum Einkauf von Lebensmitteln zugewiesen werden; deren Besitzer müssen von der Gestapo und der Partei als „einwandfrei" eingestuft worden sein. Wenig später wird Juden der Besitz von Rundfunkgeräten verboten; diese sind entschädigungslos abzuliefern. Immer wieder gibt es Vorschriften für die Verwendung jüdischen Vermögens. Am 19.7.1940 wird der „Ausschluß der Juden als Fernsprechteilnehmer" verfügt.[94] Die Lebensmittelkarten von Juden wurden mit einem „J" gekennzeichnet und ermöglichten nur den Einkauf herabgesetzter Rationen. Mit dem Krieg in Polen hatten dort auch bereits Massenmorde an polnischen Juden begonnen.

Mit einem Geheimerlaß GÖRINGS und dessen Umsetzung durch einen Erlaß des Reichsarbeitsministeriums vom 4.März 1941 wurde damit begonnen, die arbeitsfähigen deutschen Juden zur Zwangsarbeit zu verpflichten und in Lagern zu kasernieren. Am 29.März 1941 erhielt die „Reichsvereinigung der Juden" vom Reichssicherheitshauptamt den Befehl, „eine vollständige Liste aller jüdischen Wohnungen in arischen Häusern zu übermitteln. Die Liste hat die Adressen, Zimmerzahl und zusätzliche Einzelheiten zu enthalten." [Walk 1981/1996, 338]. Dies war ein Schritt zur zwangsweisen Umsiedlung der jüdischen Bevölkerung in sogenannte Judenhäuser[95] oder gleich in lokale Lager, die der Deportation in die Konzentrationslager vorgeschaltet waren.

ERICH BESSEL-HAGEN schreibt in einem Brief an ELISABETH HAGEMANN[96] vom 27.April 1941 über HAUSDORFFs Situation folgendes:

Hsdff's [Hausdorffs] geht es leidlich gut, wenn sie auch aus dem Aerger und der Aufregung über dauernde neue antisemitische Chicanen nicht hinauskommen. Die steuerliche Belastung und die Abzüge, die ihnen gemacht werden, sind so hoch, dass er von seinem Gehalt allein nicht mehr leben kann und sein Vermögen verbrauchen muss; wie gut, dass er diese Reserve noch hat. Ausserdem sind sie genötigt worden, einen Teil ihres Hauses abzugeben, wodurch sie räumlich sehr beengt sind. Aber ich freue mich darüber, dass es noch mehr Menschen gibt, die sich um Hsdff's kümmern, wie ich gelegentlich feststelle, wenn ich bei einem Besuch den einen oder anderen treffe. Neulich traf ich z.B. einen Musiker, der mit Hsdff. zusammen gerade musicirt hatte. Das ist

---

[94]Hausdorffs hatten Telefon, waren also hiervon auch betroffen.

[95]Auch Hausdorffs Haus gehörte zu den 32 „Judenhäusern" in Bonn. Sie bekamen mehrfach in ihr Haus zwangsweise Einquartierungen. Zum Schluß wohnten sie zu dritt in einem Zimmer.

[96]Elisabeth Hagemann, geb. Reimann war in Toeplitz' letztem Semester in Bonn seine Assistentin. Sie promovierte 1935 in Bonn.

doch schön, dass auf diese Weise ihnen etwas Freude ins Haus getragen wird! [Neuenschwander 1996, 257].

Auch EDITH PAPPENHEIM hat in ihren Briefen von einem Geiger berichtet, der gelegentlich mit HAUSDORFF musizierte.[97] An dieser Stelle wollen wir der wenigen aufrechten Menschen gedenken, die HAUSDORFFs bis zum Schluß freundschaftlich verbunden blieben und sie – soweit es ging – unterstützten.

Hier ist an erster Stelle BESSEL-HAGEN selbst zu nennen, den wir schon im Abschnitt 10.2, S. 413 kurz vorgestellt haben. Er war gehbehindert und damit für den Kriegsdienst untauglich und mußte neben seiner mathematikhistorischen Forschung und Lehre zunehmend auch die mathematischen Vorlesungen übernehmen. 1939 wurde er zum außerplanmäßigen Professor ernannt; während der Abwesenheit von KRULL und PESCHL war er in den Kriegsjahren auch geschäftsführender Direktor des Mathematischen Seminars.[98] BESSEL-HAGENs Freundschaft und regelmäßige Besuche waren für HAUSDORFF selbst von existentieller Bedeutung, wie aus folgendem hervorgeht: In all der schweren Zeit hat die mathematische Arbeit HAUSDORFF aufrechterhalten. Sie entrückte ihn aus der immer unerträglicher werdenden Realität in die Welt, die er liebte und die ihm so viel bedeutete. Er arbeitete wie immer des Nachts, schlief bis gegen 11.00 Uhr und erholte sich, so gut es noch ging, am Nachmittag und frühen Abend. Für diese Arbeit benötigte er auch Literatur, insbesondere solche Zeitschriftenliteratur, die in seiner eigenen Fachbibliothek nicht vorhanden war. Wir wissen nicht, ob HAUSDORFF nach 1935 die Bibliothek des Mathematischen Seminars noch betreten hat. Ab 8. Dezember 1938 war es nach einer Verfügung des Reichsministers für Wissenschaft, Erziehung und Volksbildung Juden verboten, die wissenschaftlichen Bibliotheken der Universitäten zu benutzen. Auf jeden Fall hat BESSEL-HAGEN HAUSDORFF nach diesem Verbot (vermutlich auch schon nach 1935) alle Literatur, die dieser für seine Arbeit benötigte, nach Hause gebracht. Das war nicht ganz ungefährlich, denn er mißachtete ein höchstministerielles Verbot. So konnte HAUSDORFF selbst ganz aktuelle Gebiete bearbeiten; im folgenden wollen wir einige Bemerkungen über die Arbeit in den Jahren 1939 bis Januar 1942 einschieben.

In HAUSDORFFs Nachlaß finden sich aus diesem Zeitraum 64 datierte Studien (Faszikel) mit einem Gesamtumfang von 817 Blatt. Ferner gibt es noch eine Reihe undatierter Studien, die vermutlich in diesem Zeitraum entstanden sind. Inhaltlich liegt der Schwerpunkt auf Themen aus der Topologie (Retrakte, Homotopie, topologische Kurven, Peanosche Kontinua, Homologiegruppen, topologische Gruppen, Abbildung von Sphären, Dimensionstheorie, Schnitt- und Verschlingungszahlen, Brouwerscher Fixpunktsatz); ferner findet man Studien zur Analysis (lineare Räume und Operatoren, fastperiodische Funktionen), Algebra (Boolesche Algebren und Ringe, Verbandstheorie, Gruppencharaktere), deskriptiven Mengenlehre und Geometrie (projektive Geometrie über Galoisfeldern). Alle diese teils um-

---

[97] Wir konnten nicht herausfinden, wer dieser aufrechte Mann gewesen ist.
[98] Er starb, durch Krankheiten und schlechte Ernährung geschwächt, am 29. März 1946 in Bonn.

fangreichen Studien hat HAUSDORFF erarbeitet, obwohl an eine Publikation von Ergebnissen, insbesondere ab Kriegsbeginn, überhaupt nicht mehr zu denken war.

Über vier der erwähnten Faszikel wollen wir noch einige Worte sagen. Im Frühjahr und Frühsommer 1940 entstanden die Manuskripte von Faszikel 742 *Die topologische Invarianz der Homologiegruppen (Vereinfachte Umarbeitung des §4 meiner Vorlesung vom SS 1933 nebst Zusätzen)* (101 Blatt). HAUSDORFF hatte im Sommersemester 1933, wie im Abschnitt 10.3, S. 417–418 schon erwähnt, erstmals eine Vorlesung über kombinatorische Topologie gehalten.[99] Er hatte dort auch einen Beweis der topologischen Invarianz der Homologiegruppen gegeben. Aus Sicht der Entwicklung der algebraischen Topologie in den dreißiger Jahren erschien ihm später dieser Beweis verbesserungsbedürftig. Obwohl er 1940 mit Sicherheit wußte, daß er diese Vorlesung nie wieder halten würde, wandte er große Mühe an eine verbesserte Version. Das Motiv hierfür klingt in einem Brief an seinen Freund und früheren Kollegen JOHANN OSWALD MÜLLER vom 6. Juni 1940 an. Nachdem er die Vorlesung vom Sommersemester 1933 kurz erwähnt hat, schreibt er:

> Den letzten Paragraphen davon, den Beweis der topologischen Invarianz der Bettischen Gruppen, habe ich jetzt doch so vereinfacht, dass ich ein gewisses aesthetisches Wohlgefallen daran habe.[100]

HAUSDORFF interessierte sich auch in der Algebra für ganz aktuelle Entwicklungen. Dies zeigt der Faszikel 777 *Verbände. Boolesche Algebren und Ringe* (63 Blatt), der zwischen dem 16.10. 1941 und dem 10.1. 1942 entstanden ist, also in einer Zeit, als die ständige Angst vor der Einweisung in das Sammellager für die Bonner Juden (s. unten) das Leben bestimmte. Der Hauptinhalt ist die Verbandstheorie. HAUSDORFF hatte sich zwar, vermutlich im Frühjahr 1938, auf fünf Seiten einige Auszüge aus einer wichtigen einschlägigen Arbeit von KÖTHE [Köthe 1937] gemacht, aber sich erst ab Mitte Oktober 1941 mit dieser aus verschiedenen Quellen entstandenen neuen Theorie [Mehrtens 1979] eingehend befaßt. Daß der 73-Jährige auf der Höhe des Stoffes war, zeigen die Blätter 18–25 vom 1.12.1941; dort beweist er, daß jeder distributive Verband einem Mengenverband isomorph ist, und merkt am Anfang an: „(Nach Köthe S. 131 ist dies von G. Birkhoff gemacht worden; die betr. Arbeit kenne ich nicht. Der folgende Beweis ist von mir)". In den Tagen nach dem 1.12. muß ihm BESSEL-HAGEN die Arbeit von BIRKHOFF besorgt haben, denn HAUSDORFF referiert auf den Blättern 36–39, datiert vom 6.12.1941, dessen Beweis und stellt fest, daß dieser einfacher als sein eigener vom 1.12. ist.

Die beiden zeitlich letzten Faszikel in HAUSDORFFs Nachlaß (780 und 781) sind am 16. Januar 1942 entstanden, zehn Tage vor seinem Tod. In Faszikel 780 behandelt er ein Thema aus der projektiven Geometrie über einem Galoisfeld $GF(p^f)$. Sei $P_k = P_k(GF(p^f))$ der projektive $(k-1)$-dimensionale Raum über $GF(p^f)$. HAUSDORFF bestimmt dann für P_2, P_3, P_4 die Anzahl der Punkte, Geraden und Ebenen. Es scheint so, daß er hoffte, auf induktivem Wege Formeln

---

[99] Das Manuskript ist vollständig abgedruckt in *HGW*, Band III, 893–953.

[100] *HGW*, Band IX, 529. Eine Analyse des neuen Beweises gibt Erhard Scholz in *HGW*, Band III, 885–888. Größere Teile von Faszikel 742 sind abgedruckt in *HGW*, Band III, 954–976.

für diese Anzahlen im allgemeinen Fall P_k zu finden. Der Faszikel 781 trägt den Vermerk „Frage von Arthur"; gemeint ist vermutlich sein Schwiegersohn ARTHUR KÖNIG, der das Ergebnis wohl für seine Arbeit bei Zeiss benötigte. HAUSDORFF berechnet dort für ARTHUR das uneigentliche Integral

$$I = \int_{-\infty}^{\infty} \frac{\sin(x - \beta)\sin(x - \gamma)}{(x - \beta)(x - \gamma)}\, dx\,.$$

Das Ergebnis ist $I = \pi \frac{\sin(\beta - \gamma)}{\beta - \gamma}$. [101]

Bevor wir auf einen weiteren aufrechten Freund der Familie HAUSDORFF, HANS BONNET, eingehen, sei bereits eine Passage aus dessen Gedächtnisrede auf der Gedenkfeier der Bonner Mathematisch-Naturwissenschaftlichen Fakultät für HAUSDORFF am 26. Januar 1949 zitiert, sozusagen als Schlußpunkt zu den obigen Bemerkungen über HAUSDORFFs mathematische Arbeit in den letzten Monaten seines Lebens:

> Da war der heilige, unerbittliche Ernst seines Forschens. Er trieb seine Wissenschaft nicht, sie hielt ihn gepackt und hat ihn auch in schwersten Zeiten nicht losgelassen. Mochten die Wasser noch so hoch steigen, er fand Tag um Tag immer wieder Stunden, in denen er mathematischen Problemen nachsinnen konnte. Treulich stand ihm dabei sein junger Freund Bessel-Hagen zur Seite. Auch seiner, den die Not der Nachkriegszeit jäh dahin raffte, wollen wir dankbar gedenken. [102]

HANS BONNET studierte von 1906 bis 1910 Klassische Philologie, Archäologie und Ägyptologie, zunächst in Breslau und ab 1907 in Leipzig. 1910 wurde er in Leipzig Assistent bei GEORG STEINDORFF, einem der bedeutendsten deutschen Ägyptologen seiner Zeit. Im I. Weltkrieg diente BONNET an der Front und wurde schwer verwundet. 1916 promovierte er bei STEINDORFF und habilitierte sich in Halle/Saale mit der Arbeit *Die Waffen der Völker des alten Orients*. Anschließend wirkte er in Halle als Privatdozent. 1928 erhielt er einen Ruf an die Universität Bonn, an der er bis 1955 als Ordinarius für Ägyptologie wirkte. BONNETs Hauptarbeitsgebiete waren ägyptische Religionsgeschichte und die Archäologie Ägyptens. Sein *Reallexikon der ägyptischen Religionsgeschichte*[103] ist ein bis heute unübertroffenes Standardwerk.

BONNET stand dem nationalsozialistischen System kritisch gegenüber und gehörte zum Bruderrat der Bonner Gemeinde der Bekennenden Kirche. BONNET sah es als Christenpflicht an, bedrängten Juden zu helfen. Sein Lehrer STEINDORFF war nach dem Krieg gebeten worden, für den Wiederaufbau der Universitäten in Deutschland die deutschen Ägyptologen und ihr Verhalten im Dritten Reich einzuschätzen. In einem Brief vom Juni 1945 an JOHN WILSON kam er dieser Bitte nach (sog. Steindorff-Liste). Über BONNET schreibt er dort:

---

[101]Der Faszikel ist abgedruckt mit Kommentar von Srishti D. Chatterji in *HGW*, Band IV, 400–402.

[102]Kopie eines Schreibmaschinen-Manuskripts, Nachlaß Brieskorn, Ordner Nr. 13.

[103]Walter de Gruyter, Berlin 1952, 1971^2, 2000^3, Reprint 2010.

Dr. Hans Bonnet, professor of Egyptology at the University of Bonn, one of the finest personalities I have ever known. He was my pupil, and later my assistent at Leipzig, and I proved him as a gentleman without fear and without reproach. During my darkest days at Leipzig, some weeks after the pogrom of November, 1938, he came to our house in Leipzig and invited me and my wife to go with him and find asylum in his house at Bonn, though to give us sanctuary might well have resulted in his confinement in a concentration camp.[104]

Obwohl HAUSDORFF und BONNET sich gewiß gelegentlich in der Fakultät begegnet sind, hat eine nähere freundschaftliche Beziehung zwischen beiden zu HAUSDORFFs aktiver Zeit noch nicht bestanden. In der oben erwähnten Gedächtnisrede führte BONNET dazu folgendes aus:

Ich bin Hausdorff erst näher getreten, als bereits die Last der Verfolgung über ihm lag. Damals war es einsam, sehr einsam um ihn geworden.

BONNET besuchte HAUSDORFFs regelmäßig; der letzte Besuch fand wenige Tage vor ihrem tragischen Tode statt. Er vermittelte vermutlich auch die Besuche des Pastors der Lutherkirche, FRIEDRICH FRICK, bei HAUSDORFFs. FRICK gehörte ebenfalls der Bekennenden Kirche an. Seine Besuche waren besonders für CHARLOTTE HAUSDORFF und EDITH PAPPENHEIM sehr wichtig. BONNET war es schließlich auch, der FELIX HAUSDORFFs handschriftlichen Nachlaß gerettet hat [Bonnet 1967].

Zu den Menschen, die HAUSDORFFs in schwerer Zeit ebenfalls nahestanden, sie besuchten und unterstützten, gehörten auch drei mutige Frauen, HEDWIG COHEN, geb. BOUVIER, HULDA HEERLEIN, geb. FETT und ANTONIE (TONI) WILISCH, geb. FREIIN VON GALL. Frau COHEN war die Witwe des jüdischen Verlegers und Buchhändlers FRIEDRICH COHEN. Verlag und Buchhandlung Cohen existierten seit 1829 und waren eine Institution in Bonn, die insbesondere mit der Universität eng verbunden war. Eine Beziehung HAUSDORFFs zu COHENs hatte schon früher bestanden; man besuchte gern die berühmten Konzerte im Hause COHEN. Nach dem Tod ihres Mannes übernahm HEDWIG COHEN die Leitung der Firma. Obwohl sie nicht Jüdin war (ihre Vorfahren waren französische Emigranten), geriet die Firma 1933 durch die nationalsozialistischen Boykottmaßnahmen, die in diesem Falle besonders von den Nazi-Studenten der Universität betrieben wurden, in wirtschaftliche Schwierigkeiten. Um die Firma für ihre Kinder zu retten, nahm HEDWIG COHEN 1937 ihren Mädchennamen wieder an und änderte den Firmennamen in „Buchhandlung H. Bouvier u. Co." um. Da schließlich ihre drei Kinder (zwei Söhne und eine Tochter) als „Mischlinge ersten Grades" auch als Firmenleiter nicht mehr in Frage kamen und nach den USA emigrierten[105], wurde 1938 ein „arischer" Geschäftsführer eingestellt, der 1941 auch Mitinhaber und nach dem Krieg alleiniger Inhaber wurde. Es liegt auf der Hand, daß Frau

---

[104]Die Steindorff-Liste ist im Faksimile abgedruckt in [Schneider 2011, 231–233].
[105]Der älteste Sohn Friedrich Cohen wurde in den USA ein bekannter Komponist.

COHEN-BOUVIER dem nationalsozialistischen Regime kritisch gegenüberstand und insbesondere das Leid jüdischer Mitbürger zu lindern suchte.

HULDA HEERLEIN war die Witwe des Sanitätsrates Dr. WILHELM HEERLEIN. Sie wohnte in Bonn in der Königstraße 60 und gehörte zum näheren Freundeskreis von Frau COHEN-BOUVIER. Ebenfalls zu diesem Freundeskreis gehörte ANTONIE WILISCH. Sie war eine gebildete und kunstsinnige Frau und in jungen Jahren eine begeisterte Anhängerin von FRIEDRICH NIETZSCHE.[106] Seit 1906 war sie mit dem Schweizer Dichter, Schriftsteller und Essayisten, dem Literatur-Nobelpreisträger des Jahres 1919, CARL SPITTELER befreundet. Mit ihrem Mann, Dr. HUGO WILISCH bewohnte sie in der Fasanenstraße 25 in Bad Godesberg eine prachtvolle Villa. Der folgende Auszug aus einem Brief von EDITH PAPPENHEIM an ihre Tochter vom 5. Juni 1939 zeigt, wie rührend das Ehepaar WILISCH bemüht war, HAUSDORFFs eine Freude zu machen:

> Am Samstag hatte ich den ersten restlos schönen Tag hier. Das ganze war wie ein Märchen. Vor einiger Zeit wurde Lotte von einer fremden Dame besucht, die ihr Blumen brachte. [· · ·] Am Freitag kam sie wieder und lud uns ein. Wir wurden [am Tag darauf – W.P.] im Auto geholt, in ihre herrliche Villa, (ich habe so etwas schönes mit so viel Kultur eingerichtetes noch nicht gesehen.) Dann gab es ein wunderbares Mittagessen u. am Nachmittag konnten wir allein, Lotte, Felix u. ich, im Auto eine Tour in die Eifel, auf den Aremberg machen. Dazu hatten die Leute uns ein Körbchen mit Kuchen, Champagner u. belegten Broten ins Auto gestellt. Das haben wir dann auch wirklich oben verzehrt. Es war ganz einsam und still. Eine alte Ruine, mitten im Wald. [· · ·] Keine Häuser, keine Menschen, nur Ruhe u. Stille. Das ganze ein Traum. Zurück fuhren wir über den berühmten Nürburgring, auf einer herrlichen Straße. Ich habe alles aus vollen Zügen genossen. Daß es doch noch Menschen gibt, die so denken, u. die sich bemühen anderen Freude zu bereiten, nur aus dem Gefühl, uns geht es gut, also müssen wir anderen, denen es nicht so gut geht, helfen. [107]

EDITH PAPPENHEIM konnte wegen der Zensur keinen Namen nennen. Daß es sich bei den Gastgebern um WILISCHs handelte, geht aus einem Brief von EDITH PAPPENHEIM vom 12. August 1939 hervor, denn dort findet sich ein Hinweis auf die Freundschaft der Gastgeberin mit CARL SPITTELER:

> Gestern waren wir wieder in der Märchenvilla eingeladen. So eine nette Person ist mir noch kaum untergekommen. Lotte erzählte, daß Felix nicht ganz in Ordnung sei u. nun doch nicht zur Kur nach Vulpera könne. [Frau Wilisch wußte natürlich, daß Juden nicht mehr in die Schweiz reisen konnten – W.P.] Darauf wollte sie ihn und Lotte sofort zu sich einladen. Sie kenne sich mit Diät aus u. es wäre doch eine Abwechslung für ihn. Sie ist auch sonst sehr

---

[106]Davon zeugen eine Reihe von Briefen an Elisabeth Förster-Nietzsche im Nietzsche-Archiv in Weimar.

[107]Briefkonvolut Edith Pappenheim an Else Pappenheim, Handschriftenabt. der Universitätsbibliothek Bonn, Brief Nr. 53.

interessant. Hat eine Menge berühmter Leute zu Freunden. Z.B. war einer ihrer besten Freunde Spitteler.[108]

ANTONIE WILISCH stand HAUSDORFFs bis zum bitteren Ende bei.

Nach dem am 22. Juni 1941 erfolgten Angriff auf die Sowjetunion wurde die von HITLER am 30. Januar 1939 angekündigte „Vernichtung der jüdischen Rasse in Europa" zu einem der bis zum Schluß mit verbissener Brutalität verfolgten Kriegsziele des nationalsozialistischen Regimes. Bereits am 31. Juli 1941 wurde der SS-Gruppenführer REINHARD HEYDRICH von GÖRING beauftragt, alle erforderlichen Vorbereitungen „sachlicher und materieller Art zu treffen für eine Gesamtlösung der Judenfrage im deutschen Einflussgebiet in Europa." [Walk 1981/1996, 345]. Auf dem eroberten Territorium der Sowjetunion begannen sehr bald Massenmorde an ukrainischen, weißrussischen, russischen und baltischen Juden. Im Oktober 1941 begannen auch Massendeportationen deutscher Juden aus dem Reichsgebiet, zunächst nach Łódź [Gottwald/ Schulle 2007]. Schon im Frühjahr 1941 hatte man zur Umsetzung von GÖRINGs Geheimerlaß vom 18. Februar 1941 zur Kasernierung arbeitsfähiger Juden damit begonnen, regionale Sammellager einzurichten; diese wurden dann zunehmend zur Vorbereitung der Deportationen zu den Vernichtungsstätten im Osten genutzt. In Bonn erschien am 30. April 1941 der Leiter der Gestapo, Kriminalrat WALTER PROLL mit einigen Männern im Kloster der Benediktinerinnen „Maria Hilf" (auch Kloster „Zur Ewigen Anbetung" genannt) in Bonn-Endenich und eröffnete der Priorin FELICITAS KIESE folgendes:

> Ich habe den Auftrag, Ihnen mitzuteilen, daß das Kloster mit allem lebenden und toten Inventar beschlagnahmt ist. Die Schwestern haben es binnen einer Stunde zu verlassen. Alles persönliche Eigentum dürfen sie mitnehmen.[109]

Die Zwangseinweisung der Juden aus Bonn in das Endenicher Sammellager begann Mitte Juni 1941. Die Zustände in Endenich waren katastrophal. Zeitweise lebten 380 Personen in den von Haus aus schon kleinen Räumen, in denen zuvor 140 Benediktinerinnen gelebt hatten. Die arbeitsfähigen Männer und Frauen mußten Zwangsarbeit verrichten. Die übrigen mußten im Garten, in der Küche oder in der Wäscherei helfen. Ausgänge und Besuche waren streng reglementiert und wurden mit der Zeit immer mehr eingeschränkt. Die Ernährungslage im Lager war oft sehr schwierig. Auch die hygienischen Verhältnisse waren unhaltbar. Der Bonner praktische Arzt Dr. JOSEF KILL hatte das Lager besucht und berichtete von dem „trostlosen Anblick der zwischen ihren mitgebrachten Möbeln und Möbelchen herumirrenden, namentlich älteren und verzweifelten Leute". Ferner gebe es keinen Arzt oder Heilgehilfen und nicht einmal eine Krankenstube für Sonderfälle, so daß

---

[108] Briefkonvolut Edith Pappenheim an Else Pappenheim, Handschriftenabt. der Universitätsbibliothek Bonn, Brief Nr. 79.
[109] Das Zitat stammt aus der handschriftlichen Hauschronik des Klosters; der Abschnitt über die Aufhebung des Klosters am 30.4.1941 ist zitiert im Katalog der Ausstellung „Deportiert aus Endenich", die zum 50. Jahrestag der letzten am 27. Juli 1942 erfolgten Deportation aus Endenich vom 14. Juni bis 27. Juli 1992 im ehemaligen Refektorium des Klosters gezeigt wurde. Veranstalter waren der Verein an der Synagoge, das Stadtmuseum Bonn, die Deutsch-Israelische Gesellschaft und die Gesellschaft für Christlich-Jüdische Zusammenarbeit.

z.B. „in einem Raum, der mit ungefähr 10 Gefangenen belegt war, eine ältere, mir lange schon bekannte Kranke auf einem Putzeimer vor den anderen Leuten ihren ruhrartigen Darmkatarrh entleeren mußte". Der schlimmste sanitäre Mißstand aber habe darin bestanden, „daß tagelang die Wasserleitung nur auf einige ungenügende Stunden am Tage freigegeben war."[110] Dr. KILL hatte den Oberbürgermeister RICKERT um sofortige und energische Abhilfe gebeten. Das Ergebnis war, daß er der „Judenfreundlichkeit" verdächtigt und zwei Tage von der Gestapo verhört wurde.

HAUSDORFFs blieben zunächst von der Einweisung in das Endenicher Sammellager verschont. BESSEL-HAGEN berichtet in einem Brief vom 1. August 1941 an ELISABETH HAGEMANN von der Vertreibung der Nonnen aus dem Kloster „Maria Hilf", dann fährt er fort:

> In dieses gestohlene Gebäude werden jetzt die sämtlichen noch in Bonn lebenden Juden zwangsweise interniert; ihre Sachen müssen sie entweder versteigern oder zu „treuen" Händen aufbewahren lassen. Bei Hdff. und Philippson ist es mit Mühe erreicht worden, dass man eine Ausnahme zuliess. H. hat zwar keinen officiellen Bescheid erhalten, dass er in seinem Hause wohnen bleiben darf, es ist aber laut inofficiellem Bescheid absolut sicher. [Neuenschwander 1996, 257].

Selbst einem offiziellen Bescheid wäre nicht zu trauen gewesen; die ständige Angst, in Endenich interniert zu werden, blieb. Hinzu kamen neue einschneidende Schikanen. Am 28.8.1941 verbot das Reichswirtschaftsministerium „den freien Verkauf von Aktien und Kuxen aus jüdischem Besitz". Aktien wurden in Reichsschatzanweisungen umgetauscht. HAUSDORFFs hatten insgesamt 22.000 RM „Judenvermögensabgabe" bezahlen müssen.[111] Wieviel an Aktienvermögen noch von diesem neuen Verbot betroffen war, ist nicht bekannt. Verfügbar waren vorher ja auch nur – wie schon erwähnt – 100 Reichsmark Barauszahlung pro Woche; nun war das Aktienvermögen dem Zugriff völlig entzogen. Am 1. September 1941 erließ das Reichsinnenministerium eine „Polizeiverordnung über die Kennzeichnung der Juden" folgenden Wortlauts:

> Ab 15.9.41 ist es Juden, die das sechste Lebensjahr vollendet haben, verboten, sich in der Öffentlichkeit ohne einen Judenstern zu zeigen. Juden ist es verboten, ohne schriftliche, polizeiliche Erlaubnis ihre Wohngemeinde zu verlassen und Orden, Ehrenzeichen oder sonstige Abzeichen zu tragen. [Walk 1981/1996, 347].

Die Folge dieser Schikane war, daß HAUSDORFFs das Haus kaum noch verließen.[112] ERICH BESSEL-HAGEN schrieb am 4. Oktober 1941 an Frau HAGEMANN:

---

[110] Der Bericht von Dr. Kill ist zitiert im o.g. Katalog, S.30.

[111] Mitteilung des Finanzamtes Bonn-Stadt vom 8.3.1960 an das Amt für Wiedergutmachung im Rahmen des Wiedergutmachungsverfahrens; Arthur König erhielt eine Wiedergutmachung von 4.400 DM.

[112] Briefe von Edith Pappenheim an ihre Tochter vom 22.9. und 29.9. 1941 (Briefe Nr. 215 und 216 im Briefkonvolut Pappenheim).

Hausdorffs haben in der Zwischenzeit wieder einige Unannehmlichkeiten gehabt; vor allem müssen die Juden jetzt, wenn sie auf die Straße gehen, Abzeichen tragen. [···] Ferner sind sie genötigt worden, ihre Actien zu verkaufen und in Reichsschatzanweisungen umzutauschen, natürlich mit Cursverlusten. Und noch anderes, was ich nicht schreiben kann. [Neuenschwander 1996, 258].

Der letzte Satz bezieht sich vermutlich auf ein Ereignis, das für HAUSDORFFs besonders schockierend gewesen sein muß. CHARLOTTE HAUSDORFF war zu einer Zahnbehandlung in die Universitäts-Zahnklinik überwiesen worden. Ihr Mann begleitete sie dorthin. Als sie schon mit Serviette im Stuhl saß und zunächst untersucht werden sollte, stürzte der diensthabende Vertreter des Oberarztes herein, riß ihr die Serviette ab und brüllte; „Raus hier, Juden sollen sich aufhängen!" Bei diesem Oberarztvertreter handelte es sich um HEINRICH MÜLLER, der diese Position bekleidete, obwohl er trotz mehrerer vergeblicher Anläufe immer noch nicht promoviert hatte. MÜLLER war Hauptsturmführer der SS und Leiter ihres Sicherheitsdienstes in Bonn. In dieser Funktion, die er neben seiner vormittags ausgeübten Tätigkeit in der Zahnklinik nachmittags und abends bekleidete, hat er ein umfangreiches Spitzelnetz aufgebaut und sich – oft in brutaler Weise – an Maßnahmen der Gestapo gegen Juden beteiligt. 1948 wurde ihm vor dem Spruchgericht Hiddesen der Prozeß gemacht. Angeklagt war er wegen Mitgliedschaft in verbrecherischen Organisationen und wegen der Beteiligung an Verbrechen gegen die Menschlichkeit, u.a. wegen der Beteiligung am Niederbrennen der Bonner Synagoge. Auch das Vorgehen gegen HAUSDORFFs war ein Anklagepunkt; Staatsanwalt KEIM als Ankläger führte dazu aus:

Prof. der Mathematik Hausdorff begleitete seine kranke Ehefrau in die Universitäts-Zahnklinik zur Untersuchung. Ein behandelnder Assistent nahm die Ehefrau ohne weiteres zur Behandlung an. Als sie im Stuhl sass, erschien der Angeschuldigte und forderte sie mit groben Worten auf, die Klinik zu verlassen. Den dabeistehenden Ehemann Hausdorff schrie er an, er solle machen, dass er fortkäme und sich aufhängen. Etwas später haben sich die beiden Eheleute vergiftet.[113]

Als Zeugen zu diesem Anklagepunkt sagten MINNA NICKOL, Hausangestellte bei HAUSDORFFs seit 1937, ANTONIE WILISCH und ARTHUR KÖNIG aus. MÜLLER wurde am 29. Dezember 1948 zu vier Jahren Haft verurteilt, aber bereits am 7. 11. 1951 begnadigt.

Am 8. November 1941 wurde HAUSDORFF 73 Jahre alt. EDITH PAPPENHEIM berichtet über diesen Tag kurz in einem Brief an ihre Tochter vom 14. 11. 1941:

Am Samstag war Lixens Geburtstag. Es war ganz nett; einige wenige Freunde waren da und jeder bemühte sich so heiter und unbeschwert wie möglich zu sein.[114]

Vermutlich am 18. Januar 1942 (± 1 Tag) haben HAUSDORFFs und EDITH PAPPENHEIM den Befehl erhalten, sich am 29. Januar im Sammellager Endenich ein-

---

[113]Kopien der Prozeßakten Müller in Nachlaß Brieskorn, Ordner Nr. 40 „Heinrich Müller".
[114]Briefkonvolut Pappenheim, Brief Nr. 222.

zufinden. Für einen solchen Fall hatten sie gemeinsam den Beschluß gefaßt, ihrem Leben vorher selbst ein Ende zu setzen. Das kann man aus den (wegen der Briefzensur) codierten Nachrichten in zwei Briefen von EDITH PAPPENHEIM an ihre gute Freundin PAULA BLÜMEL in Wien entnehmen. Am 12. Januar 1942, also vor dem Eintreffen des Internierungsbefehls, schrieb sie:

> Wir haben die Feiertage still verbracht und wenigstens Sylvester etwas ruhiger verlebt, weil wir einstweilen nicht verreisen müssen. Was aber die Zukunft bringt wissen wir alle nicht. Wer weiß, ob ich nicht doch noch mit Deiner Schwägerin zusammentreffe.[115]

„verreisen müssen" steht offenbar für in Endenich interniert oder gleich deportiert zu werden. Die Schwägerin von PAULA BLÜMEL, RESI BLÜMEL, hatte mit ihrem Mann, Dr. JOSEPH BLÜMEL, angesichts der Judenverfolgung in Österreich den gemeinsamen Freitod gewählt. „mit Deiner Schwägerin zusammentreffen" bedeutet also, diesen Weg auch zu gehen.

In einem undatierten Brief, der nach dem Eintreffen des Internierungsbefehls geschrieben worden sein muß, heißt es dann:

> Liebe Paula!
> Wir sind im Begriff eine große Reise zu machen und werden dieselbe Route wählen wie Joseph und Resi. Da wir ohnehin in den nächsten Tagen ausziehen müßten, so machen wir es lieber so. [···] Leb wohl und vergeßt mich nicht, grüße auch Elisabeth von mir. Ich danke euch allen für eure große Liebe und Freundschaft. Elsele müßt ihr sagen, daß es eben nicht mehr anders ging.[116]

Auf irgendeinem Wege wurde auch ELSE POSNER, die gute Freundin aus Greifswalder Tagen, die HAUSDORFFs in den schweren Zeiten immer mal wieder besucht hatte, informiert. Sie reiste aus Berlin an und stand ihnen bis in ihre letzten Stunden bei. Am Abend des 25. Januar 1942 nahmen FELIX HAUSDORFF, seine Frau CHARLOTTE und EDITH PAPPENHEIM eine Überdosis Veronal. FELIX und CHARLOTTE HAUSDORFF waren in der Nacht verstorben. EDITH PAPPENHEIM zeigte am nächsten Tag noch Lebenszeichen, erwachte aber nicht mehr aus dem Koma. Sie verstarb am 29. Januar 1942.

Am 25. Januar 1942 schrieb HAUSDORFF einen Abschiedsbrief an den befreundeten Rechtsanwalt HANS WOLLSTEIN.[117] Diesen Brief muß WOLLSTEIN vor

---

[115] Briefkonvolut Pappenheim, Brief Nr. 224.

[116] Briefkonvolut Pappenheim, Brief Nr. 226.

[117] Hans Wollstein wurde am 7. März 1895 in Elberfeld als Sohn eines jüdische Bankdirektors geboren. Seine Eltern ließen ihn evangelisch taufen. Nach dem Abitur meldete er sich im I. Weltkrieg freiwillig an die Front. Nach Kriegsende studierte er Jura und betrieb später in Bonn in der Gluckstraße 12 eine Rechtsanwaltskanzlei. Er engagierte sich in der evangelischen Kirchengemeinde, besonders in der kirchlichen Armenpflege. Im November 1938 wurde ihm die Anwaltszulassung entzogen; sein Haus wurde 1939 zum „Judenhaus" erklärt. Unter den dort Eingewiesenen war Alfred Philippson mit Frau und Tochter. Die nähere Bekanntschaft Hausdorffs mit Wollstein könnte über Philippson zustande gekommen sein. Am 27. Juli 1942 wurde er nach Theresienstadt deportiert. Im Herbst 1944 wurde er nach Auschwitz verbracht und dort ermordet. Sein Todesdatum ist nicht bekannt.

seiner Deportation an BESSEL-HAGEN weitergegeben haben; in dessen Nachlaß ist er erhalten geblieben.[118] Wir geben hier den Anfang und das Ende dieses Briefes wieder:

> Lieber Freund Wollstein!
> Wenn Sie diese Zeilen erhalten, haben wir Drei das Problem auf andere Weise gelöst – auf die Weise, von der Sie uns beständig abzubringen versucht haben. Das Gefühl der Geborgenheit, das Sie uns vorausgesagt haben, wenn wir erst einmal die Schwierigkeiten des Umzugs überwunden hätten, will sich durchaus nicht einstellen, im Gegenteil:
>
> > auch Endenich
> > Ist noch vielleicht das Ende nich!
>
> Was in den letzten Monaten gegen die Juden geschehen ist, erweckt begründete Angst, dass man uns einen für uns erträglichen Zustand nicht mehr erleben lassen wird.

Nach dem Dank an Freunde und nachdem er in großer Gefaßtheit letzte Wünsche bezüglich Bestattung und Testament geäußert hat, schreibt HAUSDORFF weiter:

> Verzeihen Sie, dass wir Ihnen über den Tod hinaus noch Mühe verursachen; ich bin überzeugt, dass Sie tun, was Sie tun *können* (und was vielleicht nicht sehr viel ist). Verzeihen Sie uns auch unsere Desertion! Wir wünschen Ihnen und allen unseren Freunden, noch bessere Zeiten zu erleben.
>
> > Ihr treu ergebener
> >
> > Felix Hausdorff

Wenige Tage nach dem tragischen Geschehen, am 1. Februar 1942 schrieb ERICH BESSEL-HAGEN an ELISABETH HAGEMANN:

> Und nun habe ich Ihnen eine entsetzlich traurige Nachricht zu bringen. Unsere lieben Hausdorffs haben in der Nacht vom letzten Sonntag zum Montag ihrem Leben ein Ende gemacht, um den Schrecken, die ihnen drohten, zu entgehen. [Neuenschwander 1996, 258].

Er schildert dann die Zustände im Sammellager Endenich, die ständige Angst vor der Internierung und das Hin und Her im Falle HAUSDORFFs, schließlich den Internierungsbefehl Mitte Januar, den Entschluß der Drei und das tragische Ende. Dann fährt er fort:

> Ich glaube, man muß den Entschluss der drei billigen. So wie die Dinge liegen, ist es vielleicht am besten und mildesten, das Feld zu räumen, ehe es zu spät ist. Sie können sich schwer vorstellen, wie erschüttert und seelisch niedergeschlagen ich über diese Tragoedie bin; und alle Ueberlegung, dass es vielleicht besser so ist, vermag, zunächst wenigstens, nicht über den Schmerz hinwegzuhelfen, so liebe Freunde verloren zu haben. Es ist ein entsetzliches

---

[118]Er wurde von Erwin Neuenschwander im Nachlaß Bessel-Hagen entdeckt und als Anhang zu [Neuenschwander 1996] im Faksimile und im Druck publiziert. Der Brief ist auch vollständig abgedruckt in *HGW*, Band IX, 655–656.

Gefühl, dem Untergang so lieber Menschen in der wilden Flut zusehen zu müssen, ohne einen Finger rühren zu können. Man kommt sich so entsetzlich feige vor und schämt sich andauernd. Und doch weiss ich nicht, was ich hätte tun können. [Neuenschwander 1996, 259].

Wie HAUSDORFFs und Frau PAPPENHEIM es gewünscht hatten[119], sind sie mit Feuer bestattet worden. Aber auch dabei und bei der Beschaffung eines Platzes auf dem städtischen Friedhof muss es noch Schwierigkeiten gegeben haben, denn BESSEL-HAGEN schreibt am 26. März 1942 an Frau HAGEMANN:

Wenigstens ist es nach einigem Kampf erreicht worden, dass die Familie H. auf dem Poppelsdorfer Friedhof ein Plätzchen für die Urnen bekommen hat, nicht einmal das wollte man ihnen gönnen. [Neuenschwander 1996, 259].

Mit welch bewundernswerter Ruhe HAUSDORFF dem Tod ins Auge geblickt hat, berichtet BESSEL-HAGEN in einem Brief vom 3. April 1942 dem Logiker und Mathematiker HANS HERMES, der kurzzeitig Assistent in Bonn gewesen war. Nachdem er zunächst die Ereignisse geschildert hat, schreibt er:

Nach allem, was mir von den Menschen berichtet worden ist, die H. in den letzten Tagen gesehen oder gesprochen haben, hat H. alles in stoischer Ruhe und Ueberlegtheit geordnet und bis zum Schluss nicht die Neigung zu humoristischen Redewendungen verloren. Er ist wirklich „als Philosoph gestorben". Es ist wirklich entsetzlich, dass ein Mann von seinem Ruhm und Ansehen, der Anrecht auf so viel Dank hatte, von seinen Verfolgern dahin getrieben worden ist und dass keiner stark genug ist, einen Finger gegen dieses Geschehen zu rühren. Das Schlimmste bei allem ist, dass man doch sagen muss, dass es angesichts dessen, was sonst vielleicht noch gekommen wäre, dieses traurige Ende gut so ist. [Neuenschwander 1996, 260].

ANTONIE WILISCH schrieb am 11. Juni 1942 an eine Bekannte in Zürich[120], die Verbindung zu ELSE PAPPENHEIM in New York hatte, über den Tod von EDITH PAPPENHEIM:

Elses Mutter ist sehr sanft gestorben. Eingeschlafen. Man fand sie mit einem Band von Storms Novellen[121] und der Bibel neben sich. [···] Um sie her ist in der ganzen letzten Zeit, daß ich sie gekannt habe, besonders aber ganz kurz vor dem Ende, eine unbeschreibliche Würde und – ich möchte sagen Hoheit gewesen. Nur wenn sie von ihrer Tochter sprach, liefen ihr immer gleich die Tränen übers Gesicht. Ich schrieb Ihnen ja schon, daß sie mir auftrug, ihr als letzten Gruß zu sagen, sie habe immer nur Freude, und nichts als Freude an ihr erlebt, und sie würde gern allen Schmerz, den sie zu tragen hatte, noch

---

[119]In Hausdorffs Abschiedsbrief stand folgendes: „Wenn es geht, wünschen wir mit Feuer bestattet zu werden und legen Ihnen drei Erklärungen dieses Inhalts bei".

[120]Vermutlich Paula Lerchenthal.

[121]Es handelt sich um die Novelle *Renate* von Storm. Gelegentlich war auch die Rede davon, Hausdorff habe vor seinem Tod in *Renate* gelesen. Die von Frau Wilisch überlieferte Version ist viel wahrscheinlicher, denn der Inhalt von *Renate* hat eher Beziehungen zum Lebensschicksal von Edith Pappenheim.

einmal erleben, um eines solchen Kindes willen. – Sie sagen es ihr ja, nicht wahr? Es ist ja das Einzige, das man der Toten noch Liebes tun kann.

Nun ist ihre Urne neben denen von Lotte und Felix begraben, in einem wunderschönen Urnenfriedhof, wo der Wald über die Gräber wächst. Der protestantische Pfarrer, mit dem die Familie befreundet gewesen war, hat sie dort oben am Abhang eingesegnet.[122]

Wie recht HAUSDORFF mit seinem Wortspiel „auch Endenich Ist noch vielleicht das Ende nich!" hatte, zeigte sich sehr bald. Am 15. Juni 1942 begannen die Deportationen aus Bonn. Aus dem Lager Endenich wurden die Menschen zunächst nach Köln-Deutz gebracht und von dort deportiert: Am 15. Juni 1942 gab es einen Transport in das KZ Theresienstadt und einen Transport in den Distrikt Lublin. Am 20. Juli 1942 erfolgte ein Transport nach Minsk. Der letzte Transport ging am 27. Juli 1942 in das KZ Theresienstadt; danach war das Sammellager in Bonn-Endenich geschlossen. Von den insgesamt etwa 470 in Endenich gefangen gehaltenen Menschen haben nur elf den Holocaust überlebt.[123]

Unsere Biographie über FELIX HAUSDORFF sei beschlossen[124] mit einer Passage aus einem Brief, den die damals 85-jährige ELSE PAPPENHEIM am 28. Mai 1996 an EGBERT BRIESKORN geschrieben hat. Sie bedankt sich dort für die Zusendung von [Brieskorn 1996]; dann heißt es:

Ich möchte noch hinzufügen – vielleicht habe ich Ihnen das schon geschrieben – dass für mich der Selbstmord viel erträglicher war als der Gedanke, man würde sie nach Auschwitz verschicken. Wenigstens sind sie, nach Noras Angabe, friedlich in ihren eigenen Betten entschlummert. Ich wundere mich immer noch, dass es möglich war sie zu begraben. Es ist noch Alles unfassbar und leider zu befürchten, dass sich Ähnliches immer wieder abspielen könnte. Man muss nur an Afrika denken.[125]

---

[122]Briefkonvolut Pappenheim, Brief Nr. 228. Ein Foto der Grabstätte findet sich im Abbildungsteil dieses Bandes.

[123]Diese Daten finden sich in [Rey 1994].

[124]Bezüglich des weiteren Weges der Familie König und bezüglich der Würdigungen Hausdorffs nach dem Ende des Nazi-Regimes sei auf den Epilog von *HGW*, Band IB, 1005–1030 verwiesen.

[125]Nachlaß Brieskorn, Ordner 113. Der letzte Satz ist eine Anspielung auf den Völkermord in Ruanda im Jahre 1994.

Bildteil

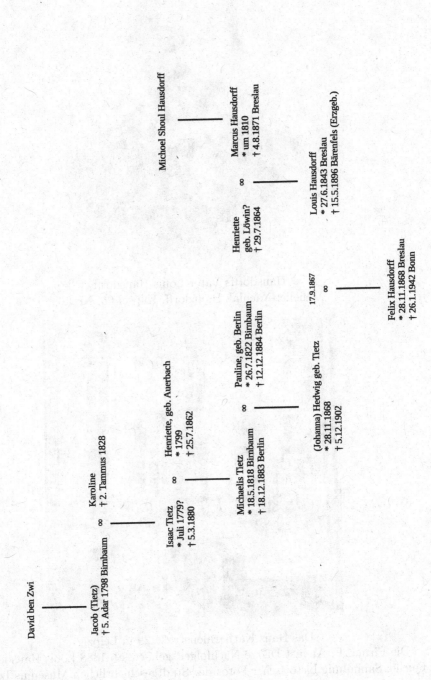

Stammbaum von Felix Hausdorff (soweit bis jetzt ermittelbar).

Hausdorffs Vater Louis Hausdorff
Quelle: Nachlaß Hausdorff, Kapsel 65, Nr 1.

Das Haus Katharinenstraße 29 in Leipzig
Die Firma „F. August Dietze Nachfolger" gehörte ab 1888 Louis Hausdorff.
Quelle: Sammlung historischer Fotos des Stadtgeschichtlichen Museums Leipzig.

Die Gräber von Hausdorffs Eltern auf dem Jüdischen Friedhof in Leipzig
Foto: Walter Purkert. Die hebräischen Inschriften sind traditionelle jüdische
Texte (Daniel 12,3 und Sprichwörter 31,28). In der übersetzung von Luther
lauten sie: Für Louis Hausdorff: „Die Lehrer aber werden leuchten wie des
Himmels Glanz, und die, so viele zur Gerechtigkeit wiesen, wie die Sterne immer
und ewiglich." Für Hedwig Hausdorff: „Ihre Söhne stehen auf und preisen sie
selig, ihr Mann rühmt sie."

Hausdorffs Abiturklasse IA (b) von 1887
Quelle: Stadtarchiv Leipzig, Nicolaischule, Nr. 280. Das Foto entdeckte die
Projektgruppe „Felix Hausdorff" der Neuen Nikolaischule Leipzig unter Leitung
der Fachlehrerin für Geschichte Annette Weber.

Felix Hausdorff um 1894
Das Bild stammt von dem berühmten
Portraitphotographen Nicola Perscheid,
Königlich- Sächsischer Hofphotograph.
Hausdorffs Portrait war Bestandteil der
Perscheid-Kollektion auf der
Kunstphotographie-Ausstellung in Berlin im
Sommer 1900, auf der Perscheid den „Ehren-
preis Ihrer Majestät der Kaiserin" errang.
Quelle: Nachlaß Hausdorff, Kapsel 65, Nr. 04.

Felix Hausdorff als poeta laureatus
Holzschnitt von Hanns Alexander Müller nach
einer Zeichnung von Walter Tiemann. Der
Holzschnitt befindet sich in der 1910
erschienenen auf 99 Exemplare limitierten
Ausgabe von Hausdorffs „Der Arzt seiner
Ehre" für den Leipziger Bibliophilen-Abend.

Max Klinger: Beethoven
Quelle: Hans-Werner Schmidt, Jeanette Stoschek: Max Klinger. Schriften des
Freundeskreises Max Klinger E. V., Band 3. Deutscher Kunstverlag, Berlin 2012,
S. 64. Die Skulptur steht heute im Museum der bildenden Künste zu Leipzig.

Exlibris Felix Hausdorff
Klischee 1902 von Hans Jacob Ferdinand Zarth (1876-1943). Quelle: Kirsten
Büsing, Anne Büsing: „Alumnen und ihre Exlibris â 600 Jahre Universität
Leipzig", Vieweg u. Teubner, Wiesbaden 2009, S. 75.

Hausdorffs Haus in Greifswald, Am Graben 5
(heute Goethestraße 5)
Auf dem Balkon steht die Familie Hausdorff,
Tochter Lenore in der Mitte. Quelle: Nachlaß
Hausdorff, Kapsel 65, Nr. 26.

Hausdorffs Haus in Greifswald, heutiger
Zustand
Foto: Dr. Walter Tews

Die von der Universität Greifswald am Haus im Juni 1992 angebrachte
Gedenktafel. Foto: Dr. Walter Tews.

Hausdorffs Tochter Lenore (2. von links) mit ihren Greifswalder Freundinnen
Links neben ihr Ilse Dumrath, die Schwester von Anne-Sophie Dumrath,
verehelichte Wachinger; letztere hatte Lenore König auf ihrer Flucht vor der
Gestapo aufgenommen. Quelle: Geschenk von Dr. Armin Danco.

Felix Hausdorff gegen Ende der Greifswalder Zeit
Quelle: Mathematisches Institut der Universität Greifswald.

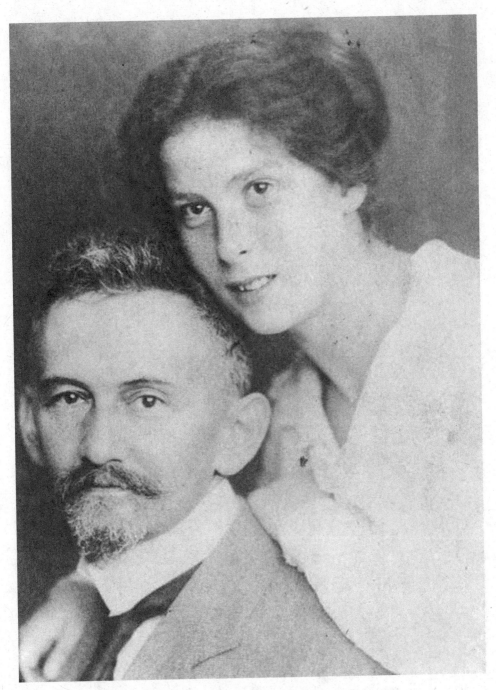

Felix Hausdorff mit seiner Tochter Lenore um 1920
Quelle: Nachlaß König, Nr. 161.3.

Hausdorffs Haus in Bonn, Hindenburgstraße 61 (heute Hausdorffstraße 61)
Quelle: Nachlaß König, Nr. 161.3.

Teilnehmer der Jahrestagung der DMV in Leipzig, 17. - 24. September 1922
Von links: Felix Hausdorff, Regina Schur, Issai Schur, Charlotte Hausdorff. Foto:
Stella Pólya. Das Foto ist ein Geschenk von Prof. Gerald L. Alexanderson, dem
Herausgeber des „Pólya Picture Album", Birkhäuser, Basel 1987, an Egbert
Brieskorn (dort reproduziert auf S. 61).

Felix Hausdorff im Arbeitszimmer seines Hauses in Bonn
Der Wandkalender zeigt die Woche vom 8. bis 14. Juni 1924. Foto: Ludwig
Hogrefe, Bad Godesberg. Quelle: Nachlaß Hausdorff, Kapsel 65, Nr. 29.

Hausdorffs Freund, Förderer und
Kollege in Bonn Eduard Study
Quelle: Nachlaß König, Nr. 172.

Hausdorffs Freund und Bonner
Kollege Otto Toeplitz
Quelle: Stefan Hildebrandt, Peter
Lax: „Otto Toeplitz". Bonner
Mathematische Schriften, Nr. 319,
Bonn 1999.

Marta Löwenstein mit Töchterchen Mariele
Hausdorff hat oft mit ihr musiziert; sie sang, er begleitete sie am Flügel. Quelle:
Nachlaß König, Nr. 161.4.

Lenore Hausdorff, Arthur König, Charlotte und Felix Hausdorff in Hausdorffs
Wohnzimmer
Foto: Ludwig Hogrefe, Bad Godesberg. Die Aufnahme entstand im
Zusammenhang mit Lenores Verlobung 1924. Quelle: Nachlaß Hausdorff, Kapsel
65, Nr. 31.

Besuch der Familie Posner in Bonn, März 1927
Von links: Felix Hausdorff, Theodor Posner, Else Posner, Charlotte Hausdorff,
Lenore König. Quelle: Nachlaß König, Nr. 161.4.

Felix Hausdorff nach der Vorlesung am Universitäts-Hauptgebäude in Bonn März 1932. Foto: Erna Witt, geb. Bannow, eine von Hausdorffs Studentinnen.

Felix Hausdorff mit seiner Frau Charlotte und seiner Schwester Vally Glaser (links) bei einem Ausflug auf der Schyniger Platte bei Interlaken im Berner Oberland (1934). Quelle: Nachlaß Hausdorff, Kapsel 65, Nr. 10.

Feier des 70. Geburtstages von Felix Hausdorff in seinem Haus in Bonn
Von links: Arthur König, Felix Hausdorff, (*) , Inge Köttgen, Lenore König, Charlotte Hausdorff, (*) , (*) . Die mit (*) bezeichneten drei älteren Damen sind vermutlich Frida, Louise und Anna Köttgen, die Tanten von Arthur König.
Quelle: Nachlaß Hausdorff, Kapsel 65, Nr. 18.

Felix Hausdorff
(vermutlich zum 70. Geburtstag von Arthur
König aufgenommen) Quelle: Nachlaß
Hausdorff, Kapsel 65, Nr. 07.

Charlotte Hausdorff
Die Aufnahme ist vermutlich zwischen Ende
1938 und 1941 entstanden. Quelle: Nachlaß
Hausdorff, Kapsel 65, Nr. 20.

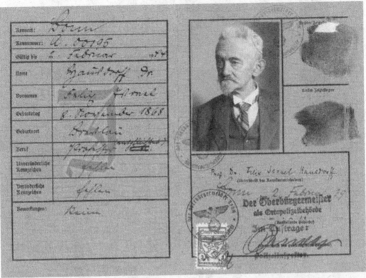

Kennkarten „J" von Felix und Charlotte Hausdorff mit den erzwungenen Unterschriften „Felix Israel Hausdorff" und „Charlotte Sara Hausdorff". Quelle: Nachlaß Hausdorff, Kapsel 63, Nr. 10 und 11.

Die Grabstätte auf dem Poppelsdorfer Friedhof.
Foto: Team der Hausdorff-Edition, Bonn 2010.

Das Straßenschild der Hausdorffstraße.
Foto: Team der Hausdorff-Edition, Bonn 2010.

Literaturverzeichnis

[H 1891] Zur Theorie der astronomischen Strahlenbrechung (Dissertation). *Ber. über die Verhandlungen der Königl. Sächs. Ges. der Wiss. zu Leipzig. Math.- phys. Classe* 43 (1891), 481–566. *HGW*, Band V, 5–90.

[H 1893] Zur Theorie der astronomischen Strahlenbrechung II, III. *Ber. über die Verhandlungen der Königl. Sächs. Ges. der Wiss. zu Leipzig. Math.- phys. Classe* 45 (1893), 120–162, 758–804. *HGW*, Band V, 93–182.

[H 1895] Über die Absorption des Lichtes in der Atmosphäre (Habilitationsschrift). *Ber. über die Verhandlungen der Königl. Sächs. Ges. der Wiss. zu Leipzig. Math.- phys. Classe* 47 (1895), 401–482. *HGW*, Band V, 215–296.

[H 1896] Infinitesimale Abbildungen der Optik. *Ber. über die Verhandlungen der Königl. Sächs. Ges. der Wiss. zu Leipzig. Math.- phys. Classe* 48 (1896), 79–130. *HGW*, Band V, 315–366.

[H 1897a] Das Risico bei Zufallsspielen. *Ber. über die Verhandlungen der Königl. Sächs. Ges. der Wiss. zu Leipzig. Math.- phys. Classe* 49 (1897), 497–548. *HGW*, Band V, 445 – 496.

[H 1897b] (Paul Mongré) *Sant' Ilario – Gedanken aus der Landschaft Zarathustras.* Verlag C.G.Naumann, Leipzig. VIII + 379 S. *HGW*, Band VII, 87 – 473. Wiederabdruck des Gedichts „Der Dichter" und der Aphorismen 293, 309, 313, 324, 325, 337, 340, 346, 349 in *Der Zwiebelfisch* 3 (1911), S.80 u.88–90.

[H 1897c] (Paul Mongré) Sant' Ilario – Gedanken aus der Landschaft Zarathustras. Selbstanzeige. *Die Zukunft, 20.11.1897,* 361. *HGW*, Band VII, 477.

[H 1898a] (Paul Mongré) *Das Chaos in kosmischer Auslese – Ein erkenntniskritischer Versuch.* Verlag C. G. Naumann, Leipzig. VI und 213 S. *HGW*, Band VII, 589 – 807.

[H 1898b] (Paul Mongré) Massenglück und Einzelglück. *Neue Deutsche Rundschau (Freie Bühne)* 9 (1), (1898), 64–75. *HGW*, Band VIII, 275 – 288.

© Der/die Herausgeber bzw. der/die Autor(en), exklusiv lizenziert durch
Springer-Verlag GmbH, DE, ein Teil von Springer Nature 2021
E. Brieskorn und W. Purkert, *Felix Hausdorff*, Mathematik im Kontext,
https://doi.org/10.1007/978-3-662-63370-0

[H 1898c] (Paul Mongré) Das unreinliche Jahrhundert. *Neue Deutsche Rundschau (Freie Bühne)* 9 (5), (1898), 443–452. *HGW*, Band VIII, 341 – 352.

[H 1898d] (Paul Mongré) Stirner. *Die Zeit* 213, 29.10.1898, 69–72. *HGW*, Band VIII, 381 – 390.

[H 1899a] Analytische Beiträge zur nichteuklidischen Geometrie. *Ber. über die Verhandlungen der Königl. Sächs. Ges. der Wiss. zu Leipzig. Math.-phys. Classe* 51 (1899), 161–214. *HGW*, Band VI, 213 – 266.

[H 1899b] (Paul Mongré) Tod und Wiederkunft. *Neue Deutsche Rundschau (Freie Bühne)* 10 (12), (1899), 1277–1289. *HGW*, Band VIII, 415 – 429.

[H 1899c] (Paul Mongré) Das Chaos in kosmischer Auslese. Selbstanzeige. *Die Zukunft* 8 (5), (1899), 222–223. *HGW*, Band VII, 811 – 813.

[H 1899d] L. v. Bortkewitsch, Das Gesetz der kleinen Zahlen (Besprechung). *Zeitschrift für Mathematik und Physik* 44 (1899), 24–25. *HGW*, Band VI, 269 – 271.

[H 1900a] (Paul Mongré) *Ekstasen*. Gedichtband. Verlag H. Seemann Nachf., Leipzig. 216 S. *HGW*, Band VIII, 39 – 190.

[H 1900b] Zur Theorie der Systeme complexer Zahlen. *Ber. über die Verhandlungen der Königl. Sächs. Ges. der Wiss. zu Leipzig. Math.-phys. Classe* 52 (1900), 43–61. *HGW*, Band IV, 407 – 425.

[H 1900c] (Paul Mongré) Nietzsches Wiederkunft des Gleichen. *Die Zeit* 292, 5.5. 1900, 72–73. *HGW*, Band VII, 889 – 893.

[H 1900d] (Paul Mongré) Nietzsches Lehre von der Wiederkunft des Gleichen. *Die Zeit* 297, 9.6.1900, 150–152. *HGW*, Band VII, 897 – 902.

[H 1901a] Beiträge zur Wahrscheinlichkeitsrechnung. *Ber. über die Verhandlungen der Königl. Sächs. Ges. der Wiss. zu Leipzig. Math.-phys. Classe* 53 (1901), 152–178. *HGW*, Band V, 529 – 555.

[H 1901b] Über eine gewisse Art geordneter Mengen. *Ber. über die Verhandlungen der Königl. Sächs. Ges. der Wiss. zu Leipzig. Math.-phys. Classe* 53 (1901), 460–475. *HGW*, Band IA, 5 – 20. Englische Übersetzung in Plotkin, J. M. (Hrsg.): *Hausdorff on Ordered Sets*. American Mathematical Society, Providence (Rhode Island) 2005, 11–22.

[H 1902a] (Paul Mongré) Der Schleier der Maja. *Neue Deutsche Rundschau (Freie Bühne)* 13 (9), (1902), 985–996. *HGW*, Band VIII, 453 – 466.

[H 1902b] (Paul Mongré) Der Wille zur Macht. *Neue Deutsche Rundschau (Freie Bühne)* 13 (12) (1902), 1334–1338. *HGW*, Band VII, 905 – 909.

[H 1902c] (Paul Mongré) Max Klingers Beethoven. *Zeitschrift für bildende Kunst, Neue Folge* 13 (1902), 183–189. *HGW*, Band VIII, 489 – 500.

[H 1902d] (Paul Mongré) Offener Brief gegen G.Landauers Artikel 'Die Welt als Zeit'. *Die Zukunft* 10 (37), 14.6.1902, 441–445. *HGW*, Band VIII, 529 – 533.

[H 1902e] W. Ostwald: Vorlesungen über Naturphilosophie (Besprechung). *Zeitschrift für mathematischen und naturwissenschaftlichen Unterricht* 33 (1902), 190–193. *HGW*, Band VI, 275 – 278.

[H 1903a] Das Raumproblem (Antrittsvorlesung an der Universität Leipzig, gehalten am 4.7.1903). *Ostwalds Annalen der Naturphilosophie* 3 (1903), 1–23. *HGW*, Band VI, 281 – 303

[H 1903b] (Paul Mongré) Sprachkritik. *Neue Deutsche Rundschau (Freie Bühne)* 14 (12), (1903), 1233–1258. *HGW*, Band VIII, 551 – 580.

[H 1903c] *Christian Huygens' nachgelassene Abhandlungen: Über die Bewegung der Körper durch den Stoss. Über die Centrifugalkraft.* Herausgegeben von Felix Hausdorff. 79 Seiten, mit Anmerkungen Hausdorffs auf den Seiten 63–79. Verlag W.Engelmann, Leipzig 1903. Unveränderter Nachdruck: Akademische Verlagsgesellschaft Leipzig, ohne Jahresangabe. *HGW*, Band V, 837 – 915.

[H 1903d] J. B. Stallo: Die Begriffe und Theorien der modernen Physik (Besprechung). *Zeitschrift für mathematischen und naturwissenschaftlichen Unterricht* 34 (1903), 138–142. *HGW*, Band VI, 307 – 310.

[H 1903e] W. Grossmann: Versicherungsmathematik (Besprechung). *Zeitschr. für mathematischen und naturwissenschaftlichen Unterricht* 34 (1903), 361. *HGW*, Band V, 592.

[H 1903f] M. Kitt: Grundlinien der politischen Arithmetik (Besprechung). *Zeitschrift für mathematischen und naturwissenschaftlichen Unterricht* 34 (1903), 361. *HGW*, Band V, 592.

[H 1904a] Der Potenzbegriff in der Mengenlehre. *Jahresbericht der DMV* 13 (1904), 569–571. *HGW*, Band IA, 31 – 33. Englische Übersetzung in Plotkin, J. M. (Hrsg.): *Hausdorff on Ordered Sets.* American Mathematical Society, Providence (Rhode Island) 2005, 31–33.

[H 1904b] Eine neue Strahlengeometrie (Besprechung von E.Study: *Geometrie der Dynamen*). *Zeitschrift für mathematischen und naturwissenschaftlichen Unterricht* 35 (1904), 470–483. *HGW*, Band VI, 323 – 336.

[H 1904c] (Paul Mongré) Gottes Schatten. *Die neue Rundschau (Freie Bühne)* 15 (1), (1904), 122–124. *HGW*, Band VIII, 663 – 666.

[H 1904d] (Paul Mongré) Der Arzt seiner Ehre, Groteske. *Die neue Rundschau (Freie Bühne)* 15 (8), (1904), 989–1013. *HGW*, Band VIII, 767 – 799. Neuherausgabe als: Der Arzt seiner Ehre. Komödie in einem Akt mit einem Epilog. Mit 7 Bildnissen, Holzschnitte von Hans Alexander Müller nach Zeichnungen von Walter Tiemann, 10 Bl., 71 S. Fünfte ordentliche Veröffentlichung des Leipziger Bibliophilen-Abends, Leipzig 1910. Neudruck: S.Fischer, Berlin 1912, 88 S.

[H 1904e] (Paul Mongré) Max Klinger, Beethoven. *Begleittext zur Abbildung der Klingerschen Skulptur in: Meister der Farbe. Beispiele der gegenwärtigen Kunst in Europa. Mit begleitenden Texten.* E.A.Seemann, Leipzig 1904, Abb.Nr.4. *HGW*, Band VIII, 685 – 686.

[H 1904f] W.K. Clifford, Von der Natur der Dinge an sich. Übersetzt von H.Kleinpeter. (Besprechung). *Vierteljahrsschrift für wissenschaftliche Philosophie und Soziologie* 28 (1904), 241. *HGW*, Band VI, 312.

[H 1904g] R.Manno, Heinrich Hertz – für die Willensfreiheit? (Besprechung). *Vierteljahrsschrift für wissenschaftliche Philosophie und Soziologie* 28 (1904), 241–242. *HGW*, Band VI, 314.

[H 1904h] R.Schweitzer, Die Energie und Entropie der Naturkräfte, mit Hinweis auf den in dem Entropiegesetze liegenden Schöpferbeweis. (Besprechung). *Vierteljahrsschrift für wissenschaftliche Philosophie und Soziologie* 28 (1904), 242. *HGW*, Band VI, 316.

[H 1904i] C.Stumpf, Leib und Seele. Der Entwicklungsgedanke in der gegenwärtigen Philosophie. (Besprechung). *Vierteljahrsschrift für wissenschaftliche Philosophie und Soziologie* 28 (1904), 242. *HGW*, Band VI, 318.

[H 1904j] Melchior Palágyi, Die Logik auf dem Scheidewege. (Besprechung). *Vierteljahrsschrift für wissenschaftliche Philosophie und Soziologie* 28 (1904), 242–243. *HGW*, Band VI, 320.

[H 1905] B.Russell, The principles of mathematics (Besprechung). *Vierteljahresschrift für wissenschaftliche Philosophie und Soziologie* 29 (1905), 119–124. *HGW*, Band IA, 481 – 487.

[H 1906a] Die symbolische Exponentialformel in der Gruppentheorie. *Ber. über die Verhandlungen der Königl. Sächs. Ges. der Wiss. zu Leipzig. Math.-phys. Klasse* 58 (1906), 19–48. *HGW*, Band IV, 431 – 460.

[H 1906b] Untersuchungen über Ordnungstypen I, II, III. *Ber. über die Verhandlungen der Königl. Sächs. Ges. der Wiss. zu Leipzig. Math.-phys. Klasse* 58 (1906), 106–169. *HGW*, Band IA, 41 – 104. Englische Übersetzung in Plotkin, J. M. (Hrsg.): *Hausdorff on Ordered Sets.* American Mathematical Society, Providence (Rhode Island) 2005 , 35–95.

[H 1907a] Untersuchungen über Ordnungstypen IV, V. *Ber. über die Verhandlungen der Königl. Sächs. Ges. der Wiss. zu Leipzig. Math.-phys. Klasse* 59 (1907), 84–159. *HGW*, Band IA, 107 – 182. Englische Übersetzung in Plotkin, J. M. (Hrsg.): *Hausdorff on Ordered Sets.* American Mathematical Society, Providence (Rhode Island) 2005, 97–171.

[H 1907b] Über dichte Ordnungstypen. *Jahresbericht der DMV* 16 (1907), 541–546. *HGW*, Band IA, 203 – 208. Englische Übersetzung in Plotkin, J. M. (Hrsg.): *Hausdorff on Ordered Sets.* American Mathematical Society, Providence (Rhode Island) 2005, 175–180.

[H 1908] Grundzüge einer Theorie der geordneten Mengen. *Math. Annalen* 65 (1908), 435–505. *HGW*, Band IA, 213 – 283. Englische Übersetzung in Plotkin, J. M. (Hrsg.): *Hausdorff on Ordered Sets*. American Mathematical Society, Providence (Rhode Island) 2005, 197–258.

[H 1909a] Die Graduierung nach dem Endverlauf. *Abhandlungen der Königl. Sächs. Ges. der Wiss. zu Leipzig. Math.-phys. Klasse* 31 (1909), 295–334. *HGW*, Band IA, 297 – 335. Englische Übersetzung in Plotkin, J. M. (Hrsg.): *Hausdorff on Ordered Sets*. American Mathematical Society, Providence (Rhode Island) 2005, 271–301.

[H 1909b] Zur Hilbertschen Lösung des Waringschen Problems. *Math. Annalen* 67 (1909), 301–305. *HGW*, Band IV, 503 – 507.

[H 1909c] (Paul Mongré) Strindbergs Blaubuch. *Die neue Rundschau (Freie Bühne)* 20 (6), (1909), 891–896. *HGW*, Band VIII, 691 – 695.

[H 1909d] Semon, Richard, Die Mneme als erhaltendes Prinzip im Wechsel des organischen Geschehens. (Besprechung). *Vierteljahrsschrift für wissenschaftliche Philosophie und Soziologie* 33 (1909), 101–102. *HGW*, Band VI, 339 – 340.

[H 1910a] (Paul Mongré) Der Komet. *Die neue Rundschau (Freie Bühne)* 21 (5), (1910), 708–712. *HGW*, Band VIII, 723 – 727.

[H 1910b] (Paul Mongré) Andacht zum Leben. *Die neue Rundschau (Freie Bühne)* 21 (12), (1910), 1737–1741. *HGW*, Band VIII, 743 – 746.

[H 1911] E.Landau, Handbuch der Lehre von der Verteilung der Primzahlen (Besprechung). *Jahresbericht der DMV* 20 (1911), 2.Abteilung, IV Literarisches, 1. b. Besprechungen, 92–97. *HGW*, Band IV, 513 – 518.

[H 1913] (Paul Mongré) Biologisches. Licht und Schatten. *Wochenschrift für Schwarzweißkunst und Dichtung.* 3.Jg.(1912/13), H.35, Sp.[20a]–[20b]. *HGW*, Band VIII, 757 – 758.

[H 1914a] *Grundzüge der Mengenlehre.* Verlag Veit & Co, Leipzig. 476 S. mit 53 Figuren. Nachdrucke: Chelsea Pub. Co. 1949, 1955, 1965, 1978. *HGW*, Band II, 93 – 576.

[H 1914b] Bemerkung über den Inhalt von Punktmengen. *Math. Annalen* 75 (1914), 428–433. *HGW*, Band IV, 5 – 10.

[H 1916] Die Mächtigkeit der Borelschen Mengen. *Math. Annalen* 77 (1916), 430–437. *HGW*, Band III, 431 – 438.

[H 1917] Selbstanzeige von Grundzüge der Mengenlehre. *Jahresber. der DMV* 25 (1917), Abt. Literarisches, 55–56. *HGW*, Band II, 829.

[H 1919a] Dimension und äußeres Maß. *Math. Annalen* 79 (1919), 157–179. *HGW*, Band IV, 19 – 43.

[H 1919b] Der Wertvorrat einer Bilinearform. *Math. Zeitschrift* 3 (1919), 314–316. *HGW*, Band IV, 57 – 59.

[H 1919c] Zur Verteilung der fortsetzbaren Potenzreihen. *Math. Zeitschrift* 4 (1919), 98–103. *HGW*, Band IV, 67 – 72.

[H 1919d] Über halbstetige Funktionen und deren Verallgemeinerung. *Math. Zeitschrift* 5 (1919), 292–309. *HGW*, Band IV, 79 – 96.

[H 1921] Summationsmethoden und Momentfolgen I, II. *Math. Zeitschrift* 9 (1921), I: 74–109, II: 280–299. *HGW*, Band IV, 107 – 162.

[H 1923a] Eine Ausdehnung des Parsevalschen Satzes über Fourierreihen. *Math. Zeitschrift* 16 (1923), 163–169. *HGW*, Band IV, 175 – 181.

[H 1923b] Momentprobleme für ein endliches Intervall. *Math. Zeitschrift* 16 (1923), 220–248. *HGW*, Band IV, 193 – 221.

[H 1924] Die Mengen G_δ in vollständigen Räumen. *Fundamenta Mathematicae* 6 (1924), 146–148. *HGW*, Band III, 445 – 447.

[H 1925] Zum Hölderschen Satz über $\Gamma(x)$. *Math. Annalen* 94 (1925), 244–247. *HGW*, Band IV, 239 – 242.

[H 1927a] *Mengenlehre*. Zweite, neubearbeitete Auflage. Verlag Walter de Gruyter & Co., Berlin. 285 S. mit 12 Figuren. *HGW*, Band III, 42 – 351. 1937 erschien in Moskau: F.Hausdorff: *Teoria mnoshestvch* (Mengentheorie). Kapitel 1 bis 4 und 9 aus [H 1927a] sind wörtlich übersetzt, die restlichen Kapitel hat N.B. Wedenisoff unter Anleitung von Alexandroff und Kolmogoroff teilweise neu verfaßt.

[H 1927b] Beweis eines Satzes von Arzelà. *Math. Zeitschrift* 26 (1927), 135–137. *HGW*, Band IV, 249 – 251.

[H 1927c] Lipschitzsche Zahlensysteme und Studysche Nablafunktionen. *Journal für reine und angewandte Mathematik* 158 (1927), 113–127. *HGW*, Band IV, 469 – 483.

[H 1930a] Die Äquivalenz der Hölderschen und Cesàroschen Grenzwerte negativer Ordnung. *Math. Zeitschrift* 31 (1930), 186–196. *HGW*, Band IV, 257 – 267.

[H 1930b] Erweiterung einer Homöomorphie. *Fundamenta Mathematicae* 16 (1930), 353–360. *HGW*. Band III, 457 – 464.

[H 1930c] Akrostichon zum 24.Februar 1930. In: Walter Tiemann (Hrsg.) *Der Verleger von morgen, wie wir ihn wünschen*. Verlag der Freunde Kirsteins, Leipzig, 1930, S.9. *HGW*, Band VIII, 261.

[H 1931] Zur Theorie der linearen metrischen Räume. *Journal für reine und angewandte Mathematik* 167 (1931/32), 294–311. *HGW*, Band IV, 271 – 288.

[H 1932] Eduard Study. Worte am Sarge Eduard Studys, 9.Januar 1930. *Chronik der Rheinischen Friedrich Wilhelms-Universität zu Bonn für das akademische Jahr 1929/30.* Bonner Universitäts-Buchdruckerei Gebr. Scheur, Bonn (1932). *HGW*, Band VI, 343 – 344.

[H 1933a] Zur Projektivität der δs-Funktionen. *Fundamenta Mathematicae* 20 (1933), 100–104. *HGW*, Band III, 473 – 477.

[H 1933b] Problem 58. *Fundamenta Mathematicae* 20 (1933), 286. *HGW*, Band III, 481.

[H 1934] Über innere Abbildungen. *Fundamenta Mathematicae* 23 (1934), 279–291. *HGW*, Band III, 485 – 497.

[H 1935a] *Mengenlehre*. Dritte Auflage. Mit einem zusätzlichen Kapitel und einigen Nachträgen. Verlag Walter de Gruyter & Co., Berlin. 307 S. mit 12 Figuren. *HGW*, Band III, 42 – 351. Nachdruck: Dover Pub. New York, 1944. Englische Ausgabe: *Set theory*. Übersetzung aus dem Deutschen von J.R.Aumann et al. Chelsea Pub. Co., New York 1957, 1962, 1978, 1991.

[H 1935b] Gestufte Räume. *Fundamenta Mathematicae* 25 (1935), 486–502. *HGW*, Band III, 505 – 521.

[H 1935c] Problem 62. *Fundamenta Mathematicae* 25 (1935), 578. *HGW*, Band III, 527.

[H 1936a] Über zwei Sätze von G.Fichtenholz und L.Kantorovitch. *Studia Mathematica* 6 (1936), 18–19. *HGW*, Band III, 531 – 532.

[H 1936b] Summen von $\aleph_1$ Mengen. *Fundamenta Mathematicae* 26 (1936), 241–255. *HGW*, Band IA, 349 – 363. Englische Übersetzung in Plotkin, J. M. (Hrsg.): *Hausdorff on Ordered Sets*. American Mathematical Society, Providence (Rhode Island) 2005, 305–316.

[H 1937] Die schlichten stetigen Bilder des Nullraums. *Fundamenta Mathematicae* 29 (1937), 151–158. *HGW*, Band III, 541 – 548.

[H 1938] Erweiterung einer stetigen Abbildung. *Fundamenta Mathematicae* 30 (1938), 40–47. *HGW*, Band III, 557 – 564.

[H 1969] *Nachgelassene Schriften*. 2 Bände. Ed.: G.BERGMANN, Teubner, Stuttgart 1969. Band I enthält aus dem Nachlaß die Faszikel 510–543, 545–559, 561–577, Band II die Faszikel 578–584, 598–658 (alle Faszikel sind im Faksimiledruck wiedergegeben).

[Aarsleff 1987] AARSLEFF, HANS ET AL. (Eds.): *Papers in the History of Linguistics*. Benjamins, Amsterdam/Philadelphia.

[Abraham et al. 2012] ABRAHAM, URI; BONNET, ROBERT; CUMMINGS, JAMES; DŽAMONJA, MIRNA; THOMPSON, KATHERINE: A Scattering of Orders. *Transactions of the AMS* 364: 6259–6278.

[Achilles, Bonfiglioli 2012] ACHILLES, RÜDIGER; BONFIGLIOLI, ANDREA: The early proofs of the theorem of Campbell, Baker, Hausdorff, and Dynkin. *Archive for History of Exact Sciences* 66: 295–358.

[Alexandroff 1916] ALEXANDROFF, PAUL: Sur la puissance des ensembles mesurables B. *Comptes Rendus Acad. Sci. Paris* 162: 323–325.

[Alexandroff 1924a] ALEXANDROFF, PAUL: Über die Metrisation der im Kleinen kompakten topologischen Räume. *Mathematische Annalen* 92: 295–301.

[Alexandroff 1924b] ALEXANDROFF, PAUL: Sur les ensembles de la première classe et les ensembles abstraits. *Comptes Rendus Acad. Sci. Paris* 178: 185–187.

[Alexandroff 1925] ALEXANDROFF, PAUL: Zur Begründung der n-dimensionalen mengentheoretischen Topologie. *Mathematische Annalen* 94: 296–308.

[Alexandroff/ Urysohn 1929] ALEXANDROFF, PAUL; URYSOHN, PAUL: Mémoire sur les espaces topologiques compacts dédié à Monsieur D.Egoroff. *Verhandlingen Koninklijke Akademie van Wetenschappen te Amsterdam, Afdeeling Natuurkunde, Eerste Sectie* 14: 1–96.

[Alexandroff/ Hopf 1935] ALEXANDROFF, PAUL; HOPF, HEINZ: *Topologie I.* Springer, Berlin.

[Alexandrov 1980] ALEXANDROV, PAVEL: Pages from an Autobiography. Part Two. *Russian Mathematical Surveys* 35: 315–358.

[Andreas-Salomé 1894] ANDREAS-SALOMÉ, LOU: *Friedrich Nietzsche in seinen Werken*. Carl Konegen, Wien.

[Andreas-Salomé 1898] ANDREAS-SALOMÉ, LOU: Buchbesprechung von Sant' Ilario, Gedanken aus der Landschaft Zarathustras. *Die Zeit*, Wien, 3.September 1898, 157.

[Arzelà 1885] ARZELÀ, CESARE: Sulla integrazione per serie. *Atti della Reale Accademia dei Lincei. Rendiconti (4)*1: 532–537.

[Asser/ Flachsmeyer/ Rinow 1972] ASSER, GÜNTER; FLACHSMEYER, JÜRGEN; RINOW, WILLI (Hrsg.): *Theory of Sets and Topology. In Honour of Felix Hausdorff (1868–1942)*. Deutscher Verlag der Wissenschaften, Berlin.

[Aull/ Lowen 1998] AULL, E.C.; LOWEN, R. (Eds.): *Handbook of the History of General Topology* vol. 2, Kluwer, Dordrecht.

[Bachmann 1967] BACHMANN, HEINZ: *Transfinite Zahlen*. Springer, Berlin.

[Bacon 1857] BACON, DELIA: *The Philosophy of the Plays of Shakespeare Unfolded. With a Preface by N. Hawthorne.* London, Boston.

[Bacon 1858] BACON, DELIA: William Shakespeare and his Plays. In: *Putnam's Monthly*, Jan. 1858, 1–19.

[Baeumler 1931] BAEUMLER, ALFRED: *Nietzsche, der Philosoph und Politiker.* Reclam, Leipzig.

[Baire 1899] BAIRE, RENÉ: Sur les fonctions de variables réelles. *Annali di Matematica pura ed applicata, Ser. 3*3: 1–123.

[Baire et al. 1905] BAIRE, RENÈ; BOREL, EMILE; HADAMARD, JAQUES; LEBESGUE, HENRI: Cinq lettres sur la théorie des ensembles. *Bulletin de la Société Mathématique de France* 33: 261–273.

[Baker 1905] BAKER, HENRY FREDERICK: Alternants and continuous groups. *Proc. London Math. Society, Ser. 2*3: 24–47.

[Banach 1923] BANACH, STEFAN: Sur le problème de la mesure. *Fundamenta Mathematicae* 4: 7–33.

[Banach/ Tarski 1924] BANACH, STEFAN; TARSKI, ALFRED: Sur la décomposition des ensembles de points en parties respectivement congruentes. *Fundamenta Mathematicae* 6: 244–277.

[Banach 1932] BANACH, STEFAN: *Théorie des opérations linéaires.* Monografje Matematyczne, Warszawa.

[Bandt/ Haase 1996] BANDT, CHRISTOPH; HAASE, HERMANN: *Die Wirkungen von Hausdorffs Arbeit über Dimension und äußeres Maß.* In [Brieskorn 1996], 149–183.

[Barbut et al. 2004] BARBUT, MARC; LOCKER, BERNARD; MAZLIAK, LAURENT (Ed.): *Paul Lévy- Maurice Fréchet. 50 ans de correspondence en 107 Lettres.* Hermann, Paris.

[Bauschinger 1898] BAUSCHINGER, JULIUS: Untersuchungen über die astronomische Refraction. *Neue Annalen der Königl. Sternwarte in München* III: 41–229.

[Bauschinger 1920] BAUSCHINGER, JULIUS: Heinrich Bruns. *Vierteljahresschrift der Astronomischen Gesellschaft* 55: 59–69.

[Bayertz et al. 2007] BAYERTZ KURT; GERHARD, MYRIAM; JAESCHKE, WALTER (Ed.): *Der Ignorabimus-Streit.* Band 3 von *Weltanschauung, Philosophie und Naturwissenschaft im 19. Jahrhundert.* Meiner Verlag, Hamburg.

[Beckert/ Purkert 1987] BECKERT, HERBERT; PURKERT, WALTER: *Leipziger mathematische Antrittsvorlesungen. Auswahl aus den Jahren 1869–1922.* Teubner, Leipzig.

[Beckert/ Schumann 1981] BECKERT, HERBERT; SCHUMANN, HORST (Ed.): *100 Jahre Mathematisches Seminar der Karl-Marx-Universität Leipzig.* Deutscher Verlag der Wissenschaften, Berlin.

[Bemporad 1907] BEMPORAD, AZEGLIO: Besondere Behandlung des Einflusses der Atmosphäre (Refraktion und Extinktion). *Encyklopädie der Mathematischen Wissenschaften mit Einschluß ihrer Anwendungen, Band VI (2),* 287–334 (abgeschlossen im Dezember 1907).

[Bense 1965] BENSE, MAX: *Aesthetica. Einführung in die neue Ästhetik.* Agis-Verlag, Baden-Baden.

[Berding 1988] BERDING, HELMUT: *Moderner Antisemitismus in Deutschland.* Suhrkamp, Frankfurt/Main.

[Berger 1939] BERGER, ALFRED: *Mathematik der Lebensversicherung.* Springer, Wien.

[Bergh/ Löfström 1976] BERGH, JÖRAN; LÖFSTRÖM, JÖRGEN: *Interpolation Spaces. An Introduction.* Springer, Berlin Heidelberg New York.

[Bergmann 2002] BERGMANN, WERNER: *Geschichte des Antisemitismus.* Beck, München.

[Bermes 2004] BERMES, CHRISTIAN: *„Welt" als Thema der Philosophie. Vom metaphysischen zum natürlichen Weltbegriff.* Felix Meiner Verlag, Hamburg.

[Bernoulli 1908] BERNOULLI, CARL ALBRECHT: *Franz Overbeck und Friedrich Nietzsche. Eine Freundschaft.* Zwei Bände. Diederichs, Jena.

[Besicovitch 1929] BESICOVITCH, ABRAM SAMOILOVITCH: On linear sets of points of fractional dimension. *Mathematische Annalen* 101: 161–193.

[Besicovitch 1934] BESICOVITCH, ABRAM SAMOILOVITCH: On the sum of digits of real numbers represented in the dyadic system (On sets of fractional dimensions II.) *Mathematische Annalen* 110: 321–329.

[Biermann 1988] BIERMANN, KURT R.: *Die Mathematik und ihre Dozenten an der Berliner Universität 1810–1933.* Akademie-Verlag, Berlin.

[Billingsley 1985] BILLINGSLEY, PATRICK P.: *Ergodic Theory and Information.* John Wiley, Hoboken.

[Bischoff 1897] BISCHOFF, ERNST FRIEDRICH: *Das Lehrerkollegium des Nicolaigymnasiums in Leipzig 1816–1896/97. Biographisch-Bibliographische Beiträge zur Schulgeschichte.* Wissenschaftliche Beilage zum Jahresbericht des Nicolaigymnasiums in Leipzig.

[Boehm 1933–1939] BOEHM, FRIEDRICH: Ueber die Entwicklung und den gegenwärtigen Stand der Risikotheorie in der Lebensversicherung. *Das Versicherungsarchiv. Teil I* 4: 561–584; *Teil II* 5: 241–260, 321–333; *Teil III* 5: 753–777, 913–939; *Teil IV* 9: 161–183, 257–289; *Teil V* 9: 593–629.

[Böhm/ Mehmel 1996/2000] BÖHM, HANS; MEHMEL, ASTRID (Hrsg.): Alfred Philippson: *Wie ich zum Geographen wurde. Aufgezeichnet im Konzentrationslager Theresienstadt zwischen 1942 und 1945.* Bouvier, Bonn, erweiterte kommentierte Auflage.

[Bonnet 1967] BONNET, HANS: *Geleitwort* zu GÜNTER BERGMANN: Vorläufiger Bericht über den wissenschaftlichen Nachlaß von Felix Hausdorff. *Jahresbericht der DMV* 69: 76(*152*).

[Bonsall/ Duncan 1971/1973] BONSALL, FRANK F.; DUNCAN, JOHN: *Numerical Ranges of Operators on Normed Spaces and of Elements of Normed Algebras.* Volumes 1, 2. Cambridge University Press, Cambridge.

[Boos 2000/2006] BOOS, JOHANN: *Classical and Modern Methods in Summability.* Oxford Mathematical Monographs, Oxford University Press, New York, Reprint.

[Borel 1898] BOREL, ÉMILE: *Leçons sur la théorie des fonctions.* Gauthier-Villars, Paris.

[Borel 1909] BOREL, ÉMILE: Les probabilités dénombrables et leurs applications arithmétiques. *Rendiconti del Circolo Matematico di Palermo* 27: 247–271.

[Bothe/ Schmeling 1996] BOTHE, HANS-GÜNTHER; SCHMELING, JÖRG: *Die Hausdorff-Dimension in der Dynamik.* In [Brieskorn 1996], 229–252.

[Brasch 1894] BRASCH, MORITZ: *Leipziger Philosophen. Portraits und Studien aus dem wissenschaftlichen Leben der Gegenwart.* Verlag von Adolf Weigel, Leipzig.

[Bredeck 1987] BREDECK, ELIZABETH: *Historical Narrative or Scientific Discipline? Fritz Mauthner on the Limits of Linguistics.* In [Aarsleff 1987], 585–593.

[Brieskorn 1996] BRIESKORN, EGBERT (Ed.): *Felix Hausdorff zum Gedächtnis. Aspekte seines Werkes.* Vieweg, Braunschweig/Wiesbaden.

[Brieskorn 1997] BRIESKORN, EGBERT: *Gustav Landauer und der Mathematiker Felix Hausdorff.* In HANNA DELF, GERT MATTENKLOTT (Hrsg.): *Gustav Landauer im Gespräch. Symposium zum 125. Geburtstag*, 105–128. Max Niemeyer Verlag, Tübingen.

[Brinkmann 1995] BRINKMANN, REINHOLD: *Arnold Schönberg – Sämtliche Werke. Abteilung VI: Kammermusik, Reihe B, Band 24,1. Melodramen und Lieder mit Instrumenten. Teil 1: Pierrot lunaire op. 21. Kritischer Bericht · Studien zur Genesis · Skizzen · Dokumente.* Schott Musik International, Mainz und Universal Edition, Wien.

[Broggi 1911] BROGGI, UGO : *Versicherungsmathematik.* Teubner, Leipzig 1911.

[Broszat 1984] BROSZAT, MARTIN: *Die Machtergreifung. Der Aufstieg der NSDAP und die Zerstörung der Weimarer Republik.* dtv, München.

[Brouwer 1911] BROUWER, LUITZEN EGBERTUS JAN: Beweis der Invarianz der Dimensionszahl. *Mathematische Annalen* 70: 161–165.

[Brück 2014] BRÜCK, WERNER: *Wie erzählt Poussin? Proben zur Anwendbarkeit poetologischer Begriffe aus Literatur- und Theaterwissenschaft auf Werke der bildenden Kunst. Versuch einer „Wechselseitigen Erhellung der Künste".* BoD – Books on Demand, Norderstedt.

[Bruhns 1861] BRUHNS, CARL CHRISTIAN: *Die astronomische Strahlenbrechung in ihrer historischen Entwickelung.* Voigt & Günther, Leipzig.

[Bruns 1891] BRUNS, HEINRICH: Zur Theorie der astronomischen Strahlenbrechung. *Berichte der Königl. Sächsischen Gesellschaft der Wissenschaften zu Leipzig, Math.-phys. Classe* 43: 164–227.

[Bruns 1895] BRUNS, HEINRICH: Das Eikonal. *Abhandlungen der mathematisch-physischen Classe der Königl. Sächs. Ges. der Wiss. zu Leipzig* 21: 323–436.

[Bruns 1897] BRUNS, HEINRICH: Ueber die Darstellung von Fehlergesetzen. *Astronomische Nachrichten* 143: 329–340.

[Bruns 1906] BRUNS, HEINRICH: *Wahrscheinlichkeitsrechnung und Kollektivmaßlehre.* Teubner, Leipzig und Berlin.

[Büscher et al. 2004] BÜSCHER, BARBARA; HERRMANN, HANS-CHRISTIAN VON; HOFFMANN, CHRISTOPH (Hrsg.): *Ästhetik als Programm: Max Bense. Daten und Streuungen.* Vice Versa, Berlin.

[Bulle 1898/1912/1922] BULLE, HEINRICH: *Der schöne Mensch im Altertum.* Leipzig, München.

[Bussmann 1992] *Der Zeit ihre Kunst. Max Klingers „Beethoven" in der 14. Ausstellung der Wiener Sezession.* In [Gleisberg 1992], 38–49.

[Campbell 1903] CAMPBELL, JOHN EDWARD: *Introductory treatise on Lie's theory of finite continuous transformation groups.* Oxford University Press, Oxford.

[Cantor 1878] CANTOR, GEORG: Ein Beitrag zur Mannigfaltigkeitslehre. *Journal für die reine und angewandte Mathematik* 84: 242–258.

[Cantor 1897] CANTOR, GEORG: *Die Rawleysche Sammlung von zweiunddreissig Trauergedichten auf Francis Bacon. Ein Zeugniss zugunsten der Bacon-Shakespeare-Theorie mit einem Vorwort herausgegeben von Georg Cantor.* Max Niemeyer, Halle.

[Cantor 1932] CANTOR, GEORG: *Gesammelte Abhandlungen mathematischen und philosophischen Inhalts.* Herausgegeben von ERNST ZERMELO. Springer, Berlin.

[Cavaillès/ Noether 1937] CAVAILLÈS, JEAN; NOETHER, EMMY (Hrsg.): *Briefwechsel Cantor–Dedekind.* Hermann & Co., Paris.

[Ceccherini-Silberstein et al. 1992] CECCHERINI-SILBERSTEIN, TULLIO; GRIGORCHUK, ROSTISLAV; HARPE, PIERRE DE LA: Amenability and paradoxical decompositions for pseudogroups and for discrete metric spaces. *Proceedings of the Steklov Institute of Mathematics* 224: 68–111.

[Cesàro 1890] CESÀRO, ERNESTO: Sur la multiplication des séries. *Bulletin des sciences mathématiques (2)* XIV: 114–120.

[Chang/ Keisler 1973] CHANG, CHEN CHUNG; KEISLER, HOWARD JEROME: *Model Theory.* North-Holland, Amsterdam.

[Charotnik 1998] CHAROTNIK, J.J.: *History of Continuum Theory.* In [Aull, Lowen 1998], 703–786.

[Chatterji 2000] CHATTERJI, SRISHTI D.: Remarks on the Hausdorff-Young inequality. *L'Enseignement Mathématique* 46: 339–348.

[Chen et al. 2013] CHEN, JIECHENG; FAN, DASHAN; WANG, SILEI: Hausdorff Operators on Euclidean Spaces. *Appl. Math Journal Chinese Univ.* 28: 548–564.

[Clausius 1865] CLAUSIUS, RUDOLF: Ueber verschiedene für die Anwendung bequeme Formen der Hauptgleichungen der mechanischen Wärmelehre. *Poggendorffs Annalen der Physik und Chemie* 125: 353–400.

[Cohn 1915] COHN, JOHN: *Geschichte der jüdischen Gemeinde in Rawitsch.* L.Lamm, Berlin.

[Conrad 1898] CONRAD, MICHAEL GEORG: Rezension von Paul Mongré, Sant' Ilario. Gedanken aus der Landschaft Zarathustras. *Die Gesellschaft. Realistische Monatsschrift für Litteratur, Kunst und öffentliches Leben, Heft3,* 208.

[Conradi 1887] CONRADI, HERMANN: *Phrasen.* Verlag Wilhelm Friedrich, Leipzig.

[Conradi 1889] CONRADI, HERMANN: *Adam Mensch.* Verlag Wilhelm Friedrich, Leipzig.

[Cooney 2010] COONEY, TOM: A Hausdorff-Young inequality for locally compact quantum groups. *International Journal of Mathematics* 21: 1619–1632.

[Corry 2004] CORRY, LEO: *Hilbert and the Axiomatization of Physics (1898–1918): From „Grundlagen der Geometrie" to „Grundlagen der Physik".* Kluwer Academic Publishers, Dordrecht.

[Cramér 1936] CRAMÉR, HARALD: Über eine Eigenschaft der normalen Verteilungsfunktion. *Mathematische Zeitschrift* 41: 405–414.

[Cramér 1976] CRAMÉR, HARALD: Half a century with probability theory: some personal recollections. *The Annals of Probability* 4: 509–546.

[Czichowski 1992] CZICHOWSKI, GÜNTER: Hausdorff und die Exponentialformel in der Lie-Theorie. *Seminar Sophus Lie* 2: 85–93.

[Czuber 1899] CZUBER, EMANUEL: Die Entwicklung der Wahrscheinlichkeitstheorie und ihrer Anwendungen. Bericht, erstattet der Deutschen Mathematiker-Vereinigung. *Jahresbericht der DMV* 7: 1–279.

[Czuber 1900] CZUBER, EMANUEL: Wahrscheinlichkeitsrechnung. *Enzyklopädie der Mathematischen Wissenschaften mit Einschluß ihrer Anwendungen. Band I,2*, 733–767 (abgeschlossen im August 1900). Teubner, Leipzig.

[Czuber 1903] CZUBER, EMANUEL: *Wahrscheinlichkeitsrechnung und ihre Anwendung auf Fehlerausgleichung, Statistik und Lebensversicherung.* Teubner, Leipzig.

[Czuber 1908] CZUBER, EMANUEL: *Wahrscheinlichkeitsrechnung und ihre Anwendung auf Fehlerausgleichung, Statistik und Lebensversicherung.* Zweite, erweiterte Auflage, Band I, Teubner, Leipzig und Berlin.

[Dathe 2007] DATHE, UWE: „Philosophie als eigene Antwort auf die Frage Welt". Briefe Felix Hausdorffs an Franz Meyer. *NTM – Zeitschrift für Geschichte der Naturwissenschaften, Technik und Medizin, Neue Serie* 15: 137–147. Wiederabdruck der Briefe in *HGW*, Band IX, 501–513.

[Dauben/ Scriba 2002] DAUBEN, JOSEPH; SCRIBA, CHRISTOPH (Eds.): *Writing the History of Mathematics.* Birkhäuser, Basel.

[Dehn 1905] DEHN, MAX: Vahlen, Abstrakte Geometrie. *Jahresbericht der DMV* 14: 535–537.

[Deligne 1970] DELIGNE, PIERRE: Equations différentielles à points singuliers réguliers. *Lecture Notes in Mathematics 163.* Springer, Berlin Heidelberg New York.

[Diamant 1993] DIAMANT, ADOLF: *Chronik der Juden in Leipzig. Aufstieg, Vernichtung, Neuanfang.* Verlag Heimatland Sachsen, Chemnitz.

[Dickson 1920] DICKSON, LEONARD EUGENE: *History of the Theory of Numbers,* vol. II. Carnegie Institution, Washington.

[Dierkesmann 1967] DIERKESMANN, MAGDA: Felix Hausdorff. Ein Lebensbild. *Jahresbericht der DMV* 69: 551–554.

[Dietze 1973] DIETZE, WALTER: *Georg Witkowski (1863–1939).* Universitätsverlag, Leipzig.

[Dieudonné 1942] DIEUDONNÉ, JEAN: La dualité dans les espaces vectoriels topologiques. *Annales Sci. École Normale Supérieure (3)* 59: 107–139.

[Döschner 2000] DÖSCHNER, HANS-JÜRGEN: *„Reichskristallnacht". Die Novemberpogrome 1938.* Econ Verlag, Düsseldorf.

[Donelly 1888] DONELLY, IGNATIUS: *The Great Cryptogram. Francis Bacon's Cipher in the So-Called Shakespeare Plays.* R.S. Peale & Co., Chicago, New York, London.

[Du Bois-Reymond 1877] DU BOIS-REYMOND, PAUL: Über die Paradoxen des Infinitärcalcüls. *Mathematische Annalen* 6: 149–167.

[Du Bois-Reymond 1885] DU BOIS-REYMOND, EMIL: *Gesammelte Abhandlungen 1871–1875*. Veit, Leipzig.

[Duda 1996] DUDA, ROMAN: *Fundamenta Mathematicae and the Warsaw School of Mathematics*. In [Goldstein et al. 1996], 479–498.

[Dutta/ Rhoades 2016] DUTTA, HEMEN; RHOADES, BILLY E.: *Current Topics in Summability Theory and Applications*. Springer Science+Business Media, Singapore.

[Dvoretzky 1948] DVORETZKY, ARYEH: A note on Hausdorff dimension functions. *Proc. Cambridge Philosophical Soc.* 44: 13–16.

[Dynkin 1947] DYNKIN, E. B.: Wytschislenije Koeffizientov v Formulje Campbella-Hausdorffa. (Berechnung der Koeffizienten in der Formel von Campbell-Hausdorff). *Doklady Akademii Nauk SSSR (1947)*, 323–326.

[Ebbinghaus 2007a] EBBINGHAUS, HEINZ-DIETER: Zermelo and the Heidelberg Congress 1904. *Historia Mathematica* 34: 428–432.

[Ebbinghaus 2007b] EBBINGHAUS, HEINZ-DIETER: *Ernst Zermelo. An Approach to His Life and Work*. Springer, Heidelberg.

[Eggebrecht 1935] EGGEBRECHT, ERNST: *Vom Jungsein und Altern*. Selbstverlag.

[Edgar 1993] EDGAR, GERALD A. (Ed.): *Classics on Fractals*. Addison-Wesley, New York.

[Eichhorn/ Thiele 1994] EICHHORN, EUGEN; THIELE, ERNST-JOCHEN: *Vorlesungen zum Gedenken an Felix Hausdorff*. Heldermann Verlag, Berlin.

[Einstein 1905] EINSTEIN, ALBERT: Über die von der molekularkinetischen Theorie der Wärme geforderte Bewegung von in ruhenden Flüssigkeiten suspendierten Teilchen. *Annalen der Physik* 322: 549–560.

[Elbogen/ Sterling 1966] ELBOGEN, ISMAR; STERLING, ELEONORE: *Zur Geschichte der Juden in Deutschland*. Europäische Verlagsanstalt, Frankfurt/Main.

[Ephraim-Carlebach-Stiftung 1994] Ephraim-Carlebach-Stiftung (Ed.): *Judaica Lipsiensia – Zur Geschichte der Juden in Leipzig*. Edition Leipzig, Leipzig.

[Enders 1956] ENDERS, CARL (Hrsg.): *Wachstum und Wandel. Lebenserinnerungen von Oskar Walzel*. Erich Schmidt Verlag, Berlin.

[Engel 1899] ENGEL, FRIEDRICH: Sophus Lie. *Berichte über die Verhandlungen der Königl.-sächsischen Gesellschaft der Wissenschaften zu Leipzig. Math.-phys. Classe* 51: XI–LXI.

[Engel 1930] ENGEL, FRIEDRICH: Eduard Study. *Jahresbericht der DMV* 40: 133–156.

[Engelking 1998] ENGELKING, RYSZARD: *Kazimierz Kuratowski (1896–1980). His Life and Work in Topology.* In [Aull/ Lowen 1998], 449f.

[Epple 2006] EPPLE, MORITZ: *Felix Hausdorff's Considered Empiricism.* In JOSÉ FERREIROS, JEREMY J. GRAY (Eds.): *The Architecture of Modern Mathematics: Essays in History and Philosophy,* 263–289. Oxford Univ. Press, Oxford .

[Eschenbacher 1977] ESCHENBACHER, WALTER: *Fritz Mauthner und die deutsche Literatur um 1900. Eine Untersuchung zur Sprachkrise der Jahrhundertwende.* P. Lang, Frankfurt/Main, Bern.

[Evans 2004] EVANS, RICHARD J.: *The Coming of the Third Reich: How the Nazis Destroyed Democracy and Seized Power in Germany.* Penguin Group, New York. Deutsche Ausgabe: DVA München.

[Falconer 1990] FALCONER, KENNETH J.: *Fractal Geometry – Mathematical Foundations and Applications.* John Wiley, Chichester.

[Fechner 1969] FECHNER, JÖRG ULRICH (Hrsg.): *Das deutsche Sonett. Dichtungen, Gattungspoetik, Dokumente.* Wilhelm Fink Verlag, München.

[Fechter 1948/1949] FECHTER, PAUL: *Menschen und Zeiten – Begegnungen aus fünf Jahrzehnten.* Bertelsmann, Gütersloh.

[Federer 1969] FEDERER, HERBERT: *Geometric Measure Theory.* Springer, Berlin Heidelberg.

[Felgner 1979] FELGNER, ULRICH (Hrsg.): *Mengenlehre.* Wissenschaftliche Buchgesellschaft, Darmstadt.

[Felgner 2002] FELGNER, ULRICH: *Die Hausdorffsche Theorie der η_α-Mengen und ihre Wirkungsgeschichte. HGW,* Band II, 645–674.

[Feller 1966] FELLER, WILLIAM: *An Introduction to Probability Theory and Its Applications.* Vol. II. Wiley and Sons, New York London Sydney.

[Fellmann 1989] FELLMANN, WALTER: *Der Leipziger Brühl.* VEB Fachbuchverlag, Leipzig.

[Ferreirós 2007] FERREIRÓS, JOSÉ: *Labyrinth of Thought. A History of Set Theory and Its Role in Modern Mathematics.* 2th revised edition, Birkhäuser, Basel.

[Fichtenholz/ Kantorovitch 1935] FICHTENHOLZ, GRIGORY; KANTOROVITCH, LEONID: Sur les opérations linéaires dans l'espace des fonctions bornées. *Studia Mathematica* 5: 69–98.

[Finkelstein 2013] FINKELSTEIN, GABRIEL: *Emil du Bois-Reymond. Neuroscience, Self, and Society in Nineteenth-Century Germany.* MIT Press, Cambridge (Mass.) London.

[Fischer 1907] FISCHER, ERNST: Sur la convergence en moyenne. *Comptes Rendus Acad. Sci. Paris* 144: 1022–1024.

[Fischer 2000] FISCHER, JENS MALTE: *Richard Wagners ,Das Judentum in der Musik'. Eine kritische Dokumentation als Beitrag zur Geschichte des europäischen Antisemitismus.* Insel Verlag, Frankfurt/Main.

[Fisher 1981] FISHER, GORDON: The Infinite and Infinitesimal Quantities of du Bois-Reymond and their Reception. *Archive for History of Exact Sciences* 24: 101–163.

[Forsbach 2006] FORSBACH, RALF: *Die Medizinische Fakultät der Universität Bonn im „Dritten Reich".* Oldenbourg Verlag, München.

[Fraenkel 1922] FRAENKEL, ABRAHAM A.: Zu den Grundlagen der Cantor-Zermeloschen Mengenlehre. *Mathematische Annalen* 86: 230–237.

[Fraenkel 1919] FRAENKEL, ABRAHAM A.: *Einleitung in die Mengenlehre. Eine allgemeinverständliche Einführung in das Reich der unendlichen Größen.* Springer, Berlin.

[Fraenkel 1923] FRAENKEL, ABRAHAM A.: *Einleitung in die Mengenlehre.* Zweite erweiterte Auflage. Springer, Berlin.

[Fraenkel 1953] FRAENKEL, ABRAHAM A.: *Abstract Set Theory.* North-Holland, Amsterdam.

[Frankiewicz/ Zbierski 1994] FRANKIEWICZ, RYSZARD; ZBIERSKI, PAWEL: *Hausdorff Gaps and Limits.* North-Holland, Amsterdam.

[Fréchet 1906] FRÉCHET, MAURICE: Sur quelque points du calcul fonctionnel. *Rendiconti del Circolo Matematico di Palermo* 22: 1–74.

[Fréchet 1921] FRÉCHET, MAURICE: Sur les ensembles abstraits. *Annales de l' École Normale Sup.* 38: 341–388.

[Fréchet 1928] FRÉCHET, MAURICE: Sur l'hypothèse de l'additivité des erreurs partielles. *Bulletin des Sciences Mathématiques* 52: 203–216.

[Fréchet 1928a] FRÉCHET, MAURICE: *Les espaces abstraits.* Gauthier-Villars, Paris.

[Frevert 1991] FREVERT, UTE: *Ehrenmänner. Das Duell in der bürgerlichen Gesellschaft.* Beck, München.

[Fritzsche 1991] FRITZSCHE, BERND: Einige Anmerkungen zu Sophus Lies Krankheit. *Historia Mathematica* 18: 247–252.

[Fritzsche 1993] FRITZSCHE, BERND: *Biographische Anmerkungen zu den Beziehungen zwischen Sophus Lie, Friedrich Engel und Eduard Study.* In GÜNTER CZICHOWSKI, BERND FRITZSCHE (Ed.): *S. Lie, E. Study, F. Engel – Beiträge zur Theorie der Differentialinvarianten,* 176–223. Teubner, Leipzig.

[Fritzsche 1999] FRITZSCHE, BERND: Sophus Lie. A sketch of his life and work. *Journal of Lie Theory* 9: 1–38.

[Frobenius 1912] FROBENIUS, GEORG: Über den STRIDSBERGschen Beweis des WARINGschen Satzes. *Sitzungsberichte der Preussischen Akademie der Wissenschaften (1912)*, 666–670.

[Frostman 1935] FROSTMANN, OTTO: Potentiel d'équilibre et capacité des ensembles avec quelques applications à la théorie des fonctions. *Meddelanden fran Lunds Universitets Matematiska Seminarium* 3: 1–118.

[Gallwitz 1898] GALLWITZ, HANS: Besprechung von Sant' Ilario. Gedanken aus der Landschaft Zarathustras. *Preussische Jahrbücher* 91: 555–562.

[Giaquinta 1983] GIAQUINTA, MARIANO: Multiple Integrals in the Calculus of Variations and Nonlinear Elliptic Systems. *Annals of Math. Studies 105*, Princeton University Press, Princeton.

[Girlich 1996] GIRLICH, HANS-JOACHIM: *Hausdorffs Beiträge zur Wahrscheinlichkeitstheorie*. In [Brieskorn 1996], 31–70.

[Gleisberg 1992] GLEISBERG, DIETER (Hrsg.): *Max Klinger 1857–1920*. Städelsches Kunstinstitut, Frankfurt/Main.

[Gloszner 1904] GLOSZNER, MICHAEL: Fritz Mauthners sensualistisch-positivistische „Kritik der Sprache". *Jahrbuch für philosophische und spekulative Theologie* 18: 188–218.

[Gödel 1930] GÖDEL, KURT: Die Vollständigkeit der Axiome des logischen Funktionenkalküls. *Monatshefte für Mathematik und Physik* 37: 349–360.

[Gödel 1931] GÖDEL, KURT: Über formal unentscheidbare Sätze der Principia mathematica und verwandter Systeme I. *Monatshefte für Mathematik und Physik* 38: 173–198.

[Gödel 1938] GÖDEL, KURT: The consistency of the axiom of choice and of the generalized continuum hypothesis. *Proceedings of the National Academy of Sciences, U.S.A.* 24: 556–557.

[Gödel 1939] GÖDEL, KURT: Consistency proof for the generalized continuum hypothesis. *Proceedings of the National Academy of Sciences, U.S.A.* 25: 220–224.

[Gödel 1940] GÖDEL, KURT: The consistency of the axiom of choice and of the generalized continuum hypothesis with the axioms of set theory. *Annals of mathematics studies, vol. 3*, Princeton University Press, Princeton.

[Gödel 1986–1995] FEFERMAN, SOLOMON et al. (Eds.): *Kurt Gödel. Collected Works*. Volume I (1986) *Publications 1929–1936*, Volume II (1990) *Publications 1938–1974*, Volume III (1995) *Unpublished essays and lectures*. Clarendon Press, Oxford.

[Gohberg 1982] GOHBERG, ISRAEL (Ed.): *Toeplitz Centennial. Toeplitz Memorial Conference in Operator Theory, Dedicated to the 100th Anniversary of the Birth of Otto Toeplitz, Tel Aviv, May 11-15, 1981*. Operator Theory: Advances and Applications, Vol. 4. Birkhäuser, Basel/Boston.

[Goldschmidt 1892] GOLDSCHMIDT, SIGISMUND: *Der Kurort Bad Reichenhall und seine Umgebung – Ein Handbuch für die Besucher von Dr. med. Sigismund Goldschmidt, Kurarzt zu Reichenhall*. W. Braumüller, Leipzig und Wien.

[Goldschmidt 1898] GOLDSCHMIDT, SIGISMUND: *Asthma*. Verlag Seitz und Schauer, München. Zweite völlig umgearbeitete Auflage: Verlag der ärztlichen Rundschau Otto Gmelin, München 1910.

[Goldstein et al. 1996] GOLDSTEIN, CATERINE; GRAY, JEREMY; RITTER, JIM (Eds.): *Mathematical Europe – History, Myth, Identity*. Éditions de la Maison des sciences de l'homme, Paris.

[Golomb 1997] GOLOMB, JACOB (Ed.): *Nietzsche and Jewish Culture*. Routledge, London.

[Gottwald/ Kreiser 1984] GOTTWALD, SIEGFRIED; KREISER, LOTHAR: Paul Mahlo – Leben und Werk. *NTM Schriftenreihe für Geschichte der Naturwissenschaften, Technik und Medizin* 21: 1–22.

[Gottwald/ Schulle 2007] GOTTWALD, ALFRED; SCHULLE, DIANA: *Die 'Judendeportationen' aus dem Deutschen Reich 1941-1945*. Marixverlag, Wiesbaden.

[Gray 1984] GRAY, JEREMY J.: Fuchs and the theory of differential equations. *Bulletin of the AMS (New Series)* 10: 1–26.

[Groddeck 1991] GRODDECK, WOLFRAM: *Friedrich Nietzsche – 'Dionysos-Dithyramben'*. 2 Bände. Walter de Gruyter, Berlin New York.

[Gromov 1999] GROMOV, MICHAIL: *Metric structures for Riemannian and non-Riemannian spaces*. Birkhäuser, Basel.

[Gross 2013] GROSS, RAPHAEL: *November 1938. Die Katastrophe vor der Katastrophe*. Beck, München.

[Gruchmann 2001] GRUCHMANN, LOTHAR: *Justiz im 3. Reich 1933-1940*. Oldenbourg, München.

[Gustafson/ Rao 1997] GUSTAFSON, KARL E.; RAO, DUGGIRALA: *Numerical Range. The Field of Values of Linear Operators and Matrices*. Springer, New York.

[Häntzschel 1982] HÄNTZSCHEL, GÜNTER: Lyrik und Lyrik-Markt in der zweiten Hälfte des 19. Jahrhunderts. *Internationales Archiv für Sozialgeschichte der deutschen Literatur* 7: 199–246.

[Hale 1980] HALE, MATTHEW: *Human Science and Social Order. Hugo Münsterberg and the Origins of Applied Psychology.* Temple University Press, Philadelphia.

[Handlbauer 2004] HANDLBAUER, BERNHARD (Hrsg.): *Else Pappenheim. Hölderlin, Feuchtersleben, Freud – Beiträge zur Geschichte der Psychoanalyse, der Psychiatrie und Neurologie.* Nausner & Nausner, Graz.

[Hankel 1867] HANKEL, HERMANN: *Theorie der complexen Zahlensysteme.* Voss, Leipzig.

[Happel 1980] HAPPEL, DIETER: Die Klassifikationstheorie endlich-dimensionaler Algebren in der Zeit von 1880 bis 1920. *L'Enseignement mathématiques* 26: 91–102.

[Hardy/ Heilbronn 1938] HARDY, GODEFREY HAROLD; HEILBRONN, HANS: Edmund Landau. *The Journal of the London Mathematical Society* 13: 302–310.

[Hardy 1949/1963] HARDY, GODEFREY HAROLD: *Divergent Series.* Clarendon Press, Oxford.

[Hartleben 1887] HARTLEBEN, OTTO ERICH: *Studenten-Tagebuch. 1885–1886.* Verlags-Magazin (J.Schabelitz), Zürich.

[Hartleben 1906] HARTLEBEN, OTTO ERICH: *Tagebuch. Fragment eines Lebens.* Albert Langen, München.

[Hartung 2013] HARTUNG, GERALD (Hrsg.): *An den Grenzen der Sprachkritik. Fritz Mauthners Beiträge zur Sprach- und Kulturtheorie.* Königshausen und Neumann, Würzburg.

[Hartwich 2005] HARTWICH, YVONNE: *Eduard Study (1862–1930) – ein mathematischer Mephistopheles im geometrischen Gärtchen.* Dissertation, Universität Mainz.

[Harzer 1922–1924] HARZER, PAUL: *Berechnung der Ablenkung der Lichtstrahlen in der Atmosphäre der Erde auf rein meteorologisch-physikalischer Grundlage.* Publikationen der Universitätssternwarte in Kiel.

[Hawkins 1975] HAWKINS, THOMAS: *Lebesgue's Theory of Integration. Its Origins and Development.* Chelsea, New York.

[Hawkins 2000] HAWKINS, THOMAS: *The Emergence of the Theory of Lie Groups.* Springer, New York.

[Heidelberger 2004] HEIDELBERGER, MICHAEL: *Nature from Within: Gustav Theodor Fechner's Psychophysical Worldview.* Univ. of Pittsburgh Press, Pittsburgh.

[Heinze 1872] HEINZE, MAX: *Die Lehre vom Logos in der Griechischen Philosophie.* Verlag Ferdinand Schmidt, Oldenburg.

[Helmert 1872] HELMERT, FRIEDRICH ROBERT: *Die Ausgleichsrechnung nach der Methode der kleinsten Quadrate: mit Anwendungen auf die Geodäsie und die Theorie der Messinstrumente.* Teubner, Leipzig.

[Helmert 1907] HELMERT, FRIEDRICH ROBERT: *Die Ausgleichsrechnung nach der Methode der kleinsten Quadrate mit Anwendungen auf die Geodäsie, die Physik und die Theorie der Messinstrumente.* Teubner, Leipzig und Berlin (2. überarbeitete Auflage von [Helmert 1872]).

[Helmholtz 1868] HELMHOLTZ, HERMANN VON: Über die Thatsachen, die der Geometrie zum Grund liegen. *Nachrichten von der Königlichen Gesellschaft der Wissenschaften zu Göttingen, Jahrgang 1868, (9)*, 193–221.

[Helmholtz 1870] HELMHOLTZ, HERMANN VON: *Über den Ursprung und die Bedeutung der geometrischen Axiome. Vortrag, gehalten im Docentenverein zu Heidelberg im Jahre 1870.* In HERMANN VON HELMHOLTZ: *Vorträge und Reden*, Band 2, Vieweg, Braunschweig 1884, 2–34.

[Hergert 2012] HERGERT, WOLFRAM: *Gustav Mie: From Electromagnetic Scattering to an Electromagnetiv View of Matter.* In WOLFRAM HERGERT, THOMAS WRIED (Eds.): *The Mie Theory. Basics and Applications*, 1–52. Springer, Heidelberg.

[Herglotz 1919] HERGLOTZ, GUSTAV: Zum Gedächtnis an Heinrich Bruns (1848–1919). *Berichte über die Verhandlungen der Sächsischen Akademie der Wissenschaften zu Leipzig. Math.-Phys. Klasse* 71: 365–374.

[Herrlich 2006] HERRLICH, HORST: *Axiom of Choice.* Springer, Berlin Heidelberg.

[Hessenberg 1906] HESSENBERG, GERHARD: Grundbegriffe der Mengenlehre. *Abhandlungen der Friesschen Schule* 1: 478–706.

[Hevesi 1906] HEVESI, LUDWIG: *Acht Jahre Sezession (März 1897 – Juni 1905). Kritik – Polemik – Chronik.* Carl Konegen, Wien.

[Hewitt/ Ross 1963/1970/1979] HEWITT, EDWIN; ROSS, KENNETH A.: *Abstract harmonic analysis.* Springer, Berlin Heidelberg New York.

[Hilbert 1899] HILBERT, DAVID: *Grundlagen der Geometrie.* Teubner, Leipzig.

[Hilbert 1900] HILBERT, DAVID: Mathematische Probleme. Vortrag, gehalten auf dem Internationalen Mathematikerkongreß zu Paris 1900. *Göttinger Nachrichten, Jahrgang 1900*, 253–297.

[Hilbert 1903] HILBERT, DAVID: *Grundlagen der Geometrie. Zweite, durch Zusätze vermehrte und mit fünf Anhängen versehene Auflage.* Teubner, Leipzig.

[Hilbert 1909] HILBERT, DAVID: Beweis für die Darstellbarkeit der ganzen Zahlen durch eine feste Anzahl n^{ter} Potenzen (Waringsches Problem). Dem Andenken an Hermann Minkowski gewidmet. *Mathematische Annalen* 67: 281–300.

[Hinkis 2013] HINKIS, ARIE: *Proofs of the Cantor-Bernstein theorem. A mathematical excursion.* Birkhäuser, Basel.

[Hinz 2000] HINZ, THORSTEN: *Mystik und Anarchie. Meister Eckhart und seine Bedeutung im Denken Gustav Landauers.* Karin Kramer-Verlag, Berlin.

[Hochkirchen 1999] HOCHKIRCHEN, THOMAS: *Die Axiomatisierung der Wahrscheinlichkeitsrechnung und ihre Kontexte.* Vandenhoeck & Ruprecht, Göttingen.

[Hölder 1882] HÖLDER, OTTO: Grenzwerte von Reihen an der Convergenzgrenze. *Mathematische Annalen* 20: 535–549.

[Hölder 1887] HÖLDER, OTTO: Ueber die Eigenschaft der Gammafunktion keiner algebraischen Differentialgleichung zu genügen. *Mathematische Annalen* 28: 1–13.

[Hölder 1908] HÖLDER, OTTO: Adolph Mayer. Nekrolog. *Berichte über die Verhandlungen der Königl. Sächsischen Ges. der Wiss. zu Leipzig, math.-phys. Klasse* 60: 355-373.

[Hölder 1927] HÖLDER, OTTO: Carl Neumann. *Mathemathische Annalen* 96: 1–25.

[Hoffmann 1991] HOFFMANN, DAVID MARC: *Zur Geschichte des Nietzsche-Archivs. Elisabeth Förster-Nietzsche · Fritz Kögel · Rudolf Steiner · Gustav Naumann · Josef Hofmiller. Chronik, Studien und Dokumente.* Walter de Gruyter, Berlin.

[Hoffmann/ Peter/ Salfinger 1998] HOFFMANN, DAVID MARC; PETER, NIKLAUS; SALFINGER, THEO (Eds.): *Franz Overbeck, Heinrich Köselitz [Peter Gast]: Briefwechsel.* Walter de Gruyter, Berlin.

[Holden 1986] HOLDEN, ARUN V. (Ed.): *Chaos.* Manchester Univ. Press, Manchester.

[Holmes 1866] HOLMES, NATHANIEL: *The Autorship of Shakespeare.* Hurd and Houghton, New York.

[Horneffer 1900] HORNEFFER, ERNST: Die Nietzsche-Ausgabe. *Die Zeit*, Wien, 28.Juli 1900, 58–59.

[Hübscher 1989] HÜBSCHER, ANNELIESE: *Walter Tiemann 1876–1951.* In ALBERT KAPR (Hrsg.): *Traditionen Leipziger Buchkunst. Leben und Werk fünf bekannter Leipziger Buchkünstler*, 67–113. VEB Fachbuchverlag, Leipzig.

[Huschke 1938] HUSCHKE, KONRAD: Max Klinger und die Musik, Teil 4, Klinger und Reger. *Zeitschrift für Musik* 105: 861–866.

[Hušek 1992] HUŠEK, MIREK: *History and development of Hausdorff's work in extension in metric spaces.* In WERNER GÄHLER, HORST HERRLICH, GERHARD

PREUSS (Eds.): *Recent Developments of General Topology and its Applications*, 160–169. Akademie-Verlag, Berlin.

[Ilgauds 1985] ILGAUDS, HANS JOACHIM: Zur Biographie von Felix Hausdorff. *Mitteilungen der Mathematischen Gesellschaft der DDR*, Jahrgang 1985, Heft 2–3, 59–69.

[Ilgauds/ Münzel 1994] ILGAUDS, HANS JOACHIM; MÜNZEL, GISELA: *Heinrich Bruns, Felix Hausdorff und die Astronomie in Leipzig*. In [Eichhorn/ Thiele 1994], 89–106.

[Ilgauds 1996] ILGAUDS, HANS-JOACHIM: *Die frühen Leipziger Arbeiten Felix Hausdorffs*. In [Brieskorn 1996], 11–30.

[Jacobsohn 1879] JACOBSOHN, BERNHARD: *Der Deutsch-Israelitische Gemeindebund nach Ablauf des ersten Decenniums seit seiner Begründung von 1869 bis 1879*. Eigenverlag Gemeindebund, Leipzig.

[Jaglom 1988] JAGLOM, ISAAK M.: *Felix Klein and Sophus Lie. Evolution of the Idea of Symmetry in the 19. Century*. Birkhäuser, Basel.

[Jammer 1960] JAMMER, MAX: *Das Problem des Raumes. Die Entwicklung der Raumtheorien*. Wissenschaftliche Buchgesellschaft, Darmstadt.

[Jarník 1929] JARNÍK, VOJTĚCH: Diophantische Approximationen und Hausdorffsches Mass. *Matematitscheskij Sbornik* 36: 371–382.

[Jarník 1931] JARNÍK, VOJTĚCH: Über die simultanen diophantischen Approximationen. *Mathematische Zeitschrift* 33: 505–543.

[Jech 1997] JECH, THOMAS: *Set Theory*. Springer, New York Berlin Heidelberg.

[John 1981] JOHN, HARTMUT: *Das Reserveoffizierkorps im Deutschen Kaiserreich 1890–1914. Ein sozialgeschichtlicher Beitrag zur Untersuchung der gesellschaftlichen Militarisierung im Wilhelminischen Deutschland*. Campus Verlag, Frankfurt New York.

[John 2004] JOHN, BARBARA: *Max Klinger. Beethoven*. E.A.Seemann, Leipzig.

[Johnson 1979/1981] JOHNSON, J.M.: The Problem of the Invariance of Dimension in the Growth of Modern Topology. *Archive for History of Exact Sciences* 20: 97–188; 25: 85–267.

[Jónsson 1956] JÓNSSON, BJARNI: Universal relational systems. *Mathematica Scandinavica* 4: 193–208.

[Jónsson 1960] JÓNSSON, BJARNI: Homogeneous universal relational systems. *Mathematica Scandinavica* 8: 137–142.

[Jordan 1885] JORDAN, WILHELM: *Die Sebalds. Roman aus der Gegenwart*. Erster Band: *Im alten Hause*. Zweiter Band: *Exodus*. Deutsche Verlagsanstalt, Stuttgart und Leipzig.

[Julia 1918] JULIA, GASTON: Mémoire sur l'itération des fonctions rationelles. *Journal de Math. Pure et Appl.* 8: 47–245.

[Jung 2005] JUNG, TOBIAS: Franz Selety (1893–1933?). Seine kosmologischen Arbeiten und der Briefwechsel mit Einstein. *Acta Historica Astronomiae* 27: 125–141.

[Kahane/ Salem 1994] KAHANE, JEAN-PIERRE; SALEM, RAPHAËL: *Ensembles parfaits et séries trigonométriques.* Hermann, Paris.

[Kahle/ Bleek 2003/2006] KAHLE, JOHN H.; BLEEK, WILHELM (Hrsg.): Marie Kahle: *Was hätten Sie getan? Die Flucht der Familie Kahle aus Nazi-Deutschland.* Paul Kahle: *Die Universität Bonn vor und während der Nazi-Zeit (1923-1939).* Bouvier Verlag, Bonn.

[Kameda 1915/16] KAMEDA, T: Theorie der erzeugenden Funktion und ihre Anwendung auf die Wahrscheinlichkeitsrechnung. *Proceedings of the Tôkyô Mathematico-Physical Society, Ser. 2,* 8: 262–295, 336–360.

[Kampe 1988] KAMPE, NORBERT: *Studenten und „Judenfrage" im Deutschen Kaiserreich.* Vandenhoeck & Ruprecht, Göttingen.

[Kanamori 1994/2005] KANAMORI, AKIHIRO: *The Higher Infinite. Large Cardinals in Set Theory from Their Beginnings.* Springer, Berlin.

[Kanamori 2007] KANAMORI, AKIHIRO: Gödel and set theory. *Bulletin of Symbolic Logic* 13: 153–188.

[Kanovei 2013] KANOVEI, VLADIMIR: *Gaps in partially ordered sets and related problems. Commentary to* [H 1909a] *and* [H 1936b]. In *HGW*, Band IA, 367–405.

[Kechris 1995] KECHRIS, ALEXANDER S.: *Classical Descriptive Set Theory.* Springer, New York.

[Kempf 1896] KEMPF, PAUL: Besprechung von F. Hausdorff: Über die Absorption des Lichtes in der Atmosphäre. *Vierteljahresschrift der astronomischen Gesellschaft* 31: 2–28.

[Klein 1901] KLEIN, FELIX: Über das Brunssche Eikonal . Räumliche Kollineationen bei optischen Instrumenten. *Zeitschrift für Mathematik. und Physik* 46: 372–375; 376–382.

[Kline 1972] KLINE, MORRIS: *Mathematical Thought from Ancient to Modern Times.* Oxford University Press, New York.

[Kloss 1919] KLOSS, ERICH (Ed.): *Briefwechsel zwischen Wagner und Liszt.* 4.Aufl., Breitkopf & Härtel, Leipzig.

[Knopf 2003] KNOPF, SABINE: Gustav Kirstein – ein jüdischer Verleger, Bibliophile und Kunstsammler. *Imprimatur. Ein Jahrbuch für Bücherfreunde. Neue Folge* XVIII: 289–312.

[Köhnke 1986] KÖHNKE, KLAUS CHRISTIAN: *Entstehung und Aufstieg des Neu-kantianismus – Die deutsche Universitätsphilosophie zwischen Idealismus und Positivismus.* Suhrkamp, Frankfurt/Main.

[Koenigsberger 1919] KOENIGSBERGER, LEO: *Mein Leben.* Winters Universitäts-buchhandlung, Heidelberg.

[Köthe 1937] KÖTHE, GOTTFRIED: Die Theorie der Verbände, ein neuer Versuch zur Grundlegung der Algebra und der projektiven Geometrie. *Jahresbericht der DMV* 47: 125–144.

[Kolmogoroff 1933] KOLMOGOROFF, ANDREJ NIKOLAJEWITSCH: *Grundbegriffe der Wahrscheinlichkeitsrechnung.* Springer, Berlin.

[Kowalewski 1950] KOWALEWSKI, GERHARD: *Bestand und Wandel.* Oldenbourg, München.

[Krazer 1905] KRAZER, ADOLF (Hrsg.): *Verhandlungen des dritten Internationa-len Mathematiker-Kongresses in Heidelberg vom 8. – 13. August 1904.* Teubner, Leipzig.

[Kries 1886] KRIES, JOHANNES VON: *Die Principien der Wahrscheinlichkeitsrech-nung.* Mohr, Tübingen.

[Krull 1970] KRULL, WOLFGANG: Eduard Study, 1862–1930. *Bonner Universi-tätsblätter 1970,* 25–40. Verlag der Universität, Bonn.

[Krummel 1974] KRUMMEL, RICHARD FRANK: *Nietzsche und der deutsche Geist.* Band I: *Ausbreitung und Wirkung des Nietzscheschen Werkes im deutschen Sprachraum bis zum Todesjahr des Philosophen. Ein Schrifttumsverzeichnis der Jahre 1867–1900.* Walter de Gruyter, Berlin.

[Kühn 1975] KÜHN, JOACHIM: *Gescheiterte Sprachkritik. Fritz Mauthners Leben und Werk.* Walter de Gruyter, Berlin.

[Kühnau 1981] KÜHNAU, REINER: *Paul Koebe und die Funktionentheorie.* In [Beckert/ Schumann 1981], 183–194.

[Küttner 1906] KÜTTNER, W. *Das Risiko der Lebensversicherungs-Anstalten und Unterstützungskassen.* Mittler & Sohn, Berlin.

[Kuratowski 1922] KURATOWSKI, CASIMIR: Sur l'opération $\overline{A}$ de l'Analysis Situs. *Fundamenta Mathematicae* 3: 182–199.

[Kuratowski 1933] KURATOWSKI, CASIMIR: *Topologie I.* Monografie Matematy-czne, vol. III, Warszawa.

[Kuratowski 1934] KURATOWSKI, CASIMIR: Sur une généralisation de la notion d'homéomorphie. *Fundamenta Mathematicae* 22: 206–220.

[Kuzawa 1968] KUZAWA, SISTER M.G.: *The Genesis of a School in Poland.* New Haven College and Univ. Press, New Haven.

[Kuzawa 1970] KUZAWA, SISTER M. G.: Fundamenta Mathematicae, An Examination of its Founding and Significance. *American Mathematical Monthly* 77: 485–492.

[Landauer 1903] LANDAUER, GUSTAV: *Skepsis und Mystik. Versuche im Anschluß an Mauthners Sprachkritik.* Egon Fleischel & Co., Berlin.

[Lange 2016] LANGE, BERND-LUTZ: *Das Leben ist ein Purzelbaum. Von der Heiterkeit des Seins.* 2. Auflage, Aufbau Verlag, Berlin.

[Lange 1875] LANGE, FRIEDRICH ALBERT: *Geschichte des Materialismus und Kritik seiner Bedeutung in der Gegenwart.* 2. Auflage, J. Baedeker, Iserlohn.

[Langlotz 1968] LANGLOTZ, ERNST: *Richard Delbrueck 1875–1957.* In *Bonner Gelehrte. Beiträge zur Geschichte der Wissenschaften in Bonn. Philosophie und Altertumswissenschaften,* 244–249. Bouvier/Röhrscheid, Bonn.

[Laska 1996] LASKA, BERND A.: *Ein dauerhafter Dissident. 150 Jahre Stirners „Einziger". Eine kurze Wirkungsgeschichte.* LSR-Verlag, Nürnberg.

[Laska 2002] LASKA, BERND A.: Nietzsches initiale Krise. Die Stirner-Nietzsche-Frage in neuem Licht. *Germanic Notes and Reviews* 33: 109–133.

[Laczkovich 1992] LACZKOVICH, MIKLÓS: *Paradoxical decompositions: A survey of recent results.* Proceedings of the First European Congress of Mathematics, Paris, vol. 2, 159–184.

[Lebesgue 1902] LEBESGUE, HENRI: Intégrale, longuer, aire. Thèse, Paris 1902. *Annali di Mat. (3)* 7: 231–359.

[Lebesgue 1904] LEBESGUE, HENRI: *Leçons sur l'intégration et la recherche de fonctions primitives.* Gauthier-Villars, Paris.

[Lebesgue 1905] LEBESGUE, HENRI: Sur les fonctions représentable analytiquement. *Journal de Math. (Ser. 6)* 1: 139–216.

[Lehmann-Filhés 1894] LEHMANN-FILHÉS, RUDOLF: Bestimmung einer Doppelsternbahn aus spektroskopischen Messungen der im Visionsradius liegenden Geschwindigkeitskomponente. *Astronomische Nachrichten* 136: 17–30.

[Leinfellner/ Schleichert 1995] LEINFELLNER, ELISABETH; SCHLEICHERT, HUBERT (Hrsg.): *Fritz Mauthner. Das Werk eines kritischen Denkers.* Böhlau, Wien.

[Le Rider 2012] LE RIDER, JACQUES: *Fritz Mauthner. Scepticisme linguistique et modernité. Une biographie intellectuelle.* Bartillat, Paris.

[Lévy 1925] LÉVY, PAUL: *Calcul des Probabilités.* Gauthier-Villars, Paris.

[Lévy 1934] LÉVY, PAUL: Sur les intégrales dont les éléments sont des variables aléatoires indépendantes. *Annali Scuola norm. sup. Pisa (II)* 3: 337–366.

[Lévy 1935] LÉVY, PAUL: Propriétés asymptotiques des sommes de variables aléatoires indépendantes ou enchainées. *Journal de Math. pures et appl. (VII)* 14: 347–402.

[Lévy 1970] LÉVY, PAUL: *Quelques aspects de la pensée d'un mathématicien.* Albert Blanchard, Paris.

[Lewis 1986] LEWIS, DAVID: *On the Plurality of Worlds.* Blackwell, Oxford.

[Liapounoff 1900] LIAPOUNOFF, ALEXANDER: Sur une proposition de la théorie des probabilités. *Bulletin de l'Academie Imperiale des Sciences de St. Pétersbourg, Série* 513: 359–386.

[Liapounoff 1901] LIAPOUNOFF, ALEXANDER: Nouvelle forme du théorème sur la limite de probabilité. *Mémoires de l'Academie Imperiale des Sciences de St. Pétersbourg* 12: 1–24.

[Liebmann 1876] LIEBMANN, OTTO: *Zur Analysis der Wirklichkeit – Philosophische Untersuchungen.* Verlag von Karl J.Trübner, Straßburg.

[Liebmann 1905/1912] LIEBMANN, HEINRICH: *Nichteuklidische Geometrie.* Göschen, Leipzig.

[Liflyand 2013] LIFLYAND, ELIJAH: Hausdorff Operators on Hardy Spaces. *Eurasian Mathematical Jounal* 4: 101–141.

[Lindner 1980] LINDNER, HELMUT: *„Deutsche" und „gegentypische" Mathematik. Zur Begründung einer „arteigenen" Mathematik im „Dritten Reich".* In [Mehrtens/ Richter 1980], 88–115.

[Lorentz 1953] LORENTZ, GEORGE G.:*Bernstein Polynomials.* University of Toronto Press, Toronto.

[Lorentz 2001] LORENTZ, GEORGE G.: Who Discovered Analytic Sets. *Mathematical Intelligencer* 23: 28–32.

[Lorenz 1963] LORENZ, EDWARD N.: Deterministic nonperiodic flow. *Journal of the Atmospheric Sciences* 20: 130–141.

[Lotze 1879] LOTZE, HERMANN: *Metaphysik. Drei Bücher der Ontologie, Kosmologie und Psychologie.* Hirzel-Verlag, Leipzig.

[Lusin 1930] LUSIN, NIKOLAI N.: *Leçons sur les ensembles analytiques et leurs applications.* Gauthier-Villars, Paris.

[Mackay 1898] MACKAY, JOHN HENRY: *Max Stirner. Sein Leben und sein Werk.* Verlag von Schuster & Loeffler, Berlin.

[Mahlo 1909] MAHLO, PAUL: Über homogene Teilmengen des Kontinuums. *Berichte über die Verhandlungen der Königlich Sächsischen Gesellschaft der Wissenschaften zu Leipzig. Math.-phys. Klasse* 61: 121–124.

[Mandelbrot 1977] MANDELBROT, BENOÎT: *Fractals: Form, Chance and Dimension*. Freeman, San Francisco.

[Mandelbrot 1982] MANDELBROT, BENOÎT: *The Fractal Geometry of Nature*. Freeman, San Francisco. Deutsche Übersetzung: *Die fraktale Geometrie der Natur*, Birkhäuser, Basel.

[Markoff 1912] MARKOFF, ANDREJ ANDREJEWITSCH: *Wahrscheinlichkeitsrechnung*. Teubner, Leipzig und Berlin (von Heinrich Liebmann besorgte deutsche Übersetzung der in Petersburg 1908 erschienenen zweiten russischen Auflage).

[Marr 1879] MARR, WILHELM: *Der Sieg des Judenthums über das Germanenthum. Vom nichtconfessionellen Standpunkt aus betrachtet*. Rudolf Costenoble, Bern; zahlreiche Auflagen.

[Mattila 1999] MATTILA, PERTTI: *Geometry of Sets and Measures in Euclidean Spaces*. Cambridge Univ. Press, London.

[Mayer 1877] MAYER, ADOLPH: *Geschichte des Princips der kleinsten Action*. Veit & Co., Leipzig.

[Mazurkiewicz 1932] MAZURKIEWICZ, STEFAN: Sur les transformations intérieures. *Fundamenta Mathematicae* 19: 198–204.

[Mehmel 1996] MEHMEL, ASTRID: *Dora Philippson*. In ANETTE KUHN et al. (Hrsg.): *100 Jahre Frauenstudium: Frauen der Rheinischen Friedrich-Wilhelms-Universität Bonn*, 200–204. Edition Ebersbach, Dortmund.

[Mehmel 2014] MEHMEL, ASTRID: *Alfred Philippson – Bürger auf Widerruf*. In Reinhold Boschki, René Buchholz (Hrsg.): *Das Judentum kann nicht definiert werden. Beiträge zur jüdischen Geschichte und Kultur*, 173–202. LIT Verlag, Berlin.

[Mehrtens 1979] MEHRTENS, HERBERT: *Die Entstehung der Verbandstheorie*. Gerstenberg, Hildesheim.

[Mehrtens/ Richter 1980] MEHRTENS, HERBERT; RICHTER, STEFFEN (Hrsg.): *Naturwissenschaft, Technik und NS-Ideologie. Beiträge zur Wissenschaftsgeschichte des Dritten Reiches*. Suhrkamp, Frankfurt.

[Meier-Gräfe 1904] MEIER-GRÄFE, JULIUS: *Entwicklungsgeschichte der modernen Kunst*. Bd.2. Verlag Julius Hoffmann, Stuttgart.

[Meinel 1991] MEINEL, CHRISTOPH: *Karl Friedrich Zöllner und die Wissenschaftskultur der Gründerzeit*. Sigma, Berlin.

[Menger 1932] MENGER, KARL: *Kurventheorie*. Teubner, Leipzig Berlin.

[Menzel 1897] MENZEL, MAX: *Der Einjährig-Freiwillige und Offizier des Beurlaubtenstandes der Infanterie. Seine Ausbildung und Doppelstellung im Heer und Staat*. Verlag R.Eisenschmidt, Berlin.

[Meschkowski 1967] MESCHKOWSKI, HERBERT: *Probleme des Unendlichen. Werk und Leben Georg Cantors.* Vieweg, Braunschweig.

[Mises 1919] MISES, RICHARD VON: Fundamentalsätze der Wahrscheinlichkeitsrechnung. *Mathematische Zeitschrift* 4: 1–97.

[Moeli 1888] MOELI, CARL: *Über irre Verbrecher. I. Krankengeschichten. II. Ueber den Zusammenhang von Geistesstörung und Verbrechen. III. Ueber Feststellung des Geisteszustandes. IV. Die Simulation von Geisteskrankheiten. V. Behandlung und Unterbringung irrer Verbrecher.* Fischer, Berlin.

[Mönch 1955] MÖNCH, WALTER: *Das Sonett. Gestalt und Geschichte.* F.H.Kerle Verlag, Heidelberg.

[Montinari 1982] MONTINARI, MAZZINO: *Nietzsche lesen.* Walter de Gruyter, Berlin.

[Moore 1897] MOORE, ELIAKIM HASTINGS: Concerning transcendentally transcendental functions. *Mathematische Annalen* 48: 49–74.

[Moore 1982] MOORE, GREGORY: *Zermelo's Axiom of Choice. Its Origins, Development and Influence.* Springer, New York Heidelberg Berlin.

[Moore 1989] MOORE, GREGORY: *Towards a History of Cantor's Continuum Problem.* In DAVID E.ROWE, JOHN MCCLEARY (Eds.): *The History of Modern Mathematics,* Volume I., 78–121. Academic Press, Boston.

[Mosse 1976/1998] MOSSE, WERNER (Ed.): *Juden im Wilhelminischen Deutschland 1890–1914.* Mohr Siebeck, Tübingen.

[Müller 1897] MÜLLER, GUSTAV: *Die Photometrie der Gestirne.* W. Engelmann, Leipzig.

[Münsterberg 1922] MÜNSTERBERG, MARGARET: *Hugo Münsterberg, his Life and Work.* D.Appleton and Comp., New York.

[Naumann 1898] NAUMANN, GUSTAV: *Antimoralisches Bilderbuch. Ein Beitrag zu einer vergleichenden Moralgeschichte.* Verlag von H.Haessel, Leipzig.

[Naumann 1900] NAUMANN, GUSTAV: *Zarathustra-Commentar. Zweiter Theil.* Verlag von H.Haessel, Leipzig.

[Neuenschwander 1993] NEUENSCHWANDER, ERWIN: Der Nachlaß von Erich Bessel-Hagen im Archiv der Universität Bonn. *Historia Mathematica* 20: 382–414.

[Neuenschwander 1996] NEUENSCHWANDER, ERWIN: *Felix Hausdorffs letzte Lebensjahre nach Dokumenten aus dem Bessel-Hagen-Nachlaß.* In [Brieskorn 1996], 253–270.

[Neumann 1922] NEUMANN, JOHN VON: Zur Einführung der transfiniten Zahlen. *Acta litterarum ac scientiarum Regiae Universitatis Hungaricae,* 199–208.

[Neumann 1929] NEUMANN, JOHN VON: Zur allgemeinen Theorie des Masses. *Fundamenta Mathematicae* 13: 73–116.

[Niemytzki/ Tychonoff 1928] NIEMYTZKI, VIKTOR; TYCHONOFF, ANDREI: Beweis des Satzes, dass ein metrisierbarer Raum dann und nur dann kompakt ist, wenn er in jeder Metrik vollständig ist. *Fundamenta Mathematicae* 12: 118–120.

[Nietzsche KSA] NIETZSCHE, FRIEDRICH: Sämtliche Werke.*Kritische Studienausgabe in 15 Bänden.* Herausgegeben von Giorgio Colli und Mazzino Montinari. 2. Aufl., Walter de Gruyter, Berlin.

[Nietzsche KSB] NIETZSCHE, FRIEDRICH: Sämtliche Briefe. *Kritische Studienausgabe in 8 Bänden.* Herausgegeben von Giorgio Colli und Mazzino Montinari. Walter de Gruyter, Berlin.

[Ostrowski 1919] OSTROWSKI, ALEXANDER: Neuer Beweis des Hölderschen Satzes, daß die Gammafunktion keiner algebraischen Differentialgleichung genügt. *Mathematische Annalen* 79: 286–288.

[Owen 1893–1895] OWEN, ORWILLE WARD: *Sir Francis Bacon's Cipher Story.* Fünf Bände. Howard Publishing Company, Detroit New York.

[Pasch 1882] PASCH, MORITZ: *Vorlesungen über neuere Geometrie.* Teubner, Leipzig.

[Paul 1873] PAUL, OSCAR: *Handlexikon der Tonkunst.* Band 2. Verlag Heinrich Schmidt, Leipzig.

[Paulsen 1892] PAULSEN, FRIEDRICH: *Einleitung in die Philosophie.* Cotta, Stuttgart.

[Paulsen 1898/1924] PAULSEN, FRIEDRICH: *Immanuel Kant. Sein Leben und seine Lehre.* Fromann, Stuttgart.

[Peitgen/ Richter 1986] PEITGEN, HEINZ OTTO; RICHTER, PETER H.: *The Beauty of Fractals. Images of Complex Dynamical Systems.* Springer, Heidelberg (Übersetzungen ins Chinesische, Italienische, Japanische und Russische).

[Peitgen et al. 1992] PEITGEN, HEINZ-OTTO; JÜRGENS, HARTMUT; SAUPE, DIETMAR: *Chaos and Fractals. New Frontiers of Science.* Springer, New York.

[Perinhart 1879] PERINHART, J. (Pseudonym von JOSEPH KOLKMANN): *Die deutschen Juden und Herr W. Marr.* Druck und Verlag von Richard Skrzeczek, Löbau.

[Perrin 1908] PERRIN, JEAN BABTISTE: Mouvement brownien et réalité moléculaire. *Annales de chimie et de physique* VIII 18: 5–114.

[Peters 2009] PETERS, LEO (Hrsg.): *Eine jüdische Kindheit am Niederrhein. Die Erinnerungen des Julius Grunewald (1860 bis 1929)*, Böhlau, Köln.

[Pfeiffer 1970] PFEIFFER, ERNST (Hrsg.): *Friedrich Nietzsche, Paul Rée, Lou von Salomé. Die Dokumente ihrer Begegnung.* Insel Verlag, Frankfurt/Main.

[Piper 2005] PIPER, ERNST: *Alfred Rosenberg. Hitlers Chefideologe.* Karl Bessing Verlag, München.

[Plotkin 1993] PLOTKIN, JACOB M.: *Who put the „Back" in Back-and-Forth?* In JOHN N. CROSSLEY et al. (Eds.): *Logical Methods: In Honor of Anil Nerode's Sixtieth Birthday*, 705–712. Birkhäuser, Boston.

[Plotkin 2005] PLOTKIN, JACOB M. (Ed.): *Hausdorff on Ordered Sets.* American Mathematical Society Publications, Providence (Rhode Island).

[Pólya 1916] PÓLYA, GEORGE: Über Potenzreihen mit ganzzahligen Koefizienten. *Mathematische Annalen* 77: 497–513.

[Pólya 1918] PÓLYA, GEORGE: Über die Potenzreihen, deren Konvergenzkreis natürliche Grenze ist. *Acta Mathematica* 41: 99–118.

[Purkert 1983] PURKERT, WALTER: Die Bedeutung von A. Einsteins Arbeit über Brownsche Bewegung für die Entwicklung der modernen Wahrscheinlichkeitstheorie. *Mitteilungen der Mathematischen Gesellschaft der DDR*, Jahrgang 1983, Heft 3, 41–49.

[Purkert 1984] PURKERT, WALTER: Zum Verhältnis von Sophus Lie und Friedrich Engel. *Wissenschaftliche Zeitschrift der Ernst-Moritz-Arndt-Universität Greifswald, Math.-naturwissenschaftliche Reihe* 33: 29–34.

[Purkert 1986] PURKERT, WALTER: Georg Cantor und die Antinomien der Mengenlehre. *Bulletin de la Société Mathématique de Belgique*, Ser. A, 38 (1986), 313–327.

[Purkert/ Ilgauds 1987] PURKERT, WALTER; ILGAUDS, HANS JOACHIM: *Georg Cantor 1845–1918.* Birkhäuser, Basel.

[Purkert 2015] PURKERT, WALTER: *On Cantor's Continuum Problem and Well Ordering: What really happened at the 1904 International Congress of Mathematicians in Heidelberg.* In DAVID E. ROWE, WANN-SHENG HORNG (Eds.): *A Delicate Balance: Global Perspectives on Innovation and Tradition in the History of Mathematics. A Festschrift in Honor of Joseph W. Dauben*, 3–24. Birkhäuser, Basel.

[Purkert 2015a] PURKERT, WALTER: *Felix Hausdorff – ein deutscher Jude als „Gründungsvater" der Moskauer topologischen Schule.* In INGRID KÄSTNER, JÜRGEN KIEFER (Hrsg.): *Von Maimonides bis Einstein – Jüdische Gelehrte und Wissenschaftler in Europa*, 349–362. Shaker Verlag, Aachen.

[Rapp 2011] RAPP, JEANETTE: *Von Jüdin für Jüdin. Die soziale Arbeit der Leipziger Ortsgruppe des Jüdischen Frauenbundes und ihrer Mitgliedsorganisationen bis zum Ende der Weimarer Republik.* Dissertation am Fachbereich Erziehungswissenschaften und Psychologie der FU Berlin.

[Reibnitz/ Stauffacher 1995] REIBNITZ, BARBARA VON; STAUFFACHER-SCHAUB, MARIANNE (Eds.): *Franz Overbeck: Werke und Nachlass.* Band 5: *Kirchenlexikon Texte, Ausgewählte Artikel J–Z.* Verlag J.B.Metzler, Stuttgart Weimar.

[Reibnitz/ Stauffacher 2002] REIBNITZ, BARBARA VON; STAUFFACHER-SCHAUB, MARIANNE (Eds.): *Franz Overbeck: Werke und Nachlass.* Band 7.1: *Autobiographisches. „Mich selbst betreffend".* Verlag J.B.Metzler, Stuttgart Weimar.

[Reid 1979] REID, CONSTANCE: *Richard Courant 1888–1972. Der Mathematiker als Zeitgenosse* Springer, Berlin Heidelberg.

[Remak 1912] REMAK, ROBERT: Bemerkung zu Herrn Stridsbergs Beweis des Waringschen Theorems. *Mathematische Annalen* 72: 153–156.

[Remmert 1998] REMMERT, REINHOLD: *Classical Topics in Complex Function Theory.* Springer, New York.

[Rey 1994] REY, MANFRED VON: *Die Vernichtung der Juden in Bonn.* In [Eichhorn/ Thiele 1994], 227–250.

[Riemann 1868] RIEMANN, BERNHARD: Ueber die Hypothesen, welche der Geometrie zu Grunde liegen. Aus dem Nachlaß des Verfassers mitgetheilt durch R.Dedekind. *Abhandlungen der mathematischen Classe der Königlichen Gesellschaft der Wissenschaften zu Göttingen* 13: 133–155.

[Riesz 1907] RIESZ, FRIEDRICH: Sur les systèmes orthogonaux de fonctions. *Comptes Rendus Acad. Sci. Paris* 144: 615–619.

[Riesz 1910] RIESZ, FRIEDRICH: Untersuchungen über Systeme integrierbarer Funktionen. *Mathematische Annalen* 69: 449–497.

[Riesz 1923] RIESZ, FRIEDRICH: Über eine Verallgemeinerung der Parsevalschen Formel. *Mathematische Zeitschrift* 18: 117–124.

[Riesz 1921/1922/1923] RIESZ, MARCEL: Sur le Problème des moments. Première note. *Arkiv för matematik, astronomi och fysik* 16(12): 1-23. Deuxième note 16(19): 1–21. Trosième note 17(16): 1–52.

[Rogers 1998] ROGERS, CLAUDE AMBROSE: *Hausdorff Measures.* Cambridge University Press, Cambridge.

[Rosenthal 1928] ROSENTHAL, ARTHUR: Felix Hausdorff, Mengenlehre. *Deutsche Literaturzeitung* 49: 294–295.

[Roth 2013] ROTH, UDO: *„Die Sprachkritik ist eine Tat."Felix Hausdorffs Auseinandersetzung mit Mauthners ‚Beiträgen zu einer Kritik der Sprache'.* In [Hartung 2013], 289–309.

[Rowe 1988] ROWE, DAVID: Der Briefwechsel Sophus Lie – Felix Klein. Eine Einsicht in ihre persönlichen und wissenschaftlichen Beziehungen. *NTM Schriftenreihe zur Geschichte der Naturwissenschaften, Technik und Medizin* 25: 37–47.

[Rowe/ Tobies 1990] ROWE, DAVID; TOBIES, RENATE (Ed.): *Korrespondenz Felix Klein – Adolph Mayer*. Teubner, Leipzig.

[Rudio 1898] RUDIO, FERDINAND (Hrsg.): *Verhandlungen des ersten Internationalen Mathematiker-Kongresses in Zürich vom 9. bis 11. August 1897*. Teubner, Leipzig.

[Ruelle/ Takens 1971] RUELLE, DAVID; TAKENS, FLORIS: On the nature of turbulence. *Communications in Mathematical Physics* 20: 167–192.

[Ruelle 1978] RUELLE, DAVID: *Thermodynamic Formalism: the Mathematical Structures of Classical Equilibrium Statistical Mechanics*. Addison-Wesley, Boston.

[Ruelle 1989] RUELLE, DAVID: *Chaotic evolution and strange attractors*. Cambridge University Press, Cambridge.

[Schappacher 1987] SCHAPPACHER, NORBERT: *Das Mathematische Institut der Universität Göttingen 1929–1950*. In HEINRICH BECKER, HANS-JOACHIM DAHMS, CORNELIA WEGELER (Hrsg.): *Die Universität Göttingen unter dem Nationalsozialismus*, 345–373. K.G. Saur, München.

[Schappacher/ Scholz 1992] SCHAPPACHER, NORBERT; SCHOLZ, ERHARD: Oswald Teichmüller – Leben und Werk. *Jahresbericht der DMV* 94: 1–39.

[Scheepers 1993] SCHEEPERS, MARION: *Gaps in ω^ω*. In HAIM JUDAH (Hrsg.): *Israel Math. Conference Proceedings, Nr. 6*, 439–561. Bar-Ilan University.

[Scheffers 1891] SCHEFFERS, GEORG: Zurückführung complexer Zahlensysteme auf typische Formen. *Mathematische Annalen* 41: 293–390.

[Schindler 2006] SCHINDLER, RALF: Wozu brauchen wir große Kardinalzahlen? *Mathematische Semesterberichte* 53: 65–80.

[Schirmacher 1991] SCHIRMACHER, WOLFGANG (Ed.): *Schopenhauer, Nietzsche und die Kunst*. Passagen Verlag, Wien.

[Schleiden 1877] SCHLEIDEN, MATTHIAS JACOB: *Die Bedeutung der Juden für Erhaltung und Wiederbelebung der Wissenschaften im Mittelalter*. Commissionsverlag von Baumgarten's Buchhandlung, Leipzig.

[Schleiden 1878] SCHLEIDEN, MATTHIAS JACOB: *Die Romantik des Martyriums bei den Juden im Mittelalter*. Verlag und Druck von W. Engelmann, Leipzig.

[Schlick 1917a] SCHLICK, MORITZ: Raum und Zeit in der gegenwärtigen Physik. Zur Einführung in das Verständnis der allgemeinen Relativitätstheorie. *Die Naturwissenschaften* 5: 161–167, 5: 177–186.

[Schlick 1917b] SCHLICK, MORITZ: *Raum und Zeit in der gegenwärtigen Physik. Zur Einführung in das Verständnis der allgemeinen Relativitätstheorie*. Springer, Berlin.

[Schlick 1918] SCHLICK, MORITZ: *Allgemeine Erkenntnislehre.* Springer, Berlin.

[Schlick 1920] SCHLICK, MORITZ: *Raum und Zeit in der gegenwärtigen Physik. Zur Einführung in das Verständnis der Relativitäts- und Gravitationstheorie.* 3. Auflage von [Schlick 1917b]. Springer, Berlin.

[Schlick 1925] SCHLICK, MORITZ: *Allgemeine Erkenntnislehre.* 2., überarbeitete Auflage. Springer, Berlin, Übersetzungen ins Englische und Italienische.

[Schneider 1989] SCHNEIDER, IVO: *Die Entwicklung der Wahrscheinlichkeitstheorie von den Anfängen bis 1933.* Akademie-Verlag, Berlin.

[Schneider 1997] SCHNEIDER, ANATOL: *Nietzscheanismus. Zur Geschichte eines Begriffs.* Königshausen & Neumann, Würzburg.

[Schneider 2011] SCHNEIDER, THOMAS: Ägyptologen im Dritten Reich. Biographische Notizen anhand der sogenannten „Steindorff-Liste". *Journal of Egyptian History* 4: 120–247.

[Schoenflies 1900] SCHOENFLIES, ARTHUR: *Entwickelung der Lehre von den Punktmannigfaltigkeiten. Bericht, erstattet der Deutschen Mathematiker-Vereinigung. Erster Teil.* Teubner, Leipzig.

[Schoenflies 1905] SCHOENFLIES, ARTHUR: Über wohlgeordnete Mengen. *Mathematische Annalen* 60: 181–186.

[Schoenflies 1908] SCHOENFLIES, ARTHUR: *Entwickelung der Lehre von den Punktmannigfaltigkeiten. Bericht, erstattet der Deutschen Mathematiker-Vereinigung. Zweiter Teil.* Teubner, Leipzig.

[Schoenflies 1913] SCHOENFLIES, ARTHUR: *Entwickelung der Mengenlehre und ihrer Anwendungen. Erste Hälfte: Allgemeine Theorie der unendlichen Mengen und Theorie der Punktmengen.* (Umarbeitung von [Schoenflies 1900]). Teubner, Leipzig Berlin.

[Schoenflies 1922] SCHOENFLIES, ARTHUR: Zur Erinnerung an Georg Cantor. *Jahresbericht der DMV* 31: 97–106.

[Scholz 1996] SCHOLZ, ERHARD: *Logische Ordnungen im Chaos: Hausdorffs frühe Beiträge zur Mengenlehre.* In [Brieskorn 1996], 107–134.

[Schopenhauer 1999] SCHOPENHAUER, ARTHUR: *Die Welt als Wille und Vorstellung,* Band I. Herausgegeben von Ludger Lütkehaus nach der Ausgabe letzter Hand. Haffmanns Verlag, Zürich.

[Schorsch 1972] SCHORSCH, ISMAR: *Jewish reactions to German antisemitism 1870–1914.* Columbia University Press, New York.

[Schreiber 1996] SCHREIBER, PETER: Clemens Thaer (1883–1974) – ein Mathematikhistoriker im Widerstand gegen den Nationalsozialismus. *Sudhoffs Archiv* 80: 78–85.

[Schreiber 1996a] SCHREIBER, PETER: *Felix Hausdorffs paradoxe Kugelzerlegung im Kontext der Entwicklung von Mengenlehre, Maßtheorie und Grundlagen der Mathematik.* In [Brieskorn 1996], 135–148.

[Schubring 1985] SCHUBRING, GERT: Die Entwicklung des Mathematischen Seminars der Universität Bonn 1864–1929. *Jahresbericht der DMV* 87: 139–163.

[Schulze/ Ssymank 1910] SCHULZE, FRIEDRICH; SSYMANK, PAUL: *Das Deutsche Studententum von den ältesten Zeiten bis zur Gegenwart.* Voigtländers Verlag, Leipzig.

[Scriba/ Schreiber 2001] SCRIBA, CHRISTOPH; SCHREIBER, PETER: *5000 Jahre Geometrie.* Springer, Berlin Heidelberg.

[Segal 1992] SEGAL, SANFORD L.: *Ernst August Weiss: Mathematical Pedagogical Innovation in the Third Reich.* In *Amphora. Festschrift für Hans Wussing zu seinem 65. Geburtstag,* 693–704. Birkhäuser, Basel.

[Segal 2003] SEGAL, SANFORD L.: *Mathematics under the Nazis.* Princeton University Press, Princeton.

[Shegalkin 1907] SHEGALKIN, IWAN IWANOWITSCH: *Transfinitnyje Tschisla.* (Transfinite Zahlen). Universitätsdruckerei, Moskau.

[Shohat/ Tamarkin 1943/1970] SHOHAT, JAMES A.; TAMARKIN, JACOB D.: *The Problem of Moments.* Mathematical Surveys and Monographs, Vol. I. American Mathematical Society, Providence (Rhode Island).

[Siebe/ Prüfer 1922] SIEBE, JOSEPHINE; PRÜFER, JOHANNES: *Henriette Goldschmidt. Ihr Leben und Schaffen.* Akademische Verlagsgesellschaft, Leipzig.

[Siegmund-Schultze 1984] SIEGMUND-SCHULTZE, REINHARD: Theodor Vahlen – zum Schuldanteil eines deutschen Mathematikers am faschistischen Mißbrauch der Wissenschaft. *NTM – Schriftenreihe für Geschichte der Naturwissenschaften, Technik und Medizin* 21: 17–32.

[Siegmund-Schultze 2009] SIEGMUND-SCHULTZE, REINHARD: *Mathematicians Fleeing from Nazi Germany. Individual Fates and Global Impact,* Princeton University Press, Princeton.

[Sierpiński 1928/1934] SIERPIŃSKI, WACŁAW: *Topologia ogólna* (Allgemeine Topologie), Warszawa. Englische Übersetzung: *Introduction to General Topology.* Univ. of Toronto Press, Toronto.

[Skolem 1922] SKOLEM, THORALF: *Einige Bemerkungen zur axiomatischen Begründung der Mengenlehre.* In *Wissenschaftliche Vorträge, gehalten auf dem fünften Kongreß der skandinavischen Mathematiker in Helsingfors 1922,* 217–232. Akademische Buchhandlung, Helsingfors.

[Sommer 1985] SOMMER, LOTHAR: Der Leipziger Bibliophilen-Abend 1904–1933. Bedeutung und Grenzen eines bibliophilen Klubs. *Marginalien, Zeitschrift für Buchkunst und Bibliophilie* 98: 4–20.

[Sparrow 1982] SPARROW, COLIN: *The Lorenz Equations: Bifurcation, Chaos, and Strange Attractors.* Springer, New York.

[Szpilrajn 1937] SZPILRAJN, EDWARD: La dimension et la mesure. *Fundamenta Mathematicae* 28: 81–89.

[Ssymank/ Peters 1911] SSYMANK, PAUL; PETERS, GUSTAV WERNER (Ed.): *Hermann Conradis Gesammelte Schriften.* Band 1: *Hermann Conradi. Lebensbeschreibung, Gedichte und Aphorismen.* Georg Müller, München Leipzig.

[Stadler 1997] STADLER, FRIEDRICH: *Studien zum Wiener Kreis. Ursprung, Entwicklung und Wirkung des logischen Empirismus im Kontext.* Suhrkamp, Frankfurt am Main.

[Steffen 1996] STEFFEN, KLAUS: *Hausdorff-Dimension, reguläre Mengen und total irreguläre Mengen.* In [Brieskorn 1996], 185–227.

[Stegmaier 1997] STEGMAIER, WERNER: *Hauptwerke der Philosophie – Von Kant bis Nietzsche.* Reclam, Stuttgart.

[Stegmaier/ Krochmalnik 1997] STEGMAIER, WERNER; KROCHMALNIK, DANIEL (Ed.): *Jüdischer Nietzeanismus.* Walter de Gruyter, Berlin.

[Steiner 1900] STEINER, RUDOLF: Das Chaos. *Das Magazin für Literatur* 69: 669–575.

[Stern 1879] STERN, LUDWIG: *Die Lehrsätze des neugermanischen Judenhasses mit besonderer Rücksicht auf W. Marr's Schriften historisch und sachlich beleuchtet.* Druck und Verlag der Stahel'schen Buch & Kunsthandlung, Würzburg.

[Stirner 1893] SIRNER, MAX: *Der Einzige und sein Eigentum.* Herausgegeben und mit einer Einführung versehen von Paul Lauterbach. Verlag von Philipp Reclam jun., Leipzig.

[Stridsberg 1912] STRIDSBERG, ERIK: Sur la démonstration de M. Hilbert du théorème de Waring. *Mathematische Annalen* 72: 145–152.

[Stubhaug 2002] STUBHAUG, ARILD: *The Mathematician Sophus Lie.* Springer, Berlin Heidelberg.

[Stubhaug 2003] STUBHAUG, ARILD: *Es war die Kühnheit meiner Gedanken. Der Mathematiker Sophus Lie.* (Übersetzung von [Stubhaug 2002]). Springer, Berlin Heidelberg.

[Study 1898] STUDY, EDUARD: *Theorie der Gemeinen und Höheren complexen Zahlen.* Encyclopädie der Math. Wiss., Band I, 1. Teubner, Leipzig.

[Study 1918] STUDY, EDUARD: Franz London. *Jahresbericht der DMV* 26: 153–157.

[Tack 2004] TACK, LIEVEN: *Transfert et Traduction de 'Pierrot lunaire': une description sociosémiotique.* In MARK DELAERE, JAN HERMAN (Eds.): *Pierrot lunaire: Albert Giraud, Otto Erich Hartleben, Arnold Schoenberg: une collection d'études musico-littéraires*. Peeters, Leuven.

[Tamari 2007] TAMARI, DOV: *Moritz Pasch – Vater der modernen Axiomatik*. Shaker Verlag, Aachen.

[Tarski 1925] TARSKI, ALFRED: Quelques théorèmes sur les alephs. *Fundamenta Mathematicae* 7: 1–14.

[Taylor 1982] TAYLOR, ANGUS: A Study of Maurice Fréchet: I. His Early Work on Point Set Theory and the Theory of Functionals. *Archive for History of Exact Sciences* 27: 233–295.

[Taylor 1985] TAYLOR, ANGUS: A Study of Maurice Fréchet: II. Mainly about his Work on General Topology, 1909–1928. *Archive for History of Exact Sciences* 34: 279–380.

[Taylor/ Tricot 1985] TAYLOR, SAMUEL J.; TRICOT, C.: Packing measure and its evaluation for a Brownian path. *Transactions American Math. Society* 288: 679–699.

[Taylor 1986] TAYLOR, SAMUEL J.: The measure theory of random fractals. *Mathematical Proceedings of the Cambridge Philosophical Society* 100: 383–406.

[Tetz 1962] TETZ, MARTIN: *Overbeckiana. Übersicht über den Franz-Overbeck-Nachlaß der Universitätsbibliothek Basel. Teil II: Der wissenschaftliche Nachlaß Franz Overbecks*. Universitätsbibliothek Basel, Basel.

[Tevenar 2007] TEVENAR, GUDRUN VON (Ed.): *Nietzsche and Ethics*. Peter Lang, Bern.

[Thiele 1889] THIELE, THORVALD NICOLAI: *Forelæsninger over almindelig Iagttagelseslære: Sandsynligheds-regning og mindste Kvadraters Methode*. C.A.Reitzel, Copenhagen.

[Tietz 1965] TIETZ, GEORG: *Hermann Tietz – Geschichte einer Familie und ihrer Warenhäuser*. Deutsche Verlagsanstalt, Stuttgart.

[Tietze 1915] TIETZE, HEINRICH: Über Funktionen, die auf einer abgeschlossenen Menge stetig sind. *Journal für die reine und angewandte Mathematik* 145: 9–14.

[Tietze 1923] TIETZE, HEINRICH: Beiträge zur allgemeinen Topologie I. *Mathematische Annalen* 88: 290–312.

[Tietze 1924] TIETZE, HEINRICH: Beiträge zur allgemeinen Topologie II. Über die Einführung uneigentlicher Elemente. *Mathematische Annalen* 91: 210–224.

[Toeplitz 1911] TOEPLITZ, OTTO: Über allgemeine lineare Mittelbildungen. *Prace Matematyczno-Fizyczne* 22: 113–119.

[Toeplitz 1918] TOEPLITZ, OTTO: Das algebraische Analogon zu einem Satze von Fejér. *Mathematische Zeitschrift* 2: 187–197.

[Torge 2007/2009] TORGE, WOLFGANG: *Geschichte der Geodäsie in Deutschland.* Walter de Gruyter, Berlin.

[Trautmann-Waller 2013] TRAUTMANN-WALLER, CÉLINE: *Mauthners Sprachkritik als Kritik der Sprachwissenschaft.* In [Hartung 2013], 131–152.

[Treitschke 1879] TREITSCHKE, HEINRICH VON: Unsere Aussichten. *Preussische Jahrbücher* 44: 550–576.

[Tricot 1982] TRICOT, C.: Two definitions of fractal dimension. *Mathematical Proceedings of the Cambridge Philosophical Society* 91: 57–74.

[Tychonoff 1930] TYCHONOFF, ANDREI: Über die topologische Erweiterung von Räumen. *Mathematische Annalen* 102: 544–561.

[Uhl/ Zittel 2018] UHL, ELKE; ZITTEL, CLAUS (Hrsg.): *Max Bense. Weltprogrammierung.* Metzler, Stuttgart.

[Ullrich 2004] ULLRICH, PETER: ...„Herzlich gruesst Dein Deibel."– Über die Korrespondenz zwischen Friedrich Engel und Eduard Study. In HARTMUT ROLOFF, MANFRED WEIDAUER (Ed.): *Wege zu Adam Ries.* Algorismus, Band 43, 389–403. Rauner Verlag, Augsburg.

[Urban 1923] URBAN, F. M.: *Grundlagen der Wahrscheinlichkeitsrechnung und der Theorie der Beobachtungsfehler.* Springer, Leipzig Berlin.

[Urysohn 1925/1926] URYSOHN, PAUL: Mémoire sur les multiplicités Cantoriennes. *Fundamenta Mathematicae* 7: 30–137, 8: 225–351.

[Urysohn 1927] URYSOHN, PAUL: Sur un espace métrique universel. *Bulletin Sci. Math.* 51: 43–64.

[Vaihinger 1898] VAIHINGER, HANS: Literaturbericht. Sant' Ilario. Gedanken aus der Landschaft Zarathustras. *Kant-Studien* 3: 201.

[Vaihinger 1899] VAIHINGER, HANS: Mongré, Paul. Das unreinliche Jahrhundert. *Kant-Studien* 3: 201.

[Van Dalen 1999/2005] VAN DALEN, DIRK: *Mystic, Geometer, and Intuitionist. The Life of L. E. J. Brouwer.* Vol. I, vol. II. Clarendon Press, Oxford.

[Veblen 1908] VEBLEN, OSWALD: Continuous increasing functions of finite and transfinite Ordinals. *Transactions Amer. Math. Soc.* 9: 280–292.

[Vietoris 1921] VIETORIS, LEOPOLD: Stetige Mengen. *Monatshefte für Mathematik* 31: 173–204.

[Vitali 1905] VITALI, GIUSEPPE: *Sul problema della mesura dei gruppi di punti di una retta.* Gamberini e Parmeggiani, Bologna.

[Volkov 2000] VOLKOV, SHULAMIT: *Antisemitismus als kultureller Code: 10 Essays.* Beck, München.

[Wagon 1993] WAGON, STAN: *The Banach-Tarski Paradox.* Cambridge University Press, Cambridge.

[Waibel 2000] WAIBEL, ANETTE: *Die Anfänge der Kinder- und Jugendpsychiatrie in Bonn. Otto Löwenstein und die Provinzial-Kinderanstalt 1926–1933.* Rheinland-Verlag, Köln.

[Walk 1981/1996] WALK, JOSEPH (Hrsg.): *Das Sonderrecht für die Juden im NS-Staat.* C.F. Müller, Heidelberg.

[Walzel 1917] WALZEL, OSKAR: *Wechselseitige Erhellung der Künste. Ein Beitrag zur Würdigung kunstgeschichtlicher Begriffe.* Reuther & Reinhard, Berlin.

[Wangerin 1908] WANGERIN, ALBERT (Hrsg.): *Verhandlungen der Gesellschaft deutscher Naturforscher und Ärzte. 79. Versammlung zu Dresden.* 2.Teil, 1.Hälfte. Teubner, Leipzig.

[Watanabe 1932] WATANABE, YOSHIKATSU: Über die Äquivalenz der Cesàroschen und Hölderschen Mittel für Integrale bei negativer Ordnung. *Japanese Journal of Mathematics* 9: 67–86.

[Wedekind 1924] WEDEKIND, FRANK: *Gesammelte Briefe.* Band 2, herausgegeben von FRITZ STRICH. Georg Müller Verlag, München.

[Weierstrass 1894] WEIERSTRASS, KARL: Zur Theorie der aus n Haupteinheiten gebildeten complexen Grössen. *Göttinger Nachrichten, Jahrgang 1894*, 395–419.

[Weil 1940/1951/1965] WEIL, ANDRÉ: *L'intégration dans les groupes topologiques et ses applications.* Herman, Paris.

[Weiss 1933] WEISS, ERNST AUGUST: E. Studys mathematische Schriften. *Jahresbericht der DMV* 43: 108–124, 211–225.

[Whittaker/ Robinson 1924] WHITTAKER, E.T.; ROBINSON, G.: *The Calculus of Observations.* Blackie and Son, London; 4. Auflage 1944 bei Dover, 1958 bei Blackie mit Nachdrucken 1962, 1965, 1966 und 1967.

[Widder 1946/2010] WIDDER, DAVID V.: *The Laplace Transform.* Princeton University Press, Princeton.

[Wiener 1921] WIENER, NORBERT: The average of an analytic functional and the Brownian movement. *Proceedings of the National Academy of Sciences of the U.S.A.* 7: 294–298.

[Wiener 1923] WIENER, NORBERT: Differential-Space. *Journal of Mathematics and Physics* 2: 131–174.

[Witkowski 2010] WITKOWSKI, GEORG: *Von Menschen und Büchern. Erinnerungen 1863–1933.* LehmstedtVerlag, Leipzig.

[Wülker 1889] WÜLKER, RICHARD PAUL: Die Shakespeare-Bacon-Theorie. *Berichte über die Verhandlungen der Königl. Sächsischen Ges. der Wiss. zu Leipzig, Phil.-hist. Classe* IV: 217–300.

[Zeller/ Beekmann 1970] ZELLER, KARL; BEEKMANN, WOLFGANG: *Limitierungstheorie.* Springer, Berlin Heidelberg.

[Zermelo 1904] ZERMELO, ERNST: Beweis, daß jede Menge wohlgeordnet werden kann. Aus einem an Herrn Hilbert gerichteten Briefe. *Mathematische. Annalen* 59: 514–516.

[Zermelo 1908] ZERMELO, ERNST: Untersuchungen über die Grundlagen der Mengenlehre. I. *Mathematische Annalen* 65: 261–281.

[Zimmermann 1986] ZIMMERMANN, MOSHE: *Wilhelm Marr. The Patriarch of Antisemitism.* Oxford University Press.

Index